U0272111

中国畜牧兽医学会动物营养学分会

第八届全国饲料营养学术研讨会论文集

Animal Nutrition Branch
Chinese Association of Animal Science and Veterinary Medicine

Proceeding of the 8th China Academic Symposium on Feed Nutrition

● 李爱科　齐广海　王文杰　主编

中国农业科学技术出版社
China Agricultural Science and Technology Press

中国農業大學出版社
CHINA AGRICULTURAL UNIVERSITY PRESS

内 容 简 介

金秋十月,中国畜牧兽医学会动物营养学分会主办,国家粮食局科学研究院(牵头单位)、中国农业科学院饲料研究所、天津市畜牧兽医研究所、动物营养学国家重点实验室、中国粮油学会饲料分会承办,"第八届全国饲料营养学术研讨会"于2018年10月17—19日在天津召开,会议围绕"质量、安全、绿色、环保"主题,开展饲料科学和动物营养研究的学术交流和研讨,尤其展现近4年来我国科研工作者在本领域的最新科研成果。第八届全国饲料营养学术研讨会会议学术研讨论文集,征集内容涵盖饲料营养研究领域的最新研究进展、研究报告、研究简报及经验交流等,范围包括:饲料原料开发利用,饲料添加剂研发利用,生物饲料开发利用技术,猪饲料营养,家禽饲料营养,反刍动物饲料营养,水产、特产动物、实验动物、宠物等饲料营养,饲料分析检测及营养价值评定,其他与饲料营养研究相关的论文。本论文集重点展示了饲料原料和饲料添加剂领域前沿科研成果及创新产品,是我国饲料行业从业人员了解近年国内外科技创新成果的理想读本。

图书在版编目(CIP)数据

中国畜牧兽医学会动物营养学分会第八届全国饲料营养学术研讨会论文集/李爱科,齐广海,王文杰主编.—北京:中国农业科学技术出版社,2018.10

ISBN 978-7-5116-3896-0

Ⅰ.①中… Ⅱ.①李…②齐…③王… Ⅲ.①饲料-营养学-学术会议-文集 Ⅳ.①S816-53

中国版本图书馆 CIP 数据核字(2018)第 215480 号

书　　名	中国畜牧兽医学会动物营养学分会第八届全国饲料营养学术研讨会论文集
作　　者	李爱科 齐广海 王文杰 主编

策划编辑	梁爱荣	责任编辑	梁爱荣 张志花
封面设计	郑　川		
出版发行	中国农业大学出版社		
社　　址	北京市海淀区圆明园西路2号	邮政编码	100193
电　　话	发行部 010-62818525,8625	读者服务部	010-62732336
	编辑部 010-62732617,2618	出　版　部	010-62733440
网　　址	http://www.caupress.cn	E-mail	cbsszs@cau.edu.cn
经　　销	新华书店		
印　　刷	北京富泰印刷有限责任公司		
版　　次	2018年10月第1版　2018年10月第1次印刷		
规　　格	889×1 194　16开本　40.25印张　1130千字		
定　　价	150.00元		

编写人员

目　　录

第一部分　饲料原料开发利用

第二部分　饲料添加剂研发利用

第三部分　生物饲料开发利用技术

第四部分　猪饲料营养

第五部分 家禽饲料营养

第六部分　反刍动物饲料营养

第七部分　水产、特产动物、实验动物、宠物等饲料营养

第八部分　饲料分析检测及营养价值评定

第九部分　其他与饲料营养研究相关的论文

第一部分
饲料原料开发利用

牡丹籽粕对肉鸡生长、代谢和免疫的影响*

任希艳[1]** 　　林海[2]#

（1. 山东农业大学动物科技学院，泰安 271018；2. 山东农业大学动物科技学院，泰安 271018）

摘要：本研究旨在探究牡丹籽粕对肉鸡生长、代谢和免疫的影响，对于其能否作为一种新的蛋白饲料原料开发应用于肉鸡生产中提供一定的依据。选取 1 日龄体重相近的雄性爱拔益加（AA）肉仔鸡 576 只，采用单因子试验设计，随机分为 4 组（每组 9 个重复，每个重复 16 只）：对照组（C组）饲喂基础饲粮，试验组饲喂分别添加 5%（5%PSM 组）、10%（10%PSM 组）和 15%牡丹籽粕（15%PSM 组）的试验饲粮，试验期 42 天。结果表明：1）1～21 天、22～42 天和 1～42 天，各试验组的平均日采食量显著低于 C 组（$P<0.05$）；1～21 天，各试验组的平均日增重显著低于 C 组（$P<0.05$），22～42 天、1～42 天，5%PSM 组与 C 组无显著差异（$P>0.05$）；1～21 天，5%PSM 组、10%PSM 组与 C 组饲料转化率无显著差异（$P>0.05$），22～42 天、1～42 天，各组之间无显著差异（$P>0.05$）；1～42 天，各组的死亡率无显著差异（$P>0.05$）。2）21 天，各试验组肝脏指数显著高于 C 组（$P>0.05$），10%PSM 组腿肌率显著低于 C 组（$P<0.05$），其他各组与 C 组无显著差异（$P>0.05$），心脏、胸腺、脾脏、法氏囊、十二指肠、空肠、回肠指数、胸肌率、腹脂率各组之间无显著差异（$P>0.05$）；42 天，各试验组肝脏指数显著高于 C 组（$P>0.05$），各器官指数、肠段指数、胸腿肌率、腹脂率各组之间均无显著差异（$P>0.05$）。3）与 C 组相比，各试验组显著降低了 42 天胸肌蒸煮损失（$P<0.05$），胸、腿肌 L 值、A 值、B 值、pH、失水率、滴水损失和剪切力各组之间没有显著差异（$P>0.05$）。4）21 天、42 天，血浆尿酸、葡萄糖、甘油三酯、谷草转氨酶、谷丙转氨酶各组之间无显著差异（$P>0.05$）。5）与 C 组相比，各试验组显著提高了 21 天肉鸡血浆 IgG、IgM 含量（$P<0.05$），IgA 各组之间无显著差异（$P>0.05$）。由此可见，饲粮添加 5%牡丹籽粕能获得与对照组相近的出栏体重，效果优于添加 10%和 15%牡丹籽粕的饲粮；饲粮添加牡丹籽粕能够降低胸肌蒸煮损失，提高 21 天免疫功能。

关键词：牡丹籽粕；肉仔鸡；生产性能；代谢；免疫

---

　* 基金项目：国家蛋鸡产业技术体系（CARS-40-K09）

　** 第一作者简介：任希艳（1993—），女，山东青岛人，硕士研究生，从事动物营养与饲料科学研究，E-mail：1637512836@qq.com

　# 通讯作者：林海，教授，博士生导师，E-mail：hailin@sdau.edu.cn

米糠粕生长猪的有效能值和氨基酸消化率的测定[*]

黄冰冰[**]　黄承飞　吕知谦　陈一凡　李培丽　刘岭　赖长华[#]

（中国农业大学动物科学技术学院,农业部饲料工业中心,

动物营养学国家重点实验室,北京 100193）

摘要:本试验旨在测定和比较生长猪对 9 个米糠粕的有效能值以及粗蛋白质和氨基酸的表观回肠末端消化率和标准回肠末端消化率,并以化学组成为基础,建立消化能和代谢能预测方程。试验一:试验选用 60 头三元杂交(杜×长×大)去势公猪[初始体重为(40.7±3.5) kg],采用完全随机区组分配到 10 种饲粮处理中($n = 6$),试验饲粮包括玉米豆粕基础饲粮和 9 种米糠粕试验饲粮,米糠粕替代基础饲粮中供能组分玉米和豆粕的 30%。试验二:试验选用 6 头初始体重为(28.5±2.8) kg 装有简单 T 形瘘管的"杜×长×大"三元杂交去势公猪,采用 6×6 拉丁方设计,试验共 6 期,6 个饲粮处理,包括以玉米淀粉和蔗糖为基础的无氮饲粮和 5 个含有 60% 米糠粕的试验饲粮,其中米糠粕作为氨基酸的唯一来源。试验以无氮饲粮测定内源氮损失,三氧化二铬(0.3%)为指示剂。结果表明:9 个米糠粕样品中,粗脂肪、粗纤维、中性洗涤纤维、酸性洗涤纤维、淀粉、钙和磷的平均值为1.33%(0.50%～4.14%),14.54%(9.78%～23.85%),28.62%(20.19%～38.85%),14.22%(9.32%～23.99%),38.80%(0.62%～0.24%)。消化能和代谢能值的平均值分别为2 643 和 2 476 kcal/kg,变异范围分别为 2 039～3 157 kcal/kg 和 1 931～2 978 kcal/kg。在试验二中,除了组氨酸、酪氨酸和蛋氨酸之外,粗蛋白质和大多数氨基酸的表观回肠末端消化率和标准回肠末端消化率都有显著差异($P<0.05$),其中,粗蛋白质的表观回肠末端消化率和标准回肠末端消化率平均值分别为 67.75% 和 76.37%。蛋氨酸的消化率最高,表观回肠末端消化率和标准回肠末端消化率分别为 86.15% 和90.08%。赖氨酸的表观回肠末端消化率和标准回肠末端消化率变异范围分别为 51.88%～71.43%(平均值为 63.27%)和 61.93%～79.98%(平均值为 72.97%)。这些结果表明,米糠粕的化学组成、有效能值和粗蛋白质及大部分氨基酸消化率的变异较大。且米糠粕的消化能和代谢能值主要与中性洗涤纤维和淀粉含量有关。

关键词:氨基酸消化率;米糠粕;能量;方程;生长猪

[*] 基金项目:国家自然科学基金项目(31630074);111 计划(B16044)

[**] 第一作者简介:黄冰冰(1994—),女,江西九江人,博士研究生,从事动物营养与饲料科学专业研究,E-mail:962850344@qq.com

[#] 通讯作者:赖长华,研究员,博士生导师,E-mail:laichanghua999@163.com

米糠粕肉仔鸡代谢能与标准回肠氨基酸消化率的评定[*]

吴聪[1,2][**]　吴昀昭[1,2]　王璐[1,2]　宋泽和[1,2]　范志勇[1,2]　呙于明[3]　贺喜[1,2][#]

（1. 湖南农业大学动物科学技术学院，长沙 410128；2. 湖南畜禽安全生产协同创新中心，
长沙 410128；3. 中国农业大学动物科学技术学院，北京 100093）

摘要：本试验旨在于评定南方地区 6 个不同产地的米糠粕在 14 日龄和 28 日龄肉仔鸡的表观代谢能值（AME）、氮校正代谢能值（AMEn）与标准回肠氨基酸的消化率，并根据与米糠粕化学成分的相关性关系，运用逐步回归法来建立回归预测方程。试验动物选用 560 只 1 日龄的 AA 白羽肉仔鸡，分为 7 个处理，其中 6 个米糠粕饲粮组（A～F 组），另外一个为无氮饲粮组用于内源氨基酸基础损失的测定，每个处理 8 个重复，每个重复 10 只鸡。分别在11～13 天和25～27 天，用全收粪法测定米糠粕的 AME 和 AMEn，并在 14 天和 28 天采集回肠食糜测定米糠粕氨基酸消化率。得到 14 日龄的 AME 和 AMEn 为 8.00 MJ/kg 和 7.5 MJ/kg。28 日龄的 AME 和 AMEn 为 7.40 MJ/kg 和 6.99 MJ/kg。本试验通过指示剂法并集回 14 天和 28 天的回肠食糜，测定了米糠粕 18 种氨基酸含量和标准回肠消化率。标准回肠氨基酸消化率（SID）和常规养分代谢率 28 日龄肉仔鸡高于 14 日龄肉仔鸡。本研究表明日龄是影响肉仔鸡营养物质代谢率的主要因素。试验得出米糠粕肉仔鸡 AMEn 值的预测方程、18 种氨基酸含量和标准回肠氨基酸消化率。14 日龄的回归方程：

$AME = 9.756 - 0.171ADF, R^2 = 0.737, RSD = 1.00844, P < 0.01$;

$AMEn = 9.132 - 0.157ADF, R^2 = 0.700, RSD = 1.00233, P < 0.01$;

SID 色氨酸 $= 8.279CP - 59.951, R^2 = 0.404, RSD = 14.26749, P < 0.01$

$= 16.59CP + 10.722NDF - 13.252ADF, R^2 = 0.686, RSD = 10.36377, P < 0.01$

SID 苏氨酸 $= 8.279CP - 49.286, R^2 = 0.197, RSD = 18.89792, P < 0.05$

$= 17.083CP + 20.626NDF - 26.481ADF - 418.486, R^2 = 0.898, RSD = 6.723, P < 0.01$

SID 蛋氨酸 $= 10.196CP - 92.575, R^2 = 0.579, RSD = 12.933, P < 0.05$

$= 17.748CP + 16.731NDF - 21.721ADF - 383.306, R^2 = 0.875, RSD = 7.03567, P < 0.01$

SID 赖氨酸 $= 7.035CP - 37.129, R^2 = 0.0263, RSD = 15.77438, P < 0.05$

$= 13.804CP + 18.096NDF - 23.577ADF - 327.677, R^2 = 0.878, RSD = 6.4316, P < 0.01$

28 日龄的回归方程：

$AME = 12.953 - 0.518ADF + 0.196NDF - 0.207CP, R^2 = 0.944, P < 0.01$　$AMEn = 12.233 - 0.518ADF + 0.208NDF - 0.214CP, R^2 = 0.941, P < 0.01$

SID 苏氨酸 $= 11.485CP - 103.851, R^2 = 0.817, RSD = 7.81134, P < 0.01$

SID 蛋氨酸 $= 13.495CP - 141.985, R^2 = 0.772, RSD = 10.531, P < 0.01$

SID 赖氨酸 $= 9.234CP - 67.772, R^2 = 0.604, RSD = 10.60996, P < 0.01$

SID 苏氨酸 $= 12.587CP - 3.783ST - 128.711, R^2 = 0.869, RSD = 6.61993, P < 0.01$

关键词：米糠粕；肉仔鸡；代谢能；氨基酸消化率；回归预测方程

＊ 基金项目：教育部长江学者和创新团队发展计划项目（IRT0945）；国家重点研发计划（2016YFD0501209）

＊＊ 第一作者简介：吴聪（1994—），男，湖南衡阳人，硕士研究生，研究方向为饲料资源开发与利用，E-mail：1224320495@qq.com

＃ 通讯作者：贺喜，教授，博士生导师，E-mail：hexi111@126.com

发酵菜粕肉仔鸡代谢能及标准回肠氨基酸消化率的评定[*]

吕宏伟[1,2][**]　　申童[1,2]　　宋泽和[1,2]　　范志勇[1,2]　　呙于明[3]　　贺喜[1,2][#]

(1.湖南农业大学动物科学技术学院,长沙 410128;2.湖南畜禽安全生产协同创新中心,
长沙 410128;3.中国农业大学动物科学技术学院,北京 100093)

摘要:本试验旨在研究湖南省不同地区发酵菜粕的常规养分,评定发酵菜粕在不同日龄 AA 鸡的表观代谢能(AME)、氮校正表观代谢能(AMEn)、表观回肠氨基酸消化率(AID)及标准回肠氨基酸消化率(SID)。试验选取 6 种来自湖南的发酵菜粕,评定其粗蛋白质、粗脂肪、粗纤维、粗灰分、酸性洗涤纤维、中性洗涤纤维和氨基酸含量。选用 560 只 1 日龄爱拔益加(AA)肉仔鸡,分别在 11～13 天和 25～27 天,用全收粪法测定发酵菜粕的 AME 和 AMEn,并在 14 天和 28 天采集回肠食糜测定发酵菜粕标准回肠氨基酸消化率。通过发酵菜粕常规养分与 AME 和 AMEn 的相关关系,采用逐步回归法建立 AME、AMEn 回归预测模型。试验结果表明:1)6 种发酵菜粕中粗蛋白质含量在 28.57%～34.24%,平均值为 31.62%,必需氨基酸中,亮氨酸含量最高,平均值为2.66%,精氨酸平均值为 2.28%,组氨酸平均值为 2.18%,赖氨酸平均值为 2.03%。非必需氨基酸中,谷氨酸含量最高,平均值为 7.15%,酪氨酸平均含量最低,为 1.09%。2)28 日龄与 14 日龄 AA 鸡的 AME 和 AMEn 值相比,表观代谢能提高 2.52%,氮校正表观代谢能提高 2.39%,但差异均不显著。6 种发酵菜粕 14 日龄 AME 和 AMEn 最佳预测模型为:$AME=1.533+0.234EE(R^2=0.569,RSD=1.230)$;$AMEn=-22.450-0.711EE+0.538CP(R^2=0.546,RSD=1.040)$;28 日龄 AME 和 AMEn最佳预测模型:$AME=5.533+0.263EE(R^2=0.609,RSD=1.042)$ $AMEn=-1.804+0.359CP(R^2=0.782,RSD=1.151)$。3)14 日龄与 28 日龄相比,苏氨酸、缬氨酸、异亮氨酸、精氨酸的表观回肠消化率差异极显著$(P<0.01)$,亮氨酸、组氨酸的表观回肠消化率差异显著$(P<0.05)$,苏氨酸、缬氨酸、异亮氨酸、苯丙氨酸的标准回肠消化率差异极显著$(P<0.01)$,亮氨酸的标准回肠消化率差异显著$(P<0.05)$。6 种发酵菜粕 14 日龄氨基酸标准回肠消化率最佳预测模型:$SIDLys=156.828-5.276CP+3.978ADF(R^2=0.440,RSD=8.232)$ $SIDMet=110.644-2.81EE(R^2=0.845,RSD=2.299)$ $SIDThr=94.221-2.701EE(R^2=0.546,RSD=9.406)$ $SIDTrp=106.834-0.725CP(R^2=0.789,RSD=0.227)$;28 日龄氨基酸标准回肠消化率最佳预测模型:$SIDLys=-539.570+20.835 Ash+28.015CP-26.092ADF-6.778EE-1.244NDF(R^2=0.982,RSD=2.419)$ $SIDMet=-37.705+5.642Ash(R^2=0.566,RSD=10.244)$ $SIDThr=65.568+1.585 CF(R^2=0.757,RSD=4.290)$ $SIDTrp=40.112+8.825ADF-2.133NDF-3.346CF(R^2=0.749,RSD=4.122)$。

关键词:发酵菜粕;肉仔鸡;代谢能;氨基酸;标准回肠消化率

[*] 基金项目:教育部长江学者和创新团队发展计划项目(IRT0945);国家重点研发计划(2016YFD0501209)

[**] 第一作者简介:吕宏伟(1994—),男,陕西汉中人,硕士研究生,研究方向为饲料资源开发与利用,E-mail:2445887474@qq.com

[#] 通讯作者:贺喜,教授,博士生导师,E-mail:hexi111@126.com

大豆酶解蛋白对蛋鸡生产性能、蛋品质及肠道形态的影响*

刘攀** 王建萍 白世平 曾秋凤 丁雪梅# 张克英#

[四川农业大学动物营养研究所,动物抗病营养教育部重点实验室,
农业部(区域性)重点实验室,成都 611130]

摘要:本试验研究不同营养水平饲粮中应用大豆酶解蛋白(enzymolytic soybean meal,ESM)对产蛋鸡生产性能、蛋品质、养分表观利用率及肠道形态的影响,探索大豆酶解蛋白能否改善蛋鸡饲料利用率、机体健康,维持蛋鸡生产性能。试验采用 3×2 因子设计,3 种营养水平:分别为正对照(PC,ME:2 680 kcal/kg,CP:15.5%)、负对照 1(NC1,ME:2 630 kcal/kg、CP:15%)和负对照 2(NC2,ME:2 580 kcal/kg、CP:14.5%);2 种大豆酶解蛋白水平(0 和 5 g/kg)。选取 42 周龄罗曼粉壳蛋鸡 1 200 只,随机分为 6 组(每组 10 个重复,每个重复 20 只),试验期 12 周。结果表明:1)饲粮营养水平和大豆酶解蛋白对试验全期蛋鸡平均日采食量和蛋重无显著影响。但随着饲粮营养水平的下降,试验 1~4 周($P<0.1$)和 1~12 周($P<0.1$)的产蛋率出现下降趋势,5~8 周($P<0.05$)产蛋率显著下降,5~8 周($P<0.1$)和 1~12 周($P<0.1$)料蛋比有升高趋势,1~4 周料蛋比显著上升($P<0.05$)。大豆酶解蛋白对 5~8 周($P<0.1$)、1~12 周($P<0.1$)料蛋比有降低趋势,且显著提高 5~8 周、1~12 周的合格蛋率($P<0.05$)。饲粮营养水平及大豆酶解蛋白的互作效应对蛋鸡的各项生产性能指标无显著影响($P>0.1$)。2)蛋黄颜色评分随着饲粮营养水平降低出现降低趋势($P<0.1$),大豆酶解蛋白极显著提高蛋黄颜色($P<0.01$)。饲粮营养水平与大豆酶解蛋白对蛋白高度和哈氏单位交互作用显著($P<0.05$),表现为在 NC1 营养水平下添加大豆酶解蛋白可以显著提高蛋白高度和哈氏单位。3)PC 组粗脂肪表观利用率显著高于 NC1 和 NC2 组($P<0.05$)。添加大豆酶解蛋白后粗蛋白质和粗脂肪表观消化率均显著提高($P<0.05$),干物质表观利用率有提高趋势($P<0.1$)。4)随着饲粮营养水平的降低,空肠隐窝深度有变深的趋势($P<0.1$),绒隐比值显著降低($P<0.05$)。添加大豆酶解蛋白后,十二指肠绒毛高度有上升趋势($P<0.1$),绒隐比值显著提高($P<0.05$)。饲粮营养水平与大豆酶解蛋白对十二指肠形态无显著的交互效应,对空肠绒毛高度和绒隐比值交互作用显著($P<0.01$),表现为在 NC2 营养水平下添加大豆酶解蛋白可显著提高空肠绒毛高度和绒隐比值。由此可见,饲粮中添加大豆酶解蛋白可以通过改善肠道形态、提高饲粮粗蛋白质和粗脂肪的消化利用率来促进蛋鸡生产性能和蛋品质提高,部分缓解了饲粮营养水平降低带来的不利影响。

关键词:营养水平;大豆酶解蛋白;蛋品质;养分表观利用率;肠道形态

　* 基金项目:四川省重点研发计划(2018NZ0009);"十三五"育种攻关计划项目(2016NYZ0052)

　** 第一作者简介:刘攀(1994—),男,四川攀枝花人,硕士研究生,从事家禽营养研究,E-mail:liupan1210@foxmial.com

　# 通讯作者:丁雪梅,副教授,硕士生导师,dingxuemei0306@163.com;张克英,教授,博士生导师,E-mail:zkeying@sicau.edu.cn

不同品种和水平的菜籽饼对蛋鸡生产性能、
饲粮养分利用率及肠道形态的影响[*]

朱丽萍[**]　王建萍　丁雪梅　白世平　曾秋凤　玄玥　宿卓薇　张克英[#]

[四川农业大学动物营养研究所，动物抗病营养教育部重点实验室，
动物抗病营养与饲料农业农村部（区域性）重点实验室，成都 611130]

摘要：本试验旨在研究来源于硫葡萄糖苷（硫苷，Gl）和芥酸含量不同的油菜品种的菜籽饼和水平对蛋鸡生产性能、饲粮养分利用率及十二指肠肠道形态的影响。试验采用 $2 \times 4 + 1$ 因子设计，设 1 个不含菜籽饼的对照组（基础饲粮为玉米豆粕型）、2 个菜籽饼水平（7%、14%）和 4 个不同的菜籽饼品种（西禾油 3 号：XH3；绵邦油 1 号：MB1；德油 5 号：DY5；德油 6 号：DY6）。4 个菜籽饼的总 Gl 的含量（μmol/g 饼）分别为：132.83、43.23、74.66 和 22.67，芥酸含量分别为：44.6%、3.5%、16.2% 和 0.7%。选取 30 周龄的罗曼粉壳蛋鸡 1 080 只，随机分为 9 组，每个处理 8 个重复，每个重复 15 只，试验期 8 周。结果表明，与对照组相比，菜籽饼显著降低 1~4、5~8 和 1~8 周的日采食量、日产蛋率、蛋重和产蛋量（$P < 0.05$），但对料蛋比和死亡率无显著影响（$P > 0.05$）；与 DY6 菜籽饼相比，XH3 有降低 1~8 周平均蛋重的趋势（$P = 0.07$）；与 7% 菜籽饼相比，14% 菜籽饼有降低 5~8 周和 1~8 周日采食量的趋势（$P = 0.08$，$P = 0.06$），并且显著增加 1~4 周死亡率（$P = 0.04$）。菜籽饼显著降低饲粮表观代谢能、干物质和粗脂肪的消化率（$P < 0.001$，$P < 0.0001$，$P < 0.01$），其中，XH3 菜籽饼饲粮的粗脂肪利用率最低，与 DY6、DY5 和 MB1 差异显著（$P = 0.01$）。菜籽饼显著降低试验 8 周时蛋鸡的十二指肠绒毛高度（V）、增加隐窝深度（C；$P < 0.001$，$P < 0.001$）；与 7% 菜籽饼组相比，14% 菜籽饼显著降低 V 和绒毛高度/隐窝深度（V/C）、增大 C（$P < 0.01$，$P < 0.01$，$P = 0.009$）；饲喂 DY6 菜籽饼组蛋鸡的 V、V/C 显著高于 DY5、MB1 和 XH3 品种（$P < 0.01$），DY5、MB1 品种的 V/C 显著高于 XH3 品种（$P < 0.01$），并且 XH3 品种的 C 显著高于 DY6、DY5 和 MB1 品种（$P < 0.01$）；菜籽饼品种和水平对 8 周的 V 和 V/C 有显著的交互作用（$P < 0.01$，$P = 0.002$），7% 水平下 4 个品种的 V 没有差异，但 14% 水平下 V 表现为：DY6＞MB1＝DY5＞XH3，同时 7% 水平下 V/C 表现为：DY6＝MB1＝DY5＞XH3，但 14% 水平下 V/C 表现为：DY6＞MB1＞DY5＞XH3。由此可见，蛋鸡饲粮中加入菜籽饼降低产蛋率、饲粮养分消化率及十二指肠的绒毛高度；高硫苷、高芥酸的菜籽饼的影响比低硫苷、低芥酸的菜籽饼更大，四个品种以双低品种 DY6 菜籽饼最好。

关键词：菜籽饼；蛋鸡；生产性能；饲粮养分消化率；肠道形态

[*]　基金项目：科技部科技支撑项目"畜禽产品安全生产技术集成与示范" 2014BAD13B04

[**]　第一作者简介：朱丽萍（1991—），女，四川成都人，博士研究生，从事家禽营养研究，E-mail：357009299@qq.com

[#]　通讯作者：张克英，教授，博士生导师，E-mail：zkeying@sicau.edu.cn

黑水虻幼虫粉对育肥猪生长性能、血清生化指标、屠宰性能和肉品质的影响*

余苗** 　陈卫东　李贞明　王刚　马现永# 　李剑豪

（广东省农科院动物科学研究所，农业部华南动物营养与饲料重点实验室，
畜禽育种国家重点实验室，广东省畜禽育种与营养研究重点实验室，
广东畜禽肉品质量安全控制与评定工程技术研究中心，广州 510640）

摘要：本试验旨在研究黑水虻幼虫粉对肥育猪生长性能、血清生化指标、屠宰性能以及肉品质的影响。选取 72 头初始体重相近且健康的"杜×长×大"三元杂交母猪，按照等能等氮的原则，在饲粮中分别添加 0%（对照组）、4%（4%组）和 8%（8%组）的黑水虻幼虫粉，每组 8 个重复，每个重复 3 头猪，为期 42 天的正式试验。结果表明：1）与对照组相比，饲粮中添加 4% 的黑水虻幼虫粉显著增加了肥育猪的平均日增重（ADG）（$P<0.05$），并降低了料重比（F：G）（$P<0.05$），但对平均日采食量（ADFI）无显著影响（$P>0.05$），而添加 8% 的黑水虻幼虫粉，对猪的生长性能无显著影响（$P>0.05$）。2）与对照组相比，饲粮中添加 4% 黑水虻幼虫粉显著增加血清中总蛋白、球蛋白和葡萄糖的浓度（$P<0.05$），降低了尿素氮的浓度（$P<0.05$）。3）与对照组相比，在饲粮中添加 8% 的黑水虻幼虫粉显著增加背最长肌的眼肌面积（$P<0.05$），添加 4% 和 8% 的黑水虻幼虫粉对其他胴体性状均无显著影响（$P>0.05$）。4）在饲粮中添加 4% 黑水虻幼虫粉显著增加了背最长肌的大理石纹评分（$P<0.05$），对肉色、pH、剪切力、滴水损失等无显著影响（$P>0.05$）。综上所述，在饲粮中添加 4% 的黑水虻幼虫粉，可提高肥育猪的生长性能，改善机体代谢，对肉质有改善作用，可作为新型优质蛋白质原料应用于肥猪育饲粮中。

关键词：黑水虻；育肥猪；生长性能；血清生化；肉品质

---

* 基金项目：广东省农业科学院院长基金（201802B）；广东省现代农业产业技术体系创新团队项目任务书（2017LM1080）；广州市重点项目（201707020007）；广东省畜禽育种与营养研究重点实验室开放运行（2017B030314044）

** 第一作者简介：余苗（1985—），四川广安人，博士研究生，主要从事肠道微生物与生态健康养殖研究工作，E-mail：ymiao5656@163.com

\# 通讯作者：马现永，山东日照人，研究员，硕士生导师，主要从事动物营养与饲料科学、生态养殖与环境控制研究工作，E-mail：lilymxy80@sohu.com

黑水虻幼虫粉对断奶仔猪生长性能、
血清生化和免疫指标的影响*

余苗** 陈卫东 李贞明 王刚 容庭 马现永#

（广东省农业科学院动物科学研究所,农业部华南动物营养与饲料重点实验室,
畜禽育种国家重点实验室,广东省畜禽育种与营养研究重点实验室,
广东畜禽肉品质量安全控制与评定工程技术研究中心,广州 510640）

摘要:本试验旨在研究黑水虻幼虫粉对断奶猪生长性能、血清生化指标和免疫指标的影响。试验选取体重相近且胎次相同的 28 日龄健康的"杜×长×大"三元杂交断奶仔猪 128 头,按照等能等氮的原则,在饲粮中分别添加 0%(对照组)、1%(1%组)、2%(2%组)和 4%(4%组)的黑水虻幼虫粉,每组 8 个重复,每个重复 4 头猪(公母各半),试验为期 28 天。结果表明:1)与对照组相比,饲粮添加黑水虻幼虫粉对断奶仔猪的末重、平均日增重(ADG)、平均日采食量(ADFI)无显著影响($P>0.05$),但显著降低料重比(F∶G)(二次项 $P<0.05$),其中 2%组的 F∶G 比对照组低 8.4%。2)与对照组相比,饲粮添加黑水虻幼虫粉显著增加了血清中总蛋白(线性 $P<0.01$,二次项 $P<0.05$)、球蛋白(线性 $P<0.01$,二次项 $P<0.05$)、尿素氮(线性 $P<0.05$,二次项 $P<0.01$)、甘油三酯(线性 $P<0.01$,二次项 $P<0.01$)、胆固醇(线性 $P<0.01$,二次项 $P<0.05$)、高密度脂蛋白(线性 $P<0.01$,二次项 $P<0.05$)、低密度脂蛋白的浓度(线性 $P<0.05$)。但对其他血清生化指标无显著影响,表明饲粮添加黑水虻幼虫粉影响机体的氮代谢和脂类代谢。3)与对照组相比,饲粮中添加黑水虻幼虫粉显著降低了血清中 INF-γ(线性 $P<0.01$,二次项 $P<0.05$)和 IL-10(线性 $P<0.05$)的浓度,其中 2%组的 INF-γ 浓度最低,但不同饲粮处理对血清中 IgA、IgG、TNF-α 以及 IL-8 的浓度无显著影响($P>0.05$)。综上所述,本试验条件下,在饲粮中添加 2%黑水虻幼虫粉提高了仔猪生长性能,降低了仔猪的 F∶G,提高机体氮代谢和脂类代谢,并降低血清中细胞因子 INF-γ 和 IL-10 的浓度,维护宿主的免疫稳定。

关键词:黑水虻;仔猪;生长性能;血清生化;免疫

* 基金项目:广东省农业科学院院长基金(201802B);广东省现代农业产业技术体系创新团队项目任务书(2017LM1080);广州市重点项目(201707020007);广东省畜禽育种与营养研究重点实验室开放运行(2017B030314044)
** 第一作者简介:余苗(1985—),四川广安人,博士研究生,主要从事肠道微生物与生态健康养殖研究工作,E-mail:ymiao5656@163.com
# 通讯作者:马现永,山东日照人,研究员,硕士生导师,主要从事动物营养与饲料科学、生态养殖与环境控制研究工作,E-mail:lilymxy80@sohu.com

棉籽副产品生长猪有效能值和氨基酸消化率的测定*

马东立** 　刘岭　 张帅#

（中国农业大学动物科技学院，北京 100193）

摘要：本研究的目的是测定 7 种棉籽副产品生长猪的有效能值、营养物质消化率、氨基酸表观回肠末端消化率和标准回肠末端消化率。棉籽副产品共 7 种，分别为粗蛋白质含量为 46%、50% 和 55% 的棉籽粕（46CSM、50CSM 和 55CSM）、粗蛋白质含量分别为 50% 和 55% 的棉籽蛋白（50CSP 和 55CSP）、发酵棉籽粕（CSMF）和压榨棉粕（CSME）。试验一选取 48 头初始体重为（44.1±4.2）kg 的三元杂交（杜 × 大 × 长）去势公猪，采用完全随机试验设计，应用全收粪尿法，以玉米-豆粕型日粮作为基础日粮，测定 7 种棉籽副产品消化能、代谢能和营养物质消化率。试验共分为 8 个处理，每个处理 6 个重复，每个重复 1 头猪。试验二选取 8 头初始体重为（67.4±8.5）kg 的三元杂交（杜 × 大 × 长）去势公猪，试验采取 6 × 8 拉丁方设计，测定 8 种日粮的表观和标准回肠末端氨基酸消化率。试验共 6 期，每期 7 天，前 5 天为适应期，后 2 天为食糜收集期。试验一结果表明，7 种棉籽副产品的消化能和代谢能分别为 12.72～15.63 MJ/kg 和 12.24～14.83 MJ/kg。在 7 种棉籽副产品中，55CSP 和 CSME 的消化能和代谢能含量最高（$P<0.05$）。试验二结果表明，除甘氨酸和脯氨酸外，55CSP 的表观和标准回肠末端氨基酸消化率最高（$P<0.05$），46CSM 和 55CSM 组的表观和标准氨基酸消化率最低（$P<0.05$）。此外，除甘氨酸和脯氨酸外，55CSP 组的标准回肠可消化蛋白质和氨基酸的含量最高（$P<0.05$）。综上所述，不同加工工艺所生产的棉籽副产品其化学组成、有效能值和氨基酸消化率变异很大。基于消化代谢试验和氨基酸消化率试验结果，粗蛋白质水平为 55% 的棉籽蛋白与其他棉籽副产品相比，在生长猪上的应用效果更好。

关键词：有效能值；氨基酸消化率；棉籽粕；棉籽蛋白；发酵棉籽粕；生长猪

　* 基金项目：现代农业产业技术体系（CARS-36）；国家自然科学基金项目（31372317）和 111 引智项目（B16044）
　** 第一作者简介：马东立，男，博士研究生，研究方向为动物营养与饲料科学，E-mail：madongli66@sina.com
　# 通讯作者：张帅，男，讲师，E-mail：zhangshuai16@cau.edu.cn

深度发酵大豆蛋白仔猪应用研究[*]

乔凯^{**}   杨在宾[#]

（山东农业大学动物科技学院,泰安 271018）

摘要:深度发酵大豆蛋白是指采用现代生物工程技术,利用天然蛋白质资源,发酵分解大分子蛋白质降低抗营养因子,提取生物活性多肽。本试验旨在研究用深度发酵大豆蛋白替代血浆蛋白粉、肠膜蛋白或鱼粉,对仔猪生产性能和血清生化的影响。选取断奶仔猪 320 头,随机分为 4 组(每个组 4 个重复,每个重复 20 头):对照组饲喂基础日粮(含 3‰血浆蛋白,3‰肠膜蛋白和 3‰鱼粉),试验组分别饲喂 9‰深度发酵大豆蛋白替代基础日粮中的 3‰血浆蛋白、3‰深度发酵大豆蛋白替代基础日粮中 3‰肠膜蛋白和 3.5‰深度发酵大豆蛋白替代基础日粮中的 3‰鱼粉的试验日粮,4 个组营养水平一样,试验期 28 天。结果表明:1)用 3.5‰深度发酵大豆蛋白替代基础日粮中的 3‰鱼粉的试验日粮,显著提高了采食量($P<0.05$)。2)用 3‰深度发酵大豆蛋白替代基础日粮中 3‰肠膜蛋白和用 3.5‰深度发酵大豆蛋白替代基础日粮中的 3‰鱼粉的试验日粮能显著降低腹泻率($P<0.05$)。3)用 3‰深度发酵大豆蛋白替代基础日粮中 3‰肠膜蛋白的试验日粮显著提高了血液中谷草转氨酶含量,用 9‰深度发酵大豆蛋白替代基础日粮中的 3‰血浆蛋白的试验日粮显著降低了血液中谷草转氨酶含量($P<0.05$)。4)用 9‰深度发酵大豆蛋白替代基础日粮中的 3‰血浆蛋白的试验日粮显著提高了血液中碱性磷酸酶含量,用 3‰深度发酵大豆蛋白替代基础日粮中 3‰肠膜蛋白的试验日粮显著降低了血液中碱性磷酸酶含量($P<0.05$)。5)用 3.5‰深度发酵大豆蛋白替代基础日粮中的 3‰鱼粉的试验日粮显著提高了血清葡萄糖浓度,用 3‰深度发酵大豆蛋白替代基础日粮中 3‰肠膜蛋白试验日粮显著降低了血清葡萄糖浓度($P<0.05$)。由此可见,深度发酵大豆蛋白替代鱼粉能提高仔猪采食量、降低腹泻率和提高血清葡萄糖浓度;深度发酵大豆蛋白替代肠膜蛋白能提高谷草转氨酶浓度、降低腹泻率;深度发酵大豆蛋白替代血浆蛋白能提高血液中碱性磷酸酶含量。

关键词:深度发酵大豆蛋白;血浆蛋白;鱼粉;血清生化;仔猪

* 基金项目:山东省现代农业产业技术体系生猪创新团队建设项目(SDAIT-08-04)

** 第一作者简介:乔凯(1991—),男,山东日照人,在读研究生,主要从事动物营养与饲料科学方面的研究,E-mail:1540436225@qq.com

通讯作者:杨在宾(1961—),男,山东济南人,教授,博士生导师,主要从事动物营养与饲料科学,饲料配方设计,饲料加工,饲料添加剂与畜禽养殖方面的研究,E-mail:yangzb@sdau.edu.cn

浓缩脱酚棉籽蛋白生长猪消化能评定
及对仔猪生长的影响[*]

赵建飞[**]　李瑞　宋泽和　范志勇　贺喜[#]

（湖南农业大学动物科学技术学院，长沙 410128；饲料安全与高效利用教育部工程研究中心，
长沙 410128；湖南畜禽安全生产协同创新中心，长沙 410128）

摘要：饲料资源短缺问题（尤其是饲料蛋白资源）严重制约着我国生猪养殖业和饲料工业的发展。仔猪作为生猪养殖的重要环节之一，其对饲料蛋白原料要求较高，传统上仔猪饲粮常采用高可消化蛋白原料。浓缩脱酚棉籽蛋白（CDCP）是一种低抗性、高品质的新型植物性蛋白资源。本研究旨在通过猪消化代谢试验测定 CDCP 生长猪消化能，同时开展仔猪饲养试验探究其替代鱼粉的应用效果，为 CDCP 在仔猪中的应用提供依据。试验一：CDCP 生长猪消化能测定。试验选取日龄、体重相近[(38.80±2.60) kg]的"长×大"健康阉公猪 8 头，随机分成 2 组，每组 4 头，分别饲喂基础饲粮和试验饲粮（80%基础饲粮＋20%CDCP），单笼饲养，采用交叉法进行消化代谢试验，试验期分 2 个阶段，每个阶段 8 天（预试期 5 天，正式试验期 3 天）。采用全收粪法结合套算法测定 CDCP 生长猪消化能。测定结果显示：生长猪对 CDCP 的能量表观消化率为 86.64%，消化能值为 15.61 MJ/kg。试验二：CDCP 替代鱼粉对仔猪生长性能的影响。试验选取日龄、体重相近[(10.00±0.60) kg]"长×大"健康仔猪 132 头，按随机区组设计分成鱼粉组和 CDCP 组，每组 6 个重复，每个重复 11 头仔猪，试验期 28 天。鱼粉组饲粮中鱼粉用量为 4%，CDCP 组为利用 CDCP 全替代饲粮中的鱼粉，两种饲粮消化能和回肠标准可消化赖氨酸、蛋氨酸、苏氨酸、色氨酸均满足或超过 NRC 2012 仔猪营养需要。结果表明：两组仔猪 ADG、ADFI 和 F：G 差异不显著（$P>0.05$），血液生化指标差异不显著（$P>0.05$）；而在表观养分消化率方面，CDCP 组的能量和粗脂肪的表观消化率显著低于鱼粉组（$P<0.05$），其他养分消化率指标两组差异不显著（$P>0.05$）。综上所述，CDCP 生长猪消化能值为 15.61 MJ/kg。仔猪饲粮在消化能和 4 种必需氨基酸（SID Lys、Met、Thr 和 Trp）满足或超过 NRC 2012 条件下，CDCP 替代鱼粉不影响仔猪生长性能。

关键词：浓缩脱酚棉籽蛋白；仔猪；消化能；生长性能

---

[*]　基金项目：国家重点研发计划（2016YFD0501209）

[**]　第一作者简介：赵建飞（1993—），男，四川南充人，硕士研究生，研究方向为饲料资源开发与利用，E-mail：951085422@qq.com

[#]　通讯作者：贺喜，教授，博士生导师，E-mail：hexi111@126.com

全棉籽碱化方法及其效果的综合评估[*]

苏义童[**]　　李胜利[#]　　王雅晶[#]

（中国农业大学动物科技学院,北京 100193）

摘要:本实验探究全棉籽（新疆）在不同浓度（NaOH 的添加量分别占全棉籽干物质质量的 0％,2％,4％,6％,8％）的碱化条件下,其主要营养成分的瘤胃和小肠降解率的变化规律,以及碱化处理对全棉籽饲料缓冲能力和储存时霉菌毒素含量的影响,综合评估全棉籽的碱化效果,在本试验条件下筛选最佳碱化浓度。本试验选取 3 头处于泌乳高峰期和泌乳后期,装有瘤胃瘘管的健康高产荷斯坦奶牛,根据王加启等(2007)建立的评定饲料养分瘤胃动态降解率的移动尼龙袋法,设置样品瘤胃停留时间梯度为:0,2,6,12,16,24,30,36 和 48 h,投袋按时取出,检测各碱化条件下全棉籽干物质（DM）,粗蛋白质（CP）,粗脂肪（EE）,中性洗涤纤维（NDF）和酸性洗涤纤维（ADF）的瘤胃降解率;按照岳群(2007)等探索和提炼的体外酶解三步法测定各碱化梯度全棉籽的 CP 小肠消化率;利用霉菌毒素快检设备,连续半月监测各浓度碱化后的全棉籽呕吐毒素和黄曲霉毒素 B_1 的含量;根据 Bolduan 提出的饲料原料缓冲能力的评估方法,在饲料原料瘤胃流通速率最快的时刻,评估各浓度碱化全棉籽的缓冲能力,利用固定模型分析碱化对全棉籽各成分消化率,霉菌毒素含量和缓冲能力的影响。结果显示:碱化处理和饲料的瘤胃停留时间对全棉籽各成分的瘤胃降解率影响均显著($P<0.05$),碱化处理与饲料瘤胃停留时间的互作只对全棉籽 EE、NDF 和 ADF 的瘤胃降解率影响显著($P<0.05$),DM 瘤胃降解率的峰值出现在 4％碱处理组,CP 和 EE 理想的瘤胃降解率在 2％～6％碱处理组。NDF 和 ADF 的瘤胃降解率和 CP 小肠消化率均随碱的添加量增加而增加。呕吐毒素和黄曲霉毒素 B_1 在 4％～6％碱化处理时含量较低且相对平稳,全棉籽最佳的缓冲能力在 4％～6％碱化梯度。综合各项指标,本试验条件下的全棉籽最佳碱化浓度在 4％～6％。本试验的结果可为牧场提供增加全棉籽饲喂效率的方法参考。

关键词:全棉籽;碱化;降解率;霉菌毒素;饲料原料缓冲能力

　*　基金项目:国家重点研发计划"畜禽重大疫病防控与高效安全养殖综合技术研发"(2018YFD0501603)

　**　第一作者简介:苏义童(1996—),女,黑龙江省哈尔滨,硕士研究生,反刍动物营养方向,E-mail:2969269040@qq.com

　#　通讯作者:李胜利,教授,国家奶牛产业技术体系首席科学家,博士生导师,E-mail:lisheng0677@163.com;王雅晶,博士,E-mail:yajingwang@cau.edu.cn

麻风籽饼粕对生长猪生产性能、血清生化、免疫、抗氧化指标和消化功能的影响[*]

张珍誉[1,2][**]　　赵华[1]　　陈小玲[1]　　刘光芒[1]　　田刚[1]　　蔡景义[1]　　贾刚[1][#]

（1.四川农业大学动物营养研究所，成都 611130；2.眉山职业技术学院农业技术系，眉山 620010）

摘要：本研究旨在研究麻风籽饼粕对生长猪的生长性能、器官组织形态、血清生化指标、免疫指标、抗氧化指标和消化酶活性的影响，探讨其作为新型蛋白饲料的可能性。试验选取日龄相近，体重为(26.87 ± 1.43) kg 的 DLY 生长猪 32 头，分为对照组和麻风籽饼粕组，每组 4 个重复，每个重复 4 头猪。采用麻风籽饼粕等氮替代 25% 的豆粕（即麻风籽饼粕占饲料组分的 6%）作为麻风籽饼粕组饲粮。试验期为 14 天，每天观察和记录猪的临床症状；在试验结束当天，于各组选取 4 头接近平均体重的空腹猪颈部采血，用于测定血清生化指标、免疫指标和抗氧化指标。随后经颈静脉放血屠宰，剖检体内脏器并称重，计算脏器系数。取十二指肠食糜和胰腺组织用于检测淀粉酶、总蛋白酶、脂肪酶的活力。取肺、胃、空肠、肝脏和肾脏组织样品，用于制作切片。结果表明：1）麻风籽饼粕组的平均日采食量、平均日增重和料重比均显著降低（$P < 0.05$）；从试验第 5 天起，麻风籽饼粕组整体出现持续性水状严重腹泻，并在试验第 12 天开始死亡，到第 14 天时累计死亡率为 31.25%。2）麻风籽饼粕组猪的内脏器官广泛出现器质性病变，其中肉眼可见颈部和腹股沟淋巴结肿大，肝、脾、消化道和消化腺出现充血或淤血；组织切片结果表明肺、胃、空肠、肝脏和肾脏均产生严重病变。3）试验结束时，麻风籽饼粕组猪的血清中 ALT、AST、TC、BUN、TP、ALB 含量显著升高（$P < 0.05$）；ALP、GLU、P 显著降低（$P < 0.05$），TG、Ca 无显著变化（$P > 0.05$）；IgG、IgM、lgA、C3、C4 浓度显著下降（$P < 0.05$）；GSH-Px、T-SOD、CAT、T-AOC、GSH 浓度显著下降（$P < 0.05$），而 MDA 含量显著升高（$P < 0.05$）。4）麻风籽饼粕组猪的心、肝、脾、肾、肺、胸腺指数显著大于对照组（$P < 0.05$），而胰腺、胃、小肠、大肠指数显著小于对照组（$P < 0.05$）。5）麻风籽饼粕组猪的十二指肠食糜和胰腺中淀粉酶、总蛋白酶、脂肪酶的活力均显著受到抑制（$P < 0.05$）。由此可见，饲喂麻风树籽饼粕对生长猪的组织器官造成严重损伤并降低了机体的免疫功能、抗氧化功能和消化酶活性，从而降低了猪的生长性能。

关键词：麻风籽饼粕；生长猪；生长性能；血清生化；免疫；抗氧化；消化功能

[*] 基金项目："十三五"国家重点研发计划"畜禽现代化饲养关键技术研发"（2017YFD0502000）

[**] 第一作者简介：张珍誉（1984—），女，湖南沅江人，博士研究生，研究方向为饲料资源开发与高效利用，E-mail：zhangzhe-ny1111@126.com

[#] 通讯作者：贾刚，教授，博士生导师，E-mail：jiagang700510@163.com

不同品种和水平的菜籽饼对鸡蛋品质的影响[*]

朱丽萍[**]　王建萍　丁雪梅　白世平　曾秋凤　玄玥　宿卓薇　张克英[#]

[四川农业大学动物营养研究所,动物抗病营养教育部重点实验室,
动物抗病营养与饲料农业农村部(区域性)重点实验室,成都 611130]

摘要:本试验旨在研究硫葡萄糖苷(硫苷)和芥酸含量不同的油菜品种和水平的菜籽饼对鸡蛋品质的影响。选取 30 周龄的罗曼粉壳蛋鸡 1 080 只,试验采用 2×4+1 因子设计,随机分为 9 组(每个处理 8 个重复,每个重复 15 只),设对照组(基础饲粮,玉米豆粕型)、2 个菜籽饼水平(7%、14%)和 4 个不同的菜籽饼品种(西禾油 3 号:XH3;绵邦油 1 号:MB1;德油 5 号:DY5;德油 6 号:DY6)。4 个品种的菜籽饼的总硫苷的含量分别为:132.83、43.23、74.66 和 22.67 μmol/g,芥酸含量分别为:44.6%、3.5%、16.2% 和 0.7%,试验期 8 周。与对照组相比,菜籽饼对 8 周蛋壳的 L^*、a^*、b^*、蛋壳强度和厚度没有显著影响($P>0.05$),但显著降低 8 周的蛋白高度($P=0.04$)和 4 周的哈夫单位($P=0.005$),显著增大 8 周的蛋黄比色($P=0.002$);DY6 品种第 2、6 和 8 周的蛋白高度显著高于 XH3 品种($P=0.05$,$P<0.01$,$P=0.012$),XH3 品种第 6 和 8 周的哈夫单位显著低于 DY6 品种($P=0.02$,$P=0.01$),并且在第 6 和 8 周时蛋黄比色显著高于 DY5、MB1 和 XH3 品种($P<0.001$,$P<0.001$);菜籽饼品种和水平对 6 周的蛋白高度、哈夫单位及 8 周的蛋黄比色有显著的交互作用($P=0.001$,$P=0.02$,$P<0.001$),7% 水平下 4 个品种间的蛋白高度、哈夫单位、蛋黄比色差异不显著,但 14% 水平下的蛋白高度:DY6=MB1=DY5=XH3,哈夫单位:DY6>DY5=MB1=XH3,蛋黄比色:DY6>MB1=DY5=XH3。储藏 7 天后,与对照组相比,菜籽饼对蛋壳强度和厚度没有显著影响($P=0.64$,$P=0.65$),但显著降低蛋白高度和哈夫单位、增大蛋黄比色($P<0.001$,$P=0.012$,$P=0.007$);DY6 菜籽饼组蛋白高度、哈夫单位和蛋黄比色显著高于 DY5、MB1 和 XH3 菜籽饼组($P<0.001$,$P=0.001$,$P<0.001$);与 7% 菜籽饼组相比,14% 菜籽饼组显著降低蛋白高度、增大蛋黄比色($P=0.043$,$P<0.001$);菜籽饼品种和水平对储藏 7 天后的蛋白高度、哈夫单位、蛋黄比色有显著的交互作用($P=0.006$,$P=0.007$,$P=0.005$),14% 水平下,4 个品种间蛋白高度、哈夫单位无显著差异,但 7% 水平下 DY6 品种的蛋白高度、哈夫单位显著高于 MB1 品种,而 4 个品种的蛋黄比色在 7% 水平下无显著差异,但在 14% 水平下 DY6 品种显著高于 DY5、MB1 和 XH3 品种。由此可见,蛋鸡饲粮中加入菜籽饼降低蛋白高度和哈夫单位、增大蛋黄比色;高硫苷、高芥酸的菜籽饼的影响比低硫苷、低芥酸的菜籽饼更大,并且蛋黄比色更低,4 个品种以双低品种 DY6 菜籽饼最好。

关键词:菜籽饼;蛋鸡;蛋品质;鸡蛋储藏

---

    [*] 基金项目:科技部科技支撑项目"畜禽产品安全生产技术集成与示范" 2014BAD13B04

  [**] 第一作者简介:朱丽萍(1991—),女,四川成都人,博士研究生,从事家禽营养研究,E-mail:357009299@qq.com

  [#] 通讯作者:张克英,教授,博士生导师,E-mail:zkeying@sicau.edu.cn

国产加拿大双低菜籽粕的营养价值测定与分析[*]

苏茜[**]　薛凯元　田雨佳　张学炜[#]

（天津农学院动物科学与动物医学学院，天津 300384）

摘要：双低油菜是加拿大最有价值的农作物之一，是采用传统育种技术培育而成的油菜品种。其油菜籽含油量约为 44%，经压榨萃取得到菜籽油，余下的固体部分经加工成为优质的蛋白质饲料——双低菜粕（canola meal，CM）。本试验应用"湿化学"法，结合康奈尔净碳水化合物-蛋白体系（CNCPS）和 NRC-2001 模型对国内生产的加拿大 CM 营养价值进行综合评定，分析国内不同厂家生产的加拿大 CM 的营养价值，为其在国内奶牛养殖中高效利用提供科学依据。试验选取我国南方和北方 5 个以进口加拿大棕色双低菜籽炼油为主营的炼油厂，按照多点随机采样法对每厂分别采集 3 个不同生产批次的 CM 样品作为重复，5 个厂共采集 15 个样品作为研究对象，每个样品采集量约 1 kg。按照国际通用方法对常规营养成分进行测定，采用康奈尔净碳水化合物-蛋白质体系（CNCPS）对样品蛋白质和碳水化合物组分进行剖分，估测双低菜粕作为饲料在奶牛瘤胃中的降解情况，并根据 NRC 模型估测其真可消化养分含量和能值。结果表明：1）5 个厂家生产的 CM 常规营养成分的平均值分别为：干物质（DM）为（91.1±0.20）%。干物质中粗蛋白质（CP）为（42.1±0.47）%，粗脂肪（EE）为（1.3±0.29）%，粗灰分（ASH）为（7.6±0.25）%，可溶性蛋白（SCP）为（10.8±1.53）%，非蛋白氮（NPN）为（5.6±0.13）%，中性洗涤纤维（NDF）为（26.8±3.99）%，酸性洗涤纤维（ADF）为（21.3±0.48）%，酸性洗涤木质素（ADL）为（7.4±0.44）%，中性洗涤不溶蛋白（NDICP）为（2.6±0.15）%，酸性洗涤不溶蛋白（ADICP）为（3.1±0.60）%，非纤维碳水化合物（NFC）为（20.9±1.77）%，淀粉（starch）为（2.3±0.09）%，可溶性糖（sugar）为（2.5±0.16）%。2）由于 CM 基本不含或者极少量含有氨、挥发性脂肪酸、乳酸和其他有机酸成分，在 CNCPS 6.5 模型分析中，其值视为 0。而其他各组分的平均值为：PA（非氨类可溶性真蛋白）为（109.6±16.82）g/kg DM，PB1（中速可降解真蛋白）为（831.7±16.11）g/kg DM，PB2（慢速可降解真蛋白质）为（25.7±3.39）g/kg DM，PC（不可降解蛋白质）为（30.6±5.65）g/kg DM；CA4（糖类）为（25.7±1.35）g/kg DM、CB1（淀粉）为（23.1±0.68）g/kg DM、CB2（可溶性纤维）（160.4±18.00）g/kg DM、CB3（可利用的中性洗涤纤维）（104.4±11.34）g/kg DM，CC（不可利用的中性洗涤纤维）（177.2±10.03）g/kg DM。3）经 NRC-2001 模型估算，CM 干物质中 tdNDF（真可消化中性洗涤纤维）为（0.79±0.347）%DM，tdFA（真可消化脂肪）为（0.37±0.247）%DM，tdCP（真可消化粗蛋白质）为（40.86±0.668）%DM，tdNFC（真可消化非纤维碳水化合物）为（26.20±1.679）%DM，TDN（总可消化养分）为（61.69±1.893）%DM。经过对 CM 能值估测，其 NEm（维持净能）为（1.76±0.038）Mcal/kg DM，NEL3x（产奶净能）为（1.05±0.028）Mcal/kg DM，NEg（增重净能）为（0.67±0.010）Mcal/kg DM。本实验所分析的国产加拿大双低菜粕应用丰富，可以作为奶牛优质的饲料，建议在当前中美贸易战情况下进行合理的开发和应用。

关键词：双低菜粕；营养分析；CNCPS 体系；NRC 模型；奶牛

---

* 基金项目：天津市农委农业科技引进重大项目（201303080）；天津市千人计划项目；天津市奶牛现代农业产业技术体系创新团队建设项目（ITTCRS2017009）

** 第一作者简介：苏茜（1989—），女，河北人，硕士研究生，从事奶牛营养与饲料品质评价方向，E-mail：wennuansuqian@sina.com

\# 通讯作者：张学炜，教授，硕士生导师，E-mail：zhangxuewei63@163.com

豆粕、菜籽粕及双低菜粕碳水化合物
营养组分之间的差异*

田雨佳** 卢冬亚 马占霞 张学炜#

(天津农学院动物科学与动物医学学院,天津 300384)

摘要:本试验旨在研究中国地区不同省份间的豆粕、菜籽粕和双低菜粕康奈尔净碳水化合物-蛋白质体系(CNCPS)剖析后,碳水化合物的营养价值及二级分子结构特征参数之间的差异。采集中国福建省、天津市、北京市、四川省及安徽省的豆粕、菜籽粕及双低菜粕,对其进行常规营养成分分析,并利用康奈尔净碳水化合物-蛋白质体系(CNCPS)对样品的碳水化合物组分进行剖析。采用傅里叶中红外光谱(ATR-FT/IR)扫描技术,测定并分析豆粕、菜籽粕和双低菜粕样品碳水化合物分子结构特征参数。结果表明:1)不同饲料类型之间可溶糖含量呈极显著差异($P<0.01$),ADF含量呈极显著差异,其中豆粕ADF含量极显著低于普通菜籽粕ADF含量($P<0.01$)。不同饲料类型之间总碳水化合物含量呈极显著差异,豆粕的总碳水化合物含量极显著低于其他两种饲料($P<0.01$)。2)碳水化合物中豆粕的CB2组分含量极显著高于双低菜粕及菜籽粕的CB2组分($P<0.01$),三种饲料的CC组分含量有趋于显著的趋势($P=0.09$),其中,豆粕的碳水化合物组分中CC含量有显著低于其他两组的趋势。3)分子结构特征参数中,豆粕的β-葡聚糖峰面积及峰高均显著高于双低菜粕及普通菜粕的β-葡聚糖峰面积及峰高($P<0.05$);豆粕及双低菜粕碳水化合物第三亚峰峰高显著高于普通菜粕的第三亚峰峰高。由此可见,豆粕的总碳水化合物含量低于双低菜粕及普通菜粕,但是易消化的碳水化合物组分却优于普通菜籽粕及双低菜粕。今后的试验可进一步探讨三种饼粕类饲料在反刍动物瘤胃内消化降解差异,进而可从饲料分子结构角度分析其在动物体内的利用价值及机理。

关键词:豆粕;菜籽粕;双低菜粕;碳水化合物;分子结构特征参数

* 基金项目:天津市科技计划项目(17ZXBFNC00100),天津市级大学生创新创业训练计划项目(201710061072),天津市奶牛现代农业产业技术体系创新团队建设项目(ITTCRS2017009)

** 第一作者简介:田雨佳(1987—),女,天津市人,博士研究生,讲师,从事奶牛营养与饲料营养价值评价方向的研究,E-mail:15810814632@163.com

通讯作者:张学炜,教授,硕士生导师,E-mail:zhangxuewei63@163.com

不同酸价米糠黄羽肉鸡有效能值的评定[*]

蒋小碟[1,2][**]　　王璐[1,2]　　吴昀昭[1,2]　　宋泽和[1,2]　　范志勇[1,2]　　呙于明[3]　　贺喜[1,2][#]

（1.湖南农业大学动物科学技术学院，长沙 410128；2.湖南畜禽安全生产协同创新中心，
长沙 410128；3.中国农业大学动物科学技术学院，北京 100193）

摘要：本试验旨在测定不同酸价米糠的常规养分，并评定不同日龄黄羽肉鸡对不同酸价米糠的表观代谢能（AME）、氮校正表观代谢能（AMEn）、回肠可消化能（IDE），探讨米糠的酸败程度对其养分含量及有效能值等指标的影响。试验选取 504 只 1 日龄的雄性黄羽肉鸡，分为 7 个处理，分别饲喂玉米-豆粕型基础日粮和 6 种试验日粮，试验日粮是将 3 种不同酸价的米糠分别按照 15%、30% 的比例添加到基础日粮（仅替代基础日粮的供能组分）配制所得。试验分别在肉鸡 14～16 天和 28～30 天用全收粪法测定了日粮的 AME 和 AMEn，在 17 天和 31 天用回肠末端食糜法测定了日粮的 IDE，并通过回归法估算了不同酸价米糠的 AME、AMEn 及 IDE。试验结果表明：1）不同酸价的米糠养分含量不同，米糠的总能、粗脂肪及粗蛋白质含量均随米糠酸价升高而降低，其中总能及粗脂肪含量的变异系数较大。2）14～16 天黄羽肉鸡 3 种酸价的米糠 AME、AMEn、IDE 分别为 11.92、11.80、11.71 MJ/kg（酸价 5.56 mg KOH/g）；13.26、12.87、12.69 MJ/kg（酸价 9.74 mg KOH/g）；9.22、8.79、9.60 MJ/kg（酸价 13.17 mg KOH/g）；28～30 天黄羽肉鸡 3 种酸价的米糠 AME、AMEn、IDE 分别 10.30、10.13、10.29 MJ/kg（酸价 5.56 mg KOH/g）；10.84、10.46、10.22 MJ/kg（酸价 9.74 mg KOH/g）；9.81、9.24、9.69 MJ/kg（酸价 13.17 mg KOH/g）。3）14～16 天米糠酸价对黄羽肉鸡的饲料 AME、AMEn、IDE 无显著影响（$P>0.05$），添加比例对 AME、AMEn、IDE 有显著影响（$P<0.05$），酸价×添加比例对 AME、AMEn、IDE 有显著互作效应（$P<0.05$）；28～30 天各因素对黄羽肉鸡各指标均无显著影响（$P<0.05$）。综上所述，不同酸价的米糠养分含量不同，米糠的总能、粗脂肪及粗蛋白质含量随米糠酸价升高而降低，黄羽肉鸡对其有效能值也存在差异，米糠酸价及添加比例对不同日龄肉鸡的饲料有效能值影响并不一致，米糠用于日粮配制时，为防止添加米糠导致日粮有效能值降低，米糠在肉鸡饲养前期日粮中的推荐添加比例为 15%，该添加比例下米糠酸价小于 13.17 mg KOH/g 均可；在肉鸡饲养后期日粮中的推荐添加比例为低于 30%，所用米糠酸价越低越好建议的酸价及添加比例也依肉鸡日龄的差异而有所不同。

关键词：米糠；酸价；黄羽肉鸡；代谢能；回肠消化能

* 基金项目：教育部长江学者和创新团队发展计划项目（IRT0945）；国家重点研发计划（2016YFD0501209）
** 第一作者简介：蒋小碟（1996—），女，湖南永州人，硕士研究生，研究方向为饲料资源开发与利用，E-mail：710669743@qq.com
# 通讯作者：贺喜，教授，博士生导师，E-mail：hexi111@126.com

妊娠后期饲粮中添加小麦水解蛋白对母猪繁殖性能、血清生化指标和氨基酸含量及胎盘组织营养物质转运相关基因表达的影响[*]

寇　娇[1][**]　梁海威[1]　刘宁[1]　戴兆来[1]　李菊[2]　潘俊良[2]

朱芳周[3]　伍国耀[1,4]　武振龙[1][#]

（1. 中国农业大学动物科学技术学院，北京 100193；2. 河南银发牧业有限公司，

新郑 451100；3. 郑州新威营养技术有限公司，郑州 450100；

4. 得克萨斯州农工大学动物科学院，大学城 77843）

摘要：本试验旨在研究妊娠后期饲粮中添加小麦水解蛋白（hydrolyzed wheat gluten，HWG）对母猪繁殖性能、血清生化指标和氨基酸含量及胎盘营养物质转运相关基因表达的影响。试验选用 3～4 胎次、预产期相近的妊娠母猪 33 头，随机分为 3 组，每组 11 个重复，每个重复 1 头母猪。对照组母猪饲喂基础饲粮，试验组母猪在此基础上于妊娠 90～114 天期间分别添加 1% 和 2% HWG，所有饲粮均等能等氮。结果表明：1）与对照组相比，饲粮中添加 1% HWG 显著提高了仔猪平均初生活仔重（$P<0.05$），饲粮中添加 2% HWG 显著提高了初生窝重、初生活仔窝重（$P<0.05$）。2）与对照组相比，饲粮中添加 1% 和 2% HWG 显著提高了妊娠第 107 天母猪血清中天冬酰胺、组氨酸、鸟氨酸含量（$P<0.05$）和脐带血中组氨酸、异亮氨酸、亮氨酸、苯丙氨酸和酪氨酸含量（$P<0.05$），显著降低了母猪血清中血氨、甘氨酸含量和脐带血清中血氨含量（$P<0.05$）；饲粮中添加 1% HWG 显著提高了母猪血清中缬氨酸含量（$P<0.05$），饲粮中添加 2% HWG 显著提高了母猪血清中异亮氨酸、苏氨酸含量（$P<0.05$）和脐带血清中精氨酸、谷氨酸、谷氨酰胺、甘氨酸、蛋氨酸、丝氨酸、苏氨酸、色氨酸、缬氨酸、白蛋白、葡萄糖含量及碱性磷酸酶活性（$P<0.05$）。3）与对照组相比，饲粮中添加 1% HWG 提高了胎盘组织中性氨基酸转运载体 2（SNAT2）、谷氨酸转运载体 3（EAAT3）、L 型氨基酸转运载体 2（LAT2）和葡萄糖转运载体 2（GLUT2）的 mRNA 相对表达量（$P<0.05$），饲粮中添加 2% HWG 显著提高了胎盘组织中性氨基酸转运载体 1（SNAT1）、SNAT2、EAAT3、LAT2、小肽转运载体 1（PepT1）、小肽转运载体 2（PepT2）、葡萄糖转运载体 1（GLUT1）、GLUT2、葡萄糖转运载体 3（GLUT3）的 mRNA 相对表达量（$P<0.05$）。由此可见，妊娠后期饲粮中添加 HWG 能提高胎盘组织营养物质转运相关基因的表达，促进母体营养物质的转运效率和胎猪的生长发育，提高仔猪初生窝重。

关键词：小麦水解蛋白；妊娠母猪；繁殖性能；血清生化指标；氨基酸；胎盘

---

[*]　基金项目：国家自然科学基金项目（31272450,31572412）；智慧郑州 1125 聚才计划

[**]　第一作者简介：寇娇（1993—），女，四川苍溪人，博士研究生，主要从事动物营养与生化研究，E-mail：sckoujiao@163.com

[#]　通讯作者：武振龙，教授，博士生导师，E-mail：cauwzl@hotmail.com

不同比例青贮苎麻替代基础日粮对朗德鹅生长性能、肠道发育、养分代谢率和血清生化指标影响[*]

林谦[**]　侯振平　蒋桂韬　王郝为　戴求仲[#]

（中国农业科学院麻类研究所，长沙410205）

摘要：本试验以朗德鹅作为试验动物研究不同比例青贮苎麻替代基础日粮对试鹅生长性能、肠道发育、养分表观代谢率和血清生化指标的影响，以期全面评估青贮苎麻喂鹅的效果，同时为青贮苎麻在肉鹅养殖中的合理应用提供理论依据。本试验收获株高1.5 m左右的苎麻鲜草，利用揉搓切割机将其整株切碎至3 cm左右，然后用打捆包膜一体机打捆密封、青贮，制备苎麻青贮料。试验选择体重相近、健康状况良好的21日龄朗德鹅360羽，随机分为5个处理，每处理9个重复，每个重复8只鹅。各处理间试鹅平均初始重均无显著差异（$P>0.05$）。处理Ⅰ为饲喂基础日粮的对照组，而处理Ⅱ～Ⅴ组则分别为将青贮苎麻按照20％、30％、40％和50％的比例替代基础日粮的试验组。试验全期共43天，并于饲养试验结束时测定各处理试鹅生长性能、肠道发育指标、养分表观代谢率及血清生化指标。试验结果显示：1）各处理ADFI和F/G随着青贮苎麻替代比例的增加而逐渐升高，同时，与处理Ⅰ相比，不同比例青贮苎麻替代基础日粮的各处理试鹅ADFI均显著升高（$P<0.05$），而处理Ⅲ、Ⅳ、Ⅴ试鹅F/G亦明显高于对照组（$P<0.05$）。各处理间试鹅ADG均无显著差异（$P>0.05$），但按20％青贮苎麻比例替代基础日粮的处理Ⅱ试鹅获得了最优的ADG，且较处理Ⅰ试鹅ADG提高了8.77％（$P>0.05$）；2）与处理Ⅰ相比，不同比例青贮苎麻替代基础日粮的各处理试鹅肠道质量、总长及各肠段长度均有所升高（$P>0.05$），且按20％比例青贮苎麻替代基础日粮的处理Ⅱ试鹅回肠绒毛高度、绒毛高度/隐窝深度值均显著高于处理Ⅰ（$P<0.05$）；3）各处理总能和粗蛋白质表观代谢率随着青贮苎麻替代比例的增加而逐渐降低，粗纤维的表观代谢率则反之，而粗脂肪表观代谢率则以处理Ⅰ和处理Ⅲ最优，且显著高于其他各处理（$P<0.05$）；4）各处理间试鹅血清总蛋白、葡萄糖、总胆固醇、尿素等指标含量均无显著差异（$P>0.05$）。综上所述，在本试验条件下，以生长性能、养分表观代谢率、肠道发育和血清生化指标为评价依据，日粮按20％左右青贮苎麻比例替代基础日粮饲喂21～64日龄朗德鹅效果最优。

关键词：青贮苎麻；朗德鹅；生长性能；肠道发育；养分代谢率；血清生化指标

　* 基金项目：中国农业科学院科技创新工程（ASTIP-IBFC）、国家水禽产业技术体系建设专项资金（CARS-43）、湖南省重点研发计划（2016NK2170）

　** 第一作者简介：林谦（1986—），男，湖南长沙人，助理研究员，博士研究生，研究方向为南方饲料作物种质资源与开发利用，E-mail：kingllli@163.com

　# 通讯作者：戴求仲，研究员，博士生导师，E-mail：daiqiuzhong@163.com

饲粮添加植物油对断奶仔猪生长性能、营养物质消化率和肠道形态的影响[*]

龙沈飞[**]　朴香淑[#]

（中国农业大学动物科学技术学院，北京 100193）

摘要：油脂作为一种高能量的饲料原料，其能值约为碳水化合物的 2.25 倍，在畜牧生产及饲料工业中被广泛利用。添加油脂可以提高动物的生产性能，但由于其高昂的成本，在使用过程中需要对其有效能进行准确评估，才能在动物饲粮中更加合理地应用。研究发现，饲粮添加脂肪可促进早期断奶仔猪日增重和改善饲料转化效率，且豆油或椰子油的利用效果比牛油好，但也有研究表明饲粮添加 6% 的豆油、玉米油或牛油对仔猪平均日增重没有影响。这可能与饲粮中脂肪酸吸收、饲粮脂肪来源及浓度等不同有关。本研究通过两个试验旨在研究混合植物油脂[混合油 1（MO1，包含 15% 玉米油、10% 椰子油、15% 亚麻籽油、20% 棕榈油、15% 花生油和 25% 大豆油）]和混合油 2（MO2，包含 50%MO1 和 50% 膨化玉米的组合）对断奶仔猪的生长性能和营养物质消化率的影响。试验 1，采用完全随机设计将 18 头仔猪[初始体重（24.53±3.15）kg]分为 3 个处理，处理 1 为玉米豆粕型基础饲粮，其他处理在基础饲粮中添加 10%MO1 或 MO2。试验包括 7 天的适应期和 5 天的粪尿收集期。结果表明，MO1 和 MO2 的消化能分别为 32.93 和 24.92 MJ/kg。它们的代谢能分别为 32.27 和 24.19 MJ/kg。试验 2 采用完全随机区组设计将 108 头仔猪[初始体重（8.80±1.08）kg]分为 3 个处理，每个处理 6 个重复，每个重复 6 头猪（公母各半）。试验分为前期（1～21 天）和后期（22～42 天）。前期各处理在玉米-豆粕型基础饲粮上分别添加 5%SO（CON）、5% MO1 或 5%MO2。后期各处理在基础饲粮上分别添加 4%SO（CON）、4%MO1 或 4%MO2。结果表明：1）与 CON 相比，饲粮中添加 MO（MO1 或 MO2）的断奶仔猪前期和全期（1～42 天）的平均日增重和饲料转化效率显著提高（$P<0.05$），血清 IgA、IgG、超氧化物歧化酶和谷胱甘肽过氧化物酶含量显著增加（$P<0.05$）。2）与 CON 相比，饲粮中添加 MO 的断奶仔猪粗脂肪的表观全肠道消化率显著增加（$P<0.05$），十二指肠和空肠绒毛高度显著升高（$P<0.05$），而血清丙二醛含量显著降低（$P<0.05$）。综上所述，与单独使用豆油相比，饲粮中添加混合植物油可以提高断奶仔猪的生长性能、粗脂肪表观全肠道消化率、免疫功能和抗氧化状态，可用作饲粮能量原料。

关键词：植物油；断奶仔猪；生长性能；营养物质消化率

---

[*] 基金项目：国家自然科学基金项目（31772612）和 CARS35

[**] 第一作者简介：龙沈飞（1993—），男，浙江嘉兴人，博士研究生，从事动物营养与饲料科学专业，E-mail：longshenfei@cau. edu. cn

[#] 通讯作者：朴香淑，教授，博士生导师，E-mail：piaoxsh@cau. edu. cn

饲粮添加桑叶粉对育肥猪生长性能、肉品质和抗氧化能力的影响*

曾珠** 蒋俊劼 虞洁 毛湘冰 余冰 郑萍 何军 黄志清 罗玉衡 陈代文#

（四川农业大学动物营养研究所,动物抗病营养教育部重点实验室,成都 611130）

摘要:本试验旨在评估饲粮中添加桑叶粉对育肥猪生长性能、肉品质和抗氧化能力的影响。试验选取 40 头"杜×长×大"阉公猪[初始体重(40.5±0.63) kg],随机分为对照组和 15%桑叶粉组(每组 5 个重复,每个重复 4 头猪),常规饲养管理,自由采食和饮水,试验期为 85 天。试验结束时所有猪空腹采血进行称重后采集肌肉样品,检测了生长性能、肉品质以及抗氧化能力的相关指标。结果表明:1)与对照组相比,饲粮添加 15%桑叶粉显著降低了平均日增重($P<0.05$),显著增加了料肉比($P<0.05$)。同时,饲粮添加 15%桑叶粉还显著降低了胴体重、屠宰率和平均背膘厚($P<0.05$)。2)与对照组相比,添加 15%桑叶粉显著增加了猪背最长肌的肌内脂肪含量($P<0.05$),显著降低了剪切力、蒸煮损失和滴水损失($P<0.05$),并且有提高 24 h 后肌肉 pH、肉色红度和大理石纹的趋势($0.05<P<0.1$)。3)与对照组相比,饲粮添加 15%桑叶粉显著增加了血清中总抗氧化能力、谷胱甘肽过氧化物酶活性($P<0.05$),且有增加血清中总超氧化物歧化酶活力的趋势($0.05<P<0.1$);饲粮添加 15%桑叶粉显著提高了背最长肌中肌球蛋白重链(MyHC) I 和 IIa 的 mRNA 表达水平($P<0.05$)。由此可见,饲粮添加 15%桑叶粉对育肥猪的肉质有显著的改善作用,这种改善可能与抗氧化能力的增强和肌纤维类型的变化有关,但桑叶粉对育肥猪生产性能有着负面影响,因此桑叶粉的适宜添加量还有待进一步研究。

关键词:桑叶粉;肉质;肌纤维;抗氧化能力;育肥猪

---

*　基金项目:国家现代农业产业技术体系(CARS-35)、四川省科技支撑计划项目生猪现代产业链关键技术研究与集成示范(2016NZ0006)

**　第一作者简介:曾珠(1990—),女,四川成都人,硕士研究生,从事猪的营养研究,E-mail:332474857@qq.com

#　通讯作者:陈代文,教授,博士生导师,E-mail:dwchen@sicau.edu.cn

发酵柑橘渣饲料对生长猪生长性能、
粪便臭味物质和菌群区系的影响[*]

刘志云[**] 钟晓霞 周晓容 杨飞云[#]

（重庆市畜牧科学院,农业部养猪科学重点实验室,荣昌 402460）

摘要:旨在研究发酵柑橘渣饲料对生长猪生长性能、粪便臭味物质和肠道菌群的影响,评价发酵柑橘渣饲料在生长猪上的应用效果。根据约荣杂交生长猪的营养需求,配制营养全面的柑橘渣饲料,以短乳杆菌和地衣芽孢杆菌为发酵菌剂,对柑橘渣饲料进行 3 天厌氧发酵,制备发酵柑橘渣全价饲料,评价发酵前后饲料的营养变化。选取体重 20 kg 左右的生长猪 90 头,随机分成 3 组,每组 6 个重复,每个重复 5 头猪,分别饲喂玉米-豆粕型基础饲粮（对照组）,玉米-豆粕-柑橘渣饲粮（柑橘渣组）和发酵玉米-豆粕-柑橘渣饲粮（发酵组）,试验期 1 个月。试验结束后,测定各试验组动物的生长性能;采集新鲜粪便样品,采用气相色谱法测定粪便中挥发性臭味物质的含量;利用 16s 高通量测序技术,分析粪便菌群区系变化。结果显示,柑橘渣饲料经发酵后,pH 由 6.47 降低至 4.14,粗蛋白质、粗脂肪显著升高,粗灰分和钙含量显著降低（$P<0.05$）,必需氨基酸 Val、Ile、Leu 显著升高,Ser 显著降低（$P<0.05$）;还原力和总抗氧化能力显著升高,羟自由基清除力显著降低（$P<0.05$）。动物试验结果显示,发酵组猪只末重、ADFI 和 ADG 显著高于对照组和柑橘渣组（$P<0.05$）,其中柑橘渣组猪只末重和 ADG 最低;发酵组猪只的 F/G 显著低于柑橘渣组（$P<0.05$）,与对照组相比差异不显著（$P>0.05$）;试验期间对照组猪只因病淘汰 2 头,柑橘渣猪和发酵组未有淘汰。各试验组猪粪便中的吲哚、粪臭素、挥发性脂肪酸含量差异均不显著（$P>0.05$）,其中发酵组猪只粪便中的吲哚、粪臭素含量有降低趋势（$P<0.1$）。饲喂发酵柑橘渣饲料在一定程度上改变了猪只肠道菌群组成。与未发酵柑橘渣饲料相比,饲喂发酵柑橘渣饲料提高了 *Turicibacter* 和 *Ruminococcaceae* 属的相对丰度（$P<0.1$）,显著降低了 *Streptococcus* 属的相对丰度（$P<0.05$）;与对照组相比,发酵柑橘渣饲料显著降低了 *Lactobacillus* 和 *Streptococcus* 属的相对丰度（$P<0.05$）,显著提高了 *Turicibacter* 属的相对丰度（$P<0.05$）。综上所述,发酵柑橘渣饲料提高了柑橘渣的利用效率,改善了生长猪的生长性能,降低了粪便中吲哚、粪臭素的含量,改变了粪便微生物区系。

关键词:发酵柑橘渣饲料;生长性能;臭味物质;菌群区系

---

[*] 基金项目:国家重点研发计划资助（2018YFD0500600）;农业部农业科研杰出人才培养计划（16202）

[**] 第一作者简介:刘志云（1990—）,女,河南省焦作市修武县人,硕士研究生,从事饲料资源开发与利用相关研究,E-mail:liuzhiyun2009.6@163.com

[#] 通讯作者:杨飞云,研究员,E-mail:yfeiyun@yeah.com

发酵饲料桑粉对宁乡花猪生长的影响[*]

丁鹏[**]　丁亚南　宋泽和　范志勇　贺喜[#]

（湖南农业大学动物科学技术学院，长沙 410128；饲料安全与高效利用教育部工程研究中心，长沙 410128；湖南畜禽安全生产协同创新中心，长沙 410128）

摘要： 本试验旨在研究发酵饲料桑粉对宁乡花猪生长性能、血清生化指标、机体抗氧化能力、胴体性状及肉品质的影响。试验选取 90 头平均体重为 30 kg 左右的宁乡花猪，随机分为 5 个处理，每个处理 3 个重复（栏），每个重复（栏）6 头猪。对照组饲喂基础饲粮，试验组分别饲喂添加了 9%、12%、15% 饲料桑粉的全发酵料和 9% 饲料桑粉的未发酵料。试验分为前期（1～50 天）和后期（51～75 天）两个阶段。结果表明：1）与对照组相比，添加 9% 饲料桑粉发酵料组宁乡花猪前期料重比（F/G）显著降低（$P<0.05$）；与添加 9% 饲料桑未发酵料组相比，添加 9% 饲料桑粉发酵料组宁乡花猪前期 F/G 显著降低（$P<0.05$）；2）与对照组相比，试验组宁乡花猪肌肉 pH_{24h}、肌肉大理石纹评分均高于对照组，肌肉失水率均低于对照组，但差异均不显著（$P>0.05$），但所有试验组宁乡花猪平均背膘厚均显著降低（$P<0.05$）；3）与对照组相比，前期及后期阶段所有试验组宁乡花猪血清总胆固醇（TC）含量均显著降低（$P<0.05$）；与添加 9% 饲料桑粉未发酵料组相比，添加 9% 饲料桑发酵料组宁乡花猪前期血清总蛋白（TP）含量显著提高（$P<0.05$）。4）与对照组相比，饲喂添加 15% 饲料桑粉发酵料组宁乡花猪前期血清总抗氧化能力（T-AOC）水平显著提高（$P<0.05$）；饲喂添加饲料桑粉组宁乡花猪肝脏丙二醛（MDA）水平有下降的趋势（$P>0.05$）。综上所述，饲料桑粉添加至饲料中经发酵处理后饲喂宁乡花猪可有效改善其生产性能，且 9% 发酵饲料桑粉添加量效果最佳。

关键词： 发酵饲料桑粉；宁乡花猪；生长性能；血清生化指标；胴体性状；肉品质

---

[*] 基金项目：湖南省科技计划项目（2016NK2124），国家重点研发项目（2016YFD0501209）

[**] 第一作者简介：丁鹏（1993—），男，湖南常德人，硕士研究生，研究方向为动物营养与饲料科学，E-mail：694041110@qq.com

[#] 通讯作者：贺喜，教授，博士生导师，E-mail：hexi111@126.com

肉仔鸡大米与碎米代谢能和标准
回肠氨基酸消化率的评定[*]

谷雪玲[1,2**] 谢堃[1,2] 宋泽和[1,2] 范志勇[1,2] 呙于明[3] 贺喜[1,2#]

(1.湖南农业大学动物科学技术学院,长沙 410128;2.湖南畜禽安全生产协同创新中心,
长沙 410128;3.中国农业大学动物科学技术学院,北京 100193)

摘要:本试验旨在评定不同日龄 AA 肉仔鸡对大米、碎米饲料的常规养分代谢率、代谢能值和回肠标准氨基酸消化率的影响并建立预测模型。试验动物按日龄分两阶段进行试验,由 3 种不同日粮组成,具体分组情况如下:选用 1 040 只体重和健康状况一致的 1 日龄 AA 白羽肉仔鸡,第一阶段即第 8 日龄按体重随机分为 13 个处理组(6 个大米组、6 个碎米组、1 个无氮饲粮组),每个处理 8 个重复,每个重复 6 只鸡。第二阶段即第 22 日龄将剩余鸡群分为 13 个处理组,每个处理 8 个重复,每个重复 4 只鸡,重复间平均体重差异不显著。第 8～10 日龄以及 22～24 日龄为预试期,第 11～14 日龄和 25～28 日龄为正式试验期,试验期间饲喂试验饲粮和无氮饲粮。11～13 日龄和 25～27 日龄收集粪便测定氮校正代谢能值(AMEn)和各营养物质消化率,14 日龄和 28 日龄麻醉屠宰取回肠末端食糜测定标准回肠氨基酸消化率(SID)。结果表明:1)14 日龄肉仔鸡大米、碎米 AMEn 平均值分别为 13.43、13.62 MJ/kg,28 日龄肉仔鸡大米、碎米 AMEn 平均值分别为13.21、13.55 MJ/kg,14 日龄肉仔鸡 AMEn 值高于 28 日龄肉仔鸡,不同日龄肉仔鸡两种原料的 AMEn 值差异不显著($P>0.05$)。2)标准回肠氨基酸消化率(SID)和常规养分代谢率 28 日龄肉仔鸡显著高于 14 日龄肉仔鸡($P<0.05$)。3)大米、碎米蛋白质含量都约为 7%,油脂含量较低约为 3%,淀粉约占 50%。氨基酸组成和消化率与玉米相近,代谢能值高于玉米。4)14 日龄 AA 肉鸡大米的氮校正代谢能的预测方程为:$AMEn=0.889CP+6.726$($R^2=0.644$,$RSD=0.182$);$AMEn=1.045CP-0.486ADF+5.874$($R^2=0.926$,$RSD=0.081$);$AMEn=0.975CP-0.3ADF-0.027EED+8.002$($R^2=0.991$,$RSD=0.034$)。5)28 日龄 AA 肉鸡大米的氮校正代谢能的预测方程为:$AMEn=0.363CP+10.474$($R^2=0.611$,$RSD=0.087$);$AMEn=0.365CP+0.013CPD+9.614$($R^2=0.904$,$RSD=0.042$);$AMEn=0.397CP+0.01CPD+0.33EE+9.469$($R^2=0.997$,$RSD=0.007$)。6)14 和 28 日龄 AA 肉鸡碎米的氮校正代谢能的预测方程分别为:$AMEn=0.843CP+7.726$($R^2=0.834$,$RSD=0.063$)和 $AMEn=0.728CP+8.459$($R^2=0.961$,$RSD=0.021$)。

关键词:肉仔鸡;大米;碎米;标准回肠氨基酸消化率;代谢能

* 基金项目:教育部长江学者和创新团队发展计划项目(IRT0945);国家重点研发计(2016YFD0501209)
** 第一作者简介:谷雪玲(1996—),女,湖南郴州人,硕士研究生,动物营养与饲料科学专业,E-mail:869142491@qq.com
# 通讯作者:贺喜,教授,博士生导师,E-mail:hexi111@126.com

米糠肉仔鸡代谢能与标准回肠氨基酸消化率的评定[*]

陈将[1,2][**]　　潘迪子[1,2]　　宋泽和[1,2]　　范志勇[1,2]　　呙于明[3]　　贺喜[1,2][#]

（1.湖南农业大学动物科学技术学院，长沙 410128；2.湖南畜禽安全生产协同创新中心，
长沙 410128；3.中国农业大学动物科学技术学院，北京 100093）

摘要：本试验旨在评定出湖南 6 个不同地区的米糠在不同日龄肉仔鸡的表观代谢能值（AME）、氮校正代谢能值（AMEn）与标准回肠氨基酸的消化率，并运用逐步回归法来建立回归预测方程。试验选取 560 羽 1 日龄 AA 肉鸡，分为 7 个处理，即 6 个米糠饲粮组（A-F 组）和 1 个无氮饲粮组，每个处理 8 个重复，每个重复 10 只鸡。试验按照单因素随机设计，采用半纯合饲粮，以 0.5％的二氧化钛作为外源指示剂，试验期为 28 天。测定不同来源的米糠在 13 和 27 日龄肉仔鸡的代谢能（ME）和在 14 和 28 日龄肉仔鸡的表观回肠氨基酸消化率（AID）与标准回肠氨基酸消化率（SID）。正式试验期分为 11～13 天与 25～27 天两个阶段，采用全收粪法测定其表观代谢能值（AME）、氮校正代谢能值（AMEn），并建立 AME 和 AMEn 的回归预测方程，在 14 和 28 日龄采用回肠末端食糜法测定氨基酸的消化率，并建立 AID、SID 的回归预测方程。结果表明：1)13 日龄 AA 肉鸡的平均 AME 和 AMEn 分别为 10.54 MJ/kg、10.05 MJ/kg；27 日龄 AA 肉鸡的平均 AME 和 AMEn 分别 11.50 MJ/kg、10.98MJ/kg。2)13 日龄 AA 肉鸡的表观代谢能值（AME）、氮校正代谢能值（AMEn）预测方程分别为：$AME=20.18-0.35NDF(R^2=0.85)$；$AMEn=18.70-0.86ADF(R^2=0.84)$。27 日龄 AA 肉鸡 AME、AMEn 预测方程分别为：$AME=18.67-0.71ADF(R^2=0.81)$；$AMEn=18.08-0.71ADF(R^2=0.80)$。3)不同来源米糠中必需氨基酸之间标准回肠末端消化率在 14 日龄 AA 肉鸡中存在显著差异，在 28 日龄 AA 肉鸡中也存在显著差异（$P<0.05$），14 日龄肉仔鸡标准回肠必需氨基酸消化率低于 28 日龄肉仔鸡标准回肠必需氨基酸消化率。4)14 日龄肉仔鸡 AID、SID 的回归预测方程分别为：$AID\ Met=52.71+2.27CP(R^2=0.81)$；$AID\ Lys=114.38-3.27CP+0.53ST(R^2=0.98)$；$AID\ Thr=6.85CP+0.50EE-30.51(R^2=0.90)$；$AID\ Trp=286.97-12.54CP-1.84ADF(R^2=0.92)$；$SID\ Met=53.59+2.24CP(R^2=0.79)$；$SID\ Lys=115.63-3.29CP+0.52ST(R^2=0.98)$；$SID\ Thr=6.80CP+0.50EE-29.39(R^2=0.99)$；$SID\ Trp=288.27-12.59CP-1.87ADF(R^2=0.92)$。5)28 日龄肉仔鸡 AID、SID 回归预测方程为：$AID\ Met=67.25+1.54CP(R^2=0.69)$；$AID\ Lys=64.10+0.89ST(R^2=0.61)$；$AID\ Thr=25.33+3.82CP+0.70EE(R^2=0.96)$；$AID\ Trp=246.53-9.59CP-0.56NDF(R^2=0.99)$；$SID\ Lys=64.16+0.89ST(R^2=0.61)$；$SID\ Thr=25.58+3.32CP+0.70EE(R^2=0.96)$；$SID\ Trp=247.48-9.63CP-0.57NDF(R^2=0.98)$。

关键词：米糠；肉仔鸡；代谢能；氨基酸消化率；回归预测方程

---

　* 基金项目：教育部长江学者和创新团队发展计划项目（IRT0945）；国家重点研发计（2016YFD0501209）
　** 第一作者简介：陈将（1993—），男，内蒙古包头人，硕士研究生，动物营养与饲料科学专业，E-mail：1249615761@qq.com
　# 通讯作者：贺喜，教授，博士生导师，E-mail：hexi111@126.com

茶树油对育肥猪营养物质的消化率、肉品质及相关基因表达的影响[*]

冯宝宝[1][**]　　封飞飞[1]　　朱新宇[2]　　霍永久[1][#]

(1. 扬州大学动物科学与技术学院，扬州 225009；2. 无锡市晨芳生物科技有限公司，无锡 214000)

摘要：本试验旨在研究饲料中添加茶树油对育肥猪营养物质的消化率、肉品质及相关基因表达的影响。试验选取 64 头初始体重相近[(68.13±0.46)kg]健康"杜×长×大"三元杂交育肥猪，随机分为 4 组，每组 4 个重复，每个重复 4 头猪，对照组饲喂基础饲粮，试验组饲喂在基础饲粮中分别添加 100、200 和 300 mg/kg 茶树油的试验饲粮，预饲期 10 天，正式试验期 56 天。试验结束时取背最长肌肉样测定常规肉质指标，并取肝脏、背最长肌和背部脂肪样本测定肉品质相关基因 mRNA 表达水平。结果表明：1)与对照组相比，100 mg/kg 组粗蛋白质消化率显著提高($P<0.05$)，200 mg/kg 组粗脂肪消化率显著提高($P<0.05$)。2)与对照组相比，200 mg/kg 组天冬氨酸、丙氨酸含量显著增加($P<0.05$)；200 和 300 mg/kg 组苏氨酸、亮氨酸和苯丙氨酸含量显著增加($P<0.05$)；200 mg/kg 组总氨酸含量有增加趋势($P<0.10$)。3)与对照组相比，100 和 300 mg/kg 组 C16:0 显著增加($P<0.05$)，100、200 和 300 mg/kg 组 C18:2n6t 显著增加($P<0.05$)。4)在肝脏组织中，100 mg/kg 组 A-FABP 基因表达水平显著高于对照组和其他试验组($P<0.05$)，200、300 mg/kg 组肝脏 H-FABP 基因表达水平显著高于 100 mg/kg 组($P<0.05$)；在背最长肌中，300 mg/kg 组 CAPN1 基因表达水平相较于对照组显著提高($P<0.05$)，200 mg/kg 组 H-FABP、A-FABP 基因表达水平相较于 300 mg/kg 组均显著提高($P<0.05$)；背脂中，100 mg/kg、200 mg/kg 组 HAL 基因表达水平相较于对照组显著提高($P<0.05$)，100 mg/kg 组 CAST 基因表达水平显著提高($P<0.05$)，100 mg/kg 组 A-FABP 基因表达水平相较于对照组有提高的趋势($P<0.10$)。由此可见茶树油可提高育肥猪对营养物质的消化率，可提高育肥猪肉品质，茶树油在育肥猪饲粮中最宜添加比例为 200 mg/kg。

关键词：茶树油；育肥猪；消化率；肉品质

---

[*] 基金项目：国家自然科学基金项目(31572430)；扬州市科技计划项目(YZ2016256)

[**] 第一作者简介：冯宝宝(1994—)，女，河北沧州人，硕士研究生，研究方向为动物营养与饲料科学，E-mail：fengbaobao1994@163.com

[#] 通讯作者：霍永久(1971—)，男，江苏东海人，副教授，主要从事猪营养、生产与环境研究，E-mail：huoyj@126.com

不同萎蔫时间对马铃薯茎叶品质的影响[*]

韦国杰[**]　张帆　闫盘盘　冯瑾　张云　雒瑞瑞　郭艳丽[#]

（甘肃农业大学动物科学技术学院，兰州 730070）

摘要：马铃薯是我国第五大粮食作物，种植面积大，每年会产生大量的马铃薯茎叶。马铃薯茎叶的营养丰富，具有潜在的饲用价值。但由于新鲜马铃薯茎叶水分含量高、不易贮存、易发霉变质、适口性差等缺点导致大部分被丢弃或焚烧，不仅造成资源浪费，还导致环境污染。青贮是能很好保存青绿色饲料营养成分的有效手段。虽有报道马铃薯茎叶的水分不容易在自然状态下失去而达到制作青贮饲料的水分要求。但刈割后在自然状态下究竟能保存多少天的青绿色状态以及在自然风干的过程中其感官和养分发生了什么变化均未见到相关报道。所以，本试验通过研究马铃薯茎叶在自然萎蔫状态下感官、水分及其他养分的变化规律，为其制作青贮饲料提供参考。试验采用单因子设计，共设 5 个处理，分别为 5 个萎蔫时间，即刈割后第 1 天、第 2 天、第 3 天、第 4 天、第 5 天，每个处理 4 个重复。整株平铺于实验室实验台，室温条件下干燥。马铃薯茎叶收获的当天为刈割后第 1 天。每天观察颜色、质地及气味。测定水分、粗蛋白质、粗脂肪、中性洗涤纤维、酸性洗涤纤维、粗灰分、钙、磷。在自然阴干条件下，刈割后第 4 天叶片开始出现褐变，第 5 天开始出现霉变。随着自然萎蔫天数的增加，马铃薯茎叶的水分、粗蛋白质、粗脂肪含量下降（$P<0.05$），其他养分无显著变化（$P>0.05$）。马铃薯茎叶自然萎蔫不易达到青贮的水分要求，并且伴随着粗脂肪和粗蛋白质的下降。如果以马铃薯茎叶制作青贮饲料，最好在保存条件好的情况下刈割后 3 天内完成，但需要添加吸收剂以使水分达到青贮要求。

关键词：马铃薯茎叶；自然萎蔫；营养成分；感官品质

[*]　基金项目：甘肃农业大学动物科学技术学院开放课题（XMXTSXK-01）

[**]　第一作者简介：韦国杰，E-mail：1476879685@qq.com

[#]　通讯作者：郭艳丽，教授，博士生导师，E-mail：guoyl@gsau.edu.cn

蒸汽压片玉米对哺乳母猪生产性能的影响[*]

王勇生[1**] 程宗佳[2#]

（1.中粮营养健康研究院动物营养与饲料中心，北京102209，
2.广州立达尔生物科技股份有限公司，广州510663）

摘要：蒸汽压片调质处理的玉米是通过蒸汽加工使玉米膨胀、软化，然后再用一个对反向旋转滚筒产生的机械压力剥离压裂这些已膨胀的玉米，使玉米加工成规定的密度薄片。蒸汽压片玉米能提高淀粉在小肠和瘤胃中的消化率，增加净能和消化能，从而增加玉米的饲用价值。本试验以蒸汽压片玉米取代普通玉米，研究其对哺乳母猪的奶水、采食量、仔猪日增重、母猪健康状况、仔猪的整齐度、仔猪腹泻率等生长性能方面的影响。试验选择品种、分娩日龄相同，胎次一致的二元哺乳母猪30头，然后随机分配到3个不同的处理中去，每个处理10个重复（窝）。母猪产前7天更换哺乳母猪料。试验对照组饲喂普通玉米，试验组1组用蒸汽压片玉米替代对照组50%的普通玉米，试验3组用蒸汽压片玉米100%替代对照组普通玉米。结果表明，各处理组的产活仔数和仔猪出生重之间无显著差异（$P<0.05$）。对照普通玉米组和试验组间断奶仔猪平均体重、平均日增重、断奶仔猪窝重及窝增重之间差异不显著（$P<0.05$）。饲喂蒸汽压玉米的试验组断奶仔猪窝重、仔猪窝增重及母猪产奶量指标要高于其他处理组。断奶仔猪窝总重，试验2组比对照组高9.6%，比试验1组高3.5%。仔猪断奶窝增重全部饲喂蒸汽压片玉米的试验2组比对照组高10.77%，比试验组1高出1.73%。母猪产奶量全部饲喂蒸汽压片玉米的试验组比对照组高10.82%，比试验1组高出1.73%。全部饲喂蒸汽压片玉米组仔猪断奶窝平均重和窝增重都要高于其他试验组。综合试验结果，试验各组间统计指标不存在差异显著性的条件下，饲喂蒸汽压片玉米的试验相对具有较高的断奶仔猪窝总重和窝平均增重，原因与饲喂蒸汽压片玉米具有相对较高的母猪产奶量有关。在母猪采食量基本一致，造成母猪产奶量提升的主要原因是玉米经过压片其熟化度提高，消化能提高造成的。

关键词：中草药；断奶仔猪；添加剂

———————————

[*] 基金项目：国家"十二五"科技支撑计划"设施养猪关键技术与设备研发"（2014BAD08B06）

[**] 第一作者简介：王勇生，男，1975年生，博士，研究员，主要研究方向为饲料资源开发与利用，E-mail：wangyongsheng@cofco.com

[#] 通讯作者：程宗佳，男，1962年生，博士，江西南昌人，主要研究方向为动物营养与饲料加工，E-mail：feedtecheng@yahoo.com

饲粮中添加甜菜粕和小麦麸对断奶
仔猪生长性能和消化率的影响

尚庆辉*　　朴香淑#

（中国农业大学动物科学技术学院，动物营养学国家重点实验室，北京 100193）

摘要：本试验旨在研究饲粮中添加甜菜粕和小麦麸对断奶仔猪生长性能、营养物质消化率及血清代谢产物的影响。选取 90 头健康三元杂交（杜 × 长 × 大）21 日龄断奶仔猪［初始体重：(7.30±0.8) kg］，按体重和性别完全随机区组试验设计分为 3 个处理，每个处理 5 个重复，每个重复 6 头猪（公母各半）。对照组饲喂玉米豆粕型基础饲粮，试验组饲粮分别添加 6% 甜菜渣和小麦麸替代玉米。试验期共 28 天，分为前期（1～14 天）和后期（15～28 天）。结果表明：1)试验前期、后期及全期，各处理组仔猪的平均日增重、平均日采食量和饲料转化率均无显著差异。2)试验前期，与对照组相比，甜菜粕组和小麦麸组断奶仔猪的干物质消化率显著降低（$P<0.05$），甜菜粕组断奶仔猪有机物、中性洗涤纤维和酸性洗涤纤维消化率显著降低（$P<0.05$）；试验后期，添加甜菜粕和小麦麸均显著降低（$P<0.05$）断奶仔猪干物质和有机物的消化率。在试验前期和后期，与对照组相比，饲粮中添加甜菜粕和小麦麸对断奶仔猪血清中血糖、总胆固醇、甘油三酯、低密度脂蛋白和高密度脂蛋白均没有显著影响。由此可见，饲粮中添加 6% 甜菜粕和小麦麸降低断奶仔猪的消化率，但并未影响生长性能。

关键词：甜菜粕；小麦麸；生长性能；消化率

---

* 第一作者简介：尚庆辉(1991—)，男，山东莱芜人，博士研究生，动物营养与饲料科学专业，E-mail:sqh123hxj456@163.com
# 通讯作者：朴香淑，研究员，博士生导师，E-mail:piaoxsh@cau.edu.cn

不同剂量茶树油对断奶仔猪肠道物理屏障和化学屏障的影响[*]

张永胜[**]　王淑楠　董丽　毛俊舟　霍永久　王洪荣　喻礼怀[#]

（扬州大学动物科学与技术学院，扬州 225009）

摘要：本试验旨在研究饲粮中添加不同剂量茶树油对断奶仔猪肠道物理屏障和化学屏障的影响，探究其替代抗生素的可行性。试验选取 21 日龄体重相近[(6.73±0.12) kg]的健康"杜×长×大"三元杂交断奶仔猪 120 头，随机分为 5 组，分别为对照组（CON 组，基础饲粮）、抗生素组[ANT 组，基础饲粮＋200 mg/kg 硫酸黏菌素（10%）＋75 mg/kg 金霉素（15%）]、低茶树油组（LTO 组，基础饲粮＋50 mg/kg 茶树油）、中茶树油组（MTO 组，基础饲粮＋100 mg/kg 茶树油）和高茶树油组（HTO 组，基础饲粮＋150 mg/kg 茶树油），每组 6 个重复，公母各半，每个重复 4 头仔猪。试验期 21 天。结果表明：1）与对照组相比，MTO 组十二指肠长度、十二指肠相对质量显著增高（$P<0.01$）；MTO 组空肠/回肠长度显著高于 CON 组（$P<0.05$）且空肠质量有增高的趋势（$P<0.1$）；2）茶树油处理组十二指肠、空肠绒毛高度显著高于 CON 组和 ANT 组（$P<0.01$），茶树油处理组回肠绒毛高度显著高于 ANT 组（$P<0.05$）；茶树油处理组绒毛高度与隐窝深度比值显著高于 CON 组和 ANT 组（$P<0.01$）；3）茶树油试验组肠道绒毛较长，结构较整齐规则，发育比较良好；茶树油处理组小肠上皮微绒毛明显比 CON 组和 ANT 组更加纤长、整齐、密集；4）HTO 组空肠黏膜谷胱甘肽过氧化物酶（GSH-Px）和超氧化物歧化酶（SOD）活性显著高于 ANT 组（$P<0.05$）；茶树油处理组和 ANT 组空肠黏膜过氧化氢（H_2O_2）含量显著低于 CON 组（$P<0.05$）。HTO 组回肠黏膜 SOD 及谷胱甘肽（GSH）活性显著高于 CON 组（$P<0.05$），茶树油处理组和 ANT 组回肠黏膜丙二醛（MDA）含量显著低于 CON 组（$P<0.05$）。由此可知，在饲粮中添加适量茶树油可促进肠道发育，使肠道组织结构更完善，并一定程度上提高肠黏膜抗氧化功能，从而具有一定的增强肠道物理屏障和化学屏障功能的作用，可一定程度替代抗生素。

关键词：茶树油；断奶仔猪；物理屏障功能；化学屏障功能

* 基金项目：江苏省前瞻性联合研究项目（BY2016069-12）；扬州市自然科学基金项目（YZ2016115）；扬州大学 2016 年校大学生学术科技创新基金（x20160683）

** 第一作者简介：张永胜（1994—），男，山东东营人，硕士研究生，研究方向为动物营养调控与饲料资源开发，E-mail：1215520238@qq.com

通讯作者：喻礼怀，江苏大丰人，副教授，硕士生导师，E-mail：lhyu@yzu.edu.cn

鱼油对脂多糖刺激仔猪肝脏中基因表达的调控*

徐鑫**　刘玉兰　张晶#

（武汉轻工大学动物科学与营养工程学院,动物营养与饲料科学湖北省重点实验室,武汉 430023）

摘要：本试验研究了鱼油(富含 n-3 多不饱和脂肪酸)对脂多糖(LPS)诱导的仔猪肝脏损伤的保护作用,并从全基因表达谱角度探讨其作用机制。选取 24 头断奶仔猪(杜×长×大),采用 2×2 因子设计,随机分为 4 个处理组(每组 6 个重复):(1)生理盐水＋5％玉米油组;(2)生理盐水＋5％鱼油组;(3)LPS＋5％玉米油组;(4)LPS＋5％鱼油组。在试验第 19 天,3、4 组注射 100 μg/kg 体重的 LPS,1、2 组注射等量生理盐水,4 h 后屠宰,取肝脏样品待测。结果表明:1)饲料添加 5％ 鱼油可显著降低 LPS 刺激后 TNF-α,IL-1β 和 IL-6 的 mRNA 表达(P<0.01),并减轻肝脏形态学损伤。2)表达谱测序分析显示,与生理盐水相比,在玉米油组中 LPS 刺激主要导致仔猪肝脏代谢相关基因的差异表达,而在鱼油组中 LPS 刺激主要导致仔猪肝脏免疫相关基因的差异表达。3)饲料添加 5％鱼油可显著调控炎症相关基因的表达,其中降低了促炎基因 IL1R1,IL1RAP,CEBPB 的表达(P<0.01)和 CRP 的表达(P<0.05),并上调抗炎基因 IL-18BP,NFKBIA,ATF3 的表达(P<0.01)和 IFIT1 的表达(P<0.1)。4) LPS 刺激导致玉米油组仔猪肝脏中脂质代谢相关基因(如 ACAA1,ACACA,ACADS 和 ACADM)显著下调,但在鱼油组中未见显著变化,提示鱼油可能对 LPS 诱导的肝脏脂质代谢紊乱起到稳定作用。由此表明,饲料添加 5％ 鱼油可缓解 LPS 诱导的肝脏损伤,且全基因表达谱测序揭示了鱼油在肝损伤过程中对基因表达的调控作用。

关键词：鱼油;炎症;脂多糖;肝脏;表达谱测序

＊　基金项目：湖北省高等学校优秀中青年科技创新团队计划项目(T201508)
＊＊　第一作者简介：徐鑫(1994—),女,河南新乡人,硕士研究生,动物营养与饲料科学专业,E-mail:xuxin199400@126.com
＃　通讯作者：张晶,副教授,E-mail:judyzhang1103@126.com

饲粮添加紫苏籽油对快大型黄羽肉鸡育肥期肉品质、脂肪酸组成和抗氧化能力的影响[*]

崔小燕[**]　苟钟勇　王一冰　林夏菁　李龙　范秋丽　蒋守群[#]　蒋宗勇[#]

（广东省农业科学院动物科学研究所，畜禽育种国家重点实验室，农业部华南动物营养
与饲料重点实验室，广东省动物育种与营养公共实验室，
广东省畜禽育种与营养研究重点实验室，广州 510640）

摘要：本试验旨在研究快大型黄羽肉鸡肥育期饲粮添加不同植物油组合对生产性能、肉品质和抗氧化能力的影响，为地方型肉鸡宰前饲粮配制提供理论科学依据。试验采用单因素随机分组设计。选取 43 日龄快大型岭南黄羽肉鸡（公母各半）480 只，随机分为 4 组（每组 6 个重复，每个重复 20 只）：对照组饲喂基础饲粮（4.5％猪油），试验组饲喂分别添加等量替代猪油的 1％紫苏籽油、0.9％ 紫苏籽油＋0.1％茴香油和 0.9％紫苏籽油＋0.1％生姜油的试验饲粮，试验期 21 天。结果表明：1）与对照组相比，饲粮添加不同植物油组合对育肥期肉鸡生产性能无显著影响（$P>0.05$）。2）与对照组相比，饲粮添加 1％紫苏籽油显著增加了肉鸡肉色的黄度值 b[*]（$P<0.05$），显著降低了肉鸡胸肌剪切力（$P<0.05$）。3）由感官品尝评分试验可知，添加不同植物油组合对肉鸡胸肌的气味、嫩度和肉汤的鲜味有一定提高，但各指标未达到统计学显著水平（$P>0.05$）。4）紫苏籽油对肉鸡肌肉脂肪酸含量和组成有一定影响。与对照组相比，紫苏籽油显著增加了鸡肉中 α-亚麻酸（C18:3n-3）、二十二碳六烯酸（DHA，C22:6n-3）和硬脂酸（C18:0）的百分比含量（$P<0.05$），显著降低了鸡肉中肉豆蔻酸（C14:0）、肉豆蔻油酸（C14:1）和棕榈酸（C16:0）的百分比含量（$P<0.05$）。鸡肉中总多不饱和脂肪酸（PUFA）和 ω-3 的含量有所提高，但差异不显著（$P>0.05$）。5）与对照组相比，饲粮添加紫苏籽油显著提高了肉鸡肝脏中总超氧化物歧化酶（T-SOD）、谷胱甘肽巯基转移酶（GST）和谷胱甘肽过氧化物酶（GSH-Px/GPX）活性（$P<0.05$），显著降低了肝脏中脂肪酸合成酶（FAS）活性和甘油三酯（TG）含量（$P<0.05$）。同时，饲粮添加紫苏籽油显著提高了肉鸡胸肌中还原型谷胱甘肽（GSH）含量（$P<0.05$），显著降低了胸肌中氧化型谷胱甘肽（GSSG）含量（$P<0.05$），GSH/GSSG 比值也随之下降。6）饲粮添加紫苏籽油可显著提高肉鸡胸肌谷胱甘肽过氧化物酶 2（$GPX2$）和谷胱甘肽巯基转移酶（GST）的基因表达水平（$P<0.05$）。由此可见，饲粮添加紫苏籽油可改善黄羽肉鸡的肉品质，增加鸡肉中 ω-3 脂肪酸含量，提高肉鸡肝脏和肌肉的抗氧化能力，对肉鸡胸肌抗氧化能力的调节可能与上调 $GPX2$ 和 GST 基因表达有关。

关键词：紫苏籽油；α-亚麻酸；黄羽肉鸡；肉品质；脂肪酸组成；抗氧化；$GPX2$、GST 基因表达

　　* 基金项目：国家肉鸡产业技术体系项目（CARS-41）；国家"十二五"科技支撑计划项目子课题（2014BAD13B02）；广东省科技计划项目（2017B020202003）；广州市科技计划项目（201804020091）；广东省农业科学院院长基金（2016020）；广东省自然基金项目（2017A030310096）

　　** 第一作者简介：崔小燕（1989—），女，博士研究生，主要从事分子营养学与肉品质研究，E-mail：cxyan813@163.com

　　# 通讯作者：蒋守群，研究员，硕士生导师，E-mail：jsqun3100@hotmail.com；蒋宗勇，研究员，博士生导师，E-mail：jiangz28@qq.com

陈化玉米对肉鸭生产性能和肌肉品质的影响[*]

周巧顺[**]　S. H. Qamar　曾秋凤　丁雪梅　王建萍　白世平　玄玥　宿卓薇　张克英[#]

[四川农业大学动物营养研究所,动物抗病营养教育部重点实验室,
农业部(区域性)重点实验室,成都 611130]

摘要: 为探讨陈化玉米及饲喂时间对肉鸭生产性能和肌肉品质的影响,试验选取了 1 日龄樱桃谷公鸭 512 只,随机分为 4 个处理,每个处理 8 个重复,每个重复 16 只。1~14 日龄,T1 和 T2 饲喂正常玉米,T3 和 T4 饲喂陈化玉米;15~35 日龄,T1 和 T3 饲喂正常玉米,T2 和 T4 饲喂陈化玉米。陈化玉米贮存时间为 3 年,含能量 16.1 MJ/kg,蛋白质 7.73%,粗脂肪 3.31%,脂肪酸值 126 mg KOH/100 g,黄曲霉毒素、赤霉烯酮和呕吐毒素未检出。结果表明:1)1~14 日龄,与正常玉米相比,陈化玉米对肉鸭生产性能无显著影响;15~35 日龄及 1~35 日龄,陈化玉米显著降低采食量和料重比($P<0.001$),后期饲喂陈化玉米与全期饲喂的效应相似。2)陈化玉米对 15 日龄及 35 日龄肉鸭的胸肌滴水损失和胸肌 pH 无显著影响($P>0.05$);陈化玉米显著降低 15 日龄和 35 日龄肉鸭胸肌 b 值($P<0.05$);对肉鸭胸肌 L 值和 a 值均无显著影响($P>0.05$);陈化玉米显著增加 35 日龄肉鸭皮脂 a 值,显著降低皮脂 b 值。由此可见,后期或全期饲喂陈化玉米影响肉鸭采食量和料重比,但前期、后期或全期饲喂陈化玉米均影响肉鸭胸肌或皮脂色泽。

关键词: 肉鸭;陈化玉米;生产性能;肌肉品质

---

[*] 基金项目:"现代农业产业技术体系专项资金资助"(CARS-42-10)

[**] 第一作者简介:周巧顺(1994—),女,四川成都人,硕士研究生,动物营养与饲料科学专业,E-mail:2506354221@qq.com

[#] 通讯作者:张克英,教授,博士生导师,E-mail:zkeying@sicau.edu.cn

包被肉桂油对肉鸡肠道紧密连接
蛋白相关基因表达的影响[*]

程强[1,2][**]　郭双双[2]　丁斌鹰[1,2][#]　夏亿[2]　张元可[2]　徐晶云[2]　牛军龙[2]

(1.武汉轻工大学农副产品蛋白质饲料资源教育部工程研究中心，武汉 430023；
2.武汉轻工大学动物营养与饲料科学湖北省重点实验室，武汉 430023)

摘要：肉桂油是具有抗菌、抗肿瘤、杀虫等多种作用且易挥发的植物提取物。前期研究发现，饲粮中添加 300 mg/kg 肉桂油能够改善肠道结构，提高肉鸡空肠的绒毛高度与隐窝深度的比值，促进肠黏膜上皮细胞的生长，有利于机体对营养物质的吸收。本试验旨在研究包被肉桂油对肉鸡肠黏膜屏障功能的影响。试验选用 330 只健康状况良好的 1 日龄 Cobb 肉鸡，按体重相近原则随机分为 5 个处理组，其中对照组饲喂玉米-豆粕型饲粮，4 个试验组分别在饲粮中添加 50、100、200 和 300 mg/kg 的包被肉桂油，每个处理组 6 个重复，每个重复 11 只鸡，试验期为 42 天。于试验第 21 天和第 42 天，从每个重复中随机抽取 3 只鸡，屠宰取样，取十二指肠、空肠和回肠肠段，洗净后冷冻研磨，用于检测紧密连接蛋白相关基因表达量。试验结果表明：1)在第 21 天，①50 mg/kg 包被肉桂油上调了空肠黏膜 Occludin 和 Mucin-2 的 mRNA 表达水平($P<0.05$)；②100 mg/kg 包被肉桂油上调了十二指肠黏膜 Claudin-1、空肠黏膜 Occuldin 和回肠黏膜 Mucin-2 的 mRNA 表达水平($P<0.05$)；③200 mg/kg 包被肉桂油上调了十二指肠黏膜 Claudin-1、空肠黏膜 Occludin 和 Claudin-1 的 mRNA 表达水平($P<0.05$)，下调了十二指肠黏膜 Occludin 的 mRNA 表达水平($P<0.05$)；④300 mg/kg 包被肉桂油上调了十二指肠黏膜 Claudin-1、空肠黏膜 Occludin、Claudin-1 和 Mucin-2 的 mRNA 表达水平($P<0.05$)，下调了十二指肠黏膜 Occludin 的 mRNA 表达水平($P<0.05$)。2)在第 42 天，① 50 mg/kg 包被肉桂油上调了十二指肠黏膜 Claudin-1，下调了十二指肠黏膜 Mucin-2 的 mRNA 表达水平($P<0.05$)；② 100 mg/kg 包被肉桂油下调了空肠黏膜 Mucin-2 的 mRNA 表达水平($P<0.05$)；③ 200 mg/kg 包被肉桂油上调了空肠 Claudin-1 和回肠 Occludin 的 mRNA 表达水平，下调了十二指肠黏膜 Occludin 和 Mucin-2 的 mRNA 表达水平($P<0.05$)；④300 mg/kg 包被肉桂油上调了十二指肠、空肠和回肠黏膜 Claudin-1 的 mRNA 表达水平，下调了十二指肠黏膜 Occludin 和 Mucin-2 的 mRNA 表达水平($P<0.05$)。3)50 和 100 mg/kg 包被肉桂油上调了 42 日龄肉鸡回肠 Claudin-1 蛋白的相对表达量($P<0.05$)。总之，肉鸡饲粮中添加包被肉桂油可以上调肠黏膜中 Claudin-1 的 mRNA 水平，50 mg/kg 包被肉桂油可以上调 42 日龄肉鸡回肠黏膜中 Claudin-1 蛋白的表达量，使肠上皮细胞变得紧密，增强了肠黏膜的屏障功能。

关键词：包被肉桂油；肉鸡；肠黏膜屏障功能；紧密连接蛋白

---

　*　基金项目：湖北省重大科技创新计划(2014ABA022)
　**　第一作者简介：程强(1991—)，男，湖北红安人，硕士研究生，研究方向为营养生化与代谢调控，E-mail：chengqiangcool@163.com
　#　通讯作者：丁斌鹰，教授，硕士生导师，E-mail：dbying7471@126.com

茶树油对青脚麻鸡生长性能及肠道健康的影响

曲恒漫*　陈跃平　程业飞　温超　周岩民#

（南京农业大学动物科技学院，南京 210095）

摘要：植物精油具有抗氧化、抗炎、无毒无害等特点，应用于饲料中可提高动物生产性能、增强抗氧化以及免疫能力。茶树油是从桃金娘科白千层叶中提取出来的一种植物精油，具有抑菌、抗氧化、抗炎等功能。青脚麻鸡是中国的一种本土肉鸡，肉质鲜嫩、营养价值高、抗病能力强、市场需求量大。本试验旨在研究饲粮中添加茶树油对青脚麻鸡的生长性能、盲肠菌群组成、免疫以及抗氧化功能的影响，为茶树油在青脚麻鸡饲料中的应用提供理论依据。选择 144 只 1 日龄体重相近且健康的青脚麻鸡随机分为 3 组（每组 6 个重复，每重复 8 只鸡）。对照组饲喂基础饲粮，试验组分别饲喂添加 500 mg/kg 和 1 000 mg/kg 茶树油的试验饲粮，所有鸡饲养于同一鸡舍，自由饮水和采食，白天采用自然光照，夜间对鸡舍进行补光，调节光照强度在 10 lx 左右，试验开始的前 3 天保持鸡舍温度在 32～34℃，之后每周温度下降 2～3℃，直到舍内温度维持在 20℃，试验期为 50 天，于试验 21 天和 50 天，对空腹处理 12 h 后的鸡和剩料进行称重并记录，用于计算生长性能；并且每重复选取一只公鸡屠宰并取样，用于相关指标测定。结果表明：与对照组相比，1）饲粮中添加 1 000 mg/kg茶树油显著增加了青脚麻鸡 22～50 日龄的平均日增重（$P<0.05$），降低了 1～50 日龄的料重比（$P<0.05$）。2）饲粮中添加 1 000 mg/kg 茶树油显著增加了 50 日龄青脚麻鸡盲肠中的乳酸菌数量（$P<0.05$）。3）饲粮中添加 500 mg/kg 或 1 000 mg/kg 茶树油极显著增加了 21 日龄青脚麻鸡的脾脏相对质量（$P<0.01$），添加 1 000 mg/kg 茶树油还极显著增加了 50 日龄青脚麻鸡的胸腺相对质量（$P<0.01$）。4）添加 500 mg/kg 或 1 000 mg/kg 茶树油对青脚麻鸡空肠和回肠黏膜中分泌型免疫球蛋白 A、免疫球蛋白 G 以及免疫球蛋白 M 的含量没有显著影响（$P>0.05$）。5）添加 500 mg/kg 或 1 000 mg/kg 茶树油显著提高了 21 日龄青脚麻鸡空肠的总抗氧化能力（$P<0.05$），极显著提高了 21 日龄回肠黏膜的总抗氧化能力（$P<0.01$），并显著降低了 50 日龄空肠和 21、50 日龄回肠黏膜的丙二醛含量（$P<0.05$）。由此可见，饲粮中添加茶树油可以提高青脚麻鸡的生长性能、调节盲肠菌群组成，增强免疫以及抗氧化功能，且饲粮中添加 1 000 mg/kg 茶树油的效果优于添加 500 mg/kg 茶树油。

关键词：茶树油；生长性能；盲肠菌群；免疫；抗氧化；青脚麻鸡

---

*　第一作者简介：曲恒漫（1994—），女，山东烟台人，硕士研究生，研究方向为动物营养与饲料科学专业，E-mail：qhm13457@163.com

#　通讯作者：周岩民，教授，博士生导师，E-mail：zhouym6308@163.com

茶树油对断奶仔猪肠道微生物屏障功能的影响[*]

仲召鑫[**]　王淑楠　毛俊舟　董丽　霍永久　王洪荣　喻礼怀[#]

（扬州大学动物科学与技术学院，扬州 225009）

摘要：本试验通过 16SrDNA 高通量测序技术反映茶树油对断奶仔猪肠道微生物区系的影响，旨在从肠道微生物屏障角度探究茶树油的作用效果。试验选取 21 日龄体重相近[(6.73±0.12) kg]的健康"杜×长×大"三元杂交断奶仔猪 120 头，对照组饲喂基础饲粮，试验组饲喂分别添加 50、100 和 1 500 mg/kg 茶树油的试验饲粮，以及添加 200 mg/kg 10% 的硫酸黏菌素＋75 mg/kg 15% 的金霉素的抗生素组，每组 6 个重复，公母各半，每个重复 4 头仔猪。结果表明：1）茶树油处理组的 OTUs 高于 CON 组和 ANT 组；2）微生物区系 α 多样性分析表明 LTO 组和 HTO 组 ACE 指数显著上调（$P<0.01$），茶树油处理组 Shannon 指数较 CON 组有增加的趋势（$P<0.1$）；3）β 多样性分析表明 CON 组和 ANT 组的群落结构较为相似，茶树油各组的群落结构相似，茶树油处理组菌群结构与 CON 组和 ANT 组差异较大；4）在门水平，MTO 组与 HTO 组厚壁菌门丰度显著高于 CON 组和 ANT 组（$P<0.01$），MTO 组与 HTO 组拟杆菌门丰度显著低于 CON 组和 ANT 组（$P<0.01$）；5）在属水平，与 ANT 组相比，MTO 组和 HTO 组梭状芽孢杆菌属丰度显著提高（$P<0.05$），LTO 组和 HTO 组普雷沃氏菌科 NK3B31 属丰度显著降低（$P<0.05$）；MTO 组和 HTO 组普雷沃氏菌属_2 丰度显著低于 CON 组和 ANT 组（$P<0.05$）。由此可见，仔猪日粮中添加茶树油可适当增加肠道微生物菌群丰度及多样性，改善肠道菌群结构，可一定程度上替代抗生素类饲料添加剂。

关键词：茶树油；断奶仔猪；肠道微生物

[*]　基金项目：江苏省前瞻性联合研究项目（BY2016069-12）；扬州市自然科学基金项目（YZ2016115）；扬州大学 2016 年校大学生学术科技创新基金（x20160683）

[**]　第一作者简介：仲召鑫（1995—），男，江苏兴化人，硕士研究生，研究方向为动物营养调控与饲料资源开发，E-mail：295764241@qq.com

[#]　通讯作者：喻礼怀，江苏大丰人，副教授，硕士生导师，E-mail：lhyu@yzu.edu.cn

茶树油对断奶仔猪肠黏膜免疫屏障的影响*

余梦凡**　董丽　王淑楠　喻礼怀#

（扬州大学动物科学与技术学院，扬州 225009）

摘要：本试验旨在研究日粮中添加不同剂量茶树油对断奶仔猪肠黏膜免疫屏障功能的影响。通过酶联免疫吸附法（ELISA）检测血清和空、回黏膜冻存样品中免疫球蛋白和细胞因子含量；RT-PCR 检测空、回黏膜免疫相关基因的表达。结果表明：1）MTO 组血清中 IgA 和 IgG 含量显著增高（$P<0.05$）；MTO 组、HTO 组血清中 IL2、TNF-α 和 IFN-γ 含量显著增高（$P<0.05$）；各组血清中 IL1β、IL10 及 IL12 含量差异不显著（$P>0.05$）。2）ANT 组和茶树油处理组空、回黏膜 sIgA 含量有增加的趋势（$P<0.1$）；HTO 组空肠黏膜 IL2 和 IL10 含量显著高于 CON 组（$P<0.05$）；HTO 组回肠黏膜 IL2、IL10、IL12、IFN-γ 和 TNF-α 含量显著增加（$P<0.05$）。3）与 CON 组和 ANT 组相比，MTO 组空肠 IL1β 基因的表达显著提高（$P<0.01$），MTO 组和 HTO 组空肠 IL2 基因的表达量显著提高（$P<0.05$）；LTO 组和 HTO 组空肠 IL10 基因的表达量显著高于 CON 组（$P<0.05$）；ANT 组和 MTO 组回肠 TNF-α 基因的表达显著高于其他各组（$P<0.01$）。4）与 CON 组相比，MTO 组、HTO 组及 ANT 组空肠 Occludin 基因的表达量显著增高（$P<0.01$），LTO 组回肠 Occludin 基因的表达量显著增高（$P<0.01$）；MTO 组空肠 MUC2 基因的表达量显著高于其他各组（$P<0.01$）。由此可知，在日粮中添加适量茶树油可一定程度增加血清免疫球蛋白和细胞因子分泌量，增加肠黏膜细胞因子分泌量，调节肠黏膜免疫屏障相关基因的表达量，具有一定的增强免疫，改善肠黏膜免疫屏障功能的作用。

关键词：茶树油；仔猪；肠道；黏膜免疫

＊　基金项目：江苏省前瞻性联合研究项目（BY2016069-12）；扬州市自然科学基金项目（YZ2016115）

＊＊　第一作者简介：余梦凡（1999—），女，江苏南京人，本科生，研究方向为动物营养调控与饲料资源开发，E-mail：615820116@qq.com

＃　通讯作者：喻礼怀，江苏大丰人，副教授，硕士生导师，E-mail：lhyu@yzu.edu.cn

大豆渣、苹果渣对大鼠消化道功能及
相关血液指标的影响*

杨新宇** 崔嘉 于赫炜 陈宝江#

（河北农业大学动物科技学院,保定 071001）

摘要：本试验旨在探讨大豆渣、苹果渣对大鼠消化道功能及相关血液指标的影响。将 18 只 4 周龄 SD 大鼠随机分配 3 组,每组 6 只,公母各半。对照组饲喂基础饲粮,试验组 NDF 水平保持不变,试验Ⅰ组添加 2.11％大豆渣,试验Ⅱ组添加 3.33％苹果渣。试验期 7 天。试验结果表明：试验Ⅱ组的蛋白表观消化率极显著低于对照组和组Ⅰ($P<0.01$),试验Ⅰ组较对照组略有增加但无显著差异($P>0.05$)；与对照组相比,两试验组脂肪和能量表观消化率略有下降,但没有显著差异($P>0.05$)；与对照组相比,试验Ⅰ组胃排空率极显著增高($P<0.01$),试验Ⅱ组胃排空率显著增高($P<0.05$)。两试验组的白细胞数和淋巴细胞数显著高于对照组($P<0.01$)；试验Ⅱ组单核细胞数极显著高于对照组和试验Ⅰ组($P<0.01$)；两试验组中性粒细胞数较对照组增高,且试验Ⅱ组显著增高($P<0.05$)；淋巴细胞百分比和中性粒细胞百分比各组间均无显著差异($P>0.05$)。试验组红细胞数均高于对照组,试验Ⅱ组达到显著水平($P<0.05$)。所以,添加豆渣后,大鼠对蛋白质的表观消化率略有升高,对脂肪、能量表观消化率均下降；添加苹果渣后大鼠对蛋白质的表观消化率略有升高,对脂肪、能量表观消化率均下降；大豆渣和苹果渣可明显促进大鼠胃排空速度；大豆渣、苹果渣可以改善大鼠的免疫状态。

关键词：大鼠；大豆渣；苹果渣；消化道功能；血液指标

---

* 基金项目：企业横向委托项目"大豆渣、苹果渣对大鼠消化道功能及相关血液指标的影响"

** 第一作者简介：杨新宇(1992—),男,河北秦皇岛人,硕士研究生,研究方向为动物营养与饲料科学,E-mail：1094803576@qq.com

\# 通讯作者：陈宝江,教授,E-mail：chenbaojiang@vip.sina.com

东北地区不同库存时间玉米营养价值及其对仔猪生长性能、血清生化、毒素和抗氧化功能的影响[*]

王薇薇[**]　周航　王丽　王永伟　董正林　宋丹　李爱科[#]

（国家粮食局科学研究院，北京 100037）

摘要：存储玉米的营养价值变化及其在猪、鸡上的利用效率众说不一，严重限制了库存玉米在饲料行业的利用。本研究旨在研究库存玉米的营养价值变化及饲用价值，开发库存玉米在生猪上的应用技术，实现库存玉米的高效利用，缓解去库存压力。本研究采集了来源于我国玉米主产区东北地区的玉米样品 38 个，库存时间分为当年（2016 年，10 个）和库存 1 年（2015 年，10 个）、2 年（2014 年，10 个）和 3 年（2013 年，8 个）。通过对样品物理特性、营养成分分析、霉菌毒素含量测定（玉米赤霉烯酮、呕吐毒素和黄曲霉毒素 B_1）、营养价值评定（猪仿生消化能）和仔猪饲养试验等五个方面，系统研究了东北地区不同库存时间对玉米营养成分和营养价值的影响。研究表明，库存 3 年的玉米与当年玉米相比，钙含量显著升高（$P < 0.05$），精氨酸和酪氨酸含量显著降低（$P < 0.05$）。除此之外，库存玉米与当年玉米相比，物理特性（千粒重、容重）、其他化学营养成分（水分、总能、粗蛋白质、粗脂肪、中性洗涤纤维、酸性洗涤纤维、总膳食纤维、粗灰分、磷和其他氨基酸）以及猪仿生消化能，均无显著差异（$P > 0.05$）。然而，库存 3 年的玉米与当年和库存 1 年和 2 年的玉米相比，呕吐毒素含量[库存三年 vs 当年玉米，(1.95 ± 0.55) mg/kg vs (0.52 ± 0.28) mg/kg]显著增加（$P < 0.05$），但仍然在我国饲料卫生标准（GB 13078—2017）要求限量（$\leqslant 5$ mg/kg）以下。分别选用库存 3 年和当年玉米（占日粮比例 60%）配制仔猪（12～30 kg）饲粮（$n=6$，公母各半），且保证日粮主要营养成分保持一致。结果表明，不同库存时间玉米对公或母仔猪的生长性能、血液生化指标（尿素氮、谷草转氨酶和谷丙转氨酶）、抗氧化指标（丙二醛、超氧化物歧化酶、还原性谷胱甘肽）和血清毒素（黄曲霉毒素 B_1、血清内毒素）指标均无显著影响（$P > 0.05$）。综上所述，东北地区库存 3 年内的玉米，其营养成分和对仔猪的饲喂价值，与当年玉米相比无明显差异；且选用东北地区库存 3 年内的玉米添加于仔猪（12～30 kg）饲粮中，可取得与当年玉米类似的饲养效果。本试验结论为我国玉米去库存提供了新的解决思路。

关键词：玉米；仔猪；生长性能；霉菌毒素；去库存

　＊　基金项目：中央级公益性科研院所基本科研业务费专项（2011BAD26B01-3）
＊＊　第一作者简介：王薇薇，副研究员，博士研究生，E-mail：www@chinagrain.org
　＃　通讯作者：李爱科，研究员，博士生导师，E-mail：lak@chinagrain.org

妊娠日粮添加短中链脂肪酸促进大鼠孕激素合成并改善早期胚胎存活[*]

叶倩红^{**}　　曾祥芳[#]　　谯仕彦

（中国农业大学动物科学技术学院，北京 100193）

摘要：本试验旨在研究妊娠日粮中添加短中链脂肪酸对大鼠繁殖性能和胚胎着床的影响。试验选用初产 SD 大鼠（体重 230～250 g），从妊娠第一天开始，按体重随机分为 4 组，对照组饲喂普通繁殖日粮，试验组饲喂分别添加 0.1% 丁酸钠，0.1% 己酸钠，和 0.1% 辛酸钠的试验繁殖日粮。试验一：妊娠全期（共 21～23 天）饲喂分别添加 0.1% 丁酸钠（$n=34$），0.1% 己酸钠（$n=42$），和 0.1% 辛酸钠（$n=35$）的试验日粮相比于普通繁殖日粮（$n=30$）显著提高了大鼠窝产仔数（13.12，12.63，13.04 vs 11.90，$P<0.05$），窝产活仔数（13.04，12.50，13.04 vs 11.58，$P<0.05$），和窝重（79.14，81.99，82.42 vs 73.01 g，$P<0.05$）。试验二：妊娠早期（1～7 天）饲喂分别添加 0.1% 丁酸钠（$n=33$），0.1% 己酸钠（$n=35$），和 0.1% 辛酸钠（$n=31$）的日粮相比于普通繁殖日粮（$n=32$）显著提高了胚胎着床数（13.89，14.00，13.95 vs 11.36，$P<0.05$）。试验三：妊娠早期孕鼠饲喂分别添加 0.1% 丁酸钠（$n=9$），0.1% 己酸钠（$n=9$），和 0.1% 辛酸钠（$n=9$）的日粮相比于普通繁殖日粮（$n=9$）显著提高了血清中孕酮（妊娠第 5 天，$P<0.05$），花生四烯酸（妊娠第 6 天，$P<0.05$），和磷脂代谢物（妊娠第 8 天，$P<0.05$）的水平；并且降低了妊娠第 5 天血清中总胆固醇（$P<0.05$），高密度脂蛋白胆固醇（$P<0.05$），和低密度脂蛋白胆固醇（$P<0.05$）的水平。试验四：处理同试验三，发现短中链脂肪酸上调了妊娠第 5 天孕鼠卵巢组织中类固醇激素极速调节蛋白（StAR），胆固醇侧链裂解酶（CYP11A1），和细胞膜脂蛋白和长链脂肪酸转运载体（CD36）以及子宫组织中溶血磷脂酸受体（LPA_3）和环氧合酶（COX_2）的表达。由此可见，妊娠日粮中添加短中链脂肪酸能促进孕激素的合成从而改善早期胚胎存活，提高胚胎着床数和窝产仔数。

关键词：短中链脂肪酸；大鼠；胚胎着床；孕激素

* 基金项目：国家自然科学基金项目（31772614）

** 第一作者简介：叶倩红（1993—），女，江西井冈山人，博士研究生，从事动物营养与饲料科学专业，E-mail：qianhye@163.com

\# 通讯作者：曾祥芳，副教授，博士生导师，E-mail：ziyangzxf@163.com

饲粮添加 BHT 对饲喂氧化豆油黄羽肉鸡生产性能、肉品质和肌肉抗氧化能力的影响

王安谊[*]　　葛晓可　　冯程程　　张婧菲　　张莉莉　　王恬[#]

（南京农业大学动物科技学院，南京 210095）

摘要：本试验旨在研究 2,6-二叔丁基-4-甲基苯酚（butylated hydroxytoluene，BHT）对饲喂氧化豆油日粮黄羽肉鸡生产性能、肉品质和肌肉抗氧化能力的影响。试验采用 2×2 因子设计，即饲粮中豆油类型（新鲜和氧化），饲粮类型分（基础饲粮和含 125 mg/kg BHT 的试验饲粮），选取 1 日龄 240 羽 1 日龄优质黄羽肉鸡 240 只，随机分为 4 组（每组 6 个重复，每个重复 10 只）：1）新鲜豆油基础饲粮组。2）氧化豆油基础饲粮组。3）含有 125 mg/kg BHT 的新鲜豆油试验饲粮组。4）含有 125 mg/kg BHT 的氧化豆油试验饲粮组，试验期 42 天。结果表明：1）氧化豆油及饲粮中 BHT 的添加对黄羽肉鸡 58 天平均日增重，平均日采食量，料重比以及 58 天体重无显著影响（$P>0.05$）。2）与新鲜豆油组相比，氧化豆油能够显著增加黄羽肉鸡胸肌腿肌 24 h 和 48 h 滴水损失（$P<0.05$），饲粮添加 125 mg/kg BHT 能够显著降低胸肌 24 h 滴水损失、蒸煮损失和腿肌 48 h 滴水损失（$P<0.05$）。3）氧化豆油能够显著增加肌肉中丙二醛（MDA）含量并且能够显著降低腿肌肌肉中还原型谷胱甘肽（GSH）的含量，降低腿肌肌肉中总超氧化物歧化酶（T-SOD）活力和总抗氧化能力（T-AOC）（$P<0.05$）；饲粮添加 125 mg/kg 能够显著降低胸肌肌肉中 MDA 含量（$P<0.05$），显著提高肌肉中过氧化氢酶（CAT）活力，显著缓解由氧化油脂导致的腿肌肌肉 T-SOD 活力的降低（$P<0.05$）。4）氧化油脂能够显著降低胸肌肌肉组织 CAT、腿肌肌肉组织 γ-谷氨酰半胱氨酸合成酶调节亚单位（γ-GCLm）和 γ-谷氨酰半胱氨酸合成酶催化亚单位（γ-GCLc）mRNA 表达量（$P<0.05$）；饲粮中添加 125 mg/kg BHT 能够显著提高肌肉组织中 CAT mRNA 表达量（$P<0.05$），显著缓解由氧化豆油引起的肌肉组织中核转录相关因子 2（Nrf2），谷胱甘肽过氧化物酶 1（SOD1）以及腿肌组织中 γ-GCLm 的 mRNA 表达量（$P<0.05$）。由此可见，饲粮添加 125 mg/kg 的 BHT，对黄羽肉鸡 58 天生产性能无显著影响，能够通过提高肌肉抗氧化能力，改善肌肉品质，一定程度上缓解氧化豆油造成的氧化损伤。

关键词：BHT；氧化豆油；黄羽肉鸡；生产性能；肉品质；抗氧化

[*] 第一作者简介：王安谊，女，硕士研究生，E-mail：15261871873@163.com

[#] 通讯作者：王恬，教授，E-mail：twang18@163.com

香菇多糖对脂多糖诱导的仔猪肠道损伤的调控作用*

王秀英** 汪龙梅 余程 秦琴 张琳 朱惠玲 刘玉兰#

（武汉轻工大学动物营养与饲料科学湖北省重点实验室，武汉 430023）

摘要：本试验旨在研究香菇多糖对脂多糖（LPS）诱导的仔猪肠道损伤的影响，并从改善肠道微生物的角度探讨其机理。选取 24 头健康的断奶仔猪［杜×长×大，体重为（7.84±0.21）kg］，采用 2×2 因子设计，主因子为饲粮处理（基础饲粮或添加 0.02% 香菇多糖的饲粮）和免疫应激处理（注射生理盐水或 LPS）。饲喂基础饲粮或添加 0.02% 香菇多糖饲粮 28 天后，各饲粮组一半的猪腹膜注射 100 μg/kg 体重的 LPS 或生理盐水。注射 4 h 后屠宰仔猪，解剖取空肠和回肠，取 3 cm 肠段放入 4% 多聚甲醛中固定用于肠道形态学的观察，剩余部分冲洗干净后小心刮下肠黏膜。同时剖开盲肠，取食糜。将小肠黏膜和盲肠食糜样品立刻转移到 −80℃ 冰箱保存待测。结果表明：1）香菇多糖提高了空肠绒毛高度/隐窝深度比值、回肠绒毛高度和回肠 claudin-1 蛋白表达量（$P<0.05$）。2）香菇多糖降低了空肠和回肠 Toll 样受体 4 和核苷酸结合寡聚域受体介导的炎症信号通路关键基因和炎性细胞因子（肿瘤坏死因子-α、白细胞介素-1β、白细胞介素-6）的 mRNA 表达量，提高了热休克蛋白 70 的 mRNA 和蛋白表达（$P<0.05$）。3）香菇多糖提高了盲肠食糜丙酸、异丁酸、丁酸和异戊酸的含量（$P<0.05$）。4）香菇多糖提高了空肠和回肠组蛋白 H3 乙酰化水平（$P<0.05$），但是对 G 蛋白偶联受体 41 蛋白表达无显著影响。5）16S rRNA 测序结果显示，在门水平上，香菇多糖提高了盲肠食糜 *Bacteroidetes* 的水平，降低了 *Firmicutes* 的水平（$P<0.05$）；在属水平上，香菇多糖提高了 *Faecalibacterium*（$P=0.05$），*Lachnospiraceae_UCG-007*（$P=0.06$），*Prevotella_9*（$P<0.05$）和 *norank_f__Ruminococcaceae*（$P<0.05$）的水平，降低了 *Actinobacillus*（$P<0.05$），*Coprococcus_3*（$P<0.05$），*Oscillospira*（$P<0.05$），*Phascolarctobacterium*（$P<0.05$），*Solobacterium*（$P=0.06$）和 *Sutterella*（$P<0.05$）的水平。这些结果表明香菇多糖可以改善肠道菌群的组成，增加短链脂肪酸的含量，进而抑制组蛋白去乙酰化酶的活性，缓解 LPS 诱导的肠道损伤。

关键词：香菇多糖；LPS；肠道；肠道微生物；短链脂肪酸

* 基金项目：国家自然科学基金面上项目（31772615）；国家重点研发计划（2016YFD0501210）；湖北省高等学校优秀中青年科技创新团队计划项目（T201508）

** 第一作者简介：王秀英（1990—），女，广东东莞人，硕士研究生，研究方向为猪的营养与免疫，E-mail：xiuyingdk@foxmail.com

通讯作者：刘玉兰，教授，硕士生导师，E-mail：yulanflower@126.com

海藻酸寡糖对断奶仔猪生长性能、肠道屏障功能和上皮细胞凋亡的影响[*]

万津[**]　陈代文　余冰　黄志清　毛湘冰　郑萍　虞洁　罗钧秋　罗玉衡　何军[#]

（四川农业大学动物营养研究所,动物抗病营养教育部重点实验室,成都 611130）

摘要:海藻酸寡糖是一种由 β-D-(1,4)-甘露糖醛酸和 α-L-(1,4)-古罗糖醛酸组成的二元线型嵌段化合物,具有抗炎,抗氧化和抗凋亡等生物活性。然而,关于海藻酸寡糖在断奶仔猪上的应用效果知之甚少。因此,本研究旨在探索海藻酸寡糖对断奶仔猪生长性能、肠道屏障功能和上皮细胞凋亡的影响。试验一:选取 21 日龄初始体重为(6.17± 0.16)kg 的健康"杜×长×大"三元杂交仔猪 200 头,随机分为 4 组(每组 5 个重复,每个重复 10 头),即对照组饲喂基础饲粮,试验组饲喂分别添加 50、100 和 200 mg/kg 海藻酸寡糖的试验饲粮,试验期 14 天。结果表明:1)饲粮中添加 100 和 200 mg/kg 的海藻酸寡糖均可提高断奶仔猪的平均日增重($P<0.05$)。试验二:选取 21 日龄初始体重为(6.21± 0.09)kg 的健康"杜×长×大"三元杂交仔猪 24 头,随机分为 2 组(每组 12 个重复),即对照组饲喂基础饲粮,试验组饲喂添加 100 mg/kg 海藻酸寡糖的试验饲粮,试验期 14 天。结果表明:1)饲粮中添加 100 mg/kg 的海藻酸寡糖显著降低了仔猪血清中二胺氧化酶和 D-乳酸的含量($P<0.05$)。2)饲粮中添加 100 mg/kg 的海藻酸寡糖显著提高了仔猪小肠闭合蛋白表达量、杯状细胞数量及分泌型免疫球蛋白 A 含量($P<0.05$)。3)饲粮中添加 100 mg/kg 的海藻酸寡糖显著增加了仔猪小肠绒毛面积、上皮 S 期细胞比例和 B 细胞淋巴瘤基因 2(Bcl-2)mRNA 相对表达量($P<0.05$),并显著降低了小肠绒毛高度和隐窝深度的比值、上皮细胞凋亡率、G_0/G_1 期细胞比例以及 Bcl-2 相关 X 蛋白(Bax)和含半胱氨酸的天冬氨酸蛋白水解酶 3(Caspase-3)mRNA 相对表达量($P<0.05$)。综上所述,饲粮中添加 100 mg/kg 的海藻酸寡糖可以提高肠道屏障功能并降低肠上皮细胞凋亡率,从而改善断奶仔猪生长性能。

关键词:海藻酸寡糖;断奶仔猪;生产性能;屏障功能;细胞凋亡

---

[*]　基金项目:公益性行业(农业)科研专项(201403047)

[**]　第一作者简介:万津(1991—),男,江西南昌人,博士研究生,动物营养与饲料科学专业,E-mail:wanjin91@163.com

[#]　通讯作者:何军,研究员,博士生导师,E-mail:hejun8067@163.com

第二部分
饲料添加剂研发利用

褪黑素通过影响肠道微生物及其代谢产物介导机体脂肪代谢的研究[*]

尹杰[1,2][**] 李铁军[1][#] 印遇龙[1][#]

(1. 中国科学院亚热带农业生态研究所，长沙 410125；
2. 中国科学院大学，北京 100039)

摘要：前期实验结果表明褪黑素能够改善不同应激模型下小鼠脂肪代谢，本实验进一步研究了褪黑素在仔猪和小鼠模型上对脂肪代谢的作用及其潜在机制。1)仔猪实验：选取刚出生的健康二元杂仔猪 14 头，随机分为 2 组(每组 7 个重复)；褪黑素组每天灌胃 1 mg/mL 褪黑素 1 mL，对照组处理同样体积的饮用水。实验周期 21 天；2)小鼠实验：采用高脂饲料诱导小鼠脂肪代谢紊乱，饮用水中添加 0.4 mg/mL 的褪黑素研究其缓解效果，试验周期为 14 天(每组 8～14 个重复)。结果表明：1)仔猪灌胃褪黑素对仔猪生产性能没有明显影响($P>0.05$)，但是显著降低了血液胆固醇和脂蛋白含量($P<0.05$)，提示褪黑素能够改善仔猪脂肪代谢；2)高脂饲料显著增加了小鼠体重和腹脂($P<0.05$)，褪黑素处理显著降低了小鼠腹脂质量并改善了血液甘油三酯以及腹脂和肝脏脂肪代谢相关基因的表达($PPARa/\gamma$、$SREBP1/2$ 以及 $LXRa/\beta$)($P<0.05$)；3)16S RNA 高通量测序结果发现褪黑素通过提高肠道微生物多样性并改善 *Firmicutes* 和 *Bacteroidetes* 比例($P<0.05$)，提示褪黑素显著缓解了高脂诱导的肠道微生物区系紊乱。PICRUSt 微生物功能预测分析发现这些变化的微生物主要参与了机体能量、脂肪以及碳水化合物代谢相关基因的表达；4)粪便微生物移植实验发现移植高脂组微生物加速了高脂诱导的小鼠脂肪积累以及脂肪代谢紊乱，但是褪黑素和高脂组老鼠粪便微生物移植小鼠具有一定程度抗肥胖能力；5)肠道微生物代谢物分析发现高脂饲料显著降低了粪便乙酸和丙酸含量($P<0.05$)，且褪黑素处理对乙酸产生具有明显缓解趋势($P>0.05$)。Person 关联性分析发现乙酸含量与微生物属水平上 *Bacteroides* 和 *Alistipes* 相对水平密切相关($P<0.05$)，而 *Bacteroides* 和 *Alistipes* 均属于 *Bacteroidetes* 门类的产乙酸菌。由此提示微生物介导的乙酸产生可能作为褪黑素抗肥胖作用的潜在机制；6)单独处理乙酸钠(150 mmol 于饮用水)也改善了高脂诱导的小鼠脂肪积累和脂肪代谢紊乱，进一步证实褪黑素可能通过介导了微生物代谢产物乙酸的产生，从而缓解高脂诱导的代谢紊乱。由此可见，褪黑素能够有效促进仔猪和小鼠脂肪代谢，其作用机理可能是通过介导肠道微生物以及微生物代谢物乙酸的产生，从而调控脂肪相关基因的表达以及脂肪积累。

关键词：褪黑素；脂肪代谢；微生物；乙酸；粪便移植

---

[*] 基金项目：国家 973 项目(2013CB127301)；国家自然科学基金项目(31272463、31472106)；中国科学院前沿重点研发项目(QYZDY-SSW-SMC008)

[**] 第一作者简介：尹杰(1989—)，男，四川广元人，博士研究生，从事猪营养代谢研究，E-mail：yinjie2014@126.com

[#] 通讯作者：李铁军，研究员，硕士生导师，E-mail：tjli@isa.ac.cn；印遇龙，院士，博士生导师，E-mail：yinyulong@isa.ac.cn

赖氨酸二肽对哺乳仔猪血清氨基酸、
肠道形态学和微生物的影响[*]

韩慧[2**]　　尹杰[1,2]　李铁军[1#]　　印遇龙[1#]

(1.中国科学院亚热带农业生态研究所,长沙 410125;2.中国科学院大学,北京 100039)

摘要:本试验旨在研究赖氨酸二肽(Lys-Lys)对哺乳仔猪血清氨基酸、肠道形态学和肠道微生物的影响。选取 28 头刚出生仔猪,随机分为 4 组,每组 7 头:对照组、0.1% Lys-Lys 组、1% Lys-Lys 组和 5% Lys-Lys 组分别灌服 5 mL 饮用水、0.1 g/99.9 mL Lys-Lys、1 g/99 mL Lys-Lys 和 5 g/95 mL Lys-Lys,试验周期为 21 天。试验期每天称取仔猪体重;在试验期结束后,采集血液,检测血清氨基酸含量;摘取仔猪心脏、肝脏、脾脏和肾脏,称重并计算脏器指数(脏器指数=脏器质量/仔猪活体重);采集回肠肠段,利用 HE 染色观察回肠形态学变化;采集回肠和空肠肠段,检测空肠和回肠 SLC7A1、SLC7A2 和 SLC15A1 mRNA 相对表达量;采集结肠食糜,提取基因组 DNA,使用 16S rRNA 基因序列分析结肠微生物多样性。结果表明:与对照组相比,1)1% Lys-Lys 组哺乳仔猪平均日增重有上升趋势,但差异不显著($P>0.05$);实验组和对照组哺乳仔猪内脏指数差异均不显著($P>0.05$)。2) 1% Lys-Lys 组仔猪血清赖氨酸($P<0.05$)、苏氨酸($P<0.05$)、苯丙氨酸($P<0.05$)和脯氨酸($P<0.01$)含量显著高于对照组,而 1% Lys-Lys 组仔猪血清半胱氨酸含量显著低于对照组($P<0.01$);5% Lys-Lys 组仔猪血清赖氨酸($P<0.05$)、异亮氨酸($P<0.05$)、苏氨酸($P<0.01$)、天冬氨酸($P<0.05$)、谷氨酸($P<0.05$)和脯氨酸($P<0.05$)的含量显著高于对照组。3)实验组仔猪空肠 SLC7A1 (0.1% 和 1% Lys-Lys 组),SLC7A2 (0.1%、1%和 5% Lys-Lys 组),和 SLC15A1 (0.1% Lys-Lys 组)mRNA 相对表达量显著低于对照组($P<0.05$);0.1% Lys-Lys 组仔猪空肠 SLC15A1 mRNA 相对表达量显著低于对照组($P<0.05$);同时,5% Lys-Lys 组仔猪回肠 SLC7A2 mRNA 相对表达量显著低于对照组($P<0.05$)。4)与对照组相比,实验组仔猪回肠绒毛高度和宽度有升高趋势,提示 Lys-Lys 有提高回肠绒毛表面积的趋势,但差异不显著($P>0.05$);同时,实验组仔猪回肠隐窝深度显著高于对照组($P<0.05$),绒毛高度/隐窝深度的比值显著低于对照组($P<0.05$)。5)实验组仔猪结肠的微生物群落多样性指数(observed-species 指数和 ACE 指数)($P<0.05$)均低于对照组;并且 1% Lys-Lys 组仔猪结肠 *Bacteroidales* 相对数量显著低于对照组($P<0.05$)。由此得出,1% 和 5% Lys-Lys 能影响哺乳仔猪血清氨基酸含量;Lys-Lys 会改变哺乳仔猪回肠肠道形态学;Lys-Lys 能影响哺乳仔猪结肠微生物多样性。

关键词:赖氨酸二肽;氨基酸;肠道形态学;微生物;哺乳仔猪

---

　* 基金项目:国家 973 项目(2013CB127301);国家自然科学基金项目(31272463、31472106);中国科学院前沿重点研发项目(QYZDY-SSW-SMC008)

　** 第一作者简介:韩慧(1994—),女,山东滨州人,硕士研究生,从事猪营养代谢研究,E-mail:hanhui16@mails.ucas.ac.cn

　# 通讯作者:李铁军,研究员,硕士生导师,E-mail:tjli@isa.ac.cn;印遇龙,院士,博士生导师,E-mail:yinyulong@isa.ac.cn

复合植物精油对脂多糖刺激仔猪肠道形态结构
和抗氧化能力的影响[*]

宋转[2][**]　赵广宇[2]　董毅[2]　纪昌正[2]　李思源[2]　王蕾[1,2]　易丹[1,2]　侯永清[1,2][#]

(1.武汉轻工大学农副产品蛋白质饲料资源教育部工程研究中心,武汉 430023;
2.武汉轻工大学动物营养与饲料科学湖北省重点实验室,武汉 430023)

摘要:植物精油是从植物中提取出的挥发性液体,因其具有天然、安全、生物活性多样等优点越来越受关注,有望成为抗生素替代品之一。研究显示植物精油具有抗菌、抗病毒、抗炎、提高动物抗应激能力等多种功能,我们推测复合植物精油可能具有提高仔猪抗氧化能力的作用。本试验研究了复合植物精油(OCT)对脂多糖(LPS)刺激仔猪肠道结构和抗氧化能力的影响。选取 28 日龄左右健康的"杜×长×大"三元杂交仔猪 24 头,按照体重相近原则随机分为 3 个处理组:对照组、LPS组和 OCT 组。对照组和 LPS 组饲喂基础日粮,OCT 组饲喂基础日粮＋50 mg/kg 的 OCT。试验期 21 天。于试验第 21 天,LPS 组和 OCT 组仔猪腹腔注射 LPS(100 μg/kg BW),对照组注射等量生理盐水。注射 LPS 或生理盐水后 3 h 采血,6 h 后屠宰全部仔猪,取小肠样品,待测。结果表明:1)与对照组相比,LPS 组有降低仔猪空肠绒毛高度/隐窝深度比值的趋势($P<0.10$)、显著降低了回肠绒毛高度、绒毛高度/隐窝深度比值($P<0.05$);显著降低了血浆过氧化氢酶(CAT)活性、血浆和空肠超氧化物歧化酶(SOD)活性($P<0.05$),显著提高了空肠诱导型一氧化氮合酶(iNOS)活性、血浆和回肠 H_2O_2 含量($P<0.05$)。2)与 LPS 组相比,OCT 组显著提高了空肠绒毛高度和回肠绒毛高度及绒毛高度/隐窝深度比值($P<0.05$)、有提高空肠绒毛高度/隐窝深度比值的趋势($P<0.10$);显著提高了血浆 CAT、空肠 SOD 活性($P<0.05$),降低了空肠 iNOS 活性、血浆和回肠 H_2O_2 含量($P<0.05$)。以上结果表明,日粮中添加 50 mg/kg OCT 可以在一定程度上缓解由 LPS 刺激引起的仔猪氧化应激,改善仔猪肠道形态结构。

关键词:复合植物精油;仔猪;脂多糖;肠黏膜;肠道形态结构;抗氧化能力

[*] 基金项目:国家重点研发计划课题(2016YFD0501210)

[**] 第一作者简介:宋转(1994—),女,河南南阳,硕士研究生,研究方向:营养生化与代谢调控,E-mail:1811784468@qq.com

[#] 通讯作者:侯永清,博士,教授,E-mail:houyq@aliyun.com

植物精油对断奶仔猪生长性能、腹泻率、
血液生化指标及经济效益的影响[*]

魏晨[1,2][**]　　游伟[1,2]　　靳青[1,2]　　张相伦[1,2]　　刘桂芬[1,2]

谭秀文[1,2]　　刘晓牧[1,2]　　赵红波[1,2]　　万发春[1,2,3][#]

(1. 山东省农业科学院畜牧兽医研究所,济南 250100;2. 山东省畜禽疫病防治与
繁育重点实验室,济南 250100;3. 山东师范大学生命科学学院,济南 250014)

摘要:本试验旨在研究新型植物精油对断奶仔猪生长性能、营养物质消化率、腹泻率、血液生化指标及经济效益的影响,为该植物精油在提高断奶仔猪生长性能、促进断奶仔猪健康生长方面的有效应用提供数据支撑和理论依据。本试验采用单因素完全随机设计,选择 150 头 28 日龄、体重相近、健康无病的"杜×大×长"三元杂交断奶仔猪作为试验动物,随机分为 5 组,每组 3 个重复,每个重复 10 头。1 组为对照组,饲喂不添加抗生素的基础日粮,2 组为抗生素组(50 mg/kg 土霉素钙+杆菌肽锌),饲喂添加抗生素的日粮,3～5 组分别在基础日粮中添加植物精油 0.8、2、5 g/kg,试验期 30 天,饲喂至保育期结束。结果表明:1)与空白对照组相比,该植物精油添加剂量 0.8 g/kg 以上或抗生素显著提高了断奶仔猪末重($P<0.05$)和平均日增重($P<0.05$),该植物精油添加剂量 0.8 g/kg 以上显著降低了料重比($P<0.05$)。2)该植物精油添加剂量 0.8 g/kg 以上或抗生素极显著降低断奶仔猪腹泻率($P<0.01$),当添加 2 g/kg 以上时,显著高于抗生素组($P<0.05$);添加该植物精油或抗生素显著降低致病菌大肠杆菌菌落数($P<0.05$),且添加植物精油组与抗生素组差异不显著($P>0.05$);添加该植物精油对有益菌乳酸菌菌落数没有影响($P>0.05$)。3)与空白对照组相比,植物精油添加剂量至 2 g/kg 显著提高了断奶仔猪干物质消化率($P<0.05$),添加至 5 g/kg 显著提高了有机物质消化率($P<0.05$),添加该植物精油有提高中性洗涤纤维消化率的趋势($P=0.09$)。4)添加该植物精油有提高总抗氧化能力的趋势($P=0.08$),显著提高了断奶仔猪血浆谷胱甘肽过氧化物酶活性($P<0.05$)。添加抗生素组的血液 IgA 水平显著高于其他各组($P<0.05$),但植物精油添加组与空白对照组无显著差异($P>0.05$)。5)空白对照组每天每头仔猪经济收入为 7.6 元,添加植物精油组和抗生素的经济收入都有所提高,每天每头仔猪 8.2～8.6 元;从净利润来看,添加植物精油 2 g/kg 组的经济效益最高,每天每头仔猪净利润 6.72 元,与空白对照相比提高 0.95 元。由此可见,该植物精油最适添加量为 2 g/kg,可作为抗生素替代物用于断奶仔猪腹泻的预防和治疗,促进仔猪健康生长,提高养殖效益,具有较大推广应用价值。

关键词:植物精油;断奶仔猪;生长性能;腹泻率;经济效益

---

[*] 基金项目:国家重点研发计划(2018YFD0501803);现代农业(肉牛牦牛)产业技术体系建设专项资金(CARS-37);山东省现代农业产业技术体系牛产业创新团队(SDAIT-09-07);山东省农业科学院农业科技创新工程(CXGC2017B02;CXGC2018E10);大北农集团企业课题(2016A20027)

[**] 第一作者简介:魏晨(1989—),助理研究员,山东济南人,从事肉牛营养与饲料研究,E-mail:weichenchen1989@126.com

[#] 通讯作者:万发春(1974—),研究员,山东济南人,从事肉牛营养与调控研究,E-mail:wanfc@sina.co

柑橘提取物对仔猪生长性能、血液指标、肠道形态的影响*

崔艺燕** 田志梅 李贞明 容庭 邓盾 刘志昌 王刚 马现永#

（广东省农业科学院动物科学研究所，畜禽育种国家重点实验室，农业部华南
动物营养与饲料重点实验室，广东省畜禽育种与营养研究重点实验室，
广东畜禽肉品质量安全控制与评定工程技术研究中心，广州 510640）

摘要：本试验旨在研究柑橘提取物对仔猪生长性能、抗氧化能力、免疫功能以及肠道形态的影响。选用 28 日龄"杜×（长×大）"仔猪 144 头，公母各半，随机分为 3 个处理组：空白组为基础饲粮；抗生素组在基础饲粮上添加 75 g/t 金霉素；柑橘提取物组在基础饲粮上添加 300 mL/t 柑橘提取物（柑橘原汁含量 50%）。试验周期为 28 天。结果表明：1）三组间末重、平均日采食量、平均日增重、料肉比、腹泻率均无显著差异（$P>0.05$）。2）抗生素组胃指数显著高于柑橘提取物组、空白组（$P<0.05$），其余器官指数差异不显著（$P>0.05$）。3）柑橘提取物组血浆白蛋白水平、白蛋白/总蛋白显著高于空白组（$P<0.05$），空白组球蛋白水平显著高于抗生素组、柑橘提取物组（$P<0.05$）；三组间葡萄糖、甘油三酯、总胆固醇、尿素氮、总蛋白水平差异不显著（$P>0.05$）。4）柑橘提取物组血浆谷丙转氨酶活力显著高于抗生素组、空白组（$P<0.05$），谷草转氨酶活力有升高趋势（$0.10<P>0.05$）。5）柑橘提取物组血浆过氧化氢酶、超氧化物歧化酶活力显著高于抗生素组、空白组（$P<0.05$），三组间碱性磷酸酶和谷胱甘肽过氧化物酶活力以及丙二醛、总抗氧化力水平差异不显著（$P>0.05$）。6）柑橘提取物组血清白介素（IL）-6 含量高于抗生素、空白组（$0.10<P>0.05$），抗生素组、柑橘提取物组免疫球蛋白（Ig）G 含量极显著高于空白组（$P<0.01$），柑橘提取物组肿瘤坏死因子（TNF）-α 含量显著高于空白组（$P<0.05$），IL-8、IL-2、IgA、IgM 差异不显著（$P>0.05$）。7）柑橘提取物组十二指肠绒毛高度显著高于抗生素组（$P<0.05$），空肠、回肠绒毛高度差异不显著（$P>0.05$）；空白组十二指肠隐窝深度极显著高于抗生素组（$P<0.01$），空肠、回肠隐窝深度显著或极显著高于抗生素组、柑橘提取物组（$P<0.05$，$P<0.01$）；抗生素组、柑橘提取物组的十二指肠、回肠绒毛高度/隐窝深度比值显著或极显著高于空白组（$P<0.05$，$P<0.01$）。本试验条件下，柑橘提取物和抗生素没有表现出改善仔猪生长性能的作用。与抗生素比较，柑橘提取物具有相对较好的血液生化、抗氧化与免疫指标，肠道形态一致。

关键词：柑橘提取物；仔猪；生长性能；抗氧化；肠道形态

* 基金项目：广东省现代农业产业技术体系创新团队项目任务书（2017LM1080）；广州市重点项目（201707020007）；广东省畜禽育种与营养研究重点实验室开放运行（2017B030314044）

** 第一作者简介：崔艺燕（1987—），女，佛山人，硕士研究生，从事动物营养与饲料科学、生态养殖与环境控制研究，E-mail：958117076@qq.com

\# 通讯作者：马现永，博士，研究员，从事动物营养与饲料科学、生态养殖与环境控制研究，E-mail：407986619@qq.com

白术茯苓多糖复方对断奶仔猪生长性能和
小肠黏膜形态结构的影响

陈丽玲[1,2]*　　卢亚飞[1]　　郭晓波[1]　　贺琴[1]　　游金明[1]#

(1. 江西农业大学,江西省动物营养重点实验室,江西省营养饲料开发工程中心,
南昌 330045;2. 江西中医药大学,南昌 330045)

摘要:本研究旨在探讨饲粮中添加中草药提取物白术茯苓多糖复方对断奶仔猪生长性能和小肠黏膜形态结构的影响。试验采用单因素试验设计方法,选用遗传背景一致,初始体重为(7.14 ± 0.04)kg 的 23 日龄(杜×长×大)断奶仔猪 125 头,随机分为 5 个处理,每个处理 5 个重复,每个重复 5 头猪。对照组饲粮中添加 10% 硫酸黏杆菌素 200 mg/kg、10% 杆菌肽 400 mg/kg 和 5% 喹乙醇 2 000 mg/kg 的抗生素,试验组饲粮分别添加 0.02%、0.04%、0.06% 和 0.08% 白术茯苓多糖复方。试验期 27 天。试验结束后,从每个重复中选取 1 头接近平均体重且健康状况良好的仔猪,空腹前腔静脉采血,处死后解剖剪取十二指肠、空肠和回肠中段用蒸馏水小心洗去食糜,滤纸吸掉水分后置于含 4% 甲醛溶液的小广口瓶中,固定 24 h 以上,通过石蜡切片观察小肠黏膜形态结构。结果表明,1)各试验组与抗生素组相比,可显著提高仔猪的平均日增重($P < 0.05$),且添加 0.06% 组效果最佳;饲粮中添加白术茯苓多糖复方与抗生素组相比能提高仔猪采食量($P > 0.05$),且随着白术茯苓多糖添加量的增加仔猪采食量随之增加;对比抗生素组,添加白术茯苓多糖复方可以显著降低断奶仔猪的料重比($P < 0.05$)。2)抗生素组仔猪腹泻率显著低于添加白术茯苓多糖的各组($P < 0.05$),添加 0.06% 组腹泻率显著低于 0.04% 和 0.08% 组($P < 0.05$),且 0.06% 组与 0.04%、0.08% 试验组相比腹泻率分别降低了 45.73% 和 58.13%。3)各组仔猪血浆 IGF-I 差异不显著($P > 0.05$),但变化趋势与日增重一致。4)添加 0.02%、0.04% 和 0.06% 白术茯苓多糖复方能显著提高断奶仔猪十二指肠和回肠绒毛高度($P < 0.05$),添加 0.06% 白术茯苓多糖复方能显著提高断奶仔猪空肠绒毛高度($P < 0.05$),添加 0.06% 白术茯苓多糖复方能显著提高断奶仔猪十二指肠和回肠的绒毛高度/隐窝深度值($P < 0.05$)。由此可知,本试验条件下,饲粮中添加中草药提取物白术茯苓多糖复方与抗生素组相比能改善断奶仔猪的生长性能和小肠黏膜形态结构,但抗腹泻方面不能达到添加抗生素的效果;综合生长性能和小肠黏膜形态结构指标,白术茯苓多糖复方在断奶仔猪饲粮中的最适添加量为 0.06%。

关键词:白术多糖;茯苓多糖;断奶仔猪;生长性能;小肠黏膜形态结构

---

* 第一作者简介:陈丽玲(1983—),女,江西南昌人,博士研究生,研究方向为猪营养与饲料科学,E-mail:465993116@qq.com
\# 通讯作者:游金明,教授,博士生导师,E-mail:youjinm@163.com

中链脂肪酸对仔猪肠道结构和功能及 TLR4、NODs 和程序性坏死信号通路的影响*

许啸** 陈少魁 王海波 涂治骁 王树辉 王秀英 朱惠玲 刘玉兰#

(武汉轻工大学动物科学与营养工程学院,武汉 430023)

摘要:本试验旨在探究在饲粮中添加中链脂肪酸,是否可以通过调节肠道炎性和程序性坏死(necroptosis)相关通路,从而缓解脂多糖(LPS)刺激导致的断奶仔猪肠道损伤。选取体重相近的"杜×长×大"断奶仔猪 24 头,按照 2×2 因子随机分为 4 个处理:1)玉米油+生理盐水;2)玉米油+LPS;3)中链脂肪酸+生理盐水;4)中链脂肪酸+LPS。试验日粮饲喂 21 天后腹膜注射生理盐水或 LPS,在刺激 4 h 后屠宰取样。结果表明:1)饲粮中添加中链脂肪酸改善了断奶仔猪的肠道形态,显著增加了空肠的绒毛高度($P<0.05$);提高了肠道消化和屏障功能,具体为显著提高了空肠和回肠的二糖酶(蔗糖酶和麦芽糖酶)活性($P<0.05$)和 claudin-1 蛋白表达量($P<0.05$)。2)饲粮中添加中链脂肪酸显著降低了空肠 HSP70 的蛋白表达量($P<0.05$)和血浆 TNF-α 浓度($P<0.05$)。3)饲粮中添加中链脂肪酸显著下调了空肠和回肠炎性信号通路(TLR4 和 NODs)关键因子的 mRNA 表达量($P<0.05$),具体为显著下调了空肠中 TLR4、TRAF6 和 NOD1 以及回肠中 TRAF6、NOD2 和 RIP2 的 mRNA 表达量($P<0.05$);同时也下调了空肠和回肠程序性坏死信号通路关键因子(RIP3 和 MLKL)的 mRNA 表达量($P<0.05$)。由此可见,在饲粮中添加中链脂肪酸,可通过抑制肠道上皮 TLR4、NODs 及 necroptosis 信号通路来改善炎症状态下断奶仔猪的肠道完整性。

关键词:LPS;肠道;中链脂肪酸;TLR4;NODs;程序性坏死;断奶仔猪

* 基金项目:国家自然科学基金项目(31772615)
** 第一作者简介:许啸(1988—),男,山东淄博人,博士研究生,从事动物营养与免疫研究,E-mail:xuxiao200315@163.com
# 通讯作者:刘玉兰,教授,硕士生导师,E-mail:yulanflower@126.com

三丁酸甘油酯配伍替代抗生素对仔猪
生长性能和肠道健康的影响*

张文馨[1]** 何茂龙[2] 汪海峰[1]#

[1. 浙江大学动物科学学院，杭州 310058；2. 乐达（广州）香味剂有限公司，广州 510530]

摘要：试验旨在研究以三丁酸甘油酯为主体的配伍替代抗生素添加剂对断奶仔猪生长性能和肠道健康的影响。试验采用单因素设计，选用胎次和体重相近的 21 日龄断奶仔猪 48 头，随机分为 4 个组（每组 3 个重复），即对照组，饲喂无抗生素基础饲粮；抗生素组，基础饲粮；OT 组，基础日粮中＋0.2％抗生素替代物（牛至油＋三丁酸甘油酯）；MT 组，基础日粮中 0.2％抗生素替代物（水杨酸甲酯＋三丁酸甘油酯）。饲喂期 28 天。结果表明：1）与对照组相比，试验组仔猪采食量、平均日增重和料重比有增加趋势，但因样本较小，统计学差异不显著（$P > 0.05$）。2）各组仔猪总蛋白、白蛋白、尿素氮、谷丙转氨酶、谷草转氨酶、碱性磷酸酶、葡萄糖、总抗氧化力、超氧化物歧化酶、谷胱甘肽过氧化物酶、丙二醛、胃泌素无显著差异（$P > 0.05$）。3）OT 和 MT 组仔猪胃、十二指肠、空肠和回肠 pH 低于对照组，其中 OT 组仔猪空肠 pH 和 MT 仔猪回肠 pH 与对照组差异显著（$P < 0.05$）。4）OT 组仔猪十二指肠绒毛高度、空肠绒毛高度/隐窝深度比值极显著高于对照组（$P < 0.01$），MT 组仔猪十二指肠和空肠绒毛长度与绒毛高度/隐窝深度比值显著高于对照组（$P < 0.05$）。5）各组断奶仔猪结肠内容物中的挥发性脂肪酸含量无显著差异（$P > 0.05$）。6）代谢组学分析显示，与对照组相比，OT 组中乙酰鸟氨酸脱乙酰基酶显著提高（$P < 0.05$），MT 组中邻苯二酚、异亮氨酸、乙酰乙酸盐、三糖、乳酸、反式四羟（基）脯氨酸、丝氨酸、苯基丙氨酸、二氢二醇含量显著提高（$P < 0.05$）；与抗生素组相比，MT 组中 3,5-二羟苯甘氨酸、邻苯二酚、肉毒碱、戊氨酸、甘氨酸显著提高（$P < 0.05$）。7）结肠内容物微生物 16sRNA 高通量测序结果显示，与对照组相比，OT 组和 MT 组在门水平上，放线杆菌数量减少，梭状芽孢杆菌数量增多；在属水平上，变形菌门减少，厚壁菌门增加。综上可见，三丁酸甘油酯与牛至油或水杨酸甲酯配伍组合，可作为抗生素添加剂替代物用于断奶仔猪，有效地作用于肠道组织及微生物区系，显著改善肠道健康。

关键词：仔猪；抗生素替代；三丁酸甘油；牛至油；水杨酸甲酯；生产性能；肠道健康

---

* 基金项目：国家科技支撑计划项目（2015BAD03B01-09）
** 第一作者简介：张文馨，女，硕士生，E-mail: 1300599611@qq.com
# 通讯作者：汪海峰，研究员，E-mail: haifengwang@zju.edu.cn

蒲公英提取物对断奶仔猪生长性能、血液免疫指标和微生物组成的影响[*]

赵金标^{**}　张刚　董文轩　王秋云　张帅[#]

（中国农业大学动物科技学院，动物营养国家重点实验室，北京 100193）

摘要：本试验的研究目的是探究蒲公英提取物对断奶仔猪生长性能、营养物质消化率、血液免疫指标、粪样短链脂肪酸合成和微生物组成的影响。选用 108 头初始体重为（7.3±0.7）kg 的"杜×长×大"三元杂交猪，根据其性别和体重随机分配至 3 个饲粮处理组，每个处理组 6 个重复，每个重复 6 头猪（3 公 3 母）。饲粮处理分别是不含有抗生素的阴性对照组、含有 75 mg/kg 的阳性对照组和1 g/kg 的蒲公英提取物处理组。本试验共 28 天。在试验全期，饲粮中添加蒲公英提取物对断奶仔猪生长性能没有显著影响，但显著降低了仔猪的腹泻率。与阴性对照组相比，饲粮中添加金霉素提高了中性洗涤纤维的表观全肠道消化率，而蒲公英提取物处理组则显著提高了粗蛋白质和干物质的表观全肠道消化率。饲粮中添加金霉素提高了仔猪血清中 SOD 浓度，蒲公英提取物显著提高了血清中 IL-6 的浓度。饲粮中添加蒲公英提取物在试验期 1～14 天显著提高了仔猪粪样中甲酸、丙酸、丁酸和戊酸的含量，但在试验期第 14～28 天短链脂肪酸的含量没有显著差异。另外，饲粮中添加金霉素显著提高了粪样中乳酸的含量。与阴性对照组相比，饲粮中添加金霉素或蒲公英提取物显著降低了仔猪粪样中科水平 *Clostridiaceae_*1 和属水平 *Clostridium_sensu_stricto_*1 的丰度。总之，在本试验添加下，饲粮中添加蒲公英提取物代替抗生素金霉素，不会影响断奶仔猪的生长性能，但降低了腹泻率，提高了部分营养物质消化率，促进了短链脂肪酸的合成，改变了粪样微生物组成。

关键词：蒲公英提取物；断奶仔猪；金霉素；生长性能；消化率；微生物

＊　基金项目：高等学校学科创新引智计划（B16044）

＊＊　第一作者简介：赵金标，男，博士，E-mail：15600911358@163.com

＃　通讯作者：张帅，讲师，E-mail：zhangshuai16@cau.edu.cn

还原型谷胱甘肽对仔猪生长性能及抗氧化能力的影响[*]

田志梅[**]　马现永[#]　崔艺燕　邓盾　容庭　李贞明　刘志昌　鲁慧杰　余苗

（广东省农业科学院动物科学研究所，畜禽育种国家重点实验室，农业部华南
动物营养与饲料重点实验室，广东省动物育种与营养公共实验室，
广东省畜禽育种与营养研究重点实验室，广州 5106400）

摘要：本试验旨在研究还原型谷胱甘肽（GSH）对仔猪生长性能和抗氧化能力的影响，以此评价其对仔猪的有效性并确定其在日粮中适宜的添加量，提高仔猪机体抗氧化能力，为仔猪生产推广应用提供依据。试验选用 180 头（杜×长×大）三元杂 21 日龄断奶仔猪随机分为 5 组，每组 6 个重复，每个重复 6 头。对照组饲喂基于 NRC 2012 的标准日粮，处理组 1～4 依次为添加 50、100、200、400 ppm 的还原型谷胱甘肽的标准日粮，试验期 28 天。结果表明：与对照组相比，1）日粮中添加 50 ppm 的 GSH 显著提高仔猪肤色、毛况、平均日增重（ADG），并降低料重比（F：G）（$P<0.05$），而随着添加剂量的增加不利于改善仔猪肤色、毛况以及生长性能；2）日粮中添加 50 ppm 的 GSH 显著提高小肠黏膜绒毛高度、绒毛高度与隐窝深度比（VH：CD），降低隐窝深度（$P<0.05$），随着添加剂量的增加降低仔猪小肠黏膜形态；3）日粮中添加 50 ppm 的 GSH 降低仔猪血浆中甘油三酯的浓度（$P<0.05$），但不影响血浆其他生化指标及抗氧化能力（$P>0.05$）；4）日粮中添加 400 ppm 的 GSH 显著提高仔猪空肠、回肠中 T-AOC、GSH-Px、GSH、T-SOD 含量，以及肝脏中 MDA、T-SOD 含量（$P<0.05$），而 50 ppm 的 GSH 对仔猪肠道及肝脏组织中 T-AOC、GSH-Px、GSH、T-SOD 无影响（$P>0.05$）；5）日粮中添加 50 ppm 的 GSH 显著提高肌肉中 MDA、T-AOC 的含量（$P<0.05$）。由此可见，日粮中添加 50 ppm 的 GSH 可显著改善仔猪肤色、毛况等表观性状，生长性能，小肠黏膜形态，降低仔猪小肠及肝脏组织的氧化及抗氧化酶活力，提高肌肉中氧化及抗氧化能力。而高剂量的 GSH 反而降低了 GSH 的增效效果，且仔猪生长状况低于对照组。因此，日粮中添加 50 ppm 的 GSH 可显著提高断奶仔猪生长性能，并改善仔猪组织中氧化及抗氧化能力。

关键词：还原型谷胱甘肽；仔猪；生长性能；抗氧化

———————

[*] 基金项目：广东省畜禽育种与营养研究重点实验室开放运行（2017B030314044）；广东省现代农业产业技术体系创新团队项目（2017LM1080）；省级现代农业产业技术推广体系建设项目（2017LM4164）

[**] 第一作者简介：田志梅（1985—），女，黑龙江省哈尔滨人，助理研究员，硕士，主要从事动物营养与饲料科学、生态养殖与环境控制研究，E-mail：tianzhimei@gdaas.com

[#] 通讯作者：马现永，博士，研究员，从事动物营养与饲料科学、生态养殖与环境控制研究，E-mail：maxianyong@gdaas.com

β-木糖苷酶和 β-甘露糖苷酶复合酶对断奶仔猪生长性能和肠道健康的影响

刘少帅* 　刘岭[1] 　宁东[2] 　刘亚京[1] 　马畅[1] 　董冰[1]#

（1. 中国农业大学动物科技学院，北京 100193；2 广东泛亚太生物科技有限公司，东莞 523808）

摘要：谷物饲料含有非淀粉多糖（NSPs），它们对哺乳动物内源性酶具有顽固抗性。补充复合酶有助于提高营养消化吸收。本研究对两种糖苷酶（XMosidases）-β-木糖苷酶和 β-甘露糖苷酶进行了体外饲料梯度水解和断奶仔猪生长性能改善的研究。在非淀粉多糖酶存在下，分别在试管中评估 XMosidases 的体外活性，并分别模拟胃和小肠消化过程。在断奶仔猪中进行体内试验，旨在研究复合酶对断奶仔猪生长性能，营养物质消化率和肠道微生物的影响。将 108 头平均初始体重为（8.50±1.08）kg 的断奶仔猪随机分为 3 个处理，分别为饲喂玉米豆粕型基础日量的对照组，饲喂复合酶组和饲喂复合酶基础上添加 XMosidases 组，每个处理 6 个重复，每个重复 6 只猪，试验为期 28 天。结果表明：体外试验中，在非淀粉多糖存在下，玉米和豆粕水解时，β-木糖苷酶（5 U）和 β-甘露糖苷酶（10 U）略有协同作用。通过 XMosidases 对胃和小肠消化的体外模拟显示，β-木糖苷酶和 β-甘露糖苷酶与非淀粉多糖酶的组合实现了（67.89±0.22）% 的干物质消化率和（63.12±0.21）% 的消化能。在断奶仔猪中，相比对照组，饲料中添加复合酶（含有木聚糖酶，β-甘露聚糖酶，蛋白酶和淀粉酶）组和复合酶加 XMosidase 组改善了仔猪 ADG，F：G（$P < 0.05$）以及对饲料粗蛋白质和干物质的消化率（$P < 0.05$），日均采食量没有显著差异（$P > 0.05$）。通过对仔猪肠道细菌组成的分析，我们发现补充 XMosidases 可逆转多种酶对肠道细菌组成的影响。XMosidases 减少了有害菌增加的比例，如回肠、盲肠和结肠中的 Clostridium_sensu_stricto_1；增加了有益菌的比例，如乳酸杆菌，硒代单胞菌。复合酶添加 XMosidases 组在盲肠消化物中显示出更高的乳酸。因此在复合酶的基础上添加 XMosidases 可以进一步提高生长性能和营养物质的消化，通过增加有益菌的比例，减少有害菌的比例，改善肠道细菌的多样性和组成。

关键词：β-木糖苷酶；β-甘露糖苷酶；仔猪；生长性能；豆粕；玉米

* 　第一作者简介：刘少帅（1990—），男，河北人，硕士研究生，动物营养与饲料科学专业，E-mail：1378039694@qq.com

　通讯作者：董冰，副研究员，硕士生导师，E-mail：dongbing@cau.edu.cn

复合植物提取物及其替代仔猪饲用抗生素的研究[*]

陶新[1][**]　孙雨晴[2]　门小明[1]　邓波[1]　李永明[1]　徐子伟[1][#]

(1.浙江省农业科学院畜牧兽医研究所;2.浙江省农业科学院蚕桑研究所,杭州 310021)

摘要:在畜禽养殖中限制或禁用促生长类饲用抗生素已为大势所趋。本研究旨在研发一种兼具抑菌、抗氧化和增强免疫等多功能且确保安全的复合植物提取物,替代仔猪饲用抗生素。体外实验以对大肠杆菌的抑菌和对 DPPH·自由基清除的抗氧化性能作为评价指标,筛选复合提取物组分并进行科学组方。体内实验分为两部分:第一部分首先以小鼠为实验动物,对复合提取物及其组分进行安全性评价及增强免疫和抗腹泻性能研究。第二部分以断奶仔猪为实验动物,研究复合提取物在仔猪上的促生长作用。通过体外实验,从 17 种单种提取物中遴选出艾叶、石榴皮、五味子和吴茱萸 4 种组分。其中,五味子和吴茱萸具有较好抑菌活性,石榴皮和艾叶具有较强抗氧化功能。进一步通过 $L_9(4^3)$ 正交组合实验对上述 4 种组分进行科学组方,明确各组分间配比关系。经检测该提取物对大肠杆菌的 MIC 值为 250 mg/mL,对 DPPH· 的 IC_{50} 值为 6.46 mg/mL。安全性评价的小鼠实验结果表明,一次性给予 60、600、6 000 mg/kg(BW)剂量的复方及其 4 种组分均未检测到小鼠半致死量(LD_{50}),且在最大剂量下仍未见明显中毒症状;14 天连续饲喂实验结果表明,灌服剂量分别为 111、333、1 000、3 000 mg/kg(BW)的复方及各组分均未导致小鼠死亡及明显中毒症状,各内脏指数及血常规指标未见异常。环磷酰胺免疫抑制小鼠模型实验结果表明,该复合提取物可显著提高模型小鼠的日增重($P<0.05$)、脾脏指数($P<0.05$)、肝脏 SOD、CAT 和 T-AOC 的活性($P<0.05$),并可显著降低模型小鼠的料重比($P<0.05$)及肝脏 MDA 含量($P<0.05$)。大肠杆菌腹泻模型小鼠实验结果表明,该复合提取物可使小鼠腹泻率和死亡率分别从66.67% 和 33.33%降至 25.00%和 0.00%。将复合提取物用于断奶仔猪饲料中替代饲用促生长抗生素,优化应用结果发现其在全价料中的最佳添加量为 0.1%;与抗生素组相比(金霉素 107 mg/kg+黄霉素 40 mg/kg),该复合提取物的添加可显著提高仔猪日增重 2.44%($P<0.05$)、降低死淘率($P<0.05$),使仔猪血清中尿素氮、白蛋白及低密度脂蛋白胆固醇含量显著降低($P<0.05$)。进而将该复合提取物与饲用抗生素联用,发现可使仔猪日增重提高 9.31%,料重比降低 3.31%,腹泻率和死亡率分别降低 47.17% 和 33.55%。本研究研制出一种复合植物提取物,该提取物可完全替代仔猪饲用促生长类抗生素或与其联用,具有显著改善仔猪健康、提高其生产性能的应用效果。

关键词:提取物;抑菌;抗氧化;小鼠;仔猪

---

　* 基金项目:浙江省公益技术研究项目(LGN18C170004);浙江省科技厅重点研发计划项目(2018C02035,2018C02044);浙江省农业(畜禽)新品种选育重大科技专项(2016C02054);国家现代农业产业技术体系建设专项(CARS-35)

　** 第一作者简介:陶新(1976—),女,山东东阿人,副研究员,博士研究生,主要从事生猪健康养殖研究,E-mail:xindragon@126.com

　# 通讯作者:徐子伟,研究员,博士生导师,E-mail:xzwfyz@sina.com

姜黄素和白藜芦醇替代抗生素对断奶仔猪消化酶活性和肠道抗氧化性能的影响*

甘振丁**　韦文耀　李毅　王超　张莉莉　王恬　钟翔#

（南京农业大学动物科技学院，南京 210095）

摘要：本实验旨在研究姜黄素和白藜芦醇对断奶仔猪肠道消化酶活性和抗氧化性能的影响。28 日龄"杜×长×大"三元仔猪 180 头随机分为 6 组（每组 3 个重复，每个重复 10 头）。CON 组饲喂基础饲粮，ANT、CUR、RES、HRC、LRC 组分别在基础饲粮基础上添加复合抗生素 300 mg/kg、300 mg/kg 姜黄素、300 mg/kg 白藜芦醇、300 mg/kg 姜黄素和白藜芦醇、100 mg/kg 姜黄素和白藜芦醇。试验期为 28 天，每个重复随机选取两头猪屠宰取样。结果表明：1）与 CON 组相比，ANT、RES、HRC、LRC 组空肠和回肠食糜淀粉酶、糜蛋白酶、胰蛋白酶活性均有所提高（$P<0.05$），CUR 组空肠和回肠胰蛋白酶活性提高（$P<0.05$）。各组脂肪酶无明显差异（$P>0.05$）。与抗生素组相比，HRC 组空肠和回肠食糜糜蛋白酶活性强于 ANT 组（$P<0.05$），LRC 组回肠糜蛋白酶活性强于 ANT 组（$P<0.05$），淀粉酶活性各组均不如 ANT 组（$P<0.05$），胰蛋白酶和脂肪酶无明显差异（$P>0.05$）。2）与 CON 组相比，ANT、HRC、CUR 组空肠黏膜 MDA 含量显著降低（$P<0.05$），回肠 LRC 组显著降低（$P<0.05$）。HRC、RES 组空肠和回肠黏膜 SOD 活性均升高（$P<0.05$）。HRC、LRC、RES 组回肠 GSH-PX 活性升高（$P<0.05$），空肠 GSH-PX 活性无显著差异（$P>0.05$）。各组空肠和回肠 T-AOC 活性均升高（$P<0.05$）。与 ANT 组相比，各组 SOD、T-AOC、GSH-PX 差异不显著（$P>0.05$）。3）与 CON 组相比，空肠中各组 SOD 和 CAT mRNA 表达显著提高（$P<0.05$），除 HRC 组外各组 GSH-PX mRNA 表达显著提高（$P<0.05$），抗生素组与各组无显著差异（$P>0.05$）。回肠中 LRC、CUR 组 SOD 和 GSH-PX mRNA 表达高于对照组，LRC、RES 组 CAT 表达高于对照组。与 ANT 组相比空肠各基因表达无明显差异，回肠 LRC、CUR 组 SOD、GSH-PX、CAT mRNA 表达高于抗生素组。由此可见，饲粮中添加姜黄素、白藜芦醇或联用均能在一定程度上替代抗生素提高断奶仔猪消化酶活性，改善肠道抗氧化能力。

关键词：姜黄素；白藜芦醇；抗生素替代；消化酶；抗氧化

* 基金项目：江苏省自然科学基金面上项目（BK20161446）
** 第一作者简介：甘振丁，男，硕士研究生，E-mail：273008102@qq.com
# 通讯作者：钟翔，男，副教授，E-mail：zhongxiang@njau.edu.cn

葡萄糖氧化酶对仔猪生长性能和血清指标的影响[*]

李宁[1,2][**]　闫峻[1,2]　马墉[1,2]　郑梓[1,2]　李千军[1,2]　张春华[1,2]　穆淑琴[1,2][#]

(1.天津市畜牧兽医研究所,天津 300381;2.天津市畜禽健康养殖技术工程中心,天津 300381)

摘要:试验研究了饲粮中添加葡萄糖氧化酶(GOD)对仔猪生长性能、发病率、血清生化指标的影响。选择 28 日龄健康断奶仔猪 60 头,随机分为 3 组:对照组(基础饲粮)、试验 1 组(基础饲粮中添加抗生素(喹乙醇 100 g/T,金霉素 75 g/T,土霉素钙 60 g/T)和试验 2 组(基础饲粮中添加 400 g/T 的 GOD),每组 4 个重复,每个重复 5 头猪。试验期 31 天,测定试验期间仔猪的生长性能及试验结束时仔猪血清生化指标。结果表明:1)饲粮中添加 GOD 后,仔猪末重、平均日增重(ADG)均显著高于对照组和试验 1 组($P<0.05$),日均采食量(ADFI)和料重比(F∶G)均显著低于试验 1 组($P<0.05$)。2)试验 2 组腹泻率与试验 1 组相近,咳喘率明显低于对照组和试验 1 组。3)试验 2 组血清谷草转氨酶(AST)活性显著低于对照组和试验 1 组($P<0.05$);血清谷丙转氨酶(ALT)活性低于对照组和试验 1 组,但差异不显著($P>0.05$);总蛋白(TP)、白蛋白(ALB)和球蛋白(GLB)水平高于对照组和试验 1 组,但差异不显著($P>0.05$)。3)血清丙二醛(MDA)含量显著低于对照组($P<0.05$),血清谷胱甘肽过氧化物酶(GSH-Px)、总超氧化物歧化酶活性(SOD)和总抗氧化能力(T-AOC)均有提高,但差异不显著($P>0.05$)。4)血清免疫球蛋白 A、G、M(IgA、IgG、IgM)和肿瘤坏死因子-α(TNF-α)均显著高于对照组和试验 1 组($P<0.05$),干扰素-γ(TNF-γ)显著高于对照组($P<0.05$),白细胞介素 2(IL-2)和白细胞介素 4(IL-4)水平高于对照组和试验 1 组,但差异不显著($P>0.05$)。由此可见,在饲粮中添加 400 g/T 的 GOD 可有效改善仔猪血液抗氧化能力,提高仔猪生长性能,缓解仔猪的肝脏损伤。

关键词:葡萄糖氧化酶(GOD);抗生素;仔猪;生长性能;血清生化指标

[*] 基金项目:天津市科技支撑计划(15ZCZDNC00090);天津市生猪产业技术创新团队项目(ITTPRS2017005)

[**] 第一作者简介:李宁(1990—),男,山西朔州人,硕士研究生,研究方向为猪营养及饲养模式,E-mail:tjxmsln@163.com

[#] 通讯作者:穆淑琴,研究员,E-mail:mushq@163.com

L-茶氨酸对氧化应激仔猪肠道健康的
影响及其信号途径[*]

闫峻[1**]　郑梓[1]　李泽青[2]　马墉[1]　李平[1]　穆淑琴[1#]　王文杰[1#]

（1.天津市畜牧兽医研究所，天津 300381；2.天津市畜牧兽医站，天津 301800）

摘要：*L*-茶氨酸是绿茶嫩叶中含量最丰富的游离氨基酸，也是一种功能性氨基酸。本试验旨在研究 *L*-茶氨酸对 Diquat 诱导的氧化应激断奶仔猪肠道健康的影响。试验采用 2×2 二因素设计，160 头断奶仔猪随机分为 4 个处理：处理 1 组（基础饲粮，腹腔注射 5 mL 生理盐水），处理 2 组[基础饲粮，腹腔注射 8 mg/kg（BW Diquat）]，处理 3 组（基础饲粮添加 1 000 mg/kg *L*-茶氨酸，腹腔注射 5 mL 生理盐水），处理 4 组[基础饲粮添加 1 000 mg/kg *L*-茶氨酸，腹腔注射 8 mg/kg（BW Diquat）]。在 Diquat 注射 7 天前饲粮中添加 *L*-茶氨酸，注射后继续饲喂 *L*-茶氨酸 21 天。试验结束时，采集血清及肠道样本，分析肠道形态、黏膜屏障、肠道通透性、肠黏膜免疫因子以及相关信号通路。结果表明：*L*-茶氨酸抑制了 Diquat 诱导的平均日增重和平均每日饲料摄入量的减少；与 Diquat 氧化应激组相比，*L*-茶氨酸联合处理组空肠绒毛高度和绒毛/隐窝比增加（$P<0.05$），而空肠黏膜 TNF-α 水平显著降低（$P<0.05$）；与 Diquat 氧化应激组相比，*L*-茶氨酸联合处理组小肠中 Occludin 的表达显著增加（$P<0.05$），同时降低血清中 *D*-乳酸的水平（$P<0.05$）；*L*-茶氨酸抑制 Diquat 诱导的小肠细胞外调节蛋白激酶（ERK1/2），p38 丝裂原活化蛋白激酶（p38 MAPK）和 c-Jun N 末端激酶（JNK）信号通路关键蛋白磷酸化水平的下调，激活 MAPK 通路。由此可见，*L*-茶氨酸可通过肠道保护作用促进氧化应激仔猪生产性能提高。

关键词：*L*-茶氨酸；断奶仔猪；氧化应激；生长性能；肠道健康

   * 基金项目：天津市生猪产业技术体系创新团队资助（ITTPRS2017005）；国家自然基金青年基金（（31402097））；天津市自然科学基金（18JCQNJC15100）

   ** 第一作者简介：闫峻（1984—），男，江苏徐州人，博士研究生，副研究员，研究方向为单胃动物营养，E-mail：yjjsxz@163.com

   # 通讯作者：穆淑琴，研究员，E-mail：mushq@163.com；王文杰，研究员，E-mail：anist@vip.163.com

酵母硒对感染沙门氏菌仔猪的
生长性能和免疫指标的影响

吕良康* 　熊奕　张慧　李强　冯志　雷龙　任莹　赵胜军#

（武汉轻工大学动物科学与营养工程学院，武汉 430023）

摘要：本试验旨在研究断奶仔猪基础日粮中添加酵母硒对感染沙门氏菌仔猪的生长性能和免疫指标的影响。试验采用 2（硒来源）× 2（是否感染沙门氏菌）因子试验设计，按照体重相近原则，将 32 头断奶仔猪随机区为 4 个处理组（Ⅰ、Ⅱ、Ⅲ、Ⅳ组），每个处理组 8 个重复，每个重复 1 头猪。试验期为 4 周。试验前两周，仔猪基础日粮为教槽料，Ⅱ、Ⅳ组日粮中添加 0.375 mg/kg 的酵母硒，Ⅰ、Ⅲ组添加等量的无机硒。试验后两周，仔猪基础日粮为保育料。试验第 16 天，对Ⅲ、Ⅳ组猪经口腔灌服 $1×10^9$ CFU/mL 的鼠伤寒沙门氏菌，另外两组不感染沙门氏菌。记录每天每组猪的采食量，每周称重 1 次。在感染沙门氏菌前和感染后的第 1、7、14 天，于仔猪前腔静脉处采集血样。结果表明：1）在感染沙门氏菌前（第 1～2 周），Ⅱ组仔猪平均日采食量较Ⅰ组相比有显著增长，差异显著（$P<0.05$）；Ⅱ组仔猪日均日增重和料肉比与Ⅰ组相比差异不显著（$P>0.05$）。不同硒源之间仔猪的血液中 CD4$^+$ 细胞均有极显著的差异（$P<0.01$）。2）感染沙门氏菌后（第 3～4 周），Ⅲ、Ⅳ组仔猪日均采食量和日增重较Ⅰ、Ⅱ组均有所增加，且Ⅳ组日均采食量较Ⅲ组增长更多。感染沙门氏菌后第 1 天，Ⅳ组中的 CD4$^+$ 细胞和 CD3$^+$ 细胞分别比Ⅲ组高 26.75% 和 35.64%。Ⅲ组中 CD8$^+$ 细胞显著高于Ⅳ组（$P<0.05$）。Ⅱ组中 CD4$^+$/CD8$^+$ 细胞比Ⅰ组高 27.37%，Ⅳ组比Ⅲ组高 24.40%。感染沙门氏菌后的第 7 天，Ⅱ组中 CD4$^+$ 细胞显著高于Ⅰ（$P<0.05$），Ⅳ组中 CD4$^+$/CD8$^+$ 细胞显著高于Ⅲ组中 34.99%（$P<0.05$）。感染沙门氏菌后第 14 天，Ⅳ组中 CD3$^+$ 细胞比Ⅲ高 28.27%，Ⅱ组比Ⅰ组高 28.58%。Ⅲ组和Ⅳ组之间 CD8$^+$ 细胞有显著差异（$P<0.05$），Ⅲ组中 CD4$^+$/CD8$^+$ 细胞比Ⅳ组高 21.40%。综上所述，在日粮中添加酵母硒能够缓解沙门氏菌的感染作用，提高仔猪机体免疫抗体含量，并有一定的促生长作用。

关键词：酵母硒；沙门氏菌；仔猪；生长性能；免疫

* 第一作者简介：吕良康（1996—），男，湖北洪湖人，硕士研究生，E-mail：liangkanglvling@163.com
# 通讯作者：赵胜军（1974—），男，蒙古族，内蒙古通辽市人，副教授，硕士生导师，研究方向为动物营养与代谢调控，E-mail：zhaoshengjun1974@163.com

吡咯喹啉醌对大肠杆菌攻毒仔猪肠道炎症的影响*

黄彩云** 　王振宇　刘虎　王凤来#

（动物营养学国家重点实验室,中国农业大学动物科技学院,北京 100193）

摘要：吡咯喹啉醌（PQQ）作为一种细菌脱氢酶的辅基,具有抗氧化、促进新生动物生长的功能。PQQ 在断奶仔猪上的研究较少。因此本研究的目的旨在探究饲粮中添加 PQQ 对大肠杆菌攻毒仔猪肠道炎症的影响,为 PQQ 作为抗生素替代品在断奶仔猪应用中提供科学依据。试验选取 72 头 21 天断奶、初重为 (7.91 ± 0.19) kg“杜×长×大”杂交公仔猪,根据体重按随机区组分为 2 个处理,每个处理 6 个重复,每个重复 6 头猪。试验饲粮参考照 NRC（2012）配制。对照组饲喂不含抗生素的玉米-豆粕型基础饲粮,处理组饲喂基础饲粮添加 0.3 g/t PQQ 的饲粮,添加量由本课题组前期的试验确定。试验 14 天结料、称重。从对照组与处理组的相同重复中按体况相近原则各选 1 头猪,灌服 10 mL 1×10^9 CFU/mL 大肠杆菌 K88,作为攻毒组；另各选 1 头体况相近的猪,灌服等体积的 PBS,作为对照组。形成 2×2 因子试验设计,试验期第 15 天屠宰,取肠道黏膜组织样保存在 $-80\,℃$ 待分析。试验结果表明,在试验的 1～14 天,饲粮中添加 PQQ 显著改善了断奶仔猪的耗料增重比（$P<0.05$）。大肠杆菌 K88 攻毒后,断奶仔猪表现为体温升高、倦怠、喘息加剧、腹泻等症状,空肠隐窝显著变深且绒毛高度和隐窝深度的比值（FCR）变大（$P<0.01$）,空肠黏膜中的 DAO（$P<0.01$）、炎症因子水平显著升高（$P<0.05$）、IL-10 极显著降低（$P<0.1$）。饲粮中添加 PQQ,空肠绒毛高度显著增加且 FCR 显著减小（$P<0.05$）,空肠黏膜中炎症因子 IL-1、TNF-α、IL-4、INF-γ、IL-6 水平极显著降低（$P<0.01$）,SIgA 水平显著升高（$P<0.05$）,空肠黏膜中的 MyD88、NF-κB（$P<0.05$）的 mRNA 和蛋白表达量显著降低；饲喂添加 PQQ 饲粮对仔猪空肠中炎症因子 TNF-α、IL-4、IL-6、IFN-γ 水平与大肠杆菌 K88 攻毒作用互作显著（$P<0.05$）。综上所述,饲用添加 PQQ 的饲粮能显著改善断奶仔猪的饲料转化率。特别是在 K88 攻毒的条件下,饲粮中添加 PQQ 能显著降低仔猪空肠黏膜中炎症因子水平,这表明饲粮中添加 PQQ 缓解了病原性大肠杆菌侵袭对断奶仔猪的危害作用

关键词：吡咯喹啉醌；断奶仔猪；生长性能；肠道炎症

　* 　基金项目：国家自然基金（31372317）

**　第一作者简介：黄彩云,女,博士研究生,E-mail：huangcaiyun@cau.edu.cn

　#　通讯作者：王凤来,教授,E-mail：wangfl@cau.edu.cn

吡咯喹啉醌对断奶仔猪的耐受性评价研究[*]

明东旭[1][**]　黄彩云[2]　王凤来[3][#]

（1. 中国农业大学动物科技学院，北京 100193；2. 中国农业大学动物科技学院，北京 100193；

3. 中国农业大学动物科技学院，动物营养学国家重点实验室，北京 100193）

摘要：吡咯喹啉醌（Pyrroloquinoline quinone，PQQ）广泛存在于动植物及微生物体内。它作为脱氢酶的辅基，参与电子传递，后来研究发现它可通过清除自由基、调控抗氧化酶活性和基因表达来实现抗氧化功能。本试验旨在研究断奶仔猪对吡咯并喹啉醌二钠盐（Pyrroloquinoline quinone disodium，PQQ·Na_2）的耐受性。试验选用 108 头健康的三元杂交（杜×长×大）28 天断奶仔猪，初始体重为（8.79±0.84）kg。按照完全随机试验设计，分为 3 个处理，每个处理 6 个重复，每个重复 6 头猪。试验基础饲粮为玉米-豆粕型，3 个试验组通过在基础饲粮上分别添加 0.0，3.0，30.0 mg/kg PQQ·Na_2 形成，试验期 28 天。于试验第 0 天、第 14 天和第 28 天对猪进行空腹称重，在整个试验期结算耗料量。以重复为单位，计算平均日采食量（ADFI）、平均日增重（ADG）和耗料增重比（F∶G）。试验第 14 天和 28 天，每个重复随机选取 1 头猪（每个重复 6 头猪）进行前腔静脉采血约 10 mL 注入真空抗凝采血管，缓慢颠倒摇匀，于 4℃保存备用；另采血 10 mL 注入非抗凝真空采血管，室温下倾斜放置 30 min，3 000 r/min 离心 10 min 制备血清，于 -20℃冻存备用。全期试验结束后，每个重复选取 1 头体重接近该圈平均值的猪（每处理 6 头猪）屠宰，迅速剖开猪腹腔，取出心脏、肝脏、脾脏、肺和肾脏称鲜重，计算各器官的指数；取心脏、肝脏、脾脏、肺和肾脏样品，用生理盐水冲洗，放入 4% 甲醛固定液中，用于组织形态学检查。试验结果表明，试验 0~14 天，随着饲粮中添加 PQQ·Na_2 浓度的升高断奶仔猪的平均日增重（Average daily gain，ADG）显著提高（$P<0.05$），耗料增重比（Feed to gain ratio，F∶G）显著降低（$P<0.01$），平均日采食量（Average daily feed intake，ADFI）影响不显著（$P>0.05$）。试验 15~28 天、0~28 天饲粮中添加 0.0，3.0 和 30.0 mg/kg PQQ·Na_2 对断奶仔猪的 ADG、ADFI 和 F∶G 影响不显著（$P>0.05$）。试验 0~28 天，饲粮中添加 30.0 mg/kg PQQ·Na_2，红细胞压积（mean corpuscular hemoglobin，MCH）和血红蛋白浓度（mean corpuscular hemoglobin concentration，MCHC）提高（$P<0.05$），但仍在正常范围内；其他脏器指数、血常规指标、血生化指标和组织结构均无显著变化，表明断奶仔猪对吡咯喹啉醌有较好的耐受性。

关键词：吡咯喹啉醌；断奶仔猪；生产性能；耐受性

[*]　基金项目：国家自然科学基金项目（31372317）

[**]　第一作者简介：明东旭（1992—），男，天津市人，博士研究生，动物营养与饲料科学专业，E-mail：1058494277@qq.com

[#]　通讯作者：王凤来，教授，博士生导师，E-mail：wangfl@cau.edu.cn

胆汁酸对断奶仔猪生长性能、抗氧化性能和营养物质消化率的影响

来文晴[*]　曹爱智[1]　张文伟[1]　张丽英[1#]

（中国农业大学动物科技学院，北京 100193）

摘要：本试验旨在研究猪源胆汁酸对断奶仔猪生长性能、血清抗氧化性能和营养物质全肠道表观消化率的影响。选取 180 头 28 日龄，平均体重 7.96 kg 左右的三元杂交（杜×长×大）断奶仔猪，按随机区组设计分成 5 组，每个处理 6 个重复（栏），每个重复 6 头猪：对照组饲喂基础饲粮，试验组饲喂分别添加 60、80、100 和 120 mg/kg 猪源胆汁酸的试验饲粮，试验期 42 天，分 1～28 天和 29～42 天两个阶段。于试验第 35 天，采用指示剂法测定营养物质全肠道表观消化率。饲喂添加 0.3％三氧化二铬的各处理试验饲粮，4 天预饲期后于 39～42 天收集每个处理的仔猪粪便并将其混匀，用于测定。结果表明：1）试验 29～42 天，饲粮添加 60～100 mg/kg 的猪源胆汁酸显著提高了试验后期日增重（$P<0.05$）；试验 1～42 天，添加 60～120 mg/kg 的猪源胆汁酸显著提高了试验全期日增重（$P<0.05$）和 42 天体重（$P<0.05$），添加 100 mg/kg 的猪源胆汁酸显著降低了全期耗料增重比（$P<0.05$）；随着饲粮中胆汁酸水平的增加，后期日增重和全期日增重均呈现显著线性和二次变化（$P<0.05$），全期耗料增总比呈现二次变化趋势（$P=0.05$）。2）饲粮添加 80～100 mg/kg 的猪源胆汁酸显著提高了 28 天血清超氧化物歧化酶和谷胱甘肽过氧化物酶活性（$P<0.05$）；添加 80～120 mg/kg 的猪源胆汁酸显著提高了 28 天血清中谷胱甘肽含量（$P<0.05$），并且随着饲粮中胆汁酸添加水平的提高，谷胱甘肽含量呈显著线性和二次变化（$P<0.05$）；饲粮添加 60～100 mg/kg 的猪源胆汁酸显著提高了 42 天血清超氧化物歧化酶活性（$P<0.05$）；添加 60～120 mg/kg 的猪源胆汁酸显著提高了 42 天血清谷胱甘肽水平（$P<0.05$），并且随着饲粮中胆汁酸添加水平的提高，谷胱甘肽水平呈显著线性和二次变化（$P<0.05$）；添加 80～100 mg/kg 的猪源胆汁酸显著提高了 42 天血清总抗氧化能力（$P<0.05$）；添加 80～120 mg/kg 的猪源胆汁酸显著提高了 42 天血清谷胱甘肽过氧化物酶活性（$P<0.05$），并且随着饲粮中胆汁酸添加水平的提高，谷胱甘肽过氧化物酶活性呈显著线性和二次变化（$P<0.05$）。3）饲粮添加 80～100 mg/kg 的猪源胆汁酸显著增加了干物质和粗脂肪的全肠道表观消化率（$P<0.05$）；添加 80～120 mg/kg 的猪源胆汁酸显著增加了总能的全肠道表观消化率（$P<0.05$）。由此可见，饲粮添加 60～100 mg/kg 的猪源胆汁酸能提高断奶仔猪日增重，添加 100 mg/kg 添加源胆汁酸可以降低耗料增重比，添加 80～100 mg/kg 的猪源胆汁酸可以促进抗氧化能力，提高营养物质的表观消化率。因此，饲料中添加 100 mg/kg 猪源胆汁酸时可以改善断奶仔猪生长性能，提高抗氧化能力和养分消化率。

关键词：猪源胆汁酸；断奶仔猪；生长性能；抗氧化；消化率

---

[*] 第一作者简介：来文晴（1994—），女，安徽阜阳人，博士研究生，动物营养与饲料科学专业，E-mail：laiwenqing@cau.com
[#] 通讯作者：张丽英，教授，博士生导师，E-mail：zhangliying01@sina.com

三氯蔗糖对断奶仔猪有效性和耐受性研究

张文伟[1]* 来文晴[1] 张丽英[2]#

（1.中国农业大学动物科技学院，北京 100193；

2.中国农业大学农业部饲料中心，动物营养重点实验室，北京 100193 ）

摘要：本研究通过三个试验系统地探讨了饲粮添加不同水平三氯蔗糖对断奶仔猪的有效性和耐受性。试验一，选用 180 头初始体重为（7.95±0.17）kg 健康的三元杂交（杜×长×大）断奶仔猪，按各圈平均体重一致、公母各半的原则，随机分为 6 个处理，每个处理 6 个重复，每个重复 6 头猪，试验期为 28 天。对照组饲喂玉米-豆粕型基础饲粮，5 个处理组分别在基础饲粮中添加 75、150、225 和 300 mg/kg 三氯蔗糖。结果表明：1）前期（1～14 天），日粮添加 150 mg/kg 三氯蔗糖处理组的 ADFI 显著高于对照组、日粮添加 225 和 300 mg/kg 三氯蔗糖处理组（$P<0.05$），以 ADFI 为效应指标时，二次曲线模型评估的断奶仔猪的适宜三氯蔗糖添加量为 137.8 mg/kg。2）后期（15～28 天）和全期（1～28 天）日粮添加 150 mg/kg 三氯蔗糖处理组的 ADG 显著高于其他处理组（$P<0.05$），日粮添加 150 mg/kg 三氯蔗糖处理组的 ADFI 显著高于对照组、225 和 300 mg/kg 三氯蔗糖处理组（$P<0.05$）。试验二选用 48 头初始体重为（8.90±0.09）kg 健康的三元杂交（杜×长×大）断奶仔猪，按照各圈平均体重一致、公母各半的原则，随机分到 8 个圈，每圈 6 头猪。试验共两期，每期 10 天，包括 5 天预饲期和 5 天试验期。对照组饲喂玉米-豆粕型基础饲粮，处理组为基础饲粮中添加 150 mg/kg 三氯蔗糖。结果表明：1）日粮添加 150 mg/kg 三氯蔗糖处理组断奶仔猪的全期平均日采食量显著高于对照组（$P<0.05$），采食率大于 50%（52.94%），采食比大于 1（1.11）。试验三选用 108 头 28 天平均初始体重为（7.97±0.18）kg（杜×长×大）三元杂交断奶仔猪，按体重一致、公母各半的原则，随机分为 3 个处理，每个处理 6 个重复，每个重复 6 头猪，试验期 28 天。对照组为基础饲粮，2 个处理组分别在基础饲粮添加 150 mg/kg 和 1 500 mg/kg（2 倍最低推荐剂量的 10 倍）。结果表明，1）日粮添加 150～1 500 mg/kg 处理组的 F：G、死亡率、血常规、血生化、脏器指数和组织病理学观察与对照组均无显著差异（$P>0.05$）。表明，日粮添加 1 500 mg/kg 三氯蔗糖时对断奶仔猪生产性能、血常规、血生化、脏器系数以及组织病理学均无不良影响，有效剂量上限是 150 mg/kg，安全系数为 10。

关键词：三氯蔗糖；断奶仔猪；有效性；采食偏好；耐受性

* 第一作者简介：张文伟（1994），女，山东威海人，硕士研究生，动物营养与饲料科学专业，E-mail：2957636268@qq.com
# 通讯作者：张丽英，教授，博士生导师，E-mail：zhangliying01@sina.com

复方中草药制剂对断奶仔猪生产性能和免疫机能的影响[*]

隋明静[**]　陈小风　陈宝江[#]

（河北农业大学动物科技学院,保定 071000）

摘要:复方中草药制剂是目前最有潜力的抗生素替代品之一,为了研究复方中草药制剂替代抗生素和部分化学性药物添加剂对断奶仔猪生产性能和免疫机能的影响,进一步确定复方中草药制剂在断奶仔猪日粮应用中的适宜添加量。本试验采用单因子试验设计,选择 28 日龄体重为 (8.68 ± 0.15) kg"长×大"二元杂交断奶仔猪 225 头,按体重、胎次、日龄、性别一致的原则将断奶仔猪随机分为 5 个试验组,每组处理 5 个重复,每个重复 9 头猪,分别为试验Ⅰ组(基础饲粮+复方中草药制剂 300 g/t)、试验Ⅱ组(基础饲粮+复方中草药制剂 400 g/t)、试验Ⅲ组(基础饲粮+复方中草药制剂 500 g/t)、试验Ⅳ组(基础饲粮+复方中草药制剂 600 g/t)、对照组(基础饲粮+土霉素钙 50 ppm、维吉尼亚霉素 25 ppm/t),试验预饲期 5 天,正式试验期 28 天。试验结果表明:试验Ⅲ组在提高生产性能和降低腹泻率方面显著优于试验Ⅰ、Ⅱ、Ⅳ和对照组($P<0.01$)。但与对照组相比,试验Ⅰ、Ⅳ组添加效果低于对照组($P<0.01$);试验Ⅲ组添加效果优于对照组($P<0.01$);试验Ⅱ组与对照组添加效果相当($P>0.05$)。其中试验Ⅲ组在平均日增重上比Ⅰ、Ⅱ、Ⅳ和对照组分别提高 22.61%($P<0.01$)、15.50%($P<0.01$)、22.46%($P<0.01$)、14.50%($P<0.01$);料重比分别降低了 9.27%($P<0.01$)、3.29%($P<0.05$)、10.20%($P<0.01$)、8.33%($P<0.01$);腹泻率分别下降了 46.84%($P<0.01$)、31.20%($P<0.01$)、24.81%($P<0.01$)、39.56%($P<0.01$)。试验Ⅰ、Ⅱ、Ⅲ、Ⅳ组中的免疫球蛋白 IgG 比对照组分别提高 5.79%($P<0.05$)、17.10%($P<0.05$)、67.53%($P<0.01$)、8.98%($P<0.05$);补体 C_3 比对照组分别提高 20.00%($P<0.05$)、45.00%($P<0.01$)、65.00%($P<0.01$)、35.00%($P<0.01$);脾脏发育指数分别提高了 8.00%($P>0.05$)、13.15%($P<0.01$)、23.15%($P<0.01$)、6.84%($P<0.01$)。该复方中草药制剂可以提高断奶仔猪血液中 IgG、IgM、C_3 等含量,且试验Ⅲ组含量最高,在血清 IgG、IgM、C_3 等方面试验组含量都高于对照组,说明在动物基础日粮中添加一定剂量的复方中草药制剂可以提高血清中 IgG、IgM 和补体 C_3 等,从而增强免疫力。由此可见,在本试验研究剂量范围内,日粮中添加 500 g/t 复方中草药制剂在提高断奶仔猪生产性能、降低腹泻频率以及提高免疫机能方面效果最好。因此,日粮中添加适量的中草药制剂具有替代抗生素,促进动物生长,改善动物健康状态的作用。

关键词:复方中草药制剂;断奶仔猪;生长性能;免疫机能

---

[*] 基金项目:企业横向委托项目"中草药提取物对仔猪健康及生产性能的影响"
[**] 第一作者简介:隋明静(1994—),女,河北廊坊人,硕士研究生,从事单胃动物营养研究,E-mail:547759246@qq.com
[#] 通讯作者:陈宝江,教授,博士生导师,E-mail:chenbaojiang@vip.sina.com

高免卵黄粉对断奶仔猪腹泻率、血清免疫指标、肠道渗透性和粪便微生物菌群的影响

韩帅娟[1*]　贺平丽[1#]　谯仕彦[1,2]　温洋[1]

(1. 中国农业大学动物科学技术学院，动物营养学国家重点实验室，北京 100193；
2. 生物饲料添加剂北京市重点实验室，北京 100193)

摘要：本试验旨在研究饲粮中添加高免卵黄粉对断奶仔猪生长性能、腹泻率、血清免疫指标、肠道渗透性和粪便微生物菌群的影响。本研究用到两种高免卵黄粉。高免卵黄粉Ⅰ：以产肠毒素大肠杆菌 K88、K99 和 987P 混合免疫产蛋鸡后，取高免蛋黄经过冷冻干燥处理获得高免卵黄粉；高免卵黄粉Ⅱ：以产肠毒素大肠杆菌 K88、K99 和 987P 分别单独免疫产蛋鸡，后续纯化冻干工艺同卵黄粉Ⅰ，最后将不同大肠杆菌免疫蛋鸡后制备的卵黄粉混合后得到高免卵黄粉。试验选取平均体重为(7.59±0.10) kg 的"杜×长×大"健康断奶仔猪 180 头，公母各半，随机分为 5 组（每组 6 个重复，每个重复 6 头猪）：对照组饲喂基础日粮，4 个试验组为在对照组饲粮基础上分别添加高免卵黄粉Ⅰ或高免卵黄粉Ⅱ，添加剂量均为 3 或 30 g/kg，试验期 21 天。每天统计仔猪腹泻率，以栏为单位在试验第 1、14 和 21 天对仔猪进行空腹称重，并记录采食量，待试验结束后每栏选取一头体重接近平均体重的仔猪进行屠宰采样。结果表明：1)饲粮添加高免卵黄粉对断奶仔猪生长性能无显著影响($P>0.05$)；与对照组相比，饲粮添加高免卵黄粉显著降低了断奶仔猪 0～21 天的腹泻率($P<0.05$)。2)与对照组相比，饲粮添加高免卵黄粉有降低断奶仔猪空肠黏膜 TNF-α($P=0.09$)以及提高 IL-10 水平($P=0.08$)的趋势。3)与对照组相比，饲粮添加高免卵黄粉显著提高了断奶仔猪血清中免疫球蛋白 IgM 的含量($P<0.05$)；饲粮添加高免卵黄粉有降低断奶仔猪血清中 D-乳酸($P=0.09$)和二胺氧化酶($P=0.07$)含量的趋势。4)与对照组相比，饲粮添加高免卵黄粉显著降低了断奶仔猪粪便中大肠杆菌的数量($P<0.05$)，显著提高断奶仔猪粪便中乙酸和总挥发性脂肪酸的含量($P<0.05$)。5)不同剂量及不同免疫方式获得的高免卵黄粉对断奶仔猪的影响差异均不显著($P>0.05$)。由此可见，多价抗原混合免疫与单独免疫蛋鸡获得的高免卵黄粉在仔猪上的应用效果相当，饲粮添加 3 或 30 g/kg 的高免卵黄粉Ⅰ或高免卵黄粉Ⅱ均能显著降低断奶仔猪的腹泻率，增强仔猪免疫力，降低有害微生物的生长，促进仔猪肠道健康。综上所述，多价抗原混合免疫蛋鸡制备的高免卵黄粉在断奶仔猪上具有非常广阔的应用前景。

关键词：高免卵黄粉；产肠毒素大肠杆菌；生长性能；腹泻率；微生物菌群

＊ 第一作者简介：韩帅娟(1991—)，女，河北邯郸人，博士研究生，从事猪动物营养与饲料安全的研究，E-mail：hansjuan@163.com

＃ 通讯作者：贺平丽，副研究员，博士生导师，E-mail：hepingli@cau.edu.cn

腐胺对断奶仔猪肠道发育、
物理屏障和养分消化的影响[*]

伍鲜剑[**]　许晓梅　刘光芒[#]　贾刚　赵华　陈小玲　吴彩梅　田刚　蔡景义

（四川农业大学动物营养研究所,教育部动物抗病营养重点实验室,成都 611130）

摘要:探讨腐胺对断奶仔猪肠道发育、物理屏障和养分消化的影响。选取 24 头 21 日龄断奶 DLY 仔猪,随机分成 4 个组,分别为对照组(基础日粮)、0.05%(基础日粮中添加 0.05% 的腐胺)、0.10%(基础日粮中添加 0.10% 的腐胺)和 0.15% 腐胺组(基础日粮中添加 0.15% 的腐胺),每组一个处理,每个处理 6 个重复,每个重复一头仔猪。所有仔猪从 21 日龄开始预饲,预饲期为 3 天,于 24 日龄开始正式试验,整个试验期为 11 天。所有仔猪于 35 日龄宰杀,取样。结果表明:1)肠道形态学:在空肠中,与对照组相比,0.10% 腐胺组绒毛高度、绒毛宽度和绒毛表面积分别提高了 20.30%、47.67% 和 71.43%;0.15% 腐胺组绒毛宽度、绒毛表面积和绒毛高度/隐窝深度分别提高了 78.96%、100.00% 和 29.29%($P<0.05$)。在回肠中,与对照组相比,0.15% 腐胺组绒毛高度/隐窝深度比值、回肠绒毛高度和绒毛表面积分别提高了 17.90%、15.51% 和 22.22%($P<0.05$)。2)与对照组相比,在空肠中,0.10% 腐胺组淀粉酶和麦芽糖酶分别提高了 16.67% 和 77.85%($P<0.05$);0.15% 腐胺组淀粉酶、麦芽糖、胰蛋白酶、蔗糖酶和脂肪酶活性分别提高了 36.11%、80.14%、17.62%、26.75% 和 12.05%($P<0.05$)。在回肠中,与对照组相比,0.10% 腐胺组淀粉酶、蔗糖酶、脂肪酶和麦芽糖酶分别提高了 36.67%、29.17%、49.22% 和 49.45%($P<0.05$);0.15% 腐胺组淀粉酶、胰蛋白酶、蔗糖酶、脂肪酶和麦芽糖酶分别提高了 96.67%、23.11%、30.88%、67.70% 和 58.26%。2)物理屏障:在空肠中,与对照组相比,0.05% 腐胺组 claudin-14、黏蛋白(MUC)2、MUC20 和三叶因子(TFF)3 mRNA 的表达升高($P<0.05$);0.10% 腐胺组 claudin-1、claudin-2、claudin-14、MUC2、MUC20 和 TFF3 mRNA 的表达升高($P<0.05$);0.15% 腐胺组 claudin-1、claudin-14、MUC20、GLP-2 receptor、IGF-1、TLR2 mRNA 的表达升高($P<0.05$)。在回肠中,与对照组相比,0.05% 腐胺组 claudin-12 mRNA 的表达降低($P<0.05$);0.10% 腐胺组 claudin-1 mRNA 的表达升高($P<0.05$);0.15% 腐胺组 occludin、claudin-1、claudin-2、claudin-3、claudin-14、claudin-15 和 claudin-16 mRNA 的表达升高,同时,claudin-12 mRNA 水平降低($P<0.05$)。此外,与对照组相比,腐胺各组回肠中肌球蛋白轻链激酶(MLCK)mRNA 水平降低($P<0.05$)。以上结果表明,腐胺能促进肠道形态学改变,调控消化相关酶活力,提高物理屏障相关基因的表达量,进而增强断奶仔猪肠道结构和功能。

关键词:腐胺;断奶仔猪;肠道发育;消化酶;物理屏障

---

[*] 基金项目:四川农业大学学科建设双支计划项目(03571542)

[**] 第一作者简介:伍鲜剑,男,专业硕士研究生,E-mail:wuxianjianqq@hotmail.com

[#] 通讯作者:刘光芒,博士,副研究员,硕士生导师,E-mail:liugm@sicau.edu.cn

腐胺对断奶仔猪肠道免疫力和微生物的影响*

伍鲜剑** 刘光芒# 贾刚 赵华 陈小玲 吴彩梅 蔡景义 田刚

(四川农业大学动物营养研究所,教育部动物抗病营养重点实验室,成都 611130)

摘要:本试验旨在研究腐胺对断奶仔猪肠道免疫力和微生物的影响。选取 24 头 21 日龄断奶 DLY 仔猪,随机分成 4 个组,分别为对照组(基础日粮)、0.05%(基础日粮中添加 0.05%的腐胺)、0.10%(基础日粮中添加 0.10%的腐胺)和 0.15%腐胺组(基础日粮中添加 0.15%的腐胺),每组一个处理,每个处理 6 个重复,每个重复一头仔猪。所有仔猪从 21 日龄开始预饲,预饲期为 3 天,于 24 日龄开始正式试验,整个试验期为 11 天。所有仔猪于 35 日龄宰杀,取样。试验结果表明:1)与对照组相比,在回肠中,0.15%腐胺组提高了回肠溶菌酶活性和空肠酸性磷酸酶活性($P<0.05$);0.10%和 0.15%腐胺组提高回肠酸性磷酸酶活性和空肠溶菌酶活性($P<0.05$)。2)与对照组相比,在回肠中,0.05%、0.10%和 0.15%腐胺组 IL-1β 和 IL-2 mRNA 水平均降低($P<0.05$);0.15%腐胺组显著降低 IL-6、IL-8 和 iNOS mRNA 水平($P<0.05$);0.1%和 0.15%腐胺组 TGF-β1 和 IgM mRNA 水平升高($P<0.05$);与对照组相比,在空肠中,0.15%组 IL-6 mRNA 水平降低($P<0.05$);0.10%和 0.15%组 IL-8 mRNA 水平降低($P<0.05$);0.15%组 IL-12 mRNA 水平降低($P<0.05$);0.15%、0.10%和 0.05%腐胺组 IFN-α mRNA 水平降低($P<0.05$);0.10%和 0.15% 组 TGF-β1 和 IgM mRNA 水平升高($P<0.05$);3)与对照组相比,在结肠中,0.05%和 0.10% 腐胺组总菌分别提高($P<0.05$);0.10%腐胺组乳酸杆菌显著提高;0.15%腐胺组双歧杆菌提高;腐胺组大肠杆菌降低($P<0.05$)。与对照组相比,在盲肠中,0.1%腐胺组提高乳酸杆菌($P<0.05$);0.15%腐胺组提高双歧杆菌($P<0.05$);0.05%、0.10%和 0.15%腐胺组降低大肠杆菌数量($P<0.05$)。4)与对照组相比,在结肠中,0.15%、0.10%和 0.05%腐胺组提高丁酸;0.15%、0.10% 和 0.05%总挥发性脂肪酸分别提高($P<0.05$)。与对照组相比,在盲肠中,0.05%和 0.15% 腐胺组乙酸分别提高($P<0.05$);0.15%腐胺组盲肠丙酸提高($P<0.05$);0.05%、0.10% 和 0.15%腐胺组总挥发性脂肪酸分别提高($P<0.05$)。以上结果表明,腐胺可通过降低肠道中促炎因子水平、提高抗炎因子的表达水平,增强肠道细胞和体液免疫,来提高机体免疫力,同时,能抑制断奶仔猪有害菌的生长,促进有益菌数量,提高后肠挥发性脂肪酸含量,进而促进肠道健康。

关键词:腐胺;断奶仔猪;肠道;免疫力;微生物

* 基金项目:四川农业大学学科建设双支计划项目(03571542)

** 第一作者简介:伍鲜剑,男,硕士研究生,E-mail:wuxianjianqq@hotmail.com

通讯作者:刘光芒,博士,副研究员,硕士生导师,E-mail:liugm@si.cau.edu.cn

腐胺对断奶仔猪肠道抗氧化功能的影响*

伍鲜剑** 　许晓梅　 刘光芒# 　贾刚　 赵华　 陈小玲　 吴彩梅　 田刚　 蔡景义

（四川农业大学动物营养研究所，教育部动物抗病营养重点实验室，成都 611130）

摘要：本试验旨在研究腐胺对断奶仔猪肠道抗氧化功能的影响。选取 24 头 21 日龄断奶 DLY 仔猪，随机分成 4 个组，分别为对照组（基础日粮）、0.05％（基础日粮中添加 0.05％的腐胺）、0.1％（基础日粮中添加 0.1％的腐胺）和 0.15％腐胺组（基础日粮中添加 0.15％的腐胺），每组一个处理，每个处理 6 个重复，每个重复一头仔猪。所有仔猪从 21 日龄开始预饲，预饲期为 3 天，于 24 日龄开始正式试验，整个试验期为 11 天。所有仔猪于 35 日龄宰杀，取样。试验结果表明：1）在回肠中，与对照组相比，0.05％腐胺组总抗氧化能力（T-AOC）能力提高 17.83％，同时蛋白羰基（PC）含量显著降低 27.98％（$P<0.05$）；0.10％腐胺组过氧化氢酶（CAT）活性和 T-AOC 能力分别升高 32.24％和 27.99％，丙二醛（MDA）和 PC 含量分别降低 28.68％和 28.92％（$P<0.05$）；0.15％腐胺组抗羟自由基（AHR）、CAT、T-AOC、总超氧化物歧化酶（T-SOD）、谷胱甘肽过氧化物酶（GPx）和谷胱甘肽 S 转移酶（GST）分别提高 27.20％、140.79％、68.27％、101.13％、16.58％和 28.13％，同时，MDA 和 PC 含量降低 33.25％和 49.34％（$P<0.05$）。与对照组相比，0.05％腐胺组 GPx1 的表达升高，kelch 样环氧氯丙烷相关蛋白 1（Keap1）mRNA 的表达降低（$P<0.05$）；0.10％腐胺组 GPx1 mRNA 表达升高（$P<0.05$）。与对照组相比，0.15％腐胺组 SOD1、GPx1 和 CAT mRNA 的表达升高（$P<0.05$）。2）在空肠中，与对照组相比，0.05％腐胺组 CAT、T-SOD、GPx 活性分别提高了 85.65％、28.21％和 29.13％，同时，PC 含量下降了 24.53％（$P<0.05$）；与对照组相比，0.10％ 腐胺组 AHR 和 T-AOC 能力以及 CAT、T-SOD、GPx、GST 活性分别提高了 40.56％、32.88％、95.13％、45.22％、57.26％ 和 19.81％，同时，PC 含量降低 28.84％（$P<0.05$）；与对照组相比，0.15％腐胺组 AHR 和 T-AOC 能力以及 CAT、T-SOD、GPx 和 GST 活性分别提高了 57.59％、61.42％、127.57％、97.13％、138.65％ 和 24.36％，同时，PC 含量降低了 54.14％（$P<0.05$）。与对照组相比，0.05％腐胺组 SOD1、CAT 和 GST mRNA 的表达升高，Keap1 mRNA 的表达降低（$P<0.05$）。与对照组相比，0.10％腐胺组 SOD1、GPx1、GST 和核因子 E2 相关因子 2（Nrf 2）mRNA 的表达升高，Keap1 mRNA 的表达降低（$P<0.05$）。与对照组相比，0.15％腐胺组 SOD1、GPx1、CAT、GR、GST 和 Nrf 2 mRNA 的表达升高，Keap1 mRNA 表达下降（$P<0.05$）。以上结果表明，腐胺可通过 Nrf 2-Keap-1 通路提高抗氧化酶基因的表达，提高酶性抗氧化系统活性，抑制机体蛋白质和脂质过氧化，进而增强断奶仔猪肠道的抗氧化功能。

关键词：腐胺；断奶仔猪；肠道；抗氧化

---

* 基金项目：四川农业大学学科建设双支计划项目（03571542）

** 第一作者简介：伍鲜剑，男，硕士研究生，E-mail：wuxianjianqq@hotmail.com

通讯作者：刘光芒，博士，副研究员，硕士生导师，E-mail：liugm@sicau.edu.cn

丁酸钠或三丁酸甘油酯对断奶仔猪
生长性能影响的评估

任文* 翟恒孝 罗燕红 汪仕奎 吴金龙

［帝斯曼（中国）动物营养研发有限公司，霸州 065799］

摘要：一些研究已经证实饲粮纤维经微生物发酵生成的短链脂肪酸能促进猪的肠道健康，其中丁酸是结肠上皮细胞的能量来源，并且能进一步增加肠道的屏障功能和降低炎性反应。因此，在饲粮中添加丁酸是获得同样益处的一种潜在的有效手段。然而，丁酸纯品具有恶臭的气味，会严重影响猪的采食量。两种丁酸的衍生物，丁酸钠和三丁酸甘油酯被开发用作饲料添加剂以避免丁酸气味带来的不利影响。本研究旨在评估饲粮中添加丁酸钠或三丁酸甘油酯对仔猪生长性能的影响。本研究由 2 个生长试验组成，试验 1 为配对设计，包含 72 头 PIC L1 050×L337 断奶仔猪［初始体重（8.5±0.7）kg］，每圈 6 头（3 公猪＋3 母猪）；试验 2 为区组设计，包含 126 头 PIC L1 050×L337 断奶仔猪［（6.9±0.8）kg］，每圈 6 头（3 公猪＋3 母猪）。试验 1 和试验 2 分别持续 28 天和 32 天，每个试验分为两个阶段。试验 1 分为两个处理组：对照组和添加三丁酸甘油酯组（添加量：1.0 kg/t 饲料，A 公司）；试验 2 分为 3 个处理组：对照组、添加丁酸钠组（添加量 1.0 kg/t 饲料，B 公司）和添加三丁酸甘油酯组（添加量：1.8 kg/t 饲料，B 公司）。丁酸钠产品（纯度 98%）能释放 77.4% 游离丁酸盐，而三丁酸甘油酯（纯度 50%）仅能释放 43.2% 游离丁酸盐，产品的添加量根据释放能力进行调节。两个试验中，所有仔猪在开始阶段、中间阶段和最后阶段分别称量体重，以计算平均日增重（ADG）。每个阶段分别记录饲粮的添加量和剩余量以计算平均日采食量（ADFI）。饲料转化效率（FCR）由 ADFI/ADG 比值得到。不同丁酸的化学形式可能会对仔猪的生长性能产生不同的影响。在试验 1 中，三丁酸甘油酯处理组显著降低了 0～14 天和 0～28 天的 ADFI，并且在 14～28 天有显著降低的趋势，同时显著降低了 0～14 天的 ADG 和 14 天时仔猪的平均体重（$P<0.05$）。在试验 2 中，仔猪饲粮中添加丁酸钠后，显著增加了 0～18 天和 0～32 天的 ADG，并且仔猪体重在 18 天和 32 天显著高于三丁酸甘油酯处理组，但是与对照组相比不显著。与三丁酸甘油酯处理组相比，对照组和丁酸钠处理组显著改善仔猪的 FCR。本研究中用到的两种三丁酸甘油酯产品，尽管都具有独特的嗅觉特性，一种具有刺激性气味，一种呈中性气味，均抑制了仔猪的生长性能，尤其是在试验早期阶段。然而，饲粮中添加丁酸钠与添加三丁酸甘油酯相比显著改善仔猪的生长性能，与对照组相比具有显著改善的趋势。综上所述，两种丁酸衍生物的产品中，丁酸钠能有效调节仔猪的生长效率，而三丁酸甘油酯抑制了仔猪的生长性能。

关键词：丁酸钠；三丁酸甘油酯；生长性能；断奶仔猪

---

* 第一作者简介：任文（1988—），男，湖北黄冈人，在读博士研究生，从事猪营养研究，E-mail：wenren_1920@126.com

丁酸钠对断奶仔猪生长性能、血液生化指标和饲粮表观消化率的影响*

寇莎莎** 　梁静 　聂存喜# 　张文举# 　徐德旺 　王诏升

（石河子大学动物科技学院,石河子 832000）

摘要:本试验旨在研究丁酸钠对断奶仔猪生长性能、血液生化指标和饲粮表观消化率的影响。选取 60 头健康的 21 日龄仔猪(杜×长×大),按照窝别和体重相近的原则随机分为 2 组,即对照组和试验组(每组 3 个重复,每个重复 10 头):对照组添加基础饲粮,试验组每千克饲粮中添加 0.2% 的丁酸钠,试验期为 21 天。试验第 0 天、7 天、14 天、21 天以重复为单位对仔猪进行空腹称重,记录各个重复的耗料量,计算仔猪的平均日增重(ADG)、平均日采食量(ADFI)及料重比(F:G);并于试验期间每天观察仔猪腹泻情况,准确记录每天每个重复中仔猪腹泻头数,并根据粪便的情况给予不同的评分,以重复为单位,统计腹泻指数,计算腹泻率;试验结束时,每组选择接近该组平均体重的 6 头仔猪,用真空普通生化采血管在前腔静脉进行空腹采血,测定葡萄糖、白蛋白、总蛋白、球蛋白、甘油三酯、总胆固醇、低密度脂蛋白胆固醇、高密度脂蛋白胆固醇、尿素氮、钙、磷等血液生化指标;饲养最后 3 天,分别按照重复收集仔猪粪便,测定饲粮表观消化率。结果表明:1)断奶仔猪饲粮中添加 0.2% 丁酸钠可显著提高第 1、3 周及全期的 ADG($P<0.05$),提高第 2 周的 ADG($P>0.05$);显著提高第 2、3 周及全期的 ADFI($P<0.05$),显著降低第 1 周的 ADFI($P<0.05$);显著降低第 1、3 周及全期的 F:G($P<0.05$),降低第 2 周的 F:G($P>0.05$)。2)断奶仔猪饲粮中添加 0.2% 丁酸钠可显著降低腹泻率($P<0.05$),降低腹泻指数($P>0.05$)。3)断奶仔猪饲粮中添加 0.2% 丁酸钠可显著提高血清中白蛋白、总蛋白、甘油三酯、低密度脂蛋白胆固醇、高密度脂蛋白胆固醇和磷的含量($P<0.05$),提高血清中葡萄糖、球蛋白、总胆固醇和钙的含量,降低血清中尿素氮的含量,但均未达到显著差异($P>0.05$)。4)断奶仔猪饲粮中添加 0.2% 的丁酸钠可显著提高饲粮中粗脂肪、粗灰分和粗蛋白质的表观消化率($P<0.05$),提高饲粮中干物质、钙和磷的表观消化率,但未达到显著差异($P>0.05$)。由此可见,饲粮中添加丁酸钠具有明显改善断奶仔猪的生长性能,促进其生长发育;降低腹泻率,改善其健康状况和提高饲粮表观消化率的作用。

关键词:丁酸钠;断奶仔猪;生长性能;生化指标;表观消化率

* 基金项目:兵团应用基础研究项目(2016AG009),石河子大学高层次人才科研启动项目(RCZX201503)

** 第一作者简介:寇莎莎(1992—),女,陕西淳化人,硕士研究生,研究方向:动物营养与饲料科学,E-mail:1373972761@qq.com

\# 通讯作者:聂存喜(1984—),男,山西宁武人,博士,副教授,研究方向:动物营养与饲料科学,E-mail:niecunxi@shzu.edu.cn;张文举(1966—),男,陕西临潼人,博士,教授,博士生导师,研究方向:动物营养与饲料科学,E-mail:zhangwj1022@sina.com

葡萄籽花青素通过改善肠道微生物和
短链脂肪酸减少断奶仔猪脂肪积累[*]

吴怡[1]** 马曦[1,2,3]# 马宁[1] 宋培霞[1] 陈婧舒[1] 何婷[1] Crystal Levesque[4]

（1.中国农业大学动物科技学院，动物营养学国家重点实验室，北京 100193；
2.青岛农业大学动物科技学院，青岛 266109；3.德克萨斯大学西南医学中心，
达拉斯 75230；4.南达科他州立大学农业与生物科学学院，布鲁金斯 SD 57007）

摘要：本试验旨在研究葡萄籽花青素对断奶仔猪肠道微生物菌群及脂肪积累的影响。本研究选取 90 头 28 天断奶仔猪，随机分为 3 组（每组 6 个重复，每个重复 5 只猪）：阴性对照组饲喂玉米-豆粕型基础饲粮，试验组饲喂添加 250 mg/kg 葡萄籽花青素的试验饲粮，阳性对照组饲喂添加 400 mg/kg 甜菜碱的试验饲粮，试验期 28 天。结果表明：1）饲粮添加葡萄籽花青素不改变断奶仔猪的平均日采食量，平均日增重和饲料转化率（$P>0.01$）。2）饲粮添加葡萄籽花青素显著减小了断奶仔猪腹部和内脏脂肪细胞大小（$P<0.05$）；饲粮添加葡萄籽花青素显著降低了血清中葡萄糖、极低密度脂蛋白、总胆固醇和甘油三酯含量（$P<0.05$），并显著提高了高密度脂蛋白含量（$P<0.05$）。3）饲粮添加葡萄籽花青素显著降低了肝脏和脂肪组织中丙二醛活性（$P<0.05$）并显著提高了超氧化物歧化酶活性（$P<0.05$）。4）肠道微生物测序结果表明，在门水平上，饲粮中添加葡萄籽花青素提高了 Firmicutes 和 Bacteroidetes 的相对丰度，但降低了 Proteobacteria 丰度；在科水平上，饲粮添加葡萄籽花青素降低了回肠中 Prevotellaceae，Lachnospiraceae 和 Ruminococcaceae 相对丰度，但增加了其在结肠中的相对丰度；饲粮添加葡萄籽花青素增加了断奶仔猪回肠和结肠中 Clostridiaceae 丰度，但降低了 Lactobacillaceae 丰度；不同属的变化与其附属科的变化一致。5）在回肠和结肠中，饲粮添加葡萄籽花青素均能显著增加丙酸和丁酸的浓度（$P<0.05$）。6）饲粮添加葡萄籽花青素显著提高脂肪 G 蛋白偶联受体 43 蛋白表达（$P<0.05$）和肝脏腺苷酸激活蛋白激酶的磷酸化（$P<0.05$），并降低肝脏甾醇调节元件结合蛋白 1 的蛋白表达（$P<0.05$）。由此可见，饲粮添加葡萄籽花青素可以通过改善肠道微生物菌群结构进而增加肠道的短链脂肪酸含量；饲粮添加葡萄籽花青素可以提高肝脏腺苷酸激活蛋白激酶的磷酸化，降低肝脏甾醇调节元件结合蛋白 1 表达，并刺激脂肪 G 蛋白偶联受体 43 表达以减少断奶仔猪脂肪积累。

关键词：葡萄籽花青素；断奶仔猪；脂肪积累；肠道微生物区系；短链脂肪酸

---

* 基金项目：国家重点研发计划（2017YFD0500501）；国家自然科学基金（31722054，31472101 和 31528018）
** 第一作者简介：吴怡（1994—），女，河北承德人，硕士研究生，从事猪的营养研究，E-mail：wuyi2013@cau.edu.cn
# 通讯作者：马曦，研究员，博士生导师，E-mail：maxi@cau.edu.cn

纳米氧化锌对断奶仔猪生长性能、
血液生化指标及结肠微生物的影响*

魏可健[1]** 臧旭鹏[1] 张涛[2] 左建军[1]#

（1.华南农业大学动物科学学院，广州 510642;2.赢创德固赛（中国）投资有限公司，北京 100600）

摘要：本试验旨在研究氧化锌和纳米氧化锌对断奶仔猪生长性能、血液生化指标及结肠微生物的影响。选取 24 日龄三元杂断奶仔猪 280 头，随机分为 5 组，每组 4 个重复，每个重复 14 头。对照组饲喂基础饲粮，试验组饲喂添加 3 000 mg/kg 普通氧化锌、500 mg/kg 纳米氧化锌、1 000 mg/kg 纳米氧化锌、1 500 mg/kg 纳米氧化锌的试验饲粮。试验从仔猪断奶开始 14 天每天记录腹泻仔猪头数，第 14 天结束时，以重复为单位，记录耗料量、体重，计算日平均采食量、日增重、料重比及腹泻指数，每个重复选取体重接近平均体重的试验猪，分析血液生化指标、肠道通透性敏感指标、大肠杆菌和乳酸杆菌数量。结果表明：1)试验组的 ADFI、ADG、G/F 和腹泻指数 4 个生长性能指标均显著优于对照组($P<0.05$)，添加 1 000 mg/kg 和 1 500 mg/kg 纳米氧化锌组的 ADFI 均显著高于普通氧化锌组($P<0.05$)，但 2 组之间差异不显著($P<0.05$)，普通氧化锌组的 ADFI 显著高于 500 mg/kg 纳米氧化锌组($P<0.05$)；普通氧化锌组、1 000 mg/kg 和 1 500 mg/kg 纳米氧化锌组的 ADG 和 G/F 均显著高于 500 mg/kg 纳米氧化锌组($P<0.05$)，但三者之间差异均不显著($P>0.05$)，三者的腹泻指数均显著低于 500 mg/kg 纳米氧化锌组($P<0.05$)，但 3 者之间差异均不显著($P>0.05$)。2)试验组猪体内谷丙转氨酶和血清尿素氮水平均显著低于对照组($P<0.05$)，但其之间差异不显著($P>0.05$)。纳米氧化锌组仔猪体内血糖含量明显高于对照组和普通氧化锌组($P<0.05$)，普通氧化锌组与对照组相比未显示出对血糖浓度的上调作用($P>0.05$)。试验组血清锌浓度和血清碱性磷酸酶活性均显著高于对照组($P<0.05$)，随着纳米氧化锌水平的提高，仔猪体内血清锌浓度和血清碱性磷酸酶活性明显上升，但其浓度水平均显著低于普通氧化锌组($P<0.05$)。3)试验组猪血清中二胺氧化酶、D-乳酸含量均显著低于对照组($P<0.05$)，且普通氧化锌组二胺氧化酶低于纳米氧化锌组，二胺氧化酶、D-乳酸随纳米氧化锌水平升高逐渐降低。4)对照组的断奶仔猪结肠内容物中大肠杆菌数量显著高于试验组($P<0.05$)，但 4 个试验组之间差异均不显著($P>0.05$)，对照组的断奶仔猪肠道中乳酸杆菌数量显著高于试验组($P<0.05$)。由此可见，断奶仔猪饲粮中添加高剂量普通氧化锌或较低剂量的纳米氧化锌均能提高断奶仔猪生长性能、改善其血清生化指标、肠道通透性、结肠大肠杆菌与乳酸杆菌数，1 000 mg/kg 和 1 500 mg/kg 剂量的纳米氧化锌及高剂量普通氧化锌添加效果差异不大。综合考虑，推荐断奶仔猪饲粮用 1 000 mg/kg 纳米氧化锌替代高剂量普通氧化锌。

关键词：断奶仔猪;氧化锌;生长性能;血液生化指标;细菌数量

---

* 基金项目：广州市科技计划项目(201510010258)
** 第一作者简介：魏可健(1979—)男，广东深圳人，硕士研究生，从事动物营养与饲料科学专业研究，E-mail：xupeng_zang@163.com
# 通讯作者：左建军，副教授，硕士生导师，E-mail：zuoj@scau.edu.cn

凹土纳米氧化锌对断奶仔猪肠道
黏膜免疫和完整性影响[*]

汪天龙[**]　董丽　毛俊舟　彭众　仲召鑫　王洪荣　霍永久　喻礼怀[#]

(扬州大学动物科学与技术学院,扬州 225009)

摘要:本试验旨在研究饲粮中添加凹土纳米氧化锌对断奶仔猪肠道黏膜免疫和完整性的影响。试验选取 210 头 21 日龄体重相近[(6.30±0.51) kg]的健康杜×长×大断奶仔猪,随机分为 7 组,每组 6 个重复。分别为对照组(CON 组,基础饲粮)、抗生素组(ANT 组,基础饲粮+100 mg/kg 50%喹乙醇+150 mg/kg 15%金霉素+50 mg/kg 10%硫酸黏菌素)、氧化锌组(ZO 组,基础饲粮+3 000 mg/kg 氧化锌)、纳米氧化锌组(NZO 组,基础饲粮+800 mg/kg 纳米氧化锌)、低(LPNZ 组,基础饲粮+700 mg/kg 凹土纳米氧化锌)、中(MPNZ 组,基础饲粮+1 000 mg/kg 凹土纳米氧化锌)、高剂量凹土纳米氧化锌组(HPNZ 组,基础饲粮+1 300 mg/kg 凹土纳米氧化锌),试验期 9 天。结果表明:1)电镜观察发现,相比于其他处理组,凹土纳米氧化锌组小肠绒毛和微绒毛结构完善,排列整齐,长度较为均一。2)空肠中,LPNZ 组隐窝深度显著低于 CON 组、ANT 组和 NZO 组($P<0.05$);且 LPNZ 和 MPNZ 组绒隐比显著高于 CON 组($P<0.05$)。相比于 CON 组和 ANT 组,凹土纳米氧化锌组回肠绒毛宽度显著提高($P<0.05$)。3)饲喂仔猪凹土纳米氧化锌显著提高了空肠和回肠中杯状细胞数量,空肠中 LPNZ 组和回肠中 MPNZ 组杯状细胞数量均显著高于 CON 组和 ANT 组($P<0.05$)。4)相比于 CON 组,仔猪空肠黏膜中 MPNZ 组 TNF-α 的 mRNA 表达量显著低于 CON 组($P<0.05$);此外,黏蛋白 MUC2 和紧密连接蛋白 ZO1 的 mRNA 表达量显著高于 CON 组、ANT 组和 NZO 组($P<0.05$)。与 CON 组和 NZO 组相比,LPNZ 组回肠黏膜中 MyD88 的 mRNZ 表达量显著降低($P<0.05$),且 MPNZ 组 MUC2 和 IL-10 的 mRNA 表达量显著提高($P<0.05$)。由此可见,饲粮中添加凹土纳米氧化锌能够通过改善仔猪肠道绒毛发育,增强杯状细胞分泌和调节肠道内细胞因子、黏蛋白和紧密连接蛋白的 mRNA 表达量提高肠道黏膜免疫功能和完整性。

关键词:凹土纳米氧化锌;肠道黏膜免疫;肠道黏膜完整性;断奶仔猪

＊　基金项目:扬州大学镇江高新技术研究院开放课题(02)

＊＊　第一作者简介:汪天龙(1992—),男,安徽池州人,硕士研究生,研究方向为动物营养调控与饲料资源开发,E-mail: 1732120941@qq.com

＃　通讯作者:喻礼怀,江苏大丰人,副教授,硕士生导师,E-mail:lhyu@yzu.edu.cn

凹土纳米氧化锌对断奶仔猪肠道微生物的影响[*]

毛俊舟[**]　董丽　彭众　仲召鑫　王洪荣　霍永久　喻礼怀[#]

(扬州大学动物科学与技术学院,扬州 225009)

摘要:本试验旨在通过 16S rDNA 高通量测序技术研究凹凸棒土负载纳米氧化锌对断奶仔猪肠道微生物区系的影响,分析凹土纳米氧化锌对仔猪肠道微生物屏障的作用。试验选取 210 头 21 日龄体重相近[(6.30±0.51) kg]的健康"杜×长×大"断奶仔猪,随机分为 7 组,每组 6 个重复。分别为对照组(CON 组,基础饲粮)、抗生素组(ANT 组,基础饲粮＋100 mg/kg 50％喹乙醇＋150 mg/kg 15％金霉素＋ 50 mg/kg 10％硫酸黏菌素)、氧化锌组(ZO 组,基础饲粮＋ 3 000 mg/kg 氧化锌)、纳米氧化锌组(NZO 组,基础饲粮＋ 800 mg/kg 纳米氧化锌)、低(LPNZ 组,基础饲粮＋700 mg/kg 凹土纳米氧化锌)、中(MPNZ 组,基础饲粮＋1 000 mg/kg 凹土纳米氧化锌)、高剂量凹土纳米氧化锌组(HPNZ 组,基础饲粮＋ 1 300 mg/kg 凹土纳米氧化锌),试验期 9 天。结果表明:1)空肠和回肠中,凹土纳米氧化锌组 OUT 数和 Tag 数高于 CON 组、ANT 组和 NZO 组;同样,在 Venn 图中可以看出空肠和回肠中凹土纳米氧化锌组 OUT 数较高。2)微生物区系 α 多样性分析发现 MPNZ 组仔猪空肠中 Chao1 指数相比于 CON 组显著提高($P<0.05$);LPNZ 组 Simpson 指数显著低于 CON 组、ZO 组和 NZO 组($P<0.05$)。3)门水平上,从物种相对丰度图中看出,空肠和回肠中凹土纳米氧化锌组厚壁菌门丰度较高,结肠中 ANT 组厚壁菌门丰度较高;此外,相比于 CON 组和 NZO 组,饲喂仔猪凹土纳米氧化锌能显著提高回肠在门水平上厚壁菌门/拟杆菌门比例($P<0.05$),但结肠中 ANT 组厚壁菌门/拟杆菌门显著高于其他处理组($P<0.05$);4)属水平上,物种相对丰度图中得出空肠中凹土纳米氧化锌组乳酸菌属丰度高于 ZO 组和 NZO 组,但回肠中 ZO 组乳酸菌丰度较高。由此可见,饲粮中添加凹土纳米氧化锌能够增加仔猪肠道中微生物菌群丰度,提高厚壁菌门含量,改善菌群结构。

关键词:凹土纳米氧化锌;微生物区系;肠道屏障;断奶仔猪

* 基金项目:扬州大学镇江高新技术研究院开放课题(02)

** 第一作者简介:毛俊舟(1993—),男,安徽六安人,硕士研究生,研究方向为动物营养调控与饲料资源开发,E-mail:781446817@qq.com

通讯作者:喻礼怀,江苏大丰人,副教授,硕士生导师,E-mail:lhyu@yzu.edu.cn

复合微矿替代氧化锌对仔猪生长性能、血清抗氧化能力及肠道健康的影响[*]

胡江旭[**]　　朴香淑[#]

（中国农业大学动物科学技术学院，北京 100193）

摘要：仔猪断奶后极易产生应激，导致腹泻增加和生长缓慢。虽然断奶仔猪饲粮中添加高剂量（2 000～3 000 mg/kg）氧化锌可有效降低腹泻率并提高生长性能，但由于氧化锌利用效率较低，大量的锌从粪中排出，引起土壤和水域污染。农业农村部公告第 2625 号规定在仔猪断奶后前两周使用氧化锌或碱式氯化锌量降至 1 600 mg/kg（以锌元素计）。因此，如何提高饲粮中锌的利用效率，寻找一种新型环保高效的氧化锌替代品成为目前研究的热点。Illite（伊利石，韩国龙宫公司生产）是一种常见的黏土矿物质，由于粒径小、比表面积大和胶体性质，有较强的吸附细菌和抑菌功能。目前有关 Illite 在断奶仔猪上的应用效果鲜有报道。本试验旨在研究 Illite 替代氧化锌对断奶仔猪生长性能、血清抗氧化免疫指标、肠道健康及铜锌排放的影响。采用完全随机区组设计将 192 头健康三元杂交（杜×长×大）断奶仔猪[（6.73±0.84）kg]分为 4 个处理，每个处理 8 个重复，每个重复 6 头猪（公母各半）。试验分为前期（0～14 天）和后期（14～28 天）两个阶段。基础饲粮为玉米-豆粕型饲粮。试验前期在基础饲粮中分别添加：1）1 600 mg/kg 氧化锌（CON）；2）800 mg/kg 氧化锌 + 2 000 mg/kg Illite（ZI）；3）2 000 mg/kg Illite（12 000）；4）4 000 mg/kg Illite（14 000）。试验后期在基础饲粮中分别添加：1）110 mg/kg 氧化锌（CON）；2）110 mg/kg 氧化锌 + 2 000 mg/kg Illite（ZI）；3）2 000 mg/kg Illite（12 000）；4）4 000 mg/kg Illite（14 000）。结果表明，试验前期，与对照组相比，12 000 组和 14 000 组仔猪平均日增重（ADG）分别提高 6.86％和 8.12％（P＞0.05）；14 000 组增重耗料比（G∶F）有增加趋势（P＝0.08）；ZI 组和 14 000 组仔猪血清 IgA、T-SOD 和 T-AOC 含量均显著升高（P＜0.05），14 000 组仔猪血清 IgG 和 CUZN-SOD 含量显著升高（P＜0.05）；而 14 000 组血清 MDA 含量有降低趋势（P＝0.08）。与对照组相比，其他组仔猪粪便中锌含量均显著降低（P＜0.01），且 12 000 组和 14 000 组仔猪粪便中锌含量较 ZI 组也显著降低（P＜0.01）。试验后期，14 000 组仔猪干物质、有机物、粗蛋白质和总能表观消化率较对照组均显著提高（P＜0.01）；与对照组相比，14 000 组仔猪空肠绒毛高度与隐窝深度比值显著增加（P＝0.05）；其他组仔猪回肠绒毛高度与隐窝深度比值均显著增加（P＜0.01）。12 000 组和 14 000 组仔猪粪便和肝脏中锌含量较对照组和 ZI 组均显著降低（P＜0.01）。综上所述，从经济效益方面来看，断奶仔猪饲粮中可添加 2 000 mg/kg Illite 来替代氧化锌，对仔猪生长性能、腹泻率、血清抗氧化免疫功能和肠道健康均无负面影响，且能显著降低仔猪粪便中锌排放量，降低仔猪肝脏中锌沉积量。

关键词：仔猪；伊利石；生长性能；肠道形态；铜锌排放

---

[*]　基金项目：国家自然科学基金项目（31772612）和 CARS35

[**]　第一作者简介：胡江旭（1994—），男，河南周口人，硕士研究生，从事动物营养与饲料科学专业，E-mail：hujx1007@163.com

[#]　通讯作者：朴香淑，教授，博士生导师，E-mail：piaoxsh@cau.edu.cn

α-半乳糖苷酶对断奶仔猪生长性能及肠道形态的影响

马晓康[*]　　尚庆辉　　李淼　　朴香淑[#]

（中国农业大学动物科技学院，动物营养学国家重点实验室，北京 100193）

摘要：本试验研究 α-半乳糖苷酶对断奶仔猪生长性能及肠道形态的影响。试验选用 150 头初始体重为（7.86±0.99）kg 的三元杂交（杜 × 长 × 大）断奶仔猪，按体重随机分为 5 个处理，每个处理 5 个重复，每个重复 6 头猪，其中包括：一个对照组（基础饲粮）、4 个 α-半乳糖苷酶添加组（100、150、200 和 250 mg/kg）。试验共 28 天。结果表明，与对照组相比，α-半乳糖苷酶添加组的平均日增重显著提高（$P<0.05$），平均日采食量和料重比无显著差异；α-半乳糖苷酶添加组的仔猪腹泻率二次降低（$P<0.05$）；α-半乳糖苷酶添加组的总能和粗蛋白质的消化率二次提高（$P<0.05$），粗脂肪的消化率显著提高（$P<0.05$）。α-半乳糖苷酶添加组血清中的三碘甲腺原氨酸含量线性提高（$P<0.05$），甲状腺素和总蛋白含量显著提高（$P<0.05$），血清尿素氮含量显著降低（$P<0.05$），免疫球蛋白 G、免疫球蛋白 M 和血糖含量无显著差异。与对照组相比，α-半乳糖苷酶添加组十二指肠和空肠的绒毛高度（villus height）有提高的趋势（$P<0.10$）；α-半乳糖苷酶添加组十二指肠和空肠的绒毛高度与隐窝深度的比值线性提高（$P<0.05$），回肠的绒毛高度与隐窝深度的比值有线性提高的趋势（$P<0.10$）。综上所述，α-半乳糖苷酶通过促进机体代谢、改善肠道形态，降低仔猪腹泻率，进而提高营养物质消化率和生长性能。同时，根据 broken-line 分析得知：α-半乳糖苷酶发挥仔猪最大生长性能的剂量为 132.6 mg/kg。

关键词：α-半乳糖苷酶；断奶仔猪；生长性能；肠道形态

＊ 第一作者简介：马晓康（1990—），男，山东人，博士研究生，从事动物营养与饲料科学研究，E-mail：1241092936@qq.com

＃ 通讯作者：朴香淑，教授，博士生导师，E-mail：piaoxsh@cau.edu.cn

碱式氯化锌替代氧化锌对断奶仔猪
生长性能和锌排放的影响

张刚* 张帅# 张丽英# 夏添 赵金标 刘岭

（中国农业大学动物科学技术学院，动物营养学国家重点实验室，北京 100193）

摘要：碱式氯化锌（TBZC）是一种通过结晶方式生产的含有较低重金属污染的无机锌。本研究旨在对断奶仔猪饲粮中添加 TBZC 进行安全性评定，确定其最佳添加剂量，并测定 TBZC 替代氧化锌是否可以改善断奶仔猪生长性能和降低粪便锌排放。试验一：选用初始体重为（8.92±1.05）kg 的 180 头健康三元杂交断奶仔猪，按照完全随机区组设计，根据性别和体重随机分为 5 个处理，每个处理 6 个重复，每个重复 6 头猪（公母各半）。对照组饲喂含有 150 ppm 硫酸锌的基础饲粮，试验组在基础饲粮的基础上分别添加 1 200、1 800、2 400 和 3 000 ppm TBZC，试验期为 28 天。结果表明：1）平均日增重（ADG）、饲料转化效率（F∶G）和腹泻率均随饲粮 TBZC 水平的升高呈现明显的二次曲线变化（$P<0.01$），且饲粮添加 1 200 和 1 800 ppm 的 TBZC 表现出最佳的生产性能和最低的腹泻率（$P<0.01$）。2）饲粮添加 1 800 ppm 的 TBZC 显著提高了仔猪肝脏的总抗氧化能力（T-AOC）和谷胱甘肽过氧化物酶（GSH-Px）的活力，但添加 3 000 ppm 的 TBZC 组表现出最低的 GSH-Px 活性和 T-AOC 水平（$P<0.01$）。3）肝脏和肾脏质量与指数均随饲粮 TBZC 水平的升高而线性增加（$P<0.05$）。4）组织病理学检查显示，心脏、肝脏、肺和肾脏均表现出了由碱式氯化锌剂量引起的损伤，并且轻度或者重度组织损伤主要集中在 2 400 和 3 000 ppm TBZC 处理组。试验二：选用初始体重为（7.66±1.09）kg 的 240 头健康三元杂交断奶仔猪，按照完全随机区组设计，根据性别和体重随机分为 5 个处理，每个处理 8 个重复，每个重复 6 头猪（公母各半）。饲粮处理包括：无锌添加的阴性对照饲粮（NC），添加 2 250 ppm 氧化锌（ZnO）的阳性对照饲粮（NC＋2 250 ppm ZnO）和 3 种添加不同水平 TBZC 的试验饲粮（NC＋1 000、1 250 和 1 500 ppm TBZC）。试验期为 28 天。试验结果表明：饲粮添加 1 000 和 1 250 ppm 的 TBZC 显著提高了断奶仔猪 ADG 和 F∶G，降低了粪便锌排放（$P<0.01$），且腹泻率与添加 2 250 ppm ZnO 处理组没有差异（$P>0.05$）。由此可见，TBZC 在断奶仔猪饲粮中可以有效地替代 ZnO 并降低锌排放，其推荐添加量为 1 000～1 250 ppm。

关键词：生长性能；断奶仔猪；碱式氯化锌；锌排放

* 第一作者简介：张刚（1993—），男，河北邯郸人，博士研究生，动物营养与饲料科学专业，E-mail：798937824@qq.com
# 通讯作者：张帅，讲师，E-mail：zhangshuai16@cau.edu.cn；张丽英，教授，博士生导师，E-mail：zhangliying01@sina.com

酸化剂和牛至油替代硫酸黏杆菌素对断奶仔猪肠道pH、小肠黏膜形态结构和空肠黏膜消化酶活性的影响[*]

李兰海[1**]　王自蕊　游金明[1#]　陈丽玲[1,2]　贺琴[1]　卢亚飞[1]

(1.江西农业大学，江西省动物营养重点实验室，江西省营养饲料开发工程中心，
南昌 330045；2.江西中医药大学，南昌 330045)

摘要：本试验以 26 日龄断奶仔猪为研究对象，研究酸化剂和牛至油替代硫酸黏杆菌素对断奶仔猪肠道 pH、小肠黏膜形态结构和空肠黏膜消化酶活性的影响。本试验选用遗传背景相同，初始体重为(7.69±0.40)kg 的 26 日龄(杜×长×大)断奶仔猪120 头，将仔猪随机分成 3 个处理，每个处理设 5 个重复，每个重复 8 头仔猪。3 个处理饲粮中均含 75 mg/kg 金霉素＋10 mg/kg 恩拉霉素，此外，每个处理饲粮中分别添加 0.10％酸化剂＋0.10％硫酸黏杆菌素、0.15％酸化剂和 0.15％酸化剂＋0.03％牛至油，试验期 14 天。试验结束后，每组随机选一头仔猪，处死解剖后立即用 pH 计测定胃肠道内容物的 pH，记录数值；剪取十二指肠、空肠和回肠中段用蒸馏水小心洗去食糜，滤纸吸掉水分后置于含 4％甲醛溶液的小广口瓶中，固定 24 h 以上，通过石蜡切片观察小肠黏膜形态结构；在无菌条件下收集空肠黏膜测消化酶活性。结果表明：1)0.15％酸化剂组、0.15％酸化剂＋0.03％牛至油组胃和空肠 pH 均低于 0.10％酸化剂＋0.10％硫酸黏杆菌素组，但差异不显著($P>$0.05)。2)与 0.10％酸化剂＋0.10％硫酸黏杆菌素组相比，0.15％酸化剂＋0.03％牛至油组显著提高了仔猪十二指肠、空肠和回肠绒毛高度；与 0.10％酸化剂＋0.10％硫酸黏杆菌素组相比，0.15％酸化剂＋0.03％牛至油组显著提高了仔猪十二指肠、回肠的绒毛高度/隐窝深度($P<$0.05)；0.15％酸化剂＋0.03％牛至油组仔猪空肠、回肠绒毛高度以及十二指肠的绒毛高度/隐窝深度均显著高于0.15％ 酸化剂组($P<$0.05)。3)与 0.10％酸化剂＋0.10％硫酸黏杆菌素组相比，0.15％ 酸化剂组和 0.15％酸化剂＋0.03％牛至油组显著提高了仔猪空肠黏膜淀粉酶活性($P<$0.05)。各组之间总蛋白酶、脂肪酶活性差异不显著($P>$0.05)。结果表明，饲粮中在添加 75 mg/kg 金霉素＋10 mg/kg 恩拉霉素的基础上，用 0.15％酸化剂＋0.03％牛至油取代 0.10％酸化剂＋0.10％ 硫酸黏杆菌后，能够降低仔猪胃和空肠 pH，改善小肠形态结构，提高空肠黏膜淀粉酶活性。

关键词：酸化剂；牛至油；断奶仔猪；肠道 pH；小肠黏膜形态结构

＊　基金项目：江西省生猪产业技术体系项目(JXARS-03—营养与饲料岗位)
＊＊　第一作者简介：李兰海(1991—)，男，广西柳城人，硕士研究生，研究方向为猪营养与饲料科学，E-mail：879008853@qq.com
＃　通讯作者：游金明，教授，博士生导师，E-mail：youjinm@163.com

短期添加牛至精油和色氨酸组合缓解
育肥猪运输应激的效果研究[*]

王鹏[**]　黄杰　刘燕敏　周忠新[#]

（华中农业大学动物科技学院，动物营养与饲料科学系，武汉 430070）

摘要：本研究旨在研究日粮内短期（8 天）添加牛至精油和色氨酸组合对缓解运输应激状态下育肥猪下丘脑—垂体—肾上腺轴（Hypothalamus-pituitary-adrenal cortex system，HPA）激素分泌的影响。本试验选取 360 头、体重相近的二元杂交（长白×大白）生长育肥猪，按体重性别一致原则随机分为 4 组（空白组、对照组、处理一组、处理二组），每组 4 栏共计 90 头，每栏保证公母各半，饲喂 8 天后运输、屠宰、取样、测试、分析。空白组—饲喂基础饲粮，对照组—"饲喂基础饲粮＋长时间（5 h）＋高密度（325 kg/m²）运输"，处理一组（0.3％OT 组）—"饲喂基础饲粮＋（0.3％色氨酸＋0.025‰牛至精油）＋长时间（5 h）高密度（325 kg/m²）运输"，处理二组（0.6％OT 组）—"饲喂基础饲粮＋（0.6％色氨酸＋0.025‰牛至精油）＋长时间（5 h）高密度（325 kg/m²）运输"。结果表明：1）对照组较空白组下丘脑 5-羟色胺（5-Hydroxytryptamine，5-HT）浓度显著降低（$P<0.01$），5-羟吲哚乙酸（5-Hydroxyindoleacetic acid，5-HIAA）浓度无变化（$P>0.05$）；2）血清 5-HT、5-HIAA 含量均没有显著差异（$P>0.1$），血清皮质醇、促肾上腺皮质激素（Adrenocorticotropic hormone，ACTH）浓度均显著升高（$P<0.05$），热休克蛋白 70（Heat shock protein70，HSP70）含量显著升高（$P<0.01$）；3）饲粮添加 0.6％OT 或 0.3％OT 均使运输猪下丘脑 5-HT（$P<0.05$）和 5-HIAA（$P<0.05$）浓度显著升高，0.6％OT 组的 5-HT 浓度比 0.3％OT 组高（$P<0.05$），添加 0.6％OT 可使运输猪血清 5-HT 浓度显著升高（$P<0.05$），0.3％OT 则差异不显著（$P>0.05$），但饲粮添加 0.6％ OT 或 0.3％OT 都显著提高血清 5-HIAA 浓度（$P<0.05$）并且 0.6％OT 比 0.3％OT 具有更好的效果（$P<0.05$）；4）饲粮添加 0.6％OT 或 0.3％OT 均可显著降低（$P<0.01$）血清中 ACTH 和皮质醇激素浓度，同时，饲粮添加 0.6％OT 可以使血清中 HSP70 含量显著性下调（$P<0.05$）。由此可见，采用长时间（5 h）、高密度（325 kg/m²）的运输处理方式可以过度激活运输猪下丘脑—垂体—肾上腺轴激素分泌导致运输猪处于运输应激状态进而对运输猪造成一定程度的损伤。而在育肥猪宰前饲粮中，短期添加（8 天）0.025‰牛至精油和 0.6％色氨酸组合可显著提高下丘脑中 5-羟色氨的浓度，缓解下丘脑—垂体—肾上腺轴的过度激活，显著减少释放到血液中的皮质醇、促肾上腺皮质激素等应激激素浓度，进而缓解运输猪运输应激，提高运输猪动物福利减少应激损伤。

关键词：育肥猪；运输应激；牛至精油；色氨酸；下丘脑—垂体—肾上腺轴

* 基金项目：国家重点研发计划（2016YFD0501210）和武汉市科技计划（2016020101010078）
** 第一作者简介：王鹏（1992—），男，内蒙古包头人，硕士，从事动物营养与饲料科学研究，E-mail：1748786107@qq.com
# 通讯作者：周忠新，男，博士，副教授，E-mail：zhongxinzhou@mail.hzau.edu.cn

短期添加牛至精油和色氨酸组合缓解
育肥猪氧化应激的效果研究[*]

王鹏[**]　黄杰　刘燕敏　周忠新[#]

（华中农业大学动物科技学院，动物营养与饲料科学系，武汉 430070）

摘要：本研究旨在研究饲粮内短期（8 天）添加牛至精油和色氨酸组合对缓解运输处理后育肥猪机体氧化应激的效果。本试验选取 360 头、体重相近的二元杂交（长白×大白）生长育肥猪，按体重性别一致原则随机分为 4 组（空白组、对照组、处理一组、处理二组），每组 4 栏共计 90 头，每栏保证公母各半，饲喂 8 天后运输、屠宰、取样、测试、分析。空白组—饲喂基础饲粮，对照组—"饲喂基础饲粮＋长时间（5 h）高密度（325 kg/m²）运输"，处理一组（0.3%OT 组）—"饲喂基础饲粮＋（0.3%色氨酸＋0.025‰牛至精油）＋长时间（5 h）高密度（325 kg/m²）运输"，处理二组（0.6%OT 组）—"饲喂基础饲粮＋（0.6%色氨酸＋0.025‰牛至精油）＋长时间（5 h）高密度（325 kg/m²）运输"。结果表明：1）与空白组相比，对照组血清、肌肉组织和空肠组织总超氧化歧化酶（Superoxide dismutase，T-SOD）（$P<0.05$）含量，血清中谷胱甘肽过氧化物酶（Glutamine peroxidase，GSH-Px）（$P<0.01$）的含量显著下调，肌肉组织样活性氧自由基（Reactive oxygen species，ROS）水平显著上调（$P<0.05$），血清 ROS 含量上升（$P=0.06$），空肠组织样丙二醛（Malondialdehyde，MDA）水平升高（$P<0.05$）；血清 ROS 和 MDA，肌肉组织 MDA，以及空肠组织 ROS 和抗氧化酶 GSH-Px 差异不显著（$P>0.05$）。2）与对照组相比，饲粮添加 0.3%OT 或 0.6%均可使血液、肌肉、空肠组织中 ROS 含量显著下调（$P<0.05$），同时 0.6%OT 组可以有效降低血液、肌肉、空肠中脂质过氧化物 MDA 水平（$P<0.05$），提高机体抗氧化酶 T-SOD 和 GSH-Px 水平（$P<0.05$），但 0.3%OT 组对血清和肌肉组织 MDA 影响不显著（$P>0.05$）。由此可见，采用长时间（5 h）、高密度（325 kg/m²）的运输方式处理育肥猪可导致育肥猪机体氧化还原失衡促使其处于氧化应激状态，进而对运输猪造成氧化损伤并降低动物福利。而在育肥猪宰前饲粮中，短时间添加（8 天）0.025‰牛至精油和 0.6% 色氨酸组合可以显著提高血液、肌肉、空肠组织中抗氧化酶如：超氧化物歧化酶和谷胱甘肽过氧化酶的活力，同时降低血液、肌肉、空肠组织中的脂质过氧化物丙二醛含量，进而调节机体氧化还原平衡，降低机体活性氧自由基水平，有效缓解因运输处理导致的机体氧化应激对机体造成的氧化损伤以及提高动物福利。

关键词：育肥猪；运输处理；牛至精油；色氨酸；下丘脑—垂体—肾上腺轴

[*] 基金项目：国家重点研发计划（2016YFD0501210）和武汉市科技计划（2016020101010078）

[**] 第一作者简介：王鹏（1992—）。男，内蒙古包头人，硕士，从事动物营养与饲料科学研究，E-mail：1748786107@qq.com

[#] 通讯作者：周忠新，男，博士，副教授，E-mail：zhongxinzhou@mail.hzau.edu.cn

低蛋白日粮补充止痢草油调控肠道菌群和抗氧化能力提高商品猪生长性能和营养物质消化率[*]

成传尚[1**]　　彭健[1,2#]　　魏宏逵[1]

（1. 华中农业大学动物科技学院，武汉 430070；2. 生猪健康养殖协同创新中心，武汉 430070）

摘要： 止痢草油是从唇形科牛至属草本植物中提取的具有抗菌、抗炎和抗氧化等多种生物特性的活性化合物。本试验旨在研究低蛋白平衡氨基酸日粮中长期添加止痢草油替代抗生素对生长育肥猪生长性能、营养物质消化率、胴体品质、肠道菌群组成、肠道形态结构及抗氧化能力的影响。本试验选用 48 头 75 日龄、初体重为（29.6±1.14）kg 的健康"长×大"二元杂生长猪，随机分配到 4 种日粮处理组中：正常蛋白日粮（NPD）、低蛋白日粮（RPD）、低蛋白添加金霉素（150 mg/kg）日粮（RPA）、低蛋白添加止痢草油（250 mg/kg）日粮（RPO 组）（自动饲喂站饲养，每个处理组 12 个重复，每个重复 1 头生长猪），试验期为 98 天。应用标准回肠可消化氨基酸及净能体系设计两阶段日粮，生长阶段（25～60 kg）蛋白质水平为 17%（正常蛋白组）和 15%（低蛋白组），育肥阶段（60～110 kg）蛋白质水平为 15.6% 和 13.6%，添加 Lys、Met、Thr、Trp 使其与 NRC（2012）水平保持一致。试验结束当天，禁食 12 h 后进行屠宰，测定胴体品质、回肠食糜菌群组成、回肠形态结构以及血浆抗氧化酶活性等指标。结果表明：1）与 NPD 和 RPA 组日粮相比，饲喂 RPO 组日粮能够极显著性提高生长育肥猪平均日增重（$P<0.01$）；与 RPD 和 RPA 组日粮相比，RPO 和 NPD 组日粮显著性提高全期饲料转化效率（$P<0.01$）；饲喂 RPA 日粮显著性提高生长育肥猪的平均日采食量和腰椎结合处背膘厚（$P<0.05$）。2）与其他日粮相比，饲喂 RPO 日粮显著性提高生长育肥猪生长阶段和育肥阶段粗蛋白质的表观消化率。3）RPD 和 RPA 组生长育肥猪回肠食糜中乳酸菌属数量减少，同时 RPA 和 RPO 组猪回肠食糜中的大肠杆菌数量明显减少（$P<0.05$）。4）饲喂 RPO 日粮显著性提高生长育肥猪空肠和回肠绒毛高度以及血浆总抗氧化能力（$P<0.05$）。以上结果表明：低蛋白日粮中长期添加植物提取物替代抗生素能够通过调节肠道菌群组成、肠道形态结构功能以及抗氧化能力来提高生长育肥猪的生长速度和营养物质消化率。该研究为应用低蛋白平衡氨基酸日粮指导生长育肥猪无抗生产提供了重要的理论指导。

关键词： 低蛋白日粮；止痢草油；生长育肥猪；生长性能；微生物区系；肠道发育

---

[*] 基金项目：国家重点研发项目（2017YFD0502004）；中国农业产业体系（CARS-36）

[**] 第一作者简介：成传尚（1989—），男，湖北咸宁人，博士研究生，从事猪营养与饲料调控研究，E-mail：chengcs1989@gmail.com

[#] 通讯作者：彭健，教授，博士生导师，E-mail：pengjian@mail.hzau.edu.cn

胍基乙酸对生长育肥猪生长性能、
屠宰性能和能量代谢的影响[*]

何东亭[**]　盖向荣　杨立彬　李军涛　来文晴　孙祥丽　张丽英[#]

（中国农业大学动物科技学院，动物营养学国家重点实验室，北京 100193）

摘要：本试验旨在研究饲粮添加不同水平胍基乙酸对生长育肥猪生长性能、屠宰性能和能量代谢的影响。试验一选用 180 头初始体重为（33.61±3.91）kg 健康的三元杂交（杜×长×大）生长猪，随机分为 5 个处理，每个处理 6 个重复，每个重复 6 头猪（公母各半）。试验采用玉米-豆粕型基础饲粮，分别添加 0、300、600、900 和 1 200 mg/kg 胍基乙酸，试验期 98 天。结果表明：1）试验全期（1～98 天）的增重耗料比随着饲粮中胍基乙酸添加量的增加而增加（线性，$P<0.05$）；与对照组比，日粮添加 300 和 1 200 mg/kg 胍基乙酸显著增加了试验 36～70 天及 1～98 天增重耗料比（$P<0.05$）；通过剂量和效应拟合曲线（broken-line 模型）发现饲粮中胍基乙酸的最佳添加量为 300 mg/kg；2）试验 98 天时，胴体重、胴体长和瘦肉率随着饲粮中胍基乙酸添加量的增加呈增加趋势（二次，$0.05<P<0.10$）；3）试验 98 天时，随着饲粮中胍基乙酸添加量的增加，血清中胍基乙酸和肝脏中肌酸含量呈增加趋势（线性，$P=0.10,0.07$），血清中三磷酸腺苷（ATP）含量显著增加（线性，$P<0.01$），肌肉中 ATP 和一磷酸腺苷含量显著增加（二次，$P=0.05$）。试验二选用 180 头初始体重为（53.19±5.63）kg 健康的三元杂交（杜×长×大）生长猪，随机分为 5 个处理，每个处理 6 个重复，每个重复 6 头猪（公母各半）。试验采用玉米-豆粕型基础饲粮，分别添加 0、150、300、600 和 1 200 mg/kg 胍基乙酸，试验期 35 天。结果表明：试验末期体重、平均日增重和增重耗料比随着饲粮中胍基乙酸添加量的增加而增加（二次，$P<0.01$）；当饲粮中添加 300 mg/kg 胍基乙酸时，平均日增重和试验末期体重最大。综上所述，生长育肥猪饲粮中添加胍基乙酸可以增加组织中肌酸和 ATP 含量，从而改善生长性能。生长育肥猪饲粮中胍基乙酸的最适添加量为 300 mg/kg，此时具有最佳生长性能。

关键词：胍基乙酸；生长育肥猪；生长性能；屠宰性能；肌酸；能量代谢

　*　基金项目：北京市科技计划项目（Z151100001215001）

　**　第一作者简介：何东亭（1989—），女，陕西宝鸡人，博士研究生，从事动物营养与饲料科学研究，E-mail：2602687802@qq.com

　#　通讯作者：张丽英，教授，博士生导师，E-mail：zhangliying01@sina.com

一水肌酸和胍基乙酸对育肥猪生产性能、
肉品质和肌酸代谢的影响*

李蛟龙** 刘洋 李艳娇 张林 高峰# 周光宏

（南京农业大学动物科技学院，江苏省动物源食品生产与安全保障重点实验室，
江苏省肉类生产与加工质量安全控制协同创新中心，南京 210095）

摘要：本试验旨在研究饲粮中添加一水肌酸（CMH）和胍基乙酸（GAA）对育肥猪生产性能、肉品质和肌酸代谢的影响。选择 180 头健康的体重相近（100 kg 左右）"杜×长×大"阉公猪，随机分为 3 组，分别为：对照组，饲喂基础饲粮；CMH 组，饲喂基础饲粮＋0.8% CMH；GAA 组，基础饲粮＋0.1% GAA。每组 3 个重复，每个重复 20 头猪，饲养期 15 天。饲养试验结束后，每个重复选取体重接近于平均体重的 3 头猪（9 头/处理），称重后运输至屠宰车间按照屠宰流程进行屠宰采样。结果表明：1）与对照组相比，饲粮中添加 GAA 可以显著提高育肥猪的平均日采食量（ADFI）和平均日增重（ADG）（$P<0.05$），添加 CMH 和 GAA 对育肥猪料重比无显著影响（$P>0.05$）。2）与对照组相比，饲粮中添加 CMH 和 GAA 可以显著提高育肥猪背最长肌的 $pH_{45 min}$（$P<0.05$），降低其滴水损失和剪切力（$P<0.05$），对 $pH_{24 h}$、L^* 值、a^* 值、b^* 值和蒸煮损失均无显著影响（$P>0.05$）。对半腱肌而言，添加 CMH 可以显著提高其 $pH_{45 min}$（$P<0.05$），降低滴水损失（$P<0.05$），添加 GAA 显著提高其 $pH_{45 min}$（$P<0.05$），而对 $pH_{24 h}$、L^* 值、a^* 值、b^* 值、蒸煮损失和剪切力均无显著影响（$P>0.05$）。饲粮中添加 CMH 还可以显著提高半腱肌中肌原纤维蛋白溶解度（$P<0.05$），添加 GAA 对背最长肌和半腱肌中的总蛋白溶解度、肌浆蛋白溶解度和肌原纤维蛋白溶解度均无显著影响（$P>0.05$）。与对照组相比，饲粮中添加 CMH 和 GAA 可以显著提高育肥猪背最长肌和半腱肌中的钙蛋白酶 1（CAPN1）的 mRNA 表达量（$P<0.05$），对钙蛋白酶抑制蛋白（CAST）无显著影响（$P>0.05$）。3）与对照组相比，饲粮中添加 CMH 和 GAA 可以显著提高背最长肌和肝脏中的肌酸含量，提高背最长肌和半腱肌中磷酸肌酸含量，对背最长肌、半腱肌和肝脏中的 S-腺苷蛋氨酸-胍基乙酸-N-甲基转移酶（GAMT）和肌酸转运载体（CreaT）mRNA 表达量均有提高（$P<0.05$），并能够降低肾脏中 L-精氨酸:甘氨酸脒基转移酶（AGAT）的表达量（$P<0.05$）。饲粮中添加 CMH 和 GAA 能够提高育肥猪生产性能，提高组织中的肌酸和磷酸肌酸的沉积，并能够通过提高肌肉中蛋白质溶解度和 CAPN1 的表达提高肌肉的 pH、系水力和嫩度，进而改善肉品质。

关键词：一水肌酸；胍基乙酸；肉品质；肌酸代谢；育肥猪

* 基金项目：江苏省博士后科研资助计划（1601030A）；"十二五"国家科技支撑计划课题（2012BAD28B03）

** 第一作者简介：李蛟龙，男，讲师，E-mail：jiaolongli123@163.com

\# 通讯作者：高峰，教授，E-mail：gaofeng0629@sina.com

饲粮中添加胍基乙酸对肥育猪血液生化指标、脂质代谢和肌肉发育相关基因的影响[*]

卢亚飞[**]　游金明[#]　王自蕊　邹田德　杨晋　李兰海　郭晓波

(江西农业大学,江西省动物营养重点实验室,江西省营养饲料开发工程中心,南昌 330045)

摘要:本研究旨在探讨饲粮中添加胍基乙酸对肥育猪血液生化指标、脂质代谢和肌肉发育相关基因的影响。试验选用 160 头初始体重为(81.03±1.09)kg 杜×长×大三元杂交猪,随机分为 5 组,每组 4 个重复,每个重复 8 头。分别在基础饲粮中添加 0%(对照组)、0.03%、0.06%、0.09%、0.12%的胍基乙酸。试验期为 60 天。试验结束后猪空腹前腔静脉采血;在屠宰过程中,每头猪取肝小叶中部组织和背最长肌肉组织。测定饲粮中添加胍基乙酸对肥育猪血液生化指标、脂质代谢相关基因和肌肉发育相关基因的影响。结果表明:1)随着饲粮中胍基乙酸水平的提高,生长激素呈显著线性增加和二次曲线变化的关系($P=0.019$ 和 $P=0.032$),尿素氮呈显著线性降低和二次曲线变化的关系($P=0.010$ 和 $P=0.023$);脂肪酸合酶(FAS)的基因表达水平随饲粮中胍基乙酸水平的提高呈显著下降的线性和二次曲线关系($P<0.05$),肉碱棕榈酰转移酶(CPT-1)的基因表达水平呈先升高再降低的二次曲线变化趋势的关系($P=0.098$);0.06%胍基乙酸组的 CPT-1 基因表达水平显著高于其他各组($P<0.05$)。2)随着饲粮中胍基乙酸水平的升高,肌肉生长抑制素(Myostatin)($P=0.011$)和肌肉萎缩 Fbox-1 蛋白(FBOX32)($P=0.030$)的基因表达水平呈显著先降低再升高的二次曲线关系,生肌分化因子(MyoD)基因表达水平呈显著先升高再降低的二次曲线关系($P=0.008$);当饲粮中胍基乙酸水平为 0.06%时,肌肉生长抑制素(Myostatin)的基因表达水平显著低于其他各组($P<0.05$),生肌分化因子(MyoD)的基因表达水平显著高于对照组和 0.12%胍基乙酸组($P<0.05$)。3)随着饲粮中胍基乙酸的水平的升高,MyHC Ⅱa 的基因表达水平呈显著先降低再升高的二次曲线关系($P=0.010$),MyHC Ⅱb 的基因表达水平呈显著先升高再降低的二次曲线关系($P=0.011$);当饲粮中胍基乙酸水平为 0.06%时,MyHC Ⅱx 和 MyHC Ⅱb 的基因表达水平显著高于其他各组($P<0.05$)。综上所述,饲粮中添加胍基乙酸可提高生长激素分泌,降低机体蛋白的代谢,同时还可降低 FAS 基因的表达水平,提高 CPT-1 基因的表达水平,并且还可提高 MyHC Ⅱx 和 MyHC Ⅱb 的基因表达水平。综合血清生化指标、脂质代谢和肌肉发育相关基因的表达,胍基乙酸在肥育猪饲粮中的适宜添加量为 0.06%。

关键词:胍基乙酸;肥育猪;脂质代谢;肌肉发育相关基因

* 基金项目:江西省生猪产业技术体系(JXARS-03)
** 第一作者简介:卢亚飞(1991—),男,河南济源人,硕士研究生,研究方向为单胃动物营养,E-mail:luyaafei@163.com
# 通讯作者:游金明,教授,博士生导师,E-mail:youjinm@163.com

高纤维日粮添加有机酸对生长肥育猪营养物质消化率、挥发性脂肪酸组成及肠道微生物的影响*

李淼** 朴香淑#

（中国农业大学动物科学技术学院，北京 100193）

摘要：有机酸作为抗生素替代物的一种在猪生产中被广泛应用，研究表明，饲粮中添加有机酸可以提高断奶仔猪及生长肥育猪的平均日增重和饲料转化效率。麦麸由于非淀粉多糖含量较高，具有一定的抗营养作用，导致其在猪饲粮中的使用受到一定限制。研究发现，有机酸可降低肠道pH，调节肠道微生物区系，提高饲粮纤维利用率。本研究旨在探究在高纤维日粮中添加混合有机酸[混合有机酸 1（MOA1，包含甲酸、乙酸和丙酸）和混合有机酸 2（MOA2，包含丁酸和山梨酸）]对生长肥育猪营养物质消化率、挥发性脂肪酸组成及肠道微生物的影响。试验选用 6 头初始体重为（78.8±4.21）kg 的回肠末端装置 T 形瘘管的生长肥育猪，依据 3 个阶段及 3 种饲粮采用 3×3 拉丁方试验设计进行分组。每个阶段包括 5 天的适应期、2 天的粪便收集期和 2 天的食糜收集期。三种饲粮分别为玉米-豆粕-麦麸基础饲粮（包含 30%麦麸）、基础饲粮添加 3 000 mg/kg MOA1 和基础饲粮添加 2 000 mg/kg MOA2。结果表明：1）与对照组相比，饲粮添加混合有机酸 MOA（MOA1 或 MOA2）的生长肥育猪总能、干物质和有机物的表观全肠道消化率（$P<0.05$）显著提高，饲粮添加 MOA2 的生长肥育猪中性洗涤纤维的表观全肠道消化率（$P<0.05$）显著提高。饲粮添加 MOA 的生长肥育猪回肠食糜 pH 显著降低（$P<0.05$），干物质表观回肠消化率有增加的趋势（$P=0.08$）。2）与对照组相比，饲粮添加 MOA 的生长肥育猪回肠食糜乳酸含量和总挥发性脂肪酸含量显著提高（$P<0.05$）。饲粮添加 MOA 的猪粪便乙酸含量显著提高（$P<0.05$），乳酸含量有提高的趋势（$P=0.08$），甲酸含量显著降低（$P<0.05$）。饲粮添加 MOA2 的生长肥育猪粪便总挥发性脂肪酸含量显著提高（$P<0.05$），饲粮添加 MOA1 的猪粪便丁酸含量显著提高（$P<0.05$）。3）与对照组相比，饲粮添加 MOA1 的生长肥育猪肠道厚壁菌和梭状菌数量显著提高，拟杆菌数量显著降低（$P<0.05$）。综上所述，高纤维基础饲粮添加混合有机酸可以显著降低生长肥育猪肠道pH，提高营养物质消化率，改善肠道健康。

关键词：生长肥育猪；有机酸；麦麸；营养物质消化率；挥发性脂肪酸；微生物

* 基金项目：国家自然科学基金项目（31772612）和 CARS35
** 第一作者简介：李淼（1995—），男，内蒙古通辽人，硕士研究生，从事动物营养与饲料科学专业，E-mail：1824326481@qq.com
# 通讯作者：朴香淑，教授，博士生导师，E-mail：piaoxsh@cau.edu.cn

饲粮添加 PGZ 和 CrMet 对肥育猪肉品质及抗氧化能力的影响[*]

王强^{**}　金成龙　张宗明　高春起　严会超　王修启[#]

（华南农业大学动物科学学院，广东省动物营养调控重点实验室，
国家生猪种业工程技术研究中心，广州 510642）

摘要：本研究旨在探讨盐酸吡格列酮（pioglitazone hydrochloride，PGZ）和蛋氨酸铬（chromium methionine，CrMet）联合使用对肥育猪生长性能、血清生化指标和肉品质的影响。试验选取健康状况良好、体重相近 $[(75.49\pm0.04)\ kg]$ 的"杜×长×大"三元杂肥育猪 160 头，随机分为 4 个组，每个组 5 个重复，每个重复 8 头猪（公母各半）。对照组饲喂基础饲粮；PGZ 组饲喂基础饲粮＋15 mg/kg 的 PGZ；CrMet 组饲喂基础饲粮＋200 μg/kg 的 CrMet；PGZ＋CrMet 组饲喂基础饲粮＋15 mg/kg 的 PGZ＋200 μg/kg 的 CrMet。试验 28 天后屠宰，评定屠宰性能及肉品质。结果表明：1）与对照组相比，饲粮同时添加 PGZ 和 CrMet 显著降低肥育猪平均日采食量、耗料增重比和血清高密度脂蛋白水平（$P<0.05$）。2）同时，PGZ＋CrMet 组屠宰率、背最长肌肌内脂肪含量和大理石纹评分显著增加（$P<0.05$），而蒸煮损失显著降低（$P<0.05$）。3）此外，与对照组相比，PGZ＋CrMet 组肥育猪背最长肌中 C18∶1n-9，C18∶2n-6，C18∶3n-3 和总多不饱和脂肪酸含量显著上调（$P<0.05$）。4）对肌肉抗氧化能力的检测发现，饲粮添加 PGZ＋CrMet 显著提高背最长肌中谷胱甘肽过氧化物酶和超氧化物歧化酶活性（$P<0.05$）。以上结果提示，饲粮同时添加 15 mg/kg 的 PGZ 和 200 μg/kg 的 CrMet 对肥育猪生产性能及肉品质具有协同改善作用，可以降低耗料增重比、蒸煮损失；提高背最长肌大理石纹评分、肌内脂肪含量、多不饱和脂肪酸含量以及抗氧化能力。

关键词：盐酸吡格列酮；蛋氨酸铬；肉品质；肌内脂肪；多不饱和脂肪酸

---

　*　基金项目："十三五"国家重点研发计划（2018YFD0500403）；广州市科技计划项目（201704030005）；广东省科技计划项目（2017A050501028）

　**　第一作者简介：王强（1992—），男，湖北孝感人，硕士研究生，主要从事猪肉品质研究，E-mail：657486110@qq.com

　#　通讯作者：王修启，研究员，博士生导师，E-mail：xqwang@scau.edu.cn

饲粮添加 PGZ 和维生素 E 对肥育猪肉品质及肌肉抗氧化能力的影响[*]

金成龙^{**}　王强　张宗明　高春起　严会超　王修启[#]

（华南农业大学动物科学学院，广东省动物营养调控重点实验室，
国家生猪种业工程技术研究中心，广州 510642）

摘要：本试验旨在研究饲粮单独或同时添加盐酸吡格列酮（pioglitazone hydrochloride，PGZ）和维生素 E（vitamin E）对肥育猪背最长肌肉品质，特别是肌内脂肪含量、脂肪酸组成及抗氧化能力的影响。试验选取 160 头体重相近（75.53±0.04 kg）、健康状况良好的"杜×长×大"三元杂肥育猪，随机分为 4 个处理组（每个处理组 5 个重复，每个重复 8 头猪，公母各半）。4 个处理组分别饲喂：基础饲粮（含 75 mg/kg 维生素 E）；基础饲粮＋15 mg/kg PGZ；基础饲粮＋325 mg/kg 维生素 E；基础饲粮＋15 mg/kg PGZ＋325 mg/kg 维生素 E。试验结束后（第 29 天），每个重复选择 2 头体重与平均体重相近的公猪进行屠宰，评定屠宰性能及肉品质。结果显示：1）与对照组相比，饲粮添加 PGZ 显著提高了血清总蛋白含量（$P<0.01$）；饲粮添加维生素 E 显著降低血清胆固醇（$P<0.05$）及高密度脂蛋白含量（$P<0.01$）。2）饲喂含有 PGZ 的饲粮显著增加背最长肌肌内脂肪含量（$P<0.05$）；饲喂含维生素 E 的饲粮显著降低背最长肌蒸煮损失（$P<0.05$）。3）同时，饲粮添加维生素 E 显著增加背最长肌中多不饱和脂肪酸含量（$P<0.05$），以及 C18:2n-6 和 C18:3n-3 含量（$P<0.05$）。4）PGZ 和维生素 E 联合使用具有互作效应，共同增加 C18:3n-3 含量（$P<0.001$）。此外，饲粮添加维生素 E 有上调谷胱甘肽过氧化物酶（$P=0.054$）和超氧化物歧化酶歧化酶（$P=0.079$）活性的趋势。以上结果说明，当饲粮维生素 E 水平为 400 mg/kg 时，添加 15 mg/kg 的 PGZ 可提高肌内脂肪含量，并降低蒸煮损失；饲喂含维生素 E 的饲粮可以增加背最长肌多不饱和脂肪酸含量，且与 PGZ 互作增加 C18:3n-3 含量；维生素 E 具有提高背最长肌抗氧化能力的潜力。表明 PGZ 和维生素 E 可以改善肥育猪肉品质，对生产实际有积极效果。

关键词：盐酸吡格列酮；维生素 E；肉品质；肌内脂肪；脂肪酸；抗氧化能力

---

* 基金项目："十三五"国家重点研发计划（2018YFD0500403）；广州市科技计划项目（201704030005）；广东省科技计划项目（2017A050501028）

** 第一作者简介：金成龙（1992—），男，安徽宣城人，博士研究生，主要从事猪肉品质及肌肉生物学研究，E-mail：jinchenglong1992@163.com

\# 通讯作者：王修启，研究员，博士生导师，E-mail：xqwang@scau.edu.cn

饲粮中添加微生物发酵饲料对生长猪
氮、磷减排的影响*

李洁[1,2]**　　王博[1,2]　　孙铁虎[1,2]　　王勇生[1,2]#

（1. 北京市畜产品质量安全源头控制工程技术研究中心，北京 102209；

2. 中粮营养健康研究院动物营养与饲料中心，北京 102209）

摘要：随着我国养猪业逐渐专业化发展，规模化、集约化的程度不断提高，养殖业面临的环境污染问题日益严峻，氮、磷减排是当前畜牧业继续解决的问题。在配方设计时，可通过减少使用消化率低和纤维含量高的原料、降低饲粮蛋白质含量、添加合成氨基酸、微生态制剂等途径来降低氮磷排放量。聚酶肽是以乳酸菌、枯草芽孢杆菌、酵母菌为菌种，将柠檬酸、赖氨酸、酒精生产过程产生的副产品等原料，合理配比后，进行厌氧发酵转化为富含微生物菌体蛋白、生物活性小肽、有机酸、益生菌及各种酶系、维生素等未知营养因子等为一体的生物发酵饲料。为了探讨生物饲料聚酶肽对畜禽养殖减排的效果，开展了本试验研究。试验选用 72 头初始体重为（27.05±0.61）kg，分别根据体重、性别，随机区组分为试验组和对照组，每个处理 6 个重复，去势公猪 3 个重复，母猪 3 个重复，每个重复 5 或 6 头猪。试验组在对照组基础日粮中添加 5% 的聚酶肽生物饲料，试验期 35天；结果表明：生长猪饲粮中添加 5% 的聚酶肽，日粮能量的表观消化率显著提高（$P<0.05$）；试验组与对照组猪的平均氮摄入量没有显著差异，生长猪日粮中添加了 5% 的聚酶肽，与对照组相比，氮排放量有降低的趋势（$P=0.07$），氮存留率显著提高（$P<0.05$），氮减排率为 32.61%。对照组与试验组猪之间平均摄入磷、磷排放量，磷存留率均没有显著差异（$P>0.05$），与对照组相比，饲粮添加聚酶肽生长猪磷减排率达到了 16.23%。由此结果表明在生长猪饲粮中添加聚酶肽生物饲料，能够减少粪污中氮、磷的排放。聚酶肽中富含乳酸菌、枯草芽孢杆菌、产霉菌群等有益菌，能够将动物排泄物中的氮转变为菌体蛋白排出，促进营养物质消化吸收，降低粪污中氮、磷排放量。

关键词：生物饲料；聚酶肽；生长猪；氮、磷减排

＊　基金项目：国家重点研发计划（2016YFD0501209）

＊＊　第一作者简介：李洁，女，1987 年生，博士，主要从事猪营养研究，E-mail：li-jie@cofco.com

＃　通讯作者：王勇生，男，1975 年生，博士，研究员。主要研究方向为饲料资源开发与利用，E-mail：wangyongsheng@cofco.com

大豆黄酮对生长肥育猪生产性能、
胴体性状和肉品质的影响[*]

孙志伟[**] 李延 陈代文 余冰 黄志清 毛湘冰
郑萍 虞洁 罗钧秋 罗玉衡 何军[#]

(四川农业大学动物营养研究所,教育部动物抗病营养重点实验室,成都 611130)

摘要:大豆黄酮是一种存在于豆科植物和其他谷物中的天然活性物质,是含有结构与雌激素相似的芳香环的非类固醇化合物,具有类雌性激素样作用,是一种具有多种生理活性的绿色饲料添加剂。本试验旨在探索饲粮添加大豆黄酮对生长肥育猪生产性能、胴体性状和肉品质的影响,以期为大豆黄酮在养猪生产上的合理应用提供参考。试验选取 72 头体重约 25 kg 健康状况良好的"杜×长×大"三元杂交阉公猪,按体重随机分为 4 组,每组 6 个重复,每个重复 3 头。对照组饲喂基础饲粮,试验组饲喂分别添加 12.5、37.5 和 62.5 mg/kg 大豆黄酮的试验饲粮,饲养至 110 kg 左右结束试验。结果表明:1)饲粮中添加 37.5 和 62.5 mg/kg 的大豆黄酮均可显著提高 25～50 kg 阶段生长猪平均日采食量($P<0.05$),且显著提高全期(25～110 kg)平均日增重($P<0.05$);2)饲粮添加 37.5 和 62.5 mg/kg 的大豆黄酮均显著提高肥育猪屠宰率($P<0.05$),其中饲粮添加 37.5 mg/kg 大豆黄酮不仅显著提高肥育的胴体重和眼肌面积($P<0.05$),而且显著降低肥育猪宰后 24 h 的滴水损失($P<0.05$);3)饲粮添加 62.5 mg/kg 的大豆黄酮显著提高猪肉嫩度($P<0.05$),提高肥育猪背最长肌肌内脂肪含量($P<0.05$);4)饲粮添加 37.5 mg/kg 的大豆黄酮显著提高血清中睾酮和雌二醇含量($P<0.05$),且极显著提高了血清中 IGF-1 浓度($P<0.01$);5)饲粮中添加 37.5 和 62.5 mg/kg 的大豆黄酮均极显著提高了血清超氧化物歧化酶(SOD)活性($P<0.01$),降低血清丙二醛(MDA)含量($P<0.01$)。综上所述,生长肥育猪饲粮中添加大豆黄酮能改善其内分泌,增强机体抗氧化能力,从而改善猪其生产性能、胴体性状和肉品质。本研究为大豆黄酮在养猪生产中的应用提供了理论参考。

关键词:大豆黄酮;生长肥育猪;生产性能;胴体性状;肉品质

---

[*] 基金项目:公益性行业(农业)科研专项(201403047)

[**] 第一作者简介:孙志伟(1994—),男,安徽蚌埠人,硕士研究生,从事动物营养与饲料科学研究,E-mail:393058921@qq.com

[#] 通讯作者:何军,研究员,博士生导师,E-mail:hejun8067@163.com

复合植物提取物对母猪繁殖性能和血液生化指标的影响*

李永明** 　徐子伟#

（浙江省农业科学院畜牧兽医研究所,杭州 310021）

摘要：母猪妊娠前 4 周是胚胎死亡的高峰期,提高该阶段的胚胎成活率是改善母猪繁殖性能的关键。中药黄芩和白术配伍被金元时期的名医朱丹溪誉为"安胎圣药",李时珍在《本草纲目》中指出"黄芩……,得白术安胎"。泰山盘石散、白术散等许多安胎方剂中均使用了黄芩、白术,其安胎效果已被千百年来的临床实践所证明。黄芪是补气圣药,在古今方剂中常与不同药物配伍,用于安胎、保产。本试验旨在研究饲粮添加以黄芩、白术和黄芪为主的复合植物提取物对母猪繁殖性能和血液生化指标的影响。选取长白母猪 40 头,随机分为 2 组,每组 20 个重复,每个重复 1 头母猪,对照组饲喂基础饲粮,试验组前 4 周在基础饲粮中添加 1％复合植物提取物、第 5 周至分娩饲喂基础饲粮。试验自母猪配种开始至分娩结束。在妊娠 4 周末耳静脉采集母猪抗凝血,测定血液生化指标。结果表明：1)妊娠前期饲粮适量添加复合植物提取物,能显著改善母猪繁殖性能,使窝总产仔数提高 16.95％($P < 0.05$),窝产活仔数提高 16.67％($P < 0.05$);2)饲粮添加复合植物提取物使母猪血清干扰素 γ(IFN-γ)浓度升高 64.40％($P < 0.05$),白细胞介素 4(IL-4)浓度降低 24.89％($P < 0.05$),IFN-γ/IL-4 比值提高 88.46％($P < 0.05$),但对白细胞介素 2(IL-2)、白细胞介素 10(IL-10)、白细胞介素 17(IL-17)、肿瘤坏死因子 α(TNF-α)、一氧化氮(NO)含量以及总一氧化氮合酶(tNOS)、诱导型一氧化氮合酶(iNOS)、结构型一氧化氮合酶(cNOS)活性均无显著影响;3)饲粮添加复合植物提取物能显著促进繁殖相关激素合成分泌,使母猪血清催乳素(PRL)浓度升高11.13％($P < 0.05$),促黄体素(LH)浓度升高 21.90％($P < 0.05$),孕酮(P)浓度升高 24.11％($P < 0.05$)。由此可见,妊娠前期饲粮适量添加复合植物提取物,能影响母猪 Th1/Th2 免疫平衡,促进繁殖相关激素合成分泌,尤其是显著提高了血清孕酮浓度,有利于胚胎发育,进而改善母猪繁殖性能。

关键词：母猪;植物提取物;繁殖性能;细胞因子;催乳素;促黄体素;孕酮

＊ 基金项目:现代农业产业技术体系建设专项资金(CARS-35);浙江省重点研发计划项目(2016C02054-7)

＊＊ 第一作者简介:李永明(1972—),男,浙江东阳人,硕士,研究员,从事动物营养与畜禽健康环保养殖研究,E-mail:zjhzlym@126.com

＃ 通讯作者:徐子伟,研究员,博士生导师,E-mail:xzwfyz@sina.com

姜黄素对宫内发育迟缓断奶仔猪
肠道免疫功能的影响[*]

王斐[**]　何进田　沈明明　牛玉　张莉莉　张婧菲　王恬[#]

（南京农业大学动物科技学院，南京 210095）

摘要：在发展中国家，宫内生长限制（IUGR）是人们非常关注的公共健康问题。IUGR 会造成新生胎儿长期的发育受损，而姜黄素（curcumin）是一种具有抗氧化、抗炎、抗菌、抗诱变剂和抗癌等功能的天然抗氧化剂。然而，当前姜黄素对 IUGR 猪的研究非常缺乏。因此，本试验旨在探讨姜黄素对宫内发育迟缓断奶仔猪肠道免疫功能的影响。在体型相似、胎次接近、品种相同的母猪所产的新生仔猪中，选择 20 头 NBW 新生仔猪和 20 头 IUGR 新生仔猪，母猪哺乳至 26 日龄断奶后按质量相近原则选择 20 头 NBW 断奶仔猪和 20 头 IUGR 断奶仔猪，分为 4 组。26 日龄断奶，后分别饲喂基础饲粮或姜黄素饲粮（基础饲粮＋400 mg/kg 姜黄素），即 N（NBW＋基础饲粮）、NC（NBW＋姜黄素饲粮）、I（IUGR＋基础饲粮）和 IC（IUGR＋姜黄素饲粮）共 4 组（$n=10$），50 日龄时屠宰取样。结果显示，1）IUGR 组断奶仔猪血液 IL-1β、IL-2、TNF-α 的分泌量显著高于（$P<0.05$）NBW 组，血液 IgG、IgM 抗体的含量显著低于（$P<0.05$）NBW 组；IC 组显著降低（$P<0.05$）血液 IL-1β、IL-2、TNF-α 的分泌量，显著升高（$P<0.05$）血液 IgG、IgM 抗体的含量。2）IUGR 组断奶仔猪空肠黏膜 IL-10 的分泌量、IgG 和 IgA、sIgA 抗体的含量显著低于（$P<0.05$）NBW 组，而 IC 组空肠黏膜 IL-1β、IL-2、TNF-α 分泌量含量显著降低（$P<0.05$），IgG、IgM 抗体的含量显著升高（$P<0.05$）。3）与 NBW 组相比，IUGR 组断奶仔猪回肠黏膜 IL-6 的分泌量有升高趋势（$0.05<P<0.1$），添加姜黄素后，回肠黏膜 IL-1β、IL-2、TNF-α 的分泌量显著降低（$P<0.05$），回肠黏膜 IgG、IgM 抗体含量显著升高（$P<0.05$）。4）IUGR 断奶仔猪空肠黏膜 MHC-Ⅱ、CD4、CD8 和 IL-10 基因的表达量都显著低于（$P<0.05$）NBW 组；而添加姜黄素后 MHC-Ⅱ、CD8 和 IL-10 基因的表达量显著升高（$P<0.05$），IL-1β 和 TNF-α 基因的表达量显著降低（$P<0.05$）。5）IUGR 断奶仔猪回肠黏膜中 CD4、CD8 和 IL-10 基因的表达量都显著低于（$P<0.05$）NBW 组，IL-1β 和 TNF-α 基因的表达量显著升高（$P<0.05$）；而添加姜黄素后 CD4、CD8 和 IL-10 基因的表达量显著升高（$P<0.05$），IL-1β 和 TNF-α 基因的表达量显著降低（$P<0.05$）。研究表明，IUGR 可能会引起断奶仔猪肠道发生炎症反应，破坏肠道免疫防御系统，而通过饲粮添加 400 mg/kg 姜黄素这一措施对减缓IUGR 产生的肠道免疫功能紊乱有一定的作用。

关键词：姜黄素；宫内发育迟缓；断奶仔猪；肠道免疫

---

[*]　基金项目：国家自然科学基金项目（31572418,31472129,31601948）

[**]　第一作者简介：王斐，女，硕士，E-mail：2386757132@qq.com

[#]　通讯作者：王恬，教授，E-mail：tianwang@163.com

姜黄素对宫内发育迟缓仔猪生长性能、血液常规指标和抗氧化功能的影响*

何进田[1**]　　牛玉[1]　　王斐[1]　　沈明明[1]　　白凯文[1]　　张婧菲[1]

张莉莉[1]　　钟翔[1]　　王超[1]　　朱沛霁[2]　　王恬[1#]

(1.南京农业大学动物科技学院,南京 210095;2.江苏立华牧业股份有限公司,常州 213168)

摘要:本试验旨在研究姜黄素对宫内发育迟缓(IUGR)断奶仔猪生长性能、血液常规指标和抗氧化功能的影响。选取胎次、体重接近以及遗传基础一致的妊娠母猪 20 头,在其分娩当日,每窝新生仔猪中选择 1 头正常初生体重(NBW)和 1 头 IUGR,以初生体重低于群体两个标准差的仔猪为 IUGR 仔猪,而初生体重在群体一个 SD 范围内的仔猪为 NBW 仔猪,本试验中以出生体重在 (1.51±0.04) kg 为 NBW 仔猪,出生体重低于(0.96±0.02) kg 为 IUGR 仔猪。26 日龄断奶时,NBW 仔猪随机均分为 NBW 组和 NC 组,IUGR 仔猪随机均分为 IUGR 组和 IC 组(每个组 10 头,公母各半)。NBW 和 IUGR 组饲喂基础饲粮,NC 和 IC 组在基础饲粮的基础上添加 400 mg/kg 姜黄素,饲喂至 50 日龄。结果表明:1)IUGR 组断奶仔猪平均体重以及平均日增重均显著低于 NBW 组($P<0.01$)。饲粮添加姜黄素对提高断奶仔猪的体重、平均日增重均有一定的帮助作用($P>0.05$)。与 NBW 组相比,IUGR 组日均采食量显著降低($P<0.05$),而姜黄素能显著提高 IUGR 断奶仔猪的日均采食量($P<0.05$)。并且,饲粮添加姜黄素能显著降低 NBW 组断奶仔猪的料重比($P<0.05$)。2)与 NBW 组相比,IUGR 仔猪血液红细胞分布宽度变异系数、血小板数目和血小板压积显著降低($P<0.05$),IUGR 仔猪血液白细胞数目($P>0.05$)、血小板分布宽度($P<0.01$)升高。姜黄素显著降低了血液红细胞数目($P<0.01$)、红细胞压积($P<0.05$),显著提高了血液血小板压积($P<0.01$)。与 NBW 仔猪相比,姜黄素对 NBW 断奶仔猪血液白细胞数目有显著的升高作用($P<0.05$);姜黄素对 IUGR 断奶仔猪血液白细胞数目有显著的降低作用($P<0.05$)。姜黄素对 NBW 和 IUGR 断奶仔猪血液血小板数目均有显著的提高作用($P<0.05$)。血液白细胞数目和血小板数目存在断奶仔猪体重和饲粮类型互作效应($P<0.05$)。3)与 NBW 组相比,IUGR 仔猪血液过氧化氢酶(CAT)、谷胱甘肽过氧化物酶(GSH-Px)、谷胱甘肽还原酶(GR)活性和总抗氧化能力(TAOC)均显著降低($P<0.05$)。饲粮添加姜黄素能显著降低 NBW 和 IUGR 仔猪血液丙二醛含量($P<0.01$),显著提高($P<0.01$)NBW 和 IUGR 仔猪血液 CAT、GR 活性及 TAOC。由此可见,IUGR 断奶仔猪生长缓慢,血常规指标发生了一定的变化,并且血液抗氧化能力下降。饲粮添加姜黄素能显著促进 IUGR 断奶仔猪生长,对改善血液常规指标和抗氧化功能具有一定的促进作用。

关键词:宫内发育迟缓;姜黄素;仔猪;生长性能;抗氧化

* 基金项目:国家自然科学基金(31572418;31472129;31601948)

** 第一作者简介:何进田,男,博士研究生, E-mail:2604463443@qq.com

通讯作者:王恬,教授,E-mail:twang18@163.com

25-羟基维生素 D₃ 对哺乳母猪生产性能和 仔猪肠道钙转运的影响

张连华* 朴香淑#

（中国农业大学国家饲料工程技术研究中心，北京 100193）

摘要：近年来，25-羟基维生素 D₃（25-OH-D₃）作为畜禽饲粮中维生素 D 的一种添加形式，由于其商业化生产和高效吸收特性已被受到广泛关注。与普通维生素 D₃ 相比，25-OH-D₃ 不需进入肝脏（被认为显著限制维生素 D₃ 羟基化的真正瓶颈）就可迅速到达血液，能以即用的活性形式被动物机体直接利用，活性更高。而且 25-OH-D₃ 在血液中的含量是衡量机体维生素 D 营养状态的标准，因此饲粮添加 25-OH-D₃ 可以有助于快速改善畜禽维生素 D₃ 的营养状况。维生素 D 能够调节机体肠道黏膜上皮细胞 Ca^{2+} 的转运，维持机体钙磷稳态，其中包括跨细胞转运途径和细胞旁转运途径，涉及的关键因子有 VDR，TRPV6，CaBP-D9k 和 claudin-2 等。作为维生素 D₃ 在体内代谢的中间产物，25-OH-D₃ 活性比维生素 D₃ 更高，可有效缓解家禽胫骨软骨发育不良，改善家禽蛋壳质量等。目前，25-OH-D₃ 在家禽饲粮中应用较多，猪方面研究尤其哺乳母猪方面的实证研究鲜见。此外，哺乳母猪饲粮添加 25-OH-D₃ 对后代仔猪肠道 Ca^{2+} 转运载体表达的影响也未曾报道。因此，本试验旨在研究哺乳母猪饲粮添加不同来源维生素 D（25-OH-D₃ 由山东海能生物工程有限公司提供）对后代仔猪血液维生素 D 营养状态及肠道黏膜上皮细胞 Ca^{2+} 转运载体表达的影响。本试验共选用 32 头二元杂交母猪[长白×大白，平均体重为（262.29±3.61）kg；平均胎次为（3.81±0.26）次]，随机分为 2 组，每处理 16 个重复，每重复 1 头。对照组为饲喂维生素 D₃ 含量为 2 000 IU/kg 的饲粮，试验组为饲喂 25-OH-D₃ 含量为 50 μg/kg 的饲粮。试验期从母猪妊娠期第 107 天开始到哺乳期第 21 天结束。试验结果表明：1）与对照组相比，试验组母猪断奶背膘有增加的趋势（$P=0.06$），仔猪窝增重显著增加（$P<0.05$），仔猪平均日增重有增加趋势（$P=0.08$），母猪哺乳期第 21 天常乳中乳脂含量显著升高（$P<0.05$）。2）试验组母猪脐带血中 25-OH-D₃ 浓度显著升高（$P<0.05$），导致新生仔猪血清中 25-OH-D₃ 浓度显著升高（$P<0.05$）。3）试验组仔猪空肠 VDR 和 claudin-2 基因以及结肠 VDR，TRPV6 和 CaBP-D9k 基因表达显著升高（$P<0.05$）。综上所述，哺乳母猪饲粮 25-OH-D₃ 等量替代维生素 D₃ 能改善新生仔猪血液维生素 D 营养状态，同时促进仔猪肠道 Ca^{2+} 转运，有利于仔猪骨骼的钙化。

关键词：25-羟基维生素 D₃；生产性能；维生素 D 营养；钙转运；母猪；仔猪

* 第一作者简介：张连华（1992—），男，山东潍坊人，博士研究生，动物营养与饲料科学专业，E-mail：zhanglh921210@163.com

通讯作者：朴香淑，教授，博士生导师，E-mail：piaoxsh@cau.edu.com

饲粮添加溶血磷脂对哺乳母猪生长性能和营养物质消化率的影响[*]

王倩倩[**]　朴香淑[#]　龙沈飞　胡江旭

（中国农业大学动物科学技术学院，北京 100193）

摘要：哺乳母猪泌乳量的影响因素有品种、胎次、产仔数、分娩季节、饲养管理和疾病等，而饲料的营养水平是决定泌乳量的最主要因素。哺乳母猪在泌乳期常面临严重的体损失和背膘损失，极易造成其使用年限减少，生产性能下降。溶血磷脂（LPL）是一种可以激活生物膜并增加大量营养物质通过细胞膜的潜在的化合物。LPL 的作用是通过改变膜脂双层来改变膜的流动性和渗透性，有利于营养物质的运输。在产蛋母鸡饲粮中添加 LPL 可以显著提高蛋重和饲料转化效率。LPL 对体外瘤胃发酵也有积极作用，在 Hanwoo 小母牛饲粮中加入 LPL 可提高胴体性能和肉品质。在断奶仔猪和肉鸡饲粮中添加 LPL 可显著提高其生长性能。然而，目前还没有评估 LPL 在妊娠和哺乳期母猪中应用效果的研究。因此，本研究旨在探究饲粮添加不同水平的 LPL（Easy Bio，Inc.，Korea）对哺乳母猪泌乳性能，初乳和乳免疫球蛋白含量及营养物质消化率的影响。根据胎次、背膘厚和体重，共有 40 头二元杂交哺乳母猪［大白 × 长白，平均体重为（221.8±13.1）kg；平均胎次为（2.46±0.61）次］，分为 5 个处理，每个处理 8 个重复，每个重复 1 头母猪。试验期从妊娠第 107 天直到泌乳第 21 天。各处理组母猪分别饲喂含有 0、250、500、750 和 1 000 mg/kg LPL 的玉米豆粕型基础饲粮。随着 LPL 添加浓度的增加，哺乳母猪体损失显著减少（$P<0.05$，线性），而哺乳仔猪日增重显著增加（$P<0.05$，线性）。同时，哺乳母猪初乳中 IgA 和 IgG 以及常乳中 IgA 和 IgM 的浓度显著升高（$P<0.05$，线性）。随着 LPL 浓度的增加，哺乳母猪干物质、粗蛋白质、粗脂肪、总能、中性洗涤纤维和酸性洗涤纤维的全肠道表观消化率显著增加（$P<0.05$，线性）。母猪血清中 IgA 含量呈二次显著增加（$P<0.05$），而仔猪血清中 IgA 和 IgM 含量呈二次显著增加（$P<0.05$）。随着 LPL 浓度的增加，哺乳母猪血清葡萄糖含量呈线性上升（$P<0.05$），而血清中甘油三酯和总胆固醇含量呈线性下降（$P<0.05$）。综上所述，随着饲粮添加 LPL 浓度的增加，泌乳母猪生产性能，初乳和常乳免疫球蛋白，血清生化指标，营养物质消化率及其哺乳仔猪生长性能均显著提高。

关键词：溶血磷脂；母猪；生长；消化率

---

　*　基金项目：国家自然科学基金项目（31772612）和 CARS35

　**　第一作者简介：王倩倩（1996—），女，甘肃平凉人，硕士研究生，从事动物营养与饲料科学专业，E-mail：m13021981765_1@163.com

　#　通讯作者：朴香淑，教授，博士生导师，E-mail：piaoxsh@cau.edu.cn

连翘提取物对哺乳母猪泌乳性能、乳成分、
抗氧化和免疫功能的影响*

龙沈飞** 朴香淑#

（中国农业大学动物科学技术学院,北京 100193）

摘要：在我国,母猪年产断奶仔猪数量低的主要原因是母猪免疫机能差,不能有效抵抗妊娠、分娩和哺乳期间因代谢增强引起的应激,从而导致产仔性能和泌乳能力下降。本试验室近 10 年的研究表明,连翘提取物作为传统的中草药提取物,具有抗菌、抗炎、抗氧化、抗过敏及免疫增强等功能,能显著提高断奶仔猪、肉仔鸡和大鼠的生长性能、营养物质消化率、抗氧化和免疫功能,改善肠道绒毛形态,屏障功能和微生物区系。然而,目前有关连翘提取物在妊娠、哺乳母猪方面的应用研究较少。因此,本研究旨在探讨在妊娠后期哺乳母猪饲粮中添加连翘提取物对其泌乳性能、乳成分、抗氧化和免疫功能的影响。根据胎次,体重和背膘厚,将 24 头健康长白×大白二元杂交母猪[平均体重为(234±6.81) kg;平均胎次为(3.38±0.61)次]平均分为 2 个处理,每个处理 12 个重复,每个重复 1 头母猪。两个试验处理分别为：对照组（玉米豆粕型基础日粮）和连翘提取物组（基础日粮＋100 mg/kg 连翘提取物）。试验期从妊娠第 107 天开始到哺乳第 21 天结束。试验结果表明,与对照组相比,连翘提取物组母猪的体重损失和发情间隔显著下降($P<0.05$),仔猪第 7～21 天和第 14～21 天的平均日增重显著提高($P<0.05$)。与对照组相比,连翘提取物能显著提高母猪哺乳第 7 天的乳脂和乳汁中 IgA 的含量,以及哺乳第 14 天乳汁中乳脂、乳蛋白和乳糖的含量($P<0.05$),并且有增加哺乳第 21 天乳汁中 IgA 含量的趋势($P=0.08$)。与对照组相比,连翘提取物组哺乳第 7 天仔猪的血清 IgG 含量显著提高($P<0.05$),第 21 天仔猪的血清 IgG 含量有增加的趋势($P=0.07$)。与对照组相比,连翘提取物组母猪胎盘中总抗氧化能力（T-AOC）含量显著提高,丙二醇（MDA）含量显著下降($P<0.05$),分娩和断奶时母猪血清中 T-AOC、谷胱甘肽过氧化酶（GSH-Px）和过氧化氢酶（CAT）含量显著提高($P<0.05$),仔猪第 0、7 和 14 天血清中的超氧化物歧化酶（SOD）含量显著升高,MDA 含量显著下降($P<0.05$),仔猪第 21 天血清中的 T-AOC 和 GSH-Px 含量显著增加($P<0.05$)。综上所述,在妊娠后期哺乳母猪饲粮中添加连翘提取物能显著改善母乳成分,提高哺乳母猪泌乳性能、抗氧化和免疫功能,从而提高哺乳仔猪的生长性能、抗氧化和免疫功能。

关键词：连翘提取物；哺乳母猪；仔猪；泌乳性能；免疫；抗氧化

＊ 基金项目：国家自然科学基金项目（母源添加连翘酯苷对仔猪断奶应激的影响及其传递途径的研究,31772612）和 CARS35

＊＊ 第一作者简介：龙沈飞（1993—）,男,浙江嘉兴人,博士研究生,从事动物营养与饲料科学专业,E-mail：longshenfei@cau. edu. cn

＃ 通讯作者：朴香淑,教授,博士生导师,E-mail：piaoxsh@cau. edu. cn

妊娠后期和泌乳期饲粮添加溶菌酶对泌乳母猪生产性能和免疫功能影响的研究[*]

石建凯[**]　　石晓琳[1]　　吴小玲[1]　　董艳鹏[1]　　沈彦萍[2]　　方正锋[1]

林燕[1]　　车炼强[1]　　李健[1]　　冯斌[1]　　吴德[1]　　徐盛玉[1#]

(1. 四川农业大学动物营养研究所,成都 611130;2. 上海隆佑生物有限公司,上海 200000)

摘要:溶菌酶(Lysozyme,LZM)能裂解细菌细胞壁使细菌裂解死亡,LZM 有效的杀菌机制使其被认为可以作为一种新型的饲料添加剂使用,为了弄清楚溶菌酶在泌乳母猪上的使用效果,本研究以母猪为对象,考察溶菌酶对母猪生产性能、免疫机能和后代健康的影响,探讨添加不同含量溶菌酶对母猪以及后代的作用效果。挑选 60 头体况相近的妊娠第 85 天 LY 母猪(3~6 胎)。随机分为 3 个处理组,对照组(CON):基础饲粮;溶菌酶 A 处理组(LZM A):基础饲粮+溶菌酶 150 g/t;溶菌酶 B 处理组(LZM B):基础饲粮+溶菌酶 300 g/t。试验从妊娠 85 天开始至泌乳 21 天结束,分别在母猪妊娠 85 天、100 天和泌乳第 1 天(分娩当天)、21 天测定背膘厚度。各处理随机选取 8 头母猪,分娩当天收集胎盘组织;泌乳第 1、7、21 天,收集血液和乳汁样品。断奶当天,每个处理随机选取 8 头仔猪采集血液样品。记录母猪分娩成绩、泌乳期日采食量、断奶发情间隔时间。结果表明:LZM 两个处理组较对照组泌乳期母猪采食量均提高($P<0.05$),断奶-发情时间间隔缩短($P<0.05$)。LZM 两个处理组仔猪腹泻率与对照组相比显著降低($P<0.05$)。LZM 两个处理组与对照组相比均提升了泌乳第 1 天母猪血清中总蛋白的含量($P<0.05$)。与对照组相比,LZM 处理组仔猪血清总蛋白含量均显著提高($P<0.05$),白蛋白、球蛋白含量有提高趋势($P=0.089$,$P=0.068$)。相比于对照组,LZM 处理组母猪血清免疫球蛋白 G(IgG)含量在泌乳第 1 天、第 7 天均有升高趋势($P=0.05$,$P=0.088$),血清免疫球蛋白 M(IgM)含量在泌乳第 1 天显著提高($P<0.05$),在泌乳第 7 天、第 21 天有升高趋势($P=0.092$,$P=0.058$),血清白介素-10(IL-10)含量在泌乳第 1 天有升高趋势($P=0.081$),在泌乳第 7 天显著提高($P<0.05$)。LZM 处理组均显著提高断奶仔猪血清中免疫球蛋白 A(IgA)、IgG、IgM、IL-10 含量($P<0.05$)。LZM 处理组母猪乳清 IgA 含量与对照组相比在泌乳第 1 天和第 7 天均显著提高($P<0.05$)。综上所述:母猪妊娠后期和泌乳期饲粮添加溶菌酶,提高母猪泌乳期的日均采食量,缩短母猪断奶-发情时间间隔,提高了泌乳期母猪的自身免疫力,提高后代仔猪机体的免疫力并降低后代仔猪腹泻率。

关键词:泌乳母猪;溶菌酶;繁殖性能;免疫力;后代仔猪

---

　* 基金项目:上海隆佑生物科技有限公司横向合作项目和四川农业大学双支计划项目

　** 第一作者简介:石建凯(1990—),男,河南安阳人,硕士研究生,从事动物营养与饲料科学研究,E-mail:shijiankai0227@sina.com

　# 通讯作者:徐盛玉,博士,副研究员,硕士研究生导师,E-mail:shengyuxu@sicau.edu.cn

溶菌酶对肉仔鸡生产性能、肠道微生物及免疫功能的影响

霍倩倩* 杨东吉 郭凯 丁小娟 张晓图 王志祥#

（河南农业大学牧医工程学院，郑州 450002）

摘要：本试验主要通过饲养试验评价添加不同剂量溶菌酶与抗生素比较对 AA 肉仔鸡生产性能、肠道微生物菌群、血清生化指标及免疫功能的影响，为溶菌酶替代抗生素在肉仔鸡饲粮中的适宜添加量提供试验依据。选取 720 只 1 日龄健康且体重相近的 AA 肉仔鸡为试验对象，将其随机分为 6 个处理组，每组设 6 个重复，每个重复 20 只，公母混养。空白对照组饲喂玉米-豆粕型基础饲粮，抗生素组为在基础饲粮上添加 72 mg/kg 盐霉素＋4 mg/kg 黄霉素，试验Ⅰ、Ⅱ、Ⅲ、Ⅳ组分别在基础日粮上添加 2.0、4.0、6.0、8.0 g/kg 溶菌酶（4702 U/g），试验第 35 天，从每重复随机挑出公母各 1 只试验鸡进行为期 4 天的全收粪代谢试验，试验全期为 42 天。试验结果显示：1）在 1～21 天，试验Ⅰ、Ⅱ、Ⅲ、Ⅳ组及抗生素组的 ADG、ADFI、F/G、21 天体重和死亡率与对照组相比均无显著差异（$P>0.05$）。22～42 天，在 ADG 和 42 天体重方面，试验Ⅱ、Ⅲ、Ⅳ组显著高于对照组（$P<0.05$）；在 F/G 方面，抗生素组、试验Ⅱ、Ⅲ、Ⅳ组与对照组相比显著降低（$P<0.05$）。1～42 天，在 ADG 方面，试验Ⅱ、Ⅳ组显著高于对照组（$P<0.05$）；在 F/G 方面，试验Ⅱ、Ⅲ、Ⅳ组及抗生素组显著低于对照组（$P<0.05$）；在整个试验阶段各处理组间 ADFI 和死亡率均无显著差异（$P>0.05$）。2）抗生素组、溶菌酶不同剂量组半净膛率显著高于对照组（$P<0.05$），试验Ⅳ组全净膛显著高于对照组、抗生素组及其他试验不同剂量组（$P<0.05$），试验Ⅲ组胸肌率显著高于对照组与试验Ⅰ、Ⅱ、Ⅳ组（$P<0.05$）。3）各试验组肉仔鸡对 CP、EE、Ca、TP 的消化率均无显著差异（$P>0.05$）。4）试验Ⅱ、Ⅲ组与对照组相比显著降低（$P<0.05$）空肠、盲肠中大肠杆菌及盲肠梭菌的数量；溶菌酶不同剂量组均能显著降低空肠梭菌数量（$P<0.05$），与抗生素组相比无显著差异（$P>0.05$）；但不同剂量溶菌酶对肉仔鸡空肠、盲肠中乳酸杆菌和双歧杆菌数量无显著影响（$P>0.05$）。5）抗生素组与不同剂量溶菌酶试验组对肉仔鸡免疫器官指数无显著（$P>0.05$）影响。溶菌酶各处理组与对照组相比显著提高肉仔鸡血清溶菌酶含量（$P<0.05$），其中试验Ⅲ组最高。抗生素组和试验Ⅱ、Ⅲ、Ⅳ组与对照组相比显著降低了血清中 ALT 的含量（$P<0.05$），抗生素组、试验Ⅱ、Ⅲ组与对照组相比显著降低肉仔鸡血清中 AST、GLU 含量（$P<0.05$）；且与对照组相比，抗生素组、溶菌酶各处理组均能降低血清中 CHOL 含量。由此可见，适量的溶菌酶能提高肉仔鸡日增重并降低料重比，提高屠体品质，明显减少肠道内大肠杆菌、梭菌等微生物数量，提高血清中非特异性免疫指标血清溶菌酶的含量，促进 GLU 的转化和利用率，调节胆固醇代谢，从而增强机体的免疫功能与代谢功能，可以完全替代抗生素在肉仔鸡饲粮中使用，其中添加 4 g/kg 或 6 g/kg 溶菌酶的效果较好。

关键词：溶菌酶；肉仔鸡；生产性能；肠道微生物；免疫功能；血清生化指标

---

* 第一作者简介：霍倩倩（1990—）女，硕士，河南郑州人，动物营养与饲料科学专业，E-mail：1663982487@qq.com
# 通讯作者：王志祥，教授，博士生导师，E-mail：wzxhau@163.com

槲皮素对 AA 肉鸡饲料蛋白质
利用率的作用及机制*

肖风林** 周博 王密 应琳琳 毛彦军 李垚#

（东北农业大学动物营养研究所,哈尔滨 150030）

摘要: 本试验旨在研究槲皮素对 AA 肉鸡饲料蛋白质利用率的作用及机制,从而为槲皮素作为提高肉鸡饲料蛋白质利用率、降低粪尿氮排放的添加剂提供理论依据。试验选取 1 日龄健康、体重没有显著差异的 AA 肉鸡 240 只,随机分 4 组,每组 6 个重复,每个重复 10 只鸡,对照组饲喂玉米-豆粕型基础饲粮,试验组分别在基础饲粮中添加 0.02%、0.04% 及 0.06% 的槲皮素,试验期 42 天。试验采集粪尿测定蛋白质的表观代谢率,采集胃及小肠食糜测定胃蛋白酶、糜蛋白酶及胰蛋白酶活性,采血制备血清测定总蛋白、白蛋白和尿素氮含量,采集胸肌与腿肌测定总蛋白含量,采集胸肌、腿肌、肝脏测定雷帕霉素靶蛋白(TOR)信号转导通路主要信号因子的基因表达。结果表明,与对照组相比,饲粮中添加 0.02% 槲皮素可以显著提高蛋白质表观代谢率和血清白蛋白含量($P<0.05$),但血清总蛋白和尿素氮均无显著差异($P>0.05$);添加 0.02% 槲皮素可以极显著提高胃蛋白酶活性($P<0.01$),添加 0.04% 槲皮素可以显著降低小肠糜蛋白酶活性($P<0.05$),但小肠胰蛋白酶活性无显著差异($P>0.05$);饲粮中添加 0.02% 槲皮素可显著提高胸肌($P<0.05$)及极显著提高腿肌总蛋白含量($P<0.01$);饲粮中添加 0.02% 槲皮素可以极显著提高胸肌和肝脏 eEF2、eIF4B、eIF4E、eIF4G mRNA 表达($P<0.01$),极显著提高腿肌 eEF2、eIF4E、eIF4G($P<0.01$)及显著提高 eIF4B、IGF-1、AKT mRNA 表达($P<0.05$),可极显著提高胸肌 IGF-1、AKT、S6K1 mRNA 表达($P<0.01$),显著提高肝脏 PI3K($P<0.05$)及极显著提高 TOR、S6K1 mRNA 表达($P<0.01$),添加 0.04% 槲皮素可以显著提高胸肌 IGF-1 mRNA 表达($P<0.05$),显著提高腿肌 PI3K、TOR、eEF2、eIF4G mRNA 表达($P<0.05$)并显著降低 4E-BP1 mRNA 表达($P<0.05$),显著提高肝脏 eEF2 mRNA 表达($P<0.05$)并显著降低 4E-BP1 mRNA 表达($P<0.05$)、极显著降低 eEF2K mRNA 表达($P<0.01$),添加 0.06% 槲皮素可以极显著提高胸肌 PI3K、eEF2、eIF4B($P<0.01$)及显著提高 TOR mRNA 表达($P<0.05$),显著提高腿肌 PI3K mRNA 表达($P<0.05$),极显著降低肝脏 eEF2K mRNA 表达($P<0.01$)。综上所述,饲粮中添加适量槲皮素可通过调控消化道蛋白酶活性、机体蛋白质代谢及 TOR 信号转导通路来提高 AA 肉鸡蛋白质表观代谢率。本试验条件下,槲皮素促进 AA 肉鸡蛋白质消化利用的最适宜剂量为 0.02%。

关键词: 槲皮素;肉鸡;蛋白质表观代谢率;雷帕霉素靶蛋白信号通路

---

* 基金项目:黑龙江省自然科学基金项目(C2016017)
** 第一作者简介:肖风林,男,在读硕士研究生,E-mail:15763539086@163.com
# 通讯作者:李垚,教授,博士,E-mail:liyaolzw@163.com

小茴香对肉鸡养分代谢率和肠道形态结构的影响[*]

李彦珍[**] 　蔺淑琴 　李金录 　郑琛[#]

(甘肃农业大学动物科学技术学院,兰州 730070)

摘要:本文旨在研究单一中草药添加剂小茴香对肉鸡采食量、养分表观代谢率以及肠道形态结构等方面的影响。试验选取 1 日龄白羽肉鸡 160 只,随机分为 4 组,(每组设 4 个重复,每个重复 10 只):对照组饲喂基础饲粮,试验组在基础饲粮中分别添加 0.15%、0.30%、0.45% 的小茴香,试验期 42 天。结果表明:1)添加 0.30% 的小茴香时,肉鸡的 DM 采食量最高,相比对照组分别提高了 7.82% 和 6.29%。2)添加 0.30% 的小茴香时,肉鸡十二指肠长,空肠、回肠质量及长度都显著高于其他各组($P<0.05$),十二指肠长、回肠重和回肠长有高于其他组的趋势($P<0.2$),同时,肉鸡的空肠、回肠质量指数和回肠、总肠长度指数均显著高于其他各组($P<0.05$)。3)添加 0.30% 小茴香时,肉鸡十二指肠绒毛高度、回肠肠壁厚度与绒毛高度显著高于其他组($P<0.05$),较对照组分别提高了 14.64%、35.34% 和 32.21%。总体来看,随着小茴香添加水平的提高,十二指肠、空肠和回肠肠壁厚度、隐窝深度和绒毛高度均呈逐渐增加的规律。4)不同添加量的小茴香对 21 天和 42 天肉鸡的各养分表观代谢率无显著影响($P>0.05$),但是,21 天时添加 0.30% 的小茴香肉鸡的 DM、CP 和 Ash 表观代谢率较对照组增长最高;42 天时添加 0.45% 的小茴香,肉鸡的 DM、CP 和 Ash 表观代谢率增长较高。由此可见,饲粮中添加 0.30% 小茴香对肉鸡肠道生长发育有一定的促进作用,能够有效改善肉鸡肠道形态结构,保护肠黏膜结构的完整性,维护和促进肠道内微生态平衡,提高肉鸡的消化吸收能力,进而提高了营养物质的表观代谢率,促进肉鸡的健康、高效生长。

关键词:小茴香;肉鸡;表观代谢率;肠道形态结构

　* 　基金项目:甘肃农业大学动物科学技术学院开放基金(XMXTSXK-18)
　** 　第一作者简介:李彦珍(1992—),女,甘肃兰州人,硕士研究生,动物营养与饲料科学专业,E-mail:1397360745@qq.com
　# 　通讯作者:郑琛,副教授,硕士生导师,E-mail:zhengc@gsau.edu.cn

柑橘提取物对肉鸡生长性能、屠宰性能、肉品质和血浆生化指标的影响[*]

李贞明[**]　马现永[#]　余苗　崔艺燕　田志梅　容庭　刘志昌　邓盾　鲁慧杰

（广东省农业科学院动物科学研究所,畜禽育种国家重点实验室,农业部华南动物营养
与饲料重点实验室,广东省畜禽育种与营养研究重点实验室,广东畜禽肉品
质量安全控制与评定工程技术研究中心,广州 510642）

摘要：本试验旨在研究柑橘提取物对黄羽肉鸡生长性能、屠宰性能、肉品质和血浆生化指标的影响。选取 540 只 1 日龄快大型黄羽肉鸡随机分为 3 组（每组 6 个重复,每个重复 30 只）：对照组饲喂不含任何抗生素的基础饲粮,试验组分别饲喂含有 0.01% 的柑橘提取物和含有 0.01% 杆菌肽锌的试验饲粮。试验为期 63 天,试验结束时,每个重复选 2 只采集血浆后进行屠宰取样,每组 12 只,共 36 只。结果表明：1）与对照组相比,柑橘提取物和杆菌肽锌显著提高了平均日增重（$P<0.05$）,极显著降低了料重比（$P<0.01$）；与杆菌肽锌组相比,柑橘提取物组的平均日采食量和平均日增重提高,料重比降低,但差异性不显著（$P>0.05$）。2）饲粮处理对屠宰率、半净膛率、全净膛率、腿肌率和胸肌率等屠宰性能均无显著影响（$P>0.05$）。3）与对照组相比,45 min 时柑橘提取物显著降低了胸肌的肉色黄度（$P<0.05$）；而与杆菌肽锌组相比,24 h 时柑橘提取物显著降低胸肌的滴水损失（$P<0.05$）、提高肉色红度（$P<0.05$）和降低肉色黄度（$P<0.05$）,改善肉品质。4）与对照组相比,柑橘提取物和杆菌肽锌极显著增加了血浆总胆固醇的浓度（$P<0.01$）；与对照组和杆菌肽锌组相比,柑橘提取物显著增加了血浆葡萄糖和白蛋白的浓度（$P<0.05$）。由此可见,柑橘提取物可以提高肉鸡的生长性能,改善肉品质并影响机体代谢。因此柑橘提取物可作为抗生素替代品应用于肉鸡的生产中。

关键词：黄羽肉鸡；柑橘提取物；杆菌肽锌；生长性能；屠宰性能；肉品质

---

[*] 基金项目："十三五"国家重点研发计划（2016YFD0501210）；广东省现代农业产业技术体系创新团队项目任务书（2017LM1080）；广东省畜禽育种与营养研究重点实验室开放运行（2017B030314044）

[**] 第一作者简介：李贞明（1990—）,男,硕士,研究方向为动物营养与饲料科学,E-mail：844604106@qq.com

[#] 通讯作者：马现永（1972—）,女,研究员,博士,研究方向为动物营养与饲料科学,E-mail：407986619@qq.com

包被肉桂油替代抗生素对白羽肉鸡
肠黏膜免疫功能的影响*

程强[1,2]** 　郭双双[2]　丁斌鹰[1,2]#　李叶涵[1]　夏亿[2]

（1. 武汉轻工大学农副产品蛋白质饲料资源教育部工程研究中心，武汉 430023；

2. 武汉轻工大学动物营养与饲料科学湖北省重点实验室，武汉 430023）

摘要：肉桂油是从肉桂的树皮和叶子中提取出来的植物精油，具有杀菌能力强、安全、易降解等的特点，被认为是一种较为理想的抗生素替代物。有研究报道肉桂油可以促进肠道有益菌数量的增加，并降低肠道有害菌的数量，优化肠道的结构，改善动物的健康状况。本试验旨在研究使用不同剂量的包被肉桂油替代抗生素对肠道黏膜免疫功能的影响。选用 330 只健康状况良好的 1 日龄 Cobb 肉鸡，按体重相近原则随机分为 5 个处理组，其中对照组为饲粮中添加 50 mg/kg 黄霉素的抗生素对照组，试验组分别在饲粮中添加 50、100、200 和 300 mg/kg 包被肉桂油，每个组 6 个重复，每个重复 11 只鸡，试验期为 42 天。于试验第 21 天和 42 天，每重复随机抽取 3 只鸡屠宰取样，取十二指肠、空肠和回肠黏膜，冷冻研磨后检测肠黏膜 sIgA 的含量以及 IL-1β、IL-6 和 IL-8 的 mRNA 表达水平。试验结果表明：和抗生素对照组相比，1）50 mg/kg 包被肉桂油提高了 21 日龄肉鸡十二指肠和空肠黏膜的 sIgA 含量，降低了 21 日龄肉鸡回肠黏膜的 sIgA 含量（$P<0.05$）；100 mg/kg 包被肉桂油提高了 21 日龄肉鸡空肠黏膜的 sIgA 含量（$P<0.05$）；200 mg/kg 包被肉桂油提高了 21 日龄肉鸡十二指肠和空肠黏膜的 sIgA 含量（$P<0.05$）；300 mg/kg 包被肉桂油提高了 21 日龄肉鸡空肠黏膜的 sIgA 含量（$P<0.05$）。2）50、100、200 和 300 mg/kg 包被肉桂油均提高了 42 日龄肉鸡空肠黏膜的 sIgA 含量（$P<0.05$）。3）50 mg/kg 包被肉桂油上调了 21 日龄肉鸡十二指肠黏膜 IL-6 和回肠黏膜 IL-8 的 mRNA 水平（$P<0.05$）；100 mg/kg 包被肉桂油上调了 21 日龄肉鸡回肠黏膜 IL-6 和 IL-8 的 mRNA 水平（$P<0.05$）；200 mg/kg 包被肉桂油上调了 21 日龄肉鸡空肠黏膜 IL-1β 和 IL-8 的 mRNA 水平（$P<0.05$）；300 mg/kg 包被肉桂油上调了 21 日龄肉鸡回肠黏膜 IL-8 的 mRNA 水平（$P<0.05$）。4）100 mg/kg 包被肉桂油上调了 42 日龄肉鸡回肠黏膜 IL-1β 的 mRNA 水平，下调了 42 日龄肉鸡回肠黏膜 IL-6 的 mRNA 水平（$P<0.05$）；200 mg/kg 包被肉桂油上调了 42 日龄肉鸡十二指肠黏膜 IL-1β 的 mRNA 水平，下调了 42 日龄肉鸡回肠黏膜 IL-6 的 mRNA 水平（$P<0.05$）；300 mg/kg 包被肉桂油上调了 42 日龄肉鸡十二指肠黏膜 IL-1β、IL-8 的 mRNA 水平（$P<0.05$）。由此可见，饲粮中添加包被肉桂油可以提高 21 日龄肉鸡空肠黏膜中 sIgA 的含量，上调 21 日龄肉鸡空肠、回肠黏膜中 IL-8 的 mRNA 水平，有增强肉仔鸡肠道黏膜的免疫功能。50 mg/kg 包被肉桂油就具有替代抗生素提高肉鸡肠道免疫功能的效果。

关键词：包被肉桂油；肉鸡；肠黏膜免疫功能；分泌型免疫球蛋白 A

＊ 基金项目：湖北省重大科技创新计划（2014ABA022）

＊＊ 第一作者简介：程强（1991—），男，湖北红安人，硕士研究生，研究方向为营养生化与代谢调控，E-mail：chengqiangcool@163.com

＃ 通讯作者：丁斌鹰，教授，硕士生导师，E-mail：dbying7471@126.com

日粮中添加辣木提取物对 AA 肉鸡生产性能、屠宰性能、肉品质、抗氧化指标及血清生化指标的影响[*]

刘娇[**]　常文环[#]　陈志敏　郑爱娟　刘国华　蔡辉益

（中国农业科学院饲料研究所，农业部生物饲料重点实验室，
生物饲料开发国家工程研究中心，北京 100081）

摘要： 本试验旨在研究日粮中添加辣木提取物对爱拔益佳肉鸡的生产性能、屠宰性能、肉品质、抗氧化性能及血清生化指标的影响，探讨辣木提取物作为饲料添加剂使用的有效性及最适添加量。试验选取 1 日龄 AA 肉鸡 480 只，随机分成 5 组，每组 6 个重复，每个重复 16 只鸡。对照组饲喂无抗基础日粮；抗生素组饲喂基础日粮＋50 ppm 金霉素；3 个辣木提取物试验组在基础日粮中分别添加 0.25、0.50、1.00 g/kg 辣木提取物。试验期 42 天，分为 1～21 天和 22～42 天两个阶段。结果显示：1）与对照组相比，金霉素与辣木提取物添加显著提高了 42 日龄肉鸡体重及各阶段平均日增重（$P<0.05$）。其中金霉素作用效果最好，添加 0.50g/kg 辣木提取物次之，但两个处理组之间无显著差异；各试验组平均日采食量和料重比没有显著改变（$P>0.05$）。2）与对照组相比，各试验组肉鸡的屠宰性能与肉品质无显著差异（$P>0.05$）。3）与对照组相比，添加金霉素与辣木提取物显著提高了肉鸡血清总抗氧化能力（$P<0.05$），0.50 g/kg 辣木提取物组作用效果最佳；与抗生素组相比，添加辣木提取物能显著降低血清丙二醛，并且三个辣木提取物添加组间无显著差异；与对照组相比，添加辣木提取物有提高肉鸡肝脏总抗氧化能力 T-AOC 值的趋势，且 0.50 g/kg 辣木提取物组效果最佳。4）与对照组相比，添加金霉素与辣木提取物组对肉鸡血清生化指标没有显著改变（$P>0.05$）。5）与对照组相比，添加辣木提取物组能将肉鸡的死淘率降低到 1.04％、3.13％和 2.08％。综上所述，肉鸡日粮中添加辣木提取物能够提高肉鸡的增重和抗氧化性能、降低肉鸡死淘率，添加 0.50 g/kg 辣木提取物的效果最佳。

关键词： 辣木提取物；肉鸡；生长性能；屠宰性能；肉品质；抗氧化功能

---

[*]　基金项目：国家肉鸡产业技术体系（CARS-41），中国农业科学院科技创新工程（ASTIP）

[**]　第一作者简介：刘娇（1996—），女，山东泰安人，硕士研究生，动物营养与饲料科学专业，E-mail：853652746@qq.com

[#]　通讯作者：常文环，副研究员，硕士生导师，E-mail：changwenhuan@caas.cn

竹叶提取物对肉鸡生长性能、血液指标及肌肉抗氧化功能的影响

沈明明[1]* 张莉莉[1] 王建军[2] 张婧菲[1] 何进田[1] 王恬[1]#

（1. 南京农业大学动物科技学院，南京 210095；2. 英联中国农业集团，上海 200051）

摘要：本试验旨在研究饲粮中添加竹叶提取物（bamboo leaf extract，BLE）对肉鸡生长性能、血液指标和肌肉抗氧化功能的影响，探讨 BLE 在肉鸡饲料中添加的可行性。选用 1 日龄 AA 肉鸡 720 只随机分成 6 组（每组 6 个重复，每个重复 20 只）。对照组饲喂基础饲粮（CON 组），试验组 B1、B2、B3、B4 和 B5 分别在基础饲粮中添加 0.1、0.25、0.5、1 和 1.5% BLE，试验期 42 天。结果表明：1）生长性能：1～21 天，与 CON 组相比，B1～B5 组肉鸡平均日增重组分别提高了 7.43%、6.92%、5.94%、6.42% 和 6.42%；料重比分别降低了 5.38%、4.61%、4.62%、5.38% 和 4.62%，且 B1～B5 肉鸡料重比显著低于 CON 组（$P<0.05$）。22～42 天，与 CON 组相比，B1～B5 组肉鸡平均日增重分别提高了 8.47%、8.46%、7.33%、8.02% 和 8.71%；料重比分别降低了 3.84%、3.29%、3.30%、2.75% 和 3.85%，且 B1～B5 组肉鸡料重比显著低于 CON 组（$P<0.05$）。2）表观消化率：添加不同水平 BLE 均显著提高肉鸡对饲粮灰分、粗蛋白质、粗脂肪和磷的消化率（$P<0.05$），B2 和 B3 组显著提高肉鸡对干物质的消化率（$P<0.05$）。与 CON 组相比，肉鸡的表观消化能分别提高了 7.65%、8.30%、8.29%、4.88% 和 6.20%，且差异显著（$P<0.05$）。3）屠宰性能与器官指数：添加 BLE 对肉鸡的屠宰性能无显著影响，但腹脂率分别降低了 7.02%、18.06%、20.49%、17.36% 和 16.32%。BLE 显著提高了肉鸡的心脏指数（$P<0.05$），分别提高 30.56%、38.89%、25%、36.11% 和 30.56%。4）血液生化：添加 BLE 未对肉鸡血液中尿素、肌酐、葡萄糖、总蛋白和白蛋白造成影响（$P>0.05$）。5）肌肉抗氧化水平：B1～B5 组肉鸡胸肌中 GSH-Px、CAT 和 T-AOC 水平均显著提高（$P<0.05$），MDA 水平显著降低（$P<0.05$）；与 CON 组相比，B1～B5 组肉鸡胸肌中 SOD 水平分别提高了 18.06%、22.22%、21.18%、21.88 和 22.90%，其中 B5 组 SOD 水平显著高于 CON 组（$P<0.05$）。综上，BLE 可以提高肉鸡对营养物质的消化率，促进肉鸡生长，改善肉鸡生产性能；BLE 未造成肉鸡血液生化指标异常，并且显著提高肌肉抗氧化能力，可作为饲料添加剂应用到肉鸡生产中。

关键词：竹叶提取物；肉鸡；生长性能；血液生化；肌肉抗氧化

---

* 第一作者简介：沈明明，男，硕士，E-mail：2017105056@njau.edu.cn

\# 通讯作者：王恬，教授，E-mail：twang18@163.com

姜黄素和双去甲氧基姜黄素对肉鸡生产性能、组织氧化还原电势和抗氧化功能的影响*

张婧菲** 白凯文 何进田 牛玉 冯程程 王安谙 张莉莉 王恬#

（南京农业大学动物科技学院,南京 210095）

摘要：本试验旨在研究日粮添加姜黄素和双去甲氧基姜黄素对肉鸡生产性能、肌肉品质、组织氧化还原电势和抗氧化功能的影响。选取 1 日龄健康肉鸡 480 只,随机分为 3 个处理组,分别饲喂基础日粮（CON 组）、基础日粮＋150 mg/kg 姜黄素（CUR 组）、基础日粮＋150 mg/kg 双去甲氧基姜黄素（BUR 组）。每个处理设 8 个重复,每个重复 20 只鸡。试验期为 42 天。试验结果显示：1）与 CON 组相比,BUR 和 CUR 对肉鸡后期 21～42 天和全期 1～42 天的 ADG 有明显的改善作用,分别显著提高了 7.63％、3.80％和 6.16％、3.18％（$P<0.05$）。其中,1～21 天的 ADG 较 CON 组相比有升高的趋势,但差异不显著。2）姜黄素可在一定程度上提高肉鸡胸肌肌肉的系水力；其中,CUR 组 24 h 滴水损失较 CON 组相比显著降低了 29.56％（$P<0.05$）。添加双去甲氧基姜黄素对肉鸡胸肌肌肉的嫩度有改善作用,表现为 BUR 组的肌压力损失较 CON 组有显著提高（$P<0.05$）。3）与 CON 组肉鸡相比,CUR 组血清 MDA 含量显著降低了 15.98％（$P<0.05$）,BUR 组血清 T-AOC 活力显著提高了 37.53％（$P<0.05$）。添加姜黄素和双去甲氧基姜黄素对肉鸡血清 CAT、T-SOD 和 GSH-Px 活性有提高的趋势,但在统计上差异不显著（$P>0.05$）。4）与 CON 组肉鸡相比,CUR 和 BUR 组空肠 E_h GSH/GSSG 分别显著降低了 12.53％和 14.90％（$P<0.05$）。添加双去甲氧基姜黄素可有效降低肉鸡回肠 E_h GSH/GSSG,较 CON 组相比差异显著（$P<0.05$）。与 CON 组相比,双去甲氧基姜黄素显著提高了肉鸡肝脏 GSH 含量（$P<0.05$）。CUR 和 BUR 组空肠 GSH 含量较 CON 组相比,分别显著提高了 38.27％和 57.32％（$P<0.05$）。添加姜黄素和双去甲氧基姜黄素可明显提高肉鸡血清、十二指肠和回肠的 GSH 含量,但在统计上差异不显著（$P>0.05$）。CUR 和 BUR 组肉鸡回肠 GSSG 含量较 CON 组相比显著降低（$P<0.05$）。5）与 CON 组相比,CUR 和 BUR 组肉鸡血清 ABTS·+ 清除率分别显著提高了 8.15％和 9.60％（$P<0.05$）,血清 FRAP 分别显著提高了 15.43％和 7.60％（$P<0.05$）；其中,CUR 和 BUR 组之间血清 FRAP 差异显著（$P<0.05$）。BUR 组日粮的 ABTS·+ 清除率较 CON 组相比显著提高（$P<0.05$）,但 CUR 组较 CON 组相比无明显差异（$P>0.05$）。由此可见：日粮添加姜黄素和双去甲氧基姜黄素可改善肉鸡的胸肌品质,提高 GSH 含量,降低 GSSG 含量,进而降低血清、肝脏和小肠组织的 E_h GSH/GSSG,促使细胞处于一个还原的微环境中,这可能是姜黄素类化合物发挥抗氧化功能的一个重要机制。此外,姜黄素和双去甲氧基姜黄素对肉鸡血清、排泄物和日粮的自由基清除率也有一定改善作用。

关键词：姜黄素；双去甲氧基姜黄素；抗氧化；氧化还原电势；肉鸡

---

　* 基金项目：国家自然科学基金项目（31601973）；江苏省自然科学基金项目（BK20160739）；中国博士后基金第十批特别资助项目（2017T100380）；中国博士后科学基金面上资助（2015M581816）

　** 第一作者简介：张婧菲,女,博士,E-mail：zhangjingfei@njau.edu.com

　# 通讯作者：王恬,教授,E-mail：twang18@163.com

新玉米对肉仔鸡生长性能、
肠道发育和营养物质代谢的影响[*]

刘勇强[1,2**]　　吴姝[1,2]　　钟光[1]　　贺喜[2]　　施寿荣[1#]

(1. 中国农业科学院家禽研究所,扬州 225125;2. 湖南农业大学动物科学技术学院,长沙 410128)

摘要:新收获的玉米具有水分含量偏高,玉米粒的不完整性较多以及霉变程度不一等特点,饲喂畜禽后可能导致生产性能下降,饲料报酬偏低等问题,新收获玉米经过储存后则会改善其不利的应用问题。本试验在饲粮中添加不同比例的新玉米与旧玉米,通过饲养试验研究新收获玉米对肉仔鸡的生长性能、肠道发育以及营养物质代谢的影响。试验根据新收获的玉米在基础日粮中所占的比例设为 4 个试验组,试验选取 384 只 1 日龄的 AA 型雄性肉鸡分为 4 个处理(每个处理 6 个重复,每个重复 16 只),4 个试验组饲粮分别为 100% 旧玉米饲粮组(AC 组),包含 1/3 新收获玉米和 2/3 旧玉米的饲粮组(1/3 组 NC),包含 2/3 新收获玉米和 1/3 旧玉米的饲粮组(2/3NC 组)以及 100% 的新收获玉米饲粮组(NC 组)。试验总共进行 42 天,在试验进行的 39～42 日龄进行消化代谢试验。试验结果显示:在试验后期(22～42 日龄)和试验全期(1～42 日龄),NC 组的 F/G(饲料:增益比)高于 1/3 NC 组和 2/3 NC 组($P < 0.05$)。NC 组钙、磷代谢率显著低于 AC 组、1/3 NC 组和 2/3 NC 组($P < 0.05$)。21 日龄的 NC 组和 1/3 NC 组盲肠相对质量显著高于 2/3 NC 组和 AC 组($P < 0.05$),而 42 日龄的 NC 组空肠相对质量低于 2/3NC 组和 AC 组($P < 0.05$)。综上所述,饲粮中的新收获玉米不仅会降低肉仔鸡的生长性能而且会降低钙、磷等营养物质的代谢率,同时也会影响肉仔鸡的肠道发育。由此可见用新收获玉米饲喂肉仔鸡会降低其生长性能以及营养物质的代谢,在实际生产过程中应对新收获玉米的添加量进行控制,合理应用从而避免不必要的损失,以提高经济效益。

关键词:新玉米;AA 肉鸡;生长性能;肠道发育

[*] 基金项目:江苏省农业三新工程(SXGC[2017]254)

[**] 第一作者简介:刘勇强(1993—),男,陕西延安人,硕士研究生,研究方向为单胃动物营养,E-mail:644071264@qq.com

[#] 通讯作者:施寿荣,副研究员,硕士生导师,E-mail:ssr236@163.com

饲粮钙磷比及添加植酸酶对黄羽肉鸡影响研究[*]

范秋丽[**]　蒋守群[#]　苟钟勇　李龙　林厦菁　王一冰

（广东省农业科学院动物科学研究所,畜禽育种国家重点实验室,农业部华南动物营养
与饲料重点实验室,广东省动物育种与营养公共实验室,广东省畜禽育种
与营养研究重点实验室,广东新南都饲料科技有限公司,广州 510640）

摘要:本试验旨在研究饲粮适宜的钙磷比,饲粮中添加植酸酶替代无机磷对 43～63 日龄黄羽肉鸡生长性能、胫骨强度、血清指标的影响,为植酸酶在肉鸡生产中的应用提供理论科学依据。试验采用单因素随机分组设计,选用 1 050 只 43 日龄岭南黄羽肉鸡,共设 7 个处理,每个处理 5 个重复,每个重复 30 只。处理Ⅰ～Ⅶ组饲粮钙水平分别为(0.85%、0.85%、0.85%、0.95%、0.95%、0.85%、0.85%),有效磷水平分别为(0.30%、0.37%、0.45%、0.37%、0.45%、0.15%、0.185%)。Ⅰ～Ⅴ组钙有效磷比分别为 2.83:1、2.30:1、1.89:1、2.57:1、2.11:1,Ⅱ为对照组,Ⅵ、Ⅶ组分别于Ⅰ、Ⅱ组中添加 0.5 g/kg 植酸酶替代 50% 的有效磷,钙有效磷比和植酸酶的添加量分别为 5.67:1+0.5 g/kg、4.59:1+0.5 g/kg。试验期 21 天。结果表明:1)相比对照组,饲粮不同钙磷比及添加植酸酶对试鸡体重、平均日增重、平均日采食量、料重比、胫骨强度无显著影响($P>0.05$)。2)饲粮钙磷比为 2.83:1、1.89:1 时,试鸡血清中磷含量相比对照组显著升高($P<0.05$),植酸酶的添加也可显著升高血清中磷含量($P<0.05$);1.89:1 的饲粮钙磷比相比对照组显著升高试鸡血清中碱性磷酸酶(AKP)活性($P<0.05$),植酸酶的添加对 AKP 活性无显著影响($P>0.05$)。综上,饲粮不同钙磷比及添加植酸酶对 43～63 日龄黄羽肉鸡生长性能、胫骨强度无影响。低比例的钙磷比可升高血清磷含量和碱性磷酸酶活性,高比例的钙磷比和植酸酶可升高血清磷含量。

关键词:钙磷比;植酸酶;生长性能;血清;黄羽肉鸡

* 基金项目:国家肉鸡产业技术体系项目(CARS-41)、国家“十二五”科技支撑计划项目子课题(2014BAD13B02)、广东省科技计划项目(2017B020202003)、广东省畜禽育种与营养研究重点实验室运行经费(2014B030301054)、广州市科技计划项目(201804020091)
** 第一作者简介:范秋丽(1987—),女,陕西渭南人,助理研究员,硕士研究生,从事黄羽肉鸡营养研究,E-mail:649698130@qq.com
# 通讯作者:蒋守群,研究员,硕士生导师,主要从事家禽营养与免疫研究,E-mail:1014534359@qq.com

应用植酸酶的低磷排放黄羽肉鸡饲料配制技术研究[*]

范秋丽[**]　蒋守群[#]　苟钟勇　李龙　林厦菁　王一冰

（广东省农业科学院动物科学研究所，畜禽育种国家重点实验室，农业部华南动物营养
与饲料重点实验室，广东省动物育种与营养公共实验室，广东省畜禽育种
与营养研究重点实验室，广东新南都饲料科技有限公司，广州 510640）

摘要：本试验旨在研究低钙磷饲粮中添加高剂量植酸酶对 1～21 日龄黄羽肉鸡生长性能、胫骨性能、血清指标和钙磷代谢关键基因表达的影响。选用 1 080 只 1 日龄岭南黄羽肉公雏，根据体重一致原则，分为 6 个处理，每个处理 6 个重复，每个重复 30 只。对照组（PC，正常的磷酸氢钙和非植酸磷水平），中非植酸磷组（MP，PC 降低 50％磷酸氢钙和 1/3 非植酸磷），中非植酸磷加植酸酶组（MP＋2 000、MP＋4 000，MP 分别添加 2 000、4 000 FTU/kg 植酸酶），低非植酸磷加植酸酶组（LP＋2 000、LP＋4 000，PC 不加磷酸氢钙，非植酸磷减少 2/3，分别添加 2 000、4 000 FTU/kg 植酸酶），各组钙磷比保持在 1.4：1 左右。试验期 21 天。结果表明：1）与对照组相比，中非植酸磷组体重、平均日增重、平均日采食量降低（$P>0.05$）。与中非植酸磷组相比，添加植酸酶可显著升高体重、平均日增重、平均日采食量，且 4 000 FTU/kg 植酸酶组效果优于对照组（$P<0.05$）；2）与对照组相比，中非植酸磷组胫骨折断力降低（$P>0.05$），脱水脱脂重、灰分含量、磷含量显著降低（$P<0.05$）。与中非植酸磷组相比，添加植酸酶可显著升高胫骨折断力，且 4 000 FTU/kg 植酸酶组效果优于对照组（$P<0.05$）。中非植酸磷加 4 000 FTU/kg 植酸酶组胫骨脱水脱脂重显著升高，且效果优于对照组（$P<0.05$）。4 000 FTU/kg 植酸酶组胫骨灰分含量、磷含量显著升高（$P<0.05$）；3）与对照组相比，中非植酸磷组血清磷含量显著降低（$P<0.05$）。与中非植酸磷组相比，中非植酸磷加植酸酶组与低非植酸磷加 4 000 FTU/kg 植酸酶组血清磷含量显著升高（$P<0.05$）；4）与对照组相比，中非植酸磷组 *Klotho*、*FGFR*1 基因表显著下调（$P<0.05$），1α-*hydroxylase* 基因表达下调（$P>0.05$）。与中非植酸磷组相比，中非植酸磷加 4 000 FTU/kg 植酸酶组 *Klotho*、*FGFR*1 基因表显著上调（$P<0.05$），植酸酶添加组 1α-*hydroxylase* 基因表达差异不显著（$P>0.05$）。综上，低钙磷饲粮添加高剂量植酸酶可提高 1～21 日龄黄羽肉鸡生长性能、胫骨折断力、脱水脱脂重、灰分和磷含量，升高血清磷含量，升高磷代谢关键基因的表达。

关键词：钙；磷；植酸酶；生长性能；胫骨性能；黄羽肉鸡

* 基金项目：国家肉鸡产业技术体系项目（CARS-41），国家"十二五"科技支撑计划项目子课题（2014BAD13B02）、广东省科技计划项目（2017B020202003）、广东省畜禽育种与营养研究重点实验室运行经费（2014B030301054）、广州市科技计划项目（201804020091）

** 第一作者简介：范秋丽（1987—），女，陕西渭南人，助理研究员，硕士研究生，从事黄羽肉鸡营养研究，E-mail：649698130@qq.com

通讯作者：蒋守群，研究员，硕士生导师，主要从事家禽营养与免疫研究，E-mail：1014534359@qq.com

葡萄糖氧化酶对黄羽肉鸡生长性能、
肠道微生物区系及肠道免疫的影响[*]

黄婧溪[1][**]　董涛[1]　张涛[2]　冯定远[1][#]

（1. 华南农业大学动物科学学院，广州 510642；2. 赢创德固赛（中国）投资有限公司，北京 100600）

摘要：本试验旨在研究葡萄糖氧化酶对黄羽肉鸡的影响，本试验挑选 1 日龄健康黄羽肉鸡 900 只，随机分为 3 个组，每组 5 个重复，每个重复 60 只鸡。试验期为 1～63 日龄。试验中的 3 个处理组分别为对照组、维吉尼亚霉素组以及葡萄糖氧化酶组。对照组饲喂玉米豆粕型基础饲粮，其他两组分别在基础饲粮中添加 400 g/t 维吉尼亚霉素和 300 g/t 葡萄糖氧化酶（酶活为 1000 U/g）。试验结果表明：1）葡萄糖氧化酶组与对照组和维吉尼亚霉素组相比提高了后期的平均日增重和日采食量，降低了料肉比，差异不显著（$P>0.05$）；2）葡萄糖氧化酶组法氏囊指数和脾脏指数均高于维吉尼亚霉素组，而低于对照组，差异不显著（$P>0.05$）；3）葡萄糖氧化酶组的腺胃 pH 低于对照组和维吉尼亚霉素组（$P>0.05$），而葡萄糖氧化酶组十二指肠、空肠、回肠和盲肠中的 pH 显著高于维吉尼亚霉素组（$P<0.05$），空肠和回肠的 pH 显著高于对照组（$P<0.05$）；4）葡萄糖氧化酶组绒毛高度以及绒毛高度与隐窝深度的比值高于对照组而低于维吉尼亚霉素组，隐窝深度高于对照组和维吉尼亚霉素组，其中维吉尼亚霉素组绒毛高度显著高于对照组（$P<0.05$）；5）葡萄糖氧化酶组 OTU 值显著高于对照组和维吉尼亚霉素组（$P<0.05$）；拟杆菌门相对丰度显著低于对照组和维吉尼亚霉素组（$P<0.05$），提高了厚壁菌门与拟杆菌门比值（$P>0.05$）；葡萄糖氧化酶降低了拟杆菌科和紫单胞菌科的相对丰度，理研菌科、瘤胃菌科、毛螺旋菌科及互养菌科相对丰度低于对照组而高于维吉尼亚霉素组，普氏菌科和脱硫弧菌科低于维吉尼亚霉素组并高于对照组（$P>0.05$）；而维吉尼亚霉素组韦荣球菌科显著高于对照组和葡萄糖氧化酶组（$P<0.05$）；6）葡萄糖氧化酶组十二指肠和回肠 ZO-1 mRNA 表达量高于对照组和维吉尼亚霉素组，空肠表达量高于对照组而低于维吉尼亚霉素组；葡萄糖氧化酶组各肠段 occludin mRNA 表达量显著高于对照组（$P<0.05$），其中十二指肠和空肠显著高于维吉尼亚霉素组（$P<0.05$）；维吉尼亚霉素组十二指肠 occludin 显著低于对照组（$P<0.05$），空肠显著高于对照组（$P<0.05$）；7）葡萄糖氧化酶组各肠段 IL-1β mRNA 表达量均低于对照组，其中回肠低于维吉尼亚霉素组；十二指肠 IL-4 mRNA 表达量低于对照组而高于维吉尼亚霉素组，空肠和回肠 IL-4 以及各肠段 IFN-γ mRNA 均高于对照组和维吉尼亚霉素组；十二指肠 IL-8 低于对照组，而空肠 IL-8 表达量高于对照组。综上所述，饲粮中添加 300 g/t 葡萄糖氧化酶通过影响盲肠食糜中微生物区系、肠道紧密连接蛋白和肠道免疫因子，改善肠道绒毛形态，进而促进生产性能，并在一定程度上可以替代维吉尼亚霉素。

关键词：葡萄糖氧化酶；黄羽肉鸡；生产性能；肠道微生物区系；肠道免疫

---

[*] 基金项目：饲料成分与营养价值岗位专家（2017LM1120）；广州市科技计划项（201510010258）

[**] 第一作者简介：黄婧溪（1992—），女，云南昆明人，硕士研究生，从事动物营养与饲料科学专业研究，E-mail：2580870259@qq. com

[#] 通讯作者：冯定远，教授，博士生导师，E-mail：fengdy@hotmail. com

碳水化合物复合酶改善饲喂低能
饲粮肉仔鸡生长性能的研究

张景城[*][#]　刘宏　汪仕奎　吴金龙

[帝斯曼(中国)动物营养研发有限公司,霸州 065799]

摘要:本试验旨在研究饲粮添加复合酶制剂(α-淀粉酶,β-木聚糖酶和 β-葡聚糖酶)对饲喂低能饲粮(小麦-玉米-豆粕)肉仔鸡 0～42 日龄生长性能的影响。试验选用 480 只罗斯 308 公雏,随机分为 3 个饲粮处理组,每组 8 个重复,每个重复 20 只鸡。3 个饲粮处理组分别为正对照(前、后期饲粮代谢能水平分别为 2 950 和 3 050 kcal/kg)、负对照组(相应饲粮能量水平比正对照组低 150 kcal/kg)和酶添加组(负对照组试验前、后期饲粮分别添加 160 和 145 mg/kg 碳水化合物复合酶)。试验采用地面垫料平养方式,试验期间鸡只自由采食与饮水。试验结果表明:与负对照组相比,正对照组试验各阶段的饲料效率均有显著改善($P<0.05$),且试验全期正对照组鸡只采食量有降低的趋势($P=0.057$);酶添加组试验前期和全期的饲料效率较负对照组均改善了 3%($P<0.10$),且鸡只试验后期和全期体增重和 42 日龄体重均有 4% 的提高($P<0.10$)。综上所述,小麦-玉米-豆粕饲粮能量水平降低 150 kcal/kg 显著降低饲料效率,饲粮添加碳水化合物复合酶能够改善肉仔鸡的增重和饲料效率。

关键词:碳水化合物复合酶;生长性能;肉仔鸡

---

* 第一作者简介:张景城(1988—),男,山东日照人,硕士研究生,从事家禽动物营养方面研究,E-mail:Jingcheng. zhang@dsm.com

通讯作者:张景城,助理科学家,帝斯曼(中国)动物营养研发有限公司,E-mail:Jingcheng. zhang@dsm.com

包被复合微量元素对肉鸡生产性能、
肠道生长发育及骨骼质量的影响研究[*]

刘少青[**]　白世平　丁雪梅　王建萍　曾秋凤　张克英[#]

(四川农业大学动物营养研究所,动物抗病营养教育部重点实验室,成都 611130)

摘要:本试验旨在研究包被复合微量元素对肉鸡生产性能及肠道形态的影响,为包被复合微量元素产品的合理应用提供依据。试验采用 2×3 因子设计,选取 960 只 1 日龄爱拔益加(AA)肉公鸡,随机分为 6 个处理,每组 8 个重复,每个重复 20 只。试验饲粮设置 2 个油脂水平:5% 和 1.5%;3 种微量元素产品:NRC 推荐水平组(无机来源:Cu 8 mg/kg, Fe 80 mg/kg, Mn 60 mg/kg, Zn 40 mg/kg, I 0.35 mg/kg, Se 0.15 mg/kg, Co 0.15 mg/kg)、包被微量元素组及未包被组。包被组与未包被组微量元素均为无机来源,微量元素水平相同:Cu 2.5 mg/kg, Fe 35 mg/kg, Mn 30 mg/kg, Zn 30 mg/kg, I 0.2 mg/kg, Se 0.2 mg/kg, Co 0.15 mg/kg。试验为期 42 天,饲粮按照两个阶段配制(前期 1~21 天,后期 22~42 天),6 个处理饲粮除微量元素外营养成分及能量均相同。结果表明:1)高油脂水平饲粮显著提高肉鸡生产性能;2)与 NRC 组相比,包被组及未包被组对肉鸡生产性能无显著影响;3)包被组显著增加肉鸡前期空肠和各阶段回肠绒毛高度($P<0.05$)、显著增加各阶段肉鸡空肠及前期回肠绒毛长度/隐窝深度($P<0.05$);与 NRC 组相比,包被组及未包被组对各阶段肉仔鸡肠道相对长度及相对质量均无显著影响。4)包被微量元素显著增加肉鸡后期胫骨灰分、钙和磷含量($P<0.05$);与 NRC 组相比,包被组及未包被组对肉仔鸡胫骨长度及强度均无显著影响。

综上所述,降低肉鸡饲粮中微量元素添加水平对肉鸡生产性能无显著影响;包被微量元素可改善肉鸡消化道生长发育,提高胫骨钙磷沉积。

关键词:包被微量元素;肉鸡;生产性能;肠道生长;骨骼质量

[*] 基金项目及赞助单位:四川省科技支持项目(2016NZ0003),福建深纳生物工程有限公司
[**] 第一作者简介:刘少青(1992—),女,湖北黄冈人,硕士研究生,饲料营养与动物科学专业,E-mail:59979789@qq.com
[#] 通讯作者:张克英,教授,博士生导师,E-mail:zkeying@sicau.edu.cn

酸化剂对白羽肉鸡日增重、养分表观代谢率、屠宰性能、肉品质和消化系统的影响*

周巨旺** 蔺淑琴 李金录 郑琛#

（甘肃农业大学动物科学技术学院，兰州 730070）

摘要：本试验旨在研究饲粮中添加不同水平酸化剂对白羽肉鸡日增重、养分表观代谢率、屠宰性能、肉品质和消化系统的影响。试验选取 160 只 1 日龄的白羽肉鸡，随机分为 4 组（每组 4 个重复，每个重复 10 只鸡）：对照组饲喂基础饲粮，试验组分别饲喂在基础饲粮中添加 0.1%、0.2% 和 0.3% 酸化剂（赐酸宝，缓释稳定型饲料酸化剂，购自广州市正百饲料科技有限公司）的试验饲粮，试验期 42 天，并于 7～10 天和 35～38 天采用全收粪尿法进行消化代谢试验。结果表明：1）饲粮添加酸化剂对白羽肉鸡平均日增重无显著影响（$P>0.05$），但在 1～21 日龄随着酸化剂添加水平的提高，料重比逐渐提高；2）与对照组相比，饲粮中添加不同水平酸化剂显著提高对 1～21 日龄白羽肉鸡饲粮 DM 和 OM 的表观代谢率（$P<0.05$），其中，添加 0.1% 酸化剂时，饲粮 DM 和 OM 表观代谢率最高，但添加酸化剂对 21～42 天白羽肉鸡养分表观代谢率无显著影响（$P>0.05$）；3）饲粮中添加不同水平酸化剂对白羽肉鸡屠体率、半净膛率、腹脂率、胸肌率和腿肌率均无显著影响（$P>0.05$）；4）饲粮添加不同水平酸化剂对白羽肉鸡肌肉失水率、嫩度、熟肉率和 45 min pH 无显著影响（$P>0.05$），但添加 0.1% 酸化剂的白羽肉鸡胸肌和腿肌的失水率均高于对照组和其他试验组，添加 0.2% 酸化剂时，胸肌和腿肌的 45 min pH 高于对照组和试验组；5）饲粮中添加不同水平酸化剂对白羽肉鸡肌胃质量，十二指肠和回肠的质量和长度均无显著影响（$P>0.05$），但随酸化剂添加水平的提高十二指肠质量和十二指肠肠绒毛长度也有所提高，各试验组间无明显差异，添加 0.1% 酸化剂的白羽肉鸡空肠显著高于对照组和其他试验组。由此可见，白羽肉鸡饲粮中添加酸化剂可以改善饲粮的利用情况，其中，添加 0.1% 酸化剂对于白羽肉鸡的养分表观代谢率、肉品质和消化系统的影响较为明显。

关键词：白羽肉鸡；酸化剂；养分表观代谢率，屠宰性能；肉品质；消化系统

* 基金项目：甘肃农业大学动物科学技术学院开放基金（XMXTSXK-18）
** 第一作者简介：周巨旺（1994—），女，河北石家庄人，硕士研究生，动物营养与饲料科学专业，E-mail：zhoujw94@163.com
# 通讯作者：郑琛，副教授，硕士生导师，E-mail：zhengc@gsau.edu.cn

蛋氨酸铬对肉仔鸡安全性评价：生长性能、临床血液参数、脏器指数、组织病理观察以及组织铬沉积

韩苗苗[*]　张丽英[#]　来文晴　何东亭　盖向荣　张文伟　丁嘉任

（中国农业大学动物营养学国家重点实验室，农业部饲料安全

与生物学效价重点实验室，北京 100193）

摘要：铬是人类和动物维持生理功能的必需微量元素。研究发现，铬是葡萄糖耐量因子的组成成分，该因子可以增加胰岛素受体的敏感性，从而增加细胞对葡萄糖的摄取并加速葡萄糖的氧化。此外，研究报道发现含铬调节子是由铬和 4 种氨基酸组成，能够促进胰岛素信号传导。蛋氨酸铬是三分子蛋氨酸螯合一分子铬，属于有机铬，比无机铬源具有更高的生物利用率。研究发现，肉鸡饲粮添加蛋氨酸铬能够促进生长性能并缓解应激。欧盟委员会建议在家禽饲粮中蛋氨酸铬（以铬计）添加量不超过 400 μg/kg。极高水平的铬能够干扰机体体内铁或硒的代谢途径，并触发产生 DNA-蛋白质交联并对 DNA 复制产生影响。目前，关于肉鸡蛋氨酸铬安全性的研究报道较少，因此本试验进行了为期 42 天的肉鸡饲养试验，以评估蛋氨酸铬对肉鸡的安全性，包括生长性能、血液学指标、脏器指数、组织病理观察以及铬沉积。试验选用 540 只 1 日龄爱拔益加肉仔鸡公雏，随机分为 5 个处理，每个处理 6 个重复，每个重复 18 只鸡，在玉米-豆粕基础饲粮中分别添加 0、200、400（推荐剂量）、2 000（5 倍推荐剂量）和 4 000 μg/kg（10 倍推荐剂量）的蛋氨酸铬（以铬计）。试验期为 42 天，分为 0～21 天和 22～42 天。结果表明：饲粮添加蛋氨酸铬对肉鸡生长性能（平均日增重、平均日采食量、耗料增重比）、血常规指标以及脏器指数未产生显著影响（$P>0.05$）。但饲粮添加 4 000 μg/kg 蛋氨酸铬（以铬计）显著增加了肉鸡 21 天天冬氨酸氨基转移酶活性（$P<0.05$），但各处理酶活性均处于正常范围。饲粮添加蛋氨酸铬对其他血液生化指标并未产生显著影响（$P>0.05$）。此外，各处理肉鸡心脏、肝脏、脾脏和肾脏组织中均未观察到显著的组织学损伤。各处理肉鸡血清、胸肌、肝脏和肾脏中的铬沉积随着饲粮铬添加量的增加而显著升高（$P<0.05$），但均未超过《食品中污染物限量（2012）》中规定的标准，并且铬含量由高到低依次为胸肌、肝脏、肾脏和血清。综上所述，在玉米-豆粕基础饲粮中添加 4 000 μg/kg 蛋氨酸铬（以铬计）时，肉鸡能够对该水平耐受。因此，蛋氨酸铬最高限量为 400 μg/kg 时，安全系数为可达 10 倍。

关键词：蛋氨酸铬；肉仔鸡；生产性能；血液学指标；脏器指数；组织病理变化；铬沉积

[*] 第一作者简介：韩苗苗（1991—），女，山西文水人，博士在读，动物营养与饲料科学专业，E-mail：miaomiao@cau.edu.com

[#] 通讯作者：张丽英，教授，博士生导师，E-mail：zhangliying01@sina.com

硒代蛋氨酸羟基类似物对肉鸡组织中硒沉积和硒蛋白基因组表达的影响[*]

赵玲[1][**]　齐德生[1]　雷新根[2]　孙铝辉[1][#]

（1. 华中农业大学动物科技学院，武汉 430070；2. 美国康奈尔大学动物科技系）

摘要：近年新开发的一种有机硒源——硒代蛋氨酸羟基类似物（SeO），它比亚硒酸钠（SeNa）和酵母硒（SeY）在机体中有更高的利用率。本研究目的为通过比较这三种硒源对肉鸡组织中硒的形态、硒蛋白基因组表达及参与其合成与降解相关关键基因表达的影响，评价肉鸡对不同硒源的利用效果，结果可为生产中合理选用不同硒源提供重要的科学依据。选用 1 日龄健康雄性艾维茵肉鸡 144 羽，随机分为 4 个处理组，每个处理 6 个重复，每个重复 6 羽。对照组饲喂四川缺硒的玉米大豆配制的基础日粮（BD，0.05 Se mg/kg），其他三组分别添加 SeNa、SeY 和 SeO，添加硒含量均为 0.2 mg/kg 饲料。采用层叠笼养，自由采食和饮水（蒸馏水），试验期为 6 周。试验结果表明：1）与 SeNa 组相比，SeY 和 SeO 组肝脏、胸肌和腿肌中总硒的沉积升高了 20%～172%（$P<0.05$），其中硒代蛋氨酸（SeMet）的浓度增加了 15 倍（$P<0.05$）；2）与 SeY 组相比，SeO 组中总硒和 SeMet 的浓度分别提高了 13%～37%（$P<0.05$）和 43%～87%（$P<0.05$）；3）第 3 周时，与 BD 组相比，只有 SeO 组的肝脏和腿肌中 *SelenoS* 和 *Msrb*1 的 mRNA 表达上升了 62%～98%（$P<0.05$），胸肌和腿肌中硫氧还蛋白还原酶（TXNRD）的活性增加了 20%～37%（$P<0.05$）；4）此外，相较于 SeNa，SeO 使各组织中 *Gpx*3、GPX4、SELENOP、SELENOU 的表达增加了 26%～207%（$P<0.05$）；相较于 SeY，SeO 使各组织中 *Selenop*、O-磷酸丝氨酸转移 RNA、硒代半胱氨酰-tRNA 合成酶、GPX4 和 SELENOP 的表达量增加了 23%～55%（$P<0.05$）。与 SeNa 及 SeY 相比，SeO 更能增加肉鸡肝脏和肌肉中总硒的沉积，促进具有抗氧化、解毒及抗炎症功能相关硒蛋白 Gpx4，Selenos，Selenop，Selenou 及 Mrsb1 基因在肉鸡肝脏及肌肉中表达。这一结果表明，日粮添加 SeO 可更有效的生产富硒畜禽产品，并能提高机体抵抗环境及代谢诱导的氧化应激。

关键词：硒；硒蛋白；不同来源硒；基因表达；肉鸡

[*] 基金项目：国家自然科学基金（31772636，31501987）

[**] 第一作者简介：赵玲（1993—），女，博士，研究方向为饲料安全与生物技术，E-mail：lingzhao@webmail. hzau. edu. cn

[#] 通讯作者：孙铝辉，男，博士，副教授，饲料安全与生物技术，E-mail：lvhuisun@mail. hzau. edu. cn

八角功能性组分肉鸡应用机理研究

丁晓[*]　杨在宾[#]　任小杰

（山东农业大学动物科技学院，泰安 271018）

摘要：本试验旨在研究八角及其功能性组分反式茴香醚对肉鸡屠宰性能和肉品质的影响。选取 1 日龄爱拔益加（AA）肉鸡 384 只，随机分为 4 组（每组 8 个重复，每个重复 12 只）：对照组饲喂基础饲粮，试验组饲喂分别添加 5 g/kg 八角粉、0.2 g/kg 八角精油和 5 g/kg 八角残渣的试验饲粮，八角组和精油组饲粮中反式茴香醚的含量为 0.204 g/kg，对照组和残渣组饲粮中反式茴香醚的含量低于 0.005 g/kg。试验期 42 天。试验结束后，每个处理每个重复选取一只鸡，折颈处死，分别测定屠宰性能，胸肌和腿肌的 pH、肉色、系水力（滴水损失、烹饪损失）和嫩度。结果表明：1）饲粮添加精油显著提高肉鸡的屠宰率和腿肌率（$P < 0.05$）；而八角和残渣没有效果（$P > 0.05$）。2）与对照组相比，精油的添加显著降低了肉鸡胸肌的滴水损失（$P < 0.05$）；3）饲粮添加八角、精油和残渣均能显著提高肉鸡腿肌的亮度（$P < 0.05$）。4）肉鸡饲喂添加八角和精油的饲粮可以显著降低腿肌的烹饪损失（$P < 0.05$），残渣组肉鸡与各组差异不显著。由此可见，饲粮添加 5 g/kg 八角和 0.2 g/kg 精油均能改善肉鸡的屠宰性能和肉品质，且精油的作用效果优于八角。

关键词：八角；精油；残渣；肉鸡；屠宰性能；肉品质

＊　第一作者简介：丁晓（1991—），女，山东日照人，博士研究生，研究方向为动物营养生理，E-mail：18853810232@163.com

＃　通讯作者：杨在宾，教授，博士生导师，E-mail：yzb204@163.com

植物甾醇对青脚麻鸡生长、抗氧化
和肌肉品质的影响

赵宇瑞*　程业飞　陈跃平　温超　周岩民#

（南京农业大学动物科技学院，南京 210095）

摘要：植物甾醇是植物中的一类天然活性成分，具有降胆固醇、抗炎、抗氧化及生长调节等功能。动物研究表明，饲粮添加植物甾醇能够改善肉鸡生长性能和肌肉品质，降低血清总胆固醇和低密度脂蛋白胆固醇水平，提高肉鸡抗氧化能力。青脚麻鸡是我国著名的地方鸡品种之一，因其生长迅速、适应性强，且肉质鲜美、生产效益高而受到养殖户和消费者的普遍青睐，但有关植物甾醇在青脚麻鸡上的应用却鲜见报道。因此，本试验旨在研究饲粮中添加植物甾醇对青脚麻鸡生长性能、抗氧化功能和肌肉品质的影响。试验随机选取 256 只平均体重为 39.6 g 的 1 日龄雄性青脚麻鸡，随机分为 4 组，每组 8 个重复，每个重复 8 只鸡。对照组饲喂基础饲粮，试验组分别饲喂基础饲粮中添加 20、40 及 80 mg/kg 植物甾醇的试验饲粮。试验为期 50 天，其中 1～21 天为试验前期，22～50 天为试验后期。结果表明：1）与对照组相比，饲粮中添加植物甾醇显著提高了青脚麻鸡后期和全期的平均日增重（$P<0.05$），且较之于 20 和 80 mg/kg 添加组，添加 40 mg/kg 植物甾醇的效果更为显著（$P<0.05$）；饲粮中添加植物甾醇显著降低了麻鸡前期料重比（$P<0.05$），但对后期和全期料重比以及麻鸡各阶段平均日采食量无显著影响（$P>0.05$）。2）饲粮中添加植物甾醇显著提高了麻鸡血清谷胱甘肽过氧化酶（GSH-Px）活性（$P<0.05$），与对照组和 20 mg/kg 添加组相比，添加 40 mg/kg 植物甾醇显著提高了 21 天血清 GSH-Px 活性（$P<0.05$），添加 80 mg/kg 植物甾醇显著提高了 50 天血清 GSH-Px 活性（$P<0.05$）；与对照组相比，饲粮中添加植物甾醇显著提高了麻鸡 21 天肝脏超氧化物歧化酶和 GSH-Px 活性（$P<0.05$），但对 50 天肝脏抗氧化指标无显著影响（$P>0.05$）；饲粮中添加植物甾醇显著降低了麻鸡 50 天胸肌丙二醛含量（$P<0.05$），但对 50 天胸肌谷胱甘肽含量、GSH-Px 活性及超氧化物歧化酶活性无显著影响（$P>0.05$）。3）与对照组相比，饲粮中添加植物甾醇显著降低了麻鸡胸肌 24 h 和 48 h 滴水损失及其 24 h 亮度（$P<0.05$），但对胸肌 pH 和 45 min 肉色无显著影响（$P>0.05$）。由此可见，饲粮中添加植物甾醇能够提高青脚麻鸡生长性能，改善其抗氧化能力和肌肉品质；青脚麻鸡饲粮中植物甾醇的适宜添加量为 40 mg/kg。

关键词：植物甾醇；青脚麻鸡；生长性能；抗氧化功能；肌肉品质

---

* 第一作者简介：赵宇瑞（1995—），女，河南周口人，硕士研究生，动物营养与饲料科学专业，E-mail：2017105068@njau.edu.cn

通讯作者：周岩民，教授，博士生导师，E-mail：zhouym6308@163.com

百里香酚植物精油对黄羽肉种鸡繁殖性能的影响[*]

林厦菁[**]　苟钟勇　李龙　王一冰　范秋丽　蒋守群[#]

（广东省农业科学院动物科学研究所，畜禽育种国家重点实验室，农业部华南动物营养
与饲料重点实验室，广东省动物育种与营养公共实验室，广东省畜禽育种
与营养研究重点实验室，广州 510640）

摘要：本试验旨在研究百里香酚植物精油对中速型黄羽肉鸡父母代种母鸡的生产性能、孵化性能和蛋品质的影响。试验采用单因素随机分组试验设计，选用 288 只 45 周龄中速型黄羽肉鸡父母代种母鸡作为试验鸡，根据产蛋率和体重一致原则共设置 4 个处理组，每个处理 6 个重复，每个重复 12 只鸡，每 2 只鸡一个笼，试验期一共为 10 周。处理组 1 为空白对照组，处理组 2 至 4 组为百里香酚植物精油处理组，添加剂量分别为：10、20、30 mg/kg。本试验通过检测生产性能（产蛋率、日产蛋量、蛋重、料蛋比）、蛋品质（蛋壳厚度、蛋黄重、哈氏单位、蛋壳重、蛋白高度）和孵化性能（出雏重、受精率和孵化率）来确定中速型黄羽肉种母鸡产蛋期适宜的百里香酚植物精油添加水平。根据生产性能结果显示，30 mg/kg 百里香酚植物精油组与空白对照组相比显著的降低黄羽肉种母鸡的日产蛋量（$P < 0.05$），其他水平的百里香酚植物精油组的产蛋性能与空白对照组相比无显著差异（$P > 0.05$）。蛋品质的结果显示，添加百里香酚植物精油能够显著提高鸡蛋的蛋白高度和哈氏单位（$P < 0.05$），20 mg/kg 百里香酚植物精油组与空白对照组相比能够显著提高鸡蛋的蛋壳厚度（$P < 0.05$）。屠宰性能结果显示，10 mg/kg 百里香酚组与空白对照组相比可以显著增加黄羽肉种母鸡的卵巢基质质量（$P < 0.05$），其他处理组与空白对照组相比并无显著影响作用。孵化性能结果显示，10 mg/kg 百里香酚组与空白对照组相比显著提高种蛋的孵化率（$P < 0.05$），而其他百里香酚处理组对黄羽肉种鸡的孵化性能无显著的影响作用（$P > 0.05$）。根据以上结果认为中速型黄羽肉种母鸡产蛋期百里香酚植物精油的适宜添加水平为 10 mg/kg，此添加水平对黄羽肉种母鸡的繁殖性能有改善作用。

关键词：百里香酚；黄羽肉种鸡；生产性能；蛋品质；孵化性能

---

[*] 基金项目：国家肉鸡产业技术体系项目（CARS-41），国家"十二五"科技支撑计划项目子课题（2014BAD13B02）、广东省科技计划项目（2017B020202003）、广州市科技计划项目（201804020091）、广东省自然基金项目（2017A030310096）、"十三五"国家重点研发计划（2016YFD0501210）；广东省农业科学院院长基金（2016020）；广东省农业科学院院长基金（201805）

[**] 第一作者简介：林厦菁（1988—），女，福建尤溪人，硕士研究生，从事黄羽肉鸡营养研究，E-mail：93783419@qq.com

[#] 通讯作者：蒋守群，女，研究员，硕士生导师，E-mail：jsqun3100@hotmail.com

不同水平八角茴香油对蛋鸡产蛋性能、养分利用率和抗氧化能力的影响[*]

于彩云[**]　杨在宾[#]

(山东农业大学动物科技学院,泰安 271018)

摘要:为了研究八角茴香油改善蛋鸡产蛋性能、养分利用率和抗氧化功效。选取 26 周龄海兰褐蛋鸡 864 只,随机分为 4 个处理(每个处理 6 个重复,每个重复 36 只):对照组饲喂基础饲粮,试验组饲喂分别添加 200、400 和 600 mg/kg 八角茴香油的试验饲粮,试验期 56 天。试验期间以重复为单位,每天记录采食量、产蛋数及产蛋重,计算周平均日采食量、周产蛋率、平均产蛋量、平均蛋重和料蛋比。试验第 4 周采用全收粪法,预试期 4 天,正式试验期 3 天收集排泄物,同时采取试验饲粮样本,测定饲粮和排泄物中干物质(DM)、粗蛋白质(CP)、粗脂肪(EE)、有机物(OM)、总能(GE)和氨基酸含量,计算表观代谢能。另取 16 只鸡禁食 24 h 收集 48 h 的内源排泄物,用于测定养分真实利用率。试验第 28 天和 56 天,每个处理选取 12 只接近平均体重的健康鸡,收集血清和肝脏样本,测定超氧化物歧化酶(T-SOD)、总抗氧化能力(T-AOC)和谷胱甘肽过氧化物酶(GSH-PX)活性以及丙二醛(MDA)浓度;每个处理选取 72 枚鸡蛋存放至 56 天,每两周测定蛋黄 T-SOD 活性和 MDA 浓度。采用多元线性回归和斜率比的方法,比较不同处理间鸡饲养第 0,14,28,42 和 56 天以及鸡蛋存放 0,14,28,42 和 56 天的蛋黄抗氧化活性。结果表明:饲粮中添加八角茴香油对蛋鸡全期 ADFI 影响差异显著($P < 0.05$),不改变 29～56 天或 1～56 天的平均蛋重、日产蛋量、产蛋率和料蛋比,但随着八角茴香油添加量的增加,1～28 天日产蛋量、平均蛋重和 ADFI 线性增加($P < 0.10$)。与对照组相比,蛋鸡饲粮中添加八角茴香油显著提高了($P < 0.05$)CP、OM、赖氨酸和天冬氨酸表观和真实利用率,精氨酸表观利用率和丝氨酸真实利用率。随着八角茴香油添加量从 200 增加到 600 mg/kg,赖氨酸、亮氨酸、天冬氨酸和谷氨酸表观利用率线性增加($P < 0.05$)。蛋鸡饲喂不同水平八角茴香油线性提高了($P < 0.05$)血清 T-SOD(28 天 & 56 天)和 GSH-PX 活性(56 天),肝脏 GSH-PX 活性(28 天 & 56 天)以及血清和肝脏 T-AOC 活性(56 天),但线性降低了($P < 0.05$)肝脏 MDA 浓度(28 天 & 56 天)。蛋鸡饲喂八角茴香油饲粮,试验第 14 天和 28 天蛋黄 T-SOD 活性线性提高($P < 0.05$),42 天和 56 天 蛋黄 MDA 浓度线性降低($P < 0.05$)。随着八角茴香油浓度的增加,无论饲喂 28 天还是 56 天,鸡蛋存放 0,14,28,42 和 56 天时的蛋黄 T-SOD 活性线性增加($P < 0.05$),MDA 浓度在存放 42 天和 56 天时线性降低($P < 0.05$)。蛋黄 T-SOD 活性和 MDA 浓度受鸡蛋存放时间影响($P < 0.001$)。八角茴香油可能通过提高蛋黄抗氧化能力,延长鸡蛋的存放时间。蛋鸡饲粮添加八角茴香油可改善产蛋性能、养分利用率和机体抗氧化能力,具有剂量效应。

关键词:八角茴香油;蛋鸡;产蛋性能;养分利用率;抗氧化能力

---

[*] 基金项目:公益性行业(农业)科研经费(201403047)

[**] 第一作者简介:于彩云(1993—),女,山东威海人,硕士,从事动物营养与饲料科学研究,E-mail:1031507920@qq.com

[#] 通讯作者:杨在宾(1961—),男,山东济南人,博士,博士生导师,从事动物营养与饲料科学研究,E-mail:yzb204@163.com

高效植酸酶的筛选及其对蛋鸡生产性能、蛋品质的影响

严峰[*]　　王振兴　　张广民[#]

（北京挑战农业科技有限公司，北京 100081）

摘要：本研究旨在通过研究不同来源的植酸酶对玉米豆粕型饲粮中总 P 消化率及有效 P 的影响筛选出相对高效的植酸酶产品，并研究其在蛋鸡低磷饲粮（替代更多的磷酸氢钙）中高效使用后对蛋鸡生产性能及蛋品质的影响。试验一采用单因素试验设计，对照组均为不加酶组，6 个试验组分别为不同菌种来源的 A、B、C、D、E、F 植酸酶（添加量均为 1 U/g 饲粮），评估其对玉米豆粕饲粮（75％玉米＋25 豆粕％）的总 P 消化率及有效 P 的影响，以总 P 消化率和有效 P 为依据选取作用效果最佳的植酸酶作为高效植酸酶产品；试验二旨在研究高效植酸酶产品对产蛋高峰期蛋鸡生产性能及蛋品的影响，选取 21 周龄健康、采食量正常、体重均匀的海兰褐开产蛋鸡 2 500 只，随机分为 4 个处理，每个处理 5 个重复，每个重复 125 只蛋鸡，对照组饲喂使用普通植酸酶的基础饲粮组（使用 9 kg 磷酸氢钙），3 个试验组分别饲喂使用高效植酸酶的低磷饲粮，其中磷酸氢钙的使用量分别为 0、2、4 kg，正式试验期为 20 周（28～47 周龄）。结果表明：1)植酸酶 E 对玉米豆粕饲粮（75％玉米＋25 豆粕％）中的总 P 消化率作用效果最佳（达到了 86.1％），相对于其他菌种来源的植酸酶在总 P 消化率、有效 P 上分别有 10％、0.03％以上的优势；2)对于 28～47 周龄的产蛋高峰期蛋鸡，饲喂高效植酸酶的 3 个试验组的产蛋率、日产蛋量均显著高于普通植酸酶组（$P<0.05$），其中使用 4 kg 高效植酸酶组表现最优，4 种处理组的蛋鸡在料蛋比、破蛋率及死淘率上均无显著性差异（$P>0.05$）；3)对于在 38 周龄、47 周龄采集的鸡蛋，4 个处理组在蛋形指数、蛋壳强度、蛋壳厚度、蛋黄颜色、哈夫单位、蛋壳比率及蛋黄比例上均无显著性差异（$P>0.05$）。由此可见，相对于普通饲粮组，在蛋鸡低磷饲粮（磷酸氢钙用量由 9 kg 降低到 4 kg 以下）中使用高效植酸酶替代普通植酸酶，可显著提高蛋鸡生产性能（$P<0.05$）并维持蛋品质不变，其中磷酸氢钙用量为 4 kg 时对蛋鸡的生产性能及蛋品质有最佳的作用效果。

关键词：高效植酸酶；总 P 消化率；有效 P；磷酸氢钙；生产性能

---

[*] 第一作者简介：严峰（1985—），男，湖北麻城人，硕士研究生，主要从事饲料添加剂产品开发研究，E-mail：yanfenglfl@163.com

[#] 通讯作者：张广民，博士，E-mail：gmcaas@163.com

生姜提取物对蛋鸡生产性能、抗氧化机能和免疫机能的影响[*]

李森[**]　刘观忠　王人玉　安胜英[#]

（河北农业大学动物科技学院，保定 071000）

摘要：本试验旨在研究生姜提取物对蛋鸡生产性能、抗氧化机能和免疫机能的影响。600 只 25 周龄的健康海兰褐蛋鸡随机分成 2 个处理，每个处理 4 个重复，每个重复 75 只鸡。对照组饲喂基础饲粮，试验组在基础饲粮中添加 0.1% 的生姜提取物。试验鸡饲养方式为 3 层阶梯式笼养，每笼 3 只鸡，自由采食，自由饮水。预试期 1 周，正式试验期 7 周。试验期间每天以重复为单位记录产蛋数、平均蛋重、采食量。试验结束，统计蛋鸡产蛋率、采食量和料蛋比计算生产性能指标；试验第 49 天，每个处理随机取 8 只鸡（每个重复 2 只），翅静脉采血（血清、血浆各一份），血浆主要用于测定抗氧化指标和抗炎症指标 PGE_2，血清主要用于测定免疫指标。试验结果如下：1）生姜提取物显著提高了蛋鸡的产蛋率（$P<0.05$）、每天产蛋量（$P<0.05$），显著降低了料蛋比（$P<0.05$）。2）生姜提取物显著提高了蛋鸡血浆超氧化物歧化酶（SOD）活性（$P<0.05$），显著降低了血浆脂质过氧化物丙二醛（MDA）含量（$P<0.05$）。同时蛋鸡血浆谷胱甘肽过氧化物酶（GSH-PX）和总抗氧化酶（TAOC）的活性也明显高于对照组，但是没有达到显著水平。3）生姜提取物对蛋鸡血清总蛋白（TP）、白蛋白（ALB）、球蛋白（GLB）没有产生显著影响（$P>0.05$），但显著提高了血清溶菌酶（LZM）活性（$P<0.05$），并且血浆中炎性物质前列腺素（PGE_2）含量显著降低（$P<0.05$）。本试验结果表明，生姜提取物不仅能够提高青年蛋鸡的抗氧化机能和抗炎症机能，而且显著提高蛋鸡的非特异性免疫机能，从而改善了青年蛋鸡的健康水平，提高了生产性能。本研究说明生姜提取物能够改善蛋鸡健康水平，提高产蛋性能，可以作为植物饲料添加剂应用于蛋鸡生产。

关键词：生姜提取物；生产性能；抗氧化机能；免疫机能

---

[*]　基金项目：河北省现代农业产业技术体系蛋肉鸡创新团队专项
[**]　第一作者简介：李森（1993—），女，河北石家庄人，本科生，动物科学专业，E-mail：1257577500@qq.com
[#]　通讯作者：安胜英，女，河北藁城人，博士研究生，主要从事家禽生产与家禽营养研究，E-mail：asybluesky@163.com

姜黄素对蛋鸡生产性能、血液生化指标及肠道形态的影响

杨泰* 马杰 班博 田科雄# 陈清华#

(湖南农业大学动物科学技术学院,长沙 410128)

摘要:本试验旨在研究海兰褐壳蛋鸡饲粮中添加不同水平的姜黄素,对其生产性能、血液生化指标及肠道结构形态的影响。选用 50 周龄健康状态良好且产蛋率相近的海兰褐壳蛋鸡 576 只,随机分为 4 组,每组 8 个重复,每个重复 18 只鸡。对照组饲喂玉米-豆粕型基础日粮,试验组分别饲喂添加 100、200 和 300 mg/kg 姜黄素的基础饲粮。预饲 1 周,正式试验期 10 周。结果表明:1)与对照组相比,添加不同水平的姜黄素对蛋鸡生产性能无显著影响($P>0.05$),但 200 mg/kg 姜黄素组的平均蛋重显著高于 300 mg/kg 组($P<0.05$);2)不同水平姜黄素对蛋鸡蛋壳强度、蛋壳厚度、蛋形指数、蛋黄指数及蛋黄比例均无显著影响($P>0.05$),但与对照组相比,添加 100 mg/kg 和 200mg/kg 姜黄素可显著提高蛋白高度($P<0.05$),100 mg/kg 姜黄素还可显著提高哈氏单位($P<0.05$);3)不同水平姜黄素对蛋鸡血清中谷丙转氨酶、尿素氮、血糖、总胆固醇、甘油三酯的含量均无显著影响($P>0.05$),但 300 mg/kg 水平的姜黄素与对照组相比可显著降低血清谷草转氨酶的含量($P<0.05$),同时,不同姜黄素水平均可显著降低了血清碱性磷酸酶浓度($P<0.05$)。4)不同水平姜黄素对蛋鸡空肠和回肠的绒毛高度(VH)、隐窝深度(CD)及绒隐比(VH/CD)均无显著影响($P>0.05$),但添加 100 mg/kg 和 300 mg/kg 水平的姜黄素可显著提高十二指肠 VH($P<0.05$),100 mg/kg 和 200 mg/kg 水平姜黄素可显著提高十二指肠 VH/CD($P<0.05$)。综上所述,蛋鸡饲粮中添加姜黄素能够提高蛋鸡产蛋品质,改善机体和肠道的健康状态,姜黄素添加量以 200 mg/kg 为宜。

关键词:姜黄素;蛋鸡;生产性能;蛋品质;肠道形态

---

* 第一作者简介:杨泰(1991—),男,内蒙古呼和浩特人,博士研究生,研究方向为动物营养与饲料科学,E-mail:taiyang@stu.hunau.edu.cn

\# 通讯作者:田科雄,教授,E-mail:tiankexiong@163.com;陈清华,教授,E-mail:chqh314@163.com

姜黄素对饲喂热处理豆粕蛋鸡生产性能、鸡蛋及肌肉品质的影响[*]

何青芬[**]　王坤　陆鹏　杜明芳　顾云锋　温超　周岩民[#]

（南京农业大学动物科技学院，南京 210095）

摘要：豆粕的蛋白质含量较高，氨基酸组成合理，是饲料中最常用的蛋白质原料。在加工及储存过程中，豆粕易受热等的影响使其蛋白质发生氧化，氧化引起蛋白质理化性质及生物学功能改变，摄入蛋白质氧化的豆粕后将对肉鸡的生产性能、消化、免疫及抗氧化功能等造成负面影响。姜黄素是从中药姜黄根茎中提取出的一种脂溶性色素，在姜黄色素中占比最高，是姜黄主要的活性成分。姜黄素作为一种新型饲料添加剂已应用于饲料中，可提高畜禽生产性能、蛋品质、消化、免疫及抗氧化功能，且具有缓解热应激等作用。但目前有关姜黄素缓解蛋白质氧化豆粕对蛋鸡造成的负面影响尚未见报道。本试验选用热处理方法诱导豆粕中蛋白质氧化，旨在研究姜黄素对饲喂蛋白质氧化豆粕的蛋鸡生产性能、鸡蛋及肌肉品质的影响。将 288 只 280 日龄海兰褐壳蛋鸡随机分为 3 组，每组 8 个重复，每个重复 12 只鸡，对照组饲喂正常豆粕配制的基础饲粮；试验 1 组饲喂用豆粕在 100℃加热处理 8 h 配制的饲粮；试验 2 组在试验 1 组基础上添加 150 mg/kg 姜黄素，预饲期 9 天，试验期为 42 天。结果表明：1）与对照组相比，加热处理豆粕显著降低了蛋鸡产蛋率（$P<0.05$）；与对照组、加热处理豆粕组相比，添加 150 mg/kg 姜黄素显著提高蛋鸡产蛋率（$P<0.05$）。2）与对照组相比，加热处理豆粕显著降低了蛋鸡试验第 20 天、40 天鸡蛋的哈夫单位（$P<0.05$）；与加热处理豆粕组相比，添加 150 mg/kg 姜黄素则显著提高了试验 40 天鸡蛋蛋壳强度与蛋白高度（$P<0.05$）；与对照组和加热豆粕组相比，添加 150 mg/kg 姜黄素显著提高了试验 20 天、40 天蛋黄颜色、红度值、黄度值及 20 天亮度值（$P<0.05$）。3）与对照组相比，加热处理豆粕显著降低了蛋鸡肌肉 45 min 红度值、黄度值、pH 及 24 h 黄度值（$P<0.05$）；显著升高了 48 h 滴水损失及蒸煮损失（$P<0.05$）；与加热处理豆粕组相比，添加 150 mg/kg 姜黄素显著提高了蛋鸡肌肉 45 min 红度值、黄度值、pH、24 h 黄度值及 pH（$P<0.05$）；显著降低了 48 h 滴水损失及蒸煮损失（$P<0.05$）；综上所述，饲粮中添加姜黄素可以缓解热处理豆粕对蛋鸡生产性能、鸡蛋及肌肉品质的负面影响。

关键词：姜黄素；豆粕；热处理；蛋鸡；生产性能；蛋品质；肌肉品质

* 基金项目：江苏现代农业产业技术体系建设专项资金项目（JATS［2018］289）

** 第一作者简介：何青芬（1993—），女，河南三门峡人，硕士研究生，从事动物营养与饲料科学研究，E-mail：1328311466@qq.com

\# 通讯作者：周岩民，教授，博士生导师，E-mail：zhouym6308@163.com

混合型酸化剂对蛋鸡生产性能、蛋品质的影响[*]

彭钰筝[1,2**]　　王相科[1]　　宋曼玲[1]　　喻麟[2]　　曾凡坤[1,2 #]

（1.西南科技大学生命科学与工程学院，绵阳 621000；

2.成都大帝汉克生物科技有限公司，成都 611130）

摘要：本试验旨在研究饲粮添加混合型酸化剂对蛋鸡生产性能和蛋品质的影响，同时对各蛋品质指标之间进行相关性分析。选择 66 周龄罗曼蛋鸡 216 只，随机分成 3 组，每组设 6 个重复，每个重复 12 只鸡，对照组饲喂基础饲粮，试验组为酸化剂组，分别为不同比例的柠檬酸、乳酸、磷酸和延胡索酸等组成的混合型酸化剂：A 组和 A＋组，添加量均为 2 000 mg/kg 饲粮，预试期 5 天，试验期 28 天。自由采食，自由饮水。每天记录采食量、产蛋量、破蛋数，并在试验的第 7 天、14 天、21 天和 28 天时，收集每个重复所有鸡蛋，实验室测定蛋品质：蛋重、蛋壳质量、蛋壳厚度、蛋黄颜色、蛋黄高度、蛋清高度、蛋清 pH、蛋清黏度、Haugh 单位。本研究结果表明：1）与对照组相比酸化剂对产蛋率无显著影响（$P>0.05$），但显著（$P<0.05$）和极显著（$P<0.01$）降低试验 15～28 天和 1～28 天的平均采食量；酸化剂 A＋组比对照组和 A 组显著（$P<0.05$）提高了试验 15～28 天和 1～28 天平均饲料利用率；2）与对照组相比酸化剂 A 组和 A＋组显著（$P<0.05$）提高了 1～28 天的破蛋率，并且在试验 15～28 天，A＋组破蛋率显著（$P<0.05$）高于对照组和试验 A 组；3）在 1～28 天试验期间酸化剂 A 组平均蛋重极显著（$P<0.01$）低于对照组和酸化剂 A＋组，酸化剂 A＋组与对照组相比差异不显著（$P>0.05$）；4）试验 15～28 天和 1～28 天酸化剂 A＋组平均蛋壳质量极显著（$P<0.01$）高于对照组和酸化剂 A 组，酸化剂对蛋壳厚度无显著影响（$P>0.05$）；5）与对照组相比酸化剂组显著（$P<0.05$）和极显著（$P<0.01$）降低了 1～14 天、15～28 天和 1～28 天的蛋黄颜色，而对蛋黄高度无显著影响（$P>0.05$）；6）酸化剂 A＋组与对照组和酸化剂 A 组比较显著（$P<0.05$）提高 1～28 天蛋清 pH，但对蛋清高度、蛋清黏度和 Haugh 无显著影响（$P>0.05$）；7）蛋品质指标之间的相关性分析：酸化剂 A 组和 A＋组中 Haugh 值与蛋清高度呈极显著（$P<0.01$）的正相关（$R=0.970$，$R=0.980$），在对照组中有呈显著正相关的趋势（$P=0.054$，$R=0.804$）；所有组中，蛋重与 Haugh 值之间呈负相关，而酸化剂 A＋组则呈极显著（$P<0.01$）的负相关（$R=-0.883$）；酸化剂 A 组和 A＋组的蛋重和蛋壳质量呈极显著（$P<0.01$）的正相关（$R=0.894$，$R=0.962$），酸化剂 A＋组蛋壳质量和蛋壳厚度之间呈极显著（$P<0.01$）的正相关（$R=0.861$）。综上，添加酸化剂组减少了蛋鸡日采食量，但可以提高饲料利用率，对产蛋率无影响；提高蛋清 pH，有提高蛋重和蛋壳质量的趋势，但添加酸化剂组会影响蛋黄的着色功能从而降低蛋黄颜色；在整个试验期对蛋壳厚度、蛋清高度、Haugh 单位、蛋清黏度和蛋黄高度无影响，表明添加酸化剂能降低采食量、提高饲料利用率，同时不影响鸡蛋常规品质。

关键词：酸化剂；蛋鸡；生产性能；蛋品质；相关性

　＊　项目来源：成都大帝汉克生物科技有限公司资助

＊＊　第一作者简介：彭钰筝（1993—），女，四川德阳人，硕士研究生，养殖专业，E-mail：pengyuzheng@foxmail.com

　＃　通讯作者：曾凡坤，副教授，E-mail：fkzeng920924@163.com

白藜芦醇对产蛋后期蛋鸡抗氧化酶活性和 mRNA 表达的影响[*]

李生杰[1**]   赵国先[1#]   冯志华[1]   郝艳霜[1]   刘彦慈[2]   马可为[2]

(1. 河北农业大学动物科技学院，保定 071000；

2. 河北保定职业技术学院，保定 071000)

摘要：本试验旨在研究饲粮中添加白藜芦醇（Res）对产蛋后期蛋鸡抗氧化能力和相关基因表达的影响。选取 360 只 60 周龄体重和产蛋率相近的京粉 1 号蛋鸡，随机分为 5 组，每组 6 个重复，每个重复含有 12 只鸡。对照组饲喂基础饲粮，试验组饲喂在基础饲粮水平上添加 0.05%、0.10%、0.20%、0.40% 白芦藜醇的试验饲粮。预试期期为 1 周，正式试验期为 8 周。试验结束时，每个重复选 2 只鸡，每组 12 只，共 60 只。首先对其禁食供水，12 h 之后于颈静脉进行采血，然后离心、收集血清并分装保存于 -20℃，待测血清抗氧化指标。将所选鸡只屠宰，在左侧肝叶中部切取两块筋膜较少的组织，液氮速冻，然后放置于 -80℃ 冰箱中保存，利用荧光实时定量 PCR 方法检测肝脏中抗氧化酶 mRNA 相对表达量。右侧肝脏同一部位取样，置于 -20℃ 保存，测定肝脏中抗氧化酶的活性。结果表明：1）随着 Res 添加水平的提高，蛋鸡血清 GSH-Px 活性线性升高（$P=0.02$），0.20% 组与 0.40% 组较对照组显著升高（$P<0.05$），但两组间无显著性差异（$P>0.05$）。血清 SOD 呈线性升高趋势（$P=0.09$），但各处理组之间差异不显著（$P>0.05$）；血清 MDA 含量线性降低（$P=0.02$），0.20% 组与 0.40% 组较对照组显著降低（$P<0.05$），两组间无显著性差异（$P>0.05$）；2）蛋鸡饲粮中添加不同水平的白藜芦醇对其肝脏中 MDA 活性均无显著影响（$P>0.05$）。随着 Res 添加水平的提高，蛋鸡肝脏 T-AOC、T-SOD 和 GSH-Px 的活性显著增加（$P<0.05$），且与 Res 添加量之间呈线性相关（$P<0.01$）；3）饲粮中添加不同水平的白藜芦醇对蛋鸡肝脏中 PGC-1α 和 Nrf 2 mRNA 的表达量均无显著影响（$P>0.05$）。随着 Res 添加水平的升高，蛋鸡肝脏 Mn-SOD 和 Cu/Zn-SOD 的 mRNA 表达量均呈显著线性增加（$P<0.01$），0.20% 组、0.40% 组 Mn-SOD 的 mRNA 表达量较对照组显著提高（$P<0.05$），但两组间无显著性差异（$P>0.05$）。0.10%、0.20% 组和 0.40% 组 Cu/Zn-SOD 的 mRNA 表达量对照组显著提高（$P<0.05$），三组间无显著性差异（$P>0.05$）。由此可见，饲粮中添加适量白藜芦醇可以增强产蛋后期蛋鸡血清中谷胱甘肽过氧化物酶和总超氧化物歧化酶的活性，使血清丙二醛含量下降；随着白藜芦醇水平的升高，产蛋后期蛋鸡肝脏中谷胱甘肽过氧化物酶、总超氧化物歧化酶的活性和总抗氧化能力会相应增强，肝脏中 Mn-SOD 和 Cu/Zn-SOD 酶的 mRNA 表达量也会上升，提示白藜芦醇可能是通过调节抗氧化酶基因的表达来发挥其抗氧化作用。

关键词：白藜芦醇；产蛋后期蛋鸡；抗氧化酶；mRNA 表达

---

[*] 基金项目：河北省现代农业产业技术体系蛋肉鸡创新团队建设项目（HBCT2018150203）

[**] 第一作者简介：李生杰（1991—），男，河南商丘人，硕士研究生，动物营养与饲料科学专业，E-mail：2488785301@qq.com

[#] 通讯作者：赵国先（1963—），河北保定人，教授，从事动物营养与饲料研究，E-mail：zgx959@163.com

姜黄素在肉鸭组织分布及其对肠道抗氧化和关键解毒酶功能的影响*

阮栋[1,2]** 　王文策[2]　朱勇文[2]　陈伟[1]　夏伟光[1]

张亚男[1]　王爽[1]　罗茜[1]　杨琳[2#]　郑春田[1#]

[1. 广东省农业科学院动物科学研究所,畜禽育种国家重点实验室,农业部动物营养与
饲料(华南)重点开放实验室,广东省动物育种与营养公共实验室,广东省畜禽育种与
营养研究重点实验室,广州 510640;2. 华南农业大学动物科学学院,广州 510640]

摘要: 本试验旨在研究姜黄素及其代谢活性物质在肉鸭体内吸收、代谢和组织分布,以及对肠道抗氧化和关键解毒酶基因表达的影响。选取 1 日龄初始体重为(58.6±0.1) g 的北京鸭公雏 540 只,随机分为 4 组(每组 6 个重复,每个重复 30 只):对照组饲喂基础饲粮,试验组饲喂分别添加 200、400 和 800 mg/kg 姜黄素的试验饲粮,试验期 21 天。结果表明:1)饲喂 200～800 mg/kg 姜黄素后 21 日龄肉鸭盲肠内容物中姜黄素含量最高,为 13.12～16.68 mg/g;空肠黏膜为 75.50～575.40 μg/g;肝脏为 35.10～73.65 μg/g;血浆中姜黄素含量最低,为 7.02～7.88 μg/g。2)饲粮添加 400 和 800 mg/kg 的姜黄素显著提高了 21 日龄肉鸭空肠谷胱甘肽过氧化物酶活性、总抗氧化能力以及血红素氧合酶(HO-1)和核因子 2 相关因子 2(Nrf 2)的 mRNA 表达水平($P<0.05$),并降低空肠中 8-脱氢鸟苷和丙二醛含量($P<0.05$)。3)饲粮添加 400 和 800 mg/kg 的姜黄素还显著提高了空肠黏膜细胞色素 P450 酶中 CYP1A4 和 CYP2D17 的 mRNA 表达水平,并降低 CYP1B1 和 CYP2A6 的 mRNA 表达水平($P<0.05$)。4)饲粮添加 400 和 800 mg/kg 的姜黄素显著提高了空肠黏膜谷胱甘肽硫转移酶和多药耐药相关蛋白 6(MRP6)的 mRNA 表达水平($P<0.05$),当添加水平达到 800 mg/kg 时还显著提高了空肠黏膜多药耐药蛋白 1 的 mRNA 表达水平($P<0.05$)。以上研究结果表明,姜黄素吸收代谢后在肉鸭组织中含量不一致。姜黄素在组织中含量高低依次为:盲肠>空肠黏膜>肝脏>血浆。饲粮添加 400 mg/kg 的姜黄素能激活 Nrf2 抗氧化信号通路增强肉鸭肠道抗氧化和关键解毒酶活性,选择性的靶向作用 CYP450 同工酶和 MRP,抵抗异源物质对机体氧化损伤。姜黄素可作为有效的抗霉菌毒素补充剂用于动物生产。

关键词: 姜黄素;北京鸭;肠道抗氧化;细胞色素 P450 酶

* 基金项目:国家现代农业产业技术体系项目(CARS-42-13, CARS-42-15);院长基金项目(201619)
** 第一作者简介:阮栋(1983—),男,湖北咸宁人,博士,从事家禽营养与饲料研究,E-mail:donruan@126.com
# 通讯作者:杨琳,教授,博士生导师,E-mail:ylin898@126.com;郑春田,研究员,E-mail:zhengcht@163.com

甜菜碱对樱桃谷鸭生长发育和肉品质的影响及其相关作用机理[*]

陈瑞[**]　温超　庄苏　周岩民[#]

（南京农业大学动物科技学院，南京 210095）

摘要：本试验旨在研究添加不同水平甜菜碱对樱桃谷鸭生长性能、屠宰性能、胸肌发育调控基因表达、雷帕霉素靶蛋白（mTOR）信号通路、胸肌肉品质、胸肌抗氧化能力和胸肌氨基酸组成的影响。选用 720 只 1 日龄樱桃谷鸭随机分为 4 组，每组 6 个重复，每个重复 30 只。对照组饲喂基础饲粮，试验Ⅰ、Ⅱ和Ⅲ组分别在基础饲粮中添加 250、500 和 1 000 mg/kg 无水甜菜碱（纯度为96%）。肉鸭网上平养，自由采食和饮水，按常规程序免疫、消毒，试验期 42 天。试验数据采用单因素方差分析，Turkey 法多重比较，$P<0.05$ 为显著水平。利用线性和二次曲线回归分析确定甜菜碱添加水平的线性关系和二次效应。结果表明，日粮中添加甜菜碱对樱桃谷鸭生长性能无显著影响，但与对照组相比，Ⅱ和Ⅲ组肉鸭胸肌率显著提高（$P<0.05$）；Ⅲ组肉鸭胸肌 MyoD1 的 mRNA 表达量显著提高（$P<0.05$）；Ⅱ和Ⅲ组肉鸭胸肌 MSTN 的 mRNA 表达量显著降低（$P<0.01$）；Ⅱ和Ⅲ组肉鸭胸肌 mTOR 的 mRNA 表达量及蛋白磷酸化水平显著提高（$P<0.05$）。随饲粮中甜菜碱添加量的增加，肉鸭胸肌率呈线性升高（$P<0.01$）；腹脂率呈线性下降（$P<0.05$）；胸肌 MyoD1 的 mRNA 表达量和 mTOR 的 mRNA 表达量及蛋白磷酸化水平呈线性升高（$P<0.01$）；胸肌 MSTN 的 mRNA 表达量呈线性下降（$P<0.01$）。与对照组相比，Ⅰ、Ⅱ和Ⅲ组肉鸭胸肌滴水损失显著降低（$P<0.05$）；Ⅱ组肉鸭胸肌肉色 a* 及胸肌中 T-SOD 活力显著提高（$P<0.05$）；Ⅲ组肉鸭胸肌中 CAT 活力显著提高（$P<0.05$）；Ⅱ和Ⅲ组肉鸭胸肌中甘氨酸含量显著提高（$P<0.05$）。随饲粮中甜菜碱添加量的增加，肉鸭胸肌滴水损失和 MDA 的含量呈线性下降（$P<0.05$）；胸肌肉色 a* 和 CAT 活力呈线性升高（$P<0.05$）；胸肌 T-SOD 活力呈线性和二次升高（linear $P<0.05$，quadratic $P<0.05$）；胸肌中蛋氨酸、丝氨酸、甘氨酸、谷氨酸和非必需氨基酸的含量呈线性增加（$P<0.05$）。结果表明，饲粮中添加甜菜碱对樱桃谷鸭生长性能无显著影响，但能够通过提高胸肌MyoD1 的 mRNA 表达量、降低 MSTN 的 mRNA 表达量和刺激 mTOR 信号通路来提高胸肌率；此外，甜菜碱的添加能够增强肉鸭胸肌系水力及抗氧化能力，改善肌肉品质，且能线性提高胸肌中一些氨基酸的含量，特别是甘氨酸。

关键词：甜菜碱；樱桃谷鸭；生长发育；肌源基因表达；mTOR 信号通途；肉品质；抗氧化；氨基酸组成

＊　基金项目：江苏省产学研联合创新资金"前瞻性联合研究项目"（BY2014128-03）
＊＊　第一作者简介：陈瑞（1992—），男，江苏常州人，硕士研究生，从事动物营养与饲料科学的研究，E-mail：cr_richard@163.com
＃　通讯作者：周岩民，教授，博士生导师，E-mail：zhouym@njau.edu.cn

日粮不同厚朴酚水平对临武鸭生长性能、肉品质、血清抗氧化指标和肝脏抗氧化相关基因 mRNA 表达水平的影响[*]

林谦[**]　蒋桂韬　张石蕊　范志勇　贺建华　侯德兴　贺喜　戴求仲[#]

（中国农业科学院麻类研究所，长沙 410205）

摘要：本试验以 49～70 日龄临武鸭作为试验动物研究日粮不同厚朴酚水平对临武鸭生长性能、肉品质、血清抗氧化指标和肝脏抗氧化相关基因 mRNA 表达水平的影响，以期为厚朴酚作为饲料添加剂在饲料工业中的应用提供理论依据。试验选取 220 羽遗传背景相同，同批次，发育正常的 49 日龄健康雌性临武鸭，随机分为 4 个处理，每处理设 5 个重复，每个重复 11 羽。各处理试鸭初始体重无明显差异（$P>0.05$）。整个试验期为试鸭 49～70 日龄，共 21 天。处理 I 组试鸭饲喂基础日粮（Basal diet，BD 组），处理 II、III 和 IV 组则分别在基础日粮中添加 100、200 和 300 mg/kg 的厚朴酚制剂（Magnolol additive，MA100、MA200 和 MA300 组）。于饲养试验结束时测定各处理试鸭生长性能、肉品质、血清抗氧化指标和肝脏抗氧化相关基因 mRNA 表达水平。试验结果显示：1）与 BD 组相比，MA200 和 MA300 组试鸭 ADG 显著升高（$P<0.05$），而各处理间试鸭的平均初重、平均末重、ADFI 和 F/G 均无显著差异（$P>0.05$）；2）与 BD 组相比，MA200 和 MA300 组试鸭胸肌 45 min 烹饪损失、24 h 滴水损失和 48 h 滴水损失均显著降低（$P<0.05$）。MA200 和 MA300 组试鸭胸肌 24 h 烹饪损失和失水率有降低的趋势（$0.05<P<0.1$），而 24 h pH 呈现出上升的趋势（$0.05<P<0.1$）；3）与 BD 组相比，MA200、MA300 和 AA300 组试鸭腿肌的 45 min a* 值和 45 min pH 均显著提高（$P<0.05$），同时，MA200 或 MA300 组试鸭腿肌 45 min 烹饪损失和失水率较 BD 组显著降低（$P<0.01$）；4）与 BD 组相比，MA200 组试鸭血清 SOD、CAT 和 T-AOC 水平显著升高（$P<0.05$），且 MA300 组试鸭血清 8-OHdG 水平较其他各组均明显降低（$P<0.05$）；5）与 BD 组相比，MA200 和 MA300 组试鸭肝脏 *Mn*SOD、CAT 和 *SOD*1 基因 mRNA 表达水平显著提高（$P<0.05$），且 MA200 和 MA300 组试鸭肝脏 *HO*-1、*Nrf*2 和 *GPX*4 基因 mRNA 表达水平有升高的趋势（$0.05<P<0.10$）。综上所述，厚朴酚能够主要通过增强临武鸭机体的抗氧化能力来提高试鸭生长性能和肉品质，且在本试验条件下日粮添加 200 mg/kg 左右的厚朴酚制剂饲喂 49～70 日龄临武鸭效果最优。

关键词：厚朴酚；临武鸭；生长性能；肉品质；抗氧化

---

[*]　基金项目：国家水禽产业技术体系建设专项资金（CARS-43）

[**]　第一作者简介：林谦（1986—），男，湖南长沙人，助理研究员，博士研究生，研究方向为南方饲料作物种质资源与开发利用，E-mail：kingllli@163.com

[#]　通讯作者：戴求仲，研究员，博士生导师，E-mail：daiqiuzhong@163.com

葡萄糖氧化酶补充复合酶对樱桃谷肉鸭生长性能及血清生化指标的影响[*]

侯振平[1**]　蒋桂韬[1,2]　吴端钦[1]　王满生[1]　王郝为[1]　黄璇[2]　戴求仲[1,2 #]

（1.中国农业科学院麻类研究所，长沙 410205；

2.湖南省畜牧兽医研究所，长沙 410131）

摘要：本试验旨在研究玉米-小麦-豆粕型日粮中添加葡萄糖氧化酶的基础上补充复合酶对樱桃谷肉鸭生长性能及血清生化指标的影响。选择 7 日龄体重接近的樱桃谷肉鸭 480 羽，随机分为 4 组，每组设 6 个重复，每个重复 20 羽，公母自然混养：试验 I 组为对照组饲喂玉米-小麦-豆粕型基础日粮，试验 II 组饲喂基础日粮中添加 300 g/t 葡萄糖氧化酶，试验 III 组饲喂试验 II 组日粮中添加 300 g/t 复合酶 1，试验 IV 组饲喂试验 II 组日粮中添加 300 g/t 复合酶 2，试验至肉鸭 40 日龄。结果表明：1）在樱桃谷肉鸭玉米-小麦-豆粕型基础日粮中添加酶制剂均能不同程度的提高其平均体重（ABW）、8~40 天和 1~40 天的平均日增重（ADG），降低料重比（F/G）和死淘率（$P>0.05$），其中 40 天 ABW、8~40 天和 1~40 天 ADG 试验 III 组和试验 IV 组高于试验 I 组和试验 II 组；2）在肉鸭日粮中添加酶制剂能不同程度的提高血液相关生化指标，其中试验 III 组和试验 IV 组高于试验 I 组和试验 II 组，但各时期各生化指标差异不显著（$P>0.05$）。结果显示，日粮中添加葡萄糖氧化酶能够在一定程度上提高肉鸭的生长性能，在葡萄糖氧化酶的基础上补充复合酶能够进一步提高其生长性能。

关键词：葡萄糖氧化酶；复合酶；樱桃谷肉鸭；生长性能；生化指标

* 基金项目：中国农业科学院农业科学与技术创新工程专项资金（ASTIP-IBFC02）；湖南省重点研发计划（2017NK2163）
** 第一作者简介：侯振平（1978—），女，河南扶沟人，博士，副研究员，研究方向为单胃动物营养，E-mail：hzp2006@126.com
# 通讯作者：戴求仲，研究员，博士生导师，E-mail：daiqiuzhong@163.com

L-茶氨酸对巢湖鸭生长性能、免疫器官指数、血清生化指标和空肠形态及抗氧化状态的影响*

陈凯凯** 张成# 赵晓惠 杨磊 耿照玉

（安徽农业大学动物科技学院，合肥 230036）

摘要： *L*-茶氨酸是茶叶中特有的非蛋白质氨基酸，因其具有多种有益生物学功能而受到广泛关注。但将 *L*-茶氨酸作为饲料添加剂应用于肉鸭生产还未见报道。本试验旨在研究饲粮添加 *L*-茶氨酸对巢湖鸭生长性能、免疫器官指数、血清生化指标和空肠形态及其黏膜抗氧化能力的影响，以确定 *L*-茶氨酸的适宜添加量。将 600 羽体重相近的 1 日龄巢湖鸭随机分为 5 组，每组 5 个重复，每个重复 24 羽鸭。对照组饲喂基础饲粮，试验组分别在基础饲粮中添加 300、600、900 和 1 500 mg/kg 的 *L*-茶氨酸，试验期 28 天。结果表明：1）*L*-茶氨酸显著（$P<0.05$）提高巢湖鸭平均日增重（ADG，15～28 日龄）和平均日采食量（ADFI，15～28 日龄）。2）*L*-茶氨酸显著（$P<0.05$）提高法氏囊（14 天）、胸腺（14 天）和脾脏指数（28 天）。3）*L*-茶氨酸显著降低（$P<0.05$）血清中胰岛素（14 天和 28 天）、葡糖糖（28 天）和低密度脂蛋白（28 天）含量，显著提高（$P<0.05$）血清中球蛋白（14 天和 28 天）和总蛋白（28 天）含量。4）*L*-茶氨酸显著降低（$P<0.05$）空肠隐窝深度（14 天），显著提高（$P<0.05$）绒毛高度/隐窝深度（V/C，14 天和 28 天）及杯状细胞数量（14 天和 28 天）。5）*L*-茶氨酸显著降低（$P<0.05$）空肠黏膜中丙二醛（MDA，28 天）含量，并显著提高（$P<0.05$）总超氧化物歧化酶（T-SOD，14 天和 28 天）、过氧化氢酶（CAT，28 天）及谷胱甘肽过氧化物酶（GSH-Px，28 天）活力。6）随着 *L*-茶氨酸添加量的提高，ADG（15～28 日龄）、ADFI（15～28 日龄及 1～28 日龄）、胸腺指数（14 天和 28 天）、法氏囊指数（14 天和 28 天）、脾脏指数（28 天）以及空肠绒毛高度（14 天和 28 天）、V/C（14 天和 28 天）、杯状细胞数量（14 天和 28 天）、T-SOD 活力（14 天和 28 天）、CAT 活力（28 天）和 GSH-Px 活力（28 天）二次降低（$P<0.05$），空肠隐窝深度（14 天）和 MDA 含量（28 天）二次升高（$P<0.05$）；依据二次曲线拟合结果，最佳生长性能的适宜 *L*-茶氨酸添加水平为 842.8～915.5 mg/kg，最佳免疫器官指数的适宜 *L*-茶氨酸添加水平为 806.9～902.7 mg/kg，最佳空肠形态及其黏膜抗氧化能力的适宜 *L*-茶氨酸添加水平为 791.3～925.5 mg/kg。由此可见，饲粮添加 *L*-茶氨酸可改善巢湖鸭生长性能、免疫器官指数、血清生化指标和空肠形态及其黏膜抗氧化能力，估测其适宜添加水平为 791.3～925.5 mg/kg。

关键词： *L*-茶氨酸；鸭；生长性能；肠道形态；抗氧化

　＊　项目资助：国家科技支撑计划项目（2015BAD03B06）；安徽省科技攻关项目（1604a0702009）
　＊＊　第一作者简介：陈凯凯，男，硕士研究生，E-mail：892649185@qq.com
　　#　通讯作者：张成，副教授，E-mail：cheng20050502@126.com

刺梨提取物对皖西白鹅生产性能、免疫功能、抗氧化性能以及相关功能基因表达量的影响*

李梦云** 姚国佳 程伟 崔锦 郭良兴 杨建平 张立恒 黄炎坤#

（河南牧业经济学院饲料工程中心，郑州 450046）

摘要：刺梨（Rosa Roxburghii Tratt，RRT）是一种主要来源于我国南方地区的蔷薇属野生药用植物。研究表明，刺梨富含维生素、微量元素、氨基酸、刺梨多糖等多种化学成分及活性成分，特别是刺梨中维生素 C 含量达到了 $664\sim2\,601$ mg/100 g（鲜样），远远高于其他水果蔬菜。在人和小鼠上的研究表明刺梨果实具有显著的提高机体免疫力和抗疾病作用，对动物粥样硬化、胃癌、卵巢癌等疾病瘤具有明显的抑制作用，常用于促进机体健康和保健作用。目前关于刺梨提取物在畜牧生产上的研究较少。本试验探讨在日粮中添加刺梨提取物对皖西白鹅生产性能、免疫功能、抗氧化性能以及相关功能基因 GSH-Px 和 SOD 基因表达量的影响。挑选 28 日龄体重相近的健康皖西白鹅 150 只，随机分成 3 组，即对照组、试验 1 组和试验 2 组，每组 5 个重复，每个重复 10 只鹅。对照组喂基础日粮，试验 1 组和试验 2 组分别在基础日粮中添加 100 mL/kg 和 200 mL/kg 刺梨提取物。饲喂 2 周后，每个重复挑 1 只鹅屠宰，采集血样，并分离出肝脏，测定血液指标和肝脏中相关基因表达量。结果表明，饲喂刺梨提取物对鹅采食量和平均日增重均无显著影响（$P>0.05$），但 200 mL/kg 添加组可显著降低料重比（$P<0.05$）。100 mL/kg 和 200 mL/kg 添加组均可显著提高血清 IgG 和 IgA 含量（$P<0.05$），200 mL/kg 添加组显著提高血清碱性磷酸酶含量（$P<0.05$）。与对照组相比，100 mL/kg 和 200 mL/kg 组 GSH-Px 和 SOD 活性显著增加（$P<0.05$），而 MDA 含量显著降低（$P<0.05$）。100 mL/kg 和 200 mL/kg 添加组极显著或显著提高了肝脏中 SOD（$P<0.01$）和 GSH-Px（$P<0.05$）基因表达量。表明在夏季高温条件下，鹅日粮中添加刺梨提取物可提高机体免疫功能及抗氧化性能。

关键词：皖西白鹅；刺梨提取物；生产性能；免疫功能；抗氧化性能；基因表达量

* 基金项目：河南省重大科技攻关项目（122101110300）；校科技创新团队（HUAHE2015005）
** 第一作者简介：李梦云（1970—），湖北监利人，副教授，博士，主要从事动物营养研究，E-mail：limengyun1@163.com
# 通讯作者：黄炎坤，教授，E-mail：ykhuang62@126.com

复方中草药对仔鹅生产性能、屠宰性能和肉品质的影响*

张悦** 杨海明# 王志跃

（扬州大学动物科学与技术学院，扬州 225009）

摘要：苍术系菊科苍术属植物，苍术的功效主治为"燥湿健脾，祛风散寒，明目。用于湿阻中焦，脘腹胀满，泄泻，水肿，脚气痿躄，风湿痹痛，风寒感冒，夜盲，眼目昏涩"。黄柏为芸香科乔木植物黄柏或黄皮树的树皮，也称檗皮。黄柏味苦，性寒，归肾、膀胱经，常用于治疗清热燥湿，泻火解毒，消肿祛腐等症状。黄芪药用历史悠久，为历代中医最常用的中药之一，现代药学研究表明，黄芪含有多种活性成分，包括黄芪多糖、黄芪皂苷、黄芪黄酮类成分等。本试验旨在研究复方中草药（苍术、黄柏、黄芪）对扬州鹅生长性能、屠宰性能、器官指数以及肉品质的影响，为中草药在肉鹅饲料中的使用提供参考。试验选取 21 日龄健康扬州鹅 240 只，随机分为 4 组，每组 6 个重复，每个重复 10 只。试验分为对照组（饲喂基础日粮）和试验组（分别在基础日粮中添加 0.5%、1%、1.5% 复方中草药），添加的复方中草药为苍术、黄柏、黄芪 3 种中药的混合物，其混合比例为 4∶3∶3。试验期49 天，每周记录采食量，于 42 日龄、70 日龄进行称重；计算料重比。70 日龄从每个重复选取 1 只体重接近重复平均体重的扬州鹅进行屠宰测定，计算屠体率、全净膛率、胸肌率、腿肌率、器官指数，同时测定肉品质。结果表明：1）饲粮中添加 0.5%、1% 复方中草药对 21～70 日龄扬州鹅生长性能无显著影响；添加 1.5% 复方中草药显著降低鹅生长性能和平均日采食量（$P<0.05$）。2）与对照组相比，饲粮中添加中草药对料重比均无显著影响（$P>0.05$）。3）饲粮中添加中草药对 70 日龄扬州鹅法氏囊器官指数无显著影响（$P>0.05$），但随着添加量的增长，法氏囊有逐渐减轻的趋势。4）随着中草药添加量的增长，肌胃质量逐渐增加，但并不显著（$P>0.05$）。5）饲粮中添加中草药对 70日龄扬州鹅肉品质（蒸煮损失率、pH、剪切力）无显著影响（$P>0.05$）。6）饲粮中添加 1.5% 中草药显著降低了 70 日龄扬州鹅全净膛率和胸肌率（$P<0.05$）。综上所述，饲粮中添加复方中草药对扬州鹅内脏器官的发育有一定促进作用，其添加量不应超过 1%。

关键词：复方中草药；扬州鹅；生长性能；屠宰性能；器官指数；肉品质

* 基金项目：国家现代农业产业技术体系（CARS-42-11）；江苏省现代农业产业技术体系（SXGC［2017］306）；扬州市科技计划项目（SNY2017010008）

** 第一作者简介：张悦（1995—），男，河北廊坊人，硕士研究生，从事家禽生产与营养研究，E-mail：1139721654@qq.com

通讯作者：杨海明，教授，硕士生导师，从事家禽生产研究，E-mail：yhmdlp@qq.com

天然植物对夏季高温条件下肉牛肌肉品质及肌纤维类型的影响[*]

尚含乐[**]　徐洋　瞿明仁　许兰娇　李艳娇　张新雨　郭贝贝　宋小珍[#]

（江西农业大学江西省动物营养重点实验室，南昌 330045）

摘要： 南方高温高湿环境可使肉牛产肉性能降低，宰后牛肉品质变差，大大降低了肉牛养殖效益。肌纤维是肌肉的重要组成部分，肌纤维的数量、类型是决定肌肉品质的关键。为了研究日粮中添加中药复方制剂对夏季高温条件下肉牛育肥性能、肌肉品质及肌纤维类型的影响。本试验选取 12 头初重为 (437.50 ± 9.46) kg 的健康西门塔尔与锦江黄牛杂交一代未去势公牛，随机分为 2 组，每组 6 头牛。其中对照组饲喂基础饲粮，中药组在基础饲粮上添加 1% 的中药复方。所有实验牛均饲养于夏季高温高湿条件下，试验分预试期 10 天，正式试验期 60 天。观测牛的体温、呼吸频率和采食量，并采集其背最长肌样品用于分析肉质等指标。结果显示：试验期牛舍早中晚温湿指数均大于 79，肉牛处于高度热应激状态。与对照组比较，中药组肉牛的体温显著降低（$P<0.05$），呼吸频率无显著差异（$P>0.05$）；日增重显著提高（$P<0.05$），日采食量和料重比无显著差异（$P>0.05$）。中药组背最长肌 pH_{24h} 显著低于对照组（$P<0.05$），剪切力和肉色等指标与对照组无显著差异（$P>0.05$）。此外，与对照组相比，中药组肉牛肌纤维密度显著提高，Ⅱb 型肌纤维数量比例显著降低（$P<0.05$），Ⅰ型和Ⅱa 肌纤维数量比例无显著变化（$P>0.05$）。中药组肌纤维Ⅰ型和Ⅱa 型的 mRNA 表达量显著上升，Ⅱb 型基因表达量显著下降（$P<0.05$）。中药组的 AMPK α2 mRNA 表达量显著低于对照组，但过氧化物酶体增殖物激活受体 γ 辅激活因子（PGC-1α）mRNA 表达量比对照组升高了 110.90%（$P<0.05$）。这说明中药添加剂可缓解夏季高温条件下肉牛的热应激反应，改善其生产性能。并可通过上调 PGC-1α 基因表达量，改变热应激肉牛肌纤维形态，并促进肌纤维类型Ⅱb 型向Ⅰ型和Ⅱa 型转化，进而改善宰后牛肉品质。

关键词： 中药添加剂；肉牛；热应激；肉品质；肌纤维类

---

[*]　基金项目：国家自然科学基金项目（31660672）；现代农业产业技术体系资助项目（CARS-38）；江西省教育厅科学技术重点项目（GJJ150376）

[**]　第一作者简介：尚含乐（1993—），男，硕士研究生，研究方向：反刍动物营养与饲料科学，E-mail：296378352@qq.com

[#]　通讯作者：宋小珍，女，教授，硕士生导师，E-mail：songxz1234@163.com

饲用甜高粱营养特性及其绵羊
瘤胃体外产气性能研究[*]

周恩光[**]　　王婷　　王虎成[#]

（兰州大学草地农业生态系统国家重点实验室，兰州大学农业农村部草牧业
创新重点实验室，兰州大学草地农业科技学院，兰州 730020）

摘要：本试验旨在研究不同刈割时期饲用甜高粱的营养价值及其在绵羊瘤胃体外产气性能，为甘肃地区饲用甜高粱适宜的刈割期提供理论依据。根据当地的刈割时期将于 8、9、10 和 11 月（二茬）4 个时期刈割的甜高粱（大奖 3180）利用化学成分分析法检测其粗蛋白质（CP）、粗脂肪（EE）、中性洗涤纤维（NDF）、酸性洗涤纤维（ADF）和粗灰分（Ash）等营养成分含量。并选取了 3 只体重相近，健康的 4 月龄小尾寒羊作为瘤胃液供体，利用体外模拟发酵产气技术测定四个不同时期的甜高粱体外消化率和瘤胃微生物体外发酵产气量。结果表明，4 个时期的甜高粱的 DM、CP、NDF、ADF、EE 和 Ash 含量差异均显著（$P<0.05$）或者极显著（$P<0.01$），随着刈割时间的推移 DM 和 CP 含量呈先降低后升高的趋势；NDF、ADF 和 Ash 均呈先升高后降低的趋势；EE 随着刈割时间的推移呈逐渐降低的趋势。在体外发酵过程中 4 个时期的发酵液 pH 均随培养时间的延长呈逐渐降低的趋势，且均在正常范围之内，培养 12、48 h 后 4 个时期的发酵液 pH 均无显著差异（$P>0.05$），培养 24 h 后，8、9、11 月的发酵液 pH 显著高于 10 月的（$P<0.05$）。随着发酵时间的延长每个时期的甜高粱的产气量（GP）均逐渐增加，在培养 24 h 之前，4 个不同时期的甜高粱 GP 均差异极显著（$P<0.01$），且 10 月甜高粱 GP 均最高，其次是 8 月，9 月时期均最低，培养 24 h 后，11 月的甜高粱 GP 显著高于 9 月的（$P<0.05$），其次是 10 月和 8 月，培养 36、48 h 后四个时期的甜高粱 GP 差异均不显著（$P>0.05$），不同时期的甜高粱快速产气量（a）、缓慢产气量（b）、产气速率（c）以及潜在产气量（a＋b）均无差异（$P>0.05$）。同一时期的甜高粱 DMD（干物质降解率）均随培养时间的延长呈现出逐渐升高的趋势，尤其是 8 月的甜高粱的 DMD 由发酵 24 h 的 59.95% 增至 48 h 的 78.28%，增幅达 30.58%。四个不同时期的甜高粱发酵 12、24、48 h 后 DMD 均无显著差异（$P>0.05$），发酵 24 h 后 4 个不同时期的甜高粱的 OMD（有机物降解率）也没有显著差异（$P>0.05$）。综合考虑饲用甜高粱各刈割期所含营养成分以及体外发酵产气的特性，建议在 8 月对甜高粱进行刈割利用。

关键词：甜高粱；不同刈割期；营养价值；体外发酵产气特性

* 　基金项目：甘肃省重大科技专项计划项目"饲用甜高粱种质创新及栽培饲用技术研究与示范"（1502NKDA005-3）
** 　第一作者简介：周恩光（1992—），男，河南商丘人，硕士研究生，动物营养与饲料科学专业，E-mail：zhoueg17@lzu.edu.cn
# 　通讯作者：王虎成（1978—），男，甘肃定西人，博士，副教授，硕士生导师，E-mail：wanghuch@lzu.edu.cn

乳化植物甾醇对中华绒螯蟹生长性能、血清生化指标、体成分和抗氧化能力的影响

令狐克川[1*]　张瑞强[1]　温超[1]　陈跃平[1]　姜滢[2]　周岩民[1#]

（1. 南京农业大学动物科技学院，南京 210095；2. 江苏金康达集团，盱眙 211700）

摘要：植物甾醇是广泛存在于谷物、籽实和水果中，具有降低血清胆固醇、提高机体抗氧化力和调节动物生长等作用，但其水溶性较差，吸收率较低。研究发现，通过乳化能增强植物甾醇的水溶性，从而提高其在机体内的吸收及生物学功能。本试验旨在研究饲料中添加普通植物甾醇和乳化植物甾醇对中华绒螯蟹生长性能、血清生化指标、体成分和抗氧化能力的影响，探讨普通和乳化植物甾醇在中华绒螯蟹饲料中的应用效果，为植物甾醇的合理应用提供参考依据。选用规格相近的中华绒螯蟹 270 只随机分为 3 组（每组 5 个重复，每个重复 18 只），其中对照组饲喂基础饲料，试验组饲喂分别添加 50 mg/kg 普通植物甾醇和乳化植物甾醇的试验饲料，试验期为 8 周。结果表明：1）与对照组相比，饲料中添加 50 mg/kg 两种植物甾醇对中华绒螯蟹的生长性能和体成分无显著影响（$P>0.05$）；2）与对照组相比，饲料中添加 50 mg/kg 乳化植物甾醇可显著提高中华绒螯蟹肌肉 CAT、T-AOC 和可食内脏 T-AOC 活性，且可降低肌肉、可食内脏 MDA 含量和血清胆固醇含量（$P<0.05$）；添加 50 mg/kg 普通植物甾醇仅显著降低中华绒螯蟹可食内脏 MDA 含量和提高可食内脏 T-AOC 活性（$P<0.05$）；3）与普通植物甾醇组相比，乳化植物甾醇可显著降低中华绒螯蟹肌肉 MDA 含量（$P<0.05$），并一定程度降低血清胆固醇含量和提高肌肉 CAT、T-AOC 活性（$P>0.05$）。由此可见，饲粮中添加 50 mg/kg 乳化植物甾醇可降低中华绒螯蟹血清胆固醇含量并提高其机体抗氧化能力，且作用效果优于普通植物甾醇。

关键词：乳化植物甾醇；中华绒螯蟹；生长性能；血清生化指标；体成分；抗氧化力

＊　第一作者简介：令狐克川（1995—），女，贵州平塘人，硕士研究生，动物营养与饲料科学，E-mail：3102823064@qq.com
＃　通讯作者：周岩民，研究员，博士生导师，E-mail：zhouym6308@163.com

沙葱总黄酮对 H_2O_2 诱导的红细胞内抗氧化指标的影响[*]

赵亚波[**]　敖长金[#]　张艳梅　王翠芳

（内蒙古农业大学动物科学学院，呼和浩特 010018）

摘要： 本试验以 H_2O_2 诱导阿尔巴斯绒山羊红细胞建立氧化应激损伤模型，探究沙葱总黄酮对 H_2O_2 诱导红细胞内抗氧化指标：丙二醛（MDA）含量、超氧化物歧化酶（SOD）、过氧化氢酶（CAT）及谷胱甘肽过氧化物酶（GSH-Px）活性的影响，旨在说明沙葱总黄酮体外抗氧化应激作用，为进一步拓展以沙葱总黄酮作为天然活性物质的开发提供理论基础。选取健康阿尔巴斯绒山羊，使用含有肝素钠抗凝采血管颈静脉无菌采血，离心沉淀红细胞后使用 PBS 洗涤 3 次，最后一次洗涤完后将红细胞沉淀用 PBS 缓冲液配制成 5% 体积分数的红细胞悬浮液。将试验分为空白对照组、H_2O_2 损伤组、沙葱总黄酮低剂量组、总黄酮中浓度组和总黄酮高浓度组，取 0.3 mL 红细胞悬液加入 0.3 mL 不同浓度沙葱黄酮溶液（130、260 和 520 $\mu g/mL$）中，空白对照组及 H_2O_2 模型组加入等体积的 PBS 溶液，反应体系 37℃孵育 1 h 后，加入 0.3 mL 70 mmol/L H_2O_2 诱导氧化损伤，空白对照组添加等体积的 PBS 溶液，孵育 2 h 时间后，取出适量混合液，按照南京建成生物工程研究所提供的试剂盒说明书要求进行操作。结果表明：与模型组相比，沙葱总黄酮组均能够明显提高 H_2O_2 诱导状态下红细胞中 SOD、CAT 和 GSH-Px 的活性（$P<0.05$），呈浓度依赖性关系，但与对照组相比，差异显著（$P<0.05$）。H_2O_2 诱导红细胞后 H_2O_2 损伤组及总黄酮组红细胞内的 MDA 含量均上升，说明细胞膜存在相关的氧化损伤。沙葱总黄酮组红细胞中 MDA 含量较 H_2O_2 损伤组相比，均显著降低，差异显著（$P<0.05$），但与对照组相比，差异显著（$P<0.05$）。研究表明，沙葱总黄酮对 H_2O_2 诱导的红细胞氧化损伤具有保护作用，但不能达到对照组的正常水平。

关键词： 沙葱总黄酮；红细胞；H_2O_2；抗氧化

[*]　基金项目：国家自然科学基金青年科学基金项目（31601961）；国家自然科学基金地区基金（31260558）

[**]　第一作者简介：赵亚波，男，硕士研究生，E-mail:zhaoyabo1109@163.com

[#]　通讯作者：敖长金，教授，E-mail:changjinaoa@aliyun.com

L. reuteri I5007 对人结肠癌上皮细胞 HT-29 炎症缓解作用及其机制研究[*]

王钢[1,2**]　黄烁[1,2]　蔡爽[1,2]　王钰明[1,2]　于海涛[1,2]　曾祥芳[1,2]　谯仕彦[2#]

(1. 中国农业大学动物科技学院,动物营养学国家重点实验室,北京 100193;

2. 生物饲料添加剂北京市重点实验室,北京 100193)

摘要:益生菌是一种有益于肠道健康的微生物,具有调节免疫,抑制病原菌等作用,L. reuteri I5007 是本实验室通过耐酸耐碱等极端条件下筛选出来的一株有益菌。因此,本研究的目的是探究 L. reuteri I5007 是否具有免疫调节作用。本试验以人结肠癌上皮细胞 HT-29 细胞系为模型,研究了 L. reuteri I5007 菌体及其发酵上清液对人结肠癌细胞的炎症缓解作用。结果表明,处理方式的不同,L. reuteri I5007 菌体及其发酵上清液缓解 LPS 造成的炎症效果不同。L. reuteri I5007 菌体及其发酵上清液和 LPS 与细胞共培养 10 h,发现并不能显著降低 TNF-α 和 IL-1β 的 mRNA 表达,对 IL-10 的 mRNA 表达也没有影响($P>0.05$);LPS 预处理细胞 4 h,再用 L. reuteri I5007 菌体及其发酵上清液处理 6 h,发现发酵上清液没有缓解炎症的作用,反而显著增加了炎性因子 IL-1β 的 mRNA 表达($P<0.05$),而 L. reuteri I5007 菌体能够显著抑制 TNF-α 的 mRNA 表达($P<0.05$),对 IL-10 的表达没有影响($P>0.05$);L. reuteri I5007 菌体及其发酵上清液预处理细胞 6 h,再用 LPS 处理 4 h,发现 L. reuteri I5007 菌体及其发酵上清液能够显著抑制 TNF-α 和 IL-1β 的 mRNA 表达,显著促进了 IL-10 的 mRNA 表达($P<0.05$)。κ-卡拉胶是一种海藻多糖,具有优良的生物学活性和理化特性,被广泛用于食品和医药等领域,但近年来有研究发现,长期食用卡拉胶能够导致动物产生结肠溃疡,因此接下来的试验将研究 L. reuteri I5007 菌体及其发酵上清液是否能够缓解卡拉胶诱导产生的炎症反应并探讨其作用机制。卡拉胶对 HT-29 细胞活性试验结果表明,细胞活性与卡拉胶呈浓度和时间依赖性,浓度越高和处理时间越长,对细胞活性影响越大;L. reuteri I5007 菌体及其发酵上清液对细胞炎性因子表达影响结果表明,菌体和发酵上清液能够抑制 TNF-α 和 IL-8 的 mRNA 表达($P<0.05$),促进抗炎因子 TGF-β3 的 mRNA 表达($P<0.05$);ELISA 结果发现,L. reuteri I5007 菌体及其发酵上清液能够降低 LPS 诱导的 TNF-α 的分泌($P<0.05$),同时促进 IL-10 的分泌($P<0.05$);进一步深入研究发现,发酵上清液能够显著抑制受体蛋白 H1R 和 NOD2 的表达($P<0.05$),促进 H2R 受体蛋白的表达($P<0.05$),对 NOD1 受体蛋白表达没有影响($P>0.05$),而 L. reuteri I5007 菌体对这些受体蛋白的表达都没有影响。综上所述,L. reuteri I5007 菌体及其发酵上清都具有一定的抗炎作用,能够抑制由脂多糖及卡拉胶引起的结肠上皮细胞炎症反应;同时,L. reuteri I5007 可能通过其分泌的代谢产物而达到缓解炎症的作用。

关键词:卡拉胶;脂多糖;HT-29;炎症

---

　　[*]　基金项目:国家自然科学基金项目(30930066)
　　[**]　第一作者简介:王钢(1991—),男,江西上饶人,博士研究生,动物营养与饲料科学专业,E-mail:crazygang@126.com
　　[#]　通讯作者:谯仕彦,教授,博士生导师,E-mail:qiaoshy@mafic.ac.cn

丙酸钠对 IPEC-J2 细胞紧密连接
及炎症细胞因子的影响[*]

张亚南[**]　李轩　陈慧子　余凯凡[#]　朱伟云

（国家动物消化道营养国际联合研究中心，江苏省消化道营养与
动物健康重点实验室，南京农业大学消化道微生物研究室，南京 210095）

摘要：本文以猪空肠上皮 IPEC-J2 细胞为模型，旨在探究不同水平丙酸钠对小肠上皮细胞紧密连接和炎症细胞因子的影响。试验培养猪 IPEC-J2 细胞，用不同浓度的丙酸钠（1 mmol/L、10 mmol/L）处理细胞，设对照组（0 mmol/L），每组 6 个重复。丙酸钠处理 12 h、24 h 后，观察细胞形态，收集细胞，测定细胞活力，跨膜电阻值（TEER），紧密连接及炎症细胞因子基因表达和细胞上清液中炎症细胞因子浓度。结果显示，不同水平丙酸钠对细胞形态无显著影响。第 24 h 时，不同水平丙酸钠显著降低细胞活力（$P<0.05$）。第 12 h、24 h 时，不同水平丙酸钠均显著增加了细胞的 TEER 值（$P<0.05$）。Real-Time qPCR 结果显示，紧密连接相关蛋白 Claudins 中，不同水平丙酸钠处理 12 h 和 24 h 后，显著下调了 Claudin-1 的表达（$P<0.05$）；但 10 mmol/L 丙酸钠处理 24 h 后，则显著上调了 Claudin-2、Claudin-3 和 Claudin-4 的表达（$P<0.05$）。紧密连接相关蛋白 Zos 中，丙酸钠处理 12 h、24 h 时，1 mmol/L 丙酸钠显著上调了 ZO-2 的表达（$P<0.05$），10 mmol/L 丙酸钠显著上调了 ZO-1 的表达（$P<0.05$），但下调了 ZO-2 的表达（$P<0.05$）。对于炎症细胞因子，不同水平丙酸钠处理 12h、24h 均显著上调 IL-8、IL-18 和 TNF-α 的表达（$P<0.05$），显著下调 IL-6 的表达（$P<0.05$）。ELISA 测定炎症细胞因子发现，10 mmol/L 丙酸钠处理细胞 12 h，显著增加了 IL-8 和 TNF-α 的分泌（$P<0.05$）；1 mmol/L 丙酸钠处理细胞 24 h，显著增加了 TNF-α 的分泌（$P<0.05$）；而不同水平丙酸钠对 IL-18 和 IL-6 的分泌则无显著影响（$P>0.05$）。这些结果表明，丙酸钠选择性上调了紧密连接蛋白家族相关基因的表达，一定程度上维护了前肠上皮细胞屏障功能的完整性，同时调节了细胞炎症反应，揭示了丙酸在调节小肠上皮细胞屏障功能以及炎症反应过程中的作用。

关键词：丙酸钠；紧密连接；炎症细胞因子；IPEC-J2 细胞

＊　基金项目：国家自然科学基金（31501962），中央高校基本科研业务费专项资金（KJQN201609）
＊＊　第一作者简介：张亚南（1991—），男，河南安阳人，硕士研究生，从事单胃动物消化道微生物研究，E-mail：ynzhang1515@163.com
＃　通讯作者：余凯凡，副教授，博士，E-mail：yukaifan@njau.edu.cn

α-酮戊二酸对猪肠上皮细胞 PXR 信号通路的作用及机制研究[*]

何流琴[1,2**]　姚康[1#]　李铁军[1]　印遇龙[1,2#]

（1.湖南师范大学，长沙 410081；2.中国科学院亚热带农业生态研究所，长沙 410125）

摘要：前期动物实验结果表明 α-酮戊二酸（AKG）能够调控脂多糖应激（LPS）模型下仔猪肠黏膜孕烷 X 受体（PXR）自我解毒信号通路以及 NF-κB 介导的炎症信号通路的表达，本实验采用体外培养猪肠上皮细胞（IPEC-J2）的方法，进一步探讨 AKG 在 LPS 应激损伤肠细胞模型下对 PXR 信号通路的作用及其潜在机制。1）实验一：采用 2×2 试验设计，以 LPS 和 AKG 处理作为两个因子，探讨培养基补充适量 AKG 对 LPS 应激损伤 IPEC-J2 细胞内 PXR 信号通路的影响；2）实验二：在 LPS 应激条件下，选取 PXR 的特定配体利福平（RIF）作为特异性靶向激活剂以及 AMPK 蛋白特异性抑制剂，进一步验证 AKG 对 PXR 信号通路的激活作用是否与 RIF 一样以及潜在机制。结果表明：1）在 LPS 诱导 IPEC-J2 细胞应激损伤模型下，筛选出 2 mmol/L AKG、作用时间为 24 h 为后期处理的最适浓度和最佳作用时间。2）培养基中补充 2 mmol/L 的 AKG 显著提高应激损伤肠细胞内和细胞外天冬氨酸、丝氨酸、谷氨酸、谷氨酰胺和 α-酮戊二酸的浓度，意味着 AKG 可提高肠细胞内 AKG 代谢，使细胞内外 AKG 的代谢产物显著增加。3）AKG 显著减少应激损伤 IPEC-J2 细胞对 TNF-α、IL-1β 和 IL-6 的分泌，但却显著提高了细胞色素 CYP2B6 和 CYP3A4 的活性。4）在 LPS 应激条件下，补充 AKG 可显著提高肠细胞内 PXR、RXRα、CYP3A4 和 CYP3A5 蛋白的表达水平，但对 CYP2B6 蛋白无显著影响。同时 AKG 亦可提高肠细胞内 AMPKα1、SIRT1 和 PGC1-α 蛋白的表达但却显著降低磷酸化 NF-κB、IκB、IKKα 蛋白的表达水平。由此提示 AKG 可一定程度上调控 PXR、AMPK 和 NF-κB 信号通路间的相互作用。5）与 LPS 应激对照组相比，单独添加 AKG 或 RIF 可以显著提高肠细胞内 CYP2B6 和 CYP3A4 氧化酶的活性，同时显著降低细胞对 IL-1β、IL-6 和 TNF-α 的分泌，而联合添加两者的效果并没有单独添加 RIF 的效果好。6）单独添加 AKG 或 RIF 以及联合添加二者均可显著提高细胞内 PXR、RXRα、CYP2B6、CYP3A4 和 CYP3A5 蛋白的表达水平。但这些蛋白表达在 AKG 组较 RIF 组表达要低，但无显著差异。这说明 AKG 在一定程度上确实可以以某种方式激活 PXR 介导的自我解毒信号通路，但是比利福平的作用效果差且作用方式可能不同。7）在特异性抑制剂靶向抑制 AMPK 活性和 LPS 处理条件下，AMPK 抑制剂显著抑制了细胞内 AMPKα1 和 AMPKα2 蛋白的表达，培养基中添加 AKG 可有效提高 AMPKα1 和 AMPKα2 蛋白的表达，进一步证实 AKG 可在应激条件下激活 AMPK 信号通路，调控细胞内的能量代谢，从而缓解 LPS 诱导的肠上皮细胞损伤。由此可见，AKG 能够有效促进应激损伤的猪肠上皮细胞内 AKG 代谢和缓解应激损伤，其作用机理可能是通过介导 PXR\AMPK\NF-κB 信号通路的相互作用，从而调控其下游细胞色素 P450 的转录以及炎性细胞因子的分泌及表达。

关键词：α-酮戊二酸；孕烷 X 受体；AMPK；NF-κB；猪肠上皮细胞

[*] 基金项目：国家自然科学基金项目（31472106,31702125）；中国科学院前沿重点研发项目（QYZDY-SSW-SMC008）；中国科学院亚热带农业生态研究所重点实验室开放基金（ISA2018204）；中国科学院前沿重点研发项目（QYZDY-SSW-SMC008）

[**] 第一作者简介：何流琴（1989—），女，广东梅州人，博士研究生，从事猪营养代谢研究，E-mail：285687180@qq.com

[#] 通讯作者：姚康，研究员，博士生导师，E-mail：yaokang@isa.ac.cn；印遇龙，院士，博士生导师，E-mail：yinyulong@isa.ac.cn

α-酮戊二酸通过影响 CAR 信号和抗氧化关键靶点介导仔猪肠道氧化应激的研究[*]

何流琴[1,2][**]　周锡红[2]　李铁军[2#]　印遇龙[1,2#]

（1.湖南师范大学，长沙 410081；2.中国科学院亚热带农业生态研究所，长沙 410125）

摘要：α-酮戊二酸（AKG）在体外和体内均能起到抗氧化剂的作用，但其保护作用机理仍尚不清楚。本实验通过过氧化氢（H_2O_2）建立仔猪肠黏膜和猪肠上皮细胞（IPEC-J2）氧化应激模型，研究补充 AKG 对雄烷受体（CAR）和相关抗氧化酶的调控作用及其潜在的机制。1）仔猪实验：选取刚 21 日龄的健康三元杂仔猪 32 头，随机分为 4 组（每组 8 个重复）；其中两组每天饲喂含 1% AKG 的基础日粮，另外两组则饲喂基础日粮。第 15,18 和 21 天饲喂不同日粮的两组各选择一小组腹腔注射 5% H_2O_2，剩下腹腔注射等体积的生理盐水。实验周期 21 天。2）细胞试验：筛选出 H_2O_2 和 AKG 最佳的作用时间和最适浓度，建立细胞氧化损伤模型下探讨培养基补充 AKG 对 CAR 信号通路和细胞氧化应激的作用效果。结果表明：1）补充 AKG 显著提高肠细胞内和细胞外氨基酸（如 Asp,Gln,Glu）和 AKG 浓度（$P < 0.05$），同时极显著上调 α-酮戊二酸脱氢酶基因的表达（$P < 0.01$），但减低肠细胞内活性氧自由基的水平（$P < 0.05$）。2）补充 AKG 有效提高猪肠细胞内和仔猪血液中抗氧化酶 SOD,GSH,CAT 和 T-AOC 的活性以及细胞呼吸代谢水平（$P < 0.05$）。3）补充 AKG 可调控肠上皮细胞抗氧化信号通路关键基因（GPx1,GPx4,CuZnSOD,CAT）和自我解毒信号通路关键基因（CAR，RXRα，PPARγ，UCP2，HSP90，CYP2B22，CYP3A29）的表达水平。4）日粮 AKG 的添加可显著提高 H_2O_2 诱导氧化应激的仔猪空肠和回肠中 SOD1/2，CAR，RXRα 和 UCP2 蛋白表达水平，且降低 Nrf2 和 Keap1 蛋白的表达水平。由体内和体外试验结果表明，补充 AKG 有可能通过激活 CAR 信号和调控抗氧化关键靶点的表达，进而提高猪肠上皮细胞抗氧化能力和改善细胞线粒体呼吸代谢。此外，这一结果也说明 AKG 可作为潜在功能性营养添加剂，有助于缓解动物和人类肠道氧化应激和对胃肠道疾病的预防作用。

关键词：α-酮戊二酸；仔猪；雄烷受体；抗氧化酶；氧化应激

　＊　基金项目：国家自然科学基金项目（31472106,31702125）；中国科学院前沿重点研发项目（QYZDY-SSW-SMC008）；中国科学院亚热带农业生态研究所重点实验室开放基金（ISA2018204）

　＊＊　第一作者简介：何流琴（1989—），女，广东梅州人，博士，从事猪营养代谢研究，E-mail：285687180@qq.com

　＃　通讯作者：李铁军，研究员，硕士生导师，E-mail：tjli@isa.ac.cn；印遇龙，院士，博士生导师，E-mail：yinyulong@isa.ac.cn

氧化铁纳米酶缓解鸡肝细胞肠炎沙门氏菌
感染的作用研究*

吴姝[1,2]** 沈一茹[1] 张珊[1] 肖蕴琪[1] 贺喜[2] 施寿荣[1]#

(1. 中国农业科学院家禽研究所,扬州 225125;2. 湖南农业大学动物科学技术学院,长沙 410128)

摘要:本试验以禽源 LMH 细胞为研究对象,用肠炎沙门氏菌(Salmonella enteritidis)构建 S. enteritidis 感染模型,旨在探究氧化铁纳米酶(Iron Oxide Nanozyme,IONzyme)能否缓解 LMH 细胞的 S. enteritidis 感染,并探讨其内在作用机理。以 LMH 细胞为研究对象,按 2×2 因子试验设计设置 4 个处理组,即:对照组、S. enteritidis 攻毒组(S. enteritidis 浓度为 5×10^7 CFU/mL)、IONzyme 处理组(IONzyme 浓度为 100 μg/mL)和 S. enteritidis 攻毒 + IONzyme 处理组。处理 12 h 后,通过 cck-8 法检测细胞活性,平板计数法检测胞内 S. enteritidis 数量,WB 法检测自噬相关蛋白 LC3B 的表达情况,免疫荧光法检测自噬标志性蛋白 LC3B 及 IONzyme 的胞内分布情况,TEM 技术观察细胞内超微结构,活性氧(Reactive Oxygen Species,ROS)检测试剂盒测定细胞 ROS 含量的变化。结果:1)cck-8 结果表明,与对照组相比,IONzyme 处理组对细胞活性无显著影响,S. enteritidis 攻毒组和 S. enteritidis 攻毒 + IONzyme 处理组细胞活性显著降低($P<0.05$);但 S. enteritidis 攻毒 + IONzyme 处理组细胞活性有高于 S. enteritidis 攻毒组的趋势($P<0.1$)。2)平板计数结果表明,与 S. enteritidis 攻毒组相比,S. enteritidis 攻毒 + IONzyme 处理组细胞内 S. enteritidis 数量显著降低($P<0.05$)。3)WB 结果表明,与对照组相比,IONzyme 处理组对细胞内自噬标志性蛋白 LC3B 的表达无显著影响,S. enteritidis 攻毒组和 S. enteritidis 攻毒 + IONzyme 处理组细胞的 LC3B-II/actin 水平显著升高($P<0.05$);但 S. enteritidis 攻毒组和 S. enteritidis 攻毒 + IONzyme 处理组之间差异不显著。4)免疫荧光结果表明,与对照组相比,IONzyme 处理组和 S. enteritidis 攻毒+IONzyme 处理组可见黑色的 IONzyme 聚集于细胞质中,S. enteritidis 攻毒组和 S. enteritidis 攻毒 + IONzyme 处理组细胞内出现明亮的红色荧光 LC3B 聚点;此外,S. enteritidis 攻毒 + IONzyme 处理组细胞中可见明亮的红色荧光 LC3B 聚点和黑色的 IONzyme 出现共定位。5)TEM 结果表明,与对照组相比,IONzyme 处理组可见黑色的 IONzyme 聚集于细胞质中,S. enteritidis 攻毒组和 S. enteritidis 攻毒 + IONzyme 处理组可见大量包裹 S. enteritidis 的囊状双层膜结构的自噬泡;此外,S. enteritidis攻毒 + IONzyme 处理组细胞内还可见 S. enteritidis 和 IONzyme 共定位的自噬泡。6)ROS测定结果表明,与对照组相比,S. enteritidis 攻毒组细胞 ROS 水平未见显著显著差异,而 IONzyme 处理组和 S. enteritidis 攻毒 + IONzyme 处理组细胞 ROS 水平显著增加($P<0.05$)。由此可见,添加 100 μg/mL IONzyme 能够有效抑制 LMH 细胞内S. enteritidis 的增殖,且有恢复由S. enteritidis感染降低的细胞活力的趋势。IONzyme 缓解 LMH 细胞S. enteritidis 感染的机制可能是借助细胞自噬泡的酸性环境发挥其类过氧化物酶活性产生更多的 ROS 来抑制胞内 S. enteritidis 的增殖。

关键词:肠炎沙门氏菌;LMH 细胞;IONzyme;抑菌;自噬;ROS

---

* 基金项目:国家自然科学基金项目(31702132)

** 第一作者简介:吴姝(1992—),女,湖南娄底人,博士研究生,研究方向为家禽分子营养,E-mail:wushu223759@163.com

通讯作者:施寿荣,副研究员,硕士生导师,E-mail:ssr236@163.com

大豆染料木素抑制小鼠结肠肿瘤发生过程中 PPAR-γ 的作用和机制*

綦文涛**#　姚金丽[1,2]　王春玲[2]　李爱科[1]

（1. 国家粮食局科学研究院，北京 100037；

2. 天津科技大学食品工程与生物技术学院，天津 300457）

摘要：大豆中的异黄酮（soy isoflavones，SI），尤其是其中的染料木黄酮（Genistein），具有显著的癌症抑制作用，而 Genistein 抑制癌症的机理也一直是人们研究的热点。过氧化物酶增殖物激活受体（PPAR-γ）已被发现在多种恶性肿瘤中有表达，包括膀胱癌、前列腺癌、乳腺癌和结肠癌等，然而 PPAR-γ 在这些癌症中的作用仍然存在矛盾性的结果。目前人们正致力于探讨干预 PPAR-γ 基因转录和影响 PPAR-γ 蛋白功能的药物及其作用机制，若能全面地揭示 PPAR-γ 功能，则将对肿瘤、肥胖、糖尿病等多种疾病的治疗起到推动作用。本研究通过建立 KM 小鼠结肠癌模型，研究了染料木素抑制小鼠结肠肿瘤发生过程中，PPAR-γ 的作用和机制。本研究用 DSS/AOM 法诱导 KM 小鼠结肠肿瘤发生，在饮食中添加 450 mg/kg 的 Genistein 处理结肠肿瘤小鼠，跟踪分析小鼠结肠肿瘤的发生情况和健康状况，并用 Western-blot 测定小鼠结肠组织相关蛋白的表达变化。结果表明：Genistein 的添加明显降低了小鼠结肠肿瘤发生率，改善了结肠组织结构。结肠肿瘤小鼠 PPARγ 及 PAT 家族蛋白，包括 Perilipin、TIP-47 和 ADRP 等蛋白的表达显著提高，肿瘤抑制因子 FOXO3a 蛋白的表达显著降低（$P<0.05$），Genistein 的添加对上述蛋白的表达起到了显著的逆转作用（$P<0.05$）。因此，PPARγ 蛋白在结肠肿瘤中过表达，而 Genistein 的添加，抑制了其表达，从而进一步抑制了 PAT 家族蛋白的表达，使 LDs 积累减少，FOXO3a 蛋白的表达活性升高，最终抑制结肠肿瘤的发生发展。本研究进一步揭示了大豆染料木素在抑制结肠肿瘤发生发展过程中的新机制，为大豆染料木素相关产品的开发提供了理论参考。

关键词：大豆染料木素；结肠癌；过氧化物酶增殖物激活受体；脂滴

* 基金项目：国家自然科学基金面上基金项目（31471591）

** 第一作者简介：綦文涛（1977—），男，副研究员，博士，E-mail：qwt@chinagrain.org

\# 通讯作者

微生物源性抗氧化剂改善高脂日粮诱导的母鼠及其仔鼠的肝脏损伤、功能紊乱和 NLRP3 炎性小体[*]

徐雪[**]　罗振　钟丘实　罗文丽　张京　徐维娜　徐建雄[#]

（上海交通大学农业与生物学院，上海市兽医生物技术重点实验室，上海 201100）

摘要：本试验旨在研究微生物源性抗氧化剂（MA）对高脂日粮诱导的孕鼠及仔鼠的肝脏损伤、功能紊乱和 NLRP3 炎性小体的影响。试验选取 36 只未经产的雌性 SD 大鼠，在妊娠开始后随机分为 3 组，每组 12 只，对照组饲喂基础日粮，高脂组在基础日粮中添加 20％猪油，MA 组在基础日粮中添加 20％猪油和 2％微生物源性抗氧化剂。在母鼠泌乳第 1 天和第 10 天，每组中选取 6 只母鼠处死，采集肝脏样品；在泌乳第 10 天，采集仔鼠肝脏样品。结果表明：1)MA 能够缓解高脂日粮引起的母鼠及仔鼠肝脏的 H_2O_2 和 MDA 含量的升高和 CAT 和 GSH-Px 活性的下降；2)MA 减少高脂日粮诱导的母鼠和仔鼠肝脏脂质沉积以及肝脏 AST，ALT 和 AKP 活性的增加；3)高脂日粮显著降低母鼠和仔鼠肝脏 Cyt-c 和 XOD 活性($P<0.05$)，添加 MA 能够有效缓解；4)高脂日粮增加了($P<0.05$)母鼠肝脏的 caspase-9 和 caspase-8 活性，而饲喂 MA 显著降低 caspase-3 活性($P<0.05$)；5)，高脂日粮激活母鼠肝脏 NLRP3 炎性小体，提高母鼠和仔鼠肝脏 IL-1β 和 IL-18 的水平，而 MA 抑制了 NLRP3 炎性小体的激活。由此可见，MA 能够缓解高脂日粮诱导的母鼠及其仔鼠肝脏的氧化应激和脂质沉积，改善肝脏功能，抑制肝脏细胞凋亡和 NLRP3 炎性小体的激活。

关键词：高脂；肝脏，氧化应激；微生物源性抗氧化剂；NLRP3 炎性小体

　*　基金项目：国家重点研发计划（2017YFD0500500）
　**　第一作者简介：徐雪，女，在读硕士，E-mail：xuxue1992@sjtu. edu. cn.
　#　通讯作者：徐建雄，教授，博士生导师，E-mail：jxxu1962@sjtu. edu. cn.

微生物源性抗氧化剂对高脂日粮诱导的繁殖母鼠乳腺氧化损伤的影响[*]

张京[**]　赵森　李少华　徐雪　钟丘实　徐维娜　徐建雄[#]

（上海交通大学农业与生物学院,上海兽医生物技术重点实验室,上海 200240）

摘要：本试验探讨微生物源性抗氧化剂（MA）对高脂日粮诱导的繁殖母鼠乳腺氧化损伤和乳腺机能的影响。试验将 48 只 SD 孕鼠随机分为基础饲粮组（A）、高脂饲粮组（B，80％ A＋20％ 猪油）、微生物源性抗氧化剂组（C，98％ A＋2％MA）和修复组（D，78％ A＋20％ 猪油＋2％MA），每组 12 只,记录母鼠各阶段的体重和采食量、仔鼠的始末窝重。在泌乳第 1 天和第 10 天,采集母鼠血液、乳汁和乳腺组织,测定血浆和乳腺组织抗氧化指标、血浆催乳素（PRL）、乳中 IgG 含量和乳腺组织丝裂原活化蛋白激酶（MAPK）信号通路相关基因表达以及蛋白磷酸化水平。结果表明,与基础饲粮组相比,高脂饲粮组母鼠血浆和乳腺组织中总抗氧化能力（T-AOC）、谷胱甘肽过氧化物酶（GSH-Px）和过氧化氢酶（CAT）活性、抑制羟自由基的能力（IHA）显著降低（$P<0.05$）,丙二醛（MDA）含量显著升高（$P<0.05$）；微生物源性抗氧化剂组母鼠泌乳期采食量显著降低（$P<0.05$）、体重增加（$P<0.05$）,仔鼠增重降低（$P<0.05$）。与高脂饲粮组母鼠相比,修复组母鼠泌乳期采食量显著降低（$P<0.05$）,体重显著增加（$P<0.05$）,仔鼠增重显著降低（$P<0.05$）；IgG 含量和泌乳第 1 天血浆中 PRL 的含量显著提高（$P<0.05$）；血浆和乳腺组织中蛋白质羰基含量显著降低（$P<0.05$）,SOD、GSH-Px 和 CAT 活性和 IHA 水平显著提高（$P<0.05$）；修复组母鼠乳腺组织中泌乳第 1 天 MAPK 激酶 1（MEK1）、MAPK 激酶 2（MEK2）、MAPK 激酶 6、MAPK 激酶 4 和 MAPK 激酶 7（MKK7）和泌乳第 10 天 MKK7 的 mRNA 相对表达量显著增加（$P<0.05$）,泌乳第 10 天 MEK1 和 MEK2 的 mRNA 的相对表达量显著降低（$P<0.05$）；泌乳第 10 天细胞外信号调节激酶（Erk1/2）蛋白磷酸化水平显著升高（$P<0.05$）。综上可知,高脂饲粮诱导了繁殖母鼠发生氧化应激和乳腺氧化损伤,微生物源性抗氧化剂提高了高脂诱导繁殖母鼠的抗氧化能力,缓解了高脂诱导的乳腺氧化损伤,提高了乳中 IgG 和泌乳第 1 天血浆中催乳素的含量。在乳腺发生氧化损伤时,Erk1/2 和 c-Jun 氨基末端激酶（JNK）信号通路被激活,推测微生物源性抗氧化剂可能通过 Erk1/2 和 JNK 通路发挥调控作用。

关键词：微生物源性抗氧化剂；高脂日粮；乳腺氧化损伤；泌乳性能；大鼠

　*　基金项目：国家重点研发计划（2018YFD0500600）；国家重点研发计划（2017YFD0500500）；上海市科技兴农重点攻关项目〔沪农科攻字（2016）第 3-3 号〕

　**　第一作者简介：张京,女,讲师,从事动物营养、消化道微生物研究,E-mail：zhangjing224@sjtu.edu.cn

　#　通讯作者：徐建雄,教授,博士生导师,E-mail：jxxu1962@sjtu.edu.cn

姜黄素缓解大鼠宫内生长限制诱导的
肾脏损伤和氧化应激*

王斐** 何进田 牛玉 王超 苏伟鹏 张莉莉 张婧菲 王恬#

（南京农业大学动物科技学院,南京 210095）

摘要:宫内生长限制(IUGR)是指胚胎或胎儿在母体怀孕期间生长或发育不全,IUGR 会导致新生胎儿较高的发病率和死亡率,甚至最终导致其长期的发育受损。姜黄素(curcumin)作为一种天然的抗氧化剂,在动物生产领域有广阔的发展前景。但目前姜黄素对 IUGR 动物肾脏的研究非常缺乏。因此,本试验旨在研究姜黄素对 IUGR 大鼠肾脏损伤和抗氧化功能的影响。本试验采用对妊娠 SD 母鼠限饲的方法创建 IUGR 新生鼠模型。以孕期正常饲喂母鼠所产仔鼠为正常组,限饲母鼠所产仔鼠为 IUGR 组。哺乳至 3 周龄后断奶,从正常组中选择体重相近的雄性鼠 12 只分别设为正常组(NBW)和姜黄素添加组(NC)($n=6$,1 只/窝);从 IUGR 组中选择体重相近的雄性鼠 12 只分别设为 IUGR 组和姜黄素添加组(IC)($n=6$,1 只/窝)。NBW 和 IUGR 组饲喂基础饲粮(AIN-93),NC 和 IC 饲喂在基础饲粮中添加 400 mg/kg 姜黄素饲粮。饲喂至 12 周龄时,禁食 12 h后麻醉,采用眼球取血的方式收集血液。解剖后,立即取出肾组织称重,保存于液氮中。对血液和肾脏相关指标进行测定分析。结果表明:1)IUGR 组肾脏重和体重均显著低于 NBW 组($P<0.05$)。2)与 NBW 组相比,IUGR 组血液肌酐浓度显著降低($P<0.05$);姜黄素的添加显著提高了血液尿素氮的浓度($P<0.05$),并且显著降低了肾脏白细胞介素-1β 的水平($P<0.05$)。3)与 IUGR 组相比,IC 组肾脏丙二醛(MDA)含量显著降低($P<0.05$)。4)IUGR 组肾脏的总抗氧化力(T-AOC)和谷胱甘肽过氧化物酶(GSH-Px)的活性均较 NBW 组显著降低($P<0.05$)。姜黄素的添加显著提高了($P<0.05$)肾脏总超氧化物歧化酶、谷胱甘肽还原酶、T-AOC 和 GSH-Px 的活性。5)与NBW 组相比,IUGR 组肾脏磷酸葡萄糖酸脱氢酶和超氧化物歧化酶 mRNA 表达水平显著上升($P<0.05$)。本研究表明宫内生长限制会引起大鼠生长发育受阻,并且导致肾脏炎症、氧化应激以及肾脏损伤。通过添加姜黄素对预防 IUGR 产生的肾脏炎症、氧化应激和肾损伤有一定的缓解作用。

关键词:姜黄素;宫内生长限制;肾脏损伤;氧化应激;大鼠

* 基金项目:国家自然科学基金项目(31572418,31472129,31601948)
** 第一作者简介:王斐,女,硕士研究生,E-mail:2386757132@qq.com
# 通讯作者:王恬,教授,E-mail:tianwang@163.com

姜黄素对 IUGR 鼠肝脏炎症损伤和
抗氧化功能的缓解作用[*]

何进田[**]　牛玉　王超　王斐　崔韬　张婧菲　白凯文　张莉莉　钟翔　王恬[#]

（南京农业大学动物科技学院，南京 210095）

摘要：试验旨在研究姜黄素对宫内发育迟缓（IUGR）动物肝脏炎症损伤和抗氧化功能的缓解作用。通过饲粮限饲的方法构建 IUGR 鼠模型，在 6 周龄时，具有正常出生体重（NBW）的大鼠随机均分为 NBW 和 NC 组，宫内发育迟缓（IUGR）大鼠随机均分为 IUGR 和 IC 组。NBW 和 IUGR 组饲喂正常饲粮，NC 和 IC 组饲喂添加 400 mg/kg 的姜黄素饲粮，饲喂至 12 周龄。结果表明：1）IUGR 大鼠血清肿瘤坏死因子、白细胞介素 1β 和白细胞介素 6 含量显著升高（$P<0.05$），且血清天冬氨酸氨基转移酶（AST）和丙氨酸氨基转移酶（ALT）活性较 NBW 组高（$P<0.05$）；IUGR 大鼠肝脏丙二醛（MDA）、蛋白质羰基（PC）和 8-羟基脱氧鸟苷（8-OHdG）含量均较 NBW 大鼠高（$P<0.05$）。2）与 NBW 组相比，IUGR 大鼠肝脏超氧化物歧化酶活性显著降低（$P<0.05$），并且肝脏谷胱甘肽氧化还原循环的代谢效率比 NBW 大鼠低（$P<0.05$）。3）饲粮添加姜黄素能显著降低（$P<0.05$）IUGR 大鼠血清炎性细胞因子水平和 AST、ALT 活性以及肝脏中 MDA、PC 和 8-OHDG 含量，对肝脏谷胱甘肽氧化还原循环的代谢效率也有显著提高作用（$P<0.05$）。4）进一步研究表明，姜黄素对 IUGR 大鼠肝脏抗氧化功能的提高与其提高 Nfe2l2/ARE 途径的 mRNA 表达水平有关（$P<0.05$）；姜黄素能通过调节 NF-κB 途径和降低 JAK2 磷酸化水平（$P<0.05$）来缓解肝脏炎症损伤。由此可见，IUGR 大鼠会降低出生体重，引起肝脏炎症损伤和抗氧化功能下降。姜黄素能通过下调 IUGR 鼠肝脏 IκB、NF-κB、JAK2 和 STAT3 蛋白磷酸化水平，以及调节 Nfe2l2/ARE 途径基因的表达来缓解 IUGR 引起的炎症损伤和提高抗氧化功能。

关键词：宫内发育迟缓；姜黄素；鼠；炎症损伤；抗氧化

[*] 基金支持：国家自然科学基金（31572418；31472129；31601948）
[**] 第一作者简介：何进田，男，博士研究生，E-mail：2604463443@qq.com
[#] 通讯作者：王恬，教授，E-mail：twang18@163.com

IRW 和 IQW 两种蛋白肽对 DSS 诱导
的小鼠结肠炎的影响*

马勇[1]** 刘刚[2] 方俊[1]#

(1. 湖南农业大学,生物科学技术学院,长沙,410128;2. 中国科学院亚热带农业生态所亚热带
农业生态过程重点实验室,湖南省畜禽健康养殖工程技术研究中心,长沙 410125))

摘要:生物活性肽可以通过靶向作用对胃肠道进行保护,因此对动物和人类健康有重大意义。本研究旨在探究两种活性肽(IRW 和 IQW)对由葡聚糖硫酸钠(DSS)诱导的小鼠结肠炎症的血清氨基酸代谢变化及结肠组织中相关炎症因子及肠道屏障相关基因表达的影响。本研究利用 DSS 构建小鼠结肠炎模型,将 32 只 8 周龄小鼠(平均质量为 23 g)随机分成四组,每组 8 只,分别为:CON 组(基础日粮+生理盐水),DSS 组(基础日粮的+5% DSS),IRW-DSS 组(饮水中添加0.03% IRW+灌胃 5% DSS)和 IQW-DSS 组(饮水中添加 0.03% IRW+灌胃 5% DSS)。经过 3 天的适应期后,每组饲喂各自的日粮及 DSS 或生理盐水,实验周期为 7 天。收集血清样本以确定氨基酸的水平;取一份结肠组织作为分子样于液氮中速冻,以确定炎症基因的表达。研究表明,与 DSS 组相比,IRW 显著降低了血清中的天冬氨酸,组氨酸和苯丙氨酸的含量($P<0.05$);与 CON 和 DSS 组相比,IQW 提高了血清中亮氨酸含量($P<0.05$),但降低了丝氨酸($P<0.05$)。此外,与 DSS 组相比,IRW 降低了在结肠组织中 TNF-α,IL-17 和 PEPT1 的水平($P<0.05$);与 CON 组相比,IRW 降低了结肠组织中 TLR4 的水平,对 IL-4、IL-10、Tjp1 和 MYD88 等无显著影响。结果表明,IRW 和 IQW 可能通过调节血清氨基酸含量和增强肠道免疫力来缓解由 DSS 诱导的肠道炎症,其中 IRW 的缓解作用更佳。综上所述,两种小肽 IRW 和 IQW 具有缓解由 DSS 诱导的肠道炎症作用,为预防和缓解炎症性肠道疾病提供新的策略和治疗手段。

关键词:蛋白肽;葡聚糖硫酸钠;结肠炎症;血清氨基酸;炎症因子

* 基金项目:国家自然科学基金"肽转运载体 PepT1 介导鸡蛋生物活性肽调控仔猪肠道炎症反应的研究"(31672457)
** 第一作者简介:马勇,硕士研究生,E-mail:mayong@stu.hunau.edu.cn
# 通讯作者:方俊,教授,博士生导师,E-mail:fangjun1973@hunau.edu.cn

L-天冬氨酸锌对呕吐毒素诱导的小鼠
肠道损伤的调控作用*

周加义**　秦颖超　黄登桂　高春起　严会超　王修启#

（华南农业大学动物科学学院，广东省动物营养调控重点实验室，
国家生猪种业工程技术研究中心，广州 510642）

摘要：呕吐毒素（Deoxynivalenol，DON）是全球污染程度最广的霉菌毒素之一，对畜禽肠道健康产生严重威胁。L-天冬氨酸锌（Zinc L-aspartate，L-Zn-Asp）作为一种优质氨基酸螯合锌源，参与维持肠上皮正常发育和功能行使。但尚不清楚 L-Zn-Asp 对 DON 诱导的肠道损伤是否具有较好的缓解效果。本试验以小鼠为研究对象，建立 DON 损伤模型，观察 L-Zn-Asp 对小鼠肠道黏膜指数的影响，检测 Wnt/β-catenin 信号通路，探讨其可能的作用机理，为畜牧生产中降低 DON 对畜禽的危害提供解决方案。试验选取 48 只 4～5 周龄体重相近的 C57BL/6 雄性小鼠，随机分为 4 个处理组，每个处理组 12 个重复，每个重复 1 只小鼠：1）对照组（生理盐水）；2）L-Zn-Asp 组（100 mg/kg BW L-Zn-Asp）；3）DON 组（2 mg/kg BW DON）；4）L-Zn-Asp＋DON 组（100 mg/kg BW L-Zn-Asp＋2 mg/kg BW）。试验全期 2、4 组灌服 100 mg/kg BW L-Zn-Asp，1、3 组灌服等量生理盐水；DON 处理期 4～8 天，3、4 组灌服 2 mg/kg BW DON，1、2 组灌服等量生理盐水。于试验期第 11 天处死小鼠，测量肠道黏膜指数；采用 Western blotting 检测 Wnt/β-catenin 信号通路关键蛋白质、细胞增殖标志 PCNA 和紧密连接蛋白（Occludin 和 Claudin-1）表达。结果显示：与对照组相比，DON 组小鼠十二指肠和空肠单位长度肠道质量显著降低（$P<0.05$），与 DON 组相比，L-Zn-Asp＋DON 组十二指肠和空肠单位长度肠道质量显著增加（$P<0.05$），各组回肠单位长度肠道质量差异不显著（$P>0.05$）。同时，相较于对照组，DON 组空肠绒毛高度显著降低（$P<0.05$），隐窝深度显著增加（$P<0.05$）。相较 DON 组，L-Zn-Asp＋DON 组空肠绒毛高度显著增加（$P<0.05$），隐窝深度显著降低（$P<0.05$）。此外，对空肠靶标蛋白质检测发现，与对照组相比，L-Zn-Asp 组 Wnt/β-catenin 信号通路关键蛋白质（β-catenin、Cyclin D1 和 c-Myc）、PCNA、Occludin 和 Claudin-1 表达显著上调（$P<0.05$），DON 组均被显著下调（$P<0.05$）；与 DON 组相比，L-Zn-Asp＋DON 组标靶蛋白质表达被显著上调（$P<0.05$）。以上结果表明，L-Zn-Asp 通过逆转 DON 诱导的 Wnt/β-catenin 通路、PCNA 和紧密连接蛋白表达下降，减轻肠上皮细胞增殖抑制和屏障功能损伤，从而缓解小鼠肠道损伤。

关键词：呕吐毒素；L-天冬氨酸锌；肠道损伤；缓解

    *　基金项目："十三五"国家重点研发计划（2017YFD0500501，2016YFD0500501）；国家自然科学基金重点项目（31330075）

   **　第一作者简介：周加义（1992—），男，湖北黄石人，博士研究生，从事猪肠道营养相关研究，E-mail：2296216946@qq.com

    #　通讯作者：王修启，研究员，博士生导师，E-mail：xqwang@scau.edu.cn

蛋氨酸及其羟基类似物对呕吐毒素损伤的小鼠肠道的保护作用*

周加义** 黄登桂 高春起 严会超 王修启#

（华南农业大学动物科学学院，广东省动物营养调控重点实验室，
国家生猪种业工程技术研究中心，广州 510642）

摘要：肠道是机体与外界进行物质和信息交换的场所，是呕吐毒素（Deoxynivalenol，DON）攻击的首要靶标。本研究旨在探讨 L-蛋氨酸（Methionine，Met）和 DL-蛋氨酸羟基类似物［2-Hydroxy-4-(Methylthio) Butanoic Acid，HMB］对 DON 诱导小鼠肠道损伤的保护作用，并解析其可能的机制，为缓解呕吐毒素中毒提供安全、经济的营养调控措施。试验选取 4～5 周龄健康状况良好、体重相近的 C57BL/6 雄性小鼠 48 只，分为 6 个处理，每个组 8 个重复，每个重复 1 只小鼠。攻毒前 3 天，对照组和 DON 组灌服生理盐水，Met 组和 DON ＋ Met 组灌服 300 mg/kg Met（BW，下同）溶液，HMB 组和 DON ＋ HMB 组灌服 300 mg/kg HMB 溶液进行营养强化；攻毒期 5 天，对照组、Met 组、HMB 组、DON 组、DON ＋ Met 组和 DON ＋ HMB 组分别灌服生理盐水、300 mg/kg Met、300 mg/kg HMB、2 mg/kg DON、2 mg/kg DON＋300 mg/kg Met 和 2 mg/kg DON＋300 mg/kg HMB；攻毒后各组灌服情况与攻毒前相同，并于攻毒后 72 h 处死小鼠，测量小鼠肠道黏膜指数，取空肠样品待测。结果显示：1）与对照组、Met 组和 HMB 组相比，DON 组小鼠十二指肠、空肠和回肠质量显著降低，灌服 Met 和 HMB 后，空肠质量显著增加（$P<0.05$），十二指肠、回肠质量有所增加，但差异不显著（$P>0.05$）；2）DON 组空肠绒毛高度、绒毛高度与隐窝深度比值显著降低（$P<0.05$），隐窝深度显著增加（$P<0.05$）。灌服 Met 和 HMB 可显著增加空肠绒毛高度和绒毛高度与隐窝深度比值（$P<0.05$），降低隐窝深度（$P<0.05$）；3）与对照组、Met 组和 HMB 组相比，DON 组 Wnt/β-catenin 信号通路关键蛋白质（β-catenin、Cyclin D1 和 c-Myc）、肠道干细胞标志（Lgr5、Bmi1）、增殖细胞核抗原（PCNA）和紧密连接蛋白（ZO-1、Occludin、Claudin-1）表达均被显著下调（$P<0.05$）。与 DON 组相比，灌服 Met 和 HMB 后这些靶标蛋白质表达均被显著上调（$P<0.05$）。上述结果表明，灌服 300 mg/kg Met 和 HMB 对 DON 诱导的肠道损伤有明显的缓解效果，且这种缓解效果可能是通过上调 Wnt/β-catenin 通路，增强肠道干细胞活性，促进肠上皮细胞增殖，保护肠道屏障功能实现的。

关键词：L-蛋氨酸；DL-蛋氨酸羟基类似物；呕吐毒素；肠道损伤；缓解

---

* 基金项目："十三五"国家重点研发计划（2017YFD0500501，2016YFD0500501）；国家自然科学基金重点项目（31330075）

** 第一作者简介：周加义（1992—），男，湖北黄石人，博士研究生，从事猪肠道营养相关研究，E-mail：2296216946@qq.com

\# 通讯作者：王修启，研究员，博士生导师，E-mail：xqwang@scau.edu.cn

过量赖氨酸硫酸盐对肉鸡肠道形态和肝脏病理的影响

贾红敏* 蔡爽 陈美霞 曾祥洲 叶长川 曾祥芳 谯仕彦#

（中国农业大学动物科技学院，动物营养学国家重点实验室，北京 100193）

摘要：近年来，由于天然蛋白饲料的短缺，赖氨酸在畜牧生产中得到了广泛的应用。同时，赖氨酸作为猪、鸡、虹鳟鱼等动物的限制性氨基酸其对于动物的营养具有重要的作用。近日，一种新型的赖氨酸形式——赖氨酸硫酸盐（赖氨酸含量占 55％）被生产，比起在动物饲料中已经广泛添加的 L-赖氨酸盐酸盐，它不仅更加环保，而且含有其他氨基酸和磷的发酵副产物等多种营养成分。目前的研究表明，在日粮中过量的赖氨酸添加对鸡的生长性能有不利影响，比如可以降低了肉鸡的体重，并造成了其腿部的损伤，甚至死亡。本实验通过揭示 L-赖氨酸硫酸盐在小肠形态和肝脏病理学上的变化来研究 L-赖氨酸硫酸盐在肉鸡体内的吸收和代谢，以探讨其对 L-赖氨酸硫酸盐的耐受作用。本研究将 240 只 1 日龄的肉仔鸡随机分成五个处理组，每个处理组含有 0、1％、4％、7％或 10％的 L-赖氨酸硫酸盐的玉米-豆粕日粮。饲喂肉鸡 35 天，检测肉鸡的生产性能、胴体性状、肉品质、血液生化等指标。结果表明，日粮中添加 1％的 L-赖氨酸盐酸盐对肉鸡的生产性能、胴体性状、血液生化，尤其是肠道形态和肝脏病理均无显著影响，但添加 4％、7％或 10％的 L-赖氨酸硫酸盐对肉鸡的生产性能、胴体性状、血液生化等指标产生了不利影响，验证了高于 1％的 L-赖氨酸硫酸盐的添加量对肉鸡产生了一定的毒性作用。

关键词：赖氨酸硫酸盐；肠道形态；肝脏病理；肉鸡

---

 * 第一作者简介：贾红敏（1986—），女，山东莱芜人，博士研究生，从事动物营养和饲料科学研究，E-mail：380529205@qq.com
 # 通讯作者：谯仕彦，教授，博士生导师，E-mail：qiaoshiyan@cau.edu.cn

中链脂肪酸和有机酸组合改善 EHEC 诱导的 小鼠肠道菌群和屏障功能紊乱及炎症效果[*]

王俊^{1**}　蒋思文^{2,3#}　彭健^{1,3#}

（1. 华中农业大学动物科技学院，武汉 430070；2. 华中农业大学，农业动物遗传育种与
繁殖教育部重点实验室，武汉 430070；3. 生猪健康养殖协同创新中心，武汉 430070）

摘要：本研究的目的是探讨中链脂肪酸和有机酸组合改善 EHEC 诱导的小鼠肠道菌群和屏障功能紊乱及炎症的效果。选择 50 只断奶小鼠，依据体重随机分为 5 组（$n=10$），分别为对照组、EHEC 组、EHEC＋Enro 组、EHEC＋OM1 组和 EHEC＋OM2 组。在攻毒前 3 天，EHEC＋OM1 组和 EHEC＋OM2 组小鼠开始饲喂相应饲料，3 天后分别给各组小鼠灌胃 100 μL（生理盐水或 EHEC O157：H7 菌悬液），同时 EHEC＋Enro 组小鼠灌喂 0.42 mg 恩诺沙星，攻毒 3 天后处死小鼠取相关样品。结果表明：1）在饲粮中添加 0.6％ OM1 和 0.56％ OM2 可以显著降低 EHEC 诱导的小鼠体重下降（$P<0.05$）。2）在饲粮中添加 0.6％ OM1 和 0.56％ OM2 可以显著降低 EHEC 诱导的小鼠炎症因子 IL-6 和 TNF-α 的水平（$P<0.05$）。3）在饲粮中添加 0.6％ OM1 和 0.56％ OM2 可以显著降低小鼠血清中 D-乳酸浓度和 DAO 活性（$P<0.05$）。4）在饲粮中添加 0.6％ OM1 和 0.56％ OM2 可以显著减少细菌向肝脏和脾脏移位（$P<0.05$）。5）在饲粮中添加 0.6％ OM1 和 0.56％ OM2 可以显著提高紧密连接蛋白 Occludin 和 ZO-1 的表达量（$P<0.05$）。6）在饲粮中添加 0.6％ OM1 和 0.56％ OM2 可以显著提高黏液蛋白 MUC-2 的表达量（$P<0.05$）。7）在饲粮中添加 0.6％ OM1 和 0.56％ OM2 可以显著提高宿主防御肽 mBD1、mBD2 和 mBD3 的表达量（$P<0.05$）。8）在饲粮中添加 0.6％ OM1 和 0.56％ OM2 可以显著增加盲肠中乳酸杆菌属和双歧杆菌属细菌丰度，减少盲肠中大肠杆菌丰度（$P<0.05$）。这些结果表明，OM1 和 OM2 可以预防或治疗肠道炎症和肠道病原体感染引起的肠道屏障功能损伤。

关键词：紧密连接；中链脂肪酸；有机酸；肠道通透性

---

* 基金项目：国家自然科学基金（31472075）；国家重点研发项目（2017YFD0502004）
** 作者介绍：王俊（1990—），男，四川内江人，博士研究生，动物营养与饲料科学专业，E-mail：wangjun89645@163.com
# 通讯作者：彭健，教授，博士生导师，E-mail：pengjian@mail.hzau.edu.cn；蒋思文，教授，博士生导师，E-mail：jiangsiwen@mail.hzau.edu.cn

饲粮添加二十碳五烯酸(EPA)促进胎盘血管生成提高繁殖性能通过非依赖 SIRT1 的炎症通路[*]

彭杰[1][**]　周远飞[1]　张红[1]　魏宏逵[1]　彭健[1,2][#]

(1. 华中农业大学动物科技学院动物营养与饲料科学系，武汉 430070；

2. 生猪健康养殖协同创新中心，武汉 430070)

摘要： 本试验旨在研究妊娠期饲粮添加 n-3 多不饱和脂肪酸二十碳五烯酸 EPA，以及 $SIRT1$ 基因缺失对小鼠胎盘血管生成及胎儿发育的影响。选取 34 只 10 周龄 $SIRT1^{+/-}$ 母鼠，与 $SIRT1^{+/-}$ 公鼠交配后随机分成两组，分别饲喂 60% kcal 高脂饲粮（HFD）（含 30.1% 猪油），以及等能量的 EPA 饲粮（含 25.6% 猪油，4.4% EPA 乙酯），试验期 18.5 天，采集母体血液和胎盘样品，并统计繁殖性能。结果表明：1）妊娠饲粮添加 EPA 显著提高了母体葡萄糖耐受能力（$P<0.01$），同时显著降低了母体血清 IL-6 和 TNFα 含量（$P<0.01$）。2）饲粮添加 EPA 对胎盘重无显著影响，但显著提高了胎盘效率（$P<0.01$）和胎儿重（$P<0.01$），免疫组化结果显示 EPA 显著促进了胎盘血管生成标志基因 $CD31$ 的表达（$P<0.01$），并显著抑制 HIF1α 信号通路（$P<0.01$）。3）饲粮添加 EPA 显著激活了胎盘 IκB，IKK 磷酸化（$P<0.01$），增加了胎盘炎症基因 $TNF\alpha$、IL-1β、$MCP1$、IL-8、$PTGS2$ 等的表达（$P<0.01$），并促进 NFκB 入核（$P<0.01$）。4）$SIRT1$ 基因缺失显著降低了胎盘重（$P<0.05$）和胎儿重（$P<0.01$），显著降低胎盘迷宫区域面积（$P<0.05$），显著抑制胎盘血管生成（$P<0.01$）。5）EPA 对胎盘 $SIRT1$ 蛋白水平无显著性影响，饲粮因素与基因型之间无显著的交互作用。6）$SIRT1$ 缺失并未显著增加胎盘炎症基因的表达。妊娠期饲粮添加 EPA 可通过激活非依赖于 $SIRT1$ 的炎症通路促进胎盘血管生成，提高母体繁殖性能。

关键词： EPA；炎症；母体肥胖；$SIRT1$；胎盘血管生成

---
　　* 基金项目：国家重点研发专项（2017YFD0502004）；湖北省技术创新专项资金项目（2016ABA113）；湖北省农业科技创新团队项目（2007-620）；中央高校基础研究经费（2662017PY017）；国家现代产业技术体系（CARS-36）

　　** 第一作者简介：彭杰（1989—），男，湖北随州人，博士研究生，从事母猪营养调控和胎盘血管生成机制方向研究，E-mail：ribensantailang@126.com

　　# 通讯作者：彭健，教授，博士生导师，E-mail：pengjian@mail.hzau.edu.cn

妊娠早期饲粮添加蛋氨酸对初产大鼠
胚胎附植和繁殖性能的影响

蔡爽[1,2]* 谯仕彦[1,2] 曾祥芳[2]#

（1. 中国农业大学农业部饲料工业中心，北京，100193；
2. 北京生物饲料添加剂重点实验室，北京，100193）

摘要：妊娠早期胚胎损失是制约动物繁殖性能的一个重要因素。蛋氨酸是动物的必需氨基酸，也是重要的功能性氨基酸。除了参与蛋白质的合成，还可调控基因表达和胎儿生长发育等生理过程，对动物的生长发育和繁殖有重要意义。但是目前关于蛋氨酸对动物繁殖性能影响的研究较少。因此，本研究的目的是探究妊娠早期饲粮添加蛋氨酸对初产大鼠胚胎附植和繁殖性能的影响。试验一选用 150 只初次妊娠的 SD 大鼠随机分为 5 组，在妊娠第 1～7 天分别饲喂含有 0.4%（对照组）、0.6%、0.8%、1.0% 和 1.2% 蛋氨酸的饲粮，第 7 天麻醉解剖，记录胚胎附植数。试验二选取 60 只孕鼠在妊娠第 1～7 天饲喂含有 0.4% 和 1.0% 蛋氨酸的饲粮，之后均饲喂对照饲粮至产仔。试验三选取 48 只孕鼠分别饲喂含有 0.4% 和 1.0% 蛋氨酸的饲粮，妊娠第 5 天和第 6 天每组随机挑选 12 只麻醉解剖，腹主静脉采血，分离血清，收集子宫胚胎附植部位组织和卵巢组织。结果表明：1）妊娠早期饲喂含有 1.0% 蛋氨酸的饲粮，显著增加初产大鼠的胚胎附植数、平均窝产活仔数和窝重（$P<0.05$）。2）妊娠早期饲喂含有 1.0% 蛋氨酸的饲粮，显著增加大鼠妊娠第 5 天血清孕酮的含量（$P<0.05$），显著降低血清雌二醇含量（$P<0.05$）。3）妊娠早期饲喂含有 1.0% 蛋氨酸的饲粮，明显改变大鼠血清游离氨基酸的组成，牛磺酸、苏氨酸、丝氨酸和蛋氨酸等氨基酸含量显著增加（$P<0.05$），生物素代谢、牛磺酸和亚牛磺酸代谢、嘌呤代谢和谷胱甘肽代谢存在显著差异。4）妊娠早期饲喂含有 1.0% 蛋氨酸的饲粮，显著增加妊娠第 5 天和第 6 天大鼠血清中的胱硫醚 β 合酶含量（$P<0.05$），提示妊娠早期饲粮添加蛋氨酸主要影响蛋氨酸的转硫代谢途径。5）妊娠早期饲喂含有 1.0% 蛋氨酸的饲粮，卵巢组织中蛋氨酸转运载体的表达量差异不大，而妊娠第 6 天的子宫胚胎附植部位组织中 SNAT 1 和 LAT 1 两种蛋氨酸转运载体的表达量显著增加（$P<0.05$），提示蛋氨酸可能更多地作用于子宫胚胎附植部位而非卵巢。综上所述，妊娠早期饲喂含有 1.0% 蛋氨酸的饲粮可显著改善大鼠胚胎发育和附植，增加平均窝产活仔数和窝重。本研究结果对蛋氨酸在促进早期胚胎存活，改善哺乳动物繁殖性能的应用方面具有重要意义。

关键词：蛋氨酸；SD 大鼠；妊娠早期；胚胎附植；繁殖性能

---

* 第一作者简介：蔡爽（1994—），女，湖北枝江，博士研究生，主要从事猪的营养和繁殖，E-mail：c_caishuang@163.com
\# 通讯作者：曾祥芳，副教授，硕士生导师，研究方向为猪的营养和繁殖，E-mail：ziyangzxf@163.com

白藜芦醇对急性应激创伤大鼠的缓解作用研究[*]

赵月香[1,2**]　　常凌[1,2]　　丁亚楠[1,2]　　宋泽和[1,2]　　贺喜[1,2]　　范志勇[1,2#]

（1. 湖南农业大学动物科学技术学院 长沙 410128；

2. 湖南省畜禽安全生产协同创新中心 长沙 410128）

摘要：本研究旨在通过建立急性应激大鼠模型，利用从实验测得的血清抗氧化指标，炎性因子指标等数据来探讨白藜芦醇对急性应激创伤大鼠的缓解作用。本实验采用单因素实验法，选取4周龄雄性 SD 大鼠96只，根据饲粮中白藜芦醇含量不同，分为4个组（每组12个重复，每个重复2只）。分别为：(1)基础饲粮组（饲喂基础饲粮）、(2)基础饲粮组＋CCl_4（饲喂基础饲粮＋CCl_4）、(3)低剂量 RES 组（饲喂基础饲粮＋0.04％ RES＋CCl_4）和(4)高剂量 RES 组（饲喂基础饲粮＋0.08％ RES＋CCl_4），试验期共为45天，CCl_4 的给药方式为腹腔注射50％的 CCl_4 植物油溶液注射液 3 mL/kg。结果表明：1)与基础组相比，基础＋CCl_4 组，IL-6 浓度显著升高（$P < 0.05$），与基础＋CCl_4 组相比，添加低 RES、高 RES 组 IL-6 浓度均降低了 IL-6 含量，但未达到显著水平（$P > 0.05$）；与基础组相比，基础＋CCl_4 组，MCP-1 浓度显著升高（$P < 0.05$），与基础＋CCl_4 组相比，添加低 RES、高 RES 组均降低了 MCP-1 含量，但是低 RES 组未达到显著水平（$P > 0.05$），高 RES 组显著降低 MCP-1 含量（$P < 0.05$）；与基础组相比，基础＋CCl_4 组，TNF-α 浓度显著升高（$P < 0.05$），与基础＋CCl_4 组相比，添加高 RES 组显著降低了 TNF-α 浓度（$P < 0.05$），添加低 RES 组无显著性差异（$P > 0.05$）。2)与基础相比，基础＋CCl_4 组 CAT 活力显著升高（$P < 0.05$），且 MDA 含量也显著升高（$P < 0.05$），与基础＋CCl_4 组相比，基础＋低 RES＋CCl_4、基础＋高 RES＋CCl_4 组 CAT 活力均显著降低（$P < 0.05$），且 MDA 含量也都显著降低（$P < 0.05$）。综上表明，白藜芦醇可以有效地缓解 CCl_4 带来的急性创伤应激反应，对血清细胞因子以及抗氧化指标都有降低效果，缓解了机体的炎症反应，提高了机体的抗氧化能力。

关键词：白藜芦醇；急性创伤应激；大鼠；血清生化指标；抗氧化力

* 基金项目：国家重点研发计划（2017YFD0500506；2016YFD0501209）；湖南省重大项目（2016NK2124）

** 第一作者简介：赵月香（1993—），女，河北邢台人，硕士研究生，畜牧养殖专业，E-mail：1246128247@qq.com

通讯作者：范志勇，教授，硕士生导师，E-mail：fzyong04@163.com

白藜芦醇对高脂日粮诱导肥胖小鼠内源
消化酶活性和能量代谢的影响[*]

李毅[**]　甘振丁　韦文耀　张婧菲　张莉莉　王恬　钟翔[#]

（南京农业大学动物科技学院，南京 210095）

摘要：本试验旨在研究高脂饲粮条件下白藜芦醇对肥胖小鼠空肠和回肠长度、质量、内源消化酶与糖酵解、三羧酸循环途径的影响。选取 40 只 8 周龄的 C57BL/6J 雄性小鼠，随机分成 4 组，分别采用低脂饲粮（LFD）、低脂饲粮＋276 mg/kg 白藜芦醇（LR）、高脂饲粮（HFD）、高脂饲粮＋400 mg/kg 白藜芦醇（HR），饲喂 12 周后采样。结果表明：1）与 LFD 小鼠相比，HFD 小鼠空肠质量、长度分别升高了 37.50％、17.84％（$P<0.05$）；麦芽糖酶和丙酮酸激酶（PK）活性分别显著（$P<0.05$）降低了 39.01％和 44.07％，乳糖酶、蔗糖酶和苹果酸脱氢酶（MDH）分别降低了 26.69％、32.25％和 16.69％（$P>0.05$），琥珀酸脱氢酶（SDH）和己糖激酶（HK）分别升高了 0.67％和 6.63％（$P>0.05$）；空肠的 PGC-1α 和 PK mRNA 的表达量下降了 14.26％和 11.68％（$P>0.05$），SDH、MDH、CS 和 $HK2$ mRNA 的表达量升高了 1.63％、18.50％、12.81％和 11.29％（$P>0.05$）。2）与 LFD 小鼠相比，HFD 小鼠回肠质量、长度分别升高了 55.33％、17.16％（$P<0.05$）；乳糖酶、麦芽糖酶、SDH、MDH、PK 和 HK 活性分别减少了 46.10％、41.14％、25.88％、14.29％、22.47％和 7.45％（$P>0.05$），蔗糖酶活性上升了 8.56％（$P>0.05$）；回肠 PGC-1α 和 PK mRNA 的表达量分别显著（$P<0.05$）下降了 42.59％和 21.27％，SDH 和 $HK2$ mRNA 的表达量升高了 6.19％ 746.08％（$P>0.05$），MDH 和 CS mRNA 的表达量降低了 0.01％和 5.10％（$P>0.05$）。3）与 HFD 小鼠相比，HR 小鼠空肠质量、长度分别减少了 13.50％、1.77％（$P>0.05$）；乳糖酶和 PK 活性分别显著（$P<0.05$）升高了 178.66％和 63.14％，SDH 活性升高了 3.95％（$P>0.05$），蔗糖酶、麦芽糖酶、MDH 和 HK 活性减少了 30.45％、5.29％、15.30％和 13.18％（$P>0.05$）；空肠的 SDH、MDH 和 PK mRNA 的表达量升高了 4.28％、3.83％和 10.15％（$P>0.05$），PGC-1α、CS 和 $HK2$ mRNA 的表达量下降了 1.05％、5.54％和 26.02％（$P>0.05$）。4）与 HFD 小鼠相比，HR 小鼠回肠质量、长度分别减少了 20.02％、3.78％（$P>0.05$）；乳糖酶、蔗糖酶、麦芽糖酶、SDH 和 PK 活性上升 19.88％、1.19％、1.98％、37.76％和 11.18％（$P>0.05$），MDH 活性和 HK 下降 1.26％和 1.23％（$P>0.05$）；回肠 MDH mRNA 的表达显著（$P<0.05$）升高了 38.37％，PGC-1α、CS 和 PK mRNA 的表达量升高了 14.36％、17.94％和 5.75％（$P>0.05$），SDH 和 $HK2$ 下降了 19.84％和 90.10％（$P>0.05$）。由此可见，长期饲喂高脂饲粮影响小鼠肠道对营养物质的消化吸收能力，糖酵解及三羧酸循环代谢途径有所减弱。添加 400 mg/kg 白藜芦醇可一定程度的缓解肠道代谢紊乱，调控内源消化酶和能量代谢关键酶活性及相关基因的表达，改善肠道代谢状态。

关键词：白藜芦醇；植物提取物；高脂饲粮；肥胖；内源消化酶；能量代谢

---

* 基金项目：国家自然科学基金面上项目（31472129）；江苏省自然科学基金面上项目（BK20161446）
** 第一作者简介：李毅，女，硕士。E-mail：18305180368@163.com
# 通讯作者：钟翔，男，副教授，E-mail：xiangzhongyr@163.com

白藜芦醇对高脂日粮诱导肥胖小鼠肠道形态结构及抗氧化能力的影响[*]

李毅^{**}　甘振丁　韦文耀　张婧菲　张莉莉　王恬　钟翔[#]

（南京农业大学动物科技学院，南京 210095）

摘要：白藜芦醇(Resveratrol)是一种主要存在于葡萄、藜芦等植物中的多酚类化合物，具有抗氧化、抗炎症和调节免疫等一系列功效。本试验旨在研究高脂饲粮条件下白藜芦醇对肥胖小鼠空肠和回肠绒毛长度，隐窝深度等形态结构和抗氧化能力的影响。选取 40 只 8 周龄的 C57BL/6J 雄性小鼠，随机分成 4 组，分别为低脂饲粮（LFD）和高脂饲粮（HFD）组，在低脂饲粮中添加 276 mg/kg 白藜芦醇（LR），高脂饲粮中添加 400 mg/kg 白藜芦醇（HR），保证相同采食热量情况下，LR 和 HR 组小鼠采食白藜芦醇含量相同，饲喂 12 周。结果表明：1)与 LFD 小鼠相比，HFD 小鼠空肠绒毛高度、隐窝深度和绒毛高度与隐窝深度的比值(V/C)分别降低了 6.47%($P>0.05$)、4.93%($P>0.05$)和 7.25%($P>0.05$)；HFD 小鼠回肠绒毛高度和隐窝深度分别升高了 13.76%($P<0.05$)、19.17%($P<0.05$)，V/C 降低了 3.80%($P>0.05$)。与 HFD 小鼠相比，HR 小鼠空肠绒毛高度和 V/C 分别升高了 11.54%($P<0.05$)、25.60%($P<0.05$)，隐窝深度降低了 12.92%($P>0.05$)；HR 小鼠回肠绒毛高度、隐窝深度和绒毛高度与 V/C 分别升高了 15.95%($P<0.05$)、4.87%($P>0.05$)和 8.01%($P>0.05$)。2)与 LFD 小鼠相比，HFD 小鼠空肠谷胱甘肽过氧化物酶(GSH-PX)、总超氧化物歧化酶(T-SOD)、过氧化氢酶(CAT)活性及丙二醛(MDA)、总抗氧化能力(T-AOC)分别降低了 16.04%($P>0.05$)、9.94%($P>0.05$)、47.05%($P>0.05$)、5.15%($P>0.05$)和 12.55%($P>0.05$)。HFD 小鼠回肠 CAT、MDA 和 T-AOC 分别降低了 53.79($P>0.05$)、35.25%($P>0.05$)和 8.30%($P>0.05$)，GSH-PX 和 T-SOD 分别升高了 56.70%($P<0.05$)和 25.33%($P>0.05$)。与 HFD 小鼠相比，HR 小鼠空肠 GSH-PX、T-SOD、CAT 活性及 MDA、T-AOC 分别升高了 14.83%($P>0.05$)、13.62%($P>0.05$)、25.99%($P>0.05$)、40.84%($P>0.05$)和 16.37%($P>0.05$)；回肠 MDA 和 CAT 分别升高了 59.55%($P>0.05$)和 70.70%($P>0.05$)，GSH-PX、T-SOD 及 T-AOC 分别降低了 26.13%($P>0.05$)、22.33%($P>0.05$)和 5.68%($P>0.05$)。3)与 LFD 小鼠相比，HFD 小鼠空肠 *CAT*、*SOD3* 和 *GPX1* mRNA 的表达量分别提高了 24.96%($P>0.05$)、9.07%($P>0.05$)和 42.09%($P<0.05$)；回肠 *CAT*、*SOD3* 和 *GPX1* mRNA 的表达量分别提高了 17.00%($P>0.05$)、200.06%($P<0.05$)和 48.47%($P<0.05$)。与 HFD 小鼠相比，HR 小鼠空肠 *CAT*、*SOD3* 和 *GPX1* mRNA 的表达量分别提高了 3.79%($P>0.05$)、20.21%($P>0.05$)和 11.77%($P>0.05$)；回肠 *CAT*、*SOD3* 和 *GPX1* mRNA 的表达量分别降低了 2.50%($P>0.05$)、54.54%($P>0.05$)和 8.64%($P>0.05$)。由此可见，长期饲喂高脂饲粮干扰了小鼠的正常生长，影响肠道抗氧化能力。添加 400 mg/kg 的白藜芦醇可一定程度的缓解肠道生长紊乱，调控抗氧化关键酶活性及相关基因的表达，改善肠道代谢状态。

关键词：白藜芦醇；植物提取物；高脂饲粮；肥胖；形态结构；抗氧化

---

　*　基金项目：国家自然科学基金面上项目(31472129)；江苏省自然科学基金面上项目(BK20161446)

　**　第一作者简介：李毅，女，硕士研究生，E-mail:18305180368@163.com

　#　通讯作者：钟翔，男，副教授，E-mail:xiangzhongyr@163.com

硫色曲霉木聚糖酶 xyn11A 基因
在毕赤酵母中的表达研究[*]

刘亚京[**]　杨勇智　王剑　曹云鹤[#]

（中国农业大学动物科技学院，动物营养学国家重点实验室，北京 100193）

摘要：木聚糖酶是一类降解木聚糖的酶系，可降解自然界中大量存在的木聚糖类半纤维素。在木聚糖水解酶系中，β-1,4-内切木聚糖酶是最关键的水解酶。木聚糖酶被广泛应用于多个领域。挖掘不同来源的木聚糖酶，对木聚糖酶进行改良探索提供重要的理论基础。本论文主要研究硫色曲霉木聚糖酶基因 xyn11A 的序列、克隆及其毕赤酵母 X-33 工程菌株的构建与表达，该木聚糖酶属于糖苷水解酶第 11 家族（GH11）。本论文共包括以下实验：（1）木聚糖酶基因 xyn11A 基因序列的分析。（2）木聚糖酶基因 xyn11A 的克隆；xyn11A 毕赤酵母工程菌株的构建。木聚糖酶基因 xyn11A 全长 651 bp，编码 216 个氨基酸。构建优化型木聚糖酶毕赤酵母工程菌株，摇瓶发酵，经甲醇诱导 96 h 表达木聚糖酶。经过 SDS-PAGE 分析，表达产物的大小约为 18 kDa，优化型菌株表达的木聚糖酶的酶活为 170 U/mL。酶学性质分析结果表明：该酶最适催化温度在 40℃，最适 pH 为 5.00；pH 稳定性较好，在 pH 3～8 均稳定保持较高的相对活性，该酶对温度较为敏感，40℃处理 30 min，残余 76.9% 酶活，处理 60 min，残余 57.5% 酶活，50℃处理 10 min，残余 6.34% 活性；60℃处理 5 min 几乎完全失活；对金属离子耐受性不一致，NH_4^+、Na^+、Mg^{2+}、Zn^{2+} 等金属离子会抑制酶活性，酶活性降低不超过 20%，而 EDTA 和 Fe^{3+}、Co^{2+}、Cu^{2+} 等金属离子降低酶活性分别为 63.7%、73.2%、44.7% 和 71.3%。用木聚糖作为底物测定木聚糖酶的动力学参数，结果显示木聚糖酶针对底物木聚糖的 Km 和 $Vmax$ 分别是 12.00 mg/mL 和 1 111.11 U/mL。在饲料中应用的木聚糖酶需要在生理温度条件下具有较高活性，而木聚糖酶 xyn11A 在 40℃活性最高，但是热稳定性不突出，可以进一步对木聚糖酶进行分子改良，提高活性的同时，能兼顾其热稳定性和低温活性，本研究为 GH11 家族木聚糖酶的改良提供了重要的参考和依据。

关键词：硫色曲霉；木聚糖酶；毕赤酵母；GH11 家族

---

　　[*] 基金项目："十二五"国家科技支撑计划项目（2013BAD10B01）

　　[**] 第一作者简介：刘亚京，女，博士在读，E-mail：yajing. liu314@qq. com

　　[#] 通讯作者：曹云鹤，副研究员，E-mail：caoyh@cau. edu. cn

白地霉脂肪酶基因在毕赤酵母中的高效表达[*]

王剑^{**}　郭晓晶　杨勇智　刘亚京　朴香淑　曹云鹤[#]

（中国农业大学动物科技学院，动物营养学国家重点实验室，北京 100193）

摘要：脂肪酶可有效地催化酯的水解、酯化、酯交换、酸解和醇解等多种反应。在饲料中添加脂肪酶可有效地弥补特殊阶段动物内源消化酶的不足，提高饲料脂肪消化利用率，促进动物生长。随着人们对动物生产性能要求的提高，微生物脂肪酶在饲料中的应用前景也必将越广阔。本试验从食堂下水道污泥中分离筛选出高产脂肪酶菌株，克隆并优化其脂肪酶基因序列，构建脂肪酶工程菌株以提高其脂肪酶的表达量。通过对该菌的内部转录间隔区基因序列的同源性分析发现，该菌株属于白地霉菌属，脂肪酶的分泌表达量达到 22.8 U/mL。将筛选到的菌株以总 DNA 为模板克隆出脂肪酶基因序列，该脂肪酶基因全长为 1 692 bp，不含内含子，编码 563 个氨基酸。根据毕赤酵母密码子的偏好性，进行白地霉脂肪酶基因序列优化设计，将野生型和优化型的脂肪酶基因分别连接到毕赤酵母诱导型表达载体 pPICZαA 上，并转入 X-33 菌株，构建重组表达菌。重组菌株经甲醇诱导，分泌表达脂肪酶。经 SDS-PAGE 电泳分析，表达产物约为 62 kDa 的蛋白。在摇瓶诱导 72 h 后，野生型和优化型脂肪酶酶活分别为 63.0 U/mL 和 93.7 U/mL。测定优化型脂肪酶的蛋白表达量为 1 440 μg/mL，测定的比活为 233.7 U/mg，纯化后可见单一的蛋白条带，测定的比活为 1 257.9 U/mg。该酶的最适催化温度为 45℃，最适 pH 为 8.2，pH 范围 5.2～11.2，酶的稳定性比较好。温度在 50℃ 以下时，脂肪酶稳定性较好。Zn^{2+} 会使脂肪酶活性下降，而 Ba^{2+}、Ca^{2+} 和 EDTA 使脂肪酶活性升高。以脂肪酶水解橄榄油的活性为 100%，猪油、花生油、菜籽油、葵花籽油、大豆油和亚麻籽油的相对水解率分别为 17.24%、40.34%、105.86%、115.51%、116.21% 和 120.69%。

关键词：脂肪酶；白地霉；毕赤酵母；密码子优化

＊　基金项目："十二五"国家科技支撑计划项目（2013BAD10B01）

＊＊　第一作者简介：王剑（1996—），女，辽宁朝阳市人，博士研究生，动物营养与饲料科学专业，E-mail：S20173040498@cau.edu.cn

＃　通讯作者：曹云鹤，副研究员，博士生导师，E-mail：caoyh@cau.edu.cn

饲用 β-葡萄糖苷酶的研究与开发[*]

柏映国[#]　曹慧方　罗会颖　王苑　涂涛　黄火清　姚斌[#]

（中国农业科学院饲料研究所，农业部饲料生物技术重点实验室，北京 100081）

摘要： 大豆异黄酮具有促生长及加速蛋白合成等功效，但在豆粕中主要以无活性的结合型存在。在玉米豆粕型日粮为主的饲料领域，β-葡萄糖苷酶可以将结合型大豆异黄酮转化为游离型活性苷元，但在实际生产中通过添加 β-葡萄糖苷酶与通过直接添加外源大豆异黄酮的应用效果相比有较大差距。分析其原因，目前饲料工业应用的 β-葡萄糖苷酶多为糖基水解酶 GH3 家族，其对葡萄糖的抑制常数 Ki 通常较低，因此其在转化过程受肠道中较高浓度葡萄糖的抑制。本研究获得了一个 GH1 家族高比活 β-葡萄糖苷酶 AsBG1，性质测定表明，其不仅具有较高的葡萄糖耐受性，而且一定浓度范围的葡萄糖对其有酶活促进效应。体外模拟实验表明，AsBG1 在 10～100 mmol/L 的葡萄糖浓度下水解大豆异黄酮的速率影响不显著，而来源于糖基水解酶 GH3 家族的 β-葡萄糖苷酶 Bgl3A，在 10～20 mmol/L 的葡萄糖浓度下水解效率大幅降低，因此 AsBG1 在饲料领域显示出巨大的应用潜力。

关键词： β-葡萄糖苷酶；葡萄糖耐受性；大豆异黄酮

＊ 基金项目：中国农业科学院科技创新工程协同创新任务（CAAS-XTCX2016011-01）

＃ 通讯作者：柏映国，E-mail：baiyingguo@caas.cn；姚斌，E-mail：binyao@caas.cn

颗粒饲料加工对维生素稳定性影响的研究

宋婷婷[1*]　　杨在宾[1#]　　宋振帅[1]　　杨崇武[2]　　于陪礼[3]

（1. 山东农业大学动物科技学院，泰安 271018；2. 山东农业大学动物科技学院，
泰安 271018；3. 济南中谷饲料有限公司，济南 250000）

摘要： 维生素是维持动物机体正常生命活动不可缺少的一类小分子有机化合物，在畜禽体内参与众多生化反应、具有抗应激、提高免疫力等功能，在畜禽养殖中有不可替代的作用。本试验以肉鸡颗粒饲料为研究对象，研究硬颗粒饲料制作对配合饲料中维生素稳定性的影响。试验分 2 种料型：粉料和硬颗粒饲料；研究调质、制粒、冷却等对维生素活性的影响。本试验采用玉米-饼粕型饲粮，从混合机投入原料开始到饲料全部冷却为止，为一个全过程，在整个过程中分 4 个点（混合后，调质后，制粒后，冷却后）进行样品制备。结果表明：1）颗粒饲料制作过程中调制、制粒、冷却显著降低了（$P<0.05$）肉小鸡配合饲料中维生素 A、维生素 D、维生素 E 和维生素 K 的含量，冷却后维生素 B_2 的含量显著降低（$P<0.05$）；调制、制粒、冷却后肉大鸡配合饲料中维生素 A、维生素 D、维生素 E 含量显著降低（$P<0.05$），制粒、冷却后维生素 B_2 含量降低（$P<0.05$），各过程对肉小鸡配合饲料维生素 B_1 含量和肉大鸡配合饲料维生素 K、维生素 B_1 含量影响不显著（$P>0.05$）。2）肉小鸡和肉大鸡配合饲料颗粒制作过程中维生素的损失在调制后最严重，除肉小鸡配合饲料维生素 E 存留率为 90.18%、维生素 B_1 的存留率分别为 98.37% 和 94.17% 外，其他维生素存留率均在 90% 以下。而制粒和冷却过程中肉鸡配合饲料维生素素损失较小，存留率均在 93% 以上。3）肉鸡配合饲料在颗粒制作过程中冷却后的水分含量略低于混合后。混合后和冷却后水分含量和料温明显低于调制和制粒过程，而容重的变化则是调制后最低、混合后和制粒后基本相当、冷却后最高。硬度和粉化率基本保持不变。4）调制和制粒后的肉鸡配合饲料干物质和有机物含量低于混合和冷却后，而粗蛋白质、钙和磷含量各制作过程基本保持不变。由此可见，肉鸡配合饲料颗粒制作过程中调制、制粒、冷却过程能够降低维生素含量，其中调制过程的影响最大。冷却降低了肉鸡配合饲料水分含量和料温，调制则降低了容重。调制和制粒后的肉鸡配合饲料干物质和有机物含量低于混合和冷却后，而粗蛋白质、钙和磷含量各制作过程基本保持不变。

关键词： 肉鸡；颗粒饲料；制粒过程；维生素；存留率

---

　*　第一作者简介：宋婷婷（1994—），女，山东潍坊人，硕士研究生，研究方向为动物营养与饲料科学，E-mail：2638807174@qq.com

　#　通讯作者：杨在宾，教授，博士生导师，E-mail：yzb204@163.com

15种植物精油添加剂及其主要抑菌成分对
常见致病菌抑菌作用研究[*]

袁瑶[**]　郑卫江　文雨晴　姚文[#]

（南京农业大学动物科技学院,南京 210095）

摘要:肉桂醛、香芹酚、丁香酚、百里香酚等植物精油活性物质具有广谱抑菌作用,市场上以这些物质为主要成分的精油添加剂产品种类越来越多。本研究旨在对市售的15种精油添加剂产品进行抑菌评估。本实验通过气相色谱仪对各精油添加剂产品进行热稳定性比较以及肉桂醛、香芹酚、丁香酚、百里香酚4种抑菌物质含量的测定。其次采用微量肉汤法分别对各精油添加剂产品以及4种活性物质成分进行体外最小抑菌浓度(MIC)的测定,供试菌选用5株常见耐药致病菌(猪源沙门氏菌、禽源沙门氏菌、猪源大肠杆菌、禽源的大肠杆菌、猪链球菌)和1株敏感菌(埃希氏大肠杆菌 ATCC25922)。最后通过棋盘稀释法对肉桂醛、香芹酚、丁香酚、百里香酚4种抑菌成分进行复配抑菌效果测定。结果表明:15种植物精油产品在热处理前后其主要活性物质成分含量基本保持不变。另外15种精油产品中含活性物质(肉桂醛、香芹酚、丁香酚、百里香酚等)最高的为63.89%,其中5种产品的含量在15%～35%,其余9种的含量均低于10%。15种产品中抑菌效果最佳的MIC值为2 mg/mL,10种产品的MIC值为4～16 mg/mL,1种产品抑菌效果极弱其MIC值大于64 mg/mL。肉桂醛、香芹酚、丁香酚、百里香酚4种主要抑菌成分中抑菌能力最强的为肉桂醛,对沙门氏菌的MIC值为0.5 mg/mL;对大肠杆菌以及猪链球菌的MIC值为0.25 mg/mL。香芹酚、丁香酚、百里香酚对沙门氏菌以及大肠杆菌、猪链球菌的抑菌效果一致MIC值分别0.5、1、2 mg/mL。百里香酚和丁香酚(16:1)以及百里香酚和香芹酚(1:16)都表现出了较弱的协同作用。为进一步植物精油添加剂的开发利用提供了依据。

关键词:植物精油添加剂;最小抑菌浓度;精油成分;复配

* 基金项目:江苏省现代农业(生猪)产业技术体系营养调控创新团队

** 第一作者简介:袁瑶(1993—),女,江西丰城人,硕士研究生,从事动物营养与饲料科学专业研究,E-mail:yoyo20110668@163.com

通讯作者:姚文,教授,E-mail:yaowen67jp@njau.edu.cn

不同种类植物精油的抗氧化性活性研究*

曹玉伟** 李艳玲#

（北京农学院动物科学技术学院，奶牛营养学北京市重点实验室，北京 102206）

摘要：随着现代畜牧业的发展，动物生产的集约化程度越来越高，动物容易受到各种不良因素，如早期断奶、环境中的微生物、消化不良等的刺激，产生氧化应激。氧化应激是指在一些特定的条件下细胞内外自由基及相关物质大量地产生，机体的抗氧化系统不能及时清除这些自由基，造成自由基的堆积，攻击生命大分子，使组织损伤、蛋白质损失、酶失活、生物膜脂过氧化、碳水化合物及核酸损伤，最终导致细胞死亡和凋亡。而其与动物多种疾病的发生和发展有关，其中对消化道的氧化损伤在动物生产中发生率最高，最终引起炎症反应，发生腹泻等肠道疾病，出现生长受阻甚至死亡。本研究以我国产量居世界首位的桉叶油（Euc）、茴香油（AO）、山苍子油（LCO）、肉桂油（CO）等植物精油为研究对象，通过化学的实验方法比较、筛选出抗氧化活性作用较好的 1~2 种精油应用于实际生产。本试验基于氧化系统的不同作用机制：电子转移 SET、活性氧 ROS、氢原子转移 HAT、离子转移 HAT、金属离子螯合，通过不同的化学方法对以上 4 种植物精油的抗氧化活性进行测定。包括：1）对 DPPH 自由基的清除能力；2）采用水杨酸法测定羟基自由基的清除能力；3）采用硫代巴比妥酸法测定抗脂；采用 Fe^{2+} 螯合能力的方法进行比较、分析。结果表明：1）DPPH 自由基的清除能力：LCO>CO>AO>Euc；2）羟基自由基的清除能力：Euc>CO>LCO>AO；3）抗脂质过氧化的能力：CO>AO>Euc>LCO；4）Euc>AO>CO>LCO。本试验研究结果表明，其中与生理密切相关的活性氧 ROS 清除自由基能力和氢原子转移 HAT 抑制脂质氧化能力的作用机制通路，桉叶油与肉桂油具有良好的抗氧化活性。

关键词：氧化应激；植物精油；抗氧化活性

---

* 基金项目：国家自然科学基金项目（31302000）
** 第一作者简介：曹玉伟（1994—），女，北京，硕士研究生，研究方向为犊牛营养与免疫，E-mail：1024061466@qq.com
# 通讯作者：李艳玲（1973—），女，宁夏平罗县，博士（后），副教授，研究生导师，研究方向为反刍动物营养学，E-mail：yanl_li@163.com

麻风树叶提取物体外抗氧化活性的初步研究[*]

雷福红[**]　刘莉莉　李青青　陈粉粉　杨帆　杨亚晋　蒋婵　郭爱伟[#]

（西南林业大学生命科学学院，昆明 650224）

摘要：麻风树（*Jatropha curcas* L.）是大戟科（euphorbiaceae）麻风树属（*Jatropha*）多年生木本油料植物，其叶中活性成分很多，多酚含量最高，为主要的活性物质之一，目前国内对麻风树叶体外的研究主要集中在抗菌上，还未报道其体外抗氧化相关的研究。本研究以麻风树叶为提取原料，将新鲜的麻风树叶在室内阴干后粉碎，称取 5 g 麻风树叶粉末置于 250 mL 锥形瓶，与 200 mL 40%乙醇中充分混匀后放入 50℃恒温水浴摇床，80 min 后抽滤，在 4℃ 8 000 r/min 离心 10 min，收集上清液转移至旋转蒸发仪浓缩［(45±1)℃］至浸膏状为麻风树叶提取物，探讨麻风树叶提取物的体外抗氧化活性。采用 2,2-二苯基-1-苦肼基（DPPH）法测定麻风树叶提取物清除自由基的能力，以 IC_{50} 值评价其活性。称取 30.9 mg DPPH 溶于 250 mL 棕色容量瓶中备用，吸取 0.3 mL 不同浓度的麻风树叶提取物溶液与 3.9 mL 0.2 mmol/L DPPH 乙醇溶液于 5 mL 塑料离心管中，摇匀后立即置于黑暗中反应 1 h，用 10 mm 光径比色皿在波长 517 nm 处测定各个样品的吸光值（Abs样本），重复以上操作将样本换成无水乙醇并测定吸光值（Abs空白），DPPH 自由基清除率（%）＝（1−Abs样本/Abs空白）×100%，用茶多酚作阳性对照实验。结果表明，随着浓度的升高，麻风树叶提取物和茶多酚清除 DPPH 自由基能力也随之增强，当浓度为 0.5 mg/mL 时，麻风树叶提取物和茶多酚对 DPPH 清除率分别为 82.92% 和 90.21%，当浓度为 0.05~0.2 mg/mL 时，麻风树叶提取物清除 DPPH 自由基的能力强于茶多酚，当浓度超过 0.3 mg/mL 时，茶多酚清除能力强于麻风树叶提取物，麻风树叶提取物与茶多酚的半抑制浓度 IC_{50} 分别为 0.09 mg/mL 和 0.14 mg/mL。由此可见，麻风树叶提取物有一定的抗氧化活性，尤其是低浓度是其清除效果优于茶多酚，本研究为麻风树资源的开发利用提供科学依据。

关键词：麻风树叶提取物；体外；DPPH；抗氧化

＊　基金项目：国家自然科学基金(31460609)；云南省优势特色重点学科生物学一级学科建设项目(50097505)

＊＊　第一作者简介：雷福红，女，硕士，E-mail：1759669628@qq.com

＃　通讯作者：郭爱伟，男，副教授，E-mail：g.aiwei.swfu@hotmail.com

第三部分
生物饲料开发利用技术

乳酸杆菌表面蛋白 GAPDH 黏附黏液素介导肠道定殖 *

戴甜[1,2**]　　章文明[1,2]　　汪海峰[1#]

（1.浙江大学动物科学学院，杭州 310058；2.浙江农林大学动物科技学院，临安 311300）

摘要：本试验旨在研究表面蛋白 3-磷酸甘油醛脱氢酶（GAPDH）在乳酸杆菌不同生长期的分泌特性及其黏附黏液素参与肠道黏附作用。低黏附 ZJ615 和高黏附 ZJ617 罗伊氏乳酸杆菌培养不同时间（3、6、9、12、15、18 h），以氯化锂提取表面蛋白，免疫印迹（Western-blotting）定量表面蛋白 GAPDH 含量；二乙酸荧光素（FDA）和碘化丙啶（PI）双染色法结合流式细胞仪检测细胞膜通透性；两种菌培养至 18 h（平台期）与载玻片固定猪肠道黏液素共同孵育 1 h，分析抗体封闭表面蛋白 GAPDH、高碘酸氧化黏液素或抗体封闭加氧化双重处理后，革兰氏染色分析乳酸杆菌黏附数量。结果显示：1）乳酸杆菌表面蛋白 GAPDH 含量在 6 h（对数生长期）最高（$P<0.05$），进入生长后期（12 h、15 h、18 h）后含量显著下降（$P<0.05$）；高黏附乳酸杆菌 ZJ617 不同培养时间的 GAPDH 蛋白含量均高于 ZJ615（$P<0.05$）。2）乳酸杆菌培养至对数生长期（6 h）细胞膜通透性最高（$P<0.05$），生长后期（12 h、15 h、18 h）通透性显示降低（$P<0.05$）；高黏附乳酸杆菌 ZJ617 不同时间细胞膜通透性显著高于 ZJ615（$P<0.05$）。ZJ617 和 ZJ615 不同培养时间表面蛋白 GAPDH 分泌量和细胞膜通透性相关性分别为 0.8 和 0.6。3）与载玻片固定有黏液素时，乳酸杆菌黏附数量相比，无黏液素固定、抗体封闭 GAPDH、高碘酸氧化黏液素后乳酸杆菌黏附数量显著降低（$P<0.05$）；抗体封闭和高碘酸氧化双重处理，乳酸杆菌黏附数量进一步显著降低（$P<0.05$）；上述各处理下，高黏附乳酸杆菌 ZJ617 黏附数量显著高于低黏附 ZJ615（$P<0.05$）。由此可见，对数生长期乳酸杆菌表面蛋白 GAPDH 含量最高，其分泌与细胞膜通透性成正相关；高黏附乳酸杆菌具有表面蛋白 GAPDH，通过黏附肠道黏液素在乳酸杆菌肠道定殖中发挥作用。

关键词：乳酸杆菌；表面蛋白；GAPDH；肠道黏液素；黏附

* 基金项目：国家自然科学基金项目（31601951）

** 第一作者简介：戴甜，女，硕士研究生，E-mail：15957132027@163.com

通讯作者：汪海峰，研究员，博士，E-mail：haifengwang@zju.edu.cn

酵母源甘露寡糖的结构与物理特性分析*

王金荣**# 李硕 李国辉 苏兰利 乔汉桢 黄进 赵银丽

(河南工业大学生物工程学院,郑州 450001)

摘要:甘露寡糖(MOS)作为饲料添加剂,可以提高动物的生产性能、改善动物肠道消化环境,提高动物的肠道黏膜免疫功能等作用,目前较为广泛的在动物生产中应用。酵母源甘露寡糖是从酵母细胞壁提取出来的葡萄糖-甘露寡糖蛋白复合物,本试验通过对酵母源甘露寡糖的结构及在极性条件下处理的甘露寡糖结构及物理特性进行分析,探讨甘露寡糖结构与功能的关系,旨在为阐明甘露寡糖在(XM)动物体内的作用机制提供参考。选取三种市售甘露寡糖 PW120、PW220 和普通酵母源甘露寡糖 I 作为研究对象。分别用稀盐酸(0.1% HCl,V/V,60 min)、浓盐酸(6 mol/L,60 min)、高温高压(103 kPa,121℃,20 min)、高温糊化(120℃,20 min)4 种方式进行处理,以不做任何处理的样品作为空白对照,应用傅里叶变换红外光谱和扫描电子显微镜分别对样品的官能团和表面结构分析,同时对三种甘露寡糖的吸湿性、保湿性和热稳定性进行研究。结果表明:1)经傅里叶红外光谱定性分析表明:无论稀盐酸、浓盐酸、高温高压或者是高温糊化条件下,甘露寡糖的红外光谱图并没有显著差别,说明对甘露寡糖的主要官能团结构没有影响。2)在扫描电子显微镜下观察处理后的样品表面结构发现,稀盐酸会使甘露寡糖的表征结构发生变化,出现致密性孔洞;而浓盐酸、高温高压和高温糊化既可以生成块状物也可以生成孔洞,表面结构变化较为明显。3)甘露寡糖在相对湿度比较高的时候会产生吸湿现象,同时在恒温干燥的环境中保湿性较差,且脱水严重,脱水率在 6 h 内可达 95%。4)三种寡糖的稳定性顺序为:XM、PW120 和 PW220,纯度越高,其热稳定性下降。通过对极性条件下处理的甘露寡糖结构及物理特性分析,甘露寡糖的官能团结构稳定,不容易发生变化;但是盐酸和加热会使甘露寡糖的表面结构发生变化,产生致密小孔或结块并有小孔,这种变化对于甘露寡糖在胃肠道内吸附霉菌毒素和抑制病原菌生长可能具有积极意义。

关键词:甘露寡糖;结构性质;吸湿性;保湿性;热稳定性

* 基金项目:国家自然科学基金项目(U1604106)

** 第一作者简介:王金荣(1970—),女,黑龙江集贤县人,研究方向为动物营养与饲料安全,E-mail:wangjr@haut.edu.cn

\# 通讯作者

丁酸梭菌对仔猪回肠免疫信号通路相关蛋白和血清细胞因子的影响*

王柳懿[1,2**] 李海花[1,2] 李玉鹏[2] 朱琪[2] 陈龙宾[2] 乔家运[2] 王文杰[2#]

(1.天津师范大学生命科学学院,天津 300387;
2.天津市畜牧兽医研究所,天津 300381)

摘要: Toll-样受体(Toll-like receptor,TLR)在肠黏膜中广泛存在,能够识别肠道微生物,通过调控细胞因子生成来调节肠道免疫反应。本试验旨在研究饲粮中添加丁酸梭菌对仔猪回肠 TLR 免疫信号通路相关蛋白和血清细胞因子的影响。试验采用单因子设计,选择 21 ± 2 日龄、健康状况良好、体重相近的[(6.97 ± 0.68) kg]的"杜×长×大"商品杂交断奶仔猪 12 头,按完全随机区组设计分为 2 个处理组,每组 6 个重复,单栏饲养。对照组饲喂基础饲粮,试验组在基础饲粮中添加 5×10^{11} CFU/kg 丁酸梭菌,试验期分为预饲期(3 天)和正式试验期(14 天),预饲期仔猪无不良反应后进入正式试验期。结果表明:与对照组相比,试验组仔猪回肠上皮细胞中模式识别受体 *TLR*2 和 *TLR*4 mRNA 水平的相对表达分别极显著提高了 $77.96\%(P<0.01)$ 和 $85.64\%(P<0.01)$,TLR 信号通路下游接头蛋白 *MyD*88 mRNA 水平的相对表达显著提高了 $34.85\%(P<0.05)$,TLR 信号通路关键负调控因子 *Tollip* mRNA 水平的相对表达极显著提高了 $50.19\%(P<0.01)$,*Bcl*3 mRNA 水平的相对表达显著提高了 $75.53\%(P<0.05)$;与对照组相比,试验组仔猪血清中促炎性细胞因子 IL-8 和 TNF-α 的含量分别增加了 $12.26\%(P>0.05)$ 和 $34.25\%(P>0.05)$,差异不显著,但均有上升趋势。综上可知,在断奶仔猪饲粮中添加适量丁酸梭菌后,不仅能够激活 TLR2/4 免疫信号通路,使仔猪处于免疫激活状态,而且在仔猪未出现过度炎症反应的同时,提高了机体对丁酸梭菌的识别能力和信号传递能力,可能有助于提升抵抗外界病原菌感染仔猪肠道的能力,这一推测需要我们进行更深入的研究。

关键词: Toll 样受体;丁酸梭菌;仔猪;免疫

---

* 基金项目:大北农杨胜先生门生社群项目(B2016008)
** 第一作者简介:王柳懿(1992—),女,天津人,硕士研究生,研究方向为动物营养与饲料,E-mail:wangliuyi0904@sina.com
# 通讯作者:王文杰,天津人,研究员,研究生导师,研究方向为动物营养与饲料,E-mail:anist@vip.163.com

T-2 毒素及脱毒剂对肉鸡生产性能
和表观代谢率的影响[*]

吴坤坦[**] 刘梦 马瑞 齐德生 张妮娅 孙铝辉[#]

(华中农业大学动物科技学院,武汉 430070)

摘要:本试验通过测定 T-2 毒素对雏鸡生长性能、表观代谢率及消化道器官的影响,研究 T-2 毒素对幼龄家禽造成的危害。同时评价目前市场上两种霉菌毒素脱毒剂对日粮中 T-2 毒素脱毒的效果,结果可为合理使用霉菌脱毒剂防控 T-2 毒素对雏鸡的危害提供科学依据。选用 1 日龄健康科宝肉仔鸡 120 羽,随机分为 5 个处理组,每个处理 4 个重复,每个重复 6 羽。Ⅰ组饲喂基础日粮(BD),Ⅱ组饲喂 BD 添加 6 mg/kg T-2 毒素;Ⅲ组饲喂 BD 添加 6 mg/kg T-2 毒素和 0.05% 脱毒剂 A(江苏奥迈公司提供);Ⅳ组饲喂 BD 添加 6 mg/kg T-2 毒素和 0.05% 脱毒剂 B(某进口脱毒产品);Ⅴ组饲喂 BD 添加 0.05% 脱毒剂 A。采用层叠笼养,自由采食和饮水,24 h 光照,常规免疫。试验期为 1~14 日龄。试验结果表明:1)与Ⅰ组相比,Ⅱ组显著降低了($P<0.05$)肉鸡在第 1 和 2 周的体增重(15.3%~31.8%)、采食量(12.3%~20.6%)和饲料转化效率(11.4%~15.9%)。同时,还显著增加了($P<0.05$)血清中 17.7% 的谷草转氨酶(AST)活力,并显著降低了($P<0.05$)14.9%~18.0% 的粗蛋白质、钙和可利用磷表观代谢率,此外,病理切片结果显示肉鸡十二指肠、空肠和回肠的绒毛顶端上皮细胞坏死脱落、固有层轻度充血、浆膜水肿增厚、浆膜下有大量炎性细胞浸润。2)与Ⅱ组相比,Ⅲ组显著增加了($P<0.05$)肉鸡的体增重(13.8%~21.7%)及采食量(7.3%~9.4%),降低了血清中 AST 的水平,同时十二指肠组织结构完好、无明显病理变化。而Ⅳ组对 T-2 毒素对雏鸡造成的危害无显著缓解效果($P>0.05$)。3)与Ⅰ组相比,Ⅳ组与Ⅴ组均对肉鸡生产性能与肝脏功能、表观代谢率和肠道结构无显著影响($P>0.05$)。由此可见,T-2 毒素显著降低了肉鸡的生产性能和营养物质表观代谢率,造成肝脏、十二指肠、空肠及回肠组织损伤。而日粮中添加 0.05% 的脱毒剂 A 能有效缓解 T-2 毒素对肉鸡生产性能、营养物质表观代谢率、肝脏和肠道的危害。后续将继续对 T-2 毒素对肠道危害的机理以及脱毒剂的脱毒机制进行研究。

关键词:T-2 毒素;肉鸡;消化器官;损伤;脱毒剂

* 基金项目:十三五国家重点研发计划(2016YFD0501207)
** 第一作者简介:吴坤坦(1994—),男,硕士研究生,研究方向为动物营养与饲料安全,E-mail:16602748946@163.com
# 通讯作者:孙铝辉,男,副教授,E-mail:lvhuisun@mail.hzau.edu.cn

枯草芽孢杆菌和抗生素的混合阶段性添加对0～16周龄蛋鸡生长性能和肠道健康的影响[*]

李雪媛[1**]　　武圣儒[1,2**]　　刘艳利[1]　　杨小军[1#]

（1. 西北农林科技大学动物科技学院，杨凌 712100；

2. 河北农业大学动物科技学院，保定 071001）

摘要：本试验根据蛋鸡开产前生理特点划分4个阶段（0～3、4～6、7～12和13～16周龄）进行阶段性联合添加枯草芽孢杆菌与抗生素生长促进剂，探索其对蛋鸡生长发育和肠道健康的影响。本试验将630只1日龄海兰褐母雏鸡随机分为5个处理：1）AGP组：0～16周龄日粮中全程额外添加AGP（20 mg/kg 杆菌肽锌）；2）BA3组：0～3周龄额外添加AGP及500 mg/kg *B. subtilis*；3）BA6组：0～6周龄额外添加 AGP 及 *B. subtilis*；4）BA12 组：0～12 周龄额外添加 AGP 及 *B. subtilis*；5）BA16组：0～16周龄额外添加 AGP 及 *B. subtilis*。每处理7个重复，每重复18只鸡，试验期16周。分别于3、6、12、16周龄采集十二指肠、空肠和回肠的肠黏膜和肠段及盲肠内容物；用于肠道形态，肠道二糖酶表达、黏膜 sIgA 含量及盲肠菌群结构变化的测定。结果显示：1）枯草芽孢杆菌和抗生素在各阶段的混合添加对0～16周龄蛋鸡平均体重、平均日采食量、平均日增重和料重比均无显著影响（$P>0.05$）；各处理对3、6周龄器官指数、十二指肠淀粉酶和脂肪酶活性、12周龄胫骨和龙骨长度、及16周龄的脂肪沉积无显著影响（$P>0.05$）。2）与 AGP 组相比，3周龄时，BA3组显著降低了十二指肠和空肠隐窝深度（$P<0.05$）；12周龄时，BA3 组空肠绒毛高度显著升高，且各阶段混合添加组的回肠绒毛高度和绒毛高度/隐窝深度均显著升高（$P<0.05$），回肠隐窝深度显著降低（$P<0.05$）；16周龄时，BA16 组的绒毛高度显著升高（$P<0.05$）。3）与 AGP 组相比，12周龄 BA3 组空肠蔗糖酶基因表达显著上调（$P<0.05$），16周龄时 BA3 组空肠黏膜 sIgA 含量显著提高（$P<0.05$）。4）3 周龄时，BA3 组 *Anaerotruncus* 属相对丰度显著低于 AGP 组（$P<0.05$）；6周龄时 BA3 组 *Alistipes*、*Bacteroides*、*Odoribacter*、*Dehalobacterium* 属的相对丰度最低（$P<0.05$），而 *Lactobacillus*、*Dorea*、*Oscillospira*、*Ruminococcus*、*Anaeroplasma* 属的相对丰度最高（$P<0.05$）；12 周龄时，BA12 组 *Ruminococcus* 的相对丰度显著高于 AGP 组和 BA6 组（$P<0.05$），BA6 组 *Oscillospira* 的相对丰度最低（$P<0.05$），*Bilophila* 的相对丰度最高（$P<0.05$）；16 周龄时，BA3 的 *Sutterella* 属相对丰度最高（$P<0.05$）。综上所述，枯草芽孢杆菌和抗生素在0～3周龄短期的阶段性联用能够通过改善0～6周龄微生物结构和维持后期微生态平衡，进而改善肠道健康，维持蛋鸡各阶段器官系统的发育和全期的生长发育，从而在不影响蛋鸡生长发育的基础上减少了抗生素的使用。

关键词：早期营养；蛋鸡；生长性能；肠道功能；盲肠微生物

---

　　* 基金项目：国家重点研究开发项目（2017YFD0500500，20170502200）；国家自然科学基金项目（31272464）

　　** 共同第一作者简介：李雪媛（1993—），女，天津宝坻人，硕士研究生，从事家禽免疫营养与表观遗传研究，E-mail：652445952@qq.com；武圣儒（1992—），男，四川省攀枝花人，博士研究生，从事家禽免疫营养与表观遗传研究，E-mail：wushengru2013@163.com

　　# 通讯作者：杨小军，教授，博士生导师，E-mail：yangxj@nwsuaf.edu.cn

丁酸梭菌早期干预对大肠杆菌攻毒肉鸡肠道免疫功能和盲肠菌群结构的影响[*]

申露露[1][**]　桂国弘[1]　任敏敏[1]　肖英平[2][#]　徐娥[1][#]

(1.贵州大学动物科学学院,贵阳 550025;

2.浙江省农业科学院农产品质量标准研究所,杭州 310021)

摘要:本研究旨在探讨丁酸梭菌早期干预对大肠杆菌攻毒肉仔鸡肠道炎症因子、抗菌肽表达以及肠道菌群结构的影响。试验选用健康的 1 日龄肉鸡 200 只,随机分为两组。在 1~3 日龄阶段,生理盐水组每天灌喂 1 mL 生理盐水;丁酸梭菌组灌喂 1 mL 浓度为 10^9 CFU/mL 的丁酸梭菌。到 7 日龄时,生理盐水组随机分成对照组和大肠杆菌组(EC);丁酸梭菌组随机分成丁酸梭菌组(CB)和丁酸梭菌＋大肠杆菌组(CB＋EC),其中 EC 组和 CB＋EC 均分别灌喂 1 mL 10^8 CFU/mL ETEC 菌液进行攻毒,而对照组和 CB 则灌喂 1 mL 生理盐水。ETEC 攻毒后的第 3 天和 7 天(即 10 和 14 日龄)屠宰取肠道组织和肠道内容物,实时荧光定量检测炎症因子和抗菌肽相关基因的表达、GC 测定短链脂肪酸的含量、高通量测序分析肠道菌群结构。结果表明:1)炎症反应相关基因表达水平。在回肠组织中,10 日龄时,CB 组与 EC 组和 EC＋CB 组相比,IL-8 和 TLR4 基因的表达量显著降低($P<0.05$),而 IL-10 基因的表达量显著升高($P<0.05$)。14 日龄时,CB 组 IL-10 的表达量显著高于与 EC 组($P<0.05$),而对照组和 CB 组 TLR4 的表达量显著低于 EC 组与 CB＋EC($P<0.05$)。2)抗菌肽基因的表达水平。在回肠组织中,10 日龄时 AvBD10 在 CB 组中表达量极显著高于其他处理组($P<0.01$)。在 14 日龄时,AvBD9 的表达量在 CB 组与 EC 组中显著增加($P<0.01$),Cath B1 表达量均显著增加($P<0.01$);在盲肠组织中,10 日龄时 Cath-B1 的基因表达量对照组显著高于 CB＋EC 组,而 CB 组 AvBD10 基因表达量显著高于其他实验组($P<0.05$)。在 14 日龄时,CB 组与 CB＋EC 组的 AvBD10 基因表达量均显著高于对照组与 EC 组($P<0.05$)。3)盲肠菌群结构。10 日龄时,在门水平上,厚壁菌门(*Firmicutes*)为各组的优势菌门,相对丰度均在 93％以上。在属水平上,乳酸杆菌属(*Lactobacillus*)、毛螺菌属(*Lachnospiraceae*)等为优势菌属;乳酸杆菌属相对丰度最高。在 14 日龄时,厚壁菌门同样也是各组的优势菌门,相对丰度均在 76％以上。属水平上,乳酸杆菌属、瘤胃球菌属(*Ruminococcus*)等为优势菌属。4)肠道短链脂肪酸含量。回肠中 SCFAs 含量较低,且各组间差异不显著($P>0.05$);在盲肠中,10 日龄时 CB 组乙酸含量显著高于其他试验组($P<0.01$),CB 组和 CB＋EC 组丁酸含量显著高于对照组和 EC 组($P<0.01$);14 日龄时,CB 组乙酸、丙酸、丁酸、异丁酸含量均显著高于对照组和 EC 组($P<0.05$)。综上所述,丁酸梭菌早期干预可以在一定程度上降低大肠杆菌攻毒肉鸡肠道中的炎症反应和提高抗菌肽基因的表达,促进肠道菌群的生产短链脂肪酸,从而减少大肠杆菌引起的下痢。通过基于 OTU 水平的主成分分析发现,丁酸梭菌早期干预可以在一定程度上改变盲肠的菌群结构。

关键词:丁酸梭菌;大肠杆菌;肉鸡;免疫功能;菌群结构

＊ 基金项目:国家自然科学基金(31402083)

＊＊ 第一作者简介:申露露(1994—),贵州大学动物科学学院,在读硕士研究生,主要从事动物营养与饲料科学研究,E-mail:shenll17@163.com

＃ 通讯作者:肖英平,副研究员,E-mail:ypxiaozju@126.com;徐娥,副教授,E-mail:exu@gzu.edu.cn

乳酸杆菌培养上清对小鼠肠道自噬和炎症的调控作用*

祁思蕊[1,2]**　崔艳军[1,2]　王翀[2]　汪海峰[1]#

（1.浙江大学动物科学学院，杭州 310058；

2.浙江农林大学动物科技学院，临安 311300）

摘要：本试验旨在研究乳酸杆菌培养上清对小鼠肠道炎症、凋亡和自噬调控效应及信号通路机制。选取 4 周龄 C57BL/6 雄性小鼠 24 只，随机分为 4 组（每组 6 只），即对照组（Con）、脂多糖（LPS）组、ZJ617 组和 LPS＋ZJ617s 组。前两组灌喂 200 μL 的磷酸盐缓冲液（PBS），后两组灌喂 ZJ617 上清（来自 10^9 菌体的量）两周。之后 LPS 组和 LPS＋ZJ617s 组腹腔注射 10 mg/kg 的 LPS，Con 组和 ZJ617 组腹腔注射 PBS，24 h 后采集血清和回肠组织。结果表明：1）血清 ELISA 检测显示，由于 LPS 致敏导致 AST、ALT、LDH 以及 DAO 含量升高。与 LPS 致炎组相比，ZJ617s＋LPS 组的 AST、ALT、LDH 和 DAO 含量均显著降低（$P<0.05$），并回归至正常水平，显示乳酸杆菌 ZJ617s 上清针对 LPS 致炎具有调控作用。2）LPS 组绒毛高度/隐窝深度比其他组显著降低（$P<0.05$），绒毛损害严重。而 ZJ617s 上清有减缓绒毛损害趋势，并已回归到正常对照组水平，显示 ZJ617s 上清可以减缓 LPS 致炎对回肠绒毛的损害。3）与 LPS 致炎组相比，ZJ617s 上清显著降低炎症信号通路中 IκB 蛋白和 TLR4 蛋白表达量（$P<0.05$），并与 Con 对照组无显著差异；同时显著降低自噬信号通路 LC3 蛋白和 Atg5 蛋白表达量，至 Con 对照组水平（$P<0.05$）；也显著降低凋亡信号通路中 Caspase-3 蛋白和 SOD2 蛋白表达量，达到 Con 对照组水平（$P<0.05$），显示乳酸杆菌 ZJ617s 培养上清可以调节炎症、凋亡和自噬信号通路对肠道组织发挥保护作用。因此可见，乳酸杆菌 ZJ617 培养上清可以抑制小鼠肠道炎症信号而发挥免疫调控作用，同时抑制 LPS 诱导的肠道过渡自噬与凋亡，发挥肠道健康调节作用。

关键词：乳酸杆菌；培养上清；肠道；自噬；免疫

　* 基金项目：国家自然科学基金项目（31672430）

** 第一作者简介：祁思蕊，女，硕士研究生，E-mail：514813120@qq.com

　# 通讯作者：汪海峰，研究员，博士，E-mail：haifengwang@zju.edu.cn

鼠李糖乳酸杆菌微囊化包被研究[*]

唐仁龙[1,2][**]　　刘建新[1]　　汪海峰[1,2][#]

(1.浙江大学动物科学学院，杭州 310058；

2.浙江农林大学动物科技学院，临安 311300)

摘要：本试验旨在研究鼠李糖乳酸杆菌(*Lactobacillus rhamnosus GG*，LGG)微胶囊化包被技术提高其耐高温特性。选择海藻酸钠和壳聚糖，通过双层包埋并经挤压法制作 LGG 微胶囊，研究海藻酸钠浓度(0.5%、1%、2%)、LGG 菌液与海藻酸钠比例(1∶0.5、1∶1、1∶2、1∶4)、壳聚糖溶液 pH(4、5、6)、壳聚糖浓度(0.5%、1%、2%)和 $CaCl_2$ 浓度(0.5%、1%、2%)等 5 个包被条件因素对 LGG 微胶囊的耐热性能影响。具体步骤：以生理盐水悬浮菌液作为包埋菌液，菌液与海藻酸钠溶液按比例混合均匀，将混合溶液加入 $CaCl_2$ 溶液中固化，搅拌、充分凝固，加入壳聚糖溶液并搅拌，制成双层 LGG 微胶囊。以柠檬酸钠和碳酸氢钠混合溶液作为微胶囊释放剂。以游离 LGG 照组，在 80℃高温下加热 15 min，检测微胶囊化 LGG 的存活率。结果表明：1)壳聚糖的 pH 为 4 和 6 制备的微胶囊耐热性显著高于 pH 5 组($P<0.05$)。2)LGG 菌液与海藻酸钠溶液体积比为 1∶0.5 制得的微胶囊耐热性最佳，显著高于其他比例($P<0.05$)。3)海藻酸钠浓度为 2%的条件下，制得的微胶囊耐热性显著高于其他组($P<0.05$)。4)不同的壳聚糖浓度(0.5%、1%、2%)的条件下，制得的微胶囊的耐热性没有显著性差异($P>0.05$)，但壳聚糖浓度为 1%或 2% 时，微胶囊包埋菌数多。5)$CaCl_2$ 浓度为 1%或 2%时，制得的微胶囊耐热性显著高于浓度为 0.5%组($P<0.05$)。基于单因素试验结合包被材料的使用效率综合分析，LGG/海藻酸钠/壳聚糖微胶囊的最优微囊化条件为：海藻酸钠浓度 2%、LGG 菌液与海藻酸钠溶液比例 1∶0.5、壳聚糖浓度 1%、壳聚糖 pH 4、$CaCl_2$ 浓度 1%，通过微胶囊显著提高了 LGG 的耐热性。

关键词：LGG；微囊化；海藻酸钠；壳聚糖；耐热性

* 基金项目：国家自然科学基金项目(31672430)；浙江大学教育基金会(大北农基金)
** 第一作者简介：唐仁龙，男，硕士研究生，E-mail：310034487@qq.com
# 通讯作者：汪海峰，研究员，E-mail：haifengwang@zju.edu.cn

毕赤酵母工程菌培养基及其培养条件的优化*

李天阳** 姜宁# 张爱忠

（黑龙江八一农垦大学动物科技学院,大庆 163319）

摘要: 本试验旨在利用人工合成杂合抗菌肽 CC31 来探究其最佳培养基配方（碳源、氮源、微量元素）及其最佳培养条件,温度、pH、接种量来探究其最佳生长环境,利用优化后培养基进行高密度发酵可以有效提高产物的蛋白水平量,提高设备单位体积的生产能力,缩短生产周期,从而达到降低生产成本,提高生产效率的作用,为工业化大批量生产提供基础。试验将重组工程菌 CC31 取出划线 YPD 固体平板（含 Zeocin 50 μg/mL）,30℃恒温培养箱倒置培养,直至长出单菌落。用试管装取 5 mL YPD 液体培养基,挑入单菌落,置于摇床 200 r/min 30℃培养,每 3 h 测定 OD_{600} 并绘制曲线,得到种子液获取时间。摇瓶发酵利用 BSM 培养基进行,利用单因素实验挑选最佳碳源（甘油、蔗糖、葡萄糖）、氮源（硫酸铵、碳酸氢铵、草酸铵）、微量元素（PTM1、酵母浸粉）。随后利用正交实验设计探究最佳碳源比例（3:1、1:1、1:3）、碳源添加量（2%、4%、6%）、氮源添加量（0.5%、1%、1.5%）、酵母浸粉添加量（0.5%、0.75%、1%）。在上述最佳培养基基础上,挑选最佳培养条件,包括接种量、pH、温度。并在各个阶段结束后测定菌体密度、菌体重、蛋白浓度。结果表明:毕赤酵母工程菌 CC31 在 21 h 到最大菌体浓度为对数生长中期,选取 21 h 的菌液作为种子液。BSM 培养基最佳混合碳源的选择为甘油与葡萄糖混合,比例为 1:1,碳源添加量为 6%。最佳氮源为硫酸铵,蛋白浓度最高,与草酸差异显著（$P<0.05$）,氮源添加量为 1.5%。酵母浸粉作为微量元素效果优于 PTM1,但差异不显著（$P>0.05$）,微量元素添加量为 1%。在培养条件上,接种量为 10% 时,蛋白浓度显著（$P<0.05$）高于 5%、7%、13%、15%。pH 为 6 时,蛋白浓度最高,均高于 pH 为 5、7,且差异显著（$P<0.05$）。温度在 30℃时,菌体密度最高,能达到 81 mg/L。由此可见,优化后的 BSM 培养基成分为 85% H_3PO_4 26.7 mL/L、$CaSO_4 \cdot 2H_2O$ 0.94 g/L、K_2SO_4 18.2 g/L、$MgSO_4 \cdot 2H_2O$ 14.9 g/L、甘油 30 g/L、葡萄糖 30 g/L、$(NH_4)_2SO_4$ 15 g/L、酵母浸粉 10 g/L。经优化后的培养条件为接种量 10%、pH 为 6、培养温度在 30℃,蛋白浓度可达 81 mg/L。

关键词: CC31;摇瓶发酵;培养基;培养条件

---

* 基金项目:国家自然科学基金项目(31472120)
** 第一作者简介:李天阳(1993—),男,河北阜宁县人,硕士研究生,从事饲料资源开发与利用研究,E-mail:1534050680@qq.com

通讯作者:姜宁,教授,博士生导师,E-mail:jiangng_2008@sohu.com

羽毛降解菌的筛选、鉴定及发酵条件的优化[*]

李佳凝[**]　刘洋　曹淑鑫　王超　陈盈霖　刘大伟　魏景坤　秦文超　徐良梅[#]

（东北农业大学动物科学技术学院,哈尔滨 150030）

摘要:羽毛中角蛋白含量高,氨基酸含量丰富,但由于其刚性结构很难被消化或降解。目前,高温高压水解、化学水解、酶解等方法能够提高羽毛的蛋白利用率,但存在耗能大、污染环境、成本高等问题。微生物处理角蛋白具有温和、高效等优势,且经该方法处理的羽毛粉蛋白利用率更高。因此,利用高效羽毛降解菌发酵羽毛,能够降低废弃羽毛污染,是缓解饲料资源短缺的一条行之有效的途径。本试验旨在从堆放羽毛的土壤中分离、筛选出具有高效降解羽毛角蛋白能力的菌种,进行生物学鉴定,并利用单因素试验和响应面分析该菌种生长及发酵最适条件,为高效、低能降解羽毛提供理论依据。本试验以菌种生长情况、上清液 OD 值及可溶性蛋白浓度为标准对菌种进行筛选,并对复筛菌种进行生物学鉴定。试验对菌种降解羽毛角蛋白的发酵条件进行优化,设置不同温度(26℃、28℃、30℃、32℃、34℃)、pH(5.0、5.5、6.0、6.5、7.0)、氧气条件(有氧、无氧)、发酵时间(18、24、30、36、42 h)、转速(180、200、220、240、260 r/min)、接种量(3%、4%、5%、6%、7%)等影响羽毛角蛋白降解率的因素进行分析,并采用响应面法分析验证。结果表明:1)试验复筛 12 个菌种经生物学鉴定和 Blast 比对,其中 CH-7 菌种与乳酸乳球菌(*Lactococcus lactis*)的同源性达 100%。2)乳球菌 CH-7 的发酵最佳条件为:pH=6.5,菌种接种量 5%,温度 30℃,转速 220 r/min 和发酵时间 36 h。3)通过响应面方法优化分析得出,温度、pH 和接种量三个因素对乳球菌 CH-7 羽毛角蛋白降解率有显著影响($P<0.05$)。综上所述:发酵条件为:有氧、接种量 5.7%、初始 pH=6.3、发酵温度 32℃、转速 220 r/min,发酵时间 36 h 时羽毛降解效果最佳,乳球菌 CH-7 对羽毛角蛋白的降解率可达到 38.48%。

关键词:羽毛粉;筛选;乳球菌 CH-7;发酵;优化

---

* 黑龙江省教育厅科学技术研究项目(12531036);哈尔滨市应用技术研究与开发项目(2016RAXXJ015)
** 第一作者简介:李佳凝,女,硕士,E-mail:1115300561@qq.com
# 通讯作者:徐良梅,教授,E-mail:xuliangmei@sina.com

填鸭肠道产淀粉酶乳酸菌的筛选及其效果验证*

孙晓颖[1**] 肖志斌[1] 朱博[2] 武玉钦[1] 王友利[1] 袁建敏[1#]

(1.中国农业大学动物科学技术学院,动物营养学国家重点实验室,
北京 100193;2.涿州市农业局,保定 072750)

摘要:淀粉是日粮的主要营养成分,淀粉的消化利用对畜禽的能量供应,内分泌,生产性能发挥起着重要的作用。幼年北京鸭淀粉酶分泌不足,补充淀粉酶有助于提高幼年北京鸭对淀粉的消化。本研究旨在筛选出鸭源产淀粉酶乳酸菌,作为饲料添加剂开发,进而解决填鸭生产过程中存在的淀粉利用率低及肠道菌群失调等问题。为定向筛选获得鸭源产淀粉酶能力优秀的乳酸菌菌株,本试验利用改良的 M-MRS 培养基,从填鸭食糜中筛选得到产淀粉酶活性较高的一株盲肠肠球菌 LAB1,其淀粉酶活性为 153.16 U/mL,耐酸耐胆碱能力较弱,但耐模拟胃肠液能力较强,该菌基因序列中含有淀粉酶合成序列,无万古霉素抗性基因,对青霉素、氨苄西林、万古霉素、利福平、舒巴坦极为敏感,对四环素、氯霉素较为敏感,对红霉素、庆大霉素和链霉素则有抗性,符合益生菌生物安全性要求。为验证上述实验筛选出的盲肠肠球菌 LAB1 对北京鸭淀粉消化的效果,试验选取 3 日龄北京鸭母鸭 216 只,随机分成 6 个处理,每个处理 6 个重复,在饮水中分别添加 5 个不同浓度的 LAB1(浓度分别为 2×10^7、2×10^8、4×10^8、8×10^8 和 2×10^9 CFU/L),同时设置空白对照组。进行为期 14 天的动物试验后,测定北京鸭的生产性能、回肠淀粉消化率、肠道消化酶活、黏膜二糖酶活、黏膜形态、葡萄糖转运载体的基因表达以及空肠盲肠微生物多样性。结果表明,饮水中添加 LAB1 后能显著提高 16 日龄北京鸭的体增重及饲料采食量($P < 0.05$),而随着 LAB1 添加剂量的提高,体增重及耗料量的变化呈现二次曲线关系,并在 8×10^8 CFU/L 添加剂量时北京鸭体增重及耗料量达到最大值;添加 LAB1 后能显著提高 16 日龄北京鸭空肠食糜中的淀粉酶活性及日粮淀粉消化率($P < 0.05$);在饮水中添加盲肠肠球菌 LAB1 后对 16 日龄北京鸭空肠黏膜中的蔗糖酶活性有显著性影响($P < 0.05$),但对麦芽糖酶活性无显著性影响($P > 0.05$);同空白对照组相比添加 LAB1 各组北京鸭 16 日龄十二指肠的绒毛高度(V)与隐窝深度(C)及 V/C 比值均无显著影响;添加 LAB1 对北京鸭 16 日龄空肠葡萄糖转运载体 SGLT1、GLUT2 和 GLUT5 的 mRNA 表达均无显著性影响($P > 0.05$)。LAB1 的添加也会提高回肠微生物碳水化合物代谢。以上试验结果说明,从填鸭食糜中筛选得到的产淀粉酶盲肠肠球菌 LAB1 具有产酶活性高、促进北京鸭对淀粉的消化和肠道微生态平衡的效果。

关键词:北京鸭;淀粉酶;盲肠肠球菌

---

* 基金项目:北京市家禽产业创新团队(BAIC04-2018)

** 第一作者简介:孙晓颖(1994—),女,天津蓟县人,硕士研究生,研究方向为单胃动物营养,E-mail:1525155311@qq.com

通讯作者:袁建敏,教授,博士生导师,E-mail:yuanjm@cau.edu.cn

复合霉菌毒素分解酶对海南蛋鸡的应用效果研究[*]

范秋丽[**]　蒋守群[#]　苟钟勇　李龙　林厦菁　王一冰

（广东省农业科学院动物科学研究所,畜禽育种国家重点实验室,农业部华南动物营养
与饲料重点实验室,广东省动物育种与营养公共实验室,广东省畜禽育种
与营养研究重点实验室,广东新南都饲料科技有限公司,广州 510640）

摘要：霉菌毒素是造成畜牧业污染的主要来源,尤其是引起畜禽生产能力下降、生殖能力紊乱、免疫抑制等。因此,寻找高效、安全的霉菌毒素降解剂已成为解决霉菌毒素污染问题的关键。本试验通过饲养对比,评价在使用饲料厂原配方饲粮中额外添加复合霉菌毒素分解酶对 1～42 日龄海南蛋鸡成活率、生长性能等方面的作用效果。试验选择 1 日龄育雏小鸡 12 300 羽,随机分为 2 个处理组,每个处理 2 个重复,每个重复 3 075 羽。对照组饲喂育雏料,试验组饲喂育雏料＋300 mg/kg 复合霉菌毒素分解酶。复合霉菌毒素分解酶于市场购买,鸡育雏料由广西某大型饲料公司提供。试验鸡采用高床笼养、自由饮水、自由采食,日常饲养管理及疾病防控严格按照要求执行。试验周期 42 天。试验结果：1)对照组与试验组试鸡的成活率都高于 96％,且与对照组相比,试验组成活率提高 0.13％（$P>0.05$）;2)与对照组相比,试验组试鸡平均体重提高了 13.2％（$P<0.05$）;3)与对照组相比,试验组试鸡采食量降低 1.22％（$P>0.05$）,料肉比降低 12.8％（$P<0.05$）,提高了饲料报酬率;4)不同体重范围对比显示,体重小于 300 g 的数量占比,试验组低于对照组 40％,体重大于 300 g 的数量占比,试验组高于对照组 40％,体重大于 350 g 的数量占比,试验组高于对照组 29％,体重大于 400 g 的数量占比,试验组高于对照组 3％;综上,常规饲粮中额外添加 300 mg/kg 复合霉菌毒素分解酶对 1～42 日龄海南蛋鸡的生长发育具有明显的改善效果。

关键词：复合霉菌毒素分解酶；生长性能；海南蛋鸡

---

[*] 基金项目：国家肉鸡产业技术体系项目（CARS-41）,国家"十二五"科技支撑计划项目子课题（2014BAD13B02）、广东省科技计划项目（2017B020202003）、广东省畜禽育种与营养研究重点实验室运行经费（2014B030301054）、广州市科技计划项目（201804020091）

[**] 第一作者简介：范秋丽（1987—）,女,陕西渭南人,助理研究员,硕士研究生,从事黄羽肉鸡营养研究,E-mail：649698130@qq.com

[#] 通讯作者：蒋守群,研究员,硕士生导师,主要从事家禽营养与免疫研究,E-mail：1014534359@qq.com

玉米赤霉烯酮生物解毒剂对猪生产性能影响[*]

刘超齐^{**}　常娟　王平　黄玮玮　尹清强[#]

（河南农业大学牧医工程学院，郑州 450002）

摘要：玉米赤霉烯酮（Zearalenone,ZEN）是一种类雌激素作用的真菌毒素，不容易被消除，对动物的危害较大，尤其是母猪。本文旨在研制 ZEN 脱毒剂及评价其对肥育猪生产性能和解毒效果的影响。首先，在体外进行降解 ZEN 益生菌的筛选，益生菌的复合及与酶制剂的组合，制成生物脱毒剂。然后，将生物脱霉剂添加到饲料中饲喂肥育猪，研究育肥猪的生产性能及脱毒效果。试验选择 120 头体重在 34 kg 左右的健康猪，随机分为 5 组，每组 3 个重复，每个重复 8 头猪（公母各半），进行为期 60 天的饲养试验。A 组日粮中含有 86.16 $\mu g/kg$ ZEN，B、C、D 和 E 组含有 ZEN 300 $\mu g/kg$，其中 C、D 和 E 组分别添加 0.5、1.0 和 1.5 kg/t 的生物脱霉剂。饲养试验结束后，根据阴户红肿情况和生长性能等指标，分别从 A、B 和 D 组中选择 3 头母猪进行屠宰试验。霉菌毒素降解的体外试验结果表明：筛选出的枯草芽孢杆菌 K3、枯草芽孢杆菌 K4 和产朊假丝酵母对 ZEN 降解率较高，三者通过正交试验进行复合，得到最佳配比为 2：2：1，ZEN 降解率达到 92.21%（$P<0.05$）。复合益生菌与来自米曲霉的 ZEN 降解酶配比为 2：1 时，降解率最高，达到 95.15%（$P<0.05$）。饲养试验结果表明，随着时间的延长，A 组阴户面积基本无变化，B 组和试验组阴户面积明显增大，以 B 组阴户面积最大。15 天后，各组阴户面积基本无明显变化。添加生物脱霉剂组猪的粪便中淀粉酶的活性显著高于 B 组（$P<0.05$），而蛋白酶活性无显著差异。C、D 和 E 组猪粪便中微生物相似系数高达 50%，而 A 组和 B 组皆低于 50%；D 组大肠内容物中微生物的相似系数高于 A 组和 B 组，说明 D 组猪肠道的微生物区系相对稳定。各组猪在日增重、采食量、饲料转化率及粗蛋白质、粗脂肪、钙和磷的表观消化率方面皆差异不显著（$P>0.05$）。在心脏、肝脏、脾脏、肾脏和子宫指数方面各组差异不显著（$P>0.05$），但 B 组的子宫指数要高于 A 组和 D 组。在肝脏、子宫、背最长肌和血清中没有检测到 ZEN 的残留。B 组空肠内容物中 ZEN 残留量最高，显著地高于 A 和 D 组（$P<0.05$）。综上所述，该 ZEN 生物脱霉剂可以缓解青年母猪的阴户红肿，维持肠道微生物区系稳定，并减轻 ZEN 对动物危害。

关键词：生物脱霉剂；玉米赤霉烯酮；肥育猪；生产性能；肠道微生物区系

　* 基金项目：河南省自然科学基金（182300410029）

　** 第一作者简介：刘超齐（1990—），男，河南驻马店人，博士研究生，从事动物营养与饲料生物技术研究，E-mail：15093389011@163.com

　\# 通讯作者：尹清强，教授，博士生导师，E-mail：qqy1964@126.com

益生菌与米曲霉提取物配伍对黄曲霉毒素 B_1 和玉米赤霉烯酮的联合降解作用[*]

黄玮玮[**]　　常娟　　王平　　刘超齐　　尹清强[#]

（河南农业大学牧医工程学院,郑州 450002）

摘要: 黄曲霉毒素 B_1（AFB_1）和玉米赤霉烯酮（ZEA）是真菌在生长过程中产生的有毒次级代谢产物,普遍存在于人类食品和动物饲料中。AFB_1 对人体有明显的致癌性和致畸性,降低人和动物的免疫力,被划定为 Ⅰ 类致癌物。ZEA 对人类和动物健康的危害巨大,具有致癌性、生殖毒性和基因毒性。因此,控制食品及饲料原料中的霉菌毒素显得尤为重要。在降解霉菌毒素的众多方法中,物理方法对微量、不易分离的毒素清除效果不明显,化学方法在降低毒素水平的同时还严重影响饲料或食品的营养价值,降低饲料利用率。大量研究证实,消除霉菌毒素危害的最有效方法是生物脱毒法。本研究通过响应面-中心组合设计,来筛选优化不同益生菌组合的最佳比例,然后与霉菌毒素降解酶进行配伍,得到可同时降解 AFB_1 和 ZEA 两种毒素的最佳配比。试验结果表明,单一枯草芽孢杆菌 K4 对 AFB_1 和 ZEA 的降解率分别为 38.38% 和 42.18%（$P<0.05$）。但是,当其与干酪乳杆菌和产朊假丝酵母按照中心组合设计优化后发现,当 3 种菌等比例配伍后,对 AFB_1 和 ZEA 两种毒素的降解率分别提高到 45.49% 和 44.90%（$P<0.05$）。最后,复合益生菌与米曲霉提取物（霉菌毒素降解酶）按照 3∶2 进行配伍,对 AFB_1 和 ZEA 的降解率达到 63.95% 和 73.51%（$P<0.05$）。综上所述,复合益生菌与霉菌毒素降解酶的配伍,对于同步降解 AFB_1 和 ZEA 具有重要意义。

关键词: 黄曲霉毒素 B_1;玉米赤霉烯酮;同步降解;益生菌;米曲霉提取物

[*] 基金项目:河南省自然科学基金(182300410029)

[**] 第一作者简介:黄玮玮(1982—),女,河南南阳人,博士研究生,从事动物营养与饲料生物技术研究,E-mail:hww5501@163.com

[#] 通讯作者:尹清强,教授,博士生导师,E-mail:qqy1964@126.com

丁酸梭菌对断奶期犊牛生长性能、血液生化指标、抗氧化和免疫功能的影响*

李文茜** 周爽 刘鑫 么恩悦 张永根#

（东北农业大学动物科学技术学院，哈尔滨 150030）

摘要：丁酸梭菌（*Clostridium butyricum*）可有效地提高畜禽对营养物质的消化吸收和自身抵抗力，抑制有害微生物的生长繁殖并提高畜禽养殖的经济效益，是一种具有很大开发潜力的微生态制剂。本试验旨在研究丁酸梭菌对断奶期荷斯坦公犊牛生长性能、血液生化指标、抗氧化和免疫功能的影响。选取 12 头体重相近，健康状况良好的 50 日龄荷斯坦公犊牛，随机分为 2 组，每组 6 个重复，每个重复 1 头。对照组（CON）饲喂基础饲粮，丁酸梭菌处理组（CB）在基础饲粮基础上添加 $2.0×10^8$ CFU/kg 的丁酸梭菌，试验期 20 天。在犊牛试验期第 10 天（断奶当天）和试验期第 20 天（断奶后 10 天）测定指标并采集样品。结果表明：1）整个试验周期内，CB 组的犊牛平均日增重（ADG）显著高于 CON 组（$P<0.05$）；CB 组饲料利用率较 CON 组有增高的趋势（$P=0.09$）且犊牛腹泻率比 CON 组降低了 3.62%。2）20 天时，CB 组血清中胆固醇（CHOL）、高密度脂蛋白（HDL）均显著降低（$P<0.05$）且低密度脂蛋白（LDL）较 CON 组有降低趋势（$P=0.07$）。3）10 天时，CB 组还原型谷胱甘肽（GSH）含量较 Con 组有升高的趋势（$P=0.06$）；20 天时，丁酸梭菌处理极显著降低了血清中丙二醛（MDA）含量（$P<0.01$）。4）20 天时，CB 组能够极显著增加犊牛血清中免疫球蛋白 A（IgA）、免疫球蛋白 M（IgM）、免疫球蛋白 G（IgG）的含量（$P<0.01$）。由此可见，饲粮中添加丁酸梭菌能够提高犊牛断奶期的生长性能，降低腹泻率，提高动物机体抗氧化和免疫功能，缓解犊牛的断奶应激。因此，丁酸梭菌可以作为一种新型的益生菌制剂应用于犊牛培育中。

关键词：犊牛；丁酸梭菌；生产性能；抗氧化；免疫功能

* 基金项目：国家奶牛产业技术体系（CARS-36）

** 第一作者简介：李文茜（1993—），女，黑龙江伊春人，硕士研究生，研究方向为反刍动物营养，E-mail：547621628@qq.com

通讯作者：张永根，教授，博士生导师，E-mail：zhangyonggen@sina.com

低聚异麦芽糖和枯草芽孢杆菌对泌乳母猪
生产性能和乳成分的影响[*]

李浩[1,2**]   谷雪玲[1,2]   宋泽和[1,2]   常凌[1,2]   贺喜[1,2]   范志勇[1,2 #]

(1. 湖南农业大学动物科学技术学院,长沙 410128;

2. 湖南省畜禽安全生产协同创新中心,长沙 410128)

摘要:本试验旨在研究饲粮中添加低聚异麦芽糖(IMO)及其与枯草芽孢杆菌(*Bacillus subtilis*)的组合效应对母猪泌乳期性能、乳成分及血清生化指标的影响。试验选取 60 头健康无病的 2~5 胎妊娠后期(配种后 85 天)母猪(长白×大白),按照体重、背膘、胎次无差异原则随机分为 3 组,分别为对照组(基础饲粮),A 组(基础饲粮+0.5% IMO),B 组(基础饲粮+0.5% IMO+0.02% 枯草芽孢杆菌),每个处理 20 个重复,每个重复 1 头母猪。饲喂期从母猪配种后第 85 天持续至断奶。泌乳期间,母猪窝带仔数平均为(10.2±0.4)头,各组间母猪的窝带仔数无显著差异($P>0.05$)。所有母猪于分娩后 17 天断奶,记录母猪泌乳期采食量及体况变化、仔猪断奶窝重及窝增重。采集初乳与常乳以检测乳中乳脂、乳蛋白、乳糖、尿素氮、乳干物质的含量,并分析乳中生长激素(GH)、IgA、IgG 与 IgM 水平。断奶当天,母猪清晨空腹取耳缘静脉血,分离血清以测定血清生化指标。结果表明:1)试验 A 组与试验 B 组的仔猪断奶存活率较对照组均有所提高,但差异不显著(对照组 87.50% vs A 组 90.54% vs B 组 92.18%,$P>0.05$)。2)较对照组而言,B 组母猪在泌乳期的平均日采食量(ADFI)显著提高(4.70 kg vs 5.86 kg,$P<0.05$),母猪断奶时体重损失显著降低(8.00 kg vs 1.00 kg,$P<0.05$),背膘损失显著下降(0.71 mm vs−0.50 mm,$P<0.05$),断奶时仔猪窝增重显著提高(28.43 kg vs 35.38 kg,$P<0.05$)。3)饲粮中添加 0.5% IMO 与 0.5% IMO+0.02%枯草芽孢杆菌的组合使常乳中乳糖含量显著提高($P<0.05$),但对初乳与常乳中乳脂、乳蛋白、尿素氮及干物质水平无显著影响。4)饲粮中添加 0.5% IMO 使常乳中 IgG 含量显著升高($P<0.05$),而添加 0.5% IMO+0.02%枯草芽孢杆菌的组合使常乳中 IgA 与 GH 含量显著升高($P<0.05$)。5)血清生化指标分析表明,A 组与 B 组母猪血清中总甘油三酯(TG)水平均显著高于对照组($P<0.05$),B 组尿素氮(UREA)水平显著低于对照组与 A 组($P<0.05$)。综上可知,妊娠后期与泌乳期饲粮中添加 0.5% IMO+0.02%枯草芽孢杆菌的组合可有效提高泌乳母猪采食量,降低断奶时体重损失,从而改善生产性能;饲粮中添加 0.5% IMO 与 0.5% IMO+0.02% 枯草芽孢杆菌的组合均可提升母乳品质,促进仔猪发育。

关键词:低聚异麦芽糖;枯草芽孢杆菌;生产性能;乳成分;泌乳母猪

* 基金项目:国家重点研发计划(2017YFD0500506;2016YFD0501209);湖南省重大项目(2016NK2124)
** 第一作者简介:李浩(1995—),男,湖南常德人,硕士研究生,动物营养与饲料科学专业,E-mail:1793961774@qq.com
# 通讯作者:范志勇,教授,研究生导师,E-mail:fzyong04@163.com

低聚异麦芽糖和芽孢杆菌对妊娠后期母猪繁殖性能和血清生化指标的影响*

谷雪玲[1,2]** 李浩[1,2] 宋泽和[1,2] 丁亚南[1,2] 贺喜[1,2] 范志勇[1,2]#

（1.湖南农业大学动物科学技术学院，长沙 410128；

2.湖南省畜禽安全生产协同创新中心，长沙 410128）

摘要：本试验旨在研究在妊娠后期母猪饲粮中添加低聚异麦芽糖（Isomaltooligosaccharide，IMO）和芽孢杆菌对母猪繁殖性能和血清生化指标的影响。试验选取 100 头 2～5 胎妊娠后期（妊娠 85 天）母猪（长白×大白），按照体重、背膘厚度、胎次和预产期相近的原则随机分为 5 个处理，分别为对照组（基础日粮），低聚异麦芽糖（IMO）组（基础日粮＋0.5％ IMO），低聚异麦芽糖＋枯草芽孢杆菌（IMO＋K）组（基础日粮＋0.5％ IMO＋0.02％ *Bacillus subtilis*），低聚异麦芽糖＋地衣芽孢杆菌（IMO＋D）组（基础日粮＋0.5％ IMO＋0.02％ *Bacillus licheniformis*）和低聚异麦芽糖＋枯草芽孢杆菌＋地衣芽孢杆菌（IMO＋K＋D）组（基础日粮＋0.5％ IMO＋0.02％ *Bacillus subtilis*＋0.02％ *Bacillus licheniformis*），每个处理 20 个重复，每个重复 1 头母猪，试验期为 30 天。母猪分娩时记录母猪总产仔数、活仔数、健仔数、死胎、仔猪平均初生重和胎盘效率，并且通过耳缘静脉采集母猪血用以测定高密度脂蛋白胆固醇（HDL-C）、低密度脂蛋白胆固醇（LDL-C）、甘油三酯（TG）、胆固醇（TC）、总蛋白（TP）、白蛋白（ALB）、尿素氮（UREA）的水平。结果表明：1）IMO＋K＋D 组的总产仔数和活仔数高于对照组（12.81vs.12.88；12.44vs.12.63），死胎数与对照组相比降低了 56.25％，但与对照组相比差异不显著（$P>0.05$）。2）对照组与 IMO 组、IMO＋K 组和 IMO＋D 组在母猪总产仔数、活仔数、健仔数、死胎上差异不显著。3）试验组仔猪平均初生重分别比对照组提高了 9.15％、8.55％、9.74％和 12.58％，且试验组均显著高于对照组（$P<0.05$）。4）与对照组相比，试验组的胎盘效率分别提高了 21.48％、26.53％、16.58％和 26.07％，且 IMO＋K 组和 IMO＋K＋D 组显著高于对照组（$P<0.05$）。5）IMO＋K 组有提高母猪血清 HDL-C 的趋势（$P=0.056$），并显著降低了母猪血清中 UREA 的浓度（$P<0.05$）。6）IMO 组、IMO＋K 组和 IMO＋K＋D 组均显著提高了母猪血清 TG 的浓度，在其他母猪血清生化指标上各处理之间无显著差异（$P<0.05$）。综上所述，在妊娠后期母猪饲粮中添加低聚异麦芽糖及其与芽孢杆菌的组合可在一定程度上可改善母猪的产仔性能，提高仔猪初生重和胎盘效率，改善母猪血清代谢状况；低聚异麦芽糖和芽孢杆菌的组合效果要优于单独添加低聚异麦芽糖的效果。

关键词：妊娠母猪；繁殖性能；低聚异麦芽糖；芽孢杆菌；血清生化

* 基金项目：国家重点研发计划（2017YFD0500506；2016YFD0501209）；湖南省重大项目（2016NK2124）

** 第一作者简介：谷雪玲（1996—），女，湖南郴州人，硕士研究生，动物营养与饲料科学专业，E-mail：869142491@qq.com

通讯作者：范志勇，教授，研究生导师，E-mail：fzyong04@163.com

低聚异麦芽糖和芽孢杆菌对妊娠后期母猪、胎盘和脐带血抗氧化的影响*

丁亚南[1,2]**　谷雪玲[1,2]　李浩[1,2]　宋泽和[1,2]　贺喜[1,2]　范志勇[1,2]#

(1. 湖南农业大学动物科学技术学院，长沙 410128;

2. 湖南省畜禽安全生产协同创新中心，长沙 410128)

摘要：氧化应激是指当内外环境对机体产生有害刺激，体内产生的活性氧和活性氮自由基蓄积，引起动物细胞和组织的生理及病理反应。妊娠后期伴随着胎儿的快速发育，母体营养摄入和机体代谢强度不断增强，这种适应性的变化过程与抗氧化系统活性下降密切相关，呈现出随妊娠进程间进行增强的特点，是母猪体内活性氧蓄积的重要原因，造成母体及胎儿面临的氧化应激损伤风险随之增加，严重威胁着母猪的繁殖性能及其子代健康。低聚异麦芽糖（Isomaltooligosaccharide，IMO）作为一种功能性寡糖，可通过调控肠道菌群生态，改善肠道健康，影响体脂代谢，在提高机体抗氧化和免疫方面具有独特的作用。进一步研究发现，寡糖类益生元与某些特定微生物结合能够在原有单一糖类基础上，进一步提高其作为功能寡糖的益生效果，但有关这类功能性低聚糖和微生物的组合协同效应研究，特别是针对妊娠后期母猪方面的资料仍然比较匮乏。因此，本试验旨在研究，妊娠后期母猪饲粮中低聚异麦芽糖及其与芽孢杆菌复合物对母猪、胎盘及脐带血中抗氧化指标的影响，为母猪妊娠后期渐进性氧化损伤的营养干预理论与技术提供参考。试验选取 100 头 2~5 胎妊娠后期（妊娠 85 天）母猪（长白×大白），按照体重、背膘厚度、胎次和预产期相近的原则随机分为 5 个处理，分别为对照组（基础日粮），低聚异麦芽糖（IMO）组（基础日粮＋0.5% IMO），低聚异麦芽糖＋枯草芽孢杆菌（IMO＋K)组（基础日粮＋0.5% IMO＋0.02% *Bacillus subtilis*），低聚异麦芽糖＋地衣芽孢杆菌（IMO＋D)组（基础日粮＋0.5% IMO＋0.02% *Bacillus licheniformis*)和低聚异麦芽糖＋枯草芽孢杆菌＋地衣芽孢杆菌（IMO＋K＋D)组（基础日粮＋0.5% IMO＋0.02% *Bacillus subtilis*＋0.02% *Bacillus licheniformis*），每个处理 20 个重复，每个重复 1 头母猪，试验期为 30 天。母猪分娩时收集仔猪脐带血和胎盘组织，并且通过耳缘静脉采集母猪血用以测定总抗氧化力（T-AOC）、谷胱甘肽过氧化物酶（GSH-PX）、过氧化氢酶（CAT）以及脂质氧化代谢产物丙二醛（MDA）的水平。结果表明：1)与对照组相比，IMO＋K 组、IMO＋D 组和 IMO＋K＋D 组显著降低了母猪血清 MDA 的水平，IMO 组、IMO＋K 组和 IMO＋D 组显著提高了母猪血清 T-AOC 的水平（$P<0.05$)。2)试验组脐带血清中 MDA 水平均显著高于对照组（$P<0.05$)，其他指标而无显著差异（$P>0.05$)。3)胎盘组织中 IMO＋K＋D 组 MDA 的水平显著低于对照组、IMO 组和 IMO＋K 组（$P<0.05$)，IMO＋D 组和 IMO＋K＋D 组显著提高了胎盘组织中 T-AOC 的水平（$P<0.05$)。由此可见，妊娠后期母猪饲粮中添加 IMO 及其与芽孢杆菌的组合对母猪、脐带血以及胎盘组织的抗氧化均有影响，且对母猪和胎盘组织抗氧化力的提高效果最佳，其中添加 IMO＋D 和 IMO＋K＋D 的处理影响较大。

关键词：妊娠母猪;抗氧化力;低聚异麦芽糖;芽孢杆菌;脐带血;胎盘组织

---

* 基金项目：国家重点研发计划（2017YFD0500506；2016YFD0501209）;湖南省重大项目（2016NK2124）

** 第一作者简介：丁亚南（1991—），男，安徽宿州人，硕士研究生，主要从事动物营养生理与代谢调控研究，E-mail:945302098@qq.com

\# 通讯作者：范志勇，教授，研究生导师，E-mail:fzyong04@163.com

酵母培养物对断奶仔猪和生长育肥猪的饲喂效果

李晓* 杨东吉 王志祥#

(河南农业大学牧医工程学院,郑州 450002)

摘要:本试验旨在研究酵母培养物对断奶仔猪和生长育肥猪生产性能、养分表观消化率和血清指标的影响,为酵母培养物在猪生产中的应用提供理论基础。试验选用 360 头平均断奶日龄为 28 天,品种相同、平均体重一致且长势良好的二元长白猪,分为 3 个处理,每个处理 4 个重复,每个重复 30 头,公母各半,对照组在试验期间饲喂玉米-豆粕型基础日粮,试验 1 组和试验 2 组为分别在基础日粮中添加 5 g/kg、10 g/kg 的酵母培养物。试验分两个阶段,第一阶段,在仔猪的 34～70 日龄将仔猪随机分成 3 个处理组。第二阶段,从 71～163 日龄,保留对照组和第一阶段中生长性能较好的试验 1 组,继续进行饲养试验,试验期 130 天。结果表明:1)在仔猪 34～70 日龄时试验 1 组和试验 2 组的日平均采食量显著高于对照组($P<0.05$),试验 1 组和试验 2 组的平均日增重极显著高于对照组($P<0.01$),试验 1 组和试验 2 组的料重比均有降低,但没有达到显著程度($P>0.05$);和试验 2 组相比,试验 1 组平均日采食量显著提高($P<0.05$),日增重极显著提高($P<0.01$),料重比两组间无显著差异($P>0.05$)。2)在 34～163 日龄时,与对照组相比,试验组的日增重极显著提高($P<0.01$)。3)第一阶段消化试验结果表明:试验 1 组和试验 2 组饲料中的干物质、粗灰分、钙和磷等的表观消化率显著提高($P<0.05$),试验 1 组的粗蛋白质和粗脂肪的消化率极显著高于对照组($P<0.01$),试验 2 组的粗蛋白质消化率极显著高于对照组($P<0.01$)。4)经济效益分析表明试验 1 组全程平均每头猪增加 34.65 元的毛利润。5)血清生化指标表明:与对照组相比,试验组显著提高了血清中的球蛋白和抗体 M 和抗体 G 浓度($P<0.05$),血清尿素氮含量显著降低($P<0.05$)。由此可见,日粮中使用酵母培养物能够提高断奶仔猪和生长育肥猪的生长性能,提高断奶仔猪养分表观消化率,提高断奶仔猪的免疫功能,改善生长育肥猪饲养的经济效益。

关键词:断奶仔猪;育肥猪;酵母培养物;生长性能;消化率;血清生化指标

* 第一作者简介:李晓(1992—)男,河南邓州人,硕士研究生,动物营养与饲料科学专业,E-mail:1548963820@qq.com
# 通讯作者:王志祥,教授,博士生导师,E-mail:wzxhau@163.com

德氏乳杆菌调控 SD 肥胖大鼠胆固醇代谢的作用机制研究[*]

侯改凤[1,2][**]　李瑞[1,2]　韦良开[1,2]　贺晨晨[1,2]　彭伟[1,2]　蔡巧莉[1,2]　黄兴国[1,2][#]

(1. 湖南农业大学动物科学技术学院，长沙 410128；
2. 湖南畜禽安全生产协同创新中心，长沙 410128)

摘要：本研究通过饲喂高脂饲粮构建 SD 肥胖大鼠模型，建模成功后，给 SD 肥胖大鼠灌胃德氏乳杆菌制剂，探讨其对 SD 肥胖大鼠胆固醇代谢的影响。试验一：40 只 4 周龄的雄性 SD 大鼠随机分为 2 组，普通日粮组 10 只，高脂日粮组 30 只，饲喂至第 14 周龄，高脂日粮组 SD 大鼠体重与普通日粮组比较出现稳定的显著性差异($P<0.05$)，体重相差近 50 g，说明高脂饲粮成功诱导 SD 大鼠肥胖模型。试验二：随机选取 SD 肥胖大鼠 16 只，分为 2 组，每组 8 只，SD 大鼠单笼饲养，试验期间(42 天)，2 组 SD 大鼠均饲喂普通饲粮，对照组 SD 大鼠每天灌胃 1 mL 无菌水，试验组 SD 大鼠灌胃 1 mL 无菌水稀释的德氏乳杆菌菌液(3×10^9 CFU/mL)，试验结束采血、麻醉屠宰取样。结果显示：德氏乳杆菌显著降低了($P<0.05$)血清甘油三酯(TG)、总胆固醇(TC)和总胆汁酸(TBA)含量；增加了($P<0.05$)粪 TBA 含量；提高了($P<0.05$)肝脏中 7α-羟化酶(CYP7A1)酶活性，降低了($P<0.05$)肝脏中羟甲基乙酰辅酶 A 还原酶(HMGR)酶活性；上调了肝脏高密度脂蛋白受体(HDLR)mRNA 表达，下调了回肠胆汁酸转运载体(ASBT)mRNA 的表达；减少了肝脏中 TC 和 TBA 含量。由此可知，德氏乳杆菌可通过干扰 SD 肥胖大鼠胆汁酸肠肝循环来降低血清胆固醇含量。

关键词：德氏乳杆菌；SD 肥胖大鼠；胆固醇代谢

* 基金项目：国家自然科学基金项目(31372322)；长沙市科技计划项目(kq1602107)；湖南省研究生科创项目(CX2017B346)
** 第一作者简介：侯改凤(1988—)，女，博士，从事饲料资源开发与利用研究，E-mail：hougf521@163.com
# 通讯作者：黄兴国，教授，博士生导师，E-mail：huangxi8379@aliyun.com

植物乳杆菌、干酪乳杆菌与发酵乳杆菌和鼠李糖乳杆菌对甘蔗尾青贮品质的影响[*]

周波^{1**}　黄峰¹　张露¹　穆胜龙¹　邹彩霞^{1#}　梁明振¹　何仁春²　周俊华²

(1. 广西大学动物科学技术学院,南宁 530004;2. 广西畜牧研究所,南宁 530002)

摘要: 本试验室曾从自然青贮的甘蔗尾中筛选出植物乳杆菌(*Lactobacillus plantarum*,LAP)、干酪乳杆菌(*Lactobacillus casei*,LAC)、发酵乳杆菌(*Lactobacillus fermentum*,LAF)和鼠李糖乳杆菌(*Lactobacillus rhamnosus*,LAR)。本次试验研究 LAC 与 LAP、LAF 和 LAR 的不同组合对甘蔗尾青贮发酵参数和有氧稳定性的影响。本试验设置了四个组,每个组四个重复,每个重复为净重 1 kg 的新鲜甘蔗尾放置于广口玻璃内,并压实密封置于室内发酵。本次试验设计为以下四组:对照组:添加 100 mL 的生理盐水不添加任何菌剂的对照组;试验 I 组:10 mL LAP +10 mL LAC+10 mL LAF +70 mL生理盐水;试验 II 组:10 mL LAP+10 mL LAC +10 mL LAR+70 mL 生理盐水;试验 III 组:10 mL LAP+10 mL LAC+10 mL LAF+10 mL LAR +60 mL 生理盐水。经避光室温 70 天青贮发酵后取样,并参照我国《青贮饲料质量评定标准》进行感官评定,通过测定甘蔗尾青贮后乳酸、挥发性脂肪酸、氨态氮、干物质回收率、粗蛋白质、中性洗涤纤维和酸性洗涤纤维含量以及有氧稳定性。结果表明:1)与对照组相比各试验组 pH 变化均不显著($P>$0.05),但试验 I 组和 III 组 pH 低于对照组;2)试验 III 组乳酸含量显著高于对照组($P<$0.05),乳酸含量提高了 24.30%,试验 I 组和试验 II 组与对照组乳酸含量差异不显著($P>$0.05);3)试验 II 组、III 组乙酸含量相对于对照组和试验 I 组显著升高($P<$0.05);4)各实验组丙酸含量相对于对照组均有所升高,但差异不显著($P>$0.05);5)各试验组均未检测到丁酸含量;6)试验 I 组和 II 组氨态氮含量显著低于对照组($P<$0.05),试验 III 组氨态氮含量低于对照组且两者之间无显著差异($P>$0.05);7)试验 I 组和 III 组粗蛋白质含量显著高于对照组 ($P<$0.05),且 III 组粗蛋白质含量(5.53%)最高,试验 II 组含量高于对照组,但差异不显著($P>$0.05);8)试验 I 和试验 II 组干物质回收率(97.01%,93.08%)显著高于对照组和试验 III 组($P<$0.05);9)试验 III 组中性洗涤纤维和酸性洗涤纤维含量显著降低($P<$0.05),其余两组差异不显著($P>$0.05);10)试验 II 组和试验 III 组有氧稳定性显著高于对照组($P<$0.05),其中试验 II 组最高为 112.00 h,各实验组有氧稳定性分别为 84.00、112.00、102.67 h,相对于对照组提高了 36.96%、82.63% 和 67.41%。11)各试验组感官评定总得分均高于对照组,其中试验 III 组评定得分为最高(73.5)。综上结果:LAP、LAC、LAF 和 LAR 联合添加均可改善甘蔗尾青贮品质,提高营养价值,以降低中性洗涤纤维、酸性洗涤纤维含量,提高发酵乳酸、粗蛋白质含量和有氧稳定性,因此推荐 4 种乳酸杆菌 LAP、LAC 和 LAF、LAR 联合添加青贮。

关键词: 甘蔗尾;乳酸杆菌;青贮品质;有氧稳定性

----

* 基金项目:国家自然基金项目(31860661);广西科技计划项目(桂科 AB16380175)

** 第一作者简介:周波(1989—),男,贵州六盘水人,硕士研究生,研究方向为动物营养与饲料科学,E-mail:959413675@qq.com

通讯作者:邹彩霞,研究员,硕士生导师,E-mail:caixiazou2002@hotmail.com

饲粮中添加活性干酵母对热应激母猪生产性能、血液激素和乳液成分的影响

熊奕* 吕良康 冯志 雷龙 张慧 刘正亚 任莹 赵胜军#

（武汉轻工大学动物科学与营养工程学院，武汉 430023）

摘要：本试验研究了饲粮中添加活性干酵母对热应激母猪生产性能、血液激素水平以及乳液成分的影响。选取妊娠母猪（长白×大白）80头，以温度为影响因素，按照母猪胎次、前1胎产仔数及配种日期，随机分为4个处理组，每组20头母猪。Ⅰ组为在适宜温度下[(25±1)℃]饲喂基础饲粮，Ⅱ组为适宜温度下基础饲粮中添加0.1%活性干酵母，Ⅲ组为高温条件下（日均温度31～35℃）饲喂基础饲粮，Ⅳ组为高温条件下基础饲粮中添加0.1%活性干酵母。试验从妊娠100天开始，持续到产后21天仔猪断奶。结果表明：1）母猪平均日采食量和产程时长无显著性差异（$P>0.05$）。2）母猪分娩时，Ⅳ组母猪血液中白介素-6显著高于Ⅱ组；仔猪断奶时，Ⅱ组、Ⅲ组和Ⅳ组母猪血液中血尿素氮差异显著（$P<0.05$）；4组母猪血液中血糖、血钙、血钠、烟酸、肿瘤坏死因子-a、T3、T4和皮质醇浓度无显著差异（$P>0.05$）。3）母猪分娩12 h后，Ⅲ组和Ⅳ组母猪乳液中乳脂、IgG浓度差异显著，且均显著高于Ⅰ组和Ⅱ组（$P<0.05$）；4组母猪乳液中乳糖和乳蛋白浓度差异不显著（$P>0.05$）。由此可见，饲粮中添加活性干酵母对母猪生产性能无显著影响，但能够显著影响血液的白介素-6和血尿素氮，且能显著提高猪母乳中乳脂和IgG浓度。

关键词：活性干酵母；热应激；生长性能；血液激素；乳液成分

* 第一作者简介：熊奕（1996—），女，湖北应城人，硕士研究生，E-mail:ctt20180228@163.com

通讯作者：赵胜军（1974—），男，蒙古族，内蒙古通辽市人，副教授，硕士生导师，研究方向为动物营养与代谢调控，E-mail: zhaoshengjun1974@163.com

丁酸梭菌对断奶仔猪生长性能、血清生化指标及肠道微生物区系的影响*

梁静**　寇莎莎　张文举#　聂存喜#

（石河子大学动物科技学院，石河子 832000）

摘要：本试验旨在研究丁酸梭菌对断奶仔猪生长性能、血清生化指标及肠道微生物区系的影响。选用 90 头 28±2 日龄，健康状况良好的"杜×长×大"三元杂交断奶仔猪，按照窝别和体重[(6.22±0.24) kg]相近的原则随机分为 3 组，每组 5 个重复，每个重复 6 头。分别饲喂基础饲粮（空白对照组）、基础饲粮＋0.01‰的抗生素（抗生素组）、基础饲粮＋5×10⁸ CFU/kg 丁酸梭菌（丁酸梭菌组），试验期 21 天。结果表明：1）饲粮中添加 $5×10^8$ CFU/kg 丁酸梭菌具有降低断奶仔猪料重比的趋势（$P>0.05$），同时分别较空白对照组和抗生素组，降低仔猪腹泻率39.35％（$P>0.05$）和39.35％（$P>0.05$）。2）饲粮中添加 $5×10^8$ CFU/kg 丁酸梭菌较空白对照组和抗生素组显著降低血清中 Glu、TP 和 P 的含量（$P<0.05$），显著升高血清中 Alb、TG 的含量（$P<0.05$）；饲粮中添加 $5×10^8$ CFU/kg 丁酸梭菌较空白对照组和抗生素组，显著降低血清细胞因子 IL-6（$P<0.05$），较空白对照组显著降低血清细胞因子 TNF-α（$P<0.05$）。3）与空白对照组和抗生素组相比，饲粮中添加 $5×10^8$ CFU/kg 丁酸梭菌显著提高仔猪直肠粪便中 OTUs、ACE、Chao 等多样性指数（$P<0.05$），具有改善仔猪肠道菌群多样性的作用；其中拟杆菌门（Bacteroidetes）、厚壁菌门（Firmicutes）、软壁菌门（Tenericutes）为断奶仔猪肠道粪便的优势菌群，普雷沃氏菌属（*Prevotella*）最为丰富，占20.42％~38.77％。抗生素组和丁酸梭菌组中的细菌群落具有很高的相似性。由此可见，饲粮添加 $5×10^8$ CFU/kg 丁酸梭菌具有提高断奶仔猪生产性能的趋势，参与调节断奶仔猪血清中糖代谢、蛋白代谢和脂代谢，对断奶仔猪具有一定的免疫调节作用，同时可改善断奶仔猪肠道微生物多样性，从而促进断奶仔猪生长代谢。

关键词：丁酸梭菌；断奶仔猪；生产性能；血清生化指标；肠道微生物

*　基金项目：兵团应用基础研究项目（2016AG009）、石河子大学高层次人才科研启动项目（RCZX201503）、国家自然科学基金（31760686）

**　第一作者简介：梁静（1989—），女，陕西渭南人，博士研究生，研究方向为饲料资源开发与利用，E-mail：liangjingshz@sina.com

#　通讯作者：张文举，教授，博士生导师，E-mail：zhangwj1022@sina.com；聂存喜，副教授，E-mail：niecunxi@shzu.edu.cn

地衣芽孢杆菌替代抗生素对仔猪健康的影响[*]

李宁[1,2][**]　李千军[1,2]　闫峻[1,2]　马墉[1,2]　郑梓[1,2]　李平[1,2]　王文杰[1,2]　穆淑琴[1,2][#]

(1.天津市畜牧兽医研究所,天津 300381;

2.天津市畜禽健康养殖技术工程中心,天津 300381)

摘要:试验研究了饲粮中添加地衣芽孢杆菌对仔猪生长性能、发病率、血清生化指标的影响。选择 28 日龄健康断奶仔猪 60 头,随机分为 3 组:对照组(基础饲粮)、试验 1 组(基础饲粮中添加抗生素(喹乙醇 100 g/T,金霉素 75 g/T,土霉素钙 60 g/T)和试验 2 组(基础饲粮中添加 1 500 g/T 的地衣芽孢杆菌),每组 4 个重复,每个重复 5 头猪。试验期 31 天,测定试验期间仔猪的生长性能及试验结束时仔猪血清生化指标。结果表明:1)试验 2 组的终末重、日均采食量(ADFI)和日增重(ADG)均显著高于对照组和试验 1 组($P<0.05$),料重比降低 10.21% 和 7.73%,但差异不显著($P>0.05$)。2)试验 2 组腹泻率分别比对照组和试验 1 组降低 62.18% 和 15.71%,试验 2 组未出现咳喘猪只。3)试验 2 组谷丙转氨酶(ALT)活性低于对照组和试验 1 组 17.31% 和 6.18%,但差异不显著($P>0.05$),谷草转氨酶(AST)活性低于对照组和试验 1 组 34.69% 和 20.76%,显著低于对照组($P<0.05$),与试验 1 组差异不显著($P>0.05$);总蛋白(TP)、白蛋白(ALB)水平均高于对照组和试验 1 组,但差异不显著;球蛋白(GLB)水平显著高于试验 1 组($P<0.05$),低于对照组,但差异不显著($P>0.05$)。4)试验 2 组的谷胱甘肽过氧化物酶(GSH-Px)显著高于对照组和试验 1 组($P<0.05$),超氧化物歧化酶(SOD)低于对照组和试验 1 组,但差异不显著($P>0.05$),总抗氧化能力(T-AOC)显著高于对照组($P<0.05$),高于试验 1 组,但差异不显著($P>0.05$)。5)试验 2 组的免疫球蛋白 A、G 和 M(IgA、IgG 和 IgM)含量均显著高于试验 1 组($P<0.05$),高于对照组,但差异不显著($P>0.05$);白细胞介素 2 高于对照组和试验 1 组,但差异不显著($P>0.05$),白细胞介素 4 显著高于对照组和试验 1 组($P<0.05$)。由此可见饲粮中添加 1 500 g/T 的地衣芽孢杆菌可有效提高仔猪生长性能,改善仔猪抗氧化能力和免疫力,降低对肝脏的损伤。

关键词:地衣芽孢杆菌;仔猪;抗生素;生长性能;血清生化指标

* 基金项目:天津市科技支撑计划(15ZCZDNC00090);天津市生猪产业技术创新团队项目(ITTPRS2017005)

** 第一作者简介:李宁(1990—),男,山西朔州人,硕士研究生,研究方向为猪营养及饲养模式,E-mail:tjxmsln@163.com

通讯作者:穆淑琴,研究员,研究方向为动物营养与饲料科学,E-mail:mushq@163.com

丁酸梭菌对断奶仔猪生长性能、肠道屏障功能和血清指标的影响[*]

李玉鹏[1,2][**]　李海花[1,2][**]　王柳懿[1,2]　朱琪[1,2]　陈龙宾[1,2]　乔家运[1,2][#]　王文杰[1,2]

(1.天津市畜牧兽医研究所,天津 300381;2.天津市畜禽健康养殖技术工程中心,天津 300381)

摘要:本文旨在研究饲粮中添加丁酸梭菌对断奶仔猪生长性能、肠道屏障功能和血清指标的影响。试验采用单因子设计,选择(28±2)日龄、健康状况良好、体重相近的[(6.97±0.68) kg]的"杜×长×大"断奶仔猪 12 头,按完全随机区组设计分为 2 个处理,每个处理 6 个重复,单栏饲养。对照组饲喂玉米-豆粕型基础饲粮,试验组饲喂基础饲粮+5×10^5 CFU/g 丁酸梭菌,试验期分为预饲期(3 天)和正式试验期(14 天),预饲期仔猪无不良反应后进入正式试验期。结果表明:与对照组相比,试验组仔猪平均日增重显著增加 7.83%(P<0.05)、日平均采食量(ADFI)提高了 2.49%、料重比降低 5.26%;试验组空肠上皮细胞中 NLRP3(P<0.05)、NLRP6(P<0.05)、NLRP12(P<0.01)、Claudin-1(P<0.01)和 ZO-2(P<0.05)mRNA 水平的相对表达提高,回肠上皮细胞中 Claudin-1(P<0.01)和 ZO-2(P<0.01)mRNA 水平的相对表达极显著提高、回肠上皮细胞中 NLRP3、NLRP6 和紧密连接 NLRP12 mRNA 水平的相对表达分别提高 89%、98% 和 87%;与对照组相比,试验组仔猪空肠和回肠中乳酸杆菌数量均显著提高(P<0.05),试验组空肠中大肠杆菌的数量降低 2.49%,试验组回肠中大肠杆菌数量显著降低(P<0.05)。与对照组相比,试验组仔猪血清 IL-1β 含量降低 5.47%、IL-10 含量提高 25.43%。综上所述,饲粮中添加丁酸梭菌能提高仔猪小肠屏障功能,调节机体免疫和肠道菌群平衡,促进仔猪生长。

关键词:丁酸梭菌;断奶仔猪;生长性能;紧密连接;肠道屏障

　　[*]　基金项目:大北农杨胜先生门生社群项目(B2016008)

　　[**]　共同第一作者简介:李玉鹏(1989—),女,河南鹤壁人,硕士,研究方向为动物营养与饲料,E-mail:773062644@qq.com;李海花(1981—),女,河南周口人,博士,副研究员,研究方向为动物营养与免疫,E-mail:lihaihuaok@126.com

　　[#]　通讯作者:乔家运,河南宁陵人,研究员,研究生导师,研究方向为动物营养与饲料,E-mail:qiaojy1979@126.com

饲粮中添加丁酸梭菌提高产肠毒素型大肠杆菌 K88 感染仔猪的肠道屏障功能[*]

李海花[**]　李玉鹏　朱琪　乔家运[#]　王文杰

（天津市畜牧兽医研究所，天津 300381）

摘要：本研究旨在分析饲粮中添加丁酸梭菌对产肠毒素性大肠杆菌 K88（ETEC K88）感染仔猪的肠道屏障功能的调节作用并阐明其增强肠道屏障功能的分子机制。选择 48 头健康状况良好的"杜×长×大"杂交断奶仔猪，经过 7 天的适应期后，将其随机分为 4 个处理，每个处理 12 个重复，单栏饲养，所有猪只自由采食和饮水，猪舍温度控制在 20～30℃。按 2×2 因子设计 4 个处理，即基础日粮组（对照组），基础日粮＋丁酸梭菌组（CB 组），基础日粮＋ETEC K88 组（ETEC 组），以及基础日粮＋丁酸梭菌＋ETEC K88 组（CB＋ETEC 组）。试验期为 14 天，在试验的第 14 天，对 ETEC 组和 CB＋ETEC 组仔猪灌服 ETEC K88 菌液（剂量为每千克体重 $1×10^9$ CFU，菌液浓度为 $1×10^9$ CFU/mL），对照组及 CB 组仔猪灌服等体积的生理盐水。在攻毒后 6 h 和 24 h，分别屠宰一半仔猪、采样以备分析。结果表明：与对照组相比，饲喂含丁酸梭菌的试验组（CB 组）日增重有增加的趋势，料重比有降低的趋势，但差异均不显著（$P>0.05$）；丁酸梭菌能够显著逆转（$P<0.05$）ETEC K88 引起的仔猪血清中二胺氧化酶活性增加和 D-乳酸浓度增高、以及 ETEC K88 引起的仔猪肠上皮细胞间紧密连接蛋白包括 ZO-1，claudin-3 和 occludin 的表达下降；丁酸梭菌能够极显著（$P<0.01$）降低 ETEC K88 感染仔猪血清和肠黏膜中的促炎症细胞因子 IL-1β 和 IL-18 水平、同时却极显著（$P<0.01$）提高 ETEC K88 感染仔猪血清和肠道中抗炎性细胞因子 IL-10 水平。此外，丁酸梭菌能够极显著降低（$P<0.01$）ETEC K88 感染仔猪肠黏膜中 NLRP3 和 caspase-1 的表达，但对凋亡相关点样蛋白（ASC）的表达没有影响。综上所述，饲粮中添加丁酸梭菌能够提高 ETEC K88 感染仔猪的肠道屏障功能，并且这种调节作用与抑制 NLRP3 炎性小体信号通路活化相关。

关键词：丁酸梭菌；产肠毒素型大肠杆菌；肠道屏障功能；NLRP3 信号通路；炎症反应

[*] 基金项目：天津市农业科学院青年创新项目（2018008）

[**] 第一作者简介：李海花（1981—），女，河南周口人，博士，副研究员，研究方向为动物营养与免疫，E-mail：lihaihuaok@126.com

[#] 通讯作者：乔家运，河南宁陵人，研究员，研究生导师，研究方向为动物营养与饲料，E-mail：qiaojy1979@126.com

嗜酸乳杆菌减轻产肠毒素型大肠杆菌 K88 感染仔猪的炎症反应*

李海花** 张蕾 陈龙宾 朱琪 王文杰 乔家运#

(天津市畜牧兽医研究所,天津 300381)

摘要:本研究旨在分析饲粮中添加嗜酸乳杆菌对产肠毒素型大肠杆菌 K88(ETEC K88)感染仔猪的炎症调节作用并阐明其抵抗炎症反应的分子机制。实验选择(21±2)日龄、健康状况良好的"杜×长×大"杂交断奶仔猪 24 头,经过 7 天的适应期后,将体重为(5.34±0.09)kg 的仔猪分为 4 个处理组,每个处理组 6 个重复,单栏饲养。按 2×2 因子设计 4 个处理,即基础日粮组(对照组),基础日粮+嗜酸乳杆菌组(LA 组),基础日粮+ETEC K88 组(ETEC 组),以及基础日粮+嗜酸乳杆菌+ETEC K88 组(LA+ETEC 组)。所有猪只自由采食和饮水,猪舍温度控制在 20~30℃。试验期分为过渡期(7 天)和正式试验期(14 天),所有仔猪在过渡期进行固体食物过渡,期间自由采食基础日粮,过渡期仔猪无不良反应后进入正式试验期。在正式试验开始的第 14 天,对 ETEC 组和 LA+ETEC 组仔猪灌服 ETEC K88 菌液(剂量为每千克体重 $1×10^9$ CFU,菌液浓度为 $1×10^9$ CFU/mL),对照组及 LA 组仔猪灌服等体积的生理盐水。结果表明:ETEC K88 诱导的仔猪血清中促炎性细胞因子 IL-1β、IL-8 和 TNF-α 的增加均能够显著地被嗜酸乳杆菌抑制($P<0.05$),而 ETEC K88 诱导的仔猪血清中抗炎性细胞因子 IL-10 却能够显著地被上调($P<0.05$);嗜酸乳杆菌显著地($P<0.05$)下调 ETEC K88 感染仔猪脾脏和肠系膜淋巴结中模式识别受体 *TLR2* 和 *TLR4* 的 mRNA 水平的相对表达,以及 ETEC K88 感染仔猪脾脏中核因子-κB(NF-κB)p65 和 p38 丝裂原活化蛋白激酶(MAPK)的磷酸化水平;嗜酸乳杆菌还可显著地($P<0.05$)增加 ETEC K88 感染仔猪脾脏中 TLRs 信号通路上负反馈子包括 *Tollip*、*IRAK-M*、*A20* 和 *Bcl-3* 的 mRNA 水平的相对表达。综上所述,饲粮中添加嗜酸乳杆菌能够减轻 ETEC K88 引起的仔猪炎症反应,并且这种调节作用与损害 NF-κB 和 MAPK 信号通路的信号传递相关。

关键词:嗜酸乳杆菌;产肠毒素型大肠杆菌;先天性免疫;炎症反应;Toll-样受体信号通路

* 基金项目:国家自然科学基金项目(31402087)

** 第一作者简介:李海花(1981—),女,河南周口人,博士,副研究员,研究方向为动物营养与免疫,E-mail:lihaihuaok@126.com

\# 通讯作者:乔家运,河南宁陵人,研究员,研究生导师,研究方向为动物营养与饲料,E-mail:qiaojy1979@126.com

日粮添加不同益生菌对铁脚麻肉鸡生产性能的影响[*]

杨亚晋^{**}　雷福红　方欐圆　刘莉莉　陈粉粉[#]　郭爱伟[#]

（西南林业大学生命科学学院，昆明 650224）

摘要：益生菌作为微生物饲料添加剂已被广泛应用于畜牧生产中，常用的乳酸菌、芽孢杆菌等益生菌可以调节动物肠道微生物平衡，增强机体免疫力以及促生长等作用，在一定程度上可作为饲料中抗生素的替代品。铁脚麻肉鸡是广西土鸡与法国白羽鸡的杂交品种，保留了土鸡黑嘴黑脚、肉质好的特性，并有较好的生长速度、出肉率等指标，是云贵川地区畜禽生产中主要的家禽品种。本试验以铁脚麻肉鸡为实验对象，探讨日粮添加不同益生菌对铁脚麻肉鸡生产性能的影响。将 180 只 1 日龄铁脚麻肉鸡随机分为 5 个组，每组 3 个重复，每个重复 12 只鸡，各组间初始体重差异不显著（$P>0.05$）。饲粮配方参照肉鸡的营养需求配制，(1)对照组：基础日粮；(2)抗生素组：基础日粮＋抗生素（0.2 g/kg）；(3)乳酸菌组：基础日粮＋乳酸菌（5 mL/kg）；(4)芽孢菌组：基础日粮＋芽孢菌（5 mL/kg）；(5)复合菌组：基础日粮＋复合菌（乳酸菌 2.5 mL/kg＋芽孢菌 2.5 mL/kg）；饲养周期为 70 天。饲养期间，每周记录铁脚麻肉鸡各组体重和采食量。结果表明：日粮添加不同益生菌对各组铁脚麻肉鸡的日耗料影响差异不显著（$P>0.05$），而在试验前期（1～21 天），抗生素组、乳酸菌组和复合菌组的料肉比较对照组分别降低 20.41％、24.49％和 17.86％；试验中期（22～45 天），抗生素组和复合菌组的日增重较对照组分别显著升高 20.86％和 9.23％（$P<0.05$），芽孢菌组料肉比值较对照组低 4.83％；试验后期（46～70 天），芽孢菌组和复合菌组的料肉比值较抗生素组分别显著降低 25.97％和 22.08％（$P<0.05$）。由此可见，饲养前期日粮添加乳酸菌对铁脚麻肉鸡生产性能效果较好，饲养中后期添加芽孢杆菌和复合菌效果较好；本文初步探讨了日粮添加不同的益生菌对铁脚麻肉鸡生产性能的影响，为益生菌在畜禽生产过程中作为抗生素的绿色替代品提供了一定的理论基础。

关键词：益生菌；铁脚麻肉鸡；日增重；料肉比

* 基金项目：云南省应用基础研究计划青年项目资助（215020）；云南省优势特色重点学科生物学一级学科建设项目（50097505）
** 第一作者简介：杨亚晋，女，实验师，E-mail：yangyajinmail@163.com
# 通讯作者：陈粉粉，女，高级实验师，E-mail：1311795330@qq.com；郭爱伟，男，副教授，E-mail：g.aiwei.swfu@hotmail.com

日粮中添加 *Lactobacillus plantarum* 15-1 和低聚果糖对 *Escherichia coli* O78 攻毒肉鸡免疫及肠道短链脂肪酸的影响[*]

丁素娟[1]^{**}　王永伟[2]　王薇薇[2]　颜文新[1]　方俊[1][#]　李爱科[2][#]

(1. 湖南农业大学,生物科学技术学院,长沙,410128;2. 国家粮食局科学研究院,北京 100037)

摘要:寡糖和益生菌的配伍作为动物微生物制剂,其具有维持宿主的微生态平衡、调整其微生态失调和提高动物的健康水平的功能。本研究旨在探究在日粮中添加 *Lactobacillus plantarum* 15-1(*L. plantarum* 15-1)和低聚果糖(FOS)对 *Escherichia coli* O78(*E. coli* O78)攻毒肉鸡免疫及盲肠内短链脂肪酸(SCFA)的影响。选取 150 只 1 日龄 AA 肉仔鸡公雏,随机分为 5 个处理组,分别为:1)基础日粮组＋无菌生理盐水(n-control);2)基础日粮组＋ *E. coli* O78(p-control);3)基础日粮＋ *L. plantarum* 15-1(10^8 CFU/kg)＋ *E. coli* O78;4)基础日粮 ＋ FOS(5 g/kg)＋ *E. coli* O78;5)基础日粮＋ *L. plantarum* 15-1(10^8 CFU/kg)＋ FOS(5 g/kg)＋ *E. coli* O78。每个处理 6 个重复,每个重复 5 只鸡,每只肉鸡灌胃 *E. coli* O78 的量为 1×10^8 CFU,在 8 日龄开始连续攻毒 3 天,记录肉鸡死亡情况,在 14 和 21 日龄进行采样。实验数据显示,与两个对照组相比,*L. plantarum* 15-1 和 FOS 降低了 14 日龄肉鸡隐窝深度($P < 0.05$);与 p-control 相比,*L. plantarum* 15-1 和 FOS 降低了 21 日龄的隐窝深度($P < 0.05$)。与 p-control 相比,*L. plantarum* 15-1 降低了 14 和 21 日龄血清中二胺氧化酶(DAO)水平($P < 0.05$)。此外,与 p-control 相比,*L. plantarum* 15-1 和 FOS 增加了 14 和 21 日龄血清中 IgA 和 IgG 浓度($P < 0.05$),降低了二胺氧化酶。此外,*L. plantarum* 15-1 提高了 14 日龄盲肠食糜中乙酸和总 SCFA 含量,FOS 提高了 21 日龄戊酸及总 SCFA 含量($P < 0.05$),日粮中添加 *L. plantarum* 15-1 和 FOS 提高了 14 日龄丁酸的含量($P < 0.05$)。这些结果表明,*L. plantarum* 15-1 和 FOS 缓解了攻毒肉鸡带来的负面影响,改善了肠道形态及提高盲肠食糜中 SCFA 含量。综上所述,*L. plantarum* 15-1 和 FOS 可以通过降低肠道损伤,增强机体免疫反应来缓解 *E. coli* O78 带来的负面影响。

关键词:肉鸡;*Lactobacillus plantarum* 15-1;低聚果糖;免疫;肠道形态;短链脂肪酸

* 基金项目:家禽产业技术体系北京市创新团队(BAIC04—2018)

** 第一作者简介:丁素娟,博士研究生,E-mail:jiayousujuan@hunau. edu. cn

通讯作者:方俊,教授,博士生导师,E-mail:fangjun1973@hunau. edu. cn;李爱科,研究员,博士生导师,E-mail:lak@china-grain. org

乳酸菌对采食呕吐毒素污染饲粮肉鸡肠道健康的影响[*]

段永乐[1**]　　武圣儒[1,2**]　　刘艳利[1]　　杨小军[1]　　杨欣[1#]

(1. 西北农林科技大学动物科技学院,杨凌 712100;2. 河北农业大学动物科技学院,保定 071001)

摘要:呕吐毒素(DON)作为饲粮中污染最为严重的霉菌毒素之一,会引起畜禽采食量下降,机体免疫机能降低,肠道健康损伤等一系列问题。本试验通过在呕吐毒素污染饲粮中添加乳酸菌,探究乳酸菌对采食呕吐毒素污染饲粮肉鸡肠道健康的影响,期望为饲料呕吐毒素污染造成的肉鸡肠道健康损伤、生产性能下降等问题找到有效的解决方案。本试验将 144 只 AA 肉鸡随机分为 3 个处理,每个处理 6 个重复,每个重复 8 只鸡。3 个处理分别为:1)对照组(CON)饲喂不含抗生素的基础饲粮;2)呕吐毒素组(DON)在基础饲粮中添加 10 mg/kg 的呕吐毒素;3)混合组(JM113+DON)在基础饲粮中添加 1×10^9 CFU/kg 的乳酸菌 JM113 和 10 mg/kg 的呕吐毒素。于 21 日龄及 42 日龄记录肉鸡采食量及生长性能,采集肉鸡胰腺、肠道、肠黏膜和肠道内容物样品,分析肠道组织形态、营养物质转运载体表达、消化酶活、上皮转录组和微生物群落等指标的变化情况。结果显示:1)与对照组相比,DON 污染会显著降低 21 日龄肉鸡的十二指肠绒毛高度(VH)及绒毛高度与隐窝深度比(V：C),增加其隐窝深度(CD),显著减少空肠 claudin-1 和 occludin 的表达,同时显著降低 42 日龄肉鸡的十二指肠及空肠的绒毛高度(VH)及绒毛高度与隐窝深度比(V：C),减少空肠 claudin-1 的表达;而额外添加乳酸杆菌 JM113 可以显著消除 DON 的以上不利影响;2)与对照组相比,DON 污染可以显著降低 21 日龄肉鸡空肠 GLUT1 及回肠 rBAT 的表达,同时显著降低 42 日龄肉鸡十二指肠 PepT1 和回肠 rBAT 的表达,而额外补充 JM113 可以恢复以上转运载体的表达量,消除 DON 对肠道吸收功能的影响;进一步的空肠转录组结果验证了 DON 对肠道完整性及营养物质转运功能的毒害作用,同时验证了 JM113 可以在 DON 污染下改善肉鸡的肠道完整性及营养物质转运功能;3)采用 16S rDNA 测序分析微生物结构发现 DON 可以显著降低 Proteobacteria、Escherichia、g-cc-115、Lactobacillus 和 Prevotella 的菌群数量,而额外添加 JM113 可以显著增加 Bacteroidetes、Roseburia、Anaerofustis 和 Anaerostipe 的菌群数量,降低 Firmicutes 数量。综上所述,植物乳杆菌 JM113 可以通过缓解 DON 对肠道上皮结构及完整性的毒害作用,同时增加有利于营养物质消化吸收代谢的有益菌的数量,来增强肠道的消化、吸收和代谢功能,缓解 DON 对肉鸡生长的毒害作用。

关键词:呕吐毒素;乳酸杆菌;肉鸡;肠道微生物;转录组

*　基金项目:国家重点研究开发项目(2017YFD0500500,20170502200);国家自然科学基金(31402095)

**　共同第一作者简介:段永乐(1991—),男,山东日照人,硕士研究生,研究方向为家禽免疫营养与表观遗传,E-mail:1498983155@qq.com;武圣儒(1992—),男,四川攀枝花人,博士研究生,研究方向为家禽免疫营养与表观遗传,E-mail:wushengru2013@163.com

#　通讯作者:杨欣,副教授,硕士生导师,E-mail:yangx0629@163.com

日粮中添加合生素对青脚麻鸡生长性能、脂质代谢、抗氧化状态和肉质的影响

李俊*　程业飞　陈跃平　曲恒漫　赵宇瑞　温超　周岩民#

（南京农业大学动物科技学院，南京 210095）

摘要：合生素作为抗生素替代品受到了广泛的关注，研究报道，饲粮中添加合生素可以提高 AA 肉鸡生长性能和免疫力，改善肠道菌群并维持肠道完整性，然而，有关合生素在青脚麻鸡上的研究较少。本研究旨在研究合生素（由地衣芽孢杆菌、枯草芽孢杆菌、酪酸梭菌、低聚木糖和酵母细胞壁组成）对青脚麻鸡生长性能，脂质代谢，抗氧化状态和肉质的影响。选用 128 只 1 日龄雄性青脚麻鸡，随机分成 2 个处理（每个处理 8 个重复，每个重复 8 只鸡）：对照组饲喂基础饲粮，试验组饲喂添加 1.5 g/kg 合生素，试验期 50 天。结果表明：1)饲粮中添加 1.5 g/kg 合生素显著降低了青脚麻鸡 1～21 天的料重比($P < 0.05$)，而对 22～50 日龄和 1～50 日龄的日增重、日采食量及料重比均无显著影响($P > 0.05$)。2)饲粮中添加合生素显著降低了腹部脂肪的绝对质量($P < 0.05$)和相对质量($P < 0.05$)，分别下降了 28.7% 和 25.1%，但在肝脏和胸肌质量上没有显著差异($P > 0.05$)，对肌间脂肪宽度及皮下脂肪厚度也均无显著影响($P > 0.05$)。3)在血清脂质方面，饲粮中添加合生素显著增加了高密度脂蛋白胆固醇含量($P < 0.05$)，并降低了甘油三酯水平($P < 0.05$)，低密度脂蛋白胆固醇也下降了 18.1%，但差异不显著($P > 0.05$)，对总胆固醇含量也没有显著性影响($P > 0.05$)。4)饲粮中添加合生素显著降低了肝脏丙二醛浓度($P < 0.05$)，并显著增加了肝脏超氧化物歧化酶的活性($P < 0.05$)，但对血清中的丙二醛浓度及超氧化物歧化酶的活性均未造成显著性影响($P > 0.05$)。5)在胸肌肉品质方面，饲粮中添加合生素显著提高了屠宰后 24 h 的 pH($P < 0.05$)和红度值($P < 0.05$)，并降低了屠宰后 24 h 的滴水损失值($P < 0.05$)及蒸煮损失值($P < 0.05$)。结果表明：饲粮中添加合生素能够在一定程度上促进青脚麻鸡的生长性能，改善脂质代谢，并提高其抗氧化能力和肉质。

关键词：合生素；生长性能；脂代谢；抗氧化性能；肉品质；青脚麻鸡

* 第一作者简介：李俊（1995—），男，江西景德镇人，硕士研究生，从事动物营养与饲料研究，E-mail：15850558260@163.com
# 通讯作者：周岩民，教授，博士生导师，E-mail：zhouym6308@163.com

甘露寡糖、双歧杆菌及其复合物对白羽王鸽
体重和免疫性能的影响[*]

戈冰洁[**]　杨海明[#]　党靖宇　陈晓帅　王志跃

(扬州大学动物科学与技术学院,扬州 215009)

摘要:动物福利问题在畜禽养殖中越来越引起人们的重视,尽管使用抗生素对畜禽的生长有促进作用,但是欧盟及一些国家已禁止抗生素使用或实行严格的限制。研制开发新型绿色环保的饲料添加剂是养殖业健康发展的前提。本试验旨在研究甘露寡糖和双歧杆菌对 56 日龄白羽王鸽体重、免疫器官指数、血清免疫球蛋白和肠道 SIgA 的影响。选取 1 日龄的乳鸽 288 只,随机分为 4 组(每组 6 个重复,每个重复 12 只):对照组饲喂基础饲粮;3 个试验组分别饲喂 0.1% 甘露寡糖、1×10^8 CFU/g 双歧杆菌和复合添加剂(0.1% 甘露寡糖+1×10^8 CFU/g 双歧杆菌),试验期为 56 天。结果表明:1)与对照组相比,单独添加或复合添加甘露寡糖和双歧杆菌组对鸽子的体重无显著影响($P>0.05$);但是,双歧杆菌组和复合组鸽子体重有上升的趋势。2)与对照组相比,单独添加或复合添加甘露寡糖和双歧杆菌对鸽子的脾脏指数没有显著影响($P>0.05$);单独添加甘露寡糖的鸽子法氏囊指数明显高于对照组($P<0.05$);单独添加或复合添加甘露寡糖和双歧杆菌对鸽子的胸腺指数没有显著影响($P>0.05$),但是,复合组的鸽子胸腺指数明显高于甘露寡糖组($P<0.05$)。3)与对照组相比,同时添加甘露寡糖和双歧杆菌使鸽子血清中 IgG 浓度显著升高($P<0.05$),值得注意的是,复合组的血清 IgG 浓度显著高于单独添加甘露寡糖和双歧杆菌两试验组($P<0.05$);单独添加甘露寡糖能显著提高血清 IgA 和 IgM 的浓度($P<0.05$),此外,甘露寡糖组的血清 IgA、IgG 和 IgM 浓度均高于双歧杆菌组($P<0.05$)。4)与对照组相比,同时添加甘露寡糖和双歧杆菌使鸽子十二指肠黏膜中 SIgA 浓度显著降低($P<0.05$);单独或复合添加甘露寡糖和双歧杆菌对空肠 SIgA 含量无显著影响($P>0.05$);复合添加甘露寡糖和双歧杆菌使回肠中 SIgA 浓度显著高于对照组($P<0.05$)。由此可见,适量单独添加甘露寡糖或复合添加双歧杆菌与甘露寡糖可提高鸽子的免疫功能,增强其抵抗力。

关键词:鸽;双歧杆菌;甘露寡糖;免疫性能

[*] 基金项目:江苏高校优势学科建设工程资助项目;常州市科技支撑计划项目(CE20172021)

[**] 第一作者简介:戈冰洁(1995—),女,江苏苏州人,研究生,动物营养与饲料科学专业,E-mail:897246692@qq.com

[#] 通讯作者:杨海明,教授,硕士生导师,E-mail:594016013@qq.com

猪核受体 PXR/CAR 信号通路在玉米赤霉烯酮脱毒中的作用机制研究[*]

常思颖[**]　苏洋　孙宇辰　石宝明[#]　单安山

（东北农业大学动物营养研究所,哈尔滨 150030）

摘要:本试验的目的是以仔猪为研究对象,初步探讨饲喂含玉米赤霉烯酮(Zearalenone,ZEN)的饲粮对仔猪造成的损伤情况及其对核受体系统 mRNA 表达量的影响,以此了解猪核受体信号通路系统在自身解毒中的作用。选用 32 头平均体重为(12.27±0.30) kg(杜洛克×长白×大白)雌性断奶仔猪随机分成 4 组,每组 8 个重复,每个重复 1 头仔猪。4 组分别在基础饲粮上添加的 ZEN 浓度水平分别为 0、0.5、1 和 2 mg/kg,试验期 28 天。试验结束后对仔猪全部进行屠宰,并取血清、肝脏进行相关指标分析。试验结果表明:1)各处理组中猪的日增重(ADG)、日采食量(ADFI)和饲料转化率(FCR)均没有显著差异($P>0.05$);2)与对照组相比采食添加 ZEN($0.5\sim2$ mg/kg)饲粮组仔猪在试验末期表现出明显的阴户红肿、阴户面积显著增大呈浓度依赖性($P<0.05$);3)与对照组相比采食添加 ZEN($0.5\sim2$ mg/kg)饲粮组仔猪的血清性激素指标中雌二醇(E2)、卵泡刺激素(FSH)、黄体生成素(LH)和孕酮激素(PROG)含量极显著升高呈剂量依赖性($P<0.01$);4)与对照组相比,采食添加 ZEN($0.5\sim2$ mg/kg)饲粮组仔猪的血清酶指标中谷丙转氨酶(ALT)、谷草转氨酶(AST)、谷氨酰转肽酶(GGT)和碱性磷酸酶(ALP)含量显著上升呈剂量依赖性($P<0.05$);5)与对照组相比采食添加 ZEN($0.5\sim2$ mg/kg)饲粮组仔猪肝脏中 ZEN 残留量显著升高($P<0.01$);6)在基因表达水平上,与对照组相比采食添加 ZEN($0.5\sim2$ mg/kg)饲粮组仔猪肝脏中核受体 PXR 和 CAR 的表达量显著升高($P<0.05$);一相酶 CYP2E1、CYP2A5、CYP2A6、CYP1A1 表达量显著增加($P<0.05$),二相酶 GSTA1、GSTA2 表达量显著增加($P<0.05$),而二相酶 UGT1A1、UGT1A6 和转运蛋白 MDR1、PGP 基因的 mRNA 表达量均没有显著变化($P>0.05$)。由此可见,饲粮中的 ZEN 浓度($0.5\sim2$ mg/kg)能显著提高血清肝脏酶的关键酶含量和肝脏 ZEN 残留量,并引起生殖毒性。此外,核受体 PXR 和 CAR 的 mRNA 表达对雌性仔猪摄入 ZEN 有明显反应,进而导致其靶基因一相酶和二相酶的 mRNA 表达量增加。这一发现表明核受体信号通路系统在对抗 ZEN 的防御和脱毒中发挥重要作用。本研究有助于鉴定未来无毒但有效的核受体信号通路系统激活剂。为建立 ZEN 在体内代谢的有效干预措施、强化动物自身解毒体系提供新思路和试验依据,为解决饲料霉变问题开辟一条新途径。

关键词:玉米赤霉烯酮;仔猪;解毒;核受体

　* 基金项目:国家自然科学基金(31540057);国家生猪产业体系(CARS-35)

** 第一作者简介:常思颖,女,硕士,E-mail:384407282@qq.com

 # 通讯作者:石宝明,教授,E-mail:shibaoming1974@163.com

饲粮中添加凝结芽孢杆菌对断奶仔猪
生长性能和小肠功能的影响*

吴梦郡** 　纪昌正　李思源　董毅　赵广宇　王蕾　赵迪　易丹　侯永清#

(1.武汉轻工大学农副产品蛋白质饲料资源教育部工程研究中心,武汉 430023；

2.武汉轻工大学动物营养与饲料科学湖北省重点实验室,武汉 430023)

摘要:绿色天然的饲料添加剂成为越来越多研究的焦点,而益生菌作为一种对人畜无害的微生物,被广泛添加于饲料中,能够促进营养物质的消化吸收,维持肠道菌群的动态平衡,凝结芽孢杆菌(*Bacillus coagulans*,简称BC)是兼性厌氧的革兰氏阳性菌,其孢子具有耐高温、耐酸、耐胆盐等抗逆性,并具有较高的饲料加工性,进入到肠道内有利于益生菌的增殖。本研究旨在探究饲粮中添加凝结芽孢杆菌(BC)对断奶仔猪生长性能和小肠功能的影响。选取 24 头平均体重(6.5 ± 0.21)kg的 21 天健康"杜×长×大"仔猪,随机分为 3 个处理组:对照组、BCⅠ组、BCⅡ组,每个处理组 8 个重复,每个重复 1 头猪。预饲 3 天,正式试验期为 21 天。试验期间对照组饲喂基础饲粮,BCⅠ组组饲喂基础饲粮+2×10^6 CFU/g BC,BCⅡ组饲喂基础饲粮+2×10^7 CFU/g BC。试验第 21 天,所有组仔猪口腔灌服 10% D-木糖[1 mL/kg(BW)],1 h 后前腔静脉采血,麻醉,屠宰取回肠和回肠食糜冻存于−80°冰箱。在试验的第 1~20 天,记录仔猪的体重、采食量和腹泻率,并对仔猪的生长性能进行统计分析。结果表明,与对照组相比,BCⅠ组和BCⅡ组均能显著降低仔猪腹泻率和血浆二胺氧化酶(DAO)活力($P<0.05$),BCⅠ组提高了血浆 D-木糖含量($P<0.05$);BCⅠ组和BCⅡ组均提高了回肠谷胱甘肽过氧化物酶(GSH-Px)的含量及回肠食糜中乳酸菌、肠球菌数量($P<0.05$),降低了回肠食糜梭菌数量($P<0.05$),另外,BCⅠ组提高了回肠食糜中双歧杆菌的数量($P<0.05$),上调了回肠黏膜水通道蛋白(AQP)3 的基因相对表达量($P<0.05$),BCⅡ组上调了回肠黏膜 AQP3、AQP10、内向整流钾离子通道 13(KCNJ13)基因的相对表达量($P<0.05$)。综上所述,日粮中添加凝结芽孢杆菌可降低仔猪腹泻率,提高断奶仔猪小肠道吸收转运能力及抗氧化能力,改善断奶仔猪小肠内菌群结构。

关键词:凝结芽孢杆菌；生长性能；小肠功能；断奶仔猪

* 基金项目:国家重点研发计划课题(2016YFD0501210)

** 第一作者简介:吴梦郡(1993—),男,湖北襄阳人,硕士研究生,研究方向为营养生化与代谢调控,E-mail:283729823@qq.com

通讯作者:侯永清,博士,教授,E-mail:houyq@aliyun.com

不同发酵饲料小肽含量检测及对仔猪生长性能的影响

倪冬姣* 　王志博　邓琳　陆东东

（播恩集团技术中心，广州 511400）

摘要：本试验旨在研究 4 种不同发酵料中分子质量在 180～1 000 Da 的小肽相对含量及分别添加在仔猪料中，对仔猪采食量、生长速度、料重比及腹泻率等性能的影响。分别采集相同底物，相同菌种组合，相同发酵参数，发酵 72 h、1 周、2 周、4 周后的发酵饲料样品，通过 HPLC，选用色谱柱：TSKgel 2000 SWXL 300 mm×7.8 mm；流动相：乙腈/水/三氟乙酸，45/55/0.1（V/V）；检测：UV220 nm；流速：0.5 mL/min；柱温：30℃检测分子质量在 180～1 000 Da 的小肽含量。选取 66 日龄，体重 22.0～23 kg 的保育仔猪 200 头，公母各半，随机分为 5 组（每组 4 个重复，每个重复 10 头）：对照组饲喂基础饲粮，试验组饲喂在基础饲粮中分别添加 5% 发酵 72 h（试验 A 组）、1 周（试验 B 组）、2 周（试验 C 组）、4 周（试验 D 组）的 4 种发酵料，替换等比例玉米的试验饲粮，试验期 30 天。结果：1）分别发酵 72 小时、1 周、2 周、4 周后，发酵料中分子质量在 180～1 000 Da 的小肽相对含量分别为 12.08%，18.24%，30.91%，35.94%。表明随着发酵时间的延长，发酵料中 2～10 肽的小肽比例明显提高。2）动物试验结果：各组平均日采食量，C 组最高为 1 533.76 g/头，A 组最低为 1 436.96 g/头，其余依次是 D 组 1 518.67 g/头，B 组 1 492.3 g/头、对照组 1 446.4 g/头。与对照组相比，A 组降低了 9.44 g/头，B、C、D 组分别提高了 45.9 g/头、87.36 g/头、72.27 g/头。各组平均日增重，D 组最高为 729.78 g/头，对照组最低为 663.16 g/头，其余依次是 A 组 686.24 g/头，B 组 691.85 g/头，C 组 716.56 g/头。与对照组相比，A、B、C 和 D 组分别提高了 3.48%、4.32%、8.05% 和 10.04%。各组料重比，D 组最低为 2.08，其次为 A 组 2.09，C 组 2.14，B 组 2.16，对照组 2.18。与对照组相比，A、B、C 和 D 组料重比分别降低了 0.09,0.02,0.04,0.1。各组腹泻率，各组均未发生腹泻。由此可见，采用本试验设计的发酵工艺，随着发酵时间的延长，发酵饲料中 2～10 肽的小肽含量表现明显的递增。在饲料中添加发酵饲料，能提高仔猪的日增重，降低料重比，发酵时间在 1 周以上，能明显提高采食量。

关键词：发酵饲料；小肽；仔猪；生长性能

---

* 第一作者简介：倪冬姣（1968—），女，湖北人，从事生物饲料研究，E-mail：nidj@8v.com.cn

发酵饲料对生长育肥猪结肠微生物发酵
及菌群组成的影响*

张铮**   毛胜勇#   朱坤

（南京农业大学动物科技学院，南京 210095）

摘要：本试验旨在研究复合菌发酵饲料对生长育肥猪结肠发酵、结肠黏膜与内容物菌群组成的影响。试验选用健康、日龄基本一致、体重约 60 kg 的"杜×长×大"三元杂交猪 24 头，随机分为 2 组，分别为基础饲粮组（对照组）、复合菌发酵饲料组（试验组），每组 4 个重复，每个重复 3 头猪。采用南京农业大学消化道微生物实验室保存的唾液乳杆菌 L79、枯草芽孢杆菌 B1121 和酿酒酵母菌 S1145 制备菌液，并按质量比 2：2：1 进行混合（复合菌的总数量约为 1×10^9 CFU/g），取对照组基础饲粮，按 2 g/kg 复合菌液添加于饲粮中，调节饲料湿度为 40%，于单通阀发酵袋中 37℃ 发酵 48 h，饲喂前与基础饲粮以 1：4 的比例混合，作为试验组饲粮。试验期为 30 天，试验期间，每日饲喂 2 次，自由采食、饮水。于试验第 30 天，每组每个重复随机屠宰一头猪，采集结肠内容物和黏膜，测定 pH、乳酸、挥发性脂肪酸和细菌的菌群组成。结果显示，与对照组相比，饲喂发酵饲料对 pH、乳酸、乙酸、丙酸、异丁酸、戊酸、异戊酸和总挥发性脂肪酸浓度无显著影响（$P > 0.05$），显著提高了丁酸的水平（$P < 0.05$）；PCA 图和 AMOVA 分析显示，饲喂发酵饲料显著影响了黏膜和内容物的细菌群落（$P < 0.05$），而对其菌群多样性均无显著影响（$P > 0.05$）；在门水平上，黏膜和内容物的优势菌门均为厚壁菌门、变形菌门和拟杆菌门，饲喂发酵饲料显著提高了内容物中螺旋体菌门的相对丰度（$P < 0.05$）；在属水平上，饲喂发酵饲料显著提高了黏膜中魏斯菌属和柔嫩梭菌属的相对丰度（$P < 0.05$），提高了内容物中魏斯菌属、脱硫弧菌属和 *Subdoligranulum* 菌属的相对丰度（$P < 0.05$）。饲喂复合菌发酵饲料可在一定程度上影响育肥猪结肠中细菌菌群的组成，促进丁酸生成，对肠道健康具有改善作用。

关键词：发酵饲料；育肥猪；高通量测序；肠道微生物

---

* 基金项目：江苏省重点研发（现代农业）面上项目（BE2016382）；沪农科推字（2016）第 2-2-2 号

** 第一作者简介：张铮（1994—），女，安徽马鞍山人，硕士研究生，动物营养与饲料科学专业，E-mail：2016105045@njau.edu.cn

\# 通讯作者：毛胜勇，教授，博士生导师，E-mail：maoshengyong@163.com

发酵羽毛粉理化性质分析及对蛋鸡生产性能的影响[*]

李佳凝^{**}　刘洋　刘大伟　王超　陈盈霖　曹淑鑫　魏景坤　秦文超　徐良梅[#]

（东北农业大学动物科学技术学院,哈尔滨 150030）

摘要:微生物发酵是利用微生物对羽毛进行降解,但目前关于益生菌分解羽毛及对其发酵条件进行优化并应用于生产的研究还鲜有报道。因此,选择高效、绿色的加工技术,对提高羽毛粉产品质量,改善生态环境具有重要意义。本试验旨在研究利用乳球菌($Lactococcus\ lactis$)对羽毛粉进行发酵,通过光学显微镜、扫描电镜对其物理形态进行观察,并测定其营养成分及氨基酸的组成。同时,通过饲喂蛋鸡试验,探究发酵羽毛粉替代鱼粉的最适添加量。饲喂试验采用单因子试验设计,选取 27 周龄体重相近海蓝褐蛋鸡 300 羽,随机分成 5 组,每组 5 个重复,每个重复 12 羽。对照组(A组)饲喂基础日粮,试验组饲粮分别为:羽毛粉替代 50%鱼粉(B组)、羽毛粉替代 100%鱼粉(C组)、发酵羽毛粉替代 50%鱼粉(D组)及发酵羽毛粉替代 100%鱼粉(E组),饲粮中粗蛋白质、氨基酸等其他营养水平均相同,自由采食,32 周龄结束试验,试验期为 5 周。结果表明:1)乳球菌发酵使羽毛粉颜色加深,粉碎程度提高,同时打开髓鞘,内部结构外露,质地疏松。2)乳球菌发酵使羽毛粉能量降低 2%;粗脂肪含量升高 0.3%;粗蛋白质含量降低 6.95%;羽毛粉蛋氨酸含量升高 2.44%,酪氨酸含量升高 7.25%,半胱氨酸含量降低 22.38%;粗灰分含量升高 78.26%,钙含量降低 4.44%,磷含量升高 200%。3)干物质和代谢能表观代谢率 C 组显著低于其他各组($P<0.05$);脂肪、蛋白质表观代谢率 D、E 组显著高于 B、C 组($P<0.05$);钙表观代谢率 A 组显著高于各组($P<0.05$),B、C 组显著低于 A、D、E 组($P<0.05$);磷表观代谢率 A 组显著高于 B、C、E 组($P<0.05$),D 组显著高于 B、C 组($P<0.05$)。4)产蛋率 A、D 组显著高于 B、C 组($P<0.05$);蛋重、日采食量、产蛋合格率、破蛋率及料蛋比各组间差异不显著($P>0.05$)。蛋形指数 A、B、C 组显著高于 D、E 组($P<0.05$);蛋壳厚度 E 组显著高于其他各组($P<0.05$),C 组显著低于其他各组($P<0.05$);蛋壳强度、蛋黄颜色、蛋白高度、哈夫单位和蛋黄相对重各组间差异不显著($P>0.05$)。综上所述:乳球菌发酵后羽毛粉的粉碎程度提高,内部结构外露,改善氨基酸平衡,增加蛋白利用率和饲用价值,并可以 50%的比例替代鱼粉饲喂蛋鸡。

关键词:羽毛粉;乳球菌;发酵;蛋鸡;生产性能

---

* 基金项目:黑龙江省教育厅科学技术研究项目(12531036);哈尔滨市应用技术研究与开发项目(2016RAXXJ015)
** 第一作者简介:李佳凝,女,硕士,E-mail:1115300561@qq.com
# 通讯作者:徐良梅,教授,E-mail:xuliangmei@sina.com

饲粮添加酵母水解物对 LPS 攻毒断奶仔猪免疫功能和肠道健康的影响[*]

伏润奇[**] 梁婵 陈代文 毛湘冰 郑萍 虞洁 何军

罗玉衡 罗钧秋 黄志清 余冰[#]

(动物抗病营养教育部重点实验室,四川农业大学动物营养研究所,成都 611130)

摘要:本试验旨在探究酵母水解物在 LPS 攻毒条件下对断奶仔猪免疫功能和肠道健康的影响及其可能机制。选取平均体重(7.42 ± 0.34)kg 健康(24 ± 1)天"杜×长×大"(DLY)断奶仔猪 24 头,随机分为对照组和 0.5% 酵母水解物组,每个处理 12 个重复,每个重复 1 头仔猪,单笼饲养。试验第 22 天,采用 2×2 双因素设计,主效应为 LPS 攻毒和酵母水解物处理,分为 4 个处理组。攻毒组每头仔猪腹腔注射 150 μg/kg LPS(大肠杆菌,血清型 055:B5),未攻毒组给予等量的无菌生理盐水,4 h 后麻醉屠宰取样。结果表明:1)正常饲养条件下,添加酵母水解物显著提高仔猪平均日增重(ADG)和平均日采食量(ADFI),降低料重比(F/G)($P<0.05$)。2)注射 LPS 显著提高仔猪血清中触珠结合蛋白(HP)、血清淀粉样蛋白 A(SAA)、肿瘤坏死因子-α(TNF-α)、内毒素(LPS)和二胺氧化酶(DAO)含量($P<0.05$),并显著升高血清和空肠黏膜中总抗氧化能力(T-AOC)和丙二醛(MDA)水平以及降低谷胱甘肽过氧化物酶(GSH-Px)活性($P<0.05$);饲粮添加酵母水解物,显著抑制 LPS 引起的血清 HP、白细胞介素-1β(IL-1β)和 LPS 含量升高($P<0.05$),并提高了血清和空肠黏膜中 T-AOC 水平和抑制 GSH-Px 的降低($P<0.05$)。3)LPS 应激处理显著降低仔猪空肠绒毛高度和绒毛高度/隐窝深度值($P<0.05$)以及紧密连接蛋白(ZO-1、Occludin 和 Claudin-1)的 mRNA 相对表达量($P<0.05$),显著上调 TNF-α、IL-1β、Toll 样受体 4(TLR4)、白细胞分化抗原 14(CD14)、髓样分化因子 88(MyD88)、核转录因子-κBp65(NF-κBp65)和细胞凋亡相关基因(Caspase3、Caspase6 和 Caspase8)的 mRNA 相对表达量($P<0.05$);添加酵母水解物显著缓解空肠绒毛高度的和绒毛高度/隐窝深度值的降低($P<0.05$),抑制了 Occludin 和 MUC 2 mRNA 相对表达量的下调以及 IL-1β、Caspase8 和 TLR4 mRNA 相对表达量的上调($P<0.05$)。以上结果表明,LPS 攻毒造成仔猪肠道损伤并引发全身性炎症反应,饲粮添加酵母水解物可通过抑制促炎细胞因子的释放,缓解机体和肠道的炎症反应,其分子机制可能是通过抑制 TLR4 受体的过度活化来实现的。

关键词:酵母水解物;LPS;免疫功能;肠道健康;断奶仔猪

---

[*] 基金项目:国家科技支撑计划项目课题(2014BAD13B01)

[**] 第一作者简介:伏润奇(1993—),男,云南曲靖人,硕士研究生,从事动物营养与饲料科学专业研究,E-mail:693092834@qq.com

[#] 通讯作者:余冰,教授,博士生导师,E-mail:ybingtian@163.com

万古霉素耐药基因 *vanA*
在发酵豆粕和生长猪中水平转移的研究[*]

李宁[**]　于海涛　王钰明　周俊言　谯仕彦[#]

（中国农业大学动物科技学院,北京 100193;动物营养国家重点实验室,北京 100193）

摘要：本研究的目的是研究在发酵豆粕和生长猪消化道中,万古霉素耐药基因 *vanA* 在益生菌肠球菌中的属间转移。方法如下：1)从 29 种含有益生肠球菌的饲料和饲料添加剂产品中分离出 27 株屎肠球菌和 2 株粪肠球菌。采用纸片扩散法检测了这 29 株肠球菌对 9 类 20 种抗生素的药物敏感性,并筛选出 1 株 vanA 型耐万古霉素屎肠球菌 E*fm*4 和 1 株耐氯霉素粪肠球菌 E*fs*2 分别作为供体菌和受体菌进行后续的结合转移试验。2)体外转移试验：使用 E*fm*4 和 E*fs*2 作为初始菌株发酵豆粕,并监测发酵过程中供体、受体和接合子的生长动力学数据,试验期 10 天。3)体内转移试验：30 头生长猪随机分为 5 个处理组,每个处理 6 个重复,每个重复 1 头猪。对照组饲喂饲喂基础饲粮,试验组分别饲喂添加 10% 发酵豆粕的饲粮（发酵豆粕组）,添加 1 g/kg E*fm*4 的饲粮（E*fm*4 组）,添加 5 g/kg E*fs*2 的饲粮（E*fs*2 组）,添加 1 g/kg E*fm*4＋5 g/kg E*fs*2 的饲粮（E*fm*4＋E*fs*2 组）,预饲期 10 天,试验期 7 天。所有处理组中 E*fm*4 和 E*fs*2 的初始浓度分别均为 1.0×10^8 CFU/kg 和 5.0×10^8 CFU/kg。每日收集猪粪,检测其中的供体,受体和接合子。4)采用 S1 脉冲凝胶电泳和 Southern 杂交确定供体和接合子中携带 vanA 的质粒的大小,并通过二代测序测定质粒的全序列。结果如下：1)29 株试验菌株中,仅有 2 株对 20 种抗生素完全敏感（6.90%,2/29）,其他 27 株均对至少 1 种抗生素耐药（93.10%,27/29）。有两株多重耐药菌,分别对 6 类抗生素耐药。2)在豆粕发酵 1 h 后,即可检出接合子,接合转移频率约为 10^{-3}。接合子的生长曲线同供体菌和受体菌相似,在发酵初始 8 h 内上升,并维持稳定直至发酵结束。3)体内转移试验中,E*fm*4＋E*fs*2 组和豆粕发酵组中,均有一头猪的粪便中检出接合子,接合转移频率分别为 10^{-4} 和 10^{-5}。4)S1 脉冲凝胶电泳和 Southren 杂交确定携带 vanA 的质粒全长 142 988 bp,其 IS1216E 和 IS21 可能是导致质粒水平转移的主要原因。由此可见,商用益生肠球菌中携带耐药基因的情况比较严重,尤其是万古霉素耐药基因 vanA,可以在发酵豆粕和猪消化道内发生种内水平转移。益生菌的耐药基因通过食物链扩散可能危害人类健康。

关键词：益生肠球菌;耐药;万古霉素;水平转移

---

　[*] 基金项目：国家重点研发计划（2016YFD0501308）;公益性行业（农业）专项（201403047）

[**] 第一作者简介：李宁（1983—）,女,河北邢台人,博士研究生,动物营养与饲料科学专业,E-mail:lining_fly@126.com

　[#] 通讯作者：谯仕彦,研究员,博士生导师,E-mail:qiaoshiyan@cau.edu.cn

日粮添加不同水平银杏叶发酵物对肉鸡养分利用率、肠道消化酶活性及抗氧化能力的影响[*]

牛玉[1][**]　何进田[1]　张莉莉[1]　王超[1]　张旭晖[2]　赵林果[3]　王恬[1][#]

(1.南京农业大学动物科技学院，南京 210095；2.南京林业大学南方现代林业协同创新中心，
南京 210037；3.南京林业大学化学工程学院，南京 210037)

摘要：本试验旨在研究不同水平银杏叶发酵物对肉鸡养分利用率、肠道消化酶活性及肠道抗氧化能力的影响。选取 1 日龄 AA 肉鸡 648 只，随机分为 6 组(每组 6 重复，每个重复 18 只鸡)；对照组饲喂基础饲粮，试验组饲喂分别添加 1 500、2 500、3 500、4 500 和 5 500 mg/kg 银杏叶发酵物的试验饲粮，试验期 42 天。在试验结束时，每个重复选取体重接近的两只肉鸡进行屠宰，采取胰腺和肠道样品测定分析。结果表明：1)饲粮添加 3 500 mg/kg 银杏叶发酵物显著提高了粗脂肪的表观代谢率($P < 0.05$)。2)饲粮添加 3 500 和 4 500 mg/kg 银杏叶发酵物显著提高了回肠胰蛋白酶活性($P < 0.05$)；添加 2 500、3 500 和 4 500 mg/kg 银杏叶发酵物显著提高了空肠淀粉酶活性($P < 0.05$)；添加 3 500、4 500 和 5 500 mg/kg 银杏叶发酵物显著提高了胰腺淀粉酶活性以及回肠淀粉酶和脂肪酶活性($P < 0.05$)；饲粮添加不同水平银杏叶发酵物均可显著提高空肠胰蛋白酶活性($P < 0.05$)。3)饲粮添加 3 500 mg/kg 银杏叶发酵物显著提高了空肠总抗氧化能力(T-AOC)以及回肠总超氧化物歧化酶(T-SOD)和谷胱甘肽过氧化物酶(GSH-PX)活性($P < 0.05$)，显著降低了空肠和回肠丙二醛含量($P < 0.05$)；添加 4 500 mg/kg 银杏叶发酵物显著提高了回肠 T-AOC 水平($P < 0.05$)。4)饲粮添加 3 500 mg/kg 银杏叶发酵物显著提高了回肠 Nrf2 mRNA 的表达量($P < 0.05$)；添加 2 500 和 3 500 mg/kg 银杏叶发酵物显著提高了回肠 CuZn-SOD mRNA 的表达量($P < 0.05$)；除 1 500mg/kg 剂量组外，其他处理组均显著提高了空肠 Nrf2 以及空肠和回肠 CuZnSOD、GSH－PX 和 CAT mRNA 的表达量($P < 0.05$)。由此可见，饲粮添加适宜水平的银杏叶发酵物对提高肉鸡养分利用率、肠道消化酶活性和肠道抗氧化能力均具有一定的促进作用，且银杏叶发酵物在玉米豆粕型饲粮中的最适添加剂量为 3 500～4 500 mg/kg。

关键词：银杏叶；肉鸡；养分利用率；肠道消化酶；抗氧化能力

---

[*] 基金项目：江苏省高校优势学科建设工程(科研)(Ⅱ期)

[**] 第一作者简介：牛玉，女，博士研究生，E-mail：794634116@qq.com

[#] 通讯作者：王恬，教授，E-mail：tianwangnjau@163.com

微生物固态发酵菜粕饲料的制备方法研究[*]

雷恒[1][**]　程宗佳[2]　王勇生[3][#]

[1. 北京挑战生物技术有限公司,北京 100083;

2. 今迪生物技术(上海)有限公司公司,上海 201499;

3. 中粮营养健康研究院北京市畜产品质量安全源头控制工程技术研究中心,北京 102209]

摘要: 菜粕又称为菜籽粕,是菜籽经提取油脂后的副产物,其粗蛋白质含量在 32% 以上,常量和微量元素均非常丰富,其中钙、硒、铁、镁、锰、锌的含量比豆粕高,磷含量是豆粕的 2 倍,同时它还含有丰富的赖氨酸及含硫氨基酸。虽然菜粕本身粗蛋白质含量不低,但是和豆粕相比仍有一定差距,且小肽含量较低,纤维含量较豆粕高,动物对其消化利用率较低,限制了菜粕在畜禽饲料中的应用。为了更好地开发利用菜粕资源,本研究探索了通过微生物固态发酵技术提升菜粕品质的技术方法。试验所用复合微生物菌种包括植物乳杆菌($Lactobacillus\ plantarum$ ZF14)、枯草芽孢杆菌($Bacillus\ subtilis$ ZF21)、地衣芽孢杆菌($Bacillus\ licheniformis$ ZF23)、酿酒酵母($Saccharomyces\ cerevisiae$ ZF31),菌种质量比为 3:2:2:2,添加量为菜粕干物质总重的 0.4%,发酵料中氢氧化钠的添加量为菜粕干物质总重的 0.6%,水的添加量占发酵原料总重 45%,发酵温度为 37℃,时间为 4 天。发酵后的菜粕经过检测表明,粗蛋白质含量 ≥44%,小肽含量(占粗蛋白质)≥9.8%,产品乳酸含量(以总酸计)≥1.7%;相比菜粕原料,粗蛋白质以及小肽含量均得到显著提升。

关键词: 生物饲料;微生物固态发酵;菜粕

　* 基金项目:国家重点研发计划项目(2016YFD0501209)

　** 第一作者简介:雷恒(1987—),男,博士,主要从微生物发酵饲料及酶制剂的开发利用研究,E-mail:leihengcn@sina.com

　# 通讯作者:王勇生(1975—),男,博士,研究员,主要研究方向为饲料资源开发与利用,E-mail:wangyongsheng@cofco.com

饲粮中添加微生物发酵饲料对育肥猪生产性能与脲酶活性、氨气浓度的影响[*]

李洁[1,2**]　　孙铁虎[1,2]　　张玉婷[1,2]　　王勇生[1,2 #]

（1. 北京市畜产品质量安全源头控制工程技术研究中心，北京 102209；
2. 中粮营养健康研究院动物营养与饲料中心，北京 102209）

摘要：随着畜牧养殖业的快速发展，人畜共粮的矛盾日趋突出，为解决这一问题，世界各国科技界和工业界都在寻找和研究新的饲料资源，其中，微生物发酵饲料备受关注。微生物发酵饲料的作用主要体现在两个方面，一是利用廉价的农业和轻工副产物生产高质量的饲料蛋白原料，二是获得高活性的有益微生物。聚酶肽是以乳酸菌、枯草芽孢杆菌、酵母菌为菌种，将柠檬酸、赖氨酸、酒精生产过程产生的副产品等原料，合理配比后，进行厌氧发酵转化为富含微生物菌体蛋白、生物活性小肽、有机酸、益生菌及各种酶系、维生素等未知营养因子等为一体的生物发酵饲料。为了探讨生物饲料聚酶肽对育肥猪生产性能的影响，开展了本试验研究。试验选用 59 头（59.88±1.18）kg 的健康三元杂交（杜×长×大）猪（去势公猪和母猪各半），分别根据体重、性别，随机区组分为试验组和对照组，每个处理 6 个重复，去势公猪 3 个重复，母猪 3 个重复，每个重复 5 或 6 头猪。对照组饲喂基础日粮，试验组在基础日粮中添加 8% 的聚酶肽产品。结果表明，与对照组相比，生长育肥猪饲粮中添加聚酶肽，对猪的平均日增重、饲料转化率均没有显著影响，但有改善育肥猪平均日采食量的趋势（$P=0.09$），采食量较对照组提高了 12.79%。饲粮添加聚酶肽对生长育肥猪排泄物中脲酶活性、挥发性脂肪酸、氨气浓度的影响结果，试验组与对照组相比，生长猪饲粮中添加聚酶肽，尿液中脲酶活性降低了 19.57%（$P>0.05$）。育肥猪饲粮中添加聚酶肽，尿液中脲酶活性降低了 19.41%（$P<0.1$），显著降低了封闭 24 h 后畜舍的氨气浓度（$P<0.05$），与对照组相比降低了 7.55%。由此结果表明在育肥猪饲粮中添加聚酶肽生物饲料具有改善育肥猪平均日采食量的效果，并可降低 24 h 后畜舍的氨气浓度，有助于改善畜禽舍环境条件。

关键词：生物饲料；聚酶肽；生长育肥猪；脲酶活性；氨气浓度

---

* 基金项目：国家重点研发计划（2016YFD0501209）

** 第一作者简介：李洁（1987—），女，博士研究生，主要从事猪营养研究，E-mail：li-jie@cofco.com

\# 通讯作者：王勇生（1975—），男，博士研究生，研究员，主要研究方向为饲料资源开发与利用，E-mail：wangyongsheng@cof-co.com

生物发酵饲料对肉鹅生长性能、肉品质及肠道结构的影响*

闫俊书**＃　周博　奚雨萌　李明阳　戴子淳　施振旦

（江苏省农业科学院畜牧研究所，南京 210014）

摘要：发酵饲料是采用玉米、豆粕、麦麸等植物性饲料原料科学配伍组成发酵基质，利用芽孢杆菌、酵母菌和乳酸菌等功能活菌的代谢作用，经严格的发酵过程，生成融合了活菌、基质分解物、活菌代谢产物的生物饲料，是保证畜禽肠道健康、促进生长的新型生物饲料。本研究将鹅配合饲料进行预混合发酵处理，在肉鹅饲粮中添加不同剂量发酵饲料，研究其对肉鹅生长性能、肉品质及肠道结构的影响。在本项研究中，720 只 1 日龄健康肉鹅，随机分为 4 个处理，发酵饲料添加量分别为 0%、2.5%、5%、7.5%，每个处理 6 个重复，每个重复 30 只。肉鹅饲养分 3 个阶段：1～15 日龄，16～45 日龄，46～70 日龄，每阶段结束前空腹全群称重，记录体重，计算平均日增重、日采食量及料重比。研究了肉鹅饲粮中添加不同剂量发酵饲料（0、2.5%、5%、7.5%）对肉鹅生长性能、肉品质及肠道结构的影响。结果表明，在生长前期（1～45 天），7.5% 发酵饲料可显著提高肉鹅体重、平均日增重及平均日采食量，而在生长后期（46～70 天），2.5% 发酵饲料组的上市体重显著提高，表明，发酵饲料在肉鹅的不同生长阶段均改善了其生长性能，且在生长前期 7.5% 效果优于其他剂量，而在生长后期 2.5% 剂量组效果更佳。对肉鹅肉品质的影响，结果显示，发酵饲料各组胸肌的剪切力均显著提高，而 7.5% 剂量组腿肌的剪切力显著提高；5% 及 7.5% 发酵饲料组的腿肌率显著提高；2.5% 发酵饲料组胸肌肌苷酸含量显著提高，5% 及 7.5% 发酵饲料显著提高了腿肌肌苷酸含量，表明，发酵饲料对鹅肉品质及风味有改善作用。发酵饲料对肉鹅肠道结构的影响结果表明，15 日龄时，5% 及 7.5% 发酵饲料组空肠绒毛高度显著提高，2.5% 及 7.5% 发酵饲料组回肠绒毛高度显著提高；45 日龄时，2.5% 发酵饲料组空肠绒毛高度显著提高，对回肠绒毛高度无显著影响；70 日龄时，发酵饲料各组对空肠及回肠绒毛高度均无显著影响。上述研究表明，在肉鹅饲料中添加一定剂量的发酵饲料，可改善饲料的风味和适口性，显著提高肉鹅采食量，提高上市体重及平均日增重，改善肉鹅生长性能；增加鹅肠绒毛高度，促进机体对饲料的消化吸收机能，增强体质，提高免疫力，提高养殖效益。

关键词：发酵饲料；肉鹅；生长性能；肉品质；肠道结构

---

* 基金项目：国家自然科学基金（31302006）、江苏省农业科技自主创新资金（CX(14)5034）

** 第一作者简介：闫俊书（1981—），女，内蒙古赤峰市人，博士研究生，副研究员，从事动物营养与饲料科学的研究，E-mail：junshu_2000@163.com

＃ 通讯作者

酿酒酵母发酵白酒糟对蛋鸡产蛋性能的影响

张俊平*　刘青翠　彭翔

(北京挑战农业科技有限公司,北京 100081)

摘要:本试验旨在研究在产蛋鸡饲料中添加酿酒酵母发酵白酒糟对产蛋鸡产蛋性能的影响,探索其在蛋鸡饲料中利用的可能性和经济价值。试验选择 408 日龄 4 063 只健康、采食量正常、体重均匀的海兰灰产蛋高峰期蛋鸡,分成 4 个处理组。对照组饲喂基础饲料,试验 1 组和试验 2 组分别饲喂添加 1‰的来源不同的酿酒酵母发酵白酒糟饲料,试验 3 组饲喂添加 2‰的酿酒酵母发酵白酒糟饲料。试验期 38 天。结果表明:1)试验 1 组饲料中添加 1‰A 酿酒酵母发酵白酒糟,整个试验期与试验前 8 天相比,蛋鸡产蛋率下降幅度最小,为 0.60‰,但料蛋比大于对照组,造蛋成本高于对照组 2.4‰。2)试验 2 组饲料中添加 1‰B 酿酒酵母发酵白酒糟,料蛋比最低,造蛋成本低于对照组 1.9‰,是 4 个组中最经济的。3)试验 3 组饲料中添加 2‰B 酿酒酵母发酵白酒糟,日均采食量最大,料蛋比高,造蛋成本高于对照组 2.4‰。综合上述数据结果,笔者认为试验 2 组在料蛋比、造蛋成本核心指标上有优势,破蛋率虽偏高 0.03 个百分点,但与对照组比较差异不显著,说明饲料中添加 1‰B 酿酒酵母发酵白酒糟,能改善产蛋鸡产蛋性能,对于解决白酒糟利用难的问题是有可行性和经济价值的。在产蛋鸡饲料中添加酿酒酵母发酵白酒糟,适当降低豆粕和玉米用量,能改善养鸡效益,具有可行性和经济效益。将利用渠道很窄、令酒厂头疼、产量巨大的白酒糟经过酵母发酵处理,消除部分抗营养成分、提高其营养价值,可以在产蛋鸡饲料中合理添加饲用,对缓解饲料资源矛盾,变废为宝,很有社会价值。

关键词:酿酒酵母发酵白酒糟;干燥;产蛋鸡;产蛋性能

---

* 第一作者简介:张俊平(1972—),男,安徽六安人,学士,从事饲料配方技术研究,E-mail:ZJP720418@163.com

发酵玉米蛋白粉对犊牛生长性能、血液免疫和抗氧化能力的影响*

刘鑫** 郑健 么恩悦 张永根#

（东北农业大学动物科学技术学院，哈尔滨 150030）

摘要：本试验旨在研究发酵玉米蛋白粉（Fermented corn gluten meal，FCGM）对犊牛生长性能、血液免疫和抗氧化能力的影响，为 FCGM 更加科学、合理的应用于犊牛生产中提供理论依据。试验选取 12 头体重相近（98.6±8.2 kg）的断奶荷斯坦公犊，按饲粮中 FCGM 含量随机分为对照组（不含 FCGM）和试验组（含 5% FCGM），每组 6 头。试验期 40 天。试验开始和试验结束分别连续两天对晨饲前犊牛进行称重，取其平均数，计算平均日增重（ADG）。于试验第 40 天晨饲前对空腹犊牛进行颈静脉采血，用肝素钠负压管采集血液 15mL，样本采集后室温静置 30 min，再于 3 000 g 离心 10 min，分离血浆，−20℃保存。采用酶联免疫分析法检测血浆中免疫球蛋白 A（IgA）、免疫球蛋白 G（IgG）和免疫球蛋白 M（IgM）的含量；血浆中过氧化氢酶（CAT）和总超氧化物歧化酶（T-SOD）活性分别采用可见光法和羟胺法测定；总抗氧化能力（T-AOC）采用铁离子还原法（FRAP）测定；丙二醛（MDA）含量采用硫代巴比妥酸法（TBA）测定，试剂盒均购自南京建成生物工程研究所。试验结果表明：1）与对照组相比，日粮中添加 FCGM 显著提高了犊牛的 ADG（$P<0.05$）。2）试验组犊牛血浆中 IgA 和 IgM 含量显著高于对照组（$P<0.05$），但 IgG 无明显变化（$P>0.05$）。3）与对照组相比，日粮中添加 FCGM 显著提高了犊牛血浆中 T-SOD（$P<0.05$）活力，降低了血浆中 MDA 含量（$P<0.05$），但对 CAT 活力和 T-AOC 无显著影响（$P>0.05$）。本试验研究发现，在日粮中添加 FCGM 可以提高犊牛的 ADG，提高犊牛血浆中 IgA 和 IgM 含量，T-SOD 活力，降低血浆中 MDA 含量。由此可见，FCGM 可以有效促进犊牛的生长，提高免疫能力和抗氧化性能，可见其在犊牛生产中具有巨大潜力。

关键词：犊牛；血液；生长性能；免疫；抗氧化

* 基金项目：国家奶牛产业技术体系（CARS-36）

** 第一作者简介：刘鑫（1996—），女，黑龙江哈尔滨人，硕士研究生，从事反刍动物生产的研究，E-mail：Liuxin@163.com

通讯作者：张永根，教授，博士生导师，E-mail：zhangyonggen@sina.com

植物复合发酵改善仔猪生产性能研究

王攀攀[*]　杨在宾[#]　刘艳君

（山东农业大学动物科技学院，泰安 271018）

摘要：本试验旨在通过生产性能来比较金霉素和植物复合发酵粉在仔猪使用的功效，并比较二者的交互效应。探讨复合植物发酵粉代替抗生素的可能性。选用体重基本一致的健康 35 日龄断奶三元杂交商品仔猪 32 头，随机分为 4 组（每组 8 个重复，每个重复 1 头）：对照组饲喂基础饲粮，试验 I 组添加 750 mg/kg 的金霉素（10%预混料），试验 II 组添加 600 mg/kg 的植物复合发酵粉，试验 III 组添加 750 mg/kg 金霉素（10%预混料）+600 mg/kg 的植物复合发酵粉，试验期 42 天。试验始末，对断奶仔猪空腹称重，记录初重和末重，计算 ADG；准确记录采食量，计算每头猪的 ADFI；根据 ADFI 和 ADG 计算料重比（F/G）。结果表明：1）4 组 ADFI 并无显著差异（$P>0.05$）；2）试验 II 组 ADG 显著高于对照组和试验 III 组（$P<0.05$）；3）试验 II 组相比于试验 III 组显著降低了 F/D（$P<0.05$）；4）添加金霉素比添加复方植物发酵粉 ADFI 显著提高了 3.45%（$P<0.05$）；5）添加复方植物发酵粉比添加金霉素 ADG 提高了 1.81%（$P<0.05$）；6）添加复合植物发酵比添加金霉素料重比显著降低了 5.22%（$P<0.05$）。由此可知，饲粮中添加复合植物发酵粉能够提高仔猪的日增重，降低料重比，可用于替代金霉素。但饲粮中同时添加复合植物发酵粉和金霉素对仔猪生产性能并无改善。

关键词：植物复合发酵粉；仔猪；生产性能；抗氧化性

---

* 第一作者简介：王攀攀（1994—），女，山东聊城人，硕士研究生，研究方向为动物营养与饲料科学，E-mail：854219021@qq.com

\# 通讯作者：杨在宾，教授，博士生导师，E-mail：yzb204@163.com

植物复合发酵改善仔猪营养性研究

曲浩杰[*]　　杨在宾[#]　　姜淑贞

（山东农业大学动物科技学院，泰安 271018）

摘要：本试验旨在研究复合植物发酵粉代替抗生素的可能性。选取体重基本一致的健康 28 日龄断奶三元杂交（L×Y×D）商品仔猪 32 头，随机分成 4 个处理，每个处理 8 个重复，每个重复 1 头：对照组饲喂基础饲粮，其余三组分别在对照组的基础上添加复方植物发酵粉 600 mg/kg、添加金霉素 750 mg/kg、复方植物发酵粉 600 mg/kg 和金霉素 750 mg/kg。试验期 42 天。结果表明：1）与对照组相比，日粮中添加复方植物发酵粉 600 mg/kg 显著降低了第 3 周粪便中大肠杆菌的数量（$P<0.05$），日粮添加金霉素 750 mg/kg 显著降低了第 5 周粪便中大肠杆菌的数量（$P<0.05$）。2）与对照组相比，日粮中添加金霉素 600 mg/kg 显著降低了十二指肠中大肠杆菌的数量（$P<0.05$），添加金霉素 750 mg/kg 或复方植物发酵粉 600 mg/kg 显著降低了空肠中大肠杆菌的数量（$P<0.05$）。3）与对照组和金霉素组相比，日粮中添加金霉素和复方植物发酵粉能显著提高了十二指肠中乳酸菌的数量（$P<0.01$），日粮中添加金霉素有提高十二指肠中乳酸菌的数量的趋势（$0.05<P<0.1$），添加复合植物发酵粉有提高盲肠乳酸菌的数量的趋势（$0.05<P<0.1$）。由此可见，饲粮添加金霉素和复合植物发酵粉能显著改善仔猪肠道菌群，效果优于单独添加金霉素和复合植物发酵粉；饲粮添加金霉素和复合植物发酵粉能改善仔猪回肠 pH，效果优于单独添加金霉素和复合植物发酵粉。

关键词：复合植物发酵粉；断奶仔猪；大肠杆菌；乳酸菌

[*]　第一作者简介：曲浩杰（1995—），男，山东青岛人，硕士研究生，从事动物营养与饲料科学专业，E-mail：859155184@qq.com

[#]　通讯作者：杨在宾，教授，博士生导师，E-mail：yangzb@sadu.edu.com

发酵豆粕对肉蛋兼用型文昌鸡繁殖性能与肉品质的影响[*]

刘举[**]　臧旭鹏　左建军[#]

（华南农业大学动物科学学院，广州 510642）

摘要：本试验旨在研究发酵豆粕对肉蛋兼用型文昌鸡繁殖性能与肉品质的影响。选取 15 周龄海南文昌鸡种母鸡 5 040 羽，随机分为 4 组，每组 1 260 羽，每组 3 个重复，每重复中包含 420 羽。A 组饲喂基础饲粮，其余各组饲喂不同比例发酵豆粕替代普通豆粕的饲粮。试验分为预实验期 7 天和正式试验期 24 天，每只每日限饲 87 g 饲粮，自由饮水。试验结束前 6 天，以 2 天为单位，每重复选取 336 枚种蛋统计合格率，后将合格的种蛋入孵，统计受精率等孵化相关数据。试验结束前每重复 4 枚用于蛋品质检测。试验结束时每重复选取 3 只种母鸡进行采样，称取屠体重，腹脂重，同时取胸肌、腿肌分别测量其 pH 以及剪切力，取胸肌腿肌适量用于肉中风味物质肌苷酸、次黄嘌呤的检测。结果表明：1)D 组的产蛋率显著低于 A 组以及 B 组($P<0.05$)。各组间种蛋合格率没有显著差异($P>0.05$)。在蛋壳厚度方面，C 组和 D 组显著低于 A 组($P<0.05$)，B 组和其余各组无显著差异，在蛋壳强度、蛋形指数、哈氏单位、蛋黄颜色方面，各组间无显著差异($P>0.05$)。2)受精率 D 组显著低于 A 组以及 B 组($P<0.05$)，在孵化率、死胚率、健雏率方面各组间均无显著差异($P>0.05$)。3)在腿肌 pH 方面，B 组和 C 组显著低于 A 组和 D 组($P<0.05$)，胸肌 pH 以及胸肌、腿肌剪切力，各组间无显著差异($P>0.05$)。4)与 A 组相比，C 组的腿肌 Asp、Thr、Ser、Glu、Ala、Val、Leu、His、Arg 的含量显著升高($P<0.05$)，与 A 组相比，试验组 B 的 Gly 含量显著升高($P<0.05$)，其余氨基酸的含量各组间均无显著差异($P>0.05$)。与 A 组相比，B 组的胸肌 Gly 含量显著升高($P<0.05$)，与 A 组以及 C 组相比，组 B 的胸肌 Cys、Met 含量显著升高($P<0.05$)，与 A 组以及其他试验组相比，B 组胸肌 Val 含量显著升高($P<0.05$)。5)各试验组的硬脂酸含量显著高于 A 组($P<0.05$)，各试验组二十碳四烯酸的比例显著高于 A 组($P<0.05$)，但各处理组试验鸡胸肌中脂肪酸含量没有显著差异($P>0.05$)。6)C、D 两组腿肌肌苷酸含量显著高于 A、B 组($P<0.05$)，A 组以及 B 组的腿肌次黄嘌呤含量显著高于 C 和 D 组，C 和 D 组胸肌中的肌苷酸含量显著高于 B 组($P<0.05$)，D 组肌苷酸含量相对 A 组有提高的趋势($P=0.08$)，C 和 D 组的胸肌次黄嘌呤含量显著低于 A 和 B 两组($P<0.05$)。由此可见，饲粮中使用 1%～3% 的真菌发酵豆粕一定程度上降低了肉蛋兼用型文昌鸡产蛋性能、蛋品质、种蛋受精率，但可不同程度上降低腹脂率、改善肌肉中成味氨基酸、脂肪酸、肌苷酸等相关风味品质。

关键词：发酵豆粕；繁殖性能；肉品质；文昌鸡

---

[*] 基金项目：广州市科技计划项目(201510010258)

[**] 第一作者简介：刘举(1980—)，男，河南信阳人，硕士研究生，从事动物营养与饲料科学专业研究，E-mail：804955038@qq.com

[#] 通讯作者：左建军，副教授，硕士生导师，E-mail：zuoj@scau.edu.cn

益生菌对产气荚膜梭菌感染肉鸡肠道菌群和血清免疫球蛋白水平的影响[*]

夏亿[1][**]　　丁斌鹰[2][#]　　郭双双[2]　　张元可[2]

(1.武汉轻工大学农副产品蛋白质饲料资源教育部工程研究中心，武汉 430023；

2.武汉轻工大学动物营养与饲料科学湖北省重点实验室，武汉 430023)

摘要：鸡坏死性肠炎是由产气荚膜梭菌引起的急性传染病，病原菌侵入机体快速繁殖并产生大量的毒素是导致鸡死亡的直接原因。本试验以产气荚膜梭菌感染肉仔鸡建立坏死性肠炎模型，研究发酵乳杆菌和凝结芽孢杆菌对感染产气荚膜梭菌肉鸡的健康调控作用。将 336 只 AA 肉仔鸡随机分成 4 个处理组，每个处理 6 个重复，每个重复 14 只鸡(公母各半)。4 个处理组分别为对照组、产气荚膜梭菌感染组、感染＋发酵乳杆菌组、感染＋凝结芽孢杆菌组。其中对照组和感染组饲喂基础饲粮，感染＋发酵乳杆菌组饲喂在基础饲粮中添加 1×10^9 CFU/kg 发酵乳杆菌，感染＋凝结芽孢杆菌组在基础饲粮中添加 1×10^{10} CFU/kg 凝结芽孢杆菌。所有感染组每只肉鸡从第 14 至 21 日龄连续经口接种 1 mL A 型产气荚膜梭菌新鲜菌液(10^8 CFU/mL)，同时，对照组每只肉鸡灌喂 1 mL 不含产气荚膜梭菌的肉汤培养基，试验期为 28 天。结果表明：1)灌服产气荚膜梭菌显著性提高 28 日龄肉鸡十二指肠、空肠 pH($P<0.05$)。发酵乳杆菌显著提高 21 日龄肉鸡十二指肠和盲肠 pH($P<0.05$)，显著性降低 28 日龄肉鸡十二指肠、空肠、盲肠 pH($P<0.05$)。凝结芽孢杆菌显著性降低了 28 日龄肉鸡十二指肠、空肠、回肠、盲肠 pH($P<0.05$)。2)灌服产气荚膜梭菌使 21 日龄肉鸡盲肠的产气荚膜梭菌和大肠杆菌含量显著性提高($P<0.05$)，嗜酸乳杆菌含量显著性降低($P<0.05$)。发酵乳杆菌显著性提高了 21 日龄肉鸡回肠的乳杆菌属和嗜酸乳杆菌含量($P<0.05$)，显著性降低了大肠杆菌的含量($P<0.05$)。凝结芽孢杆菌显著性降低了 21 日龄肉鸡回肠和盲肠的大肠杆菌含量($P<0.05$)。3)灌服产气荚膜梭菌显著性提高了 21 日龄肉鸡血清 IgA 浓度($P<0.05$)，发酵乳杆菌和凝结芽孢杆菌显著性降低 21 日龄肉鸡血清 IgA 浓度($P<0.05$)。产气荚膜梭菌显著性降低 28 日龄肉鸡血清 IgA 和血清 IgG 浓度($P<0.05$)。由此可见，饲粮添加 1×10^{10} CFU/kg 凝结芽孢杆菌或 1×10^9 CFU/kg 发酵乳杆菌可改善由产气荚膜梭菌引起的肠道 pH 升高，显著降低肠道有害微生物产气荚膜梭菌和大肠杆菌的含量，提高益生菌含量，且提高血清免疫球蛋白水平。

关键词：产气荚膜梭菌；凝结芽孢杆菌；发酵乳杆菌；肠道微生物；免疫球蛋白

[*] 基金项目：国家自然科学基金项目 31702130

[**] 第一作者简介：夏亿(1992—)，男，湖北黄冈人，硕士研究生，动物营养与饲料科学专业，E-mail：736535663@qq.com

[#] 通讯作者：丁斌鹰，教授，研究生导师，E-mail：dbying7471@126.com

屎肠球菌对 AA 肉鸡肉品质和肌肉抗氧化功能的影响[*]

彭众[**]　董丽　王淑楠　毛俊舟　喻礼怀[#]

（扬州大学动物科学与技术学院，扬州 225009）

摘要：本试验旨在研究饲粮中添加屎肠球菌对 AA 肉鸡生长性能和血液生化指标的影响，探讨屎肠球菌 NCIMB 10415 替代抗生素在肉鸡饲粮中应用的可行性及其最适添加量。试验选取 1 日龄 AA 肉鸡公仔鸡 600 只（50 g/只），随机分成 5 组，每组 6 个重复，每个重复 20 只鸡。对照组（CON）饲喂基础饲粮；抗生素组（ANT）饲喂基础饲粮＋0.1％金霉素；3 个屎肠球菌试验组（LEF、MEF 和 HEF）在基础饲粮中分别添加 50、100 和 200 mg/kg 屎肠球菌。试验分两期，分别为 1～21 日龄和 22～42 日龄。结果表明：1)在 42 日龄时，与 CON 组和 ANT 组相比，屎肠球菌试验组腿肌的红度和黄度极显著提高；与对照组相比，LEF 组和 MEF 组腿肌的剪切力显著下降。2)42 日龄时，与 CON 组相比，MEF 组肌肉的肌苷酸含量极显著提高。3)在 21 日龄时，与 CON 组相比，MEF 组胸肌的 T-AOC 和 GSH-Px 含量显著提高，LEF 组和 MEF 组腿肌的 SOD 和 GSH-Px 含量显著提高。4)在 42 日龄时，与 CON 组相比，MEF 组胸肌的 CAT 和 T-AOC 含量显著提高；与 CON 组相比，ANT 组、MEF 组和 HEF 组胸肌的 GSH-Px 含量显著提高；LEF 组和 MEF 组腿肌的 CAT 含量相对于 CON 组显著提高。由此可知，饲粮添加屎肠球菌可以提高 AA 肉鸡肉品质、肌苷酸含量和肌肉抗氧化能力，综合考虑，建议添加量为 100 mg/kg。

关键词：AA 肉鸡；屎肠球菌 NCIMB 10415；肉品质；肌苷酸；抗氧化能力

* 基金项目：苏北科技专项（BN2016188）；江苏高校优势学科建设工程资助项目 PAPD

** 第一作者简介：彭众(1993—)，男，江苏滨海人，硕士研究生，研究方向为动物营养调控与饲料资源开发，E-mail：250654265@qq.com

通讯作者：喻礼怀，江苏大丰人，副教授，硕士生导师，E-mail：lhyu@yzu.edu.cn

屎肠球菌对 AA 肉鸡肠道酶活和绒毛形态的影响[*]

刘军[**]　彭众　喻礼怀　王洪荣　董丽[#]

（扬州大学动物科学与技术学院，扬州 225009）

摘要：本文旨在研究日粮中添加屎肠球菌对 AA 肉鸡肠道相关酶活以及绒毛形态的影响。试验选取 1 日龄 AA 肉鸡 600 只（公鸡），随机分为 5 组，每组 6 个重复，每个重复 20 只。对照组（CON 组）饲喂基础日粮，抗生素组（Ant 组）在基础日粮中添加 0.1% 金霉素，低（LEF 组）、中（MEF 组）、高（HEF 组）剂量屎肠球菌组分别在基础日粮中添加 50、100、200 mg/kg 屎肠球菌。本试验对象主要为 1~42 日龄的 AA 肉鸡，于 42 日龄屠宰取样。结果表明：1）与 CON 组相比，HEF 组和 Ant 组均能显著提高小肠胰蛋白酶活性。2）与 CON 组相比，其余各组的回肠绒毛高度均显著降低（$P<0.05$），其中 HEF 组较 LEF 组和 MEF 组有显著提高（$P<0.05$）。CON 组的回肠隐窝深度显著高于 Ant 组（$P<0.05$）。而对于回肠绒毛宽度，Ant 组显著高于 CON 组。3）CON 组的空肠绒毛高度显著高于 LEF、MEF 和 HEF 组（$P<0.05$），LEF 组的绒毛高度显著低于 Ant 组。对于空肠绒隐比，CON 和 Ant 组显著高于其余 3 组。由此可见，AA 肉鸡日粮中添加 200 mg/kg 屎肠球菌能够显著提升小肠中胰蛋白酶活性，并且有提升小肠绒毛高度的趋势，有利于改善小肠黏膜结构，促进肉鸡生长性能提高。

关键词：屎肠球菌；肉鸡；绒毛形态；空肠；回肠；酶活性

　＊ 基金项目：苏北科技专项（BN2016188）；江苏高校优势学科建设工程资助项目（PAPD）

＊＊ 第一作者简介：刘军（1998—），男，安徽池州人，本科生，研究方向为动物营养调控与饲料资源开发，E-mail：770772073@qq.com

　＃ 通讯作者：董丽，江苏海安人，讲师，E-mail：donglijiayou@126.com

屎肠球菌对 21 日龄 AA 肉鸡小肠发育和酶活的影响[*]

胡真真[**]　　毛俊舟　彭众　董丽　王洪荣　喻礼怀[#]

（扬州大学动物科学与技术学院，扬州 225009）

摘要：本试验旨在研究 21 日龄 AA 肉鸡日粮中添加不同剂量屎肠球菌对空肠绒毛形态结构及小肠肠道酶活的影响。试验选取 600 只 1 日龄 AA 肉鸡（公鸡），随机分成 5 组，每组 6 个重复。对照组（CON 组）饲喂基础日粮，抗生素组（Ant 组）在基础日粮中添加 0.1% 金霉素，低（LEF 组）、中（MEF 组）、高（HEF 组）剂量屎肠球菌组分别在基础日粮中添加 50、100、200 mg/kg 屎肠球菌。结果表明：1）相比于 CON 组，LEF 组肉鸡空肠中绒毛高度有显著性增加（$P<0.05$），Ant 组肉鸡空肠中隐窝深度也有显著性增加（$P<0.05$），其他各处理组间差异不显著（$P>0.05$）。2）与 CON 组相比，HEF 组和 Ant 组肉鸡肠道中十二指肠和回肠中麦芽糖酶活性均显著提高（$P<0.05$），LEF 组和 Ant 组肉鸡空肠中麦芽糖酶活性也显著提高（$P<0.05$）；相比于 CON 组，Ant 组和 HEF 组肉鸡空肠中乳糖酶活性显著提高（$P<0.05$），MEF 组肉鸡回肠中乳糖酶活性也显著提高（$P>0.05$）。LEF 组、HEF 组和 Ant 组肉鸡空肠和回肠中糜蛋白酶活性与 CON 组相比显著降低（$P<0.05$），LEF 组、HEF 组及 Ant 组肉鸡十二指肠中脂肪酶活性显著低于 CON 组（$P<0.05$）。结果表明，在肉鸡基础日粮中添加 50 mg/kg 屎肠球菌可显著提高肉鸡空肠绒毛高度。添加屎肠球菌能显著提高其十二指肠、空肠和回肠中麦芽糖酶活性，降低胰蛋白酶活性，且以 200 mg/kg 添加量效果最明显。

关键词：屎肠球菌；AA 肉鸡；小肠发育；小肠酶活

[*] 基金项目：苏北科技专项（BN2016188）；江苏高校优势学科建设工程资助项目（PAPD）

[**] 第一作者简介：胡真真（1997—），女，河南驻马店人，本科生，研究方向为动物营养调控与饲料资源开发，E-mail：1250282529@qq.com

[#] 通讯作者：喻礼怀，江苏大丰人，副教授，硕士生导师，E-mail：lhyu@yzu.edu.cn

抗菌肽对肉鸡生长性能、免疫功能和肠道形态的影响*

马景林** 　马秋刚　 赵丽红#

（中国农业大学动物科技学院，动物营养学国家重点实验室，北京 100193）

摘要：本试验旨在研究抗菌肽普乐特对肉鸡生长性能、免疫指标及肠道形态的影响，为肉鸡日粮抗生素替代提供理论依据。将 576 只 AA 肉鸡（公鸡）分为 8 个处理组，分别为：A 基础日粮（无抗生素）、B 基础日粮＋速大肥（5 ppm）、C 基础日粮＋恩拉霉素（10 ppm）、D 基础日粮＋那西肽（2.5 ppm）、E 基础日粮＋普乐特低剂量组（100 ppm）、F 基础日粮＋普乐特中剂量组（150 ppm）、G 基础日粮＋普乐特高剂量组（200 ppm）、H 基础日粮＋混合抗菌肽组（普乐特 100 ppm＋富利泰 100 ppm）。每个处理分 6 个重复，每个重复 12 只鸡。结果表明：1）肉鸡 1～42 天的平均日增重 A 显著低于其他七组（$P<0.05$），C 组的平均日增重最高，显著高于除 G 组外的其他六组（$P<0.05$）；添加抗菌肽的四组中，G 组（200 ppm）的平均日增重最高，显著高于 E 组（低剂量组）（$P<0.05$）。1～42 天的料肉比方面，A 组最高，显著高于其他七组（$P<0.05$），H 组的料重比最低，显著低于另外 3 个抗菌肽组（E、F、G）（$P<0.05$）。2）饲粮中添加抗菌肽和抗生素有助于提高肉鸡血清中抗体和补体的含量。在第 42 天，A 组肉鸡血清中 IgG 和 IgM 的含量最低，且显著性低于添加抗菌肽的四组（$P<0.05$），添加抗生素的各组与添加抗菌肽的各组之间无显著性差异。3）饲粮中添加抗菌肽和抗生素有利于改善肉鸡空肠的肠道形态。在第 42 天，A 组肉鸡空肠的隐窝深度（CD）最短，显著低于其他七组（$P<0.05$）；A 组肉鸡空肠的 VH/CD 值最小，显著低于除 B 组之外的其他六组（$P<0.05$）。日粮中添加抗菌肽能显著改善肉鸡的生产性能和提高肉鸡血清 lgG、lgM 和补体 C3、C4 的水平，对肉鸡肠道组织形态学也有明显的改善效果，有效保护肉鸡肠道健康。其中以 200 ppm 抗菌肽组和混和抗菌肽组的效果最好，说明抗菌肽可在一定程度上替代抗生素。

关键词：抗菌肽；普乐特；肉鸡；生产性能；免疫功能；肠道形态

---

* 基金项目：国家重点研发计划项目（2018YFD0500600）；校企合作项目
** 第一作者简介：马景林（1994—），男，山东烟台人，硕士研究生，从事抗生素代替物开发和家禽抗氧化营养研究，E-mail：majinglin @cau. edu. cn
# 通讯作者：赵丽红，副教授，博士生导师，E-mail：zhaolihongcau@cau. edu. cn

基因剂量对毕赤酵母表达外源脂肪酶 GGL I 水平的影响[*]

乔汉桢[1,2**]   管武太[1#]

（1. 华南农业大学动物科学学院，广州 510642；2. 河南工业大学生物工程学院，郑州 450001）

摘要： 本研究旨在研究基因剂量对外源脂肪酶 GGL I 在毕赤酵母 X33 中表达量的影响。本实验中我们利用 PCR 克隆得到 *Galactomyces geotrichum* 胞外脂肪酶的成熟肽基因序列并插入到载体 pPICZαA 中构建重组质粒 pPICZαA-GGL I，该重组质粒线性化后转化到毕赤酵母 X33 中发生同源重组整合进入毕赤酵母的染色体中。我们利用含有不同抗生素浓度（100，200，500，1 000 μg/mL Zeocin）的 YPD 平板筛选含有不同拷贝数的重组菌，并从不同浓度 YPD-Zeocin 抗性平板上挑取单菌落用于 RT-PCR 检测 GGL I 基因的拷贝数。通常在一定范围内，基因剂量与外源蛋白的表达量成正比；不同的外源蛋白由于其自身特性不同，增加外源基因拷贝数可能促进外源蛋白表达，也可能会抑制。我们在含有不同抗生素浓度（100、200、500、1 000 μg/mL Zeocin）的平板上筛选得到了 1～5 个拷贝数的重组菌株，其脂肪酶活力分别为 53、121、147、106 和 45 U/mL，酶活力表现为先升高后降低；而 1～5 个拷贝数的重组菌的细胞干重、湿重和 OD_{600} 随着拷贝数的增加而降低。由此可见，一定基因拷贝数增加（1～3）对外源蛋白表达起到正效应作用；超过 3 个拷贝数时随着拷贝数的增加而降低，可能是由于高拷贝重组子的过表达造成的负反馈抑制。

关键词： 白地霉脂肪酶；毕赤酵母；高拷贝筛选；基因剂量

---

[*] 基金项目：新型饲料用酶制剂创制与应用（2013BAD10B01）

[**] 第一作者简介：乔汉桢（1989—），男，河南郑州人，博士研究生，从事动物营养与饲料资源开发研究，E-mail：hzqiao@haut. edu. cn

[#] 通讯作者：管武太，教授，博士生导师，E-mail：wtguan@scau. edu. cn

新型抗菌肽 T9W 在枯草芽孢杆菌中的表达及生物活性研究*

李高强** 孙世帅 兰静 单安山#

（东北农业大学动物营养研究所,哈尔滨 150030）

摘要:因抗生素滥用而引起的药物残留和耐药菌株的出现,严重阻碍了畜牧业的可持续发展,甚至威胁到了人类的健康和生命。抗菌肽(Antimicrobial peptides,AMPs)是生物应激产生的具有免疫活性的小分子多肽,因其独特的抗菌机理和广谱的抗菌活性,在众多的抗生素替代品中,最有潜力成为一种绿色、高效的抗生素替代药物。抗菌肽 T9W 是以猪源抗菌肽 PMAP-36 为模板设计改造而来,是一种含有 16 个氨基酸,α 螺旋的阳离子抗菌肽,与一般广谱抗菌肽不同,T9W 具有很强的特异性杀灭绿脓杆菌($P.\ aeruginosa$)的作用,而对其他革兰氏阳性菌和阴性菌有很弱或没有抑菌活性,且对人红细胞毒性很低,非常有潜力成为一种安全的临床药物。为了进一步研究抗菌肽 T9W 在体外的作用效果,需要大量低价高效的 T9W。本试验中使用 SUMO 融合技术利用枯草芽孢杆菌表达系统实现了对抗菌肽 T9W 的重组表达。首先人工设计合成了目的基因 SP_{sacB}-6×His-SUMO-T9W,并在其两端加入了 $EcoR$ I 和 $BamH$ I 两个酶切位点,然后合成的目的基因被连接到 pUC57 载体中。表达载体选用了穿梭载体 pGJ148。通过一系列遗传操作后将合成的目的基因连接到 pGJ148 载体上,再通过化学转化的方法将重组质粒转入到宿主菌中。挑选其中阳性菌进行基因测序鉴定分析,确认重组载体转入成功后进行诱导发酵表达。以下为主要试验结果:1)设计合成了带有 $EcoR$ I 和 $BamH$ I 酶切位点的目的基因 SP_{SacB}-6×His-SUMO-T9W,将含目的基因的 pUC57 载体进行双酶切、基因测序,测序结果与设计的目的基因序列相同。2)通过 T4 DNA 连接酶成功地将目的基因连接到了 pGJ148 载体上,获得了融合蛋白 SUMO-T9W 的重组表达载体,并以化学转化方式将其转入到了枯草芽孢杆菌 WB800N 中,挑选成功转入的阳性枯草芽孢杆菌,进行麦芽糖诱导发酵表达,成功获得融合蛋白 SUMO-T9W。3)对发酵条件及胞内胞外融合蛋白 SUMO-T9W 的表达量进行了探究,通过 Western blot 分析表明,该表达系统的最佳诱导浓度为 5%,最佳诱导时间为 36 h;胞外融合蛋白 SUMO-T9W 的分泌量要远大于胞内;最佳发酵条件下的融合蛋白 SUMO-T9W 表达量约为 32 mg/L。4)通过 SUMO 酶成功地将融合蛋白 SUMO-T9W 切割,T9W 得到释放,用 Ni-NTA 亲和层纯化后,可得到约 2.3 mg/L 的重组 T9W。5)以琼脂糖扩散法和最小抑菌浓度(MIC)法检测重组 T9W 的抑菌活性,结果类似,发现重组 T9W 分别对绿脓杆菌($P.\ aeruginos$ ATCC 27853、$P.\ auruginosa$ 21625)的抑菌活性为 2 μmol/L,4 μmol/L;大肠杆菌($E.\ coli$ ATCC 25922)为 64 μmol/L;鼠伤寒沙门氏菌($S.\ typhimurium$ C 7731)为 128 μmol/L;金黄色葡萄球菌($S.\ aureus$ ATCC 29213)为 128 μmol/L。重组 T9W 测定浓度为最大时,无溶血活性。

关键词:枯草芽孢杆菌;T9W;抗菌肽;麦芽糖启动子;SUMO 融合技术

---

* 基金项目:国家自然科学基金项目(31472104,31672434);现代农业产业技术体系建设专项(CARS-35);黑龙江省高校科技成果产业化前期研发培育项目(1254CGZH22)

** 第一作者简介:李高强,男,硕士研究生,E-mail:1421808887@qq.com

通讯作者:单安山,教授,E-mail:asshan@neau.edu.cn

高抗菌活性 α-螺旋抗菌肽的分子设计 [*]

杨洋[**]　　兰静　李欣然　单安山[#]

（东北农业大学动物营养研究所，哈尔滨 150030）

摘要：日益严重的微生物耐药性问题使人类面临进入"后抗生素"时代的危险。因此，新型高效低毒抗菌药物的开发是目前的首要工作。抗菌肽是机体先天免疫系统中的一类小分子多肽，因其具有广谱抗菌活性、细胞选择性、独特的抑菌机制等优点成为抗生素的理想替代物，但天然抗菌肽也存在诸多缺点，因此对天然抗菌肽进行分子改造及全新设计抗菌肽成为目前抗菌肽领域的研究热点。本试验以截取自猪源抗菌肽 PMAP-36 中心位置 α-螺旋区域含有 6 个氨基酸的多肽为模板，命名为 KV，使用镜面对称重复方式对肽链进行两次和三次延长，得到抗菌肽 KV2 和 KV3，在 KV2 和 KV3 基础上使用正电荷氨基酸"精氨酸"替代原肽中的正电荷氨基酸"赖氨酸"，与此同时，使用不同芳香族疏水性氨基酸"色氨酸"和苯丙氨酸替代模板肽中的脂肪族氨基酸—缬氨酸，得到多肽 RF2、RW2、RF3 和 RW3。CD 光谱显示除模板肽 KV 外，所有合成多肽在膜模拟环境中均呈现 α-螺旋结构；通过测定抗菌肽的最小抑菌浓度反映抗菌肽的抑菌活性，使用抗菌肽对人血红细胞的溶血活性及其对人胚肾上皮细胞的毒性来判定其安全性，综合抗菌肽的抗菌活性及安全性筛选出高抑菌活性低毒性的 α-螺旋肽 RF3，RF3 不仅能够抑制细菌生长，还表现出较强的抗临床分离的对氟康唑耐药的白色念珠菌活性，并且不会对人正常细胞产生毒性作用；菌膜透化试验及细胞形态学观察的研究表明，RF3 是通过作用于细菌细胞膜表面，使其通透性增加，从而使细胞膜表面破损导致其死亡的。综上所述，本次试验通过镜面对称重复法和氨基酸替代法成功设计得到含有 18 个氨基酸的抗菌肽 RF3，RF3 通过作用于细胞膜发挥高效抗菌活性，RF3 具有发展成为新型抗生素替代物的潜质。

关键词：高抑菌活性；耐药性白色念珠菌；α-螺旋

[*] 基金项目：国家自然科学基金（31472104）

[**] 第一作者简介：杨洋，女，博士，E-mail：yangyang2016_05@sina.com

[#] 通讯作者：单安山，教授，E-mail：asshan@neau.edu.cn

非完美两亲性回文结构短肽抗真菌活性研究[*]

王家俊^{**}　宋静　何诗琪　杨占一　单安山[#]

（东北农业大学动物营养研究所，哈尔滨 150030）

摘要：本研究旨在研发新型的抗真菌型抗菌肽，来应对日益发展的真菌耐药性问题。完美/非完美两亲性对抗菌肽活性的影响一直是抗菌肽结构功能研究中的焦点，所以我们在中心对称结构的基础上提出了新的非完美两亲性回文结构 $R_n(XRXXXRX)R_n(n=1,2;X=L,I,F,W)$，设计得到一系列抗菌肽并对其生物学活性及杀菌机理进行了研究。首先利用圆二色谱仪检测了抗菌肽在模拟膜环境中的结构构象，通过最小抑菌/杀菌浓度（MIC/MBC）和细胞毒性评价其抗真菌能力和生物安全性。检测了抗菌肽的盐离子耐受力及血清稳定性。随后利用荧光标记技术，超分辨荧光显微镜，原子力显微镜，扫描电子显微镜等技术手段研究了抗菌肽的微生物细胞膜作用机制及其细胞内靶位点。最后利用 SPR，ELISA 等物化手段研究了抗菌肽的内毒素中和作用。研究发现：1）相比于完美两亲性抗菌肽，非完美两亲性抗菌肽展现出更强的抗真菌活性。2）绝大多数抗菌肽的细胞毒性（细胞存活率＞80%）和溶血活性极低（溶血率＜5%），表明抗菌肽的毒性与完美/非完美两亲性结构并无显著相关性。3）抗菌肽的疏水性和正电荷数对其抗真菌活性的影响比抗细菌活性的影响相对更大。4）所有的肽中，I6 具有最强的抗真菌活性和细胞选择性特别是对氟康唑耐药的白色念珠球菌具有快速杀灭的能力。5）I6 具有较低的耐药性的能力和较强的盐离子和血清耐受力。6）膜作用机制研究发现 I6 通过靶向细菌膜表面，破坏膜完整性并可以诱导细菌内 ROS 的形成，最终导致真菌细胞死亡，这种机制可降低真菌对其产生耐药性。7）I6 还显示出不错的 LPS 中和的能力，有效降低 LPS 对细胞的刺激作用。

综上所述，I6 具有成为新型抗真菌药物的潜力，这些发现为抗真菌肽设计和优化提供了基本原理，并为开发基于肽的抗真菌药物奠定了基础。

关键词：抗真菌肽；完美/非完美两亲性；抗真菌机制；LPS 中和

* 基金项目：国家自然科学基金项目（31272453，31472104）

** 第一作者简介：王家俊，男，博士，E-mail：524097225@qq.com

\# 通讯作者：单安山，教授，E-mail：anshan@neau.edu.cn

利用 DAMP4 热纯化特性重组表达 LfcinB 及其活性验证*

冯丹** 于虎 汪晶#

（南京农业大学动物科技学院，国家动物消化道营养国际联合研究中心，
江苏省消化道营养与动物健康重点实验室，消化道微生物研究室，南京 210095）

摘要：牛乳铁蛋白肽 LfcinB 是乳铁蛋白的抑菌活性区域，具备乳铁蛋白大部分生物活性，而且其抑菌活性比乳铁蛋白强 400 倍。但是目前传统的 LfcinB 制备过程需要使用昂贵的纯化设备，这阻碍了 LfcinB 作为抗生素替代物的研究与应用。因此，本试验旨在利用新型热纯化标签 DAMP4 在大肠杆菌 BL21(DE3) 系统中对 LfcinB 进行融合表达及其抗菌活性的验证。融合基因 DAMP4-DPS-LfcinB 由生物公司合成并连接到 pET30a（＋）表达载体上。重组表达载体 pET30a/DAMP4-LfcinB 通过化学转化法导入表达宿主菌 E. coli BL21 中，经过双酶切以及测序验证后证明成功构建 BL21/pET30a/DAMP4-LfcinB 重组菌株。最终，将测序正确的重组菌株用 0.25 mmol/L IPTG (Isopropyl β-D-Thiogalactoside) 进行诱导表达，电泳结果表明融合蛋白 DAMP4-LfcinB 成功表达。利用 DAMP4 耐高温和耐高盐的特性对融合蛋白进行热纯化处理，结果显示在高温高盐条件 (1 mol/L Na$_2$SO$_4$，90℃水浴) 下菌体蛋白都已变性沉淀，但融合蛋白 DAMP4-LfcinB 依旧可溶。利用 LC-MS/MS 验证融合蛋白 DAMP4-LfcinB，并且融合蛋白表达量为 280 mg/L。利用盐酸对融合蛋白进行裂解，裂解产物经 LC-MS/MS 鉴定后表明重组 LfcinB 成功表达且重组 LfcinB 的表达量约为 65 mg/L。最终通过刃天青平板滴定法检测重组 LfcinB 的抑菌活性，结果表明重组 LfcinB 的最小抑菌浓度约为 16 μg/mL。综上所述，利用这种简单且低成本的热纯化重组表达技术可以成功获得具有生物学活性的重组 LfcinB。此研究为使用微生物表达技术快速高效表达抗菌肽及其他蛋白提供了新的策略。

关键词：DAMP4；LfcinB；大肠杆菌 BL21；抗菌肽

* 基金项目：中央高校基本业务费项目（KYZ201722）
** 第一作者简介：冯丹（1995—），女，江苏盐城人，硕士研究生，动物营养与饲料科学专业，E-mail：2017105054@njau.edu.cn
# 通讯作者：汪晶，教授，博士生导师，E-mail：jwang8@njau.edu.cn

抗菌肽 Sublancin 与黄芪多糖免疫调节作用的比较研究*

尚丽君** 杨天任 曾祥芳 谯仕彦#

（中国农业大学动物科技学院，生物饲料添加剂北京市重点实验室，北京 100193）

摘要：免疫系统通过多层防御机制来保护机体免受病原感染，因此免疫调节剂与传统治疗法相比具有明显的优势。抗菌肽 Subalncin 同时具有多种抗菌活性和免疫调节功能，具有作为新一代免疫调节剂的潜力。本文比较研究了抗菌肽 Sublancin 与传统免疫调节剂黄芪多糖对环磷酰胺（Cyclophosphamide，CTX）致免疫抑制小鼠免疫功能的调节作用。试验选取 60 只 4～6 周龄雌性 BALB/c 小鼠，随机分为 6 个处理组。正常对照组：第 1～3 天，腹腔注射生理盐水；第 4～10 天，灌胃生理盐水。其余 5 个处理组：第 1～3 天，腹腔注射 CTX（80 mg/kg，BW）；第 4～10 天，阴性对照组：灌胃生理盐水；低浓度抗菌肽组：灌胃 4.0 mg/kg（BW）抗菌肽 Sublancin；高浓度抗菌肽组：灌胃 8.0 mg/kg（BW）抗菌肽 Sublancin；黄芪多糖组：灌胃 200.0 mg/kg（BW）黄芪多糖；阳性对照组：灌胃 10.0 mg/kg（BW）左旋咪唑。所有处理均为每天一次，每次 0.2 mL。试验第 1 天小鼠腹腔注射 CTX 前、第 4 天灌胃前和第 11 天对小鼠进行称重。第 11 天称重结束后，采集外周血及脾脏，检测外周血生理生化指标、$CD4^+$ 与 $CD8^+$ 数量和脾细胞因子等指标。结果表明：与正常对照组相比，阴性对照组小鼠体重、外周血的红细胞、血红蛋白和白细胞含量显著降低（$P<0.05$），脾脏 IL-2、IL-4 和 IL-6 的基因表达显著降低（$P<0.05$）。灌胃后，与阴性对照组相比，低剂量 Sublancin、黄芪多糖处理组和阳性对照组中小鼠外周血的白细胞含量显著升高（$P<0.05$）；高剂量 Sublancin 处理组中小鼠外周血的白细胞、红细胞和血红蛋白均显著升高（$P<0.05$）；低、高剂量 Sublancin、黄芪多糖处理组和阳性对照组小鼠脾脏 IL-4 的表达均显著升高（$P<0.05$）；高剂量 Sublancin、黄芪多糖处理组和阳性对照组中小鼠脾脏 IL-2、IL-6 的表达显著升高（$P<0.05$）；低、高剂量 Sublancin 和黄芪多糖处理组小鼠外周血的 $CD4^+$ 数量显著升高、$CD8^+$ 数量显著降低（$P<0.05$）；低、高剂量 Sublancin 处理组中 $CD4^+/CD8^+$ 显著升高（$P<0.05$）。综合上述结果可得出，适宜剂量的抗菌肽 Sublancin 和黄芪多糖均可缓解环磷酰胺造成的免疫抑制。在缓解骨髓抑制和调节 T 细胞亚群平衡方面，Sublancin 效果优于黄芪多糖，为其作为新一代免疫调节剂提供了理论基础。

关键词：抗菌肽；Sublancin；黄芪多糖；环磷酰胺；免疫调节

* 基金项目：农业产业技术体系北京市生猪创新团队项目；北京市科技计划项目
** 第一作者简介：尚丽君（1996—），女，辽宁铁岭人，硕士研究生，动物营养与饲料科学专业，E-mail：shanglj1996@163.com
# 通讯作者：谯仕彦，教授，博士生导师，E-mail：qiaoshiyan@cau.edu.cn

含抗菌肽酵母工程菌对肉鸡屠宰性能的影响[*]

张萌萌^{**}　董丽娜　张爱忠　姜宁[#]

（黑龙江八一农垦大学动物科技学院，大庆 163319）

摘要：本试验旨在研究添加含抗菌肽 Cec Md 及其衍生肽 3cs、3js 酵母工程菌对肉仔鸡屠宰性能的影响，为含抗菌肽基因工程菌在肉鸡生产中的应用提供依据。试验采用单因素试验设计，选用 1 日龄健康爱拔益加肉仔鸡 400 只，随机分成 5 组，每组设 4 个重复，每个重复 20 只鸡（雌雄各半）。空白对照组进行常规饮水，抗生素试验组在正常的饮水中添加 50 mg/L 的泰乐菌素，抗菌肽试验组分别在正常的饮水中添加 8 mg/L 含抗菌肽 Cec Md、3cs 和 3js 酵母工程菌，所有试验肉仔鸡正常进行免疫程序，试验期 42 天。于 21、42 日龄的晨饲前称重后进行屠宰试验，颈静脉放血拔毛后称其屠体重，解剖后称取半净膛重、全净膛重以及胸肌重、腿肌重，依据称取的质量计算半净膛率、全净膛率以及胸肌率、腿肌率。结果发现：1)3 周龄时，抗菌肽 3cs 组的屠体重显著高于空白对照组（$P<0.05$），抗菌肽 Cec Md 组、3cs 组和 3js 组的胸肌重均显著高于空白对照组（$P<0.05$），抗菌肽 Cec Md 组、3cs 组和 3js 组的腿肌重均显著高于空白对照组（$P<0.05$），抗菌肽 3cs 组的半净膛重显著高于空白对照组（$P<0.05$），抗菌肽 Cec Md 组和 3cs 组的全净膛重均显著高于空白对照组（$P<0.05$）；6 周龄时，抗菌肽 Cec Md 组的屠体重显著高于空白对照组（$P<0.05$），抗菌肽 Cec Md 组和 3js 组的胸肌重、半净膛重和全净膛重均显著高于空白对照组（$P<0.05$）。2)3 周龄时，抗菌肽 3cs 组的半净膛率和全净膛率均显著高于空白对照组（$P<0.05$）；6 周龄时，抗菌肽 Cec Md 组的屠体率显著高于空白对照组（$P<0.05$），抗菌肽 Cec Md 组、3cs 组和 3js 组的半净膛率均显著高于空白对照组（$P<0.05$），抗菌肽 3cs 组的全净膛率显著高于空白对照组（$P<0.05$）。研究结果表明，添加含抗菌肽 Cec Md、3cs 和 3js 酵母菌工程菌可以提高肉仔鸡的屠体重、胸肌重、腿肌重、半净膛重和全净膛重，并改善其屠体率、半净膛率和全净膛率，从而在一定程度上提高肉仔鸡的屠宰性能。

关键词：抗菌肽；酵母工程菌；肉仔鸡；屠宰性能；屠宰率

---

* 基金项目：国家自然科学基金项目(31472120)资助

** 第一作者简介：张萌萌(1994—)，男，河南周口人，硕士研究生，主要从事饲料资源开发与利用的研究工作

\# 通讯作者：姜宁(1966—)，教授，博士生导师，E-mail：jiangng_2008@sohu.com

抗菌肽 CC31 单体肽和串联肽对羔羊肝组织中 TLR2 和 TLR4 基因相对表达量的影响[*]

张仲卿[**]　秦龙　姜宁　张爱忠[#]

（黑龙江八一农垦大学动物科技学院，大庆 163319）

摘要：本试验旨在研究抗菌肽 CC31 对羔羊肝脏组织中 TLR2 和 TLR4 基因相对表达量的影响，通过测定 TLR2 和 TLR4 基因的相对表达量，来揭示抗菌肽 CC31 对羔羊免疫系统的建立以及细胞免疫的作用，以期通过在饲粮中添加抗菌肽 CC31 达到提高羔羊断奶期免疫力，缓解断奶应激的目的。选择 48 只体重为（5±0.1）kg 健康的 7 日龄小尾寒羊与澳洲白绵羊杂交子一代公羔，随机分为 4 组，每组 3 个重复，每个重复 4 只。对照组饲喂基础饲粮，抗生素组在基础饲粮中添加 300 mg/kg 金霉素；单体肽组在基础饲粮中添加 CC31 单体肽 300 mg/kg，串联肽组添加 CC31 串联肽 300 mg/kg。每天饲喂羔羊 4 次代乳粉，自由采食开食料，自由饮水。试验期共 35 天，其中预试期 7 天，正式试验期 28 天。试验期分别于第 14 天、21 天、28 天和 35 天时早 8：00 空腹称重，每个重复随机取 1 只羔羊进行屠宰，颈静脉放血处死后分离肝脏，选取肝脏同一部位，分装至 1.5 mL 灭菌离心管，液氮速冻存放于 −80 ℃ 冰箱保存。通过 NCBI 查阅目标基因序列，利用 Premier 5.0 设计引物，提取总 RNA 并反转录，进行实时荧光定量 PCR。结果表明：1）在 TLR2 基因相对表达量方面，35 天时显著（$P<0.05$）下调，而 14 天、21 天、28 天之间无显著差异。在 TLR4 基因相对表达量方面，21 天时显著（$P<0.05$）低于 14 天和 35 天。在 14 天时，TLR2 和 TLR4 基因相对表达量在各组之间无显著差异。2）在 21 天时，单体肽组显著（$P<0.05$）下调了 TLR2 和 TLR4 基因相对表达量，串联肽组显著（$P<0.05$）下调了 TLR4 基因相对表达量，但对 TLR2 基因相对表达量的影响不显著。3）在 28 天时，串联肽组和单体肽组均显著（$P<0.05$）下调 TLR4 基因相对表达量，而对 TLR2 基因相对表达量的影响在各组之间无显著差异。4）在 35 天时，串联肽组和单体肽组均显著（$P<0.05$）下调了 TLR2 基因相对表达量，对 TLR4 基因相对表达量的影响不及抗生素组。本试验结果表明抗菌肽 CC31 能够有效下调羔羊肝脏组织中 TLR2 和 TLR4 基因的相对表达量，可以缓解羔羊断奶应激，有助于羔羊机体免疫系统的建立，且本试验中抗菌肽 CC31 单体肽效果优于串联肽。

关键词：抗菌肽；羔羊；免疫；基因表达

　*　基金项目：国家自然基金面上项目（31472120）

　**　第一作者简介：张仲卿（1992—），男，硕士研究生，主要从事动物营养与饲料科学方面的研究工作，E-mail：980890780@qq.com

　#　通讯作者：张爱忠（1964—），男，博士，教授，博士生导师。主要从事动物营养与饲料科学的教学与科研工作，E-mail：aizhzhang@sina.com

抗菌肽 CC31 单体肽和串联肽对羔羊小肠上皮
紧密连接蛋白基因表达量的影响[*]

李俊[**]　秦龙　张爱忠　姜宁[#]

（黑龙江八一农垦大学动物科技学院，大庆 163319）

摘要：本试验通过在饲粮中添加抗菌肽 CC31 研究其对羔羊小肠上皮紧密连接蛋白的影响，以期达到促进羔羊断奶期的肠道发育，减少断奶应激对羔羊肠道带来的影响，增强羔羊的肠道免疫力，从而达到提高经济效益的目的。本研究采用单因素完全随机试验，48 只 7 日龄公羔（小尾寒羊×澳洲白羊），体重相近原则，随机分为 4 组，每组 3 个重复，每重复 4 只。对照组饲喂基础日粮，抗生素组在基础日粮上添加金霉素，单体肽组添加 CC31 单体肽，串联肽组添加 CC31 串联肽。添加剂量 300 mg/kg，预试期 7 天，正式试验期 28 天。分别于饲养的第 14 天、21 天、28 天和 35 天羔羊的十二指肠、空肠、和回肠上皮细胞利用实时定量荧光 PCR 来测定 ZO-1 基因和 Claudin-1 基因。紧密连接蛋白 Claudin-1 和 ZO-1 基因相对表达量按照 2-$\triangle\triangle$Ct 法进行计算。结果表明：35 天时，抗生素组和抗菌肽 CC31 单体肽组羔羊十二指肠 Z0-1 基因相对表达量显著高于空白组和串联肽组（$P<0.05$），与此同时，抗生素组的十二指肠 Claudin-1 基因相对表达量显著高于其他各组（$P<0.05$），单体肽组与空白组和单体肽组相比，有提高 Claudin-1 基因相对表达量的趋势。其他各个时期，两种基因的相对表达量在各组之间未出现显著性差异（$P>0.05$）。在 14 天和 28 天时，抗生素组、串联肽组和单体肽组均显著提高了空肠 ZO-1 基因相对表达量（$P<0.05$），在 35 天时，单体肽组具有提高空肠 ZO-1 基因相对表达量的趋势。在 28 和 35 天时，单体肽组和抗生素组显著提高了空肠 Claudin-1 基因相对表达量（$P<0.05$），串联肽组具有提高空肠 Claudin-1 基因相对表达量趋势。两种抗菌肽在提高回肠 ZO-1 和 Claudin-1 基因相对表达量方面的效果不及抗生素组，在 35 天时，单体肽组具有提高回肠 ZO-1 基因相对表达量趋势。随着日龄的增长，在 35 天时，各肠段的 ZO-1 和 Claudin-1 基因相对表达量均显著提高（$P<0.05$）。本试验结果显示抗菌肽 CC31 能够上调肠道上皮紧密连接蛋白基因表达量，保障肠道黏膜屏障功能，单体肽和串联肽效果较相似。

关键词：抗菌肽 CC31；肠道紧密连接蛋白；羔羊

[*]　基金项目：国家自然科学基金项目(31472120)

[**]　第一作者简介：李俊(1991—)，女，辽宁鞍山人，E-mail：563368240@qq.com

[#]　通讯作者：姜宁(1966—)，女，教授，博士，博士生导师，E-mail：jiangng_2008@sohu.com

抗菌肽 Sublancin 的先天性免疫调节作用及其机制研究*

黄烁[1,2]**　王钢[1,2]　于海涛[1,2]　蔡爽[1,2]　王钰明[1,2]　曾祥芳[1,2]　谯仕彦[1,2]#

(1.中国农业大学动物科技学院,动物营养学国家重点实验室,北京 100193;

2.生物饲料添加剂北京市重点实验室,北京 100193)

摘要:抗菌肽是生物体产生的对多种病原微生物具有抑制能力的天然分子,除具有直接的杀菌能力外,越来越多的研究表明抗菌肽还具有免疫调节的功能。本实验室前期的研究表明抗菌肽 Sublancin 能够增强巨噬细胞的吞噬能力和杀菌能力,通过调节小鼠的天然免疫发挥抗感染的作用。故而本研究的目的是在前期研究的基础上,进一步探究 Sublancin 是否通过趋化巨噬细胞和/或中性粒细胞来发挥其抗感染和调节天然免疫的作用。试验一构建了小鼠巨噬细胞缺陷模型,选取 36 只 Balb/c 小鼠随机分为 2 组,提前 2 天注射氯磷酸二钠脂质体清除腹腔巨噬细胞后,分别腹腔注射生理盐水和 Sublancin,6 h 后 MRSA 攻毒,攻毒后 0、6、24 h 采集小鼠腹腔冲洗液。试验二建立了小鼠中性粒细胞缺陷模型,选取 36 只 Balb/c 小鼠随机分为 2 组,第 0 天和第 3 天注射环磷酰胺清除腹腔中性粒细胞,于第 5 天进行生理盐水和 Sublancin 的注射,处理 6 h 后 MRSA 攻毒,攻毒后 0、6、24 h 采集小鼠腹腔冲洗液。结果表明:1)注射氯磷酸二钠脂质体后,小鼠腹腔巨噬细胞得到有效清除,腹腔冲洗液中巨噬细胞比例和数量均显著下降($P<0.05$),小鼠巨噬细胞缺陷模型构建成功。去除小鼠腹腔巨噬细胞后,Sublancin 失去了抗感染的功效,Sublancin 处理组腹腔冲洗液中金黄色葡萄球菌数目与对照组相比无明显变化($P>0.05$),攻毒 0 h 时,Sublancin 处理组小鼠腹腔冲洗液中中性粒细胞比例和数量均出现极显著增加($P<0.001$),但攻毒 6 h 和 24 h 后处理组和对照组小鼠中性粒细胞比例和数量并无显著变化($P>0.05$);2)注射环磷酰胺后,小鼠腹腔中性粒细胞得到有效清除,腹腔冲洗液中中性细胞比例和数量均显著下降($P<0.05$),小鼠中性粒细胞缺陷模型构建成功。去除小鼠腹腔中性粒细胞后,Sublancin 仍能够有效地清除腹腔内侵入的金黄色葡萄球菌($P<0.05$),攻毒 0 h 和 24h 时,Sublancin 处理组和对照组小鼠腹腔冲洗液中巨噬细胞比例和数量无明显变化($P>0.05$),但攻毒 6 h 后 Sublancin 处理组小鼠腹腔巨噬细胞比例显著变上升($P<0.05$),数量上也出现了增多的趋势($P=0.097$);攻毒 24 h 后,处理组小鼠腹腔巨噬细胞比例无显著变化,数量上同样具有增多的就趋势($P=0.094$)。综上所述,Sublancin 对巨噬细胞和中性粒细胞均具有一定的趋化能力,但其发挥抗感染的功效更多地依赖于巨噬细胞而非中性粒细胞,巨噬细胞在 Sublancin 调节天然免疫的功能中发挥着重要的作用。

关键词:巨噬细胞;中性粒细胞;趋化;细胞缺陷模型

---

* 基金项目:国家自然科学基金项目(30930066)

** 第一作者简介:黄烁(1995—),女,湖北荆州人,硕士研究生,动物营养与饲料科学专业,E-mail:shuo0908@163.com

通讯作者:谯仕彦,教授,博士生导师,E-mail:qiaoshy@mafic.ac.cn

富含组氨酸 β-发卡抗菌肽的分子设计、生物活性及作用机制研究[*]

汪陈思[**]　薛宸宇　李欣然　徐欣瑶　董娜[#]　单安山

（东北农业大学动物营养研究所,哈尔滨 150030）

摘要:随着抗生素耐药菌的不断出现,寻找一种可以替代抗生素的抗菌药物已迫在眉睫。抗菌肽(Antimicrobial peptides,AMPs)作为小分子杀菌肽,因其广谱活性和独特的杀菌机制而备受关注。抗菌肽主要包括了四种空间结构,即 α-螺旋型、β-折叠型、环链结构以及伸展结构,上述结构对于抗菌肽的生物学活性的发挥至关重要。相对于其他结构的抗菌肽,β-折叠结构抗菌肽因其具有较高的抗菌活性及细胞选择性,具有更大的开发前景。本研究以组氨酸为基础,结合抗菌肽的氨基酸组成及结构特点,全新设计了一系列线性的 β-发卡对称末端抗菌肽 $RR(XH)_n X^D PGX(HX)_n RR$ ($n=1,2,3$),并探讨 β-发卡对称末端抗菌肽片层长度与生物学活性之间的关系;在确定最佳长度的基础上,进一步改变抗菌肽的电荷种类及数量,分析抗菌肽生物学活性的变化,对抗菌肽结构与活性关系进行深入研究。首先,利用圆二色谱检测此系列肽在模拟膜环境中或水溶液环境中的结构构象。抑菌试验采用最小抑菌浓度(MIC)指标来判定。肽的安全性通过溶血活性和真核细胞毒性来验证。同时检测了抗菌肽的盐离子耐受力。随后利用荧光分光光度计以及扫描电镜来探讨肽的抑菌机理。结果表明,所有抗菌肽都能达到 60% 以上的 β-折叠(转角)结构倾向。对于所测试的革兰氏阴性菌株,β-发卡结构的对称末端抗菌肽 HV2 表现出较强的抗菌活性,且对正常细胞几乎无毒性与溶血活性。HV2 的溶血活性比对照肽 PG1 降低 64 倍。HV2 具有较强的盐离子耐受力。抑菌机理结果表明,抗菌肽是通过作用于细菌细胞膜,使其通透性增加,从而使细胞膜破碎导致其死亡的。LPS 炎症模型试验结果发现 HV2 在 32 $\mu mol/L$ 时已经具有较好的抗炎效果。综上所述,HV2 表现出较高的杀菌活性和细胞选择性,并具有较好的抗炎作用,其有望成为未来抗生素的替代品。

关键词: β-发卡抗菌肽;组氨酸;生物学活性;抑菌机理

---

[*] 基金项目:国家自然科学基金青年基金(31501914);黑龙江省自然科学青年基金项目(QC2015018)

[**] 第一作者简介:汪陈思,男,硕士研究生,E-mail:1650059155@qq.com

[#] 通讯作者:董娜,副教授,E-mail:linda729@163.com

抗菌肽 PRW4 在毕赤酵母 GS115 中的
高效表达及其生物活性研究[*]

王天宇[**]　马秋元　兰静　单安山[#]

（东北农业大学动物营养研究所,哈尔滨 150030）

摘要:滥用抗生素破坏畜禽肠道微生物菌群的平衡,导致的危害,这一直威胁着人类的健康和生命,因此,研究开发新型抗菌药物的问题已亟待重点解决。抗菌肽（Antimicrobial peptides, AMPs）被认为是替代传统抗生素的新型潜在抗菌药物,在畜牧业具有广阔的应用前景。近年来,国内外研究者利用不同的表达体系对许多重组抗菌肽的制备进行了研究。由 PMAP-36 衍生的抗菌肽 PRW4 是一种短肽,由猪源抗菌肽 PMAP-36 的第 2～17 个氨基酸残基被切割而来,并且 7 和11 位的赖氨酸被色氨酸取代,且第 7 和 11 位氨基酸有氢键连接,从而形成完整的两亲结构使得 PRW4 结构上更稳定。此抗菌肽具有较高的抑菌活性,且针对多种常见革兰氏菌均有抑菌活性,并可通过对细胞膜作用从而有效抑制细菌的生长。本研究旨在研究抗菌肽 PRW4 在毕赤酵母 GS115 中的表达。本试验选用组氨酸缺陷型毕赤酵母菌株 GS115 作为宿主,重组表达抗菌肽 PRW4。根据毕赤酵母密码子偏好性,合成优化的编码抗菌肽 PRW4 的基因序列,在 PRW4 序列的 N 端添加 His-Trx 融合标签,利用毕赤酵母表达载体 pPICZαA,通过亚克隆方法构建重组毕赤酵母表达载体 pPICZαA-PRW4,电转化至毕赤酵母 GS115,转化后挑取单菌落进行培养,通过 PCR 和测序进行鉴定,并通过甲醇诱导 PRW4 重组蛋白的表达,用 SDS-PAGE 鉴定所表达的重组蛋白,并检测重组蛋白的生物学活性。结果表明:1)抗菌肽 PRW4 基因经过抗生素筛选、PCR 鉴定及测序鉴定,目的片段大小及基因序列比对与预期完全一致,确认真核表达载体构建成功。2)经验证正确的表达重组质粒通过电转化方式转入到毕赤酵母 GS115 感受态细胞中,通过涂板的方式筛选阳性转化子,挑取正确的重组菌单菌落进行发酵培养。3)通过甲醇诱导,SDS-PAGE 分析获得与目的蛋白大小一致特异表达蛋白条带。4)分别对甲醇诱导剂的浓度、发酵时间、pH 等发酵条件进行优化,最终确定最佳诱导剂浓度为 1.0%、最佳发酵时间为 96 h,pH 为 6.0,蛋白分泌表达量最高。5)本试验成功构建了 PRW4 毕赤酵母真核表达载体,转化到 GS115 中并成功实现表达,通过酶切、纯化等步骤,最终获得纯度较高的 PRW4 表达产物。6)本试验获得的表达产物对革兰氏阳性菌和革兰氏阴性菌均具有抗菌活性,为抗菌肽 PRW4 毕赤酵母表达产物的后续研究提供理论基础。

关键词:抗菌肽;PRW4;毕赤酵母;基因工程表达

[*] 基金项目:国家自然科学基金(31672434,31472104,31272453)
[**] 第一作者简介:王天宇,男,硕士研究生,E-mail:1119755654@qq.com
[#] 通讯作者:单安山,教授,E-mail:asshan@neau.edu.cn

抗菌肽 WK3 对大肠杆菌致腹泻断奶仔猪生长性能的影响[*]

郭涛[**] 孙世帅 罗璋 单安山[#]

(东北农业大学动物营养研究所,哈尔滨 150030)

摘要:抗菌肽(Antimicrobial peptide,AMP)因其独特的作用机制及广谱抗菌特性被视为最有潜力作为抗生素替代物的产品。WK3 是由东北农业大学动物营养研究所全新设计的一种高活性低毒性的抗菌肽。本试验的目的在于研究抗菌肽 WK3 对产肠毒素大肠杆菌(Enterotoxigenic Escherichia coli,ETEC)致断奶仔猪腹泻的影响,为抗菌肽替代抗生素投入生产提供参考依据。研究以灌服产肠毒素大肠杆菌(ETEC)O149:K88 感染仔猪产生腹泻为模型,选取体重相近[(12±1) kg],21 日龄断奶"杜×长×大"三元杂交仔猪 32 头,采用单笼饲养,随机分成 4 个处理组,每个处理组 8 个重复,每个重复 1 头猪。处理组 1 为空白组,饲喂"玉米-豆粕"型无抗基础饲粮;处理组 2、3、4 为腹泻模型建立组,处理组 2 为大肠杆菌组;处理组 3 为抗生素组,注射抗生素恩诺沙星 2.5 mg/kg;处理组 4 为抗菌肽组,注射抗菌肽 WK3 2 mg/kg。试验期 6 天,试验结束时称重、屠宰取样,检测各项指标并分析。试验结果表明:抗菌肽 WK3 显著降低仔猪腹泻指数($P<0.01$)和腹泻率($P<0.01$)。抗菌肽 WK3 显著提高了仔猪平均日增重(ADG)($P<0.05$)和平均日采食量(ADFI)($P<0.05$),但对料重比(F/G)没有显著影响($P>0.05$)。抗菌肽 WK3 显著提高仔猪血清中谷胱甘肽过氧化物酶(GSH-Px)活性($P<0.05$),提高血清总抗氧化能力(T-AOC)($P<0.05$),对血清超氧化物歧化酶(SOD)活性和丙二醛(MDA)含量没有显著影响($P>0.05$)。抗菌肽 WK3 显著提高空肠超氧化物歧化酶(SOD)的活性($P<0.05$),显著降低丙二醛(MDA)含量($P<0.01$),对总抗氧化能力(T-AOC)和谷胱甘肽过氧化物酶(GSH-Px)活性没有显著影响($P>0.05$)。抗菌肽 WK3 显著提高仔猪血清中免疫球蛋白 M(IgM)含量($P<0.01$),对免疫球蛋白 A(IgA)和免疫球蛋白 G(IgG)没有显著影响($P>0.05$)。抗菌肽 WK3 显著降低仔猪血清促炎细胞因子白细胞介素-1β(IL-1β)($P<0.05$)和白细胞介素-6(IL-6)($P<0.01$)含量,对白细胞介素-2(IL-2)和肿瘤坏死因子(TNF-α)没有显著影响($P>0.05$)。抗菌肽 WK3 显著提高回肠绒毛高度($P<0.05$)以及绒毛高度与隐窝深度的比值($P<0.05$),对回肠隐窝深度及十二指肠和空肠绒毛高度、隐窝深度及其比值没有显著影响($P>0.05$)。抗菌肽 WK3 显著降低空肠黏膜炎症因子白细胞介素(IL-1α)($P<0.01$)、炎症信号通路因子 Toll 样受体-4(TLR-4)($P<0.01$)和髓系分化因子-88(MyD88)($P<0.05$)的表达量,对炎症因子白细胞介素-1β(IL-1β)和白细胞介素-8(IL-8)的 mRNA 表达量无显著影响($P>0.05$)。抗菌肽 WK3 显著降低肠杆菌($P<0.05$)和肠球菌($P<0.01$)数量,对总菌、乳酸杆菌和双歧杆菌数量没有显著影响($P>0.05$)。综上结果表明:抗菌肽 WK3 通过增强机体免疫功能,改善肠道微生物菌群、肠道形态、降低炎症因子表达,进而降低腹泻率,提高生长性能。

关键词:仔猪;抗菌肽 WK3;腹泻;生长性能

---

[*] 基金项目:国家生猪产业技术体系项目(CARS-35);国家自然科学基金项目(31472104,31672434)

[**] 第一作者简介:郭涛,男,硕士研究生,E-mail:2467822016@qq.com

[#] 通讯作者:单安山,教授,E-mail:ashan@neau.edu.cn

Kuntizins 抗菌肽的改造及其衍生肽的生物学活性和作用机理的研究[*]

杨占一[**]　何诗琪　宋静　王家俊　单安山[#]

（东北农业大学动物营养研究所,哈尔滨 150030）

摘要:抗菌肽(Antimicrobial peptides,AMPs)是一种广泛分布于动物机体免疫系统的非特异性小分子多肽,具有耐药率低,毒性低等特点。其中 Kuntizins-RE 是由一种欧洲蛙皮肤分泌的抗菌肽,但由于仅具有杀灭革兰氏阴性菌的窄谱杀菌能力,且杀菌活性、蛋白酶稳定性较弱、溶血活性高等原因限制了该抗菌肽的应用。研究发现,Kuntizins-RE 抗菌肽 C-末端的环状氨基酸结构削弱了肽的稳定性。为了获得更为优化的抗菌肽,我们将 Kuntizins-RE 截除掉 C-末端环状氨基酸结构,并将 N-端第三位、第九位的赖氨酸以及第七位的天冬酰胺使用精氨酸进行替换,得到 Peptide SYN-3,并在此结构基础上对 N-末端第八位的脯氨酸通过(A,W,L,R,F,Y,D,T,I,G,N)氨基酸替点替换的方式设计一些列衍生肽并对其生物学活性进行了研究。首先利用圆二色谱仪检测抗菌肽在模拟膜环境下的结构构象,通过最小杀菌浓度(MBC)和细胞毒性实验评定杀菌活性与生物安全性。检测抗菌肽的盐离子耐受力以及杀菌动力效果。最后利用荧光分光光度计、扫描电镜、原子力显微镜等技术手段研究抗菌肽的膜作用机制以及作用位点。结果表明:1)截除掉 C-末端环状氨基酸结构,提高了肽的生理稳定性、降低细胞毒性。2)Kuntizins-RE 与其衍生肽在水溶液和膜模拟环境中均呈现无规则卷曲,而衍生肽在膜模拟环境中呈现不同程度 α-螺旋倾向性,P1 位点疏水性越强,其螺旋倾向越明显。3)P1 位点疏水性越强、空间位阻越大,所表现出的抗菌活性越强,其中 SYN-4 对革兰氏阴性菌和阳性菌最小杀菌浓度分别达到 4 μmol/L 和 2 μmol/L。4)SYN-4 具有较强的盐离子耐受性且杀菌速率较快。5)通过细菌外膜和内膜通透性、扫描电镜、原子力显微镜等实验表明,Peptide SYN-4 是通过作用于细菌细胞膜表面,使其通透性增加,从而使细胞膜表面破碎导致其死亡。由此可见,衍生肽 SYN-4 表现出强烈的杀菌活性,稳定性和较高的细胞选择性,使其有望成为未来抗生素的替代品,并进一步扩充了抗菌肽库。

关键词:抗菌肽;kuntizins;氨基酸定点突变

　*　基金项目:国家生猪产业技术体系(CAS-37)
　**　第一作者简介:杨占一,男,硕士研究生,E-mail:376354500@qq.com
　#　通讯作者:单安山,教授,E-mail:asshan@neau.edu.cn

基于数据库筛选分析法抗菌肽的全新设计、生物学活性和作用机理研究[*]

田昊天^{**}　邵长轩　谭鹏　来振衡　展娜　单安山[#]

（东北农业大学动物营养研究所,哈尔滨 150030）

摘要:抗菌肽(Antimicrobial peptides,AMPs)是一类有望解决全球范围内抗生素耐药性问题的新型抑菌多肽。本试验旨在探索抗菌肽全新设计方法与研发高效应用型抗菌肽,首先从抗菌肽数据库中筛选出所有猪源抗菌肽,统计分析猪源抗菌肽氨基酸组成规律,结合已被报道抗菌肽结构功能关系规律进行全新设计,抗菌肽氨基酸数设定为 16,6 个正电荷氨基酸保证抗菌肽与带负电荷细菌菌膜具有较好结合能力,根据统计分析结果选取 3 个 R 和 3 个 K,G 位于首位提高肽的稳定性,C 由于具有硫醇基位于末位提高肽的杀菌效力,设计全新抗菌肽时,研究者普遍通过带正电荷极性和疏水性氨基酸在螺旋轮上的完美两亲性排布增加抗菌肽分子杀菌效力,筛选出氨基酸由此规律排布。调换氨基酸位点设计出一系列抗菌肽,全新设计抗菌肽以阿拉伯数字命名。而后,利用圆二色谱检测此系列肽在模拟菌膜环境中与水溶液环境中结构构象。抑菌试验采用最小抑菌浓度(MIC)指标来判定。肽的安全性通过溶血活性和真核细胞毒性来验证。随后利用流式细胞仪、荧光分光光度计、扫描电子显微镜以及透射电子显微镜来探讨肽的抑菌机理。结果表明:全新设计抗菌肽在 SDS 和 TFE 溶液中均显示一定比例 α-螺旋二级结构。全新设计抗菌肽对产肠毒素大肠杆菌、耐甲氧西林金黄色葡萄球菌等 18 种有害菌具有不同程度抗菌活性,在浓度 128 $\mu m/L$ 时对 3 种有益菌无抗菌活性。通过抑菌活性和溶血活性测定筛选出治疗指数达 128 的目标肽 8。杀菌动力学实验与最小抑菌浓度实验相一致,肽 8 具有较快的杀菌速率。全新设计的系列肽在不同生理浓度盐离子作用下均表现出较好的盐离子稳定性。在此基础上,膜透化与完整性实验表明肽 8 可以作用于细菌细胞膜,破坏细胞膜的完整性导致内容物流出而引起细菌死亡,说明肽 8 通过破坏细菌细胞膜从而杀死细菌。由于肽 8 具有高效广谱抗菌活性与优异的细胞选择性,具有替代抗生素的巨大潜力,这种统计肽库法的设计思路也可广泛应用于抗菌肽设计,为今后抗菌肽全新设计和研究提供了新的借鉴和思路。

关键词:抗菌肽;α-螺旋结构;生物学活性;细胞选择性;抑菌机理

＊　基金项目:国家自然科学基金项目(31472104,31672434)

＊＊　第一作者简介:田昊天,男,硕士研究生,E-mail:568039217@qq.com

＃　通讯作者:单安山,教授,E-mail:asshan@neau.edu.cn

非完美两亲性 α-螺旋抗菌肽对抗菌活性和细胞选择性的影响*

何诗琪** 杨占一 宋静 王家俊 单安山#

（东北农业大学动物营养研究所,哈尔滨 150030）

摘要: 非完美两亲性有助于提高抗菌肽的细胞选择性,本实验在非完美抗菌肽结构的基础上,深入研究阳离子氨基酸在疏水面的分布模式对抗菌肽活性的影响。基于实验室之前的研究,本次实验选取了一条 9 个氨基酸的短肽 W4 (RWRWWWRWR-NH2) 作为原始肽,将正电荷氨基酸于疏水面随机打乱分布,此后用疏水性氨基酸亮氨酸(L)替代色氨酸(W)进一步验证正电荷于疏水面的分布模式对抗菌活性和细胞选择性的影响。首先,利用圆二色谱仪检测抗菌肽在模拟膜环境中的结构构象,通过酶标仪检测最小抑菌浓度(MIC)、盐离子稳定性以及红细胞溶血活性和小鼠巨噬细胞毒性来评价设计的系列肽的杀菌能力和生物安全性。随后通过原子力显微镜、扫描电镜和透射电镜来研究抗菌肽抑菌杀菌的机理。研究结果表明:1)在所有分布模式中,两对正电荷均形成氢键(i 和 i＋4)的抗菌肽 WR4 具有最高的抗菌活性和较好的盐离子稳定性,引起人红细胞溶血的肽浓度＞128 μmol/L,并且对小鼠巨噬细胞不产生毒性。2) WR4 的内外膜通透性和透射电镜、扫描电镜实验结果说明,WR4 是通过破坏细菌细胞膜达到杀菌的目的。3)用疏水性氨基酸亮氨酸(L)替代色氨酸(W)发现,LR 系列肽的杀菌活性低于 WR 系列,可能是因为色氨酸携带一个非常大的吲哚侧链,四周都是负电的 π-电子云,有助于使带正电荷的残基渗透到双层膜中,导致残基的疏水性表面进一步插入磷脂双分子膜内。但在 LR 肽系列中,两对正电荷均形成氢键的 LR4 同样具备最强的杀菌效果和最好的细胞选择性。综上,在非完美两亲抗菌肽结构中,当螺旋结构肽分子内酰胺键中的第 i 和 i＋4 位置之间的正电荷氨基酸形成氢键,α-螺旋倾向性更高,肽结构更加稳定从而表现出更好的抗菌活性以及生物安全性。该研究为抗菌肽的全新设计和系统优化提供了新的思路。

关键词: 非完美两亲性;氢键;抗菌肽

* 基金项目:国家生猪产业技术体系(CAS-37)
** 第一作者简介:何诗琪,女,硕士研究生,E-mail:857983560@qq.com
# 通讯作者:单安山,教授,E-mail:asshan@neau.edu.cn

科莫多巨蜥抗菌肽的改造设计及其抑菌机理的研究[*]

王志华[**]　商璐　李家维　丑淑丽　李丘轲　单安山[#]

（东北农业大学动物科学技术学院,哈尔滨 150030）

摘要:细菌耐药性的产生给畜牧行业造成严重的威胁,限制了畜牧产业的健康发展,新型绿色的抗生素替代物变得尤为迫切。抗菌肽是一类小分子多肽,作为动植物先天免疫的一部分,用于防控细菌感染。与传统的抗生素的作用方式不同,抗菌肽发挥作用的方式是通过静电引力与细菌膜结合,引起细菌膜破裂进而导致细菌死亡。所以,这种物理的破膜方式使得细菌对抗菌肽不易产生耐药性。然而,天然存在的抗菌肽在生理条件下很不稳定,抗菌活性不高,限制了抗菌肽的应用。所以,本研究旨在以天然抗菌肽 VK25(科莫多巨蜥抗菌肽)为模板,设计得到具有较高抗菌活性和细胞选择性的抗菌肽并阐述其抑菌机理。本研究截取天然抗菌 VK25 的 C-末端序列,将其成倍扩增,并逐步提高肽链的疏水性以增加多肽的抗菌活性。最小抑菌活性试验用于检测肽的抑菌能力($E. coli$ ATCC25922,$E. coli$ UB1005,$P. aeruginosa$ ATCC 27853,$S. typhimurium$ ATCC 7731,$S. pullorum$ C79-13,$E. coli$ K99,$E. coli$ K88,$S. aureus$ ATCC 29213,$S. aureus$ ATCC 43300,$S. epidermidis$ ATCC 12228,$S. aureus$ 25923 and $S. typhimurium$ 14028)。最小溶血活性(红细胞)和 MTT 染色试验(小鼠巨噬细胞 RAW264.7)用于检测抗菌肽对细胞的毒性作用。治疗指数用于衡量抗菌肽的细胞选择能力。盐离子稳定性和血清稳定性试验,用于检测抗菌肽在生理状况下的稳定情况。内膜通透性、外膜去极化和 LPS 绑定试验用于探究抗菌肽的抑菌机理。结果表明:随着疏水性的提高抗菌肽的抗菌活性逐渐升高,其中 V11 具有最高的抗菌性。同时 V11 保留了原肽 VK25 的低毒特性,在测试最大浓度范围内并未表现出溶血活性和细胞毒性。LPS 绑定试验表明,抗菌肽可以和细菌上带负电荷的 LPS 结合。内膜通透性、外膜去极化试验,表明抗菌肽 V11 通过破坏细菌的细胞膜发挥用。由此可见,抗菌肽 V11 具有较大的应用潜力。

关键词:科莫多巨蜥肽;截取;抑菌机理

   * 基金项目:国家自然基金(31472104,31072046)
  ** 第一作者简介:王志华,男,博士研究生,E-mail:1728386648@qq.com
   # 通讯作者:单安山,教授,E-mail:asshan@neau.edu.cn

基于抗菌肽库筛选法的革兰氏阴性菌靶向肽的设计[*]

丑淑丽[**]　李家维　商璐　单安山[#]

（东北农业大学动物科学技术学院,哈尔滨 150030）

摘要:抗生素被认为是 20 世纪医药界最伟大的发明之一。我国是世界上第三大抗生素生产国,生产的抗生素有一半都用于畜牧养殖业,自 20 世纪 50 年代发现饲料中低浓度的抗生素不但可以预防动物疾病还可以促进畜禽生长以来,各种抗生素就广泛添加于饲料中。但是随意添加或超量添加饲用抗生素所引起的抗生素耐药性问题却日益严重,包括中国在内的很多国家相继出现了超级细菌。如今,在中国由于滥用抗生素导致的感染性疾病已多达 20%。获得抗生素替代品对于畜牧学与人类自身安全来说,已经是迫在眉睫的任务。抗菌肽具有独特杀菌机制和抗菌广谱性,具有抗菌谱广、细胞毒性低、无耐药性、无药物残留、易降解无污染等优点,而且其热稳定性好,盐离子耐受力高,添加剂量小,完全符合畜产品安全的需要。并且研究表明,在动物饲粮中添加抗菌肽能够抑制病菌繁殖,能够有效改善动物肠道菌群结构,提高动物生产性能,大量的研究表明抗菌肽在畜牧业上的应用必将为畜牧业的发展带来新的推动力。目前,全球科研人员对抗菌肽结构与功能关系,作用机理,安全性等方面进行了深入的研究,并且建立了抗菌肽在线更新数据库(http://aps.unmc.edu/AP),迄今为止人们已发现 7 000 余种抗菌肽,APD 已经收录了 2 750 种天然抗菌肽,其中专杀革兰氏阴性菌的抗菌肽有 258 种,而革兰氏阴性菌因其外膜脂多糖渗透屏障和药物外排泵的作用而对许多疏水性抗生素天然就具有内在抗性,而相较已经获得的针对革兰氏阳性菌的全新抗菌药物,革兰氏阴性菌的抗菌药物研发已停滞多年。为此,本研究为了获得高效的针对革兰氏阴性细菌的抗菌肽,我们首先利用数据库过滤技术从抗菌肽库中筛选了针对革兰氏阴性菌最有效的参数,包括氨基酸组成,电荷数,疏水性,肽链长度等,并在此基础上,综合考虑合成抗菌肽的结构-功能关系,将筛选得到的参数分布于以色氨酸为中心的对称结构中。抑菌试验采用最小抑菌浓度(MIC)指标来判定,肽的安全性通过溶血活性来验证。结果表明,这些序列均表现出较强的抗菌活性,且对正常细胞无溶血活性。此外生理盐浓度环境中肽的杀菌活性结果证实,S4(KKLGL-WLGLKK)具有更好的应用潜力。因此,本研究成功获得了针对革兰氏阴性细菌尤其是产肠毒素大肠杆菌的短窄谱抗菌肽序列。

关键词:革兰氏阴性菌;短肽;抗菌肽库

[*] 基金项目:国家自然基金(31472104,31072046)

[**] 第一作者简介:丑淑丽,女,博士研究生,E-mail:876695274@qq.com

[#] 通讯作者:单安山,教授,E-mail:asshan@neau.edu.cn

抗菌肽 MccJ25 在小鼠模型中的风险评估：
肠道菌群、肠屏障功能和免疫调节[*]

于海涛[1,2][**]   尚丽君[1,2]   曾祥芳[1,2]   谯仕彦[2][#]

（1. 中国农业大学农业部饲料工业中心，北京 100193；

2. 北京生物饲料添加剂重点实验室，北京 100193）

摘要：抗菌肽（Antimicrobial Peptides，AMPs）在食品防腐剂、临床医药和饲料添加剂中具有广阔的应用前景。与化学合成 AMPs 相比，重组 AMPs 具有成本低、可大量生产的优点。此外，重组 AMPs 被广泛应用于基础药学和临床试验。但是，关于重组 AMPs 的剂量风险正成为全球关注的焦点。因此本试验的目的是探讨重组 AMPs 在实践中的毒性风险。本研究使用 BALB/c 小鼠为动物模型，口服给药不同剂量的重组 AMP microcin J25（MccJ25），试验持续 1 周。试验期间，收集小鼠的新鲜粪便，用于涂板计细菌数量。试验结束后，取血液、离心获得血清、冻存。然后将 BALB/c 小鼠安乐死，取肠道组织，观察其对肠道形态、屏障功能和炎症反应的影响。试验表明 BALB/c 小鼠每天口服 9.1 mg/kg AMP MccJ25，显著增加了小鼠的体重（$P<0.01$）、改善了黏膜形态（$P<0.01$）以及提高了肠道紧密连接蛋白的表达（$P<0.01$）。此外，口服给药 9.1 mg/kg AMP MccJ25 使小鼠的肠道通透性和炎症反应降低（$P<0.05$）。此外，口服给药 9.1 mg/kg MccJ25 粪便微生物组分分析表明双歧杆菌比例增加（$P<0.01$），大肠菌群减少（$P<0.01$），短链脂肪酸水平升高（$P<0.05$）。更最值得关注的是，口服给药大剂量（18.2 mg/kg）AMP MccJ25 治疗可能会产生不良副作用。小鼠口服给药 18.2 mg/kg AMP MccJ25 增加肠道通透性和破坏了肠道微生物比例失衡（$P<0.01$）。综上所述，我们的试验数据表明在实践中使用重组 AMP MccJ25 的安全阈值。目前很少有研究报道使用动物模型来评价重组 AMP MccJ25 体内毒性风险。重组 AMP 的风险评估是确保其在食品防腐剂领域、临床医药领域、以及动物饲料添加剂中安全使用重要的环节。

关键词：重组抗菌肽 MccJ25；毒性风险；肠道炎症；肠道菌群；肠通透性；BALB/c 小鼠

---

  * 基金项目：新型饲用抗生素替代品及其综合应用技术研究（国家重点研发计划，2016YFD0501308）；饲料中抗生素替代品关键研究与示范［公益性行业（农业）科研专项，201403047］；2016 年现代农业产业技术体系北京市创新团队建设项目——生猪

  ** 第一作者简介：于海涛（1991—），男，黑龙江齐哈尔，博士研究生，主要从事猪营养、抗菌肽以及微生物发酵饲料，E-mail：15600660793@163.com

  # 通讯作者：谯仕彦，教授，博士生导师，E-mail：qiaoshy@cau.edu.cn

壳寡糖对内质网应激相关细胞凋亡的保护效应及可能机制*

方婷婷**　姚英　杨继文　陈代文　田刚　郑萍　虞洁　毛湘冰　何军　余冰#

（四川农业大学动物营养研究所,成都 611130）

摘要：本试验旨在研究不同浓度壳寡糖（COS）对外源诱导的仔猪空肠上皮细胞 IPEC-J2 细胞内质网应激的保护效应及可能机制。试验分为 5 个处理,其中,对照组为基础培养基,TM 组添加 1 μg/mL 内质网应激特异性诱导剂衣霉素（TM）,COS 组分别添加 200、400 和 600 μg/mL COS 与 1 μg/mL TM 共同培养,并于处理 12h 后收集细胞检测。结果表明：1）与对照组相比,TM 显著提高细胞凋亡率（$P<0.05$）；显著增加细胞内质网应激通路相关分子葡萄糖调节蛋白 78（GRP78）、蛋白激酶样内质网激酶（PERK）、内质网跨膜激酶（IREα）、真核细胞翻译启动因子 2α（eIF2α）和激活转录因子 6（ATF6）的基因表达水平（$P<0.05$）；显著提高细胞凋亡途径相关分子激活转录因子 4（ATF4）、X-盒结合蛋白 1（XBP1）、CCAAT 增强子结合蛋白（CHOP）、B 淋巴细胞瘤蛋白（Bcl）、Bcl 相关蛋白（Bax）、半胱天冬氨酸蛋白水解酶 3（Caspase3）、半胱天冬氨酸蛋白水解酶 8（Caspase8）和半胱天冬氨酸蛋白水解酶 9（Caspase9）的基因表达水平（$P<0.05$）；显著提高信号通路相关分子雷帕霉素靶蛋白（mTOR）和核转录因子 κB（NF-κB）基因表达水平（$P<0.05$）；TM 处理显著增加 GRP78、IREα、Caspase3 和 mTOR 的蛋白表达量（$P<0.05$）。2）与 TM 组相比,添加 200、400 和 600 μg/mL COS 能显著降低细胞凋亡率（$P<0.05$）；显著降低细胞内质网应激通路相关分子和细胞凋亡途径相关分子GRP78、PERK、IREα、eIF2α、ATF6、ATF4、XBP1、CHOP、Bcl、Bax、Caspase3、Caspase8 和 Caspase9 的基因表达水平（$P<0.05$）；显著降低 mTOR 和 NF-κB 基因表达水平（$P<0.05$）；同时显著降低 GRP78、IREα、Caspase3 和 mTOR 蛋白表达量（$P<0.05$）。以上结果表明,COS 能通过作用于蛋白质折叠反应途径中的信号通路来降低肠细胞内质网应激发生,进而降低 CHOP 介导的内质网应激有关的细胞凋亡,缓解肠上皮细胞损伤。

关键词：COS；内质网应激；IPEC-J2 细胞；细胞凋亡

* 基金项目：国家自然科学基金项目（31372324）
** 第一作者简介：方婷婷（1989—）,女,重庆奉节人,博士研究生,动物营养与饲料科学专业,E-mail：592561725@qq.com
# 通讯作者：余冰,教授,博士生导师,E-mail：ybingtian@163.com

不同低聚糖对黄羽肉鸡生长性能和肠道屏障功能的影响[*]

向旭翔[**]　王玉诗　宋泽和　范志勇　贺喜[#]

（湖南农业大学动物科学技术学院，饲料安全与高效利用教育部工程研究中心，
湖南畜禽安全生产协同创新中心，长沙 410128）

摘要：本试验旨在研究不同来源的低聚糖对黄羽肉鸡生长性能和肠道屏障功能的影响。选取体重相近的 1 日龄黄羽肉鸡 360 只，随机分为 5 个处理组，分别为基础日粮组、添加 50 mg/kg 金霉素抗生素组、添加 3 g/kg 低聚异麦芽糖组、3 g/kg 低聚棉籽糖组和 30 mg/kg 低聚壳聚糖组，分为前期（1～28 日龄）和后期（29～56 日龄）两个阶段。记录 1～28、29～56 日龄各组的采食量和阶段增重，计算各阶段的 F/G。采集第 28 和 56 天血清和肠道样品，检测肠道形态结构、微生物以及相关基因的表达量等指标。结果表明：1）对生长性能的影响：前期和后期日粮中添加抗生素、棉籽糖和壳聚糖均可提高黄羽肉鸡的 ADG（$P<0.05$）和 ADFI（$P<0.05$）。其余指标无差异（$P>0.05$）。2）对肠道功能的影响：①对肠道形态结构的影响：日粮中添加抗生素和各糖均能提高黄羽肉鸡的绒毛高度和 V/C 比值（$P<0.05$），各糖组的隐窝深度均降低（$P<0.05$）。棉籽糖组的绒毛高度高于其余各组（$P<0.05$）。②对肠道相关基因表达的影响：28 日龄时，抗生素组、棉籽糖组和壳聚糖组的 Claudin-1 基因表达量低于空白组（$P<0.05$）。56 日龄时，与空白组相比，异麦芽糖组 Zo-1 表达量提高（$P<0.05$），异麦芽糖组和棉籽糖组的 Claudin-1 基因表达量提高（$P<0.05$）。③对肠道微生物的影响：28 日龄时，日粮中添加异麦芽糖可以提高黄羽肉鸡回肠 OUT 数（$P<0.05$），添加棉籽糖和壳聚糖回肠 OUT 数则降低（$P<0.05$）。棉籽糖组和壳聚糖组的 alpha 多样性指数高于空白组。抗生素组和各糖组都可改变肠道的微生物组成，但空白组和抗生素组的相似度最高，其次为异麦芽糖组，棉籽糖组和壳聚糖组最低。④对肠道 sIgA 的影响：28 日龄时，异麦芽糖组和壳聚糖组的 sIgA 水平提高（$P<0.05$）。⑤对肠道挥发性脂肪酸的影响：在黄羽肉鸡日粮中添加异麦芽糖可以提高盲肠中的戊酸含量（$P<0.05$），异丁酸含量也有提高。综上所述，棉籽糖可以提高黄羽肉鸡的生长性能且与抗生素的作用效果相当，壳聚糖的促生长作用效果次之，异麦芽糖无明显改善效果。三种低聚糖都能改变肠道微生物区系，并改善肠道形态结构。3 种低聚糖对肠道黏蛋白的分泌无影响，但异麦芽糖和棉籽糖可以加强肠道黏膜的紧密连接，异麦芽糖可以提高肠黏膜的免疫功能和挥发性脂肪酸含量。

关键词：黄羽肉鸡；低聚糖；生长性能；肠道屏障功能

---

[*] 基金项目：国家重点研发计划（2017YFD0500506）
[**] 第一作者简介：向旭翔（1994—），男，湖南岳阳人，硕士研究生，研究方向为饲料资源开发与利用，E-mail：xirver@pserhome.com
[#] 通讯作者：贺喜，教授，博士生导师，E-mail：hexi111@126.com

山药多糖对小鼠肠道菌群的影响[*]

蔡锋隆[1]^{**}　王晓敏[1]　林霖雨[1]　田川尧[1]　李哲虎[2]　洪中山[1][#]

（1.天津农学院动物科学与动物医学学院，天津 300384；2.天津市希杰饲料有限公司，天津 300380）

摘要：本试验旨在研究山药多糖对小鼠肠道菌群的影响。试验选用 3 周龄的 SPF 清洁型雄性昆明小鼠 48 只，随机分为 4 组，每组 12 只，分别为低剂量组[100 mg/(d・kg)(BW)]、中剂量组[200 mg/(d・kg)(BW)]、高剂量组[400 mg/(d・kg)(BW)]及对照组（生理盐水），各实验组灌胃给药，按 0.2 mL/10 g 的量，每日给药一次，连续给药 30 日。适应性喂养 1 周后开始正式试验，实验期间自由进食进水。试验结束每个处理取 3 小鼠断颈处死，在已消毒的冰面上解剖后迅速取出肠道后段（盲肠、结肠、直肠）内容物至于灭菌的 2 mL 冻存管中，将冻存管迅速转至液氮中备用，将样品进行高通量测序。结果表明：1）低剂量组、中剂量组、高剂量组和对照组的 OTUs 数目分别是 804、891、740 和 736，各处理组小鼠肠道菌群的丰度均高于对照组，且中剂量组组与对照组相比差异显著（$P<0.05$），其他各组之间差异不显著（$P>0.05$）。即中剂量组组小鼠的肠道菌群组成最为丰富，低剂量组和高剂量组小鼠肠道菌群多样性相对较低，且高剂量组小鼠肠道菌群多样性最不丰富。2）在门分类层级水平上的物种丰度可知，各处理组与对照组相比，厚壁菌门（Firmicutes）、拟杆菌门（Bacteroidetes）和变形菌门（Proteobacteria）的丰度均发生了不同程度的改变。总体而言，处理组与对照组相比厚壁菌门减少，拟杆菌门增多，变形菌门减少。3）在种水平物种注释分析，肠道中乳酸菌（Lactobacillus）在各处理组的相对丰度均高于对照组，其中，低剂量组的相对丰度最高，Bifidobacterium 仅在高剂量组出现一定丰度，其余各组均未发现；与对照组相比，能够产生丁酸对肠道毛螺杆菌（Lachnospiraceae）在低剂量组和高剂量组的相对丰度均增加，在中剂量组的相对丰度基本保持不变，芽孢杆菌中的 Sporosarcina 仅在中剂量组出现，其他各组均未发现；致病菌及可能的条件致病菌幽门螺杆菌（Helicobacter）、梭菌（Clostridiales）、支原体（Mycoplasma）、金黄色葡萄球菌（Staphylococcus）和 Jeotgalicoccus，在各处理组的相对丰度，除 Staphylococcus 与对照组保持基本不变以外，其他各菌与对照组相比相对丰度均减少，其中最低的相对丰度出现在山药多糖组。4）对试验进行物种丰度分析可知，与对照组相比，处理组中的有益菌 Lactobacillus、Lachnospiraceae 和棒状杆菌（Corynebacterium）的相对丰度增高；有害菌 Helicobacter、Clostridiales 和 Mycoplasma 的相对丰度减少。此结果与种水平优势菌种的注释结果相一致，并且表明给小鼠灌胃山药多糖可以增加小鼠肠道有益菌的相对丰度，减少有害菌的相对丰度，使肠道有益菌群处于优势地位，保持肠道健康状态，诱发机体正常免疫系统，从而预防疾病的发生。综上所述，给小鼠灌胃山药多糖会引起小鼠肠道菌群丰度的改变，尤其增加小鼠肠道有益菌相对丰度，降低有害菌相对丰度。

关键词：山药多糖；小鼠；肠道菌群

---

　*　基金项目：天津市科技支撑计划重点项目（10ZFNC02600）

　**　第一作者简介：蔡锋隆（1992—），男，广西贵港人，硕士研究生，从事动物营养生理及功能性畜产品开发，E-mail：cfl0224@126.com

　#　通讯作者：洪中山（1963—），男，吉林延边人，博士，硕士生导师，从事动物营养生理及功能性畜产品开发，E-mail：hzs019@163.com

低聚糖对断奶仔猪生产性能、血液生化指标和养分利用的影响[*]

刘波[1,2**]　周水岳[1,2]　陈雅湘[1,2]　方热军[1,2#]

（1.湖南农业大学动物科学技术学院；2.湖南畜禽安全生产协同创新中心，长沙 410128 ）

摘要：本试验旨在研究断奶仔猪饲料中添加低聚糖对动物生产性能、血液生化指标和养分利用的影响，为功能性低聚糖在食品和饲料中的科学利用提供试验依据。选择体重相近的 21 日龄二元杂（长白×大白）断奶仔猪 60 头，随机分为 3 个组，每个处理 5 个重复，每个重复 4 头，对照组饲喂基础饲粮，试验组饲喂分别添加 0.20% 和 0.25% 低聚糖（35% 低聚木糖和低聚异麦芽糖）的基础饲粮，试验期 28 天。试验结果表明：1）与对照组相比，添加 0.20% 低聚糖对血清 TG 含量，干物质、粗蛋白质、粗脂肪和能量表观消化率，空肠和回肠黏膜中蔗糖酶活性均有显著提高（$P<0.05$）；对钙和磷表观消化率，十二指肠黏膜中乳糖酶活性有极显著提高（$P<0.01$）；料重比和腹泻率均显著降低（$P<0.05$），极显著降低血清 ALT 活性（$P<0.01$）；对空肠（$P=0.076$）和回肠（$P=0.062$）黏膜中乳糖酶活性有显著提高趋势；添加 0.25% 低聚糖可以显著提高肝脏指数、血糖含量和磷表观消化率（$P<0.05$），降低血清 TP 含量（$P<0.05$）；极显著提高钙表观消化率（$P<0.01$）。2）与 0.25% 低聚糖组相比，添加 0.20% 低聚糖对仔猪的生产性能无显著影响（$P>0.05$），有显著提高脾脏指数（$P=0.099$）和肾脏指数（$P=0.071$）的趋势，对血清 TG 和 TP 含量，干物质和粗脂肪表观消化率，空肠黏膜中蔗糖酶活性，回肠黏膜中乳糖酶活性有显著提高（$P<0.05$），对钙表观消化率，十二指肠和空肠黏膜中乳糖酶活性均有极显著提高（$P<0.01$），血糖含量显著降低（$P<0.05$）。3）添加 0.20% 低聚糖可以在纲和种水平上显著提高仔猪回肠内容物中微生物类群数（$P<0.05$），在门水平上有提高趋势（$P=0.053$），有降低回肠菌群的多糖合成与代谢功能的趋势（$P=0.064$）；有增加仔猪盲肠中 *Firmicutes*（$P=0.066$）、*Actinobacteria*（$P=0.058$）、*Megasphaera*（$P=0.050$）相对丰度的趋势，降低 *Proteobacteria*（$P=0.073$）、*Campylobacter*（$P=0.054$）相对丰度的趋势，对 *Spirochaetes*、*Treponema*、*Clostridium* 相对丰度显著降低（$P<0.05$），显著提高盲肠菌群的酶系代谢、部分氨基酸代谢、萜类和聚酮物质代谢、核苷酸代谢及外源性物质生物降解和代谢功能（$P<0.05$），有提高碳水化合物代谢功能的趋势（$P=0.085$）。由此可见，饲料中添加低聚糖可以提高断奶仔猪养分消化利用率、降低腹泻率，提高肠道完整性和二糖酶活性，以添加量为 0.20% 的效果更佳。

关键词：低聚糖；断奶仔猪；生产性能；养分表观消化率；血液生化指标；肠道微生物

[*]　基金项目：国家重点研发计划"畜禽重大疫病防控与高效安全养殖综合技术研发"重点专项（2018YFD0500600）

[**]　第一作者简介：刘波（1994—），女，陕西西安人，硕士研究生，研究方向为饲料资源开发与利用，E-mail：1121207775@qq.com

[#]　通讯作者：方热军，教授，博士生导师，E-mail：fangrj63@126.com

刺槐豆胶酶解产物对肉仔鸡生长性能、血清生化指标和抗氧化能力的影响[*]

谢静静[1][**]　王中成[1]　崔虎[1]　乜豪[1]　张铁涛[2]　高秀华[1][#]　乔宇[1][#]

(1. 中国农业科学院饲料研究所,生物饲料开发国家工程研究中心,农业部饲料生物技术
重点实验室,北京 100081;2. 中国农业科学院特产研究所,长春 130112)

摘要:本试验旨在研究饲粮添加不同水平刺槐豆胶酶解产物对爱拔益加(AA)肉仔鸡生长性能、血清生化指标和抗氧化能力的影响。选用 1 日龄体况一致、健康的 AA 肉仔鸡 768 羽,根据体重一致原则随机分为 6 组,每组 8 个重复,每个重复 16 只鸡。Ⅰ组为基础饲粮;Ⅱ组在基础饲粮中添加 62.5 mg/kg 的黄霉素;Ⅲ组在基础饲粮中添加 0.1%的刺槐豆胶;Ⅳ、Ⅴ和Ⅵ组分别在基础饲粮中添加 0.1%、0.2%和 0.3%的刺槐豆胶酶解产物。试验期 42 天。结果表明:1)1～21 日龄,Ⅵ组平均日增重显著高于Ⅰ组和Ⅲ组($P<0.05$);Ⅴ组和Ⅵ组平均日采食量显著高于Ⅰ组($P<0.05$)。22～42 日龄,Ⅴ组平均日增重显著高于Ⅳ组和Ⅲ组($P<0.05$)。1～42 日龄,Ⅴ组和Ⅵ组的平均日增重和平均日采食量均显著高于Ⅲ组($P<0.05$)。2)血糖水平随刺槐豆胶酶解产物添加量的增加有升高的趋势($0.05<P<0.1$);Ⅵ组有降低谷草转氨酶和谷丙转氨酶的趋势($0.05<P<0.1$)。3)Ⅵ组肝脏丙二醛水平显著低于Ⅱ组和Ⅲ组($P<0.05$);Ⅵ组肝脏总超氧化物歧化酶水平显著高于Ⅰ组和Ⅲ组($P<0.05$)。综上所述,AA 肉仔鸡饲粮中添加刺槐豆胶酶解产物可以达到促进肉仔鸡生长的效果,其中,肉仔鸡 1～21 日龄刺槐豆胶酶解产物的最适添加比例为 0.3%。

关键词:刺槐豆胶;肉仔鸡;生长性能;血清生化指标;抗氧化能力

---

* 基金项目:北京市科技计划"饲用微生物与酶制剂检测技术研究与应用"(D161100006116002);"国家重点研发计划资助"(2018YFD0500600)

** 第一作者简介:谢静静(1994—),女,陕西宝鸡人,硕士研究生,研究方向为单胃动物营养,E-mail:1440674628@qq.com

通讯作者:高秀华,研究员,博士生导师,E-mail:gaoxiuhua@caas. cn;乔宇,副研究员,硕士生导师,E-mail:qiaoyu@ caas. net. cn

大米提取复合糖对断奶仔猪生长性能和肠道微生态的影响[*]

苏晨[**]　董涛　梁姝婕　冯定远[#]

(华南农业大学动物科学学院,广州 510642)

摘要: 本试验旨在研究大米提取复合糖对断奶仔猪生长性能及肠道发育的影响。选择(26±2)日龄健康、体重相近的三元杂断奶仔猪 160 头,随机分配 5 个处理组,每个处理组 4 个重复,每个重复 8 头猪。对照组 A 饲粮为基础饲粮;对照组 B 饲粮在基础饲粮中去除甜味剂、香味剂、复合酶、葡萄糖、蔗糖;试验组 C 在对照组 A 基础上添加 3% 大米提取复合糖;试验组 D 在对照组 B 基础上添加 3% 大米提取复合糖;试验组 E 在对照组 B 基础上添加 5% 大米提取复合糖。试验共计 30 天。试验表明:1)与对照组 A 相比,试验组 C 的平均日增重、平均日采食量均出现显著差异($P <$ 0.05);试验组 E 相比对照组 B 的平均日增重、平均日采食量和料肉比均出现显著差异($P < 0.05$);试验组 D 相比对照组 B 的平均日增重、平均日采食量和料肉比均没有出现显著差异($P > 0.05$)。2)与对照组 B 相比,试验组 E 干物质、粗蛋白质和粗脂肪表观消化率均显著提高($P < 0.05$);试验组 C 与对照组 A 差异不显著($P > 0.05$),试验组 D 与对照组 B 相比也无任何显著性差异($P > 0.05$)。3)五个组之间的回肠黏膜分泌型免疫球蛋白 A 无显著差异($P > 0.05$),血清中免疫球蛋白 G 无显著差异($P > 0.05$)。4)与对照 A 组相比,试验组 C 的总菌、大肠杆菌、乳酸杆菌、沙门氏菌、双歧杆菌数量均无显著差异($P > 0.05$);与对照组 B 相比,试验组 E 和试验组 D 的总菌、大肠杆菌、沙门氏菌、双歧杆菌、乳酸杆菌数量也均无显著性差异($P > 0.05$)。5)与对照组 A 和对照组 B 相比,试验组 C 和试验组 D 分别显著提高了 ZO-1 和 occludin mRNA 表达量($P < 0.05$);与对照 B 组相比,试验组 E 白 ZO-1 mRNA 的相对表达量无显著性差异,但是有提高的趋势($P > 0.05$),occludin 的相对表达量显著下降($P < 0.05$)。6)与对照组 A 组相比,试验组 C 绒毛高度和绒毛隐窝比出现显著提高($P < 0.05$);与对照组组 B 相比,试验组 D 绒毛高度和隐窝深度均无显著差异($P > 0.05$),绒毛隐窝比出现显著提高($P < 0.05$);与对照组组 B 相比,试验组 E 绒毛高度和隐窝深度均无显著差异,绒毛隐窝比出现显著提高($P > 0.05$)。7)与对照组 A 组相比,试验组 C 的总抗氧化能力无显著差异;与对照组组 B 相比,试验组 D 和试验组 E 显著提高总抗氧化能力($P < 0.05$)。由此可见,断奶仔猪饲粮添加大米提取复合糖能促进由于断奶应激导致的肠黏膜损伤的修复,提高了机体的总抗氧化能力,提高粗蛋白质和粗脂肪的利用率,最终达到对仔猪生产性能的显著提高。大米提取复合糖在仔猪饲粮中的最适添加量为 5%。

关键词: 大米提取复合糖;断奶仔猪;生长性能;肠道微生态;免疫系统;回肠形态与结构

---

[*] 基金项目:饲料成分与营养价值岗位专家(2017LM1120)

[**] 第一作者简介:苏晨(1994—),男,云南昆明人,硕士研究生,从事动物营养与饲料科学专业研究,E-mail:1316015371@qq.com

[#] 通讯作者:冯定远,教授,博士生导师,E-mail:fengdy@hotmail.com

饲粮中添加甘露寡糖对母猪热应激的缓解作用

吕良康* 熊奕 李强 雷龙 张慧 刘正亚 任莹 赵胜军#

（武汉轻工大学动物科学与营养工程学院,武汉 430023）

摘要：本试验旨在研究饲粮中添加甘露寡糖对母猪热应激的缓解作用。选择 80 头胎龄相近的妊娠母猪,随机平均分为 4 组,即基础饲粮＋热应激组（H 组）、甘露寡糖＋热应激组（HS 组）、基础饲粮＋适宜温度组（S 组）、甘露寡糖＋适宜温度组（SS 组）,每组 20 头猪,试验开始时间为母猪妊娠 100 天,持续至产后 21 天仔猪断奶,妊娠第 100 天和产后 21 天测体重和背膘,并测定母猪的乳液成分和血液激素水平。结果表明:1)就母猪的体况指标而言:适宜环境和热应激组的采食量无明显差异($P>0.05$);在热应激环境下,添加了甘露寡糖（HS）组的产仔时长显著短于基础日粮（H）组($P<0.05$)。2)就母猪的繁殖性能而言:HS 组相较于 H 组的窝均存活数、断奶窝均存活数、初生窝重、平均断奶体重分别提高了 8.88%、6.64%、13.56%、6.94%($P>0.05$)。3)母猪的乳液成分显示:产后 0～2 h,H 组的蛋白质和糖含量显著高于 S 组($P<0.05$),HS 组与 SS 组的脂肪和免疫球蛋白之间的差异显著($P<0.05$)。产后 12 h,HS 组的蛋白质、糖类显著高于 H 组($P<0.05$),HS 组的免疫球蛋白显著低于日粮 H 组($P<0.05$)。产后 24 h,HS 组的脂肪含量显著高于 H 组($P<0.05$),SS 组的糖类含量显著低于 S 组($P<0.05$),HS 组的免疫球蛋白含量显著低于 H 组($P<0.05$)。产后 7 天,HS 组的脂肪和免疫球蛋白含量显著高于 H 组($P<0.05$)。4)母猪血液激素水平显示:产后 17 天,H 组的 UREA、GLU、IL-6 显著低于 S 组($P<0.05$),SS 组的 Na 含量显著高于日粮 S 组($P<0.05$)。产后 36 天,SS 组的烟酸含量显著高于 S 组($P<0.05$),SS 组的 TNF-α 含量显著低于 S 组。H 组的 UREA、Ca、GLU、IL-6 的含量与 S 组差异显著($P<0.05$)。上述结果说明饲粮中添加甘露寡糖能够提升母猪乳液中免疫球蛋白以及乳糖水平,降低母猪炎症反应相关因子,从而对母猪热应激有一定的缓解作用。

关键词：甘露寡糖;热应激;妊娠母猪;体况;乳液成分;血液激素水平

* 第一作者简介:吕良康(1996—),男,湖北洪湖人,硕士研究生,E-mail:liangkanglvling@163.com
# 通讯作者:赵胜军(1974—),男,蒙古族,内蒙古通辽市人,副教授,硕士生导师,研究方向为动物营养与代谢调控,E-mail:zhaoshengjun1974@163.com

饲粮添加香菇多糖对轮状病毒攻毒断奶仔猪
生长性能、免疫功能和肠道健康的影响[*]

肖雪纯[**]　毛湘冰[#]　陈代文　胡海燕　余冰

(四川农业大学动物营养研究所,成都 611130)

摘要:本研究旨在探讨香菇多糖(LNT)是否可以缓解轮状病毒(RV)感染对断奶仔猪生长性能、免疫功能和肠道健康的影响。试验选取 28 头平均体重为(7.51±1.37)kg 健康的 21 日龄断奶的 DLY 阉公猪,采用 2×2 因子试验设计,试验因子分别为饲粮中添加 LNT(0 和 84 mg/kg)和 RV 攻毒(灌服 RV 或无菌培养液)。RV 攻毒于试验第 15 天进行,试验期 19 天。结果表明:1)RV 攻毒使仔猪的平均日增重(ADG)降低($P=0.08$),仔猪的腹泻率、料重比(F/G)和空肠黏膜中 NSP4 的阳性检出率以及血清和空肠中轮状病毒抗体(RV-Ab)的含量提高($P<0.05$),提高了仔猪血清中 IgM、IgG、IgA 和 DAO 水平($P<0.05$),降低了空肠黏膜中 sIgA、IFN-γ 和 IL-4 水平($P<0.05$),提高了 IL-2 水平($P<0.05$);RV 攻毒降低了空肠绒毛高度及绒隐比($P<0.05$),提高了空肠隐窝深度($P<0.05$),降低了空肠黏膜中 ZO-1、occludin、Bcl-2、MUC1、MUC2、pBD1、pBD2、pBD3 和 PG1-5 基因的表达($P<0.05$),提高了空肠黏膜中 Bax 和 caspase-3 基因的表达($P<0.05$),并降低了盲肠内容物中乳酸杆菌、双歧杆菌和总菌的数量($P<0.05$),增加了盲肠内容物中大肠杆菌的数量($P<0.05$)。2)饲粮添加 LNT 可提高仔猪 ADG、养分消化率及空肠 RV-Ab 含量($P<0.05$),降低 F/G($P<0.05$);在轮状病毒攻毒仔猪中,饲粮添加 LNT 可在一定程度上缓解 RV 攻毒对仔猪生长性能、免疫功能、空肠黏膜形态结构和盲肠菌群的影响($P<0.05$),并缓解了 RV 病毒对仔猪空肠中 ZO-1、occludin、Bcl-2、MUC1、MUC2、pBD1、pBD2、pBD3、PG1-5、Bax 和 caspase-3 基因表达的影响($P<0.05$)。综上所述,RV 感染会导致仔猪的免疫功能降低及肠道损伤,进而引起其腹泻,导致仔猪生产性能下降。饲粮中添加 LNT 可以缓解 RV 感染对仔猪生长性能和腹泻的影响,这可能源于 LNT 可改善仔猪的免疫功能及肠道屏障功能。

关键词:香菇多糖;断奶仔猪;轮状病毒;生长性能;免疫功能;肠道健康

[*] 基金项目:国家农业产业技术体系(CARS-35);四川省科技支撑项目(2016NYZ0052);"杨胜"门生社群研究项目(B2016010)

[**] 第一作者简介:肖雪纯(1995—),女,四川成都人,在读硕士研究生,从事动物营养和饲料科学专业研究,E-mail:449646636@qq.com

[#] 通讯作者:毛湘冰,副教授,硕士生导师,E-mail:acatmxb2003@163.com

壳寡糖对肉仔鸡生长性能、内脏器官及血清生化的影响*

徐晨希** 　杨海明# 　胥蕾　 万晓利　 王志跃

（扬州大学动物科学与技术学院，扬州 225009）

摘要：壳寡糖（COS）是壳聚糖经特殊的生物技术降解得到的寡糖，也是天然糖中唯一大量存在的碱性氨基寡糖。与壳聚糖相比，壳寡糖分子质量小、黏度低、水溶性好、易于被生物体吸收。与抗生素相比，壳寡糖具有良好的生物相容性，可被生物体消化吸收，不会在动物体内产生残留及毒副作用。因此，壳寡糖作为新型绿色饲料添加剂，有着非常广阔的应用前景。本试验旨在研究壳寡糖对爱拔益加（AA）肉仔鸡生长性能、内脏器官和血清生化的影响，以明确壳寡糖在肉仔鸡饲粮中的适宜添加水平，从而为壳寡糖在肉鸡生产中的应用提供参考。试验选取 1 日龄健康 AA 肉仔鸡公雏 360 只，随机分成 4 组，每组 6 个重复，每个重复 15 只。试验分对照组（饲喂基础饲粮）和试验组（分别在基础饲粮中添加 100、150 和 200 mg/kg 的壳寡糖）。试验期为 42 天，分别于第 21 和 42 天测定生长性能，包括平均日增重、平均日采食量和料重比；42 日龄时从每个重复选取 1 只体重接近重复平均重的健康肉仔鸡，翅静脉采血用于血清生化指标的测定，称取肉仔鸡内脏器官并计算内脏器官相对重。结果表明：1）饲粮中添加壳寡糖对 1～21 日龄肉仔鸡生长性能均无显著影响（$P>0.05$）。2）与对照组相比，饲粮中添加 150 mg/kg 壳寡糖极显著提高 22～42 日龄肉仔鸡的平均日增重（$P<0.01$），添加 200 mg/kg 壳寡糖极显著降低 22～42 日龄肉仔鸡的平均日增重（$P<0.01$）；22～42 日龄时，200 mg/kg 壳寡糖组肉仔鸡的平均日采食量显著低于其余壳寡糖组（$P<0.05$）。3）200 mg/kg 壳寡糖组肉仔鸡 1～42 日龄的平均日增重极显著低于 150 mg/kg 壳寡糖组（$P<0.01$）。4）饲粮中添加壳寡糖对 42 日龄肉仔鸡内脏器官相对重未产生显著影响（$P>0.05$）。5）与对照组相比，饲粮中添加 200 mg/kg 壳寡糖降低了肉仔鸡空肠的相对重（$P=0.05$）。6）饲粮中添加壳寡糖显著提高了 21 日龄肉仔鸡血清总胆固醇的含量（$P<0.05$），且有增加血清高密度脂蛋白含量的趋势（$P=0.07$）。综上所述，饲粮中添加 100 和 150 mg/kg 的壳寡糖能够促进肉仔鸡生长发育，其中饲粮中添加 150 mg/kg 壳寡糖对 22～42 日龄肉仔鸡生长性能的提高更为显著。

关键词：壳寡糖；肉仔鸡；生长性能；内脏器官；血清生化

＊　基金项目：江苏省政策引导类计划（苏北科技专项）（SZ-SQ2017046）；江苏省现代农业（肉鸡）产业技术体系（SXGC[2017]196）

＊＊　第一作者简介：徐晨希（1994—），女，江苏丰县人，硕士研究生，从事家禽生产与营养研究，E-mail：643326052@qq.com

＃　通讯作者：杨海明，教授，硕士生导师，从事家禽生产研究，E-mail：yhmdlp@qq.com

玉米赤霉烯酮对小鼠肠道免疫屏障的毒性作用[*]

王新[1][**]　　于浩[1]　　单安山[2]　　周长海[1]　　赵云[1]　　金永成[1]　　房恒通[1]

周勇锋[1]　　王俊梅[1]　　付玉荣[1]　　张晶[1][#]

(1. 吉林大学动物科学学院,长春;2. 东北农业大学动物营养研究所,哈尔滨)

摘要: 玉米赤霉烯酮(ZEA)广泛存在于食品、饲料及其原材料中,对动物及人类带来很多潜在的不利危害。但是目前人们聚焦于其对生殖的毒性研究,ZEA对机体肠道免疫屏障影响的研究相当匮乏。在我们的试验中,24只未成熟的雄性BALB/C小鼠灌胃20 mg/kg(WB) ZEA 1周,取小鼠结肠内容物及肠组织,探究短期ZEA暴露对肠道黏膜免疫及肠道菌群的影响。我们的研究表明,短期ZEA暴露对小鼠结肠黏膜形态结构未造成显著影响。但是,小鼠结肠黏膜β-defens、Reg3α、Reg3β基因表达显著升高($P<0.05$),mucin1,mucin2,Reg3γ基因表达下调($P<0.05$),结肠粪便中IgA含量极其显著增加($P<0.01$)。基于16s rDNA测序分析表明,短期ZEA暴露对肠道菌群的整体性未造成明显的变化,但是引发肠道菌群的轻度失衡。其中,Proteobacteria菌门的相对丰富度降低($P<0.01$),Actinobacteria菌门的相对丰富度升高($P<0.01$),Eggerthellaceae科显著减少($P<0.05$),Lactobacillales目显著增加($P<0.05$)总之,研究揭示了,ZEA暴露打破肠道微生态平衡,改变肠道黏膜屏障的防御力,最终造成小鼠肠道肠黏膜损伤。

关键词: 玉米赤霉烯酮;肠道免疫屏障;黏膜免疫;肠道菌群;小鼠

[*] 基金项目:吉林省科技发展计划项目(2018030718NY);吉林省省校共建计划项目(SXGJXX2017-4);农业部东北动物营养与饲料科学观测实验站开放课题(yy-2017-03);吉林省现代农业产业技术示范推广项目

[**] 第一作者简介:王新(1992—),男,陕西,硕士研究生,动物营养与饲料科学专业,E-mail:xinwang16@mails.jlu.edu.cn

[#] 通讯作者:张晶,教授,硕士生导师,E-mail:zhang_jing99@jlu.edu.cn

黄芪多糖抑制 NF-κB／MAPK 信号通路降低 LPS 诱导 IPEC-J2 细胞炎症反应[*]

李欣然^{**}　汪陈思　薛宸宇　张磊　徐欣瑶　董娜[#]　单安山

(东北农业大学动物营养研究所,哈尔滨 150030)

摘要:早期断奶会引发仔猪断奶应激综合征,造成仔猪肠道功能紊乱。研究表明,肠道炎症是诱发断奶仔猪腹泻的主要内在原因。肠上皮细胞是肠道黏膜屏障的重要组成部分,在宿主黏膜表面的天然及获得性免疫系统中起重要调节作用,是宿主抵御病原微生物侵害的第一道防线。大量肠道内细菌和内毒素 LPS 侵入体循环及肠组织中,造成细菌移位和肠源性内毒素血症,从而进一步加剧肠上皮细胞的损伤。黄芪多糖(APS)可以提高机体的免疫力和肠道健康。然而,APS 的作用机制尚不明确。因此,我们利用转录组测序分析 APS 预处理对 LPS 刺激猪空肠上皮细胞(IPEC-J2)中基因表达的影响。在 fold change>1.5 和 FDR<0.01 的标准下,我们比较了 LPS 组与对照组差异表达基因,有 73 个上调基因和 34 个下调基因;在 LPS 组与 LPS+APS 组之间有 400 个上调基因和 356 个下调基因;此外,在对照组与 LPS+APS 处理之间有 1 个上调基因和 4 个下调基因。通过 qRT-PCR 法进一步验证 8 种基因在不同处理中的相对表达水平,包括 IL-6、IL-1α、TNF-α、TNFAIP3、CXCL2、CXCL8、BCL3 和 BNIP3。与 LPS 处理组相比,APS 预处理显著下调 IL-1α、TNF-α、TNFAIP3、CXCL2 和 CXCL8 的 mRNA 表达水平($P<0.05$),这与 RNA-seq 结果一致。KEGG 富集分析结果表明 TNF、NF-κB 和 MAPK 3 种信号通路在 APS 调节炎症因子和趋化因子表达过程中起重要作用。通过免疫印迹和免疫荧光分析进一步对上述 3 条通路进行验证,结果发现,与 LPS 刺激 IPEC-J2 细胞相比,用 APS 预处理细胞后,信号通路分子 p38MAPK、ERK1/2 和 NF-κBp65 的磷酸化水平显著降低($P<0.05$),而 I-κBα 表达量显著上升($P<0.05$),并且呈现剂量依赖关系,说明黄芪多糖抑制细胞因子的过量表达可能是通过抑制 MAPK 和 NF-κB 信号通路激活,降低 LPS 诱导的炎性细胞因子 mRNA 水平,从而介导肠道免疫调节作用。

关键词:黄芪多糖;转录组测序;空肠上皮细胞;炎症;MAPK;NF-κB

＊　基金项目:国家自然科学基金青年基金(31501914);黑龙江省自然科学青年基金项目(QC2015018)

＊＊　第一作者简介:李欣然,女,硕士,E-mail:1448755874@qq.com

＃　通讯作者:董娜,副教授,E-mail:linda729@163.com

第四部分

猪饲料营养

饲粮补充异亮氨酸对轮状病毒攻毒断奶仔猪 生长性能和免疫功能的影响[*]

肖香君[**] 毛湘冰[#] 陈代文 古长松 余冰

(四川农业大学动物营养研究所,成都 611130)

摘要: 本试验旨在研究饲粮补充 L-异亮氨酸(L-isoleucine,L-Ile)是否能够有效缓解轮状病毒(rotavirus,RV)感染对断奶仔猪生长性能和免疫功能的负面影响,并初步探讨其可能存在的机制。本试验分为一个体外细胞培养试验和一个体内动物饲养试验。在细胞培养试验中,分别体外培养猪肠上皮细胞 IPEC-J2 和猪肺泡巨噬细胞 3D4/31,以 8 mmol/L 的 L-Ile 处理 24 h。结果表明:L-Ile 处理显著提高了 IPEC-J2 细胞 pBD-2、TLR3、RIG-I、MDA5、MAVS、IRF3、IFN-β 和 IFN-γ 的表达量,也显著提高了 3D4/31 细胞 TLR3、RIG-I、IRF3、MAVS、MDA5、NF-κB、IFNβ、IFN-γ、pBD-2 和 pBD3 的表达量。在动物饲养试验中,选取 42 头平均体重为[(6.95±0.41) kg]健康的 21 日龄断奶"杜 × 长 × 大"去势公猪,采取 2×3 因子进行试验设计,试验因子分别为 RV 攻毒和饲粮添加不同水平的 L-Ile(0、0.5% 和 1%),试验日粮饲喂第 15 天进行 RV 灌喂攻毒。试验期总共 18 天。结果表明:1)RV 攻毒显著降低了断奶仔猪 ADFI 和 G(P<0.05),引起仔猪腹泻,并显著提高了仔猪血清 UN 水平(P<0.05);RV 攻毒显著降低了断奶仔猪外周血 CD4+ 比例和 CD4+/CD8+ 比值(P<0.05),上调了血清及回肠免疫球蛋白、RV-Ab、细胞因子的水平,上调了回肠和/或肠系膜淋巴结中细胞因子、防御素及先天性免疫应答相关基因的表达(P<0.05),显著降低了仔猪肠道 MUC2 的含量以及 MUC2、ZO-1 和 Occludin 基因的表达(P<0.05)。2) 饲粮添加 L-Ile 显著缓解了 RV 攻毒仔猪的腹泻和生长性能的下降(P<0.05),进一步提高了血清和回肠中免疫球蛋白、RV-Ab、细胞因子的水平,以及回肠和肠系膜淋巴结细胞因子、防御素及先天性免疫相关基因的表达量(P<0.05),缓解了 RV 攻毒引起的仔猪肠道 MUC2 的含量以及 MUC2、ZO-1 和 Occludin 基因的表达的下降(P<0.05)。以上结果揭示,饲粮添加 L-ILe 可以通过上调 PRRs 介导的免疫应答反应而提高断奶仔猪的先天性和获得性免疫,抑制体内 RV 的复制和加快 RV 的清除,进而减少肠道屏障的损伤,降低 RV 攻毒对仔猪生长性能和免疫功能的负面影响。

关键词: 异亮氨酸;轮状病毒;免疫应答;模式识别受体;断奶仔猪

* 基金项目:四川省教育厅重点项目(17ZA0311);现代农业产业技术体系(CAR-35);四川省科技支撑项目(2016NYZ0052 和 2016NZ0006)

** 第一作者简介:肖香君(1994—),女,四川德阳人,在读硕士研究生,从事动物营养与饲料科学专业研究,E-mail:920559352@qq.com

通讯作者:毛湘冰,副教授,硕士生导师,E-mail:acatmxb2003@163.com

早期乳铁蛋白干预对哺乳期仔猪结肠菌群结构、代谢产物和细胞因子含量的影响*

赵方舟** 胡平 汪晶# 朱伟云

（南京农业大学动物科技学院,国家动物消化道营养国际联合研究中心,南京 210095）

摘要：本试验旨在研究早期乳铁蛋白干预对于哺乳期仔猪结肠菌群结构、代谢产物和细胞因子含量的影响。试验随机选取 6 窝（每窝 10 头）体重相近、表型健康的"杜×长×大"三元杂交新生仔猪,采取窝内分组,分为乳铁蛋白组和对照组,每组各五头。所有仔猪均采取母乳喂养,乳铁蛋白组每天额外灌喂 0.5 g/kg BW 乳铁蛋白,对照组每天额外灌喂同等剂量生理盐水,处理时间为哺乳期 1～7 天。于哺乳期第 8 天和第 21 天进行屠宰取样,采集仔猪结肠内容物进行菌群结构和代谢产物的分析,采集仔猪结肠黏膜用于细胞因子含量的测定。结果表明：1)与对照组相比,早期乳铁蛋白干预显著提高了第 21 天仔猪结肠菌群的 ACE 和 Chao 1 指数,而对第 8 天仔猪结肠菌群 α-多样性没有显著影响。在门水平上,早期乳铁蛋白干预显著提高了第 8 天仔猪结肠的拟杆菌门（Bacteroidetes）的相对丰度（$P<0.05$）,显著降低了变形菌门（Proteobacteria）和梭杆菌门（Fosobacteria）的相对丰度（$P<0.05$）;显著提高了第 21 天仔猪结肠的柔膜菌门（Tenericutes）的相对丰度（$P<0.05$）,显著降低了梭杆菌门（Fosobacteria）的相对丰度（$P<0.05$）。在属水平上,早期乳铁蛋白干预显著提高了第 8 天仔猪结肠的 *Lachnoclostridium*,*Butyricimonas*,*Rikenellaceae RC9 gut group* 的相对丰度（$P<0.05$）,显著降低了 *Veillonella*,*Actinobacillus*,*Escherichia-Shigella*,*Desulfovibrio*,*Collinsella*,*Howardella* 的相对丰度（$P<0.05$）;显著提高了第 21 天仔猪结肠的 *Lactobacillus*,*Roseburia*,*Terrisporobacter*,*Coprococcus 3*,*Erysipelotrichaceae_uncultured* 的相对丰度（$P<0.05$）,显著降低了 *Streptococcus*,*Odoribacter* 的相对丰度（$P<0.05$）。2)与对照组相比,早期乳铁蛋白干预有提高第 8 天仔猪结肠内容物丙酸、丁酸和总酸含量的趋势（$P<0.1$）;显著提高了第 21 天仔猪结肠内容物乙酸和总酸含量（$P<0.05$）并有提高丙酸、丁酸、戊酸的趋势（$P<0.1$）。3)与对照组相比,早期乳铁蛋白干预显著提高了第 8 天仔猪结肠黏膜的 IL-10、sIgA 蛋白含量（$P<0.05$）并有降低 IL-1α 蛋白含量的趋势（$P<0.1$）;显著降低了第 21 天仔猪结肠黏膜的 IL-1β、IL-1α 蛋白含量（$P<0.05$）并有提高 sIgA 蛋白含量的趋势（$P<0.1$）。由此可见,早期乳铁蛋白干预可以提高哺乳仔猪的结肠菌群多样性,一定程度上改变结肠菌群组成,增加了肠道内环境的稳定性,改变了菌群代谢产物浓度,并调控结肠细胞因子的表达,对哺乳期仔猪结肠健康具有潜在的有益作用。

关键词：乳铁蛋白;哺乳仔猪;菌群多样性;代谢产物;细胞因子

* 基金项目：国家重点研究发展计划专项"消化道微生物调控畜禽营养过程及机体健康的机制"（2017YFD0500505）

** 第一作者简介：赵方舟,男,硕士,E-mail：2017105055@njau.edu.cn

通讯作者：汪晶,教授,E-mail：jwang8@njau.edu.cn

早期低聚半乳糖干预对哺乳仔猪结肠黏膜菌群组成及屏障功能的影响*

王珏** 田时祎 汪晶# 朱伟云

（南京农业大学动物科技学院，国家动物消化道营养国际联合研究中心，
江苏省消化道营养与动物健康重点实验室，消化道微生物研究室，南京 210095）

摘要：益生元干预是调节肠道菌群和改善肠道屏障功能的有效手段。本试验旨在探究新生仔猪早期灌喂低聚半乳糖对结肠黏膜菌群组成及屏障功能的影响。本试验选取 6 窝（每窝 10 头）"杜×长×大"新生仔猪，采用窝内分组，每窝的 5 头为对照组，其余 5 头为试验组。从出生后第 1 天到第 7 天，试验组仔猪每天灌喂 10 mL 的低聚半乳糖溶液（1 g/kg 体重），对照组灌喂相同剂量的生理盐水。在试验的第 8 天和第 21 天，每窝每组随机挑选 1 头仔猪进行屠宰取样。采集的结肠食糜样品进行短链挥发性脂肪酸含量的测定，黏膜样品利用微生物高通量测序以及 Western blot 方法对相关指标进行分析检测。黏膜菌群高通量测序结果表明，在第 8 天门水平上与对照组相比，试验组仔猪第 8 天黏膜中拟杆菌门丰度显著上调（$P<0.05$），但厚壁菌门丰度显著下调（$P<0.05$）。在第 8 天属水平上结果表明试验组仔猪黏膜中 *Barnesiella* 和 *Prevotella* 菌属的丰度显著高于对照组。试验组仔猪第 21 天结肠黏膜菌群 *Parabacteroides* 菌属、未分类的 Porphyromonadaceae 菌科以及未分类的 Bacteroidales 菌目的丰度相较于对照组显著升高（$P<0.05$）。此外，与对照组相比，试验组仔猪第 8 天结肠食糜中总短链脂肪酸浓度显著升高（$P<0.05$）而第 21 天试验组仔猪结肠食糜中总短链脂肪酸浓度有升高的趋势（$P=0.064$）。屏障蛋白（ZO-1 和 Occludin）Western blot 检测结果表明，试验组仔猪第 8 天和第 21 天黏膜组织中的 ZO-1 和 Occludin 相对蛋白表达量均高于对照组。伴随着屏障蛋白表达水平的升高，试验组仔猪 AMPK 信号通路中的关键蛋白 AMPKα 和 ACC 的磷酸化水平也显著高于对照组仔猪（$P<0.05$）。综上所述，早期低聚半乳糖干预可改变哺乳仔猪结肠黏膜菌群组成并促进结肠食糜中短链脂肪酸的产生，最终通过 AMPK 信号通路的激活上调黏膜中屏障蛋白 ZO-1 和 Occludin 的相对表达水平。

关键词：哺乳仔猪；黏膜菌群；屏障功能

　* 基金项目：国家重点研究发展计划专项（2017YFD0500505）；中央高校基本业务费（KYZ201722）
　** 第一作者简介：王珏（1988—），男，黑龙江哈尔滨人，博士研究生，从事哺乳仔猪消化道微生物研究，E-mail:499317661@qq.com
　# 通讯作者：汪晶，教授，博士生导师，E-mail:jwang8@njau.edu.cn

早期乳铁蛋白干预对哺乳仔猪小肠紧密连接蛋白、细胞因子及菌群数量的影响[*]

胡平^{**}　赵方舟　汪晶[#]　朱伟云

（南京农业大学动物科技学院，国家动物消化道营养国际联合研究中心，南京 210095）

摘要：本试验旨在研究早期乳铁蛋白干预对哺乳仔猪小肠紧密连接蛋白、细胞因子及菌群数量的影响，探讨早期乳铁蛋白干预对哺乳仔猪肠道健康的影响。试验随机选取 6 窝（每窝 10 头）体重相近的"杜×长×大"新生仔猪，采取窝内分组，每窝分为两组，各 5 头，分别为对照组（CON）和乳铁蛋白组（LF）。其中乳铁蛋白组每天额外灌喂 0.5 g/kg（BW）乳铁蛋白，对照组每天灌以相同剂量的生理盐水，额外灌喂时间为哺乳期 1～7 天。每天记录各组哺乳仔猪腹泻情况，并于哺乳期第 8 天和第 21 天，每组每窝随机选取 1 头（共 6 头）仔猪进行乳果糖和甘露醇灌喂，并收集其尿液进行肠道通透性检测。之后每组每窝随机选取 1 头（共 6 头）哺乳仔猪屠宰，采集空肠和回肠组织用于紧密连接蛋白以及细胞因子检测，采集空肠和回肠内容物用于菌群数量检测。结果表明：1）与 CON 组相比，LF 组显著降低了哺乳 1～7 天内仔猪腹泻率（$P<0.05$），并且有降低整个哺乳期仔猪（0～21 天）腹泻率的趋势；同时有降低整个哺乳期（0～21 天）腹泻指数的趋势（$P<0.1$）。2）与 CON 组相比，LF 组显著降低了第 8 天和第 21 天哺乳仔猪尿液中乳果糖与甘露醇的比例即显著降低肠道通透性（$P<0.05$）；LF 组显著提高了第 8 天和第 21 天空肠 Occludin 基因以及蛋白水平的表达量（$P<0.05$）；同时显著增加了第 8 天回肠 Occludin 基因以及蛋白水平的表达量（$P<0.05$）。3）在哺乳期第 8 天，LF 组仔猪空肠 IL-1β 蛋白含量显著低于 CON 组，回肠 IL-10 含量显著高于 CON 组（$P<0.05$）。在哺乳期第 21 天，LF 组仔猪空肠中 IL-10 和 sIgA 蛋白含量显著增加（$P<0.05$），且有降低空肠中 IL-1β 蛋白含量的趋势（$P<0.1$）；同时 LF 组回肠中 TNF-α 蛋白含量显著低于对照组（$P<0.05$）。4）乳铁蛋白显著降低了第 8 天哺乳仔猪空肠内容物中大肠杆菌的数量（$P<0.05$）。由此可见，早期乳铁蛋白干预可降低肠道通透性、提高肠道 Occludin 基因及蛋白的表达，影响肠道细胞因子含量并减少空肠大肠杆菌数量，从而有利于维持哺乳仔猪肠道健康。

关键词：乳铁蛋白；哺乳仔猪；紧密连接蛋白；细胞因子；菌群

---

* 基金项目：国家重点研究发展计划专项"消化道微生物调控畜禽营养过程及机体健康的机制"（2017YFD0500505）

** 第一作者简介：胡平（1991—），男，江苏仪征人，博士研究生，主要从事消化道微生物研究，E-mail：huping0514@foxmail.com

\# 通讯作者：汪晶，教授，博士生导师，E-mail：Jwang8@njau.edu.cn

外源粪菌干预对仔猪肠黏膜蛋白表达
及自噬相关信号通路的影响[*]

程赛赛[**]　耿世杰　李媛　韩新燕[#]

(浙江大学动物科学学院饲料科学研究所,农业部华东动物营养与饲料重点实验室,杭州 310058)

摘要:外源粪菌干预是一种将健康外源供体的粪便菌群移植到受体消化道内,进而重塑消化道菌群结构、促进肠道健康的微生态调节技术。本课题组前期研究结果表明,外源粪菌干预可降低仔猪腹泻率,改变肠道菌群组成。本试验选用健康成年金华猪与三元杂交新生仔猪分别作为外源粪菌干预的供体与受体,运用 iTRAQ 定量蛋白组学技术研究外源粪菌干预对仔猪肠黏膜蛋白质表达的影响,揭示仔猪肠黏膜对外源粪菌干预响应的蛋白质图谱变化及其分子机理。根据胎次相近原则,选取 6 窝"杜×长×大"三元杂交新生仔猪,随机分为 2 组(每组 3 窝)。仔猪从出生到 14 日龄隔天灌喂 1.5 mL 金华猪粪菌悬液(试验组)或无菌 PBS 缓冲液(对照组)。分别从对照组和试验组中随机选取 6 头,共 12 头进行屠宰。蛋白组学结果显示,共获取蛋白质 3 815 个,鉴定到差异表达蛋白 289 个;oGO 功能分析结果显示,差异表达蛋白主要参与了细胞过程、代谢过程、生物调节和单一有机体过程等重要生物学过程,主要发挥结合和催化功能。KEGG 通路分析结果显示,差异表达蛋白主要富集在 FoxO 信号通路、p53 信号通路、甘油磷脂代谢等代谢通路。与对照组相比,粪菌干预组 FoxO 信号通路中的 FoxO1、FoxO3 及自噬相关蛋白 GABARAP、LC3B、Atg7 蛋白表达增加,表明外源粪菌干预增强仔猪肠黏膜 FoxO 介导的自噬;AMPK-mTOR 信号通路中的差异表达蛋白质 LKB1、GLUT4、mTORC2、TSC2 蛋白表达显著下调,total-AMPK、total-mTORC1 蛋白表达量无显著差异,p-AMPK 及 p-AMPK/AMPK 显著下降,而 p-mTORC1 及 p-mTORC1/mTORC1 显著增加,提示粪菌干预仔猪的肠道处于蛋白合成、非饥饿诱导非 mTOR 依赖的自噬状态;且 Mn-SOD 蛋白表达显著增加,炎症反应相关的干扰素调节因子(IRF3)及 IFN-γ、IL-1β、NF-κB p65 蛋白表达显著降低,说明粪菌干预后肠黏膜抗氧化抗炎能力的提高。综上所述,外源粪菌干预可调节仔猪肠黏膜蛋白表达以及通过增强 FoxO 信号通路促进肠道处于蛋白合成、细胞生长的非饥饿诱导自噬状态,并增强肠黏膜抗炎抗氧化能力;提示外源粪菌干预可调节仔猪肠黏膜蛋白表达并增强黏膜保护性自噬。

关键词:外源粪菌干预;肠黏膜;蛋白组学;自噬;仔猪

　＊　基金项目:浙江省自然科学基金重点项目(LZ18C170001)
　＊＊　第一作者简介:程赛赛,浙江大学动物科学学院,E-mail:861634152@qq.com
　＃　通讯作者:韩新燕,副教授,E-mail:xyhan@zju.edu.cn

粪菌移植对受体仔猪抗肠道上皮损伤
和肠道菌群代谢功能的影响研究[*]

耿世杰[**] 程赛赛 李媛 马馨 姜雪梅 韩新燕[#]

(浙江大学饲料科学研究所,农业部华东动物营养与饲料重点实验室,杭州 310058)

摘要:本试验旨在研究粪菌移植对受体仔猪抗脂多糖诱导的肠道上皮损伤和肠道菌群代谢功能的影响。将 30 头同日出生、胎次相同的 1 日龄"杜×长×大"三元杂交新生仔猪按照遗传因素和初生重随机分为两部分(对照组仔猪 18 头,粪菌移植组仔猪 12 头)。其中粪菌移植组仔猪从出生到 14 日龄隔天灌喂 1.5 mL 健康成年金华猪粪菌悬液,对照组仔猪灌喂等量无菌 PBS 缓冲液。15 日龄时将对照组仔猪随机等分为 3 组,粪菌移植组仔猪随机等分为两组。分别选取对照组仔猪和粪菌移植组仔猪中各一组进行肠道微生物组和代谢组学检测,同时对照组仔猪剩余两组分别腹腔注射脂多糖溶液(免疫应激组)和等量生理盐水(空白对照组),粪菌移植组仔猪剩余一组腹腔注射脂多糖溶液(免疫应激+粪菌移植组)。结果表明:粪菌移植能调节受体仔猪结肠微生物群落的多样性和组成,并降低对脂多糖诱导的肠道上皮完整性破坏和炎症反应的易感性;非靶标与靶标相结合的代谢组学分析结果显示,粪菌移植能诱导结肠代谢组显著改变以及肠腔内色氨酸代谢产物吲哚-3-乙酸的显著增加,并引起宿主代谢色氨酸相关酶表达的改变;基于 16S rRNA 高通量测序的宏基因组学预测分析表明,粪菌移植能调节"吲哚生物碱生物合成""细胞色素 P450"以及"紧密连接""细菌毒素"和"脂多糖生物合成"等肠稳态相关的肠道菌群代谢功能;而且,多组学分析所揭示的肠道菌群代谢功能的改变也与受体仔猪结肠"芳香烃受体-白介素-22"轴相关组分激活和表达量增加的结果相一致。以上结果提示,粪菌移植对受体仔猪肠道菌群色氨酸代谢的潜在调节功能可能在肠道黏膜屏障的维持中发挥重要作用。

关键词:粪菌移植;肠黏膜屏障;肠道菌群;色氨酸代谢;仔猪

* 基金项目:浙江省自然科学基金重点项目(LZ18C170001)
** 第一作者简介:耿世杰,硕士研究生,主要从事动物肠道微生态研究,E-mail:549962195@qq.com
# 通讯作者:韩新燕,副教授,E-mail:xyhan@zju.edu.cn

果寡糖缓解大豆抗原诱导仔猪过敏反应的研究[*]

常美楠[1][**] 赵元[1][#] 秦贵信[1] 张晓东[2]

(1. 吉林农业大学动物科技学院,动物生产及产品质量安全教育部重点实验室,
吉林省动物营养与饲料科学重点实验室,长春 130118;
2. 吉林大学畜牧兽医学院,吉林大学人畜共患病教育部重点实验室,长春 130062)

摘要:大豆抗原,尤其是大豆球蛋白和 β-伴大豆球蛋白,已被公认为动物和人类食物过敏的来源之一。有研究表明,食用大豆抗原会破坏胃肠道内环境,导致微生物结构和功能紊乱、消化能力下降、呕吐、腹泻等症状,甚至导致死亡,严重威胁人类健康和畜牧业生产效益。同时,也有研究提出一些共生有益菌,如乳酸杆菌和双歧杆菌能有效预防和治疗过敏性疾病。果寡糖作为一种无任何毒副作用的功能性低聚糖,能改善宿主体内双歧杆菌和乳酸杆菌等有益菌的结构和功能,进而影响宿主免疫系统,并且其在小鼠和人方面有抗过敏的报道,而能否缓解大豆抗原引起的仔猪过敏反应有待进一步研究。本研究的目的是通过肠道微生物和相关免疫指标研究果寡糖对大豆抗原诱导仔猪过敏反应的缓解作用。15 头 21 日龄断奶仔猪随机分为 3 组:第一组为对照组,第二、三组分别为试验组(致敏组和 0.6% 果寡糖缓解组)。二三组饲喂含有 5% 生大豆和 30% 去皮豆粕的日粮,第三组饲喂 0.6% 果寡糖,致敏组饲料的 0.6% 用沸石代替,对照组的日粮蛋白用酪蛋白代替。试验组(第二、三组)分别在试验前 10 天致敏,试验第 16~18 天、31~32 天强化致敏。试验结束时采集血样检测血液免疫指标和细胞因子指标;收集空肠中段、空肠后段、回肠和盲肠内容物并分离出 DNA 样品,用于 16s rRNA 基因测序。试验结果表明,第二组仔猪血清总 IgG、总 IgE,以及大豆球蛋白特异性 IgG 和 β-伴大豆球蛋白特异性 IgG 显著升高,IFN-γ 显著降低,IL-4 和 IL-10 显著升高,导致过敏性腹泻升高,生长性能显著下降($P<0.05$)。服用果寡糖后,两种特异性 IgG 显著下降,IFN-γ 显著升高,IL-4 和 IL-10 显著降低($P<0.05$)。在微生物方面,大豆抗原致敏仔猪空肠后段和盲肠的硬壁菌门显著低于对照组,而所有肠段的变形菌门均显著高于对照组($P<0.05$)。饲喂果寡糖后的仔猪空肠中段的乳酸杆菌和双歧杆菌丰度显著增加,空肠后段和回肠的变形菌门丰度显著降低($P<0.05$)。相关分析表明,部分肠道微生物的丰度与过敏指标存在一定的相关关系,主要表现在致敏组菌群丰度与两种特异性 IgG 以及 IL-4、IL-10 相关,其中以变形菌门为主;果寡糖组菌群丰度与 IFN-γ、血清总 IgG 和 IgE 相关,其中以乳酸杆菌为主。这些结果表明,果寡糖可有效缓解大豆抗原诱导的仔猪过敏反应,这与空肠中段乳酸杆菌和双歧杆菌的增加,以及空肠后段和回肠变形菌门的减少有关。

关键词:大豆抗原;果寡糖;肠道微生物;免疫反应;仔猪

* 基金项目:国家自然基金(31572439、31572415);吉林省自然科学基金(20160101348JC);吉林省重点科技研发项目(20180201018NY)
** 第一作者简介:常美楠(1992—),女,河南渑池人,硕士,主要从事饲料抗营养因子方向的研究,E-mail:meinan0616@126.com
# 通讯作者:赵元,副教授,硕士生导师,E-mail:zhaoyuan4CL52@126.com

外源粪菌干预对 *E. coli* K88 感染仔猪肠道菌群 和肠黏膜屏障的影响[*]

马馨[**]　程赛赛　姜雪梅　胡栾莎　韩新燕[#]

（浙江大学动物科学学院饲料科学研究所,农业部华东动物营养与饲料重点实验室,杭州 310058）

摘要：在长期进化过程中,肠道菌群与宿主形成了互惠共生的关系,它不仅随宿主生长而变化,还与机体营养物质的消化吸收、代谢、疾病密切相关,影响宿主健康。菌群干预是调节肠道菌群平衡的有效途径之一。课题组前期研究发现,外源粪菌干预可改善新生仔猪肠道菌群结构,降低腹泻。本试验探究 *E. coli* K88 感染对肠道菌群及其肠黏膜屏障的影响,同时研究外源粪菌干预对感染仔猪肠道菌群与代谢、肠黏膜屏障功能的影响及作用机制。试验选取体重 9.67 kg 左右的仔猪 18 头,无抗饲料饲喂 14 天后随机选取 12 头连续 3 天灌喂 *E. coli* K88 菌液,剩余 6 头为对照组,试验第 18 天 *E. coli* K88 感染仔猪分别灌喂粪便菌悬液或无菌 PBS 缓冲液 3 天。结果表明,*E. coli* K88 感染后,仔猪平均日增重明显降低,出现严重腹泻,体温升高至(40.47±1.03)℃,且精神沉郁食欲下降,而感染仔猪经外源粪菌干预后平均日增重明显提高,腹泻得到缓解,体温逐渐恢复正常;16S rDNA 高通量测序结果表明,*E. coli* K88 感染引起了肠道菌群结构明显变化:在门水平,纤维杆菌门、疣微菌门、衣原体门相对丰度显著升高,黏胶球形菌门相对丰度显著降低;在属水平,链球菌属、小类杆菌属等相对丰度显著升高,而琥珀酸弧菌属相对丰度显著降低;外源粪菌干预则可显著提高受体猪肠道菌群的多样性并改变肠道菌群结构:在门水平,变形菌门和螺旋菌门相对丰度显著降低;在属水平,乳杆菌属、琥珀酸弧菌属等相对丰度显著提高;基于 GC-MS 代谢组学分析鉴定到 58 种差异代谢物,主要属于氨基酸、碳水化合物、有机酸等;感染仔猪经外源粪菌干预后,肠腔中乳酸、琥珀酸、亮氨酸等代谢物明显上调,麦芽糖、肌醇等代谢物下调;共富集到 28 条差异代谢通路,主要与支链氨基酸代谢、苯丙氨酸、酪氨酸和色氨酸代谢、丁酸盐代谢等相关;感染仔猪接受外源粪菌干预后,十二指肠和空肠绒毛高度及绒毛高度/隐窝深度升高,血清中 D-乳酸浓度、二胺氧化酶活性明显降低,结肠杯状细胞数目增多,结肠黏膜 MUC2 及紧密连接蛋白 ZO-1 和 Occludin 表达水平均显著提高,提示外源粪菌干预能缓解 *E. coli* K88 感染导致的肠道通透性增加和肠屏障功能的破坏。综上所述,外源粪菌干预可改善 *E. coli* K88 感染仔猪肠道菌群结构,改变肠道内容物代谢组特征,进而提高肠屏障相关蛋白表达,改善肠道形态,从而缓解了 *E. coli* K88 感染导致的腹泻与肠道损伤。

关键词：外源粪菌干预；*E. coli* K88 感染仔猪；肠道菌群；代谢组学；肠道屏障

---

[*] 基金项目：浙江省自然科学基金重点项目(LZ18C170001)

[**] 第一作者简介：马馨,浙江大学动物科学学院,E-mail：xinma@zju.edu.cn

[#] 通讯作者：韩新燕,副教授,E-mail：xyhan@zju.edu.cn

早期低聚半乳糖干预对哺乳仔猪小肠器官重、形态发育及黏膜生长因子的影响*

田时祎** 　王珏　 汪晶# 　朱伟云

(国家动物消化道营养国际联合研究中心,江苏省消化道营养与动物
健康重点实验室,南京农业大学动物科技学院,南京210095)

摘要:关于低聚半乳糖的研究多数关注其益生作用,对其与肠道发育的研究报道较少,且大多数关于低聚半乳糖在体内外的研究主要集中在大肠上,在小肠上的研究较少。因此,本试验假设早期低聚半乳糖干预可以促进小肠发育。试验选取 6 窝(10 头/窝)"杜×长×大"新生仔猪,采用窝内分组(减小母源差异),每窝的 5 头为对照组,其余 5 头为试验组。从出生后第 1 天到第 7 天,试验组仔猪每天灌喂 10 mL 的低聚半乳糖溶液[1 g/(kg·d)(BW)],对照组灌喂相同体积的生理盐水,在第 21 天进行断奶。在试验的第 8 天和第 21 天,从 6 窝仔猪中随机屠宰对照组和试验组各 1 头仔猪。采集空肠和回肠的黏膜和组织用于相关指标分析。对每个时间点的试验数据分别采用独立样本 t 检验进行统计分析。结果表明:1)与对照组相比,早期低聚半乳糖干预显著提高试验组仔猪第 8 天的小肠重,有提高小肠长、小肠长/小肠重、小肠重/体重的趋势;2)与对照组相比,早期低聚半乳糖干预显著增加试验组仔猪空肠和回肠第 21 天的绒毛高度/隐窝深度($P<0.05$),显著降低了空肠第 21 天的隐窝深度,有增加回肠第 8 天绒毛高度和降低回肠第 21 天隐窝深度的趋势;3)与对照组相比,早期低聚半乳糖干预可以降低试验组仔猪空肠($P<0.05$)和回肠($P=0.084$)隐窝中的 PCNA 阳性细胞数;4)与对照组相比,早期低聚半乳糖干预显著提高试验组仔猪第 8 天空肠的乳糖酶活性($P<0.05$),显著提高第 21 天空肠和回肠的蔗糖酶活性($P<0.05$),有提高回肠第 8 天、空肠第 21 天麦芽糖酶和回肠第 8 天麦芽糖酶的趋势;5)与对照组相比,早期低聚半乳糖干预显著提高第 8 天空肠 GLP-2 和回肠 GLP-1 的蛋白浓度($P<0.05$),有提高第 8 天空肠 GLP-1($P=0.067$)和回肠 EGF($P=0.059$)的蛋白浓度的趋势,并有提高第 21 天空肠 GLP-2($P=0.091$)和 EGF($P=0.069$)的蛋白浓度的趋势。综上所述,早期低聚半乳糖干预促进小肠器官的生长和黏膜形态发育。

关键词:低聚半乳糖;哺乳仔猪;小肠;发育

---

　* 基金项目:国家重点研究发展计划专项"消化道微生物调控畜禽营养过程及机体健康的机制"(2017YFD0500505);基于早期低聚半乳糖干预探讨微生物定殖影响仔猪肠道发育及健康的分子机制(中央高校基本业务费 KYZ201722)
　** 第一作者简介:田时祎(1993—),女,湖南长沙人,博士研究生,动物营养与饲料科学专业,E-mail:731329348@qq.com
　# 通讯作者:汪晶,教授,博士生导师,主要从事单胃动物营养研究,E-mail:jwang8@ njau.edu.cn

β-胡萝卜素对断奶仔猪空肠上皮屏障功能的影响[*]

郎伍营[**]　李若楠　洪盼　龚海洲　郑鑫[#]

（吉林农业大学动物科学技术学院,长春 130118）

摘要：本试验旨在通过检测 β-胡萝卜素对早期断奶仔猪肠道形态,D-乳酸、二胺氧化酶以及紧密连接蛋白的表达,研究 β-胡萝卜素对断奶仔猪空肠上皮屏障功能的影响。选取 24 头来自 4 窝胎次相同母猪的新生仔猪（每窝 6 头）,将这些新生仔猪随机分为 4 组（每组 6 个重复）,分别为对照组：新生仔猪由母猪正常哺乳喂养；处理组 1（早期断奶组）：新生仔猪由母猪正常哺乳喂养,21 天断奶；处理组 2（早期断奶＋80 mg/kg β-胡萝卜素）和处理组 3（早期断奶＋40 mg/kgβ-胡萝卜素）：新生仔猪由母猪正常哺乳喂养,出生后第 14 天起每头仔猪每天分别由人工灌喂 β-胡萝卜素 80 mg/kg 和 40 mg/kg,21 天断奶；试验仔猪在第 24 天进行屠宰,采集样品检测。结果表明：1）对照组仔猪空肠绒毛高度显著高于各处理组（$P<0.05$）,隐窝深度对照组与处理组 3 差异不显著（$P>0.05$）,但显著高于处理组 1 和处理组 2（$P<0.05$）,处理组 2 和处理组 3 与处理组 1 相比,能够显著增加空肠绒毛高度,降低隐窝深度（$P<0.05$）。此外,处理组 1 空肠绒毛严重受损,处理组 3 能够维持空肠绒毛形态的完整性。2）处理组 1 血清中 D-乳酸和二胺氧化酶的含量显著高于对照组（$P<0.05$）,添加 β-胡萝卜素的处理组 2 和 3 均能降低仔猪血清中 D-乳酸和二胺氧化酶的含量,其中处理组 2 效果最为明显（$P<0.05$）。3）处理组 1 与对照组相比,紧密连接蛋白 Claudin-3、Occludin 和 ZO-1 以及 mRNA 的相对表达量显著下降（$P<0.05$）,处理组 2 能够显著提高 Claudin-3 和 Occludin 蛋白以及 mRNA 在空肠的表达量（$P<0.05$）,处理组 3 Claudin-3、Occludin 和 ZO-1 蛋白以及 mRNA 在空肠的表达量有所提高但与处理组 1 无显著差异（$P>0.05$）。由此可见,从 14 天起人工灌喂 β-胡萝卜素 80 mg/kg 能够显著改善早期断奶仔猪的空肠绒毛形态,肠道通透性以及紧密连接蛋白的表达量,效果优于灌喂 β-胡萝卜素 40 mg/kg,断奶仔猪对 β-胡萝卜素有浓度依赖性。

关键词：上皮屏障功能；断奶仔猪；β-胡萝卜素；空肠

---

[*] 基金项目：国家自然科学基金项目（31672511）

[**] 第一作者简介：郎伍营（1991—）,男,河南省济源市人,博士研究生,动物营养与饲料科学专业,E-mail：304647187@qq.com

[#] 通讯作者：郑鑫,教授,博士生导师,E-mail：jilinzhengxin@126.com

早期粪菌干预对仔猪断奶应激影响的研究[*]

李媛^{**} 耿世杰 程赛赛 马馨 姜雪梅 韩新燕[#]

(浙江大学饲料科学研究所,农业部华东动物营养与饲料重点实验室,杭州 310058)

摘要:断奶应激往往会造成仔猪短暂性的厌食、肠道炎症、肠道菌群紊乱甚至腹泻,严重影响仔猪健康与生长。因此,如何降低仔猪断奶应激成为提高养猪生产效率的关键。本试验旨在研究早期粪菌干预对仔猪断奶应激的影响。选取胎次一致、出生日龄相同的"杜×长×大"三元杂交新生仔猪 3 窝,随机分为 3 组(每组一窝):正常哺乳组(Sucking,S)、21 日龄断奶组(Weaned,W)和早期粪菌干预+21 日龄断奶组(FMT+Weaned,FW)。FW 组仔猪从出生起至 14 日龄隔天灌喂 1.5 mL 健康成年金华猪粪菌悬液,S 组和 W 组仔猪灌喂等量无菌 PBS 缓冲液。研究结果表明:与 W 组相比,FW 组仔猪的腹泻率显著降低($P<0.05$),其日增重有增加的趋势($P>0.05$);FW 组空肠的绒毛高度增加,隐窝深度降低,而且空肠紧密连接蛋白(Zo-1 和 Occludin)表达增加,连蛋白 Zonulin 表达降低,结肠 Zo-1 表达显著增加;FW 组空肠和结肠 IL-6、TNF-α mRNA 丰度显著降低,IL-10 mRNA 丰度显著增加;早期粪菌干预能明显增加结肠菌群的多样性,改变肠道菌群的组成,并且 FW 组和 S 肠道菌群结构具有更高的生物学相似性;早期粪菌干预可促进肠道有益菌如 *Spirochaetes*、*Akkermansiag*、*Alistipes* 和 *Oscillibacter* 的生长,抑制条件性致病菌如 *Veillonellaceae*、*Streptococcaceae* 和 *Streptococcus* 的生长;菌群功能预测结果发现,FW 组脂质生物合成、氨酰-tRNA 生物合成、组氨酸代谢和核苷酸代谢相关基因的相对丰度富集,而 W 组碳水化合物代谢相关基因的相对丰度降低,提示早期粪菌干预增强了仔猪断奶后肠道菌群蛋白质消化吸收能力和糖代谢过程。综上,早期粪菌干预可使仔猪断奶后腹泻率明显降低,能调节肠道菌群及其代谢,减少肠道炎症并改善肠道形态,从而缓解了断奶应激所导致的肠道损伤。

关键词:早期粪菌干预;肠道菌群;断奶应激;肠道健康;仔猪

* 基金项目:浙江省自然科学基金重点项目(LZ18C170001)
** 第一作者简介:李媛,硕士研究生,浙江大学动物科学学院,E-mail:604504012@qq.com
# 通讯作者:韩新燕,副教授,浙江大学动物科学学院,E-mail:xyhan@zju.edu.cn

玉米-豆粕型饲粮中添加木聚糖酶对断奶仔猪生长性能和肠道健康的影响*

何鑫** 虞洁# 陈代文 余冰 何军 毛湘冰 郑萍 黄志清 罗钧秋 罗玉衡

(四川农业大学动物营养研究所,动物抗病营养教育部重点实验室,成都 611130)

摘要:本试验旨在考察木聚糖含量较高的玉米-豆粕型饲粮中添加木聚糖酶对断奶仔猪生长性能和肠道屏障功能的影响。选用 54 头 28 日龄的"杜×长×大"断奶仔猪[(7.76±0.10) kg],采用单因素试验设计,共设 3 个处理组,每个处理 6 个重复,每个重复 3 头猪。试验在玉米-豆粕型基础饲粮(木聚糖含量 3.33%)中分别添加 0、30、60 mg/kg(0、24 000、48 000 BXU/kg)木聚糖酶。试验期间自由采食和饮水,常规饲养管理,试验期 28 天。试验结束时所有猪进行空腹称重后采集样品,分别考察生长性能、胃肠道食糜黏度和肠道屏障功能。结果表明:1)与对照组相比,饲粮添加 30 mg/kg 木聚糖酶显著提高了仔猪 ADG($P<0.05$),添加 30、60 mg/kg 木聚糖酶显著降低了仔猪 F/G,并且 F/G 与木聚糖酶添加剂量呈负线性相关($P<0.05$)。2)与对照组相比,饲粮添加 30 mg/kg 木聚糖酶显著降低了仔猪胃内食糜的相对黏度($P<0.05$),而添加木聚糖酶对空肠食糜的相对黏度没有显著影响。3)和对照组相比,饲粮添加 60 mg/kg 木聚糖酶显著提高了空肠紧密连接蛋白 ZO-1 的基因表达量($P<0.05$),并且 ZO-1 基因表达量的增高程度与木聚糖酶剂量呈正线性相关($P<0.05$);添加 60 mg/kg 木聚糖酶还显著上调了仔猪空肠原癌基因蛋白 Bcl-2 的基因表达量($P<0.05$),且基因表达上调程度与木聚糖酶添加量呈正线性相关($P<0.05$)。4)与对照组相比,饲粮添加 60 mg/kg 木聚糖酶显著增加了仔猪空肠 SIgA 的含量($P<0.05$),并且空肠的 SIgA 含量与木聚糖酶的添加剂量呈正相关的线性关系($P<0.05$);各处理组的十二指肠和回肠中的 SIgA 含量无显著差异。由此可见,在木聚糖含量较高的玉米-豆粕型饲粮中添加木聚糖酶能改善仔猪生长性能,改善仔猪的肠道机械屏障和免疫屏障功能。

关键词:木聚糖酶;断奶仔猪;生长性能;肠道屏障功能;玉米-豆粕型饲粮

* 基金项目:四川省科技支撑计划项目"生猪现代产业链关键技术研究与集成示范(2016NZ0006)";国家现代农业产业技术体系(CARS-35)

** 第一作者简介:何鑫(1994—),女,江西萍乡人,硕士研究生,研究方向为猪的营养与酶制剂的应用,E-mail:18283581900@163.com

通讯作者:虞洁,男,博士,副研究员,E-mail:yujie@sicau.edu.cn

正常与低出生重仔猪早期肠道微生物定殖及粪便代谢物差异[*]

李娜[**]　黄世猛　姜丽丽　王蔚　李天天　左斌　李湊　王军军[#]

（中国农业大学动物科技学院，动物营养学国家重点实验室，北京 100193）

摘要：本试验旨在研究正常（normal birth weight，NBW）与低出生重（low birth weight，LBW）仔猪新生期和断奶期肠道微生物定殖及粪便代谢组差异。试验选取 30 头妊娠大白经产母猪（2～4 胎次），待自然分娩（母猪妊娠 113～114 天或仔猪第 0 天），记录每头仔猪出生体重。从 30 窝初生二元仔猪（长×大）中，每窝随机选取 1 头 NBW 仔猪[（1.35～1.55）kg]和 1 头 LBW 仔猪[（0.75～0.95）kg]，共 60 头。所有仔猪自由采食母乳，并于 21 天断奶后采食相同断奶饲粮。分别于第 3（D3）、7（D7）、14（D14）、21（D21）和 35（D35）天随机选取 6 窝，每窝选取 2 头仔猪（1 NBW 和 1 LBW），取直肠粪便用微生物测序分析和代谢组分析。结果表明：1）LBW 仔猪与 NBW 仔猪肠道微生物定殖差异主要集中在 7～21 日龄（$P<0.05$）。2）与 NBW 仔猪相比，LBW 仔猪肠道中厚壁菌门比例相对降低，而拟杆菌门和梭杆菌门比例相对增加。3）在 7～35 日龄，LBW 仔猪肠道中优势菌乳酸菌属比例均低于 NBW 仔猪，并在 D21 呈现显著降低（$P<0.05$）。4）LBW 仔猪肠道中短链脂肪酸产生菌 *Faecalibacterium* 属（D3）、*Flavonifractor* 属（D7）、肠道共生菌链球菌属和短链脂肪酸产生菌普雷沃氏菌属（D21）以及肠道共生菌 *Howardella* 属（D21 和 D35）的比例显著下降（$P<0.05$）。5）LBW 仔猪肠道中潜在致病菌弯曲杆菌属（D7 和 D21）以及与肥胖产生相关的细菌颤杆菌属和 *Moryella* 属（D21 和 D35）的比例显著上升（$P<0.05$）。6）在整个试验期共鉴定到了 46 种差异代谢物（包括亚油酸、花生四烯酸、缬氨酸、苯丙氨酸、谷氨酸、甘氨胆酸和鹅去氧胆酸等）（$P<0.05$）。这些代谢物参与的主要代谢通路包括脂肪酸代谢、氨基酸代谢和胆汁酸生物合成等。7）Spearman 相关性分析表明这些差异代谢物与差异菌属间存在显著相关性（$P<0.05$）。LBW 仔猪出生后早期肠道微生物区系和粪便代谢组与 NBW 仔猪均存在显著差异，其中 7～21 日龄可能是调控 LBW 仔猪肠道菌群发育的关键窗口期。此外，LBW 仔猪肠道菌群的改变可能也参与调控宿主代谢状态。本研究有利于进一步阐明 LBW 仔猪生长发育缺陷的生理机制，并为开发相关饲粮营养调控措施奠定理论基础。

关键词：低出生重；肠道微生物；代谢物；粪便；仔猪

[*]　基金项目：北京市自然科学基金项目（S170001）

[**]　第一作者简介：李娜（1994—），女，四川广元人，博士研究生，研究方向为猪的营养与饲料，E-mail：swunln@163.com

[#]　通讯作者：王军军（1976—），教授，博士生导师，E-mail：jkywjj@hotmail.com

木聚糖酶和甘露聚糖酶对断奶仔猪生长性能和养分表观消化率的影响[*]

何鑫[**] 虞洁[#] 陈代文[#] 余冰 何军 黄志清 郑萍 毛湘冰 罗玉衡 罗钧秋

（四川农业大学动物营养研究所，动物抗病营养教育部重点实验室，成都 611130）

摘要：本试验旨在考察在玉米-豆粕型日粮中单独或组合添加木聚糖酶和甘露聚糖酶对断奶仔猪生产性能、腹泻率及和养分表观养分消化率的影响。试验选用 96 头 28 日龄的"杜×长×大"断奶仔猪[(7.44±0.07) kg]，试验采用 2×2 因素试验设计探究了在玉米-豆粕型基础饲粮中添加木聚糖酶（0、30 mg/kg，即 0、24 000 BXU/kg），添加甘露聚糖酶（0、10 mg/kg，即 0、10 000 MNU/kg）以及二者交互对仔猪的影响作用。试验共设 4 个处理组，每个处理 8 个重复，每个重复 3 头猪。试验期间自由采食和饮水，常规饲养管理，正式试验期 42 天，正式试验期的最后 4 天采用内源指示剂法进行消化试验。结果表明：1）饲粮添加木聚糖酶和甘露聚糖酶对仔猪的生产性能没有显著影响。2）与对照组相比，饲粮中添加木聚糖酶与甘露聚糖酶显著降低试验后期（22～42 天）仔猪的腹泻率（$P<0.05$）。3）添加甘露聚糖酶提高仔猪的干物质、Ca 消化率（$P<0.05$）；添加木聚糖酶提高仔猪的粗脂肪、Ca 消化率（$P<0.05$）；两种酶对于仔猪 Ca 消化率的影响还存在交互效应（$P<0.05$）。由此可见，饲粮添加木聚糖酶和甘露聚糖酶能缓解仔猪腹泻，提高养分表观消化率。

关键词：木聚糖酶；甘露聚糖酶；断奶仔猪；生长性能；养分表观消化率

---

[*] 基金项目：四川省科技支撑计划项目生猪现代产业链关键技术研究与集成示范（2016NZ0006）；国家现代农业产业技术体系（CARS-35）

[**] 第一作者简介：何鑫（1994—），女，江西萍乡人，硕士研究生，研究方向为猪的营养与酶制剂的应用，E-mail：18283581900@163.com

[#] 通讯作者：虞洁，男，博士，副研究员，E-mail：yujie@sicau. edu. cn；陈代文，博士，教授，博士生导师，E-mail：dwchen@sicau. edu. cn

蛋白限饲及恢复对断奶仔猪生长性能、血清生化指标的影响及其机制探究[*]

张民扬[**] 朱益志 史青 汪晶[#] 朱伟云

（南京农业大学动物科技学院，国家动物消化道营养国际联合研究中心，
南京农业大学消化道微生物研究室，南京 210095）

摘要：本试验旨在研究蛋白质限饲及随后的恢复对断奶仔猪生长性能、血清生化指标的影响，并进一步探究了其影响机制。36 头三元（杜×大×长）断奶仔猪[（6.47±0.04）kg]随机分为 2 个处理组[每组 6 个重复（圈），每个重复 3 头猪]，试验期全程为 28 天。对照组全程饲喂基础日粮，试验组在前 14 天饲喂极低蛋白水平日粮（CP13.05%），后 14 天饲喂与对照组相同的基础日粮（CP18.83%），分别于试验第 14 天和第 28 天，对猪进行称重，并从每个重复中随机选取 1 头猪屠宰取血、肝脏、背最长肌的样品，用于血清生化指标的测定、肝脏转录组的分析，及 Western blot 的验证。结果表明：1）第 14 天时，与对照组相比，试验组猪体重显著降低（$P<0.05$），且肝脏 ELISA 结果表明，试验组猪生长激素（GH）含量显著增加（$P<0.05$），但生长激素受体（GHR）、类胰岛素生长因子-1（IGF-1）含量显著降低（$P<0.05$）；背最长肌 Western blot 结果表明，雷帕霉素靶蛋白（mTOR）信号通路关键因子（p-AKT，p-mTOR，p-S6K1）的蛋白表达量显著下降（$P<0.05$）。而第 28 天时，与对照组相比，两组猪体重差异不显著，但试验组猪肝脏 GH、GHR、IGF-1 含量及背最长肌中 p-AKT，p-mTOR，p-S6K1 蛋白表达量均显著增高（$P<0.05$）。2）肝脏转录组结果表明，第 14 天时，共发现 198 个 DEGs，其中 106 个 DEGs 上调，92 个 DEGs 下调；第 28 天时，共发现 564 个 DEGs，其中 171 个 DEGs 上调，393 个 DEGs 下调；KEGG 富集分析发现，第 14 天和第 28 天共同的信号通路有 9 个，其中 5 个信号通路（分别为：脂肪酸代谢，脂肪酸碳链延长，不饱和脂肪酸的生物合成，脂肪细胞因子信号通路，AMPK）与脂代谢相关，其中 AMPK 信号通路中富集的共同 DEGs 最多（10 个）。3）第 14 天时，与对照组相比，试验组猪血清生化指标甘油三酯（TG），总胆固醇（T-CHO），高密度脂蛋白（HDL-C），低密度脂蛋白（LDL-C）显著增高（$P<0.05$），肝脏 Western blot 结果表明，腺苷酸活化蛋白激酶（AMPK）信号通路关键调控因子（LKB1，p-AMPKα，p-ACCα）蛋白表达量显著降低（$P<0.05$）；第 28 天时，与对照组相比，血清 TG 含量显著降低（$P<0.05$），肝脏 LKB1，p-AMPKα，p-ACCα 蛋白表达量均显著增高（$P<0.05$）。由此可见，蛋白限饲及恢复可引起断奶仔猪发生补偿生长现象，其调控机制可能与 AKT/mTOR/S6K1 信号通路有关，同时伴随该补偿生长过程中发生的脂代谢反应可能与 LKB/AMPK/ACC 信号通路有关。

关键词：补偿生长；蛋白限饲；断奶仔猪；信号通路；转录组学

---

[*] 基金项目：国家重点研究发展计划专项"消化道微生物调控畜禽营养过程及机体健康的机制"（2017YFD0500505）

[**] 第一作者简介：张民扬（1991—），男，安徽蚌埠人，博士研究生，从事动物营养与饲料科学专业研究，E-mail：496089645@qq.com

[#] 通讯作者：汪晶，教授，博士生导师，E-mail：jwang8@njau.edu.cn

脂多糖刺激后不同时间断奶仔猪空肠上皮细胞铁死亡相关基因的变化规律研究[*]

华洪葳[**] 李先根 汪洋 刘玉兰 王秀英 朱惠玲 许啸[#]

(武汉轻工大学动物科学与营养工程学院,武汉 430023)

摘要:本试验旨在用脂多糖(LPS)处理断奶仔猪,探究 LPS 刺激后不同时间空肠上皮细胞铁死亡相关基因的变化规律。选取体重和遗传基础相近的 21 日龄"杜×长×大"断奶仔猪 42 头,按注射 LPS 后时间点随机分为 7 个处理,每个处理 6 头猪。预试 14 天后,空腹注射 LPS,分别于注射 LPS 之前(0 h)和注射 LPS 后 1、2、4、8、12 和 24 h 时间点屠宰取样。结果表明:1)LPS 刺激后不同时间,空肠上皮细胞铁死亡关键基因 transferrin receptor 1 (TFR1)、heat shock protein B1 (HSPB1)、iron responsive element binding protein 2 (IREB2)、Cystine/glutamate transporter (SLC7A11)和 glutathione peroxidase 4 (GPX4)的 mRNA 表达量差异显著,呈现先上升后下降的趋势($P<0.05$)。其中,在 LPS 刺激后 8 h,TFR1、HSPB1、IREB2 和 GPX4 的 mRNA 表达量最高($P<0.05$);在 LPS 刺激后 2 h,SLC7A11 的 mRNA 表达量最高($P<0.05$)。2)LPS 刺激后不同时间,空肠上皮细胞抗氧化指标 total antioxidant capacity (T-AOC)、glutathione (GSH)浓度和 glutathione peroxidase (GSH-PX)活性差异显著($P<0.05$)。其中,在 LPS 刺激后 8、12 及 24 h,T-AOC 及 GSH-PX 活性均显著降低($P<0.05$);在 LPS 刺激后 8 h,GSH 浓度达到最低($P<0.05$)。由此可见,在 LPS 刺激后 8 h,断奶仔猪空肠上皮细胞铁死亡发生程度最为严重。

关键词:LPS;铁死亡;空肠;mRNA;抗氧化

[*] 基金项目:湖北省高等学校优秀中青年科技创新团队计划项目(T201508)
[**] 第一作者简介:华洪葳(1994—),男,湖北广水人,硕士研究生,从事动物营养与免疫研究,E-mail:874836405@qq.com
[#] 通讯作者:许啸,博士,E-mail:xuxiao200315@163.com

不同组合碳水化合物对断奶仔猪生长性能、血清生化及后肠微生物与代谢产物的影响*

周华**　陈代文　罗玉衡　何军　毛湘冰　虞洁　郑萍　罗钧秋　余冰#

(四川农业大学动物营养研究所,动物抗病营养教育部重点实验室,成都 611130)

摘要: 本试验旨在比较不同碳水化合物组合模式对仔猪生长性能、血清生化及后肠微生物结构与代谢产物的影响,以确定仔猪碳水化合物最佳营养组合模式。试验选取 162 头(6.7±0.14) kg 的 DLY 断奶仔猪为研究对象,采用 L9(34)正交表设计的三因素三水平无交互作用的正交试验,按照体重相近和公母各半的原则,随机分为 9 个处理组。每个处理 6 个重复,每个重复 3 头猪。试验设 3 个处理因素,分别是淀粉组成(直链/支链 2∶1,1∶1,1∶2),NSP(菊粉与纤维素 1∶1 混合)添加水平(1%、2%、3%),甘露寡糖添加水平(400、800、1 200 mg/kg),按照正交表中的处理组合,配制 9 组饲粮,试验期 28 天。结果表明:1)淀粉直链支链比、NSP 水平、甘露寡糖水平对仔猪末重、ADG、ADFI 均无显著影响($P>0.05$),而 3 因素影响次序为:NSP 水平>淀粉直链支链比>甘露寡糖水平;但淀粉直链/支链比显著影响($P<0.05$)仔猪 FCR 与腹泻率,3 因素影响次序为:淀粉直链支链比>NSP 水平>甘露寡糖水平。综合以上指标,筛选得到仔猪最优碳水化合物组合为:淀粉直链支链比 1∶1,NSP 3%,甘露寡糖 400 mg/kg(处理 6)。2)不同组合碳水化合物显著影响($P<0.05$)仔猪血清低密度脂蛋白胆固醇(LDL-C)含量,处理组 6 LDL-C 含量在 9 个处理组中偏低,同时该组血清高密度脂蛋白胆固醇与瘦素含量均较高;此外不同组合碳水化合物显著影响($P<0.05$)仔猪血清丁酸含量,且处理组 6 丁酸含量最高。3)饲喂不同组合碳水化合物的仔猪结肠微生物组成存在显著差异($P<0.05$),处理组 6 的拟杆菌门与厚壁菌门分别极显著($P<0.01$)低于与高于其他处理组,且处理组 6 厚壁菌门丰度与拟杆菌门丰度的比值极显著($P<0.01$)高于其他处理组;此外处理组 6 的丁酸弧菌属比例相较其他处理组最高,但各组间差异不显著($P>0.05$)。4)不同组合碳水化合物显著影响($P<0.05$)仔猪结肠食糜乙酸含量,且处理组 6 乙酸含量最低。综上所述,淀粉直链支链比 1∶1,NSP 3%,甘露寡糖 400 mg/kg 为仔猪最佳的碳水化合物营养组合模式,饲喂该模式饲粮可提高仔猪饲料转化率,减少腹泻,且有利于降低仔猪血脂,改善菌群结构,利于仔猪健康。

关键词: 碳水化合物;生长性能;血清生化;肠道微生物;断奶仔猪

---

* 基金项目:国家自然科学基金(31730091,31672436)

** 第一作者简介:周华,男,博士研究生,E-mail:ZHCamel@163.com

通讯作者:余冰,教授,E-mail:ybingtian@163.com

饲粮添加不同水平铜对 PEDV 攻毒断奶仔猪生长性能、腹泻率及免疫功能和肠道结构的影响[*]

贾淋雁[**] 陈代文 郑萍 虞洁 毛湘冰 何军 罗玉衡 罗钧秋 黄志清 余冰[#]

(四川农业大学动物营养研究所,成都 611130)

摘要:本试验旨在探究饲粮中添加不同水平铜对猪流行性腹泻病毒(PEDV)攻毒断奶仔猪生长性能、腹泻率及免疫功能和肠道结构的影响。选取平均体重(7.11±0.10)kg 健康(21±2)天"杜×长×大"(DLY)断奶仔猪 30 头,随机分为 5 个处理组(每组 6 个重复,每个重复 1 头仔猪),对照组Ⅰ、对照组Ⅱ饲喂基础饲粮,试验组分别在基础饲粮中添加 25 mg/kg、120 mg/kg 和 200 mg/kg 硫酸铜形式的铜。正常饲养 21 天后,除对照组Ⅰ,其余各处理组进行 PEDV 灌胃攻毒(2×10^4 TCID50),未攻毒组灌服等量生理盐水,继续饲喂 7 天,试验期 28 天。结果表明:1)正常饲养条件下,与基础饲粮组相比,饲粮添加 120 mg/kg 和 200 mg/kg 铜显著增加仔猪平均日增重(ADG)和平均日采食量(ADFI),降低料重比(F/G)($P < 0.05$)。2)与未攻毒对照组Ⅰ相比,PEDV 攻毒显著降低仔猪 ADG 和 ADFI 以及提高仔猪腹泻率($P < 0.05$),显著降低仔猪血清中补体(C3、C4)和Ⅰ型干扰素(INF-α、INF-β)含量($P < 0.05$),显著破坏空肠绒毛结构,出现严重融合、萎缩、脱落。3)与对照组Ⅱ相比,饲粮添加 120 mg/kg 和 200 mg/kg 铜能不同程度缓解 PEDV 攻毒导致的腹泻率增加和 ADG 和 ADFI 的下降,且添加 120 mg/kg 铜显著提高仔猪空肠黏膜中白细胞介素-4(IL-4)和 INF-β 含量($P < 0.05$),200 mg/kg 铜可显著提高仔猪血清中白细胞介素-10(IL-10)、C3、C4、INF-α、INF-β 的含量($P < 0.05$),显著上调空肠黏膜中 IFN-α、IFN-λ1、STAT1、MxA mRNA 相对表达量($P < 0.05$);与此同时,120 mg/kg 和 200 mg/kg 铜组,仔猪空肠绒毛形态结构完整性明显优于对照组Ⅱ和 25 mg/kg 铜组。综上可见,PEDV 攻毒降低仔猪机体免疫力,导致肠道损伤及腹泻,生长性能显著下降;饲粮中添加 120 mg/kg 和 200 mg/kg 铜(硫酸铜)可通过提高抗炎细胞因子和Ⅰ型(INF-α、INF-β)、Ⅲ型干扰素(IFN-λ)的释放以及增强干扰素信号的应答,从而缓解 PEDV 攻毒诱导的负面效应,其抗病毒效果优于基础饲粮组及 25 mg/kg 铜组。

关键词:硫酸铜;PEDV;免疫功能;肠道结构;断奶仔猪

* 基金项目:四川省科技支撑计划(2016NZ0006)

** 第一作者简介:贾淋雁(1994—),女,四川乐山人,硕士研究生,从事动物营养与饲料科学专业研究,E-mail:1015944304@qq.com

\# 通讯作者:余冰,教授,博士生导师,E-mail:ybingtian@163.com

脂多糖刺激对断奶仔猪肠道 IL-22 信号通路相关基因的影响[*]

陈会甫[**]　李先根　汪洋　王秀英　刘玉兰　朱惠玲[#]

（武汉轻工大学，动物营养与饲料科学湖北省重点实验室，武汉 430023）

摘要：存在于肠黏膜的 Th17 和天然淋巴细胞 3（IILC3）在受病原刺激时可分泌 IL-22，这 2 种细胞共同的核转录因子是 T-bet。IL-22 结合于肠黏膜上皮的 IL-22 受体 1（IL-22 receptor 1，IL-22R1）激活细胞内信号转导和转录活化因子 3（signal transducers and activators of transcriptions，STAT3），促进黏液分泌、上调抗菌肽的生成，以清除黏附、定殖肠道的病原菌及损伤黏膜的修复。本试验旨在研究脂多糖（LPS）刺激对断奶仔猪肠黏膜 IL-22 信号通路关键基因 mRNA 表达的影响。选择 42 头[（7.09±0.9）kg]"杜×长×大"断奶仔猪，按注射 LPS 后时间点随机分为 7 个处理，每个处理 6 头猪。预试 14 天后，腹腔注射 100 μg/kg 体重的 LPS，分别于注射 LPS 之前（0 h）和注射 LPS 后 1、2、4、8、12 和 24 h 时间点，将仔猪麻醉屠宰，取样待测。结果表明：1）空肠 LPS 刺激的 T-bet mRNA 随时间的变化呈先降低后升高再降低的趋势，8 h 后达到最高，回肠则呈先降低后升高的趋势，24 h 后达到最高；与对照组相比，LPS 显著提高断奶仔猪回肠 4、8、12 及 24 h T-bet mRNA 的表达量（$P<0.05$），并显著降低断奶仔猪空肠 4 h IL-22 mRNA 的表达量（$P<0.05$）。2）空肠和回肠 LPS 刺激的 IL-22 mRNA 表达量随时间的变化呈先升高后降低的趋势，2 h 后空肠和回肠 IL-22 mRNA 表达量均最高；与对照组相比，LPS 显著提高断奶仔猪回肠 1 h 及 4 h 后 IL-22 mRNA 的表达量（$P<0.05$），并显著降低断奶仔猪空肠 8 h 和回肠 24 h 后 IL-22 mRNA 的表达量（$P<0.05$）。3）回肠 LPS 刺激的 IL-22 R mRNA 表达量随时间的变化呈先升高再降低的趋势，12 h 后达到最高；且与对照组相比，LPS 显著提高断奶仔猪回肠 4 h 及 24 h 后 IL-22 R mRNA 的表达量（$P<0.05$）。4）空肠 LPS 刺激的 JAK1 及 STAT3 与回肠 LPS 刺激的 JAK1、TYK2 及 STAT3 mRNA 表达量随时间的变化呈先升高后降低的趋势，空肠 LPS 刺激的 TYK2 mRNA 表达量随时间的变化呈降低的趋势，且空肠 2 h（STAT3）及 12 h（JAK1）达到最高，回肠 4 h（STAT3）及 12 h（JAK1、TYK2）达到最高；与对照组相比，LPS 显著提高断奶仔猪空肠 2 h（STAT3）及 8 h（STAT3）和回肠 4 h（JAK1、STAT3）、12 h（JAK1、TYK2 及 STAT3）及 24 h（JAK1）mRNA 的表达量（$P<0.05$），并显著降低断奶仔猪空肠 2 h（TYK2）、4 h（TYK2）、8 h（TYK2）、12 h（TYK2）及 24 h 后（JAK1、TYK2 及 STAT3）和回肠 1 h（TYK2）mRNA 的表达量（$P<0.05$）。综合试验结果表明，LPS 刺激短时间促进 IL-22 信号通路关键基因的表达，有利于机体抵抗外来病原体入侵，肠道损伤修复。

关键词：脂多糖；断奶仔猪；肠道；ILC3；IL-22

---

[*] 基金项目：湖北省教育厅优秀中青年科技创新团队项目（T201508）

[**] 第一作者简介：陈会甫（1993—），男，湖北咸宁人，硕士研究生，从事动物营养研究，E-mail：1069902536@qq.com

[#] 通讯作者：朱惠玲，副教授，E-mail：zhuhuiling2004@sina.com

无氮日粮通过抑制氨基酸转运体的
表达抑制断奶仔猪的生长[*]

高晶[1,2][**] 　李铁军[1][#] 　印遇龙[1][#]

(1. 中国科学院亚热带农业生态研究所，长沙 410125；2. 中国科学院大学，北京 100039)

摘要：日粮中不同蛋白水平对断奶仔猪的生产性能有着不同的影响，本文选择无氮日粮和 17% 蛋白水平日粮来研究不同水平蛋白质对断奶仔猪生长的影响。实验选择 14 头 28 日龄断奶仔猪 [平均体重(7.98±0.14) kg]，随机分为无氮日粮组和 17% 蛋白质组(对照组)两组(每组 7 个重复)，实验周期为两周，仔猪自由采食和饮水，每天记录采食量。结果显示，与对照组相比，无氮日粮组仔猪平均采食量和平均日增重显著降低($P<0.05$)。采集前腔静脉、肝门静脉、肠系膜静脉和动脉 4 中血清检查氨基酸含量，结果显示，无氮日粮组前腔静脉血清中精氨酸、甘氨酸、谷氨酰胺、苏氨酸、脯氨酸、酪氨酸、甲硫氨酸、缬氨酸、异亮氨酸、亮氨酸、丙苯胺酸和色氨酸水平均低于对照组($P<0.01$)。肝门静脉血清中精氨酸、甘氨酸、苏氨酸、脯氨酸、赖氨酸、酪氨酸、甲硫氨酸、缬氨酸、异亮氨酸、亮氨酸、苯丙氨酸和色氨酸含量显著降低($P<0.01$)。与对照组相比，肠系膜静脉血清中精氨酸、甘氨酸、苏氨酸、脯氨酸、赖氨酸、酪氨酸、甲硫氨酸、缬氨酸、异亮氨酸、亮氨酸、苯丙氨酸和色氨酸含量显著降低($P<0.01$)。动脉血清中，天冬氨酸、谷氨酰胺、苯丙氨酸含量显著高于对照组($P<0.01$)，而苏氨酸、赖氨酸、缬氨酸、异亮氨酸含量显著低于对照组($P<0.01$)。4 种血清中氨基酸含量变化基本一致，无氮日粮降低了仔猪代谢中与 DNA 和蛋白质合成相关的氨基酸，比如精氨酸和甲硫氨酸；与机体组织分化和生成细胞新陈代谢相关的氨基酸，如酪氨酸和甘氨酸；促进细胞生长和代谢的动物雷帕霉素靶蛋白(mTOR)信号通路相关，亮氨酸，谷氨酰胺和精氨酸的含量。荧光定量实验检测氨基酸转运蛋白相关基因的表达，结果显示，精氨酸、甘氨酸、苏氨酸、苯丙氨酸、色氨酸、酪氨酸、异亮氨酸、亮氨酸、缬氨酸、甲硫氨酸相关转运载体 SLC1A5、SLC7A10、SLC7A8、SLC26A6、SLC5A1 的表达均显著低于对照组。并且 mTOR 信号通路相关基因表达同时被抑制。以上结果表明，无氮日粮显著抑制了断奶仔猪的生长性能，降低了仔猪生长所需的氨基酸含量，可能是通过 mTOR 信号通路介导抑制了氨基酸转运载体的表达。

关键词：无氮日粮；生长性能；氨基酸；mTOR；氨基酸转运载体

* 基金项目：国家 973 项目(2013CB127301)；国家自然科学基金项目(31272463、31472106)；中国科学院前沿重点研发项目(QYZDY-SSW-SMC008)

** 第一作者简介：高晶(1991—)，女，甘肃天水市，博士研究生，从事猪营养代谢研究，E-mail：gaojing.he@163.com

通讯作者：李铁军，研究员，硕士生导师，E-mail：tjli@isa.ac.cn；印遇龙，院士，博士生导师，E-mail：yinyulong@isa.ac.cn

不同饲喂模式对仔猪断奶后早期阶段生长性能、养分消化率和肠道健康的影响*

蒋俊劼** 陈代文 余冰 何军 毛湘冰 虞洁
黄志清 罗钧秋 罗玉衡 郑萍#
（四川农业大学动物营养研究所，动物抗病营养教育部重点实验室，成都 611130）

摘要：断奶作为仔猪生长发育的一个至关重要的阶段，伴随着肠道形态与功能的改变，往往会产生生长停滞与严重腹泻，而采用新型液体设备进行液体饲喂是一种较新颖的饲喂模式，应用于仔猪断奶后早期阶段的效果还有待研究。本试验旨在探究不同饲喂模式对仔猪断奶后早期阶段生长性能、血清代谢、养分消化率和肠道健康的影响。试验选用 360 头体重为（6.98±0.15）kg 的 24 日龄断奶、健康的"杜×长×大"三元杂交仔猪按体重相近原则和完全随机设计分为 2 个处理，分别采用固体和液体饲喂同一饲粮。每个处理 6 个重复，每个重复 30 头猪，试验期共 7 天。于试验第 4～7 天，采用内源指示剂部分收粪法进行消化试验。在第 8 天早上空腹采血和屠宰取样。结果表明：1）与固体饲喂相比，液体饲喂显著提高了仔猪 7 天的体重（8.26 vs. 8.95 kg）（$P<0.05$），极显著提高了 ADG 和 ADFI（$P<0.01$），有降低腹泻率的趋势（$P=0.07$）；2）液体饲喂显著提高了仔猪 7 天粗脂肪和粗灰分的表观养分消化率（$P<0.05$）；3）液体饲喂显著提高了仔猪 7 天空肠黏膜淀粉酶、脂肪酶和乳糖酶活性（$P<0.05$）；4）液体饲喂显著降低了仔猪 7 天血清皮质醇含量和二胺氧化酶活性（$P<0.05$），极显著降低了血清 D-乳酸含量（$P<0.01$）；5）液体饲喂极显著降低了仔猪 7 天盲肠食糜总菌含量（$P<0.01$），显著降低了盲肠食糜大肠杆菌含量（$P<0.05$），显著提高了仔猪盲肠食糜丁酸含量（$P<0.05$），有提高盲肠食糜乙酸含量的趋势（$P=0.06$）；6）液体饲喂极显著提高了空肠 CLDN-2 mRNA 相对表达量（$P<0.01$），显著提高了空肠 ZO-1、ZO-2 和 IGF-1R mRNA 相对表达量（$P<0.05$），有提高空肠 OCLN mRNA 相对表达量的趋势（$P=0.07$）。由此可见，液体饲喂能够明显提高养分的消化率和肠道黏膜消化酶活性并降低肠道黏膜通透性，影响血清生化从而改善机体的代谢状况，显著提高仔猪断奶后早期阶段的生长性能。同时，液体饲喂可以通过提高肠道紧密连接相关基因 mRNA 的表达量，同时抑制盲肠食糜大肠杆菌数量，提高盲肠食糜短链脂肪酸含量，维持肠道组织形态结构，从而改善仔猪断奶后早期阶段的肠道健康。

关键词：饲喂模式；生长性能；微生物菌群；肠道健康；断奶仔猪；液体饲喂

---

* 基金项目："十三五"国家重点研发计划（2016YFD0501204）；生猪现代产业链关键技术研究与集成示范（2016NZ0006）；国家生猪产业技术体系（CARS-35）
** 第一作者简介：蒋俊劼（1994—），男，四川自贡人，硕士研究生，从事猪的营养研究，E-mail：574223665@qq.com
# 通讯作者：郑萍，副研究员，硕士生导师，E-mail：314426702@qq.com

弱猪与正常仔猪血清生化指标、肠道氨基酸转运和肌肉蛋白降解的比较研究*

张浩** 陈代文 余冰 何军 黄志清 毛湘冰 罗玉衡 虞洁 罗钧秋 郑萍#

（四川农业大学动物营养研究所，动物抗病营养教育部重点实验室，成都 611130）

摘要：低初生重仔猪由于胚胎或组织器官在子宫内发育受阻，严重影响了其生后的生长发育，部分低出生重仔猪严重生长受阻，显著降低养猪业的经济效益。本研究旨在比较严重生长受阻的低出生重仔猪（弱猪）与正常生长低出生重仔猪血清生化、肠道氨基酸转运和肌肉蛋白降解代谢的差异。选取 30 头 7 日龄出生体重低于 1 kg 的仔猪，所有仔猪采用人工乳饲喂 28 天。试验结束后称重选择 7 头平均体重仔猪作为对照组，7 头日增重低于 200 g 的仔猪作为弱猪（弱猪组）。结果表明，与对照组相比，1）弱猪组仔猪末重、平均日增重、平均日采食量均显著低于对照组（$P<0.01$）；2）弱猪组仔猪血清中 ALB 含量有降低趋势（$P=0.06$），而 TP 浓度（$P>0.05$）和尿素氮含量（$P>0.05$）均无显著差异；3）弱猪组空肠黏膜碱性氨基酸转运载体 y+LAT1 mRNA 相对表达量显著低于对照组（$P<0.05$），碱性磷酸酶活性有升高趋势（$P=0.07$），中性氨基酸转运载体 b0，+AT mRNA 相对表达量有降低趋势（$P=0.09$），ATP 酶活性和其他转运载体 PepT1、EAAT3、4F2 hc、CAT1、rBAT、B0AT1 均无显著差异（$P>0.1$）；4）弱猪组背最长肌肌肉蛋白降解相关基因 Akt、FOXO-1、FOXO-4、MAFbx 和 MuRF1 mRNA 相对表达量均无显著差异（$P>0.1$）。以上研究结果表明，与对照组相比，弱猪生长性能显著降低，血清 ALB 含量有降低趋势，空肠黏膜氨基酸转运载体 y+LAT1 mRNA 表达量显著降低，氨基酸转运载体 b0，+AT mRNA 相对表达量有降低趋势，碱性磷酸酶活性有升高趋势；但对肌肉降解相关基因表达均无显著差异。

关键词：低出生重；血清生化；氨基酸转运；肌肉降解

———————————————

* 基金项目："十三五"国家重点研发计划（2016YFD0501204）；生猪现代产业链关键技术研究与集成示范（2016NZ0006）；国家生猪产业技术体系（CARS-35）

** 第一作者简介：张浩（1994—），男，陕西宝鸡人，硕士研究生，从事猪的营养研究，E-mail：1398710565@qq.com

\# 通讯作者：郑萍，副研究员，硕士生导师，E-mail：zpind05@163.com

脂多糖刺激后不同时间断奶仔猪脾脏 NOD 信号 通路关键基因表达的变化规律[*]

汪洋[**]　李先根　王秀英　朱惠玲　刘玉兰[#]

(武汉轻工大学,动物营养与饲料科学湖北省重点实验室,武汉 430023)

摘要:本试验旨在研究脂多糖(LPS)刺激后不同时间断奶仔猪脾脏核苷酸结合寡聚域受体(NOD)信号通路关键基因表达的变化规律。选择 42 头[(7.09±0.9) kg]"杜×长×大"断奶仔猪,按注射 LPS 后时间点随机分为 7 个处理,每个处理 6 头猪。预试 14 天后,腹腔注射 100 μg/kg 体重的 LPS,分别于注射 LPS 之前(0 h)和注射 LPS 后 1、2、4、8、12 和 24 h 时间点,将仔猪麻醉屠宰,取脾脏样品,测定 NOD 信号通路相关基因,包括 NOD1、NOD2、受体互作蛋白激酶 2(RIPK2)、核因子-κB(NF-κB)、环氧合酶 2(COX2)、热休克蛋白 70(HSP70)、肿瘤坏死因子-α(TNF-α)、白细胞介素-1β(IL-1β)和白细胞介素-6(IL-6)等基因的 mRNA 表达。结果显示:NOD1 在 LPS 刺激后 2~12 h 显著升高($P<0.05$),在 LPS 刺激后 24 h 回归到正常水平;NOD2 和 RIPK2 在 1~12 h 均显著升高(在 2 h 达到峰值)($P<0.05$),24 h 回到正常水平;NF-κB 在 2~4 h 显著升高($P<0.05$),8~12 h 之后回到正常水平,在 24 h 则显著低于正常水平($P<0.05$);COX2 在 1~12 h 显著升高(在 1 h 达到峰值)($P<0.01$),在 24 h 回归正常水平;HSP70 在 2 h 和 4 h 显著升高($P<0.05$),在 8 h 回到正常水平,而在 24 h 则显著低于正常水平($P<0.05$)。TNF-α 在 1~4 h 显著升高(在 1 h 达到峰值)($P<0.05$),在 8~12 h 回到正常水平,而 24 h 则低于正常水平($P<0.05$);IL-1β 在 1~12 h 显著升高(在 1 h 达到峰值)($P<0.05$),24 h 回到正常水平。IL-6 在 1~4 h 显著升高(在 2 h 达到峰值)($P<0.05$),8~24 h 回到正常水平。总体来看,在 LPS 刺激早期,LPS 诱导了脾脏 NOD 信号通路相关基因的 mRNA 表达,而在 LPS 刺激晚期,NOD 信号通路相关基因的表达则回到正常水平或低于正常水平。

关键词:脂多糖;仔猪;脾脏;NOD;炎性细胞因子

[*] 基金项目:国家自然科学基金面上项目(31772615);湖北省教育厅优秀中青年科技创新团队项目(T201508)

[**] 第一作者简介:汪洋(1994—),男,湖北潜江人,硕士研究生,从事猪营养生理机能调控的研究,E-mail:609671541@qq.com

[#] 通讯作者:刘玉兰,教授,硕士生导师,E-mail:yulanflower@126.com

断奶仔猪低蛋白无抗日粮理想氨基酸模式的研究

周俊言[*]　王钰明　李培丽　谯仕彦　曾祥芳[#]

(中国农业大学动物科技学院,动物营养学国家重点实验室,北京 100193)

摘要:低蛋白日粮一直以来都是畜牧行业关注的焦点,随着研究的深入,其氨基酸模式已愈发成熟。目前存在的问题是,断奶仔猪饲粮中一般都添加抗生素促生长剂,而抗生素滥用导致了诸多严重后果。本试验目的是探究缺少了抗生素的保护伞作用,饲喂低蛋白日粮的断奶仔猪的氨基酸需要模式是否会发生改变。试验选取初始体重为(8.15±1.10) kg 的"杜×长×大"三元杂交断奶仔猪 180 头,随机分为 5 个处理,每个处理 6 个重复,每个重复 6 头猪。1)处理一为添加金霉素的正常蛋白水平(21% CP)饲粮组;2)处理二为添加金霉素的低蛋白水平(17%~18% CP,SID Lys,Trp,Thr,Ile,Leu,Val 和 Met+Cys 分别为 1.30%、0.27%、0.81%、0.69%、1.30%、0.83% 和 0.78%)饲粮组;3)处理三为不添加抗生素的低蛋白水平(17%~18% CP,氨基酸模式同处理二)饲粮组;4)处理四在处理三的基础上增加了 10% SID Lys,Trp,Thr,Ile,Leu,Val 和 Met+Cys;5)处理五在处理四基础上增加了 10% SID Met+Cys,Thr 和 Trp。试验期为 28 天。结果表明:1)处理二与处理一仔猪的生长性能在整个试验期没有显著差异。但去掉抗生素后低蛋白日粮组有下降的趋势,且随着饲粮中可消化氨基酸的提升,仔猪在前期($P<0.000\ 1$)及全期($P=0.006\ 5$)表现出日增重的显著下降;2)无抗饲粮组猪回肠绒毛高度显著提升($P=0.001\ 6$),空肠绒毛高度有提升的趋势($P=0.184\ 6$);3)结肠总挥发性脂肪酸含量有上升的趋势($P=0.022\ 7$);4)处理四、处理五的蛋白($P=0.039\ 0$)、能量($P=0.009\ 4$)全肠道表观消化率均显著高于处理三,且处理五干物质消化率显著高于处理三($P=0.004\ 4$);5)处理四与处理五的空肠乳糖酶活性显著高于其他组($P=0.007\ 1$),且蔗糖酶活性显著高于处理三($P=0.011\ 9$);6)处理五前期血清 IgG 水平有提升的趋势($P=0.089\ 4$),且低蛋白无抗组血清 IgA($P=0.057\ 9$)和 IgG($P=0.089\ 4$)水平在前期均优于高蛋白组;7)低蛋白组血清尿素氮在前期($P<0.000\ 1$)和后期($P=0.000\ 2$)均显著低于高蛋白组。因此,我们得出结论,低蛋白日粮去除抗生素促生长剂后不利于仔猪生长,且过量氨基酸进一步损害仔猪生长性能,但充足的必需氨基酸使仔猪拥有更好的血液生化、肠道形态、消化酶活性、后肠道挥发性脂肪酸含量及全肠道营养物质消化率,可能会有利于仔猪在未来的生长发育。

关键词:低蛋白日粮;断奶仔猪;氨基酸模式;抗生素促生长剂

---

* 第一作者简介:周俊言(1994—),男,山东淄博人,硕士研究生,从事动物营养和饲料科学研究,E-mail:zjycau@163.com

\# 通讯作者:曾祥芳,副教授,硕士生导师,E-mail:ziyangzxf@163.com

不同必需氨基酸水平的低蛋白无抗饲粮对断奶仔猪生长性能的影响

周俊言* 王钰明 李培丽 谯仕彦 曾祥芳#

（中国农业大学动物科技学院，动物营养学国家重点实验室，北京 100193）

摘要：低蛋白饲粮下仔猪的氨基酸需要模式已逐渐成形，但在禁抗大趋势下，对无抗条件下仔猪氨基酸需要量的研究尤为迫切。本研究的目的是探究适宜断奶仔猪生长的无抗低蛋白饲粮必需氨基酸需要量，并探索保育阶段不同处理饲粮对猪生长阶段生长性能的影响。试验选取体重为 (7.21 ± 0.97) kg 的"杜×长×大"三元杂交断奶仔猪 210 头，随机分为 7 个处理，每个处理 6 个重复，每个重复 5 头猪。保育阶段（试验前 35 天）处理如下：1）处理一为添加金霉素的正常蛋白水平（21% CP）饲粮组；2）处理二为添加金霉素的低蛋白水平（17%～18% CP，SID Lys，Trp，Thr，Ile，Leu，Val 和 Met＋Cys 分别为 1.30%、0.27%、0.81%、0.69%、1.30%、0.83% 和 0.78%）饲粮组；3）处理三为不添加抗生素的低蛋白水平（17%～18% CP，氨基酸模式同处理二）饲粮组；4）处理四在处理三的基础上增加晶体氨基酸添加量，使饲粮 SID Lys，Trp，Thr，Ile，Leu，Val 和 Met＋Cys 提升 5%；5）处理五在处理四基础上增加晶体氨基酸添加量，使饲粮 SID Met＋Cys，Thr 和 Trp 提升 5%；6）处理六、处理七氨基酸模式分别同处理四、处理五，并将饲粮可消化氨基酸增加量增长至 10%。生长阶段（试验后 60 天）不同处理组猪饲喂统一饲粮。结果显示：1）保育阶段，相对于处理一，其他处理组在前 14 天的日增重均有不同程度下降（$P=0.1719$），且处理六下降显著（$P=0.0453$），保育后段（$P=0.7841$）及全期（$P=0.8262$），不同处理组猪的日增重没有显著差异。2）饲料转化率方面，前 14 天高蛋白组最高，在低蛋白饲粮组中，处理三最低，处理四最高，其他组无显著差异（$P=0.0151$）；保育后期（$P=0.0088$）及全期（$P=0.0215$）的饲料转化率，处理四与处理一最高，处理六与处理七最低。3）低蛋白饲粮组无论是否添加抗生素，仔猪的腹泻率（$P<0.0001$）及腹泻评分（$P<0.0001$）均显著低于高蛋白组。4）生长阶段各组猪的日增重、日采食量及饲料转化率均无显著差异。因此，我们得出结论，去除低蛋白饲粮中的抗生素促生长剂后，断奶仔猪对必需氨基酸的需要提升，但过量的必需氨基酸不利于仔猪生长，且饲粮中是否添加抗生素促生长剂或提升无抗饲粮中可消化氨基酸含量对猪之后的生长性能无显著性差异的影响。

关键词：低蛋白饲粮；断奶仔猪；氨基酸模式；抗生素促生长剂；生长性能

---

* 第一作者简介：周俊言（1994—），男，山东淄博人，硕士研究生，从事动物营养和饲料科学研究，E-mail：zjycau@163.com

\# 通讯作者：曾祥芳，副教授，硕士生导师，E-mail：ziyangzxf@163.com

脂多糖刺激后不同时间断奶仔猪肌肉炎症
和肌肉降解相关基因表达的变化规律[*]

李先根^{**}　　汪洋　　王秀英　　朱惠玲　　刘玉兰[#]

(武汉轻工大学动物营养与饲料科学湖北省重点实验室,武汉 430023)

摘要:本试验旨在研究脂多糖(LPS)刺激后不同时间断奶仔猪肌肉炎症和肌肉降解相关基因表达的变化规律。选择 42 头(7.09±0.9) kg"杜×长×大"断奶仔猪,按注射 LPS 后时间点随机分为 7 个处理,每个处理 6 头猪。预试 14 天后,腹腔注射 100 μg/kg 体重的 LPS,分别于注射 LPS 之前(0 h)和注射 LPS 后 1、2、4、8、12 和 24 h 时间点,将仔猪麻醉屠宰,取背最长肌样品待测。结果表明:1)背最长肌炎性细胞因子肿瘤坏死因子(TNF-α)、白细胞介素 6(IL-6)、白细胞介素 1β(IL-1β)mRNA 表达量在注射 LPS 1~2 h 后达到峰值,8 h 后基本恢复至正常水平;2)Toll 样受体 4(TLR4)和核苷酸结合寡聚域(NOD)信号通路及其下游关键基因骨髓分化因子 88(MyD88)、白介素受体相关激酶 1(IRAK1)、NOD1、NOD2 及 NOD2 下游信号分子受体互作蛋白激酶 2(RIPK2)、核因子-κB(NF-κB)的 mRNA 表达量在注射 LPS 2~4 h 后达到峰值,12 h 以后基本恢复至正常水平;3)肌肉降解相关基因叉头转录因子 1(FOXO-1)、叉头转录因子 4(FOXO-4)、肌肉环指蛋白 1(MuRF1)、肌萎缩 F-box(MAFbx)的 mRNA 表达量在注射 LPS 8~12 h 后表达量达到峰值,24 h 后基本恢复至正常水平。结果表明,LPS 刺激首先诱导肌肉释放大量炎性细胞因子,使肌肉发生炎症反应,随后激活肌肉降解相关信号通路,使肌肉发生降解。

关键词:断奶仔猪;脂多糖;肌肉;炎症

* 基金项目:国家自然科学基金面上项目(31772615)

** 第一作者简介:李先根(1993—),男,湖北十堰人,硕士研究生,从事猪的营养与免疫的研究,E-mail:823052910@qq.com

通讯作者:刘玉兰,教授,硕士生导师,E-mail:yulanflower@126.com

日粮组成及抗生素添加对断奶仔猪腹泻率、肠道屏障功能的影响研究[*]

冯江鑫[**] 陈代文 余冰 何军 毛湘冰 虞洁

黄志清 罗钧秋 罗玉衡 郑萍[#]

(四川农业大学动物营养研究所,动物抗病营养教育部重点实验室,成都 611130)

摘要:断奶仔猪腹泻一直是影响断奶仔猪生长的重要因素,本试验研究营养水平相同但来源不同的日粮及添加抗生素对断奶仔猪腹泻、肠道屏障功能的影响。试验选取 96 头 DLY 断奶仔猪[(6.57±0.08) kg],公母各半、按体重相近原则随机分为 4 个处理,每个处理 6 个重复,每个重复 3 头猪。试验按 2×2 因子设计,试验因子包括营养源(复杂日粮、简单日粮)和抗生素水平(不含抗生素、75 mg/kg 金霉素+50 mg/kg 吉他霉素)。试验周期 21 天。试验结果表明,无抗复杂日粮组仔猪腹泻发生率显著低于无抗简单日粮组。无抗生素复杂日粮组空肠三叶因子水平、杯状细胞数量、转化生长因子水平以及 OCLN 和 MUC 2 基因表达量均显著高于无抗简单日粮组 ($P<0.05$)。与无抗简单日粮组相比,无抗复杂日粮组仔猪回肠的绒隐比显著增高,IL-1β 水平显著降低 ($P<0.05$)。此外,与复杂无抗组相比,饲喂添加抗生素的复杂日粮显著提高了仔猪盲肠和结肠中大肠杆菌数量、丁酸水平,显著降低了双歧杆菌数量和乙酸水平。优化断奶仔猪日粮组成可以降低断奶仔猪腹泻率,通过增加小肠绒隐比、提高肠道紧密连接蛋白基因表达水平增强肠道屏障功能;抗生素能有效地抑制断奶仔猪腹泻,但提高仔猪后肠肠道内大肠杆菌的数量,降低双歧杆菌的数量,不利于肠道健康。

关键词:日粮组成;肠道屏障功能;断奶仔猪;抗生素

---

[*] 基金项目:"十三五"国家重点研发计划(2016YFD0501204);生猪现代产业链关键技术研究与集成示范(2016NZ0006);国家生猪产业技术体系(CARS-35)

[**] 第一作者简介:冯江鑫(1991—),女,河北邯郸人,硕士研究生,主要从事动物营养与饲料研究工作,E-mail:fengjiangxin384@163.com

[#] 通讯作者:郑萍,副研究员,硕士生导师,E-mail:zpind05@163.com

陈化玉米及谷胱甘肽酵母粉对断奶仔猪生长性能，养分消化率和血清指标的影响[*]

罗斌[**]　乐科明　陈代文　毛湘冰　郑萍　虞洁　何军
罗玉衡　罗均秋　黄志清　余冰[#]

（四川农业大学动物营养研究所，成都 611130）

摘要：本试验旨在研究陈化玉米对断奶仔猪生长性能、养分消化率、血清抗氧化能力、代谢指标和免疫功能的影响以及添加谷胱甘肽酵母粉的改善效果。选取 28 头（25±1）天日龄的"杜×长×大"（DLY）断奶仔猪，按体重相近原则，随机分为 4 组，分别为对照组（基础饲粮）、谷胱甘肽酵母粉组（基础饲粮＋0.5％谷胱甘肽酵母粉饲粮）、陈化玉米组（由陈化玉米 100％替代基础饲粮中正常玉米饲粮）和陈化玉米＋谷胱甘肽酵母粉组（陈化玉米组饲粮＋0.5％谷胱甘肽酵母粉），每组 7 个重复，每个重复 1 头猪，单笼饲养。试验期 42 天。结果表明：1）陈化玉米和谷胱甘肽酵母粉对断奶仔猪日增重和日采食量无显著影响（$P>0.05$）。陈化玉米显著降低第 14～28 天，第 0～28 天和全期料重比（$P<0.05$），有降低第 0～14 天料重比的趋势（$P=0.095$）；谷胱甘肽酵母粉有降低 0～28 天料重比的趋势（$P=0.091$）。2）陈化玉米显著提高饲粮干物质、粗灰分、有机物和粗蛋白质的表观消化率（$P<0.05$），显著降低粗脂肪的表观消化率（$P<0.05$）；谷胱甘肽酵母粉有提高粗蛋白质表观消化率的趋势（$P=0.066$）。3）陈化玉米显著提高血清丙二醛（MDA）含量（$P<0.05$），对血清总抗氧化能力（T-AOC）、谷胱甘肽过氧化物酶（GSH-Px）、过氧化氢酶（CAT）和总超氧化物歧化酶（T-SOD）无显著影响（$P>0.05$）；谷胱甘肽酵母粉显著降低血清 MDA 水平（$P<0.05$），显著提高血清 T-SOD 活力（$P<0.05$），有改善 GSH-Px 活力的趋势（$P=0.083$）。4）陈化玉米有提高血清尿素氮（BUN）的趋势（$P=0.050$）；谷胱甘肽酵母粉有降低血清总胆固醇（$P=0.096$）和总甘油三酯（浓度的趋势（$P=0.086$）。5）陈化玉米显著降低了血清溶菌酶（LZM）的含量（$P<0.05$），谷胱甘肽酵母粉能够显著增加血清补体蛋白 3（C3）的含量（$P<0.05$），有改善血清 LZM 的趋势（$P=0.099$）。在本试验条件下，陈化玉米相对于正常玉米显著降低粗脂肪的表观消化率，降低血清抗氧化能力和免疫功能，对断奶仔猪机体造成一定的负面影响，而谷胱甘肽酵母粉能一定程度上缓解陈化玉米的负面效应。

关键词：陈化玉米；谷胱甘肽酵母粉；断奶仔猪；抗氧化能力；免疫功能

* 基金项目：国家科技支撑计划项目课题（2014BAD13B01）
** 第一作者简介：罗斌（1994—），男，湖南衡阳人，硕士研究生，从事猪的营养研究，E-mail：472048346@qq.com
# 通讯作者：余冰，教授，博士生导师，E-mail：ybingtian@163.com

低出生重对仔猪肝脏抗氧化功能的影响及精氨酸的营养效应[*]

田一航[**]　宋毅　陈代文　余冰　何军　虞洁

毛湘冰　罗玉衡　黄志清　罗钧秋　郑萍[#]

（四川农业大学动物营养研究所,动物抗病营养教育部重点实验室,成都 611130）

摘要:低出生重(LBW)提高了仔猪死亡率和发育不良比例,造成饲养管理所投入的精力和资本增加。LBW 仔猪抗氧化功能降低,而饲粮添加精氨酸有提高仔猪抗氧化功能的作用。本研究旨在探讨低出生重(LBW)对仔猪肝脏抗氧化功能的影响及饲粮添加精氨酸的营养效应。本研究包含两个试验,试验 1 选取 10 头正常出生重(NBW)仔猪和 10 头 LBW 仔猪,出生后 2~4 h 屠宰取样,测定肝脏抗氧化相关指标,从而比较出生体重对新生仔猪肝脏抗氧化能力的影响。试验 2 选取 4 日龄的 10 头 NBW 和 20 头 LBW 仔猪,NBW 仔猪饲喂基础饲粮,LBW 仔猪分为两组,分别饲喂基础饲粮和添加 1.0% L-精氨酸的饲粮,人工乳饲喂 21 天。在试验第 22 天清晨进行空腹采血和屠宰取样。测定肝脏抗氧化相关指标,从而考察出生体重对哺乳仔猪肝脏抗氧化功能的影响及精氨酸的营养效应。结果表明:1)与 NBW 新生仔猪相比,LBW 新生仔猪肝脏 T-SOD 和 GSH-Px活性极显著降低($P<0.01$),AHR 活性有降低的趋势($P=0.08$)。2)饲喂 21 天后,与 NBW 仔猪相比,LBW 仔猪肝脏 AHR 活性极显著降低($P<0.01$),ASA 活性显著降低($P<0.05$),$Nrf2$ 基因相对表达量显著提高($P<0.05$),NQO-1 基因相对表达量极显著提高($P<0.01$)。3)饲喂 21 天后,与 NBW 仔猪相比,LBW 仔猪肝脏 IL-1β 和 IL-6 基因相对表达量有提高的趋势($P=0.09$)($P=0.06$)。4)与 LBW 仔猪相比,1.0% L-精氨酸添加极显著提高了 LBW 仔猪肝脏 AHR 和 T-SOD 活性($P<0.01$),显著提高了 GSH-Px 的活性($P<0.05$),极显著降低了 NQO-1 基因相对表达量($P<0.01$)。5)与 LBW 仔猪相比,1.0% L-精氨酸添加极显著降低了 IL-1β 基因相对表达量($P<0.01$),显著降低了 IL-6 基因相对表达量($P<0.05$)。由此可见,LBW 降低仔猪肝脏抗氧化能力,饲粮添加 1.0% L-精氨酸可改善 LBW 哺乳仔猪肝脏抗氧化功能。

关键词:低出生重;精氨酸;抗氧化;细胞因子

---

[*] 基金项目:国家自然基金青年项目(31501963);四川省生猪产业链项目(2016NZ006);国家生猪产业体系(CARS-36)

[**] 第一作者简介:田一航(1993—),女,贵州铜仁人,硕士研究生,从事猪的营养研究,E-mail:1041365342@qq.com

[#] 通讯作者:郑萍,副研究员,硕士生导师,E-mail:zpind05@163.com

低出生重对仔猪免疫功能的影响及精氨酸的营养效应[*]

田一航[**]　陈代文　余冰　何军　虞洁　毛湘冰
罗玉衡　黄志清　罗钧秋　郑萍[#]

(四川农业大学动物营养研究所,动物抗病营养教育部重点实验室,成都 611130)

摘要:低出生重(LBW)降低仔猪生长性能,提高仔猪死亡率,明显降低养猪行业的经济效益。饲粮中添加适量精氨酸可提高仔猪生长性能,并且精氨酸在免疫调节过程中也有重要的作用。本研究旨在探讨 LBW 对仔猪免疫功能的影响及饲粮添加精氨酸的营养效应。本研究选用 30 头 4 日龄的仔猪,包括 10 头正常出生重(NBW)和 20 头 LBW 仔猪,NBW 仔猪饲喂基础饲粮(Ⅰ组),LBW 仔猪分为两组,分别饲喂基础饲粮(Ⅱ组)和添加 1.0% L-精氨酸的饲粮(Ⅲ组),人工乳饲喂 21 天,记录每日的采食量。在试验第 22 天清晨对所有仔猪进行空腹称重和采血,并屠宰取样。测定血清、脾脏和胸腺免疫相关指标,从而考察 LBW 对仔猪免疫功能的影响及饲粮添加精氨酸的营养效应。结果表明:与Ⅰ组相比,Ⅱ组仔猪 1)末重、平均日增重、平均日采食量和料重比极显著降低($P<0.01$)。2)血清 IgG 浓度极显著降低($P<0.01$),脾脏 $TNF\text{-}\alpha$、$IL\text{-}10$ 和 $TGF\text{-}\beta 1$ 基因相对表达量显著降低($P<0.05$)。3)脾脏 $TLR2$、$p65NF\text{-}\kappa B$、$MyD88$ 和 $p38MAPK$ 基因相对表达量显著降低($P<0.05$),胸腺 MyD88 和 p38MAPK 基因相对表达量显著降低($P<0.05$)。4)胸腺 ARG2 基因相对表达量显著降低($P<0.05$)。与Ⅱ组相比,Ⅲ组仔猪 1)末重、平均日增重和平均日采食量极显著提高($P<0.01$),料重比有降低的趋势($P=0.07$)。2)脾脏指数显著提高($P<0.05$),胸腺指数有提高的趋势($P=0.07$)。3)血清 IgA 浓度极显著提高($P<0.01$),IgM 浓度显著提高($P<0.05$),脾脏 $IFN\text{-}\gamma$ 基因相对表达量显著提高($P<0.05$),$p38MAPK$ 基因相对表达量有提高的趋势($P=0.08$)。由此可见,与 NBW 相比,LBW 降低仔猪生长性能、血清 IgG 浓度、脾脏细胞因子基因相对表达量、脾脏和胸腺免疫相关基因相对表达量和胸腺 ARG2 基因相对表达量;与 LBW 相比,饲粮添加 1.0% L-精氨酸提高 LBW 仔猪生长性能、血清 IgA 和 IgM 浓度、脾脏指数和脾脏 $IFN\text{-}\gamma$ 表达量,说明饲粮添加 1.0% L-精氨酸改善了 LBW 仔猪免疫功能,从而改善了其生长性能。

关键词:低出生重;精氨酸;脏器指数;免疫;细胞因子

[*] 基金项目:国家自然基金青年项目(31501963)

[**] 第一作者简介:田一航(1993—),女,贵州铜仁人,硕士研究生,从事猪的营养研究,E-mail:1041365342@qq.com

[#] 通讯作者:郑萍,副研究员,硕士生导师,E-mail:zpind05@163.com

N-乙酰半胱氨酸对灌服大豆分离蛋白仔猪肝脏功能的影响*

王惠云** 李诚诚 易丹# 赵迪 王蕾

（武汉轻工大学农副产品蛋白质饲料资源教育部工程研究中心，
武汉轻工大学动物营养与饲料科学湖北省重点实验室，武汉 430023）

摘要：本试验旨在研究 N-乙酰半胱氨酸（NAC）对灌服大豆分离蛋白（SPI）仔猪肝脏功能的影响。试验将 24 头 7 日龄健康仔猪（杜×长×大）随机分为 3 个组：对照组、SPI 组、SPI＋NAC 组，每组 8 个重复，每个重复 1 头猪。试验第 1~5 天各组仔猪均饲喂人工乳，试验第 6~7 天 SPI 组与 SPI＋NAC 组饲喂含 10 g/kg 体重大豆分离蛋白的人工乳，而对照组饲喂含 7.8 g/kg 体重酪蛋白的人工乳。试验第 8~10 天 SPI＋NAC 组灌服 50 mg/kg 体重的 NAC，其余 2 组灌服等剂量的生理盐水。结果表明：与对照组相比，大豆分离蛋白使仔猪肝脏基质金属蛋白酶 3（$MMP3$）、寡肽转运蛋白-1（$PepT$-1）和氨基酸转载体（$b^{0,+}AT$）的 mRNA 水平及髓过氧化物酶（MPO）活性（$P<0.05$）下降，但使丙二醛（MDA）含量（$P<0.01$）和自噬蛋白 Beclin-1 水平升高；50 mg/kg 体重的 NAC 缓解了大豆分离蛋白处理导致的仔猪肝脏热应激蛋白 70（$HSP70$）、$MMP3$ mRNA 水平、MPO 活性及 Beclin-1 蛋白水平的升高。此外，NAC 的添加降低了大豆分离蛋白处理仔猪肝脏白介素 10（$IL10$）和钾离子转运蛋白通道-13（$KCNJ13$）mRNA 的水平（$P<0.05$），但提高了 Atg5 的含量。因此，饲粮中添加 50 mg/kg 体重的 NAC 可能通过调控 $HSP70$ 和 $MMP3$ 基因表达及自噬蛋白 Beclin-1 表达进而改善 SPI 仔猪的肝脏功能。

关键词：N-乙酰半胱氨酸；仔猪；大豆分离蛋白；肝脏功能

* 基金项目：国家自然科学基金项目青年基金项目（31402084）
** 第一作者简介：王惠云（1993—），女，湖南，硕士，E-mail：why931011@126.com
# 通讯作者：易丹，博士，副教授，E-mail：yidan810204@163.com

出生体重对新生仔猪肠道发育和氧化还原状态的影响*

钟琴** 宋毅 陈代文 余冰 何军 虞洁
毛湘冰 罗玉衡 黄志清 罗钧秋 郑萍#

（四川农业大学动物营养研究所，动物抗病营养教育部重点实验室，成都 611130）

摘要：随着现代畜牧业的发展，母猪年生产力增加的同时也导致低出生重（Low birth weight，LBW）仔猪的发生率随之增加，LBW 会影响仔猪后期的生长发育，但对新生仔猪肠道的影响还有待研究。本试验旨在研究 LBW 对新生仔猪肠道发育和氧化还原状态的影响。本试验选取产期接近、体况一致和胎次相近的 10 头 LY 母猪所产的新生正常出生重（NBW，$1.6\sim2.0$ kg）和 LBW（$0.6\sim1.0$ kg）仔公猪各 10 头，即从一头母猪中选取一头 NBW 仔公猪，相应的选取一头 LBW 仔公猪，相互配对，不吃初乳，立即麻醉屠宰，测定肠道及氧化还原相关指标。结果表明：1）与 NBW 新生仔猪相比，LBW 新生仔猪出生时的体重、小肠质量、小肠长度以及单位长度的小肠质量显著降低（$P<0.05$），小肠的相对长度显著提高（$P<0.05$），然而对小肠相对重没有显著的影响（$P>0.05$）。2）与 NBW 新生仔猪相比，LBW 新生仔猪空肠的绒隐比显著下降（$P<0.05$），空肠和回肠绒毛高度有降低的趋势（$P=0.09$），空肠组织中紧密连接蛋白 claudin1、ZO1 的相对表达量显著降低（$P<0.05$）。3）与 NBW 新生仔猪相比，LBW 新生仔猪空肠 GPx、CAT、HO1 的 mRNA 相对表达量显著下降（$P<0.05$），SOD、NQO1 的 mRNA 相对表达量分别降低了 27% 和 29%（$P>0.05$），LBW 新生仔猪空肠线粒体呈空泡状，部分呈现膨胀状，而 NBW 新生仔猪空肠线粒体形态无异常形状出现，LBW 新生仔猪空肠线粒体 SOD 活性显著降低（$P<0.05$），MDA 含量有增加的趋势（$P=0.06$）。由此可见，LBW 阻碍新生仔猪小肠发育同时导致肠上皮屏障受损，从而影响了新生仔猪的机械屏障功能。同时 LBW 使得空肠线粒体结构畸形，氧化损伤加重，空肠抗氧化酶活性及抗氧化相关基因表达量降低，LBW 新生仔猪空肠受到了氧化应激，抗氧化能力下降，空肠氧化还原状态失衡。

关键词：低出生重；新生仔猪；肠道发育；氧化还原

---

* 基金项目：国家自然基金青年项目（31501963）；四川省生猪产业链项目（2016NZ0006）；国家生猪产业体系（CARS-35）

** 第一作者简介：钟琴（1993—），女，四川绵阳人，硕士研究生，从事猪营养研究，E-mail：2216562860@qq.com

\# 通讯作者：郑萍，副研究员，硕士生导师，E-mail：zpind05@163.com

断奶仔猪上降低氧化锌添加水平后解决方案的探索

翟恒孝*#　罗燕红　汪仕奎　吴金龙

[帝斯曼(中国)动物营养研发有限公司,霸州 065799]

摘要: 2018 年 7 月 1 日开始执行的中华人民共和国农业农村部第 2625 号公告中规定仔猪在断奶后的前两周以氧化锌的形式添加锌元素的量不能超过 1 600 mg/kg 饲粮。这与以前 2 250 mg/kg 饲粮的允许量相比降低了大约 30%,断奶仔猪的健康状况由此将面临新的挑战,而寻求新的替代解决方案也变得尤为重要。在此背景下,我们通过断奶仔猪生长性能试验评估了有机酸(VevoVitall®),植物精油(CRINA®),植酸酶[RONOZYME® NP(CT)],包被氧化锌和三丁酸甘油酯作为替代解决方案的可能性。试验设计为随机化完全区组设计,区组因子为断奶仔猪的初始体重。试验选用 270 头初始体重为(7.6±0.7) kg 的 25 天断奶仔猪(PIC L1050 X L337),随机分为 5 个处理,每个处理 9 个重复,每个重复 6 头猪。试验周期为 30 天,分为两个阶段,0~14 天为第一阶段,15~30 天为第二阶段。所有仔猪在第 0 天、14 天和 30 天分别进行个体称量,以计算平均日增重。每个阶段分别记录饲粮的添加量和剩余量以计算平均日采食量,饲料转化效率采用平均日采食量和平均日增重的比值。5 个处理饲粮采用 2×2 加 1 的因子设计。主要的因子为锌的供应形式和水平(氧化锌:1 600 mg/kg 饲粮和包被氧化锌:500 mg/kg 饲粮)和三丁酸甘油酯(0 和 900 mg/kg 饲粮),该主要因子组合而成的四个处理中都添加了 5 000 mg/kg 的有机酸(VevoVitall®),100 mg/kg 的植物精油(CRINA®)和 450 mg/kg 的植酸酶[RONOZYME® NP(CT)]。第 5 个处理为负对照,代表了市场上的商业配方,并且该负对照组中添加了 2 240 mg/kg 的锌(氧化锌),5 000 mg/kg 有机酸混合物(A 公司)和 100 mg/kg 的植物精油(B 公司)。试验结果表明:1)与普通氧化锌相比,包被氧化锌显著提高了第二阶段的饲料转化效率并与三丁酸甘油酯存在显著的互作($P<0.05$);而在全期饲料转化效率上的提高和三丁酸甘油酯的添加不存在互作关系。2)多重比较结果表明,和负对照组相比,使用 5 000 mg/kg 的有机酸(VevoVitall®),100 mg/kg 的植物精油(CRINA®)和 450 mg/kg 的植酸酶[RONOZYME® NP(CT)]能够显著地提高第二阶段和全期的饲料转化效率,而使用包被氧化锌的组能够进一步显著提高该两阶段的饲料转化效率。试验结论为,以氧化锌的形式将锌的添加水平从 2 250 mg/kg 降低到 1 600 mg/kg 饲粮后,使用 5 000 mg/kg 的有机酸(VevoVitall®),100 mg/kg 的植物精油(CRINA®)和 450 mg/kg 的植酸酶[RONOZYME® NP(CT)]不仅能够维系还能提高断奶仔猪的生长性能,因此能够满足新法规的要求。在锌的供应形式上,包被的氧化锌与普通氧化锌相比表现出了更高效率。

关键词: 氧化锌;断奶仔猪;生产性能;三丁酸甘油酯

* 第一作者简介:翟恒孝(1983—),男,山东济南人,从事猪营养研究,E-mail:heng-xiao,zhai@dsm.com
# 通讯作者

谷氨酰胺对灌服大豆分离蛋白仔猪
腹泻率与抗氧化能力的影响*

李诚诚**　　王惠云　　易丹#　　赵迪　　王蕾

（武汉轻工大学农副产品蛋白质饲料资源教育部工程研究中心，
武汉轻工大学动物营养与饲料科学湖北省重点实验室，武汉 430023）

摘要：本试验旨在研究谷氨酰胺（Gln）对灌服大豆分离蛋白（SPI）仔猪腹泻率和抗氧化能力的影响。试验选取 24 头健康仔猪（杜×长×大），随机分成 3 个处理：对照组、SPI 组和 SPI＋Gln 组，每个处理 8 个重复，每个重复 1 头猪。试验第 1～5 天各组仔猪均饲喂人工乳，试验第 6～7 天 SPI 组和 SPI＋Gln 组饲喂含 10 g/kg 体重大豆分离蛋白的人工乳，对照组则饲喂含 7.8 g/kg 体重酪蛋白的人工乳。试验第 8～10 天 SPI＋Gln 组灌服 100 mg/kg 体重的谷氨酰胺，其余 2 组灌服 122 mg/kg 体重的丙氨酸。结果表明：与对照组相比，SPI 提高了仔猪腹泻率（43.75％ vs.6.3％）、血清髓过氧化物酶（MPO）的活力以及血浆谷氨酸（Glu）的含量（$P<0.05$），但降低了血清谷胱甘肽过氧化物酶（GSH-Px）的活力、血浆缬氨酸（Val）和瓜氨酸（Cit）的水平（$P<0.05$）；100 mg/kg 体重的 Gln 缓解了 SPI 仔猪血浆天冬氨酸（Asp）、Glu、Cit 的含量（$P<0.05$）及血清 GSH-Px 活力（$P<0.01$）的降低。此外，Gln 的添加降低了 SPI 仔猪血清丙二醛（MDA）水平、过氧化氢酶（CAT）的活力（$P<0.01$）及腹泻率（16.7％ vs.25％）。综上所述，日粮中添加 100 mg/kg 体重的 Gln 提高了 SPI 仔猪的抗氧化能力，并降低了 SPI 仔猪腹泻率。

关键词：仔猪；谷氨酰胺；大豆分离蛋白；腹泻率；抗氧化

---

　* 基金项目：国家自然科学基金项目青年基金项目（31402084）

　** 第一作者简介：李诚诚（1994—），女，湖南，硕士研究生，E-mail：haohaolucia@163.com

　# 通讯作者：易丹，博士，副教授，E-mail：yidan810203@163.com

几种仔猪蛋白原料有效能和回肠氨基酸消化率测定[*]

李瑞[1,2**]　宋泽和[1,2]　赵建飞[1,2]　范志勇[1,2]　侯德兴[1,3#]　贺喜[1,2#]

(1.湖南农业大学动物科学技术学院,长沙 410128;2.湖南畜禽安全生产协同创新中心,
长沙 410128;3.日本鹿儿岛大学农学部,日本鹿儿岛 890-0065)

摘要:本研究通过 2 个试验测定了酶解豆粕(HP300 和 S50),浓缩脱酚棉籽蛋白(CDCP),肠膜蛋白(P50)和鱼粉(FM)的仔猪消化能(DE)、代谢能(ME)和回肠氨基酸消化率(IDAA)。试验一,36 头平均体重[(10.19±1.35) kg(BW)]阉公猪随机分为 6 个饲粮处理,每个处理 6 个重复,每个处理 1 头,猪饲养在消化代谢笼内。6 种饲粮分别为玉米-豆粕型基础饲粮,基础饲粮+20% 待测蛋白原料(HP300、S50、CDCP、P50 和 FM),试验期 12 天(7 天预饲,5 天粪尿收集),采用差分法或套算法测定待测蛋白原料 DE 和 ME。结果显示:蛋白原料仔猪 DE 值,P50(4 218.47 kcal/kg DM)显著高于($P<0.05$)S50(4 119.86 kcal/kg DM)和 CDCP(4 064.16 kcal/kg DM),但显著低于($P<0.05$)HP300(4 362.24 kcal/kg DM)和 FM(4 390.23 kcal/kg DM)。蛋白原料 ME 值,S50(3 913.16 kcal/kg DM)显著低于($P<0.05$)HP300(4 162.71 kcal/kg DM)和 FM(4 135.17 kcal/kg DM),但显著高于($P<0.05$)CDCP(3 778.64 kcal/kg DM)和 P50(3 789.75 kcal/kg DM)。试验二,38 头平均体重[(12.61±1.45) kg(BW)]阉割公猪随机分为 6 个饲粮处理组,除无氮饲粮组有 8 头外,其余 5 个饲粮组各 6 头,每头猪作为 1 个重复。5 种测试饲粮分别以 HP300、S50、CDCP、P50 和 FM 为唯一蛋白原料配制半纯合饲粮,饲粮中添加 0.3% TiO₂ 作指示剂。猪饲养在代谢笼内,试验期 9 天,试验第 10 天采用麻醉连续屠宰法收集每头仔猪的回肠食糜。结果显示,CDCP 的 CP 和 AA 的 SID 值最大($P<0.05$),P50 最小($P<0.05$)。除 HP300 外,CDCP 中大部分必需氨基酸的 SID 值要显著高于其他几种蛋白原料($P<0.05$)。S50 和 HP300 2 种酶解豆粕中 CP 和多数 AA 的 SID 值差异较大。HP300 中 CP 和 AA 的 SID 值与 CDCP 相近,但显著高于($P<0.05$)FM。S50 和 CDCP 的 SID Lys 显著高于($P<0.05$)其他蛋白原料,S50 和 HP300 的 SID Met 和 Thr 差异不显著($P>0.05$),CDCP,HP300 和 FM 的 SID Trp 相近。综上所述,CDCP 的 DE 和 ME 最低,HP300 和 FM 的 DE 和 ME 相近且高于 P50、S50 和 CDCP。本试验测试的几种蛋白原料中,经过预处理的植物性蛋白原料的 SID CP 和 AA 要高于动物性蛋白原料,且 CDCP 的 SID CP 和 AA 较高,S50 和 HP300 的多数 AA 的 SID 值优于 FM。

关键词:仔猪;蛋白原料;消化能;代谢能;氨基酸消化率

---

　* 基金项目:国家重点研发计划(2016YFD0501209)
　** 第一作者简介:李瑞(1987—),男,博士研究生,主要从事畜禽营养研究,E-mail:lirui181000@163.com
　# 通讯作者:侯德兴,教授,博士生导师,E-mial:k8469751@kadai.jp;贺喜,教授,博士生导师,E-mail:hexi111@126.com

低蛋白饲粮模式下几种蛋白原料替代
鱼粉对保育仔猪生长的影响[*]

李瑞[1,2**]　宋泽和[1,2]　赵建飞[1,2]　范志勇[1,2]　侯德兴[1,3#]　贺喜[1,2#]

(1.湖南农业大学动物科学技术学院,长沙 410128;2.湖南畜禽安全生产协同创新中心,
长沙 410128;3.日本鹿儿岛大学农学部,日本鹿儿岛 890-0065)

摘要:本试验旨在研究低蛋白饲粮模式下,平衡 SID Lys、Met、Thr 和 Trp 4 种氨基酸,利用 2 种酶解豆粕(S50 和 HP300)、浓缩脱酚棉籽蛋白(CDCP)及肠膜蛋白(P50)全替代保育仔猪饲粮中的鱼粉(FM)对仔猪生长性能、养分消化率、血清生化指标及肠道结构形态的影响。330 头平均体重[(9.9±0.62) kg]保育仔猪随机分为 5 个饲粮处理,每个处理 6 栏,每栏 11 头。5 种饲粮 CP 含量为 18%,平衡 SID Lys、Met、Thr 和 Trp 4 种氨基酸,对照组为含 4% FM 饲粮,试验组分别为 P50、CDCP、S50 和 HP300 全替代 FM 饲粮,试验期 28 天。试验结束前 3 天连续收集每栏猪只的鲜粪样,试验第 29 天每栏选取 1 头仔猪(每组公母各半)进行前腔静脉采血,随后屠宰分离肠道组织。试验结果显示,生长性能方面,各组仔猪的 ADFI、ADG 和 F/G 差异不显著($P>0.05$),但数值上 CDCP 组仔猪的 ADFI 和 ADG 最好,其次是 P50 和 HP300 组。表观总肠道养分消化率方面,各组 DM 表观消化率差异不显著($P>0.05$);P50 组和 HP300 组的 GE 表观消化率显著高于($P<0.05$)FM 组,FM、CDCP 和 S50 组间 GE 表观消化率差异不显著($P>0.05$);P50、CDCP 和 HP300 组 CP 表观消化率与 FM 组差异不显著($P>0.05$),但显著高于 S50 组。血清生化指标方面,CDCP 和 P50 血清 TP 含量显著($P<0.05$)低于 FM 和 S50 组,与 HP300 组差异不显著($P>0.05$);CDCP 组血清 UREA 含量显著低于($P<0.05$)FM 和 P50 组,与 HP300 和 S50 组差异不显著($P>0.05$);FM 组血清 IgA 和 IgG 含量显著低于($P<0.05$)P50 组,但与其他组无显著差异($P>0.05$)。肠道结构形态方面,P50 组空肠结构形态完整性好于 FM 组,但差异不显著($P>0.05$),CDCP 组空肠绒毛高度(H)低于($P<0.05$)FM 和 P50 组,但与 S50 和 HP300 组空肠结构完整性无显著差异($P>0.05$)。综上所述,低蛋白饲粮模式下,平衡 SID Lys、Met、Thr 和 Trp 4 种氨基酸,可实现 P50、CDCP、HP300 和 S50 完全替代鱼粉而不影响保育仔猪生长,且 P50 与 CDCP 在养分消化吸收与代谢方面效果较好。

关键词:保育仔猪;蛋白原料;生长性能;养分消化率;血清生化指标;肠道结构形态

* 基金项目:国家重点研发计划(2016YFD0501209)
** 第一作者简介:李瑞(1987—),男,博士研究生,主要从事畜禽营养研究,E-mail:lirui181000@163.com
# 通讯作者:侯德兴,教授,博士生导师,E-mail:k8469751@kadai.jp;贺喜,教授,博士生导师,E-mail:hexi111@126.com

日粮色氨酸对断奶仔猪肠道微生物、
黏膜屏障以及免疫功能的影响[*]

梁海威[1**]　伍国耀[1,2]　戴兆来[1]　武振龙[1#]

(1. 中国农业大学动物科技学院,北京 100193;2. 得克萨斯州农工大学动物科学院,大学城 77843)

摘要:肠道微生物对肠道营养物质消化、生理代谢及免疫功能具有重要的调节作用,菌群的失衡及紊乱会引起肠道损伤,进而造成营养物质吸收障碍,严重干扰断奶仔猪的生长发育。色氨酸作为仔猪生长发育和健康所必需的重要营养物质,除参与蛋白质合成外,在肠道内可以被多种微生物所利用。然而,关于色氨酸代谢能否通过调节肠道微生物的结构及功能组成进而促进肠道健康目前尚不清晰。因此,本研究旨在探究日粮额外补充色氨酸对肠道微生物、黏膜屏障以及免疫功能的调节作用。选用 126 头体重接近[(7.6±0.04) kg]断奶仔猪,随机分为 3 组(对照组、0.2%色氨酸组和 0.4%色氨酸组),每组 6 个重复,每个重复 7 头猪,饲养试验周期为 28 天。本研究采用 16S rRNA 高通量测序、高效液相色谱、气相色谱、RT-PCR 和 Western-blot 技术对肠道菌群、色氨酸代谢产物、短链挥发性脂肪酸、炎症因子以及紧密连接蛋白进行测定,系统研究了日粮色氨酸对断奶仔猪肠道菌群及肠道生理的影响。研究表明,与对照组相比,日粮色氨酸显著地提高断奶仔猪生长性能、改变肠道微生物组成($P<0.05$)。其中,色氨酸显著地提高 *Prevotella*、*Roseburia* 和 *Succinivibrio* 菌属的丰度,同时显著地降低条件致病菌 *Clostridium sensu stricto* 和 *Clostridium XI* 的丰度($P<0.05$)。此外,代谢信号通路预测分析表明色氨酸能够影响吲哚合成代谢和色氨酸代谢通路,这一结果与肠道内吲哚乙酸和吲哚含量的升高一致。与此同时,色氨酸及其代谢产物激活了介导肠道免疫调节的芳香烃受体(Aryl hydrocarbon receptor,AhR),降低 *TNF-α* 和 *IL-8* mRNA 的水平,促进结肠紧密连接蛋白 ZO-1 和 occludin 的表达。综上所述,日粮色氨酸的添加可以改变肠道微生物的组成和多样性、激活 AhR 受体、降低炎症因子水平、改善肠道黏膜屏障功能。这一结果揭示了色氨酸与肠道营养、微生物代谢和黏膜免疫之间存在的紧密联系,为色氨酸在养猪生产上的应用提供一定的理论基础和数据支持。

关键词:色氨酸;断奶仔猪;肠道微生物;黏膜屏障;免疫功能;肠道健康

———————————

[*] 基金项目:国家"十三五"重点研发计划;国家自然科学基金(31625025)

[**] 第一作者简介:梁海威(1988—),男,博士研究生,主要从事猪的营养代谢与肠道健康的研究,E-mail:401111802@qq.com

[#] 通讯作者:武振龙(1973—),男,研究员,博士生导师,主要从事猪的营养代谢与肠道健康、免疫与营养调控、营养与细胞增殖凋亡信号研究,E-mail:cauwzl@hotmail.com

精胺对断奶仔猪肠道物理屏障、抗氧化、代谢谱和微生物的影响[*]

莫维维^{**}　曹伟　伍鲜剑　刘光芒[#]　贾刚　赵华　陈小玲　吴彩梅　田刚　蔡景义

（四川农业大学动物营养研究所，教育部动物抗病营养重点实验室，成都 611130）

摘要：在规模化养殖条件下，断奶会导致仔猪遭受各种各样的应激。突然断奶会导致仔猪采食量下降，绒毛高度降低，肠屏障功能和抗氧化剂状态受损，并导致生长不良表现。解决此问题的关键在于：快速促进仔猪肠道发育，提高肠道屏障功能和维持肠道微生物的稳态。研究者们发现日粮中添加精胺可促进仔猪肠道的发育。那么添加精胺之后是否能有利于提高肠道物理屏障和维持肠道微生物稳态还不得而知。本试验旨在研究断奶仔猪肠道物理屏障、抗氧化、代谢谱和微生物的影响。选取 12 日龄仔猪 20 头，随机分为 2 组（每组 10 个重复，每个重复 1 头猪）：对照组和精胺组。精胺组与对照组进行配对饲喂（使用配方乳），精胺组每天饲喂含有 0.4 mmol/kg BW 精胺的配方乳，配对对照组饲喂含生理盐水的等量配方乳，试验期 3 天。试验结果表明：1）与对照组相比，补充精胺显著提高谷胱甘肽 S 转移酶（GST）活力为 27.84% 和谷胱甘肽（GSH）含量为 18.68%（$P<0.05$）。2）与对照组相比，精胺显著提高了谷胱甘肽过氧化物酶 1（GPx1），过氧化氢酶（CAT），谷胱甘肽 S 转移酶和核因子红细胞 2 相关因子 2（Nrf2）mRNA 水平（$P<0.05$）。3）与对照组相比，补充精胺显著提高闭合小环蛋白-1（ZO-1），闭合小环蛋白-2（ZO-2），咬合蛋白（occludin），闭合蛋白 2（claudin 2），闭合蛋白 3（claudin 3），闭合蛋白 12（claudin 12），闭合蛋白 14（claudin 14）和闭合蛋白 16（claudin 16）mRNA 水平（$P<0.05$）。4）与对照组相比，补充精胺通过减少肌球蛋白轻链激酶（MLCK）mRNA 水平来增加回肠中的 ZO-2 和 occludin mRNA 水平（$P<0.05$）。5）与对照组相比，精胺显著提高了回肠胆碱、甜菜碱，肌酸、甲酸、甘油磷酸胆碱、鲨肌醇、丝氨酸、硫磺酸的含量，显著降低了回肠丙氨酸、谷氨酸、乳酸、赖氨酸、肌醇、苯丙氨酸、苏氨酸、酪氨酸的含量（$P<0.05$）。6）与对照组相比，添加精胺显著提高了盲肠和结肠食糜中的乳酸杆菌，双歧杆菌和总细菌数量和显著减少了大肠杆菌的数量（$P<0.05$）。总之，日粮中的精胺添加可通过增强抗氧化特性，改善肠道屏障功能，调控回肠代谢底物以及维持肠内微生物稳态来促进肠道健康。

关键词：精胺；断奶仔猪；肠道；抗氧化；物理屏障；代谢谱；微生物

---

* 基金项目：国家自然科学资金项目（31301986）
** 第一作者简介：莫维维，女，硕士研究生，E-mail：2843374725@qq.com
# 通讯作者：刘光芒，博士，副研究员，硕士生导师，E-mail：liugm@sicau.edu.cn

精胺对仔猪肝脏屏障功能、氨基酸转运载体、免疫力及其细胞凋亡的影响[*]

郑杰^{**} 曹伟 刘光芒[#] 贾刚 赵华 陈小玲 吴彩梅 蔡景义 田刚

(四川农业大学动物营养研究所,教育部动物抗病营养重点实验室,成都 611130)

摘要:本试验旨在探究精胺对仔猪肝脏屏障功能、氨基酸转运载体、免疫力以及细胞凋亡的影响。选取 12 日龄仔猪 80 头,采用 2×4 因子设计,即 2 个精胺量[(0、0.4 mmol/(kg BW·d)],4 个处理时间(7 h、3 天、6 天、9 天),随机分为 8 组(4 组为精胺组,其余 4 组为对照组),每组 10 个重复,每个重复 1 头仔猪。相同饲喂时间的精胺组与对照组进行配对饲喂(使用配方乳),精胺组每天饲喂含有 0.4 mmol/kg BW 精胺的配方乳,配对对照组饲喂含生理盐水的等量配方乳,试验期为 7 h、3 天、6 天和 9 天。试验结果表明:1)不论时间处理,精胺能够显著提高肝脏中溶质载体(SLC)7A7 的 mRNA 表达水平($P<0.05$)。与对照组相比,精胺组提高了 SLC1A1、SLC15A1 和 SLC7A9 的 mRNA 表达水平($P<0.05$)。2)不论时间处理,精胺能够显著提高肝脏中 β-防御素 1(β-defensin1)的 mRNA 表达水平,降低一氧化氮合酶(iNOS)的 mRNA 表达水平($P<0.05$)。与对照组相比,精胺组显著提高了肝脏中免疫球蛋白 M(IgM)、肝脏表达的抗菌肽 2(LEAP2)、铁调素(hepcidin)、群集分化 8(CD8)、整合素 β2(CD18)和转化生长因子 β1(TGF-β1)的 mRNA 表达水平,但是降低了肿瘤坏死因子 α(TNF-α)和白介素(IL)8 的 mRNA 表达水平($P<0.05$)。3)与对照组相比,精胺组显著提高了哺乳动物类雷帕霉素白蛋白(mTOR)、核糖体蛋白 S6 激酶 1(S6K1)、信号转导与转录激活因子 3(STAT3)的 mRNA 表达水平,降低了核因子 κB P65(NF-κB P65)的 mRNA 表达水平($P<0.05$)。4)不论时间处理,精胺显著提高了咬合蛋白(occludin)的 mRNA 表达水平($P<0.05$)。与对照组相比,精胺组显著增加了闭合蛋白(claudin)-1、claudin-2 和 claudin-16 以及带状闭合蛋白(ZO)-1 和 ZO-2 的 mRNA 表达水平,降低了肌球蛋白轻链激酶(MLCK)的 mRNA 表达水平($P<0.05$)。5)不论时间处理,精胺显著降低了 Bax 的 mRNA 表达水平($P<0.05$)。与对照组相比,精胺组增加了 Bcl-2 的表达水平,降低了半胱氨酸天冬氨酸蛋白酶 3(caspase-3)的 mRNA 表达水平($P<0.05$)。以上结果表明,精胺能够提高仔猪肝脏的氨基酸转运、免疫力和屏障功能,抑制细胞凋亡,保护仔猪肝脏的健康。

关键词:精胺;仔猪;肝脏;氨基酸转运载体;屏障功能;免疫力;细胞凋亡

* 基金项目:四川农业大学学科建设双支计划项目(03571542)

** 第一作者简介:郑杰,男,硕士研究生,E-mail:1694662698@qq.com

\# 通讯作者:刘光芒,博士,副研究员,硕士生导师,Email:liugm@sicau.edu.cn

不同旋光异构体天冬氨酸对断奶仔猪生长性能、肠道微生物区系以及氨基酸水平的影响[*]

黎育颖[**] 尹杰 韩慧 李铁军[#] 姚康[#]

(中国科学院亚热带农业生态研究所，长沙 410125；2.中国科学院大学，北京 100039)

摘要： D-天冬氨酸(D-Asp)，作为一种自然的内源性氨基酸，广泛地存在于动物的组织器官中，在机体内可通过 D-天冬氨酸氧化酶(DDO)和天冬氨酸消旋酶转化或者合成。D-Asp 主要作为一种神经递质，具有多种生理功能，包括潜在的营养潜力，调控生殖，激素以及保护神经等。因此本文旨在探究不同旋光异构体 Asp 对仔猪生长性能，肠道微生物区系以及氨基酸水平的影响。28 头断奶仔猪随机分为四组，每组 7 头；对照组根据 NRC(2012)设计饲喂基础日粮，其他三个组在保持蛋白水平和能量水平基本一致的情况下添加 1% D-Asp，1% L-Asp 以及 1% DL-Asp，整个试验期 35 天。检测仔猪生长性能，脏器指数，血清生化，微生物区系，血清氨基酸，相关氨基酸转运载体的表达。结果表明：(1)饲粮添加 1% D-Asp 显著抑制仔猪平均日采食量(average daily feed intake，ADFI)以及平均日增重(average daily gain，ADG)($P<0.05$)。饲粮 D-和 L-Asp 对仔猪脏器指数(organ index)无显著影响($P>0.05$)。D-Asp 和 DL-Asp 增加血清葡萄糖(glucose，GLU)水平($P<0.05$)；饲粮中添加 L-Asp 和 DL-Asp 显著增加血清碱性磷酸酶(ALP，Alkaline phosphatase)的活性($P<0.05$)。(2)饲粮添加 1% L-Asp 显著增加仔猪肠道微生物的丰度，均匀性以及多样性($P<0.05$)。饲粮添加 1%DL-Asp 增加回肠末端主要的有益菌。改变肠道微生物主要涉及膜运输，碳水化合物代谢，氨基酸代谢，复制和修复等。(3)D-Asp 显著增加颈动脉天冬氨酸(Asp)，精氨酸(Arg)以及丙氨酸(Ala)的含量但是减少肠系膜静脉苏氨酸(Thr)的含量($P<0.05$)。D-Asp 以及 DL-Asp 下调小肠 SLC1A1 的表达量，上调小肠 SLC7A2 的表达量($P<0.05$)。L-Asp 与之相反，上调小肠 SLC1A1 的表达量，下调小肠 SLC7A2 的表达量($P<0.05$)。EAAT2 在小肠的表达量 L-Asp 组显著降低而在 DL-Asp 组显著升高($P<0.05$)。上述结果表明，饲粮中添加 1% D-和 L-Asp 可通过影响肠道微生物区系，影响血清氨基酸水平，从而影响仔猪生长性能。而 1% D-Asp 比 1%DL-Asp 对仔猪生长发育的抑制作用更明显。

关键词： D-天冬氨酸；L-天冬氨酸；DL-天冬氨酸；生长性能；微生物区系；氨基酸

[*] 基金项目：国家 973 课题(2013CB127301)；国家自然科学基金面上项目(31472106/31272463)；中国农业研究系统(CARS-35)；湖南省重点研发计划项目(2017NK2321)

[**] 第一作者简介：黎育颖(1992—)，女，湖南岳阳人，硕士研究生，研究方向为动物营养与饲料科学，E-mail：13651062526@163.com

[#] 通讯作者：李铁军，研究员，博士生导师，E-mail：tjli@isa.ac.cn；姚康，研究员，博士生导师，E-mail：yaokang@isa.ac.cn

苯甲酸、凝结芽孢杆菌和牛至油对大肠杆菌攻毒仔猪生长性能、免疫功能和肠道健康的影响[*]

蒲俊宁[1][**]　陈代文[1]　田刚[1]　何军[1]　郑萍[1]　毛湘冰[1]　虞洁[1]

黄志清[1]　罗钧秋[1]　罗玉衡[1]　朱玲[2]　余冰[1][#]

(1. 四川农业大学动物营养研究所，动物抗病营养农业部重点实验室，成都 611130；
2. 四川农业大学动物医学院，动物生物技术中心，成都 611130)

摘要：本试验旨在研究苯甲酸、凝结芽孢杆菌和牛至油组合添加对大肠杆菌（ETEC）攻毒仔猪生长性能、免疫功能和肠道健康的影响。30 头平均体重（7.64 ± 0.46）kg 健康的（24 ± 1）日龄"杜×长×大"断奶仔猪，随机分为 6 组，分别为基础饲粮组（CON）、基础饲粮＋ETEC 攻毒组（ETEC）、基础饲粮＋抗生素组（20 g/t 硫酸黏杆菌素＋40 g/t 杆菌肽锌，AT）、基础饲粮＋3 000 g/t 苯甲酸＋400 g/t 凝结芽孢杆菌组（AB）、基础饲粮＋3 000 g/t 苯甲酸＋400 g/t 牛至油组（AO）和基础饲粮＋3 000 g/t 苯甲酸＋400 g/t 凝结芽孢杆菌＋400 g/t 牛至油组（ABO），每组 5 个重复，每个重复 1 头猪。试验第 22 天早上，ETEC、AT、AB、AO 和 ABO 组仔猪分别灌服含 3×10^{11} CFU 大肠杆菌培养液，CON 组仔猪灌服相同剂量无菌培养液，试验期 26 天。结果表明：1）ETEC 攻毒显著提高仔猪腹泻率和平均腹泻指数（$P<0.05$）；AO 和 ABO 添加显著缓解 ETEC 攻毒引起的仔猪 ADG 降低和 F/G 升高（$P<0.05$），AB、AO 和 ABO 显著缓解 ETEC 攻毒引起的腹泻率和平均腹泻指数增加（$P<0.05$）。2）ABO 显著缓解 ETEC 攻毒引起的血清和空肠黏膜 TNF-α 和 IL-1β 含量升高以及空肠黏膜 sIgA 含量降低（$P<0.05$），AO 显著缓解 ETEC 攻毒引起的血清 TNF-α 和 IL-1β 含量升高以及空肠黏膜 IL-1β 含量升高（$P<0.05$）。3）ETEC 攻毒显著提高血清和空肠黏膜 MDA 含量（$P<0.05$），降低血清 T-AOC 和 T-SOD 活性（$P<0.05$），对空肠黏膜 T-AOC 和 T-SOD 活性具有降低趋势（$P<0.10$）；AB、AO 和 ABO 显著缓解 ETEC 攻毒引起的血清和空肠黏膜 T-AOC 和 T-SOD 活性降低（$P<0.05$），ABO 还显著缓解血清和空肠黏膜 MDA 含量升高（$P<0.05$）。4）AO 和 ABO 显著缓解 ETEC 攻毒引起的血清 LPS 含量升高和空肠黏膜 Mucin2 和 Claudin-1 mRNA 表达水平降低（$P<0.05$）。综上所述，苯甲酸、凝结芽孢杆菌和牛至油组合添加可显著缓解 ETEC 攻毒诱导的仔猪腹泻，改善生长性能，可能与改善仔猪免疫功能、抗氧化能力和肠道屏障功能有关。其中 3000 g/t 苯甲酸＋400 g/t 结芽孢杆菌＋400 g/t 牛至油组效果最好。

关键词：苯甲酸；凝结芽孢杆菌；牛至油；免疫功能；肠道健康；仔猪

* 基金项目：国家科技支撑计划项目（2014BAD13B01）；四川省科技支撑计划项目（2016NZ0006）
** 第一作者简介：蒲俊宁（1990—），男，四川南充人，博士研究生，从事猪营养研究，E-mail：1135422733@qq.com
# 通讯作者：余冰，教授，博士生导师，E-mail：ybingtian@163.com

辛硫磷对仔猪肠屏障影响及维生素 E 的保护作用 *

孙岳丞** 张婧 何诗琪 单安山 #

（东北农业大学动物营养研究所，哈尔滨 150030）

摘要：辛硫磷是一种在我国农业生产过程中得到普遍应用的有机磷农药。在日常的施用过程中，常有超出规范剂量的辛硫磷黏附在农作物表面，经直接食用、或制成动物饲料等方式饲喂进入畜禽机体中，造成毒性损伤。维生素 E 是一种具抗氧化性，可维持机体正常繁育、调节免疫及解毒等功效的饲料添加剂。本试验以仔猪为动物模型，探讨维生素 E 对仔猪肠道组织受辛硫磷诱导的氧化应激的影响。通过给仔猪饲喂含有辛硫磷的饲粮，研究辛硫磷对肠道造成的毒性损伤程度；补充饲喂一定剂量水平的维生素 E，分析其对于辛硫磷造成的氧化应激的保护作用。试验选取体重相近、健康的 SD 仔猪 32 只，分为 4 组：对照组和 3 个试验组，分别在饲料中添加相应的试验药物，即处理组 1（维生素 E：200 mg/kg）、处理组 2（辛硫磷：500 mg/kg）、处理组 3（辛硫磷＋维生素 E：500 mg/kg＋200 mg/kg），每组 8 个重复，每个重复一头猪，饲喂 30 天。试验日粮按照 NRC 2012，自由饮水，自由采食。结果表明：辛硫磷的暴露可影响仔猪小肠绒毛的发育，同时显著下调仔猪空肠紧密连接蛋白相关基因（Occludin，Claudin-4，ZO-1）的 mRNA 表达水平（$P<0.05$）。同时，辛硫磷的暴露会干扰肠道自身的免疫屏障功能。我们还进一步探究了辛硫磷对于 Nrf2 基因以及其下游相关基因的 mRNA 相对表达量的影响。与对照组相比，辛硫磷组的相关数据表现出统计学意义（$P<0.05$），说明辛硫磷的毒性作用可能与 Nrf2-ARE 信号通路相关。辛硫磷还显著增加了仔猪盲肠内大肠杆菌的 DNA 表达水平，显著抑制肠球菌的 DNA 表达水平（$P<0.05$）。而补充饲喂一定剂量（200 mg/kg）的维生素 E，可部分改善断奶后仔猪肠道包括氧化应激、免疫屏障、生物屏障等在内的功能。综上所述，辛硫磷对仔猪肠道有毒性损伤，而在猪饲料中添加一定水平维生素 E，对其造成的氧化损伤有部分的改善作用。

关键词：辛硫磷；仔猪；肠道；毒性损伤；信号通路

* 基金项目：国家现代生猪产业技术体系--饲料营养价值评定与资源利用（CARS-35）

** 第一作者简介：孙岳丞，男，硕士研究生；E-mail：371565119@qq.com

通讯作者：单安山，教授，E-mail：asshan@neau.edu.cn

维生素 C 对玉米赤霉烯酮致仔猪组织损伤保护机制的研究[*]

苏洋[**]　　常思颖　　白永松　　石宝明[#]　　单安山

（东北农业大学动物营养研究所,哈尔滨 150030）

摘要：霉菌毒素是霉菌在生长代谢过程中所生成的次级代谢产物,能够使人类食品和动物饲粮发生霉变,进而产生能够使人类和动物表现出中毒症状的毒素。调查结果表明,因为霉菌的大量产生,使世界各地的饲料原料都受到了污染,给中国乃至世界的畜牧业经济带来了巨大损失。玉米赤霉烯酮(ZEN)普遍分布在发生霉变的农作物中,能够导致机体生成肿瘤、引发生殖功能障碍、抑制机体生长发育和阻碍免疫功能的正常发挥。本试验以断奶仔猪作为试验对象,探讨维生素 C 在ZEN 解毒过程中的作用,为降低饲料中 ZEN 的危害提供科学依据。采用 32 头健康"杜×长×大"三元杂交、(12.27±0.30) kg 的雌性断奶仔猪进行试验。将仔猪置于试验笼中(1.5 m×0.6 m×0.8 m)进行单独饲养,在笼中安装乳头饮水器和自动料槽,使仔猪自由采食和饮水。将 32 头断奶仔猪随机分为 4 个处理,每个处理 8 个重复,每个重复 1 头猪。试验采用 2×2 因子设计:1)基础饲粮(不含 ZEN);2)基础饲粮＋维生素 C(150 mg/kg);3)基础饲粮＋1 mg/kg ZEN;4)基础饲粮＋1 mg/kg ZEN＋维生素 C(150 mg/kg);试验期为 28 天。结果表明,ZEN 显著提高断奶仔猪的肝脏系数、生殖器官系数($P<0.05$)和肝中 ZEN 的残留量 ($P<0.05$),有明显的肝细胞肿胀和颗粒变性现象,并且显著增加仔猪的阴户长度、宽度和面积。另外,ZEN 可显著提高仔猪肝脏中 MDA含量 ($P<0.05$),降低肝脏中 SOD、T-AOC、GSHPx 的含量 ($P<0.05$),提高仔猪血清中 IgA、IgG和 IgM 水平 ($P<0.05$),降低血清中 E2、PROG、LH 和 FSH 水平 ($P<0.05$)。ZEN 处理组仔猪血清中 BUN、CRE、AST、ALT、GGT 和 TBIL 的浓度显著增加 ($P<0.05$),TG、LDL 和 HDL 水平显著降低 ($P<0.05$)。然而,在含有 ZEN 的饲粮中添加 150 mg/kg 维生素 C 可降低 ZEN 对肝脏系数、生殖器官系数、ZEN 残留、氧化应激和阴户大小的影响;也能降低仔猪肝脏中 MDA 水平,提高 SOD、T-AOC 和 GSHPx 含量;降低仔猪血清中 IgA、IgG 和 IgM 水平,提高 E2、PROG、LH和 FSH 水平,BUN、CRE 和 TBIL 浓度也会显著降低 ($P<0.05$)。此外,核受体基因 (PXR、CAR)、I 相代谢酶基因 (CYP1A1、CYP1A2、CYP1A6) 和 II 相代谢酶基因 (UGT1A1、UGT1A3、UGT1A6) 的 mRNA 水平和蛋白水平显著增加,而转运蛋白(MDR1、MRP2、P-gP) 的 mRNA 水平和蛋白水平并没有受到显著影响。总之,维生素 C 可通过调节核受体信号通路来缓解 ZEN 对断奶仔猪的损伤。通过本研究发现营养物质可提高动物机体的自身解毒能力,为通过营养调控手段缓解霉菌毒素对畜禽的危害提供了新的思路。

关键词：玉米赤霉烯酮;维生素 C;断奶仔猪;核受体

* 基金项目:基金项目:国家重点研发计划(2018YFD0501101);国家自然科学基金项目(31540057)
** 第一作者简介:苏洋,男,硕士,E-mail:1053393776@qq.com
# 通讯作者:石宝明,教授,E-mail:shibaoming1974@163.com

仔猪肠道硫还原菌的多样性[*]

冉舒文[**]　慕春龙[#]　程颖州　张夏薇　朱伟云

（国家动物消化道营养国际联合研究中心,江苏省消化道营养与动物健康重点实验室,

南京农业大学消化道微生物研究室，南京 210095）

摘要: 硫还原菌(Sulfate-reducing bacteria,SRB)是哺乳动物肠道一种重要的氢利用菌,其代谢产物 H_2S 能够通过损伤肠道黏膜,影响细胞代谢,改变细胞周期导致炎症性肠病(Inflammation bowel disease,IBD)和结肠癌(Colon cancer,CAC)。目前关于 SRB 的研究主要集中于人肠道,关于猪肠道 SRB 的研究还比较缺乏。本试验旨在通过定量 PCR 和高通量测序技术探究仔猪肠道 SRB 的多样性,并比较不同日龄、不同品种的猪肠道 SRB 的多样性及其菌落结构是否存在差异。选取同期分娩的约克夏猪(外种猪)和梅山猪(本地猪)各 6 窝,根据体重相近原则,在第 14、28 和 49 日龄,分别从每窝仔猪中各选取 1 头屠宰,并采集盲肠食糜($n=6$)。利用实时定量 PCR 检测盲肠 dsrA 基因拷贝数的数量,并利用盲肠食糜细菌基因组 DNA 进行基于 SRB 的保守区—亚硫酸盐还原酶(Dissimilatory sulfite reductase gene,DsrA)的 Illumina PE250 测序,探究猪盲肠 SRB 的多样性及其群落结构。定量结果表明,梅山猪 49 日龄的 SRB 数量显著高于 28 日龄($P<0.05$),但在相同日龄时条件下,两个猪种间的 SRB 数量并无显著差异。在多样性方面,约克夏猪 49 日龄的 Chao 指数显著高于 14 日龄和 28 日龄($P<0.05$),而梅山猪各日龄间的多样性指数无显著差异。PCOA 分析表明不同日龄,不同品种的仔猪其肠道 SRB 组成无差异。群落结构分析表明,在门水平上,SRB 主要由三个门组成(Actinobacteria,Firmicutes 和 Proteobacteria),大部分 SRB 都属于 Proteobacteria(各占约克夏猪和梅山猪总 SRB 的 93.3％和 93.1％);在属水平上,两种猪共检测到 11 个属,大部分 SRB 属于 *Desulfovibrio*(各占约克夏猪和梅山猪总 SRB 的 92.6％和 93.1％);在种水平上,相对丰度最高的 SRB 是 *Desulfovibrio intestinalis*,*Bilophila wadsworthia* 是约克夏猪肠道的第二大 SRB,而梅山猪肠道丰度第二的 SRB 是 *Desulfovibrio piger*。此外,日龄会影响某些 SRB 的数量,梅山猪 49 日龄的 *Bilophila wadsworthia* 显著高于 14 日龄和 28 日龄,约克夏猪 49 日龄的 *Faecalibacterium prausnitzii* 显著高于 14 日龄。品种也会影响某些 SRB 的数量,*Adlercreutzia equolifaciens* 只在约克夏猪 49 日龄时被检测到,而梅山猪 14 日龄、28 日龄、49 日龄均检测到 *Adlercreutzia equolifaciens*。*Flavonifractor plautii* 只在约克夏猪 49 日龄时检测到,而在梅山猪 14 日龄和 28 日龄均被检测到。综上所述,日龄会影响猪盲肠 SRB 的多样性及其数量,但不会影响其组成,*Desulfovibrio intestinalis* 是仔猪肠道中最主要的 SRB。

关键词: 硫还原菌(SRB);猪;群落结构;多样性

　* 基金项目:国家自然基金重点项目(31430082)

　** 第一作者简介:冉舒文(1995—),女,甘肃定西人,硕士研究生,动物营养与饲料科学专业,E-mail:1789920449@qq.com

　# 通讯作者:慕春龙,讲师,E-mail:muchunlong@njau.edu.cn

不同水平 25(OH)D₃ 对猪流行性腹泻病毒攻毒仔猪
生长性能、肠道结构和免疫功能的影响[*]

杨继文[**]　田刚　陈代文　郑萍　虞洁　毛湘冰　何军
罗玉衡　罗钧秋　黄志清　伍爱民　余冰[#]

（四川农业大学动物营养研究所,成都 611130）

摘要：本文旨在研究饲粮中添加不同水平 25(OH)D₃ 对猪流行性腹泻病毒（PEDV）攻毒断奶仔猪生长性能、肠道结构以及肠道免疫功能的影响。选取 42 头 21 天"杜×长×大"（DLY）断奶仔猪[(6.61±0.41) kg]按体重分为 6 个处理。其中,对照组饲喂基础饲粮[5.5 μg/kg 的 25(OH)D₃],PEDV 攻毒处理组分别饲喂含有 5.5、43、80.5、118、155.5 μg/kg 的 25(OH)D₃ 饲粮。试验第 22 天进行 PEDV 攻毒,继续饲喂 5 天后屠宰取样。结果表明:1)与对照组相比,PEDV 攻毒显著降低仔猪日增重和日采食量($P<0.05$),导致腹泻的发生($P<0.05$);PEDV 攻毒显著增加了血清中免疫球蛋白 M(IgM)、补体 C4 和 D-乳酸浓度及二胺氧化酶(DAO)的活性,减少了空肠黏膜绒毛蛋白(villin-1)的蛋白表达,增加了紧密连接蛋白 occludin 的蛋白表达,降低了空肠绒毛高度和绒隐比,增加了隐窝深度($P<0.05$);同时,PEDV 攻毒显著增加了空肠黏膜维甲酸诱导基因-Ⅰ(*RIG-Ⅰ*),Toll 样受体 2(*TLR2*),髓样分化因子(MyD88),白细胞介素 6(*IL-6*),白细胞介素 8(*IL-8*),干扰素-λ(*IFN-λ*)的基因表达($P<0.05$),增加了干扰素-β(IFN-β)和 IFN-λ 的蛋白表达。2)随着 25(OH)D₃ 添加水平的增加,一定程度缓解 PEDV 诱导的日增重和日采食量的下降,线性降低仔猪的腹泻率、腹泻指数及血清中 DAO 的含量($P<0.05$),其中以 155.5 μg/kg 的 25(OH)D₃ 抑制腹泻效果最佳($P<0.05$);同时,155.5 μg/kg 处理组显著抑制了 PEDV 诱导的 villin-1 蛋白的减少,并降低了 occludin 的蛋白表达;随着 25(OH)D₃ 添加水平的增加,攻毒仔猪绒毛高度和绒隐比呈显著线性增加,而隐窝深度线性降低($P<0.05$);另外,与 5.5 μg/kg 的攻毒处理组相比,155.5 μg/kg 处理组显著降低了 *RIG-Ⅰ*,TLR2,TRIF,*IL-6*,*IL-8*,*IFN-λ1*,Ⅰ 型干扰素受体(*IFNAR-1*)的基因表达($P<0.05$),抑制了 IFN-β 和 IFN-λ 的蛋白表达。综上所述,饲粮中添加 25(OH)D₃ 可能通过抑制 PEDV 诱导的模式识别受体表达,减少炎性细胞因子的表达,进而减少肠道屏障功能的损伤,缓解仔猪感染 PEDV 的腹泻症状;其中,以 155.5 μg/kg 的保护效果最佳。

关键词：25(OH)D₃;猪流行性腹泻病毒;断奶仔猪;肠道免疫

[*]　基金项目:国家科技支撑计划项目(2014BAD13B01);四川省科技支撑计划项目(2016NZ0006)

[**]　第一作者简介:杨继文(1991—),男,四川广元人,博士研究生,动物营养与饲料科学专业,E-mail:395725893@qq.com

[#]　通讯作者:余冰,教授,博士生导师,E-mail:ybingtian@163.com

白藜芦醇和姜黄素替代抗生素对断奶仔猪
生产性能,消化率和血液指标的影响[*]

韦文耀[**]　甘振丁　李毅　王超　张莉莉　王恬　钟翔[#]

(南京农业大学动物科技学院,南京 210095)

摘要:试验旨在研究饲粮添加不同水平的白藜芦醇和姜黄素对断奶仔猪生产性能、养分消化率和血液生理生化指标的影响。选用 180 头 28 日龄断奶的"杜×长×大"三元仔猪,随机分为 6 个组,每组 3 个重复,每个重复 10 头。CON 组饲喂基础饲粮,ANT、CUR、RES、LRC、HRC 组分别饲喂在基础饲粮中添加 300 mg/kg 复合抗生素、300 mg/kg 姜黄素、300 mg/kg 白藜芦醇、100 mg/kg 姜黄素和白藜芦醇、300 mg/kg 姜黄素和白藜芦醇的饲粮,试验期 28 天。结果表明,1)与对照组相比,ANT、CUR、LRC、HRC 组均可显著提高断奶仔猪平均日增重($P<0.05$);ANT、LRC、HRC 组均可显著提高断奶仔猪平均日采食量($P<0.05$);各试验处理组对断奶仔猪的料重比无显著影响($P>0.05$)。与 ANT 组相比,HRC、LRC 组的平均日增重差异不显著($P>0.05$);各试验处理组平均日采食量均低于 ANT 组($P>0.05$)。2) 与 CON 组相比,ANT、RES、LRC、HRC 组均能提高断奶仔猪粗蛋白质表观消化率($P>0.05$);ANT、RES、LRC 组均显著提高断奶仔猪粗脂肪表观消化率($P<0.05$);ANT、LRC、HRC 组均可显著提高断奶仔猪干物质表观消化率($P<0.05$)。各处理组对断奶仔猪粗纤维、粗灰分和有机物的表观消化率无显著影响($P>0.05$)。与 ANT 组相比,HRC、RES 组对断奶仔猪粗蛋白质表观消化率差异不显著($P>0.05$);RES、LRC、HRC 组对断奶仔猪粗脂肪表观消化率差异不显著($P>0.05$);LRC、HRC 组对奶仔猪干物质表观消化率差异不显著($P>0.05$)。3)与对照组相比,ANT、RES、LRC 组均可显著降低断奶仔猪血清 TC 含量($P<0.05$);ANT、LRC、HRC 组均显著降低断奶仔猪血清 TG 含量($P<0.05$);各试验处理组均可降低断奶仔猪血清 LDL 的含量($P>0.05$)。与 ANT 组相比,各试验处理组 TC、TG、LDL 含量差异不显著($P>0.05$)。4)各处理组均可降低断奶仔猪血清 AST 和 ALT 的含量($P>0.05$)。5)ANT、RES、HRC 组均显著降低断奶仔猪血清 MDA 水平($P<0.05$)。与 ANT 组相比,RES、HRC 组的血清 MDA 水平差异不显著($P>0.05$)。由此可见,饲粮添加姜黄素、白藜芦醇或二者联合使用在一定程度上可替代抗生素提高断奶仔猪生长性能、养分表观消化率,调节血脂代谢,改善肝脏功能,降低脂质过氧化水平。

关键词:白藜芦醇;姜黄素;断奶仔猪;抗生素替代;生产性能;消化率

---

[*] 基金项目:江苏省自然科学基金面上项目(BK20161446)

[**] 第一作者简介:韦文耀,男,硕士研究生,E-mail:w_wenyao@163.com

[#] 通讯作者:钟翔,男,副教授,E-mail:zhongxiang@njau.edu.cn

纳米氧化锌对断奶仔猪肠道形态和肠道屏障的影响*

李思勉** 张礼根 王超 葛晓可 应志雄 何进田

张莉莉 钟翔 王恬#

（南京农业大学动物科技学院,南京 210095）

摘要:本试验旨在研究断奶仔猪饲粮添加纳米氧化锌替代普通氧化锌的潜力。选取 384 头 23 日龄的健康断奶"杜×长×大"三元仔猪随机分为 4 组（每组 4 个重复）,对照组饲喂基础饲粮；氧化锌组饲喂基础饲粮添加 3 000 mg/kg 氧化锌；纳米氧化锌Ⅰ、Ⅱ组分别饲喂基础饲粮添加 400 和 800 mg/kg 纳米氧化锌。饲养 14 天后,每重复选取 2 头体重相近的仔猪禁食 8 h,屠宰取样分析。结果表明:1)与对照组相比,饲粮添加 3 000 mg/kg 氧化锌、400 和 800 mg/kg 纳米氧化锌均显著提高了十二指肠和空肠的绒毛高度、绒毛高度/隐窝深度（$P<0.05$）；相对于对照组,饲粮添加 3 000 mg/kg 氧化锌显著增加了仔猪十二指肠绒毛面积,但与 400 和 800 mg/kg 纳米氧化锌组无显著差异；与饲粮添加 400、800 mg/kg 纳米氧化锌相比,饲粮添加 3 000 mg/kg 氧化锌显著增加了十二指肠的绒毛高度/隐窝深度、空肠绒毛面积（$P<0.05$）,而空肠中隐窝深度各组无显著差异（$P>0.05$）；与 400 mg/kg 纳米氧化锌组相比,饲粮添加 800 mg/kg 纳米氧化锌和 3 000 mg/kg 氧化锌显著提高了空肠绒毛高度/隐窝深度（$P<0.05$）。2)与对照组相比,饲粮添加 3 000 mg/kg 氧化锌、400 和 800 mg/kg 纳米氧化锌均显著降低了十二指肠 BAX 基因的表达量（$P<0.05$）；饲粮添加 400 和 800 mg/kg 纳米氧化锌显著提高了空肠 $KI67$ 基因的表达量（$P<0.05$）,但在十二指肠中各组间 $KI67$ 基因表达量差异不显著；饲粮添加 400 和 800 mg/kg 纳米氧化锌显著提高了十二指肠 $ZO-1$ 基因的表达量,而 3 000 mg/kg 氧化锌组与对照组无显著差异。3)与对照组相比,饲粮添加 3 000 mg/kg 氧化锌、400 和 800 mg/kg 纳米氧化锌均显著降低了十二指肠 $IL12$ 基因的表达量（$P<0.05$）,而 3 000 mg/kg 氧化锌组,还显著降低了空肠 $IL12$ 基因表达量（$P<0.05$）；与对照组和 400 mg/kg 纳米氧化锌组相比,添加 3 000 mg/kg 氧化锌、800 mg/kg 纳米氧化锌显著降低了十二指肠 $IL6$ 和 $IL13$ 基因的表达量（$P<0.05$）；TNF 和 $IL1$ 基因表达量在各肠段和各组中均无显著差异（$P>0.05$）。由此可见,饲粮添加 800 mg/kg 纳米氧化锌与 3 000 mg/kg 氧化锌具有相似的改善肠道黏膜形态和肠黏膜屏障的效果,其可能具替代 3 000 mg/kg 氧化锌的潜力,但纳米氧化锌替代锌的最适添加量还需进一步研究确定。

关键词:纳米氧化锌；断奶仔猪；肠道形态；肠屏障

* 基金项目:中央高校基本科研业务费(KJQN201706)和江苏高校优势学科建设二期工程资助项目
** 第一作者简介:李思勉(1994—),女,硕士研究生,研究方向为动物营养与饲料科学,E-mail:1186619268@qq.com
# 通讯作者:王恬(1958—),男,教授,博士,研究方向为动物营养与饲料科学,E-mail:twang18@163.com

纳米氧化锌作为硫酸黏杆菌素或氧化锌的替代品对断奶仔猪生长性能、腹泻率、肠绒毛形态和肠道菌群的影响[*]

王超[**]　张礼根　应志雄　何进田　周乐　张莉莉　钟翔　王恬[#]

（南京农业大学动物科技学院,南京 210095）

摘要:本试验旨在探索纳米氧化锌替代硫酸黏杆菌素(CS)或高剂量氧化锌的可行性。试验择取 216 头 23 天日龄的"杜×长×大"三元杂交断奶仔猪,随机分为 3 个组,硫酸黏杆菌素组:基础日粮添加 20 mg/kg 硫酸黏杆菌素;硫酸黏杆菌素＋氧化锌组:基础日粮添加 20 mg/kg 硫酸黏杆菌素＋3 000 mg/kg 氧化锌;纳米氧化锌组:基础日粮添加 1 200 mg/kg 纳米氧化锌。试验 14 天后,每个重复取仔猪 2 头(公母各半)空腹 6 h 后屠宰采样分析。结果表明:1)通过透射电镜分析得到的纳米氧化锌的高中低倍图像显示纳米氧化锌的粒径约是 30 nm（主要是 20~40 nm）,形状近似球形。2)日粮添加纳米氧化锌显著提高了断奶仔猪末重、平均日增重($P<0.05$),但对平均日采食量及料重比没有显著影响($P>0.05$)。3)对于腹泻率的效果在纳米氧化锌组与 20 mg/kg 硫酸黏杆菌素＋3 000 mg/kg 氧化锌组之间没有显著差异($P>0.05$),但与硫酸黏杆菌素组相比,日粮添加 20 mg/kg 硫酸黏杆菌素＋3 000 mg/kg 氧化锌显著降低了断奶仔猪的腹泻率($P<0.05$)。4)肝脏指数硫酸黏杆菌素＋氧化锌组显著高于硫酸黏杆菌素组和氧化锌组;肾脏指数硫酸黏杆菌素＋氧化锌组和纳米氧化锌组显著高于硫酸黏杆菌素组;脾脏和胰腺各组无显著差异。5)与硫酸黏杆菌素组相比,硫酸黏杆菌素＋氧化锌组和纳米氧化锌组显著增高了空肠的绒毛高度、隐窝深度、绒毛高度和隐窝深度的比值($P<0.05$),硫酸黏杆菌素＋氧化锌组和纳米氧化锌组间绒毛高度、隐窝深度无显著差异,但纳米氧化锌组绒毛高度和隐窝深度的比值显著高于硫酸黏杆菌素＋氧化锌组。三组间绒毛宽度和面积均不显著。6)由此可见,饲粮添加 1 200 mg/kg 纳米氧化锌能改善肠道黏膜形态、黏膜屏障,效果优于添加添加 20 mg/kg 硫酸黏杆菌素和 20 mg/kg 硫酸黏杆菌素＋3 000 mg/kg 氧化锌。

关键词:纳米氧化锌;断奶仔猪;肠道形态;肠屏障;微生物

---

[*] 基金项目:江苏高校优势学科建设二期工程资助项目

[**] 第一作者简介:王超(1984—),男,讲师,博士研究生,研究方向为动物营养与饲料科学,E-mail:wangchao121@njau.edu.cn

[#] 通讯作者:王恬,男,教授,博士研究生,研究方向为动物营养与饲料科学,E-mail:tianwangnjau@163.com

宫内发育迟缓对仔猪生长性能、肝脏线粒体
生物合成和能量代谢的影响[*]

张昊[**]　　王恬[#]

（南京农业大学动物科技学院，南京 210095）

摘要： 本试验旨在研究宫内发育迟缓（IUGR）对仔猪生长性能、肝脏线粒体生物合成和能量代谢的影响。在母猪分娩时，选取 24 头正常初生重（NBW）和 24 头全同胞 IUGR 新生仔猪。NBW 仔猪的初生重（BW）接近群体平均值且差值小于 0.5 个标准差（SD），IUGR 仔猪的 BW 低于群体平均重 2 个 SD。按 BW 将仔猪分为两组（即 NBW 和 IUGR 组），每组 6 重复，每重复 4 头。所有仔猪自然哺乳至 21 日龄，断奶后每重复为 1 栏，定时饲喂相同商品饲粮至断奶后 28 天。分别于仔猪第 1、21 和 49 日龄采集血浆，屠宰后取肝脏样品，用于测定与机体代谢、肝脏线粒体功能及能量供给相关的生化指标。结果表明：1）与 NBW 相比，IUGR 显著降低了仔猪哺乳期（1～21 日龄）平均日增重（ADG）及断奶后早期（22～49 日龄）ADG、平均日采食量与饲料效率（FE）（$P<0.05$）。2）IUGR 对仔猪血浆部分代谢物与激素含量有显著影响，1 日龄 IUGR 仔猪血浆总蛋白（TP）、白蛋白、游离三碘甲状腺原氨酸与游离甲状腺素（FT$_4$）含量降低；21 日龄时，IUGR 仔猪血浆 TP、总胆固醇、葡萄糖及 FT$_4$ 含量减少，而尿素氮和游离脂肪酸（FFA）水平升高；49 日龄时，IUGR 仔猪血浆 FFA 含量较 NBW 仔猪显著升高（$P<0.05$）。3）与 NBW 仔猪相比，IUGR 仔猪肝脏能量储备和代谢活性较低，1 和 21 日龄肝糖原含量减少，21 日龄肝脏三磷酸腺苷（ATP）与能荷水平及柠檬酸合酶（CS）与琥珀酸脱氢酶（SDH）活性均显著下降（$P<0.05$）。4）IUGR 显著降低了 1 和 21 日龄仔猪肝脏去乙酰化酶 1 活性，并导致 21 和 49 日龄仔猪肝脏线粒体 DNA 拷贝数明显减少（$P<0.05$）。5）与 NBW 相比，IUGR 对 1、21 和 49 日龄仔猪肝脏线粒体生物合成与能量代谢相关基因有不同程度的下调作用，其中 IUGR 对仔猪肝脏过氧化物酶体增殖物激活受体 γ 共激活因子 1α、核呼吸因子 1、线粒体转录因子 A、过氧化物酶体增殖激活物受体 α 和 ATP 合酶 β 多肽转录表达的抑制程度尤为明显（$P<0.05$）。由此可见，IUGR 会损伤仔猪肝脏线粒体功能，导致 ATP 产生减少、能量供给不足，这可能是造成 IUGR 仔猪出生后生长缓慢的一个重要因素。

关键词： 宫内发育迟缓；生长性能；肝脏；线粒体功能；能量代谢；仔猪

　＊　基金项目：国家自然科学基金项目（31772634）

＊＊　第一作者简介：张昊，男，博士研究生：E-mail：zhanghao89135@163.com

　＃　通讯作者：王恬，教授，E-mail：tianwangnjau@163.com

白藜芦醇对宫内发育迟缓哺乳仔猪肝脏损伤、氧化还原代谢和细胞凋亡的影响[*]

张昊^{**}　王恬[#]

（南京农业大学动物科技学院，南京 210095）

摘要：本试验旨在研究白藜芦醇对宫内发育迟缓（IUGR）哺乳仔猪肝脏组织形态、氧化还原和细胞凋亡的影响。在母猪分娩时，挑选 7 头正常初生重（NBW）和 14 头全同胞 IUGR 新生仔猪。NBW 仔猪的初生重（BW）接近群体平均值且差值小于 0.5 个标准差（SD），IUGR 仔猪的 BW 低于群体平均重 2 个 SD。所有仔猪自然哺乳至 7 日龄。随后，NBW 仔猪饲喂基础配方乳（NBW-CON 组），IUGR 仔猪分别饲喂基础配方乳（IUGR-CON 组）和添加 0.1％白藜芦醇（以乳粉干物质计）的试验配方乳（IUGR-RSV 组），每组 7 重复，每重复 1 头仔猪。试验期 14 天。结果表明：1）与 NBW-CON 组相比，IUGR-CON 组肝细胞排列疏松、体积肿大、细胞质出现明显的空泡化现象，并伴有实质组织溶解；白藜芦醇干预可有效缓解上述现象。2）IUGR-CON 仔猪肝细胞中部分线粒体肿胀严重，线粒体膜破裂并伴有基质溶解的现象；经白藜芦醇干预后，IUGR-RSV 组肝脏线粒体肿胀程度明显减少，线粒体完整性与 NBW-CON 组基本相似。3）与 NBW-CON 仔猪相比，IUGR 显著提高了 IUGR-CON 仔猪肝细胞活性氧（ROS）水平、肝脏线粒体超氧阴离子自由基（·O_2^-）产量、蛋白羧基（PC）与丙二醛（MDA）含量，且明显抑制了谷胱甘肽还原酶活性、还原型谷胱甘肽（GSH）/氧化型谷胱甘肽（GSSG）比例（$P<0.05$）；与 NBW-CON 组相比，IUGR-CON 和 IUGR-RSV 组肝脏 GSH 含量均显著下降（$P<0.05$）；白藜芦醇干预有效抑制了肝细胞 ROS 堆积与肝脏线粒体·O_2^-的产生过多，降低了肝脏 PC 与 MDA 含量，提高了锰超氧化物歧化酶（Mn-SOD）活性与 GSH/GSSG 比例（$P<0.05$）。4）IUGR-CON 哺乳仔猪肝细胞早期凋亡比例以及肝脏 Caspase 3 和 9 活性均明显高于 NBW-CON 仔猪（$P<0.05$）；添加白藜芦醇能明显改善上述现象（$P<0.05$）。5）qRT-PCR 的检测结果显示，与 IUGR-CON 仔猪相比，添加白藜芦醇显著上调了 IUGR-RSV 仔猪肝脏血红素加氧酶-1 和 Mn-SOD mRNA 表达水平，抑制了多种促凋亡蛋白的转录活性（$P<0.05$）；白藜芦醇有效缓解了 IUGR 造成的仔猪肝脏过氧化物酶 3 转录表达减少（$P<0.05$）。6）与 IUGR-CON 组相比，白藜芦醇显著提高了 IUGR-RSV 组肝脏核蛋白中核呼吸因子 2（NRF2）的表达程度（$P<0.05$）。白藜芦醇通过抑制线粒体·O_2^-产生过多、促进 NRF2 核转位及提高 Mn-SOD 转录表达与活性等作用，有效缓解了 IUGR 哺乳仔猪肝脏 ROS 积累，降低了肝脏氧化损伤程度，减少了早期凋亡细胞数量，进而改善了 IUGR-RSV 仔猪肝脏组织形态受损的现象。

关键词：宫内发育迟缓；白藜芦醇；肝脏损伤；氧化还原；细胞凋亡；哺乳仔猪

* 基金项目：国家自然科学基金项目（31772634）
** 第一作者简介：张昊，男，博士研究生，E-mail：zhanghao89135@163.com
# 通讯作者：王恬，教授，E-mail：tianwangnjau@163.com

二甲基甘氨酸钠对宫内发育迟缓断奶仔猪生产性能、肝脏抗氧化及线粒体功能的影响*

冯程程** 白凯文 张莉莉 王恬#

（南京农业大学动物科技学院,南京 210095）

摘要: 本试验旨在研究饲粮添加二甲基甘氨酸钠（N,N-dimethylglycine sodium salt,DMG-Na）对宫内发育迟缓（intrauterine growth retardation,IUGR）断奶仔猪生产性能、肝脏抗氧化及线粒体功能的影响。选择 16 头正常初生体重（NBW）（杜洛克×长白×大白）三元杂交仔猪和 16 头 IUGR 三元杂交仔猪,自然哺乳到 21 日龄断奶,分别饲喂基础日粮或补充了 0.1% DMG-Na 的试验饲粮。采用 2×2 试验设计,共分成 4 个处理组,即 NC（NBW＋基础饲粮）组、ND（NBW＋DMG-Na 饲粮）组、IC（IUGR＋基础饲粮）组、ID（IUGR＋DMG-Na 饲粮）组,每组 8 头猪,公母各半。49 日龄屠宰取样,对肝脏及线粒体酶活性及相关基因 mRNA 表达量进行测定。结果表明:IUGR 断奶仔猪 28 天总体增重及饲粮摄入量显著低于 NBW 断奶仔猪（$P<0.05$）,而饲料效率有下降的趋势（$P=0.075$）。与 NBW 断奶仔猪相比,IUGR 断奶仔猪肝脏谷胱甘肽（GSH）含量减少（$P<0.05$）,谷胱甘肽过氧化物酶（GPx）活性显著降低（$P<0.05$）,丙二醛含量显著升高（$P<0.05$）,肝脏线粒体超氧化物歧化酶（SOD）和苹果酸脱氢酶（MDH）活性显著降低（$P<0.05$）。此外,IUGR 断奶仔猪肝脏 GST、$Trx2$、$Trx-R2$ 及 $Ccox$ Ⅰ mRNA 表达量显著高于 NBW 仔猪。饲粮添加 DMG-Na 促使仔猪总体增重、饲粮摄入量及饲料效率显著提高（$P<0.05$）,肝脏谷胱甘肽-S-转移酶（GST）活性及线粒体 SOD、乳酸脱氢酶（LDH）活性显著增强（$P<0.05$）,而肝脏 GPx 活性有升高的趋势（$P=0.055$）,线粒体 GSH 含量也有升高的趋势（$P=0.078$）,肝脏 GST、$Trx2$ mRNA 表达量显著增加（$P<0.05$）,而 $Ccox$ Ⅰ 和 $mtSSB$ mRNA 表达量有增加的趋势。由此可见,IUGR 会降低断奶仔猪生产性能,造成肝脏抗氧化能力下降及线粒体功能受损。饲粮中添加 0.1% DMG-Na 能够有效提高 49 日龄断奶仔猪的生产性能,提高肝脏抗氧化、线粒体关键酶活性及相关基因表达量。

关键词: 二甲基甘氨酸钠;宫内发育迟缓;生产性能;肝脏;抗氧化

---

* 基金项目:国家自然科学基金项目（31572418）

** 第一作者简介:冯程程,女,硕士研究生,E-mail:1196725171@qq.com

通讯作者:王恬,教授,E-mail:tianwangnjau@163.com

仔猪宫内发育迟缓对 N-6 甲基腺嘌呤 RNA 甲基化修饰的影响*

李毅**　韦文耀　甘振丁　张婧菲　张莉莉　王恬　钟翔#

（南京农业大学动物科技学院,南京 210095）

摘要:表观遗传学是指在 DNA 序列不改变的情况下,基因功能发生的可遗传的变异,最终可导致表型变化,RNA 表观遗传学是其中一个重要的分支。N-6 甲基腺苷(m^6A)是目前已知的 100 多种 RNA 甲基化修饰中最普遍存在的一种。研究表明 m^6A 是一种动态的可逆性修饰,甲基转移酶(METTL3、METTL14)、脱甲基酶(FTO、ALKBH5)和甲基结合蛋白(YTHDF2)通过对甲基的"书写""擦除""读取",可在体内发挥重要的生物学作用。宫内发育迟缓(IUCR)是指哺乳动物的胎儿及其器官在母体妊娠期间的生长发育缓慢,已经成为困扰人类医学和动物生产的一大难题。本试验旨在探究 IUCR 仔猪与正常仔猪肝脏、空肠和回肠 m^6A RNA 甲基化修饰的区别。选取刚出生的正常仔猪和 IUCR 仔猪各 8 只,屠宰取样。结果表明:1)与正常仔猪相比,IUCR 仔猪肝脏甲基转移酶 *METTL3* 和 *METTL14* mRNA 表达量分别提高了 12.40%($P>0.05$)和 7.72%($P>0.05$),脱甲基酶 *FTO* 和 *ALKBH5* mRNA 表达量分别提高了 13.95%($P>0.05$)和 5.07%($P>0.05$),甲基结合蛋白 *YTHDF2* mRNA 表达量提高了 14.01%($P>0.05$)。2)与正常仔猪相比,IUCR 仔猪空肠甲基转移酶 *METTL3* mRNA 表达量降低了 4.08%($P>0.05$),*METTL14* mRNA 表达量提高了 19.09%($P>0.05$),脱甲基酶 *FTO* 和 *ALKBH5* mRNA 表达量分别提高了 53.74%($P<0.05$)和 38.08%($P>0.05$),甲基结合蛋白 *YTHDF2* mRNA 表达量提高了 81.65%($P<0.05$)。3)与正常仔猪相比,IUCR 仔猪回肠甲基转移酶 METTL3 和 *METTL14* mRNA 表达量分别降低了 2.99%($P>0.05$)和 15.51%($P>0.05$),脱甲基酶 *FTO* 和 *ALKBH5* mRNA 表达量分别提高了 2.41%($P>0.05$)和 12.15%($P>0.05$),甲基结合蛋白 *YTHDF2* mRNA 表达量提高了 16.10%($P>0.05$)。由此可见,m^6A RNA 甲基化修饰在仔猪肝脏、空肠和回肠的甲基化水平均有所差异,揭示了 m^6A 的组织特异性;其次,宫内发育迟缓对仔猪 m^6A RNA 甲基化修饰有影响,进一步揭示了 m^6A 与疾病、生物学过程的相关性;最后,在分子水平上,为减少宫内发育迟缓提供一项可能的研究途径,对配子发生、睾丸发育、胚胎生长及新陈代谢等方面的重要功能及基因表达后的调控有重要意义。

关键词:表观遗传营养;RNA 甲基化修饰;仔猪;宫内发育迟缓;肝脏;肠道

---

* 　基金项目:国家自然科学基金面上项目(31472129);江苏省自然科学基金面上项目(BK20161446)

** 　第一作者简介:李毅,女,硕士研究生,E-mail:18305180368@163.com

#　通讯作者:钟翔,副教授,E-mail:xiangzhongyr@163.com

断奶对仔猪血清生化指标、肠道结构及 SGLT1 与 PepT1 基因表达量的变化[*]

李梦云[**]　郭金玲　刘卫东　聂芙蓉　刘延贺　朱宽佑　郭建来　李婉涛[#]

（河南牧业经济学院饲料工程中心,郑州 450046）

摘要:断奶是仔猪出生后面临的最大应激,饲料与环境的改变最终导致仔猪在断奶后采食量降低、免疫力降低、负增重和发病率升高等问题,严重的甚至死亡,其实质则是仔猪肠道损伤,肠道结构和功能发生改变,而仔猪肠道不仅是机体最大的消化器官,更是机体的免疫器官,还扮演着阻挡病原菌入侵的首要屏障,因而肠道正常的形态结构对维持动物机体的消化和免疫功能至关重要。小肠中钠/葡萄糖共转运载体 1（sodim-gluose transporter1,SGLT1）和二肽转运载体 1（peptide-transporter1,PepT1 ）分别是转运葡萄糖和寡肽的载体,反映动物机体消化吸收碳水化合物和蛋白质的功能。因而研究仔猪断奶前及断奶后 1 周内血液指标、肠道形态及 SGLT1 和 PepT1 基因的表达具有非常重要的意义。本试验主要探讨仔猪在断奶前及断奶后 1 周内血液指标、肠道结构及空肠中 SGLT1 和 PepT1 基因表达的变化规律。挑选 20 日龄仔猪 55 头,断奶前 1 天屠宰 5 头,余下 50 头 21 日龄断奶并分为 5 个圈,每圈 10 头猪,分别在断奶后第 2 天、第 4 天和第 8 天每圈各挑选 1 头仔猪屠宰,共屠宰 20 头仔猪。结果表明:和断奶前相比,碱性磷酸酶活性在断奶后第 2 天显著降低（$P<0.05$）、在断奶后第 8 天极显著降低（$P<0.01$）,钾离子含量在断奶后第 4 天和第 8 天显著增加（$P<0.05$）,血清尿素氮在断奶后第 2 天极显著增加（$P<0.01$）,在断奶后第 8 天又显著降低（$P<0.05$）,IgG 含量显著降低（$P<0.05$）。十二指肠绒毛高度在断奶后第 2 天极显著降低（$P<0.01$）、断奶后第 4 天显著降低（$P<0.05$）,隐窝深度在断奶后第 2 天和第 4 天均显著增加（$P<0.05$）,两者比值在断奶后第 2 天和第 4 天均显著降低（$P<0.05$）。空肠中 SGLT1 基因表达量在断奶后均显著降低（$P<0.05$）,PepT1 基因表达量在断奶后第 4 天和第 8 天均显著低于断奶前（$P<0.05$）。由此表明,断奶尤其是断奶后 1 周对仔猪肠道结构、消化功能、免疫力有显著影响。

关键词:仔猪;断奶前后;血液指标;肠道形态;基因表达

* 基金项目:郑州市 1125 创新领军人才项目（2016XL003）;校科技创新团队（HUAHE2015005）
** 第一作者简介:李梦云(1970—),女,湖北监利人,副教授,博士研究生,主要从事猪营养研究,E-mail:limengyun1@163.com
# 通讯作者:李婉涛,教授,E-mail:wantao1128@126.com

不同纤维源的组合对妊娠母猪繁殖性能的影响[*]

张天荣[**] 孙铁虎 王博 王勇生[#]

（中粮营养健康研究院北京市畜产品质量安全源头控制工程技术研究中心，北京 102209 ）

摘要：纤维是妊娠母猪的重要营养素。通过营养调控特别是增加妊娠母猪的纤维摄入，在改善母猪便秘和繁殖性能方面效果明显，一定程度上提高了窝产仔数和窝产活仔数。为了探索不同纤维来源的组合对娠母猪繁殖性能的影响，本研究拟通过在妊娠母猪日粮中组合添加一定比例的以苜蓿草颗粒、豆皮、甜菜粕为不同来源的纤维，探索不同纤维对母猪妊娠阶段繁殖性能的影响，达到通过调控母猪纤维源的摄入进而提高母猪繁殖性能。试验选用 120 头品种一致、体型相近、配种日期接近的妊娠母猪作为试验动物。试验分为 A、B、C、D 4 个处理，每个处理每期 10 头。试验共分为三期进行。妊娠料试验期从母猪配种到妊娠 107 天，妊娠 107 天上产床，107 天到分娩用同一种哺乳日粮。4 个处理的妊娠试验母猪分别饲喂妊娠料 A（对照组，含 8％麸皮＋6％大豆皮）、妊娠料 B（试验 1 组，含 8％麸皮＋9％甜菜粕）、妊娠料 C（试验 2 组，含 8％麸皮＋9％苜蓿草）、妊娠料 D（试验 3 组，含 10％甜菜粕和 7.5％苜蓿草），其余日粮结构不变。4 种日粮 NDF 的含量均为16.5％。结果表明 4 个处理组试验母猪在产程和胎衣重方面无显著差异（$P>0.05$）；各组在窝产总仔数、窝产活仔数和窝产健仔数方面均无显著差异（$P>0.05$），但在数值上窝产总仔数和窝产活仔数均表现为 B 组最优，窝产总仔数 B 组比对照组多 1.17 头；窝产健仔数 B 组比对照组多 0.49头；各组在出生重和出生窝重也无显著差异（$P>0.05$），出生窝重试验 B、C、D 组比对照 A 组增加11.7％、4.6％、4.0％。综合试验数据表明试验 B 组以"8％麸皮＋9％甜菜粕"组合效果较好，其次是"8％麸皮＋9％苜蓿草颗粒"。因此，实际生产中建议以"麸皮＋甜菜粕"的组合形式为妊娠母猪提供纤维的来源，以改善妊娠母猪生产繁殖性能。

关键词：麸皮；甜菜粕；苜蓿草颗粒；纤维；妊娠母猪

＊ 基金项目：国家"十二五"科技支撑计划"设施养猪关键技术与设备研发"（2014BAD08B06）

＊＊ 第一作者简介：张天荣，女，硕士研究生，主要从事猪营养研究配方设计

＃ 通讯作者：王勇生（1975—），男，博士，研究员。主要研究方向为饲料资源开发与利用，E-mail：wangyongsheng@cofco.com

生产条件下母猪在一个繁殖周期内血脂等指标变化规律[*]

王文惠[**] 江赵宁 王振宇 王凤来[#]

(动物营养学国家重点实验室,中国农业大学动物科技学院,北京 100193)

摘要:母猪在妊娠时,母体脂质代谢等一系列生理代谢过程会发生适应性变化,血脂水平会相应地升高,有利于满足胎儿生长发育及母体自身维持的能量需要。但当血脂水平超过生理性需要时,会引起母体脂质代谢紊乱,引发一系列代谢综合征。本试验的研究目的是监测一个繁殖周期内母猪脂代谢相关血清生化指标的变化规律,探究母猪高血脂形成的原因和发生过程。试验共随机选取 56 头健康的处在发情期的长白×大白二元杂交母猪,记录母猪的胎次。分别在配种前、妊娠 60 天、妊娠 90 天、妊娠 107 天和哺乳 21 天,在早上饲喂 4 h 后(饲喂时间为 5:30 AM)对母猪进行保定,用不含肝素的一次性真空采血管通过耳缘静脉采集非抗凝血 5 mL,常温静置 30 min 后,4℃ 3 000 r/min 离心 10 min,分离血清,于−20℃保存备用。所得血清用来检测甘油三酯(TG)、总胆固醇(TC)、高密度脂蛋白胆固醇(HDL-C)、低密度脂蛋白胆固醇(LDL-C)、葡萄糖、尿素氮、游离脂肪酸(FFA)、胰岛素和瘦素。试验结果表明:母猪在配种前的 TG 和 TC 水平显著高于妊娠期和哺乳期($P<0.05$),其中妊娠 90 天显著高于妊娠 60 天和妊娠 107 天($P<0.05$)。血清 HDL-C 在配种前显著高于妊娠期和哺乳期($P<0.05$),并且哺乳期的 HDL-C 水平显著高于妊娠期的($P<0.05$)。血清 LDL-C 和葡萄糖在配种前的水平显著高于妊娠期和哺乳期($P<0.05$),并且妊娠 90 天、妊娠 107 天和哺乳期差异不显著但是显著高于妊娠 60 天($P<0.05$)。血清尿素氮水平在配种前显著高于妊娠期和哺乳期($P<0.05$),并且妊娠 107 天和哺乳期的差异不显著但是显著高于妊娠 60 天和妊娠 90 天($P<0.05$)。妊娠 107 天的血清 FFA 水平显著高于其他阶段($P<0.05$)。血清胰岛素在配种前的浓度显著高于妊娠期和哺乳期($P<0.05$),但是在妊娠各阶段和哺乳期之间没有显著差异。妊娠 60 天和妊娠 90 天的血清瘦素水平显著高于其他阶段($P<0.05$)。综上所述,在本试验条件下的母猪甘油三酯和胆固醇等血脂浓度在配种前和妊娠后期较高,相比于其他阶段这两个阶段可能更容易发生高血脂。

关键词:母猪;生理阶段;血脂

---

[*] 基金项目:国家重点研发计划(2016YFD0501204)

[**] 第一作者简介:王文惠(1993—),女,山东济南人,博士研究生,动物营养与饲料科学专业,E-mail:932716436@qq.com

[#] 通讯作者:王凤来,教授,博士生导师,E-mail:Wangfl@cau.edu.cn

不同繁殖性能母猪卵泡液、血清和
尿液代谢组比较研究*

陈美霞[1,2]** 　张博[1,2] 　曾祥芳[1,2]# 　叶倩红[1,2] 　蔡爽[1,2] 　谯仕彦[1,2]

(1. 中国农业大学动物科技学院，动物营养国家重点实验室，北京 100193；
2. 北京生物饲料添加剂重点实验室，北京 100193)

摘要：卵母细胞质量对人和哺乳动物早期胚胎质量和繁殖潜能具有重要影响，本试验旨在运用超高效液相色谱质谱串联(UPLC-MS/MS)技术分析比较研究不同产活仔数母猪中卵泡液、血液及尿液代谢组学，鉴定出差异代谢物和差异代谢通路，从代谢组学层面揭示制约卵子及胚胎发育潜能的关键代谢产物和代谢途径，以期进行后期的营养调控。试验选取 10 头胎次相近(5～6 胎)的经产母猪(长×大白)，按照最后三胎窝产活仔数，将其分为正常产仔数组[NLS；窝产活仔数(12.53±0.46)]和低产仔数组[LLS；窝产活仔数(8.07±0.52)]。在出现静立反射 20 天后立即采集卵泡液、血清及尿液样品，利用 UPLC-MS/MS 测定各样品代谢谱，对试验收集的数据进行代谢物主成分分析和偏最小二乘法分析，鉴定差异代谢物并进行差异代谢通路富集分析。采用液相色谱质谱联用仪对卵泡液的游离氨基酸进行分析，采用气相色谱对卵泡液脂肪酸进行分析。利用猪卵母细胞体外成熟及发育试验，研究差异代谢物对卵母细胞发育的影响。结果表明，与 NLS 母猪相比，LLS 母猪卵泡液、血清及尿液中分别筛选出 27、14 和 16 种差异代谢物[变量权重值(VIP)>1，$P<$0.1]。其中，卵泡液、血清和尿液中分别有 16、5 和 12 种代谢物与平均窝产活仔数显著相关($P<$0.05)。受试者特征工作曲线下面积分析表明，卵泡液中 7 种代谢物对 LLS 母猪的诊断效率为 0.96[95％置信区间(95％ CI，0.50～1.00)]，包括脱氧肌苷、磷酸胍基乙酸、胸苷、5,6-环氧-二十碳三烯酸、肌肽、二十二碳六烯酸和氨基甲酰磷酸；血清中 6 种代谢物对 LLS 母猪的诊断效率为 0.93(95％ CI，0.62～1.00)，包括半胱氨酸、肉碱、5-羟色胺、次黄嘌呤、缬氨酸和精氨酸；尿液中 5 种代谢物对 LLS 母猪的诊断效率为 0.96(95％ CI，0.75～1.00)，包括肉碱、苯基甘氨酸、N-乙酰谷氨酰胺、丙酰肉碱和胆碱。代谢通路富集分析表明，LLS 母猪共有 11 个代谢通路异常，主要包括氨基酸代谢通路、嘌呤-嘧啶代谢通路和脂肪酸代谢通路。靶向嘌呤代谢通路，提高猪卵母细胞体外成熟培养液中脱氧肌苷含量，显著提高囊胚率($P<$0.05)和卵裂率($P<$0.05)。由此可见，低产活仔数母猪发生了氨基酸、脂肪酸和嘌呤嘧啶代谢异常，这些异常代谢可能导致卵母细胞质量下降；卵泡液、血清和尿液中的差异代谢物可用于低产活仔母猪的诊断；在成熟液中添加适宜浓度的脱氧肌苷会促进卵母细胞发育。本试验研究结果对快速预测猪卵子质量及其发育潜能以及为低繁殖性能母猪提供新的营养策略提供参考。

关键词：代谢组学；母猪；产仔数；卵泡液；血清；卵母细胞；脱氧肌苷

　* 基金项目：国家重点研发专项(2018YFD0501002)

　** 第一作者简介：陈美霞(1991—)，女，山东潍坊人，博士研究生，从事猪营养与繁殖研究，E-mail：meixia10nian@163.com

　# 通讯作者：曾祥芳，副教授，硕士生导师，研究方向为猪营养与繁殖，E-mail：ziyangzxf@163.com

妊娠期能量水平对后代公猪睾丸发育的影响[*]

林燕[**][#] 徐学玉 吴德 方正锋 冯斌 徐盛玉 车炼强 李健 卓勇

(四川农业大学动物营养研究所,成都 611130)

摘要:本试验旨在研究母体妊娠期饲粮能量水平是否影响后代公猪睾丸的发育及作用机理。选取 36 头体重、背膘相近 LY 经产母猪,随机分为正常能量组(CON)和低能量饲粮组(LE)。母猪分娩后,从两组分别挑选新生公猪各 15 头,试验期间均饲喂相同饲粮,120 日龄时结束试验。于 28 和 120 日龄进行采血,用于血液生化、免疫指标和激素水平分析;分别在 0、28 和 120 日龄取睾丸样,用于组织形态切片、PCNA 免疫组化、细胞凋亡率及转录组学分析及基因和蛋白验证。结果表明:1)LE 组公猪出生重、0~90 日龄日采食量和 0~60 日龄日增重均显著低于 CON 组($P<0.05$)。LE 组 0 日龄睾丸重显著低于 CON 组($P<0.05$)。2)LE 组 28 日龄时,雌激素水平显著低于 CON 组($P<0.05$),120 日龄时睾酮水平显著高于 28 日龄时($P<0.05$)。3)0 日龄时,两组睾丸生精细胞形态结构均正常;28 日龄时,与 CON 组相比,LE 组生精细管壁垮塌,细胞排列混乱;120 日龄时 LE 组可见部分生精细胞脱落,精子数量减少,且 28、120 日龄时 CON 组的细胞数目和管径极显著高于 LE 组($P<0.01$),0 日龄时 LE 组凋亡细胞比率显著高于 CON 组($P<0.01$)。4)GO 功能分析表明差异 mRNA 和 lncRNA 主要分布在细胞过程、代谢进程,细胞,结合、膜组成和信号转导等条目。KEGG 功能注释表明差异 mRNA 主要分布在脂质代谢、细胞凋亡和免疫通路,而 lncRNA 分布在细胞增殖凋亡和关键调控信号通路上。5)LE 组的 0 日龄 *ACADM* 基因、0 日龄和 120 日龄 HADH 表达量显著低于 CON 组($P<0.05$),而 0 日龄 CYP19A 基因、8 日龄 *P450scc* 基因表达量高于 CON 组($P<0.05$);同时 LE 组 *Caspase*10 基因表达量显著高于 CON 组($P<0.05$),PCNA、CCND2 基因表达量显著低于 CON 组($P<0.05$),而 *JAM*1 基因在 28、120 日龄表达量高于 CON 组($P<0.05$)。6)WB 结果显示,LE 组 p-AMPK/AMPK 比值在 0 和 120 日龄显著低于 CON 组,28 日龄显著高于 CON 组($P<0.05$);p-S6/S6 比值在 0 日龄显著低于 CON 组,28 和 120 日龄显著高于 CON 组($P<0.05$)。由此可见,母猪妊娠期低能量水平饲粮影响了后代公猪睾丸发育,破坏了睾丸的组织结构,增加睾丸细胞凋亡,进而影响睾丸发育;AMPK/PI3K/mTOR 等信号通路可能介导母体能量水平对后代公猪睾丸发育的调控。

关键词:母猪;妊娠期;能量水平;睾丸发育

* 基金项目:国家自然科学基金项目(31702128)
** 第一作者简介:林燕(1979—),女,四川内江人,博士研究生,副研究员,硕士生导师,从事种猪营养与繁殖研究(或"研究方向为雄性动物营养与饲料科学专业"均可),E-mail:linyan936@163.com
# 通讯作者

不同比例亚油酸/亚麻酸对妊娠后期和
哺乳期母猪饲喂效果研究

张晓图[*]　　王志祥[#]

（河南农业大学牧医工程学院，郑州 450002）

摘要：本试验旨在研究饲粮中添加不同比例的亚油酸（LA）/亚麻油酸（LNA）对妊娠后期和哺乳期母猪繁殖性能、乳成分、母猪和仔猪抗氧化能力、免疫功能以及血浆脂肪酸组成等方面的影响，研究母猪饲粮中适宜 LA/LNA 比例。试验选取胎次、体况、体重相近的二元杂交（长×大）妊娠母猪 24 头，随机分成 4 个处理组（每组 6 个重复，每个重复 1 头）：以大豆油、亚麻籽油为脂肪源调整饲粮中 LA/LNA 比率分别为 3.0、5.0、7.0 和 8.0，试验分为妊娠后期（91 天至分娩）和哺乳期（0～28 天）两个阶段。结果表明：1）LA/LNA7.0 组有增加母猪总泌乳量、仔猪断奶窝重和断奶窝增重的趋势（$P<0.10$）。2）LA/LNA7.0 组能显著降低母猪血清中总胆固醇（TC）和低密度脂蛋白（LDL）的含量（$P<0.05$），极显著的降低高密度脂蛋白（HDL）的含量（$P<0.01$）；显著提高了仔猪血清中谷草转氨酶（GOT）的含量（$P<0.05$），有提高白蛋白（ALB）、降低 HDL 的趋势（$P<0.10$）。3）LA/LNA7.0 组有提高母猪血清中 IgG、IgM 和仔猪血清中 IgG 的趋势（$P<0.10$）。4）LA/LNA7.0 组能显著提高母猪血清中超氧化物歧化酶（SOD）、谷胱甘肽过氧化物酶（GSH-Px）和总抗氧化能力（T-AOC）的含量（$P<0.05$）；显著提高初乳中 SOD 和 T-AOC 的含量（$P<0.05$），对 GSH-Px 有一定的改善趋势（$P<0.10$）；显著提高了常乳中 GSH-Px 和 T-AOC 的含量（$P<0.05$）；显著提高了仔猪血清中 GSH-Px 的含量（$P<0.05$），对丙二醛（MDA）和 SOD 有一定的改善趋势（$P<0.10$）。5）LA/LNA 7.0 组能显著提高初乳中乳蛋白质的含量（$P<0.05$）。6）LA/LNA 7.0 组能极显著地提高母猪血浆中饱和脂肪酸（SFA）、单不饱和脂肪酸（MUFA）、n-6 多不饱和脂肪酸（PUFA）的含量以及 n-6/n-3PUFA 的比值（$P<0.01$）。7）LA/LNA 7.0 组能极显著的提高初乳中 SFA、MUFA、n-6PUFA 的含量以及 n-6/n-3PUFA 的比值，降低 n-3PUFA 的含量（$P<0.01$）。8）LA/LNA 7.0 组能极显著的提高常乳中 MUFA、n-6PUFA 的含量以及 n-6/n-3PUFA 的比值，降低 SFA、n-3 PUFA 的含量（$P<0.01$）。9）LA/LNA 7.0 组能极显著的提高仔猪血浆 MUFA、n-6PUFA 的含量及 n-6/n-3PUFA 的比值，降低 SFA 的含量（$P<0.01$）。由此可见，当饲粮中添加 LA/LNA 比值为 7.0 时可改善哺乳母猪和仔猪生产性能、免疫功能、抗氧化能力和乳品质，影响母猪、乳汁和仔猪血浆脂肪酸组成。

关键词：亚油酸；亚麻酸；繁殖性能；生长性能；脂肪酸组成

---

[*] 第一作者简介：张晓图（1991—），女，河南荥阳人，硕士研究生，动物营养与饲料科学专业，E-mail：472713886@qq.com
[#] 通讯作者：王志祥，教授，博士生导师，E-mail：wzxhau@163.com

妊娠后期能量和氨基酸水平对母猪繁殖性能、营养代谢及乳成分的影响[*]

吴骋[**]　秦林林　王茹　周强　刘阳　方正峰　林燕

徐盛玉　冯斌　李建　吴德　车炼强[#]

(四川农业大学动物营养研究所,成都 611130)

摘要:试验旨在研究妊娠后期能量和氨基酸水平对母猪繁殖性能、围产期营养代谢和乳成分的影响。试验采用 2×2 因子设计,选取 160 头胎次(2～6 胎)、背膘厚度[(17.61±0.66) mm]、体重[(273.7±4.69) kg]相近的经产大约克母猪,随机分到 4 个处理组,每个处理组 40 个重复,每个重复 1 头母猪;分别饲喂对照组(CON)、高能组(HE)、高氨基酸组(HAA)和高能高氨基酸组(HE-HAA) 4 种饲粮;其中,CON 组母猪饲粮营养浓度参照课题组制定中国猪饲养标准妊娠后期需要量推荐(NE:6.75 Mcal/天,SID Lys:14.7 g/天),HE 组在 CON 组饲粮基础上提高 20%能量水平(NE:8.07 Mcal/天,SID Lys:14.7 g/天);HAA 组在 CON 组基础上提高 40%赖氨酸水平(NE:6.74 Mcal/天,SID Lys:20.6 g/天);HE-HAA 组在 CON 组基础上提高 20%的能量和 40%赖氨酸水平(NE:8.07 Mcal/天,SID Lys:20.6 g/天);各组饲粮其他氨基酸含量同比例提高,与赖氨酸含量比例保持不变。试验日粮从母猪妊娠 90 天饲喂至分娩。母猪分娩后均饲喂同一饲粮至泌乳 21 天结束。妊娠 90 天、110 天和哺乳 21 天对母猪进行称重和背膘测定($n=40$),于妊娠 90 天、110 天、分娩后 1 h 和哺乳结束时采集母猪血浆样品($n=15$),母猪分娩后 1 h 和 7 天采集乳样($n=15$)。结果表明:1)妊娠后期增加能量水平有提高母猪妊娠 90～110 天体增重的趋势($P=0.056$),显著增加了总产仔窝重和泌乳期失重($P<0.05$),缩短了母猪产程($P<0.05$);而妊娠后期增加氨基酸水平显著提高了母猪妊娠 90～110 天体增重和泌乳期失重以及仔猪断奶前日增重($P<0.05$)。2)妊娠后期增加能量水平显著提高了母猪妊娠 110 天血浆葡萄糖和分娩时血浆游离氨基酸(Trp、Ile、Phe)含量($P<0.05$),但显著降低了母猪妊娠 110 天血浆乳酸含量($P<0.05$);而妊娠后期增加氨基酸水平显著提高了母猪妊娠 110 天和分娩时血浆尿素和游离氨基酸(Lys、Met、Thr、Val、Ile、Leu、Phe、Asp、Ser、Arg)含量($P<0.05$),显著降低了断奶时母猪血浆乳酸含量($P<0.05$);妊娠后期同时增加能量和氨基酸水平对母猪分娩时甘油三酯($P=0.027$)存在负向、对血浆游离氨基酸(Val、Ile、Arg)含量存在正向交互效应($P=0.04～0.08$)。3)Pearson 相关性分析表明,母猪初乳产量与妊娠 110 天血浆尿素含量呈正相关($r=0.291,P=0.05$);母猪产程与妊娠 110 天血浆乳酸含量呈显著正相关($r=0.301,P=0.042$);仔猪断奶均重与母猪分娩时血浆尿素含量呈显著正相关($r=0.374,P=0.021$)。由此可见,本试验条件下,妊娠后期增加能量水平有增加母猪体增重的趋势,且显著增加了泌乳期失重,但缩短了母猪产程,这可能与高能摄入改善了分娩时能量动员有关;此外,妊娠后期增加氨基酸水平同样增加了妊娠后期体增重和泌乳期失重,但显著提高了仔猪哺乳期日增重,这可能与高氨基酸摄入改善了母猪氮代谢进而提高了乳产量有关;相关机制有待进一步研究。

关键词:母猪;能量;氨基酸;繁殖性能;营养代谢;乳成分

---

[*] 基金项目:国家重点研发计划(2018YFD0501002)

[**] 第一作者简介:吴骋(1992—),四川遂宁人,硕士研究生,研究方向为猪的营养,E-mail:48943900@qq.com

[#] 通讯作者:车炼强,副研究员,硕士生导师,E-mail:clianqiang@hotmail.com

妊娠期饲喂不同不可溶与可溶性纤维比例饲粮对初产母猪连续三胎繁殖性能的影响[*]

李扬[**]　张黎佳　刘浩宇　何家齐　杨怡　方正锋　车练强　林燕
徐盛玉　冯斌　李健　赵希伦　江雪梅　吴德[#]

（四川农业大学动物营养研究所，成都 611130）

摘要：本研究旨在探究妊娠期饲喂不同不可溶纤维（IDF）与可溶性纤维（SDF）比例饲粮对初产母猪连续三胎繁殖性能的影响，为 IDF 和 SDF 在妊娠母猪饲粮中的应用提供理论参考。试验采用单因子试验设计，选取体况一致的新加系 LY 后备母猪64头，配种后随机分为4个处理，每个处理16个重复，每个重复1头母猪。母猪妊娠期间分别饲喂 IDF：SDF 为 3.89（T1），5.59（T2），9.12（T3）和12.81（T4）的饲粮，泌乳期间饲喂相同饲粮。试验从首次配种后至第三胎断奶发情结束。记录每胎母猪配种当天、妊娠 30、60、90、110 天、分娩以及断奶体重和背膘厚度，并计算母猪妊娠各阶段体重和背膘变化以及泌乳期体重和背膘损失。分娩当天，记录母猪窝产仔数、窝产活仔数、健仔数、死胎数、木乃伊数、IUGR 数、初生重及产程，并计算总初生窝重、活产初生窝重、平均个体重和变异系数；断奶当天，记录断奶仔猪数、断奶个体重和哺乳期死亡率。第一胎母猪产前5天至产后5天的粪便进行评分，第二胎和第三胎时妊娠第 30、60、90 和 110 天对所有母猪粪便进行评分。结果表明：1）第一胎时，T1 组仔猪断奶个体重和哺乳期增重显著高于 T2、T3 和 T4 组（$P<0.05$）；T3 组母猪哺乳期采食量和体损失均有降低的趋势（$P<0.01$）；分娩前2天 T1 和 T2 组的母猪粪便评分显著高于 T4 组（$P=0.035$）。2）第二胎时，与 T3 组相比，T1、T2 和 T4 组健仔数显著提高（$P=0.033$），且初生窝重、哺乳期仔猪窝增重和母猪采食量有提高的趋势（$P<0.1$）；此外，T1 组断奶窝重显著高于 T3 和 T4 组（$P=0.036$），T1 和 T2 组哺乳期仔猪平均日增重显著高于 T4 组（$P=0.032$）。3）第三胎时，妊娠 30 天时，与 T4 组相比，T2 组有提高母猪粪便评分的趋势（$P=0.058$）；妊娠 90 天，与 T4 组相比，T1 组母猪体重（$P=0.070$）和粪便评分（$P=0.081$）均有提高的趋势；T3 组活产仔数和健仔数显著低于 T1、T2 和 T4 组（$P<0.05$）；T3 组活产窝重显著低于 T1 和 T2 组（$P<0.05$）。与 T3 组相比，T1、T2 和 T4 组的断奶仔猪头数显著提高（$P=0.028$）。由此可见，结合母猪繁殖性能及仔猪哺乳期生长性能分析，妊娠期 IDF：SDF=3.89 时，母猪有更优的繁殖成绩。

关键词：可溶性纤维；不溶性纤维；母猪；繁殖性能

---

* 基金项目：国家现代农业产业技术体系四川生猪创新团队"饲料岗位专家"；自然基金面上项目（31772616）；长江学者；国家十三五重点研发项目：畜禽繁殖调控新技术研发

** 第一作者简介：李扬（1989—），男，山东聊城人，博士研究生，动物营养与饲料科学专业，E-mail：lyang318@163.com

通讯作者：吴德，教授，博士生导师，E-mail：pig2pig@sina.com

母猪膳食纤维需要量衡量指标的评价[*]

王志博[**] 陆东东

（播恩集团技术中心，广州 511400）

摘要：本文旨在探究衡量母猪膳食纤维需要量的更为精准的指标。本文检索了 50 余篇涉及衡量母猪膳食纤维需要量的指标的中外文献，然后分析和计较粗纤维（CF）、中性洗涤纤维（NDF）、酸性洗涤纤维（ADL）、可溶性纤维（SF）和不可溶性纤维（ISF）、非淀粉多糖（NSP）以及可发酵非淀粉多糖（fNSP）在化学成分、物理特性和化学特性的差异，并结合相关文献结果，以确定衡量母猪膳食纤维需要量的更为精准的指标。结果表明：1) CF、NDF 和 ADL 主要含有纤维素、木质素和半纤维素，这 3 个指标缺失了原料中的可溶性成分，因而它们不能够代表全部膳食纤维的组分，以这 3 个指标作为衡量母猪膳食纤维需要量的变化范围较大，因此不够精准；2) 在母猪日粮中添加 SF 可以改善母猪生产性能，其要比 CF、NDF 和 ADL 更为精准，但归根结底 SF 主要是以其发酵性发挥作用的，仅以可溶性作为指标有失偏颇；3) 与 CF、NDF、ADL 和 SF 相比，NSP 可以涵盖更为广泛的纤维成分，与现代膳食纤维的定义更为吻合，但是 NSP 不能够界定其中可发酵非淀粉多糖（fNSP）的含量，因此 NSP 无法反映其对母猪后段肠道发酵的影响；4) 以满足母猪饱感的试验表明，在纤维来源、日粮体积和粗纤维含量不同的情况下，日粮中 fNSP 的含量在较窄的范围内变动，即存在满足母猪饱感的比较一致的 fNSP 含量，fNSP 虽未涵盖全部纤维成分，但是纤维的发酵对母猪的生产性能和健康起到至关重要的作用。由此可见，fNSP 似乎可以作为衡量母猪膳食纤维需要量的更为精准的指标；但由于不同纤维源的化学特性不尽相同，如发酵速度和发酵产物会存在较大不同，即使在 fNSP 含量相同的情况下对母猪的影响也会存在差异。因此，人们还需要进一步深入研究，以期望找到比 fNSP 更为精准的衡量母猪日粮中纤维水平的指标。

关键词：母猪；纤维；需要量；指标；可发酵非淀粉多糖

* 基金项目：母猪膳食纤维的研制（企业内部立项）
** 第一作者简介：王志博（1980—），男，山东寿光人，博士，从事纤维营养方面的研究，E-mail：wangzhb@boencorp.com

建立多层统计模型分析母猪产仔性能影响因素研究[*]

王超[**]　　刘则学　　彭健[#]

（华中农业大学动物科技学院，武汉 430070；武汉中粮食品科技有限公司，
武汉 4304152；生猪健康养殖协同中心，武汉 430070）

摘要：本研究旨在运用数理统计方法建立适用于母猪总产仔数、产活仔数、弱仔数和初生个体均重（母猪产仔性能）数据特征的多层统计模型，通过该模型分析母猪产仔性能的关键影响因素。采集 2010.1—2012.12 期间我国华中地区 16 个商业猪场的 17 906 窝母猪产仔记录，利用 SAS 软件分别建立一般线性回归模型（PROC GLM）、多层泊松回归模型（PROC GLMMIX 和 PROC NLMIXED）以及多层线性模型（PROC MIXED），然后对三种模型进行拟合优度检验以确定最佳模型，最后运用建立的最佳模型分析影响母猪产仔性能的关键因素。结果表明：1）总产仔数、产活仔数、弱仔数和初生个体均重的组内相关系数分别为 27.89%、23.88%、24.66% 和 22.27%（$P<0.05$）；对于总产仔数、产活仔数、弱仔数和初生个体均重，多层线性模型中的 AIC、AICC、BIC 和 -2LL 均小于一般线性回归模型。2）对于总产仔数、产活仔数和弱仔数，在多层泊松回归模型中引入离散因子后，模型的皮尔森残差近似 1，并且多层线性模型与多层泊松回归模型中的 F 值和 P 值相近。3）运用多层线性模型分析母猪产仔性能发现，高层次因素中管理水平和低层次因素中品种、胎次、妊娠日粮、季节及年份显著影响总产仔数、产活仔数、弱仔数和初生个体均重（$P<0.05$）。与好的管理水平相比，差的管理水平弱仔数增加 1.56 头，初生重降低 0.06 kg（$P<0.05$）；与杜洛克母猪相比，大白、长白和二元杂母猪总产仔数分别增加 3.29、2.97 和 3.36 头，产活仔数分别增加 2.67、2.43 和 2.66 头，弱仔数分别降低 2.15、1.94 和 2.14 头，初生个体均重分别提高 0.12、0.11 和 0.12 kg（$P<0.05$）；与 1 胎和 6 胎以上母猪相比，2～5 胎母猪总产仔数分别提高 0.59 和 0.50 头，产活仔数分别提高 0.55 和 0.79 头，弱仔数分别降低 0.43 和 0.74 头，初生个体均重分别提高 0.03 和 0.03 kg（$P<0.05$）；与温暖季节（2—5 月）和寒冷季节（10 月至次年 1 月）分娩的母猪相比，炎热季节（6—9 月）分娩的母猪弱仔数分别降低 0.27 和 0.21 头（$P<0.01$）；仔猪初生重分别降低 0.003 和 0.002（$P<0.05$）。由此可见，多层统计模型较一般线性回归模型更适用于分析多个猪场母猪产仔性能数据；与多层泊松回归模型相比，多层统计模型能够优化离散型数据分析步骤；本研究建立的多层统计模型今后可以分析其他因素对母猪产仔性能的影响。

关键词：母猪；产仔性能；影响因素；数据建模

[*] 基金项目：国家重点研发项目（2017YFD0502004）；国家现代产业技术体系（CARS-36）

[**] 第一作者简介：王超（1987—），男，河北邯郸人，博士，动物营养与饲料科学专业，E-mail：academy_wangchao@163.com

[#] 通讯作者：彭健，教授，博士生导师，从事猪的营养与饲料调控研究，E-mail：pengjian@mail.hzau.edu.cn

母猪妊娠期体况过肥增加 m⁶A 修饰水平并加剧胎盘组织异常发育*

宋彤星[1]** 　邓召[1]　　徐涛[1]　　彭健[1]#　　蒋思文[1,2,3]

(1. 华中农业大学动物科技学院，武汉 430070；2. 教育部农业动物遗传育种与繁殖重点实验室，武汉 430070；3. 农业部猪遗传育种重点开放实验室，武汉 430070)

摘要： 本试验旨在研究母猪妊娠期体况过肥下引起仔猪低初生重(Low birth weight，LBW)的机制。试验筛选妊娠末期背膘厚度 ≥ 21 mm 的经产"长×大"二元杂母猪 8 头，采集胎盘组织 44 份，并根据对应新生仔猪初生重，分为 4 组：第 1 组(LBW 组)初生重<1.0 kg，第 2 组初生重为 1.0~1.4 kg，第 3 组初生重为 1.4~1.6 kg，第 4 组初生重>1.6 kg，研究母猪高背膘对其胎盘发育与仔猪出生个体重关联的影响。结果表明：1)HE 染色结果显示 LBW 组胎盘中胎盘组织血管密度显著低于其他 3 组($P<0.05$)；血管发育的关键基因 $PPARγ$、$VEGFA$ 及脂质代谢关键基因 $ABDH5$ 的表达降低($P<0.05$)，长链脂肪酸感受体 $GPR120$ 的表达有下降的趋势($P=0.07$)。2)通过 LC-MS/MS 定量检测 RNA 上 m⁶A 修饰水平，结果表明 LBW 组胎盘组织中 m⁶A 修饰水平显著高于其他 3 组($P<0.05$)；m⁶A 的水平与仔猪初生重呈显著的正相关($P<0.05$)。3)Western blot 检测 m⁶A 修饰相关酶的表达水平，发现 m⁶A 去甲基化酶 FTO 在 LBW 组胎盘中的表达显著降低($P<0.05$)，而甲基转移酶 METTL3 的表达组间差异不明显。4)进一步通过 MeRIP-QPCR 联用技术检测了胎盘血管生成及脂质相关的关键基因 mRNA 上 m⁶A 的修饰程度，LBW 组胎盘组织中 $PPARγ$、$VEGFA$、$ABDH5$ 和 $GPR120$ mRNA 上 m⁶A 水平显著高于其他 3 组($P<0.01$)。高 m⁶A 的修饰水平可能影响关键基因的表达。以上结果表明，母猪体况过肥情况下，LBW 个体胎盘组织中去甲基化酶表达水平的降低，导致血管生成及脂质关键基因 mRNA 上 m⁶A 的升高，并下调关键基因的表达，引起胎盘及胎儿的发育障碍。

关键词： 母猪；胎盘；LBW；m⁶A；FTO

* 基金项目：国家重点研发项目(2017YFD0502004)

** 第一作者简介：宋彤星(1990—)，男，浙江衢州人，博士研究生，动物营养与饲料科学专业，E-mail：stx901109@163.com

通讯作者：彭健，教授，博士生导师，从事猪的营养与调控研究，E-mail：pengjian@mail.hzau.edu.cn

母猪妊娠期体况过肥增加低初生重
个体胎盘组织 m^6A 修饰水平[*]

宋彤星[1][**]　邓召[1]　徐涛[1]　彭健[1][#]　蒋思文[1,2,3]

（1. 华中农业大学动物科技学院，武汉 430070；2. 教育部农业动物遗传育种与繁殖重点实验室，武汉 430070；3. 农业部猪遗传育种重点开放实验室，武汉 430070）

摘要：本试验旨在研究肥胖母体易导致胎儿发育异常，如低初生重（Low birth weight，LBW）的具体的作用机制，目前的研究表明 RNA m^6A 修饰作为一种广泛的修饰方式，在细胞命运决定、个体发育及代谢疾病等方面发挥着重要作用。试验根据母猪妊娠末期背膘厚度差异，将 1 090 头经产"长×大"二元杂母猪分为低背膘组（背膘厚度≤17 mm），中背膘组（背膘厚度为 18～20 mm）和高背膘组（背膘厚度≥21 mm），做 LBW 发生率的分析，并深入分析不同组中 LBW 个体的胎盘组织发育（各组不同背膘母猪数目分别是 8、5 和 8 头，采集胎盘数目分别为 56、38 和 56 份）。结果表明：1）高背膘组初生仔猪中，体重≤ 0.9 kg 和≤ 1.0 kg 的比例显著高于其他两组（$P<0.05$）。2）高背膘组 LBW 个体胎盘中胎盘组织血管密度低于其他两组（$P<0.05$）；血管发育的关键基因 PPARγ 和 VEGFA 显著低于其他两组（$P<0.05$）。3）高背膘组 LBW 个体胎盘组织中 m^6A 修饰水平显著高于其他几组（$P<0.05$）。4）Western blot 检测 m^6A 修饰相关酶的表达水平，发现 m^6A 去甲基化酶 FTO 在高背膘组 LBW 个体胎盘中的表达下调（$P<0.05$），而甲基转移酶 METTL3 的表达组间没有差异，这表明 m^6A 水平的升高可能是依赖于去甲基化酶 FTO 的表达下调。5）进一步通过 MeRIP-QPCR 技术检测了胎盘血管生成关键基因 mRNA 上 m^6A 的修饰程度。高背膘组 LBW 个体胎盘组织中 PPARγ 和 VEGFA mRNA 上 m^6A 水平显著高于其他两组（$P<0.05$）。以上结果表明，高背膘组 LBW 个体胎盘组织中血管生成关键基因 mRNA 上 m^6A 的升高依赖于去甲基化酶表达水平的降低，从而下调血管生成关键基因的表达，引起胎盘血管发育问题。

关键词：母猪；胎盘；LBW；m^6A；FTO

[*] 基金项目：国家重点研发项目（2017YFD0502004）

[**] 第一作者简介：宋彤星（1990—），男，浙江衢州人，博士研究生，动物营养与饲料科学专业，E-mail：stx901109@163.com

[#] 通讯作者：彭健，教授，博士生导师，从事猪的营养与调控研究，E-mail：pengjian@mail.hzau.edu.cn

母猪妊娠末期背膘厚对繁殖性能的影响[*]

周远飞[1][**]　徐涛[1]　彭健[1,2][#]

（1.华中农业大学动物科技学院，武汉 430070；2.生猪健康养殖协同创新中心，武汉 430070）

摘要：本研究为探明母猪妊娠末期背膘厚对母猪繁殖性能和仔猪生长性能的影响。选择胎次相近（3～5）的经产大白母猪 846 头，依据妊娠 109 天背膘厚度分为以下 6 个组：≤16 mm、17～18 mm、19～20 mm、21～22 mm、23～24 mm 和＞24 mm。对产仔数、初生窝重、初生个体重、21 天断奶仔猪数、断奶窝重、断奶个体重，胎盘效率，母猪泌乳期采食量等进行统计；分析母猪血液脂质水平和胎盘脂质水平，并建立母猪背膘厚与母猪繁殖性能的关系。结果表明：1)不同背膘厚母猪的总产仔数、初生活仔数、带仔数和断奶仔猪数之间没有明显差异（$P>0.05$）；初生活仔窝重、断奶窝重、初生仔猪个体重、胎盘效率和初生仔猪个体重＜800 g 的数量及比例，随母猪妊娠 109 天的背膘厚的增加呈现显著的二次曲线变化（$P<0.05$）；母猪泌乳期的采食量随着母猪妊娠 109 天的背膘厚的增加，呈现线性降低的变化（$P<0.05$）；而胎次对仔猪性能，胎盘效率和母猪泌乳期的采食量没有显著影响（$P>0.05$）。2)尽管在母猪血液和仔猪脐带血中的甘油三酯和低密度脂蛋白胆固醇（LDL-C）的浓度没有显著差异，但总的胆固醇，高密度脂蛋白（HDL-C）和游离脂肪酸（FFA）的水平随着母猪背膘厚的增加而呈线性增加的（$P<0.05$）；胎盘组织中的甘油三酯、HDL-C、LDL-C 和 FFA 的水平均随着母猪背膘厚的增加呈线性增加（$P<0.05$）；胎盘总脂水平随着母猪背膘厚的增加均显著增加（$P<0.05$）；此外，母猪妊娠 109 天的背膘厚度与胎盘脂质水平和初生重＜800 g 的仔猪数量均呈显著正相关（$P<0.01$）；而母猪妊娠 109 天的背膘厚度与初生窝重，初生个体重和断奶重呈显著负相关（$P<0.01$）。以上研究表明，维持母猪妊娠期背膘厚适中，可提高母猪产仔性能和泌乳性能；而背膘厚度过厚，母猪的繁殖性能降低，且弱仔猪的数量和比例增加。这可能是因为母猪妊娠期背膘厚度过厚提高了胎盘脂质水平，引起了胎盘脂质毒性。

关键词：母猪；背膘厚；繁殖性能；胎盘脂质水平

* 基金项目：国家自然科学基金项目（）；国家重点研发项目（2017YFD0502004）；湖北省科技创新项目（2016ABA113）；国家现代产业技术体系（CARS-36）

** 第一作者简介：周远飞（1985—），男，陕西安康人，博士，从事母猪营养和分子营养研究，E-mail：zhouyuanfei@mail.hzau.edu.cn

通讯作者：彭健，教授，博士生导师，从事猪的营养与调控研究，E-mail：pengjian@mail.hzau.edu.cn

妊娠期饲粮中补充新型复合纤维改善母体及子代性能[*]

徐川辉[1][**]　夏雄[1]　赖文[1]　彭健[1,2][#]

(1. 华中农业大学动物科技学院,武汉 430070;2. 生猪健康养殖协同创新中心,武汉 430070)

摘要:本试验旨在研究在母猪妊娠期饲粮中添加可溶性复合纤维(compound soluble fiber,CSF)对母体繁殖过程中氧化应激状态、粪便特异性微生物以及母猪及仔猪性能的影响。共选取 2~6 胎龄的待配大白母猪 99 头,随机分成 3 组:对照组饲喂基础妊娠饲粮($n=35$),试验组饲喂分别添加了 1%($n=33$)和 2%CSF($n=31$)(等量替换米糠粕)的试验饲粮。3 种饲粮等能等氮。母猪分娩后饲喂相同泌乳饲粮。试验期间,于妊娠期 30、60、90 和 109 天,分娩当天以及泌乳期第 3、7、21 天采集母猪餐后 2 h 血浆样品,分析谷胱甘肽过氧化物酶、总超氧化物歧化酶(total superoxide dismutase,T-SOD)、8-羟基-2′-脱氧鸟苷、硫代巴比妥酸反应物质(thiobarbituric acid reactive substances,TBARS))和活性氧簇(reactive oxygen species,ROS)。分娩时,采集仔猪脐带血进行 ROS 水平分析。在妊娠期 30、60、109 天以及泌乳期第 3 天采集母猪粪便标本,进行粪便微生物计数分析。记录母猪繁殖情况及仔猪泌乳期生长情况。结果表明:1)相比于对照组,1%CSF 组以及 2%CSF 组均降低了分娩当天时母猪血液中 ROS 以及氧化应激产物 TBARS 的浓度而增加了泌乳第七天血液中抗氧化酶 T-SOD 的浓度($P<0.05$),1% CSF 组显著性降低了母猪脐带血中 ROS 水平($P<0.01$)。2)1% CSF 组减少了妊娠中、后期母猪粪便中大肠杆菌以及妊娠后期粪便中产气荚膜梭菌的数量($P<0.05$)。3)1% CSF 组以及 2%CSF 组显著提高了仔猪初生个体重($P<0.01$),降低组内弱仔率($P<0.01$)。4)1%CSF 组提高了仔猪 7、21 日龄平均个体重以及泌乳期平均日增重。由此,我们认为 CSF 在母猪妊娠期的补充可能通过调节母体肠道微生物,缓解母猪繁殖过程中氧化应激,减少胎儿体内的活性氧自由基,促进胎猪宫内发育及出生后生长。其中,1% 的添加比例最为合适。

关键词:复合膳食纤维;母猪;氧化应激;粪便微生物;繁殖性能

[*] 基金项目:国家重点研发项目(2017YFD0502004);湖北省科技创新项目(2016ABA113)

[**] 第一作者简介:徐川辉(1993—),男,江西丰城人,博士研究生,动物营养与饲料科学专业,E-mail:xuchuanhui001@webmail. hzau. edu. cn

[#] 通讯作者:彭健,国家二级岗教授,博士生导师,从事猪的营养与调控研究,E-mail:pengjian@mail. hzau. edu. cn

妊娠期饲粮蛋赖比对母猪繁殖性能和胎盘血管生成的影响[*]

魏宏逵[1][**]　夏茂[1][**]　彭健[1,2][#]

(1. 华中农业大学动物科技学院，武汉 430070；2. 生猪健康养殖协同中心，武汉 430070)

摘要：本试验旨在研究妊娠期不同水平蛋赖比饲粮对母猪繁殖性能的影响，确定母猪妊娠期饲粮适宜蛋赖比，并从调控胎盘血管生成角度探讨不同蛋赖比饲粮影响母猪繁殖性能的机制。试验选用了 325 头背膘相近，胎次均为 3 胎的"长×大"二元杂母猪，随机分成 5 组，各组饲粮蛋赖比分别为 0.27（参照 NRC2012）、0.32、0.37、0.42 和 0.47，每组 65 头母猪，每头母猪 1 个重复，试验期为整个妊娠期。试验期间记录分析饲粮蛋赖比对产仔数≤12 头和产仔数≥13 头的母猪繁殖性能的影响；采集分娩时的胎盘并用于记录和检测胎盘血管密度和胎盘血管生成相关基因表达水平。试验结果表明：1）当母猪总产仔数≤12 头时，提高妊娠饲粮蛋赖比对母猪妊娠期采食量和背膘厚以及总产仔数、产活仔数、仔猪初生重等繁殖性能没有显著性影响（$P>0.05$）。2）当母猪总产仔数≥13 头时，妊娠饲粮蛋赖比对母猪妊娠期采食量和背膘厚没有显著性影响，提高饲粮蛋赖比对母猪产活仔数、死胎数、木乃伊数和弱仔数无显著影响（$P>0.05$）；但 0.47 组总产仔数相对于 0.42 组显著降低（$P<0.01$）。0.37 组仔猪初生重显著高于对照组和 0.42 组（$P<0.05$），并且较 0.47 组有升高的趋势（$P=0.10$）。0.37 组初生活仔窝重显著高于对照组 0.42 组和 0.47 组（$P<0.05$），较 0.32 组有升高的趋势（$P=0.08$）。蛋赖比 0.37 组弱仔率显著低于蛋赖比 0.47 组（$P<0.05$），0.47 组弱仔率较 0.32 组有升高趋势（$P=0.11$）。饲粮蛋赖比与弱仔率呈显著二次曲线关系（$R^2=0.98$，$P<0.01$）。弱仔率随饲粮蛋赖比增加呈先下降后上升的趋势。根据拟合二次曲线方程，当饲粮蛋赖比为 0.36 时弱仔率最低。3）饲粮蛋赖比 0.37 组胎盘褶皱血管密度显著高于 0.27 组和 0.47 组（$P<0.05$）。0.42 组胎盘褶皱血管密度显著高于 0.27 组和 0.47 组（$P<0.05$）。饲粮蛋赖比与胎盘褶皱血管密度呈显著二次曲线关系（$R^2=0.916$；$P<0.05$）。胎盘褶皱微血管密度随饲粮蛋赖比增加呈先上升后下降的趋势。根据拟合二次曲线方程，当饲粮蛋赖比为 0.38 时，胎盘褶皱血管密度有最大值。相对于 0.27 组，0.37 组胎盘组织中 VEGF-A 和 VEGF164 的表达量显著提高（$P<0.05$）。综上所述，提高妊娠期母猪饲粮蛋赖比对产仔数≤12 头的母猪繁殖性能没有显著影响，但是能显著提高产仔数≥13 的高产母猪繁殖性能。产仔数≥13 时，0.37 蛋赖比饲粮对母猪繁殖性能特别是对于提高初生重和降低弱仔率的效果最佳，能通过提高母猪胎盘组织 VEGF-A 和 VEGF164 的表达量来促进胎盘血管生成，提高胎盘褶皱区域血管密度，从而通过提高胎盘转运效率来提高仔猪初生重，降低弱仔率。

关键词：蛋赖比；妊娠母猪；繁殖性能；胎盘血管生成

---

[*]　基金项目：国家重点研发专项（2017YFD0502004）；国家现代产业技术体系（CARS-36）

[**]　共同第一作者简介：魏宏逵（1986—），男，江苏南通人，副教授，主要从事脂肪酸及氨基酸的营养机理与代谢调控，E-mail：weihongkui@mail.hzau.edu.cn；夏茂（1992—），男，湖北荆州人，硕士研究生，动物营养与饲料科学专业，E-mail：xiamao@webmail.hzau.edu.cn

[#]　通讯作者：彭健，教授，博士生导师，从事猪的营养与调控研究，E-mail：pengjian@mail.hzau.edu.cn

乳化剂对母猪饲粮养分消化率、乳成分及脂肪球粒度的影响[*]

王传奇[**]　白永松　赵轩　石宝明[#]　单安山

（东北农业大学动物营养研究所,哈尔滨 150030）

摘要:本试验旨在研究饲粮添加乳化剂对母猪体况、繁殖性能、养分消化率、乳成分及脂肪球粒径的影响。选用体重相近的经产"长×大"杂交妊娠后期母猪(3～5 胎)60 头,设计 2×2 试验,随机分成 4 个处理组:对照组(基础饲粮)、豆油组(基础饲粮＋3％大豆油)、乳化剂组(基础饲粮＋0.1％硬脂酰乳酸钠)、豆油＋乳化剂组(基础饲粮＋3％大豆油＋0.1％硬脂酰乳酸钠),每组 15 个重复,每个重复 1 头母猪。试验从妊娠 107 天开始至仔猪断奶结束,约 28 天。结果表明:1)添加硬脂酰乳酸钠和豆油对母猪哺乳期体重变化、断奶发情间隔没有显著影响($P>0.05$);添加豆油显著降低母猪平均日采食量,减少背膘损失($P<0.05$);硬脂酰乳酸钠与豆油对母猪体况各项指标的影响没有交互作用($P>0.05$)。2)添加硬脂酰乳酸钠和豆油对产仔数(总产仔数,产活仔数,死仔数,断奶仔猪数)和窝重(初生窝重,断奶窝重)均没有影响,且没有交互作用($P>0.05$)。3)添加硬脂酰乳酸钠和豆油对干物质的表观消化率没有显著影响($P>0.05$),但添加硬脂酰乳酸钠有提高干物质消化率的趋势($P<0.1$);添加硬脂酰乳酸钠能显著提高饲粮中养分(粗脂肪、粗蛋白质、钙、磷)表观消化率($P<0.05$);硬脂酰乳酸钠与豆油对养分消化率没有交互作用($P>0.05$)。4)添加硬脂酰乳酸钠和豆油对初乳成分无显著影响,且没有交互作用($P>0.05$);添加豆油显著提高常乳中乳脂含量($P<0.05$),添加硬脂酰乳酸钠有提高常乳中乳脂含量的趋势($P<0.1$),并且存在交互作用($P=0.017$);分别添加硬脂酰乳酸钠和豆油均能够显著提高常乳中乳蛋白含量($P<0.05$),但是没有交互作用($P>0.05$);分别添加硬脂酰乳酸钠和豆油均能够显著提高常乳中乳总固形物含量($P<0.05$),并且存在交互作用($P=0.046$)。5)硬脂酰乳酸钠和豆油对初乳中乳脂肪球粒度变化(D_{10}、D_{50}、D_{90}、D_A)均没有显著影响,且没有交互作用($P>0.05$);添加硬脂酰乳酸钠显著降低了常乳中乳脂肪球 D_{10}、D_{50}、D_A 数值,常乳中乳脂肪球 D_{90} 数值有降低的趋势($P<0.1$);添加豆油对常乳中乳脂肪球粒度没有显著影响,并且硬脂酰乳酸钠和豆油对常乳中乳脂肪球粒度变化没有交互作用($P>0.05$)。综上,妊娠后期和哺乳期添加硬脂酰乳酸钠能改善母猪背膘损失,能显著提高母猪对饲粮中粗脂肪的消化率,提高常乳中乳脂含量,减小乳脂肪球粒度。

关键词:硬脂酰乳酸钠;哺乳母猪;乳成分;乳脂肪球

* 基金项目:国家自然科学基金面上项目(31672429);国家现代生猪产业体系(CARS-35)

** 第一作者简介:王传奇,硕士研究生,E-mail:wangchuanqi1027@163.com

通讯作者:石宝明,教授,E-mail:shibaoming1974@163.com

母猪妊娠期和哺乳期饲粮中补充白藜芦醇对母猪乳成分和仔猪脂肪代谢的影响[*]

孙世帅[**]　罗璋　孟庆维　单安山[#]

(东北农业大学动物营养研究所,哈尔滨 150030)

摘要:本试验旨在探讨母猪妊娠期和哺乳期饲粮中补充白藜芦醇对母猪乳成分和仔猪脂肪代谢的影响。将 40 头母猪分配给 2 个实验处理组:1)用玉米-豆粕基础饲粮饲喂的对照组(CON 处理,$n=20$);2)在基础饲粮中添加 300 mg/kg 白藜芦醇的白藜芦醇组(RES 处理,$n=20$)。试验结果表明,对于母猪乳成分而言,母猪饲粮中添加白藜芦醇时,初乳中蛋白质,脂肪和总固形物的浓度没有显著变化($P>0.05$)。然而在 RES 处理组中观察到初乳有较高的乳糖浓度($P<0.05$)。同时在 RES 处理中观察到 21 天时牛奶中更高浓度的脂肪和总固形物($P<0.05$)。与 CON 处理组相比,母猪饲粮中添加白藜芦醇 21 天乳中蛋白质和乳糖的浓度没有显著影响($P>0.05$)。对于血浆中与脂质相关的代谢产物和激素水平而言。母猪饲粮中添加白藜芦醇对仔猪血浆中瘦素,TC,游离脂肪酸(FFA)和二磷酸腺苷(ADP)浓度没有影响($P>0.05$)。然而,与 CON 处理相比,RES 处理后仔猪血浆中高密度脂蛋白胆固醇(HDL-C)和低密度脂蛋白胆固醇(LDL-C)浓度增加($P<0.01$)。在妊娠期和哺乳期母猪中补充白藜芦醇时,仔猪血浆中的脂肪酶活性较高($P<0.05$)。对于脂肪代谢相关基因在仔猪脂肪组织中的基因表达而言。RES 处理组中的仔猪显示乙酰辅酶 A 羧化酶 α(ACCα)和脂蛋白脂酶(LPL)的 mRNA 水平更高($P<0.05$)。与 CON 组相比,RES 处理组的仔猪激素敏感性脂肪酶(HSL)mRNA 水平未受到在妊娠期和哺乳期母猪饲粮中补充白藜芦醇的影响($P>0.05$)。在妊娠期和哺乳期母猪饲粮中添加白藜芦醇后,仔猪脂肪组织中脂肪酸转运蛋白 1(FATP1)和转录因子 CCAAT/增强子结合蛋白 α(C/EBPα)的表达量均有所提高($P<0.05$)。妊娠期和哺乳期母猪饲粮中添加白藜芦醇对仔猪脂肪组织中过氧化物酶体增殖物激活受体(PPARγ),脂肪酸结合蛋白(FABP4)和甘油三酯脂酶(ATGL)的表达没有影响($P>0.05$)。仔猪脂肪组织中固醇调节元件结合蛋白(SREBP-1C),肉毒碱棕榈酰基转移酶 1B(CPT1B)和脂肪酸转运蛋白(CD36)在 RES 组中的表达与 CON 组相比没有显著变化($P>0.05$)。对于脂肪代谢相关酶在仔猪脂肪组织中的活性而言 RES 组仔猪 HSL 活性显著升高($P<0.05$)。与 CON 组相比,妊娠期和哺乳期母猪饲粮中补充白藜芦醇后仔猪脂肪组织中 ACC 和 LPL 含量均有所提高($P<0.05$),葡萄糖-6-磷酸脱氢酶(G-6-PD),脂肪酸合成酶(FASN)和苹果酸脱氢酶(MDH)的活性不受日粮处理的影响($P>0.05$)。综上所述,母猪妊娠期和哺乳期饲粮中补充白藜芦醇能够改善母猪乳成分和促进仔猪的脂肪代谢。

关键词:白藜芦醇;母猪;仔猪;乳成分;脂肪代谢

　*　基金项目:国家生猪产业技术体系项目(CARS-35);国家自然科学基金项目(31472104,31672434)
**　第一作者简介:孙世帅,男,硕士,E-mail:1062682861@qq.com
　#　通讯作者:单安山,教授,E-mail:ashan@neau.edu.cn

不同碳链长度脂肪酸对母猪乳成分和乳脂肪球粒径的影响[*]

白永松[**]　王传奇　付慧洋　石宝明[#]　单安山

(东北农业大学动物营养研究所,哈尔滨 150030)

摘要:本试验旨在研究母猪饲粮中添加富含不同碳链长度脂肪酸的油脂对妊娠后期和哺乳期母猪繁殖性能、乳成分、乳脂肪酸组分、母仔猪血浆脂肪酸组分、乳脂肪球粒径及母仔猪血浆免疫球蛋白的影响。选取 60 头体重相近的 3～5 胎经产母猪(长白×大白),随机分成 4 组:3%椰子油组(C14)、3%棕榈油组(C16)、3%豆油组(C18)及混合油组(1%椰子油+1%棕榈油+1%豆油)。每个处理组 15 个重复,每个重复 1 头母猪。试验从母猪妊娠 107 天开始持续至仔猪 21 日龄断奶结束。在母猪分娩当天采集母猪初乳和血液样品,在分娩后 11 天采集母猪常乳样品。在仔猪 21 日龄时采集母猪和仔猪血样。试验结果表明:1)不同碳链长度脂肪酸对母猪平均日采食量、体重及背膘损失、窝产活仔数、断奶仔猪数、仔猪成活率、仔猪初生重、断奶重及日增重均无显著影响($P>$ 0.05)。2)母猪饲粮中添加豆油可显著提高母猪初乳中的乳脂含量($P<0.05$),但对常乳的乳脂含量无显著影响($P>0.05$)。3)母猪饲粮中添加椰子油、棕榈油、豆油及 3 种油的混合物,椰子油可显著提高母猪初乳和常乳中 C12:0 和 C14:0 的含量($P<0.05$),棕榈油可显著提高母猪初乳及常乳中的 C16:0 的含量($P<0.05$),而豆油可显著提高初乳和常乳中的 C18:2n-6 及 C18:3n-3 的含量($P<0.05$),并且豆油可提高初乳中 C22:6n-3 的含量($P<0.05$)。4)母猪饲粮中添加椰子油、棕榈油、豆油及三种油的混合物,椰子油可显著提高仔猪血浆中 C14:0 的含量($P<0.05$),棕榈油可显著提高仔猪血浆中的 C16:0 和 SFA 的含量($P<0.05$),豆油可显著提高仔猪血浆中 C18:2n-6、C18:3n-3、PUFA 和 n-6PUFA 的含量($P<0.05$)。5)不同碳链长度脂肪酸对母猪初乳中脂肪球平均粒径无显著影响($P>0.05$)。与豆油组相比,椰子油可显著降低母猪常乳中乳脂肪球平均粒径($P<0.05$)。并且随添加脂肪酸碳链长度的增加,母猪常乳中乳脂肪球平均粒径增大($P<0.05$)。6)与椰子油和棕榈油相比,豆油和混合油可显著增加母猪分娩当天血浆和哺乳 21 天仔猪血浆中 IgG 和 IgA 的含量($P<0.05$)。由此可见,哺乳母猪饲粮中添加不同碳链长度脂肪酸对母猪繁殖性能无显著影响,但对母猪乳中脂肪酸组分有一定影响,并且母猪乳脂肪酸组分随母猪饲粮中油脂类型的变化而变化。另外,随油脂中富含的脂肪酸碳链长度增加,乳脂肪球粒径增大。

关键词:椰子油;棕榈油;免疫球蛋白;脂肪酸;乳脂肪球

　*　基金项目:国家自然科学基金(31676429);国家现代生猪产业体系(CARS-35)
**　第一作者简介:白永松,女,硕士,E-mail:baiyongsong163@163.com
　#　通讯作者:石宝明,教授,E-mail:shibaoming1974@163.com

母猪饲粮添加 PQQ 对初生及哺乳仔猪生长性能和肝抗氧化功能的影响[*]

杨微[**]　张鸿运　张博儒　单安山[#]

(东北农业大学动物营养研究所,哈尔滨 150030)

摘要: 吡咯喹啉醌(PQQ)是新近发现的一种有机氧化还原酶的辅酶,首先被鉴定为细菌中酒精和葡萄糖辅因子的水溶性醌类化合物,其催化氧化还原反应能力远超过已知的生物活性分子,有实验报道:母鼠在妊娠期缺乏 PQQ 会导致其繁殖能力下降;PQQ 是一种抗神经衰退行性化合物,可以有效地改善中动脉由可逆作用引发的谷氨酸损伤,从而显著影响大鼠模型的学习和记忆功能;小鼠缺乏 PQQ 会出现皮肤脆弱、脱毛、身体弯曲、腹部出血甚至死亡等典型的缺乏症状;在大鼠体内模型(例如心血管或脑缺血模型)中发现缺血损伤显著降低。此模型被证明的基本机制是 PQQ 作为抗氧化剂通过清除 O_2,进而保护线粒体免受氧化应激诱导的损伤;小鼠肝抗氧化模型中,可以显著提高 GSH-PX、SOD 活性,显著降低 MDA 水平等,但未曾在初生及哺乳仔猪有相关报道。本试验旨在研究母代饲粮添加吡咯喹啉醌(PQQ)对初生仔猪和哺乳仔猪生长性能和肝抗氧化功能的影响。选用 40 头体重和背膘厚接近的(长×大)二元母猪,随机分为 2 组,每组 20 头。对照组仅提供基础饲粮,不添加任何添加剂。试验组在基础饲粮中添加 20 mg/kg PQQ。试验期从配种至分娩后第 21 天。结果表明:与对照组相比,饲粮添加 PQQ 对母猪的产仔数、产活仔数及仔猪初生窝重均有显著影响($P<0.05$)、仔猪平均初生重以及产后 21 天断奶仔猪窝重均无显著影响($P>0.05$),但数值上有所升高;饲粮添加 PQQ 显著提高了初生仔猪肝脏总超氧化物歧化酶、谷胱甘肽过氧化物酶活性及还原型谷胱甘肽含量($P<0.05$),显著降低了血清丙二醛含量($P<0.05$),对肝脏过氧化氢酶活性、总抗氧化能力及氧化型谷胱甘肽含量均无显著影响($P>0.05$),显著增加肝脏重($P<0.05$)。综合得出,饲粮中添加 PQQ 对母猪繁殖性能有显著影响,显著增加母猪的产仔数,能显著增加初生仔猪窝重、显著增强哺乳仔猪的肝脏抗氧化功能,为未来使得 PQQ 在畜牧业得以广泛应用提供科学的参考依据。

关键词: 吡咯喹啉醌;哺乳期;仔猪;生长性能;肝脏抗氧化功能

* 基金项目:国家生猪产业技术体系项目(CARS-35)
** 第一作者简介:杨微,男,硕士研究生,E-mail:1456561774@qq.com
# 通讯作者:单安山,教授,博士生导师,E-mail:asshan@neau.edu.cn

母猪饲粮添加白藜芦醇对子代肠道健康、微生物区系及肠道转录组的影响[*]

孟庆维^{**}　孙世帅　石宝明　单安山[#]

（东北农业大学动物营养研究所,哈尔滨 150030）

摘要：白藜芦醇是一种酚类物质,广泛存在于葡萄、蓝莓或虎杖等中草药中,具有抗氧化、抗炎症等特性。研究表明白藜芦醇对猪的肉品质、抗氧化能力和免疫功能有一定改善作用,然而白藜芦醇对母猪及其子代的影响还未见报道。本研究在母猪饲粮中添加白藜芦醇,研究白藜芦醇对母猪繁殖性能及仔猪肠道健康的影响,同时利用 16s rDNA 测序和转录组测序研究白藜芦醇对子代粪便微生物组成及肠道基因表达的影响。结果表明:白藜芦醇对母猪的产活仔数、仔猪初生重和断奶仔猪数没有显著影响($P>0.05$),但显著提高仔猪哺乳期日增重、断奶重和断奶窝重($P<0.05$)。白藜芦醇显著降低仔猪断奶前后的粪便评分($P<0.05$),对断奶后腹泻有一定缓解作用。白藜芦醇显著提高断奶仔猪和断奶后仔猪的肠道绒毛高度、绒隐比和微绒毛高度($P<0.05$)。母猪饲粮添加白藜芦醇可显著降低初生仔猪肠道中白介素 1（IL-1）水平($P<0.05$),降低断奶仔猪和断奶后仔猪肠道中 IL-6 和肿瘤坏死因子（TNF-）水平($P<0.05$),显著降低断奶后仔猪肠道中 IL-1 水平($P<0.05$)。母猪饲粮添加白藜芦醇可以提高断奶仔猪和断奶后仔猪粪便中 *Flavonifractor* 菌属的比例,且显著提高断奶仔猪粪便中产丁酸菌的比例,包括颤杆菌（*Oscillibacter*）,*Odoribacter* 和毛形杆菌属（*Lachnobacterium*）。母体添加白藜芦醇对仔猪粪便微生物多样性没有显著影响($P>0.05$),包括辛普森指数（Simpson）、Chao1 指数和香农指数（Shannon）。此外,我们利用转录组分析了添加白藜芦醇对仔猪空肠基因表达的影响,在断奶仔空肠中发现 189 个差异表达基因,包括 70 个上调表达基因和 119 个下调表达基因;在断奶后仔猪空肠中发现 139 个差异表达基因,包括 72 个上调表达基因和 67 个下调表达基因。KEGG 富集分析发现:在断奶仔猪的差异基因主要涉及 T 淋巴细胞受体信号通路,肠道免疫球蛋白 IgA 的产生,细胞黏附分子,MAPK 信号通路,Ras 信号通路和肌动蛋白细胞骨架的调控等通路($P<0.05$);在断奶后仔猪中,差异基因主要涉及维生素 A 代谢,花生四烯酸代谢,维生素消化和吸收和细胞因子与受体相互作用等通路($P<0.05$)。本研究发现母猪饲粮添加白藜芦醇对仔猪哺乳期的日增重具有提高作用,而且通过调节仔猪断奶前后的肠道微生物区系和免疫及代谢相关的基因表达,改善仔猪的肠道健康。

关键词：母猪；白藜芦醇；子代；肠道健康；微生物区系；转录组

---

* 基金项目：国家生猪产业技术体系项目（CARS-35）
** 第一作者简介：孟庆维,男,博士研究生,E-mail：420778774@qq.com
# 通讯作者：单安山,教授,E-mail：asshan@neau.edu.cn

围产期添加不同水平半胱氨酸对母猪
生产性能和血浆代谢影响[*]

丁素娟[1,2**]　　宾朋[2]　　Md. Abul Kalam Azad[2]　　朱丹[1]　　刘刚[2]　　方俊[1#]

(1.湖南农业大学,生物科学技术学院,长沙 410128;2.中国科学院亚热带农业生态所
亚热带农业生态过程重点实验室,湖南省畜禽健康养殖工程技术研究中心,长沙 410125)

摘要: 半胱氨酸(Cys)是一种半必需氨基酸,它可以通过体内的蛋氨酸来合成。研究表明,日粮中添加半胱氨酸及其前体物质能够改善动物的生长性能,包括采食量、增重和饲料利用率等。本研究旨在探讨围产期添加不同水平的半胱氨酸对母猪生产性能、血浆生化及血浆代谢的影响。本试验选取妊娠期 85～90 天、胎次接近(2～3 胎)、健康、孕情良好的妊娠长白×大白二元杂交猪 30 头随机分成 3 组($n=10$)。试验周期从母猪妊娠期第 85 天开始,到母猪分娩结束。收集分娩时血液进行处理及分析,记录每窝母猪的产仔数、健仔数、初生窝重以及存活率。结果表明,与对照组相比,在母猪围产期饲喂 0.4% Cys 的日粮显著地提高了其子代的初生重($P<0.05$),对存活率无显著影响。血浆生化分析显示,与对照组相比,0.4% Cys 显著地降低了母猪分娩时血浆中的甘油三酯和总胆红素浓度以及谷酰转肽酶的酶活性($P<0.05$),而增加了血浆中镁的浓度($P<0.05$);0.5% Cys 日粮显著地降低了母猪分娩时血浆中的钙、甘油三酯和总胆红素浓度以及谷酰转肽酶的酶活性($P<0.05$),但增加了血浆中葡萄糖的浓度($P<0.05$)。通过正离子检测模式的 UPLC-(+)ESI-MS/MS 检测母猪粪便结果表明,与对照组相比,0.4% Cys 组推断出 5 个差异性代谢物的结构,0.5% Cys 组推断出 8 个差异性代谢物的结构,通过对代谢物分析发现存在保护胚胎氧化应激保护的代谢物亚牛磺酸及谷胱甘肽前体物质乙酰半胱氨酸。综上所述,在母猪围产期给母猪饲喂含 0.4% Cys 的饲粮显著提高了母猪的生产性能,降低母猪血浆中甘油三酯、总胆红素浓度及谷酰转肽酶活性。此外,饲喂含 0.4% 和 0.5% Cys 的饲粮促进了血浆中利于胚胎发育的代谢物产生。本试验结论为母猪围产期补充半胱氨酸,提高母猪生产性能,维持母猪健康提供了剂量参考。

关键词: 半胱氨酸;母猪;生长性能;血浆代谢组学;胚胎发育

---

[*] 基金项目:湖南省重点研发计划项目"含硫氨基酸提高母猪繁殖力的应用技术集成与转化"(2017NK2322)

[**] 第一作者简介:丁素娟,博士研究生,E-mail:jiayousujuan@hunau.edu.cn

[#] 通讯作者:方俊,教授,博士生导师,E-mail:fangjun1973@hunau.edu.cn

杜洛克公猪血清和精浆中元素水平与
精液品质相关性[*]

吴英慧[1**]　　赖文[1]　　孙海清[2]　　彭健[1,3#]

（1.华中农业大学动物科技学院，动物营养与饲料科学系，武汉 430070；

2.广西扬翔股份有限公司，贵港 537000；3.生猪健康养殖协同中心，武汉 430070）

摘要： 本试验旨在研究不同精液品质特征的杜洛克公猪血清及精浆中元素含量的差异，分析血清及精浆中元素含量对公猪精液品质的影响程度。试验基于 166 头杜洛克公猪的 2 174 次精液品质记录，将公猪群按照精液利用率划分为 3 组：低利用率组（利用率＜60％）；中等利用率组（利用率60％～80％）；高利用率组（利用率＞80％）。采集每头公猪血清及精浆样品，采用电感耦合等离子体质谱法检测血清及精浆中营养元素及毒性元素含量。结果表明：1）低利用率组公猪血清铜和精浆镉水平显著高于中等和高利用率组公猪（$P<0.05$），相关性分析显示血清铜和精浆镉与精子活力呈负相关（$P<0.05$），与精子畸形率呈正相关（$P<0.05$）。当公猪血清铜水平从 1.63 mg/L 增加至 2.44 mg/L 时，精子畸形率平均增加约 4.53％，而当公猪精浆镉水平从 0 μg/L 增加至 0.82 μg/L 时，精子活力平均降低约 2.85％。2）低利用率组公猪血清铁和锰水平显著低于高利用率组公猪（$P<0.05$），且两元素水平与精子畸形率呈显著负相关（$P<0.05$），但未能发现该猪群精液品质参数随血清铁、锰含量的升高而显著变化。总的来说，公猪血清中铜过量或铁、锰元素的缺乏都可能通过影响精子活力和形态降低猪精利用率。而精浆中毒性元素镉的存在也会损害精子活力和形态。本研究结果提示我们应当注意公猪日粮中元素的合理添加，严格监控饲料和饮水中毒性元素的存在。

关键词： 杜洛克公猪；精液品质；营养元素；毒性元素

---

* 基金项目：国家重点研发项目（2017YFD0502004）；国家现代产业技术体系（CARS-36）

** 第一作者简介：吴英慧（1993—），女，山东菏泽人，博士研究生，动物营养与饲料科学专业，E-mail：academy_wuyinghui@163.com

通讯作者：彭健，教授，博士生导师，E-mail：pengjian@mail.hzau.edu.cn

大白公猪血清和精浆中微量元素水平影响精液品质[*]

吴英慧[1**]　　赖文[1]　　孙海清[2]　　彭健[1,3#]

（1. 华中农业大学动物科技学院，动物营养与饲料科学系，武汉 430070；

2. 广西扬翔股份有限公司，贵港 537000；3. 生猪健康养殖协同中心，武汉 430070）

摘要：本试验旨在检测大白公猪血清及精浆中微量元素含量，探究血清及精浆中微量元素水平对猪精品质的影响。试验选取 112 头大白纯种公猪，根据试验公猪近 3 个月的精液品质记录，计算每头公猪 3 个月内的精液利用率，将试验公猪群按照精液利用率划分为 3 组：低利用率组（利用率＜60%）；中等利用率组（利用率 60%～80%）；高利用率组（利用率＞80%）。采集每头公猪血清及精浆样品，采用电感耦合等离子体质谱法检测血清及精浆中微量元素含量。结果表明：1）低利用率组公猪有效精子数显著低于中等和高利用率组公猪（$P<0.01$），随精液利用率的增加，精子活力逐渐增加（$P<0.01$），而精子畸形率逐渐降低（$P<0.01$）。2）不同精液利用率组公猪血清铁、硒含量存在显著差异（$P<0.01$），低利用率组血清铁含量低于高利用率组，而血清硒含量显著高于中等和高利用率组公猪。另外，精浆铅含量随精液利用率的增加呈降低趋势（$P=0.09$）。3）相关分析发现，血清铁与精子活力呈线性正相关，与精子畸形率呈线性负相关，血清硒与精子活力呈先上升后降低的二元相关性；精浆铅与精子活力呈线性负相关，与精子畸形率呈线性正相关。另外，尽管血清铜和精浆镉在不同精液利用率组间无显著差异，但血清铜与精子活力呈现线性负相关，精浆镉与精子密度呈现线性负相关。4）利用广义线性模型分别对与精子活力和畸形率相关的几种元素进一步分析发现，以血清铜、铁及精浆铅的含量五分位分组作为分类变量代入模型研究对精子活力的影响时，精浆铅相较于血清铜和铁对精子活力具有显著影响（$P<0.05$）。精浆铅含量均值从 0 μg/L 增加至 11.16 μg/L 时，精子活力平均降低约 3.37%。将血清铁及精浆铅两因素同时代入模型研究对精子畸形率的影响时，两因素对精子畸形率的影响不显著（$P>0.05$）。由此可见，大白公猪血清中硒过量或铁缺乏能通过影响精子活力和形态降低猪精利用率，精浆中毒性元素铅和镉的存在也会损害精子密度、活力及形态。另外，精浆铅相较于血清元素对精子活力的影响可能更显著。

关键词：大白公猪；精液品质；微量元素；血清；精浆

———————————

　　[*] 基金项目：国家重点研发项目（2017YFD0502004）；国家现代产业技术体系（CARS-36）

　　[**] 第一作者简介：吴英慧（1993—），女，山东菏泽人，博士研究生，动物营养与饲料科学专业，E-mail：academy_wuyinghui@163.com

　　[#] 通讯作者：彭健，教授，博士生导师，E-mail：pengjian@mail.hzau.edu.cn

运用 Logistic 回归模型分析公猪精液弃用影响因素研究[*]

王超[1][**]　　郭亮亮[1]　　彭健[1,2][#]

(1. 华中农业大学动物科技学院，动物营养与饲料科学系，武汉 430070；

2. 生猪健康养殖协同中心，武汉 430070)

摘要：本试验旨在运用 Logistic 回归模型研究公猪精液弃用的影响因素。试验采集 2013 年 1 月至 2016 年 5 月期间我国南方 9 个人工授精中心的 176 368 次公猪精液记录，其中精液异常类型包括：原生质滴、卷尾、精子凝集、杂质、活力差、少精、死精、无精和血精症。首先运用卡方检验法对精液弃用的原因进行了评估，然后运用 Logistic 回归模型分析了栏舍类型、品种、采精月龄、采精季节和引种月龄对公猪精液弃用的影响。结果表明：1)9 个人工授精中心精液弃用比例为 13.09%；2)卡方检验结果显示，所有影响因素中原生质滴占精液弃用比例最大(31.60%)，其次是杂质(25.96%)、精子凝集(20.31%)、卷尾(17.72%)、少精(10.86%)和其他(6.78%；$P<$ 0.000 1)。3)Logistic 回归分析表明栏舍类型、品种、采精月龄、采精季节和引种月龄显著影响精液弃用比例($P<$0.000 1)；大栏饲养的公猪精液弃用比例高于限位栏饲养公猪(OR：1.657；95% CI：1.607～1.709)；杜洛克公猪(OR：1.130；95% CI：1.093～1.167)和大白公猪(OR：1.432；95% CI：1.380～1.486)的精液弃用比例高于长白公猪；成年公猪(13～24 月龄；OR：0.800；95% CI：0.771～0.831；25～36 月龄 OR：0.941；95% CI：0.902～0.983；37 月龄以上 OR：0.838；95% CI：0.790～0.889)精液弃用比例低于青年公猪(12 月龄以下)；夏季(OR：1.367；95% CI：1.314～ 1.422)、秋季(OR：1.185；95% CI：1.138～1.234)和冬季(OR：1.159；95% CI：1.115～1.206)采集的精液弃用比例均高于春季；5～7 月龄引种的公猪(OR：1.432；95% CI：1.380～1.486)和 10～ 12 月龄引种的公猪(OR：1.432；95% CI：1.380～1.486)精液弃用比例高于 8～9 月龄引种的公猪。由此可见，我国南方公猪精液弃用的主要原因是原生质滴。公猪精液的弃用受到栏舍类型、品种、采精月龄、采精季节和引种月龄的影响，最适宜的公猪引种月龄为 8 月龄。

关键词：Logistic 回归模型；公猪；精液弃用

　*　基金项目：国家重点研发项目(2017YFD0502004)；国家现代产业技术体系(CARS-36)

　**　第一作者简介：王超(1987—)，男，河北邯郸人，博士，动物营养与饲料科学专业，E-mail：academy_wangchao@163.com

　#　通讯作者：彭健，教授，博士生导师，E-mail：pengjian@mail.hzau.edu.cn

柚皮苷对育肥猪生产性能、胴体性状、肉品质及脂肪酸组成的影响[*]

王琪[**] 王敬 齐仁立 邱小宇 杨飞云 黄金秀[#]

(重庆市畜牧科学院，重庆 402460；农业部养猪科学重点实验室，重庆 402460)

摘要：本试验旨在研究饲粮中添加不同剂量的柚皮苷对育肥猪生长性能、胴体性状、肉品质及脂肪酸组成的影响。试验选用健康、平均体重为(66.0±0.2) kg 的"约克夏×荣昌"二元育肥猪 96 头，随机分为 4 组(每组 6 个重复，每个重复 4 只)，对照组饲喂基础饲粮，试验组饲喂分别添加 0.5、1 和 1.5 g/kg 柚皮苷的试验饲粮，试验期 50 天。结果表明：1)饲粮中添加柚皮苷对育肥猪的日增重、平均日采食量和料重比未产生显著性影响($P>0.05$)；与对照组相比，添加 0.5 g/kg 柚皮苷能提高 6.35% 的日增重，及减少 8.76% 的料重比。2)饲粮中添加柚皮苷对育肥猪胴体重、胴体长、胴体率、背膘厚以及免疫器官重均无显著影响($P>0.05$)，但补充 0.5 g/kg 和 1 g/kg 柚皮苷能显著增加育肥猪的眼肌面积，0.5 g/kg 柚皮苷组还能显著提高瘦肉率($P<0.05$)。3)与对照组相比，1.5 g/kg 柚皮苷添加组显著提高了育肥猪 pH_{1h} 和肌苷酸含量($P<0.05$)，添加柚皮苷还能提高大理石纹评分和肌内脂肪含量，但并未达到显著水平($P>0.05$)；柚皮苷各组对育肥猪的肉色、滴水损失以及 pH_{24h} 未有显著性影响($P>0.05$)。4)饲粮中添加柚皮苷改变了育肥猪背最长肌脂肪酸组成，与对照组相比，柚皮苷各组单不饱和脂肪酸含量有所提高，但并未达到显著水平($P>0.05$)；添加柚皮苷降低了多不饱和脂肪酸含量，其中 1.5 g/kg 柚皮苷组亚油酸和多不饱和脂肪酸含量显著低于对照组($P<0.05$)；由此可见，基础饲粮中添加柚皮苷能提高育肥猪生产性能和胴体性状、改善肉品质。添加 0.5 g/kg 柚皮苷对提高猪生产性能和胴体性状效果较好，而添加 1.5 g/kg 柚皮苷能通过显著提高 pH 和肌苷酸含量，改变脂肪酸含量，改善猪肉品质。

关键词：柚皮苷；育肥猪；生产性能；胴体性状；肉品质；脂肪酸含量

[*] 基金项目：重庆市农发资金项目(17409)；国家"973"计划项目(2012CB124702)

[**] 第一作者简介：王琪(1984—)，女，四川自贡人，助理研究员，硕士研究生，从事动物肌肉代谢相关研究，E-mail：wangq0418@126.com

[#] 通讯作者：黄金秀，女，研究员，从事动物营养原理研究，E-mail：short00@163.com

不同膳食纤维对生长猪生长性能、表观
消化率及结肠菌群的影响

徐荣莹* 王晋 苏勇# 朱伟云

(南京农业大学动物科技学院,消化道微生物研究室,南京 210095)

摘要:本试验旨在研究饲粮中添加不同膳食纤维对生长猪生长性能、表观消化率及结肠菌群的影响。试验选取 28 头体况良好、体重相近[(8.79±0.09) kg]的 42 天"杜×长×大"生长猪,随机分成 4 组,每组 7 个重复,每个重复 1 头猪。对照组(CON)饲喂玉米—豆粕型基础饲粮,试验组饲喂的饲粮分别用 8% 的菊粉(INU)、生土豆淀粉(RPS)、果胶(PEC)替代基础饲粮中的玉米淀粉。试验期为 30 天。试验期间记录每头猪的生长性能。试验中期在饲粮中添加 0.3% Cr_2O_3 作指示剂,收集粪样用于养分消化率的测定。试验结束进行屠宰采样,采集结肠内容物,并提取总 DNA,应用 16S rRNA 高通量测序技术分析不同膳食纤维对结肠微生物区系的影响。结果发现,试验结束时,PEC 组的末重(FBW)、平均日增重(ADG)均显著低于 CON 组($P<0.01$),料重比(F/G)显著高于 CON($P<0.01$)。PEC 组粗脂肪消化率显著低于其他 3 组($P<0.05$),INU 组粗灰分消化率显著高于其他 3 组($P<0.05$)。采用 Illumina MiSeq 测序法测定微生物 16S rRNA。PCoA 的结果表明,PEC 组的结肠内容物与其他三组明显区分开。在门水平上,仔猪结肠内容物中共检测到 12 个门,其中优势菌门为厚壁菌门(Firmicutes)、拟杆菌门(Bacteroidetes)和变形菌门(Proteobacteria)。PEC 组结肠内容物中 Firmicutes、Proteobacteria、Euryarchaeota 的相对丰度显著上升,Bacteroidetes 的相对丰度显著降低。在属水平上,共检测到 32 个属(相对丰度>3%)。PEC 组显著降低了 *Bacteroides*($P=0.001$)、(*Eubacterium*) *coprostanoligenes group*($P<0.001$)、*Ruminococcaceae NK4A214 group*($P=0.001$)、*Megasphaera* 和 *Leeia*($P=0.003$)的相对丰度。结果表明,在生长猪的饮食中补充膳食纤维可以影响其生长性能、养分消化率以及肠道菌群的结构,且 3 种不同的膳食纤维中,补充果胶对生长猪的生长性能、表观消化率指标以及结肠菌群结构的影响最显著。本研究结果为膳食纤维在生长猪饮食中的添加和选择提供科学依据,对进一步探明膳食纤维对猪后肠微生物以及机体代谢的影响具有重要意义。

关键词:膳食纤维;生长性能;表观消化率;肠道菌群;结肠

* 第一作者简介:徐荣莹(1995—),女,浙江衢州人,硕士研究生,动物营养与饲料科学专业,E-mail:xurongying1008@163.com

通讯作者:苏勇,教授,博士生导师,E-mail:yong.su@njau.edu.cn

热应激对肥育猪血液代谢组的影响*

崔艳军[1,2]** 顾宪红[3] 汪海峰[1,2]#

(1. 浙江大学动物科学学院,杭州 310058;2. 浙江农林大学动物科技学院,临安 311300;
3. 中国农业科学院北京畜牧兽医研究所,北京 100193)

摘要: 热应激会引起猪采食量下降,机体代谢重新调整,夏季高温环境在我国南方地区尤为突出。本试验旨在探讨热应激和采食量限制对肥育猪血液代谢组的影响。试验选取遗传背景相似,体重相近[(79±1.5) kg]的"杜×长×大"阉公猪 24 头,随机分为 3 个组:对照组(Con)、高温组(HS)和采食量配对组(PF),饲养于自动化环控室中。Con 和 PF 组所处环境温度为恒温 22℃,HS 组温度为恒温 30℃、湿度均为(55±5)%,3 组均自由饮水;Con 和 HS 组自由采食,PF 组饲喂高温组前一天的平均采食量。热应激持续 21 天后,前腔静脉采血,采用气相色谱-质谱(GC-TOF)鉴定血清中代谢物,采用主成分分析(PCA)和正交偏最小二乘-判别分析(OPLS-DA)对数据进行多维统计分析,鉴定差异性代谢物;通过 KEGG 和 MetaboAnalyst 分析差异代谢物参与的代谢通路。结果表明,检测出血液中的代谢物 184 种,其中差异代谢物(VIP>1 且 P<0.05)有 15 种。Con 和 HS 相比,差异代谢物有 15 种(马来酸、3-氨基异丁酸、核糖酸 γ 内脂、甘露糖、来苏糖、酒石酸、6-磷酸葡萄糖酸、1-葡萄糖甲酸,赖氨酸、d-半乳糖醛酸、吲哚-3 乙酸胺、5-羟色胺、盐酸羟胺和花生四烯酸);HS 和 PF 相比,差异代谢物有 4 种(6-磷酸葡萄糖酸、1-葡萄糖甲酸、赖氨酸和 5-羟色胺);PF 和 Con 相比,差异代谢物有 2 种(甘露糖和 1-葡萄糖甲酸)。代谢通路分析显示,差异代谢物参与生物素的合成,赖氨酸的合成,磷酸戊糖途径,尼克酰胺代谢,花生四烯酸代谢。因此,热应激影响肥育猪的血清代谢组,而采食量限制影响较小。

关键词: 热应激;肥育猪;血液;代谢组

* 基金项目:动物营养学国家重点实验室开放项目(2004DA125184F1711);学校科研发展基金项目(2034020019)
** 第一作者简介:崔艳军,男,博士研究生,讲师,E-mail:cuiyanjun@zafu.edu.cn
# 通讯作者:汪海峰,博士,研究员,E-mail:haifengwang@zju.edu.cn

可溶性和不可溶性纤维对生长猪净能和
营养物质消化率的影响[*]

吕知谦[**]　黄冰冰　王璐　赖长华[#]

（中国农业大学动物科技学院，北京 100193）

摘要：试验旨在研究相同总膳食纤维水平下，不同含量的可溶和不可溶性纤维的日粮对生长猪总产热量、绝食期产热量、营养物质消化率和有效能值的影响。试验选用 18 头（30.12±3.06）kg"杜×长×大"三元杂交去势公猪，随机分为 3 个处理组，每组 6 头猪。3 个处理分别为玉米-豆粕基础日粮、燕麦麸日粮和麦麸日粮。其中燕麦麸日粮和麦麸日粮是燕麦麸和麦麸分别替代基础日粮的 36％ 和 27％。两个高纤维日粮的总膳食纤维水平保持一致。试验分为连续的 3 期，每期 20 天，包括 14 天环境适应期和 6 天的呼吸测热室测热期。其中，6 天的测热期又分为 5 天的全收粪尿期和一天的绝食收尿期。结果表明：日粮类型对生长猪的总产热量、绝食产热量和呼吸熵没有显著影响（$P>0.05$）。燕麦麸日粮的有效能值及纤维和粗脂肪的消化率显著高于麦麸日粮组（$P<0.01$），纤维显著增加了粪 N 的排出（$P<0.01$），燕麦麸日粮组的生长猪沉积了更多的蛋白质（$P<0.01$）。表明纤维会降低日粮营养物质的营养物质消化率，但是可溶性纤维含量高的日粮其纤维本身的消化程度更高，不可溶性纤维对有效能的消极影响更大。

关键词：纤维；净能；消化率；生长猪

---

[*] 基金项目：国家自然科学基金（31630074）和 111 项目（B16044）

[**] 第一作者简介：吕知谦（1992—），男，山东滕州人，博士研究生，研究方向为动物营养与饲料科学，E-mail：lzq2434390936@163.com

[#] 通讯作者：赖长华，副研究员，博士生导师，E-mail：laichanghua999@163.com

纤维水平对生长猪内源脂肪含量的影响*

陈一凡** 　王凤来# 　王振宇　明东旭　王文惠　江赵宁

（中国农业大学动物科技学院,北京 100193）

摘要:本试验旨在研究纤维水平对生长猪内源脂肪及脂肪酸含量的影响。试验选用 6 头装有简单 T 形瘘管的"杜×长×大"三元杂交去势公猪,初始体重为(27.6±3.6) kg,采用 6×6 拉丁方设计,试验包括 6 种饲粮,包括玉米淀粉-酪蛋白无纤维基础饲粮和 5 种纤维饲粮,NDF 水平分别为 4%、8%、12%、16%和 20%,以大豆皮为唯一纤维源,添加量分别为 7.5%、15%、22.5%、30%和 37.5%。以三氧化二铬为指示剂。试验期为 60 天,共 6 期,每期 10 天,前 6 天为适应期,7 天和 8 天为粪便收集期,9 天和 10 天为食糜收集期。结果表明,回肠和全肠道内源脂肪中 C16:0、C18:0、C18:1 和 C18:2 占主要成分,且随饲粮中 NDF 含量增加,这四种内源脂肪酸含量、脂肪含量、不饱和脂肪酸总量及饱和脂肪酸总量均显著增加($P<0.01$),回肠内源脂肪含量从 0.71 g/kg DM 增加到 3.09 g/kg DM,全肠道内源脂肪含量从 0.56 g/kg DM 增加到 8.21 g/kg DM;回肠内源 C16:0 从 0.21 g/kg DM 增加到 1.60 g/kg DM,全肠道内源 C16:0 从 0.32 g/kg DM 增加到 1.63 g/kg DM;回肠内源 C18:0 从 0.12 g/kg DM 增加到 0.80 g/kg DM,全肠道内源 C18:0 从 0.33 g/kg DM 增加到 3.20 g/kg DM;回肠内源 C18:1 从 0.09 g/kg DM 增加到 1.21 g/kg DM,全肠道内源 C18:1 从 0.03 g/kg DM 增加到 0.34 g/kg DM;回肠内源 C18:2 从 0.06 g/kg DM 增加到 1.47 g/kg DM,全肠道内源 C18:1 从 0.01 g/kg DM 增加到 0.36 g/kg DM;回肠内源饱和脂肪酸总量从 0.46 g/kg DM 增加到 3.00 g/kg DM,全肠道内源饱和脂肪酸总量从 0.86 g/kg DM 增加到 5.92 g/kg DM;回肠内源不饱和脂肪酸总量从 0.21 g/kg DM 增加到 3.17 g/kg DM,全肠道内源不饱和脂肪酸总量从 0.08 g/kg DM 增加到 0.89 g/kg DM。回肠中内源饱和脂肪酸总量与内源不饱和脂肪酸总量差异不大,而在全肠道中,内源饱和脂肪酸总量远远高于内源不饱和脂肪酸总量。总体来看,全肠道与回肠相比,内源脂肪、各个内源饱和脂肪酸含量及内源饱和脂肪酸总量显著增加,但内源不饱和脂肪酸总量降低。综上所述,生长猪内源脂肪和脂肪酸含量随饲粮纤维水平的增加而增加,且全肠道内源脂肪及饱和脂肪酸含量高于回肠,但内源不饱和脂肪酸含量低于回肠。

关键词:纤维水平;生长猪;内源脂肪;内源脂肪酸

---

* 基金项目:母猪能量代谢和与高血脂症及其营养调控技术(2016FYD0501204)

** 第一作者简介:陈一凡(1991—),女,河北石家庄人,博士研究生,动物营养与饲料科学专业,E-mail:chenyfchn@163.com

通讯作者:王凤来,教授,博士生导师,E-mail:wangfl@cau.edu.cn

低蛋饲粮添加赖氨酸和蛋氨酸对海南黑猪 生产性能和血液生化指标的影响[*]

魏立民[1][**]　刘圈炜[1]　郑心力[2]　王峰[2]　谭树义[1]　黄丽丽[1]　邢漫萍[2]　孙瑞萍[1][#]

(1.海南省农业科学院畜牧兽医研究所,海口 571100;

2.海南省热带动物繁育与疫病研究重点实验室,海口 571100)

摘要:本试验旨在研究饲粮中添加赖氨酸和蛋氨酸对海南黑猪生产性能和免疫指标的影响。选用体重差异不显著的[(46.38±2.75) kg]海南黑猪 60 头,随机分为 5 个处理组,每个处理组 3 个重复,每个重复 4 头猪。其中 1 个处理组为对照组,饲喂正常蛋白质水平(15%)饲粮,其余 4 个处理组为试验组,蛋白质水平为(13%),分别饲喂不同赖氨酸和蛋氨酸水平的试验饲粮。具体为试验I组(0.83,0.395)、试验II组(0.83,0.495)和试验III组(1.03,0.395)和试验IV组(1.03,0.495),试验期为 40 天。结果表明:1)当海南黑猪饲粮蛋白质水平由 15% 降低至 13% 时,海南黑猪的平均日增重显著降低($P<0.05$),料重比显著升高($P<0.05$。2)当海南黑猪的饲粮蛋白质水平为 13%,补充添加赖氨酸和蛋氨酸,海南黑猪的平均日增重、平均采食量和料重比与对照组比较差异均不显著($P>0.05$)。3)低蛋白质饲粮添加赖氨酸和蛋氨酸对海南黑猪血清总蛋白、球蛋白、尿素氮含量及白/球比均无显著影响($P>0.05$)。由此可见,海南黑猪饲粮蛋白质水平降低 2 个百分点至 13%,同时补充添加赖氨酸和蛋氨酸,海南黑猪可以达到与对照组相同的生产成绩。

关键词:低蛋白质饲粮;赖氨酸;蛋氨酸;生产性能;生化指标

---

[*]　基金项目:海南省农业科学院创新基金项目(CXZX2018-10);海南省省属科研院所技术开发专项(KYYS-2016-12)

[**]　第一作者简介:魏立民(1982—),男,河南许昌人,副研究员,从事热带畜禽营养与饲料研究,E-mail:liminedu@126.com

[#]　通讯作者:孙瑞萍,副研究员,博士,E-mail:ruiping937@126.com

缬氨酸/异亮氨酸比例对肥育猪胴体性状和肉品质的影响

许豆豆[*]　王宇波　焦宁　邱凯　张鑫　王黎琦　王璐　巩璐　何鑫　尹靖东[#]

（动物营养学国家重点实验室，中国农业大学动物科技学院，北京 100193）

摘要：支链氨基酸（BCAA）包括 Leu、Ile 和 Val，因它们的 α 碳上都含有分支脂肪烃链，结构类似，可能在氨基酸转运、代谢及蛋白质合成方面存在拮抗作用。研究发现，Val 能改善由于 Leu 过量导致的采食量减少和生长性能降低问题，但 Ile 和 Trp 不能再进一步改善。BCAA 间的相互作用是复杂的，且大多数围绕在 Leu-Val 或 Leu-Ile，很少有研究 Ile 与 Val 间的作用，因此本试验尝试以二者的比例为指标，探究改善胴体及肉品质的适宜 Val/Ile 比例，为肥育猪日粮合成氨基酸使用提供一定的理论支持。本试验研究日粮中 Val 与 Ile 比例对肥育猪胴体性状和肉品质的影响。选取（74.1±1.3）kg "杜×长×大"三元杂交公猪 54 头，随机分为 3 组，每组 6 个重复，每个重复 3 头猪，分别饲喂 Val/Ile 比例为 0.58［低 Val/Ile 比例，L-R（V/I）］、1.23［NRC 推荐水平，N-R（V/I）］和 2.6［高 Val/Ile 比例，H-R（V/I）］日粮，日粮中 Val 与 Ile 的总量保持不变，满足 NRC（2012）要求。日粮中 H-R（V/I）组显著增加了最后肋处背膘厚，显著降低了无脂瘦肉指数（线性：$P<0.05$）。随着 Val/Ile 比例减小，肌内脂肪含量先降低后增多，而氨基酸含量如 Asp、Thr、Ser、Glu 和 Lys 线性增加，多不饱和脂肪酸（Polyunsaturated fatty acid，PUFA）、n-6 PUFA 和 n-3 PUFA 含量线性减少（线性：$P<0.05$）。随着 Val/Ile 比例减小，pH 24 h 值显著增加，滴水损失显著降低，T21（蛋白结合水）的峰面积比例显著增加，肌节长度线性增加（线性：$P<0.05$），肌节超显微结构越加清晰规则。日粮 H-R（V/I）组烹饪损失显著增大，T23（游离水）的峰面积比例增大，肌浆蛋白溶解度也增大（二次：$P<0.05$）；与对照组 N-R（V/I）相比，H-R（V/I）和 L-R（V/I）组显著增加了背最长肌 MEF2C 基因的表达量（二次：$P<0.05$），并有降低Ⅱ型肌纤维基因 *MyHC-IIx* 和 *MyHC-IIb* 的趋势（二次：$P<0.10$）。结果表明，低 Val/Ile 比例能在保持背膘厚不变时，增加肌内脂肪含量并改善肌肉的脂肪酸与氨基酸组成；低 Val/Ile 比例可以通过改善宰后肌肉的理化特性，如提高 pH 24 h 值、增加肌浆蛋白溶解度、保持肌原纤维完整性、增加肌节长度、加强系水力（滴水损失和水分分布）进而改善肉品质；低 Val/Ile 比例可以通过促进肌肉中 MEF2C 的表达，进而改变肌纤维分型，最终改善肉品质；高 Val/Ile 比例的胴体品质下降，具体表现在背膘厚增加，但肌内脂肪含量显著增加。

　＊ 第一作者简介：许豆豆（1994—），女，山东青岛人，在读博士研究生，主要从事动物营养与肉品质的研究，E-mail：sy20163040537@cau.edu.cn

　＃ 通讯作者：尹靖东，教授，博士生导师，E-mail：yinjd@cau.edu.cn

低蛋白饲粮补充 N-氨甲酰谷氨酸对育肥猪酮体性状,肌肉氨基酸和脂肪酸的影响*

叶长川** 曾祥洲 朱进龙 刘影 谯仕彦 曾祥芳#

(中国农业大学动物营养国家重点实验室,北京100193)

摘要:本文旨在研究低蛋白饲粮添加 N—氨甲酰谷氨酸(NCG)和精氨酸(Arg)对育肥猪酮体品质和肉品质量的影响。选取 120 头"杜×长×大"杂交育肥猪[性别全部为母猪,初始重为(75.00±5.18)kg],按照初始体重相近的原则随机分为 4 个不同饲粮组,即:标准蛋白组饲粮组(CP13.6%,SP饲粮组)、低蛋白饲粮+1.7%丙氨酸组(CP11.27%,RP+Ala 饲粮组)、低蛋白饲粮+1%精氨酸组(CP11.40%,RP+Arg 饲粮组)和低蛋白饲粮+0.1%NCG+1.7%丙氨酸组(CP11.26%,RP+NCG饲粮组)。饲粮为典型的玉米-豆粕饲粮,且 4 种饲粮均为等氮饲粮,用丙氨酸来配制,L-精氨酸是用来做正向的对比。试验期间,猪自由饮水和采食。试验期为 40 天。测定并统计生长性能、肉品质、脂肪成分和血液指标数据,用一般线性模型(GLM)分析。结果表明:1)饲粮添加 NCG 和精氨酸组育肥猪日增重和日均采食量均高于 SP 组和 RP+Ala 饲粮组,但差异不显著($P>0.05$);2)RP+NCG 饲粮组育肥猪血清精氨酸显著高于 RP+Ala 饲粮组($P<0.05$),与 RP+Arg 饲粮组无显著差异($P>0.05$),这说明补充 NCG 可以促进精氨酸的内源合成;饲粮补充精氨酸或 NCG 显著降低了血清尿素氮浓度($P<0.01$),显著提高了血清色氨酸浓度($P<0.05$)。3)RP+NCG 饲粮可以显著增加眼肌面积($P<0.05$),并有提高第 10 根肋骨脂肪厚度的趋势($P=0.08$)。与 SP 饲粮组和 RP+Ala 饲粮组相比,RP+NCG 饲粮组和 RP+Arg 饲粮组育肥猪瘦肉率和瘦肉日增重显著提升($P<0.01$),且 RP+NCG 饲粮组和 RP+Arg 饲粮组无显著性差异($P>0.05$);4)低蛋白饲粮补充 NCG 可显著提高猪肉中亮氨酸的含量($P<0.05$),并且改变了肌肉中 w-6 和 w-3 多不饱和脂肪酸(PUFAs)的组成,但 w-6/w-3 比值不变。饲粮添加 NCG 可以提高育肥猪眼肌面积,这可能与 NCG 促进内源精氨酸的合成和肌肉亮氨酸的提升有关。低蛋白饲粮补充 NCG 可以有效提高育肥猪背最长肌眼肌面积,减少背部脂肪沉积并大幅度提高猪肉中亮氨酸的含量,同时对肌肉脂肪酸无负面的影响。

关键词:内源精氨酸合成;育肥猪;猪肉品质;脂肪酸;骨骼肌;低蛋白饲粮

* 基金项目:农产品质量安全监管专项经费项目(131821301092361002);2018 年现代农业产业技术体系北京市创新团队-生猪
** 第一作者简介:叶长川,男,福建福州人,硕士研究生,从事猪的营养与繁殖方面的研究,E-mail:529521397@qq.com
# 通讯作者:曾祥芳,副教授,硕士生导师,E-mail:zengxf@cau.edu.cn

冬季自然低温条件下日粮蛋白水平对
育肥猪生长性能和胴体品质的影响[*]

王振宇[**]　刘虎　王凤来[#]

(中国农业大学农业部饲料工业中心,北京 100193)

摘要:本试验研究了冬季自然低温条件下日粮蛋白水平对育肥猪生长性能和胴体品质的影响。试验选取 72 头育肥猪[平均体重(81.2±9.8) kg],随机分为 2 个处理组,每个处理组 6 个重复,每个重复 6 头猪(公母各半)。对照组:日粮蛋白水平为 10%;试验组:日粮蛋白水平为 12%。试验共进行 28 天,0～14 天和 15～28 天分别为阶段 1 和 2。试验第 0,14 和 28 天对试验猪称重并采集外周血,分别记录阶段 1 和阶段 2 的采食量并测定外周血生理生化指标。试验结束后,屠宰 12 头试验猪(每个重复 1 头猪),记录活体重,胴体重,屠宰率,胴体长度,眼肌面积,背膘厚,瘦肉率以及 45 min 和 24 h pH 。采集眼肌样品测定肉色,滴水损失和剪切力。结果表明:试验期间平均温度和相对湿度分别为 10℃和 78%。与对照组相比,试验组育肥猪整个试验阶段平均采食量和日增重显著降低($P<0.05$),阶段 1 平均日增重和料重比显著降低,此外,试验组 14 天血清尿素氮显著低于对照组($P<0.05$)。但降低的蛋白水平对胴体品质和肉质无负面影响。综合上述结果可得出,该试验低温条件下,低蛋白日粮对育肥猪生长性能有一定负面作用,但对胴体品质和肉质无负面影响,该试验为冬季育肥猪的日粮蛋白水平调整提供了理论依据。

关键词:低温;蛋白质;生长性能;胴体品质

　* 基金项目:国家自然科学基金(31372317);科技部 863 计划(2013AA10230602)
　** 第一作者简介:王振宇(1995—),男,湖北荆门人,硕士研究生,动物营养与饲料科学专业,E-mail:s20173040502@cau.edu.cn
　# 通讯作者:王凤来,教授,博士生导师,E-mail:wangfl@cau.edu.cn

不同纤维源对猪生长性能、养分消化率、
胴体和肉品质的影响[*]

李佳彦[**] 赵瑶 张玲 陈代文 余冰 何军 黄志清

毛湘冰 郑萍 虞洁 罗钧秋 罗玉衡[#]

(四川农业大学动物营养研究所,动物抗病营养教育部、农业部重点实验室,成都 611130)

摘要:不同种类的日粮纤维对猪的生长性能、养分消化率、肠道生理等方面的影响并不一致,可能与其理化结构密切相关。在实际生产中,纤维的来源通常不止一种,对单一纤维源和混合纤维源生理效应的比较研究具有重要意义。因此本试验选取生产中常见的两种日粮纤维来源——小麦麸和豌豆纤维,将其单一或混合添加至生长猪饲粮,比较分析其对生长猪生长性能、养分消化率及胴体和肉品质的影响。选用 24 头杜洛克×长白×约克夏(DLY)生长猪[(32.46±0.35) kg],按体重无差异原则随机分为 4 个处理(每组 6 个重复,每个重复 1 头猪):对照组(CON)、15%小麦麸组(WB)、15%豌豆纤维组(PF)、混合纤维源组(7.5%小麦麸+7.5%豌豆纤维,MIX),试验为期 56 天。结果表明:1)与 CON 组相比,PF 组猪的 ADG、ADFI,及 MIX 组猪的 ADFI 显著降低($P<0.05$)。与 PF 组相比,WB、MIX 组猪 F:G 显著降低($P<0.05$)。2)与 CON 组相比,WB 组猪的能量、DM、CP、NDF 消化率显著降低($P<0.05$);PF 组猪能量、CP、NDF 消化率显著降低($P<0.05$),且 EE、CF 养分消化率显著提高($P<0.05$);MIX 组猪 EE、CF 消化率显著提高($P<0.05$)。3)与 CON 组相比,PF、MIX 组猪胴体重、屠宰率、眼肌面积,及 WB 组猪眼肌面积显著降低($P<0.05$);与 CON、WB 组相比,PF 组猪背最长肌宰后 $pH_{45 min}$ 和 $pH_{24 h}$ 显著提高($P<0.05$)。由此可见,在本试验条件下,饲粮中添加 15%豌豆纤维虽然一定程度降低了猪的生长性能和胴体性状,但可通过提高肌肉宰后 pH 改善肉品质;添加 15%小麦麸不影响猪的生长性能并改善料肉比;添加 15%混合纤维源则可在一定程度上削弱单一纤维源对猪的生长性能、消化率和肉品质等方面的不利影响。实际生产中在制定饲粮配方时,除了考虑日粮纤维的种类外,也应考虑不同纤维源的组合生理效应。本研究结果为合理制定生长猪的含纤维饲粮配方提供了参考。

关键词:生长猪;纤维源;生长性能;胴体和肉品质;养分消化率

---

* 基金项目:四川省科技厅国际科技合作与交流研究计划项目(2014HH0051)

** 第一作者简介:李佳彦(1994—),女,湖南娄底人,博士研究生,从事猪的营养研究,E-mail:ljy1367206340@163.com

通讯作者:罗玉衡,女,副研究员,E-mail:luoluo212@126.com

欧洲类型饲粮中添加非淀粉多糖酶对生长肥育猪生长性能的影响

罗燕红[*#]　翟恒孝　汪仕奎　吴金龙

［帝斯曼（中国）动物营养研发有限公司，霸州 065799］

摘要： 饲料中含有的 β-葡聚糖、阿拉伯木聚糖、纤维素和果胶等非淀粉多糖具有抗营养作用，能够降低饲料中蛋白质、脂肪和矿物质的消化率，减少猪的能量供应并引起猪蛋白质和矿物质的缺乏，导致猪生长性能下降。有研究表明饲粮中非淀粉多糖含量增加 1% 会引起胃排空减慢，肠道食糜黏度增加，刺激内源物的分泌，导致有机物质消化率降低 1.5%～2%。欧洲类型饲粮以大麦、小麦、葵花粕和菜籽粕为基础饲粮，属于谷物原料的大麦小麦中含较高 β-葡聚糖和阿拉伯木聚糖，而油料籽实加工副产品葵花粕和菜籽粕中含大量纤维素和果胶，非淀粉多糖酶 RONOZYME® VP 具有纤维素酶、半纤维素酶、β-葡聚糖酶和果胶酶活性，添加到欧洲类型饲粮中有助于消除饲粮中的抗营养因子，提高营养物质的利用率，提高猪的生长性能。因此，本试验旨在研究以大麦小麦葵花粕菜籽粕为基础的饲粮中添加非淀粉多糖酶（RONOZYME® VP：具纤维素酶、半纤维素酶、β-葡聚糖酶和果胶酶活性）对生长肥育猪生长性能的影响。试验采用随机化完全区组设计，区组因子为生长猪的初始体重。试验选用 288 头初始体重为 (28.8±2.8) kg 的健康生长猪（PIC L1050×L337），随机分为 3 个处理，每个处理 16 个重复，每个重复 6 头猪（公猪和母猪各 3 头）。对照组饲喂基础饲粮，试验组饲粮在对照组基础上分别添加 0.1 和 0.2 g/kg 的非淀粉多糖酶（RONOZYME® VP）。试验周期为 70 天，分为两个阶段，0～35 天为生长阶段，36～70 天为育肥阶段。所有生长肥育猪在 0、35 和 70 天分别称重，计算平均日增重；记录和称量每个阶段饲粮的添加量和剩余量，计算平均日采食量；料肉比为平均日采食量和平均日增重的比值。另外，测定了 3 组试验饲粮中 β-葡聚糖酶活性，生长阶段分别为 0、5 和 16 FBG/g 饲粮，育肥阶段分别为 0、6 和 12 FBG/g 饲粮，符合试验酶活设计水平（0,5 和 10 FBG/g 饲粮）。结果表明：1) 随着非淀粉多糖酶（RONOZYME? VP）添加水平的增加，生长肥育猪育肥阶段体重和平均日增重，以及全期的平均日增重线性提高（$P<0.05$）。2) 多重比较结果表明，与对照组相比，饲粮中添加 0.2 g/kg 的非淀粉多糖酶（RONOZYME® VP）显著提高了肥育猪育肥阶段的体重和平均日增重（$P<0.05$）。欧洲类型饲粮中添加非淀粉多糖酶（RONOZYME® VP）能显著提高生长肥育猪肥育阶段平均日增重和体重。

关键词： 非淀粉多糖酶；生长肥育猪；生长性能；欧洲类型饲粮

---

* 第一作者简介：罗燕红（1990—），女，四川眉山人，助理科学家，从事猪营养研究，E-mail：Sophie. luo@dsm. com

\# 通讯作者

亚麻油通过调节程序性坏死及 TLR4/NOD 信号通路缓解小肠损伤和炎症[*]

朱惠玲[**]　刘玉兰[#]　王海波　王树辉　涂治骁　张琳　王秀英

（动物营养与饲料科学湖北省重点实验室,动物营养与饲料安全
湖北省协同创新中心,武汉轻工大学,武汉 430023）

摘要：亚麻油富含亚油酸（ALA）,亚油酸是 n-3 多不饱和脂肪酸（n-3PUFA）即二十二碳六烯酸（DHA）和二十碳五烯酸（EPA）的前体。大量研究表明,饲粮的 n-3PUFA 具有抗炎和缓解肠道损伤作用。程序性坏死是新发现的一种细胞死亡方式,同样,它还具有促炎作用。模式识别受体如 TLRs 和 NOD 在小肠炎症及损伤方面也发挥重要作用。本试验用脂多糖（LPS）刺激建立肠道损伤模型,研究亚麻油对仔猪程序性坏死及 TLR4/NODs 信号通路的影响,旨在为缓解仔猪肠道损伤提供理论依据。选用 24 头 21 日龄断奶仔猪,采用 2×2 因子试验设计,因子包括免疫应激（生理盐水或脂多糖）及饲粮（5% 玉米油或 5% 亚麻油）。在试验第 21 天,每个饲粮组一半仔猪注射 100 μg/kg 体重的 LPS,另一半注射等量的生理盐水做对照。注射 LPS 4 小时后,所有仔猪麻醉,屠宰,取 $2\sim3$ cm 小肠（空肠、回肠）固定于多聚甲醛中用于小肠形态学测定；另取空肠、回肠约 10 cm,刮取肠黏膜用于小肠脂肪酸含量、紧密连接蛋白（claudin-1）、程序性坏死及 TLR4/NOD 信号通路相关基因表达分析。结果表明：饲粮添加亚麻油增加小肠 ALA、EPA 及 n-3PUFA 百分比（$P<0.05$）。与玉米油相比,亚麻油增加了空肠、回肠 claudin-1 浓度（$P<0.05$）。LPS 刺激降低了仔猪空肠、回肠绒毛高度（$P<0.05$）,亚麻油则增加了空肠绒毛高度、乳糖酶活性（$P<0.05$）,改善小肠结构和功能；亚麻油还下调了程序性坏死信号通过相关基因 mRNA 的表达（$P<0.05$）,同时也下调了小肠 TLR4 及其下游髓样分化因子 88（My88）、核转录因子 κB（NFκB）、核苷酸结合寡聚化结构域 1、2（NOD1,NOD2）及其衔接分子受体相互作用蛋白激酶 2（RIPK2）mRNA 的表达（$P<0.05$）。本试验证明：亚麻油能抑制程序性和 TLR4/NOD 信号通路,缓解 LPS 应激所导致的断奶仔猪小肠损伤,维持肠道屏障功能。

关键词：脂多糖；亚麻油；小肠屏障功能；断奶仔猪

---

* 基金项目：国家重点研究开发计划项目（2016YFD0501210）；国家自然科学基金面上项目（31772615）；湖北教育厅项目（T201508）

** 第一作者简介：朱惠玲,女,博士研究生,E-mail：zhuhuilinhg2004@sina.com

通讯作者：刘玉兰,女,博士,教授,E-mail：yulanflower@126.com

低蛋白饲粮补充酪蛋白酶解物有利于猪肠道微生物和黏膜屏障功能[*]

王会松[**]　申俊华　高侃　皮宇　朱伟云[#]

（国家动物消化道营养国际联合研究中心，江苏省消化道营养与动物健康重点实验室，南京农业大学消化道微生物研究室，南京 210095）

摘要：适当地降低饲粮粗蛋白质水平有利于猪的肠道微生物结构和肠道健康。然而，较大程度地降低饲粮粗蛋白质水平，即使补充必需和非必需氨基酸，都会对肠道健康有负面的影响；这可能是因为缺乏蛋白来源的肽而造成的。因此，本文研究了低蛋白饲粮补充晶体氨基酸或酪蛋白酶解物（小肽资源）对生长猪肠道微生物、肠道屏障功能及肠黏膜免疫的影响。21 头杂交阉割公猪［杜洛克×长白×约克夏；最初体重（23.30±1.00）kg，（63±1.00）天］被随机分配到三个组（$n=7$），分别饲喂以玉米-豆粕型饲粮为基础的粗蛋白质水平 16% 的对照组饲粮（CON）以及粗蛋白质水平 13% 的低蛋白饲粮并补充结晶氨基酸（LPA）或酪蛋白酶解物（LPC）。试验为期四周，结束后屠宰，取全肠道食糜用于微生物测序分析；取全肠道肠黏膜用于 qPCR、western blot 和 ELISA 方法检测肠黏膜屏障功能和免疫相关因子在基因和蛋白水平上表达的变化；取全肠道组织固定于福尔马林液体中用于制备 PAS 染色切片和免疫组化切片。结果表明，相对于 CON 组，LPA 饲粮降低了回肠中 Lactobacillus 的数量；而 LPC 饲粮增加了（$P<0.05$）回肠和结肠中 Lactobacillus 的数量并降低了（$P<0.05$）回肠和结肠中 E. coli 的数量。相对于 CON，LPA 饲粮降低了（$P<0.05$）空肠紧密连接 ZO-1 及干细胞增生相关因子 Lgr-5 在基因和蛋白水平的表达；而 LPC 饲粮增加了（$P<0.05$）空肠 occludin、ZO-1 和 Lgr-5 的基因和蛋白的表达水平，促进了（$P<0.05$）回肠黏蛋白-2 和结肠黏蛋白-4 的分泌，并促进了（$P<0.05$）回肠和结肠中杯状细胞的增生。与 CON 组比，LPA 饲粮增加了（$P<0.05$）回肠黏膜中促炎性细胞因子 IL-6 和 IL-22 的分泌；而 LPC 饲粮降低了（$P<0.05$）回肠黏膜中促炎性的 IL-1β，IL-17A 和 TNF-α 的分泌。结果表明基于粗蛋白质水平由 16% 降低到 13% 的低蛋白饲粮，补充晶体氨基酸之后对生长猪小肠微生物、屏障功能、黏膜免疫应答及干细胞增生有着负面的影响；而补充酪蛋白酶解物之后积极的调节了猪小肠和大肠的肠道微生物、肠道屏障功能及肠黏膜免疫应答，并对小肠干细胞及回肠和结肠杯状细胞增生起到了促进作用。

关键词：猪；低蛋白饲粮；酪蛋白酶解物；肠道微生物；肠道屏障功能

---

[*]　基金项目：国家重点基础研究发展计划（"973"）（2013CB127300）；国家自然科学基金（31430082）

[**]　第一作者简介：王会松（1990—），男，博士研究生，从事动物营养和肠道微生物相关领域的研究，E-mail：master. whs@hotmail. com

[#]　通讯作者：朱伟云，女，教授，博士生导师，E-mail：zhuweiyun@njau. edu. cn

蛋白质限饲有助于改善猪的胰岛素敏感性[*]

张鑫[**]　邱凯　王黎琦　许豆豆　尹靖东[#]

（中国农业大学动物科学技术学院，北京 100193）

摘要：蛋白质限饲（protein limitation，PL）可以改善猪的饲料转换效率，减少粪尿中的氮排放，但是其对动物代谢健康的利弊仍不清楚。本试验旨在探讨 PL 对猪代谢健康，特别是胰岛素敏感性的影响。试验饲粮根据 NRC（2012）配制。在试验一、二和三中，PL 组饲粮粗蛋白质（crude protein，CP）水平与对照组相比降低 15%～25%，同时添加晶体氨基酸满足必需氨基酸的需要。试验一选择 16 头 13.5 kg 左右的去势公猪，随机分为 2 组，分别饲喂 CP 水平为 18% 和 14% 的饲粮，饲喂 28 天，测定血糖、血脂、胰岛素等指标。利用 Western blot 技术检测肝脏和肌肉中胰岛素信号的变化，利用蛋白质组学技术分析 PL 对小肠代谢的影响。试验二选择 36 头 89.5 kg 左右的母猪，随机分为 2 组，分别饲喂 CP 水平为 14% 和 12% 的饲粮，饲喂 28 天，利用 Western blot 技术检测肝脏和肌肉中胰岛素信号的变化。试验三选择 12 头 22.7 kg 左右的去势公猪，随机分为 2 组，门静脉安装插管，分别饲喂 CP 水平为 18% 和 14% 的饲粮。在采食前 0.5 h 和采食后 0.5、1.5、3.5 和 7.5 h 从插管中收集血液，用于血浆代谢组学分析。此外，利用已发表的肝脏转录组学数据分析 PL 对 9.57 kg 左右去势公猪肝脏代谢的影响。结果表明：1）PL 显著降低了血浆中胰岛素水平和胰岛素抵抗指标 HOMA-IR（$P<0.01$），改善了机体的胰岛素敏感性。同时，与对照组相比，在基础状态下，PL 增强了肝脏和肌肉中 IRS1/PI3K/AKT 信号通路，抑制了肝脏中 AMPK 信号通路。2）肝脏转录组学结果显示，PL 改变了肝脏中氨基酸的代谢，胰岛素信号相关通路向胰岛素敏感性改善的方向变化。3）在 PL 组，门静脉血浆中蛋白质和脂类代谢产物的浓度发生变化。与对照组相比，鞘脂-1-磷酸和皮质醇分别在采食 PL 组饲粮后 0.5 h 和 7.5 h 浓度降低，小肽在采食 PL 组饲粮后浓度发生变化。4）蛋白质组学结果显示，与对照组相比，PL 组小肠中蛋白质消化和吸收、碳水化合物消化和吸收、三羧酸循环、氧化磷酸化等代谢相关的信号通路显著增强，"PPAR 信号通路"发生显著变化。综上所述，PL 可以改善猪的代谢健康，提高胰岛素敏感性。小肠、门静脉和肝脏中蛋白质/氨基酸的代谢及相关代谢协同变化。因此，肠肝代谢的重塑在 PL 改善胰岛素敏感性的过程中发挥重要作用。

关键词：蛋白质限饲；代谢健康；胰岛素敏感性；肠肝代谢；猪

[*]　基金项目：国家重点研发计划（2018YFD0500402，2016YFD0700201）

[**]　第一作者简介：张鑫（1991—），男，山东泰安人，博士研究生，从事动物营养与肉品质研究，E-mail：zhangx0904@126.com

[#]　通讯作者：尹靖东，教授，博士生导师，E-mail：yinjd@cau.edu.cn

DHA 对 TNF-α 刺激的 IPEC-1 细胞损伤的调控作用及其机制[*]

刘聪聪[**]　秦琴[**]　王树辉　张晶　肖勘　刘玉兰[#]

(武汉轻工大学动物营养与饲料科学湖北省重点实验室,武汉 430023)

摘要:本试验旨在研究二十二碳六烯酸(DHA)对肿瘤坏死因子 α(TNF-α)诱导的 IPEC-1 细胞损伤的保护作用,并从细胞程序性坏死信号通路的角度探讨其分子机制。本试验以猪小肠上皮细胞(IPEC-1)为试验对象,采用 2×2 因子设计,分为 4 个处理组:1)空白对照组;2)12.5 μg/mL DHA 组;3)50 ng/mL TNF-α 组;4)50 ng/mL TNF-α+12.5 μg/mL DHA 组。先用 0 μg/mL、12.5 μg/mL DHA 作用 IPEC-1 细胞 24 h,再用 PBS 或 50 ng/mL TNF-α 刺激后,收样待测。用 Cell Counting Kit(CCK8)试剂盒测定细胞活力,乳酸脱氢酶(LDH)试剂盒测定细胞上清液 LDH,血球计数板进行细胞计数,RT-PCR 技术检测相关基因表达的 mRNA 表达,Western blot 检测程序性坏死信号通路关键基因蛋白的表达,用 RNA 转录谱测序来评估 DHA 对细胞整体基因表达的调控作用。结果表明:1)TNF-α 刺激使 IPEC-1 细胞活力显著下降($P<0.05$),DHA 显著提高了细胞活力和数量($P<0.05$)。TNF-α 刺激导致 IPEC-1 细胞上清液 LDH 活力显著升高($P<0.05$),但是 DHA 对 LDH 无显著影响。2)TNF-α 刺激导致 TNF-α 的 mRNA 表达量显著升高($P<0.001$),而 DHA 显著降低了 TNF-α 的 mRNA 表达量($P<0.001$)。3)TNF-α 刺激导致受体相互作用蛋白 1(RIP1)、受体相互作用蛋白 3(RIP3)蛋白表达量和混合系激酶样结构域蛋白(MLKL)磷酸化显著升高($P<0.05$),DHA 显著降低了 RIP1、RIP3 蛋白表达量和 MLKL 磷酸化($P<0.05$)。4)RNA 测序及验证分析显示:TNF-α 刺激导致谷胱甘肽硫转移酶 A1(GSTA1)、醛酮还原酶家族 1 成员 C 样 1(AKR1CL1)、AKR1C1、干扰素刺激基因 15(ISG15)和鼠黏病毒蛋白 1(Mx1)mRNA 表达量显著下调($P<0.05$),DHA 使 GSTA1、AKR1CL1 和 AKR1C1 mRNA 表达量显著上调($P<0.05$),使 ISG12(A)、ISG15 和 Mx1 mRNA 表达量显著下调($P<0.001$)。由此可见,DHA 可通过抑制程序性坏死信号通路,促进细胞生长,降低炎性细胞因子的产生,从而缓解 TNF-α 诱导的 IPEC-1 细胞损伤。

关键词:DHA;IPEC-1 细胞;TNF-α;程序性坏死

[*] 基金项目:国家自然科学基金面上项目(31772615)

[**] 共同第一作者简介:刘聪聪(1992—),女,河北石家庄人,硕士研究生,动物营养与饲料科学专业,E-mail:1034164567@qq.com;秦琴(1992—),女,湖北仙桃人,硕士研究生,动物营养与饲料科学专业,E-mail:944103932@qq.com

[#] 通讯作者:刘玉兰,教授,硕士生导师,E-mail:yulanflower@126.com

NF-κB 和 MAPK 信号通路在 H₂O₂ 诱导 IPEC-1 细胞损伤中的作用*

肖勘** 涂治骁 刘聪聪 陈少魁 刘玉兰#

(武汉轻工大学动物营养与饲料科学湖北省重点实验室,武汉 430023)

摘要:本试验旨在研究炎症反应在氧化应激导致的细胞损伤中的作用及其分子机制。试验采用猪肠上皮细胞 IPEC-1 为研究对象,通过建立 H_2O_2 刺激损伤模型,用不同的浓度 H_2O_2 刺激细胞 3 h 或者先分别用核转录因子-κB(nuclear factor-κB,NF-κB)和丝裂原活化蛋白激酶(mitogen-activated protein kinase,MAPK)信号通路抑制剂(BAY11-7082,SB202190 和 PD98059)预处理 1 h 后再用 H_2O_2 刺激 3 h,收集细胞和上清液样品待测。采用 CCK-8 和乳酸脱氢酶(lactate dehydrogenase,LDH)测定试剂盒检测细胞活力和细胞上清液中 LDH 活力,q-PCR 检测细胞炎性因子基因的表达,Western blot 技术检测 MAPK 信号通路的活化情况,免疫荧光技术观察 p65 NF-κB 信号通路的活化,激光共聚焦显微镜观察细胞紧密连接蛋白 claudin-1 的分布。结果表明:1)0.5 mmol/L H_2O_2 刺激显著降低了 IPEC-1 细胞活力($P<0.05$),提高了细胞上清液 LDH 活力($P<0.05$),显著破坏了紧密连接蛋白 claudin-1 在细胞中的正常分布;0.5 mmol/L H_2O_2 刺激显著提高了 IPEC-1 细胞中炎性因子白细胞介素-8(IL-8),IL-6 和肿瘤坏死因子-α(TNF-α)的 mRNA 表达量($P<0.05$);0.5 mmol/L H_2O_2 刺激显著提高了 IPEC-1 细胞中 MAPK 信号通路中磷酸化 p-38(p-p38),氨基末端激酶(c-Jun NH₂-terminal kinase,p-JNK)和 p65 NF-κB 蛋白的活化水平($P<0.05$),但对磷酸化胞外调节激酶(extracellular regulated kinases,p-ERK)信号通路活化没有显著影响。2)NF-κB 信号通路抑制剂(BAY11-7082,10 μmol/L),p38 信号通路抑制剂(SB202190,20 μmol/L)和 JNK 信号抑制剂(PD98059,20 μmol/L)预处理 IPEC-1 细胞后均显著降低了炎性因子 IL-8,IL-6 和 TNF-α 的 mRNA 表达量($P<0.05$);然而,NF-κB 和 MAPK 信号通路抑制剂预处理对 H_2O_2 刺激导致的细胞活力的降低、LDH 活力的升高和紧密连接蛋白 claudin-1 的分布紊乱没有显著缓解作用($P<0.05$)。由此可见,在 H_2O_2 导致的肠上皮细胞氧化应激损伤过程中,NF-κB 和 MAPK 信号通路的激活导致了细胞炎症反应,但是抑制 NF-κB 和 MAPK 信号通路并不能缓解由氧化应激导致的细胞损伤,说明炎症反应不是诱导 IPEC-1 细胞损伤的主要原因,而可能是细胞损伤诱导的结果。

关键词:IPEC-1;细胞损伤;炎性因子;氧化应激

* 基金项目:国家自然科学基金面上项目(31772615);湖北省高等学校优秀中青年科技创新团队计划项目(T201508)

** 第一作者简介:肖勘(1989—),女,湖北黄冈人,讲师,博士研究生,从事仔猪肠道营养与免疫研究,E-mail:canxiaok@126.com

通讯作者:刘玉兰,教授,硕士生导师,E-mail:yulanflower@126.com

转化生长因子β1及相关Smads信号通路在脂多糖刺激后不同时间点的变化规律[*]

张阳[**]　汪洋　李先根　王秀英　朱惠玲　刘玉兰　肖勘[#]

（武汉轻工大学动物营养与饲料科学湖北省重点实验室，武汉 430023）

摘要：本试验旨在研究肠道损伤修复中关键因子转化生长因子β1（TGF-β1）以及相关Smads信号通路在脂多糖（LPS）刺激后不同时间点在肠道中的变化规律。选取42头体重（7.09±0.9）kg的"杜×长×大"断奶仔猪，按注射LPS后时间点随机分成7个处理，每个处理6个重复。预饲14天后，各LPS刺激组腹膜注射100 μg/kg（BW）的LPS，分别在注射LPS之前（0 h）和注射LPS后1、2、4、8、12和24 h时间点将仔猪屠宰，取回肠和结肠样品检测TGF-β1以及Smads相关分子的基因表达。结果表明：1）LPS刺激后，回肠中的TGF-β1的mRNA表达量在2 h后开始显著上升（$P<0.05$），在LPS 24 h时达到峰值（$P<0.05$），转化生长因子受体TGF-β受体1（TGF-βR1）、TGF-βR2的mRNA表达量在1～12 h无显著变化，但在LPS刺激后24 h时显著升高（$P<0.05$）；其下游Smads信号通路上的关键分子受体调节分子Smad2、Smad3、共介导分子Smad4和抑制性分子Smad7的mRNA表达量在刺激后24 h均达到峰值（$P<0.05$），而且Smad2和Smad7的mRNA表达量在2 h就开始显著升高（$P<0.05$）。2）LPS刺激后，结肠中的TGF-β1及其受体TGF-βR1、TGF-βR2的mRNA表达量在1～12 h无显著变化，但是均在LPS刺激后在24 h显著升高（$P<0.05$）；其下游信号分子Smad2、Smad3的mRNA表达量在刺激后12 h显著提高（$P<0.05$），在24 h达到峰值（$P<0.05$），Smad4和Smad7的mRNA表达量在24 h显著升高（$P<0.05$）。由此可见，在脂多糖刺激肠道后，肠道的损伤修复过程会迅速启动，其修复因子TGF-β1及其相关的Smads信号通路会迅速激活，从而促进肠道损伤后的修复过程。

关键词：TGF-β1；肠道；损伤修复；Smads信号通路

[*] 基金项目：湖北省教育厅优秀中青年科技创新团队项目（T201508）

[**] 第一作者简介：张阳（1993—），男，湖北恩施人，硕士研究生，动物营养与饲料科学专业，E-mail：18064064177@163.com

[#] 通讯作者：肖勘，讲师，E-mail：canxiaok@126.com

猪肠道微生物的定殖规律及其与肉质性状的相关性分析[*]

齐珂珂[**]　门小明　吴杰　徐子伟[#]

(浙江省农业科学院畜牧兽医研究所,杭州 310021)

摘要:肌肉本身的肌纤维性状和肌内脂肪含量是影响肉品质的主要因素。肠道微生物与机体脂肪沉积和肌纤维类型等表型性状密切相关,且以上性状可以通过粪菌移植技术转移至受体动物,因此确定影响肌肉纤维和脂肪性状的核心微生物或功能基因,并以此作为调控猪肉品质的切入点是一个新的研究方向。选取 3 月龄左右的巴嘉浙黑猪 20 头,采取配对分组的方式,将同窝猪只分别饲喂在常规饲养场(DF)和生态半放养牧场(FF)中,DF 组饲喂全价配合饲料,FF 组饲喂玉米、豆粕辅以随季节变化的牧草和农场青绿类副产物。DF 组分别在 3、5、7 月龄收集粪便,FF 组分别在 3、5、7、9、11 月龄收集粪便,猪只达出栏重后屠宰,采集背最长肌测定肌纤维数量和脂肪沉积性状。DF 和 FF 组不同阶段粪便进行 16S rRNA 测序,分析肠道微生物定殖规律。DF7 和 DF11 组粪便进行宏基因组测序,并与肉质性状进行相关性分析,确定与猪肌肉纤维和脂肪性状相关的微生物或功能基因。结果表明:1)DF 组和 FF 组猪只肠道微生物,随着月龄增加,Prevotellaceae-Prevotella_9 逐渐降低;f_Lachnospiraceae 从 FF3 到 FF11 逐渐降低,f_Ruminococcaceae 从 DF3 到 DF7 显著增加,FF11 组 f_Lachnospiraceae 和 f_Ruminococcaceae 比 DF7 组显著降低;荣氏球菌科(f_Veillonellaceae)从 DF3 到 DF7 显著降低,FF11 组显著低于 FF3 组,FF11 组显著低于 DF7 组,即 FF11<DF7<DF3≈FF3;2)s_Firmicutes bacterium CAG:83 和 s_Oscillibacter sp. CAG:241 与肌肉 MyoD1 和 SOSC3 mRNA 表达呈显著($P<0.05$)正相关,与板油脂肪面积显著($P<0.05$)负相关;3)KEGG 分析发现,FF11 组磷脂酰肌醇-4-磷酸-5-激酶(PIP5K)[EC:2.7.1.68]极显著高于 DF7 组,FF11 组异质二硫化物还原酶(Hdr)[EC:1.8.98.1]显著低于 DF7 组;CAyZ 分析表明,在 level 2 水平,FF11 组中碳水化合物结合模块(CBM)37 功能占优势,DF7 组中糖苷水解酶类(GH)9 和糖基转移酶(GT)8 功能占优势。本研究证明可降解易降解底物的细菌类型,如 Prevotellaceae 先在猪肠道中先定殖,随后被可降解顽固性纤维底物的菌种,如 Ruminococcaceae 代替。确定了 2 种与脂肪细胞转化为成熟的肌纤维相关的微生物 Oscillibacter sp. CAG:241、Firmicutes bacterium CAG:83,其生长速度缓慢,与甲烷生成有关。日粮中添加随季节变化的牧草和蔬菜可激活磷脂酰肌醇信号通路,进而对猪只采食和脂肪沉积等产生影响。

关键词:猪;肠道微生物;脂肪;肌纤维

---

* 基金项目:现代农业产业技术体系(CARS-36);国家自然科学基金项目(31501966);浙江省农业(畜禽)新品种选育重大科技专项(2016C02054)

** 第一作者简介:齐珂珂(1981—),女,河南偃师人,博士研究生,研究方向为畜禽健康养殖,E-mail:nkyqkk@163.com

\# 通讯作者:徐子伟,研究员,博士生导师,E-mail:xzwfyz@sina.com

mTORC1 介导赖氨酸调控猪骨骼肌卫星细胞增殖分化[*]

张宗明[**]　金成龙　高春起　严会超　王修启[#]

（华南农业大学动物科学学院，广东省动物营养调控重点实验室，
国家生猪种业工程技术研究中心，广州 510642）

摘要：赖氨酸（lysine，Lys）作为猪玉米-豆粕型饲粮的第一限制性氨基酸，可通过促进蛋白质合成进而增加肌肉产量。然而，关于 Lys 调控肌肉生长的机制研究十分匮乏。骨骼肌卫星细胞（satellite cells，SCs）是一种成肌干细胞，对动物出生后肌肉生长发育至关重要。本研究通过改变 Lys 供给研究其对 SCs 增殖分化的影响，为精准营养调控肌肉生长提供理论依据。试验以分离得到的 1 日龄长白猪背最长肌 SCs 为材料，随机分为 3 个处理，即为对照组、Lys 缺乏组（培养基不含 Lys）和 Lys 补足组（在增殖和分化差异时间点即 48 h 补足），采用 MTT 和细胞计数法检测 Lys 供给对 SCs 活性及增殖能力的影响；采用嘌呤霉素法和二喹啉甲酸法检测 Lys 供给对 SCs 蛋白质合成率的影响；采用快速姬姆萨染色法检测 Lys 供给对 SCs 融合指数的影响；并通过 Western blot 和免疫荧光检测雷帕霉素靶蛋白（mTORC1）和分化标志性蛋白质的表达情况。结果表明：1）与对照组相比，Lys 缺乏显著抑制了 SCs 活性及其增殖分化的能力（$P<0.05$），同时其蛋白质合成能力受到显著抑制（$P<0.05$）。2）对其作用机制的探究发现，在增殖和分化差异时间点 p-mTOR 及其下游蛋白质以及分化标志性蛋白肌球蛋白重链（MyHC）和肌红蛋白（MyoG）等蛋白质水平显著下调（$P<0.05$）。3）当 Lys 不足组培养基中 Lys 供给恢复到对照组水平，SCs 的增殖分化及蛋白质合成能力均达到了对照组水平（$P>0.05$），且 mTORC1 信号通路关键蛋白质 p-mTOR、p-S6K、p-4EBP1 以及分化标志性蛋白质 MyHC 和 MyoG 等，相对于 Lys 缺乏时均显著提高（$P<0.05$）。以上结果提示，Lys 可通过 mTORC1 信号通路调控 SCs 增殖分化以及蛋白质合成能力，进而影响肌肉生长。

关键词：赖氨酸；猪骨骼肌卫星细胞；mTORC1；增殖；分化

　＊ 基金项目：十三五国家重点研发计划（2018YFD0500403）；广州市科技计划项目（201704030005）；广东省科技计划项目（2017A050501028）；广东省自然科学基金（2016A030313417）

　＊＊ 第一作者简介：张宗明（1994—），男，河南信阳人，硕士研究生，主要从事肌肉发育生物学研究，E-mail：307840211@qq.com

　＃ 通讯作者：王修启，研究员，博士生导师，E-mail：xqwang@scau.edu.cn

优质猪肉风味特征形成差异分析[*]

门小明^{**}　陶新　邓波　徐子伟[#]
（浙江省农业科学院畜牧兽医研究所,杭州 310021）

摘要：本试验旨在利用自主培育的优质猪新品群"绿嘉黑"具有肉质细嫩、风味鲜美等优势特点,通过比较研究揭示猪肉风味形成差异,为阐明猪肉风味特征形成机制、建立综合评价指标及营养调控措施提供参考。选取同步饲养的上市屠宰"绿嘉黑"G2 代和"杜×长×大"阉公猪各 8 头,采集左侧胴体倒数 3～4 肋骨对应背最长肌样品,4℃成熟 24 h,绞成肉糜冻存,用于分析游离氨基酸、脂肪酸、肌苷酸、鸟苷酸、腺苷酸及挥发性风味物质组成。与"杜×长×大"猪相比,"绿嘉黑"呈现差异特点:1)挥发性化合物数量明显增多(223 种增加至 277 种),肉品风味形成密切相关化合物种类(醛类、酮类、醇类、酯类)及其比例明显增多(97 种增加至 127 种,28.54%增加至 67.43%),特别是醛类和酮类化合物相对"杜×长×大"猪尤为丰富。2)与肉质风味正相关的棕榈油酸、油酸、n-6 亚麻酸及单不饱和脂肪酸比例显著增加($P<0.05$),与肉品风味负相关的 n-3 亚麻酸、n-3 花生三烯酸及多不饱和脂肪比例显著降低($P<0.05$);与风味正相关的 n-6 花生四烯酸比例虽有下降,但 n-6 与 n-3 不饱和脂肪酸比值显著升高($P<0.05$)。3)总游离氨基酸(AA)、呈味 AA 及鲜味 AA 的绝对含量显著增加($P<0.05$),甜味 AA 和苦味 AA 含量均有增加趋势,尤其具有肉香特征的组氨酸(His)绝对含量增加 17%,对其肉味形成贡献程度高低次序为 His＞Glu＞Ala＞Met＞Val＞Asp。4)肌苷酸 IMP 和鸟苷酸 GMP 绝对含量显著增加($P<0.05$),经计算的味精当量(相当于谷氨酸钠)显著高于"杜×长×大"($P<0.05$)。综合上述,"绿嘉黑"猪肉挥发性风味化合物以风味阈值较低的醛、酮、醇、酯为主,"杜×长×大"猪肉以风味阈值较高的烃炔类碳氢化合物为主,挥发性风味物质中醛、酮、醇、酯的种类数量和组成比例是猪肉风味浓郁形成的重要基础,味精当量、组氨酸(His)含量、油酸、棕榈油酸及单不饱和脂肪酸可作为猪肉风味特征形成的关键前体物或指标,值得下一步展开深入研究。

关键词：绿嘉黑;挥发性风味物质;游离氨基酸;味精当量;脂肪酸;组氨酸

---

* 基金项目:浙江省自然科学基金(LY17C170005);浙江省农业(畜禽)新品种选育重大科技专项(2016C02054);国家现代农业产业技术体系建设专项(CARS-35)

** 第一作者简介:门小明(1979—),男,吉林扶余人,副研究员,博士研究生,主要从事生猪营养调控研究,E-mail:menxiaoming@126.com

\# 通讯作者:徐子伟,研究员,博士生导师,E-mail:xzwfyz@sina.com

猪结肠分离菌对 Caco2 细胞中 T-bet，GATA-3，ROR-γt 和 Foxp3 基因表达的影响[*]

程颖州[**]　慕春龙[#]　冉舒文　张夏薇　朱伟云

（国家动物消化道营养国际联合研究中心，江苏省消化道营养与动物健康重点实验室，南京农业大学消化道微生物研究室，南京 210095）

摘要：本试验旨在研究猪结肠细菌对 T 细胞分化转录因子 T-bet、GATA-3、ROR-γt 和 Foxp3 基因表达的影响，探究结肠细菌对 T 细胞亚群分化的影响。试验采用改良型的 Hungate 滚管技术分离结肠乳酸菌、丁酸菌，并使用 16S rRNA 分子生物学鉴定和系统进化树分析。将分离菌株接种到培养基中，采集 24 h 发酵液用于测定乳酸、丁酸产生量，12 000×g 离心、过滤得发酵上清。添加 10%（V/V）比例 DMEM 细胞培养基、Medium 细菌培养基和发酵上清同 LPS 致炎 Caco2 细胞共培养，孵育 24 h 分析细胞基因表达结果。根据转录因子 T-bet、GATA-3、ROR-γt、Foxp3，细胞因子 IL-4、IL-17、TGF-β 的基因表达水平以及 Caco2 的细胞活性变化，判断猪结肠分离菌的作用。结果显示：分离菌鉴定获得 2 株肠球菌：$E. faecium$，$E. cecorum$；3 株乳杆菌：$L. animails$，$L. mucosae$，$L. amylovorus$；1 株 $S. azabuensis$ 和 1 株 $M. jalaludinii$。$E. faecium$，$E. cecorum$ 和 $L. animails$ 乳酸分泌量分别为（49.38±0.18），（48.037±1.01），（46.16±1.19）mmol/L，显著高于其他菌株（$P<0.05$）；$M. jalaludinii$ 丁酸产量为（8.17±0.90）mmol/L，显著高于其他菌株（$P<0.05$）。分析 Caco2 细胞基因表达结果，发现与 DMEM 组和 Medium 组相比，$E. faecium$ 组显著上调 T-bet 表达，显著下调 ROR-γt 表达（$P<0.05$）；$E. cecorum$ 和 $M. jalaludinii$ 组显著下调 T-bet 表达（$P<0.05$），但 $M. jalaludinii$ 组显著下调 IL-17 表达（$P<0.05$）；$L. animails$ 组显著上调 ROR-γt 表达（$P<0.05$），显著下调 GATA-3 和 IL-17 表达（$P<0.05$）；$L. amylovorus$ 组显著下调 T-bet 和 ROR-γt 表达（$P<0.05$）；$S. azabuensis$ 显著上调 ROR-γt 表达（$P<0.05$）；$L. mucosae$ 显著上调 IL-4 表达（$P<0.05$）；Caco2 细胞中 Foxp3 表达各组差异不显著。细胞活性试验结果发现，与 DMEM 和 $Medium$ 组相比，$E. cecorum$ 和 $S. azabuensis$ 组细胞活性显著下降（$P<0.05$）；$E. faecium$ 组细胞活性显著上调。猪结肠分离的 7 株菌株对 T 细胞分化转录因子 T-bet，GATA-3，ROR-γt 和 Foxp3 的调节效果不同，肠道细菌可能具有调节 T 细胞分化的能力；同时直接调节肠道上皮细胞中细胞因子表达，从而影响肠道免疫反应和健康。

关键词：肠道细菌；细胞转录因子；T 细胞

---

* 基金项目：国家自然基金重点项目（31430082）
** 第一作者简介：程颖州（1993—），男，安徽亳州人，硕士研究生，动物营养与饲料科学专业，E-mail：chyingzhou@126.com
# 通讯作者：慕春龙，讲师，E-mail：muchunlong@njau.edu.cn

耐热肠毒素对猪肠上皮细胞增殖的影响[*]

黄登桂[**]　周加义　高春起　严会超　王修启[#]

（华南农业大学动物科学学院，广东省动物营养调控重点实验室，
国家生猪种业工程技术研究中心，广州 510642）

摘要：猪源大肠杆菌耐热肠毒素（*Escherichia coli* heat-stable enterotoxin，STp）是引起仔猪腹泻的主要因子之一。本研究旨在探讨 STp 对猪肠上皮细胞 IPEC-J2（porcine jejunal epithelial cell）增殖、凋亡、屏障功能及关键信号通路的影响，并进一步探讨 STp 对猪肠道干细胞扩增的影响及其作用机制，为解决 STp 引起的仔猪腹泻问题提供深层次理论依据。试验用 400 ng/mL STp 处理 IPEC-J2 细胞，运用 MTT、细胞计数和 EdU 法检测 STp 对细胞增殖的影响；在差异时间点利用 Western blotting 和免疫荧光技术测定细胞凋亡执行者（caspase-3）、增殖细胞核抗原（PCNA）、细胞增殖标志蛋白质（Ki67）、紧密连接蛋白和 Wnt/β-catenin 信号通路关键蛋白质的表达；Transwell 试验用细胞跨膜电阻仪检测细胞跨膜电阻（TEER）值。以 5 日龄二元杂仔猪空肠隐窝培养的类肠团为模型，采用 400 ng/mL STp 处理，统计生成效率和出芽指数，观察 STp 对类肠团形成和扩增的影响。试验结果表明：1）400 ng/mL STp 处理 48 h 显著抑制 IPEC-J2 细胞增殖（$P<0.05$），降低细胞数量、EdU$^+$ 细胞比例、PCNA 和 Ki67 蛋白质表达（$P<0.05$）；2）诱导细胞凋亡，增加细胞 caspase-3 蛋白质表达（$P<0.05$）及其荧光强度；3）增加细胞膜的通透性，降低细胞跨膜电阻 TEER 值（$P<0.05$）和紧密连接蛋白 ZO-1、occludin 和 claudin-1 表达（$P<0.05$）及其荧光强度，破坏细胞屏障；4）抑制 Wnt/β-catenin 信号通路表达，上调负反馈调控因子 Axin2 和 GSK-3β 蛋白质表达（$P<0.05$），下调 Wnt 信号通路下游主要因子 β-catenin、cyclin D1 和 c-Myc 蛋白质表达（$P<0.05$）。5）400 ng/mL STp 处理类肠团 24 h，抑制出芽促进凋亡，类肠团变空泡，STp 降低类肠团出芽指数（$P<0.05$），增加了凋亡比例（$P<0.05$）及其荧光强度。以上结果说明，Wnt/β-catenin 信号通路参与 STp 抑制猪肠上皮细胞增殖和类肠团扩增过程。

关键词：耐热肠毒素；IPEC-J2；类肠团；增殖；扩增；Wnt/β-catenin

---

[*]　基金项目："十三五"国家重点研发计划（2017YFD0500501）

[**]　第一作者简介：黄登桂（1990—），男，汕尾人，硕士研究生，研究方向为动物营养与饲料科学，E-mail：842393282@qq.com

[#]　通讯作者：王修启，研究员，博士生导师，E-mail：xqwang@scau.edu.cn

肌联素对猪肌内脂肪细胞分化及脂肪酸利用的调控研究[*]

闫峻[1][**]　李泽青[2]　席静宁[3]　马墉[1]　郑梓[1]　李宁[1]　穆淑琴[1#]　王文杰[1#]

（1.天津市畜牧兽医研究所，天津 300381；2.天津市畜牧兽医站，天津 301800；

3.西北农林科技大学动物科技学院，杨凌 712100）

摘要：本试验旨在研究肌肉细胞因子——肌联素对猪肌内脂肪细胞内脂质沉积及其利用外源游离脂肪酸的调控作用。试验采用重组肌联素和棕榈酸单独或共同处理猪肌内脂肪细胞，研究肌联素对肌内脂肪细胞分化、摄取外周游离脂肪酸的能力、脂质合成与分解代谢以及线粒体中脂肪酸氧化的影响，进一步检测脂肪酸转运、脂肪酸氧化相关基因和蛋白质的表达以及脂代谢相关信号通路磷酸化水平，探索其作用机制。结果表明：肌联素处理显著降低肌内脂肪细胞的脂滴数量和脂滴面积，显著促进细胞对外周游离脂肪酸的摄取（$P<0.01$）；肌联素单独或与棕榈酸共处理，显著提高肌内脂肪细胞中脂肪酸转运蛋白-1（FATP1）、脂肪酸转运蛋白-4（FABP4）、激素敏感性甘油三酯脂肪酶（HSL）和脂蛋白脂肪酶（LPL）的表达水平（$P<0.05$）；肌联素显著提高肌内脂肪细胞中线粒体转录因子 A（TFAM）、解偶联蛋白-1（UCP1）和氧化呼吸链标志蛋白复合物 I（NADH-CoQ）的表达水平（$P<0.05$）；肌联素显著提高脂代谢相关信号通路 p38 MAPK 通路的蛋白质磷酸化水平（$P<0.05$）。综上所述，肌联素在促进猪肌内脂肪细胞摄取外源游离脂肪酸的同时，促进线粒体中脂肪酸的氧化分解，从而抑制肌内脂肪细胞中脂质的沉积，p38 MAPK 信号通路参与肌联素调节脂肪酸转运和脂代谢。

关键词：肌联素；猪肌内脂肪细胞；游离脂肪酸 ；脂质沉积；信号通路

---

　* 基金项目：天津市生猪产业技术体系创新团队资助（ITTPRS2017005）；国家自然基金青年基金 31402097；天津市自然科学基金（18JCQNJC15100）

　** 第一作者简介：闫峻（1984—），男，江苏徐州人，博士，副研究员，研究方向为单胃动物营养，E-mail：yjjsxz@163.com

　# 通讯作者：穆淑琴，研究员，E-mail：mushq@163.com；王文杰，研究员，E-mail：anist@vip.163.com

MTCH$_2$ 通过 m^{6}A-YTHDF1 途径促进猪肌内脂肪细胞聚酯分化[*]

江芹[1][**]　王新霞[1]　蔡旻[1]　孙宝发[2]　刘卿[1]　吴睿帆[1]　汪以真[1][#]

(1. 浙江大学饲料科学研究所,农业部动物营养与饲料重点开放实验室,杭州 310058;

2. 中国科学院北京基因组研究所,北京 100101)

摘要:肌内脂肪含量是评价肉品质的主要指标,适当提高肌内脂肪改善猪肉品质,是猪育种工作者近年来的主要研究方向。N-6 甲基腺嘌呤(m^{6}A)修饰是 RNA 上腺嘌呤第 6 位氮原子上的甲基化,在调节脂肪生成中起着重要作用。但是 m^{6}A 修饰是否调控猪肌内脂肪细胞的聚酯分化及相关机制尚不清楚。本研究选取 180 日龄体重均一、胎次相同的金华猪和长白猪各 2 头,利用 m^{6}A-seq 技术绘制猪背最长肌 m^{6}A 修饰图谱,并筛选与肌内脂肪沉积相关的 m^{6}A 修饰基因;分离培养三元杂交猪的背最长肌肌内脂肪细胞,利用过表达、同义突变、RIP-qPCR 等技术深入探讨修饰差异基因对猪肌内脂肪细胞聚酯分化的影响及其作用机制。结果表明:1)长白猪和金华猪背最长肌 m^{6}A 修饰谱显示,34.55%~42.90% 的 m^{6}A 修饰序列含有 GGACU 碱基排列顺序(motif)($P<$0.001);m^{6}A 修饰富集区域(m^{6}A peak)位于 mRNA 的 CDS 和 3′UTR 交界处,说明 m^{6}A 修饰在哺乳动物物种中高度一致。2)GO 注释分析显示猪背最长肌 m^{6}A 修饰基因高度富集在肌肉生长、氧化代谢等类别中;筛选出金华猪背最长肌中特有的 m^{6}A 修饰基因 MTCH2。3)过表达 MTCH2(MTCH2-WT)能显著促进猪肌内脂肪细胞聚酯分化($P<0.05$);抑制 MTCH2 的表达能显著减弱猪肌内脂肪细胞聚酯分化($P<0.05$)。4) 对 MTCH2 的 m^{6}A 位点进行同义突变(MTCH2-MUT)能显著减弱其 mRNA 的 m^{6}A 修饰水平($P<0.05$);MTCH2-MUT 组的猪肌内脂肪细胞聚酯分化能力显著弱于 MTCH2-WT 组($P<0.05$),同时检测到 MTCH2-MUT 组的 MTCH2 蛋白质表达显著低于 MTCH2-WT 组($P<0.05$)。说明 MTCH2 蛋白质表达与其 mRNA m^{6}A 修饰在猪肌内脂肪细胞聚酯分化过程中正相关。5)YTHDF1-RIP-qPCR 检测表明 MTCH2 mRNA 是 YTHDF1 的靶基因,说明在猪肌内脂肪细胞聚酯分化的过程中,m^{6}A 修饰通过 YTHDF1 依赖途径增强 MTCH2 的蛋白质翻译,进而促进猪肌内脂肪细胞的聚酯分化。

关键词:mRNA m^{6}A;聚酯分化;肌内脂肪;YTHDF1

[*] 基金项目:国家自然科学基金项目(31630075);浙江省自然科学基金项目(LZ17C1700001)

[**] 第一作者简介:江芹(1991—),女,湖北仙桃人,博士研究生,动物营养与饲料科学专业,E-mail:zoey_jq@163.com

[#] 通讯作者:汪以真,研究员,博士生导师,E-mail:yzwang321@zju.edu.cn

蛋白限饲和抗生素干预对猪肠道健康的影响[*]

赵轩[**]　邱胜男　白广栋　石宝明[#]　单安山

（东北农业大学动物营养研究所,哈尔滨 150030）

摘要：本试验旨在研究保育期进行蛋白限饲及抗生素干预对猪整个适应性的补偿过程中肠道形态和微生物及其代谢产物的影响,试验采用 2×2 试验设计,将 64 头[(10.04±0.97)kg]32 日龄断奶仔猪,按体重和性别随机分为 4 组,每组 16 个重复,每个重复 1 头猪,单笼饲养,保证自由采食和饮水,试验因素包括:1)蛋白质水平(20% vs 14% CP)和 2)抗生素(0 vs 50 mg/kg 吉他霉素＋20 mg/kg 硫酸黏杆菌素),至 63 日龄后,4 组根据 NRC 标准饲喂同种饲料至 136 日龄。在第 63 日龄和第 136 日龄,每组选取 4 头试验猪进行屠宰,检测肠道形态、炎症因子、微生物区系多样性及代谢产物。结果表明:1)保育期蛋白限饲会导致仔猪出现生长滞后的现象($P<0.05$),抗生素促生长作用效果不显著($P>0.05$);经饲喂相同饲料后,4 组体重接近且差异不显著($P>0.05$),证实出现了补偿性生长。2)抗生素干预和蛋白限饲可以显著降低断奶导致的腹泻($P<0.05$)。3)保育期结果显示 20%CP 和抗生素干预能显著提高空肠绒毛高度($P<0.05$),但对隐窝深度没有显著影响($P>0.05$);育肥期 4 组绒毛高度隐窝深度无显著性差异。4)保育期蛋白限饲和抗生素干预降低了结肠微生物 Chao1,Ace 和 Shannon 多样性指数,并增加了 Simpson 指数,但没有达到显著水平($P>0.05$)。育肥期各组微生物多样性保持稳定状态。5)保育期各组间微生物相对丰度的比例差异较大,抗生素会提高拟杆菌门和梭杆菌门的相对丰度,并降低螺旋菌门的相对丰度,蛋白限饲则会导致厚壁菌门、变形杆菌门和软壁菌门出现更高的相对丰度,在育肥期,4 组门水平上微生物各成分比例趋于一致。6)保育期蛋白质和抗生素水平对结肠内容物中短链挥发酸含量没有显著影响($P>0.05$),蛋白限饲和抗生素干预均可以显著降低结肠内容物中氨态氮的含量($P<0.05$),蛋白限饲还可以降低微生物蛋白质含量($P<0.05$)。饲喂同一饲粮后,各组代谢产物差异不显著($P>0.05$)。由此可见,断奶时期蛋白限饲导致的生长滞后可能与肠道形态和微生物区系结构的改变有关,而抗生素的使用弥补不了蛋白限饲导致的生长滞后,后期饲喂同种饲粮,猪肠道形态结构、微生物区系结构及代谢产物趋于稳定,达到补偿生长的效果。

关键词：补偿生长;蛋白限饲;抗生素;肠道;微生物;代谢产物

* 基金项目:国家重点研发计划(2018YFD0501101)

** 第一作者简介:赵轩,男,硕士研究生,E-mail:zhaoxuan_neau@163.com

通讯作者:石宝明,教授,E-mail:shibaoming1974@163.com

商业生产条件下猪低蛋白饲粮的应用研究[*]

王钰明[1,2][**]　　谯仕彦[1,2][#]　　曾祥芳[1,2]　　周俊言[1,2]　　于海涛[1,2]　　蔡爽[1,2]　　王钢[1,2]

(1. 中国农业大学动物科学技术学院，动物营养学国家重点实验室，北京 100193；
2. 生物饲料添加剂北京市重点实验室，北京 100193)

摘要:本试验旨在探讨商业条件下全阶段饲喂低蛋白饲粮对商品猪生长性能、胴体品质、肉品质和营养物质消化率的影响，为低蛋白饲粮的进一步推广提供数据参考。本研究在我国南北方各选一个商品猪场分为 2 个试验开展。试验一选择 288 头健康"杜×长×大"三元杂交猪[初始体重(29.2±1.5) kg]随机分为 12 栏，每栏 24 头猪，分为 3 个试验阶段和 2 种蛋白质水平饲粮[高蛋白组(HP)和低蛋白组(LP)]:初始阶段(30~60 kg)，生长阶段(60~80 kg)和育肥阶段(80~110 kg)饲粮蛋白质水平分别为 170 g/kg 和 150 g/kg，160 g/kg 和 140 g/kg，150 g/kg 和 130 g/kg;以栏为单位测定各阶段猪的生长性能和营养物质消化率，待育肥结束后每栏选择一头平均体重的猪进行屠宰，采样测定胴体品质和肉品质。试验二选择 378 头健康"杜×长×大"三元杂交猪[初始体重(25.0±2.4) kg]随机分为 18 栏，每栏 21 头猪，分为 2 个不同蛋白质水平(HP 组和 LP 组)和 1 个 LP 组饲粮额外添加 N-氨甲酰谷氨酸(NCG)(LPN 组)共计 3 种饲粮处理组，试验阶段和各阶段饲粮蛋白水平同试验一;测定指标及项目同试验一，此外，试验二在每阶段结束前以栏为单位空腹采血测定猪血清生化指标和血清游离氨基酸。结果表明:1)试验一初始阶段和生长阶段 LP 组的平均日增重均显著低于 HP 组($P<0.05$)，育肥阶段 LP 组的平均日增重显著高于 HP 组($P<0.05$)，其他生长性能指标均无显著性差异($P>0.05$);试验二各处理间生长性能均无显著性差异($P>0.05$)，但 LP 组饲粮中添加 NCG 后有提高猪生长性能的趋势。2)试验一 LP 和 HP 组猪的胴体品质和肉品质均无显著性差异($P>0.05$)，但肌内脂肪含量随着蛋白质水平下降有升高的趋势;试验二 LP 组饲粮中添加 NCG 后会显著提高猪出栏时的胴体直长($P<0.05$)，并且有进一步提高肌内脂肪含量的趋势。3)试验一和试验二中初始阶段和生长阶段 LP 组猪的营养物质消化率均显著低于 HP 组($P<0.05$)，但试验二 LP 组饲粮中添加 NCG 后可有效提高营养物质消化率($P<0.05$);此外，试验一和试验二育肥阶段各处理间猪饲粮的营养物质消化率差异均不显著($P>0.05$)。4)试验二各阶段各处理间猪血清中与蛋白质和脂肪代谢相关酶的活性均无显著差异($P>0.05$)，但 LP 和 LPN 组血清尿素氮水平极显著低于 HP 组($P<0.01$)。综合以上结果，虽然生长前期低蛋白饲粮组猪的生长性能低于对照组，但在育肥阶段低蛋白饲粮具有补偿效应;此外，低蛋白饲粮添加 NCG 后可以提高猪的胴体品质和肉品质，并弥补低蛋白饲粮在生长性能方面的不足，这可能与营养物质消化率的提高有关。

关键词:生长猪;低蛋白饲粮;生长性能;胴体品质;肉品质;消化率

* 基金项目:农产品质量安全监管专项经费项目(131821301092361002);2018 年现代农业产业技术体系北京市创新团队-生猪
** 第一作者简介:王钰明(1991—)，男，陕西咸阳人，博士研究生，从事猪饲料营养的研究，E-mail:wudixiaoming@163.com
# 通讯作者:谯仕彦，教授，博士生导师，E-mail:qiaoshiyan@cau.edu.cn

高饲料利用率猪的养分利用及代谢特征[*]

何贝贝[**]　李天天　王蔚　高航　白宇　张帅　臧建军　李德发　王军军[#]

（中国农业大学动物科技学院,动物营养学国家重点实验室,北京 100193）

摘要：本试验旨在研究二种饲料转化率（feed conversion ratio,FCR）模型下筛选的不同饲料利用率猪的养分利用及代谢特征差异。试验选取 52 头初始体重为（28.2±1.1）kg 的健康"杜×长×大"杂交去势公猪,随机分配到 4 台自动饲喂站中饲养 28 天。试验结束日根据猪全期生长性能数据构建 2 种猪饲料转化率模型：即筛选平均日增重（average daily body weight gain,ADG）相同、平均日采食量（average daily feed intake,ADFI）不同的猪作为不同采食量模型（FI）,或筛选 ADFI 相同、ADG 不同的猪作为不同日增重模型（ADG）,并将 FI 模型下低采食量的猪（LFI）和 ADG 模型下高日增重的猪（HADG）定义为高饲料利用率猪。不同饲料利用率猪每组各 4 头屠宰后,取盲肠食糜用于 16S rRNA 和挥发性脂肪酸（short chain fatty acid,SCFA）分析,盲肠组织多聚甲醛固定后用于组织形态学分析,另取盲肠和背最长肌组织用于 RT-qPCR 分析。结果表明：1）在 FI 模型中,与 HFI 组猪相比,LFI 组猪的盲肠富集 SCFA 产生菌,如毛螺菌科、梭菌科及红蝽菌科（$P<0.05$）。2）两种 FCR 模型下的低饲料利用率猪存在共有优势菌,及 HFI 组猪和 LADF 组猪盲肠中 2 种科（Bacteroidales_S24_7_group 和消化球菌科）以及 2 种属（Anaerotruncus 和 Candidatus_Soleaferrea）分别显著高于 LFI 和 HADG 组猪（$P<0.05$）。3）二种模型下的高饲料利用率猪肠道绒毛及屏障功能较好,LFI 组猪盲肠杯状细胞数量高于 HFI 组猪（$P<0.05$）,HADG 组猪盲肠 occludin 基因水平显著高于 LADG 组猪（$P<0.05$）。4）高饲料利用率猪肌肉生长代谢相关基因表达高于低饲料利用率猪,即 LFI 组猪盲肠 IGF-1 基因水平高于 HFI 组猪（$P<0.05$）,HADG 组猪 AMPK-α2 和 PGC-1α 基因水平低于 LADG 组猪（$P<0.05$）。FI 模型中的高饲料利用率猪盲肠富集 SCFA 产生菌,其肌肉生长相关基因 mRNA 水平的表达高于低饲料利用率猪；而 ADG 模型中的高饲料利用率猪肠道屏障功能优于低饲料利用率猪,其肌肉线粒体代谢相关基因 mRNA 水平的表达则低于低饲料利用率猪。本研究有利于进一步阐述不同饲料利用率猪养分利用及代谢特征差异,并为养猪生产中提高猪的饲料利用率提供可能的靶点。

关键词：饲料转化率；盲肠微生物组；肠道功能；肌肉生长；线粒体活性；生长猪

* 基金项目：国家自然科学基金（31630074）；北京市自然科学基金（S170001）

** 第一作者简介：何贝贝（1990—）,女,甘肃静宁人,博士研究生,研究方向为猪的营养与饲料,E-mail：beibei_he@hotmail.com

通讯作者：王军军,教授,博士生导师,E-mail：jkywjj@hotmail.com

挤压膨化工艺、制粒工艺和维生素剂型对猪饲粮中维生素存留率的影响[*]

杨攀[**]　范元芳　朱敏　杨彧渊　马永喜[#]

（中国农业大学动物科技学院，动物营养学国家重点实验室，北京 100193）

摘要： 本试验旨在探究不同制剂形式的维生素在传统饲粮加工过程中的稳定性，试验所用到的维生素包括未制剂和制剂（微球）2 种形式，并添加在以玉米豆粕为基础的饲粮中。试验一旨在探究不同制剂形式和不同挤压膨化工艺对猪饲粮中维生素的存留率的影响，采用完全随机试验设计，配制了 2 种试验饲粮分别含有不同制剂形式的维生素，试验饲粮均包括 $100\,^{\circ}\mathrm{C}$、$140\,^{\circ}\mathrm{C}$ 和 $180\,^{\circ}\mathrm{C}$ 的挤压膨化处理，共 6 个处理，每个处理 3 个重复。结果表明，挤压膨化温度高于 $100\,^{\circ}\mathrm{C}$ 时，未制剂的复合维生素中维生素 A、维生素 D_3、硫胺素、核黄素、烟酸和泛酸钙的存留率显著降低（$P<0.05$），但是维生素 K_3 的存留率显著增加（$P<0.05$），吡哆醇的存留率在 3 种挤压膨化条件下差异不显著，但是其降解率都超过了 20%。挤压膨化温度高于 $100\,^{\circ}\mathrm{C}$ 时，微球复合维生素中维生素 A、维生素 D_3、维生素 E、维生素 K_3、硫胺素、核黄素、吡哆醇、烟酸和泛酸钙的存留率线性降低（$P<0.05$）。在挤压膨化过程中微球形式的维生素 A、维生素 D_3、维生素 K_3、硫胺素、吡哆醇和烟酸的稳定性高于未制剂形式。试验二旨在探究不同制剂形式和不同制粒工艺对猪饲粮中维生素的存留率的影响，采用完全随机试验设计，配制了 2 种试验饲粮（同试验一），试验饲粮均包括 2 个调制温度（$65\,^{\circ}\mathrm{C}$ 和 $85\,^{\circ}\mathrm{C}$），2 个环模长径比（6∶1 和 8∶1），共 8 个处理，每个处理 4 个重复。结果表明，未制剂的复合维生素中维生素 D_3，维生素 E，核黄素，吡哆醇，烟酸和泛酸钙在 4 种制粒条件下的存留率没有显著差异，但是在 $85\,^{\circ}\mathrm{C}$ 制粒条件下，环模长径比增加，维生素 K_3 的存留率显著降低（$P<0.05$）。微球形式的维生素 A、维生素 D_3、维生素 E、硫胺素、核黄素、吡哆醇、烟酸和泛酸钙在 4 种制粒条件下的存留率没有显著差异，但是在 $85\,^{\circ}\mathrm{C}$ 制粒条件下，环模长径比增加，维生素 K_3 的存留率显著降低（$P<0.05$）。制剂后的维生素 K_3 的存留率在低温低压缩比、高温低压缩比和高温高压缩比下显著高于未制剂的维生素 K_3（$P<0.05$）。制剂后硫胺素在低温高压缩比的存留率显著高于未制剂（$P<0.05$）。制剂后维生素 A、维生素 K_3 和硫胺素在加工后的存留率高于该维生素未制剂的形式。结果表明，传统的饲料加工过程尤其是高温高压的过程对饲粮中维生素的含量影响显著，尤其是维生素 A、维生素 D_3、维生素 E、维生素 K_3、硫胺素和吡哆醇。但是维生素经过制剂后能显著地提高上述维生素的稳定性。

关键词： 维生素；稳定性；剂型；挤压膨化；制粒

---

[*] 基金项目：公益性行业（农业）科研专项经费项目（201303079）

[**] 第一作者简介：杨攀，男，湖南郴州人，博士研究生，主要从事动物营养与饲料研究，E-mail:ypan23@163.com

[#] 通讯作者：马永喜，副研究员，博士生导师，E-mail:mayongxi2005@163.com

影响猪饲料原料有效能值的关键化学成分*

胡杰** 　刘岭　张帅　李军涛　黄承飞　朴香淑　王凤来　李德发　王军军#

(中国农业大学动物科技学院,动物营养学国家重点实验室,北京 100193)

摘要:饲料的有效能可用于猪的维持、生长、繁殖和泌乳,饲料原料品种、种植年份、气候环境、储存条件、饲料加工工艺等多种因素均会造成饲料原料理化参数及有效能值的变异。研究表明,猪饲料原料中多种化学成分与饲料原料的有效能值显著相关,通过建立基于不同饲料原料化学成分的预测方程可以较为准确地评定其有效能值,从而达到精准配方的目的。通过对项目组长期的研究结果以及相关文献进行系统分析,我们发现影响不同饲料原料消化能(DE)与代谢能(ME)的第一关键化学成分如下:玉米中为粗脂肪(EE)(对于 DE)/淀粉(St)(对于 ME);玉米副产品中为半纤维素(HC);麦麸中为 St(对于 DE);大麦中为酸性洗涤纤维(ADF);小麦制粉副产品中为中性洗涤纤维(NDF);高粱中为单宁;油脂中为多不饱和脂肪酸(PUFA);大米蛋白中为 NDF;玉米 DDGS 中为 NDF;豆粕中为粗纤维(CF)(对于 DE);棉籽粕中为 CP(对于 DE);脱酚棉籽蛋白中为 ADF(对于 DE);菜籽饼粕中为 ADF/NDF(对于 DE);花生粕中为 NDF;葵花粕中为粗蛋白质(CP);白酒糟中为 CF(对于 DE);全脂米糠中为酸性水解脂肪(AEE)。除纤维类物质外,CP、EE 和粗灰分(ash)在多数饲料原料中对有效能值产生影响。在玉米、麦麸、高粱、豆粕、棉籽粕和花生粕中,CP 虽然与 DE 无显著相关性($P>0.05$),但其作为预测模型的自变量时均可提高预测效果,而小麦制粉副产品、全脂米糠和葵花粕中的 CP 与 DE 和 ME 相关性均显著($P<0.05$)。这说明 CP 对能量有一定的贡献,对 DE 的影响更多一些。玉米、麦麸、大米蛋白和全脂米糠的最优 DE 预测方程中均有 EE,玉米、大麦和全脂米糠中 ash 与 DE 和 ME 显著相关($P<0.05$),ash 是玉米 DDGS 中第二或第三关键化学成分,表明 EE 与 ash 对饲料原料有效能值的贡献不容忽视。通常来讲,与饲料原料有效能值显著相关的化学成分均为影响其有效能值的关键化学成分,但几乎所有饲料原料的最优预测模型均不是全部关键化学成分的组合,甚至会引入其他无相关性的因子,这可能是由于因子之间的互作导致了预测模型不同组合效果的差异。在已有的文献报道中,除玉米 ME 以及玉米副产品的有效能值预测模型以外,其他饲料原料的最优 DE 和 ME 预测模型均包含第一关键化学成分(其含量并不一定最高),证明了饲料原料中的第一关键化学成分对其有效能值的影响占主导地位。大部分最优预测模型因子数为 1～3 个,且三因子预测方程居多。EE、CP 等从营养学角度看是供能物质,预测模型中的系数应为正值,CF、NDF、ADF、ash 等较难被猪肠道消化吸收,预测模型中的系数应为负值,但在一些预测模型中却出现了相反的情况,无法用营养学理论解释,可能与加工工艺导致相关化学成分间的关联变化有关。玉米、玉米 DDGS、大米蛋白、全脂米糠、花生粕以及葵花粕中总能(GE)与 DE 间具有显著正相关性($P<0.05$),且在葵花粕 DE 预测方程中引入 GE 可以提高模型预测精确度;在玉米、玉米 DDGS、大麦、全脂米糠、豆粕、葵花粕和小麦制粉副产品中,DE 与 ME 显著正相关($P<0.05$),豆粕的最佳预测方程中就含有 DE,而 DE 可以改善玉米副产品预测模型的性能;GE 与 ME 在高粱、大米蛋白和玉米 DDGS 中呈显著正相关($P<0.05$)。应注意的是:现有模型大多适用于生长猪,仔猪、育肥猪和母猪的能量预测模型还有较大空缺;对猪饲料原料中 NE 的测定较少,对影响 NE 关键因子的研究仍有待进一步展开。以上两方面应是未来猪饲料原料有效能值评定的热点和主要方向。

关键词:猪;饲料原料;有效能;预测;化学成分;精准配方

---

* 基金项目:国家自然科学基金(31630074);国家生猪产业技术体系建设专项(CARS-35)

** 第一作者简介:胡杰(1995—),男,山西阳泉人,硕士研究生,研究方向为猪的营养与饲料,E-mail:brhagh@163.com

\# 通讯作者:王军军,教授,博士生导师,E-mail:jkywjj@hotmail.com

天津地方黑猪与"杜×长×大"三元商品猪
肌肉中脂肪酸的比较研究[*]

蒲蕾^{**}　洪中山　胡德宝　张建斌　焦小丽　杨华　王轶敏　郭亮

（天津农学院动物科学与动物医学学院,天津 300384）

摘要:猪肉中的脂肪酸为猪肉风味的重要前体物质,与猪肉的嫩度、多汁性有关。本研究拟比较高纤维、低矿物质、无抗饲料散养的天津蓟州地方黑猪与"杜×长×大"杂交猪肌肉中脂肪酸的含量,为优质猪肉的生产奠定理论基础。采集天津地方黑猪及外种猪背部肌肉组织,参照《GB 5009.168-2016 食品安全国家标准　食品中脂肪酸的测定》处理样品,气相色谱法测定各肌肉组织中脂肪酸组成及含量。利用 4 头天津地方黑猪及 2 头"杜×长×大"杂交猪,检测肌肉中的 37 种脂肪酸的含量,计算各脂肪酸与总脂肪酸的比值,利用反正弦转换,进行成组 t 检验。试验结果表明,天津地方黑猪肌肉中饱和脂肪酸占总脂肪酸的 35.89%,天津商品猪肌肉中的饱和脂肪酸为 43.37%,二者含量差异显著($P<0.05$)。天津地方黑猪肌肉中的不饱和脂肪酸含量显著($P<0.05$)高于商品猪,分别为 63.15%、56.11%;其中天津地方黑猪与商品猪的单不饱和脂肪酸相比差异不显著,分别为 41.24%、43.19%;而天津地方黑猪与商品猪肌肉中的多不饱和脂肪酸分别占总脂肪酸的 21.90%、12.89%,两者之间差异显著($P<0.05$);天津地方黑猪肌肉中的亚油酸含量显著高于商品猪($P<0.05$),分别为 20.85%、11.92%;天津地方黑猪的肌肉中亚麻酸含量显著高于商品猪($P<0.05$),其含量分别为 0.80%、0.48%。经过计算获得亚油酸/亚麻酸的比值,发现天津地方黑猪与"杜×长×大"商品猪亚油酸/亚麻酸的比值差异不显著。通过本研究表明,天津地方黑猪与"杜×长×大"商品猪相比,肌肉中饱和脂肪酸比例低,而不饱和脂肪酸的比例高,单不饱和脂肪酸比例相似,多不饱和脂肪酸比例高,亚油酸和亚麻酸比例高,亚油酸/亚麻酸的比值相似。

关键词:天津地方黑猪;肌肉;脂肪酸;亚油酸/亚麻酸

---

* 基金项目:天津种业专项基金课题(15ZXZYNC00100);天津生猪产业技术体系创新团队(ITTPRS2017006);天津农学院大学生创新训练项目(201803018)

** 第一作者简介:蒲蕾,博士,研究方向为猪重要经济性状的遗传育种与功能饲料开发应用,E-mail:pulei87@126.com

第五部分

家禽饲料营养

3 种肠道调节物对不同产蛋性能肉种鸡生产性能、孵化性能、蛋品质及肠道形态的影响[*]

赵书菊[**]　　王建萍[#]　　张克英　　丁雪梅　　曾秋凤　　白世平

（四川农业大学动物营养研究所，动物抗病营养教育部重点实验室，
动物抗病营养与饲料农业部重点实验室，成都 611130）

摘要：本试验旨在研究饲粮中添加 3 种肠道调节物屎肠球菌（EF）、苹果果胶寡糖（APO）、三丁酸甘油酯（BA）对不同产蛋性能的肉种鸡生产性能、孵化性能、蛋品质、肠道形态和肠道物理屏障的影响。试验采用 2×4 因子试验设计，选取接近平均产蛋率（85％，AR 组）与显著低于平均产蛋率（70％，LR 组）48 周龄 AA 肉种鸡各 256 只，各自随机分为 4 组（每组 8 个重复，每个重复 8 只）：2 种产蛋率对照组饲喂基础饲粮，其他饲喂分别添加 30 mg/kg EC、200 mg/kg APO 和 1 000 mg/kg BA 的试验饲粮，试验期为 8 周。结果表明：1）AR 组的产蛋率与平均蛋重均极显著高于 LR 组（$P<0.01$），料蛋比极显著低于 LR 组（$P<0.01$）；AR 组合格种蛋率在 1～4、4～8 以及 1～8 周显著高于 LR 组（$P<0.05$）。2）与对照组相比，饲粮添加 EF、APO、BA 显著提高了 1～4、5～8 和 1～8 周的蛋重（$P\leqslant0.01$）。3）AR 组肉种鸡的受精率、孵化率和健雏率在数值上均高于 LR 组，但差异不显著，其胚胎死亡率也在数值上低于 LR 组，但差异不显著。而添加 EF、APO、BA 对孵化性能均无显著影响。4）AR 组蛋壳厚度显著高于 LR 组（$P=0.05$）；与对照组相比，饲粮添加 APO 显著提高了种蛋的蛋白高度和哈氏单位（$P\leqslant0.05$），而饲粮添加 BA 显著降低了蛋黄比重；与饲粮添加 EF 相比，饲粮中添加 APO 和 BA 均显著降低了蛋壳厚度，且产蛋率与肠道调节物具有显著的交互作用（$P<0.01$），表现为饲粮添加 EF 后，AR 组蛋壳厚度显著提高，添加 APO 后，其蛋壳厚度显著降低。5）AR 组十二指肠隐窝深度显著低于 LR 组（$P=0.05$），绒隐比值显著高于 LR 组（$P<0.01$）。6）AR 组回肠蛋白 1 紧密连接蛋白（ZO-1）mRNA 相对表达量显著低于 LR 组（$P=0.01$）；与对照组相比，饲粮添加 APO、BA 显著增加 ZO-1 mRNA 相对表达量（$P=0.01$）。由此可见，相对于平均产蛋性能的肉种鸡而言，低产蛋性能的肉种鸡其生产性能、孵化性能、蛋壳厚度以及肠道形态都较低。在 2 种产蛋性能下，添加 3 种肠道调节物后均可以提高蛋重和改善肠道屏障功能，其中 APO 能显著提高种蛋蛋品质，EF 能改善蛋壳厚度，但添加剂在平均产蛋性能的肉种鸡中提高蛋壳厚度的效果更优。

关键词：肉种鸡；肠道调节物；不同生产性能；蛋品质；肠道形态

* 基金项目：国家重点研发计划（2017YFD0500503）

** 第一作者简介：赵书菊（1993—），女，四川资阳人，硕士研究生，动物营养与饲料科学专业，E-mail：1013766793@qq.com

通讯作者：王建萍，副研究员，硕士生导师，E-mail：wangjianping@sicau.edu.cn

母源和饲粮维生素 A 对后代鸡生长性能、
肉质和免疫功能的影响[*]

王一冰[**]   陈芳   蒋守群[#]

(广东省农业科学院动物科学研究所,畜禽育种国家重点实验室,农业部华南
动物营养与饲料重点实验室,广东省动物育种与营养公共实验室,
广东省畜禽育种与营养研究重点实验室,广州 510640)

摘要:本试验旨在研究母源与饲粮中维生素 A 对后代鸡生长性能、肉质和免疫功能的影响。46 周龄岭南黄羽肉种鸡饲粮中分别添加 0、5 400、10 800 和 21 600 IU/kg 的维生素 A,饲喂 8 周后收集种蛋孵化初生雏鸡,雏鸡分别饲喂添加了 0、5 400 IU/kg 的维生素 A 的饲粮,故试验共 8 组(4 个母源饲粮维生素 A 添加水平×2 个后代鸡饲粮维生素 A 添加水平),每组 6 个重复,每个重复 20 只鸡,试验周期 9 周。结果表明:1)饲粮中添加维生素 A 能显著提高后代肉鸡 BW、ADG 和 ADFI($P<0.05$),降低后代肉鸡的 F/G 值和死亡率($P<0.05$),而母源饲粮中添加维生素 A 对后代鸡的生长性能和死亡率没有显著影响($P>0.05$)。2)母源饲粮中维生素 A 添加量为 21 600 IU/kg 时,后代鸡宰后 24 h 胸肌 pH 比 0 IU/kg 和 5 400 IU/kg 母源添加组相比显著增加($P<0.05$);饲粮添加维生素 A 可显著提高后代鸡胸肌剪切力($P<0.05$)、宰后 45 min 胸肌 pH($P<0.05$),显著降低宰后 45 min 与 24 h 胸肌 L*($P<0.05$),降低滴水损失($P<0.05$)。3)母源饲粮中添加维生素 A 对后代脾脏、胸腺、法氏囊指数无显著影响($P>0.05$),但母源饲粮中添加 21 600 IU/kg 维生素 A 可提高后代肝脏指数($P<0.05$)。4)母源饲粮中添加 5 400 IU/kg 和 2 600 IU/kg 维生素 A 可显著降低后代鸡脾脏 IFN-γ 的 mRNA 表达($P<0.05$),饲粮添加维生素 A 可显著提高 IL-2 的表达($P<0.05$),母源与饲粮中的维生素 A 水平对后代鸡脾脏 IL-2、IL-1β 和 IFN-γ 基因表达有交互作用,影响显著($P<0.05$)。由此可见,母源与饲粮中添加维生素 A 对后代鸡的生长性能和肉品质有改善作用,且对免疫功能有一定的调节作用。

关键词:维生素 A;后代鸡;生长性能;肉品质;免疫功能

---

[*] 基金项目:国家肉鸡产业技术体系项目(CARS-41);国家"十二五"科技支撑计划项目子课题(2014BAD13B02);广东省科技计划项目(2017B020202003);广州市科技计划项目(201804020091);广东省自然基金项目(2017A030310096);"十三五"国家重点研发计划(2016YFD0501210);广东省农业科学院院长基金(2016020);广东省农业科学院院长基金项目(201805)

[**] 第一作者简介:王一冰(1990—),女,山东青岛人,助理研究员,从事黄羽肉鸡营养与免疫方向的研究,E-mail:wangyibing@gdaas.cn

[#] 通讯作者:蒋守群,研究员,硕士生导师,E-mail:jsqun3100@sohu.com

种公鸡饲粮添加叶酸调控子代肉鸡糖脂代谢研究[*]

武圣儒[1,2**]　陈辉[2]　杨小军[1#]

（1. 西北农林科技大学动物科技学院，杨凌 712100；2. 河北农业大学动物科技学院，保定 071001）

摘要：试验通过建立叶酸调控肉种公鸡及其子代肉鸡糖脂代谢的传代的表观遗传模型，以种公鸡及其子代的肝脏样品和种公鸡的精子细胞为研究对象，研究糖脂代谢相关基因及相关 miRNA 表达模式，以阐明 miRNA 介导的叶酸调控肉鸡糖脂代谢的父系传代表观遗传机制。试验将 200 只 1 日龄的爱拔益加肉种公鸡随机分为 5 个处理，每个处理 5 个重复，每个重复 8 只鸡；分别饲喂添加 0、0.25、1.25、2.50 和 5.00 mg/kg 叶酸的饲粮。35 周龄时通过人工授精及孵化分别获取其子代肉鸡；每个重复随机选择 8 只子代肉鸡分别饲养至 21 日龄。种公鸡 35 周龄及子代肉鸡 1 日龄和 21 日龄时分别采集血液、肝脏样品，比对分析肉种鸡及 1 天和 21 天的子代肉鸡中叶酸对肉鸡肝脏糖脂代谢及血脂代谢的影响，结合肝脏及精液代谢组、转录组、miRNA 表达谱数据，研究叶酸对肉鸡糖脂代谢的传代调控作用及其潜在机制。结果显示：1）脂代谢过程中，叶酸可显著降低种公鸡及其子代肉鸡血浆中的 HDL-C、LDL-C、VLDL-C 及脂联素的含量，显著增加子代肉鸡血浆中 TG 及 FFA 含量，显著增加种公鸡及子代肉鸡肝脏中的 TC 和 FFA 的含量；糖代谢过程中，种公鸡及 1 日龄子代肉鸡肝脏的磷酸烯醇式丙酮酸羧化酶活性、1 日龄及 21 日龄丙酮酸激酶活性、种公鸡及其 21 日龄子代肉鸡的柠檬酸合酶活性均在种公鸡的叶酸添加下得到了显著提升。2）日粮添加叶酸可以分别在种公鸡、1 日龄和 21 日龄子代肉鸡肝脏中引起 16 种、15 种和 7 种代谢物的差异表达，包括 6-磷酸葡萄糖和 6-磷酸果糖等糖异生以及糖酵解过程的中间代谢产物，6-磷酸葡萄糖、5-磷酸木酮糖和 5-磷酸核糖等磷酸戊糖途径中的中间代谢产物，反式不饱和脂肪酸、2-磷酸甘油、3-磷酸甘油和乙醇胺等参与甘油酯代谢、甘油磷脂代谢以及脂肪酸代谢的关键代谢物。进一步地对差异代谢物所涉及的差异代谢通路进行了富集分析，结果显示：甘油酯类代谢、甘油磷脂代谢、脂肪酸代谢、糖异生/糖酵解代谢通路在种公鸡及子代肉鸡肝脏中均得到了显著富集。3）分别在种公鸡及 1 日龄子代肉鸡肝脏中筛选到 42 个和 69 个差异表达基因。KEGG 分析表明，在种公鸡及子代肉鸡中均显著富集到糖脂代谢相关的信号通路，包括糖酵解/糖异生代谢通路、PPAR 信号通路、FOXO 信号通路、丙酮酸代谢通路等。4）种公鸡叶酸添加下，种公鸡及肉仔鸡肝脏分别筛选到 31 个和 23 个差异表达 miRNA。基于差异表达 miRNA 的靶基因的 KEGG 富集分析表明差异表达 miRNA 可以调控种公鸡及子代肉鸡肝脏中糖脂代谢相关的信号通路，包括脂肪酸代谢通路、胆固醇的生物合成通路、丙酸代谢通路、TCA 循环通路、丙酮酸代谢通路以及糖酵解/糖异生等信号通路；筛选及分析种公鸡精子中差异表达 miRNA 表明，精子细胞中的差异表达 miRNA 可以调控 PPAR 信号通路、糖酵解/糖异生通路、脂肪酸代谢通路、丙酮酸代谢通路、类固醇生物合成、酮体的合成及分解、丙酸代谢、脂肪酸链延长等一系列与糖脂代谢相关的信号通路。综上所述，种公鸡饲粮叶酸添加可通过改变种公鸡肝脏和精液中 miRNA 的表达并传代性改变子代肉鸡肝脏中 miRNA 的表达，调控或传代性调控种公鸡及子代肉鸡肝脏糖酵解/糖异生通路、PPAR 通路、FOXO 通路、丙酮酸代谢通路相关基因的表达，从而对种公鸡及子代肉鸡肝脏的糖异生/糖酵解和甘油酯类代谢等代谢通路发挥调控效应，使得种公鸡及子代肉鸡的肝脏脂肪分解代谢减少，糖异生及糖酵解能力增强。

关键词：种公鸡，叶酸，传代表观遗传，糖代谢，脂代谢，miRNA

---

* 基金项目：国家重点研究开发项目（2017YFD0500500，20170502200）；国家自然科学基金项目（31272464）

** 第一作者简介：武圣儒（1992—），男，四川省攀枝花人，博士研究生，从事家禽免疫营养与表观遗传研究，E-mail：wusheng-ru2013@163.com

通讯作者：杨小军，教授，博士生导师，E-mail：yangxj@nwsuaf.edu.cn

染料木素对鸡卵巢颗粒细胞孕酮分泌的影响及机制研究[*]

肖蕴祺[**]　邵丹　童海兵　施寿荣[#]

（中国农业科学院家禽研究所,扬州 225125）

摘要：本试验旨在研究染料木素（genistein）对鸡卵巢颗粒细胞孕酮（P4）和雌激素（E2）分泌的影响及潜在的机制。选取产蛋后期 55 周龄蛋鸡,收集卵泡,采用酶消化法获得颗粒细胞。使用 1、10、100 和 1 000 nmol/L 染料木素分别处理细胞,48 h 后收集细胞用于基因和蛋白质检测。每个指标重复 3 遍。结果表明:1)试验染料木素不影响颗粒细胞活性,增殖细胞核抗原（PCNA）蛋白质表达也无显著变化。2)1 nmol/L 染料木素处理细胞 48 h 显著增加了孕酮分泌（$P<0.05$）,但对雌激素分泌无影响。3)荧光定量 PCR（real time-PCR）结果显示 1 nmol/L 染料木素显著提高了卵巢颗粒细胞雌激素受体 β（ERβ）的表达（$P<0.05$）,对雌激素受体 α（ERα）及 G 蛋白偶联受体 30（GPR30）无显著影响。4)1 nmol/L 染料木素显著提高了孕酮合成中关键酶类固醇激素合成急性调节蛋白（StAR）,细胞色素 P450 胆固醇侧链裂解酶（P450scc）和 3β-羟类固醇脱氢酶（3β-HSD）的表达（$P<0.05$）。结果表明,染料木素可能通过与 ERβ 结合来提高 StAR、P450scc 及 3β-HSD 3 个关键酶的表达从而提高及颗粒细胞孕酮的分泌,进而改善产蛋后期蛋鸡的产蛋率。

关键词：染料木素；孕酮；颗粒细胞；雌激素受体

　*　基金项目：江苏六大人才高峰工程（NY-033）；江苏省农业三新工程（SXGC[2017]253）

　**　第一作者简介：肖蕴祺（1985—）,女,江苏常州人,硕士研究生,实验师,从事家禽饲料营养研究,E-mail：xiaoyunqi124@163.com

　#　通讯作者：施寿荣,副研究员,硕士生导师,E-mail：ssr236@163.com

胚蛋注射丙酮酸肌酸对孵化后期肉鸡
能量代谢及肌肉发育的影响[*]

杨通[1**]　赵敏孟[1]　李蛟龙[1]　张林[1]　江芸[2]　高峰[1#]　周光宏[1]

(1.南京农业大学动物科技学院,江苏省动物源食品生产与安全保障重点实验室,
南京 210095;2.南京师范大学金陵学院,南京 210097)

摘要:孵化后期家禽胚胎能量消耗巨大,且在目前的商业化生产中雏鸡难以在出壳后及时开食饮水,能量供给的限制可能会影响雏鸡肌肉发育和后期上市体重。因此,本研究旨在探讨孵化后期胚蛋注射一定浓度的丙酮酸肌酸(CrPyr)对肉鸡生产性能、能量储备状态和肌肉发育的影响。试验选取 1 200 枚蛋重基本一致的 AA 鸡商品代受精蛋入孵。孵化 16 天时通过照蛋选取 960 枚质量相近的受精蛋随机分配到 3 个处理组(每组 8 个重复,每个重复 40 枚蛋),分别为:1)空白对照组,不进行注射;2)生理盐水对照组(NaCl 4.5 mg,注射容积 0.6 mL);3)CrPyr 注射组(CrPyr 12 mg,NaCl 4.5 mg,注射容积 0.6 mL)。出壳后,分别从每个处理组中分别选取 120 只体重均匀且接近本组平均体重的公雏,随机分成 8 个重复,每个重复 15 只鸡,进行饲养试验,试验期为 7 天。结果表明:1)与对照组和生理盐水组相比,胚蛋注射 12 mg 的 CrPyr 显著提高了 7 日龄腿肌的绝对质量及相对质量($P<0.05$)。2)胚蛋注射 12 mg 的 CrPyr 显著提高了孵化第 19 天腿肌葡萄糖浓度,以及孵化第 19 天和出壳当天腿肌肌酸的浓度($P<0.05$)。3)胚蛋注射 12 mg 的 CrPyr 显著提高了孵化第 19 天腿肌肌酸激酶(CK),孵化第 19 天和出壳当天己糖激酶(HK)和丙酮酸激酶(PK)的活性($P<0.05$)。4)胚蛋注射 12 mg 的 CrPyr 显著上调了出壳当天腿肌葡萄糖转运载体 3(GLUT3)、葡萄糖转运载体 8(GLUT8)基因的表达量($P<0.05$)。5)胚蛋注射 12 mg 的 CrPyr 显著上调了 3 日龄、7 日龄腿肌 mTOR、4EBP1、S6K1 基因的相对表达量。本研究表明,孵化后期胚蛋注射 12 mg 的 CrPyr 能促进腿肌对葡萄糖的摄取,增强肌肉肌酸代谢池的能量缓冲作用,提高肌肉糖酵解能力,从而加强孵化后期肉鸡能量储备,同时 mTOR 信号通路的激活促进了肌肉蛋白质合成,有利于肌肉的发育。

关键词:家禽;胚蛋注射;丙酮酸肌酸;能量储备;肌肉发育

[*] 基金项目:国家自然科学基金项目(31572425);国家重点研发专项(2016YFD0500501)
[**] 第一作者简介:杨通(1993—),男,江苏句容人,硕士研究生,动物生产学专业,E-mail:yangtong1205@126.com
[#] 通讯作者:高峰(1970—),教授,博士生导师,E-mail:gaofeng0629@njau.edu.cn

肉鸡胚胎给养右旋糖酐铁对孵化性能和
出壳前后血液常规指标的影响[*]

张封东[**]　张海军[#]　武书庚[#]　王晶　齐广海

（中国农业科学院饲料研究所，农业部饲料生物技术重点开放实验室，
生物饲料开发国家工程研究中心，北京 100081）

摘要：本试验旨在研究在孵化不同时期给养右旋糖酐铁制剂对肉仔鸡孵化性能、出壳前后血液常规指标的影响。选用蛋型适中、质量均匀[（63±2）g]的爱拔益加（AA）肉仔鸡商品代受精蛋280 枚置于孵化箱中孵化，于孵化第 12 天和第 17 天分别挑选 128 枚种蛋，随机分为 4 个处理组，每个处理组 4 个重复，每个重复 8 枚种蛋。每枚种蛋于孵化第 12 天、第 17 天分别通过气室和羊膜腔注射 0.1 mL 0.85％生理盐水（对照组）或含有 0.75、1.5、7.5 mg 铁（来源于右旋糖酐铁）的生理盐水。结果显示：1）随气室给养右旋糖酐铁剂量的增加，孵化 19 天卵黄囊指数和出壳体重/入孵蛋重呈一次线性升高趋势（$P<0.10$）；出壳当天、出壳 2 天后体重和其他指标无显著差异（$P>0.05$）。2）气室给养右旋糖酐铁，对孵化 19 天、出壳当天和出壳 2 天后的血液常规指标均无显著影响（$P>0.05$）。3）随羊膜腔给养右旋糖酐铁剂量升高，孵化 19 天绝对体质量指数呈二次曲线升高（$P<0.05$），卵黄囊指数呈二次曲线升高趋势（$P<0.10$），出壳当天卵黄囊干物质指数呈一次线性升高趋势（$P<0.10$）。4）随羊膜腔给养右旋糖酐铁剂量上升，孵化 19 天平均红细胞体积呈一次线性升高（$P<0.05$），血红蛋白浓度也有一次线性升高的趋势（$P<0.10$），平均血红蛋白浓度呈二次曲线升高趋势（$P<0.10$）；出壳当天血常规无显著变化（$P>0.05$）；出壳 2 天后给养含 0.75 mg 铁/枚组红细胞体积分布宽度显著提高（$P<0.05$），其他血常规指标均无显著差异（$P>0.05$）。5）气室给养或羊膜腔给养右旋糖酐铁对孵化率无显著影响（$P>0.05$）。综上结果表明，孵化期第 12 天气室给养右旋糖酐铁，随注射剂量升高出壳重有提高趋势，血常规指标无显著变化；孵化 17 天羊膜腔给养右旋糖酐铁，可二次曲线提高孵化 19 天绝对体质量指数，血红蛋白浓度得到提高，其中 1.5 mg 铁/枚组效果较佳；与孵化 12 天气室给养相比，孵化 17 天羊膜腔给养右旋糖酐铁可显著调控出壳前血液常规指标和出壳后卵黄囊干物质。羊膜腔给养有机铁对肉仔鸡孵化和血液学指标的影响有待进一步研究。

关键词：右旋糖酐铁；胚蛋给养；血常规；生长性能

---

  * 基金项目：家禽产业技术体系北京市创新团队（BAIC04-2018）

  ** 第一作者简介：张封东（1992—），男，河南濮阳人，硕士研究生，动物营养与饲料科学专业，E-mail：15638838612@163.com

  # 通讯作者：张海军，副研究员，硕士生导师，E-mail：fowlfeed @163.com；武书庚，研究员，博士生导师，E-mail：wushugeng@caas.cn

肉鸡胚胎给养抗氧化类生物活性物质对
孵化率和早期生长的影响[*]

马友彪[**]　张封东　王继光　张海军[#]　王晶　武书庚[#]　齐广海

（中国农业科学院饲料研究所,农业部饲料生物技术重点开放实验室,
生物饲料开发国家工程研究中心,北京 100081）

摘要：本试验旨在研究胚蛋给养抗氧化类生物活性物质 N-乙酰半胱氨酸、硫辛酸和吡咯喹啉醌对肉仔鸡孵化率和初生早期生长的影响。试验选用 384 枚 17.5 胚龄爱拔益加肉鸡商品代活胚,随机分成 4 个处理组,每组分为 6 个重复,每个重复 16 枚胚胎,分别向羊膜腔内无菌注射浓度为 6.6 g/L 的 N-乙酰半胱氨酸、1.35 g/L 的硫辛酸和 1.35 g/L 的吡咯喹啉醌或生理盐水(对照组),注射剂量为 0.1 mL。注射后转移至出雏筐中,置于出雏器中出雏。出壳后,从每个重复中选取 6 只健康公雏,饲喂颗粒日粮,采用 4 层笼养。以每个重复为单位统计种蛋孵化率,称量雏鸡出壳时和 7 天时的体重。试验数据采用 SPSS 16.0 软件的 one-way ANOVA 先进行方差齐次性检验,再进行 F 检验和 LSD 多重比较。结果表明:1)胚蛋给养硫辛酸可提高种蛋孵化率($P < 0.05$),给养 N-乙酰半胱氨酸较对照组也有提高趋势($P < 0.10$),注射吡咯喹啉醌组和对照组孵化率无明显差异($P > 0.10$)。2)各组雏鸡初生体重,胚蛋给养 N-乙酰半胱氨酸组最高,硫辛酸组次之,盐水对照组最低,各组间差异不显著($P > 0.05$)。3)胚蛋给养硫辛酸组肉仔鸡 7 日龄体重较对照组提高 6.17 g($P < 0.10$),给养 N-乙酰半胱氨酸和吡咯喹啉醌组 7 日龄体重较对照组分别提高 3.83 g 和 3.67 g($P > 0.05$)。综上结果提示,胚蛋给养抗氧化类生物活性物质 N-乙酰半胱氨酸、硫辛酸和吡咯喹啉醌具有促进肉仔鸡出壳后早期生长的潜力,其中 N-乙酰半胱氨酸和硫辛酸能提高种蛋孵化率。

关键词：N-乙酰半胱氨酸;硫辛酸;吡咯喹啉醌;胚蛋给养;孵化率;肉仔鸡

* 基金项目:北京市家禽创新团队(BAIC04-2018);国家重点研发计划(2018YFD0500400)
** 第一作者简介:马友彪(1989—),男,山东济宁人,硕士研究生,动物营养与饲料科学专业,E-mail:myb0514@126.com
# 通讯作者:张海军,副研究员,硕士生导师,E-mail:fowlfeed@163.com;武书庚,研究员,博士生导师,E-mail:wushugeng@caas.cn

胚蛋给养 N-乙酰谷氨酸对肉仔鸡孵化率、生长性能、屠宰性能和肉品质的影响[*]

王继光[**]　马友彪　王晶[#]　武书庚　齐广海　张海军[#]

（中国农业科学院饲料研究所，农业部饲料生物技术重点开放实验室，
生物饲料开发国家工程中心，北京 100081）

摘要：本试验旨在研究肉仔鸡胚胎孵化后期羊膜腔给养 N-乙酰谷氨酸（NAG）对孵化率、出雏后生长性能、屠宰性能和肉品质的影响。选取 1 200 枚 Ross 308 商品代受精蛋进行孵化，在 17.5 胚龄时选 960 枚受精蛋随机分为 4 组（每组 6 个重复，每个重复 40 枚胚胎）：不注射对照组，生理盐水对照组，1.35 mg NAG/枚以及 2.7 mg NAG/枚注射组，注射剂量 0.1 mL。注射前，通过照蛋确定胚蛋气室位置，用 75% 酒精在胚蛋钝端消毒注射部位，并从顶端钻 1 mm 的小孔，利用 1 mL 注射器垂直进针，将注射液注射到羊膜腔内，石蜡封闭钻孔，按正常程序继续孵化。出壳后，从每个处理选取 96 只公雏，随机分配到 4 个处理，每个处理 6 个重复，每个重复 16 只鸡，饲喂相同颗粒饲料，饲养期 42 天，分前期（1～21 日龄）和后期（22～42 日龄）两个阶段。测定指标包括：种蛋孵化率、肉仔鸡生长性能、胴体组成和肌肉品质。结果表明：1）羊膜腔给养 NAG 提高活胚率，2.7 mg/枚组显著提高孵化率（$P<0.05$）。2）注射 2.7 mg NAG/枚组肉仔鸡 7 日龄体重、1～21 日龄平均采食量显著高于不注射对照组（$P<0.05$），42 日龄体重较不注射对照组和盐水对照组体重分别高约 60 g 和 90 g，全期饲料效率也优于不注射对照组或盐水对照组（$P>0.05$）。3）胚蛋给养 NAG 对肉仔鸡 42 日龄屠宰率、腿肌率和腹脂率影响不大，2.7 mg NAG/枚组胸肌率显著高于不注射对照组（$P<0.05$）。4）胚蛋给养 NAG 对肉仔鸡 42 日龄胸肉 pH、蒸煮损失和剪切力无显著影响，2.7 mg NAG/枚组滴水损失显著低于不注射对照组（$P<0.05$）。由此可见，肉仔鸡胚胎孵化后期经羊膜腔给养 NAG 可提高孵化率，促进早期生长，并有改善肉品质的良好潜力。胚蛋给养 NAG 促进早期生长的机制及更高剂量 NAG 的效果，值得深入研究。

关键词：N-乙酰谷氨酸；肉仔鸡；孵化率；生产性能；屠宰性能；肉品质

---

[*] 基金项目：国家重点研发计划（2018YFD0500400）；北京市家禽创新团队（BAIC04-2018）

[**] 第一作者简介：王继光（1993—），男，山东临沂人，硕士，从事家禽营养与饲料研究，E-mail：1634938957@qq.com

[#] 通讯作者：王晶，副研究员，硕士生导师，E-mail：wangjing@caas.cn；张海军，副研究员，硕士生导师，E-mail：fowlfeed@163.com

低蛋白饲粮条件下肉鸡缬氨酸需要量的研究[*]

陈将[**]　常文环　郑爱娟　陈志敏　蔡辉益　刘国华[#]

(中国农业科学院饲料研究所，北京 100081)

摘要：本研究通过 2 个独立试验研究了 1～22 和 22～42 日龄肉鸡对缬氨酸（Val）的需要量。试验 1 和试验 2 分别选取 600 只 1 日龄和 22 日龄 AA 肉鸡（公母各半），随机分为 5 个处理组，每处理组设 12 个重复（公母各 6 个重复），每个重复 10 只鸡。试验 1 各处理组饲粮 Lys 及粗蛋白质水平均分别为 1.17% 和 20%，各处理组饲粮 Val/Lys 比值分别为 68%、73%、78%、83% 和 88%，Val 水平分别为 0.80%、0.85%、0.91%、0.97% 和 1.03%。试验 2 各处理组饲粮 Lys 及粗蛋白质水平均分别为 1.01% 和 18%，各处理组饲粮 Val/Lys 比值分别为 70%、75%、80%、85% 和 90%，Val 水平分别为 0.71%，0.76%，0.81%，0.86% 和 0.91%。分别于试验结束计算平均日增重（ADG）、平均日采食量（ADFI）和料重比（FCR）。试验 1 结果表明：饲粮补充 Val 显著提高 1～22 日龄公鸡 ADG（$P<0.05$），降低 FCR（$P=0.061$），且随 Val 水平的提高呈线性和二次变化趋势；母鸡 FCR 随 Val 水平升高而显著降低（$P<0.05$），以 ADG 和 FCR 为效应指标，公鸡最佳 Val/Lys 比值分别为 78.0% 和 78.0%（折线模型），82.4% 和 81.5%（二次模型）；母鸡最佳 Val/Lys 比值分别为 79.2% 和 79.5%（折线模型），86.9% 和 104.1%（二次模型）。试验 2 结果表明：饲粮补充 Val 显著提高 22～42 日龄公鸡 ADG 和 ADFI，并降低 FCR（$P<0.05$），其中 ADG 和 FCR 随饲粮 Val 水平升高呈显著二次曲线变化（$P<0.01$）；母鸡 ADG 随饲粮 Val 水平提高显著升高（$P<0.05$）；以 ADG 和 FCR 为效应指标，公鸡最佳 Val/Lys 比值分别为 80.0% 和 76.9%（折线模型），81.9% 和 82.9%（二次模型）；以 ADG 为效应指标，母鸡最佳 Val/Lys 比值为 81.5%（折线模型），82.4%（二次模型）。

关键词：肉鸡；缬氨酸；需要量

* 基金项目：现代农业产业技术体系专项资金（CARS-41）

** 第一作者简介：陈将，男，江西宜春人，硕士研究生，从事家禽营养研究，E-mail：jiangchen363@163.com

通讯作者：刘国华，研究员，博士生导师，E-mail：liuguohua@caas.cn

饲粮添加甘氨酸对肉仔鸡生长性能、胴体组成和血液生化指标的影响[*]

马友彪[**]　王晶　武书庚[#]　齐广海　张海军[#]

（中国农业科学院饲料研究所,农业部饲料生物技术重点开放实验室,
生物饲料开发国家工程中心,北京 100081）

摘要：本试验旨在研究肉仔鸡正常蛋白饲粮中添加甘氨酸的效果。选取 1 日龄爱拔益加（AA）肉仔鸡公雏 300 只,随机分为 5 组（每组 6 个重复,每个重复 10 只）：对照组饲喂基础饲粮,试验组分别饲喂添加 500、1 000、2 000 和 4 000 mg/kg 甘氨酸的试验饲粮,试验期 42 天,分前期（1～21 日龄）和后期（22～42 日龄）两个阶段。试验饲粮粗蛋白质前期为 22%,后期为 20%。饲粮采用冷压制粒,以颗粒料形式饲喂。结果表明：1）在生长前期,甘氨酸组肉仔鸡 21 日龄体重较对照组高约 34 g/只（$P<0.05$）,甘氨酸组肉仔鸡平均日增重提高 1.5 g/天（$P=0.094$）,2 000 mg/kg 甘氨酸组饲料效率较对照组显著改善（1.40 vs.1.44；$P<0.05$）；在肉仔鸡生长后期和生长全期,甘氨酸可线性改善饲料效率（$P=0.093$ 和 $P=0.064$）,甘氨酸组每只肉仔鸡全期采食量较对照组高 3.6 g（$P=0.052$）。2）甘氨酸对肉仔鸡的胴体组成具有影响,呈现二次曲线性升高腿肌率（$P=0.056$）和降低腹脂率（$P=0.073$）,在各处理间以 2 000 mg/kg 甘氨酸组腿肌率最高,1 000 mg/kg 甘氨酸组腹脂率最低。3）日粮添加甘氨酸可二次线性降低肉仔鸡血液尿酸和尿素氮水平（$P<0.05$）,试验各处理间以 2 000 mg/kg 甘氨酸组尿酸和尿酸氮为最低。二次曲线拟合结果显示最低尿酸和尿酸氮水平的饲粮甘氨酸水平分别为 1 987 mg/kg 和 2 015 mg/kg。由此可见,肉仔鸡常规蛋白饲粮添加 500～4 000 mg/kg 的甘氨酸能改善肉仔鸡生长性能,其中 2 000 mg/kg 剂量组饲料效率、腿肌率等均较佳；甘氨酸可以作为肉仔鸡正常蛋白饲粮中的促生长添加剂使用。

关键词：甘氨酸；肉仔鸡；生产性能；胴体组成；血液生化

---

　* 基金项目：北京市家禽创新团队（BAIC04-2018）；中国农业科学院农业科技创新工程（ASTIP）

** 第一作者简介：马友彪（1989—）,男,山东济宁人,硕士研究生,从事家禽营养与饲料研究,E-mail：myb0514@126.com

　# 通讯作者：武书庚,研究员,博士生导师,E-mail：wushugeng@caas.cn；张海军,副研究员,硕士生导师,E-mail：fowlfeed@163.com

精油-有机酸复合物对雏鸡沙门氏菌感染的影响[*]

张珊[**]　沈一茹　吴姝　肖蕴琪　赵旭　施寿荣[#]

（中国农业科学院家禽研究所，扬州 225125）

摘要：本试验旨在研究精油-有机酸复合物对雏鸡沙门氏菌感染的影响，为精油-有机酸复合物替代抗生素的可行性研究提供依据。选用 1 日龄 SPF 海兰蛋雏鸡 250 只，随机分为 5 个处理组，分别为阴性对照组（不攻毒，基础饲粮）、阳性对照组（攻毒，基础饲粮）、抗生素组［攻毒，基础饲粮＋4 000 g/t 恩诺沙星（5％）］、百里香酚-苯甲酸组［攻毒，基础饲粮＋800 g/t 复合物（主要成分百里香酚-苯甲酸）］、肉桂醛-己酸组［攻毒，基础饲粮＋800 g/t 复合物（主要成分肉桂醛-己酸）］，每组 50 只雏鸡。结果表明：1）抗生素组、百里香酚-苯甲酸组能够显著降低攻毒后 3 天、5 天、7 天试验鸡肝脏和脾脏沙门氏菌载菌量（$P<0.001$），肉桂醛-己酸组肝脏和脾脏载菌量显著高于抗生素组（$P<0.001$），肉桂醛-己酸组能够显著降低攻毒后 3 天、7 天肝脏载菌量（$P<0.001$）；攻毒后 7 天抗生素组、肉桂醛-己酸组以及百里香酚-苯甲酸组的盲肠载菌量均显著低于阳性对照组（$P<0.001$），且以百里香酚-苯甲酸组的效果较好。2）血清指标分析结果表明各组间内毒素指标无显著差异（$P>0.05$），IL-6、IFN-γ、IgG 以及 TNF-α 水平阴性对照组与百里香酚-苯甲酸组均无显著差异（$P>0.05$），而肉桂醛-己酸组和百里香酚-苯甲酸组的 IL-6 水平与其他组的差异均不显著（$P>0.05$），而肉桂醛-己酸组和百里香酚-苯甲酸组的 IFN-γ 水平显著低于阳性对照组和抗生素组（$P<0.05$），肉桂醛-己酸组的 IgG 水平较低，而阳性对照组的 TNF-α 水平显著高于其他组（$P<0.05$）。3）空肠绒隐比值组间差异显著（$P<0.05$），百里香酚-苯甲酸组与阴性对照组最为接近，而十二指肠、回肠的绒毛高度、隐窝深度以及绒隐比值和空肠的绒毛高度、隐窝深度各组间差异不显著（$P>0.05$），肉桂醛-己酸组和百里香酚-苯甲酸组对肠炎沙门氏菌感染蛋雏鸡小肠上皮 sIgA 含量无显著影响（$P>0.05$）。综合而言，精油-有机酸复合物具有降低沙门氏菌感染的能力，且百里香酚-苯甲酸复合物效果优于肉桂醛-己酸复合物。

关键词：精油-有机酸复合物；沙门氏菌；载菌量；血清指标；肠道

* 基金项目：扬州市现代农业"农业高技术及产业关键技术创新"（YZ2016041）；江苏省农业科技自主创新资金项目 CX（17）3033；江苏现代农业（蛋鸡）产业技术体系质量安全创新团队（SXGC［2017］253）

** 第一作者简介：张珊（1990—），女，河南焦作人，实习研究员，从事家禽营养研究，E-mail：zhangshan3321@163.com

通讯作者：施寿荣，副研究员，硕士生导师，E-mail：ssr236@163.com

饮水酸化剂对感染沙门氏菌肉仔鸡生长性能、肠道形态和盲肠微生物区系的影响*

戴东** 王晶# 张海军 武书庚 齐广海#

（中国农业科学院饲料研究所，农业部饲料生物技术重点开放实验室，
生物饲料开发国家工程研究中心，北京 100081）

摘要：本试验旨在研究饮水酸化剂作为抗生素替代品，在感染鸡白痢沙门氏菌肉仔鸡中的应用效果。选取 1 日龄健康爱拔益加（AA）肉仔鸡 448 只，随机分为 4 组，分别为对照组、攻毒对照组、抗生素组和酸化剂组。每组 8 个重复，每个重复 14 只。二组对照组和酸化剂组饲喂基础饲粮，抗生素组饲喂含 20 mg/kg 维吉尼亚霉素的基础饲粮。除酸化剂组饮水中添加酸化剂外（1～21 日龄，0.15％；22～42 日龄，0.10％），其他各组常规饮水。试验期 42 天。试鸡 8 日龄时，攻毒对照组、抗生素组和酸化剂组进行鸡白痢沙门氏菌攻毒，每只鸡灌服 1 mL 鸡白痢沙门氏菌菌液（1×10^9 CFU/mL，CVCC521），连续攻毒 3 天。于试验第 14 天、第 21 天和第 42 天，以每组重复为单位，称重、结料，计算平均日增重、平均日采食量和饲料转化率，每个重复随机选 1 只接近平均体重的鸡，屠宰、采集样品。测定粪中含水量，HE 染色法观察空肠和回肠肠道形态结构，平板计数法测定盲肠沙门氏菌数量，16S rRNA 高通量测序法分析肉仔鸡盲肠菌群组成。结果表明：1)添加酸化剂显著降低了饮水 pH［$P<0.05$；酸化剂组饮水 pH （4.29±0.21）；常规饮水 pH（7.61±0.14）］。2)试鸡攻毒后 7 天(攻毒对照组、抗生素组和酸化剂组)，与未感染沙门氏菌的试鸡相比(对照组)，平均日采食量显著下降（$P<0.05$）。42 日龄时，与攻毒对照组相比，抗生素组和酸化剂组试鸡体重显著增加（$P<0.05$），二组间无显著差异（$P>0.05$）。3)与未攻毒组相比，攻毒对照组试鸡盲肠沙门氏菌数量显著增加（$P<0.05$），而饮水添加酸化剂显著降低了 14 日龄、21 日龄和 42 日龄肉仔鸡盲肠沙门氏菌数量（$P<0.05$）；与攻毒对照组相比，酸化剂组粪便含水率显著降低（$P<0.05$）。4)42 日龄时，与攻毒对照组相比，抗生素组和酸化剂组试鸡空肠隐窝深度显著降低（$P<0.05$），空肠绒毛高度/隐窝深度比值显著升高（$P<0.05$），二组之间无显著差异（$P>0.05$）。5)与未感染沙门氏菌的对照组相比，攻毒对照组试鸡盲肠微生物区系多样性显著降低（$P<0.05$）。与攻毒对照组相比，酸化剂组试鸡盲肠食糜中，产丁酸菌的含量显著升增加（$P<0.05$）。由此可见，饮水酸化剂可降低感染沙门氏菌试鸡肠道中沙门氏菌数量，改变肠道微生物区系组成，改善肠道形态结构，并显著降低沙门氏菌攻毒对肉仔鸡生长性能的不利影响。

关键词：酸化剂；肉仔鸡；生长性能；肠道形态；微生物组成

---

* 基金项目：国家重点研发计划（2018YFD0500603）；家禽产业技术体系北京市创新团队（BAIC04-2018）
** 第一作者简介：戴东（1992—），男，山东枣庄人，硕士研究生，动物营养与饲料科学专业，E-mail：daidong0122@163.com
# 通讯作者：王晶，副研究员，硕士生导师，E-mail：wangjing@caas.cn；齐广海，研究员，博士生导师，E-mail：qiguanghai@caas.cn

饲粮果胶寡糖螯合锌对肉仔鸡生长性能、血清含锌酶活和组织锌沉积的影响[*]

王中成^{1**}　于会民¹　谢静静¹　崔虎¹　乜豪¹　张铁涛²　高秀华^{1#}

(1. 中国农业科学院饲料研究所,农业部饲料生物技术重点实验室,生物饲料开发国家工程
研究中心,北京 100081;2. 中国农业科学院特产研究所,长春 130112)

摘要:本实验旨在研究饲粮中添加果胶寡糖螯合锌对肉仔鸡生长性能,血清含锌酶活和组织锌沉积的影响。选用 540 只 1 日龄体重接近、健康的爱拔益加肉仔鸡随机分为 5 组,每组 6 个重复,每个重复 18 只(公母各半)。试验期 42 天。每组饲粮中添加不同来源但是相同含量的锌:对照组添加 80 mg/kg 来自 $ZnSO_4$ 的玉米-豆粕型基础饲粮,4 个试验组分别在基础饲粮中添加 200、400、600 和 800 mg/kg 的果胶果糖螯合锌(分析锌含量为 7%)替代部分硫酸锌作为锌源。结果表明:1)饲粮中添加 400 mg/kg 果胶寡糖螯合锌比对照组显著提高了 21 日龄体重($P<0.05$)。饲喂 800 mg/kg 果胶寡糖螯合锌比对照组或 200 mg/kg 果胶寡糖螯合锌添加组显著提高了 22~42 日龄平均日增重和平均日采食量($P<0.05$)。从整个试验期间来看,饲粮中添加不同水平果胶寡糖螯合锌比对照组显著提高了肉仔鸡的平均日增重和 42 日龄体重,显著降低了死亡率和腿病发生率的累计比例($P<0.05$)。2)饲粮中添加 400 mg/kg、600 mg/kg 和 800 mg/kg 果胶寡糖螯合锌比对照组显著提高了血清碱性磷酸酶活性($P<0.05$),饲粮中添加 800 mg/kg 果胶寡糖螯合锌还显著提高了血清铜锌超氧化物活性($P<0.05$)。3)与对照组相比,饲粮中添加 600 mg/kg 果胶寡糖螯合锌显著增加了血清锌含量($P<0.05$),添加 400 mg/kg 显著提高了肝脏锌沉积($P<0.05$),800 mg/kg 果胶寡糖螯合锌添加组显著提高了胰脏锌沉积($P<0.05$)。综上所述,作为一种锌源,果胶寡糖螯合锌具有与 $ZnSO_4$ 一样促进 1~42 日龄的肉仔鸡生长性能和组织锌沉积的作用。与同等锌含量的硫酸锌添加组相比,饲粮中添加 800 mg/kg 果胶寡糖螯合锌显著提高了肉仔鸡的平均日增重,42 日龄体重,血清碱性磷酸酶、铜锌超氧化物活性,胰脏锌沉积。

关键词:肉鸡;果胶寡糖螯合锌;生长性能;锌沉积

* 基金项目:公益性行业科研专项"饲料中抗生素替代品关键研究与示范"(201403047);"948"重点项目"低碳氮排放的饲料高效利用技术引进与开发"(2011-G7)

** 第一作者简介:王中成(1990—),男,四川达州人,博士研究生,从事动物营养与饲料科学研究,E-mail:617523698@qq.com

通讯作者:高秀华,研究员,博士生导师,E-mail:gaoxiuhua@caas.cn

早期灌服盲肠发酵液对肉鸡盲肠微生物区系
和短链脂肪酸代谢谱的影响[*]

宫玉杰[1,2**]　夏文锐[1,2]　肖英平[1]　杨华[1#]

(1.浙江省农业科学院农产品质量标准研究所,杭州 310021;2.浙江大学动物科学学院
动物营养和饲料研究所,浙江省饲料与动物营养重点实验室,杭州 310058)

摘要:本试验旨在研究早期灌服盲肠内容物发酵液对肉鸡生长性能、肠道菌群结构及肠道内容物中短链脂肪酸含量的影响。试验选取 80 只初出壳的小鸡,随机分为 2 组,分别为对照组(C 组)和发酵菌液组(F 组),每组 5 个重复,每个重复 8 只鸡。在小鸡出壳后前 2 天,连续每天给 F 组小鸡灌胃 0.5 mL 盲肠内容物发酵液,C 组灌服等量灭菌的生理盐水。在 1、3、7、14、28 日龄阶段分别于 2 组随机挑选 8 只鸡,测定其体重后屠宰取其盲肠内容物,采用 Illumina Miseq 高通量测序技术对盲肠内容物菌群结构进行测定,并用气相色谱法测定盲肠内容物中短链脂肪酸的含量。结果表明:1)早期干预使得 F 组肉鸡在 3 日龄的体增重显著高于 C 组($P<0.05$),随后第 7、第 14 和第 28 日龄,F 组肉鸡的平均体增重均高于 C 组,但没有达到显著水平($P>0.05$)。2)在门的水平,早期灌服盲肠发酵液使得 1 日龄、3 日龄、7 日龄肉鸡盲肠中拟杆菌门(Bacteroidetes)的丰度极显著升高($P<0.01$),1 日龄时,F 组肉鸡盲肠中厚壁菌门(Firmicutes)的丰度也显著高于 C 组($P<0.05$),此外,早期干预会显著降低 1 日龄和 3 日龄肉鸡盲肠中变形菌门(Proteobacteria)的丰度($P<0.05$);在属的水平,早期灌服盲肠发酵液可以使盲肠中拟杆菌属(*Bacteroides*)、*Barnesiella*、*Parabacteroides* 和 *Prevotellaceae_UCG*-001 的丰度显著升高($P<0.05$),大肠杆菌(*Escherichia*)、肠杆菌属(*Enterobacteriaceae_unclassified*)、肠球菌属(*Enterococcus*)的丰度显著降低($P<0.05$)。3)早期灌服盲肠发酵液可以显著增加各年龄段盲肠内容物中丙酸的含量($P<0.05$),28 日龄时,F 组肉鸡盲肠内容物中乙酸、异丁酸以及异戊酸的含量也显著高于 C 组($P<0.05$)。以上结果表明,早期灌服盲肠发酵液可以对肉鸡盲肠微生物区系及盲肠中短链脂肪酸的含量产生显著的影响,为采取早期干预手段调控肉鸡肠道微生物结构提供一定的理论依据。

关键词:盲肠发酵液;肉鸡;微生物区系;短链脂肪酸

---

[*] 基金项目:国家重点研发计划项目(2017YFD0500501)

[**] 第一作者简介:宫玉杰(1992—),女,河南洛阳人,硕士研究生,动物营养与饲料科学专业,E-mail:yjgong@zju.edu.cn

[#] 通讯作者:杨华,副研究员,E-mail:yanghua@mail.zaas.ac.cn

枯草芽孢杆菌对产气荚膜梭菌和球虫混合感染肉鸡肠道形态、肠黏膜免疫球蛋白和微生物的影响*

胡均** 张克英 白世平 王建萍 曾秋凤 彭焕伟 丁雪梅#

（四川农业大学动物营养研究所，动物抗病营养教育部重点实验室，成都 611130）

摘要：本试验旨在研究饲粮中添加枯草芽孢杆菌对产气荚膜梭菌和球虫混合感染肉鸡肠道形态、肠黏膜免疫球蛋白和微生物的影响。选用 480 只雄性肉鸡（Ross 308）随机分为 5 个处理，每个处理 8 个重复，每个重复 12 只，试验期 42 天。5 个处理分别为未感染对照组（CON），感染组（CP），感染组＋恩拉霉素组（10 mg/kg，ENRA），感染组＋枯草芽孢杆菌组（10 mg / kg，含 10^8 CFU/kg，PRO）以及感染组＋恩拉霉素（5 mg/kg）＋枯草芽孢杆菌组（10 mg/kg）（ENRA＋PRO）。所有感染组肉鸡在 14 日龄时口服混合型艾美尔球虫悬浮液[11 000 孢子/（mL·只）]，16～18 日龄时口服产气荚膜梭菌悬浮液[10^8 CFU/（mL·只）]。结果表明：1）21 日龄时，与对照组相比，感染组肉鸡显著降低十二指肠绒隐比值（VH/CD）（$P<0.05$）；与感染组相比，ENRA 组、PRO 组和 ENRA＋PRO 组显著增加回肠绒毛高度，ENRA 组和 ENRA＋PRO 组显著增加回肠 VH/CD 比值（$P<0.05$）。28 日龄时，与感染组相比，ENRA 组和 ENRA＋PRO 组显著增加回肠绒毛高度和隐窝深度（$P<0.05$）。42 日龄时，与感染组相比，ENRA 组、PRO 组和 ENRA＋PRO 组显著增加回肠绒毛高度和 VH/CD 比值（$P<0.05$）。2）21 日龄时，各处理组空肠黏膜的 sIgA 浓度有显著差异，与感染组相比，ENRA 组、PRO 组和 ENRA＋PRO 组均有所提高，ENRA＋PRO 组差异显著（$P<0.05$）。28 日龄时，PRO 组和 ENRA＋PRO 组有提高空肠黏膜 IgG 含量的趋势（$P=0.088$）。3）与对照组相比，感染组增加了 28 日龄盲肠产气荚膜梭菌的数量，减少了 21 日龄乳酸杆菌的数量（$P<0.05$）；与感染组相比，ENRA 组减少了 42 日龄总菌数量和 28 日龄产气荚膜梭菌的数量（$P<0.05$），增加了 21 日龄乳酸杆菌和产气荚膜梭菌的数量（$P<0.05$）；PRO 组减少了 42 日龄总菌的数量（$P<0.01$），增加了 21 日龄大肠杆菌（$P<0.05$）和 28 日龄产气荚膜梭菌的数量；ENRA＋PRO 组显著减少了 42 日龄产气荚膜梭菌的数量（$P<0.05$）。由此可见，饲粮添加恩拉霉素、枯草芽孢杆菌和二者联合使用在产气荚膜梭菌和球虫混合感染肉鸡时均可一定程度改善肠道健康。综合来看，恩拉霉素和枯草芽孢杆菌二者联合使用的效果更优。

关键词：枯草芽孢杆菌；产气荚膜梭菌；球虫；肉鸡；肠道形态；免疫球蛋白；微生物

＊　基金项目："十三五"育种攻关计划项目（2016NYZ0052）

＊＊　第一作者简介：胡均（1993—），男，四川宜宾人，硕士研究生，从事家禽营养研究，E-mail：269076147@qq.com

＃　通讯作者：丁雪梅，副教授，硕士生导师，E-mail：dingxuemei0306@163.com

不同种类酸化剂对肉鸡饲粮 pH 和系酸力以及机体胃蛋白酶的影响[*]

赵旭[**]　沈一茹　张珊　施寿荣[#]

（中国农业科学院家禽研究所,扬州 225125）

摘要：本试验旨在研究不同种类酸化剂对肉鸡饲粮 pH 和系酸力以及机体胃蛋白酶的影响。试验选用 1 日龄爱拔益加（AA）肉公鸡 840 只,随机分为 7 个处理,每个处理 6 个重复,每个重复 20 只鸡。对照组饲喂不添加酸化剂的基础饲粮,试验组饲喂在基础饲粮中分别添加吸附磷酸（0.36%）、微囊化磷酸（0.59%）、吸附磷酸乳酸（0.18% 吸附磷酸＋1.33% 吸附乳酸）、富马酸（0.42%）、甲酸（1.03%）和柠檬酸（0.79%）的试验饲粮,各试验组氢离子（H^+）浓度均为 9.18 mmol/kg（pH＝3 条件下的计算值,前期研究发现当 H^+ 浓度为此值时效果最佳）。试验期 42 天。结果表明:1)饲粮中添加吸附磷酸、微囊化磷酸、吸附磷酸乳酸、富马酸、甲酸和柠檬酸均显著降低了 1～21 日龄和 22～42 日龄肉鸡饲粮的 pH（$P<0.05$）,且以甲酸效果最为明显。2)饲粮中添加吸附磷酸乳酸、富马酸、甲酸和柠檬酸显著降低了 1～21 日龄肉鸡饲粮的系酸力（$P<0.05$）,添加吸附磷酸、微囊化磷酸、吸附磷酸乳酸、富马酸、甲酸和柠檬酸显著降低了 22～42 日龄肉鸡饲粮的系酸力（$P<0.05$）,且均以甲酸效果最为明显。3)吸附磷酸、微囊化磷酸、吸附磷酸乳酸、富马酸、甲酸和柠檬酸显著提高了 21 日龄肉鸡腺胃中胃蛋白酶活性以及 42 日龄肉鸡腺胃中胃蛋白酶激活度（$P<0.05$）;吸附磷酸、微囊化磷酸、吸附磷酸乳酸和柠檬酸显著提高了 21 日龄肉鸡腺胃中胃蛋白酶激活度（$P<0.05$）;吸附磷酸、微囊化磷酸、吸附磷酸乳酸、富马酸和甲酸显著提高了 42 日龄肉鸡腺胃中胃蛋白酶活性（$P<0.05$）;且以上结果均以吸附磷酸效果最佳。4)饲粮中添加吸附磷酸、微囊化磷酸、吸附磷酸乳酸、富马酸、甲酸和柠檬酸均显著提高了 21 日龄和 42 日龄肉鸡肌胃中胃蛋白酶活性以及激活度（$P<0.05$）,且以吸附磷酸效果最佳。由此可见,当 H^+ 浓度为 9.18 mmol/kg 时,吸附磷酸、微囊化磷酸、吸附磷酸乳酸、富马酸、甲酸和柠檬酸均不同程度具有降低肉鸡饲粮 pH 和系酸力以及刺激肉鸡胃蛋白酶的作用,且对于降低肉鸡饲粮 pH 和系酸力而言,以甲酸的效果最为明显,而对于提高肉鸡胃蛋白酶活性和激活度而言,以吸附磷酸效果最佳。

关键词：酸化剂;肉鸡;pH;系酸力;胃蛋白酶

---

　* 基金项目:扬州市现代农业"农业高技术及产业关键技术创新"（YZ2016041）;江苏省农业科技自主创新资金项目 CX（17）3033;江苏现代农业（蛋鸡）产业技术体系质量安全创新团队（SXGC[2017]253）

　** 第一作者简介:赵旭(1985—),女,山东淄博人,助理研究员,从事家禽营养研究,E-mail:kity850814@163.com

　# 通讯作者:施寿荣,副研究员,硕士生导师,E-mail:ssr236@163.com

饲料加工工艺和复合微生态制剂对肉鸡
生长性能、免疫功能的影响[*]

葛春雨[1,2**]　　李军国[1,3]　　段海涛[1,2]　　杨洁[1,3]　　韩晴[1,3]　　张嘉琦[1,3]　　秦玉昌[4#]

(1. 中国农业科学院饲料研究所，北京 100081；2. 农业部食物与营养发展研究所，
北京 100081；3. 农业部饲料生物技术重点实验室，北京 100081；
4. 中国农业科学院北京畜牧兽医研究所，北京 100193)

摘要：本试验旨在研究饲料不同加工工艺对复合微生态制剂菌种存活率和饲料颗粒质量的影响及其对肉鸡生长性能、免疫功能的影响。试验选用 864 只 1 日龄白羽爱拔益加(AA)肉仔鸡，按照性别比例一致原则随机分为 8 组，每组 6 个重复，每个重复 18 只鸡，进行为期 42 天的饲养试验。肉鸡日粮加工采用普通调质制粒(OT)与大料高温调质低温制粒(ET)2 种加工工艺，每种加工工艺按金霉素与复合微生态制剂的添加量不同设 4 个处理，金霉素/复合微生态制剂的添加量分别为：对照组(0/0)、添加金霉素 600 mg/kg 组(600/0)、同时添加金霉素 300 mg/kg 与微生态制剂 200 mg/kg 组(300/200)、添加微生态制剂 200 mg/kg 组(0/200)。结果表明：1)在颗粒饲料加工质量方面，肉鸡日粮中复合微生态制剂菌种成活率与饲料颗粒质量 ET 工艺显著高于 OT 工艺。2)在肉鸡生长性能方面，在 OT 工艺条件下，金霉素与复合微生态制剂的添加量对肉鸡生长性能影响不显著($P>0.05$)；在 ET 工艺条件下，肉鸡生长前期 0/0 组末重与日增重显著高于 300/200 组和 0/200 组($P<0.05$)；不考虑金霉素与复合微生态制剂添加量，肉鸡 OT 组生长性能显著高于 ET 组($P<0.05$)。3)在肉鸡免疫功能方面，在 OT 和 ET 工艺条件下，金霉素与复合微生态制剂的添加量对肉鸡免疫器官常数与肠道菌群影响不显著($P>0.05$)，300/200 组大肠杆菌、沙门氏菌数量最低，乳酸菌数量最高；不考虑金霉素与复合微生态制剂添加量，2 种加工工艺对肉鸡免疫功能常数与肠道群影响不显著($P>0.05$)。4)在肉鸡血液生化指标方面，在 OT 和 ET 工艺条件下，金霉素与复合微生态制剂的添加量对血液生化指标影响不显著($P>0.05$)；不考虑金霉素与复合微生态制剂添加量，2 种加工工艺对肉鸡血液生化指标影响不显著($P>0.05$)。综上所述，大料高温调质低温制粒工艺(ET)与普通制粒工艺(OT)相比，可以显著提高复合微生态制剂菌种存活率和颗粒饲料加工质量，提高肉鸡免疫功能和血液生化指标，但对肉鸡生长性能并没有表现出较好的效果。在 2 种工艺条件下，复合微生态制剂代替部分抗生素使用可提高肉鸡生长性能、免疫功能与血液生化指标。

关键词：复合微生态制剂；肉鸡；生长性能；免疫功能；血液生化指标

*　基金项目：国家重点研发计划项目"畜禽养殖绿色安全饲料饲养新技术研发"(2018YFD0500602)；中国农业科学院创新工程项目(CAAS-ASTIP-2017-FRI-08)；现代农业产业技术体系北京市家禽创新团队项目(BAIC04-2018)

**　第一作者简介：葛春雨(1994—)，女，内蒙古呼伦贝尔人，硕士研究生，从事饲料加工与动物营养研究，E-mail：gechunyucaas@163.com

#　通讯作者：秦玉昌，研究员，博士生导师，E-mail：qinyuchang@caas.cn

添加包被丁酸钠缓解高密度饲养肉鸡的作用效果[*]

武玉钦[**]　王友利[1]　郭晓瑞[1]　孙晓颖[1]　武威[1]　袁建敏[1#]

（中国农业大学动物营养学国家重点实验室，北京 100193）

摘要：本试验旨在研究包被丁酸钠对缓解高密度饲养肉鸡的作用效果。选取 21 日龄体重相近的爱拔益加（AA）肉仔鸡 2 400 只，随机分为 4 组，低密度对照组、高密度对照组、低丁酸钠组和高丁酸钠组。每组 7 个重复，高密度组和丁酸钠组每个重复 12 只鸡，低密度组每个重复 9 只鸡。高、低密度对照组饲喂基础饲粮，试验组饲喂分别添加低剂量 500 mg/kg 和高剂量 1 000 mg/kg 包被丁酸钠的试验饲粮，饲喂至 42 日龄。采全血测定血常规、血清测定酶活，测定胸肌和腿肌肉色、pH 和滴水损失，提取肝脏、胸肌和腿肌线粒体，测定线粒体膜电位，利用 SPSS 20.0 进行数据统计。结果表明：1）与低密度组相比，高密度显著降低肉鸡体增重（$P<0.05$），降低耗料量（$P<0.05$），且有增加料重比（$P=0.057$）的趋势；饲粮添加高、低剂量丁酸钠组均未能改善高密度饲养造成的生产性能下降。2）高密度引起增加异嗜性粒细胞：淋巴细胞（H：L）值，而添加高、低剂量丁酸钠均可显著降低 H：L 值（$P<0.05$）。3）高饲养密度显著增加肉鸡胸肌 24 h 和 48 h 滴水损失，而高、低剂量丁酸钠组的胸肌 24 h 和 48 h 滴水损失均显著低于高密度组；高密度显著增加胸肌肋骨侧 45 min 和 24 h 亮度，添加高、低丁酸钠均可显著降低 45 min 亮度，但高剂量丁酸钠未能改善 24 h 亮度；高密度显著增加了胸肌腹侧和肋骨侧 45 min 红度，添加高、低剂量丁酸钠可显著降低两侧 45 min 红度；饲养密度对肉鸡胸肌 pH 无显著影响，但低剂量丁酸钠 24 h 腿肌 pH 显著低于高、低密度对照组。4）饲养密度对肝脏、胸肌和腿肌线粒体膜电位均无显著影响；血清乳酸脱氢酶、琥珀酸脱氢酶和肌酸激酶活性无显著影响，而低剂量丁酸钠组的乳酸脱氢酶、肌酸激酶活性显著高于高、低密度对照组。由此可见，饲粮添加 500 和 1 000 mg/kg 丁酸钠能改善高密度饲养造成的肉鸡应激，改善肌肉品质。

关键词：饲养密度；包被丁酸钠；肉仔鸡；肉品质

---

[*] 基金项目：国家重点研发计划（2016YFD0500509）；北京市家禽创新团队（BAIC04-2017）

[**] 第一作者简介：武玉钦（1994—），男，山东沂水人，硕士研究生，动物营养与饲料科学专业，E-mail：xiaowu333@foxmail.com

[#] 通讯作者：袁建敏，教授，博士生导师，E-mail：yuanjm@cau.edu.com

慢性热应激对肉鸡消化功能及小肠上皮细胞增殖的影响[*]

何晓芳[1][**]　陆壮[1]　马冰冰[1]　张林[1]　李蛟龙[1]　江芸[2]　周光宏[1]　高峰[1][#]

（1.南京农业大学动物科技学院,南京 210095；2.南京师范大学金陵女子学院,南京 210097）

摘要：本试验旨在研究热应激条件下,肉鸡消化器官发育、消化功能及小肠能量平衡及上皮细胞增殖的影响。选取 28 日龄爱拔益加（AA）肉鸡 144 只,随机分为 3 组（每组 6 个重复,每个重复 8 只）：对照组（NC）饲养温度 22℃,饲喂基础饲粮；热应激处理组（HS）饲养温度 32℃,饲喂基础饲粮；采食配对组（PF 组）,饲养温度 22℃,按照热应激组前一天的采食量饲喂基础饲粮。试验期为 14 天。结果表明：1）热应激 7 天显著降低了十二指肠和回肠的相对质量,但热应激 14 天显著增加了腺胃和十二指肠的相对质量,同时显著增加了十二指肠、空肠和回肠的相对长度（$P<0.05$）。2）热应激 7 天显著降低了胰腺中的胰蛋白酶和回肠食糜中脂肪酶的活性（$P<0.05$）,但显著增加了空肠食糜中胰蛋白酶的活性（$P<0.05$）。热应激 14 天显著降低胰腺中淀粉酶和脂肪酶活性,增加了十二指肠和空肠食糜中的胰蛋白酶活性（$P<0.05$）。3）热应激 7 天显著降低了十二指肠黏膜麦芽糖酶和空肠黏膜淀粉酶活性（$P<0.05$）,而热应激 14 天显著升高了空肠黏膜中 Na^+/K^+-ATPase 的活性。4）热应激 14 天显著降低了空肠细胞增殖指数（$P<0.05$）,同时增加了空肠细胞凋亡数量。5）热应激 7 天,采食配对组上调了十二指肠中 AMPKα1、和 LKB1 基因 mRNA 的表达水平（$P<0.05$）,热应激 14 天上调了空肠中 AMPKα1、LKB1 和 HIF-1α 基因 mRNA 的表达水平（$P<0.05$）,以及十二指肠和回肠中 HIF-1α 基因的 mRNA 表达水平（$P<0.05$）。6）热应激 7 天显著升高了空肠中 p-AMPKα 和 p-LKB1 蛋白质表达水平（$P<0.05$）,同时采食配对组的 p-AMPKα 蛋白质表达水平显著高于热应激组（$P<0.05$）。热应激 14 天显著增加了空肠中 p-LKB 的蛋白质表达水平（$P<0.05$）,此外,采食配对组 p-AMPKα 的蛋白质表达水平显著高于热应激组（$P<0.05$）。由此可见,慢性热应激阻碍消化器官的发育,扰乱肠道消化酶的活性,促进细胞凋亡和降低细胞增殖数量,同时由于能量不平衡,最终损害肠上皮细胞的增殖,此外我们推断热应激可引起肠道低氧,限饲可能造成能量不平衡,这与 AMPK 信号转导有关。

关键词：肉鸡；生产性能；热应激；生产性能；空肠形态；采食基因

* 基金项目：国家重点研发项目（2016YFD0500501）；江苏省三新工程（SXGC〔2017〕281）

** 第一作者简介：何晓芳（1986—）,女,江西抚州人,博士研究生,从事动物营养与饲料科学研究,E-mail：hxf-1002@163.com

\# 通讯作者：高峰,教授,博士生导师,E-mail：gaofeng0629@sina.com

慢性热应激对肉鸡生产性能和肉品质的影响
及牛磺酸的缓解作用[*]

陆壮[1][**]　何晓芳[1]　马冰冰[1]　张林[1]　李蛟龙[1]　江芸[2]　周光宏[1]　高峰[1][#]

（1.南京农业大学动物科技学院，江苏省动物源食品生产与安全保障重点实验室，
江苏省肉类生产与加工质量安全控制协同创新中心，南京 210095；
2.南京师范大学金陵女子学院，南京 210097）

摘要：由于肉鸡代谢率高，产热量大，而又全身被羽毛所覆盖，因此肉鸡对高温环境十分敏感，容易发生热应激。随着肉鸡的高度集约化生产和对高生长性能基因的不断筛选，热应激已经成为影响肉鸡产业发展的最重要问题之一，其不仅降低肉鸡的生产性能，同时也对鸡肉品质造成不利影响。但由于热应激对肉鸡的影响十分复杂，很难进行全面系统的研究，目前尚未找出热应激影响肉鸡生产性能和肉品质的主要机制，同时生产上亟需能够缓解热应激的有效饲料添加剂。牛磺酸作为一种非蛋白质氨基酸具有抗氧化、神经调节、渗透压调节等作用，可能成为有效缓解肉鸡热应激的饲料添加剂。因此，我们设计系列试验对此进行验证。试验一，选取 28 日龄爱拔益加（AA）雄性肉鸡 144 只转入环境控制室，随机分入 3 个组，每组 6 个重复，每个重复 8 只鸡。其中对照组（NC）环境温度维持恒温 22℃，自由采食；热应激组（HS）环境温度维持恒温 32℃，自由采食；采食量配对组（PF）环境温度维持恒温 22℃，并按照前一天 HS 组的采食量饲喂，试验期为 14 天。结果显示，热暴露 14 天显著降低肉鸡的平均日增重和采食量（$P<0.05$），并显著提高料重比（$P<0.05$）。此外，慢性热应激影响肉鸡胴体品质，显著降低胸肌率（$P<0.05$），提高腿比率以及腹脂率和肌内脂肪水平（$P<0.05$）。通过血清代谢组学综合分析，慢性热应激影响肉鸡生产性能和胴体品质的分子机制可能与能量物质的有氧代谢改变有关。同时结果还显示，慢性热应激影响肉鸡胸肌肉品质，造成宰后 pH 和剪切力下降（$P<0.05$），亮度和滴水损失升高（$P<0.05$）。通过透射电镜和相关调控基因及蛋白质的表达分析，最终定位到线粒体内膜的鸟类解耦联蛋白（avUCP）在热应激前期表达量降低，造成氧化应激，导致线粒体结构和功能的改变可能是慢性热应激影响肉鸡生产性能、胴体品质和肉品质的关键。而牛磺酸具有抗氧化和保护线粒体完整性的功能，因此我们进一步进行研究。试验二，选取 28 日龄爱拔益加（AA）雄性肉鸡 144 只转入环境控制室，随机分入 3 个组，每组 6 个重复，每个重复 8 只鸡。其中对照组（NC）环境温度维持恒温 22℃，饲喂基础日粮；热应激组（HS）环境温度维持恒温 32℃，饲喂基础日粮；牛磺酸缓解组（HS＋T）环境温度维持恒温 32℃，并饲喂基础日粮＋0.5% 牛磺酸。各组均自由采食和饮水，试验期为 14 天。结果显示，牛磺酸对慢性热应激肉鸡生产性能无显著改善作用，但可显著提高肉鸡胸肌率（$P<0.05$）。同时，牛磺酸对慢性热应激肉鸡胸肌肉品质具有显著的改善作用，可有效缓解胸肌宰后 pH 和剪切力的下降以及亮度和滴水损失的升高（$P<0.05$）。通过相关基因表达检测，表明其可能的机制为牛磺酸可通过 Nrf2 通路缓解热应激造成的线粒体结构和功能改变，进而达到改善胴体性能和肉品质的效果。

关键词：肉鸡；热应激；生产性能；肉品质；牛磺酸

---

　* 基金项目：国家重点研发计划课题（2016YFD0500501）；江苏省三新工程项目（SXGC〔2017〕281）
　** 第一作者简介：陆壮（1988—），男，辽宁锦州人，博士研究生，研究方向为动物营养与畜产品品质，E-mail：luzhuang0416@163.com
　# 通讯作者：高峰，教授，博士生导师，E-mail：gaofeng0629@sina.com

饲粮添加牛磺酸对热应激导致肉鸡
肌肉损失的缓解作用的影响[*]

马冰冰[1][**]　何晓芳[1]　陆壮[1]　张林[1]　李蛟龙[1]　江芸[2]　高峰[#]　周光宏[1]

(1.南京农业大学动物科技学院,江苏省动物源食品生产与安全保障重点实验室,南京 210095;
2.南京师范大学金陵研究院,南京 210095)

摘要:在炎热的夏季,鸡舍内温度过高会造成鸡只的高温应激,从而影响肉鸡的生产性能,导致肉鸡产品产量的下降,如胸肌产量的显著降低。本研究旨在探讨饲粮中添加牛磺酸(taurine)对热应激环境下的肉鸡的生产性能、血液指标、胸肌内质网应激相关基因表达的影响。选取 28 日龄体重相近的 144 只爱拔益加(AA)雄性肉鸡随机分入 3 个处理组,每个处理组 6 个重复,每个重复 8 只鸡,处理组处理如下:1)对照组,饲养环境温度为 22℃,自由采食和饮水;2)热应激组,饲养环境温度为 32℃,自由采食和饮水;3)牛磺酸组,饲养环境温度为 32℃,饲喂添加牛磺酸的饲粮,添加量为 5.0 g/kg,自由采食和饮水。各组环境相对湿度均控制在 55%～60%。试验周期为 14 天。试验期结束,采集肉鸡血液和胸肌样本待测。结果表明:与对照组相比,热应激显著降低肉鸡采食量、日增重、胸肌重和胸肌率,增加肉鸡的料重比($P<0.05$)。与热应激组相比,饲粮添加牛磺酸对肉鸡采食量、日增重和料重比均无显著影响($P>0.05$),但显著提高了胸肌重和胸肌率($P<0.05$)。与对照组相比,热应激显著提高血清谷草转氨酶活性和尿酸含量($P<0.05$)。与热应激组相比,饲粮添加牛磺酸显著降低血清谷草转氨酶活性和尿酸含量($P<0.05$)。与对照组相比,热应激显著提高胸肌钙离子的含量;显著提高胸肌内质网钙离子通道 RYR1 基因和 IP3R 基因,内质网应激基因 GRP78 和 GRP94,内质网应激下游基因 EIF-2α、ATF4、ATF6、IRE1 和 XBP1,以及钙调神经磷酸酶基因和蛋白质降解关键基因 MuRF1 的基因表达($P<0.05$)。与热应激组相比,饲粮添加牛磺酸显著降低胸肌钙离子含量;显著降低胸肌内质网钙离子通道 RYR1 基因和 IP3R 基因,内质网应激基因 GRP78 和 GRP94,内质网应激下游基因 EIF-2α、ATF4、ATF6、IRE1 和 XBP1,以及钙调神经磷酸酶基因和 MuRF1 的基因表达($P<0.05$)。本研究表明,热应激造成肉鸡胸肌产量的降低。饲粮添加牛磺酸能够通过调控内质网钙离子通道有效缓解由于热应激造成的胸肌 Ca^{2+} 平衡紊乱,从而缓解内质网应激,减少由于内质网应激造成的肌肉蛋白质的降解,从而降低由热应激所造成的胸肌肌肉产量的下降。

关键词:热应激;肉鸡;牛磺酸;肌肉;内质网应激

[*] 基金项目:国家重点研发计划课题(2016YFD0500501);江苏省三新工程项目(SXGC[2017]281)

[**] 第一作者简介:马冰冰(1994—),男,安徽亳州人,硕士研究生,动物营养与饲料科学专业,E-mail:mabingbing3062@163.com

[#] 通讯作者:高峰,教授,博士生导师,E-mail:gaofeng0629@sina.com

饲粮中添加牛磺酸对热应激条件下肉鸡生产性能、空肠形态及采食相关基因表达的影响[*]

何晓芳[1][**]　　陆壮[1]　　马冰冰[1]　　张林[1]　　李蛟龙[1]　　江芸[2]　　周光宏[1]　　高峰[1][#]

（1. 南京农业大学动物科技学院，南京 210095；2. 南京师范大学金陵女子学院，南京 210097）

摘要：本试验旨在研究热应激条件下，饲粮中添加牛磺酸对肉鸡生产性能、空肠形态和采食相关激素及基因表达水平的影响。选取 28 日龄爱拔益加（AA）肉鸡 144 只，随机分为 3 组（每组 6 个重复，每个重复 8 只）：对照组（NC）饲养温度 22℃，饲喂基础饲粮；热应激处理组（HS）饲养温度 32℃，饲喂基础饲粮；热应激＋牛磺酸（HT 组），饲养温度 32℃，基础饲粮中添加 5 g/kg 牛磺酸，试验期为 14 天。结果表明：1）和 NC 组相比，HS 组显著降低了 28～35 日龄，35～42 日龄，28～42 日龄的平均日采食量（$P<0.05$），显著降低了 28～35 日龄和 28～42 日龄平均日增重（$P<0.05$），显著增加了 28～35 日龄和 35～42 日龄的料重比（$P<0.05$）。饲粮中添加 5 g/kg 牛磺酸对热应激条件下的肉鸡生产性能无显著影响。2）HS 组肉鸡 28 日龄，35 日龄和 42 日龄 3 个时间点的直肠温度显著高于 NC 组（$P<0.05$），28 日龄，30 日龄，35 日龄和 42 日龄的四个时间点的呼吸频率显著高于 NC 组（$P<0.05$），饲粮中添加 5 g/kg 牛磺酸对热应激肉鸡直肠温度和呼吸频率无显著缓解影响。3）热应激 7 天或 14 天后，HS 组显著降低了绒毛高度（VH），增加了空肠隐窝深度（CD），降低了 VH/CD 比值（$P<0.05$），饲粮中添加 5 g/kg 牛磺酸显著增加了空肠绒毛高度，降低了空肠隐窝深度（$P<0.05$），升高了 VH/CD 比值（$P<0.05$）。4）热应激 7 天或 14 天后，HS 组显著升高了血清中的胆囊收缩素（CCK）、ghrelin 和酪酪肽（PYY），饲粮中添加 5 g/kg 牛磺酸显著降低了血清中 ghrelin 水平。此外，HS 组显著增加了肉鸡小肠中的 CCK、PYY、生长抑制素（SS）和 ghrelin（$P<0.05$）浓度，饲粮中添加 5 g/kg 牛磺酸显著增加了十二指肠和回肠中的 SS 浓度。5）热应激 7 天或 14 天，HS 组显著上调十二指肠和回肠 CCK 的 mRNA 表达水平（$P<0.05$），同时上调了空肠和回肠中的味觉受体 1（T1R1）、空肠的味觉受体 3（T1R3）、CCK 和 ghrelin 的 mRNA 表达（$P<0.05$）。饲粮中添加 5 g/kg 牛磺酸显著上调了空肠 CCK 以及回肠 ghrelin 的 mRNA 表达水平升高（$P<0.05$）。由此可见，饲粮中添加 5 g/kg 牛磺酸对热应激下肉仔鸡生长性能无明显缓解影响，在一定程度上能改善热应激对空肠的形态造成的损害，同时改变血清和肠道中食欲相关的激素分泌水平，进一步上调肉鸡肠道内某些饱感激素和食欲相关基因 mRNA 的表达。

关键词：肉鸡；生产性能；热应激；牛磺酸；生产性能；空肠形态；采食基因

[*] 基金项目：国家重点研发项目（2016YFD0500501）；江苏省三新工程（SXGC［2017］281）

[**] 第一作者简介：何晓芳（1986—），女，江西抚州人，博士研究生，从事动物营养与饲料科学研究，E-mail：hxf-1002@163.com

[#] 通讯作者：高峰，教授，博士生导师，E-mail：gaofeng0629@sina.com

饲粮添加胍基乙酸对长途运输肉鸡肌肉
能量代谢和肉品质的影响[*]

张林[1**]　李蛟龙[1]　王筱霏[2]　朱旭东[2]　高峰[1#]　周光宏[1]

(1. 南京农业大学动物科技学院，江苏省动物源食品生产与安全保障重点实验室，
南京 210095；2. 南京农业大学理学院，南京 210095)

摘要：集约化养殖的肉鸡达到上市体重后需送往屠宰场集中宰杀，这一过程往往会伴随着运输应激，影响肉鸡福利状况、代谢及肉品质。本研究旨在探讨宰前 2 周饲粮添加胍基乙酸(GAA)对肉鸡的生产性能，长途运输后血液应激指标、屠宰性能、肉品质、肌肉能量代谢及肝脏与肌肉肌酸合成转运基因表达的影响。将前期采食相同饲粮的 320 只 28 日龄健康雄性 AA 肉鸡随机分配到 3 个饲粮处理中，分别采食基础饲粮(160 只)，及添加 600 mg/kg(80 只)和 1 200 mg/kg(80 只)胍基乙酸(GAA)的基础饲粮。每处理 8 重复，每个重复 10 只鸡，饲养期 14 天。42 天清晨(提前 8 h 限饲)，将未采食 GAA 组肉鸡平均分成 2 组，所有 4 组肉鸡按下述方案运输：1)对照组，采食基础饲粮并运输 0.5 h；2)T_{3h} 组，采食基础饲粮并运输 3 h；3)T_{3h}＋GAA_{600} 组，采食 600 mg/kg GAA 基础饲粮并运输 3 h；4)T_{3h}＋GAA_{1200} 组，采食 1 200 mg/kg GAA 基础饲粮并运输 3 h。运输后所有肉鸡休息 1 h，电晕后颈动脉放血，采集血液、肝脏和胸肌样本待测。饲粮添加 600 mg/kg 和 1 200 mg/kg 的 GAA 对肉鸡的生产性能和屠宰性能均无显著影响(P＞0.05)。3 h 运输提高肉鸡血浆皮质酮水平、降低血浆葡萄糖浓度，增加肉鸡运输后的体重损失，降低胸肌 ATP 和肌酸水平、增加 AMP 水平和 AMP/ATP 比率，加速肌肉糖酵解，增加乳酸积累，导致胸肉的宰后 24 h 的 pH 下降、滴水损失率提高(P＜0.05)。然而，饲粮添加 1 200 mg/kg GAA 可降低 3 h 长途运输肉鸡血浆中皮质酮水平，提高肉鸡肝脏中 S-腺苷蛋氨酸-胍基乙酸N-甲基转移酶(GAMT)，及肝脏和肌肉中肌酸转运载体(CreaT)基因表达，提高肌肉中肌酸、磷酸肌酸和 ATP 水平，降低胸肌的糖酵解潜力和乳酸产量，提高宰后 24 h 胸肉的 pH 和系水力(P＜0.05)。本研究表明，宰前 2 周饲粮中添加 1 200 mg/kg GAA 可缓解肉鸡运输应激，减少体重损失，提高肌酸合成与转运基因表达，增强肌肉中肌酸-磷酸肌酸能量缓冲体系的作用，进而降低肌肉糖酵解速率、改善胸肉品质。

关键词：胍基乙酸；肉鸡；运输应激；能量代谢；肉品质

———————

[*] 基金项目：国家重点研发专项(2018YFD0500400)；中央高校基本科研业务费(KYZ201641)

[**] 第一作者简介：张林(1982—)，男，陕西武功人，博士，副教授，主要从事动物营养与畜产品品质调控研究，E-mail：zhanglin-njau@163.com

[#] 通讯作者：高峰，教授，博士生导师，E-mail：gaofeng0629@njau.edu.cn

禁食对肉仔鸡肠道发育的影响[*]

王友利[**]　武玉钦　陈静　郭晓瑞　孙晓颖　袁建敏[#]

（中国农业大学，动物营养国家重点实验室，北京 100193）

摘要：本试验主要研究不同禁食空腹时间对肉仔鸡肠道发育的影响。选取 360 只 AA^+ 肉仔鸡随机分到 5 个处理中，每个处理 8 个重复，每个重复 9 只鸡。5 个处理依次为自由采食组，禁食 12 h组，禁食 24 h 组，禁食 36 h 组，禁食 48 h 组。在禁食结束时、恢复采食 1 天和恢复采食 2 天时，杀鸡采样，测定禁食对小肠形态结构、肠黏膜增殖和凋亡以及恢复采食后肠黏膜细胞分化发育情况。试验结果表明，与自由采食组相比，禁食空腹 12 h、24 h 和 36 h 均引起肉仔鸡采食量显著提高（$P<0.05$），禁食 12 h 时空肠隐窝干细胞增殖显著降低（$P<0.05$），禁食 36 h 和 48 h 组细胞增殖显著提高（$P<0.05$），禁食 24 h 空肠隐窝干细胞增殖与对照组差异不显著（$P>0.05$）。体重 Y（单位 g）与禁食时间 X（单位 h）呈显著线性负相关关系：$Y=1\ 186-2.91X$（$R^2=0.881\ 6$，$P<0.001$）。

关键词：禁食；肉仔鸡；小肠隐窝干细胞；肠道发育

---

[*]　基金项目：北京市家禽产业创新团队（BAIC04-2018）

[**]　第一作者简介：王友利（1991—），男，河南信阳人，博士研究生，从事家禽营养研究，E-mail：wangylwy@163.com

[#]　通讯作者：袁建敏，教授，博士生导师，E-mail：yuanjm@cau.edu.cn

榭皮素对肉鸡肝脏 AMPK/PPAR 信号通路的影响[*]

王密[**]　　周博　　肖风林　　毛彦军　　李垚[#]

(东北农业大学动物营养研究所,哈尔滨 150030)

摘要:商品肉鸡脂肪沉积过多是影响肉品质和饲料转化率的重要因素之一,本试验旨在研究饲粮中添加不同剂量的榭皮素对肉鸡肝脏 AMPK/PPAR 信号通路的影响,探讨榭皮素通过 AMPK/PPAR 信号通路调节脂质代谢进而减少肉鸡脂肪沉积和提高饲料转化率。试验选取 1 日 AA 肉鸡 240 只,平均体重(46.5±0.5)g,随机分 4 组,每组 6 个重复,每个重复 10 只鸡,对照组饲喂玉米-豆粕型基础饲粮,试验组在基础饲粮的基础上分别添加 0.02%、0.04%、0.06%榭皮素,试验期 42 天。采用荧光定量 PCR 检测肉鸡肝脏中磷酸肌醇-3 激酶(PI3K)、蛋白酶 B(AKT/PKB)、单磷酸腺苷酸活化蛋白激酶(AMPK)、乙酰辅酶 A 羧化酶(ACC)、肉碱棕榈酰转移酶(CPT1)、HMG-CoA 还原酶(HMGR)、固醇调节元件结合蛋白(SREBP1)、过氧化物酶体增殖物激活受体(PPAR)、丝氨酸-苏氨酸激酶(LKB)、脂肪酸转运蛋白(FATP1)、脂蛋白酯酶(LPL)、载脂蛋白 A1(APOA1)和肝型脂肪酸结合蛋白(FABP)的 mRNA 表达。结果表明:1)与对照组相比,0.02%榭皮素显著提高肉鸡肝脏 PI3K mRNA 表达($P<0.05$),并显著高于 0.04%和 0.06%榭皮素组($P<0.05$)。2)与对照相比,0.04%榭皮素显著提高肉鸡肝脏 AKT(PKB) mRNA 表达($P<0.05$),并显著高于 0.02%和 0.06%榭皮素组($P<0.05$)。3)0.06%榭皮素极显著提高肉鸡肝脏 LKB mRNA 表达($P<0.01$)。4)0.02%榭皮素显著提高肉鸡肝脏 AMPKα1、AMPKα2 和 AMPKβ2 mRNA 表达($P<0.05$),并显著高于 0.02%和 0.06%榭皮素组,但对 AMPKβ1 mRNA 表达没有显著影响($P>0.05$)。5)0.06%榭皮素极显著提高肉鸡肝脏 AMPKγ mRNA 表达($P<0.01$),进而极显著提高 CPT1 mRNA 表达,极显著降低 ACC、HMGR 和 SREBP1 mRNA 表达($P<0.01$)。6)0.06%榭皮素极显著提高肉鸡肝脏 PPARα mRNA 表达($P<0.01$),极显著降低 PPARγ mRNA 表达($P<0.01$),促使肉鸡肝脏 APOA1 和 FABP mRNA 表达显著增加($P<0.05$),但对肉鸡肝脏 FATP1 mRNA 表达没有显著影响($P>0.05$)。综上所述,榭皮素可以通过肉鸡肝脏 AMPK/PPARα 信号通路,调节肝脏中的脂质代谢从而减少肉鸡脂肪沉积和提高饲料转化率。

关键词:榭皮素;肉鸡;AMPK;PPAR;脂质代谢

[*] 基金项目:黑龙江省自然科学基金项目(C2016017)

[**] 第一作者简介:王密,女,博士研究生,E-mail:wangmi1212@126.com

[#] 通讯作者:李垚,教授,E-mail:liyaolzw@163.com

陈玉米饲粮对肉鸡肠道抗氧化水平与免疫性能的影响[*]

武威[1][**]　董晓宇[1]　朱博[2]　武玉钦[1]　王友利[1]　袁建敏[1][#]

（1.中国农业大学动物科学技术学院，动物营养学国家重点实验室，北京 100193；

2.河北省涿州市农业局，涿州 072750）

摘要：通过 2 个试验旨在研究不同脂肪酸值（fatty acid value，FAV）、不同添加比例陈玉米饲粮对肉鸡肠道抗氧化水平与免疫性能的影响，为陈玉米在肉鸡饲料中的安全利用提供理论依据。试验一选用 21 日龄罗斯 308 肉公鸡 180 只，随机分为 6 个处理组，每组 6 个重复，分别饲喂当年玉米（对照组）以及 FAV 为 80、74、66、61 和 57 的陈玉米饲粮。试验期 15 天，测定 36 日龄肉鸡空肠抗氧化性能、相关基因 mRNA 表达及黏膜分泌型免疫球蛋白 A（sIgA）含量。结果表明：随着饲粮中陈玉米 FAV 升高，肉鸡空肠黏膜超氧化物歧化酶（SOD）与过氧化氢酶（CAT）酶活呈线性增加（$P<0.05$），肠道炎性细胞因子白细胞介素 IL-1β，IL-6，IL-8 和 IL-4 基因 mRNA 表达线性上调（$P<0.05$），黏蛋白 mucin-2、紧密连接蛋白 occludin 与 ZO-1 的基因表达线性下调（$P<0.05$）；当 FAV 为 61 时，肉鸡空肠黏膜 sIgA 的含量显著低于其他各组（$P<0.05$）。试验二选用 1 日龄罗斯 308 肉公鸡 150 只，随机分为 5 个处理组，每组 6 个重复，分别饲喂不同比例（0%，15%，30%，45%，60%）国库陈玉米替代当年玉米的基础饲粮。试验期 36 天，测定指标同试验一。结果表明：空肠抗氧化性能相对稳定，各酶活水平均未表现出显著差异（$P>0.05$）；而随着陈玉米替代比例的增加，空肠肿瘤坏死因子 a（TNF-α）、干扰素 γ（IFN-γ）、IL-6 以及紧密连接蛋白 claudin-1、ZO-1 的基因 mRNA 表达呈现二次曲线上调（$P<0.05$）；其中，陈玉米替代比例为 45% 时，肠道炎性细胞因子 TNF-α、IFN-γ 与 IL-6 的表达量相对最高，而替代比例达 60% 时 claudin-1 与 ZO-1 的基因表达显著低于其他各组（$P<0.05$）；此外，替代比例为 15% 时空肠黏膜 sIgA 含量显著提高（$P<0.05$）。综上可知，过高脂肪酸值的陈玉米可激活肉鸡肠道炎性细胞因子的表达，影响肠道黏膜免疫和屏障功能，而在一定的陈玉米替代比例范围内，肉鸡可维持肠道抗氧化水平，且通过细胞因子及紧密连接蛋白的表达与调控维持肠道健康，在本试验条件下，建议陈玉米替代比例不宜超过 50%。

关键词：陈玉米；肉鸡；抗氧化；免疫性能；肠道屏障

---

[*] 基金项目：北京市家禽产业创新团队（BAIC04-2018）

[**] 第一作者简介：武威（1994—），男，河北张家口人，博士研究生，研究方向为单胃动物营养，E-mail：cau_wesir@163.com

[#] 通讯作者：袁建敏，教授，博士生导师，E-mail：yuanjm@cau.edu.cn

不同抗氧化剂对饲喂陈玉米肉鸡生产性能
和肠道健康的影响[*]

武威[1][**]　董晓宇[1]　朱博[2]　武玉钦[1]　孙晓颖[1]　袁建敏[1][#]

(1. 中国农业大学动物科学技术学院，动物营养学国家重点实验室，北京 100193；

2. 河北省涿州市农业局，涿州 072750)

摘要：本试验旨在研究陈玉米及不同抗氧化剂对肉鸡生产性能、胴体品质、抗氧化特性、肠道健康以及免疫机能的影响，为陈玉米在肉鸡饲粮中的高效应用提供理论依据与实践指导。试验选取 5 日龄体重相近且健康的爱拔益加(AA)商品肉公鸡 896 只，随机分为 7 组，每组 8 个重复，每个重复 16 只，分别饲喂当年玉米(对照组)、国库陈玉米基础饲粮，并在陈玉米饲粮基础上分别添加 250 mg/kg 乙氧基喹啉、200 mg/kg 没食子酸、150 mg/kg 植物多酚以及 100 mg/kg 化学纳米硒与生物纳米硒 5 种抗氧化剂。试验期 39 天，分别测定试验前期(5～24 日龄)与后期(25～43 日龄)肉鸡生产性能、器官指数、血液生化指标、胴体品质、抗氧化指标、空肠与回肠相关基因表达，以及免疫球蛋白与肠道微生物区系等。结果表明：1)与对照组相比，饲喂陈玉米饲粮显著降低了肉鸡前期采食量和体增重($P<0.05$)，显著降低肉鸡 25 日龄平均血红蛋白量和平均血红蛋白浓度($P<0.05$)，显著下调空肠肿瘤坏死因子 a(TNF-a)、白细胞介素 8(IL-8)以及回肠紧密连接蛋白 claudin-1 基因表达($P<0.05$)，新城疫病毒抗体滴度水平显著降低($P<0.05$)；而且肉鸡 43 日龄空肠黏膜过氧化氢酶(CAT)活性、血液红细胞比容(HCT)与肌肉黄度显著降低($P<0.05$)，影响肠道微生物区系。2)添加不同抗氧化剂对陈玉米饲粮导致的肉鸡生产性能下降并未表现出显著的缓解作用($P>0.05$)；而乙氧基喹啉与没食子酸可显著缓解血液 HCT 与肉色黄度的下降($P<0.05$)，没食子酸可显著提高肉鸡血液红细胞分布宽度、肉色红度以及 CAT 活性($P<0.05$)。3)纳米硒的添加可有效改善肌肉红度($P<0.05$)，提高机体抗氧化能力($P<0.05$)，显著上调肠道 mucin-2、occludin 和 ZO-1 的基因表达($P<0.05$)，缓解新城疫病毒抗体滴度水平的下降($P<0.05$)。4)饲粮中添加植物多酚显著降低了肉鸡试验期采食量与体增重($P<0.05$)，料重比增加($P<0.05$)，而且肉鸡空肠分泌型免疫球蛋白 A(sIgA)含量、胸肌率和胸肌 pH 显著降低($P<0.05$)，显著提高屠宰后肌肉亮度($P<0.05$)。由此可见，陈玉米饲粮会对肉鸡生产性能、胴体品质和肠道健康造成不利影响，而在此条件下，不同抗氧化剂能有效改善肉鸡肉品质，并在不同程度上维持机体抗氧化水平，增强肠道屏障功能。

关键词：陈玉米；肉鸡；抗氧化剂；生产性能；肠道健康

[*] 基金项目：北京市家禽产业创新团队(BAIC04-2018)

[**] 第一作者简介：武威(1994—)，男，河北张家口人，博士研究生，研究方向为单胃动物营养，E-mail：cau_wesir@163.com

[#] 通讯作者：袁建敏，教授，博士生导师，E-mail：yuanjm@cau.edu.cn

苯甲酸对 1～21 日龄肉鸡生产性能、肠道形态及盲肠微生物的影响*

黄灵杰**　彭焕伟　张克英　白世平　曾秋凤　王建萍　丁雪梅#

[四川农业大学动物营养研究所,动物抗病营养教育部重点实验室,
农业部(区域性)重点实验室,成都 611130]

摘要:本试验旨在研究苯甲酸(benzoic acid)对 1～21 日龄白羽肉鸡生产性能、肠道形态及盲肠微生物的影响。试验采用单因子试验设计,选取 360 只 1 日龄的罗斯(Ross)308 白羽肉鸡随机分为 3 个处理,每个处理 6 个重复,每个重复 20 只。苯甲酸的添加量分别为 0(对照组)、1 000 mg/kg、2 000 mg/kg;试验期为 21 天。结果表明:1)与对照组相比,添加 1 000 mg/kg 和 2 000 mg/kg 的苯甲酸,分别提高了肉鸡 21 日龄体重(BW)5.59%和 4.00%,但差异不显著($P>0.05$);显著提高了肉鸡 21 日龄的采食量(AFI)5.05%和 3.85%($P<0.05$);对料肉比(FCR)和死淘率没有显著影响($P>0.05$)。2)与对照组相比,添加苯甲酸显著提高了 21 日龄肉鸡空肠绒毛高度($P<0.05$)和绒隐比值($P<0.01$),但对隐窝深度无显著影响;随着苯甲酸添加量的增加,空肠绒毛高度和绒隐比值下降。3)添加苯甲酸对 21 日龄肉鸡盲肠微生物菌群无显著影响($P>0.05$);从数值上看,添加 2 000 mg/kg 苯甲酸降低了盲肠大肠杆菌的数量。由此得出,苯甲酸能够提高 21 日龄肉鸡空肠绒毛高度和绒隐比值,进而在一定程度上提高 21 日龄肉鸡的生产性能,但对盲肠微生物没有显著影响,以 1 000 mg/kg 苯甲酸的添加量效果较好。

关键词:苯甲酸;生产性能;肠道形态;肠道微生物;肉鸡

＊　基金项目:"十三五"育种攻关计划项目(2016NYZ0052)

＊＊　第一作者简介:黄灵杰(1993—),女,四川巴中人,硕士研究生,从事家禽的营养研究,E-mail:13438286483@163.com

＃　通讯作者:丁雪梅,副教授,硕士生导师,E-mail:dingxuemei0306@163.com

胆汁酸对肉鸡生长性能、肝脏抗氧化
以及脂代谢的影响[*]

葛晓可[**]　王安谙　冯程程　张婧菲　张莉莉　王恬[#]

（南京农业大学动物科技学院,南京 210095）

摘要：本文旨在研究胆汁酸(BAs)对高脂日粮介导的肉鸡生长性能、肝脏抗氧化及脂质代谢功能的影响。试验选用 1 日龄 AA 肉鸡 360 只随机分为 4 个组(每组 6 个重复,每个重复 15 只鸡),采用 2×2 因子设计,即油脂 2 个添加量(基础油脂为前期 2%,后期 4%;高脂为前期 3%,后期 5.5%),以及 BAs 2 个添加量(水平 1 为 0;水平 2 为前期 60 g/t,后期 80 g/t),试验期为 42 天。结果表明:与基础日粮相比,高脂日粮显著降低了肉鸡前期的料重比(F/G, $P<0.05$),并显著增加了肉鸡肝脏指数和肝脏中甘油三酯(TG)的含量($P<0.05$)。病理切片中显示高脂组肉鸡肝细胞体积明显增大且出现较多脂滴空泡,另外高脂日粮组肉鸡肝脏中丙二醛(MDA)含量显著升高($P<0.05$),但总抗氧化能力(T-AOC)和超氧化物歧化酶(SOD)活性无显著差异($P>0.05$)。高脂组肉鸡肝脏脂肪酸合成酶(FAS)活性以及载脂蛋白 B(APOB)、固醇辅酶 A 去饱和酶(SCD)基因表达量显著增加($P<0.05$),而乙酰辅酶 A 羧化酶(ACC)活性以及羟甲基戊二酸单酰辅酶 A 还原酶(HMGCR)基因表达量无显著差异($P>0.05$)。日粮添加 BAs 可以显著降低肉鸡全期 F/G($P<0.05$),并且显著减少了肉鸡肝脏中 TG 水平。BAs 还可显著降低肉鸡肝脏 MDA 水平($P<0.05$),并且显著增加了 T-AOC 水平和 SOD 的活性($P>0.05$)。日粮添加 BAs 显著降低了肉鸡肝脏 FAS 活性($P<0.05$),而对 ACC 活性以及 SCD、HMGCR 基因表达量无显著影响($P>0.05$)。此外,添加 BAs 可以显著降低高脂日粮组肉鸡的肝脏指数、肝脏中空泡数量以及 APOB 基因表达量($P<0.05$)。由此可见:高脂日粮会增加肉鸡肝脏脂质含量并对其造成一定的损伤;日粮添加 BAs 促进肉鸡生长性能的同时可以显著提高肉鸡肝脏的抗氧化能力,并且能够通过降低肉鸡肝脏相关脂质合成酶活性以及基因表达量来调节脂代谢,在一定程度上可以缓解高脂日粮引起的肝脏损伤以及脂代谢功能异常。

关键词：胆汁酸;肉鸡;脂肪肝;肝损伤;抗氧化;脂代谢

---

[*] 基金项目:江苏省基础研究计划(自然科学基金)——青年基金项目(BK20160739)

[**] 第一作者简介:葛晓可,女,硕士研究生,E-mail:gexiaoke0903@163.com

[#] 通讯作者:王恬,教授,E-mail:twang18@163.com

天然维生素 E 对肉鸡生产性能、肉品质和抗氧化能力的影响

程康[1*]　宋志华[1]　张莉莉[1]　黄贤校[2]　张敏[2]　王恬[1#]

（1. 南京农业大学动物科技学院，南京 210095；2. 江苏丰益春
之谷生物科技有限公司，泰兴 225434）

摘要：肉品质与其抗氧化能力存在紧密联系。作为脂溶性抗氧化剂，维生素 E 添加到肉鸡饲粮中可通过增强肌肉抗氧化能力，从而达到改善肉品质的效果。目前，在畜禽饲粮中维生素 E 多以化学合成的形式添加。由于食品安全和健康问题日益受到人们的重视，与化学合成的维生素 E 相比，天然维生素 E 具有安全性好、生活性高等特点，在畜牧生产领域越来越受欢迎。本试验旨在研究天然维生素 E(D-α-生育酚)对肉鸡生产性能、胸肌肉品质及其抗氧化能力的影响，以期为天然维生素 E 在肉鸡生产中的应用提供科学依据。选取 1 日龄体重相近健康的爱拔益加肉仔鸡 144 只，随机分成 3 组，每组 6 个重复，每个重复 8 只。对照组饲喂玉米-豆粕型基础饲粮（不添加维生素 E），试验组饲喂分别添加 10 IU/kg 和 20 IU/kg D-α-生育酚的基础饲粮，试验期 42 天。结果表明：1）与对照组相比，饲粮添加不同水平天然维生素 E 对肉鸡生产性能无显著影响（$P>0.05$）。2）与对照组相比，饲粮添加 20 IU/kg 天然维生素 E 显著提高肉鸡胸肌红度（$P<0.05$）。但是，饲粮添加不同水平天然维生素 E 对胸肌肌肉黄度、亮度、压力损失、蒸煮损失、滴水损失（24 h 和 48 h）、pH（24 h）和剪切力无显著影响（$P>0.05$）。3）与对照组相比，饲粮添加不同水平天然维生素 E 显著降低胸肌丙二醛含量（$P<0.05$），但是对其总超氧化物歧化酶和谷胱甘肽过氧化物酶活性无显著影响（$P>0.05$）。此外，饲粮添加不同水平天然维生素 E 显著提高胸肌 α-生育酚含量（$P<0.05$）。由此可见，饲粮添加天然维生素 E 可提高肉鸡胸肌抗氧化能力，同时可改善胸肌肉品质。

关键词：D-α-生育酚；肉鸡；生产性能；肉品质；抗氧化能力

* 第一作者简介：程康，男，博士，E-mail：2017205026@njau. edu. cn

通讯作者：王恬，教授，博士生导师，E-mail：twang18@163. com

维生素 C 调控鸡胚热休克蛋白和代谢基因表达机制[*]

朱宇飞[**]　　杨小军[#]

（西北农林科技大学动物科技学院，杨凌 712100）

摘要：种蛋孵化后期，胚胎代谢旺盛，代谢产热过多是造成鸡胚死亡和出现弱雏的主要原因之一。种蛋注射维生素 C 能够降低种蛋孵化后期的胚胎死亡率和减少出壳后的弱雏数量，从而提高种蛋孵化效果。机体的热应激反应往往伴随着热休克蛋白的表达和代谢的变化，本研究利用种蛋注射技术构建胚期维生素 C 营养供给的鸡胚模型，通过检测鸡胚肝脏的热休克蛋白基因和代谢相关基因表达水平，分析差异表达基因的启动子区甲基化水平，研究维生素 C 调控鸡胚热休克蛋白基因和代谢相关基因表达机制，以期为种蛋的维生素 C 营养供给提供理论依据。本试验将 240 枚蛋重一致［(56 ± 3) g］的海兰褐种蛋随机分成 2 组，正常孵化至第 11 胚龄（E11），对照组每枚种蛋注射 0.1 mL 生理盐水，维生素 C 组每枚种蛋注射 0.1 mL 含 3 mg 维生素 C 的生理盐水，孵化期 21 天。于 E14、E16、E18、E20 采集鸡胚肝脏样品，于孵化期结束后采集雏鸡血浆样品并统计孵化率、直肠温度等表型指标。采用 real-time PCR 法检测热休克蛋白基因（HSP90AA1、HSP90AB1、HSP70、HSP60）和代谢相关基因（PDK4、SREBP-1c、SFRP1）的 mRNA 水平，采用重亚硫酸盐修饰后测序法检测差异表达基因启动子区的 DNA 甲基化水平。结果显示：1）维生素 C 显著提高种蛋孵化率（$P<0.01$）和雏鸡血浆维生素 C 含量（$P<0.001$），并显著降低其直肠温度（$P<0.001$）；2）维生素 C 显著提高 E16 肝脏的 HSP60（$P<0.01$）和 PDK4（$P<0.05$）、E18 肝脏的 SFRP1 的表达水平（$P<0.05$）；与对照组相比，维生素 C 组 E16 肝脏的 SFRP1（$P=0.057$）、E18 肝脏的 PDK4（$P=0.061$）、E18 肝脏的 HSP60（$P=0.062$）的表达水平有升高趋势；3）在 E16 肝脏中，维生素 C 组 HSP60 启动子区和启动子区-336 位点甲基化水平显著低于对照组（$P<0.001$）；在 E18 肝脏中，维生素 C 组 HSP60 启动子区-389 位点甲基化水平有降低趋势（$P=0.084$）；在 E16 肝脏中，维生素 C 组 PDK4 启动子区的总体甲基化水平有降低趋势（$P=0.098$），且维生素 C 组 PDK4 启动子区-1137 位点甲基化水平显著低于对照组（$P<0.01$）。综上所述，胚期维生素 C 供给引起的 HSP60、PDK4 和 SFRP1 基因表达的变化有利于鸡胚应对孵化后期蛋内环境变化，提高种蛋孵化率。维生素 C 引起的 E16、E18 鸡胚肝脏的 HSP60 和 PDK4 高表达与其启动子区去甲基化有关。

关键词：维生素 C；孵化率；热休克蛋白；去甲基化

　　* 基金项目：教育部新世纪优秀人才项目（NCET-12-0476）

　　** 第一作者简介：朱宇飞（1993—），男，浙江衢州人，博士研究生，研究方向为家禽动物营养，E-mail：980623086@qq.com

　　# 通讯作者：杨小军，教授，博士生导师，E-mail：yangxj@nwsuaf.edu.cn

日粮中添加硫辛酸对不同饲养密度
肉鸡骨骼发育的影响研究[*]

魏凤仙[**]　李文嘉[**]　马慧慧　徐彬　邓文　孙全友　白杰　李绍钰[#]

(河南省农业科学院畜牧兽医研究所,郑州 450002)

摘要:本试验旨在研究高密度饲养条件下日粮中添加硫辛酸对肉鸡骨骼发育及相关血清生化指标的影响。试验选用 21 日龄健康状况良好、体重一致的 AA 肉仔鸡 1 020 只,随机分成 3 个处理,每个处理 4 个重复,各处理组肉仔鸡体重差异不显著($P>0.05$)。处理 1:低密度饲养,15 只$/m^2$,处理 2:高密度饲养,18 只$/m^2$,处理 3:高密度 18 只$/m^2$+300 mg/kg 硫辛酸,分别于 35 日龄和 42 日龄时,每个重复组随机取 1 只体重接近平均体重的鸡,翅静脉采血,制备血清,屠宰,取胫骨及股骨等。试验结果表明:1)饲养密度影响肉鸡胫骨质量,高密度与对照组相比,降低肉鸡 42 日龄骨密度和骨矿物盐含量差异显著($P<0.05$);高饲养密度慢性应激肉鸡日粮中添加硫辛酸,具有增加肉鸡胫骨骨密度,降低骨指数及增加骨矿物盐含量的趋势。42 日龄时,与对照组相比,高密度处理组降低肉鸡胫骨骨密度和骨矿物盐含量差异显著($P<0.05$),而高密度+硫辛酸处理组可显著提高肉鸡胫骨骨密度和骨矿物盐含量,与对照组差异不显著($P>0.05$),与高密度处理组差异显著($P<0.05$)。日粮中添加硫辛酸具有提高肉鸡胫骨强度的趋势,42 日龄时,高密度+硫辛酸处理组与其他组相比,提高肉鸡胫骨强度差异显著($P<0.05$)。2)不同饲养密度影响肉鸡股骨质量,高密度降低肉鸡股骨骨密度和骨矿物盐含量。与低密度对照组相比,高密度处理组降低 35 日龄肉鸡股骨密度和骨矿物盐含量差异显著($P<0.05$)。高饲养密度慢性应激肉鸡日粮中添加硫辛酸,具有增加肉鸡股骨骨密度,降低骨指数及增加骨矿物盐含量的趋势。35 日龄时,与高密度处理组相比,高密度+硫辛酸处理组可显著提高肉鸡胫骨骨密度和骨矿物盐含量($P<0.05$),42 日龄时,高密度+硫辛酸处理组与其他 2 个处理组提高肉鸡胫骨骨密度和骨矿物盐含量差异显著($P<0.05$)。3)不同饲养密度影响肉鸡血清中骨骼发育相关血清生化指标的含量,35 日龄时,高密度处理使肉鸡血清中甲状旁腺素含量显著升高($P<0.05$);高饲养密度慢性应激肉鸡日粮中添加硫辛酸,可显著升高 42 日龄肉鸡血清中钙和甲状旁腺素含量($P<0.05$)。综上所述,高饲养密度降低肉鸡骨骼质量,而日粮中添加硫辛酸具有改善高饲养密度肉鸡骨骼发育的作用。

关键词:饲养密度;硫辛酸;肉鸡;骨骼

＊　基金项目:国家重点研发计划项目(2016YFD0500509);国家肉鸡产业技术体系项目(CARS-41)
＊＊　共同第一作者简介:魏凤仙,女,研究员,主要从事家禽环境调控研究,E-mail:wei.fx@163.com;李文嘉,男,博士,主要从事家禽环境调控研究,E-mail:liwenjia_2008@163.com
＃　通讯作者:李绍钰,研究员,E-mail:lsy9617@aliyun.com

饲养密度和硫辛酸对肉鸡生长性能、抗氧化和免疫应答的影响[*]

李文嘉[**]　魏凤仙[**]　徐彬　孙全友　邓文　马慧慧　白杰　李绍钰[#]

(河南省农业科学院畜牧兽医研究所,郑州 450002)

摘要:本试验旨在研究不同饲养密度和日粮中硫辛酸的添加对肉鸡生长性能、饲料利用、胴体性状、抗氧化能力以及免疫应答方面的影响。试验选取 1 020 只 22 日龄健康 AA 肉公鸡,置于 12 个约 5 m² 养殖笼(2.46 m×2.02 m)中,随机分为 3 组,每组 4 个重复。实验分为 3 个处理:低密度组(LD),饲养密度为 15 只/m²;高密度组(HD),饲养密度为 18 只/m²;高密度+硫辛酸组(HD+LA),饲养密度为 18 只/m²,并在基础日粮中添加 300 mg/kg 的硫辛酸。试验为期 21 天。试验结果表明:1)22～35 日龄,肉鸡的生长性能和饲料利用不受饲养密度影响($P>0.05$)。然而 42 日龄,HD 组肉鸡生长性能和饲料利用显著下降($P<0.05$),但 HD+LA 组各指标无显著影响($P>0.05$)。2)22～42 日龄,高密度饲养会导致肉鸡胴体重、腿肌率和法氏囊与体质量比值显著降低($P<0.05$),而腹脂率在 HD+LA 组有最低值,且显著低于 LD 组($P<0.05$)。3)42 日龄,高饲养密度显著降低了肉鸡血清中超氧化物歧化酶、谷胱甘肽过氧化物酶活性,并使血清丙二醛含量显著上升($P<0.05$);35 日龄 HD 组超氧化物歧化酶和谷胱甘肽过氧化物酶活性同样呈下降趋势($P<0.05$),然而血清丙二醛含量未见显著差异($P>0.05$)。4)42 日龄,高密度饲养组血清 IgA 和 IgG 含量显著下降,且二胺氧化酶水平显著上升($P<0.05$)。高密度组饲喂 300 mg/kg 硫辛酸,其血清 IgA、IgG 和二胺氧化酶水平与 LD 组无显著差异($P>0.05$)。综上所述,高饲养密度显著降低了肉鸡的生长性能、饲料利用、胴体性状和免疫能力,增加了肉鸡生理应激和氧化应激,并导致肠黏膜损伤。日粮中添加硫辛酸可通过改善肉鸡抗氧化系统和体液免疫系统,降低高饲养密度介导的应激反应。

关键词:饲养密度;硫辛酸;肉鸡;生长性能;免疫应答;抗氧化能力

　* 基金项目:国家重点研发计划项目(2016YFD0500509);国家肉鸡产业技术体系项目(CARS-41)
　** 共同第一作者简介:李文嘉(1987—),男,博士,主要从事家禽环境调控研究,E-mail:liwenjia_2008@163.com;魏凤仙(1973—),女,博士,主要从事家禽环境调控研究,E-mail:wei.fx@163.com
　# 通讯作者:李绍钰,研究员,E-mail:lsy9617@aliyun.com

果胶寡糖螯合锌对肉鸡组织锌转运蛋白及其 mRNA 表达量的影响[*]

王中成[1][**]　于会民[1]　谢静静[1]　崔虎[1]　乜豪[1]　张铁涛[2]　高秀华[1][#]

（1. 中国农业科学院饲料研究所，农业部饲料生物技术重点实验室，生物饲料开发国家
工程研究中心，北京 100081；2. 中国农业科学院特产研究所，长春 130112）

摘要：本试验旨在研究饲粮中添加果胶寡糖螯合锌对肉仔鸡组织金属硫蛋白浓度和胰脏锌转运相关蛋白 mRNA 表达量的影响。选用 540 只 1 日龄体重接近、健康的爱拔益加肉仔鸡随机分为 5 组，每组 6 个重复，每个重复 18 只（公母各半）。试验期 42 天。每组饲粮中添加不同来源但是相同含量的锌：对照组添加 80 mg/kg 来自 $ZnSO_4$ 的玉米-豆粕型基础饲粮，4 个试验组分别在基础饲粮中添加 200、400、600 或 800 mg/kg 的果胶果糖螯合锌（分析锌含量为 7%）替代部分硫酸锌作为锌源。结果表明：1）600 和 800 mg/kg 果胶寡糖螯合锌添加组都比对照组显著提高了肝脏和胰脏的金属硫蛋白表达水平（$P<0.05$）。2）饲粮中添加 800 mg/kg 果胶寡糖螯合锌比对照组显著提高了胰脏中金属硫蛋白、锌转移蛋白 1 和锌转移蛋白 2 的 mRNA 表达量（$P<0.05$）。饲粮中添加 600 mg/kg 果胶寡糖螯合锌也显著提高了胰脏金属硫蛋白和锌转移蛋白 1 的 mRNA 表达量（$P<0.05$）。800 mg/kg 果胶寡糖螯合锌添加组的胰脏锌转移蛋白 1 mRNA 表达量也显著高于 200 mg/kg 和 400 mg/kg 果胶寡糖螯合锌添加组（$P<0.05$），而 800 mg/kg 果胶寡糖螯合锌的胰脏锌转移蛋白 2 mRNA 表达量也显著高于 400 mg/kg 果胶寡糖螯合锌添加组（$P<0.05$）。综上所述，饲粮中添加果胶寡糖螯合锌改善了肉仔鸡组织中金属硫蛋白和胰脏中中锌相关转运蛋白的表达量。饲粮中添加 800 mg/kg 果胶寡糖螯合锌显著提高了肉仔鸡的肝脏和胰脏的金属硫蛋白表达量，胰脏的金属硫蛋白、锌转移蛋白 1 和锌转移蛋白 2 的 mRNA 表达量。

关键词：肉鸡；果胶寡糖螯合锌；金属硫蛋白；锌转移蛋白

[*] 基金项目：公益性行业科研专项"饲料中抗生素替代品关键研究与示范"（201403047）；"948"重点项目"低碳氮排放的饲料高效利用技术引进与开发"（2011-G7）

[**] 第一作者简介：王中成（1990—），男，四川达州人，博士研究生，从事动物营养与饲料科学研究，E-mail：617523698@qq.com

[#] 通讯作者：高秀华，研究员，博士生导师，E-mail：gaoxiuhua@caas.cn

饲粮中添加高水平铁对肉鸡脂代谢的影响*

骆婉秋** 白世平# 张克英 王建萍 丁雪梅 曾秋凤

[四川农业大学动物营养研究所，动物抗病营养教育部重点实验室，
农业部（区域性）重点实验室，成都 611130]

摘要：为探讨日粮中添加高水平的铁对肉仔鸡肝脏脂肪生成和腹部脂肪沉积的影响，选取 1 日龄罗斯 308 肉仔鸡 240 只，随机分为 2 组（每组 6 个重复，每个重复 20 只）。对照组饲喂基础饲粮（含 109.88 mg/kg 的铁）额外添加 30 mg/kg 的七水硫酸亚铁，试验组饲料为添加 500 mg/kg 的七水硫酸亚铁（H-Fe 组），试验期为 21 天。结果表明：1）H-Fe 组肉鸡体重和腹部脂肪沉积量极显著下降（$P<0.001$），体增重和采食量极显著降低（$P<0.001$），对料肉比无影响。2）H-Fe 组腹部脂肪组织的脂肪细胞大小和 DNA 含量显著低于对照组（$P<0.001$）。3）H-Fe 组血清总胆固醇（T-Chol）、高密度脂蛋白（HDL）含量较对照组低（$P<0.05$）；血清铁蛋白、铁含量升高（$P<0.05$）；血液中血红蛋白（Hb）有升高趋势（$P<0.1$）。4）饲料中高水平的铁可以显著降低肝脏中甘油三酯的浓度（$P<0.05$），但对总胆固醇的浓度无显著影响。5）H-Fe 组肉鸡肝脏中脂肪酸合成酶（FAS）、硬脂酰辅酶 A 去饱和酶 1（SCD1）的活性与对照组相比极显著降低（$P<0.001$）；肝组织中乙酰辅酶 A 羧化酶（ACC）活性显著降低（$P<0.05$）。除此之外，肉鸡摄入高水平的铁，可以显著降低腹部脂肪中三磷酸甘油醛脱氢酶（G3PDH）的活性（$P<0.001$）。6）饲料中添加高水平的铁可以极显著降低肝脏 SCD1 和载脂蛋白 B100（APOB100）的基因表达水平（$P<0.001$），显著降低过氧化物酶增殖物激活受体 α（PPARα）基因表达水平（$P<0.05$）；此外，肝脏 CCAAT/增强子结合蛋白 α（C/EBPα）、肝 X 受体 α（LXRα）基因表达量显著增加（$P<0.05$）。H-Fe 组肉鸡腹部脂肪中 CCAAT/增强子结合蛋白 α（C/EBPα）基因表达水平显著降低（$P<0.05$），脂蛋白脂酶（LPL）基因表达水平有降低的趋势（$P<0.1$）。由此可见，饲粮中添加高水平的铁导致机体铁累积、肉鸡体重下降、改变基因表达，降低脂质代谢酶活性，抑制脂肪组织对肝脏、血液中脂蛋白的摄取，减少腹部脂肪的沉积，最终影响肉鸡肝脏脂肪合成、转运以及腹部脂肪的沉积。

关键词：铁；肉鸡；脂代谢

---

 * 基金项目：四川省国际合作项目（2017HH0051）；四川省肉鸡产业链项目（2017HH0051）
 ** 第一作者简介：骆婉秋（1993—），女，河南商丘人，硕士研究生，动物营养与饲料科学专业，E-mail：981782749@qq.com
 # 通讯作者：白世平，副教授，硕士生导师，E-mail：shipingbai@sicau.edu.cn

添加植酸酶时饲粮非植酸磷水平对肉鸡生产性能、锁骨、胸骨及胫骨的矿化影响

张开心* 曾秋凤# 张克英 丁雪梅 白世平 王建萍

（四川农业大学动物营养研究所，教育部动物抗病营养重点实验室，成都 611130）

摘要：本试验旨在研究添加植酸酶的实用型饲粮中非植酸磷（NPP）水平对肉鸡生产性能、锁骨、胸骨及胫骨的矿化影响。选取 1 日龄健康科宝 500 型肉鸡 660 只，随机分为 5 组（每组 12 个重复，每个重复 11 只鸡）。试验期为 42 天，分为前期（1～21 日龄）和后期（22～42 日龄）两个阶段。5 个试验饲粮前期 NPP 水平分别为 0.27%，0.30%，0.33%，0.36% 和 0.39%，钙水平均为 0.80%；后期 NPP 水平分别为 0.22%，0.25%，0.28%，0.31%，0.34%，钙水平均为 0.07%，且前、后期所有饲粮中均添加 1 000 FTU/kg 植酸酶。基础饲粮类型为玉米-豆粕-棉粕-菜粕-DDGS 型，且前期饲料总磷实测值分别为 0.50%，0.53%，0.57%，0.61% 和 0.63%，后期总磷实测值分别为 0.45%，0.50%，0.50%，0.56% 和 0.58%。结果表明：1）从全期生产性能来看，NPP 0.39%/0.34%组肉鸡采食量和料肉比显著高于其他各处理组（$P<0.05$），但体重与体增重各处理间无差异（$P>0.05$）。2）21 日龄时，0.27% NPP 组肉鸡血清磷浓度显著低于 0.30% 和 0.33%NPP 组（$P<0.05$）；而 42 日龄时，0.33%/0.28%NPP 组肉鸡血清钙磷浓度显著高于其他处理组（$P<0.05$）。3）0.27% 和 0.30% NPP 组肉鸡 21 日龄胸骨灰分和磷含量显著低于其他处理组（$P<0.05$）；且 0.27%/0.22% NPP 组肉鸡 42 日龄胫骨磷含量显著低于 0.36%/0.31%和 0.39%/0.34% NPP 组（$P<0.05$），但对锁骨矿化无影响（$P>0.05$）。以上结果提示，肉鸡采食含 1 000 FTU/kg 植酸酶实用型饲粮前期和后期 NPP 水平可分别设置为 0.27% 和 0.22%。

关键词：肉鸡；非植酸磷；植酸酶；生产性能；锁骨矿化；胸骨矿化；胫骨矿化

---

　* 第一作者简介：张开心（1993—），女，河南省鹿邑县人，硕士研究生，动物营养与饲料科学专业，E-mail：2249109736@qq.com

　# 通讯作者：曾秋凤，研究员，博士生导师，E-mail：zqf@sicau.edu.cn

抗生素对不同品种肉鸡生长性能、抗氧化性能及肠道形态的影响[*]

田莎[**]　宋泽和　贺喜[#]

(湖南农业大学动物科技学院动物营养研究所,饲料安全与高效利用教育部工程研究中心,
湖南省畜禽安全生产协同创新中心,长沙 410128)

摘要:本试验旨在研究抗生素对不同品种肉鸡生长性能、抗氧化性能及肠道形态的影响。选取 1 日龄黄羽肉鸡和 1 日龄白羽肉鸡各 120 羽,按 2×2 因子分为 4 组(每组 6 个重复,每个重复 10 羽):空白组饲喂玉米-豆粕型基础日粮,抗生素组饲喂添加 50 mg/kg 金霉素的玉米-豆粕型日粮。白羽肉鸡试验期为 42 天,黄羽肉鸡试验期为 56 天。试验结束后,测定各组试鸡生长性能、抗氧化性能和肠道形态。结果表明:1)与空白组相比,添加 50 mg/kg 金霉素显著提高了白羽肉鸡前期、后期的活体重和黄羽肉鸡前期活体重($P<0.05$);添加 50 mg/kg 金霉素显著提高了黄羽肉鸡后期和全期的平均日采食量($P<0.05$);添加 50 mg/kg 金霉素显著提高了白羽肉鸡和黄羽肉鸡前期平均日增重以及白羽肉鸡全期平均日增重($P<0.05$)。2)与空白组相比,添加 50 mg/kg 金霉素显著提高了黄羽肉鸡和白羽肉鸡 21 日龄和 42 日龄血清谷胱甘肽过氧化物酶(GSH-Px)的活性($P<0.05$),显著降低了黄羽肉鸡和白羽肉鸡 21 日龄和 42 日龄血清丙二醛(MDA)的含量($P<0.05$);而添加 50 mg/kg 金霉素对黄羽肉鸡和白羽肉鸡 21 日龄和 42 日龄血清超氧化物歧化酶(SOD)含量以及血清总抗氧化能力(T-AOC)无显著影响($P>0.05$)。3)与空白组相比,添加 50 mg/kg 金霉素显著提高了白羽肉鸡 21 日龄十二指肠绒毛高度和黄羽肉鸡 42 日龄十二指肠绒毛高度($P<0.05$),对黄羽肉鸡和白羽肉鸡 21 日龄和 42 日龄十二指肠、空肠、回肠隐窝深度以及绒毛高度和隐窝深度的比值无显著影响($P>0.05$)。由此可见,添加 50 mg/kg 金霉素能够显著提高黄羽肉鸡和白羽肉鸡生长性能,提高其抗氧化能力,同时抗生素的添加可以在一定程度上改善肉鸡的肠道形态。

关键词:抗生素;黄羽肉鸡;白羽肉鸡;生长性能;抗氧化性能;肠道形态

---

[*] 基金项目:国家重点研发计划(2016YFD0501209)

[**] 第一作者简介:田莎(1996—),女,湖南汨罗人,硕士研究生,从事单胃动物营养与饲料科学研究,E-mail:Tiansha1111@126.com

[#] 通讯作者:贺喜,教授,博士生导师,E-mail:hexi111@163.com

不同浓度黄曲霉毒素 B_1 对肉鸡的影响以及脱霉剂在肉鸡饲料中的使用效果评估[*]

黄海涛[**]　陈嘉铭　张家豪　冯定远[#]

（华南农业大学动物科学学院，广州 510642）

摘要：本试验旨在研究不同浓度黄曲霉毒素 B_1 对肉鸡生长性能的影响以及不同类型的脱霉剂对 AFB_1 的效果评估。试验中选用自然霉变高黄曲霉毒素 B_1 玉米开展不同比例替代正常低毒素玉米的饲粮设计，同时在高黄曲霉毒素 B_1 基础上添加不同类型的脱霉剂，研究肉鸡在生长性能、肝脏、肝功能、血清抗氧化功能等指标的影响。试验一选用矮脚黄 A 公鸡为研究对象，试验设 5 个处理，每个处理 7 个重复，每个重复 75 只鸡，其中第 1 组为低毒素对照组，黄曲霉 B_1 检测浓度 1.32 $\mu g/kg$，第 2～4 组饲粮黄曲霉 B_1 检测浓度分别为 99.36、51.77、19.33 $\mu g/kg$；第 5 组饲粮分为 2 个阶段：21 天前 0.53 $\mu g/kg$；21 天后 53.60 $\mu g/kg$。试验二选用矮脚黄 A 公鸡为研究对象，试验设 6 个处理，每个处理 6 个重复，每个重复 75 只鸡，第 1 组为低毒素对照，黄曲霉毒素 B_1 浓度为 1.24 $\mu g/kg$，第 2 组为高毒素对照，黄曲霉毒素 B_1 浓度为 45.44 $\mu g/kg$，第 3～6 组饲粮黄曲霉毒素 B_1 浓度分别为 41.16、36.79、41.75、37.30 $\mu g/kg$。在第 3～6 组分别添加了不同类型的脱霉剂：1 号脱霉剂吸附剂（硅铝酸盐）、2 号脱霉剂（硅铝酸盐）、3 号脱霉剂（生物降解型）、4 号脱霉剂（混合型）。分别记录 2 个试验 21 天、42 天、61 天 3 个阶段的生长性能。并于试验第 21 天和第 61 天进行采样。结果表明：1）试验一中 21 天时 SOD 活力、MDA、POD 活力、H_2O_2 和 ALP 均无显著差异（$P>0.05$）。但从数值上来看添加毒素各组 SOD 活力整体低于对照组，添加 50 $\mu g/kg$ AFB_1 组 GSH-Px 活力显著低于其他各组（$P<0.05$）。61 天时 MDA、H_2O_2 和 ALP 均无显著差异（$P>0.05$）。SOD 活力、GSH-Px 差异显著 $P<0.05$），添加 50 $\mu g/kg$ AFB_1 组和添加 100 $\mu g/kg$ AFB_1 组 SOD 活力低于其他各组，与对照组相比，其他各添加毒素组 GSH-Px 活力有所降低。2）试验一中 21 天时 ALB 差异极显著（$P<0.01$），与对照组相比，添加毒素组 ALB 降低幅度明显，添加毒素组与对照组 AST 和 GLOB 无显著差异（$P>0.05$），61 天阶段添加毒素组与对照组 AST、GLOB 和 ALB 均无显著差异（$P>0.05$）。3）试验二中 21 天时对照组与其他组 ALB 指标差异显著（$P<0.05$），AST 和 GLOB 差异不显著（$P>0.05$），61 天时各组间的 AST、ALB、GLOB 指标均无显著差异（$P>0.05$）。4）添加毒素各组肝脏解剖照片以及肝脏切片并未发现与正常对照组间存在显著差异。由此可见，饲料中 AFB_1 毒素超标（20～100 $\mu g/kg$）导致肉鸡的料重比（F/G）上升，成活率大幅降低。在高 AFB_1 饲料（40 $\mu g/kg$）中添加不同的脱霉剂均有一定的作用，对于成活率的改善明显，1 号脱霉剂和 2 号脱霉剂（水合铝硅酸钠钙盐）对肉鸡成活率的效果要稍好于 3 号脱霉剂（生物降解类脱霉剂）和 4 号脱霉剂（混合型脱霉剂）。

关键词：黄曲霉毒素 B_1；肉鸡；脱霉剂

---

[*] 基金项目：饲料成分与营养价值岗位专家（2017LM1120）

[**] 第一作者简介：黄海涛（1988—），男，广东连州人，硕士研究生，动物营养与饲料科学专业，E-mail：183065689@qq.com

[#] 通讯作者：冯定远，教授，博士生导师，E-mail：fengdy@hotmail.com

不同营养水平对 1~28 日龄慢速型黄羽肉鸡生长性能和血液指标的影响[*]

苟钟勇[**]　范秋丽　李龙　林厦菁　王一冰　崔小燕　蒋守群[#]

（广东省农业科学院动物科学研究所，畜禽育种国家重点实验室，农业部华南动物营养与
饲料重点实验室，广东省动物育种与营养公共实验室，广东省畜禽育种与
营养研究重点实验室，广州 510640）

摘要：本试验旨在研究不同营养水平对 1~28 日龄慢速型黄羽肉鸡生长性能和血液指标的影响，综合验证本研究小组提出的 1~28 日龄慢速型黄羽肉鸡营养需要参数的合理性。选取 1 日龄慢速型黄羽肉鸡 1 920 只，公母各半，按体重一致原则随机分为 4 组，每组 6 个重复，每个重复 40 只。公母分开饲养，试验为期 28 天。第 1 组为正常营养水平推荐组，第 2 组为 2004 行标营养水平组，第 3 组为低营养水平组（在第 1 组基础上，饲粮代谢能降低 5%，其他营养素降低 10%），第 4 组为高营养水平组（在第 1 组基础上，饲粮代谢能升高 5%，其他营养素升高 10%）。结果表明：1）生长性能，高营养水平组的 ADG 最高，均显著高于其他 3 组（$P<0.05$），低营养水平组 ADG 最低，还均显著低于正常营养水平和 2004 行标营养水平组（$P<0.05$），公鸡的 ADG 显著高于母鸡（$P<0.05$）。正常营养水平组公鸡 ADFI 最低，显著低于其他 3 组（$P<0.05$）；2004 行标营养水平组母鸡 ADFI 最高，均显著高于其他 3 组；低营养水平组公鸡的 ADFI 显著高于母鸡（$P<0.05$），高营养水平组公鸡的 ADFI 也显著高于母鸡（$P<0.05$）；饲粮营养水平和性别对黄羽肉鸡 ADFI 的影响存在交互作用（$P<0.05$）。高营养水平组、正常营养水平组、2004 行标营养水平组、低营养水平组的料重比从低到高逐渐增加，两两之间比较均存在显著差异（$P<0.05$）；公鸡的料重比显著低于母鸡（$P<0.05$）。公鸡的增重成本显著低于母鸡（$P<0.05$）。2）血液生化指标，正常营养水平组和 2004 行标营养水平组公鸡血浆中葡萄糖水平均显著高于另外 2 组（$P<0.05$），饲粮营养水平和性别对黄羽肉鸡血液中葡萄糖水平的影响存在交互作用（$P<0.05$）。低营养水平、正常营养水平和高营养水平组肉鸡血浆中尿酸含量均显著低于 2004 行标营养水平组（$P<0.05$）。由此可见，从生长性能来看，本研究小组提出的正常营养水平组的营养需要参数以及在此基础上升高营养水平的高营养水平组营养需要参数与 2004 行标里的营养需要参数综合比较，更适合 1~28 日龄慢速型黄羽肉鸡的生长需要；适当提高营养水平更有利于慢速型黄羽肉鸡 1~28 日龄的生长需要；考虑到精准营养需要，建议 1~28 日龄慢速型黄羽肉鸡公母鸡分开饲养。

关键词：营养水平；营养需要参数；黄羽肉鸡；生长性能；血液指标；增重成本

---

　* 基金项目：国家肉鸡产业技术体系项目（CARS-41）；"十二五"国家科技支撑计划项目子课题（2014BAD13B02）；广东省科技计划项目（2017B020202003）；广州市科技计划项目（201804020091）；广东省自然基金项目（2017A030310096）；"十三五"国家重点研发计划（2016YFD0501210）；广东省农业科学院院长基金（2016020）；广东省农业科学院院长基金项目（201805）

　** 第一作者简介：苟钟勇（1982—），男，四川达州人，博士，从事黄羽肉鸡营养与饲料、免疫研究，E-mail：yozhgo917@163.com

　# 通讯作者：蒋守群，研究员，硕士生导师，E-mail：jsqun3100@hotmail.com

n-3 多不饱和脂肪酸对黄羽肉鸡生长性能和肉质的影响[*]

苟钟勇[**]　范秋丽　李龙　王一冰　林厦菁　崔小燕　蒋守群[#]

（广东省农业科学院动物科学研究所,畜禽育种国家重点实验室,农业部华南动物营养

与饲料重点实验室,广东省动物育种与营养公共实验室,广东省畜禽育种与

营养研究重点实验室,广州 510640）

摘要：本试验旨在研究饲粮中添加富含 *n*-3 多不饱和脂肪酸（PUFA）的油脂对黄羽肉鸡生长性能和肉质的影响。选取 29 日龄快大型岭南黄羽肉鸡 900 只,按体重一致原则随机分为 5 组（每组 6 个重复,每个重复 30 只）。试验为期 38 天。第 1 组为 4% 猪油添加组,第 2 组（猪油＋亚麻油组）在第 1 组基础上添加 2% 亚麻油替代 2% 猪油,第 3 组（亚麻油组）在第 1 组基础上添加 4% 亚麻油全部替代猪油,第 4 组（猪油＋亚麻油＋益长素组）在第 2 组基础上添加 300 mg/kg 益长素（主要功能活性成分为大豆异黄酮）,第 5 组（亚麻油＋益长素组）在第 3 组基础上添加 300 mg/kg 益长素。第 1、第 2、第 3 组为亚麻油替代不同水平猪油的单因素处理；第 2、第 3、第 4、第 5 组为 2（亚麻油替代猪油 2 水平）× 2（益长素不添加或添加 2 水平）双因子试验设计。饲粮营养水平根据快大型黄羽肉鸡营养需要分为 2 个阶段：29～49 日龄和 50～66 日龄。各组其他营养水平均一致。结果表明：1）亚麻油替代猪油对黄羽肉鸡增重无显著影响（*P*＞0.05）,但是对采食量和料重比均影响显著（*P*＜0.05）；猪油组的采食量最高,均显著高于猪油＋亚麻油组和亚麻油组（*P*＜0.05）；亚麻油组的料重比最低,显著低于猪油组（*P*＜0.05）。2）猪油＋亚麻油组黄羽肉鸡肌肉蒸煮损失显著低于猪油＋亚麻油＋益长素组（*P*＜0.05）,亚麻油＋益长素组肌肉蒸煮损失却显著低于亚麻油组（*P*＜0.05）；亚麻油＋益长素组肌肉蒸煮损失显著低于猪油＋亚麻油＋益长素组（*P*＜0.05）；亚麻油替代猪油的剂量效应和益长素处理对肌肉蒸煮损失的影响存在交互作用（*P*＜0.05）。猪油＋亚麻油组肉色黄度 b* 显著低于猪油＋亚麻油＋益长素组（*P*＜0.05）,亚麻油＋益长素组肉色 b* 却显著低于亚麻油组（*P*＜0.05）；猪油＋亚麻油组的肉色 b* 显著低于亚麻油组（*P*＜0.05）,亚麻油＋益长素组肉色 b* 却显著低于猪油＋亚麻油＋益长素组（*P*＜0.05）；亚麻油替代猪油的剂量效应和益长素处理对肉色 b* 的影响存在交互作用（*P*＜0.05）。3）猪油＋亚麻油组和亚麻油组肌肉中亚麻酸和二十碳五烯酸（EPA）含量均显著高于猪油组（*P*＜0.05）,提高的量与饲粮中亚麻酸的含量均呈剂量依赖关系（*P*＜0.05）；添加益长素显著提高了肌肉中 EPA、二十二碳六烯酸（DHA）含量（*P*＜0.05）。由此可见：亚麻油替代猪油能提高黄羽肉鸡的饲料转化率、增加了 *n*-3 PUFA 在肌肉中的沉积和改变了肌肉中脂肪酸的组成,益长素能有效地促进 EPA 和 DHA 的合成及其在肌肉中的沉积。

关键词：*n*-3 多不饱和脂肪酸；亚麻油；黄羽肉鸡；生长性能；肉质；脂肪酸组成

* 基金项目：国家肉鸡产业技术体系项目（CARS-41）；"十二五"国家科技支撑计划项目子课题（2014BAD13B02）；广东省科技计划项目（2017B020202003）；广州市科技计划项目（201804020091）；广东省自然基金项目（2017A030310096）；"十三五"国家重点研发计划（2016YFD0501210）；广东省农业科学院院长基金（2016020）；广东省农业科学院院长基金项目（201805）

** 第一作者简介：苟钟勇（1982—）,男,四川达州人,博士,从事黄羽肉鸡营养与饲料、免疫研究,E-mail：yozhgo917@163.com

通讯作者：蒋守群,研究员,硕士生导师,E-mail：jsqun3100@hotmail.com

饲粮添加 PGZ 对黄羽肉鸡腿肌肉品质的影响[*]

曾环仁[**]　金成龙　谢文燕　高春起　严会超　王修启[#]

（华南农业大学动物科学学院，广东省动物营养调控重点实验室，农业部鸡遗传育种与繁殖
重点实验室，广东省农业动物基因组学与分子育种重点实验室，广州 510642）

摘要：本研究旨在探索饲粮添加盐酸吡格列酮（pioglitazone hydrochloride，PGZ）对黄羽肉鸡生长性能、血清生化指标和腿肌肉品质的影响。试验选取 90 日龄体重相近，健康状况良好的雌性黄羽肉鸡 360 只[BW＝(791.1±0.4)g]，随机分为 3 个处理组，每处理组 6 个重复，每个重复 20只鸡。对照组饲喂基础饲粮，低剂量组饲喂基础饲粮＋7.5 mg/kg 的 PGZ，高剂量组饲喂基础饲粮＋15 mg/kg 的 PGZ。试验 28 天后屠宰，评定屠宰性能及肉品质。结果表明：1)与对照组相比，0～14 天，饲粮添加 15 mg/kg PGZ 显著提高黄羽肉鸡平均日采食量和平均日增重($P<0.05$)。2)血清甘油三酯水平随 PGZ 的添加线性降低($P=0.004$)，分别降低 31% 和 44%。3)饲粮添加15 mg/kg PGZ 显著增加了黄羽肉鸡半净膛率和肾脏器官指数($P<0.05$)。4)此外，饲粮添加15 mg/kg PGZ 显著降低腿肌滴水损失($P<0.05$)，增加肌肉的红度(a^*)($P<0.05$)，且有降低蒸煮损失($P=0.082$)，肉色亮度(L^*)($P=0.094$)和剪切力($P=0.083$)的趋势。5)与对照组相比，饲喂含有 7.5 mg/kg PGZ 和 15 mg/kg PGZ 的饲粮，腿肌肌内脂肪含量分别增加 14%($P>0.05$)和20%($P<0.05$)，多不饱和脂肪酸比例分别增加 7.63%($P>0.05$)和 9.14%($P<0.05$)；饲粮添加15 mg/kg PGZ 显著降低 C16:1 含量($P<0.05$)。6)饲粮添加 15 mg/kg PGZ 显著提高腿肌总抗氧化能力和谷胱甘肽过氧化物酶活性($P<0.05$)。综上所述，饲粮添加 15 mg/kg PGZ 可以提高生长性能，并改善肉品质，特别是对于增加肌内脂肪含量和多不饱和脂肪酸比例，乃至腿肌抗氧化能力均有较好的改善作用。

关键词：盐酸吡格列酮；黄羽肉鸡；肉品质；肌内脂肪；脂肪酸

*　基金项目：广东省家禽产业技术体系(2017LM1116)；广东省自然科学基金(2018B030315001)；广州市珠江科技新星项目
(201710010110)

**　第一作者简介：曾环仁(1994—)，男，广东梅州人，硕士研究生，主要从事家禽肉品质研究，E-mail：525025546@qq.com

#　通讯作者：王修启，研究员，博士生导师，E-mail：xqwang@scau.edu.cn

饲粮中添加 N-氨甲酰谷氨酸对黄羽肉鸡生长性能、器官发育和血液生理生化指标的影响[*]

胡艳[**]　邵丹　王强　钟光　施寿荣[#]

（中国农业科学院家禽研究所，扬州 225125）

摘要：本试验旨在研究饲粮中添加 N-氨甲酰谷氨酸（NCG）对黄羽肉鸡生产性能、器官发育和血液生理生化指标的影响。本试验选用体重相近的 0 日龄雪山草鸡，试验期 36 天，分为 2 个阶段（0～18 日龄为育雏期，19～36 日龄为育成期），NCG 的添加剂量分为 5 个水平（0%、0.05%、0.10%、0.15% 和 0.20%），NCG 的添加方式分为 3 种（育雏期添加、育成期添加和全程添加），每组 5 个重复，每个重复 15 只。结果表明：1）在育雏期饲粮中添加 NCG，能增加 18 日龄黄羽肉鸡的体重、皮下脂肪、肝脏重、血清中尿素氮和低密度脂蛋白含量，并呈二次线性关系，根据体重和器官指数回归分析评估的最佳添加剂量为 0.08%～0.12%NCG；能线性提高血液中白蛋白水平；对平均料重比和死亡率没有影响。2）在 3 种 NCG 的添加方式中，饲粮中全程添加 NCG 可以线性提高 36 日龄体重和平均日增重，并呈二次线性关系，回归分析评估的最佳添加剂量为 0.09%。3）与 NCG 零添加组相比，最佳添加方式和添加剂量为育成期饲粮添加 0.1%NCG；在此条件下，肌肉中显著增加，并伴随着皮下脂肪、血清中尿酸、甘油三酯和白蛋白水平的显著降低。综上所述，根据本试验条件下 36 日龄肉鸡的生产性能和器官发育状况分析得出，中国地方黄羽肉鸡添加 NCG 的最佳方式是育成期添加，并通过线性回归分析估算添加 NCG 的最佳剂量为 0.09%～0.12%；饲粮中添加 NCG 可以促进中国地方黄羽肉鸡的早期生长，而血液生理生化指标结果提示精氨酸代谢、脂肪沉积、蛋白质合成以及免疫应答反应可能参与了食源性 NCG 对肉鸡生长的调节作用。

关键词：N-氨甲酰谷氨酸；黄羽肉鸡；生产性能；器官发育；血液生理生化指标

---

[*] 基金项目：江苏省农业三新工程（SXGC［2017］254）

[**] 第一作者简介：胡艳（1972—），女，湖南永州人，研究员，博士，从事动物营养生理研究，E-mail：huyan0128@126.com

[#] 通讯作者：施寿荣，副研究员，硕士生导师，E-mail：ssr236@163.com

硒对热环境下黄羽肉鸡生长性能、血液指标、免疫器官发育和肠道形态的作用[*]

钟光[1,2**]　　邵丹[1]　　宋志刚[2]　　童海兵[1]　　施寿荣[1#]

(1. 中国农业科学院家禽研究所，扬州 225125；2. 山东农业大学动物科技学院，泰安 271018)

摘要：热环境给家禽生产带来巨大损失，全球气候变暖更加剧了这一问题。为缓解热环境带来的不良影响，许多饲料添加剂被开发和应用。硒是生物体必需的微量元素，能参与机体多种反应，对维持机体的正常结构和功能起重要的作用。黄羽肉鸡是我国南方广泛分布的配套系，但主要以农户地面散养为主，养殖环境差、高温环境给黄羽肉鸡生产带来极大的困扰。本试验在饲粮中添加亚硒酸钠补充适量硒元素，研究其对热环境下黄羽肉鸡生长性能、血液指标、免疫器官发育和肠道形态的作用，为规模化生产中合理使用硒缓解热环境带来的问题提供理论依据。选择体重相近、体况健康的 28 日龄中速型"优黄"雄性黄羽肉鸡 144 只，随机分为对照组(饲喂基础饲粮)和试验组(基础饲粮中添加亚硒酸钠，补充 0.30 mg/kg 硒)。每组 6 个重复，每个重复 12 只鸡。使用动物营养与代谢环控仓调控温度、湿度，自由采食和饮水，光照等管理制度同黄羽肉鸡饲养规范。试验在 26℃，RH＝60％环境预饲喂 1 周试验饲粮，而后称重(35 日龄)，在 35℃，RH＝60％的热环境下开展 2 周的正式试验(49 日龄)。结果表明：热环境下，试验组黄羽肉鸡的体重、平均日增重、平均日采食量显著高于对照组($P<0.05$)，料重比和死亡率显著低于对照组($P<0.05$)；血清谷草转氨酶、乳酸脱氢酶、肌酸激酶的活力著低于对照组($P<0.05$)，血清葡萄糖、总胆固醇和低密度脂蛋白的含量显著低于对照组($P<0.05$)；胸腺、脾脏和法氏囊的相对比重显著高于对照组($P<0.05$)，回肠绒毛高度和绒毛高度与隐窝深度比值显著高于常温组($P<0.05$)，回肠隐窝深度有小于对照组的趋势($P=0.094$)。综上所述，硒能提高热环境下黄羽肉鸡的生长性能，改善机体的营养物质代谢，能缓解热环境对免疫器官发育的不良影响，在维持回肠正常形态上也有一定的作用。

关键词：热环境；硒；黄羽肉鸡；生长性能；血液指标；肠道形态

　＊　基金项目：江苏省农业三新工程(SXGC〔2017〕254)
　＊＊　第一作者简介：钟光(1990—)，男，山东诸城人，硕士研究生，动物营养与饲料科学专业，E-mail：929479193@qq.com
　＃　通讯作者：施寿荣，副研究员，硕士生导师，E-mail：ssr236@163.com

慢性热应激对黄羽肉鸡生长性能与
养分消化吸收的影响[*]

刘文佐[**]　夏旻灏　左建军[#]

（华南农业大学动物科学学院，广州 510642）

摘要：本试验旨在研究慢性热应激对黄羽肉鸡生产性能、养分利用率以及空肠碱性氨基酸转运载体基因表达的影响，探究慢性热应激条件影响黄羽肉鸡蛋白质消化吸收的相关机制。试验选取 21 日龄的健康岭南黄母仔鸡 160 只，分为 26、30、34 和 38℃，共 4 个温度处理，平均湿度均为 65%，每个处理 5 个重复，每个重复 8 只鸡，试验期间每天 10:00～16:00 进行循环热应激。试验开始前适应 1 周，于 29 日龄时开始正式试验，免疫程序按照鸡场常规进行，试验期间自由采食和饮水，试验结束前连续收集 3 天黄羽肉鸡的排泄物，用外源指示剂法测定粪样中的干物质、粗蛋白质和粗脂肪的含量。试验结束时，每个重复选取 2 只接近平均体重的肉鸡测定其直肠温度后禁食 12 h，并进行屠宰，采集血清、肠道食糜样和组织样，测定血清中皮质酮含量、空肠食糜中蛋白酶活力以及回肠氨基酸表观消化率，通过实时荧光定量 PCR 法测定空肠组织碱性氨基酸转运载体基因 rBAT、CAT1 和 y[+]LAT2 的表达量。试验结果如下：1）与对照组 A 相比，循环热应激组 B、C 和 D 的平均日增重分别显著降低了 8.7%、13.0% 和 17.6%（$P < 0.05$）；平均日采食分别显著降低了 5.7%、11.8% 和 12.7%（$P < 0.05$）。2）与对照组 A 相比，循环热应激组 B、C 和 D 的粗脂肪利用率分别显著降低了 7.1%、7.3% 和 10.2%（$P < 0.05$），循环热应激组 C 和 D 的粗蛋白质利用率分别显著降低了 6.0% 和 10.3%（$P < 0.05$），循环热应激组 B 的粗蛋白质利用率差异不显著（$P > 0.05$）。3）与对照组 A 相比，循环热应激组 B、C 和 D 的空肠胰蛋白酶活力分别显著降低了 19.6%、33.0% 和 38.3%（$P < 0.05$）；与对照组 A 相比，循环热应激组 B 和 C 的空肠糜蛋白酶活力分别降低了 23.8%（$P > 0.05$）和 39.2%（$P = 0.058$），而循环热应激组 D 的糜蛋白酶活力降低了 54.9%（$P < 0.05$）。4）与对照组 A 相比，循环热应激组 C 的苯丙氨酸和赖氨酸回肠表观消化率分别显著降低了 14.2% 和 16.1%（$P < 0.05$），循环热应激组 D 的组氨酸、苏氨酸、苯丙氨酸和赖氨酸回肠表观消化率分别显著降低了 17.6%、20.6%、15.6% 和 16.9%（$P < 0.05$），循环热应激组 B 的各种氨基酸回肠表观消化率差异不显著（$P > 0.05$）。5）与对照组 A 相比，循环热应激组 D 的空肠碱性氨基酸转运载体基因 rBAT、CAT1 和 y[+]LAT2 的表达量分别显著降低了 72.9%、98.4% 和 78.7%（$P < 0.05$）。综上所述，慢性热应激条件下，黄羽肉鸡采食量和增重下降，料重比升高，肉鸡生长性能随温度升高而表现出更明显的抑制强度。慢性热应激降低了空肠蛋白酶（胰蛋白酶和糜蛋白酶）活力，使得粗蛋白质、粗脂肪和回肠部分氨基酸表观消化率显著下降，并显著降低了空肠碱性氨基酸转运载体基因 rBAT、CAT1 和 y[+]LAT2 的表达。

关键词：慢性热应激；黄羽肉鸡；生长性能；养分利用率；碱性氨基酸转运载体

---

[*]　基金项目：广州市科技计划项目（201510010258）

[**]　第一作者简介：刘文佐（1990—）男，湖北武汉人，硕士研究生，从事动物营养与饲料科学研究，E-mail：490383176@qq.com

[#]　通讯作者：左建军，副教授，硕士生导师，E-mail：zuoj@scau.edu.cn

慢性热应激对黄羽肉鸡脂肪代谢的影响及其分子机制[*]

梁诗雨[**]　夏旻灏　左建军[#]

(华南农业大学动物科学学院,广州 510642)

摘要:本试验通过对肉鸡施加不同温度的热应激处理,研究黄羽肉鸡血清和肝脏中脂肪代谢的响应关系,并从相关酶的活力、基因表达情况分析及其作用机制。试验选取 21 日龄的黄羽肉鸡 160 只,分为 26、30、34 和 38℃ 4 个温度处理,平均湿度为 65%,每个处理 5 个重复,每个重复 8 只鸡。试验期间每天 10:00~16:00 进行循环热应激。试验开始前适应 1 周,于 29 日龄时开始正式试验,免疫程序按照鸡场常规进行,试验期间自由采食和饮水。于 42 日龄时禁食 12 h,每个重复随机抽取 2 只肉鸡进行屠宰,取颈静脉血分离血清后保存待测,腹脂和肝脏称重后放入液氮保存,测定血清中 TG、TC、GLU、VLDL、MDA 和 HSP70 的含量,测定肝脏中 TG、TC 和 VLDL 的含量,用酶联免疫检测肝脏和腹脂中脂肪代谢相关酶 LPL、FAS 和 HSL 的活性,用实时荧光定量 PCR 法测定肉鸡肝脏中脂肪代谢相关基因 LPL、FAS 的表达量,试验结果如下:1)随着热应激程度的提高,本试验条件下,34℃ 和 38℃ 条件下黄羽肉鸡体内 HSP70 和 MDA 的含量相比对照组 A 组,显著提高了 11.46%、18.89% 和 32.58%、46.97%($P<0.05$),说明本试验条件下 34℃ 和 38℃ 组黄羽肉鸡处于热应激状态。2)相比对照组,黄羽肉鸡的宰前活重和全净膛重都显著降低($P<0.05$),分别降低了 3.44% 和 6.13%、6.79% 和 3.12%、4.73% 和 6.49%,腹脂率相应地增高了 29.74% 和 32.09%,且差异显著($P<0.05$)。3)热应激导致黄羽肉鸡血液中的甘油三酯、胆固醇和极低密度脂蛋白含量降低,葡萄糖含量增高,34℃ 和 38℃ 条件下血糖含量分别增高了 14.19% 和 27.47%,且差异显著($P<0.05$)。4)热应激显著提高了黄羽肉鸡肝脏中甘油三酯和胆固醇的含量($P<0.05$),而肝脏中极低密度脂蛋白的含量降低($P<0.05$),说明热应激时会提高肝脏中甘油三酯和胆固醇的含量,降低肝脏细胞中极低密度脂蛋白的含量。5)热应激程度越高,导致腹脂中 LPL 和 HSL 的活力显著提高($P<0.05$),肝脏中 LPL 随着温度的升高活性增强($P<0.05$),而 FAS 的活力随着热应激程度而减弱($P<0.05$)。6)热应激组的 LPL 表达量高于对照组,而 FAS 的表达量随着温度升高而降低。上述结果说明,34℃ 和 38℃ 温度条件下引起了快大型黄羽肉鸡热应激反应,30℃ 可能是黄羽肉鸡发生热应激的临界点。在热应激条件下,黄羽肉鸡的宰前活重和全净膛重降低,腹脂率提高,血液中甘油三酯、总胆固醇和极低密度脂蛋白的含量降低,血糖含量升高,而肝脏中甘油三酯和总胆固醇的含量升高,极低密度脂蛋白的含量降低,导致肉鸡体内脂肪酶的活性和表达量发生改变,进而调控机体的脂肪代谢水平。

关键词:慢性热应激;脂肪代谢;脂肪酶;基因;黄羽肉鸡

　　* 基金项目:广州市科技计划项目(201510010258)
　** 第一作者简介:梁诗雨(1992—)女,广西南宁人,硕士研究生,从事动物营养与饲料科学研究,E-mail:465835581@qq.com
　# 通讯作者:左建军,副教授,硕士生导师,E-mail:zuoj@scau.edu.cn

低蛋白饲粮中添加复合酸化剂对黄羽肉鸡生产性能和肠道健康的影响[*]

孙皓[1][**]　陈嘉铭[1]　孙乾晋[1]　张涛[2]　冯定远[1][#]

[1.华南农业大学动物科学学院，广州 510642；2.赢创德固赛（中国）投资有限公司，北京 100600]

摘要：本试验旨在研究低蛋白饲粮中添加复合酸化剂对黄羽肉鸡生产性能和肠道健康的影响。试验采用 $2×2$ 因子设计，选取 1 日龄黄羽肉鸡（公鸡）1 920 只随机分成 A、B、C、D 共 4 个处理组。A 组饲喂基础饲粮，B 组饲喂基础饲粮＋酸化剂，C 组饲喂减蛋白饲粮，D 组饲喂减蛋白饲粮＋酸化剂（减蛋白饲粮是在基础饲粮中降低 1% 蛋白质水平）。每组 6 个重复，每个重复 80 只鸡。饲养周期为 63 天。结果表明：1)1～21 日龄，同正对照 A 组相比，B、C 组平均日采食量显著增加（$P<0.05$），C、D 组料肉比显著增加（$P<0.05$）。同负对照 C 组相比，D 组平均日采食量显著降低（$P<0.05$）；43～63 日龄，同正对照 A 组相比，B、C 组平均日增重、平均日采食量显著增加（$P<0.05$），料肉比显著降低（$P<0.05$）。同负对照 C 组相比，D 组平均日增重、平均日采食量显著降低（$P<0.05$），料肉比显著增加（$P<0.05$）。并且酸化剂和蛋白质水平有显著的互作效应（$P<0.05$）；1～63 天全程，同正对照 A 组相比，B、C 组平均日增重，平均日采食量显著增加（$P<0.05$），同负对照 C 组相比，D 组平均日增重、平均日采食量显著降低（$P<0.05$），并且酸化剂和蛋白质水平互作效应显著（$P<0.05$）。2)同正对照 A 组相比，B、C、D 组法氏囊指数均显著降低（$P<0.05$）。3)胃肠道 pH 同正对照 A 组相比，C、D 组腺胃、空肠、盲肠的 pH 极显著增加（$P<0.01$），回肠 pH 显著增加（$P<0.05$），B 组十二指肠的 pH 极显著降低（$P<0.01$），D 组十二指肠的 pH 极显著的增加（$P<0.01$）。同负对照 C 组相比，D 组十二指肠 pH 极显著增加（$P<0.01$）。4)C 组同 B 组相比，隐窝深度显著增加（$P<0.05$）。5)同正对照 A 组相比，B 组回肠食糜中大肠杆菌、沙门氏菌、乳酸杆菌、双歧杆菌数量显著降低（$P<0.05$），C 组大肠杆菌、沙门氏菌、乳酸杆菌、总菌的数量显著增加（$P<0.05$），D 组乳酸杆菌、双歧杆菌、总菌的数量显著增加（$P<0.05$），大肠杆菌、沙门氏菌数量显著降低（$P<0.05$）；同负对照 C 组相比，D 组乳酸杆菌、双歧杆菌数量显著增加（$P<0.05$），大肠杆菌、沙门氏菌数量显著降低（$P<0.05$）；酸化剂和蛋白质水平在大肠杆菌、沙门氏菌中互作效应显著（$P<0.05$）。6)同正对照 A 组相比，B、D 组空肠 ZO-1、occludin mRNA 表达丰度均极显著增加（$P<0.01$），C 组 ZO-1、occludin mRNA 表达丰度（$P<0.01$）极显著降低。同负对照 C 组相比，D 组空肠 ZO-1、occludin、claudin-1 mRNA 表达丰度显著增加（$P<0.05$）。酸化剂和蛋白质水平在紧密连接蛋白基因表达过程中互作效应极显著（$P<0.01$）。综上所述，在大鸡阶段，基础饲粮中添加 1 kg/t 的复合酸化剂或者把基础饲粮蛋白质水平降低到 17% 都能显著提高黄羽肉鸡的生产性能；但因为蛋白质水平和复合酸化剂显著的互作效应，在大鸡基础饲粮中添加复合酸化剂效果更好。

关键词：低蛋白饲粮；复合酸化剂；生长性能；肠道健康

---

[*]　基金项目：饲料成分与营养价值岗位专家（2017LM1120）

[**]　第一作者简介：孙皓（1991—），男，湖北随州人，硕士研究生，从事动物营养与饲料科学研究，E-mail：690245942@qq.com

[#]　通讯作者：冯定远，教授，博士生导师，E-mail：fengdy@hotmail.com

相同营养条件下不同类型黄羽肉鸡肉质比较[*]

李龙[**] 范秋丽 蒋守群[#] 苟钟勇 林厦菁 王一冰 丁发源

(广东省农业科学院动物科学研究所,农业部动物营养与饲料(华南)重点开放实验室,广东省动物育种与营养公共实验室,广州 510640)

摘要:本试验旨在研究在相同营养条件下,比较市场上具有代表性的不同类型的快速、中速和慢速黄羽肉鸡肉品质的异同。随机选用 1 日龄的快速岭南黄、中速黄麻黄鸡和慢速胡须鸡母鸡各 60 只,相同营养及饲粮条件下饲养至上市日龄达到相同体重(岭南黄鸡 63 日龄,麻黄鸡 77 日龄,胡须鸡 165 日龄),然后从 3 个品种中随机选出 10 只进行屠宰。屠宰后取其双侧胸肌测定其肉色(亮度、红度、黄度)、pH、滴水损失、嫩度、肌内脂肪、肌苷酸含量和肌纤维直径和密度。结果发现:1)岭南黄鸡、麻黄鸡和胡须鸡出栏重差异不显著($P>0.05$)。2)3 种鸡鸡肉的亮度差异不显著($P>0.05$);胡须鸡鸡肉红度显著高于岭南黄鸡和麻黄鸡($P<0.05$),而岭南黄鸡和麻黄鸡红度差异不显著($P>0.05$);3 种鸡鸡肉的黄度差异不显著($P>0.05$)。3)岭南黄鸡、麻黄鸡和胡须鸡鸡肉 pH 差异不显著($P>0.05$)。4)麻黄鸡鸡肉滴水损失显著高于岭南黄鸡和胡须鸡($P<0.05$),而胡须鸡和岭南黄鸡差异不显著($P>0.05$)。5)胡须鸡、麻黄鸡和岭南黄鸡鸡肉嫩度比较,有依次降低的趋势($P=0.089$)。6)胡须鸡和麻黄鸡的肌纤维直径显著小于岭南黄鸡肌纤维直径($P<0.05$);胡须鸡肌纤维的密度显著高于麻黄鸡和岭南黄鸡($P<0.05$),麻黄鸡肌纤维的密度显著高于岭南黄鸡($P<0.05$)。7)胡须鸡肌苷酸含量显著高于岭南黄鸡和麻黄鸡($P<0.05$),而麻黄鸡的肌苷酸含量和岭南黄鸡肌苷酸含量差异不显著($P>0.05$)。8)3 种鸡肌内脂肪含量差异不显著($P>0.05$)。由此可见,在相同营养条件,达到相同出栏重的情况下,慢速型黄羽肉鸡红度最高,嫩度最好,肌纤维密度最大,肌纤维直径最细,具有较高的肌苷酸含量;而中速型黄羽肉鸡的鸡肉滴水损失较高,嫩度次之,肌纤维密度和直径次之;快速性黄羽肉鸡嫩度最差,肌纤维密度最小,肌纤维直径最大。

关键词:相同营养;不同类型;黄羽肉鸡;肉质;肌纤维

* 基金项目:国家肉鸡产业技术体系项目(CARS-41);广东省农业科学院院长基金(2016020);国家"十二五"科技支撑计划项目子课题(2014BAD13B02)

** 第一作者简介:李龙(1985—),男,重庆人,助理研究员,从事黄羽肉鸡营养与饲料研究,E-mail:leeloong1985@sina.com

通讯作者:蒋守群,研究员,硕士生导师,E-mail:jsqun3100@sohu.com

鸡蛋形成周期内蛋鸡血清钙磷及激素变化规律*

任周正** 孙文强** 刘艳利 田广杰 李志朋 杨小军#
（西北农林科技大学动物科技学院，杨凌 712100）

摘要：本试验旨在研究鸡蛋形成周期内蛋鸡血清钙、磷及钙磷代谢相关激素的动态变化规律。选取 35 周龄海兰褐壳蛋鸡 15 只［平均体重为（1 896±30）g；平均日采食量为（106±2）g；平均蛋重为（60.2±1.1）g］。饲喂玉米-豆粕型饲粮（自由采食），营养水平为 3.59% 钙，0.24% 非植酸磷，2 040 IU/kg 维生素 D_3，2 500 FTU/kg 植酸酶，2 636 kcal/kg 代谢能和 15.9% 粗蛋白质。于 2018 年 4 月 16 日早上，每只鸡产蛋后立即采集其翅静脉血样，而后每隔 3 h 采集一次血样，直至 2018 年 4 月 17 日早上产蛋后采集最后一次血样。制得血清样本，分装后于 −80℃ 储存待测。检测指标包括血清钙、磷、碱性磷酸酶、成纤维细胞生长因子 23、1,25-二羟维生素 D_3、甲状旁腺激素和降钙素。结果表明：产蛋后，蛋鸡血清钙和磷的水平逐渐升高，于产蛋后 6 h 达到峰值（$P<0.05$），而后呈降低趋势（线性回归分析：$P<0.05$；二次回归分析：$P<0.05$），直至产出下一枚蛋。与此类似，蛋鸡血清成纤维细胞生长因子 23 水平在产蛋后不断上升，于产蛋后 9 h 达到峰值（$P<0.05$），而后呈降低趋势（线性回归分析：$P<0.05$；二次回归分析：$P<0.05$），直至产出下一枚蛋。蛋鸡的血清 1,25-二羟维生素 D_3 水平在整个鸡蛋形成周期内呈降低趋势（线性回归分析：$P<0.05$；二次回归分析：$P<0.05$）。蛋鸡的血清碱性磷酸酶、甲状旁腺激素和降钙素水平在鸡蛋形成周期内并未观测到规律性变化（线性回归分析：$P>0.05$；二次回归分析：$P>0.05$）。上述结果表明，鸡蛋形成周期内蛋鸡血清成纤维细胞生长因子 23 的变化主要受血清磷水平的调控，而血清磷水平的变化则主要受血清钙水平的调控。本研究首次报道了蛋鸡血清成纤维细胞生长因子 23 在鸡蛋形成周期内的变化规律。

关键词：鸡蛋形成周期；钙；磷；激素；成纤维细胞生长因子 23

---

* 基金项目：国家重点研发计划（2017YFD0502200；2017YFD0500500）；陕西省科技计划（2018ZDXM-NY-051；2017TSCXL-NY-04-04；2018CXY-10）

** 共同第一作者简介：任周正（1988—），男，四川南充人，博士，讲师，研究方向为家禽营养与免疫，E-mail：poultryren@outlook.com；孙文强（1992—），男，陕西榆林人，硕士研究生，研究方向为家禽饲料营养与表观遗传调控，E-mail：abcdefg99@163.com

通讯作者：杨小军，教授，博士生导师，E-mail：yangxj@nwsuaf.edu.cn

海兰褐蛋鸡前 16 周盲肠微生物区系动态变化[*]

刘艳利[**]　颜陶　韩迪　段玉兰　任周正　杨小军[#]

（西北农林科技大学动物科技学院，杨凌 712100）

摘要：家禽的盲肠微生物区系在机体的生长发育、营养物质的消化吸收利用以及免疫功能等方面面都发挥着重要作用，蛋鸡开产前的微生物定殖与后期生产性能的发挥息息相关。本试验旨在研究蛋鸡前 16 周盲肠微生物的动态发展变化规律，为家禽肠道健康调控提供理论依据。分别收集 3、6、12、16 周龄海兰褐蛋鸡的盲肠内容物，每个周龄屠宰 5 只鸡用来收集样品；提取肠道内容物 DNA 后，运用 16S rRNA 测序技术分析不同周龄蛋鸡盲肠微生物的组成和丰度，并利用 LEfSe 和 PICRUSt 方法分别分析相应阶段的优势菌属和代谢功能预测。多样性指数（Shannon、Simpson、Chao1 和 ACE）数据显示 12 周龄和 16 周龄蛋鸡盲肠微生物多样性和组成丰度显著高于 3 周龄和 6 周龄（$P<0.05$）；在所检测的 4 个时期中相对丰度较高的前 2 类菌是厚壁菌门和拟杆菌门，变形菌门在第 16 周时达到 8%，位居第 3 位；LEfSe 分析结果显示海兰褐蛋鸡 6、12、16 周龄的盲肠优势菌属分别为：*Blautia*（劳特氏菌属）、*Prevotella*（普氏菌属）、*Alistipes*（另枝菌属）、*Eggerthella*（迟缓埃格特菌属）；*Anaerostipes*（毛螺旋菌属）、*Oscillospira*（颤螺菌属）、*Enterococcus*（肠球菌属）、*Methanobrevibacter*（甲烷短杆菌属）；*Lactobacillus*（乳酸菌属）、*Butyricimonas*（丁酸弧菌属）。PICRUSt 代谢功能预测揭示与 6 周龄相比，3 周龄的微生物功能显著富集在内分泌系统和碳水化合物代谢上；12 周龄的微生物功能显著富集在免疫系统上，而循环系统代谢通路显著富集在 16 周龄的盲肠微生物上。综上表明，厚壁菌门和拟杆菌门是海兰褐蛋鸡前 16 周龄盲肠的主要菌群，各发育阶段的优势菌属可能与相应的代谢功能具有一定的相关性，这些优势菌属可考虑用来作为特殊发育阶段的添加剂，以便动物更大程度地发挥特定阶段的代谢功能，从而为后期的产蛋性能提供有力保障。

关键词：16S rRNA；肠道微生物；蛋鸡；发育阶段

* 基金项目：国家重点研发计划（2017YFD0500505，2017YFD0502200）；陕西省科技统筹创新工程计划项目（2017TSCXL-NY-04-04，2015KTCQ02-19）

** 第一作者简介：刘艳利（1993—），女，博士研究生，主要从事家禽表观遗传调控与脂质代谢研究，E-mail：1085752204@qq.com

\# 通讯作者：杨小军，教授，博士生导师，E-mail：yangxj@nwsuaf.edu.cn

精油和有机酸及其包被复合物对蛋鸡生产性能和肠道消化吸收功能的影响[*]

梁赛赛[1**]　　武圣儒[1,2**]　　刘艳利[1]　　杨小军[#]

(1.西北农林科技大学动物科技学院,杨凌 712100;2.河北农业大学动物科技学院,保定 071001)

摘要:蛋鸡进入产蛋期后,对营养物质的需要量明显增加以满足生长和生产需要,而饲料中石粉的大量添加在满足蛋鸡生产需要的同时会影响肠道消化吸收功能,并增加患肠道疾病的风险。精油(essential oil,EO)和有机酸(organic acid,OA)应用在动物生产中有助于维持良好的肠道形态,提高消化酶活性,维持肠道菌群的平衡并提高机体的免疫功能。本研究选取添加精油和有机酸及二者的包被复合物,以探究其对 21～35 周龄蛋鸡的生产性能、肠道形态、消化吸收功能的影响,以期为精油和有机酸在蛋鸡生产中的有效添加提供理论基础。本试验将 756 只 21 周龄的罗曼粉壳蛋鸡随机分为 6 组,每个处理 7 个重复,每个重复 18 只鸡,试验持续 15 周。对照组饲喂基础饲粮,其余组分别在基础饲粮中添加 150、300、450 mg/kg 的精油和有机酸包被复合物,300 mg/kg 的有机酸,300 mg/kg 的精油。结果显示:1)精油、有机酸及其包被复合物对 21～35 周龄蛋鸡的产蛋率、蛋重、平均日采食量、料蛋比均无显著影响。饲粮中添加 450 mg/kg 精油和有机酸包被复合物及单独添加 300 mg/kg 精油相比于对照组可显著增加 30 周龄蛋鸡的蛋黄颜色($P<0.05$)。2)25周龄时,饲粮添加 150 mg/kg 精油和有机酸包被复合物比仅添加精油和有机酸组显著提高十二指肠绒毛高度与隐窝深度的比值($P<0.05$)。饲粮添加 450 mg/kg 精油和有机酸包被复合物与单独添加精油相比可显著降低蛋鸡空肠的隐窝深度($P<0.05$)。饲粮单独添加精油显著提高 25 周龄蛋鸡十二指肠中麦芽糖酶的表达水平($P<0.05$);混合添加 300 mg/kg 的精油和有机酸包被复合物显著提高氨肽酶的表达水平($P<0.05$)。30 周龄时,饲粮添加 300 mg/kg 精油蛋鸡回肠黏膜中麦芽糖酶的表达水平显著高于其他组($P<0.05$)。添加 300 mg/kg 的包被复合物显著提高了 35 周龄蛋鸡十二指肠黏膜中蔗糖酶的表达水平($P<0.05$)。饲粮添加 300 mg/kg 精油显著提高 25 周龄蛋鸡十二指肠 GLUT2 和 FAPT1 的相对表达量($P<0.05$)。添加 150 mg/kg 和 300 mg/kg 精油和有机酸的包被复合物显著提高空肠中 ATB$^{0,+}$ 的相对表达量($P<0.05$),添加精油可显著提高空肠黏膜中 b$^{0,+}$ AT 的表达水平($P<0.05$)。综上所述,在产蛋高峰初期,精油及 300 mg/kg 包被复合物的添加更有助于提高蛋鸡肠道对营养物质的消化吸收功能,但各处理对 21～35 周龄蛋鸡的生产性能无显著提高作用。

关键词:精油;有机酸;蛋鸡;生产性能;肠道功能

---

　[*] 基金项目:国家自然科学基金项目(31272464);陕西省农业科技创新与攻关项目(2014K01-18-02,2015NY149);陕西省科技统筹创新工程计划项目(2015KTCQ02-19)

　[**] 共同第一作者简介:梁赛赛(1992—),女,山西临汾人,硕士研究生,研究方向为家禽动物营养,E-mail:915547215@qq.com;武圣儒(1992—),男,四川攀枝花人,博士研究生,研究方向为家禽免疫营养与表观遗传,E-mail:wushengru2013@163.com

　[#] 通讯作者:杨小军,教授,博士生导师,E-mail:yangxj@nwsuaf.edu.cn

饲粮添加藻油和鱼油对鸡蛋脂肪酸组成和
风味影响的对比研究[*]

冯嘉[**]　王晶[#]　龙烁　张海军　武书庚　齐广海[#]

（中国农业科学院饲料研究所，农业部饲料生物技术重点开放实验室，
生物饲料开发国家工程研究中心，北京 100081）

摘要：本试验旨在对比研究产蛋鸡饲粮添加藻油和鱼油对鸡蛋脂肪酸组成，感官品质和总体接受度的影响，为二十二碳六烯酸（docosahexaenoic acid，DHA）富集鸡蛋的生产和饲粮 DHA 来源的选择提供依据和参考。试验采用单因素随机设计，选用 30 周龄产蛋率接近、体况良好的海兰褐蛋鸡 630 只，随机分为 7 个处理，每处理 6 个重复，每个重复 15 只鸡。预饲期 1 周，正式试验期 10 周。对照组饲喂基础饲粮（不额外添加 DHA）。试验组分别以藻油和鱼油作为 DHA 源，设计 DHA 添加水平为 1.25、2.50、5.00 mg/g 的 6 种饲粮。其中，藻油组添加量分别为 0.25%、0.5% 和 1%，鱼油组添加量分别为 1.08%、2.17% 和 4.34%。藻油和鱼油中 DHA 含量（实测值）分别为 502.23 mg/g 和 116.52 mg/g。结果表明：1）饲粮添加藻油和鱼油均显著提高了蛋黄中 DHA、EPA（eicosapentaenoic acid）和总 n-3 不饱和脂肪酸含量（$P<0.05$）；与对照组相比，0.25%～1% 藻油组的蛋黄 DHA 含量分别提高了 2.7、3.8、4.5 倍，1.08%～4.34% 鱼油组的蛋黄 DHA 含量分别提高了 3.2、3.8、5.1 倍。2）正交对比结果显示，与藻油相比，鱼油添加组鸡蛋蛋黄中 DHA、EPA 及总 n-3 PUFA 沉积效果更佳（$P<0.05$）。3）随着饲粮藻油和鱼油添加水平的提高，鸡蛋蛋黄滋味和总体接受度评分线性降低（$P<0.05$），而鸡蛋蛋黄的外观、气味及质感评分未产生显著变化（$P>0.05$）。其中，4.34% 鱼油组总接受度评分低于 5 分（可接受和不可接受的分界点），处于不可接受范围。4）感官评价正交对比结果显示，鱼油组鸡蛋蛋黄滋味评分和总体接受度评分低于藻油组鸡蛋蛋黄（$P<0.05$）。由此可见，饲粮添加藻油可作为产蛋鸡 DHA 源代替鱼油，用于提高鸡蛋 DHA 含量；但同等添加水平时，鱼油沉积效果更佳。饲粮添加藻油或鱼油均对鸡蛋感官品质产生不良影响，藻油组鸡蛋蛋黄感官品质相对较佳。除 4.34% 鱼油组外，其他组蛋黄感官品质均处于可接受范围内。

关键词：鸡蛋；n-3 多不饱和脂肪酸；感官品质；总体可接受度

---

　* 基金项目：现代农业产业技术体系（CARS-40-K12）；北京市家禽创新团队（BAIC04-2018）；中国农业科学院农业科技创新工程

　** 第一作者简介：冯嘉（1992—），男，河南安阳人，博士研究生，动物营养与饲料科学专业，E-mail：fengjiacaas@163.com

　# 通讯作者：王晶，副研究员，硕士生导师，E-mail：wangjing@caas.cn；齐广海，研究员，博士生导师，E-mail：qiguanghai@caas.cn

不同咖啡因含量的茶多酚对蛋鸡生产性能、鸡蛋蛋品质和蛋鸡血清抗氧化的影响*

朱轶锋** 王建萍 丁雪梅 白世平 齐沙日娜 曾秋凤 张克英#

（四川农业大学动物营养研究所，成都 611130）

摘要：茶多酚（TP）是茶叶中一类多羟基酚类化合物的总称，茶多酚作为天然抗氧化剂被广泛应用。咖啡因（1,3,7-三甲基黄嘌呤）是一种天然的嘌呤生物碱，见于咖啡豆、茶叶、可可豆、可乐坚果和其他植物。本试验皆在研究不同咖啡因含量的茶多酚对蛋鸡生产性能、蛋鸡鸡蛋品质和蛋鸡血清抗氧化能力的影响。选取 36 周龄罗曼粉壳蛋鸡 840 只，随机分为 7 个处理（每个处理 6 个重复，每个重复 120 只）；对照组饲喂基础饲粮（不含茶多酚），其余处理添加相同水平的茶多酚产品（1 266.7 mg/kg，茶多酚含量 90%），饲粮咖啡因含量分别为 4.4、17.2、30.9、37.5、73.8、105.3 mg/kg，试验期为 12 周。结果表明：1）各茶多酚处理（除咖啡因 4.4 mg/kg 和 73.8 mg/kg 处理外）降低了 1~4 周的采食量和料蛋比。咖啡因 17.2 mg/kg、73.8 mg/kg 和 105.3 mg/kg 组提高了脏蛋率，降低了合格蛋率。2）就蛋品质而言，与对照组相比，各茶多酚处理的第 2、第 4、第 9 周蛋壳强度和蛋壳质量有明显的降低。随着咖啡因含量的增加（4.4 mg/kg 和 37.5 mg/kg 除外），蛋壳颜色的 L* 值降低，a* 值和 b* 值增加。在第 9 周时，茶多酚处理（除咖啡因 4.4 mg/kg 和 73.58 mg/kg 处理外）降低了蛋白高度、蛋黄颜色、蛋黄相对质量和哈氏单位。4）鸡蛋在室温下储存 20 天，咖啡因达到 30.9 mg/kg 以上，降低了蛋壳强度、蛋壳厚度和蛋重。5）添加不同咖啡因含量的茶多酚对蛋鸡血清谷胱甘肽过氧化物酶、总抗氧化能力和丙二醛浓度没有影响。试验结果表明，饲粮中添加茶多酚产品，咖啡因达到 17.2 mg/kg 或更高可改善料蛋比，对产蛋率和蛋重无不利影响，但降低蛋鸡的采食量和鸡蛋蛋壳、蛋白质量。由此得出，为提高鸡蛋的质量，生产上最好选择含量低或不含咖啡因的产品。

关键词：茶多酚；咖啡因；蛋品质；血清抗氧化

---

* 基金项目：中国科技部国家重点技术研究与开发项目（2014BAD13B04）；四川省科学技术项目（13ZB0290，2018NZ20009）

** 第一作者简介：朱轶锋（1993—），男，四川成都人，硕士研究生，动物营养与饲料科学专业，家禽方向，E-mail：378979707@qq.com

\# 通讯作者：张克英，教授，博士生导师，E-mail：zkeying@sicau.edu.cn

不同矿物质添加水平对蛋鸡生产性能和蛋品质的影响*

陈媛婧**　王志跃　万晓莉　戈冰洁　张悦　杨海明#

（扬州大学动物科学与技术学院，扬州 225009）

摘要：矿物质添加剂具有提高饲料利用率、促进畜禽生长及改善畜禽产品品质等方面的作用。本试验旨在研究饲粮中有机矿物元素添加剂与无机矿物元素添加剂组合使用对蛋鸡生产性能和蛋品质的影响，为矿物质添加剂在蛋鸡生产中的应用提供参考。试验选用健康、产蛋率一致的 270 日龄海兰褐蛋鸡 540 羽，随机分为 3 组，每组 6 个重复，每个重复 30 只。对照组为无机对照组，无机矿物元素 Cu、Fe、Zn、Mn 的添加水平分别为 8、80、70、80 mg/kg，试验组 1 各矿物元素的添加水平为 6 mg/kg 无机 Cu＋1 mg/kg 氨基酸螯合铜、50 mg/kg 无机 Fe＋10 mg/kg 氨基酸螯合铁、50 mg/kg 无机 Zn＋5 mg/kg 氨基酸螯合锌、50 mg/kg 无机 Mn＋10 mg/kg 氨基酸螯合锰，试验组 2 各矿物元素的添加水平为 4 mg/kg 无机 Cu＋2 mg/kg 氨基酸螯合铜、30 mg/kg 无机 Fe＋20 mg/kg 氨基酸螯合铁、30 mg/kg 无机 Zn＋15 mg/kg 氨基酸螯合锌、30 mg/kg 无机 Mn＋20 mg/kg 氨基酸螯合锰。试验期为 8 周。试验采用 3 层层叠式笼养，机械通风，每天 16 h 光照，每天 07:00 和 14:00 各喂料 1 次，根据剩料情况酌情增减给料量，使鸡处于自由采食状态，自由饮水，将舍内温度控制在 25℃ 以内。试验期内以重复为单位，每天 11:00 和 15:00 各捡蛋 1 次，记录产蛋数，同时记录试验鸡的死淘情况以及正常生产指标。饲养试验结束之日，以重复为单位随机取鸡蛋进行蛋品质测定，测定蛋壳强度、蛋白高度、蛋黄颜色、蛋重、哈氏单位。试验结果表明：有机矿物元素添加剂与无机矿物元素添加剂组合使用对产蛋率的影响虽无显著差异（$P>0.05$），但试验组 2 蛋鸡的产蛋率相比较最高；各组蛋鸡淘汰率均较低，只是对照组略高一些，但各组间差异不显著（$P>0.05$），各组蛋鸡所产鸡蛋的蛋重略有差异，但差异也并不显著（$P>0.05$）。各组鸡蛋蛋壳强度和蛋白高度差异不显著（$P>0.05$）；但试验组 1 和试验组 2 蛋黄颜色较深，显著高于对照组（$P<0.01$），对照组鸡蛋的哈氏单位最大，但与试验组差异并不显著（$P>0.05$）。综上所述：氨基酸螯合矿物元素添加剂与无机矿物元素添加剂组合使用具有降低添加量，提高了蛋黄颜色，但各元素具体添加量和比例还需进一步研究。

关键词：矿物质；蛋鸡；产蛋期；生产性能；蛋品质

---

　*　基金项目：江苏省现代农业（蛋鸡）产业技术体系（SXGC[2017]139）；江苏省政策引导类计划（苏北科技专项）（SZ-SQ2017045）

　**　第一作者简介：陈媛婧（1995—），女，山东东营人，硕士研究生，主要从事家禽营养与生产研究，E-mail：402962700@qq.com

　#　通讯作者：杨海明，教授，E-mail：yhmdlp@qq.com

日粮无机磷水平对蛋鸡产蛋性能与磷代谢的影响*

程曦** 孙文强 任周正 杨小军#

（西北农林科技大学动物科技学院，杨凌 712100）

摘要：本试验旨在观测在饲粮不同无机磷水平对蛋鸡产蛋性能与磷代谢的影响，探究低磷条件下蛋鸡磷稳态变化及相应调控机制。本试验采用单因素完全随机设计，饲粮为玉米豆粕型（非植酸磷 0.12%，钙 3.8%，维生素 D_3 2 415 IU），磷源采用磷酸一二钙（MDCP），无机磷添加水平分别为 0%，0.05%，0.10%，0.15%，0.20%，0.25% 和 0.30%（对应非植酸磷含量分别为 0.12%，0.17%，0.22%，0.27%，0.32%，0.37% 和 0.42%）。选用健康的 41 周龄海兰褐壳蛋鸡 504 只，随机分到以上 3 个处理，每个处理 6 个重复，每个重复 12 只鸡。试验期为 15 周。试验指标包括：生产性能（产蛋率、平均蛋重、日产蛋量、平均日采食量、料蛋比）、蛋品质（蛋形指数、蛋壳强度、蛋壳厚度、蛋白高度、蛋黄颜色、哈氏单位）、胫骨质量（钙、磷、灰分、胫骨强度）、血清生化指标〔钙、磷、甲状旁腺激素、降钙素、1,25-$(OH)_2D_3$〕、小肠钠依赖性磷转运载体Ⅱb（NaPi-Ⅱb）基因相对表达量以及代谢组学（GC-MS）分析。结果表明，与对照组相比，MDCP 的添加对蛋鸡产蛋率、平均蛋重、日产蛋量、平均日采食量、料蛋比、蛋壳厚度、蛋白高度、蛋黄颜色、哈氏单位、胫骨钙、磷、与灰分含量、血清钙和磷、甲状旁腺激素、降钙素与 1,25-$(OH)_2D_3$ 含量以及 NaPi-Ⅱb 表达量均无显著影响（$P >$ 0.05）；随着非植酸磷水平降低，胫骨强度有下调的趋势（$P = 0.08$），低非植酸磷水平显著降低蛋壳强度（$P < 0.01$）与胫骨磷含量（$P < 0.01$）；代谢组学检测出，低非植酸磷水平能够上调血清中能量代谢相关中间代谢物（乳酸、α-酮戊二酸、柠檬酸、果糖与葡萄糖）含量，下调脂质代谢相关中间代谢物（花生四烯酸、十九烷酸、二十二碳六烯酸与二十烷酸）与氨基酸代谢相关中间代谢物（赖氨酸、苯丙氨酸、酪氨酸、缬氨酸、苏氨酸、鸟氨酸、天冬酰胺、异亮氨酸、丙氨酸与丝氨酸）。该结果说明，海兰褐壳蛋鸡在 41～55 周龄期间，饲喂含 0.12% 非植酸磷，3.8% 钙与 2 415 IU 维生素 D_3 的玉米豆粕型饲粮，已能够满足该阶段蛋鸡的磷需求，无须额外添加无机磷。

关键词：非植酸磷；蛋鸡；产蛋性能；磷代谢；磷酸一二钙

＊ 基金项目：陕西省科技厅特色创新链项目（2017TSCXL-NY-04-04）

＊＊ 第一作者简介：程曦（1994—），新疆乌鲁木齐人，硕士研究生，动物营养与饲料科学专业，E-mail：404158372@qq.com

＃ 通讯作者：杨小军，教授，博士生导师，E-mail：yangxj@nwuaf.edu.cn

饲粮钠水平对鸡蛋蛋壳品质及超微结构的影响[*]

付宇[**]　王晶[#]　张海军　武书庚　齐广海[#]

（中国农业科学院饲料研究所,农业部饲料生物技术重点开放实验室,生物饲料开发
国家工程研究中心,北京 100081）

摘要:本试验旨在探讨饲粮钠水平及 2 种钠源对产蛋高峰期蛋鸡蛋壳品质的影响。试验以碳酸氢钠（$NaHCO_3$）或硫酸钠（Na_2SO_4）为补充钠源,设计钠水平为 0.15%、0.25%、0.30% 和 0.40% 的 8 种饲粮,其中饲粮总氯水平为 0.15%。选取 576 只产蛋率和体重相近的 28 周龄海兰褐产蛋鸡,随机分为 8 组,每组 6 个重复,每个重复 12 只。预饲 1 周,试验期 12 周。每 4 周统计生产性能,分别于正式试验期 0、4、8、12 周末,连续 3 天以重复为单位采集与平均蛋重相近的鸡蛋样品（每个重复 6 枚/天）,测定蛋壳强度、厚度、壳重,计算壳重比。12 周末,分别选取 2 种钠源处理组中蛋壳强度最低和最高组,采集样品,扫描电镜观察蛋壳断面超微结构。结果表明:1)饲粮添加 $NaHCO_3$ 或 Na_2SO_4,饲粮钠水平（0.15%~0.40%）对产蛋鸡生产性能无显著影响（$P>0.05$）。2)饲粮添加 $NaHCO_3$ 或 Na_2SO_4,随饲粮钠水平增加蛋壳强度呈二次变化（$P<0.05$）,且 0.30% 饲粮钠水平组蛋壳强度显著高于其他各组（$P<0.05$）。3)饲粮添加 Na_2SO_4 时,随饲粮钠水平增加蛋壳厚度呈二次变化趋势（$P=0.067$）,0.30% 钠水平组蛋壳厚度显著高于其他各组（$P<0.05$）,而添加 $NaHCO_3$ 对蛋壳厚度无显著影响（$P>0.05$）。4)饲粮添加 $NaHCO_3$ 或 Na_2SO_4,饲粮钠水平对蛋壳重无显著影响（$P>0.05$）。5)但添加 Na_2SO_4 时,随饲粮钠水平增加壳重比呈二次变化（$P<0.05$）,且 0.30% 钠水平组壳重比显著高于其他各组（$P<0.05$）,而添加 $NaHCO_3$ 时,未观察到钠水平对壳重比的显著影响（$P>0.05$）。6)与 0.15% 饲粮钠水平组（蛋壳强度最低组）相比,0.30% 饲粮钠水平（蛋壳强度最高组）显著增加了蛋壳有效层厚度（$P<0.05$）,降低了乳突层厚度（$P<0.05$）,降低了乳突宽度（$P<0.05$）,显著增加了有效层比例（$P<0.05$）,降低了乳突层比例（$P<0.05$）。由此可见,通过添加 $NaHCO_3$ 或 Na_2SO_4,提高饲粮钠水平,可显著影响产蛋高峰期蛋鸡蛋壳品质。其中,0.30% 饲粮钠水平组蛋壳品质最佳,可能与其改善蛋壳超微结构有关。

关键词:饲粮钠水平;产蛋鸡;蛋壳;超微结构

* 基金项目:国家重点研发计划(2016YFD0501202-06);现代农业产业技术体系建设专项资金(CARS-40-K12)
** 第一作者简介:付宇(1993—),女,黑龙江牡丹江人,硕士研究生,动物营养与饲料科学专业,E-mail:fuuuuyu@163.com
# 通讯作者:王晶,副研究员,硕士生导师,E-mail:wangjing@caas.cn;齐广海,研究员,博士生导师,E-mail:qiguanghai@caas.cn

膨化大豆代替豆粕对蛋鸡生产性能和
蛋品质的影响研究[*]

王娇[1,3**]　李军国[1]　杨洁[1]　谷旭[1]　于治芹[1]　董颖超[1]　吴志勇[2]　蒋万春[3#]

（1. 中国农业科学院饲料研究所，农业部饲料生物技术重点实验室，北京 100081；

2. 邯郸市畜牧技术推广站，邯郸 056001；3. 河北工程大学生命科学与

食品工程学院，邯郸 056038）

摘要：本试验旨在研究用膨化大豆替代不同比例的豆粕对蛋鸡生产性能、鸡蛋营养指标和蛋品质的影响。选取农大三号蛋鸡 300 只，随机分成 5 组，每个处理组 4 个重复，每个重复 15 只鸡。对照组饲喂玉米-豆粕型基础饲料，试验组采用膨化大豆分别替代 20％、30％、40％、50％的豆粕。试验周期为 8 周。结果表明：1）用膨化大豆替代 40％豆粕组的平均蛋重、产蛋率和料蛋比均优于其他各组，表现为差异显著（$P<0.05$）。与对照组相比，平均蛋重、产蛋率分别提高了 1.73％、6.05％；料蛋比降低了 11.72％。2）膨化大豆替代不同比例的豆粕对鸡蛋中的水分、能量、蛋白质、脂肪、碳水化合物、钠、胆固醇和卵磷脂含量均表现为差异不显著（$P>0.05$），但用膨化大豆替代 40％豆粕组的灰分含量比对照组、50％豆粕组分别低于 11.11％、5.88％，表现为差异显著（$P<0.05$），但与 20％豆粕组和 30％豆粕组无显著影响（$P>0.05$）。3）用膨化大豆替代不同比例的豆粕对蛋壳强度、蛋壳厚度、蛋黄比率和哈氏单位均无显著影响（$P>0.05$）；其中，试验期第 4 周，50％豆粕组的蛋形指数均显著高于其他各组（$P<0.05$），比对照组提高了 3.07％，试验期第 8 周，50％豆粕组的蛋形指数比对照组显著降低了 2.29％（$P<0.05$），但与其他各组差异不显著（$P>0.05$）；用膨化大豆替代不同比例的豆粕对哈氏单位的影响主要表现在试验期第 8 周，其中用膨化大豆替代 50％豆粕组比对照组显著降低了 7.04％（$P<0.05$），但与其他各组无显著性影响（$P>0.05$）。4）试验期第 4 周，与对照组相比，用膨化大豆替代 30％豆粕组的亮度 L^*、黄度 b^* 均表现为差异显著（$P<0.05$），分别提高了 1.05％、13.54％，但均与其他各组差异不显著（$P>0.05$）；红度 a^* 比对照组和 50％豆粕组分别显著降低了 31.36％、14.07％（$P<0.05$），但均与 40％豆粕组差异不显著（$P>0.05$）。试验期为第 8 周，对蛋黄颜色的影响主要体现在用膨化大豆替代 40％豆粕组中，其中亮度 L^*、黄度 b^* 均显著高于对照组，分别提高了 1.56％和 8.39％（$P<0.05$）；40％豆粕组的红度 a^* 比对照组显著降低了 32.23％（$P<0.05$），比 30％豆粕组、50％豆粕组分别显著提高了 17.83％、10.77％（$P<0.05$），但与 20％豆粕组表现为差异不显著（$P>0.05$）。由此可见，用膨化大豆替代 40％豆粕为最佳，在一定程度上能够提高蛋鸡的生产性能，延缓蛋在贮藏中哈氏单位的下降，延长蛋的保鲜期，改善蛋黄颜色，但对鸡蛋的营养指标无显著性差异。

关键词：膨化大豆；蛋鸡；生产性能；鸡蛋营养指标；蛋品质

　*　基金项目：国家重点研发计划项目（2018YFD0500602）；中国农业科学院创新工程项目（CAAS-ASTIP-2017-FRI-08）；现代农业产业技术体系北京市家禽创新团队项目（BAIC04-2018）

　**　第一作者简介：王娇（1993—），女，河北唐山人，硕士研究生，研究方向为动物营养与饲料加工，E-mail：540181215@qq.com

　#　通讯作者：蒋万春，副教授，硕士生导师，E-mail：wanchunmail@sohu.com

豆粕粉碎粒度对蛋鸡生产性能蛋品质和消化器官指数的影响[*]

吴雨珊[1][**] 杨洁[1,2] 韩晴[1,2] 张嘉琦[1,2] 谷旭[1] 董颖超[1] 李军国[1,2][#]

(1.中国农业科学院饲料研究所,北京 100081;2.农业部饲料生物技术重点实验室,北京 100081)

摘要:本试验旨在研究豆粕不同粉碎粒度对蛋鸡生产性能、蛋品质及消化器官指数的影响。饲料原料使用锤片式粉碎机进行粉碎,其中豆粕分别用 4.0、5.0、6.0、7.0、8.0 mm 的筛孔直径进行粉碎,过 6.00 mm 筛不粉碎作为对照,玉米采用 6.00 mm 筛孔直径进行粉碎,其他饲粮原料加工方式一致。选用 2 592 只 210 日龄的海兰褐产蛋鸡,随机分为 6 组,每组重复 72 只,各组蛋鸡分别饲喂不同玉米粉碎粒度的饲粮。预饲 1 周,试验期为 8 周。结果表明:豆粕的几何平均粒径随着粉碎机筛片孔径的增大而显著增大($P<0.05$)。经锤片式粉碎机粉碎后的试验组在生产性能、蛋品质和消化器官指数方面优于不粉碎过 6 mm 筛的对照组。筛片孔径 5.00 mm(几何平均粒径 732.00 μm)组生产性能优于其他各组,且平均日采食量显著低于筛片孔径 8.00 mm 组和不粉碎过 6.00 mm 筛的对照组($P<0.05$),与其他各组无显著差异($P>0.05$);各组的平均蛋重和产蛋率没有显著差异($P>0.05$),但筛片孔径 5.00 mm(几何平均粒径 732.00 μm)组平均蛋重最大;产蛋率呈升高的趋势,筛片孔径 8.00 mm 组产蛋率最高。第 4 周时各组间蛋壳强度和蛋形指数差异不显著($P>0.05$);对照组的蛋黄比率最大,显著高于 8.00 mm 组($P<0.05$),与其他各组无显著差异($P>0.05$)。筛片孔径 7.00 mm 组的哈氏单位显著高于筛片孔径 8.00 mm 组的哈氏单位($P<0.05$),与其他组无显著差异($P>0.05$);第 8 周时不粉碎过 6.00 mm 筛的对照组蛋黄比率最大,显著高于其他组($P<0.05$);筛片孔径 7.00 mm 组的哈氏单位为最大值,显著高于对照组($P<0.05$);对照组显著高于筛片孔径 7.00 mm 组的蛋壳厚度($P<0.05$);关于蛋壳强度、蛋形指数、蛋黄比率 3 个指标各组间无显著差异($P>0.05$)。蛋品质差异不显著($P>0.05$),筛片孔径 5.00 mm(几何平均粒径 732.00 μm)组优于其他组。筛片孔径 5.00 mm(几何平均粒径 732.00 μm)组的空肠、回肠和小肠的长度最大,显著高于其他组($P<0.05$)。不同粉碎孔径之间腺胃、肌胃、十二指肠、空肠和回肠的质量均差异不显著($P>0.05$)。本研究表明,对于蛋鸡饲料,豆粕采用锤片式粉碎机筛片孔径 5.00 mm(几何平均粒径 732.00 μm)时,对蛋鸡生产性能、蛋品质及消化器官指数最佳。

关键词:豆粕;粉碎粒度;蛋鸡;生产性能;蛋品质;消化器官指数

* 基金项目:北京市家禽产业创新团队项目(BAIC04-2018);国家重点研发计划项目(2018YFD0000000);中国农业科学院创新工程项目(CAAS-ASTIP-2017-FRI-08)

** 第一作者简介:吴雨珊(1994—),女,黑龙江省佳木斯人,硕士研究生,从事饲料动物营养研究,E-mail:wuyushan51@163.com

通讯作者:李军国,研究员,硕士生导师,E-mail:lijunguo@caas.cn

蛋种鸭产蛋期钙需要量的研究*

夏伟光** 陈伟 阮栋 王爽 张亚男 罗茜 郑春田#

（广东省农业科学院动物科学研究所，畜禽育种国家重点实验室，农业部华南动物
营养与饲料重点实验室，广东省动物育种与营养公共实验室，广东省
畜禽育种与营养研究重点实验室，广州 510640）

摘要：本试验旨在研究饲粮中不同钙水平对蛋种鸭产蛋性能、蛋壳品质、种蛋孵化、胫骨质量、血浆、卵巢和壳腺指标的影响，以提出产蛋期蛋种鸭钙的需要量。试验选用 21 周龄的龙岩山麻鸭种母鸭 450 只，随机分为 5 个组，每组 6 个重复，每个重复 15 只，单笼饲养。各组蛋种鸭分别饲喂含钙水平为 2.8%、3.2%、3.6%、4.0% 和 4.4% 的试验饲粮，其他营养水平一致。试验持续 36 周，包括产蛋初期（23～40 周龄）和高峰期（41～57 周龄）。每隔 4 周从各组每个重复中采集 3 枚蛋样用于蛋壳品质指标测定，并取各批次蛋壳品质指标平均值进行统计分析。于产蛋高峰期（41 周龄）对蛋种鸭人工授精，连续收集 7 天受精蛋，从每个重复中选择 50 枚蛋样进行孵化。试验结束时在每个重复中随机选取 2 只空腹 12 h 的试验蛋种鸭进行采血、屠宰以及采集胫骨、卵巢和壳腺样品，并测定相关指标。结果表明：1）产蛋初期和试验全期，随饲粮钙水平的提高，蛋种鸭产蛋率和日产蛋重线性升高（$P<0.01$），料蛋比线性下降（$P<0.01$）。2）随饲粮钙水平的提高，蛋种鸭蛋壳相对质量显著线性升高（$P<0.01$），蛋壳厚度呈显著的先升高后降低的二次曲线变化（$P<0.05$），其中 4.0% 饲粮钙组蛋壳厚度最高。3）饲粮钙水平对种蛋受精率、受精蛋孵化率、雏鸭健雏率和出壳体重均无显著影响。4）蛋种鸭卵巢相对质量与饲粮钙水平呈先升高后降低的二次曲线关系（$P<0.01$），其中 3.6% 饲粮钙组卵巢相对质量最高；3.2% 饲粮钙组蛋种鸭小黄卵泡数显著高于其他各组（$P<0.01$）。5）4.0% 饲粮钙组蛋种鸭胫骨强度和灰分含量显著高于其他各组（$P<0.05$）。6）随饲粮钙水平的提高，蛋种鸭血浆磷浓度和胫骨磷含量呈显著的先升高后降低的二次曲线变化（$P<0.01$），其中 4.0% 和 3.2% 饲粮钙组血浆磷浓度和胫骨磷含量最高。7）壳腺碳酸酐酶 2 mRNA 表达量与饲粮钙水平呈先升高后降低的二次曲线关系（$P<0.01$），其中 3.2% 饲粮钙组壳腺碳酸酐酶 2 mRNA 表达量最高。综上结果表明，饲粮钙水平显著影响蛋种鸭产蛋性能、蛋壳品质、卵泡发育以及胫骨质量。由二次曲线回归模型分析，龙岩山麻鸭种母鸭产蛋期获得最大蛋壳厚度和卵巢相对重的饲粮钙需要量分别为 3.86% 和 3.48%。以蛋壳厚度为评定指标，由产蛋初期和产蛋高峰期平均日采食量分别为 159 g 和 161 g，据此推荐龙岩山麻鸭种母鸭饲粮钙日需要量产蛋初期为 6.14 g，高峰期为 6.21 g。

关键词：钙；蛋种鸭；繁殖性能；蛋壳品质；胫骨质量

---

* 基金项目：国家水禽产业技术体系建设专项（CARS-42-13）；广州市科技计划重点项目（201804020091）

** 第一作者简介：夏伟光（1985—），男，广东清远人，博士，从事水禽营养与饲料资源利用技术研究，E-mail：harry_xch@sina.com

通讯作者：郑春田，研究员，硕士生导师，E-mail：zhengcht@163.com

蛋种鸭产蛋期适宜能量和蛋白需要研究*

夏伟光**　陈伟　阮栋　王爽　张亚男　罗茜　郑春田#

（广东省农业科学院动物科学研究所，畜禽育种国家重点实验室，农业部华南动
物营养与饲料重点实验室，广东省动物育种与营养公共实验室，
广东省畜禽育种与营养研究重点实验室，广州 510640）

摘要：本试验旨在研究饲粮代谢能（ME）和粗蛋白质（CP）水平对 29～45 周龄蛋种鸭产蛋性能、种蛋孵化、繁殖器官、肝脏和血浆指标的影响，以确定产蛋期蛋种鸭适宜能量和蛋白质需要量。试验采用 3×3 两因子完全随机试验设计，ME 水平分别为 2 600、2 500、2 400 kcal/kg，CP 水平分别为 19％、18％、17％，选择 29 周龄的龙岩山麻鸭种母鸭 648 只，随机分为 9 个组，每组 6 个重复，每个重复 12 只，单笼饲养。试验饲粮 ME 和 CP 水平根据试验分组设计确定，饲粮赖氨酸和蛋氨酸水平随 CP 水平做相应调整，其含硫氨基酸与总赖氨酸比值均为 0.82，其他营养水平一致。试验共持续 16 周。于产蛋高峰期（41 周龄）对蛋种鸭进行人工授精，连续收集 7 天受精蛋，从每个重复中选择 50 枚蛋样进行孵化。试验结束时在每个重复中随机选取 2 只空腹 12 h 的试验蛋种鸭进行采血和屠宰，分离卵巢和腹脂并称重，记录优势卵泡、小黄卵泡数量和质量以及输卵管重量，采集肝脏样品，并测定相关指标。结果表明：1）饲粮 CP 水平为 19％和 18％组蛋种鸭产蛋率和日产蛋重显著高于 17％组（$P<0.01$），料蛋比显著低于 17％组（$P<0.01$）。饲粮 ME 和 CP 水平对蛋种鸭产蛋率、日产蛋重和料蛋比有显著交互作用（$P<0.05$），2 400 kcal/kg ME 和 18％ CP 组产蛋率、日产蛋重和料蛋比最佳。2）饲粮 ME 水平为 2 500 kcal/kg 组蛋种鸭腹脂率显著低于 2 600 kcal/kg 和 2 400 kcal/kg 组（$P<0.05$）。3）饲粮 CP 水平为 19％组的雏鸭健雏率显著高于 18％和 17％组（$P<0.05$）。4）饲粮 CP 水平为 19％和 18％组蛋种鸭优势卵泡相对重显著高于 17％组（$P<0.05$），CP 水平为 19％和 17％组小黄卵泡相对重显著高于 18％组（$P<0.05$）。5）饲粮 CP 水平为 18％组蛋种鸭肝脏极低密度脂蛋白受体-Ⅱ和肉毒碱棕榈酰转移酶-1A mRNA 表达量显著低于 19％和 17％组（$P<0.05$）。饲粮 ME 水平为 2 500 kcal/kg 组蛋种鸭肉毒碱棕榈酰转移酶-1A mRNA 表达量显著高于 2 600 kcal/kg 和 2 400 kcal/kg 组（$P<0.01$）。饲粮 ME 和 CP 水平对蛋种鸭肝脏肉毒碱棕榈酰转移酶-1A mRNA 表达量有显著交互作用（$P<0.05$），2 500 kcal/kg ME 和 19％ CP 组肝脏肉毒碱棕榈酰转移酶-1A mRNA 表达量显著高于其他各组（$P<0.05$）。综上结果表明，饲粮 ME 水平为 2 500 kcal/kg 显著促进了蛋种鸭肝脏脂肪代谢并降低了其腹脂率。饲粮 CP 水平为 19％显著提高了蛋种鸭繁殖性能和雏鸭健雏率。由二次曲线回归模型分析，龙岩山麻鸭种母鸭产蛋期获得最大产蛋率、日产蛋重和料蛋比的饲粮能蛋比分别为 12.9、12.9、12.8 kcal/g。

关键词：代谢能；粗蛋白质；蛋种鸭；产蛋性能；繁殖性能

---

　*　基金项目：国家水禽产业技术体系建设专项（CARS-42-13）；广州市科技计划重点项目（201804020091）
　**　第一作者简介：夏伟光（1985—），男，广东清远人，博士，从事水禽营养与饲料资源利用技术研究，E-mail：harry_xch@sina.com
　#　通讯作者：郑春田，研究员，硕士生导师，E-mail：zhengcht@163.com

饲粮维生素 E 水平对蛋种鸭生产性能、蛋品质、繁殖性能及后代抗氧化指标的影响[*]

王爽[**]　黄路生　A. M. Fouad　阮栋　夏伟光
陈伟　张亚男　郑春田[#]

（广东省农业科学院动物科学研究所,畜禽育种国家重点实验室,农业部华南
动物营养与饲料重点实验室,广东省动物育种与营养公共实验室,
广东省畜禽育种与营养研究重点实验室,广州 510640）

摘要：本试验以龙岩山麻鸭种鸭作为研究对象,在笼养条件下探索不同维生素 E 水平对蛋种鸭产蛋性能、蛋品质、繁殖性能、抗氧化功能、免疫功能以及后代 1 日龄雏鸭抗氧化功能的影响,确立蛋种鸭维生素 E 需要量。试验采用单因子完全随机设计,选择 504 只健康 20 周龄山麻鸭种鸭随机分为 6 个处理,每个处理 6 个重复,每个重复 14 只,单笼饲养。基础饲粮为玉米-豆粕型饲粮,各处理分别在基础饲粮中添加不同 0、12.5、25、50、100、200 mg/kg 的维生素 E,试验期为 20 周。结果表明：饲粮中添加维生素 E 显著提高蛋种鸭产蛋率（$P<0.05$）,并有降低料蛋比的趋势（$P=0.057$）,当维生素 E 添加水平为 12.5 mg/kg 时,蛋种鸭可以获得最佳的产蛋率和料蛋比。饲粮中维生素 E 水平对蛋种鸭平均蛋重,日产蛋重无显著影响（$P>0.05$）。蛋黄中丙二醛（MDA）含量随着饲粮中维生素 E 水平增加而下降（$P<0.05$）。饲粮中添加维生素 E 显著提高蛋种鸭优势卵泡质量（$P<0.05$）,当维生素 E 添加水平为 12.5 mg/kg 时,优势卵泡质量最大。随饲粮维生素 E 水平的升高,蛋种鸭血浆总抗氧化能力（T-AOC）先升高后下降,血浆蛋白羰基（PC）、MDA 含量线性降低（$P<0.05$）。当维生素 E 添加水平为 200 mg/kg 时,蛋种鸭可以获得最高的血浆 IL-2 和 IFN-γ浓度（$P<0.05$）。饲粮维生素 E 添加水平对种蛋受精率、孵化率及健雏率无显著影响（$P>0.05$）。1 日龄雏鸭血浆 GSH-Px 活性随着维生素 E 水平增加先升高后下降,维生素 E 水平为 25 mg/kg 时,后代 1 日龄雏鸭可以获得最佳的血浆 GSH-Px 活性（$P<0.05$）,血浆和肝脏 MDA 含量随着维生素 E 水平增加而显著下降（$P<0.05$）。饲粮维生素 E 水平显著影响后代雏鸭脑组织中抗氧化相关基因的表达,维生素 E 添加水平为 12.5 mg/kg 时,雏鸭脑组织中 HO-1、Nrf-2 及 GPx mRNA 表达量最高（$P<0.05$）。综上所述,饲粮中维生素 E 添加水平显著影响蛋种鸭产蛋性能、蛋品质及机体抗氧化状态,并且对后代抗氧化机能产生显著影响。综合生产性能、抗氧化及繁殖机能指标试验结果,建议蛋种鸭产蛋期饲粮维生素 E 添加量为 12.5 mg/kg,日添加量为 2 mg/天。

关键词：维生素 E；蛋种鸭；生产性能；抗氧化；繁殖性能

---

[*] 基金项目：现代农业产业技术体系建设专项资金资助（CARS-42-13）

[**] 第一作者简介：王爽（1985—）,女,黑龙江鸡西人,硕士,从事蛋鸭维生素营养方向研究,E-mail：wangshuang_730@163.com

[#] 通讯作者：郑春田,研究员,硕士生导师,E-mail：zhengcht@163.com

赖氨酸水平对蛋种鸭繁殖性能、蛋白质和
脂质代谢相关基因表达的影响[*]

阮栋[1]^{**}　　A. M. Fouad[2]　　陈伟[1]　　张亚男[1]　　夏伟光[1]　　王爽[1]
罗茜[1]　　蒋守群[1]　　郑春田[1][#]

（1. 广东省农业科学院动物科学研究所，畜禽育种国家重点实验室，农业部动物营养与饲料（华南）
重点开放实验室，广东省动物育种与营养公共实验室，广东省畜禽育种与营养
研究重点实验室，广州 510640；2. 开罗大学动物生产系，埃及开罗 12613）

摘要：本试验旨在研究不同赖氨酸水平对高峰期蛋种鸭产蛋性能、繁殖性能、蛋白质和脂质代谢相关基因表达的影响，以确定产蛋期蛋种鸭赖氨酸需要量。选取 19 周龄龙岩山麻鸭种鸭 504 只，随机分为 6 组（每组 6 个重复，每个重复 14 只）。采用单因子随机分组试验设计，饲粮赖氨酸水平分别为 0.64%、0.72%、0.80%、0.88%、0.96% 和 1.04%，试验期 26 周。结果表明：1）随着饲粮赖氨酸水平的提高，产蛋率、平均蛋重、日产蛋重、孵化率和后代 1 日龄雏鸭初生重显著增加（$P<0.05$），料蛋比呈先降低后升高的二次曲线变化（$P<0.05$）。2）种蛋蛋清蛋白和蛋壳重随着饲粮赖氨酸水平提高而线性增加（$P<0.05$）；蛋黄重和蛋黄比随着饲粮赖氨酸水平提高呈先升高后降低的二次曲线变化（$P<0.05$）。3）优势卵泡重和优势卵泡重与卵巢重比值随着饲粮赖氨酸水平的提高而线性升高（$P<0.05$）。4）蛋种鸭肝脏胆固醇和甘油三酯含量随着饲粮赖氨酸水平提高呈先降低后升高的二次曲线变化（$P<0.05$）；后代 1 日龄雏鸭肝脏胆固醇含量则线性降低（$P<0.05$）。5）饲粮赖氨酸水平为 0.88% 时，可显著提高蛋种鸭肝脏雷帕霉素靶蛋白、真核翻译起始因子 4E 结合蛋白 1（EIF4EBP1）、泛素结合酶 E2K（UBE2K）、组织蛋白酶（CTSB）、过氧化物酶体增殖物受体 γ（PPARγ）和肉碱棕榈酰基转移酶 1A（CPT1A）的 mRNA 表达，呈线性和二次曲线变化（$P<0.05$）；当赖氨酸水平达到 0.96% 时，显著降低了蛋种鸭肝脏极低密度载脂蛋白 II 和极低密度脂蛋白受体（VLDLR）的 mRNA 表达（$P<0.05$）。6）提高蛋种鸭赖氨酸水平显著降低了其 1 日龄后代雏鸭肝脏核糖体 26S 亚基、UBE2K、CTSB、3-羟基-3-甲基戊二酰辅酶 A 还原酶、CPT1A 和 VLDLR 的 mRNA 表达（$P<0.05$）。综上所述，饲粮赖氨酸可促进蛋种鸭肝脏蛋白质合成和分解代谢，降低肝脏脂肪变性，抑制后代 1 日龄雏鸭肝脏蛋白质和脂质分解代谢。通过二次曲线回归模型拟合，分别以平均蛋重、蛋清重、日产蛋重、料蛋比为评价指标，得出 19～45 周龄山麻鸭种鸭赖氨酸需要量分别为 0.86%、0.90%、0.90%、0.91%。

关键词：赖氨酸；蛋种鸭；生产性能；繁殖性能；蛋白质和脂质代谢

---

* 基金项目：国家现代农业产业技术体系项目（CARS-42-13）；广州市科技计划项目（201804020091）

** 第一作者简介：阮栋（1983—），男，湖北咸宁人，博士研究生，从事家禽营养与饲料研究，E-mail：donruan@126.com

\# 通讯作者：郑春田，研究员，硕士生导师，E-mail：zhengcht@163.com

蛋鸭饲粮中应用大麦及添加葡聚糖酶对蛋鸭产蛋性能的影响[*]

陈伟[**] 夏伟光 王爽 阮栋 罗茜 张亚男 郑春田[#]

（广东省农业科学院动物科学研究所，畜禽育种国家重点实验室，农业部华南动物营养与
饲料重点实验室，广东省动物育种与营养公共实验室，广东省畜禽育种与
营养研究重点实验室，广州 510640）

摘要：商业生产中，大麦是蛋鸭常用饲料原料之一，但其在蛋鸭中的应用研究至今仍未见报道。本试验目的是研究饲粮中应用不同水平大麦分别在添加或不添加酶制剂条件下对蛋鸭生产性能及消化功能的影响。选择 43 周龄体重一致的健康绍兴鸭 960 只，随机分为 10 个处理，每处理 4 个重复栏，每个重复栏 24 只鸭。试验饲粮采用 2×5 设计，各处理分别在玉米-豆粕基础饲粮中应用 0%、15%、30%、45%、60% 大麦或分别添加 0、1.5 g/kg β-1,3-1,4-葡聚糖酶，各饲粮中代谢能、蛋白质、可消化必需氨基酸（Lys、Met、Trp、Thr、Arg）等营养水平一致。试验鸭饲养方式为地面＋水面，试验期为 120 天。试验期间，统计各重复栏每日产蛋重、产蛋个数和采食量。试验结束时，于各重复栏选取 2 只鸭屠宰，并采集十二指肠食糜和空肠黏膜，－80℃冻存，以备酶活性检测。结果表明，在无酶添加条件下，应用 15% 大麦时产蛋率、日产蛋重等性能最佳；而当饲粮中大麦超过 30% 时，蛋鸭产蛋率受到显著负面影响，料蛋比显著上升（$P < 0.05$）。在添加 β-葡聚糖酶条件下，大麦在饲粮中应用水平可达 60%，并对蛋鸭产蛋率等性能无负面影响。添加 β-葡聚糖酶显著提高十二指肠食糜中淀粉酶活性和糜蛋白酶活性（$P < 0.05$）。但饲粮中应用大麦或添加 β-葡聚糖酶对十二指肠食糜中脂肪酶活性无显著影响（$P > 0.05$）。应用 15% 大麦显著提高空肠黏膜麦芽糖酶活性（$P < 0.05$）。大麦或 β-葡聚糖对空肠黏膜蔗糖酶活性均无显著影响（$P < 0.05$），但具有互作效应。综上试验结果表明，在无葡聚糖酶添加条件下，饲粮中应用 15% 大麦时蛋鸭产蛋性能最佳；而在添加葡聚糖酶条件下，饲粮中大麦应用量可达 60%；同时饲粮中添加葡聚糖酶能改善蛋鸭产蛋性能，提高消化道酶活性。

关键词：大麦；蛋鸭；生产性能；消化酶

———————————

[*] 基金项目：国家水禽产业技术体系建设专项（CARS-42-13）；广东省科技计划项目（2016A020210043）

[**] 第一作者简介：陈伟（1982—），男，重庆梁平人，副研究员，从事水禽营养研究，E-mail：cwei010230@163.com

[#] 通讯作者：郑春田，研究员，硕士生导师，E-mail：zhengcht@163.com

石粉颗粒度对蛋鸭血液激素动态变化的影响[*]

罗茜[**]　陈伟[#]　王爽　夏伟光　阮栋　张亚男　郑春田[#]

(广东省农业科学院动物科学研究所，畜禽育种国家重点实验室，农业部华南动物营养与
饲料重点实验室，广东省动物育种与营养公共实验室，广东省畜禽育种与
营养研究重点实验室，广州 510640)

摘要：石粉是蛋鸭日粮中钙元素的主要来源，钙则是影响家禽产蛋率的一种关键因素，石粉颗粒度对蛋禽生理代谢起着十分重要的作用。本试验目的是探讨日粮中石粉颗粒度大小对蛋鸭血液激素动态变化的影响。选择体型一致的 144 只健康未开产龙岩麻鸭并随机分为 2 个处理组，每个处理组有 6 个重复，每个重复 12 只鸭。2 个处理组蛋鸭分别饲喂大颗粒(筛直径 0.85～2 mm)和小颗粒石粉(0.076～0.18 mm)日粮(2 个处理营养水平一致)。在饲喂 2 种颗粒石粉日粮 8 个月后(处于产蛋高峰期)，在试验期同一天选择 6 个时间点(采食前 1 h、采食后 2、4、8、12、16 h)，挑选 2 个试验组各重复中一只蛋鸭采集血液，分离血浆。检测血液中皮质醇、甲状旁腺素、降钙素、雌二醇、促黄体生成素和促卵泡生成素的含量。结果显示，在不同时间点检测血液中皮质醇、降钙素、雌二醇和促卵泡生成素的含量，无组间差异。皮质醇、雌二醇和促卵泡生成素在采食后 12 h 和 16 h 这段时间变化趋势相反；降钙素则是在采食后 2 h 时，大颗粒组达到最高而小颗粒组相反。大颗粒组血浆甲状旁腺激素采食前 1 h 显著高于小颗粒组($P<0.01$)，大颗粒组采食后呈下降趋势，而小颗粒组甲状旁腺激素维持在相对稳定范围，有上升趋势。大颗粒组血浆促黄体生成素在采食前 1 h 和采食后 8 h 时显著高于小颗粒组($P<0.05$)。本试验结果表明，石粉颗粒大小能够影响蛋鸭钙调节激素的分泌；提高促黄体生成素的分泌，可能更有利于促进排卵。

关键词：石粉；颗粒度；激素；蛋鸭

＊　基金项目：国家水禽产业技术体系建设专项(CARS-42-13)；广东省科技计划项目(2016A020210043)

＊＊　第一作者简介：罗茜(1990—)，女，湖南郴州人，助理研究员，从事水禽营养研究，E-mail：xiaibm@163.com

＃　通讯作者：陈伟，副研究员，E-mail：cwei010230@163.com；郑春田，研究员，硕士生导师，E-mail：zhengcht@163.com

饲粮钙缺乏对蛋鸭产蛋性能及卵泡生长的影响[*]

陈伟[**]　夏伟光　罗茜　王爽　阮栋　张亚男　田志梅　郑春田[#]

(广东省农业科学院动物科学研究所,畜禽育种国家重点实验室,农业部华南动物营养与
饲料重点实验室,广东省动物育种与营养公共实验室,广东省畜禽育种与
营养研究重点实验室,广州 510640)

摘要:钙是产蛋家禽的重要矿物元素,对维持骨骼生长和蛋壳形成具有重要意义。但目前,有关钙参与家禽的其他生物学功能仍了解较少。本试验通过对蛋鸭饲喂钙缺乏饲粮,旨在研究饲粮中钙对蛋鸭生产性能及卵泡生长的影响。试验选择 450 只 22 周龄体重一致的健康龙岩麻鸭,随机饲喂 3 个饲粮处理组:1)对照(钙充足,3.6% Ca);2)钙缺乏(1.8% Ca);3)钙缺乏(0.36% Ca),各处理组 6 个重复,每个重复 25 只鸭,采用地面+水面方式饲养,饲喂钙缺乏饲粮 67 天后,所有鸭再饲喂正常钙水平(3.6% Ca)饲粮 67 天。在钙缺乏期第 67 天和恢复期第 67 天时,分别从各重复栏中选取 2 只鸭进行采血和屠宰,分离血浆-80℃冻存;记录优势卵泡(直径>1 cm)数量和质量,并采集卵巢组织-80℃冻存待测。试验结果发现:钙缺乏期,与对照组相比,0.38% Ca 组产蛋率、平均蛋重和日产蛋重显著降低($P<0.05$),同时 0.38% Ca 组优势卵泡数量、质量及卵巢质量相比对照组显著下降($P<0.05$)。1.8% Ca 和 0.38% Ca 组卵巢组织中雌二醇受体 β(ERβ)、促黄体激素受体(LHR)基因 mRNA 表达相比对照组显著下降($P<0.05$)。1.8% Ca 组卵巢组织中促卵泡激素受体(FSHR)基因 mRNA 表达相比对照组显著下降($P<0.05$)。钙缺乏期,饲喂钙缺乏饲粮(1.8% Ca 和 0.38% Ca)鸭血浆中雌二醇、促卵泡激素水平和钙浓度相比对照组显著下降($P<0.05$)。本试验结果表明,饲粮中钙缺乏很可能通过抑制卵泡生长相关基因和激素从而抑制卵泡生长,但通过补充钙充足饲粮能恢复钙缺乏期对卵泡生长的抑制作用。

关键词:蛋鸭;钙;卵泡

  * 基金项目:国家自然科学基金(31301995);广州市科技计划珠江新星专项(201710010159);水禽产业技术体系建设专项(CARS-42-13)

  ** 第一作者简介:陈伟(1982—),男,重庆梁平人,副研究员,从事水禽营养调控研究,E-mail:cwei010230@163.com

  # 通讯作者:郑春田,研究员,硕士生导师,E-mail:zhengcht@163.com

杂粮型饲粮对蛋鸭产蛋性能和蛋品新鲜度的影响[*]

罗茜[**]　张罕星　陈伟[#]　阮栋　张亚男　王爽　夏伟光　郑春田[#]

（广东省农业科学院动物科学研究所，畜禽育种国家重点实验室，农业部华南动物营养与
饲料重点实验室，广东省动物育种与营养公共实验室，广东省畜禽育种与
营养研究重点实验室，广州 510640）

摘要：虽然我国蛋鸭品种具有高产耐粗饲等特点，杂粮型饲粮使用普遍，但是长期大量饲喂杂粮型饲粮可能对蛋鸭生产性能、蛋品质及消费者健康造成不利影响。本试验目的是研究长期饲喂杂粮型饲粮蛋鸭产蛋性能、蛋品新鲜度和免疫能力的影响。选择健康和采食正常的将开产的福建山麻鸭 186 羽，按体重随机分为 2 组，每组 3 个重复，每个重复 31 只鸭。处理 1 饲喂玉米豆粕型饲粮，处理 2 饲喂杂粮型饲粮。试验期持续蛋鸭整个产蛋期。在产蛋高峰期，从各组中采集蛋样各 36 个（每个重复 12 个），在 4℃条件下保存，分为 3 个批次，分别在采样后 0 h、24 h、72 h（3 天）和 288 h（12 天）检测其蛋白高度，作为其新鲜度的指标。试验期结束当天挑选 2 个试验组各重复中一只蛋鸭采集血样，分离血清，ELISA 方法检测 IgG、IgM、IgA、IL-2、IL-6；采集卵巢，实时定量 PCR 法检测 PPAR、FAS、AP2、LHR、FSHR 和 ER 基因的表达。结果显示，在适宜湿度情况下，杂粮组的产蛋性能无显著变化。在高湿环境时，饲喂杂粮日粮蛋鸭产蛋率下降明显（$P<0.05$）。随着鸭蛋存放时间的延长，各组的鸭蛋的哈氏单位（新鲜度）均逐渐下降，而且杂粮型饲料的下降速度要高于玉米-豆粕组。杂粮组蛋鸭血浆中 IL-6 浓度显著低于玉米豆粕组（$P<0.05$），其他免疫指标无差异（$P>0.05$）。基因表达结果显示杂粮组 LHR 和 FSHR 表达显著降低（$P<0.05$）。本试验结果表明，在高湿条件下，杂粮饲粮不利于蛋鸭产蛋性能，而且杂粮饲粮饲喂蛋鸭的鸭蛋产期放置时的新鲜度较差。杂粮饲粮抑制蛋鸭 IL-6 的分泌和 LHR 及 FSHR 的表达。

关键词：杂粮型饲粮；产蛋率；新鲜度；蛋鸭

[*] 基金项目：国家水禽产业技术体系建设专项（CARS-42-13）；广东省科技计划项目（2016A020210043）

[**] 第一作者简介：罗茜（1990—），女，湖南郴州人，助理研究员，从事水禽营养研究，E-mail：xiaibm@163.com

[#] 通讯作者：陈伟，男，重庆梁平人，副研究员，E-mail：cwei010230@163.com；郑春田，研究员，硕士生导师，E-mail：zhengcht@163.com

光照周期对后备期蛋鸭生长性能和骨骼发育的影响*

崔耀明** 王晶 张海军 武书庚# 齐广海#

（中国农业科学院饲料研究所，农业部饲料生物技术重点开放实验室，
生物饲料开发国家工程研究中心，北京 100081）

摘要：本试验旨在研究光照周期对后备期蛋鸭生长性能和骨骼发育的影响，以期为蛋鸭生产提供适宜的光照周期参数。选取 11 周龄金定蛋鸭 480 只，随机分为 5 组（每组 6 个重复，每个重复 16 只）。不同处理组接受的光照周期分别是 6L（光照）：18D（黑暗）、8L：16D、10L：14D、12L：12D 和 14L：10D。试验鸭饲喂玉米-豆粕型基础日粮，冷压制粒。预饲期 14 天，正式试验期 66 天，直到 150 日龄。结果表明：1）与 6L：18D 组相比，8L：16D 显著提高了蛋鸭的体重和平均日增重（$P<0.05$）；不同处理组间，平均日采食量、料重比和死亡率无显著差异（$P>0.05$）。2）胫骨和股骨中间点的周长，胫骨断裂过程中吸收的能量，随光照时间增加呈二次曲线变化趋势（$P<0.05$）；与 6L：18D 组相比，更高的胫骨中间点周长、最大剪切力、中间点横截面皮质骨面积、总钙含量、远端矿物质含量和皮质骨矿物质含量，均出现在 8L：16D 组（$P<0.05$）；不同光照周期对胫骨和股骨基本特性、力学特性、几何特性和物质特性等指标无显著影响（$P>0.05$）。3）胫骨和股骨的小梁骨体积矿物质密度和含量、股骨的弹性能量、胫骨断裂过程中吸收的能量和杨氏弹性模量均随光照时间延长呈线性增加趋势（$P<0.05$）；14L：10D 组的胫骨最大剪切力和总钙含量显著高于 6L：18D 组（$P<0.05$）。4）在蛋鸭 18、19、20、21 周龄采集血清，与 6L：18D 组相比，$\geqslant12$ h/天的光照处理，血清中出现了更高含量的雌二醇、睾酮、碱性磷酸酶、抗酒石酸酸性磷酸酶、钙，骨形态发生蛋白-6、转化生长因子-β、骨钙素，肿瘤坏死因子-α（$P<0.05$），这些结果共同表明，每天光照时间超过 12 h 显著增加了髓质骨的形成。由此可见，适宜的光照周期能显著提高蛋鸭的体重、平均日增重，促进皮质骨的形成和骨骼的矿化，但光照时间过长，仅能促进髓质骨的形成而对皮质骨发育无显著影响。本研究结果表明，8L：16D 可以作为后备期蛋鸭生长和骨骼发育的适宜光照周期。

关键词：光照；蛋鸭；骨骼；矿物质；激素

* 基金项目：国家重点研发计划（2016YFD0500510）；北京市家禽创新团队（BAIC04-2018）

** 第一作者简介：崔耀明（1989—），男，河南平顶山人，博士研究生，从事家禽营养调控研究，E-mail：cymnongkeyuan@163.com

通讯作者：武书庚，研究员，博士生导师，E-mail：wushugeng@caas.com；齐广海，研究员，博士生导师，E-mail：qiguanghai88@caas.com

光照周期对后备期蛋鸭繁殖器官、卵泡发育及激素水平的影响[*]

崔耀明[**]　王晶　张海军　武书庚[#]　齐广海[#]

（中国农业科学院饲料研究所，农业部饲料生物技术重点开放实验室，
生物饲料开发国家工程研究中心，北京 100081）

摘要：本试验旨在研究不同光照周期对后备期蛋鸭繁殖器官、卵泡发育、繁殖相关激素及其受体表达的影响，以期为蛋鸭生产提供适宜的光照周期参数。选取 11 周龄金定蛋鸭 480 只，随机分为 5 组，每组 6 个重复，每个重复 16 只。不同处理组接受的光照周期分别为 6L（光照）:18D（黑暗）、8L:16D、10L:14D、12L:12D 和 14L:10D。试验鸭饲喂玉米-豆粕型基础日粮，冷压制粒。预饲 14 天，正式试验 66 天，直到 150 日龄。结果表明：1）第一枚蛋时间、产蛋数和总蛋重，均随光照时间延长线性增加（$P<0.05$）；与 6L:18D 组相比，$\geqslant$10 h 光照显著增加了总蛋数和总蛋重，$\geqslant$8 h 光照显著提前了第一枚蛋的时间（$P>0.05$）。2）输卵管和卵巢质量及其指数，随光照时间延长二次线性增加（$P<0.05$）；与 6L:18D 组相比，10L:14D 组输卵管质量显著提高，更高的卵巢质量及其指数出现在 8L:16D、10L:14D 和 12L:12D 组（$P<0.05$）。3）随光照时间延长，血清催乳素、卵泡刺激素、黄体生成素和孕酮水平以二次曲线趋势增加（$P<0.05$）；与 6L:18D 组相比，每天光照时间 $\geqslant$10 h 显著增加了血清卵泡刺激素、黄体生成素和孕酮水平（$P<0.05$）。4）与血清测定结果一致，每天光照时间$\geqslant$10 h 显著增加了 F1（最大卵泡）、F2（第二大卵泡）、F3（第三大卵泡）、小卵黄卵泡和大白卵泡膜上卵泡刺激素、黄体生成素、孕酮和雌二醇受体基因的 mRNA 表达量（$P<0.05$）。5）每天光照时间$\geqslant$8 h 显著上调了下丘脑促性腺激素释放激素基因的 mRNA 表达水平，当光照时间$\geqslant$12 h，促性腺激素抑制激素的表达显著上调（$P<0.05$），这可能是光照时间过长引起青年蛋鸭光照不应性的原因。由此可见，延长光照时间能加速后备期蛋鸭的性成熟启动，适宜的光照周期可显著提高蛋鸭的输卵管和卵巢重，且呈现二次变化趋势，光照周期对卵巢卵泡发育的促进作用可能通过激素与其受体相结合的方式实现。本研究表明，10L:14D 为后备期蛋鸭繁殖器官和卵泡发育的适宜光照周期。

关键词：光照；蛋鸭；骨骼；矿物质；激素

---

　* 基金项目：国家重点研发计划（2016YFD0500510）；北京市家禽创新团队（BAIC04-2018）

　** 第一作者简介：崔耀明（1989—），男，河南平顶山人，博士研究生，从事家禽营养调控研究。E-mail：cymnongkeyuan@163.com

　# 通讯作者：武书庚，研究员，博士生导师，E-mail：wushugeng@caas.com；齐广海，研究员，博士生导师，E-mail：qiguanghai88@caas.com

L-和 *DL*-蛋氨酸在樱桃谷肉鸭上的相对生物学效价及吸收代谢的研究[*]

张亚男^{**}　阮栋　王爽　陈伟　夏伟光　罗茜　郑春田[#]

（广东省农业科学院动物科学研究所,畜禽育种国家重点实验室,农业部华南动物营养
与饲料重点实验室,广东省动物育种与营养公共实验室,广东省畜禽育种
与营养研究重点实验室,广州 510640）

摘要：本试验旨在研究 *L*-和 *DL*-蛋氨酸在樱桃谷肉鸭上的相对生物学效价及其对肝脏吸收代谢的影响。选取健康、体重相近的 1 日龄樱桃谷商品代肉仔鸭公雏 1 080 只,随机分成 9 个处理,每个处理 6 个重复,每个重复 20 只鸭。育雏期（1～14 日龄）分别饲喂基础饲粮（Met：0.30%）,及添加不同水平的 *DL*-Met 和 *L*-Met,使饲粮蛋氨酸水平达到 0.35%、0.40%、0.45%和 0.50%;生长期（15～35 日龄）分别饲喂基础饲粮（Met：0.24%）,及添加不同水平的 *DL*-Met 和 *L*-Met,使饲粮蛋氨酸水平达到 0.28%、0.32%、0.36%和 0.40%。采用玉米-豆粕型基础饲粮,网上平养,试验周期 35 天（1～14 日龄和 15～35 日龄）。结果表明：1）育雏期,肉鸭的 14 日龄体重、平均日增重和料重比都随剂量增加呈线性和二次变化（$P<0.001$）;*DL*-Met 线性提高了肉鸭的日采食量（$L<0.05$）,在 *L*-Met 添加组,日采食量随剂量增加呈线性和二次变化（$P<0.05$）;生长后期,饲粮添加 *DL*-Met 和 *L*-Met 均显著影响了肉鸭 35 日龄体重,且随剂量增加呈线性和二次变化（$P<0.01$）;生长全期,饲粮添加 *DL*-Met 和 *L*-Met 均显著影响了肉鸭的平均日增重,且随剂量增加呈线性和二次变化（$P<0.01$）;饲粮添加 *DL*-Met 对全期的料重比无显著影响（$P>0.05$）,但 *L*-Met 线性和二次性影响了料重比（$P<0.05$）。2）饲粮添加 *L*-Met 线性和二次性提高了肉鸭（35 日龄）的腿肌率（$P<0.001$）。3）肉鸭（35 日龄）羽毛的背部评分随剂量变化呈线性和二次变化（*DL*-Met：$P<0.05$;*L*-Met：$P<0.001$）;*L*-Met 二次性提高了第 4 根主翼羽的长度（$P<0.01$）。4）35 日龄,*DL*-Met 二次性提高了绒毛高度（$P<0.01$）,绒毛高度随 *L*-Met 剂量的增加,呈线性和二次性增加（$P<0.05$）。5）14 日龄,饲粮添加 *DL*-Met 显著影响肝脏 D-AAO 的活性,随剂量增加呈二次变化（$P<0.05$）,但 *L*-Met 对 D-AAO 活性无显著影响（$P>0.05$）;35 日龄,肝脏 D-AAO 活性随 *DL*-Met 和 *L*-Met 添加水平的增加均呈线性和二次变化（$P<0.001$）。6）饲粮添加 *DL*-Met 和 *L*-Met 显著影响了肝脏中 GNMT、MTR、BHMT、MTA 和 CBS 的基因表达（$P<0.05$）。可见,饲粮添加 *DL*-Met 或 *L*-Met 可显著提高肉鸭前期和全期的生长性能,提高平均日增重和平均体重,在生长前期效果更加显著。以前期平均日增重和饲料转化率为评价指标,*L*-Met 较 *DL*-Met 的相对生物学效价分别为 110.8% 和 127.8%。饲粮添加 *DL*-Met 或 *L*-Met 可影响肝脏 D-氨基酸氧化酶和肝脏中 MAT1、MTR、BHMT 和 CBS 表达量,调节 *DL*-Met 或 *L*-Met 在肝脏的代谢过程,影响蛋氨酸的转硫途径和再合成。

关键词：*DL*-蛋氨酸;*L*-蛋氨酸;生物学效价;肝脏代谢;肉鸭

---

　* 基金项目：现代农业产业技术体系（CARS-42-13）

　** 第一作者简介：张亚男（1988—）,女,山东德州人,博士研究生,从事蛋品质营养调控研究,E-mail：zyn3299@126.com

　# 通讯作者：郑春田,研究员,硕士生导师,E-mail：zhengcht@163.com

生马铃薯淀粉对 1~14 日龄肉鸭生产性能、盲肠微生物及屏障功能的影响*

秦思萌** 曾秋凤# 张克英 丁雪梅 白世平 王建萍

(四川农业大学动物营养研究所,动物抗病营养教育部重点实验室,成都 611130)

摘要:抗性淀粉不被动物的小肠消化吸收而直接进入后肠被微生物发酵后可调节后肠微生物菌群组成,增加短链脂肪酸合成与分泌,进而改善动物机体和肠道健康而受到广泛关注。本论文旨在研究饲粮中添加不同水平生马铃薯淀粉(RPS)对 1~14 日龄肉鸭生产性能、血浆炎性因子、盲肠微生物及屏障功能的影响。选取 360 只 1 日龄健康樱桃谷肉公鸭,随机分为 3 个处理,每个处理 8 个重复,每个重复 15 只,进行为期 14 天的饲养试验。对照组饲喂不添加淀粉的基础饲粮,试验组分别饲喂添加 12% 和 24% RPS 的试验饲粮。结果表明:1)饲粮添加 12% 和 24% RPS 对肉鸭 1~14 日龄生产性能无显著性影响($P>0.05$)。2)与对照组相比,饲粮添加 24% RPS 显著降低了($P<0.05$)盲肠 pH,且 12% RPS 显著增加了($P<0.05$)盲肠黏膜层厚度。3)添加 12% 和 24% RPS 饲粮组肉鸭血浆炎性因子 IL-6 的含量均显著低于对照组($P<0.05$),且 12% RPS 饲粮组肉鸭血浆 IL-1β 的含量也显著降低($P<0.05$)。4)与对照组相比,12% 和 24% RPS 饲粮组肉鸭盲肠 mucin-2 mRNA 表达水平显著升高($P<0.05$),claudin-1 mRNA 表达水平有升高的趋势($P=0.064$),且 12% RPS 饲粮组肉鸭盲肠紧密连接蛋白 occludin mRNA 表达水平显著增加($P<0.05$)。5)饲喂 24% RPS 肉鸭盲肠内容物中乙酸和丁酸浓度均显著高于对照组($P<0.05$)。6)相比于对照组,饲喂 24% RPS 降低了肉鸭盲肠微生物 α 多样性指数 Chao1($P<0.05$),但 Shannon 指数显著升高($P<0.05$);门水平上,各组间盲肠内容物中各细菌相对丰度无显著差异;属水平上,24% RPS 组产乙酸菌 *Blautia* 相对丰度显著升高($P<0.05$),12% RPS 组 *Lachnoclostridium* 5 相对丰度显著降低($P<0.05$)。以上结果表明,短期饲喂抗性淀粉可影响肉鸭盲肠菌群组成和代谢产物短链脂肪酸的含量,提高了盲肠屏障功能并改善了机体的炎症状态。

关键词:生马铃薯淀粉;肉鸭;肠道屏障功能;盲肠微生物;短链脂肪酸

* 基金项目:国家自然基金面上项目(31772622);现代农业产业技术体系专项资金资助(CARS-42-10)

** 第一作者简介:秦思萌(1993—),女,四川绵阳人,博士研究生,从事家禽营养研究,E-mail:smqinchina@163.com

通讯作者:曾秋凤,研究员,博士生导师,E-mail:zqf@sicau.edu.cn

不同比表面积微米氧化锌对肉鸭生产性能、组织锌含量及肠道健康的影响[*]

吴雪鹏^{**}　秦思萌　曾秋凤[#]　张克英　丁雪梅　白世平　王建萍

（四川农业大学动物营养研究所,动物抗病营养教育部重点实验室,成都 611130）

摘要:本试验旨在研究饲粮中添加不同比表面积微米氧化锌(ZnO)对肉鸭生产性能、组织锌含量、机体抗氧化能力及肠道健康的影响。480 只 1 日龄健康樱桃谷肉鸭,随机分为 4 个处理,每个处理 12 个重复,每个重复 10 只,进行为期 35 天的饲养试验。对照组饲喂基础饲粮＋硫酸锌(简称 ZnSO₄ 组),试验组分别饲喂基础饲粮＋普通微米 ZnO(比表面积为 11.30 m²/g,粒径为 23.18 μm,简称微米 ZnO 组)、活性微米 ZnO(比表面积为 20.90 m²/g,粒径 11.47 μm,简称活性 ZnO 组)和多孔微米 ZnO(比表面积为 34.02 m²/g,粒径为 13.51 μm,简称多孔 ZnO 组),4 组试验饲粮锌添加水平均为 120 mg/kg。结果表明:1)饲粮中添加活性 ZnO 组的肉鸭,其 35 天 BW 和 BWG 显著高于($P<0.05$)其他 3 组,而 F/G 显著低于($P<0.05$)其他 3 组。2)与 ZnSO₄ 组相比,3 个 ZnO 组肉鸭肝脏锌含量均显著升高($P<0.05$),且胰脏锌含量也有升高的趋势($P=0.051$);微米 ZnO 和多孔 ZnO 组肉鸭肝脏金属硫蛋白 mRNA 表达量显著升高($P<0.05$)。3)与 ZnSO₄ 组相比,微米 ZnO 组和多孔 ZnO 组空肠绒毛高度和绒隐比值显著升高($P<0.05$),但活性 ZnO 组隐窝深度显著高于($P<0.05$)其他处理组。4)相对于 ZnSO₄ 组,活性 ZnO 和微米 ZnO 组显著增加了($P<0.05$)ZO-3 mRNA 的相对表达量,但多孔 ZnO 组肉鸭空肠 OCLN、ZO-1 和 ZO-3 mRNA 的相对表达量显著降低($P<0.05$)。与 ZnSO₄ 组相比,各 ZnO 组空肠 MUC2 mRNA 水平显著提高($P<0.05$),且活性 ZnO 组显著高于微米 ZnO 组和多孔 ZnO 组($P<0.05$)。与 ZnSO₄ 组相比,活性 ZnO 组显著提高了肉鸭空肠 sIgA mRNA 水平($P<0.05$),多孔 ZnO 组空肠 LYZ mRNA 水平显著增加($P<0.05$)。以上结果表明,饲粮添加活性微米 ZnO 可提高肉鸭生产性能,且优于普通微米 ZnO 和多孔微米 ZnO,其机制可能与增加了组织锌的含量、改善了肉鸭肠道形态及屏障功能有关。

关键词:微米氧化锌;比表面积;肉鸭;生产性能;组织锌含量;肠道屏障功能

---

　* 基金项目:国家"十二五"科技支撑计划"禽肉安全生产技术集成与示范"(2014BAD13B02);现代农业产业技术体系专项资金资助(CARS-42-10)

　** 第一作者简介:吴雪鹏(1993—),男,贵州遵义人,硕士研究生,从事家禽营养研究,E-mail: 1226823873@ qq. com

　# 通讯作者:曾秋凤,研究员,博士生导师,E-mail:zqf@sicau. edu. cn

饲粮高代谢能水平增加了肉鸭脂多糖
应激下的肝脏炎症反应*

白伟强** 曾秋凤# 张克英 丁雪梅 白世平 王建萍 彭焕伟

［四川农业大学动物营养研究所，动物抗病营养教育部重点实验室，农业部（区域性）
重点实验室，成都 611130］

摘要：本试验旨在研究饲粮能量水平对脂多糖（LPS）应激下肉鸭的生产性能，血清生化指标和肝脏炎性细胞因子的 mRNA 表达的影响。选取 1 日龄樱桃谷肉鸭 600 只，随机分配到 10 个处理，每个处理 6 个重复，每个重复 10 只肉鸭。采用 2×5 双因子试验设计，其中 2 是指注射或不注射 LPS，5 是指 5 个饲粮代谢能（ME）水平（3 200、3 100、3 000、2 900、2 800 kcal/kg）。LPS 注射组分别在 15、17、19 日龄上午 9：00 注射 LPS 溶液（0.5 mg/kg BW）；LPS 未注射组分别在 15、17、19 日龄上午 9：00 注射等量生理盐水。试验期为 1～21 日龄。结果表明：1）LPS 应激显著降低了肉鸭 21 日龄体重（BW）、15～21 日龄体增重（BWG）和 15～21 日龄平均日采食量（ADFI）（$P<0.05$）；且显著增加了肉鸭相对脾脏质量、血清总蛋白（TP）含量、肝脏白细胞介素 6（IL-6）、白细胞介素 10（IL-10）、转化生长因子 β（TGF-β）和禽 β 防御素 10（AVBD-10）的 mRNA 表达（$P<0.05$）。2）相对于其他能量水平饲粮，3 200 kcal/kg ME 饲粮组肉鸭的 ADFI 最低（$P<0.05$）。3）LPS 应激与饲粮能量水平对 IL-6、干扰素-γ（INF-γ）、TGF-β、AVBD-10 和诱导型一氧化氮合酶（iNOS）有显著的交互作用（$P<0.05$），即在 LPS 免疫应激下，相比于饲喂低能量水平饲粮（2 800 kcal/kg 和 2 900 kcal/kg ME）的肉鸭，饲喂高能量水平饲粮（3 100 kcal/kg 和 3 200 kcal/kg ME）的肉鸭产生了更显著的肝脏炎症反应（$P<0.05$）。以上结果提示，LPS 免疫应激降低了肉鸭生产性能，增加了相对脾脏质量、血清 TP 含量和肝脏炎性细胞因子 mRNA 表达；饲粮高能量水平（3 100 kcal/kg 和 3 200 kcal/kg ME）增加了肉鸭 LPS 应激引起的肝脏炎症反应。

关键词：饲粮能量水平；生产性能；炎症细胞因子；脂多糖；肉鸭

＊ 基金项目：现代农业产业技术体系专项资金资助（CARS-42-10）；国家"十二五"科技支撑计划"禽肉安全生产技术集成与示范"（2014BAD13B02）；四川省肉鸭现代化产业链关键技术研究集成与示范（2014NZ0030）

＊＊ 第一作者简介：白伟强（1994—），男，四川眉山人，硕士研究生，从事家禽营养研究，E-mail：18404983134@163.com

＃ 通讯作者：曾秋凤，研究员，博士生导师，E-mail：zqf@sicau.edu.cn

前、后期饲粮不同喷浆玉米皮水平对农华麻鸭 生产性能、屠宰性能及胸肉品质的影响[*]

李姗姗[**]　张克英[#]　曾秋凤　丁雪梅　白世平　王建萍　彭焕伟　玄玥　宿卓薇

（四川农业大学动物营养研究所，动物抗病营养教育部重点实验室，成都 611130）

摘要：本试验旨在研究前（1～14 日龄）、后期（15～56 日龄）饲粮不同喷浆玉米皮水平对农华麻鸭生产性能、屠宰性能及胸肉品质的影响。试验前期（1～14 日龄）采用单因子试验设计，设 2 个处理，即 0% 和 10% 喷浆玉米皮组，每个处理 24 个重复，每个重复 14 只，共 672 只农华麻鸭，公母混养。第 15 天将试验前期 2 组均分别重新分为 4 组（6 个重复，每个重复 14 只），饲喂喷浆玉米皮水平为 0、10%、20% 和 30% 的饲粮，即试验后期（15～56 日龄）为 2×4 双因子试验设计。试验期为 56 天，分 1～14 日龄，15～35 日龄和 36～56 日龄 3 个阶段饲养。结果表明：1）在前期（1～14 日龄），饲粮加入 10% 喷浆玉米皮对麻鸭体重和体增重无显著影响（$P>0.05$），但显著降低料重比（$P<0.05$）。2）在后期（15～56 日龄），饲粮喷浆玉米皮水平对麻鸭 15～35 日龄和 36～56 日龄体重、体增重和采食量无显著影响（$P>0.05$）。3）前、后期饲粮不同喷浆玉米皮水平对麻鸭 36～56 日龄料重比有显著的交互作用（$P<0.05$），即前期饲粮不加喷浆玉米皮时，36～56 日龄饲粮加入 20% 和 30% 喷浆玉米皮组麻鸭料重比显著低于其相应的对照组（$P<0.05$）；在前期饲粮加入 10% 喷浆玉米皮水平下，36～56 日龄 30% 喷浆玉米皮饲粮组麻鸭料重比也显著低于对照组（$P<0.05$）。4）前期饲粮添加 10% 喷浆玉米皮显著增加 56 日龄麻鸭胸皮脂 L^* 和 b^*（$P<0.05$）；后期饲粮加入喷浆玉米皮显著增加 56 日龄麻鸭胸皮脂 b^* 和胸肌丙二醛（MDA）含量（$P<0.05$）。5）前、后期饲粮不同喷浆玉米皮水平对 56 日龄麻鸭屠宰性能，包括屠宰率、半净膛率、全净膛、腹脂率、胸肌率、腿肌率、翅膀率和胸皮脂率均无显著影响（$P>0.05$）。以上结果提示，基于麻鸭生产性能推荐喷浆玉米皮在 1～56 日龄农华麻鸭饲粮的用量为：1～14 日龄饲粮可用 10%，15～56 日龄可用 30%；基于肉品质推荐喷浆玉米皮在 1～56 日龄农华麻鸭饲粮中用量不宜太高，10% 较好。

关键词：喷浆玉米皮；农华麻鸭；生产性能；屠宰性能；胸肉品质

---

[*] 基金项目：现代农业产业技术体系专项资金资助（CARS-42-10）；四川省肉鸭现代化产业链关键技术研究集成与示范（2014NZ0030）

[**] 第一作者简介：李姗姗（1992—），女，四川邛崃人，硕士研究生，从事家禽营养研究，E-mail：921532250@qq.com

[#] 通讯作者：张克英，教授，博士生导师，E-mail：zkeying@sicau.edu.cn

不同锰水平对樱桃谷肉鸭生产性能、
胴体品质和肉品质的影响[*]

杨亭^{**}　赵华　陈小玲　刘光芒　田刚　蔡景义　贾刚[#]

（四川农业大学动物营养研究所，成都 611130）

摘要：本实验旨在研究不同饲粮锰水平对樱桃谷肉鸭生产性能和胴体品质的影响，为确定肉鸭日粮中锰的适宜添加水平提供实验依据。选用 896 只体重相近 1 日龄樱桃谷雏鸭，随机分为 7 个处理组，每个处理组 8 个重复，每个重复 16 只鸭。对照组饲喂基础饲粮，试验组分别饲喂添加 30、60、90、120、150、300 mg/kg 锰（$MnSO_4 \cdot H_2O$，以锰计）的试验日粮，试验期 35 天。结果表明：1）饲粮锰对肉鸭 1～21 日龄和 1～35 日龄体重、ADG 和 ADFI 无显著影响（$P>0.05$）；饲粮锰显著降低肉鸭 1～21 日龄和 1～35 日龄 FCR（$P<0.05$），分别在 150 mg/kg 和 60～150 mg/kg 锰添加组最低。2）饲粮锰对肉鸭 35 日龄屠体率、半净膛率、全净膛率和腿肌率无显著影响（$P>0.05$）；随着锰添加剂量的增加胸肌率增加，但差异不显著（$P>0.05$）；饲粮锰显著降低肉鸭腹脂率（$P<0.05$），且 120 mg/kg 锰添加组最低。3）饲粮锰对肉鸭胸肌 pH（45 min、24 h）、肉色（45 min、24 h）、滴水损失无显著影响（$P>0.05$），但显著降低肉鸭胸肌剪切力（$P<0.05$），且 150 mg/kg 锰添加组最低。4）饲粮锰对肉鸭 21 日龄和 35 日龄胫骨强度无显著影响（$P>0.05$）。由此可见，饲料中添加适宜水平的锰可提高肉鸭生产性能，改善肉鸭胴体品质和胸肌肉品质。

关键词：锰；樱桃谷肉鸭；生产性能；胴体品质；肉品质

　* 基金项目：出国留学回国人员科技活动择优项目

　** 第一作者简介：杨亭，男，山东临沂人，博士研究生，研究方向为家禽矿物质营养，E-mail：yangtingly@126.com

　# 通讯作者：贾刚，教授，博士生导师，E-mail：jiagang700510@163.com

饲粮棉籽粕替代豆粕对仔鹅生长性能、小肠形态、消化酶活性及血清生化指标的影响[*]

郁钧[**]　王志跃[#]　杨海明　胥蕾　万晓莉

（扬州大学动物科学与技术学院，扬州 225009）

摘要：蛋白质饲料原料短缺与价格不断上涨严重制约着我国畜牧行业的发展。棉籽粕（CSM）是棉籽压榨浸油后的副产物，是家禽饲粮中优质的非常规蛋白质原料，但 CSM 中游离棉酚（FG）的存在是制约 CSM 在家禽饲粮中广泛应用的主要因素。本试验旨在研究饲粮棉籽粕替代豆粕对仔鹅生长性能、小肠形态、消化酶活性及血清生化指标的影响。试验选取 300 只 28 日龄健康、体重相近的江南白鹅公鹅，随机分为 5 个组，每个组 6 个重复，每个重复 10 只鹅。5 个处理组（对照、CSM_{25}、CSM_{50}、CSM_{75} 和 CSM_{100}）为用棉籽粕（CP 为 41.34%；FG 为 150 mg/kg）分别代替 0、25%、50%、75% 和 100% 的大豆粕，棉籽粕使用量分别为 0、6.73%、13.46%、20.18% 和 26.91%。试验鹅全程网上平养，自由采食饮水，试验期 42 天。在 28、42、70 日龄，按照重复统计仔鹅的体重和耗料量，依此计算平均日采食量、平均日增重和料重比。试验期末，每个重复取 1 只接近平均体重的仔鹅，采集血液、肠道和肠道食糜等样本并进行相关指标分析。结果表明：1）饲粮中使用棉籽粕替代豆粕比例 50% 及以上显著降低了仔鹅 42 日龄体重、28～42 日龄的日增重和显著提高了其料重比（$P<0.001$）；饲粮棉籽粕替代豆粕显著提高了仔鹅 42～70 日龄的日采食量和日增重（$P<0.001$），CSM_{75} 和 CSM_{100} 组显著降低了仔鹅 42～70 日龄的饲料转化率（$P=0.007$）；CSM_{75} 和 CSM_{100} 组显著增加了仔鹅 70 日龄体重（$P<0.05$）、28～70 日龄的日采食量（$P=0.002$）和日增重（$P<0.05$），对料重比无显著影响（$P>0.05$）。2）与对照组相比，CSM_{25}、CSM_{50} 和 CSM_{75} 组显著提高了 70 日龄仔鹅空肠绒毛高度（$P<0.05$），对空肠隐窝深度、绒毛高度与隐窝深度比值以及十二指肠和回肠组织形态无显著影响（$P>0.05$）。3）与对照组相比，饲粮棉籽粕替代豆粕显著降低了 70 日龄仔鹅空肠胃蛋白酶（$P=0.008$）和脂肪酶（$P=0.003$）的活性，对空肠胰蛋白酶、淀粉酶以及十二指肠和回肠消化酶活性无显著影响（$P>0.05$）。4）饲粮棉籽粕代替豆粕对仔鹅血清总蛋白、葡萄糖、尿素氮、尿酸、胆固醇、甘油三酯、钙和磷均无显著影响（$P>0.05$）。综上所述，28～42 日龄的仔鹅饲粮中使用棉籽粕替代豆粕比例 50% 及以上会影响其生长性能。在整个试验期（28～70 日龄），饲粮棉籽粕替代豆粕不会影响仔鹅的生长性能。

关键词：棉籽粕；仔鹅；生产性能；肠道组织形态；消化酶活性；血清生化指标

* 基金项目：国家现代农业产业技术体系（CARS-42-11）；江苏省现代农业（水禽）产业技术体系（SXGC［2017］306）

** 第一作者简介：郁钧（1992—），男，江苏兴化人，硕士研究生，主要从事家禽生产研究，E-mail：1041750461@qq.com

通讯作者：王志跃，教授，博士生导师，E-mail：dkwzy@263.net

不同硒源和硒水平对肉鹅生产性能和肌肉硒沉积的影响[*]

鞠耿越[**] 万晓莉[1] 杨海明[1] 陈媛婧[1] 戈冰洁[1] 王志跃[1,2][#]

(1. 扬州大学动物科学与技术学院，扬州 225009；2. 扬州大学农业科技发展研究院，扬州 225009)

摘要：硒是动物必需的微量元素之一，目前饲料中使用的硒源——亚硒酸钠存在着吸收率低和过氧化作用等问题，有机硒因其毒性低且吸收率高逐渐引起人们的重视，研究不同硒源对畜禽的影响具有重要意义。本试验旨在研究饲粮中添加不同硒源和硒水平对肉鹅生长性能、屠宰性能、器官指数、血清生化指标、肉品质和肌肉硒沉积的影响。试验选取体重相近且饲养条件相同的 29 日龄江南白鹅 300 只，随机分为 6 组，每组 5 个重复，每个重复 10 只。采用 3(硒水平)×2(硒源)双因素完全随机试验设计，A、B 和 C 组分别在基础饲粮中添加 0.2、0.3、0.4 mg/kg 的硒代蛋氨酸(SM，以硒计)，D、E 和 F 组分别在基础饲粮中添加 0.2、0.3、0.4 mg/kg 的亚硒酸钠(SS，以硒计)。试验期 42 天。结果表明：饲粮硒添加水平在 0.2～0.4 mg/kg 时，1)不同硒源和硒水平对 29～70 日龄肉鹅的生长性能无显著影响($P>0.05$)。2)不同硒源和硒水平对 70 日龄肉鹅的全净膛率、半净膛率、胸肌率、腿肌率和腹脂率的影响差异不显著($P>0.05$)。3)不同硒源和硒水平对 70 日龄肉鹅的心脏指数、肝脏指数、脾脏指数、法氏囊指数、肾脏指数、胸腺指数、肌胃指数和腺胃指数无显著影响($P>0.05$)。4)SM 处理鹅的谷氨酰胺基转移酶显著低于 SS 处理($P<0.05$)，SM 处理鹅的谷草转氨酶/谷丙转氨酶有低于 SS 处理的趋势($P=0.055$)，SM 处理鹅的碱性磷酸酶有低于 SS 处理的趋势($P=0.06$)。5)SM 处理鹅的胸肌失水率显著低于 SS 处理($P<0.05$)，4℃保存 24 h 后的胸肌 pH 显著高于 SS 处理($P<0.05$)，不同硒源和硒水平对肉鹅胸肌剪切力和肉色的影响差异不显著($P>0.05$)。6)SM 处理鹅的胸肌硒含量显著高于 SS 处理($P<0.01$)，SM 处理鹅的腿肌硒含量显著高于 SS 处理($P<0.01$)，且 SM 处理鹅的胸肌和腿肌硒含量均随硒添加水平升高而显著增加($P<0.01$)。综上所述，饲粮硒添加水平在 0.2～0.4 mg/kg 时，不同硒源对鹅的生长性能、屠宰性能、器官指数无显著影响；与无机硒相比，有机硒能显著提高肌肉中的硒含量和肉品质，降低血清谷氨酰胺基转移酶的含量。

关键词：硒源；肉鹅；生产性能；硒沉积

[*] 基金项目：国家现代农业产业技术体系(CARS-42-11)；江苏现代农业(水禽)产业技术体系(SXGC[2017]306)；扬州市科技计划项目(SNY2017010008)

[**] 第一作者简介：鞠耿越(1994—)，女，江苏扬州人，硕士研究生，从事家禽养殖研究，E-mail：875263804@qq.com

[#] 通讯作者：王志跃，教授，博士生导师，E-mail：dkwzy@263.net

维生素 A 对扬州鹅种蛋蛋品质和抗氧化性能的影响[*]

代航[**]　杨海明[#]　张悦　梁静茹　王志跃

（扬州大学动物科学与技术学院,扬州 225009）

摘要:维生素 A 是家禽必需的一种脂溶性维生素,与生长、繁殖和抗氧化等都有关系,动物自身不能合成维生素 A,需要额外添加到饲粮中才能满足自身的需要,在饲料中的使用量较大。维生素 A 在鸡和鸭的生产性能、抗氧化性能和免疫机能方面有一些研究,在种鹅上的研究还是一片空白。因此,本试验旨在研究饲粮中添加不同水平的维生素 A 对扬州鹅种蛋品质和抗氧化性能的影响。选取体重相近、同一日龄的扬州鹅种母鹅 90 只,随机分成 5 组:对照组饲喂不添加维生素 A 的基础饲粮,试验组（Ⅰ～Ⅳ组）饲喂分别添加 4 000、8 000、12 000、16 000 IU/kg 维生素 A 的试验饲粮。产蛋高峰期时,每个处理组随机取 10 枚种蛋测定蛋品质,6 枚种蛋测定蛋黄中超氧化物歧化酶（SOD）活力和丙二醛（MDA）含量。结果表明:1)与对照组相比,试验Ⅰ、Ⅱ和Ⅲ组蛋黄颜色显著提高（$P<0.05$）,试验Ⅰ和Ⅲ组蛋壳厚度显著增大（$P<0.05$）,试验Ⅱ组蛋黄厚度显著减小（$P<0.05$）,各组间蛋重、浓蛋白高度和哈氏单位差异不显著（$P>0.05$）,但试验组较对照组有所提高。2)与对照组相比,试验组蛋黄比率显著提高（$P<0.05$）,各组间蛋形指数无显著差异（$P>0.05$）,但试验组蛋形指数优于对照组。3)与对照组相比,试验Ⅰ、Ⅱ和Ⅲ组超氧化物歧化酶（SOD）活力显著提高（$P<0.05$）,试验Ⅰ和Ⅱ组丙二醛（MDA）的含量显著减少（$P<0.05$）。综上所述,饲粮中维生素 A 能改善种鹅种蛋品质,提高种蛋中 SOD 的活力,减少 MDA 的含量,从而提高种蛋的抗氧化性能,种鹅饲粮中添加 8 000～12 000 IU/kg 维生素 A,能使种蛋蛋品质和抗氧化性能最理想。

关键词:维生素 A;种鹅;蛋品质;抗氧化性能

---

　*　基金项目:国家现代农业产业技术体系（CARS-42-11）;江苏省现代农业产业技术体系（SXGC[2017]306）;扬州市科技计划项目（SNY2017010008）

　**　第一作者简介:代航(1993—）,男,河北邯郸人,硕士研究生,从事家禽生产研究,E-mail:724580373@qq.com

　#　通讯作者:杨海明,教授,硕士生导师,E-mail:yhmdlp@qq.com

粗纤维水平对定安鹅生产性能及血清生化指标的影响[*]

刘圈炜[**]　魏立民　王峰　顾丽红　林大捷　邢漫萍　孙瑞萍　杨少雄　叶保国[#]

(海南省农业科学院畜牧兽医研究所,海口 571100)

摘要:本试验旨在研究粗纤维水平对定安鹅生产性能及血清生化指标的影响。鹅具有独特的消化特点和生理结构,能有效裂解植物细胞壁,从而提高青粗饲料的利用率。研究发现,鹅饲粮中添加适量的粗纤维,不仅可降低饲料成本,提高养鹅的经济效益,而且还能有效促进鹅的生长发育,对鹅的消化道也有一定的积极影响。定安鹅是海南省优良地方品种,具有适应性强、生长性能好、抗病强等优点,深受当地养殖户和消费者的青睐。但目前有关定安鹅饲粮粗纤维需要的研究报道较为少见,为此,本试验通过在饲粮中设计不同水平的粗纤维梯度,研究其对 35～70 日龄定安鹅生产性能及血清生化指标的影响,并确定适宜添加水平,为生产实践提供理论依据。试验共分为 3 个处理组,每个处理组设 4 个重复,每个重复 10 只。分别饲喂粗纤维水平为 4.29%、5.29% 和 6.29% 的饲粮。试验为期 35 天。结果表明:1)5.29% 粗纤维组末重和日增重均显著高于 6.29% 粗纤维组($P<0.05$);5.29% 粗纤维组采食量也显著高于 4.29% 和 6.29% 粗纤维组($P<0.05$);5.29% 粗纤维组料重比显著低于 6.29% 粗纤维组($P<0.05$)。2)5.29% 粗纤维组屠宰率、半净膛率、腿肌率和胸肌率都高于 4.29% 和 6.29% 粗纤维组($P>0.05$)。腹脂率随着粗纤维水平的提高呈下降的趋势($P>0.05$)。3)5.29% 粗纤维组心脏、肝脏、胃及脾脏指数均较高($P>0.05$)。4)与 4.29% 和 6.29% 粗纤维组相比,5.29% 粗纤维组白蛋白水平显著升高($P<0.05$),总蛋白和球蛋白($P>0.05$)较高,而尿酸水平较低($P>0.05$)。综合认为,5.29%粗纤维水平可使 35～70 日龄定安鹅获得较高的生产性能,器官指数和血清生化指标也有改善。

关键词:粗纤维;定安鹅;生产性能;血清生化指标

---

　　[*] 基金项目:海南省科研院所技术开发专项(SQ2017JSKF0008);现代农业产业技术体系建设专项资助(CARS-43-42)

　　[**] 第一作者简介:刘圈炜(1977—),男,河南鄢陵人,博士,副研究员,从事动物营养与饲料科学研究,E-mail:lqw502@126.com

　　[#] 通讯作者:叶保国,研究员,E-mail:ybg88999@163.com

饲粮不同钙水平对产蛋期白羽王鸽生产性能、蛋品质和蛋白透明度的影响[*]

常玲玲[**]　张蕊　付胜勇　汤青萍　穆春宇　卜柱[#]

（江苏省家禽科学研究所,扬州 225125）

摘要:迄今为止,NRC 尚未提供任何有关鸽子的营养需求标准,关于鸽子营养需求的研究报道也非常少。本课题组前期研究发现钙的摄入量对鸽蛋特有的蛋白透明度有显著的影响。因此,本试验通过在饲粮中添加不同水平的钙,研究其对生产性能、蛋品质和蛋白透明度的影响,并探讨其适宜的钙需要量,为开发透明鸽蛋专用饲料提供理论依据。选取 216 对"双母拼对"白羽王鸽,随机分成 6 组,每组 6 个重复,每个重复 6 对鸽。饲喂玉米-豆粕型全价颗粒饲料,6 个处理分别添加不同钙水平(3.00%、2.40%、1.80%、1.20%、0.90%、0.60%),磷含量以钙磷比 3.71:1 同比下降。预试期 1 周,正式试验期 16 周。试验开始和结束时对每只鸽子进行称重(称重前空腹 12 h)。每周配料 1 次并按重复进行称料分组,每周退料并称重。每天每对鸽子进行生产性能记录。试验第 16 周,随机对每个重复取 10 枚蛋,每个处理共 60 枚,30 枚进行常规蛋品质指标检测,30 枚进行蛋白透明度指标检测。结果表明:1)饲粮不同钙水平对体增重、日采食量及死亡率均无显著影响($P>$0.05)。饲粮不同钙水平对月平均产蛋数、平均蛋重、料蛋比均有显著影响($P<$0.05),且均呈二次曲线关系($P<$0.05),达到最佳月平均产蛋数和料蛋比的饲粮钙添加量分别为 1.07% 和 1.38%,而蛋重最低的饲粮钙添加量为 1.96%。2)饲粮不同钙水平对蛋清率、蛋白高度、哈氏单位、蛋形指数和蛋壳厚度均有显著影响($P<$0.05),且均呈正相关的一次线性关系($P<$0.05)。饲粮不同钙水平对蛋壳率、蛋黄率和蛋黄颜色均有显著影响($P<$0.05),且均呈二次曲线关系($P<$0.05)。饲粮不同钙水平对蛋壳颜色和蛋壳强度无显著影响($P>$0.05)。3)饲粮不同钙水平对煮熟的蛋白 L^*,a^*,b^* 和 c^* 均有显著影响($P<$0.05),且均呈一次线性关系($P<$0.05)。L^* 和 a^* 与饲粮钙水平呈正相关,b^* 和 c^* 与饲粮钙水平呈相反趋势。随着饲粮钙水平的降低,透明鸽蛋的比例呈先下降后上升的趋势。根据 L^* 及不同透明度鸽蛋的分布情况,达到蛋白透明度最佳的饲粮钙添加量为 0.90%。综上所述,以生产性能为主要评价指标,产蛋期"双母拼对"白羽王鸽饲粮钙最适宜水平为 1.20%。以蛋白透明度为主要评价指标,产蛋期"双母拼对"白羽王鸽饲粮钙最适宜水平为 0.90%。

关键词:白羽王鸽;钙;生产性能;蛋品质;蛋白透明度

* 基金项目:江苏省重点研发计划(现代农业)重点项目(BE2017348)
** 第一作者简介:常玲玲(1987—),女,助理研究员,硕士,主要从事特禽饲料营养与产品品质研究,E-mail: jqscll@163.com
# 通讯作者:卜柱,研究员,E-mail: jsbuzhu@163.com

不同繁殖周期种鸽血清和鸽乳中氨基酸含量及肠道营养素转运载体基因表达规律[*]

潘能霞[**]　王修启　严会超　高春起[#]

（华南农业大学动物科学学院，广东省动物营养调控重点实验室，农业部鸡遗传育种与繁殖重点实验室，广东省农业动物基因组学与分子育种重点实验室，广州 510642）

摘要：鸽乳蛋白质的组成及含量对乳鸽生长至关重要，而肠道吸收的饲粮氨基酸为乳蛋白质合成的主要原料。因此，肠道营养素转运载体表达量高低可能直接影响血清和鸽乳中氨基酸的含量。本研究旨在探究不同繁殖周期种鸽血清和鸽乳中氨基酸含量及与肠道营养素转运载体基因表达规律的关系，为鸽乳蛋白质的合成调控提供理论基础。试验选取休产期和哺育期第 1、第 3 和第 7 天的种鸽各 10 对，采集血液、鸽乳和空肠组织样品。采用全自动氨基酸分析仪测定血清和鸽乳中的氨基酸含量；并利用实时荧光定量 PCR 测定不同繁殖周期种鸽空肠组织营养素转运载体基因相对表达丰度。结果表明：1）在哺育期第 1～7 天，鸽乳中谷氨酸含量最高（4.62％～5.85％ DM），天冬氨酸次之（2.74％～3.88％ DM），亮氨酸、精氨酸或赖氨酸的含量均接近 3.0％DM，而胱氨酸含量最低（0.17％～0.25％ DM）。2）哺育期种鸽鸽乳中氨基酸含量呈现先升高后降低的趋势，其含量在哺育期第 3 天最高，第 7 天显著降低（$P<0.05$）。3）血清中甘氨酸和缬氨酸的浓度较高（0.82～1.11 mmol/L）；与休产期相比，哺育期种鸽血清中赖氨酸、蛋氨酸、苏氨酸和异亮氨酸浓度均显著升高（$P<0.05$）。4）与休产期相比，哺育期种鸽空肠营养素转运载体基因 $b^{0,+}$AT、y^+LAT2、CAT1、b^0AT、LAT1、SNAT2 和 PepT1 相对表达丰度均显著增加（$P<0.05$）。5）相关性分析表明，种鸽空肠碱性氨基酸转运载体基因 CAT1 和 y^+LAT2 相对表达丰度与血清赖氨酸含量呈正相关关系（$R^2>0.6$，$P<0.01$），这可能是哺育期血清赖氨酸浓度显著增加的原因；而哺育期血清苏氨酸和异亮氨酸浓度显著增加可能与中性氨基酸转运载体基因 SNAT2 和 b^0AT 相对表达丰度显著上调有关。综上，本研究结果提示，不同繁殖周期种鸽血清和鸽乳中氨基酸等营养物质含量会发生显著性改变，而这可能与肠道营养素转运载基因差异性表达进而影响营养素吸收有关。

关键词：种鸽；鸽乳；氨基酸；血清；营养素转运载体

[*] 基金项目：国家自然科学基金（31501969）；广东省家禽产业技术体系（2017LM1116）

[**] 第一作者简介：潘能霞（1995—），女，广西北海人，硕士研究生，主要从事家禽营养调控研究，E-mail：pannx@foxmail.com

[#] 通讯作者：高春起，副教授，硕士生导师，E-mail：cqgao@scau.edu.cn

饲粮添加亮氨酸对鸽乳合成及乳鸽生长的影响[*]

谢文燕[**]　傅喆　高春起　严会超　王修启[#]

（华南农业大学动物科学学院，广东省动物营养调控重点实验室，农业部鸡遗传育种与
繁殖重点实验室，广东省农业动物基因组学与分子育种重点实验室，广州 510642）

摘要：种鸽嗉囊合成的鸽乳对于乳鸽的生长发育至关重要。雷帕霉素靶蛋白(target of rapamycin，TOR)信号通路是调节细胞增殖和乳蛋白质合成的主要信号通路；亮氨酸作为哺乳动物和家禽的必需氨基酸，其参与 TOR 信号通路和乳蛋白合成的过程。因此，本研究旨在探讨饲粮添加亮氨酸(leucine，Leu)对白羽王鸽种鸽鸽乳蛋白质合成及乳鸽生长性能的影响。本试验选取生产性能和繁殖性能相近的同一天产蛋的美国白羽王鸽 240 对，随机分成 5 个处理组，每个处理组 6 个重复，每个重复 8 对种鸽。正对照组饲喂高蛋白质饲粮(CP＝18％，Leu＝1.30％)，负对照组饲喂低蛋白质饲粮(CP＝16％，亮氨酸含量与正对照组一致)，其余 3 组分别在低蛋白质饲粮基础上添加 0.15％、0.45％、1.05％ 的 Leu，采用"2＋4"饲养模式。在哺育期第 3 天每个处理组随机屠宰种鸽 6 对，采集嗉囊组织；乳鸽 21 日龄时屠宰，测定其屠宰性能。结果表明：1)与负对照组相比，给种鸽饲喂添加了 0.45％ Leu 的低蛋白质饲粮或饲喂高蛋白质饲粮(CP＝18％)均可显著降低种鸽在孵化期和哺育期的体重损失($P<0.05$)，低蛋白质饲粮添加 0.45％或 1.05％的 Leu 均可显著增加种鸽嗉囊组织厚度和相对质量($P<0.05$)；与负对照组相比，种鸽饲粮添加 0.15％或 0.45％的 Leu 可显著增加乳鸽的平均日增重($P<0.05$)，添加 0.45％ Leu 可显著增加乳鸽的全净膛率和胸肌率($P<0.05$)，并达到高蛋白质饲粮组水平；Western blot 检测与免疫组化分析显示，饲粮添加 0.15％或 0.45％的 Leu 可显著上调种鸽嗉囊组织中 TOR 信号通路相关蛋白质的表达($P<0.05$)。以上结果说明，饲粮添加适量(0.15％～0.45％)亮氨酸，可通过激活嗉囊组织 TOR 信号通路蛋白质表达，提高鸽乳蛋白质合成和分泌。因此，建议孵化期和哺育期种鸽饲粮(CP＝16％)中亮氨酸的适宜添加水平为 0.45％。

关键词：白羽王鸽；亮氨酸；TOR 信号通路；鸽乳合成；生长性能

---

　[*]　基金项目：国家自然科学基金项目(31501969)；广东省家禽产业技术体系(2017LM1116)
　[**]　第一作者简介：谢文燕(1993—)，女，福建龙岩人，硕士研究生，动物营养与饲料科学专业，E-mail：wyxie2017@163.com
　[#]　通讯作者：王修启，研究员，博士生导师，E-mail：xqwang@scau.edu.cn

第六部分
反刍动物饲料营养

张杂谷草颗粒替代部分花生秧育肥羔羊效果初步研究[*]

孙洪新[**] 米浩[2] 王朋达[2] 刘月[1] 敦伟涛[1] 陈晓勇[1#]

(1. 河北省畜牧兽医研究所,保定 071000;2. 河北工程大学食品科技学院,邯郸 056038)

摘要:当前肉羊养殖中,羔羊育肥是盈利的主要环节,优质饲草是生产高档优质羊肉的关键。张杂谷具有耐旱节水、高产稳产、抗病耐瘠、抗逆能力强、适应性广等特点,其秸秆的营养价值居禾本科之首,但有关张杂谷草尤其是颗粒育肥肉羊的研究鲜有报道。本研究利用张杂谷草颗粒替代部分花生秧进行育肥羔肉羊的试验,对增重效果、屠宰性能及羊肉品质等指标进行测定,以期为张杂谷草在肉羊养殖中的利用提供参考依据。试验于 2017 年 9 月至 2017 年 11 月在涿州连生农业开发有限公司羊场进行,试验前期对圈舍进行充分消毒、清洁,并对试验羊进行体内外驱虫和免疫。选择 4 月龄左右体况相近、体重为(33.18±4.89) kg,健康无病的寒泊新种群与小尾寒羊杂交羊48 只,采用单因子试验设计,随机分为 2 组,每组 3 个重复。其中试验 1 组粗饲料用谷草颗粒替代 1/3 花生秧(低谷草颗粒比例组),试验 2 组用谷草颗粒替代 2/3 花生秧(高谷草颗粒组),两组精料组成及喂量完全相同,其他饲养管理等完全相同。两组试验羊的精料喂量随育肥日龄逐渐增加,每周约增加 100 g。试验预饲期为 7 天,之后进行为期 3 个月的育肥试验。每天饲喂 2 次,定时清理圈舍,保持清洁卫生,保证足够的清洁饮水。每天对试验羊的采食及健康状况进行观察,并做详细记录。育肥结束后,分别对增重、采食量、饲料报酬、胴体组成和肉品质等指标进行测定。结果表明,高比例谷草颗粒组的增重及平均日增重均显著高于低比例谷草颗粒组($21.19 kg$ vs $18.75 kg$,$243.62 g$ vs $215.57 kg$)($P < 0.05$)。高比例谷草颗粒组的饲料转化率为 8.33:1,而低高比例谷草颗粒组为9.09:1。此外,高比例谷草颗粒组的胴体重、屠宰率、眼肌面积、GR 值均高于低比例谷草颗粒组组,但差异不显著($P > 0.05$)。肉品质方面,两组的 pH_{1h}、pH_{24h} 均在正常范围内($6.0 \sim 7.0$),pH_{1h}、pH_{24h}、大理石花纹、系水力、熟肉率、剪切力和肉色均无差异($P > 0.05$)。结论:张杂谷草颗粒替代部分花生秧育肥羔羊,可显著提高增重和日增重,而对肉品质无不良影响,张杂谷草颗粒用于羔羊育肥是可行的。

关键词:谷草颗粒;花生秧;育肥羔羊;肉品质

* 基金项目:河北省农业关键共性技术攻关专项(172276225D)

** 第一作者简介:孙洪新,(1978—),女,山东临清人,研究方向为反刍动物营养,E-mail:sdlqshx@126.com

\# 通讯作者:陈晓勇,博士,高级畜牧师,E-mail:chenxiaoyong-2000@163.com

不同尿素添加水平对育肥湖羊瘤胃发酵、养分消化、血液生化指标和生产性能的影响[*]

徐诣轩[**] 　李志鹏　 申军士[#]　 朱伟云

（国家动物消化道营养国际联合研究中心，江苏省消化道营养与动物健康重点实验室，
南京农业大学消化道微生物研究室，南京 210095）

摘要：本试验旨在探究低蛋白饲粮补充不同水平的尿素对育肥湖羊瘤胃发酵、养分消化、血液生化指标和生产性能的影响。试验选用 70 只 3～4 月龄的公湖羊[(24.3±1.7) kg]，按照随机区组设计和同栏大小相近原则，根据体重随机分为 5 个组（每组 7 栏，每栏 2 只）。随机饲喂以下 5 种饲粮：1)SBM 组为豆粕饲粮(CP=17.6%)，2)CON 组为低蛋白饲粮(CP=11.6%)，3)LU 组为低蛋白饲粮补充干物质含量 1% 的尿素(CP=14.5%)，4)MU 组为低蛋白饲粮补充干物质含量 2% 的尿素(CP=17.3%)，5)HU 组为低蛋白饲粮补充干物质含量 3% 的尿素(CP=20.1%)。试验期 9 周，第 1 周为适应期，后 8 周为试验期。试验结果显示，与 CON 组相比，其他各组瘤胃内氨态氮浓度显著升高($P<0.01$)，且 HU 组氨态氮浓度最高(33.76 mg/dL)，约是 CON 组氨态氮浓度(4.37 mg/dL)的 8 倍。各处理组间乙酸、丙酸、总支链挥发酸和总挥发酸浓度没有显著差异($P≥0.07$)，但 HU 组乙酸/丙酸比值显著高于 CON 和 LU 组($P=0.01$)，SBM 组丁酸浓度显著高于其他各组($P<0.01$)。试验各处理组间 DM、NDF、ADF 和 EE 等养分的表观消化率没有显著差异($P≥0.06$)，但 CON 组 CP 表观消化率显著低于其他各组($P<0.01$)。血氨和血尿素氮浓度随尿素补充水平的提高而显著升高，且 HU 组显著高于 CON 组和 LU 组($P<0.01$)，而 SBM 组与 LU 组和 MU 组间差异不显著。各处理组间初期体重、中期体重和末期体重以及饲料转化效率均没有显著差异($P≥0.38$)，但 LU 组平均日增重(ADG)显著高于 CON 组($P=0.02$)，并且 LU 组干物质采食量(DMI)与 CON 组相比也有增高的趋势($P=0.09$)，而 LU 组 ADG 和 DMI 与 SBM 组没有显著差异。由此可知，低蛋白饲粮补充尿素可以代替部分豆粕饲喂育肥湖羊，且补充干物质含量 1% 的尿素效果最优。

关键词：育肥湖羊；尿素；瘤胃发酵；生产性能

---

[*]　基金项目：国家自然科学基金青年基金(31402101)；中央高校基本科研业务费(KYZ201856)

[**]　第一作者简介：徐诣轩(1995—)，男，山东临沂人，硕士研究生，动物营养与饲料科学专业，E-mail：2017105073@njau.edu.cn

[#]　通讯作者：申军士，副教授，E-mail：shenjunshi@njau.edu.cn

茶皂素对肉羊营养物质消化率、甲烷排放及微生物区系的影响[*]

刘云龙[1][**]　马涛[1]　陈丹丹[1]　张乃锋[1]　司丙文[1]　邓凯东[2]　屠焰[1][#]　刁其玉[1][#]

(1. 中国农业科学院饲料研究所,农业部生物饲料重点实验室,北京 100081;
2. 金陵科技学院动物科学与技术学院,南京 210000)

摘要:本试验旨在研究饲粮中添加天然植物提取物茶皂素对肉羊营养物质消化率、甲烷排放及微生物区系的影响。本研究包含 2 个试验。试验一:选取体重约 60 kg、年龄相近、体况良好的杜寒杂交 F1 代肉羊 18 只,采用单因素试验设计,随机分为 2 组。对照组采用基础日粮,试验组在基础日粮中添加 2.0 g/天茶皂素。预试期为 7 天,正式试验期为 8 天,旨在研究茶皂素对肉羊营养物质消化率和甲烷排放的影响。试验二:选取体重约 65 kg、体况良好并装有永久性瘤胃瘘管的杜寒杂交 F1 代肉羊 6 只,采用交叉试验设计,随机分为 2 组。对照组采用基础日粮,试验组在基础日粮中添加 2.0 g/天茶皂素,基础日粮成分同试验一。包括试验期 I 和试验期 II,每期试验 21 天,包括 7 天预试期。旨在研究茶皂素对肉羊瘤胃发酵和瘤胃微生物区系的影响。结果表明:1)饲粮中添加茶皂素显著提高了干物质表观消化率、氮表观消化率、中性洗涤纤维和酸性洗涤纤维的表观消化率($P<0.05$)。2)饲粮中添加茶皂素显著降低了尿氮和粪氮的排出量($P<0.05$),显著提高了沉积氮和氮利用率($P<0.05$)。3)饲粮中添加茶皂素对甲烷排放量没有显著影响($P>0.05$),但显著降低了单位代谢体重基础上的甲烷排放量($P<0.05$)。4)饲粮中添加茶皂素显著提高了总挥发性脂肪酸、丙酸、丁酸和异丁酸的浓度($P<0.05$),显著降低了乙酸/丙酸的浓度($P<0.05$)。5)饲粮中添加茶皂素显著提高了 F. succinogenes 的浓度($P<0.05$),原虫浓度有降低趋势($P=0.054$),但对产甲烷菌的浓度没有显著影响($P>0.05$)。结果提示,饲粮中添加茶皂素能够提高干物质、氮、中性洗涤纤维和酸性洗涤纤维的表观消化率,并降低氮排放和代谢体重基础上的甲烷排放量。

关键词:茶皂素;肉羊;甲烷;消化率;瘤胃发酵;微生物区系

* 基金项目:国家自然科学基金项目(41705129);国家肉羊产业技术体系建设专项资金(CARS-39)
** 第一作者简介:刘云龙(1994—),男,河南周口人,硕士研究生,研究方向为动物营养与饲料科学,E-mail:liuyunlong0308@qq.com
\# 通讯作者:屠焰,研究员,博士生导师,E-mail:tuyan@caas.cn;刁其玉,研究员,博士生导师,E-mail:diaoqiyu@caas.cn

补硒对放牧育成母羊生长性能
及养分消化率的影响*

孙晓蒙**　孙国君#　张文举

（石河子大学动物科技学院，石河子 832000）

摘要：新疆伊犁昭苏牧区为缺硒地区，牧草中硒含量严重缺乏。为探讨补硒对昭苏牧区育成母羊生长性能及养分消化率的影响，本试验选取体质健康、年龄及体重[（36.43±1.90）kg]相近的新疆细毛羊育成母羊 40 只，随机分为 2 组，每组 20 只。试验组母羊按 0.05 mg Se/kg 肌注亚硒酸钠，对照组不做处理，试验期 30 天。育成母羊全天放牧饲养，早上 8:00 出牧，晚上 8:00 归牧。血清微量元素 Se 含量采用氢化物-发生原子荧光法测定；血清微量元素 Cu、Zn 含量采用 ICP-AES 法测定。牧草养分消化率采用内源指示剂法测定，以牧草中饱和链烷烃 C_{31} 作为内源指示剂。结果表明：1)育成母羊肌注亚硒酸钠显著提高了育成母羊日增重（$P<0.05$）。2)肌注亚硒酸钠育成母羊对牧草中 DM、CP、NDF、ADF、Ca 及 P 的消化率均略有提高，但与对照组比较差异不显著（$P>0.05$）。3)注射亚硒酸钠后第 30 天，试验组育成母羊与对照组相比，血清 Se 含量明显提高，差异极显著（$P<0.01$）；血清 Cu、Zn 含量差异均不显著（$P>0.05$）。本试验表明，放牧育成母羊补 Se，可以显著提高母羊日增重及血清 Se 含量，对血清 Cu、Zn 含量及牧草营养物质表观消化率无显著影响。本研究提示，在缺硒牧区对放牧绵羊肌注亚硒酸钠，可显著提高育成母羊日增重。在昭苏牧区放牧绵羊生产中，应注意硒的补充。

关键词：硒；放牧育成母羊；生长性能；养分消化率

* 基金项目：国家公益性(农业)行业专项(201303062)
** 第一作者简介：孙晓蒙，男，河北藁城人，硕士研究生，动物营养与饲料科学专业，E-mail:1006823712@qq.com
# 通讯作者：孙国君，教授，硕士生导师，E-mail:sungj2010@sina.com

日粮中添加不同水平的益生菌对圈养山羊的
生产性能及血液生化指标的影响[*]

彭涛[1][**]　　尚含乐[1]　　宋小珍[1][#]　　敖春波[2]　　付桂明[3]　　曹华斌[1]　　郭贝贝[1]

（1.江西农业大学动物科技学院，南昌 330045；2.江西春晖羊业有限公司，宜春 331200；
3.南昌大学食品学院，南昌 330000）

摘要：本试验旨在研究饲料中添加不同水平的复合益生菌制剂对圈养山羊生产性能及血液生化指标的影响。选择 100 头健康的 4 月龄努比亚山羊，随机分为 5 组，每组 4 个重复，每个重复 5 头羊。对照组饲喂基础日粮，其他 4 个组分别在基础日粮中添加 0.1％、0.2％、0.4％、0.8％的复合益生菌制剂。试验期为 70 天，其中预试期 10 天，正式试验期 60 天。结果表明：1)与对照组相比，饲粮中添加 0.2％益生菌制剂可显著提高圈养山羊平均日增重（$P<0.05$）；添加 0.2％、0.4％ 和 0.8％益生菌制剂可显著降低圈养山羊料重比（$P<0.05$）。2)与对照组相比，饲粮添加 0.2％、0.4％ 和 0.8％益生菌制剂可显著提高圈养山羊血清总蛋白和球蛋白含量（$P<0.05$）；添加 0.4％ 的益生菌制剂显著提高了血清 IgG、IgA 和 IgM 含量（$P<0.05$）；所有益生菌制剂组的血清总超氧化物歧化酶活性均显著高于对照组（$P<0.05$）。3)血常规检测显示，0.2％、0.4％ 和 0.8％ 的添加组红细胞数目显著提高（$P<0.05$），0.4％ 和 0.8％ 的添加组白细胞数目显著提高（$P<0.05$），其余指标各组间差异均不显著（$P>0.05$）。以上结果表明，添加益生菌制剂可提高圈养山羊的生产性能，改善圈养山羊的机体免疫水平，提高抗氧化功能。

关键词：益生菌；圈养山羊；生产性能；血液生化指标

---

[*] 基金项目：江西省科技支撑重大项目（20161ACF60006）

[**] 第一作者简介：彭涛（1996—），男，江西鹰潭人，硕士研究生，研究方向为反刍动物营养与饲料科学，E-mail：1216884257@qq.com

[#] 通讯作者：宋小珍，教授，硕士生导师，E-mail：songxz1234@163.com

不同能量水平对肉牛生长性能、营养物质消化率、葡萄糖代谢规律的影响[*]

魏晨[**]　游伟　靳青　张相伦　刘桂芬　谭秀文　刘晓牧　万发春[#]

(山东省农业科学院畜牧兽医研究所,山东省畜禽疫病防治与繁育重点实验室,
山东省肉牛生产性能测定中心,济南 250100)

摘要:本试验旨在研究不同能量(淀粉)水平对肉牛生长性能、消化道各消化段的营养物质消化率、葡萄糖代谢规律的影响。试验采用 3×3 拉丁方设计,选择 3 头体况良好、月龄相近、体重为(345±15) kg、安装永久性瘤胃、十二指肠、回肠末端瘘管的利木赞牛×鲁西黄牛杂交一代生长肥育肉牛作为试验动物,试验处理为饲粮 1(基础日粮,即小麦颖壳+玉米+豆粕),饲粮 2(基础日粮+100 g 淀粉),饲粮 3(基础日粮+200 g 淀粉),每个试验期 22 天,每期试验预试期 14 天,正式试验期 8 天。结果表明:1)低、中、高 3 种能量水平饲粮平均日增重分别为 16.7、129.6、209.3 g,且差异极显著($P<0.01$)。2)在瘤胃内,3 种能量水平日粮的干物质(DM)和淀粉的消化率变化较小,DM 变化范围为 37.43%～38.61%,淀粉变化范围为 78.84%～80.34%,差异不显著($P>0.05$);中性洗涤纤维(NDF)、酸性洗涤纤维(ADF)的消化率变化较大,NDF 变化范围为 30.11%～38.38%,ADF 变化范围为 29.32%～37.75%,低能量水平日粮显著低于中、高能量水平($P<0.05$)。在小肠内,3 种日粮的 DM、NDF、ADF 和淀粉的消化率差异都不显著($P>0.05$),但高能量日粮淀粉消化率较低,DM、NDF、ADF 和淀粉的消化率变化范围分别为 23.44%～24.35%、4.10%～4.23%、2.92%～3.04%和 81.72%～86.55%。在大肠内,中、高能量水平饲粮的各成分消化率略高于低能量水平日粮,但差异不显著($P>0.05$)。3)血浆葡萄糖浓度随饲粮浓度增加而增加,肉牛采食饲粮后 2 h、4 h 差异极显著($P<0.05$)。随饲粮能量浓度的提高,血浆胰岛素浓度不断提高($P<0.05$),胰高血糖素浓度有所降低($P<0.05$),生长激素浓度不断提高($P<0.05$)。4)低、中、高能量水平饲粮的瘤胃发酵产生的丙酸转化形成的葡萄糖(POEG)分别为 210.11、241.50、253.31 g/天,差异极显著($P<0.01$);过瘤胃淀粉提供的葡萄糖(BSEG)分别为 124.20、133.20、136.80 g/天,差异显著($P<0.05$);肉牛的代谢葡萄糖(MG)分别为 334.31、374.70、390.11 g/天。POEG、BSEG 和 MG 的值与淀粉(x)添加量的线性关系分别为:POEG(g/天)$=0.216x+213.37$($R^2=0.935\ 9$);BSEG(g/天)$=0.063x+125.1$($R^2=0.942\ 3$);MG(g/天)$=0.279x+338.47$($R^2=0.937\ 4$)。综上所述,本试验饲粮条件下,提高能量浓度可以促进育肥牛的生产性能,提高基础日粮的营养物质利用率,主要通过提高 POEG 从而改善肉牛葡萄糖代谢水平。同时,建立了 POEG、BSEG 和 MG 的值与淀粉添加量的回归方程,可用于预测生长肥育肉牛 MG 供应水平。

关键词:淀粉;肉牛;生长性能;消化率;葡萄糖代谢规律

---

[*] 基金项目:国家重点研发计划(2018YFD0501803);现代农业(肉牛牦牛)产业技术体系建设专项资金(CARS-37);山东省现代农业产业技术体系牛产业创新团队(SDAIT-09-07);山东省农业科学院农业科技创新工程(CXGC2017B02,CXGC2018E10);大北农集团企业课题(2016A20027)

[**] 第一作者简介:魏晨(1989—),助理研究员,山东济南人,从事肉牛营养与饲料研究,E-mail:weichenchen1989@126.com

[#] 通讯作者:万发春,研究员,E-mail:wanfc@sina.com

妊娠后期宫内生长受限对蒙古绵羊胎儿
肌肉生长发育的影响[*]

马驰[**]　宋珊珊　高峰[#]

（内蒙古农业大学动物科学学院，呼和浩特 010018）

摘要：本试验旨在研究对妊娠后期母羊限饲导致的胎儿宫内生长受限对蒙古绵羊胎儿肌肉组织生长发育的影响，旨在为我国北方地区面临极端天气条件时的抗灾保畜和对妊娠期母羊的实际生产管理提供一定的理论基础，为临床医学的应用提供一定的参考依据。实验所用的动物均为体况中等、2~3 胎次、经同期发情受孕、身体健康的蒙古绵羊 42 只，平均体重为（53.28 ± 4.87）kg。在妊娠 90 天时选择 6 只与总体平均体重接近的母羊进行屠宰，其余按体重随机分配到 3 个营养水平处理组，各组营养水平分别为：0.175 MJ/（kg BW$^{0.75}$ · 天）（RG1，$n=14$）、0.33 MJ/（kg BW$^{0.75}$ · 天）（RG2，$n=12$）和自由采食组（CG，$n=10$）。将各组母羊按照实验要求进行不同营养水平饲养至妊娠 140 天后，各组再选择 6 只具有代表性的母羊进行屠宰试验，取出胎儿进行屠宰并获得其背最长肌、半腱肌、股二头肌和臂三头肌试验样本，进行相关指标的测定。结果表明：随着母体营养水平的降低，胎儿肌肉各项指标均发生一定程度的改变。与 CG 组相比，RG1 组胎儿背最长肌、半腱肌、臂三头肌重极显著降低（$P<0.01$）、股二头肌重显著降低（$P<0.05$）；RG2 组各部分肌肉重与 CG 组相比无明显变化（$P>0.05$）。此外，与 CG 组相比，RG1 组胎儿背最长肌、臂三头肌密度显著上升（$P<0.05$）、面积显著下降（$P<0.05$），其中，胎儿臂三头肌密度极显著升高（$P<0.01$）；RG1 组背最长肌直径显著低于 CG 组（$P<0.05$）；RG1 组胎儿半腱肌、股二头肌密度与 CG 组相比显著降低（$P<0.05$），面积、直径无明显变化（$P>0.05$）；RG2 组各项指标均出现与 RG1 组相同的趋势，但是除背最长肌直径显著降低（$P<0.05$）其余各项指标均无明显变化（$P>0.05$）。由此可见，在本实验条件下，妊娠后期随着母体营养水平的降低，限制组胎儿的肌肉组织重、肌肉组织结构、胎儿肌纤维的面积、密度、直径受到不同程度的影响，面积和直径下降，说明妊娠后期 IUGR 对绵羊胎儿及肌肉组织生长发育有显著的影响，这严重影响了胎儿出生后的运动能力，对广大牧民冬季抗灾保畜造成很大威胁。

关键词：宫内生长受限；绵羊胎儿；肌肉

---

[*] 基金项目：国家自然科学基金项目（30800788）；内蒙古自然科学基金项目（2009BS0405）

[**] 第一作者简介：马驰（1994—），男，内蒙古扎兰屯市人，硕士研究生，动物营养与饲料科学专业，E-mail：935654395@qq.com

[#] 通讯作者：高峰，教授，博士生导师，E-mail：1262619625@qq.com

母体添加烟酰胺对子代羔羊肠道发育和免疫功能的影响[*]

魏筱诗[**]　赵会会　何家俊　尹清艳　曹阳春　蔡传江　徐秀容　姚军虎[#]

（西北农林科技大学动物科技学院，杨凌 712100）

摘要：围产期是奶畜泌乳周期中的特殊生理时期，机体代谢相对复杂，且该阶段母体营养对子代发育和健康具有十分重要的影响。本研究团队前期发现烟酰胺可改善围产期奶畜能量负平衡，调控糖脂代谢、免疫及抗氧化能力，但其对子代的可能影响并不清楚。本试验旨在研究母体补饲烟酰胺对子代羔羊肠道发育和免疫功能的影响，以期探究母体烟酰胺对子代健康发育调控的可能机制，为围产期奶畜及子代营养调控提供科学依据。试验选取泌乳天数、产奶量和体重等接近的二胎次关中围产期奶山羊 15 头，按配对设计原则等分为 3 组，每组 5 头：对照组（control，C），产后添加组（post-kidding，P）和全期添加组（entire-perinatal，EP）。每组均采食 TMR 基础饲粮，烟酰胺添加组在饲喂 TMR 的基础上添加烟酰胺 5 g/天，每日 7:00 灌服，试验期为产前 21 天至产后 28 天。产羔后，对应组的羔羊分别补饲对应母羊的母乳，并命名为 L_C、L_P 和 L_{EP}。分别于产后 14 天和 28 天采集子代羔羊血液样品，产羔后 28 天屠宰采集母羊和子代羔羊肠道组织样品，测定相关指标。结果表明：1）母体产后和全期添加烟酰胺均显著增加子代羔羊血清中 IgG 浓度（$P<0.05$）。2）母体添加烟酰胺对母羊肠道形态无显著影响（$P>0.05$）。3）母体产后和全期添加烟酰胺显著提高子代羔羊十二指肠绒毛长度（$P<0.05$），全期添加提高子代羔羊回肠绒毛长度（$P<0.05$），对空肠的绒毛长度及各肠段隐窝深度无显著影响。4）母体产后和全期添加烟酰胺极显著提高子代羔羊十二指肠、空肠、回肠的绒毛长度与隐窝深度比值（$P<0.01$）。5）母体产后和全期添加烟酰胺提高子代羔羊空肠 SGLT1 的相对表达量（$P<0.01$）。6）子代羔羊空肠 GLUT2 的表达量在后期添加时最高，而回肠 GLUT2 的表达量在全期添加时达到最高（$P<0.05$）。由此可见，围产期奶山羊补饲烟酰胺（5 g/天）可增强子代羔羊免疫功能，促进肠道形态发育，调控葡萄糖吸收，其机理有待进一步研究。

关键词：母体烟酰胺；免疫；肠道发育；围产期；子代羔羊

[*] 基金项目：国家自然科学基金（31472122，31672451）

[**] 第一作者简介：魏筱诗（1991—），女，四川绵阳人，博士研究生，研究方向为反刍动物营养，E-mail：deardoris163@163.com

[#] 通讯作者：姚军虎，教授，博士生导师，E-mail：yaojunhu2004@sohu.com

瘤胃可降解淀粉对奶山羊泌乳性能和
乳脂合成的影响*

郑立鑫** 　申静　 韩笑瑛　 蔡传江　 曹阳春　 徐秀容　 姚军虎#

（西北农林科技大学动物科技学院，杨凌 712100）

摘要：碳水化合物是瘤胃和组织代谢的主要供能物质，碳水化合物的组成与奶畜产奶量及乳成分密切相关。瘤胃可降解淀粉（rumen degradable starch，RDS）是指在瘤胃中可被微生物降解和利用的淀粉，是发酵产生挥发性脂肪酸的重要底物，不同 RDS 水平会改变瘤胃发酵模式，进而影响乳脂合成前体物质的生成（乙酸、β-羟丁酸），微生物氢化能力也随之发生变化，一些异常氢化产物（C18：$trans$-10）也会进入乳腺组织抑制乳脂合成。本试验研究等淀粉不同 RDS 水平饲粮对奶山羊泌乳性能及乳脂前体物质合成的影响，为改善奶畜乳品质，提高碳水化合物利用率提供科学依据。试验选取泌乳天数、产奶量和体重等接近的二胎关中泌乳期奶山羊 18 头，按配对设计原则等分为 3 组，每组 6 头。通过小麦部分替代玉米实现 3 种处理：低 RDS 组（L-RDS，20.52%），中 RDS 组（M-RDS，22.15%）和高 RDS 组（H-RDS，24.88%）。每日等量饲喂 2 次 TMR，时间为 08：30 和 15：30，自由饮水。预饲期 7 天，正式试验期 35 天。于第 33 天连续测定 3 天产奶量并采集饲粮、瘤胃液和乳样，测定相关指标。结果显示：1）H-RDS 组奶山羊产奶量有低于 M-RDS 组的趋势，但与 L-RDS 组差异不显著（0.05＜P＜0.10）。2）不同 RDS 组的日粮、瘤胃液、奶样中脂肪酸组成模式具有显著差异（P＜0.05）。3）H-RDS 组乳脂含量及产量均显著低于 L-RDS 组（P＜0.05），与 M-RDS 组差异不显著（P＞0.05）。4）H-RDS 组乳脂中 C4：0～C16：0 产量显著降低（P＜0.05），乳腺组织中参与脂肪酸从头合成途径中的关键基因 ACACA、ACSS、FASN 表达量显著降低（P＜0.05）。5）各组长链脂肪酸转化效率无显著差异（P＞0.05），乳腺组织中参与外源摄取途径的关键基因 CD36、SLC27 表达量无显著差异（P＞0.05）。由此可见：高 RDS 水平日粮降低奶山羊泌乳性能，抑制脂肪酸的从头合成途径，但对脂肪酸的外源摄取途径无影响。

关键词：瘤胃可降解淀粉；脂肪酸合成；奶山羊

＊　基金项目：国家重点研发计划（2017YFD0500500）

＊＊ 第一作者简介：郑立鑫（1994—），男，辽宁大连人，博士研究生，研究方向为反刍动物营养，E-mail：callmezheng@sohu.com

＃　通讯作者：姚军虎，教授，博士生导师，E-mail：yaojunhu2004@sohu.com

不同育肥方式及抗氧化剂对呼伦贝尔羔羊瘤胃发酵的影响[*]

王波[**]　李玉霞　刘策　高月锋　刁志成　曲扬华　徐晨晨　罗海玲[#]

（中国农业大学，动物营养学国家重点实验室，北京 100193）

摘要：本试验旨在研究不同育肥方式（舍饲和放牧）以及舍饲饲粮添加抗氧化剂（苜蓿皂苷，甘草提取物，维生素 E）对呼伦贝尔羔羊瘤胃发酵指标的影响。试验一，选取 20 只日龄、体重相近的呼伦贝尔羯羊随机分为 2 个处理，每个处理 10 个重复，每个重复 1 只，舍饲对照组（CG）羔羊饲喂基础饲粮（干草＋精料），限时放牧组（LG）羔羊在天然草地上限时放牧 4 h 并补饲精料。预试期 15 天，正式试验期 60 天。试验结束后，羔羊全部屠宰，经 4 层纱布过滤取瘤胃液，并测定相关指标。结果表明：CG 组瘤胃 pH 和氨态氮浓度与 LG 组无显著差异（$P>0.05$），但 CG 组瘤胃液中丙酸浓度显著高于 LG 组（$P<0.05$），且 CG 组瘤胃总挥发酸浓度及乙酸浓度有显著高于 LG 组的趋势（$0.05<P<0.1$）；2 处理组的丁酸、异丁酸等其他挥发酸浓度无显著性差异（$P>0.05$）；CG 组与 LG 组各挥发酸占总挥发酸的百分比也无显著性差异（$P>0.05$）。在试验一的基础上希望通过添加抗氧化剂改善舍饲羔羊的瘤胃发酵功能，因此进行了试验二。试验二，选取 40 只日龄、体重相近的呼伦贝尔羯羊随机分为 4 个处理，每个处理 10 个重复，每个重复 1 只，所有试验羊均进行单栏舍饲。试验处理组分别为：CG 组饲喂基础饲粮，添加剂组分别在基础饲粮的基础上添加 2 000 mg/kg 苜蓿皂苷（AS 组）、3 000 mg/kg 甘草提取物（LE 组）、400 mg/kg 维生素 E（VE 组）。预试期 15 天，正式试验期 60 天。结果表明：与对照组相比，饲粮中添加抗氧化剂（AS 组、LE 组、VE 组）对舍饲呼伦贝尔羔羊瘤胃挥发酸浓度、各挥发酸占总挥发酸的比值、氨态氮以及瘤胃液 pH 均无显著影响（$P>0.05$），二处理组之间乙酸与丙酸比值也无显著性差异（$P>0.05$）。综上所述，在呼伦贝尔地区放牧羔羊瘤胃发酵功能相对舍饲羔羊较优，而在舍饲基础上添加抗氧化剂（AS、LE、VE）对羔羊的瘤胃发酵功能并无显著性影响，因而改善牧区舍饲羔羊的瘤胃发酵功能还需更广泛的研究。

关键词：舍饲；放牧；抗氧化剂；瘤胃发酵

---

[*]　基金项目：农业部公益性行业科技（201303061）；国家肉羊产业技术体系（CARS-38）

[**]　第一作者简介：王波（1989—），男，河南信阳人，博士研究生，从事反刍动物营养研究，E-mail：wangboforehead163.com

[#]　通讯作者：罗海玲，教授，博士生导师，E-mail：luohailing@cau.edu.cn

饲粮 NDF 水平对山羊营养物质表观消化率及瘤胃古菌结构与组成的影响研究[*]

张雪娇[**]　王立志[#]　王之盛　薛白　彭全辉

（四川农业大学动物营养研究所,成都 611130）

摘要：本研究旨在采用代谢试验和高通量测序技术,研究饲粮中性洗涤纤维（NDF）水平对山羊营养物质表观消化率及瘤胃古菌结构与组成的影响。选用 6 只 8 月龄健康雄性山羊进行 3×3 拉丁方试验,依据饲粮 NDF 水平设低（LN 组）、中（MN 组）和高（HN 组）NDF 水平共 3 个处理组进行代谢试验。代谢试验共分 3 期进行,每期试验结束后采集瘤胃内容物,提取瘤胃微生物总 DNA 后,用古菌通用引物进行 PCR 扩增,扩增产物用 Illumina 平台进行高通量测序后进行生物信息学分析。结果表明：1)处理组间山羊日粮 DM、OM、CP 表观消化率差异均不显著（$P>0.05$）；LN 组 EE 的表观消化率显著高于 MN 组和 HN 组（$P<0.05$）,HN 组 NDF 的表观消化率显著高于 LN 组和 MN 组（$P<0.05$）。2)LN 组古菌 Chao1、Shannon 和 Observed_species 指数均显著高于其他二组（$P<0.05$）,其他二组间的差异不显著（$P>0.05$）。3)在门水平上,3 个处理组间所有古菌的相对丰度差异均不显著（$P>0.05$）,优势门均为广古菌门（Euryarchaeota）；在属水平上,*Methanobrevibacter*、*Candidatus_Methanomethylophilus* 和 *Candidatus_Methanoplasma* 均为 3 个处理组的优势属。LN 组 *Methanobrevibacter* 的相对丰度极显著低于其他二组（$P<0.01$）,但 *Candidatus_Methanomethylophilus* 和 *Candidatus_Methanoplasma* 的相对丰度显著高于其他二组（$P<0.05$）,其余各菌属的相对丰度在 3 个处理组间差异均不显著（$P>0.05$）。研究结论：饲粮 NDF 水平在 35%～45% 变化时,显著影响山羊对日粮中 EE、NDF 的表观消化率,显著影响瘤胃 *Methanobrevibacter*、*Candidatus_Methanomethylophilus* 和 *Candidatus_Methanoplasma* 等古菌属的相对丰度。

关键词：山羊；营养物质表观消化率；中性洗涤纤维；古菌；高通量测序

---

[*] 基金项目："十三五"国家重点研发计划项目"畜禽现代化饲养关键技术研发"
[**] 第一作者简介：张雪娇（1996—）,女,陕西咸阳人,硕士研究生,从事反刍动物营养研究,E-mail：934619708@qq.com
[#] 通讯作者：王立志,副教授,硕士生导师,E-mail：wanglizhi08@aliyun.com

不同矿物营养补饲料对藏羊、牦牛繁殖成活率及幼畜生长性能的影响[*]

俞联平[**]　李新媛[1]　高占琪[2]　陈兴荣[2]

（1.甘肃省动物营养研究所，兰州 730030；2.甘肃省草原技术推广总站，兰州 730010）

摘要：钙、磷、食盐和微量元素是放牧家畜，尤其处于冬春枯草期妊娠及哺乳母畜最易缺乏的营养元素，如不进行合理补饲，不仅影响母畜健康，也会影响胎儿及幼畜的生长发育。本试验针对放牧牛羊矿物质营养补饲需要，开发出了矿物营养舔块和矿物营养补充料 2 种形态的藏羊、牦牛专用营养补饲料，通过冷季营养补饲及调节，增进母畜健康，提高母畜的繁殖成活率和幼畜生长性能。结果表明，冷季利用矿物营养舔砖和矿物营养补充料，放牧藏母羊的断奶成活率分别提高 3.34％和 6.08％。矿物营养舔砖组藏羔羊初生重和哺乳期日增重分别提高 6.77％和 22.78％，白牦牛犊牛初生重和 1 月龄日增重分别提高 22.43％和 29.12％；矿物营养补充料组藏羔羊初生重和哺乳期日增重分别提高 4.05％和 21.22％，藏寒杂种羔羊分别提高 6.29％和 21.93％；利用矿物营养舔砖和矿物营养补充料，可降低羔羊、犊牛的培育成本。

关键词：藏羊；牦牛；矿物营养舔砖；矿物营养补充料；断奶成活率；初生重；哺乳期日增重

* 基金项目：牧区放牧家畜营养改善及品种改良技术研究
** 第一作者简介：俞联平（1963—），男，研究员，从事动物营养及饲草料研究开发，E-mail：yulp154@163.com

限制或过量添加脂溶性维生素对杜寒杂交肉羊生长性能和消化代谢的影响[*]

周丽雪^{2**} 马涛¹ 崔凯 王文义³ 杨东^{1,3} 王韵斐³
陈怀森⁴ 陈仁伟⁴ 刁其玉^{1#}

(1. 中国农业科学院饲料研究所,农业部饲料生物技术重点实验室,北京 100081;2. 塔里木大学
动物科学学院,阿拉尔 843300;3. 巴彦淖尔市农牧业科学研究院,巴彦淖尔 015000;
4. 内蒙古富川饲料科技股份有限公司,巴彦淖尔 015000)

摘要:本试验研究饲粮中部分限量脂溶性维生素(维生素 A、D、E),或过量添加 3 种脂溶性维生素对杜寒杂交肉用绵羊育肥阶段生长性能、营养物质表观消化率、氮和能量代谢的影响,旨在为我国肉用羊饲养标准中脂溶性维生素的需要量参数的建立提供依据。采用单因素试验设计,选择 120 只 90 日龄断奶后体重为(26±0.11)kg 的杜寒杂交肉用绵羊,公母各半,单栏饲喂,随机分为 5 组,每组 24 只,公羊和母羊各 12 只。对照组(PC 组)不扣除任何维生素,其他 3 个处理组分别在对照组添加量基础上扣除 30% 的维生素 A(PC-VA 组)、维生素 D(PC-VD 组)、或维生素 E,另设过量添加组,其 3 种脂溶性维生素添加量均为对照组的 7.5 倍(PC-7.5 组)。试验共 100 天,其中预试期 10 天,试验第 40～50 天和第 80～90 天开展消化代谢试验。结果表明:在试验第 60～90 天,PC-VE 组公羊采食量和平均日增重(ADG)显著低于其他各组($P<0.05$),PC-7.5 组母羊 ADG 和饲料转化率(FCR)显著低于其他各组($P<0.05$);部分扣除维生素 E 和试验周期对公羊采食量和 ADG 存在交互作用($P<0.05$);摄入高倍剂量脂溶性维生素和试验周期对母羊 ADG 和 FCR 存在交互作用($P<0.05$)。摄入高倍剂量脂溶性维生素和试验周期对肉羊的干物质、有机物、粗蛋白质和酸性洗涤纤维的表观消化率均存在交互作用($P<0.05$);部分缺乏维生素 E 和试验周期对肉羊酸性洗涤纤维表观消化率存在交互作用($P<0.05$)。结果提示,长期扣除 30% 的维生素 E 或摄入过量的脂溶性维生素可能降低杜寒杂交肉羊增重和营养物质消化率,对肉羊生产性能产生负面影响。

关键词:脂溶性维生素;维生素 E;肉羊;生长性能;消化

* 资助项目:现代农业产业技术体系建设专项资金资助(CARS-38);内蒙古自治区科技重大专项
** 第一作者简介:周丽雪(1993—),女,新疆乌鲁木齐人,硕士研究生,主要从事反刍动物生理营养研究,E-mail:browneyes_daisy@sina.com
\# 通讯作者:刁其玉,研究员,博士生导师,E-mail:diaoqiyu@caas.cn

共存甲烷菌的厌氧真菌和纤维降解细菌
降解秸秆粗纤维的特性比较*

施其成** 李袁飞 李与琦 成艳芬# 朱伟云

（国家动物消化道营养国际联合研究中心，江苏省消化道营养与动物健康重点实验室，
南京农业大学消化道微生物研究室，南京 210095）

摘要：本研究拟通过连续传代培养，比较第 1～10 代厌氧真菌或纤维降解细菌与产甲烷菌富集培养物降解秸秆的差异，旨在挑选出粗纤维降解能力更强的富集培养物，将其应用于秸秆发酵生产中，从而实现秸秆资源的高效利用。试验利用厌氧真菌、纤维降解细菌及产甲烷菌对抗生素的敏感性不同这一特性，分别获得厌氧真菌与产甲烷菌富集培养物及纤维降解细菌与产甲烷菌富集培养物，以麦秸为底物，于 39℃ 静置。根据厌氧真菌与纤维降解细菌的生长特性，厌氧真菌与产甲烷菌富集培养物每 3 天传代，纤维降解细菌与产甲烷菌富集培养物每天传代，共传代 10 次，每代测定发酵液 pH、底物消失率（DMD）及累积产气量。在此基础上，挑选纤维降解能力强的富集培养物，研究其对不同秸秆降解能力的差异。两种富集培养物对秸秆降解率的比较研究结果显示，从第 1 代到第 10 代，厌氧真菌与产甲烷菌富集培养物累积产气量和底物消失率均显著高于纤维降解细菌与产甲烷菌富集培养物（$P<0.05$），厌氧真菌与产甲烷菌富集培养物发酵液 pH 显著低于纤维降解细菌与产甲烷菌富集培养物（$P<0.05$）。结果提示：厌氧真菌与产甲烷菌富集培养物降解秸秆粗纤维的能力强于纤维降解细菌与产甲烷菌富集培养物。在此基础上，进一步研究厌氧真菌与产甲烷菌富集培养物对不同秸秆（稻秸、麦秸）降解能力的差异显示：以麦秸为底物时，发酵液累积产气量、甲烷累积产量和底物消失率均显著高于稻秸（$P<0.05$），以麦秸为底物的发酵液 pH 显著低于稻秸（$P<0.05$）。测定发酵液中乙酸、甲酸和乳酸的含量发现，以麦秸为底物的发酵液中乙酸的含量显著高于稻秸（$P<0.05$），但甲酸和乳酸的含量差异不显著（$P>0.05$）。由此可见，厌氧真菌与产甲烷菌富集培养物降解秸秆粗纤维的能力强于纤维降解细菌与产甲烷菌富集培养物，其在秸秆粗纤维降解与利用方面，更具开发潜力。厌氧真菌与产甲烷菌富集培养物对不同秸秆粗纤维的降解能力存在差异，其对麦秸的降解能力高于稻秸，主要原因是以麦秸为底物的富集培养物中厌氧真菌其体内的代谢显著增强。

关键词：产甲烷菌；厌氧真菌；纤维降解细菌；秸秆粗纤维

* 基金项目：国家自然科学基金项目（31772627）；中央高校基本科研业务费（KYDK201701）

** 第一作者简介：施其成（1994—），男，安徽铜陵人，硕士研究生，动物营养与饲料科学专业，E-mail：1728859433@qq.com

\# 通讯作者：成艳芬，教授，硕士生导师，E-mail：yanfencheng@njau.edu.cn

体外法筛选不同精料比例下增加玉米淀粉瘤胃发酵抗性的有机酸和热处理方法[*]

孙劼[**]　沈宜钊　龙珣睿　程宣　王洪荣[#]

（扬州大学动物科学与技术学院学院，扬州 225009）

摘要：玉米等谷物富含快发酵碳水化合物，长期饲喂高谷物日粮会导致反刍动物的瘤胃 pH 长期处于较低水平，产生亚急性瘤胃酸中毒（subacute rumen acidosis，SARA）。近年来，大量的体内外研究证明多种有机酸联合热处理能够明显改变淀粉特性，增加其瘤胃消化抗性。本试验旨在利用体外法研究不同精料条件下有机酸结合热处理对玉米淀粉的瘤胃消化抗性的影响，并筛选出能够缓解 SARA 的最佳处理方式。试验分别用 0、0.5％、1％ 和 5％ 的磷酸、延胡索酸和乳酸，在 25℃（室温）和 55℃ 条件下，按质量体积比 1：1 的比例浸泡商品级玉米淀粉 48 h，获得不同处理的淀粉样品。将不同处理的淀粉分别与粉碎过 1 mm 筛的羊草按照 3：7 和 7：3 的比例均匀混合，称取 0.5 g 作为不同精料比例的发酵底物，通过瘤胃瘘管采集奶山羊瘤胃液，与配制的人工唾液 1：2 混合，量取 120 mL 置于 250 mL 的发酵瓶中并在水浴摇床上进行体外培养，于培养的第 0、0.5、1、2、4、8、12、24 h 取样，测定发酵液的 pH、VFA、乳酸、氨氮等指标。结果表明：1）在高精料组中，55℃ 时 5％乳酸溶液处理能够显著提高发酵液 pH（$P=0.01$）。2）低精料和高精料组中，有机酸与温度复合处理均对乙酸百分含量有显著影响（$P<0.05$），其中 25℃ 时 1％延胡索酸组乙酸百分含量最高；在低精料组中，有机酸与温度复合处理对丁酸百分含量有显著影响（$P<0.05$），55℃ 时 1％延胡索酸处理组丁酸百分含量最高；在高精料组中，有机酸联合热处理对丙酸的百分含量有显著的影响（$P<0.05$），25℃ 时 5％乳酸处理组丙酸的百分含量最高。3）有机酸与温度复合处理低精料和高精料组中各处理组的氨氮、乳酸含量无显著影响（$P>0.05$）。由此可见，玉米淀粉经 5％乳酸溶液结合 55℃ 处理后，发酵液的 pH 能够维持在较高水平，证明该处理能够增加淀粉的瘤胃消化抗性，有机酸种类和温度处理的玉米淀粉能够改善 SARA 状态下瘤胃内环境，并对减少高精料诱发的 SARA 可能具有一定的效果。几种酸和温度处理对发酵液 pH 维持作用从高到低依次为 5％乳酸 55℃、0.5％磷酸 25℃、1％延胡索酸 55℃、0.5％磷酸 55℃、1％延胡索酸 25℃、5％乳酸 25℃。

关键词：淀粉特性；瘤胃消化抗性；有机酸联合热处理；SARA

　＊　基金项目：国家自然科学基金项目（31572429）

　＊＊　第一作者简介：孙劼（1994—），女，内蒙古赤峰人，硕士研究生，研究方向为反刍动物营养与代谢调控，E-mail：sunjie_perfect @qq.com

　＃　通讯作者：王洪荣，教授，博士生导师，E-mail：hrwang@yzu.edu.com

体外法研究麻叶荨麻和羊草比例对纤维结构
和降解率的影响*

张振斌[1]** 王珊[1] 戚如鑫[1] 史良峰[1] 王梦芝[1]# 张晓庆[2]#

(1. 扬州大学动物科学与技术学院,扬州 225009;

2. 中国农业科学院草原研究所,呼和浩特 010010)

摘要:本文旨在研究麻叶荨麻和羊草比例对其纤维结构变化和降解率的影响。试验以底物中麻叶荨麻和羊草比例分5组为0:100(A)、30:70(B)、50:50(C)、70:30(D)、100:0(E)进行瘤胃微生物体外培养,在培养后0、1、3、6、12、24 h采集瘤胃液并检测纤维结构和降解率。结果表明:1)NDF/ADF 降解率,麻叶荨麻与羊草的不同组合对瘤胃体外发酵 24 h NDF 有显著影响($P<0.05$),其中以 C 组最高($P<0.05$),E 组的最低。而 ADF 降解率在 24 h 的时间点没有显著不同($P>0.05$)。2)显微结构,由电镜图片可见,4 组底物含有不同比例的荨麻在发酵1 h 时已经有大量微生物附着;3 h 和 6 h 时微生物数量逐渐增加且有植物碎片降解;24 h 时微生物附着数量依然保持较高水平,并且 24 h 时植物表面出现明显的破损和孔洞,可以推断此时已经降解至植物组织深层。并且 C 组在培养 24 h 时荨麻被腐蚀程度相比其他 3 组而言更大;3)发酵参数,采样时间对瘤胃体外发酵 pH 有显著影响($P<0.05$);同时,荨麻与羊草的不同组合对瘤胃体外发酵 pH 有显著影响($P<0.05$),组间比较来看,0、12 h 的时间点没有显著不同;但1、3、6 h 时间点的 pH 值都以 A 组和 C 组的显著较高($P<0.05$);24 h 时间点的则以 C 组最高($P<0.05$)。采样时间对体外发酵 NH_3-N 浓度有显著影响($P<0.05$);另外,荨麻与羊草的不同比例对体外发酵NH_3-N 浓度有显著影响($P<0.05$);组间比较来看,0、1 h 的时间点没有显著不同;但 3、6、12、24 h 的时间点都以 D 组和 E 组的 NH_3-N 浓度显著较高($P<0.05$);其他组的较低($P<0.05$)。综上所述,底物中麻叶荨麻和羊草50:50 比例组的 pH 较高、氨氮浓度较低;同时,该组的 24 h NDF 降解率和纤维被腐蚀程度也较高,表明了该比例利于体外培养瘤胃微生物的发酵和底物的降解。

关键词:麻叶荨麻;瘤胃微生物;纤维结构;降解率

---

* 基金项目:国家自然基金(31672446,31402119);江苏省苏北科技专项(富民强县:BN2016096)
** 第一作者简介:张振斌(1994—),男,江苏扬州人,硕士研究生,动物营养与饲料科学专业,E-mail:1575242419@qq.com
# 通讯作者:王梦芝,副教授,硕士生导师,E-mail:mengzhiwangyz@126.com;张晓庆,副研究员,硕士生导师,E-mail:zhangxiaoqing@caas.cn

我国不同地区小麦秸秆营养价值及瘤胃降解规律比较*

魏晨** 游伟 万发春# 赵红波 刘桂芬 张相伦 谭秀文 刘晓牧

（山东省农业科学院畜牧兽医研究所,山东省畜禽疫病防治与繁育重点实验室,
山东省肉牛生产性能测定中心,济南 250100）

摘要：本试验旨在研究我国小麦主产区安徽亳州、河南民权、山西祁县 3 个地区小麦秸秆的营养价值及瘤胃降解规律。试验采用单因子试验设计,选择 4 头体况良好、体重为（415 ± 20）kg、安装永久性瘤胃瘘管的利鲁公牛（利木赞牛×鲁西黄牛）作为试验动物。采用尼龙袋技术评定 3 个地区小麦秸秆的干物质（DM）、有机物（OM）和粗蛋白质（CP）的瘤胃降解规律。结果表明：1）3 个地区小麦秸秆的营养成分含量有所不同,3 个地区小麦秸秆的 DM、Ca 和 P 含量没有差异（$P>$0.05）。亳州和民权小麦秸秆的 OM（$P<0.05$）和 CP 含量（$P<0.05$）显著高于祁县小麦秸秆。民权小麦秸秆的粗脂肪含量最高（$P<0.05$）,中性洗涤纤维（NDF）含量最低（$P<0.05$）。祁县小麦秸秆的酸性洗涤纤维（ADF）含量最高（$P<0.05$）,民权小麦秸秆的最低（$P<0.05$）。2）亳州和民权小麦秸秆 3 h 的 DM 瘤胃降解率显著高于祁县小麦秸秆的 DM 瘤胃降解率（$P<0.05$）。民权小麦秸秆 6 h 的 DM 瘤胃降解率最大（$P<0.05$）,亳州和祁县小麦秸秆的 DM 瘤胃降解率差异不显著（$P>0.05$）。民权小麦秸秆 72 h 的 DM 瘤胃降解率显著高于祁县小麦秸秆（$P<0.05$）。民权小麦秸秆的 DM 快速降解部分比例最高（$P<0.05$）,祁县小麦秸秆的最低（$P<0.05$）。3 个地区小麦秸秆的 DM 慢速降解部分比例和慢速降解部分的速率没有差异（$P>0.05$）。民权小麦秸秆的 DM 有效降解率高于祁县小麦秸秆的 DM 有效降解率（$P<0.05$）,二者与亳州小麦秸秆差异均不显著（$P>$0.05）。3）亳州和民权小麦秸秆 3、6、12、24、36 h 的 OM 瘤胃降解率差异不显著（$P>0.05$）,但都显著高于对应时间点的祁县小麦秸秆（$P<0.05$）。亳州和民权小麦秸秆的快速降解部分比例差异不显著（$P>0.05$）,但都显著高于祁县小麦秸秆（$P<0.05$）。3 个地区小麦秸秆的 OM 慢速降解部分比例、慢速降解部分的降解速率和有效降解率差异均不显著（$P>0.05$）。4）民权小麦秸秆 72 h 的 CP 瘤胃降解率显著高于对应时间点的祁县小麦秸秆的 CP 瘤胃降解率（$P<0.05$）。民权小麦秸秆的 CP 快速降解部分比例最大（$P<0.05$）,祁县小麦秸秆的最小（$P<0.05$）。3 个地区小麦秸秆的 OM 慢速降解部分比例、慢速降解部分的降解速率差异不显著（$P>0.05$）。亳州和民权小麦秸秆的 CP 瘤胃有效降解率差异不显著（$P>0.05$）,但都显著高于祁县小麦秸秆（$P<0.05$）。由此可见,本试验中 3 个地区小麦秸秆的营养价值及瘤胃降解规律有所不同,从整体来看,小麦秸秆是肉牛优良的粗饲料来源,其中,民权小麦秸秆的营养价值相对较好,肉牛对民权小麦秸秆的利用程度相对较高,这为更好地利用小麦秸秆提供数据支撑。

关键词：小麦秸秆；营养价值；瘤胃降解率

* 基金项目：国家重点研发计划（2018YFD0501803）；现代农业（肉牛牦牛）产业技术体系建设专项资金（CARS-37）；山东省现代农业产业技术体系牛产业创新团队（SDAIT-09-07）；山东省农业科学院农业科技创新工程（CXGC2017B02；CXGC2018E10）；大北农集团企业课题（2016A20027）

** 第一作者简介：魏晨（1989—）,助理研究员,山东济南人,从事肉牛营养与饲料研究,E-mail：weichenchen1989@126.com

通讯作者：万发春,研究员,E-mail：wanfc@sina.com

玉米秸秆膨化发酵饲料对育肥羊饲养效果的影响[*]

仲伟光[**]　王大广　于维　王玉婷　祁宏伟[#]

（吉林省农业科学院畜牧分院，公主岭 136100）

摘要：充分了解饲喂玉米秸秆膨化发酵饲料对育肥羊的影响，是秸秆资源饲草化的有效实证。而秸秆资源饲草化对我国的玉米秸秆有效利用和降低畜牧业养殖成本都有重要意义。所以本试验旨在研究玉米秸秆膨化发酵饲料对育肥羊生产性能、肉品质、血液指标以及瘤胃酶活性的影响。试验选取杂交绵羊（南非美利奴×东北细毛羊）16 只，随机分为 2 组，每组 8 只，每只作为 1 个重复。试验分别以膨化发酵玉米秸秆和干玉米秸秆为粗饲料来源，以先精后粗的方式进行饲喂，试验期间动物自由饮水。试验共计 90 天。期间精确记录采食量及体重变化，试验结束后每组随机选择 3 只进行屠宰，检测肉品质、血液指标和瘤胃消化酶活性。结果表明：玉米秸秆膨化发酵饲料组的干物质采食量比对照组高出 20%（$P<0.01$）；但两组的料重比差异不显著（$P=0.47$）；玉米秸秆膨化发酵饲料组羊肉的剪切力比对照组低 3.55%（$P=0.04$）；并且羊肉中亚麻酸和二十二碳六烯酸分别比对照组高出 14.95%（$P=0.03$）和 11.50%（$P<0.01$），但是玉米秸秆膨化发酵饲料组的花生四烯酸含量比对照组少了 35.54%（$P<0.01$）。玉米秸秆膨化发酵饲料组血液中总蛋白含量显著高于对照组（$P=0.04$），而尿素氮含量显著低于对照组（$P=0.04$），其他血液指标未见显著性差异；玉米秸秆膨化发酵饲料组的瘤胃食糜中，滤纸酶活性和果胶酶活性比干玉米秸秆组分别高出 13.04% 和 10.34%，但木聚糖酶活性未见显著性差异。由此可见，玉米秸秆膨化发酵饲料在提高育肥羊生产性能的同时，对羊肉的物理性状和脂肪酸组成都有一定的影响，使肉的品质和营养价值都得到改善。玉米秸秆膨化发酵饲料能够提高育肥羊瘤胃中部分纤维酶组分的活性，这能够为纤维素降解提供良好条件。并且，通过部分血液指标看出，经过膨化和发酵后，育肥羊对玉米秸秆中营养物质的吸收和代谢产生一定变化，说明膨化发酵秸秆中的氮源更利于消化和吸收。

关键词：玉米秸秆；膨化发酵；育肥羊；生产性能；肉品质；血液指标；瘤胃酶

* 基金项目：吉林省重点科技攻关项目（20160204015NY）
** 第一作者简介：仲伟光（1990—），男，吉林四平人，硕士，主要从事草食动物营养方面的研究，E-mail：915253263@qq.com
# 通讯作者：祁宏伟，研究员，E-mail：qihw2001@163.com

体外产气法评价青海地区油菜秸秆
与5种作物秸秆的组合效应[*]

王通[**]　刘书杰　崔占鸿[#]　潘浩　聂召龙　孙璐

（青海大学畜牧兽医科学院,青海省高原牦牛研究开发中心,青海省高原放牧家畜
动物营养与饲料科学重点实验室,西宁 810016）

摘要:本研究旨在采用体外产气法评价青海地区油菜秸分别与小麦秸、蚕豆秸、豌豆秸、马铃薯秸和青贮玉米秸组合的产气发酵特性,以加快该地区作物秸秆类粗饲料的科学利用。采集青海省西宁市周边农牧交错区的油菜秸、小麦秸、蚕豆秸、豌豆秸、马铃薯秸等作物秸秆,测定其常规养分含量,再以牦牛为瘤胃液供体动物,进行油菜秸分别与5种作物秸秆组合的体外产气试验,记录不同时间点的累计产气量。结果表明:1)6种单一农作物秸秆在 $0\sim48\ h$ 发酵时间内,累积产气量和理论最大产气量由大到小的排序为:青贮玉米秸＞豌豆秸＞小麦秸＞蚕豆秸＞马铃薯秸＞油菜秸,且理论最大产气量除豌豆秸与小麦秸外其他作物秸秆间均表现为极显著差异($P<0.01$);产气速率常数由大到小的排序为:青贮玉米秸＞豌豆秸＞马铃薯秸＞蚕豆秸＞小麦秸＞油菜秸($P<0.01$);产气延滞时间由大到小的排序为:马铃薯秸＞油菜秸＞小麦秸＞青贮玉米秸＞蚕豆秸＞豌豆秸($P<0.01$);2)油菜秸秆与其他5种作物秸秆以不同比例搭配组合后,可产生不同程度的正负组合效应。当油菜秸与小麦秸组合时,仅以油菜秸占50%比例的组合产生正组合效应,且3个比例组合在不同时间节点间均表现为差异极显著($P<0.01$);当油菜秸与蚕豆秸组合时,以油菜秸占50%和75%比例的组合产生正组合效应,以油菜秸占75%比例的组合效应值较大,且3个比例组合在不同时间节点间均表现为差异极显著($P<0.01$);当油菜秸与豌豆秸组合时,3个比例组合均产生正组合效应,且在不同时间节点间均表现为差异显著($P<0.05$);当油菜秸与马铃薯秸组合时,仅以油菜秸占25%比例的组合产生正组合效应,且3个比例组合在不同时间节点间均表现为差异极显著($P<0.01$);当油菜秸与青贮玉米秸组合时,3个比例组合均产生正组合效应,在12 h和36 h时以油菜秸占75%比例的组合较大,在24 h和48 h时以油菜秸占25%比例的组合较大,3个比例组合仅在12 h时表现为差异极显著($P<0.01$)。通过作物秸秆类粗饲料间营养组合互补能有效提高牦牛对单一作物秸秆的体外消化率,确定了油菜秸分别与小麦秸、豌豆秸以50:50比例,与马铃薯秸、青贮玉米秸以25:75比例以及与蚕豆秸以75:25比例的组合效应表现更优,为该地区农牧交错带牦牛冷季补饲的粗饲料合理利用提供科学指导。

关键词:作物秸秆;组合效应;体外产气法;青海地区

---

　* 基金项目:青海省"高端创新人才千人计划"拔尖人才;青海省高原牦牛研究开发中心能力建设项目(2017-GX-G06);智慧生态畜牧业贵南典型区技术集成与应用示范

　** 第一作者简介:王通(1992—),男,硕士研究生,E-mail:939664943@qq.com

　# 通讯作者:崔占鸿,副研究员,E-mail:cuizhanhong27@126.com

两种吸收剂对马铃薯茎叶青贮发酵品质的影响[*]

张成新[**]   吕兴亮   马青   庞婷婷   张莉红   雒瑞瑞   郭艳丽[#]

(甘肃农业大学动物科学技术学院,兰州 730070)

摘要: 非常规饲料的开发利用对我国畜牧业的发展有非常重要的意义。马铃薯茎叶含有丰富的营养物质,具有潜在的饲用价值,但由于适口性等问题,其较少作为饲料使用,大多被丢弃或焚烧掉了,造成了资源的浪费和环境污染。青贮是能够改善马铃薯茎叶适口性的一种有效措施。但新鲜马铃薯茎叶的水分含量高,萎蔫不易失水,单独青贮不易成功。为使马铃薯茎叶的水分迅速降低到制作青贮料的水分要求,可以在其中添加吸收剂,但相关研究较少。本试验旨在研究豌豆秸和胡麻秸作为马铃薯茎叶青贮吸收剂的作用,为马铃薯茎叶青贮饲料的制作提供依据。采用单因子试验设计,分为 5 个处理组,分别为马铃薯茎叶单独青贮、83%的马铃薯茎叶混合 17%的豌豆秸或胡麻秸、81%的马铃薯茎叶混合 3%的玉米以及 16%的豌豆秸或胡麻秸,每个处理 4 个重复。塑料袋真空包装处理,避光保存于室内贮 45 天。显示:马铃薯茎叶单独青贮的品质最差($P<0.001$),具有最高的 pH、氨氮和最低的感官评分和乳酸含量。混合豌豆秸、胡麻秸后提高了马铃薯茎叶的青贮品质。pH、氨氮显著下降($P<0.001$),感官评分显著提高($P<0.001$)。在混合豌豆秸、胡麻秸的基础上再混合 3%的玉米,青贮料的品质进一步显著提高($P<0.001$)。从营养品质上看,与马铃薯茎叶单独青贮相比,其他处理组的干物质、中性洗涤纤维(NDF)、酸性洗涤纤维(ADF)含量均显著增加($P<0.001$),粗蛋白质含量显著下降($P<0.001$)。两种吸收剂相比,以胡麻秸组的粗蛋白质含量低于豌豆秸组,NDF 和 ADF 高于豌豆秸组($P<0.001$),添加玉米后,变化趋势一致。综上所述,新鲜马铃薯茎叶制作青贮饲料不容易成功。豌豆秸和胡麻秸可以作为吸收剂改善马铃薯茎叶的青贮品质,且以胡麻秸的效果好。为了获得较高品质的青贮料,还需在添加吸收剂的基础上添加容易发酵的物料。

关键词: 马铃薯茎叶;吸收剂;豌豆秸;胡麻秸;青贮品质

[*]   基金项目:甘肃农业大学动物科学技术学院开放课题(XMXTSXK-01)

[**]   第一作者简介:张成新,E-mail: 1140358275@qq.com

[#]   通讯作者:郭艳丽,教授,博士生导师,E-mail: guoyl@gsau.edu.cn

不同处理对羊草青贮发酵品质的影响[*]

王立超[**]　　靳思玉　　李苗苗　　曹阳[#]

（黑龙江八一农垦大学动物科技学院，大庆 163319）

摘要：本实验采用了单因素试验设计，研究不同处理对羊草青贮发酵品质的影响。羊草的供给地选在黑龙江省大庆市天然草场，将羊草切碎至 1～3 cm，并将水分调整为 60％。试验处理组包括添加混酸（添加量 4％，H_2SO_4：HCl＝4：1）、乳酸菌（添加量 0.5 mL/100 g，畜草 1 号，菌株为 *Lactobacillus plantarum*）、糖蜜（添加量 4％）、乳酸菌＋糖蜜和无添加组，5 种处理均装入 16 cm× 25 cm 的聚乙烯袋（每个处理 3 袋，每袋 100 g），真空密封后，采用实验室小规模发酵方法，室温环境下进行 120 天发酵。开封后进行感官品质鉴定（颜色、气味、质地以及有无霉变）、pH、微生物（乳酸菌、耐热菌、一般细菌、大肠杆菌、霉菌、酵母菌、酪酸菌）、化学成分分析（干物质、粗脂肪、中性洗涤纤维、酸性洗涤纤维、有机物）及体外培养（体外干物质消失率、pH、产气量）。结果表明：1）无添加组的羊草以黄褐色为主，其他添加处理的羊草均为黄绿色。添加处理的羊草比无添加组的酸味更浓，羊草青贮总体质地柔软、湿润不沾手、无霉变。2）添加组羊草青贮的 pH 要显著低于无添加组（$P<0.05$），添加糖蜜处理的羊草青贮 pH 要显著高于其他组（$P<0.05$）。3）经发酵，羊草青贮中发现有少量的酪酸菌，但没有发现大肠杆菌和霉菌。添加组乳酸菌数量显著高于对照组（$P<0.01$），耐热菌、一般细菌、酵母菌没有明显差异。4）乳酸菌组对干物质的影响差异显著（$P<0.05$），分别高于其他组 1.54％、1.01％、0.7％、0.43％，乳酸菌＋糖蜜组的粗脂肪含量显著高于其他处理组（$P<0.01$），中洗涤纤维和酸性洗涤纤维均是混酸组和无添加组显著高于其他处理组（$P<0.01$），各添加组之间有机物含量差异不显著。5）乳酸菌组的干物质消失率差异显著（$P<0.05$）（分别高于其他组 0.88％、6.71％、2.69％、1.59％），pH 各组之间差异不显著，产气量各组之间差异不显著（$P>0.05$），但乳酸菌组的产气量高于其他各组。经过不同处理对羊草青贮发酵品质都有一定的影响，其中添加乳酸菌对羊草的发酵品质最好。

关键词：羊草；乳酸菌；混酸；糖蜜；发酵品质

* 基金项目：中央引导地方科技发展专项（ZY16A06）；黑龙江农垦总局"十三五"重点科技计划项目（HNK135-04-03）

** 第一作者简介：王立超（1994—），男，黑龙江大庆人，硕士研究生，研究方向为动物营养与饲料科学，E-mail：18345966964@163.com

通讯作者：曹阳，教授，硕士生导师，E-mail：hbdkcaoyang@163.com

添加不同乳酸菌对全株玉米体外
干物质消失率的影响[*]

靳思玉[**]　李苗苗　王立超　曹阳[#]

（黑龙江八一农垦大学动物科技学院，大庆 163319）

摘要：为了研究添加不同乳酸菌对全株玉米青贮体外干物质消失率的影响，试验采用单因素试验设计。以全株玉米为研究对象进行不同添加处理（乳酸菌处理 3），其中包括对照组（无添加）、和实菌（菌 1）、液态菌（菌 2）、日本菌（菌 3）。将全株玉米整株切碎为 1～3 cm，添加菌剂（和实乳酸菌按 100 g/t 比例添加，液态乳酸菌按 1 mL/kg 比例添加，日本乳酸菌按 1 mL/kg 比例添加），搅拌均匀后称取 200 g 放入规格为 16 cm×25 cm 聚乙烯袋中，真空密封包装，于室温环境下发酵30 天。发酵 30 天后开封，测定全株玉米青贮中的挥发性脂肪酸，后于 65℃ 下烘至恒重后取出，粉碎并过 1 mm 筛后进行一般营养成分的分析（水分、有机物、粗脂肪、中性洗涤纤维、酸性洗涤纤维、体外培养）。体外培养液的制备，选取体况健康并安装永久性瘤胃瘘管的绵羊 2 头，于晨饲后 2 h 抽取瘤胃液，厌氧条件下过滤并与人工唾液按 1：4 比例均匀混合，人工唾液按照 McDougll's buffer 方法进行配制。在容量为 125 mL 的血清瓶中称取样品 0.5 g（干物质基础），厌氧状态下注入 50 mL 体外培养液迅速封好瓶口，置于 39℃，100 r/min 的空气浴振荡器培养 48 h。分别对培养后样品培养液的 pH、干物质消失率、产气量进行测定。结果表明，与无添加组相比，菌 1、菌 2、菌 3 的干物质、有机物和酸性洗涤纤维差异不显著（$P > 0.05$）；粗脂肪、中性洗涤纤维、pH、干物质消失率、产气量均差异显著（$P < 0.05$），其中菌 1、菌 2、菌 3 粗脂肪均提高 0.02%；中性洗涤分别降低 2.1%、2.5%、3.6%；pH 分别降低 0.05%、0.01%、0.47%；干物质消失率菌 1、菌 2、菌 3 分别提高 1.33%、2.74%、4.44%；产气量菌 1、菌 2、菌 3 分别提高 14.99%、32.92%、73.97%。说明在全株玉米青贮中添加菌 3 可以提高体外干物质消失率。

关键词：全株玉米青贮；乳酸菌；体外培养；干物质消失率

---

　[*] 基金项目：中央引导地方科技发展专项（ZY16A06）

　[**] 第一作者简介：靳思玉（1994—），女，黑龙江绥化人，硕士研究生，研究方向为动物营养与饲料科学，E-mail：18644098670@163.com

　[#] 通讯作者：曹阳，教授，硕士生导师，E-mail：hbdkcaoyang@163.com

体外产气法评定膨化微贮玉米秸秆的营养价值[*]

王玉婷[1,2**]　　祁宏伟[2#]

（1.吉林农业大学动物科学技术学院，长春 130118；

2.吉林省农业科学院畜牧科学分院，公主岭 136100）

摘要：我国是一个农业大国，每年都有大量的玉米秸秆产生，总产量约 2.3 亿 t。玉米秸秆作为反刍动物常用的粗饲料，其粗蛋白质含量低，粗纤维含量高，适口性差，直接饲喂时效果不佳。为改进上述缺点，提高其消化利用率，我国市场上涌现出多种加工处理方式，包括物理方法、化学方法、生物方法三大类。膨化微贮玉米秸秆是将物理和生物法结合起来的一种新型复合加工调制方法，且现阶段关于膨化微贮玉米秸秆瘤胃发酵参数的研究鲜有报道。因此，本试验旨在利用体外产气法，对膨化微贮、黄贮、常规玉米秸秆的体外降解参数进行测定，从而进一步对膨化微贮、黄贮、常规玉米秸秆的营养价值进行评定。试验选用 3 头装有永久性瘘管的草原红牛作为瘤胃液的供体，人工瘤胃液参考 Menke 等的方法进行配制。体外发酵装置是由吉林农业科学院畜牧科学分院自主研制的"六通路瞬时发酵微量产气全自动记录装置与软件系统"和"恒温水浴振荡器"组成。每次试验中，分别称取 1 g 膨化微贮、黄贮、常规玉米秸秆饲料于发酵瓶中，每个样品一个重复，设置 3 个空白组（无饲料样品），试验重复 5 次。采用体外发酵装置测定膨化微贮、黄贮、常规玉米秸秆 24 h 的产气量（GP），并在体外发酵结束后测定发酵液的 pH、氨态氮（NH_3-N）、微生物蛋白浓度（MCP）及挥发性脂肪酸含量（VFA）。结果表明：3 种玉米秸秆体外发酵的 pH、氨态氮、挥发性脂肪酸的含量没有显著差异（$P>0.05$），但产气量膨化微贮玉米秸秆＞黄贮玉米秸秆＞常规玉米秸秆（$P<0.05$），膨化微贮玉米秸秆的 24 h 体外发酵的微生物蛋白浓度显著高于常规玉米秸秆（$P<0.05$），膨化微贮玉米秸秆的乙酸/丙酸显著高于常规玉米秸秆（$P<0.05$）。结果表明，营养价值膨化微贮玉米秸秆＞黄贮玉米秸秆＞常规玉米秸秆。

关键词：体外产气法；膨化微贮玉米秸秆；营养价值

---

[*]　基金项目：吉林省重点科技攻关项目（20160204015NY）；吉林省农业科技创新工程项目（CXGC2017Y003）

[**]　第一作者简介：王玉婷（1995—），女，河南省焦作市人，硕士研究生，动物营养与饲料科学，E-mail：WYT2017123321@163.com

[#]　通讯作者：祁宏伟，研究员，E-mail：qihw2001@163.com

应用瘤胃体外产气法评定打瓜籽
副产物的营养价值[*]

程曾[**]　高巍[#]

（石河子大学动物科技学院，石河子 832000）

摘要： 本试验旨在利用体外瘤胃发酵法分别对打瓜籽副产物包括打瓜籽粉、打瓜籽粕、打瓜籽壳的饲用营养价值进行评定。为打瓜籽副产物的有效利用以及新型饲料资源的开发利用提供基本参数，使其转变为能够被反刍动物利用的新型饲料。将打瓜籽粉、打瓜籽粕、打瓜籽壳 3 种原料作为发酵底物，利用体外产气法测定 3 种打瓜籽副产物 72 h 的动态产气量（GP），应用单池 Logistic 模型求得打瓜籽副产物饲料的发酵动力学参数（理论最大产气量、产气速率和产气延滞期）；测定发酵液 pH 和氨态氮（NH_3-N）浓度、微生物蛋白质（MCP）浓度、体外干物质降解率（IVDMD）、有机物消化率（OMD）和代谢能（ME）等指标。结果表明：3 种打瓜籽副产物体外发酵 72 h 的产气量按打瓜籽粕、打瓜籽粉、打瓜籽壳的顺序依次降低，分别为 65.27、58.88、48.75 mL，差异不显著（$P > 0.05$）。3 种打瓜籽副产物产气速率依次为打瓜籽粉、打瓜籽粕与打瓜籽壳，分别为 0.5、0.4、0.4%/h，差异不显著（$P > 0.05$）。打瓜籽粕与打瓜籽粉的产气延滞时间与打瓜籽壳差异性显著（$P < 0.05$）；体外发酵 72 h 后打瓜籽粕的 V_f、IVDMD、ME、OMD 量均显著高于打瓜籽壳（$P < 0.05$），打瓜籽粕的 V_f 最大，70.20 mL；打瓜籽粉与打瓜籽壳 V_f 差异不显著（$P > 0.05$），分别为 52.73、58.84 mL。打瓜籽粕与打瓜籽粉 IVDMD 差异不显著（$P > 0.05$），分别为 44.67% 和 47.82%。其中有机物消化率最高的是打瓜籽粕为 59.21%（$P < 0.05$），打瓜籽粉次之 57.51%，打瓜籽壳最低 43.35%（$P < 0.05$）；3 种副产物的代谢能比较，打瓜籽粕最高，为 8.73 MJ/kg DM（$P < 0.05$），打瓜籽粉次之 8.50 MJ/kg DM，打瓜籽壳最低 6.45 MJ/kg DM（$P < 0.05$）。打瓜籽粕的发酵液 pH 和 MCP 量均显著高于打瓜籽壳和打瓜籽粉（$P < 0.05$）。pH 为 6.84～6.94，均处于正常生理范围内（5.5～7.5）；打瓜籽粕 MCP 最多 10.29 mg/mL，打瓜籽粉其次 5.56 mg/mL，打瓜籽壳最低 3.75 mg/mL。3 种副产物之间的 NH_3-N 差异不显著，为（8.78～9.77）mg/100 mL，均在最适宜的微生物活动氨氮浓度范围内（6.3～27.5 mg/100 mL）。综上分析，打瓜籽粕与打瓜籽粉具有丰富的营养成分，与其他试验副产物相比，打瓜籽粕体外发酵效果最佳，为反刍动物提供的可利用能值高，利于瘤胃微生物蛋白质合成，更容易被瘤胃微生物降解利用，可以作为反刍动物非粮饲料。

关键词： 打瓜籽副产物；体外产气法；降解参数；微生物蛋白

[*]　基金项目：国家自然基金项目（31260557）；兵团博士资金专项（2013BB018）

[**]　第一作者简介：程曾（1993—），男，甘肃白银人，硕士研究生，研究方向为反刍动物营养，E-mail：2875571312@qq.com

[#]　通讯作者：高巍，教授，硕士生导师，E-mail：gw@shzu.edu.cn

高粱和小麦秸秆不同比例体内降解率和体外产气量评价[*]

史双喜[**]　　蔺淑琴　　李金录　　郑琛[#]

（甘肃农业大学动物科学技术学院，兰州 730070）

摘要：本试验用半体内法和体外法，评价不同混合比例高粱和小麦秸秆的主要成分降解率及体外产气量。试验选用甘肃当地高粱和小麦秸秆两种饲草，采用 7×4 二因子析因试验设计，分别按照高粱和小麦秸秆 8：2、7：3、6：4、5：5、4：6、3：7、2：8 不同配比分为 7 个组，培养 4 个时间点（6 h、12 h、24 h、48 h），每个处理 4 个重复。通过半体内法测定其干物质（DM）、有机物质（OM）、粗蛋白质（CP）和粗灰分（ash）降解率及体外法测定不同时间体外累积产气量和 CH_4 产气量。结果表明：1）本试验条件下，高粱和小麦秸秆不同配比对体内干物质降解率和体内有机物质降解率均产生了极显著影响（$P < 0.01$），对体内粗灰分降解率、体外累积总产气量和 CH_4 量均产生显著影响（$P < 0.05$），对体内粗蛋白质降解率无显著影响（$P > 0.05$）。2）不同培养时间对体内干物质降解率、体内有机物降解率、体内粗灰分降解率和体内粗蛋白质降解率均产生极显著影响（$P < 0.01$）。随培养时间累积，体内干物质降解率、体内有机物降解率、体内粗灰分降解率、体内粗蛋白质降解率、体外累积总产气量和 CH_4 产量均显著升高（$P < 0.05$）。3）随混合饲料中高粱比例升高，体内粗灰分降解率先降低后升高，体外累积总产气量和 CH_4 产量均升高。高粱和小麦秸秆配比为 6：4、7：3 和 8：2 时干物质降解率、体内有机物降解率、体内粗灰分降解率、体外累积总产气量及 CH_4 产量均显著高于混合比例为 2：8、3：7、4：6 和 5：5 时（$P < 0.05$）。综上所述，高粱和小麦秸秆混合比例为 6：4、7：3 和 8：2 时瘤胃养分利用率较高。

关键词：高粱；小麦秸秆；半体内法；体外法；降解率

　＊　基金项目：甘肃农业大学动物科学技术学院开放基金（XMXTSXK-18）

　＊＊　第一作者简介：史双喜（1994—），男，甘肃天水人，硕士研究生，研究方向为动物营养与饲料科学，E-mail：1826339837@qq.com

　＃　通讯作者：郑琛，副教授，硕士生导师，E-mail：zhengc@gsau.edu.cn

不同温度及时间对全株玉米青贮发酵品质的影响[*]

李苗苗[**]　　靳思玉　　王立超　　曹阳[#]

（黑龙江八一农垦大学动物科技学院，大庆 163319）

摘要：为了充分地开发与利用玉米秸秆作为反刍动物的饲粮，应着重于提高其适口性、营养价值和体内消化率。本试验旨在探究不同发酵温度及时间对全株玉米青贮发酵品质的影响，采用2×2交叉实验设计，对全株玉米进行不同发酵温度及发酵时间处理，其中温度处理指全株玉米分别在低温（4℃）和常温状态下进行发酵，时间处理是指经温度处理的全株玉米发酵天数分别为 30 天和 60 天，采用实验室小规模发酵法。发酵结束后，全株玉米青贮进行开封，对其感官品质、发酵品质、一般化学成分、微生物组成、体外发酵参数进行检测分析。结果表明：1）发酵处理的全株玉米青贮的颜色以黄绿色为主，质地柔软、水分适中，气味芳香，无霉变现象。2）与发酵 30 天全株玉米青贮相比，发酵 60 天全株玉米青贮的丁酸含量，一般细菌、酵母菌及霉菌数量显著较低（$P<0.05$），同时，干物质、有机物、粗脂肪含量及体外干物质消失率分别提高了 0.11%、0.12%、6.35% 和 5.32%（$P>0.05$），酸性洗涤纤维降低了 7.84%（$P>0.05$）。30 天和 60 天发酵的全株玉米青贮均未检测出大肠杆菌及丁酸菌。3）与常温处理相比，低温处理全株玉米青贮的干物质、有机物含量显著提高（$P<0.05$），pH、霉菌数量显著降低（$P<0.05$），同时，粗脂肪含量、乳酸菌数量分别提高了 9.51%、41.60%（$P>0.05$），酸性洗涤纤维、中性洗涤纤维含量及耐热菌数量分别降低了 7.40%、14.80% 和 9.00%（$P>0.05$）。结论，由此可见，发酵处理能抑制全株玉米青贮有害菌的生长、改善感官品质，在低温状态下经 60 天发酵的玉米秸秆黄贮的发酵品质更佳，此研究对北方寒区饲料资源利用及反刍动物生产具有现实指导意义。

关键词：温度；时间；全株玉米；体外发酵；干物质消失率

---

[*] 基金项目：中央引导地方科技发展专项（ZY16A06）

[**] 第一作者简介：李苗苗（1993—），女，甘肃白银人，硕士研究生，研究方向为动物营养与饲料科学，E-mail：mml_0303@163.com

[#] 通讯作者：曹阳，教授，硕士生导师，E-mail：hbdkcaoyang@163.com

沙葱总黄酮对 H_2O_2 诱导的红细胞溶血率的影响[*]

张艳梅[**]　　敖长金[#]　　赵亚波　　王翠芳

（内蒙古农业大学动物科学学院，呼和浩特 010018）

摘要：研究表明，红细胞对氧化反应及其敏感，常被用作细胞模型来探讨生物膜的氧化损伤，其中的红细胞溶血实验作为生物学方法的代表，经常用于抗氧化活性评价的试验中。植物黄酮类化合物是广泛存在于植物体内的酚类次生代谢物，具有清除体内自由基、抗氧化、抗衰老、抗癌、抗肿瘤等诸多功效。因此，本试验以沙葱总黄酮为研究对象，选择阿尔巴斯绒山羊红细胞为细胞模型，以 H_2O_2 为损伤因素，利用分光光度法，观察沙葱黄酮类化合物对 H_2O_2 氧化损伤红细胞溶血率的影响，为拓展沙葱总黄酮抗氧化功效的研究提供理论依据。选取健康阿尔巴斯绒山羊，使用含有肝素钠抗凝采血管颈静脉无菌采血，离心沉淀红细胞后用 PBS 溶液重复洗涤 3 次，最后一次洗涤完后将红细胞沉淀用 PBS 溶液配制成体积分数为 5% 的红细胞悬浮液。将试验分为空白对照组、H_2O_2 损伤组和不同浓度沙葱总黄酮组，取 0.3 mL 红细胞悬液加入 0.3 mL 不同浓度沙葱黄酮溶液（30、130、260、390、520 μg/mL）中，空白对照组及 H_2O_2 模型组加入等体积的 PBS 溶液，反应体系 37℃ 孵育 1 h 后，加入 0.3 mL 70 mmol/L H_2O_2，空白对照组添加等体积的 PBS 溶液，孵育 2 h 进行诱导损伤后，取出适量混合液，用 PBS 溶液稀释 15 倍，以 2 000 r/min 的转速离心 10 min 将红细胞分离，取上清液测定其在 405 nm 处的吸光值 A_1。同样取适量的反应混合液，用 15 倍双蒸水稀释使红细胞完全溶血，在相同条件下离心，在 405 nm 处测其吸光值 A_2；溶血率（%）=（A_1/A_2）× 100%。结果表明：H_2O_2 损伤组溶血率为 95%，与对照组相比差异显著（$P<0.05$），表示造模成功。随着沙葱总黄酮浓度的增加，红细胞溶血率逐渐降低，说明沙葱总黄酮对 H_2O_2 诱导产生的溶血率具有抑制作用，且抑制作用随浓度的增加而加强，具有剂量依赖性，各浓度组之间差异显著（$P<0.05$）。当总黄酮浓度达到 520 μg/mL 时，红细胞溶血率降低至 14%，与对照组（溶血率为 10%）相比差异不显著（$P>0.05$），具有较强的抑制溶血作用。由此可见，沙葱总黄酮对 H_2O_2 诱导的红细胞氧化性溶血具有明显的抑制作用，能够保护红细胞免受自由基的损伤。

关键词：沙葱总黄酮；红细胞；H_2O_2；溶血率

---

[*]　基金项目：国家自然科学基金青年科学基金项目（31601961）；国家自然科学基金地区基金（31260558）

[**]　第一作者简介：张艳梅，女，硕士研究生，E-mail：864283404@qq.com

[#]　通讯作者：敖长金，教授，博士生导师，E-mail：changjinaoa@aliyun.com

沙葱及沙葱提取物对肉羊肌肉中致膻物质含量的影响*

包志碧**　陈仁伟　敖长金#

（内蒙古农业大学动物科学学院，呼和浩特 010018）

摘要：本试验旨在研究基础日粮中添加沙葱及沙葱提取物对肉羊肌肉中致膻物质 4-甲基辛酸、4-甲基壬酸、4-乙基辛酸三种短链、支链脂肪酸含量的影响，为后续致膻机理的研究及植物源除膻饲料添加剂的开发及应用提供参考依据。选用月龄在 4～4.5 个月，体重在 35～40 kg 的断奶杜寒母羊 60 只为试验动物。按照月龄和体重相近的原则，随机分为 4 个组，每组 15 只，即 1 个对照组，3 个试验组。对照组饲喂基础日粮、沙葱粉组在饲喂基础日粮的基础上添加沙葱粉 20 g/（天·只）、水溶性提取物组在饲喂基础日粮的基础上添加沙葱水溶性提取物 3.4 g/（天·只）、脂溶性提取物组在饲喂基础日粮的基础上添加沙葱脂溶性提取物 2.8 g/（天·只）。预饲期 15 天，正式试验期 60 天。预饲期让试验羊自由采食，以估测试验羊每天的采食量，为正式试验期确定试验日粮的供给量提供依据。每天饲喂 2 次，即每天 7:00 和 18:00 各饲喂一次，先粗后精，自由饮水。正式试验期结束后，每组随机选取 3 只羊进行屠宰，取背最长肌作为试验的样品，用气相色谱测定肌肉中 4-甲基辛酸、4-甲基壬酸、4-乙基辛酸的含量。与对照组相比，结果表明：1）日粮中添加沙葱可显著降低肌肉中膻味物质 4-甲基辛酸、4-乙基辛酸的含量（$P<0.05$），对 4-甲基壬酸的含量无显著影响（$P>0.05$）；2）日粮中添加沙葱水溶性提取物和脂溶性提取物均能显著降低肌肉中 4-甲基辛酸、4-甲基壬酸、4-乙基辛酸的含量（$P<0.05$）。3）三个试验组（沙葱粉组、水溶性提取物组、脂溶性提取物组）肌肉中 4-甲基辛酸、4-甲基壬酸、4-乙基辛酸的含量差异不显著（$P>0.05$）。由此可见日粮中添加沙葱及沙葱提取物可降低羊肉中致膻物质 4-甲基辛酸、4-甲基壬酸、4-乙基辛酸的含量，从而改善羊肉风味。

关键词：沙葱；沙葱提取物；4-甲基辛酸；4-甲基壬酸；4-乙基辛酸；肉羊

---

* 基金项目：国家自然基金（31260558）
** 第一作者简介：包志碧，女，硕士，E-mail：1142312724@qq.com
# 通讯作者：敖长金，教授，博士生导师，E-mail：changjinao@aliyun.com

饲粮中添加沙葱粉对厌氧包装羊肉嫩度的影响[*]

李书仪[**]　敖长金[#]　丁赫　刘旺景　张艳梅

（内蒙古农业大学动物科学学院，呼和浩特 010018）

摘要：嫩度是反映羊肉质地的重要指标，是消费者对羊肉品质优劣评判标准之一。嫩度可用剪切力值表征，剪切力值越大，嫩度越小。前期研究表明，饲粮中添加沙葱粉可改良肉羊的肉品质，对羊肉的嫩度有明显的改善作用。但是，饲粮中添加沙葱粉对宰后羊肉嫩度与厌氧包装条件下货架期的关系尚未报道。因此，本试验旨在研究基础饲粮中添加沙葱粉对厌氧包装羊肉剪切力值的影响，为后续饲粮中添加植物提取物延长宰后羊肉货架期的研究提供参考依据。试验选用 30 只 6 月龄左右、体重（42.54±4.38）kg 的小尾寒羊为试验动物，随机分为 2 组，每组 15 只。其中对照组饲喂基础饲粮，沙葱组在基础饲粮中添加 20 g/（天·只）的沙葱粉。试验期共 75 天，其中预饲期 15 天，正式试验期 60 天。预饲期自由采食，估测试验羊的日采食量，为正式试验期饲粮的供给量提供依据。正式试验期每天 7:00 和 18:00 饲喂一次。试验期间各组饲养方式、管理模式及环境条件一致。正式试验期结束后，每组随机选取 6 只羊屠宰，采取臀肌样，用嫩度仪立即检测剪切力值，剩余臀肌样品使用聚乙烯袋进行真空包装，4℃保存。每隔 1 周（7、14、21 和 28 天），分别取出样品，检测剪切力值。结果表明，对照组和沙葱组的剪切力值，在 0、7、14、21 和 28 天时均显著降低（$P<0.05$），呈时间依赖性。在 0 天、7 天时，沙葱组剪切力值显著低于对照组（$P<0.05$），分别降低了 6.48%、16.71%。第 14、21、28 天时，沙葱组的剪切力值低于对照组，但差异不显著（$P>0.05$），分别降低了 0.91%、1.70%、3.23%。综上所述，饲粮中添加沙葱粉对宰后羊肉的嫩度有明显改善作用，进而延长厌氧包装条件下羊肉的货架期。

关键词：沙葱粉；剪切力值；厌氧包装；货架期

* 基金项目：国家自然科学基金（31260558）；国家科技支撑计划课题（2013BAD10B04）

** 第一作者简介：李书仪，女，内蒙古赤峰人，硕士研究生，从事动物营养与畜产品品质研究，E-mail：2835245597@qq.com

通讯作者：敖长金，教授，博士生导师，E-mail：changjinao@aliyun.com

不同饲粮对杜寒杂交肉羊肌内脂肪酸组成
和脂质氧化稳定性的影响[*]

刘旺景[**]　丁赫　李书仪　敖长金[#]

（内蒙古农业大学动物科学学院，呼和浩特 010018）

摘要：本试验旨在研究不同饲粮对杜寒杂交 F1 代肉羊背最长肌脂肪酸的组成和氧化稳定性的影响。饲粮营养素组成对脂肪的代谢、沉积以及抗氧化起着关键性的作用，所以采用营养调控的手段是解决目前舍饲羊肉品质下降行之有效的方法。天然植物提取物和生物发酵饲料都能不同程度地改善肉品脂肪酸组成和氧化稳定性，进而提高其货架保鲜期。沙葱（*Allium mongolicum Regel*）又名蒙古韭，是生长在沙漠、荒地等干旱地区的天然优质牧草。沙葱及其提取物对动物机体具有良好的抗氧化活性，同时对提升畜产品品质也有积极的作用。微生物发酵饲料是一类无毒、无残留绿色饲粮添加剂，饲粮中添加生物发酵饲料，其营养价值得到明显改善，进而影响肉品脂肪酸组成。选取 30 只健康、体重[（38.7 ± 2.1）kg]相近的 6 月龄杜寒杂交 F1 代肉羊，采用单因素完全随机区组试验设计，共分为 3 组，每组 10 只。对照组（G1）试验羊饲喂基础饲粮，试验组（G2）饲喂基础饲粮和每只每天加 20 g 的沙葱粉，试验组（G3）饲喂基础饲粮和每只每天加 100 g 的反刍宝（微生物发酵饲料名称）。试验期共 75 天，其中预饲期为 15 天，正式试验期为 60 天。在饲养试验结束后，每组随机选取 4 只羊进行屠宰，采集背最长肌样品，测定其脂肪酸组成和丙二醛（MDA）、超氧化物歧化酶（SOD）的含量。与 G1 组和 G3 组相比，结果表明：1）G2 组显著提高肌内脂肪酸中亚油酸（C18：2*cis*-6）、α-亚麻酸（C18：3*n*-3）、EPA、DHA、多不饱和脂肪酸（PUFA）、*n*-6 的含量以及 PUFA 与 SFA 的比值（$P<0.05$），显著降低硬脂酸（C18：0）的含量（$P<0.05$）。2）G2 组显著提高肌内脂肪中 SOD 的活力（$P<0.05$），并显著降低了 MDA 的含量（$P<0.05$）。3）羊肌内（$R^2=0.967$）脂肪中 MDA 含量和 SOD 活力与 PUFA 沉积量之间存在线性关系（$P<0.001$），其中 MDA 对多元回归方程的贡献为负增加，而 SOD 为正增加。综上所述，饲粮中添加沙葱粉有效改善杜寒杂交 F1 代肉羊肌内脂肪酸的组成，提高脂肪氧化稳定性，从而改善肉品质。

关键词：饲粮组成；肉羊；脂肪品质；抗氧化物；脂质稳定性；多不饱和脂肪酸

* 基金项目：内蒙古自治区重大专项"中国-加拿大肉羊养殖及饲草料品种开发与利用"（201202181）

** 第一作者简介：刘旺景（1991—），男，山西孝义人，博士研究生，研究方向为动物营养与饲料，E-mail：wangjingliu2016@foxmail.com

通讯作者：敖长金，教授，博士生导师，E-mail：changjinao@aliyun.com

外源褪黑素对绒山羊连续两年产绒性能和毛囊活性的影响[*]

杨春合[**]　张微[#]　党世彬　栾银银　付霞杰　段涛

（中国农业大学动物科技学院，动物营养学国家重点实验室，北京 100193）

摘要：本试验旨在研究外源褪黑素对内蒙古绒山羊连续两年的产绒性能和毛囊活性的影响。选择上年产绒量、体重和年龄相近的 20 只半同胞内蒙古绒山羊母羊，随机分为对照组和褪黑素埋植组（每组 10 只羊，每只羊为一个重复）：对照组不做任何处理，褪黑素埋植组分别在 2016 年 4 月 30 日和 6 月 30 日（非生绒期）于耳后皮下埋植褪黑素，剂量为 2 mg/kg BW；至 2017 年 5 月抓绒后，对照组和褪黑素埋植组均不做任何处理。结果表明：1）外源褪黑素对绒山羊的体重和日增重均无显著影响（$P>0.05$）。2）2016 年 5 月底时，部分褪黑素埋植组绒山羊的羊绒长出体表，至 6 月底时，褪黑素埋植组全部绒山羊的羊绒长出体表，而对照组绒山羊的羊绒在 8 月底长出体表。3）2017 年 8 月底时，对照组和褪黑素埋植组绒山羊的羊绒才长出体表。4）对于绒山羊 2017 年 5 月的产绒性能而言，外源褪黑素显著提高了羊绒产量（$P<0.05$），增加了羊绒伸直长度（$P<0.05$），降低了羊绒细度（$P<0.05$），具有提高羊绒密度的趋势（$P=0.07$）。5）对于绒山羊 2018 年 5 月的产绒性能而言，外源褪黑素对羊绒产量、羊绒伸直长度、羊绒细度和羊绒密度均无显著影响（$P>0.05$）。6）外源褪黑素对绒山羊的初级毛囊密度（P）、次级毛囊密度（S）和 S/P 均无显著影响（$P>0.05$）。7）对于活性次级毛囊密度和比例而言，外源褪黑素显著提高了 2016 年 5 月至 9 月绒山羊的活性次级毛囊与初级毛囊密度比值（Sf/P）、活性次级毛囊密度（Sf）和比例（$P<0.05$），而对 2017 年 4 月、9 月和 2018 年 4 月绒山羊的 Sf/P、Sf 和活性次级毛囊的比例均无显著影响（$P>0.05$）。因此，外源褪黑素埋植可以显著提高内蒙古绒山羊羊绒产量，改善羊绒品质，而对次年的羊绒产量和羊绒品质无不利影响。此外，本研究结果表明，外源褪黑素对羊绒产量和羊绒品质的影响，分为两个方面的作用：加快了非生绒期的内蒙古绒山羊的次级毛囊的重建过程，使羊绒提前长出体表；再次激活无活性的次级毛囊，使之恢复活性，从而增加羊绒密度。

关键词：褪黑素；绒山羊；羊绒；毛囊

---

  * 基金项目：新绒毛羊体系营养需要与饲养标准（201805510410554）

  ** 第一作者简介：杨春合（1989—），男，山东德州人，博士研究生，研究方向为绒山羊营养与饲料，E-mail：yangchunhe1989@163.com

  # 通讯作者：张微，副教授，博士生导师，E-mail：wzhang@cau.edu.cn

通过粪便近红外反射光谱预测绵羊的甲烷排放研究[*]

邓凯东[1][**]　丁静美[2]　陈玉华[1]　蒋加进[1]　马涛[2]　屠焰[2]　刁其玉[2]

(1.金陵科技学院动物科学与技术学院,南京 210038;2.中国农业科学院饲料研究所,
农业部饲料生物技术重点实验室,北京 100081)

摘要:本试验旨在研究绵羊甲烷排放的粪便近红外反射特征光谱,并建立通过粪便近红外反射光谱预测甲烷排放的模型。粪便样品采自以 4×4 完全拉丁方试验设计的消化试验,将 16 只杜泊×小尾寒羊杂交羯羊随机分成 4 组,每组 4 只,按维持水平饲喂中性洗涤纤维和非纤维性碳水化合物比值分别为 3.02、2.32、1.58 和 1.04 的全混合颗粒饲粮(均以玉米、豆粕和玉米秸秆为主要配方原料)。试验共进行 4 期,每期 18 天,包括预试期 10 天和正式试验期 8 天。在正式试验期内通过开路式气体代谢室测定每只羊的日甲烷产量,并采用全收粪法采集粪便样品,共计 64 个粪样。粪样制成风干样品后,在恒温(20℃)、恒湿(65%)条件下放置 24 h,再通过傅立叶变换近红外光谱仪(Tensor II,德国 Bruker 公司)获取每个粪样的近红外漫反射光谱,扫描的近红外谱区范围为 8 000～350 cm^{-1},分辨率为 0.8 cm^{-1},每个粪样重复扫描 3 次。采用与近红外光谱仪相配套的 Opus 化学计量学软件(版本 7.5)对获取的光谱数据和甲烷日排放量数据进行处理,确定甲烷排放的粪便近红外反射特征光谱,并以偏最小二乘法拟合甲烷排放的粪便近红外反射光谱预测模型,最终通过决定系数(R^2)、交叉验证均方根误差(RMSECV)和斜率筛选和评价在不同维数下建立的预测模型的准确性。结果表明:1)绵羊甲烷排放的粪便近红外反射光谱具有两个特征光谱区间,波数分别为 7 502.0～5 449.7 cm^{-1} 和 4 602.5～4 247.6 cm^{-1}。2)当维数为 7 时,通过粪便近红外反射光谱预测绵羊甲烷排放的模型具有最高 R^2 值(0.681),可以准确区分绵羊高、中和低水平的甲烷排放量。3)当维数为 7 时,预测模型具有最小 RMSECV 值(3.35)和最高斜率值(0.737)。上述结果证实了通过粪便近红外反射光谱预测绵羊甲烷排放的可行性,且筛选出的模型具有较高的预测准确性。

关键词:甲烷排放;近红外反射光谱;粪便;预测模型;绵羊

* 基金项目:国家自然科学基金项目(41475126);国家科技支撑计划项目(2012BAD39B05-3)
** 第一作者简介:邓凯东(1970—),男,广东大埔人,博士研究生,教授,研究方向为反刍动物营养,E-mail: kdeng@jit.edu.cn

沙葱提取物对杜寒杂交羊脂肪代谢相关
基因表达及甲基化的影响*

范泽军** 敖长金# 包志碧 张艳梅

（内蒙古农业大学动物科学学院，呼和浩特 010018）

摘要：营养等环境因素可以通过 DNA 甲基化和组蛋白修饰等来影响基因表达，从而调节机体生命活动。本研究旨在通过饲喂肉羊沙葱提取物，对其脂肪代谢相关基因表达量及甲基化进行检测，探讨沙葱提取物对肉羊脂肪沉积及脂肪酸组成影响的表观遗传机制，为沙葱及其提取物的进一步开发与应用提供科学依据。采用单因素完全随机设计，选取 60 只体重相近[（35～40）kg]、4.5月龄的杜寒杂交母羊分为 4 组，每组 15 只，即对照组、沙葱粉组、沙葱水溶性提取物组、沙葱脂溶性提取物组，分别饲喂基础饲粮，基础饲粮＋沙葱粉[10 g/（天·只）]，基础饲粮＋水提物[3.2 g/（天·只）]，基础饲粮＋脂提物[2.8 g/（天·只）]（提取物饲喂量按照沙葱粉提取得率计算）。预试期为 15 天，正式试验期为 60 天。试验结束后，每组随机选取 3 只羊屠宰，采集背最长肌样品。采用亚硫酸氢盐测序法检测硬脂酰辅酶 A 去饱和酶基因（SCD）和脂肪酸合成酶基因（FASN）启动子 DNA 甲基化水平，同时 RT-qPCR 法测定其基因表达量。SCD 基因有 2 个高甲基化 CpG 岛（SCDM1，SCDM2），FASN 基因有 1 个高甲基化 CpG 岛。结果表明：1）与对照组相比，沙葱粉组 SCDM1 中 120 bp、127 bp 位点的甲基化水平显著降低（$P<0.05$）；沙葱水提物组 SCDM1 中 127 bp、210 bp 位点和 SCDM2 中 37 bp 位点的甲基化水平显著降低（$P<0.05$）；沙葱脂提物组 SCDM1 中 43 bp、120 bp 位点和 SCDM2 中 84 bp 位点甲基化水平显著降低（$P<0.05$），但三个处理组 SCDM1 和 SCDM2 中各位点的平均甲基化水平与对照组相比均无显著差异（$P>0.05$）。2）与对照组相比，沙葱粉组 FASN 基因 CpG 岛平均甲基化水平有降低趋势（$P>0.05$）；沙葱水提物组 FASN 基因 CpG 岛平均甲基化水平显著降低（$P<0.05$）；沙葱脂提物组 FASN 基因 CpG 岛平均甲基化水平无显著差异（$P>0.05$）。3 个处理组 SCD 和 FASN 基因表达量均显著高于对照组（$P<0.05$）。综上所述，沙葱及沙葱水溶性提取物可以改变 FASN 基因启动子 CpG 岛平均甲基化水平，并调控其基因表达量，改善肉羊肌肉中脂肪酸的组成与分布，沙葱及沙葱提取物增加 SCD 基因表达量可能是由于调控其他基因的甲基化间接影响其基因表达。

关键词：沙葱；沙葱提取物；杜寒杂交羊；甲基化；基因表达；表观遗传

---

* 基金项目：国家自然科学基金地区科学基金项目（31260558，31160474）；"十二五"国家科技支撑计划（2013BAD10B04）

** 第一作者简介：范泽军（1992—），女，山西大同人，硕士研究生，从事动物营养与畜品质研究，E-mail：1712406114@qq.com

\# 通讯作者：敖长金，教授，博士生导师，E-mail：changjinao@aliyun.com

基于 16S rRNA 测序和宏基因组学研究补饲开食料对羔羊瘤胃微生物的影响[*]

林丽梅[**]　谢斐　孙大明　毛胜勇[#]　刘军花

（南京农业大学动物科技学院消化道微生物研究室,南京 210095）

摘要:本实验旨在研究早期补饲开食料对瘤胃微生物的影响,利用 16S rRNA 测序研究微生物组成和区系变化、运用宏基因组学探究碳水化合物相关活性酶的变化,从而探究早期补饲开食料对羔羊瘤胃微生物区系的影响。本实验选取 8 对体况相近、胎次一致的 10 日龄双羔羊羊(湖羊),每对羔羊分别随机分入对照组($n=4$)和早期补饲组($n=4$)。其中对照组羔羊由母乳喂养,补饲组羔羊每天 04:00～19:00 与母羊分开,并放置于补饲栏饲喂开食料,定点抱回母羊舍吮乳 1 h。于羔羊 56 日龄屠宰,采集瘤胃内容物测定 pH 和挥发性脂肪酸浓度,采集瘤胃液样品进行 16S rRNA 和宏基因组学分析。结果表明:1)与对照组相比,早期补饲组羔羊的瘤胃 pH 显著降低($P<0.001$);乙酸浓度($P=0.028$)、丁酸浓度($P=0.007$)和总挥发性脂肪酸浓度($P=0.034$)显著升高;同时,丁酸比例显著升高($P=0.019$)。2) 16S rRNA 测序分析结果表明,基于 Bray-Curtis 距离的 PCoA 图中两组微生物群落完全分开(AMOVA 分析,$Fs=3.986$,$P<0.001$),门水平分析发现,早期开食料显著提高了 Proteobacteria、Synergistetes 和 Actinobacteria 的相对丰度,同时显著降低 Tenericutes、Candidate_division_SR1 和 Verrucomicrobia 的相对丰度;属水平分析发现,早期开食料显著提高了 *Megasphaera*、*Sharpea* 和 *Dialister* 的相对丰度,同时显著降低了 *RC9_gut_group*、*unclassfied Christensenellaceae*、*unclassfied Lachnospiraceae* 和 *Butyrivibrio* 的相对丰度。3)宏基因组学研究发现,补饲开食料组的碳水化合物酶相关基因的数量显著改变,富集到 CEs ($P=0.028$),GHs ($P=0.021$),GTs ($P=0.021$)和 PLs ($P=0.021$)4 个碳水化合物酶家族的基因数量总体下降,这可能与补饲开食料降低瘤胃 pH 有关。为进一步研究微生物的变化与相关 VFA 变化之间的关系,我们研究了丙酮酸生成乙酸和丁酸相关通路中酶的变化,结果发现补饲开食料组中丙酮酸-铁氧还蛋白/黄素氧还蛋白还原酶[EC:1.2.7.1 1.2.7.-]的酶基因数量显著提高,同时 3-羟基丁酰辅酶 A 脱氢酶[EC:4.2.1.55]的酶基因数量显著下降,然而其他的相关酶基因数量并无显著差异;有趣的是,乙酸生成路径上的相关酶基因数量都无显著差异。本研究结果表明,早期补饲开食料促进挥发性脂肪酸的增加,降低了瘤胃 pH;改变了瘤胃微生物的区系结构;同时降低碳水化合物酶基因水平;最终改变了微生物发酵产物 VFA 的变化。因此,本试验通过早期补饲开食料研究羔羊微生物区系和碳水化合物酶基因的变化,阐明了日粮的改变对微生物组成和功能的影响,为干预微生物区系最终促进动物生长发育提供理论依据。

关键词:16S rRNA 测序;宏基因组学;瘤胃;微生物区系;微生物功能

---

* 基金项目:国家自然科学基金(31501980)

** 第一作者简介:林丽梅(1993—),女,福建莆田人,硕士研究生,研究方向为反刍动物营养,E-mail:linlimei_njau@163.com

通讯作者:毛胜勇,教授,博士生导师,E-mail: maoshengyong@163.com

持续饲喂高谷物饲粮对湖羊盲肠上皮发育和黏膜微生物的影响*

谢斐** 林丽梅 王悦 毛胜勇#

（南京农业大学动物科技学院消化道微生物研究室,南京 210095）

摘要:本试验旨在研究持续饲喂高谷物饲粮对湖羊盲肠黏膜微生物组成、微生物发酵以及上皮生长发育的影响;探究基于高谷物饲粮条件下,反刍动物盲肠黏膜微生物和宿主基因表达的动态变化过程。试验选取 20 头体况良好、体重相近的 5 月龄湖羊,随机分成 4 组,每组 5 头。预饲干草 28 天后,对照组(CON)继续饲喂干草 28 天,其余 3 组分别饲喂 60% 高谷物饲粮 7(HG7)、14(HG14)、28(HG28)天后屠宰采样。采集盲肠内容物测定 pH 和挥发性脂肪酸浓度;采集盲肠黏膜测定微生物组成;采集黏膜上皮组织进行相关基因表达定量。结果表明:1)在持续饲喂高谷物日粮的过程中,盲肠 pH 线性下降($P=0.007$),乙酸($P<0.001$)、丁酸($P<0.001$)、戊酸($P<0.001$)和总挥发性脂肪酸($P<0.001$)浓度线性增加,异戊酸($P=0.006$)浓度线性下降,异丁酸($P=0.001$)浓度呈次方变化。2)利用 16S rRNA 测序分析盲肠黏膜微生物组成,PCoA 结果表明 4 个组的盲肠黏膜微生物群落完全区分开,Adonis 分析显示分组具有较高的解释度($R^2=0.402$,$P=0.001$),其中 HG7 和 HG28 与对照组差异最大。在属的水平上,高谷物饲粮的饲喂提高了淀粉分解菌 *Prevotella*($P=0.020$)和 *Bifidobacterium*($P=0.007$)以及丁酸产生菌 *Oscillibacter*($P=0.010$)和 *Coprococcus*($P=0.009$)的相对丰度,降低了纤维分解菌 *Akkermansia*($P=0.006$)的相对丰度,*Phocaeicola*($P=0.008$),*Treponema*($P=0.003$)和 *Helicobacter*($P=0.023$)呈动态变化。菌群 Co-occurrence Network 分析表明 28 天时菌群互作网络密度最大(Density = 0.487),14 天最小(Density = 0.344),说明 14 天时菌群可能存在某种耐受现象。3)qRT-PCR 结果显示,持续饲喂高精料饲粮条件下炎症相关基因 TLR-3($P<0.001$)的表达量呈线性变化,IL-6($P=0.031$)和 IL-10($P<0.001$)的表达量呈次方变化;与 VFA 吸收相关基因 NHE3($P=0.017$),DRA($P=0.046$)和 MCT4($P=0.017$)的表达量呈线性变化,NHE1($P=0.048$)的表达量呈次方变化;与 VFA 代谢和酮体生成相关基因 HMGCS1($P=0.027$)的表达量呈线性变化,HMGCL($P=0.015$)的表达量呈次方变化;紧密连接蛋白相关基因 claudin-1($P=0.019$)和 claudin-4($P=0.003$)的表达量呈线性变化。本研究结果表明,持续饲喂高谷物饲粮导致盲肠 pH 线性降低,挥发性脂肪酸线性增加;高谷物饲粮应激以及持续变化的肠腔环境改变了盲肠黏膜菌群的组成与结构,并在 14 天时可能有群落耐受现象的存在;盲肠黏膜微生物组成与宿主基因表达水平呈现出共变化现象。本研究结果将为生产实践中高谷物饲料的饲喂提供理论依据。

关键词:高精料;微生物区系;盲肠;共变化

* 基金项目:国家自然科学基金(31572436)
** 第一作者简介:谢斐(1997—),男,河南信阳人,硕士研究生,研究方向为反刍动物营养,E-mail: xiefei_njau@163.com
# 通讯作者:毛胜勇,教授,博士生导师,E-mail:maoshengyong@163.com

早期丁酸钠干预对新生羔羊瘤胃发育的影响*

刘理想** 孙大明 毛胜勇 朱伟云 刘军花#

（南京农业大学动物科技学院，南京 210095）

摘要：本实验旨在研究早期丁酸钠干预对新生羔羊瘤胃乳头生长和 VFA 吸收代谢的影响。选取 14 日龄新生的双胎湖羊羔羊 14 只，随机分为 2 组（每组 7 个重复）；在补饲开食料的基础上，对照组口腔灌注生理盐水，试验组按 0.36 g/kg 体重灌注丁酸钠，试验期 35 天。结果表明：1）丁酸钠补饲显著增加了羔羊的平均日采食量，平均日增重，体重和空瘤胃质量（$P<0.05$）。2）丁酸钠补饲显著升高了羔羊瘤胃总 VFA，乙酸和丁酸的浓度（$P<0.05$）。3）丁酸钠补饲显著升高了羔羊血浆中 BHBA，IGF-1 和 insulin 的浓度（$P<0.05$）。4）丁酸钠补饲显著增加了羔羊瘤胃乳头的长度、宽度和表面积（$P<0.05$），同时也显著增加了瘤胃乳头层的总厚度，角质层厚度（$P<0.05$）。5）丁酸钠补饲显著上调了羔羊瘤胃上皮细胞增殖基因 cyclin A，cyclin D1 和 CDK6 的 mRNA 表达（$P<0.05$）。6）丁酸钠补饲显著下调了羔羊胃上皮细胞凋亡基因 caspase-3 和 Bax 的 mRNA 表达。7）丁酸钠补饲显著上调了羔羊瘤胃上皮 IGF-1R 的 mRNA 表达（$P<0.05$），同时 IGF-1 的 mRNA 表达也有增加的趋势（$P<0.10$）。8）丁酸钠补饲上调了羔羊瘤胃上皮 MCT1，DRA，NHE2，HMGCL 和 HMGCS2 的 mRNA 表达（$P<0.05$）。由此可见，丁酸钠补饲提高了新生羔羊的生长性能；丁酸钠补饲促进了新生羔羊的瘤胃发酵，特别是丁酸的吸收和代谢；丁酸钠补饲促进了新生羔羊的形态发育，有利于对营养物质的吸收和代谢；丁酸钠补饲促进了瘤胃上皮细胞的增殖，抑制了瘤胃上皮细胞的凋亡。简而言之，按 0.36 g/kg 体重口腔灌注丁酸钠升高了新生羔羊瘤胃液中丁酸的浓度，而丁酸在瘤胃上皮的吸收和代谢刺激了瘤胃上皮细胞的增殖，抑制瘤胃上皮细胞凋亡，促进了瘤胃乳头的形态发育，有利于对营养物质的消化和吸收，提高新生羔羊的生长性能。

关键词：丁酸钠；瘤胃乳头生长；增殖和凋亡；VFA 吸收和代谢；羔羊

---

* 基金项目：国家自然科学基金项目（31501980）；江苏省自然科学基金项目（BK20150655）；中央大学基础研究基金项目（KJQN201610）

** 第一作者简介：刘理想（1992—），男，安徽萧县人，硕士研究生，从事反刍动物营养研究，E-mail：2016105047@njau.edu.cn

通讯作者：刘军花，副教授，讲师，E-mail：liujunhua0011@163.com

基于转录组学探究妊娠后期母羊营养不良
对胎儿生长发育的影响*

薛艳锋** 　郭长征　 胡帆　 张铮　 刘军花　 毛胜勇#

（南京农业大学动物科技学院，南京 210095）

摘要：本试验旨在通过转录组学，探究妊娠后期母羊营养不良影响胎儿生长发育的分子机制。选取妊娠 108 天，2～3 胎次，怀 2～4 羔，体况一致（3.0～3.5 分）的健康湖羊 20 只，经过 7 天自由采食的预饲之后，在妊娠 115 天时，随机分成 2 组（每组 10 只），对照组湖羊按照预饲期计算的采食量正常饲喂，处理组湖羊限饲至 30%，进行为期 15 天的正式试验。试验结束后，屠宰所有湖羊，测定胎儿体重和胎儿肝脏质量，采集胎儿肝脏样品，进行转录组分析，筛选差异基因，并对差异基因进行 KEGG 功能富集分析和 GO 功能分类分析。利用 real-time PCR 对关键通路上的基因进行定量分析。处理组胎儿均重和胎儿肝脏均重都显著低于（$P < 0.05$）对照组，表明妊娠后期母羊营养不良，严重影响胎儿的生长发育。总体基因的 PCA 图和 PLS-DA 图均能够将 2 个组明显区分开，表明母体营养不良改变了胎儿肝脏的总体转录谱。以 FC>2 和 FDR<0.05 作为标准，共筛选出差异基因 1 040 个。KEGG 通路富集分析的结果表明，差异基因富集显著性最高的 2 个通路分别是 DNA 复制和细胞周期。处理组胎儿肝脏中，与 DNA 复制相关的 17 个差异基因以及与细胞周期相关的 39 个差异基因均显著下调表达，表明母羊营养不良严重影响胎儿肝脏中 DNA 复制，延迟细胞周期进程。利用 real-time PCR 对细胞周期相关的 8 个基因，包括细胞周期依赖激酶 CDK1、CDK2、CDK4、CDK6 和细胞周期蛋白 CCNA、CCNB1、CCND1、CCNE1 进行定量分析，结果表明，与对照组相比，处理组胎儿肝脏中 CDK1、CDK2、CDK4、CDK6、CCNB1 和 CCNE1 基因均显著下调（$P < 0.05$）表达，CCNA 和 CCND1 两个基因无显著变化（$P > 0.05$），与转录组分析结果一致。GO 功能分类的结果显示，与生长相关的差异基因有 21 个，在处理组胎儿肝脏中，16 个显著下调表达，5 个显著上调表达，并且这 5 个上调表达的基因中，雌激素受体 1 和卷曲蛋白受体 4 这 2 个基因分别与促进细胞凋亡和抑制细胞增殖相关。妊娠后期母体营养不良会影响胎儿肝脏 DNA 复制，延迟细胞周期进程，并通过调控生长相关基因表达，抑制胎儿的生长发育。

关键词：营养不良；胎儿；生长发育；细胞周期；DNA 复制

* 基金项目：国家重点研发计划（2016YFD0501200）

** 第一作者简介：薛艳锋（1990—），男，河南南阳人，博士研究生，研究方向为反刍动物营养，E-mail：xueyanfeng1990@163.com

\# 通讯作者：毛胜勇，教授，博士生导师，E-mail：maoshengyong@163.com

基于代谢组学探究妊娠后期母羊营养不良
对胎儿肝脏代谢的影响[*]

薛艳锋^{**}　郭长征　胡帆　张铮　刘军花　毛胜勇[#]

（南京农业大学动物科技学院，南京 210095）

摘要：本试验旨在通过代谢组学，探究妊娠后期母羊营养不良条件下，胎儿肝脏代谢谱的变化，以期为进一步研究代谢调控的机制奠定基础。选取妊娠 108 天，2～3 胎次，怀 2～4 羔，体况一致（3.0～3.5 分）的健康湖羊 20 只，经过 7 天自由采食的预饲之后，在妊娠 115 天时，随机分成 2 组（每组 10 只），对照组湖羊按照预饲期计算的采食量正常饲喂，处理组湖羊限饲至 30%，进行为期 15 天的正式试验。试验结束后，屠宰所有湖羊，采集胎儿肝脏样品，进行代谢组分析，筛选差异代谢物，并对差异代谢物进行分类和通路富集分析。分别计算 2 个组全部代谢产物之间的相关性，以 $P<0.05$ 和 $|r|>0.8$ 作为标准，筛选显著相关关系，绘制代谢网络图，分析整体代谢趋势的变化。总体代谢物的 PCA 图和 PLS-DA 图均能够将 2 个组明显区分开，表明母体营养不良改变了胎儿肝脏的总体代谢谱。以 FDR<0.05，VIP>1 和 FC>1.5 作为标准，共筛选出差异代谢物 40 个。根据化合物性质进行分类，差异代谢物归属于脂肪酸与脂质（72.50%）、核苷与核苷酸（9.30%）、有机酸（7.50%）、氨基酸及其衍生物（4.65%）、糖类（2.33%）和其他（2.33%）。与对照组相比，处理组胎儿肝脏中脂肪酸、溶血磷脂酸胆碱、溶血磷脂酸乙醇胺、单酰甘油酯、乙酰肉碱、葡萄糖-6-磷酸和有机酸大部分上调，而氨基酸和核苷酸大部分下调。通路分析表明，甘油磷脂代谢通路显著富集，牛磺酸与亚牛磺酸代谢、戊糖和葡萄糖醛酸酯相互转化、淀粉与蔗糖代谢和花生四烯酸代谢的通路影响因子高于 0.1。对照组胎儿肝脏代谢网络图中共包含 151 个节点（代谢物），639 条边（相关关系），特征向量中心性和度排行前 10 位的节点均属于脂肪酸和脂质；处理组胎儿肝脏代谢网络图中共包含 148 个节点，399 条边，特征向量中心性和度排行前 10 位的节点大部分属于氨基酸；两组之间有 146 个公共点，却仅有 87 条公共边。且处理组代谢网络图的图密度和节点平均度均低于对照组。综上所述，妊娠后期母羊营养不良会引起胎儿肝脏整体代谢谱改变，代谢物之间相关关系趋于简单化，更多依赖于氨基酸代谢，造成氨基酸短缺，而脂肪酸和脂质在肝脏中堆积。

关键词：营养不良；胎儿；代谢谱；脂肪酸和脂质

　*　基金项目：国家重点研发计划（2016YFD0501200）

　**　第一作者简介：薛艳锋（1990—），男，河南南阳人，博士研究生，研究方向为反刍动物营养，E-mail：xueyanfeng1990@163.com

　#　通讯作者：毛胜勇，教授，博士生导师，E-mail：maoshengyong@163.com

DDGS 替代豆粕对湖羊瘤胃不同生态位微生物菌群结构与功能的影响*

申军士** 李志鹏 朱伟云#

(国家动物消化道营养国际联合研究中心,江苏省消化道营养与动物健康重点实验室,南京农业大学消化道微生物研究室,南京 210095)

摘要:本试验旨在探究使用玉米酒精糟及其可溶物(DDGS)替代豆粕对湖羊瘤胃不同生态位微生物菌群结构与功能的影响。12 只 2 月龄断奶后公湖羊根据体重按随机区组设计分为 2 个处理组,分别饲喂不同氮源(豆粕和 DDGS)日粮,每组 6 只,单栏饲养。饲喂 9 周后屠宰,采集瘤胃固相、液相和黏膜组织样品,采用 qPCR 和 Illumina MiSeq 高通量测序技术测定瘤胃微生物菌群结构。基于 16S rDNA 测序结果,使用 Tax4Fun 软件对瘤胃细菌进行宏基因组功能预测。qPCR 结果显示,不同氮源日粮豆粕组湖羊瘤胃原虫数量显著高于 DDGS 组($P<0.05$),而瘤胃总菌、真菌、甲烷菌和硫还原菌等功能菌群数量不受氮源日粮影响($P>0.05$)。不同生态位之间瘤胃液相总菌和甲烷菌数量显著高于瘤胃黏膜($P<0.05$),但显著低于瘤胃固相($P<0.05$);瘤胃固相真菌数量显著高于瘤胃液相和黏膜($P<0.05$),而液相和黏膜之间差异不显著($P>0.05$);与瘤胃固相和液相相比,瘤胃黏膜硫还原菌数量显著升高($P<0.05$),原虫数量显著降低($P<0.05$),而固相和液相之间差异不显著($P>0.05$)。微生物结构分析发现,瘤胃细菌多样性指数不受日粮氮源的影响($P>0.05$),但不同生态位之间瘤胃黏膜细菌 OTU 数量、Chao 1 和 Shannon 指数等均显著低于瘤胃固相和液相($P<0.05$)。微生物丰度比较分析显示,不同氮源日粮间瘤胃细菌在不同分类水平上的相对丰度差异较小,在属水平仅 *Pseudobutyrivibrio*、*Suttonella* 和 *Probable genus* 10 等少数细菌相对丰度存在差异($P<0.05$),但功能预测分析发现氨基酸代谢、脂代谢、核酸代谢等多种代谢途径的相对丰度存在显著差异($P<0.05$)。瘤胃不同生态位特别是瘤胃黏膜与瘤胃固相和液相之间,瘤胃细菌在不同分类水平上的相对丰度及预测的微生物基因代谢途径相对丰度均存在较大差异。本研究结果表明不同氮源日粮及不同瘤胃生态位微生物菌群结构及功能存在不同程度的差异。

关键词:DDGS;豆粕;瘤胃;微生物;生态位

---

* 基金项目:国家自然科学基金青年基金(31402101);江苏省自然科学基金青年基金(BK20140696)

** 第一作者简介:申军士(1984—),男,河南开封人,副教授,从事反刍动物营养与瘤胃微生物研究,E-mail: shenjunshi@njau.edu.cn

\# 通讯作者:朱伟云,教授,博士生导师,E-mail: zhuweiyun@njau.edu.cn

不同日粮 NFC/NDF 及烟酸添加对围产期
母羊肝脏糖异生作用的影响*

茹婷** 孙海洲# 金鹿 桑丹 李胜利 张崇志 张春华 乃门塔娜 娜美日嘎

(内蒙古农牧业科学院动物营养与饲料研究所,呼和浩特 010031)

摘要: 本试验旨在研究不同日粮 NFC/NDF 及烟酸添加对围产期母羊肝脏糖异生作用的影响。选取围产期 3 岁鄂尔多斯细毛羊母羊 40 只,随机分为 4 组,每组 10 只;采用 2×2 完全随机试验设计,第一因素为 NFC 与 NDF 比值,为 0.44 和 0.84 两个水平,第二因素为日粮中包被烟酸的添加量,为 2 g/(天·只)和 4 g/(天·只),共构成 4 组日粮。即 I 组(NFC/NDF＝0.44＋2 g)、II组(NFC/NDF＝0.44＋4 g)、III 组(NFC/NDF＝0.84＋2 g)和 IV组(NFC/NDF＝0.84＋4 g)。试验期为产前 40 天到产后 21 天。结果表明:1)不同日粮 NFC/NDF 及烟酸添加对围产后期母羊的乳糖率和乳脂率有显著影响($P < 0.05$)。2)NFC 与 NDF 比值为 0.84 时,可显著增加母羊围产后期血液中 GLU 浓度($P < 0.05$);NA 添加量为 4 g/(天·只)时,可显著降低母羊围产后期血液中 NEFA 浓度($P < 0.05$)。3)不同 NFC/NDF 日粮对产前 21 天时母羊肝脏糖异生相关基因 PCK1、PC、FoxO1、PI3K 和 INSR mRNA 表达量、产后 9 天时 PCK1、PC、SIRT6 和 FoxO1 mRNA 表达量有显著影响($P < 0.05$);不同 NA 添加量对产前 21 天时肝脏中 PC mRNA 的表达量、产后 9 天时 PC、SIRT6 和 FoxO1 mRNA 表达量有显著影响($P < 0.05$)。由此可见,不同精粗比日粮及烟酸添加可有效改善围产期母羊 NEB,提高生产性能,通过 INSR-AKT/PI3K-FoxO1 通路激活 FoxO1 蛋白活性,调节 PCK1 和 G6P 活性,阐明 INS 敏感性机制下对糖异生调控机理。此外,可以通过 P53-SIRT6-FoxO1 通路调节 FoxO1 蛋白活性进而调控糖异生。

关键词: 绵羊;围产期;烟酸;糖异生

---

* 基金项目:国家现代农业产业技术体系建设(CARS-39-11);内蒙古农牧业科技创新基金项目(2018CXJJM04)

** 第一作者简介:茹婷(1992—),女,内蒙古包头人,硕士研究生,从事动物营养与饲料科学研究,E-mail:1050269174@qq.com

\# 通讯作者:孙海洲,研究员,硕士生导师,E-mail:sunhaizhou@china.com

日粮瘤胃降解淀粉调控奶山羊碳水化合物代谢及肠道健康的微生物学机制[*]

韩笑瑛[**]　申静　郑立鑫　曹阳春　蔡传江　徐秀容　姚军虎[#]

(西北农林科技大学动物科技学院,杨凌 712100)

摘要:碳水化合物是反刍动物主要能量来源,可通过影响到达后部消化道的营养物质组分,调控肠道微生物区系及其代谢产物,改善营养物质利用效率和机体健康。本研究团队前期发现,瘤胃降解淀粉(ruminal degradable starch,RDS)可作为日粮碳水化合物和瘤胃健康的有效衡量指标,但仍不清楚日粮 RDS 对肠道及其微生物的影响。本试验拟通过调节日粮 RDS 水平,研究其对奶山羊后肠道营养物质代谢及微生物区系的影响,并利用多组学关联分析阐明碳水化合物平衡调控奶畜肠道营养高效转化和机体免疫的微生物学机制,旨在为营养调控奶畜肠道微生物区系提供理论依据和技术参考。试验选取泌乳天数、产奶量和体重等接近的二胎关中泌乳期奶山羊 18 头,按配对设计原则等分为 3 组,每组 6 头。通过小麦部分替代玉米实现 3 种处理:低 RDS 组(L-RDS,20.52%),中 RDS 组(M-RDS,22.15%)和高 RDS 组(H-RDS,24.88%)。每日等量饲喂 2 次 TMR,时间为 08:30 和 15:30,自由饮水。预饲期 7 天,正式试验期 35 天,屠宰所有试验羊并采集 6 个肠段(十二指肠、空肠、回肠、盲肠、结肠、直肠)肠道组织黏膜及食糜样品,测定相关指标。结果表明:1)利用 Ussing chamber 检测,H-RDS 组显著提高了十二指肠、空肠通透性($P<0.05$),对肠道形态(绒毛高度、隐窝深度)无显著影响($P>0.05$)。2)日粮 RDS 水平影响大肠食糜(盲肠、结肠、直肠)短链脂肪酸(short-chain fatty acids,SCFAs)组成,其中 H-RDS 组显著提高乙酸比例($P<0.05$),L-RDS 组显著提高丁酸比例($P<0.05$)。对肠道食糜 pH 及小肠淀粉酶活无显著影响($P>0.05$)。3)利用 16S rDNA 测序发现,日粮 RDS 水平影响肠道(空肠、盲肠、直肠)微生物区系,盲肠内容物在科水平及属水平上差异物种丰富。关联分析结果表明,部分差异物种与食糜 SCFAs 比例显著相关($P<0.05$)。4)H-RDS 组趋于提高肠系膜淋巴结 T 淋巴细胞 CD4 含量,L-RDS 组趋于降低盲肠黏膜 CD8 含量,各肠段长短 CD4 与 CD8 比值无显著差异($P>0.05$)。以上结果可知,日粮 RDS 水平影响肠屏障功能,改变肠道微生物区及 SCFAs 比例,调控肠黏膜免疫细胞分化,其机理有待进一步研究。

关键词:瘤胃降解淀粉;肠道微生物;16S rDNA;短链脂肪酸;Ussing chamber

---

[*] 基金项目:国家重点研发计划(2017YFD0500500)

[**] 第一作者简介:韩笑瑛(1994—),女,陕西西安人,博士研究生,研究方向为反刍动物营养,E-mail: 2627394280@qq.com

[#] 通讯作者:姚军虎,教授,博士生导师,E-mail: yaojunhu2004@sohu.com

添加烟酰胺对围产期奶山羊氧化应激状态的影响[*]

尹清艳[**]　魏筱诗　蔡传江　曹阳春　徐秀容　姚军虎[#]

（西北农林科技大学动物科技学院，杨凌 712100）

摘要：反刍动物围产期处于能量负平衡状态，大量的游离脂肪酸进入肝脏代谢。肝脏在氧化供能过程中会产生大量氧自由基，过量氧自由基可诱发机体处于氧化应激状态进而诱发炎症反应，造成细胞损伤等。烟酰胺（NAM）是烟酸的酰胺形式，作为辅酶Ⅰ及辅酶Ⅱ的前体物质具有递氢作用，可参与多条氧化应激通路。目前，关于 NAM 对反刍动物围产期氧化应激状态的影响及机制尚不清楚。本试验选取 15 只经产奶山羊，配对试验设计，分为 3 个处理组（每组 5 个重复，每个重复1 只），在奶山羊围产全期（产前 21 天到产后 28 天）和围产后期（分娩到产后 28 天）分别添加 NAM（5 g/天）并在产后 28 天进行屠宰。研究结果表明：1）血液中的各抗氧化酶活性和氧化产物含量均随时间变化，分娩前后变化更为剧烈，添加 NAM 可在产后通过提高血清抗氧化酶活性进而增强机体的抗氧化能力，围产全期添加 NAM 与对照组及围产后期添加 NAM 相比可减少氧化产物过氧化氢在产后的累积。2）围产全期添加 NAM 肝脏的总抗氧化能力、肝脏中超氧化物歧化酶 SOD1的基因表达显著高于对照组，各抗氧化酶活性及氧化产物各组无显著差异；3）肝脏氧化电子呼吸链结果显示，围产全期添加 NAM 可增加烟酰胺腺嘌呤二核苷酸（NADH）和线粒体复合物的含量，趋于提高肝脏三磷酸腺苷（ATP）产量，表明 NAM 进入肝脏后以 NADH 的形式加快电子呼吸链的传递效率。4）添加 NAM 乳腺中的各抗氧化酶基因的表达未见差异，但围产全期添加 NAM 可提高谷胱甘肽过氧化物酶 GPX4 的基因表达，添加烟酰胺可降低乳腺中氧化产物丙二醛在乳腺的累积。综上所述，分娩前后奶山羊的氧化应激状态发生明显的改变，添加 NAM 可改善机体的抗氧化能力，在肝脏及乳腺组织中也呈现出相似的结果。尽管添加 NAM 加快肝脏电子呼吸链传递的速率，在提高 ATP 产量的同时会伴随超氧阴离子的生成，但肝脏中总抗氧化能力升高且氧化产物未见累积，表明添加 NAM 可加快肝脏清除氧自由基的能力，并提高氧化供能效率，缓解机体的能量负平衡。与围产后期添加 NAM 相比，围产全期添加 NAM 显示出更好的添加效果。

关键词：NAM；奶山羊；电子呼吸链；氧化应激

*　基金项目：国家自然科学基金项目（31472122，31672451）

**　第一作者简介：尹清艳（1991—），女，黑龙江五大连池人，硕士研究生，主要从事反刍动物营养研究，E-mail：yinqingyan1125@163.com

#　通讯作者：姚军虎，教授，博士生导师，E-mail：yaojunhu2004@sohu.com

泌乳奶山羊瘤胃氧化还原电势与瘤胃代谢的相关性分析[*]

郑立鑫[**]　申静　陈晓东　韩笑瑛　曹阳春　蔡传江　徐秀容　姚军虎[#]

（西北农林科技大学动物科技学院，杨凌 712100）

摘要： 本试验旨在研究泌乳奶山羊瘤胃代谢（pH 和 VFA 组成）和氧化还原电势的日变化规律以及三者之间的相关性，并研究饲粮瘤胃可降解淀粉（RDS）对瘤胃代谢的影响。试验选取 6 只泌乳奶山羊，安装永久性瘤胃瘘管，采用 3×3 复拉丁方试验，分别饲喂 L-RDS（RDS＝74.20％），M-RDS（RDS＝80.44％）和 H-RDS（RDS＝87.07％）饲粮，每天 08:30 和 17:30 等量饲喂 2 次，试验期 28 天，恢复期 14 天。试验期第 22 天于 08:00、10:00、12:00、14:00、16:00、18:00 和 20:00 采集瘤胃液，立即检测瘤胃 pH 及氧化还原电势，取 20 mL 瘤胃液－20℃保存用于 VFA 测定。结果表明：1）泌乳奶山羊采食后，瘤胃 pH 呈先下降后上升趋势，20:00 时降至最低；氧化还原电势和 TVFA 呈先升高后下降趋势，20:00 时升至最高；乙酸比例和乙丙比呈先下降后上升趋势；丙酸呈先升高后下降趋势。2）相关性分析表明，瘤胃氧化还原电势与 pH（$r＝-0.78, P<0.001$）、乙丙比均呈显著负相关（$r＝-0.373, P<0.01$）。3）饲粮 RDS 水平显著影响瘤胃代谢：12:00 和 18:00，H-RDS 组瘤胃 pH 显著低于 L-RDS 组（$P<0.05$）；12:00，H-RDS 组瘤胃氧化还原电势、TVFA 显著高于 L-RDS 组（$P<0.05$）；08:00、12:00 和 16:00，H-RDS 组乙酸比例（$P<0.05$）和乙丙比（$P<0.05$）显著低于 M-RDS 组和 L-RDS 组，丙酸比例（$P<0.05$）显著高于 M-RDS 和 L-RDS 组。由此可见，H-RDS 降低瘤胃 pH、乙酸比例和乙丙比，提高氧化还原电势和乙丙比；氧化还原电势与瘤胃 pH 和乙丙比呈负相关关系。

关键词： 泌乳奶山羊；瘤胃可降解淀粉；瘤胃代谢；氧化还原电势；相关性分析

[*] 基金项目：国家重点研发计划（2017YFD0500500）

[**] 第一作者简介：郑立鑫（1994—），男，辽宁大连人，博士研究生，主要从事反刍动物营养研究，E-mail：callmezheng@sohu.com

[#] 通讯作者：姚军虎，教授，博士生导师，E-mail：yaojunhu2004@sohu.com

饲粮 RDS 调节奶山羊瘤胃上皮微生物组成及其与瘤胃代谢和生产性能的关系*

申静** 郑立鑫 靳纯嘏 韩笑瑛 曹阳春 徐秀容 蔡传江 姚军虎#

(西北农林科技大学动物科技学院,杨凌 712100)

摘要:瘤胃上皮微生物组成是瘤胃黏膜的第一道屏障,具有重要的生理功能。本试验旨在研究饲粮瘤胃可降解淀粉(RDS)调控奶山羊瘤胃上皮微生物组成及其与瘤胃代谢和生产性能的关系。试验选取泌乳天数、产奶量和体重等接近的二胎关中泌乳期奶山羊 18 头,按配对设计原则等分为 3 组,每组 6 头。通过小麦部分替代玉米实现 3 种处理:低 RDS 组(L-RDS,20.52%),中 RDS 组(M-RDS,22.15%)和高 RDS 组(H-RDS,24.88%)。每日等量饲喂 2 次 TMR,时间为 08:30 和 15:30,自由饮水。预饲期 7 天,正式试验期 35 天。试验期结束前 3 天连续采集奶样进行乳成分测定。试验期第 36 天,于晨饲后 3 h,进行屠宰,取瘤胃液进行 VFA 测定,取瘤胃上皮乳头提取 DNA 并进行微生物 16S rRNA(V4~V5 区)测定。结果表明:PCoA 分析结合 Adonis 分析,L-RDS 组可显著与 M-RDS($r=0.254$, $P=0.003$)和 H-RDS($r=0.248$, $P=0.045$)区分开。在门水平,与 L-RDS 组相比,M-RDS 组显著提高 Firmicutes 的相对丰度($P=0.028$),显著降低 Bacteroidetes 的相对丰度($P=0.019$)。在属水平,*Butyrivibrio* 属是丰度最高的菌属,可增强机体对丁酸的生物利用;与 L-RDS 组相比,M-RDS 显著提高 *Butyrivibrio*,*Ruminiclostridium*_9 和 *Thermoanaerobacter* 的相对丰度,显著降低 *Defluviitaleaceae* 和 *Pseudoramibacter* 的相对丰度。相关性分析表明:Firmicutes 与 Bacteroidetes 的比例与乳脂呈显著负相关。在属水平,异丁酸与 *Desulfobulbus*,*Lachnospiraceae*,*Succiniclasticum* 和 U29.B03 具有显著相关性,这些菌同时与乳脂产量和乳蛋白产量具有显著相关性。本研究为进一步探索奶山羊机体与微生物互作提供新的见解。

关键词:瘤胃上皮;细菌区系;宿主与微生物互作;奶山羊

* 基金项目:国家重点研发计划(2017YFD0500500)

** 第一作者简介:申静(1990—),女,河北石家庄人,博士研究生,主要从事反刍动物微生物研究,E-mail:shenjing2013@163.com

通讯作者:姚军虎,教授,博士生导师,E-mail:yaojunhu2004@sohu.com

基于宏基因组学技术研究饲粮 RDS 调控
奶山羊瘤胃微生物功能[*]

申静[**]　郑立鑫　陈晓东　韩笑瑛　曹阳春　蔡传江　徐秀容　姚军虎[#]

（西北农林科技大学动物科技学院，杨凌 712100）

摘要：瘤胃微生物蕴含丰富的基因资源和生态资源，可降解不能被反刍动物直接利用的植物纤维。本试验旨在通过宏基因组学技术研究饲粮瘤胃可降解淀粉（RDS）对奶山羊瘤胃微生物组成及其功能的影响。试验选取泌乳天数、产奶量和体重等接近的二胎关中泌乳期奶山羊 18 头，按配对设计原则等分为 3 组，每组 6 头。通过小麦部分替代玉米实现 3 种处理：低 RDS 组（L-RDS＝20.52％），中 RDS 组（M-RDS＝22.15％）和高 RDS 组（H-RDS＝24.88％）。每日等量饲喂 2 次 TMR，时间为 08：30 和 15：30，自由饮水。预饲期 7 天，正式试验期 35 天。试验期第 36 天，于晨饲后 3 h，进行屠宰，取瘤胃液 4 层纱布过滤，立即测定 pH，并于 $-80℃$ 保存，用于 VFA、有机酸和 NAD^+/NADH 测定，提取 DNA 进行微生物宏基因组测序。结果表明：与 L-RDS 组相比，H-RDS 和 M-RDS 组显著降低瘤胃 pH（$P<0.05$），显著提高乙酸比例（$P<0.05$）；H-RDS 组显著提高丙酸比例（$P<0.05$）。与 M-RDS 组相比，H-RDS 组显著提高丁酸比例（$P<0.05$）。H-RDS 组延胡索酸和琥珀酸的浓度显著高于 L-RDS 组，与提高的丙酸比例相对应；H-RDS 组乳酸的浓度有高于 L-RDS 组的趋势（$P<0.1$）。宏基因组结果显示：在属水平，H-RDS 组 *Acinetobacter* 相对丰度显著高于 L-RDS（$P<0.05$）和 M-RDS 组（$P<0.05$），*Fretibacterium* 相对丰度显著高于 L-RDS 组（$P<0.05$）；M-RDS 组 *Sphaerochaeta* 相对丰度显著高于 L-RDS 组（$P<0.05$）。KEGG 结果表明：H-RDS 组富集到能量代谢通路的基因显著低于 L-RDS 组（$P<0.05$），特别是富集到氧化磷酸化通路的基因显著低于 L-RDS 组（$P<0.05$）。与 L-RDS 相比，H-RDS 显著降低了 NAD^+ 含量（$P<0.05$）和 NAD^+/NADH 比例（$P<0.05$），即表明 H-RDS 组 NAD^+ 相对不足，瘤胃微生物可通过发酵乙酸产生丁酸，乃至丙酮酸产生乳酸这一途径来补充 NAD^+，导致瘤胃发酵产生大量的乳酸，降低瘤胃 pH。由此可知，饲粮 RDS 水平可调节瘤胃微生物有机酸合成途径和氧化还原反应，最终影响瘤胃代谢。

关键词：瘤胃微生物；宏基因组；氧化还原反应；有机酸；瘤胃代谢

---

[*] 基金项目：国家重点研发计划（2017YFD0500500）

[**] 第一作者简介：申静（1990—），女，河北石家庄人，博士研究生，主要从事反刍动物微生物研究，E-mail：shenjing2013@163.com

[#] 通讯作者：姚军虎，教授，博士生导师，E-mail：yaojunhu2004@sohu.com

放牧与舍饲育肥对绒山羊成年羊与羔羊瘤胃内几种微生物数量的影响*

张娟** 孙国平 韩帅 闫素梅#

（内蒙古农业大学动物科学学院，呼和浩特 010018）

摘要：本试验主要研究了放牧与舍饲两种不同饲养方式对阿尔巴斯白绒山羊成年羊与羔羊瘤胃内总菌、原虫及7种微生物数量的影响，为科学地制定阿尔巴斯白绒山羊母羊与羔羊育肥方案，深入探讨饲养方式对肉品质的影响机制提供理论基础。试验采用单因子完全随机试验设计，分2部分进行。试验1将60只年龄、体重相近的淘汰成年母羊随机分为2组，每组30只。一组为对照组，在天然草场进行自然放牧育肥；一组为试验组，采用全混合日粮进行舍饲育肥，自由采食，育肥期60天。试验2将60只日龄相近[（130±10）天]的4月龄去势公羔（羯羊）分为2组，每组30只。一组为对照组，进行放牧补饲育肥，一组为试验组，进行全混合日粮舍饲育肥。各组羔羊均自由饮水，育肥期3个月。在试验结束时，分别从2个试验的对照组和试验组中各选择6只成年羊（共12只）或羔羊（共12只），在禁食24 h，禁水2 h后屠宰，采集瘤胃液用于分析。试验1结果表明，与对照组相比，试验组成年羊瘤胃液中原虫、产琥珀酸丝状杆菌与脂解厌氧弧杆菌数量显著增加（$P=0.01$，$P=0.05$，$P=0.05$），总产甲烷菌、反刍月型单胞菌与牛链球菌趋于显著增加（$P=0.06$，$P=0.09$，$P=0.07$），总细菌、白色瘤胃球菌、黄色瘤胃球菌及嗜淀粉瘤胃杆菌的组间差异均不显著（$P>0.10$）。试验组成年羊瘤胃内以反刍月型单胞菌比例最高，脂解厌氧弧杆菌占比最低，趋于显著或显著高于对照组（$P=0.09$，$P=0.05$）；对照组以嗜淀粉瘤胃杆菌比例最高，反刍月型单胞菌比例次之，脂解厌氧弧杆菌最低。试验2的结果表明，与对照组相比，试验组羔羊瘤胃液的总细菌量显著增加（$P=0.003$），总产甲烷菌及原虫数量差异趋于显著增加（$P=0.077$，$P=0.089$）；其他7种菌的数量无显著变化（$P>0.10$）。试验组与对照组羔羊瘤胃内均以嗜淀粉瘤胃杆菌占比最高，脂解厌氧弧杆菌最低。这些结果表明，舍饲育肥可显著增加瘤胃原虫和部分菌群的数量及其比例，在成年羊育肥中作用效果更大。

关键词：绒山羊；舍饲育肥；放牧补饲；瘤胃微生物

---

* 基金项目：国家重点研发计划（2017YFD0500504）
** 第一作者简介：张娟（1995—），女，硕士研究生，主要从事反刍动物营养与饲料方面的研究，E-mail：1961441512@qq.com
# 通讯作者：闫素梅，教授，博士生导师，E-mail：yansmimau@163.com

母体添加烟酰胺对子代羔羊糖脂代谢的影响[*]

魏筱诗[**]　赵会会　何家俊　尹清艳　曹阳春　蔡传江　徐秀容　姚军虎[#]

（西北农林科技大学动物科技学院，杨凌 712100）

摘要：母体营养及代谢状态对胎儿发育及后代发育健康具有重要影响。本团队前期研究发现烟酰胺可调控围产期奶畜能量平衡状态和糖脂代谢，但母体营养干预对子代组织功能的调控作用并不清楚。本试验旨在研究母体添加烟酰胺对子代羔羊糖脂代谢的影响及可能机制，以期探究母体烟酰胺与子代糖脂代谢的关系，为围产期奶畜及子代营养调控提供科学依据。试验选取泌乳天数、产奶量和体重等接近的二胎次关中围产期奶山羊 15 头，按配对设计原则等分为 3 组，每组 5 头：对照组（control，C），产后添加组（post-kidding，P）和全期添加组（entire-perinatal，EP）。每组均采食 TMR 基础饲粮，烟酰胺添加组在饲喂 TMR 的基础上添加烟酰胺 5 g/天，每天 7：00 灌服，试验期为产前 21 天至产后 28 天。产羔后，对应组的羔羊分别补饲对应母羊的母乳，并命名为 L_C、L_P 和 L_{EP}。分别于 −21、−14、−7、1、7、14、21、28 天采集母羊血液样品，产后 14 天和 28 天采集子代羔羊血液样品，产羔后 28 天屠宰采集子代羔羊肝脏和腹部脂肪组织样品，测定相关指标。结果表明：1)添加烟酰胺降低母羊血浆甘油三酯（TG）和游离脂肪酸（FFA）浓度（$P<0.05$）。2)母体添加烟酰胺显著提高子代羔羊 14 天葡萄糖和 28 天 TG 浓度（$P<0.05$），对 FFA 无显著影响（$P>0.05$）。3)全期添加烟酰胺有降低子代羔羊肝脏糖原含量的趋势（$P<0.1$），产后和全期添加显著降低肝脏中 PEPCK，GS，GLUT2，FoxO1 和 PGC1α 的基因相对表达水平（$P<0.05$）。4)产后和全期添加烟酰胺显著提高腹脂 TG（$P<0.01$）和肝脏 FFA 含量（$P<0.05$），全期添加提高腹脂 FFA 含量（$P<0.05$）。5)全期添加烟酰胺降低子代羔羊肝脏 FAS 基因表达，而增加 FAS 在腹脂中的相对表达量（$P<0.05$），全期添加显著提高腹脂 GPAM 表达量，产后和全期添加提高腹脂 AGPAT6 的表达量。6)腹脂 PGC1α 和 SREBP1 在全期添加组表达量最高（$P<0.05$）。由此可见，围产期奶山羊补饲烟酰胺（5 g/天）会抑制子代羔羊肝脏糖异生，促进肝脏脂肪分解及腹脂脂肪沉积，调控羔羊糖脂代谢。

关键词：母体烟酰胺；糖代谢；脂肪代谢；肝脏；子代羔羊

---

 * 基金项目：国家自然科学基金（31472122，31672451）

** 第一作者简介：魏筱诗（1991—），女，四川绵阳人，博士研究生，研究方向为反刍动物营养，E-mail：deardoris163@163.com

 # 通讯作者：姚军虎，教授，博士生导师，E-mail：yaojunhu2004@sohu.com

甘露寡糖对体外产气及绵羊气体、蛋白质 和能量代谢的影响[*]

郑琛[1][**]　马君军[1]　刘婷[1]　魏炳栋[2]　杨华明[2]

(1.甘肃农业大学动物科学技术学院,兰州 730070；

2.吉林省农业科学院畜牧分院,公主岭 136100)

摘要:本试验旨在研究甘露寡糖对体外产气及绵羊气体、蛋白质和能量代谢的影响,以及绝食代谢状态下对绵羊气体、蛋白质和能量代谢的影响。体外试验采用六通路瞬时发酵微量产气全自动记录装置(Qtfxy-6,吉林省农科院畜牧分院),采用单因子完全随机试验设计,在每千克饲粮中分别添加质量分数为 0%、0.5%、1.0%、1.5%、2.0%、2.5%、3.0%、3.5%、4.0%、4.5%、5.0%、5.5% 和 6.0% 的甘露寡糖,每个处理 3 个重复,研究体外发酵二氧化碳、甲烷和氢气的变化;体内试验采用开放式呼吸测热室(吉林省农科院畜牧分院),选用 8 只同质性好的健康杂种羯羊(杜泊羊 ♂ × 小尾寒羊 ♀),采用单因子完全随机试验设计,在饲粮中添加 0% 和 2.0% 甘露寡糖,每个处理 4 只羊,每只为 1 个重复,研究甘露寡糖对绵羊普通状态及绝食代谢状态下气体、蛋白质和能量代谢的影响。结果表明:0.5%、1.0%、1.5% 和 2.0% 的甘露寡糖显著降低体外培养二氧化碳产量 ($P<0.05$);2.0% 的甘露寡糖显著降低绵羊干物质采食量、粪氮、消化氮、消化能和代谢能,且单位代谢体重下的相应指标($P<0.05$)。但甘露寡糖显著提高了单位干物质采食量下的氧气消耗、二氧化碳和氨的产量和总产热($P<0.05$)。甘露寡糖对体外甲烷和氢气产量、体内呼吸熵、氧气消耗、二氧化碳、甲烷和氨产量、总产热以及蛋白质和能量的表观消化率和存留率均无显著影响($P>0.05$),对绝食代谢状态下的相应指标也没有显著影响($P>0.05$)。表明甘露寡糖对绵羊机体代谢仅有微弱的影响。

关键词:甘露寡糖;绵羊;养分消化代谢;产气;体外;体内;绝食代谢

* 基金项目:甘肃农业大学动物科学技术学院开放基金(XMXTSXK-18)

** 第一作者简介:郑琛(1978—),陕西佳县人,副教授,硕士生导师,从事反刍动物营养的研究,E-mail: zhengc@gsau.edu.cn

沙葱及其提取物对绵羊瘤胃发酵
及瘤胃微生物区系的影响[*]

赵亚星[**]　张兴夫　敖长金[#]

（内蒙古农业大学动物科学学院，呼和浩特 010018）

摘要：本试验旨在研究沙葱，沙葱水溶性提取物和脂溶性提取物对绵羊瘤胃发酵及瘤胃微生物区系的影响。试验选用 12 只体况良好，体重相近的杜寒羊（小尾寒羊×杜泊羊），随机分为 4 组，每组 3 只。对照组饲喂基础日粮，试验Ⅰ组在基础日粮中添加 10 g 沙葱粉（沙葱组），试验Ⅱ组在基础日粮中添加 2.8 g 沙葱脂溶性提取物（脂溶性提取物组），试验Ⅲ组在基础日粮中添加 3.4 g 沙葱水溶性提取物（水溶性提取物组）。进行预试期 15 天，正式试验期 60 天的饲养试验。正式试验期每隔 30 天，在晨饲后 2 h 通过口腔采集瘤胃液测定瘤胃发酵指标，用实时定量 PCR（RT-qPCR）法测定瘤胃微生物的含量。结果表明：1）与对照组相比，沙葱及其提取物均显著提高了瘤胃液 pH（$P<0.05$）、BCP 浓度（$P<0.05$），提高了瘤胃液 NH_3-N 的浓度，但差异不显著（$P>0.05$）；日粮中添加沙葱和脂溶性提取物显著提高了瘤胃液丙酸浓度（$P<0.05$）、丁酸浓度并显著降低了异丁酸的浓度（$P<0.05$），乙酸、戊酸和异戊酸浓度各组间差异不显著（$P>0.05$）。2）与对照组相比，沙葱及提取物各组的产琥珀酸丝状杆菌和黄色瘤胃球菌含量显著增加（$P<0.05$），溶纤维丁酸弧菌、甲烷菌、白色瘤胃球菌含量没有显著变化，水溶性提取物组真菌含量显著高于其他组（$P<0.05$），沙葱组原虫数量极显著低于对照组和其他试验组（$P<0.05$）。由此可见，沙葱及其提取物改善了瘤胃发酵模式，并显著影响了绵羊瘤胃微生物区系，沙葱组的饲喂效果较佳。

关键词：沙葱；沙葱提取物；绵羊；瘤胃发酵；瘤胃微生物区系

＊　基金项目：国家自然基金（31260558）
＊＊　第一作者简介：赵亚星，女，硕士，E-mail：2219960247@qq.com
＃　通讯作者：敖长金，教授，E-mail：changjinao@aliyun.com

植物乳杆菌与其他乳酸菌组合对甘蔗尾青贮品质的影响*

黄峰[1]** 穆胜龙[1] 张露[1] 周波[1] 邹彩霞[1]# 梁明振[1] 何仁春[2] 周俊华[2]

(1. 广西大学动物科技学院，南宁 530005；2. 广西畜牧研究所，南宁 530002)

摘要：本实验室从自然青贮甘蔗尾中筛选到植物乳杆菌（*Lactobacillus plantarum*，LAP）、鼠李糖乳杆菌（*Lactobacillus rhamnosus*，LAR）、发酵乳杆菌（*Lactobacillus fermentum*，LAF）和干酪乳杆菌（*Lactobacillus casei*，LAC）4 种优势菌株，为评价这些菌株对青贮甘蔗尾的影响，开展了不同发酵类型乳酸菌组合对甘蔗尾青贮发酵品质和有氧稳定性的试验。本试验旨在探讨 LAP 与 LAC、LAF 和 LAR 分别混合添加对青贮甘蔗尾发酵品质和有氧稳定性的影响。试验采用新鲜甘蔗尾进行瓶装青贮，共设置 4 组，每组 4 个重复。1）对照组；2）试验 I 组 LAP＋LAC；3）试验 II 组 LAP＋LAF；4）试验 III 组 LAP＋LAR。取 10 mL 各稀释菌液混匀，并用生理盐水调整到终体积为 100 mL，混匀后喷洒到 1 kg 人工切割长度为 1～4 cm 甘蔗尾上，装入 2.5 L 玻璃瓶，对照组只添加 100 mL 生理盐水，压实密封于室内避光发酵 70 天。接种的 4 种乳酸菌数量均达到 10^6 CFU/g 以上。测定青贮 70 天后乳酸、挥发性脂肪酸（VFA）、氨态氮、干物质（DM）、干物质回收率（DMR）、粗蛋白质（CP）、中性洗涤纤维（NDF）和酸性洗涤纤维（ADF）等含量以及有氧稳定性的变化。采用实验室常规法进行常规营养成分的测定；采用岛津 2014 C 型气相色谱仪和乳酸试剂盒分别分析测定 VFA 和乳酸；采用分光光度计法测定氨态氮含量，并参照我国《青贮饲料质量评定标准》进行感官品质的鉴定。试验结果显示：1）与对照组相比，试验 I 组 pH 显著降低（$P<0.05$），试验 II 组与试验 III 组差异不显著（$P>0.05$）。2）各试验组乳酸含量均有所升高，但与对照组差异不显著（$P>0.05$）。3）试验 I 组和 III 组乙酸含量显著高于对照组（$P<0.05$），试验 II 组与对照组差异不显著（$P>0.05$）。4）试验 I 组、II 组和 III 组的丁酸浓度均显著低于对照组（$P<0.05$）。试验 II 组丙酸浓度最高，显著高于对照组（$P<0.05$），试验 I 组和 III 组与对照组差异不显著（$P>0.05$）。5）试验 I 组、II 组和 III 组氨态氮浓度均显著低于对照组（$P<0.05$），这三个组氨态氮浓度分别降低了 39.34％、34.84％、42.86％。6）试验 I 组 CP 含量与对照组差异不显著（$P>0.05$），这两个组 CP 含量显著低于试验 II 组和 III 组（$P<0.05$）。试验 III 组中 DM、DNF、ANF 及 DMR 含量最高，显著高于对照组（$P<0.05$），试验 I 组和 II 组中 DM、DNF、ANF 及 DMR 与对照组差异不显著（$P>0.05$）。7）试验 III 组感官评定和实验室评定得分最高。8）试验 I 组、II 组和 III 组有氧稳定性相对于对照组分别提高了 12.67 h、28.67 h 和 21.34 h。LAP 与 LAC、LAF 和 LAR 分别混合添加均可以改善甘蔗尾青贮发酵品质和有氧稳定性。试验 III 组中，VFA、CP 和 DMR 等含量明显高于其他组。综合上述指标可知，LAP 和 LAR 组合添加青贮甘蔗尾效果最好。

关键词：甘蔗尾；乳酸杆菌；青贮品质；有氧稳定性

---

* 基金项目：国家自然基金项目（31860661）；广西科技计划项目（桂科 AB16380175）

** 第一作者简介：黄峰（1990—），男，河南商丘人，硕士研究生，研究方向为动物营养与饲料科学，E-mail：854267364@qq.com

通讯作者：邹彩霞，研究员，硕士生导师，E-mail：caixiazou2002@hotmail.com

发酵乳酸菌、鼠李糖乳酸菌与其他乳酸菌对甘蔗尾青贮品质的影响[*]

黄峰[1][**]　穆胜龙[1]　张露[1]　周波[1]　邹彩霞[1][#]　梁明振[1]　何仁春[2]　周俊华[2]

(1. 广西大学动物科技学院，南宁 530005；2. 广西畜牧研究所，南宁 530002)

摘要：本实验室从自然青贮甘蔗尾中筛选到发酵乳杆菌(*Lactobacillus fermentum*，LAF)、鼠李糖乳杆菌(*Lactobacillus rhamnosus*，LAR)、植物乳杆菌(*Lactobacillus plantarum*，LAP)和干酪乳杆菌(*Lactobacillus casei*，LAC)4 种优势菌株，为评价这些菌株对青贮甘蔗尾的影响，开展了不同发酵类型乳酸菌组合对甘蔗尾青贮发酵品质和有氧稳定性的试验。本试验旨在研究 LAF、LAR 组合及 LAF、LAR 组合分别混合 LAP 和 LAC 对甘蔗尾青贮发酵及有氧稳定性的影响。试验共设置 4 组，每组 4 个重复。1)对照组；2)试验 I 组：LAF+LAR；3)试验 II 组：LAF+LAR+LAP；4)试验 III 组：LAF+LAR+LAC。取 10 mL 各稀释菌液混匀，并用生理盐水调整到终体积为 100 mL，混匀后喷洒到 1 000 g 人工切割长度为 1～4 cm 甘蔗尾上，装入 2.5 L 玻璃瓶，对照组只添加 100 mL 的生理盐水，压实密封于室内避光发酵 70 天。接种的 4 种乳酸菌数量均达到 10^6 CFU/g 以上。测定青贮 70 天后乳酸、挥发性脂肪酸(VFA)、氨态氮、干物质(DM)、干物质回收率(DMR)、粗蛋白质(CP)等含量以及有氧稳定性的变化。采用实验室常规法进行常规营养成分的测定；应用岛津 2014 C 型气相色谱仪和乳酸试剂盒分别分析测定 VFA 和乳酸；应用分光光度计测定氨态氮含量，并参照我国《青贮饲料质量评定标准》进行感官和品质的鉴定。通过发酵参数和有氧稳定性的变化，筛选出适宜青贮甘蔗尾的乳酸菌添加剂组合。结果表明：1)与对照组相比，试验 I 组、III 组中 pH、氨态氮含量显著降低($P<0.05$)，试验 II 组差异不显著($P>0.05$)。2)试验 I 组和 III 组乳酸含量均有所升高，相对于对照组分别提高了 12.20%、12.10%。3)试验 II 组、III 组乙酸含量相对于对照组和试验 I 组显著升高($P<0.05$)。4)各实验组丙酸含量相对于对照组均有所升高，但差异不显著($P>0.05$)。5)各试验组均未检测到丁酸含量，差异显著($P<0.05$)。6)试验 II 组 CP 含量最高，显著高于其他各组($P<0.05$)，试验 I 组和 III 组 CP 含量高于对照组，但差异不显著($P>0.05$)。7)与对照组和试验 I 组相比，试验 II 组、III 组 DM 含量、DMR 显著升高($P<0.05$)。8)试验 I 组、II 组和 III 组有氧稳定性分别为 116.00 h、98.67 h、80.00 h，相对于对照组分别提高了 89.14%、60.88% 和 30.44%。9)试验 II 组在感官评定和实验室评定方面均优于其他各组。各试验组均能有效改善甘蔗尾青贮发酵品质和有氧稳定性。综合以上指标可知，LAF、LAR、LAP 组合添加对青贮甘蔗尾效果最好。

关键词：甘蔗尾；乳酸杆菌；青贮品质；有氧稳定性

* 基金项目：国家自然基金项目(31860661)；广西科技计划项目(桂科 AB16380175))
** 第一作者简介：黄峰(1990—)，男，河南商丘人，硕士研究生，研究方向为动物营养与饲料科学，E-mail：854267364@qq.com
# 通讯作者：邹彩霞，研究员，硕士生导师，E-mail：caixiazou2002@hotmail.com

甘蔗尾叶自然青贮过程和暴露空气后的细菌多样性分析[*]

张露[1][**]　穆胜龙[1]　黄峰[1]　周波[1]　林波[1]　梁明振[1]　邹彩霞[1][#]　何仁春[2]

（1. 广西大学动物科技学院，南宁 530005；2. 广西畜牧研究所，南宁 530002）

摘要：甘蔗尾叶青贮过程中微生物的组成、变化对其发酵品质具有重要影响。而采用高通量测序技术检测和分析甘蔗尾叶青贮过程中和有氧暴露后细菌多样性鲜有报道。本试验旨在利用 16S rDNA 分析甘蔗尾叶自然青贮发酵期间和暴露空气后的发酵品质及细菌多样性，描述细菌群落组成及其动态变化。试验分别在甘蔗尾叶自然青贮的 8 个时间点和有氧暴露过程的 3 个时间点取样，即青贮第 0 天、第 2 天、第 6 天、第 12 天、第 20 天、第 30 天、第 45 天、第 60 天和青贮料暴露空气后第 1 天、第 2 天、第 3 天，每次取样 3 个重复。测定甘蔗尾自然青贮发酵期间和暴露空气后细菌的 16S rDNA V3～V4 区序列，比较 11 个时间点样品中细菌群落的组成和丰度信息，比较甘蔗尾自然青贮发酵期间和暴露空气后的细菌多样性。试验结果显示：1)11 个时间点样本通过 Illumina 测序平台共获得 2 912 988 条高质量有效序列，平均每个样品 88 272 条，SD 值为 3 218；Tag 平均长度为 252 bp，SD 值为 1 bp。在 97% 相似度下将这些读数聚类成 362 个核心 OUT，Chao 指数为 144.48～260.04，Shannon 指数为 2.02～2.58。2)在甘蔗尾叶自然青贮过程中，在门水平上，Firmicutes 和 Proteobacteria 始终占优势地位，随着青贮时间的增加，Firmicutes 菌群数量显著增加($P < 0.05$)，Proteobacteria 菌群数量显著降低($P < 0.05$)。在属水平上，在青贮第 12 天 *Lactobacillus* 的相对丰度为 4.10%，到青贮第 60 天时，其相对丰度为 27.85%，差异显著($P < 0.05$)，*Leuconostoc* 的相对丰度在青贮第 0～30 天时逐渐升高，在青贮 30 天后其相对丰度逐渐降低，差异显著($P < 0.05$)。随着青贮时间的增加，*Citrobacter* 菌群数量显著降低($P < 0.05$)。在种水平上，*Lactobacillus plantarum* 在青贮第 6 天后相对丰度为 0.4%，到青贮第 60 天时，其相对丰度为 18.78%，差异显著($P < 0.05$)。3)甘蔗尾叶青贮饲料有氧暴露后，在门水平上，随着有氧暴露的时间增加，Firmicutes 菌群数量仍显著升高($P < 0.05$)，Proteobacteria 菌群数量仍显著降低($P < 0.05$)。在属水平上，随着有氧暴露的时间增加，*Lactobacillus* 的相对丰度不断上升，差异显著($P < 0.05$)，*Leuconostoc* 和 *Citrobacter* 的相对丰度不断下降，差异显著($P < 0.05$)。4)甘蔗尾叶青贮过程与有氧暴露空气后相比，青贮过程中，门水平上主要以 Firmicutes、Proteobacteria 和 Bacteroidets 为主，属水平上，主要以 *Lactobacillus*、*Citrobacter*、*Pseudomonas* 为主，在种水平上，主要以 *Lactobacillus plantarum* 为主。而在有氧暴露后，门水平上主要以 Firmicutes、Proteobacteria 为主，属水平上主要以 *Acetobacter*、*Lactobacillus*、*Citrobacter* 为主，种水平上主要以 *Lactobacilus reuteri*、*Lactobacillus plantarum*、*Lactobacillus brevis* 为主。综上所述，甘蔗尾叶自然青贮过程中，*Lactobacillus plantarum* 数量显著增加，而在有氧暴露后，*Lactobacilus reuteri*、*Lactobacillus brevis* 数量显著增加。

关键词：甘蔗尾青贮；16S rDNA 技术；细菌多样性

---

* 基金项目：国家自然基金项目(31860661)；广西科技计划项目(桂科 AB16380175)

** 第一作者简介：张露(1994—)，女，四川眉山人，硕士研究生，研究方向为动物营养与饲料科学，E-mail：1120143792@qq.com

通讯作者：邹彩霞，研究员，硕士生导师，E-mail：caixiazou2002@hotmail.com

不同饲粮添加剂对杜寒杂交肉羊肠道 组织形态变化的影响[*]

梁水源[**]　敖长金[#]　刘旺景　陈圣阳　曹琪娜

（内蒙古农业大学动物科学学院,呼和浩特 010018）

摘要:动物肠道健康关系着营养物质的正常吸收和代谢。小肠具有消化、吸收、分泌及运动功能,其中以吸收和分泌功能为主。小肠组织形态包括绒毛长度、隐窝深度等,是营养物质吸收的关键性指标。现如今集约化养殖成为养羊业的主流趋势,精料的过度使用使得肉羊肠道受到不同程度的损伤,研究者正在寻找适合舍饲肉羊生长、发育的饲粮添加剂。因此,本试验旨在研究不同饲粮添加剂对杜寒杂交 F1 代肉羊肠道组织形态变化的影响,为后续肠道组织形态相关研究及植物性提取物添加剂的开发应用提供参考依据。试验采取单因素完全随机区组试验设计,选取 30 只 6 月龄且健康、体重相近[（38.7±2.1）kg]的杜寒杂交 F1 代肉羊进行试验。随机分为 3 组,每组 10 只,对照组（G1）饲喂基础日粮;试验组分为 2 组,其中试验 1 组（G2）在基础饲粮中添加每只 20 g/天沙葱粉;试验 2 组（G3）在基础饲粮中添加每只 100 g/天反刍宝（发酵饲料名称）,饲喂前与饲粮拌匀。试验期共分为 75 天,其中预饲期为 15 天,正式试验期为 60 天。饲养试验结束后,每组随机选取 3 只试验羊进行屠宰,分别取十二指肠、回肠作为试验样品,分别测量其绒毛长度和隐窝深度。结果表明:1)沙葱组十二指肠绒毛长度极显著高于发酵组和颗粒组十二指肠绒毛长度（$P<0.001$）,发酵组与颗粒组之间无显著差异（$P>0.05$）。2)沙葱组十二指肠隐窝深度极显著高于发酵组和颗粒组十二指肠隐窝深度（$P<0.001$）,发酵组十二指肠隐窝深度极显著高于颗粒组十二指肠隐窝深度（$P<0.001$）。3)沙葱组回肠绒毛长度极显著高于发酵组和颗粒组回肠绒毛长度（$P<0.001$）,发酵组回肠隐窝深度极显著高于颗粒组回肠隐窝深度（$P>0.001$）。4)沙葱组回肠隐窝深度极显著高于发酵组和颗粒组回肠隐窝深度（$P<0.01$）,发酵组回肠隐窝深度极显著高于颗粒组十二指肠隐窝深度（$P<0.01$）。综上所述,饲粮中添加沙葱粉可显著改善杜寒杂交肉羊肠道组织形态结构,促进肠道发育。

关键词:饲粮添加剂;肉羊;肠道组织形态;绒毛长度;隐窝深度

*　基金项目:国家自然科学基金(31260558);国家科技支撑计划课题(2013BAD10B04)
**　第一作者简介:梁水源,男,E-mail:578994029@qq.com
#　通讯作者:敖长金,教授,博士生导师,E-mail:changjinao@aliyun.com

高通量测序研究白菜尾菜与稻草秸秆
混合青贮微生物的变化*

戚如鑫** 刘润 欧阳佳良 张振斌 张鑫 王梦芝#

（扬州大学动物科学与技术学院，扬州 225009）

摘要：秸秆和尾菜等农业生产废弃物中存在一定的养分，对其进行生物学处理用于饲料，不仅可提升其营养价值资源化利用，还可在一定程度上缓解农业生产环境压力。在青贮处理中，微生物尤其是其优势菌群起到了主导作用。按秸秆和尾菜的比例为 4∶6、5∶5、6∶4；植物乳杆菌为 $5.0×10^5$、$7.0×10^5$、$9.0×10^5$ CFU/g；纤维素酶为 30、50、70 U/g，三因素的三水平正交试验处理进行青贮 45 天后取样，进行秸秆尾菜混合青贮中的微生物结构进行分析。利用 Hiseq 高通量测序，在 usearch 在 0.97 相似度下进行聚类。结果表明：1）细菌共获得 681 个 OTU，Shannon 指数范围为 2.03～2.86，以第 3 组的 2.03 显著低于其他组。在门水平上，优势门主要有厚壁菌门（Firmicutes）（65.75%～85.72%）、变形菌门（Proteobacteria）（7.36%～19.07%）、蓝藻门（Cyanobacteria）（3.07%～18.02%）、放线菌门（Actinobacteria）（0.56%～3.80%）、拟杆菌门（Bacteroidetes）（0.18%～1.79%）等；在纲水平上，优势纲主要有芽孢菌纲（Bacilli）（65.63%～85.70%）、绿菌纲（Chloroplast）（3.06%～18.02%）、γ-变形菌纲（Gammaproteobacteria）（3.63%～13.41%）、α-变形菌纲（Alphaproteobacteria）（2.27%～5.18%）、放线菌纲（Actinobacteria）（0.55%～3.70%）等；在属水平上，优势属主要有乳杆菌属（*Lactobacillus*）（8.67%～53.70%）、明串珠菌属（*Leuconostoc*）（24.49%～54.72%）、肠杆菌属（*Enterobacter*）（2.72%～10.98%）、乳球菌属（*Lactococcus*）（0.33%～3.83%）、短小杆菌属（*Curtobacterium*）（0.18%～1.32%）等。2）真菌共获得 744 个 OUT，Shannon 指数范围为 3.92～4.50，以第 3 组的 3.92 相对于其他组较低。在门水平上，优势门主要有子囊菌门（Ascomycota）（70.07%～87.27%）、担子菌门（Basidiomycota）（7.10%～21.07%）、unidentified（0.31%～1.37%）、毛霉菌门（Mucoromycota）（0.00%～0.59%）、鞭毛菌门（Mortierellomycota）（0.00%～0.02%）、球囊菌门（Glomeromycota）（0.00%～0.02%）等；在纲水平上，优势纲主要有座囊菌纲（Dothideomycetes）（24.12%～50.86%）、粪壳菌纲（Sordariomycetes）（28.29%～40.85%）、银耳纲（Tremellomycetes）（3.77%～17.98%）、黑粉菌纲（Ustilaginomycetes）（1.95%～6.31%）、散囊菌纲（Eurotiomycetes）（0.82%～2.84%）、unidentified（0.34%～1.40%）等；在属水平上，优势属主要有 unidentified（18.55%～37.48%）、假单胞菌属（*Pseudozyma*）（1.95%～6.30%）、镰刀菌属（*Fusarium*）（0.88%～3.49%）、青霉菌属（*Penicillium*）（0.55%～2.74%），以及 *Myrmecridium*（0.20%～0.80%）、*Hannaella*（0.10%～0.42%）等。综上所述，不同的青贮处理改变了青贮饲料微生物的结构和数量。细菌的优势菌门中，各处理组厚壁菌门的相对丰度均高于对照组，而变形菌门和放线菌门的相对丰度均显著低于对照组；真菌的优势菌门中，各处理组担子菌门的相对丰度均显著高于对照组，而子囊菌门的相对丰度显著低于对照组。

关键词：秸秆尾菜；青贮；微生物；高通量测序

* 基金项目：国家重点研发计划项目（2017YFD0800200）
** 第一作者简介：戚如鑫（1995—），男，江苏扬州人，硕士研究生，动物营养与饲料科学专业，E-mail：1051408225@qq.com
# 通讯作者：王梦芝，副教授，硕士生导师，E-mail：mengzhiwangyz@126.com

绒山羊羔羊和成年羊前体脂肪细胞的原代培养及传代方法[*]

张清月[**]　王雪　刘树林　于洋　郭晓宇　闫素梅[#]

（内蒙古农业大学动物科学学院,呼和浩特 010018）

摘要:脂肪细胞是由前体脂肪细胞分化而来的,该过程涉及一系列决定脂肪细胞形成的转录因子,所以前体脂肪细胞是研究动物脂肪代谢机理的理想模型。体外培养前体脂肪细胞,可重现脂肪细胞的发生、增殖和分化的全过程,也便于观察各种因素对其的影响,也可用于探讨脂肪形成的机理,研究调控脂肪形成的有效方法。然而,脂肪细胞的数量在生命早期就已基本确定,随着动物年龄的增长,前体脂肪细胞逐渐分化为脂肪细胞,所以利用胶原酶消化直接得到动物前体脂肪细胞只适用于胚胎和幼龄动物,这使得利用前体脂肪细胞模型进行脂肪代谢的机理研究受到了动物年龄的限制。鉴于此,本试验主要探索绒山羊羔羊和成年羊前体脂肪细胞的培养及传代方法,为研究绒山羊的脂肪代谢机理提供细胞模型。以 3 月龄阿尔巴斯白绒山羊羔羊肾周脂肪组织为试验材料,采用胶原酶法直接得到羔羊前体脂肪细胞,结合其细胞形态观察、生长曲线和油红 O 染色进行鉴定。结果显示,绒山羊羔羊肾周脂肪组织中前体脂肪细胞的适宜分离条件为 0.1% Ⅰ型胶原酶、37℃消化 1 h,250×g 离心 10 min,传代时分离细胞采用 0.25%胰蛋白酶消化 60 s。细胞形态为梭形,生长曲线呈"S"形,倍增时间为 6.9 天。经传代后(F2 代)用经典的激素鸡尾酒诱导细胞分化,利用油红 O 染色发现,在分化第 8 天出现了标志性指环;分化第 10 天脂滴变大并融合,且油红 O 染色结果呈阳性。成年羊以肾周脂肪组织为试验材料,采用胶原酶法和"天花板"法得成熟脂肪细胞后,通过去分化得到前体脂肪细胞,再将前体脂肪细胞进行诱导分化得到脂肪细胞,利用油红 O 染色鉴定其向成熟脂肪细胞分化的情况。研究发现原代脂肪细胞培养 2 天时开始贴"天花板"层生长,第 5 天时开始呈现梭形,培养 14 天时完全去分化为前体脂肪细胞。在此基础上传代、诱导分化后,F2 代细胞在分化第 12 天时 90%以上的细胞油红 O 染色呈阳性。采用Ⅰ型胶原酶消化法可直接分离培养 3 月龄绒山羊羔羊的前体脂肪细胞;采用胶原酶法和改进后的"天花板"法分离培养成年绒山羊的前体脂肪细胞是可行的。

关键词:成年绒山羊;绒山羊羔羊;前体脂肪细胞;脂肪细胞

* 基金项目:国家自然科学基金(31760685)

** 第一作者简介:张清月(1993—),女,河南新乡人,硕士研究生,从事反刍动物营养的研究,E-mail:alicezqy@126.com

通讯作者:闫素梅,教授,博士生导师,E-mail:yansmimau@ 163.com

添加复合乳酸菌对早期断奶牦犊牛生长性能和胃肠道发育的影响研究*

张学燕** 崔占鸿# 王通 潘浩 聂兆龙 刘书杰 王磊 孙璐

（青海大学畜牧兽医科学院，省部共建三江源生态与高原农牧业国家重点实验室，青海省高原放牧家畜动物营养与饲料科学重点实验室，青海省高原牦牛研究开发中心，西宁 810016）

摘要：本试验旨在评价前期筛选得到的 3 种牦犊牛源益生乳酸菌（分别为乳酸片球菌、戊糖片球菌、植物乳杆菌），研究添加复合乳酸菌对早期断奶牦犊牛生长性能和胃肠道发育的影响。选取 28 天断奶的公牦犊牛 10 头，分为 2 个处理组（每组 5 个重复），分别饲喂基础日粮（CT 组），基础日粮＋复合乳酸菌制剂（LBS 组）。每头牦犊牛饲喂复合乳酸菌（乳酸片球菌＋戊糖片球菌＋植物乳杆菌＝1∶1∶1）活菌数为 1.7×10^{10} CFU/g。试验期共 56 天，分 0～14 天、14～28 天、28～42 天、42～56 天 4 个试验期。每 14 天空腹称重 1 次，每 28 天采血 1 次，每天记录采食量情况。结果表明：1）LBS 组的日增重略高于 CT 组（$P>0.05$）；试验期 0～56 天，复合乳酸菌对干物质和苜蓿草采食量差异不显著（$P>0.05$），提高了试验期 28～42 天干物质的采食量（$P<0.01$），提高了试验期 14～28 天、28～42 天、42～56 天、0～56 天开食料的采食量（$P<0.01$），降低了试验期 42～56 天对苜蓿草的采食量（$P<0.05$）；两组的料重比无显著差异（$P>0.05$）；2）添加复合乳酸菌提高了瘤胃腹盲囊乳头长度（$P<0.01$）和乳头宽度（$P<0.05$），还增加了瘤胃背囊和瘤胃腹囊瘤胃壁厚度（$P<0.05$）；添加复合乳酸菌促进了空肠肌层发育和十二指肠、空肠、回肠绒毛与隐窝比值（$P<0.01$），促进十二指肠肌层和空肠黏膜的发育（$P<0.05$），抑制回肠隐窝深度的发育（$P<0.01$）；（3）添加复合乳酸菌提高了回肠黏膜 TNF-α 含量（$P<0.01$）和空肠黏膜 IL-4、IL-10 含量（$P<0.05$），降低了十二指肠和空肠黏膜 IFN-γ 含量（$P<0.01$）。添加复合乳酸菌能有效提高早期断奶牦犊牛的开食料采食量，但牦犊牛日增重和料重比均没有显著影响；添加复合乳酸菌能促进瘤胃乳头、肌层和小肠肌层、黏膜的早期发育，提高肠道黏膜的免疫力，表明该复合乳酸菌对早期断奶牦犊牛的生长性能和免疫能力具有正调控作用，但还需要对其最佳添加量进一步研究优化，以期为牦犊牛源专用益生菌制剂的开发与利用研究提供了基础数据。

关键词：牦犊牛；复合乳酸菌；早期断奶；生长性能；胃肠道发育

* 基金项目：青海省"高端创新人才千人计划"拔尖人才；中国科学院"西部青年学者项目"A 类；青海省高原牦牛研究开发中心能力建设项目（2017-GX-G06）

** 第一作者简介：张学燕（1987—），女，硕士研究生，E-mail：1724140765@qq.com

通讯作者：崔占鸿，副研究员，E-mail：cuizhanhong27@126.com

7～9 月龄荷斯坦母牛赖氨酸、蛋氨酸、
苏氨酸适宜模式的研究[*]

李媛[**]　屠焰[#]　刁其玉　毕研亮　胡凤明　孔凡林

（中国农业科学院饲料研究所，奶牛营养学北京市重点实验室，北京 100081）

摘要：由于日粮氨基酸失衡，奶牛粪、尿 N 排出量占日粮 N 总摄入量的比重很大，氮流失现象严重，直接致使其成为造成环境污染及奶牛场经济损失的主要来源之一。而生长母牛的培育是整个牛场总投入最大的一部分，所以研究生长母牛的理想氨基酸模式成为解决环境 N 污染及提升牧场效益的关键之一。为研究以玉米-豆粕型饲粮为基础饲粮的 7～9 月龄荷斯坦生长母牛的赖氨酸（Lys）、蛋氨酸（Met）及苏氨酸（Thr）的限制性顺序及适宜添加比例，试验采用氨基酸部分扣除法，选用 72 头 6.5 月龄荷斯坦生长母牛，随机分为 4 个处理组，每组 18 个重复，试验期为 14 周，其中，预饲期 2 周，正式试验期 12 周。并在试验最后 1 周每组选取 4 头牛，采用全收粪尿法，进行消化代谢试验，其中预试期 3 天，正式试验期 4 天。试验处理组分别为：氨基酸平衡组（PC）、30％扣除赖氨酸组（PD-Lys）、30％扣除蛋氨酸组（PD-Met）、30％扣除苏氨酸组（PD-Thr）。结果表明：PD-Lys 组、PD-Met 组及 PD-Thr 组生长母牛 9 月龄的体重、日增重（ADG）、干物质采食量及饲料转化效率（G/F）与 PC 组比均无显著差异（$P>0.05$），但 PD-Lys 组生长母牛的体重数值上低于 PC 组；除十字部高外，PD-Lys 组、PD-Met 组及 PD-Thr 组生长母牛 9 月龄的体尺指标与 PC 组无显著差异（$P>0.05$），但 PD-Lys 组的十字部高显著低于 PC 组（$P<0.05$）；从 N 代谢角度看，PD-Lys 组及 PD-Met 组的血清尿素 N 浓度较 PC 组显著增加（$P<0.05$）；同样，由于粪 N 的排出量显著增加（$P<0.05$），PD-Lys 组的总排出 N 显著高于 PC 组（$P<0.05$），而 N 吸收量及 N 利用效率显著低于 PC 组（$P<0.05$），PD-Lys 组 N 沉积量也数值上低于 PC 组；基于 ADG、G/F 及 N 沉积量的结果，采用氨基酸扣除法模型（一般线性模型），计算得 Lys、Met 及 Thr 的适宜比例分别为 100：31：64、100：34：63、100：29：53。综上所述，扣除日粮 30％的 Lys 会抑制生长母牛的生长，导致 N 代谢失衡，显著降低日粮 N 利用率，所以 Lys 是以玉米-豆粕型饲粮为基础饲粮的 7～9 月龄荷斯坦生长母牛的第一限制性氨基酸，3 种氨基酸的限制性顺序依次为 Lys＞Met＞Thr。此外，基于氨基酸扣除法获得的 7～9 月龄 Lys、Met 及 Thr 的适宜添加模式为：100：（31～34）：63（ADG、G/F）、100：29：53（N 沉积）。

关键词：荷斯坦母牛；7～9 月龄；赖氨酸；蛋氨酸；苏氨酸；适宜模式

* 基金项目：奶牛产业技术体系北京市创新团队（BAIC06-2017）

** 第一作者简介：李媛（1993—），女，河北唐山人，硕士研究生，从事反刍动物营养研究，E-mail：lyqiu0304@163.com

通讯作者：屠焰，研究员，博士生导师，E-mail：tuyan@caas.cn

发酵豆粕对奶犊牛生长性能、营养物质消化率和血液相关指标的影响*

付雪亮**　　鲍男#　　秦贵信

（吉林农业大学动物科技学院,动物生产及产品质量安全教育部重点实验室,
吉林省动物营养与饲料科学重点实验室,长春 130118）

摘要：本论文以新生荷斯坦奶犊牛为试验对象,旨在研究发酵豆粕作为蛋白质源替代普通豆粕应用在犊牛日粮中,本试验采用 2×2 全因子试验设计,在高奶量(每头每日 6 L 牛奶)和低奶量(每头每日 4 L 牛奶)两个饲喂条件下,检测发酵豆粕对 $1 \sim 45$ 日龄奶犊牛体况、腹泻率、生长性能、营养物质的消化率及血液相关指标的影响,为奶犊牛的合理应用提供科学指导。试验选取初始体重 (45.7 ± 7.5) kg 的新生荷斯坦奶犊牛 20 只,随机分为 4 个处理组,每个处理组 5 个重复(3 只♂,2 只♀),试验期 45 天。4 个处理组分别为：普通豆粕Ⅰ组(在高奶量饲喂条件下,玉米＋普通豆粕),普通豆粕Ⅱ组(在低奶量饲喂条件下,玉米＋普通豆粕组),发酵豆粕Ⅰ组(在高奶量饲喂条件下,玉米＋发酵豆粕),发酵豆粕Ⅱ组(在低奶量饲喂条件下玉米＋发酵豆粕)。在试验开始前,中期及结束时对犊牛 3 次称重计算平均日增重。测定犊牛体况(体尺的测量时间为第 1 天、第 20 天和第 45 天),观察腹泻情况,采集静脉血液和粪便。结果表明：试验前期,在高奶量饲喂条件下,能极显著提高奶犊牛的平均日增重和降低料肉比($P < 0.01$),发酵豆粕能明显提高犊牛的平均日增重和降低料肉比。试验后期,发酵豆粕能极显著提高犊牛的平均日增重和降低料肉比,日增重大约提高 25％,料肉比大约降低 34％。从整个试验期看,发酵豆粕能极显著提高犊牛的平均日增重和降低料肉比,日增重大约提高 30％,料肉比大约降低 39％,并且试验 37 天后,在高奶量饲喂条件下发酵豆粕能明显提高犊牛的采食量。营养物质消化率方面的结果显示,高奶量和发酵豆粕均能极显著提高粗蛋白质和粗脂肪的消化率($P < 0.01$),其中发酵豆粕组粗蛋白质提高 12％,粗脂肪提高 6％。测定犊牛体况表明,发酵豆粕和不同的奶量饲喂条件对犊牛体高,体斜长和胸围的影响均不显著($P > 0.05$);在试验 20 天及 45 天的时候,发酵豆粕和不同的奶量饲喂条件两个因素对总蛋白和白蛋白变化均不显著($P > 0.05$);在试验 20 天时,发酵豆粕能极显著降低血清尿素氮的含量($P < 0.01$);在试验 45 天时,在高奶量饲喂条件下和日粮中有发酵豆粕时均能显著降低血清尿素氮的含量。对犊牛静脉血清中免疫球蛋白的检测发现,在试验第 1 天、第 20 天和第 45 天时免疫球蛋白 G(IgG)变化均不显著($P > 0.05$),在 45 天时,发酵豆粕能明显降低 免疫球蛋白 E(IgE)的含量($P = 0.126$)。对整个试验期犊牛的粪便观察发现,在高奶量和低奶量两个饲喂条件下发酵豆粕能明显降低犊牛的腹泻指数。这些数据表明在 $1 \sim 45$ 日龄的奶犊牛日粮中 25％发酵豆粕替代普通豆粕时,发酵豆粕在高奶量和低奶量饲喂条件下能显著提高犊牛的生长性能,降低腹泻率,能明显提高犊牛粗蛋白质和粗脂肪的消化率,能显著降低血清尿素氮的含量,能明显降低血清免疫球蛋白 E(IgE)的含量,预防过敏反应的发生,在试验后期,发酵豆粕能明显提高采食量。

关键词：发酵豆粕；犊牛；生长性能；消化率；血液参数

＊　资助项目：畜禽养殖绿色安全饲料饲养新技术研发(2018YFD0500600)

＊＊　第一作者简介：付雪亮(1989—),男,河南睢县人,硕士,主要从事饲料抗营养因子研究,E-mail：fuxueliang0106@126.com

＃　通讯作者：鲍男,讲师,硕士生导师,E-mail：baonan203@163.com

菊苣酸对 TNF-α 诱导的牦牛外周
血单个核细胞凋亡的影响*

阿顺贤[1]** 　吴华[1]# 　张辉[1] 　罗增海[2] 　张文颖[1] 　王爱超[1]

(1.青海大学农牧学院，西宁 810016；2.青海省畜牧总站，西宁 810008)

摘要：本试验旨在探究菊苣酸（chicory acid，CA）对肿瘤坏死因子-α（tumor necrosis factor-α，TNF-α）诱导的牦牛外周血单个核细胞（peripheral blood mononuclear cell，PBMC）凋亡的影响及机制。采用 Ficoll 法分离牦牛 PBMC，分为对照组，CA 诱导组，TNF-α 诱导组，TNF-α + CA 诱导组，体外将牦牛 PBMC 与 TNF-α 和 CA 溶液共同培养。采用倒置显微镜观察 CA 和 TNF-α 对牦牛 PBMC 形态的影响；经 Hoechst 33258 染色后用荧光显微镜观察细胞核形态变化；通过 Annexin V-FITC/PI 双染法用流式细胞仪检测细胞凋亡率；免疫迹法检测凋亡相关因子 Bax、Bcl-2、caspase-3 蛋白表达情况；用实时荧光定量 PCR 法检测凋亡相关因子 Bax、Bcl-2、caspase-3 的 mRNA 表达。结果表明：1）在倒置显微镜下发现，随着培养时间的进行，细胞数量减少，细胞形状由圆形变得不规则，并且变小，48 h 细胞出现结团现象，TNF-α 组的变化比其他组显著（$P<0.05$）。2）荧光染色后细胞核呈致密浓染，颜色发亮，部分细胞中出现新月状凋亡小体。3）流细胞术式结果发现，与对照组相比，TNF-α 诱导组的凋亡率显著提高（$P<0.05$），与 TNF-α 诱导组相比，CA + TNF-α 诱导组显著降低的牦牛 PBMC 的凋亡率（$P<0.05$）。4）Western blot 结果表明，与对照组相比，TNF-α 诱导组显著地提高了 Bax 的蛋白表达（$P<0.05$），显著降低了 Bcl-2 的蛋白表达（$P<0.05$），同时极显著降低了 caspase-3 的蛋白表达（$P<0.01$），但与 TNF-α 诱导组相比，在 CA + TNF-α 诱导组，Bax 的蛋白表达显著的下降（$P<0.05$），Bcl-2 和 caspase-3 的蛋白表达显著提高（$P<0.05$）。5）实时荧光定量 PCR 结果表明，与对照组相比，TNF-α 极显著地降低了 caspase-3 和 Bcl-2 的 mRNA 表达（$P<0.01$），显著提高了 Ba 的 mRNA 表达（$P<0.05$），但在 CA + TNF-α 组，caspase-3 和 Bcl-2 的 mRNA 表达显著提高（$P<0.05$），Bax 的 mRNA 表达显著降低（$P<0.05$）。由此可见，菊苣酸对牦牛 PBMC 凋亡具有明显抑制作用，推测可能是通过调节 Bcl-2/Bax 的比值，促使线粒体释放细胞色素 C，激活 caspase，从而发挥其抑制细胞凋亡的作用。

关键词：菊苣酸；牦牛；外周血单个核细胞；肿瘤坏死因子-α；凋亡

* 基金项目：国家自然科学基金项目（31260567）

** 第一作者简介：阿顺贤（1994—），女，青海西宁人，硕士研究生，动物营养与饲料专业，E-mail：1925939347@qq.com

\# 通讯作者：吴华，教授，硕士生导师，E-mail：qhwuhua@163.com

超营养硒添加对围产期硒充足奶牛硒营养状况、氧化应激水平和抗氧化功能的影响[*]

弓剑[**#]　晓敏

（内蒙古师范大学生命科学与技术学院，呼和浩特 010022）

摘要：在奶牛的整个生殖周期中，围产期（产前 3 周到产后 3 周）是一个特殊的生理时期。在这一时期，奶牛经历了从乳腺萎缩到快速发育、从胎儿的快速成长到分娩以及从干奶到大量乳的合成和分泌的剧烈生理变化。在这些变化的直接或间接影响下，奶牛机体的代谢活动发生了显著的改变，表现为抗氧化能力降低，活性氧生成增加，因而氧化应激水平提高。氧化应激水平的高低与机体的硒营养状况密切相关，是导致奶牛乳房炎、子宫炎等疾病发病率提高的重要诱因。本研究旨在了解围产期硒充足（NRC 推荐剂量）奶牛的硒营养状况、氧化应激水平和抗氧化状况，在此基础上，进一步探讨超营养硒添加（高于 NRC 推荐剂量）对围产期奶牛上述变化的影响。挑选体重和胎次相近的健康经产荷斯坦奶牛 20 头，随机分为 2 组，每组 10 头奶牛。一组奶牛（对照组）饲喂包含亚硒酸钠的 TMR，硒水平为 0.3 mg/kg DM；在此基础上，另一组奶牛（超营养硒添加组）于产前 4 周额外添加硒酵母，硒添加水平为 0.3 mg/kg DM。分别于产前 21 天和 7 天以及产后 7 天和 21 天颈静脉采集血液，离心分离获得血浆。结果表明：1）与产前相比，对照组奶牛产后或产后 7 天血浆硒、活性氧、过氧化氢和丙二醛水平显著提高（$P<0.05$），总抗氧化能力、谷胱甘肽过氧化物酶和过氧化氢酶活性以及 α-生育酚和还原型谷胱甘肽水平显著降低（$P<0.05$）。2）与对照组相比，产前 4 周超营养硒添加进一步提高了产后奶牛血浆和红细胞的硒水平（$P<0.05$），显著减缓了奶牛产后或产后 7 天血浆或红细胞中上述指标的提高或降低。结果提示，尽管围产期奶牛硒营养水平适宜，但产后抗氧化功能降低，氧化应激水平提高；产前超营养硒添加可有效提高奶牛产后的硒营养状况，进而提高奶牛产后的抗氧化能力，从而有效缓解奶牛产后氧化应激水平的提高。

关键词：超营养硒添加；抗氧化状况；氧化应激；围产期奶牛

* 基金项目：国家自然科学基金项目（31560644）；内蒙古自然科学基金项目（2015MS0367）
** 第一作者简介：弓剑，内蒙古凉城人，副教授，博士，主要从事反刍动物微量元素营养研究，E-mail：gongjian3021@sina.com
# 通讯作者

不同来源脂肪酸对哺乳期犊牛胃肠道发育、瘤胃发酵及酶活的影响*

胡凤明** 毕研亮 王炳 李媛 刁其玉 屠焰#

(中国农业科学院饲料研究所,奶牛营养学北京市重点实验室,北京 100081)

摘要:本试验旨在研究椰子油和棕榈油中不同脂肪酸组分对哺乳期犊牛胃肠道发育、瘤胃发酵及酶活的影响。选取 60 头初生荷斯坦公犊牛,随机分成 5 个组,每组 12 个重复,每个重复 1 头牛。犊牛出生后 2 h 内饲喂足量初乳,0~5 日龄饲喂初乳和常乳,6 日龄时运输到试验基地,分圈饲养,每圈 12 头牛,分设 12 个饲喂栏,独立饲喂代乳品和开食料,圈舍面积 6 m×8 m。7~14 日龄为预饲期,以各处理组代乳品进行过渡,14~56 日龄为正式试验期。各处理组饲喂营养水平相同,但由于脂肪来源不同导致脂肪酸组分不同的 5 种代乳品:1)代乳品中脂肪全部来源于全脂奶粉(W100组)。2)代乳品中椰子油替代部分全脂奶粉提供 50% 的脂肪(C50 组)。3)代乳品中椰子油完全替代全脂奶粉提供 100% 的脂肪(C100 组)。4)代乳品中棕榈油替代部分全脂奶粉提供 50% 的脂肪(P50 组)。5)代乳品中棕榈油完全替代全脂奶粉提供 100% 的脂肪(P100 组)。结果表明:1)P100组空肠鲜重显著低于其他试验组($P<0.05$),P100 组空肠鲜重/宰前活重比值与对照组相比有降低的趋势($P=0.064$),瘤胃、网胃、瓣胃和皱胃鲜重及其鲜重/复胃重比值组间差异均不显著($P>0.05$);十二指肠、回肠、大肠鲜重和鲜重/宰前活重比值组间差异均不显著($P>0.05$)。2)C100 组和 P100 组皱胃黏膜厚度与 C50 组相比有降低的趋势($P=0.073$),试验处理组间皱胃肌层厚度差异不显著($P>0.05$);试验处理组间瘤胃乳头长度、乳头宽度、肌层厚度无差异均不显著($P>0.05$);试验处理组间十二指肠、空肠、回肠组织绒毛长度、黏膜厚度、肌层厚度、隐窝深度以及绒毛/隐窝比值差异均不显著($P>0.05$)。3)试验处理组间瘤胃食糜总蛋白浓度、α-淀粉酶、中性蛋白酶、羧甲基纤维素酶、木聚糖酶和皱胃食糜总蛋白浓度、凝乳酶、胃蛋白酶的差异均不显著($P>0.05$)。4)试验处理组间瘤胃 pH、氨态氮浓度和瘤胃发酵参数的影响组间差异不显著($P>0.05$)。综上所述:椰子油和棕榈油对哺乳期犊牛胃肠道发育、胃肠道组织形态结构和瘤胃发酵参数的影响没有显著差异,棕榈油完全替代全脂奶粉提供 100% 的脂肪对犊牛胃肠道发育有一定的负面作用。

关键词:椰子油;棕榈油;哺乳期犊牛;胃肠道发育;瘤胃发酵;食糜酶活

---

* 基金项目:奶牛产业技术体系北京市创新团队专项(BAIC06)

** 第一作者简介:胡凤明(1991—),男,河南新乡人,硕士研究生,研究方向为反刍动物生理与营养,E-mail:hufengming2017@163.com

通讯作者:屠焰,研究员,博士生导师,E-mail:tuyan@caas.cn

NFC/NDF 水平饲粮对公犊牛复胃重和瘤胃组织形态的影响[*]

王硕[1][**]   屠焰[1][#]   李媛[1]   李岚捷[1]   付彤[2]

（1.中国农业科学院饲料研究所,农业部饲料生物技术重点实验室,北京 100081;
2.河南农业大学,郑州 450002）

摘要:本试验旨在研究非纤维性碳水化合物/中性洗涤纤维(NFC/NDF)水平饲粮对公犊牛复胃质量及指数、瘤胃组织形态的影响。选用 2～3 月龄健康、平均体重为(94.38±0.25)kg 的夏杂断奶公犊 60 头,随机分成 4 组,每组 15 头。分别饲喂粗蛋白质水平相近,NFC/NDF 水平分别为 1.35(A 组)、1.23(B 组)、0.94(C 组)、0.80(D 组)的 4 种全混合饲粮(TMR)。试验期 105 天,其中预试期 15 天,正式试验期 90 天。每天记录每头犊牛的采食量,在实验开始和结束前分别记录每头犊牛的体重;实验结束时每组选 6 头犊牛进行屠宰实验,并且称量各胃室质量并在瘤胃背盲囊处采取组织做切片,用于瘤胃乳头高度、乳头宽度和肌层厚度的测定。试验数据用 SAS8.1 软件进行 ANOVA 和 MIXED 进行显著性检验,差异显著时用 Duncan 法和 LSD 法进行多重比较检验,$P < 0.05$ 为差异显著。其中具有交互作用的数据用 LSD 法进行比较,其他数据皆用 Duncan 法进行比较。结果表明:1)A 组犊牛的全胃、网胃和皱胃质量均显著高于 B 组 16.67%、40.74% 和 54.93%($P < 0.05$),高于 D 组 23.45%、49.02% 和 59.42%($P < 0.05$),与 C 组差异不显著($P > 0.05$);但是瘤胃和瓣胃质量不显著($P > 0.05$);并且各个胃室占复胃总重比例和占宰前活重比例也均不显著($P > 0.05$)。2)C 组和 D 组瘤胃乳头高度显著高于 A 组和 B 组,C 组分别高出 A 组 75.33% 和 B 组 42.87%,D 组高出 A 组 46.70% 和 B 组 19.54%($P < 0.05$);饲粮 NFC/NDF 水平极显著地影响了瘤胃乳头宽度($P < 0.01$),A 组比 B、C、D 组分别高出 10.81%、58.18%、58.17%;肌层厚度组间差异不显著($P > 0.05$)。由此可见,各胃室指数皆不受饲粮中不同非纤维性碳水化合物/中性洗涤纤维(NFC/NDF)水平的影响。但是,对瘤胃的组织形态有一定的影响,瘤胃乳头高度随饲粮 NFC/NDF 水平的降低而显著升高,乳头宽度则显著降低,肌层厚度不受饲粮 NFC/NDF 水平的影响。综上,NFC/NDF 为 1.35 组(A 组)的饲粮对公犊牛的复胃发育最有利,更能提高 3～6 月龄公犊牛的生长性能,满足其生长需要。

关键词:公犊牛;非纤维性碳水化合物/中性洗涤纤维;复胃质量;瘤胃组织形态

---

* 基金项目:公益性行业(农业)科技专项"南方地区幼龄草食畜禽饲养技术研究"(201303143);河南省科技开放合作项目"肉用犊牛早期断奶能量需要研究及早期断奶犊牛料的开发"(152106000029)

** 第一作者简介:王硕(1995—),男,内蒙古呼和浩特人,硕士研究生,从事动物营养与饲料科学研究,E-mail: 784797615@qq.com

通讯作者:屠焰,研究员,博士生导师,E-mail:tuyan@caas.cn

含棕榈仁粕、油茶籽粕或茶籽粕饲粮对 3~5 月龄犊牛瘤胃发酵参数和微生物区系多样性的影响

樊庆山[1,2]*　毕研亮[1]　刁其玉[1]　成述儒[2]　付彤[3]　屠焰[1]#

(1. 中国农业科学院饲料研究所,农业部饲料生物技术重点试验室,北京 100081;

2. 甘肃农业大学动物科学技术学院,兰州 730070;3. 河南农业大学牧医工程学院,郑州 450002)

摘要:本试验旨在研究饲喂含有棕榈仁粕、油茶籽粕或茶籽粕的饲粮时,断奶夏杂公犊牛生长性能、瘤胃发酵参数和微生物多样性的差异。选取断奶后 2~3 月龄健康、平均体重为(79.5±0.79) kg 的夏杂公犊牛 48 头,随机分为 4 组,每组 12 头,分别饲喂 4 种全混合饲粮,其中 A 组为对照组,B、C、D 组在 A 组饲粮原料组成的基础上分别添加 5% 的棕榈仁粕、油茶籽粕和茶籽粕,并调整为等能等蛋白。试验期 104 天,其中预试期 14 天,正式试验期 90 天。每天记录每头犊牛的采食量,试验开始和结束时分别测定每头犊牛的体重、体尺;试验开始后,每组分别挑选 6 头体重相近、健康的犊牛,分别在 120、150 和 180 日龄晨饲后 2 h 口腔采集瘤胃液,测定其 pH、挥发性脂肪酸、氨态氮浓度和微生物多样性。结果表明:1)试验全期 B 组平均日增重、干物质采食量和饲料转化率显著高于 A 组($P<0.05$)。2)B 组 NH_3-N 浓度显著高于 C 组和 D 组($P<0.05$),与 A 组差异不显著($P>0.05$);B 组 TVFA 浓度显著高于 C 组($P<0.05$),与 A 组差异不显著($P>0.05$);C 组丙酸浓度显著高于 A 组($P<0.05$);B 组乙酸浓度和乙丙比显著高于 A 组($P<0.05$)。3)C 组瘤胃微生物多样性指数(Chao 1, observed species, and PD-whole-tree)皆显著高于 A 组($P<0.05$);D 组瘤胃微生物多样性指数(Chao 1 and observed species)皆显著高于 A 组($P<0.05$)。4)属水平上 *Prevotella*_1 所占比例 A 组显著高于 D 组($P<0.05$);综上所述,棕榈仁粕饲粮提高了犊牛的平均日增重和干物质采食量,油茶籽粕或茶籽粕饲粮降低了犊牛的平均日增重和干物质采食量。油茶籽粕或茶籽粕饲粮增加了犊牛瘤胃微生物的种类和丰度。120~180 日龄犊牛瘤胃液中,在门水平上的优势菌群皆为厚壁菌门和拟杆菌门,属水平上的优势菌群皆为普雷沃氏菌属。

关键词:夏杂犊牛;棕榈仁粕;油茶籽粕;茶籽粕;微生物区系;高通量测序

* 第一作者简介:樊庆山(1990—),男,甘肃武威人,硕士研究生,遗传育种与繁殖专业,E-mail:fanqingshan2017@163.com

通讯作者:屠焰,研究员,博士生导师,E-mail: tuyan@caas.cn

不同 NDF 来源饲粮对 4~6 月龄荷斯坦公犊牛生长性能和营养物质消化代谢的影响[*]

马满鹏[1,2][**]　　王炳[1]　　屠焰[1][#]　　刁其玉[1]　　付彤[3]　　成述儒[2]

(1. 中国农业科学院饲料研究所,农业部饲料生物技术重点试验室,北京 100081;
2. 甘肃农业大学动物科学技术学院,兰州 730070;3. 河南农业大学牧医工程学院,郑州 450002)

摘要:旨在研究相同的中性洗涤纤维(NDF)水平下,不同 NDF 来源的全混合日粮对荷斯坦公犊牛生长性能和消化代谢的影响。选取 30 头荷斯坦公犊牛,日龄 105 天,体重(92.77±5.61) kg,随机分成 2 组,每组 15 头,分别饲喂以苜蓿(AH)和大豆皮(SH)为主要 NDF 来源、NDF 水平约 26%(干物质基础)的全混合日粮(TMR)。试验全期 75 天,其中预饲期 15 天,正式试验期 60 天;每天记录犊牛的投喂量和剩料量、计算干物质采食量(DMI),每 15 天进行一次称重;分别在犊牛 140 日龄和 170 日龄时采用全收粪尿法进行消化代谢试验,测定营养物质消化代谢率。结果表明:1)试验全期 SH 组的饲料转化比显著低于 AH 组($P<0.05$),120~135 日龄时 SH 组的 ADG 显著高于 AH 组($P<0.05$)。2)试验期间,SH 组和 AH 组的代谢体重、干物质采食量、采食量/代谢体重比值差异不显著($P>0.05$),140 日龄时 SH 组的粪排出量比 AH 组显著降低 25.16%($P<0.05$)、有机物(OM)消化率比 AH 组显著显著提高了 10.76%($P<0.05$);SH 组的摄入总能显著低于 AH 组($P<0.05$),粪能和甲烷能比 AH 组显著降低 28.30%和 16.66%($P<0.05$);SH 组的粪氮比 AH 组显著降低 31.48%($P<0.05$),氮沉积率比 AH 组显著提高 28.14%($P<0.05$)。170 日龄时,SH 组犊牛的粪排出量比 AH 组显著降低 43.28%($P<0.05$),SH 组的干物质、OM、NDF 和 ADF 的表观消化率比 AH 组显著提高 21.31%、18.18%、15.44%和 34.17%($P<0.05$);SH 组的粪能、尿能比 AH 组显著降低 43.63%、40.00%($P<0.05$),总能消化率、总能代谢率和消化能代谢率比 AH 组显著提高 14.15%、16.42%、2.00%($P<0.05$);SH 组的粪氮比 AH 组显著降低 49.54%($P<0.05$),沉积氮、氮沉积率、氮表观消化率比 AH 组显著提高 31.03%、41.07%、7.12%($P<0.05$)。综上所述,以大豆皮为主要 NDF 来源、NDF 水平为 26%的 TMR 用于饲喂 120~180 日龄荷斯坦公犊牛,可促进犊牛对营养物质的表观消化率、总能的消化代谢率和消化能代谢率,以及氮的表观利用率,提高犊牛的生产性能,但对犊牛消化道影响如何尚需进一步研究。

关键词:荷斯坦公犊牛;中性洗涤纤维;大豆皮;苜蓿;生长性能;消化代谢

[*]　基金项目:奶牛产业技术体系北京市创新团队专项(BAIC06)
[**]　第一作者简介:马满鹏(1993—),男,甘肃天水人,硕士研究生,从事遗传育种与繁殖研究,E-mail:2322735502@qq.com
[#]　通讯作者:屠焰,研究员,博士生导师,E-mail:tuyan@caas.cn

能量水平对育肥前期锦江牛生长性能、能量代谢及能量需要量的影响[*]

柏峻[1][**]　赵二龙[1][**]　李美发[1]　辛均平[1]　许兰娇[1]　瞿明仁[1]
易中华[1]　杨食堂[2]　杨建军[2]　李艳娇[1][#]

(1. 江西农业大学江西省饲料科学研究所，动物营养重点实验室，饲料工程研究中心，南昌 330045；
2. 国家肉牛产业技术体系高安试验站，高安 330800)

摘要：本试验旨在研究能量水平对锦江牛生长性能、能量代谢规律及需要量的影响。试验选用 50 头体况良好，体重(301.74±30.98) kg 相近的锦江去势公牛，随机分为 5 组，每组 10 头牛，每组分为 4 个重复(栏)，每个重复 2~3 头牛。分别饲喂 5 种不同能量水平的试验饲粮：A 组为能量对照组，B、C、D、E 4 组饲粮肉牛综合净能水平在 A 组的基础上，依次提高 6%、12%、18%、24%。5 种饲粮的综合净能依次为 6.02、6.38、6.74、7.10、7.46 MJ/kg。试验预饲期 10 天，正式试验期 116 天，饲养试验结束后立即进行消化代谢试验，测定锦江牛生长性能及能量消化代谢率，并确立育肥前期锦江牛能量需要量及需要模型。结果表明：1)各组锦江牛的平均日增重差异不显著($P>$0.05)，但随着能量水平的提高而呈逐渐增加的趋势；2)各组的平均干物质采食量(ADMI)随着能量水平提高呈逐渐降低趋势，但差异均不显著($P>$0.05)；3)能量水平对各组的料重比(F/G)影响显著，其中 C、D、E 组的 F/G 均显著低于 A 组($P<$0.05)；4)各组锦江牛的总能采食量、消化能采食量、代谢能采食量及总能消化率和代谢率均没有显著影响($P>$0.05)；5)育肥前期锦江牛日增重与消化能采食量和代谢能采食量存在高度线性正相关(R^2 分别为 0.996、0.989)，其消化能、代谢能需要量模型为：DE＝0.638 $BW^{0.75}$＋36.837×ADG；ME＝0.494 $BW^{0.75}$＋33.843×ADG。综上所述，在本试验条件下，提高饲粮能量水平能够提高锦江牛的生长性能，可改善饲料转化率。

关键词：锦江牛；生长性能；能量代谢；能量需要量

* 基金项目：国家重点研究计划(2018YFD0501804)；国家现代肉牛牦牛产业技术体系项目(CARS-37)
** 共同第一作者简介：柏峻(1993—)，男，江西瑞昌人，硕士研究生，研究方向为动物营养与饲料科学，E-mail：baijun0320@163.com；赵二龙(1991—)，男，河南杞县人，硕士研究生，研究方向为动物营养与饲料科学，E-mail：841786429@qq.com
# 通讯作者：李艳娇，助理研究员，E-mail：yanjiaoli221@163.com

能量水平对育肥前期锦江牛生长性能、屠宰性能及肉品质的影响[*]

柏峻[1][**]　赵二龙[1][**]　李艳娇[1][#]　李美发[1]　辛均平[1]　杨食堂[2]

杨建军[2]　易中华[1]　瞿明仁[1]　许兰娇[1]

(1. 江西农业大学江西省饲料科学研究所，动物营养重点实验室，饲料工程研究中心，南昌 330045；

2. 国家肉牛产业技术体系高安试验站，高安 330800)

摘要：本试验旨在探讨饲粮能量水平对锦江牛生长性能、屠宰性能及肉品质的影响。试验选用 50 头初始体重为(301.7 ± 30.1) kg 的锦江去势公牛，随机分成 5 个处理组，即 A、B、C、D 和 E 组，每个处理组 10 头牛，每个处理组分为 4 个重复，每个重复 2~3 头牛。参照我国《肉牛饲养标准》(2004)配制基础饲粮，A 组饲喂基础饲粮，B、C、D、E 4 组饲粮综合净能在 A 组基础上依次提高 6%、12%、18%、24%，5 组饲粮能量分别为 6.02、6.38、6.74、7.10、7.46 MJ/kg，粗蛋白质水平一致。饲喂 116 天后，禁饲 12 h，每个处理选择 3 头接近于处理组平均体重的牛进行屠宰，测定其屠宰性能及肉质。结果表明：1)高综合净能饲粮有利于提高锦江牛日增重，同时降低干物质采食量，显著降低料重比($P<0.05$)。2)随着饲粮综合净能水平的提高，锦江牛背膘厚呈先下降后上升的趋势，其中 C 组锦江牛背膘厚值最低(2.01 cm)，而眼肌面积则逐渐增大，E 组值最高为 81.04 cm^2。3)随着饲粮综合净能水平的上升，背最长肌 pH$_{45 min}$ 显著下降($P<0.05$)，嫩度显著提高($P<0.05$)。但饲粮处理对背最长肌 pH$_{24 h}$、肉色(L^*，a^*，b^*)、滴水损失和蒸煮损失均无显著影响。4)随着饲粮综合净能水平的提高，C 组饲粮能量水平饲喂的锦江牛背最长肌肌肉粗脂肪、粗蛋白质含量显著高于其余组($P<0.05$)，各组锦江牛背最长肌水分含量、灰分含量差异不显著。综上所述，在本试验营养水平和饲养条件下，结合生长性能、胴体品质及肉品质等指标结果得出，饲粮 C 的能量水平(NE$_{mf}$＝6.74 MJ/kg)比较适于锦江黄牛生产优质牛肉所需的能量水平。

关键词：锦江牛；能量水平；屠宰性能；肉品质

---

[*] 基金项目：国家重点研究计划(2018YFD0501804)；国家现代肉牛牦牛产业技术体系项目(CARS-37)

[**] 共同第一作者简介：柏峻(1993—)，男，江西瑞昌人，硕士研究生，研究方向为动物营养与饲料科学，E-mail：baijun0320@163.com；赵二龙(1991—)，男，河南杞县人，硕士研究生，研究方向为动物营养与饲料科学，E-mail：841786429@qq.com

[#] 通讯作者：李艳娇，助理研究员，E-mail：yanjiaoli221@163.com

体外法研究不同硒源及硒水平
对奶牛瘤胃发酵特性的影响[*]

张清月[**] 武霞霞 赵艳丽 郭晓宇 史彬林 闫素梅[#]

（内蒙古大学动物科学学院，呼和浩特 010018）

摘要：本试验旨在利用体外厌氧发酵培养技术研究不同硒源及不同硒水平的添加对奶牛瘤胃发酵特性的影响。试验按照 3×4 完全随机试验设计，第一因素为硒源，即亚硒酸钠、硒代蛋氨酸和酵母硒 3 种，第二因素为硒添加量，即每毫升培养液中设 0、0.1、0.2 和 0.3 $\mu g/mL$ 4 个添加水平，其中 0 $\mu g/mL$ 添加水平为对照组，共计 12 个处理组，各处理组均进行 3 h、6 h、9 h、12 h 和 24 h 的体外批次培养，每个处理组设 3 个重复。试验结果表明，与无机硒源（亚硒酸钠）相比，有机硒源（硒代蛋氨酸和酵母硒）可显著增加发酵 24 h 体外培养液中的 BCP 浓度（$P=0.000\ 6$），尤以酵母硒源最好；体外培养液中添加 0.3 $\mu g/mL$ 硒，可显著提高 $NH_3\text{-}N$、BCP、硒、乙酸、丙酸、丁酸和 TVFA 的浓度（$P<0.05$），并降低乙酸丙酸比（$P<0.05$），且添加 0.1～0.2 $\mu g/mL$ 的硒也有一定的促进效果；体外培养液中添加 3 种不同来源的硒对 pH、$NH_3\text{-}N$、硒、乙酸、丙酸、丁酸、TVFA 产量及乙酸丙酸比无显著的影响（$P>0.05$），但酵母硒组 pH 有降低趋势，其他指标有增加的趋势。说明体外培养液中添加适宜的硒可促进体外瘤胃发酵，且硒源为酵母硒、添加水平为 0.3 $\mu g/mL$ 时，促进效果最好。

关键词：硒源；硒水平；体外瘤胃发酵；奶牛

* 基金项目："十二五"农村领域国家科技计划课题（2012BAD12B09-3）；内蒙古农业大学反刍动物营养与饲料研究创新团队批准号（NDPYTD2010-1）

** 第一作者简介：张清月（1993— ），女，河南新乡人，硕士研究生，从事反刍动物营养研究，E-mail：alicezqy@126.com

通讯作者：闫素梅，教授，博士生导师，E-mail：yansmimau@163.com

木薯渣替代压片玉米对奶牛体外瘤胃发酵特性的影响[*]

郑宇慧[**] 　李胜利[#] 　王雅晶[#]

（中国农业大学动物科技学院,动物营养学国家重点实验室,北京市生鲜乳
质量安全工程技术研究中心,北京 100193）

摘要：针对目前饲料资源短缺,非常规饲料原料木薯渣利用率低的问题,本试验旨在研究不等比例的木薯渣（产自泰国,提取淀粉后经物理压榨而成）替代压片玉米后对奶牛体外瘤胃发酵特性的影响,为木薯渣用作奶牛饲料原料提供依据。本试验共有 7 个处理,每个处理 4 个重复,各处理分别为：木薯渣以 0%（对照组）、5%、10%、15%、20%、25% 和 30% 的比例替代压片玉米（风干基础）,使用中国农业大学杨红建教授等自主开发设计的 AGRS-Ⅲ型微生物发酵产气系统进行体外瘤胃微生物发酵试验。试验用瘤胃液取自 3 头处于泌乳中后期、装有永久瘤胃瘘管的中国荷斯坦奶牛,体外培养的时间点设置为 3 h、6 h、12 h、24 h、48 h,并监测各培养时间点发酵液 pH、干物质消失率（IVDMD）、氨态氮（NH_3-N）、微生物蛋白（MCP）含量及体外培养 48 h 后的累积产气量、挥发性脂肪酸（VFA）含量。试验采用 Groot 指数函数模型对产气动力学参数进行拟合分析并根据培养 24 h 后的产气量计算可消化有机物（DOM）和代谢能（ME）。结果表明：1）木薯渣替代压片玉米后,各处理组 48 h 产气量均高于对照组,理论最大产气量均显著高于对照组（$P<0.05$）,产气量达到总产气量 1/2 的时间 20%、25%、30% 组均显著低于对照组（$P<0.05$）,且最大产气速率 30% 组显著高于对照组（$P<0.05$）。2）木薯渣替代压片玉米后,各处理组体外培养 3～12 h 其 NH_3-N 含量呈下降趋势,随后逐渐上升并在 48 h 时达到最大,且培养 24 h 时 30% 处理组的 NH_3-N 含量显著高于对照组（$P<0.05$）。3）木薯渣替代压片玉米后,各处理组体外培养 3～12 h 其 MCP 含量呈上升趋势,随后逐渐下降并在 48 h 时达到最小,各处理组 MCP 含量在各时间点与对照组相比均无显著差异（$P>0.05$）。4）各处理组的 IVDMD、DOM、ME、发酵液 pH、VFA 含量与对照组相比均无显著差异（$P>0.05$）。综合各项试验结果,木薯渣替代压片玉米能够提高奶牛体外瘤胃 48 h 产气量,且 30% 的替代比例能够显著提高产气速率和发酵液中的 NH_3-N 含量,试验所得其余各项指标与对照组相比均无显著差异。这表明在本试验条件下,木薯渣替代压片玉米的比例在 30% 及以内时对奶牛体外瘤胃发酵特性无不良影响,且替代比例为 30% 时效果最佳。

关键词：木薯渣；压片玉米；体外发酵；奶牛

---

[*] 基金项目：国家重点研发计划"畜禽重大疫病防控与高效安全养殖综合技术研发"（2018YFD0501600）

[**] 第一作者简介：郑宇慧（1995—）,女,陕西榆林人,硕士研究生,研究方向为反刍动物营养,E-mail：935886460@qq.com

[#] 通讯作者：李胜利,教授,博士生导师,E-mail：lisheng0677@163.com；王雅晶,高级畜牧师,E-mail：wangyajing2009@gmail.com

大豆素对育肥后期去势夏南牛生产性能、
血液生化指标及牛肉品质的影响[*]

梁欢[1][**]　赵向辉[1]　许兰娇[1]　祁兴磊[2]　赵二龙[1]　李美发[1]　辛均平[1]　瞿明仁[1][#]

（1.江西农业大学，江西省动物营养重点实验室，营养饲料开发研究中心，南昌 330045；
2.河南省泌阳县畜牧局，泌阳 463700）

摘要：本试验旨在探讨日粮中添加大豆素对育肥后期去势夏南牛生产性能，血液生化指标及牛肉品质的影响。试验选取 30 头健康、体重相近[（685.93±50.85）kg]、24 月龄左右的去势夏南牛，随机分成 3 组，每组 10 头牛，各组分别在基础饲粮中添加 0、500、1 000 mg/kg 大豆素，预饲期 10 天，正式试验期 70 天，试验结束后将所有夏南牛统一屠宰并采集血液及背最长肌样品。结果表明：1）与对照组相比，添加 1 000 mg/kg 大豆素显著提高了育肥后期去势夏南牛的干物质采食量（$P \leqslant 0.05$），饲粮中添加大豆素对去势夏南牛末重、平均日增重和饲料转化率无显著影响（$P > 0.05$）。2）与对照组相比，添加 1 000 mg/kg 大豆素显著提高了血清中游离脂肪酸（NEFA）、胰岛素（INS）的含量和谷丙转氨酶（ALT）的活性（$P \leqslant 0.05$），添加 500 mg/kg 大豆素显著提高了血清中甲状腺素（T4）的含量（$P \leqslant 0.05$），添加大豆素对血清中超氧化物歧化酶（T-SOD）、丙二醛（MDA）、谷胱甘肽过氧化物酶（GSH-Px）、总抗氧化能力（T-AOC）、超氧化物歧化酶（T-SOD）等抗氧化能力以及免疫指标（IgA、IgM、IgG）均无显著影响（$P > 0.05$）。3）与对照组相比，添加 1 000 mg/kg 大豆素显著提高了夏南牛的背膘厚和大理石花纹评分（$P \leqslant 0.05$），显著降低了背最长肌的亮度（L[*]）和剪切力（$P \leqslant 0.05$），添加大豆素对牛肉的 pH、滴水损失、蒸煮损失、红度（a[*]）、黄度（b[*]）、含水量、灰分、蛋白质及肌内脂肪含量均无显著影响（$P > 0.05$）。综上所述，在育肥后期高精料日粮中添加大豆素可以有效增强去势夏南牛的干物质采食量，提高血清中游离脂肪酸、甲状腺素和胰岛素的含量，增加背膘厚，降低牛肉剪切力及亮度值，而且添加 1 000 mg/kg 大豆素的作用效果优于 500 mg/kg 大豆素。

关键词：大豆素；去势夏南牛；生产性能；血液生化指标；肉质

* 基金项目：公益性行业（农业）科技专项（201303143）；国家肉牛牦牛产业技术体系（CARS-37）
** 第一作者简介：梁欢（1990—），男，江西遂川人，博士研究生，研究反向为反刍动物营养，E-mail：lianghuan22@163.com
# 通讯作者：瞿明仁，教授，博士生导师，E-mail：qumingren@sina.com

饲粮添加蛋氨酸、赖氨酸对奶牛生产性能
和乳成分的影响[*]

刘景喜[**][#]　　王文杰　潘振亮　芦娜

（天津市畜牧兽医研究所,天津 300381）

摘要：奶牛的产奶量和乳品质受饲料中氨基酸和蛋白质含量的影响,而蛋氨酸和赖氨酸是奶牛代谢蛋白中的限制性氨基酸,是反刍动物增重、产奶的主要限制性氨基酸。本试验旨在研究饲粮添加蛋氨酸、赖氨酸对奶牛生产性能及乳成分的影响。按照胎次、产奶日期、日产奶量一致的原则,选择处于泌乳高峰期的健康中国荷斯坦奶牛 96 头,随机分为对照组和试验组,每组 48 头牛,每头牛 1 个重复,对照组饲喂基础饲粮,试验组饲喂基础饲粮＋氨基酸（蛋氨酸添加量 20 g/天;赖氨酸添加量 27 g/天）。预试期 7 天,正式试验期 30 天。结果表明:1)饲粮添加蛋氨酸、赖氨酸极显著提高奶牛日产奶量 3.63%（$P<0.01$）,极显著降低采食量 1.33%（$P<0.01$）,极显著提高饲料转化率 4.44%（$P<0.01$）。2)饲粮添加蛋氨酸、赖氨酸显著降低乳蛋白率和尿素氮含量,分别降低 2.87%（$P<0.05$）、26.92%（$P<0.05$）,对乳脂率、脂蛋比、体细胞数无显著影响（$P>0.05$）。在本试验条件下,饲粮添加蛋氨酸、赖氨酸能够提高奶牛生产性能,并在一定程度上影响乳成分。

关键词：蛋氨酸;赖氨酸;奶牛;生产性能;乳成分

　＊ 基金项目:天津市奶牛现代农业产业技术体系——奶牛精细养殖技术（ITTCRS2017010）

　＊＊ 第一作者简介:刘景喜（1967—）,女,天津人,硕士研究生,推广研究员,研究方向为反刍动物营养研究与产品研发,E-mail: 1029158636@qq.com

　＃ 通讯作者

围产期奶牛补饲 N-氨甲酰谷氨酸对产奶性能、
免疫及血液代谢的影响

李远杰 林雪彦*

（山东农业大学动物科技学院，泰安 271018）

摘要：本试验通过在中国荷斯坦奶牛围产期的不同时间段的饲粮中添加 N-氨甲酰谷氨酸（NCG），研究 NCG 对围产期奶牛产奶性能、血液代谢物以及免疫性能的影响。选择体况良好的围产前期荷斯坦奶牛 80 头，根据年龄、体重、胎次、前一泌乳期产奶量及预产期接近的原则将奶牛随机分为 4 组，每组 20 头。试验 I 组在产前 3 周开始，每天在基础饲粮中添加 20 g 的 NCG，生产当天停止；II 组从生产当天开始以同样的方式添加至产后 3 周；III 组从产前 3 周开始添加至产后 3 周；对照组饲喂基础饲粮。分别测定奶牛的干物质采食量、产奶量、乳成分、血清生化指标、抗氧化指标、初乳免疫球蛋白及血液激素。结果表明：1）产奶量在产后第 15 天和第 20 天，II 组显著高于对照组（$P<0.05$）。在乳成分方面，在产后第 10 天，乳脂率、乳糖、尿素氮和体细胞数组间均无明显差异（$P>0.05$），III 组乳蛋白率显著高于 II 组和对照组（$P<0.05$）。乳蛋白含量、乳脂含量和乳糖含量组间无显著差异（$P>0.05$）。在产后第 20 天，III 组乳蛋白率显著高于对照组，III 组尿素氮含量显著低于 I 组和 II 组（$P<0.05$），乳脂率和乳糖没有显著影响（$P>0.05$），体细胞数差异仍然不显著。而乳蛋白产量和乳糖产量产生了极显著差异（$P<0.01$），其中，I 组、II 组和 III 组乳蛋白产量均显著高于对照组（$P<0.01$）。II 组和 III 组乳糖产量极显著高于对照组（$P<0.01$）。乳脂产量 II 组和 III 组显著高于对照组（$P<0.05$）。2）在产前 10 天，SOD 活性 III 组显著低于 I 组、II 组和对组（$P<0.05$）。3）在产犊当天，IL-4 的浓度 III 组显著低于其他组分（$P<0.05$），IL-6 有高于对照组的趋势（$P=0.09$），产后 TNF-α 无显著影响（$P>0.05$）。4）Glu 浓度在产犊当天 II 组显著高于对照组（$P<0.05$），在产后 21 天，AST 浓度 III 组显著低于对照组（$P<0.05$）。5）在产犊当天，II 组和 III 组的胰岛素含量是显著高于对照组的（$P<0.05$）。围产期奶牛补饲 NCG 可以提高产奶性能，在产后补饲和整个围产期补饲效果更好。产后 20 天可以降低乳中尿素氮含量，整个围产期补饲和围产后期补饲可以在产后 20 天显著提高乳蛋白量、乳脂量和乳糖量。围产后期与整个围产期补饲 NCG 可以提高葡萄糖和胰岛素的浓度。围产期补饲 NCG 可以提高奶牛的抗氧化能力，在一定程度上缓解氧化应激和肝功。

关键词：NCG；围产期奶牛；产奶性能；抗氧化能力；免疫

---

* 通讯作者：林雪彦，教授，博士生导师，E-mail: linxueyan@sdau.edu.cn

利用体外产气法研究不同饲粮 NDF 与淀粉的比例对瘤胃甲烷产气量的影响[*]

王增林[**]　孙雪丽　刘桃桃　李秋凤[#]　曹玉凤　牛健康　王美美

李建国　高艳霞　陈攀亮　白大洋

（河北农业大学动物科技学院，保定 071001）

摘要：本试验旨在利用体外产气法研究不同饲粮 NDF 与淀粉的比例对瘤胃甲烷产气量的影响，确定最佳比例，为奶公牛甲烷减排提供数据支撑。采用单因素试验设计，各组饲粮 NDF 与淀粉的比例（0.8、0.9、1.0、1.1、1.2、1.3、1.4、1.5、1.6、1.7、1.8、1.9、2.0），每个处理 3 个重复，分析饲粮 NDF 与淀粉比例对瘤胃 24 h 及 48 h 产气量、甲烷浓度、甲烷产量和总挥发性脂肪酸浓度（TVFA）的影响。结果表明：1）NDF 与淀粉的比例为 0.8～1.6 时，产气量高，甲烷产量低。NDF 与淀粉比例为 1.2 发酵程度最好，甲烷产量最低。2）随 NDF 与淀粉比例的提高，24 h 及 48 h 产气量呈线性降低趋势，24 h 及 48 h 甲烷浓度、甲烷产量和甲烷产量与总挥发性脂肪酸（TVFA）的比值呈线性升高趋势，TVFA 趋势不明显。3）不同 NDF 与淀粉的比例对 24 h 及 48 h 的甲烷浓度和甲烷产量、24 h 甲烷产量/TVFA、48 h 甲烷产量/TVFA 呈极显著正相关关系（$P<0.01$），与 24 h 产气量和 48 h 产气量呈极显著负相关关系（$P<0.01$）。4）多元线性回归分析得出 24 h 甲烷产量与 24 甲烷产量/TVFA（$P=0.006$）呈极显著正相关关系（$P<0.01$）。5）多元线性回归分析得出 48 h 甲烷产量与 NDF/淀粉（$P=0.038$）呈显著正相关关系（$P<0.05$），与 24 h 产气量（$P=0.001$）、24 h 甲烷浓度（$P=0.001$）、24 h 甲烷产量与 TVFA 的比值（$P=0.00$）呈极显著负相关关系，与 24 h 甲烷产量（$P=0.00$）、48 h 产气量（$P=0.002$）、48 h 甲烷浓度（$P=0.003$）、48 h 甲烷产量与 TVFA 的比例（$P=0.00$）呈极显著正相关关系（$P<0.01$）。6）24 h、48 h 甲烷产量与体外发酵参数高度相关，相关系数分别为 0.981、0.998。上述结果提示，NDF 与淀粉的比例为 1.2 对甲烷减排效果最佳。不同饲粮 NDF 与淀粉的比例对甲烷浓度及产量存在极显著的正相关关系，相关系数较高，且 24 h 甲烷产量、48 h 甲烷产量与体外发酵参数具有较强相关关系。此外，NDF/淀粉能够很好地反映碳水化合物的组成成分。因此，饲粮 NDF 与淀粉的比例可以作为准确预测饲粮体外发酵 CH_4 产量的指标。

关键词：体外产气法；NDF 与淀粉的比例；甲烷；相关系数

---

[*] 基金项目：国家现代农业产业技术体系；河北省现代产业技术体系肉牛创新团队（HBCT2018130202）；河北省科技厅科研专项（172276225D）

[**] 第一作者简介：王增林（1992—），男，河北保定人，硕士研究生，动物营养与饲料科学专业，E-mail:18233322293@163.com

[#] 通讯作者:李秋凤,教授,硕士生导师, E-mail:lqf582@126.com

复合植物提取物对奶牛乳成分和血液指标的影响[*]

刘景喜[1][**][#]　芦娜[1]　彭传文[2]　周娟[2]　冯晋芳[2]　王文杰[1]

赵庆斌[3]　南春鹏[2]　云水[2]　潘振亮[1]

(1.天津市畜牧兽医研究所,天津 300381;2.天津嘉立荷畜牧有限公司,天津 300404;
3.天津市奶牛发展中心,天津 300384)

摘要:本试验旨在研究饲粮中添加复合植物提取物对奶牛乳成分和血液生理生化指标的影响。选择年龄、胎次、体重、泌乳天数、产奶量相近且健康的泌乳高峰期荷斯坦奶牛 40 头,随机分为对照组和试验组,每组 20 个重复,每个重复 1 头牛,对照组饲喂基础饲粮,试验组饲喂基础饲粮+1 g/天复合植物提取物(每克复合植物提取物中含肉桂醛 5.5%、丁香子酚 9.5%、辣椒油树脂 3.5%)。预试期 3 天,正式试验期 60 天。结果表明:1)饲粮添加 1 g/天复合植物提取物对奶牛乳脂率、乳蛋白率、脂蛋比、尿素氮含量无显著影响($P>0.05$)。60 天时,试验组奶牛体细胞数比对照组低 6.79%,但差异不显著($P>0.05$)。2)0 天时,试验组奶牛血液白细胞计数、降钙素原含量极显著高于对照组($P<0.01$),淋巴细胞百分含量、血小板计数显著高于对照组($P<0.05$),中性粒细胞百分含量显著低于对照组($P<0.05$)。30 天时,与对照组相比,试验组奶牛血液白细胞计数显著降低 20.42%($P<0.05$),淋巴细胞百分含量显著降低 11.11%($P<0.05$),中性粒细胞百分含量显著提高 23.36%($P<0.05$),血小板计数显著提高 17.57%($P<0.05$),降钙素原含量显著提高 16.84%($P<0.05$)。60 天时,与对照组相比,试验组奶牛血液白细胞计数、淋巴细胞百分含量、中值细胞百分比、中性粒细胞百分比含量、红细胞计数、血红蛋白、血小板计数、降钙素原含量差异均不显著($P>0.05$)。3)0 天时,试验组奶牛血清葡萄糖含量极显著低于对照组($P<0.01$),血清氯含量极显著高于对照组($P<0.01$)。30 天时,与对照组相比,试验组奶牛血清钾含量极显著降低 19.96%($P<0.01$),镁含量显著降低 5.61%($P<0.05$)。60 天时,与对照组相比,试验组奶牛血清氯含量极显著提高 1.27%($P<0.01$)。饲喂该复合植物提取物 60 天后,对奶牛血清胆固醇、总蛋白、白蛋白、球蛋白、白蛋白/球蛋白、淀粉酶、葡萄糖、尿素氮、肌酐、钾、钠、钙、磷、镁、游离脂肪酸、β-羟丁酸、胰岛素含量无显著影响($P>0.05$)。在本试验条件下,饲粮添加 1 g/天该复合植物提取物能够在一定程度上降低牛奶体细胞数,改善血液生理生化指标,提高奶牛免疫机能。

关键词:复合植物提取物;奶牛;乳成分;血液生理生化指标

---

[*] 基金项目:天津市奶牛现代农业产业技术体系——奶牛精细养殖技术(ITTCRS2017010)

[**] 第一作者简介:刘景喜(1967—),女,天津人,硕士研究生,推广研究员,研究方向为反刍动物营养研究与产品研发,E-mail:1029158636@qq.com

[#] 通讯作者

饲粮添加复合植物提取物对奶牛产奶量、乳成分的影响[*]

刘景喜[1**#]　芦娜[1]　彭传文[2]　周娟[2]　冯晋芳[2]　王文杰[1]

赵庆斌[3]　南春鹏[2]　云水[2]　潘振亮[1]

(1.天津市畜牧兽医研究所,天津 300381;2.天津嘉立荷畜牧有限公司,天津 300404;
3.天津市奶牛发展中心,天津 300384)

摘要:本试验旨在研究饲粮中添加复合植物提取物对奶牛产奶量、乳成分的影响。选择年龄、胎次、体重、泌乳天数相近且健康的泌乳高峰期荷斯坦奶牛 230 头,其中高产奶牛[日产奶量(34.00±2.50) kg]140 头,中产奶牛[日产奶量(27.01±2.38) kg]90 头。高产奶牛随机分为对照组和试验组,每组 70 头牛,每头牛 1 个重复,其中对照组饲喂基础饲粮,试验组饲喂基础饲粮＋1 g/天复合植物提取物(每克复合植物提取物中含肉桂醛 5.5％、丁香子酚 9.5％、辣椒油树脂 3.5％)。中产奶牛随机分为对照组和试验组,每组 45 头牛,每头牛 1 个重复,对照组饲喂基础饲粮,试验组饲喂基础饲粮＋1 g/天复合植物提取物。预试期 3 天,正式试验期 30 天。结果表明:1)饲粮添加复合植物提取物提高中产奶牛日产奶量 1.95％($P>0.05$),提高高产奶牛日产奶量 3.42％($P>0.05$)。2)对于中产奶牛,0 天时,试验组牛奶尿素氮含量极显著高于对照组($P<0.01$);30 天时,与对照组相比,饲粮添加复合植物提取物对奶牛乳脂率、乳蛋白率、脂蛋比、体细胞数、尿素氮含量无显著影响($P>0.05$)。3)对于高产奶牛,与 0 天时相比,30 天时对照组、试验组奶牛乳蛋白率均极显著升高,分别升高 4.01％($P<0.01$)、3.40％($P<0.01$);30 天时,与对照组相比,试验组奶牛乳脂率、脂蛋比、体细胞数、尿素氮含量差异均不显著($P>0.05$)。由此可见,在本试验条件下,饲粮添加 1 g/天复合植物提取物能够在一定程度上提高奶牛产奶量,但对乳成分无显著影响。

关键词:复合植物提取物;奶牛;产奶量;乳成分

---

* 基金项目:天津市奶牛现代农业产业技术体系——奶牛精细养殖技术(ITTCRS2017010)
** 第一作者简介:刘景喜(1967—),女,天津人,硕士,推广研究员,研究方向为反刍动物营养研究与产品研发,E-mail:1029158636@qq.com
# 通讯作者

调味剂对奶牛生产性能及血液指标的影响[*]

李东平[1][**] 刘东鑫[1] 孔令联[1] 崔艳军[1] 吴文旋[2] 熊江林[3] 王翀[1][#] 茅慧玲[1][#]

(1.浙江农林大学动物科技学院动物营养研究所,杭州 311300;2.贵州大学动物科学学院, 贵阳 550025;3.武汉轻工大学动物科学与营养工程学院,武汉 430023)

摘要:本试验旨在研究 TMR 饲粮添加不同饲料调味剂后对奶牛采食量、生产性能、乳成分及血液指标的影响,从而筛选出可提高奶牛干物质采食量以及产奶性能的饲料调味剂。选取产后泌乳高峰期的奶牛 45 头,按照胎次、产奶日期、体重、日泌乳量一致原则,随机分为 3 组(每组 15 个重复):对照组饲喂普通 TMR 饲粮,试验组饲喂分别添加 3 g/(牛·天)茴香型香味剂(LT1)和 80 g/(牛·天)橙香型香味剂(LT2)的试验饲粮,试验期 8 周。结果表明:1)饲粮添加 3 g/(牛·天)茴香型香味剂和 80 g/(牛·天)橙香型香味剂后显著提高了奶牛采食量,LT1 组、LT2 组分别比对照组提高了 0.78 kg 和 0.19 kg,比例提高 4.39%、1.07%($P<0.05$)。2)饲粮添加 3 g/(牛·天)茴香型香味剂和 80 g/(牛·天)橙香型香味剂后提高了奶牛的产奶量,LT1 组、LT2 组分别比对照组提高了 1.56 kg、0.91 kg,提高比例为 7.41%和 4.32%($P>0.05$)。3)饲粮添加 3 g/(牛·天)茴香型香味剂和 80 g/(牛·天)橙香型香味剂后降低了乳糖含量,LT1 组比对照组降低了 0.15%($P>0.05$);LT2 组比对照组降低了 0.33%($P<0.05$);其他乳成分,对照组与试验组无显著差异($P>0.05$)。4)饲粮添加 80 g/(牛·天)橙香型香味剂后显著提高了血清中总蛋白量($P<0.05$);饲粮添加 3 g/(牛·天)茴香型香味剂和 80 g/(牛·天)橙香型香味剂后显著提高了血清中甘油三酯量,提高比例分别为 21.31%和 18.03%($P<0.05$);其他检测项目,对照组与试验组无显著差异。由此可见,饲粮添加 3 g/(牛·天)茴香型香味剂和 80 g/(牛·天)橙香型香味剂都可以改善奶牛在泌乳高峰期阶段的采食情况,提高干物质摄入量,效果优于不添加任何调味剂的普通 TMR 饲粮;与普通 TMR 饲粮相比,饲粮添加 3 g/(牛·天)茴香型香味剂和 80 g/(牛·天)橙香型香味剂具有促进产奶量提高的趋势;饲粮添加 3 g/(牛·天)茴香型香味剂 80 g/(牛·天)橙香型香味剂对奶牛所产的牛奶品质基本没有影响;饲粮添加 3 g/(牛·天)茴香型香味剂和 80 g/(牛·天)橙香型香味剂可以改善部分血液生化指标,提高血液总蛋白量以及甘油三酯量,利于奶牛的健康及泌乳。

关键词:调味剂;奶牛;采食量;生产性能;血液指标

* 基金项目:浙江省基础公益研究计划项目(自然科学基金 LY18C170002);杨胜先生门生社群项目(B2016017,C2016042)

** 第一作者简介:李东平(1995—),女,河南信阳人,硕士研究生,研究方向为反刍动物营养,E-mail:1848433677@qq.com

通讯作者:王翀,E-mail:wangcong992@163.com;茅慧玲,E-mail:yangcaimei2012@163.com

香味剂与亚麻籽对奶牛生产性能
和脂肪酸的影响[*]

李东平[1][**]　刘东鑫[1]　孔令联[1]　崔艳军[1]　吴文旋[2]　熊江林[3]　王翀[1][#]　茅慧玲[1][#]

(1. 浙江农林大学动物科技学院动物营养研究所,杭州 311300;2. 贵州大学动物科学学院,
贵阳 550025;3. 武汉轻工大学动物科学与营养工程学院,武汉 430023)

摘要:本试验旨在研究普通 TMR 饲粮添加香味剂、亚麻籽以及香味剂与亚麻籽组合后对奶牛生产性能及脂肪酸的影响。选择处于围产期的健康中国荷斯坦奶牛 40 头,按照胎次、体重、日泌乳量一致及产犊日期相近原则,随机分为 4 组(每组 10 个重复,每个重复分别头):对照组饲喂普通 TMR 饲粮(CTNF),试验Ⅰ组饲喂添加 3 g/(牛·天)的茴香型香味剂的试验饲粮(CTFF),试验Ⅱ组饲喂亚麻籽替换玉米及部分棉籽粕的试验饲粮(FTNF),试验Ⅲ组饲喂添加 3 g/(牛·天)茴香型香味剂的亚麻籽替换玉米及部分棉籽粕的试验饲粮(FTFF)。试验期为每头奶牛从产犊日开始,连续 10 周。结果表明:1)饲喂 CTFF 组、FTNF 组、FTFF 组饲粮后显著提高了奶牛采食量($P < 0.05$)。2)饲喂 CTFF 组饲粮后奶牛产奶量有所提高;饲喂 FTNF 组、FTFF 组饲粮后显著提高了奶牛产奶量($P < 0.05$)。3)饲喂 CTFF 组饲粮后乳蛋白率、乳糖率、体细胞数均显著提高($P < 0.05$);饲喂 FTNF 组、FTFF 组饲粮后乳蛋白率提高,乳脂率显著降低($P < 0.05$);亚麻籽和香味剂对乳蛋白率具有显著交互作用($P < 0.05$)。4)饲喂 CTFF 组饲粮后显著提高了血清尿素氮浓度($P < 0.05$),亚麻籽和香味剂对其存在显著的交互作用($P < 0.05$);饲喂 FTNF 组饲粮后血清低密度脂蛋白显著提高($P < 0.05$),香味剂和亚麻籽对其有显著的交互作用($P < 0.05$);饲喂 FTNF 组饲粮后血清 β-羟丁酸显著提高($P < 0.05$),亚麻籽和香味剂对其存在显著的交互作用($P < 0.05$)。5)饲喂 CTFF 组、FTNF 组饲粮后血清中顺 9 碳十六一烯酸提高,饲喂 FTFF 组饲粮后血清中顺 9 碳十六一烯酸降低,且 FTFF 比 CTFF 组显著降低($P < 0.05$),亚麻籽和香味剂存在显著的交互作用($P < 0.05$);饲喂 CTFF 组、FTNF 组饲粮后血清中碳十七一烯酸均提高,饲喂 FTFF 组饲粮后血清中碳十七一烯酸降低,与 FTFF 相比 CTFF、FTNF 组显著提高($P < 0.05$),亚麻籽和香味剂存在显著的交互作用($P < 0.05$);饲喂 FTNF、FTFF 组饲粮后奶牛血清中脂肪酸 C20:5n-3(EPA)、C22:5n-3(DPA)、USF、MUFA、*Trans* FA、CLA+TVA、n-3FA 提高,且高于 CTFF 组,其中 FTNF 组的 C20:5n-3(EPA)含量显著高于对照组和 CTFF 组($P < 0.05$),血清脂肪酸中 C18:2n-6 (LA)、SFA 和 n-6/n-3 含量降低,其中 n-6/n-3 差异显著($P < 0.05$),亚麻籽和香味剂对 EPA 和 n-6/n-3 存在显著的交互作用($P < 0.05$)。6)饲喂 FTNF、FTFF 组饲粮后乳脂肪酸中 C18:1 *cis*-9、C18:3n-3 (ALA)、C18:2 (CLA *cis*-9, *trans*-11)、C22:5n-3(DPA)、USF、MUFA、PUFA、CLA+TVA、n-3FA 含量提高,其中 FTNF 组 C22:5n-3(DPA)含量显著提高($P < 0.05$),SFA 和 n-6/n-3 含量降低,其中 n-6/n-3 差异显著($P < 0.05$)。亚麻籽和香味剂对 DPA 和 n-6/n-3 存在显著的交互作用($P < 0.05$)。由此可见,在饲粮中添加茴香型香味剂、亚麻籽可以提高奶牛的干物质采食量,促进产奶量的增加,同时对乳品质有一定的改善情况,特别是亚麻籽还能够调控血清及牛奶中不饱和脂肪酸含量。

关键词:香味剂;奶牛;亚麻籽;采食量;产奶量;脂肪酸

---

[*] 基金项目:浙江省基础公益研究计划项目(自然科学基金 LY18C170002);杨胜先生门生社群项目(B2016017,C2016042)

[**] 第一作者简介:李东平(1995—),女,河南信阳人,硕士研究生,研究方向为反刍动物营养,E-mail:1848433677@qq.com

[#] 通讯作者:王翀,E-mail:wangcong992@163.com;茅慧玲,E-mail:yangcaimei2012@163.com

一种新型缓释尿素替代饲粮中豆粕对西门塔尔牛生产性能、养分消化率及血液生化指标的影响[*]

赵二龙[1][**]　柏峻[1]　李艳娇[1]　李美发[1]　辛均平[1]　杨食堂[2]

杨建军[2]　易中华[1]　许兰娇[1]　瞿明仁[1][#]

(1. 江西农业大学江西省饲料科学研究所,动物营养重点实验室,饲料工程研究中心,
南昌 330045;2. 国家肉牛产业技术体系高安试验站,高安 330800)

摘要:本试验旨在研究一种新型缓释尿素替代饲粮中豆粕对西门塔尔牛生长性能、养分消化率和血液生化指标的影响。选择 18 头健康、体重相近(315 ± 50)kg、7 月龄左右生长期西门塔尔杂交公牛,随机分为豆粕组、缓释尿素组和普通尿素组,每组 6 头牛。豆粕组饲喂含 11.12%(CP 为 15.509%,干物质为 48.063%)豆粕的试验日粮(精粗比 4 : 6)。按照等能等氮原则,缓释尿素组和普通尿素组饲喂含缓释尿素和普通尿素分别占各自饲粮的 1.41% 和 1.15%,即 2 个试验组分别用缓释尿素和普通尿素替代豆粕组饲粮中 75% 的豆粕。预饲期 14 天,正式试验期 60 天。结果表明:1)各组间平均日增重、料重比和饲料成本无显著性差异($P>0.05$),但缓释尿素组和普通尿素组的干物质采食量显著低于豆粕组($P<0.05$)。2)缓释尿素组和普通尿素组的干物质(DM)表观消化率显著高于豆粕组($P<0.05$);缓释尿素组粗蛋白质(CP)的表观消化率显著低于普通尿素组($P<0.05$),但与豆粕组无显著性差异($P>0.05$);粗脂肪(EE)表观消化率普通尿素组最低,豆粕组最高,各组间均存在显著性差异($P<0.05$),各处理组间的有机物(OM)、中性洗涤纤维(NDF)和酸性洗涤纤维(ADF)的表观消化率均无显著性差异($P>0.05$)。3)与豆粕组相比,缓释尿素替代饲粮中豆粕未对西门塔尔牛各项血液生化指标产生影响($P>0.05$);缓释尿素组的白蛋白(ALB)、谷丙转氨酶(ALT)和谷草转氨酶(AST)均显著高于普通尿素组($P<0.05$)。由上述结果可知,缓释尿素和普通尿素替代饲粮中豆粕,各组生产性没有显著差异,且缓释尿素替代豆粕效果优于普通尿素。

关键词:肉牛;缓释尿素;生产性能;养分消化率;血液生化指标

* 基金项目:国家重点研究计划(2018YFD0501804);国家现代肉牛牦牛产业技术体系项目(CARS-37)

** 第一作者介绍:赵二龙(1990—),男,河南杞县人,硕士研究生,研究方向为动物营养与饲料科学,E-mail:841786429@qq.com

通讯作者,瞿明仁,教授,E-mail:qumingren@sina.com

保护性蛋氨酸和缓释尿素对
育肥牛生产性能的影响[*]

管鹏宇[**]　　周亚强　　姜宁　　张爱忠[#]

（黑龙江八一农垦大学动物科技学院，大庆 163319）

摘要：为了促进育肥牛瘤胃碳氮同步释放及满足肠道对氨基酸的需求，本试验拟在饲粮中添加保护性蛋氨酸（RPMet）和缓释尿素（SRU），观察其对育肥牛生长性能和表观消化率的影响。试验采用完全随机试验设计，选取体重范围在（480±28.06）kg 且体况良好、膘情相近、健康的黑白花公牛 24 头。随机分为 3 组（每组 8 头牛），分别为Ⅰ组（对照组），Ⅱ组（额外添加 0.83 g/kg RPMet ＋13.33 g/kg SRU），Ⅲ组（额外添加 1.25 g/kg RPMet＋13.33 g/kg SRU），整个试验期共 67 天，其中预试期 7 天，正式试验期 60 天，分别在正式试验期饲喂的第 20 天、第 40 天、第 60 天进行样本采集。结果表明：1）饲粮添加 RPMet 和 SRU 对育肥肉牛采食量、日增重和料重比无显著影响（$P>0.05$），但生长时期对育肥牛采食量（$P<0.001$）和料重比（$P=0.003$）有显著影响，且不存在处理与时间的交互作用（$P>0.05$）。2）经过各个时期多重比较发现，3 个处理组日增重之间差异不显著（$P>0.05$），但添加 RPMet 和 SRU 对育肥肉牛日增重有增加的趋势（$0.05<P<0.1$），与Ⅰ组相比，Ⅱ组日增重提高了 5.06％，Ⅲ组提高了 9.46％。3）在整个试验期，3 个处理组料重比之间差异不显著（$P>0.05$），但添加 RPMet 和 SRU 对育肥肉牛料重比有降低的趋势（$0.05<P<0.1$），与Ⅰ组相比，Ⅱ组料重比降低了 4.84％，Ⅲ组降低了 8.99％。4）日粮中添加 RPMet 和 SRU 对育肥肉牛粗脂肪（EE）和中性洗涤纤维（NDF）的表观利用率有显著影响（$P<0.05$），对其他营养物质的表观利用率无显著影响（$P>0.05$），生长时期对育肥牛各个营养物质的表观利用率无显著影响（$P>0.05$），且各个营养物质表观利用率不存在添加 RPMet、SRU 和生长时期的交互作用（$P>0.05$）。5）在整个试验周期内，Ⅲ组的各营养物质表观消化率均最高，且随着试验天数的增加，各处理组内各营养物质表观消化率具有升高的趋势。由此可见，添加 RPMet 和 SRU 后育肥牛日增重、各营养物质的表观消化率有上升的趋势，料重比有降低的趋势。在饲喂的各个阶段，添加量为 1.25 g/kg RPMet 和 13.33 g/kg SRU 组能够提高育肥牛对粗脂肪的消化利用率，且对中性洗涤纤维的消化率也有促进作用。

关键词：保护性蛋氨酸；缓释尿素；生长性能；表观消化率；育肥牛

* 基金项目：黑龙江省农垦总局"十三五"重点项目（HNK135-04-03）；黑龙江省科技厅中央引导地方项目（ZY17C08）
** 第一作者简介：管鹏宇（1994— ），男，黑龙江东宁人，硕士研究生，动物营养与饲料科学专业，E-mail：bynd_guan@126.com
# 通讯作者：张爱忠，教授，博士生导师，E-mail：aizhzhang@sina.com

巴氏杀菌 β-内酰胺类有抗奶对犊牛生长和胃肠道发育的影响[*]

辛小月[**]　曲永利[#]　袁雪　高岩　王璐　殷术鑫　张帅

（黑龙江八一农垦大学动物科技学院,大庆 163319）

摘要: 本试验旨在研究饲喂巴氏杀菌 β-内酰胺类有抗奶对犊牛生长和胃肠道发育的影响。选用 18 头 3 日龄、体重相近的健康荷斯坦公犊,随机分为 2 组,对照组犊牛饲喂 β-内酰胺类抗奶,试验组犊牛饲喂巴氏杀菌后的 β-内酰胺类有抗奶。巴氏消毒方法为 $63\sim65\,^{\circ}\mathrm{C}$ 加热 30 min,公犊牛 60 日龄断奶,试验期为 180 天。结果表明:1)与 β-内酰胺类有抗奶相比,巴氏杀菌 β-内酰胺类有抗奶中总细菌、大肠杆菌和沙门氏菌数量均极显著降低($P<0.01$)。2)与对照组相比,试验组犊牛在 $3\sim60$ 日龄期间的平均日增重显著提高(ADG)($P<0.05$),且试验组犊牛在 $3\sim10$ 日龄和 $3\sim60$ 日龄期间的粪便评分和腹泻率显著降低($P<0.05$)。3)试验组和对照组犊牛在 60、90、180 日龄时的瘤胃背囊和腹囊乳头高度、乳头宽度和黏膜厚度组间差异均不显著($P>0.05$),试验组犊牛在 60 日龄时的十二指肠绒毛高度和绒毛高度/隐窝深度显著提高($P<0.05$),90 日龄时的十二指肠隐窝深度显著降低($P<0.05$),90 日龄时的空肠绒毛宽度显著提高,60、90、180 日龄时的空肠隐窝深度显著降低($P<0.05$),90 日龄和 180 日龄时的空肠绒毛高度/隐窝深度显著提高($P<0.05$),而各测定时间点的回肠组织形态影响差异均不显著($P>0.05$)。由此可见,饲喂经过巴氏杀菌的 β-内酰胺类有抗奶提高了犊牛哺乳期的生长发育,且在一定程度上能够促进犊牛的胃肠发育,主要体现在促进小肠形态学的发育。

关键词: 犊牛;有抗奶;巴氏杀菌;生长;胃肠道发育

* 基金项目:黑龙江省自然基金(C2017044);垦区奶牛提质增效关键技术研究与示范(HNK135-04-02)
** 第一作者简介:辛小月(1993—),女,内蒙古通辽人,硕士研究生,从事反刍动物营养研究,E-mail:1299245520@qq.com
# 通讯作者:曲永利,教授,博士生导师,E-mail:Ylqu007@126.com

饲粮中添加活性干酵母对泌乳牛生产性能、瘤胃发酵及甲烷排放的影响[*]

牛建康[1][**]　　高艳霞[1,3][#]　　李妍[2]　　李秋凤[1,3]　　曹玉凤[1,3]　　李建国[1,3][#]

(1. 河北农业大学动物科技学院,保定 071001;2. 河北农业大学动物医学院,保定 071001;
3. 河北省牛羊胚胎工程技术研究中心,保定 071001)

摘要：本试验旨在研究饲粮中添加活性干酵母对泌乳牛生产性能、瘤胃发酵及甲烷排放的影响。试验选择 60 头体况良好,泌乳阶段、胎次、日均产奶量和体重相同或相近,遗传组成基本相似的荷斯坦奶牛。采用完全随机设计,试验分为Ⅰ、Ⅱ、Ⅲ、Ⅳ组,每组 15 头牛。试验以组为单位饲喂基础饲粮,每天向Ⅰ、Ⅱ、Ⅲ、Ⅳ组奶牛分别投喂 0、10、20、30 g/(头·天)活性干酵母。试验期为 90 天。结果表明:1)试验Ⅱ、Ⅲ和Ⅳ组干物质采食量均高于对照组,但差异不显著($P>0.05$)。试验Ⅱ、Ⅲ、Ⅳ组的产奶量均高于试验Ⅰ组,且试验Ⅲ组的产奶量比试验Ⅰ组提高了 4.09%($P<0.05$)。试验Ⅱ、Ⅲ、Ⅳ组的 4% 标准乳显著高于试验Ⅰ组,分别比试验Ⅰ组提高了 3.74%($P<0.01$)、8.48%($P<0.01$)、7.32%($P<0.05$)。试验Ⅱ、Ⅲ和Ⅳ组的饲料转化效率均高于试验Ⅰ组,但差异均不显著。不同活性干酵母添加量对乳蛋白率、脂蛋比、非脂固形物、乳糖率和乳总固形物、体细胞数和尿素氮的影响也未达到显著水平($P>0.05$)。2)试验Ⅱ、Ⅲ组 CP 的表观消化率显著高于试验Ⅰ组,分别比试验Ⅰ组提高了 6.93%、7.22%($P<0.05$)。试验Ⅱ、Ⅲ、Ⅳ组 ADF 的表观消化率较试验Ⅰ组均有所提高,试验Ⅱ、Ⅲ组分别比试验Ⅰ组提高了 13.95%、13.26%($P<0.05$)。各组间 EE、NDF、Ca、P 的表观消化率差异不显著($P>0.05$),但试验Ⅲ组高于其他各组。3)试验Ⅱ、Ⅲ、Ⅳ组的瘤胃液 pH 差异不显著($P>0.05$)。试验Ⅱ、Ⅲ、Ⅳ组 MCP 产量比试验Ⅰ组分别提高了 26.87%、29.85%、24.63%($P<0.05$)。试验Ⅲ瘤胃液乙酸浓度和总挥发性脂肪酸浓度显著高于试验Ⅰ组,分别比试验Ⅰ组提高了 18.4%、13.59%($P<0.05$)。各组间瘤胃液氨态氮、丙酸、丁酸、乙酸/丙酸差异均不显著($P>0.05$),但试验Ⅲ组高于其他各组。4)试验Ⅱ、Ⅲ、Ⅳ组甲烷产量显著低于试验Ⅰ组,分别比试验Ⅰ组降低了 8.59%($P<0.05$)、20.46%($P<0.01$)、11.94%($P<0.05$)。综上所述,在本试验条件下,活性干酵母添加量为 20 g/(头·天)时能最大程度降低甲烷排放量,并且能提高奶牛生产性能,促进瘤胃发酵,且对牧场有最大生产效益。

关键词：活性干酵母；泌乳牛；生产性能；瘤胃发酵；甲烷排放

---

* 基金项目：国家现代农业(奶牛)产业技术体系建设专项资金(CARS-36);河北省科技计划项目(16226604D);河北省奶牛创新团队(HBCT2018120203)

** 第一作者简介：牛建康(1990—),男,河南省开封市,硕士研究生,研究方向为反刍动物营养与饲料科学,E-mail：742723543@qq.com

\# 通讯作者：李建国,教授,博士生导师,E-mail：1181935094@qq.com;高艳霞,研究员,硕士生导师,E-mail：yxgaohebau@126.com

巴氏杀菌β-内酰胺类有抗奶对犊牛生长发育和血清免疫指标的影响[*]

辛小月^{**}　曲永利[#]　袁雪　高岩　王璐　张帅　殷术鑫

（黑龙江八一农垦大学动物科技学院,大庆 163319）

摘要：本试验旨在研究饲喂巴氏杀菌 β-内酰胺类有抗奶对犊牛生长发育和血清免疫指标的影响。选用 18 头 3 日龄、体重相近的健康荷斯坦奶公犊牛,随机分为 2 组,对照组犊牛饲喂 β-内酰胺类有抗奶,试验组犊牛饲喂巴氏杀菌 β-内酰胺类有抗奶,每组 9 头。巴氏杀菌条件为 63～65℃ 加热 30 min,犊牛 61 日龄断奶,试验期为 180 天。结果表明：1）与 β-内酰胺类有抗奶相比,巴氏杀菌 β-内酰胺类有抗奶中总细菌、大肠杆菌和沙门氏菌数量均极显著降低（$P<0.01$）；2）与对照组相比, 试验组犊牛在 3～60 日龄期间的平均日增重显著提高（$P<0.05$）；3）与对照组相比,试验组犊牛 30 日龄血清免疫球蛋白 A（IgA）含量、15 日龄和 30 日龄血清免疫球蛋白 M（IgM）含量均显著升高 （$P<0.05$）,30 日龄血清免疫球蛋白 G（IgG）含量显著降低（$P<0.05$）,15 日龄血清白细胞介素 1β （IL-1β）含量显著升高（$P<0.05$）,7 日龄血清白细胞介素 6（IL-6）含量显著降低（$P<0.05$）。结果提示,饲喂经过巴氏杀菌的 β-内酰胺类有抗奶提高了哺乳期犊牛的生长发育,且在一定程度上影响犊牛免疫系统,但无法确定有增强或抑制作用。

关键词：荷斯坦公犊牛；有抗奶；巴氏杀菌；生长发育；血清免疫指标

* 基金项目：黑龙江省自然基金（C2017044）；垦区奶牛提质增效关键技术研究与示范（HNK135-04-02）

** 第一作者简介：辛小月（1993—）,女,内蒙古通辽人,硕士研究生,从事反刍动物营养研究,E-mail：1299245520@qq.com

通讯作者：曲永利,教授,博士生导师,E-mail：Ylqu007@126.com

饲粮锌水平对干奶期荷斯坦奶牛免疫性能及其犊牛被动免疫的影响[*]

陈凤亭[1]** 李浩东[1] 高艳霞[1,4]# 刘泽[2] 李妍[3] 李秋凤[1,4] 曹玉凤[1,4] 李建国[1,4]#

(1.河北农业大学动物科技学院,保定 071001;2.保定市畜牧工作站,保定 071000;

3.河北农业大学动物医学院,保定 071001;4.河北省牛羊胚胎

工程技术研究中心,保定 071001)

摘要:本试验旨在研究饲粮中不同锌水平对干奶期荷斯坦奶牛免疫性能及其犊牛被动免疫的影响。选取 40 头年龄、胎次、体况、预产日期相近的健康干奶期荷斯坦奶牛,采用完全随机试验设计,分为 4 组,每组 10 头。对照组(C 组)饲喂基础饲粮(饲粮锌水平为 20.58 mg/kg DM);高、中、低剂量组(L、M、H 组)分别在基础饲粮水平上添加蛋氨酸锌(Zn-Met),使饲粮锌水平达到 40.58、60.58、80.58 mg/kg DM,试验从预产期前 70 天开始,至分娩后结束。结果表明:1)随着日粮中锌水平的提高,干奶期奶牛的血液铜锌超氧化物歧化酶(CuZn-SOD)活性、总抗氧化能力(T-AOC)、碱性磷酸酶(ALP)活性、碳酸酐酶(CA)活性均呈现先升高后降低的趋势,当饲粮锌水平达到 60.58 mg/kg DM(M 组)时均达到最大值;L 组 CuZn-SOD 活性显著高于 C 组($P<0.05$),M、H 组极显著高于 C 组($P<0.01$);M、H 组 T-AOC 极显著高于 C 组($P<0.01$);M、H 组 ALP 活性极显著高于 C、L 组($P<0.01$);CA 活性显著高于 C 组($P<0.05$);各组血液非酯化脂肪酸及 β-羟基丁酸含量呈下降趋势,但差异不显著($P>0.05$);IL-1 含量降低,H 组极显著低于 C、L 组($P<0.01$);IL-2 含量先升高后下降,M 组最高,M、H 组显著高于 C 组;IL-4 含量各组差异不显著($P>0.05$);IL-6 含量上升,H 组极显著高于 C、L 组。2)随着干奶期日粮中锌水平的提高,奶牛分娩后初乳中 IgA、IgG 含量均先升高后降低,并在 M 组达到最大值,M、H 组 IgA 含量显著高于 C 组($P<0.05$);极显著高于 C、L 组($P<0.01$);但母牛产前 7 天(以下简称母牛)及其犊牛饲喂初乳 24 h 后(以下简称犊牛)血液中 IgA、IgG 含量差异均不显著($P>0.05$);IgA 从母牛血液向初乳的转移效率增加,H 组显著高于 C 组($P<0.05$);IgG 从母牛血液向初乳的转移效率先升高后降低,M 组最高,显著高于 C 组($P<0.05$);各组母牛血液、犊牛血液、初乳 IgM 含量及转移效率均无显著变化。3)各组犊牛初生重及犊牛血液总蛋白含量差异不显著($P>0.05$)。由此可见,饲粮中适宜的锌水平可提高干奶期荷斯坦奶牛的抗氧化性能及细胞免疫性能,同时提高初乳中免疫球蛋白的含量,在本试验条件下,干奶期日粮锌最佳水平为 60.58 mg/kg DM。

关键词:干奶牛;锌;免疫性能;抗氧化性能;犊牛

---

* 基金项目:国家现代农业(奶牛)产业技术体系建设专项资金(CARS-36);河北省科技计划项目(16226604D);河北省现代农业产业技术体系奶牛创新团队(HBCT2018120203)

** 第一作者简介:陈凤亭(1994—),女,河北保定人,硕士研究生,养殖专业,E-mail:670738605@qq.com

通讯作者:高艳霞,研究员,硕士生导师,E-mail:yxgaohebau@126.com;李建国,教授,E-mail:1181935094@qq.com

饲粮锌水平对干奶牛消化率、锌代谢及瘤胃发酵的影响[*]

陈凤亭[1][**] 李浩东[1] 高艳霞[1,4][#] 刘泽[2] 李妍[3] 李秋凤[1,4] 曹玉凤[1,4] 李建国[1,4][#]

(1. 河北农业大学动物科技学院,保定 071001;2. 保定市畜牧工作站,保定 071000;

3. 河北农业大学动物医学院,保定 071001;4. 河北省牛羊胚胎

工程技术研究中心,保定 071001)

摘要: 本试验旨在研究饲粮中不同锌水平对干奶期荷斯坦奶牛采食量、表观消化率、锌代谢、瘤胃发酵性能的影响。选取 40 头年龄、胎次、体况、预产日期相近的健康干奶期荷斯坦奶牛,随机分为 4 组,每组 10 头。对照组(C 组)饲喂基础饲粮(饲粮锌水平为 20.58 mg/kg DM);高、中、低剂量组(L、M、H 组)分别在基础饲粮水平上添加蛋氨酸锌(Zn-Met),使饲粮锌水平达到 40.58、60.58、80.58 mg/kg DM。预试期 10 天,正式试验期从产前 60 天开始到产犊后结束。结果表明:1)干物质采食量(DMI)随锌水平的升高而增加,H 组显著高于 L、M 组($P<0.05$),极显著高于 C 组($P<0.01$);L、M、H 组饲粮中粗蛋白质(CP)的消化率较 C 组分别提高了 3.57%($P<0.05$)、6.10%($P<0.05$)、3.99%($P<0.05$),M 组最高;粗脂肪(EE)的消化率均先升高后降低,M 组最高 EE 消化率较 C 组提高了 3.05%($P<0.05$)。2)随着饲粮中锌水平的升高,各组锌摄入量、粪排锌量以及沉积锌量极显著增加($P<0.01$);锌的消化率以及沉积率也随之增加,H 组锌的消化率以及沉积率显著高于 M 组($P<0.05$),极显著高于 C 组、L 组($P<0.01$)。3)日粮中不同锌水平的增高对瘤胃液可溶性锌浓度、瘤胃液 pH 无显著影响;瘤胃液氨态氮(NH_3-N)浓度呈不同程度降低,H 组较 C、L、M 组分别降低了 25.14%($P<0.01$)、18.98%($P<0.05$)、9.73%($P<0.05$);H 组瘤胃液微生物蛋白(MCP)浓度显著高于 M 组($P<0.05$),极显著高于 C、L 组($P<0.01$)。瘤胃液乙酸、丙酸及总挥发性脂肪(TVFA)浓度均随日粮锌水平的升高而增加,H 组乙酸浓度极显著高于 C 组,较 C 组提高了 15.12%($P<0.01$);丙酸浓度显著高于 C 组($P<0.05$),较 C 组提高了 13.00%($P<0.05$);TVFA 浓度极显著高于 C 组($P<0.01$),显著高于 L、M 组($P<0.05$)。4 组间乙丙比(A/P)差异不显著($P>0.05$)。由此可见,维持饲粮中适宜的锌水平可促进干奶期荷斯坦奶牛对营养物质的消化,提高了锌代谢的效率,同时有助于瘤胃发酵。在本试验条件下,干奶期荷斯坦奶牛适宜的饲粮锌水平为 60.58~80.58 mg/kg DM。

关键词: 干奶期;锌;干物质采食量;表观消化率;锌代谢;瘤胃发酵

---

[*] 基金项目:国家现代农业(奶牛)产业技术体系建设专项资金(CARS-36);河北省科技计划项目(16226604D);河北省现代农业产业技术体系奶牛创新团队(HBCT2018120203)

[**] 第一作者简介:陈凤亭(1994—),女,河北保定人,硕士研究生,养殖专业,E-mail: 670738605@qq.com

[#] 通讯作者:高艳霞,研究员,硕士生导师,E-mail: yxgaohebau@126.com;李建国,教授,E-mail: 1181935094@qq.com

甘露寡糖对围产期奶牛产后采食量、消化率及生产性能的影响[*]

李浩东[1][**]　高艳霞[1,3][#]　李妍[2]　李秋凤[1,3]　曹玉凤[1,3]　李建国[1,3][#]

(1. 河北农业大学动物科技学院,保定 071001;2. 河北农业大学动物医学院,
保定 071001;3. 河北省牛羊胚胎工程技术研究中心,保定 071001)

摘要:本试验旨在研究围产期荷斯坦奶牛饲粮中添加不同剂量的甘露寡糖对围产后期奶牛干物质采食量(DMI)、营养物质消化率的影响。选取胎次、体型、遗传因素、上一泌乳周期泌乳峰值及预产日期相近的围产前期荷斯坦奶牛 60 头,随机分为 4 组,每组 15 头,对照组(C 组)饲喂基础饲粮,低、中、高剂量组(L、M、H 组)分别在基础饲粮中添加 5、10、15 g/(头·天)甘露寡糖。预试期10 天,正式试验期从试验牛产前 21 天开始,至产后 21 天结束。结果表明:1)产后 7 天,各组 DMI 均值分别为 13.19、13.87、13.82、14.94 kg/天,各组间差异不显著($P > 0.05$);干物质(DM)、粗蛋白质(CP)、中性洗涤纤维(NDF)、酸性洗涤纤维(ADF)消化率均呈现升高趋势,其中 DM 消化率 H 组比 C 组提高了 12.17%($P < 0.05$);CP 消化率各组间差异不显著;L、M、H 组 NDF 消化率分别比 C 组提高了 8.94%($P < 0.05$)、12.67%($P < 0.01$)、17.13%($P < 0.01$);M、H 组 ADF 消化率分别比 C 组提高了 11.06%($P < 0.05$)、18.88%($P < 0.01$);H 组产奶量较 C 组提高了 16.94%($P < 0.05$);M、H 组乳体细胞数均显著低于 C 组($P < 0.05$);H 组脂蛋比显著低于 C 组($P < 0.05$);其余乳成分含量差异不显著。2)产后 14 天,各组 DMI 均值分别为 15.67、17.33、16.99、18.00 kg/天,H 组显著高于 C 组($P < 0.05$);营养物质消化率均呈现升高趋势,其中 DM 消化率 H 组较 C 组升高了 8.84%;M、H 组 CP 消化率较 C 组分别升高了 13.09%($P < 0.05$)、13.41%($P < 0.05$);H 组 NDF 消化率较 C 组提高了 14.81%($P < 0.01$);H 组、M 组 ADF 消化率较 C 组分别提高了 10.86%($P < 0.05$)、11.79%($P < 0.05$);H 组产奶量较 C 组提高了 20.61%($P < 0.01$),较 L 组提高了 15.64%($P < 0.05$);M 组乳体细胞数显著低于 C 组($P < 0.05$);其余乳成分含量差异不显著。3)产后 21 天,各组 DMI 均值分别为 18.77、19.76、20.09、20.81 kg/天,H 组显著高于 C 组($P < 0.05$);L、M、H 组 DM 消化率均极显著高于 C 组($P < 0.01$),分别提高了 9.28%、9.86%、10.30%;CP 消化率均显著高于 C 组($P < 0.05$),分别提高了 6.22%、5.85%、7.08%;H 组 NDF、ADF 消化率均显著高于 C 组($P < 0.05$),分别提高了 8.46%、10.18%;H 组产奶量较 C 组提高了 15.50%($P < 0.05$);各组乳成分之间差异不显著($P > 0.05$)。由此可见,围产期饲粮中添加甘露寡糖能够提高围产期奶牛产后 DMI 及 CP、NDF、ADF 的消化率和产后产奶性能。在本试验条件下,饲粮中添加甘露寡糖的最适剂量为 15 g/(头·天)。

关键词:奶牛;围产期;甘露寡糖;采食量;消化率;生产性能

———————————————

[*] 基金项目:国家现代农业(奶牛)产业技术体系建设专项资金(CARS-36);河北省科技计划项目(16226604D);河北省现代农业产业技术体系奶牛创新团队(HBCT2018120203)

[**] 第一作者简介:李浩东(1994—),男,河南新乡人,硕士研究生,动物营养与饲料专业,E-mail:hdli_miaoli@126.com

[#] 通讯作者:高艳霞,研究员,研究生导师,E-mail:yxgaohebau@126.com;李建国,教授,E-mail:1181935094@qq.com

保护性蛋氨酸和缓释尿素对肉牛血液生化指标及血液中氨基酸含量的影响[*]

张宇[**] 周亚强 张爱忠 姜宁[#]

(黑龙江八一农垦大学动物科技学院,大庆 163319)

摘要: 为了促进育肥牛瘤胃碳氮同步释放及满足肠道对氨基酸的需求,试验采用完全随机试验设计,选取 24 头体况良好、体重相近的黑白花公牛随机分为 3 组:不添加保护性蛋氨酸(RPMet)和缓释尿素(SRU)的Ⅰ组;添加 0.83 g/kg RPMet 和 13.33 g/kg SRU 的处理Ⅱ组;添加 1.25 g/kg RPMet 和 13.33 g/kg SRU 的处理Ⅲ组。试验期共 67 天,其中预试期 7 天,于正式试验期的第 20 天、第 40 天、第 60 天晨饲前尾根静脉采血进行指标测定。结果表明:1)血液中 TP、ALB、TG 和 BUN 的浓度受饲粮中不同 RPMet 和 SRU 水平的影响($P<0.05$)。在试验期第 40 天、第 60 天,Ⅲ组血液中的 TP 浓度显著高于Ⅰ组($P<0.05$),但与Ⅱ组相比均差异不显著($P>0.05$)。在试验期的第 20 天、第 40 天时,Ⅱ组和Ⅲ组血液中的 ALB 浓度均显著高于Ⅰ组($P<0.05$)。在试验期的第 60 天时,Ⅲ组血液中的 ALB 浓度显著高于其他两组($P<0.05$)。在试验期 40 天时,Ⅲ组血液中的 TG 浓度显著高于Ⅰ组($P<0.05$)。在整个试验期,Ⅲ组血液中的 BUN 浓度显著低于Ⅰ组($P<0.05$)。2)添加 RPMet 和 SRU 能够显著降低血液中总氨基酸(TAA)、组氨酸(His)的浓度($P<0.05$),显著提高蛋氨酸(Met)的浓度($P<0.05$)。随着饲喂时间的增加,血液中异亮氨酸(Ile)的浓度显著降低($P<0.05$)。在试验期的第 40 天和第 60 天,Ⅲ组血液中 TAA 浓度显著低于Ⅰ组($P<0.05$)。在试验期第 40 天,Ⅱ组和Ⅲ组血液中 Met 浓度显著高于Ⅰ组($P<0.05$),在第 60 天,Ⅲ组血液中 Met 浓度也显著高于Ⅰ组($P<0.05$)。在试验期的第 40 天,Ⅲ组血液中 His 的浓度显著低于Ⅰ组($P<0.05$)。3)添加 RPMet 和 SRU 对非必需氨基酸(NEAA)、天冬氨酸(Asp)、丝氨酸(Ser)、谷氨酸(Glu)、脯氨酸(Pro)的浓度有显著影响($P<0.05$),其中Ⅲ组最低,Ⅱ组次之,Ⅰ组最高。而随着饲喂时间的增加,血液中 Pro 的浓度显著降低($P<0.05$)。在试验的第 40 天,Ⅲ组血液中 Asp、Ser、Glu、Pro 的浓度显著低于Ⅰ组($P<0.05$)。在试验的第 60 天,Ⅲ组血液中 NEAA、Glu、Pro 的浓度显著低于Ⅰ组($P<0.05$)。研究表明,饲粮中添加 1.25 g/kg RPMet＋13.33 g/kg SRU 的添加量下,ALB、TP 和 TG 浓度最高,BUN 浓度最低。添加 1.25 g/kg RPMet＋13.33 g/kg SRU 的添加量下各氨基酸的代谢水平最好,能促进动物机体对氨基酸的吸收。

关键词: 过瘤胃蛋氨酸;缓释尿素;血液生化指标;氨基酸;育肥牛

  [*] 基金项目:黑龙江省农垦总局"十三五"重点项目(HNK135-04-03);黑龙江省科技厅中央引导地方项目(ZY17C08)
  [**] 第一作者简介:张宇(1992—),女,黑龙江讷河县人,硕士研究生,动物营养与饲料科学专业,E-mail:507488170@qq.com
  [#] 通讯作者:姜宁,教授,博士生导师,E-mail:jiangng_2008@sohu.com

羊草青贮替代玉米青贮对肉牛生产性能、血清生化及养分利用率的影响[*]

张相伦[1][**]　游伟[1]　赵红波[1]　魏晨[1]　靳青[1]　王洪亮[2]　孙晓玉[2]　万发春[1][#]

（1. 山东省农业科学院畜牧兽医研究所，山东省畜禽疫病防治与繁育重点实验室，山东省肉牛生产性能测定中心，济南250100；2. 黑龙江农垦科学院畜牧兽医研究所，哈尔滨150038）

摘要：羊草，又名碱草，在我国东北部松嫩平原及内蒙古东部分布较为广泛，是我国畜牧业的重要牧草资源。羊草主要以青干草为主要形式进行收获和饲喂，但晾晒期间受天气变化影响较大，调制操作不当易发生霉变，且晾晒期间营养物质流失较多。近几年，青贮饲料工艺发展势头迅速，青贮是指以新鲜青饲料为原料，在密闭条件下，通过微生物的发酵作用，将其中的可溶性碳水化合物转化为有机酸，降低pH，抑制霉菌等腐败微生物生长活动从而长期保存饲料营养特性的一种制作工艺。青贮与调制干草相比，技术路线简单，对天气依赖较小，青贮过程营养物质损失少，是理想的贮存羊草的方法。目前关于羊草青贮在肉牛上的饲喂效果报道较少。本研究以羊草青贮替代玉米青贮，研究羊草青贮适宜添加量，以期为羊草青贮的使用提供参考依据。选用40头月龄和体重接近[(442.00±10.51) kg]的西门塔尔牛公牛，按体重相近的原则平均分为4组，每组10头。1组粗饲料为玉米全株青贮＋干草，2组粗饲料为玉米青贮(2/3)＋羊草青贮(1/3)＋干草，3组粗饲料为玉米青贮(1/3)＋羊草青贮(2/3)＋干草，4组粗饲料为羊草青贮＋干草。精饲料配方和喂量根据羊草和玉米青贮的养分含量调整，确保全混合日粮的各种养分含量相等。预试期10天，正式试验期110天。结果表明：1)发酵指标方面，羊草青贮的pH和乙酸含量显著高于玉米青贮，而丙酸、丁酸和乳酸含量显著降低($P<0.05$)。营养成分对比方面，羊草青贮的干物质、粗蛋白质、酸性洗涤纤维、粗灰分含量显著高于玉米青贮($P<0.05$)，中性洗涤纤维、钙、磷含量无显著差异($P=0.05$)。2)各组肉牛干物质采食量无显著差异($P=0.05$)，但1组和2组平均日增重和饲料转化率显著高于3组和4组($P<0.05$)。3)血清生化方面，1、2、3组葡萄糖含量高于4组，尿素氮显著高于4组($P<0.05$)。4)养分利用率方面，干物质、酸性洗涤纤维和中性洗涤纤维利用率以1、2组较高，3、4组较低($P<0.05$)，而粗蛋白质和粗脂肪利用率无显著差异($P=0.05$)。综合各项指标，在肉牛生产中，羊草青贮和玉米青贮的添加比例在1∶2时为宜。

关键词：羊草青贮；玉米青贮；肉牛；生产性能；血清生化；养分利用率

* 基金项目：现代农业(肉牛牦牛)产业技术体系建设专项资金(CARS-37)
** 第一作者简介：张相伦(1990—)，男，山东莒县人，博士研究生，从事反刍动物营养研究，E-mail：xianglunzhang@163.com
# 通讯作者：万发春，研究员，E-mail：wanfc@sina.com

非常规饲料对水牛生长性能、养分表观消化率、血清生化指标及经济效益的影响[*]

杨云燕[1**]　武婷婷[1**]　韦泽阳[3]　莫钦礼[3]　潘志航[1]　梁黎明[1]

杨膺白[1]　贺志雄[2#]　林波[1#]

(1. 广西大学动物科学技术学院,南宁 530005;2. 中国科学院亚热带农业生态研究所,
长沙 410125;3. 广西富牛牧业有限公司,钦州 535027)

摘要:本试验旨在探讨不同非常规饲料(棕榈粕、玉米皮、玉米酒精糟、干木薯渣)部分替代饲粮精料中常规饲料对水牛生长性能、养分表观消化率、血清生化指标及经济效益的影响。选取 30 头 15 月龄左右的摩拉杂交公牛[(352.5±69.1) kg],随机分 3 组,每组 10 头,饲粮精料(干物质基础):常规组(TD 组:玉米 26.68%＋麸皮 6.16%＋豆粕 6.16%),替代Ⅰ组(PRDⅠ:玉米 20.52%＋棕榈粕 9.24%＋玉米皮 9.24%)和替代Ⅱ组(PRDⅡ:玉米 20.52%＋玉米酒精糟 9.24%＋干木薯渣 9.24%)进行 55 天的饲养试验。结果表明:水牛干物质采食量和平均日增重各组差异不显著($P>0.05$);2)DM、ADF、NDF 表观消化率为 PRDⅡ组＞TD 组＞PRDⅠ组($P<0.05$),粗蛋白质表观消化率为 PRDⅡ组高于 TD 组($P>0.05$),且显著高于 PRDⅠ组($P<0.05$);3)PRDⅠ组血清甘油三酯显著高于 TD 组($P<0.05$);4)TD 组日饲料成本最高,PRDⅠ组毛盈利最低,分别比 PRDⅡ组和 TD 组低 32.7%和 15.1%。利用非常规饲料玉米酒精糟 9.24%＋干木薯渣 9.24%作为水牛精料,显著提高了水牛 DM、ADF 及 NDF 表观消化率,有提高水牛生长性能和干物质采食量的趋势,且降低了饲料成本,提高了毛盈利,但玉米皮和棕榈粕用作水牛精料的适宜组合方式和比例有待进一步探究。

关键词:非常规饲料;水牛;表观消化率;生长性能;血清生化指标

　＊ 基金项目:国家"十三五"重点研发课题 (2016YFD0700201);南宁市科技开发项目重大科技专项(20162007-1);中国科学院亚热带农业生态研究所国家重点实验室开放项目(ISA2016203)

　＊＊ 共同第一作者简介:杨云燕(1991—),女,江苏镇江人,硕士研究生,动物营养与饲料科学专业;武婷婷(1990—),女,河南商丘人,硕士研究生,动物营养与饲料科学专业

　＃ 通讯作者:贺志雄,副研究员,硕士生导师,E-mail:zxhe@isa.ac.cn;林波,副研究员,硕士生导师,E-mail:linbo@gxu.edu.cn

利用体外产气法研究不同饲粮 NDF 与淀粉的
比例对瘤胃发酵参数的影响[*]

王增林[**] 孙雪丽 刘桃桃 李秋凤[#] 曹玉凤 牛健康 王美美

李建国 高艳霞 陈攀亮 白大洋

（河北农业大学动物科技学院，保定 071001）

摘要：本试验旨在利用体外产气法研究不同饲粮 NDF 与淀粉比例对瘤胃发酵参数的影响，确定最佳比例，为提高饲料转化率、奶公牛养殖节本增效提供数据支撑。采用单因素试验设计，各组饲粮 NDF 与淀粉的比例（0.8、0.9、1.0、1.1、1.2、1.3、1.4、1.5、1.6、1.7、1.8、1.9、2.0），每个处理 3 个重复，分析饲粮 NDF 与淀粉的不同比例对干物质消失率（DMD）、pH、挥发性脂肪酸（VFA）浓度、氨态氮（NH₃-N）、微生物蛋白（MCP）、乳酸浓度的影响，得出各饲粮间 NDF 与淀粉的最优比例。结果表明：1）NDF 与淀粉的比例为 0.8～1.5 时，DMD 高，饲粮发酵多呈丙酸发酵模式，MCP 合成效率较高。NDF 与淀粉比例为 1.2 时，丙酸浓度、丁酸浓度、微生物蛋白合成效率最高，DMD 仅次于此阶段比例为 1.3 的最高比率，NDF/淀粉为 1.2 时比例最佳，发酵效果最好。2）随 NDF 与淀粉比例的提高，DMD、MCP、丙酸、丁酸浓度呈线性降低趋势，NH₃-N、乙酸、乳酸浓度、乙酸/丙酸呈线性增加趋势，pH 均处于瘤胃发酵的正常范围内（6～7）。3）NDF 与淀粉的比例对 DMD、丁酸浓度呈极显著负相关关系（$P<0.01$），与乙酸/丙酸呈极显著正相关关系（$P<0.01$），与 pH，NH₃-N，乙酸浓度呈显著正相关关系（$P<0.05$），丙酸浓度呈显著负相关关系（$P<0.05$），与乳酸浓度关系不显著。4）多元线性回归分析得出饲粮 NDF 与淀粉的比例与 MCP（$P=0.03$）呈显著负相关关系（$P<0.05$），与 pH（$P=0.000$）呈极显著正相关关系（$P<0.01$）。5）多元线性回归分析得出饲粮 NDF 与淀粉的比例和体外发酵参数存在较强相关关系，相关系数为 0.988。上述结果提示，NDF/淀粉为 1.2 时比例最佳，发酵效果最好。从相关性可知，饲粮 NDF/淀粉对 DMD 的相关系数较高（$R^2=0.765$），其他发酵指标相关程度偏低。不同饲粮 NDF 与淀粉的比例对体外发酵参数具有很高的相关性。故不同饲粮 NDF/淀粉对瘤胃发酵参数影响较大。

关键词：体外产气法；NDF 与淀粉的比例；发酵参数；相关系数

---

* 基金项目：国家现代农业产业技术体系；河北省现代产业技术体系肉牛创新团队（HBCT2018130202）；河北省科技厅科研专项（172276225D）

** 第一作者简介：王增林（1992—），男，河北保定人，硕士研究生，动物营养与饲料科学专业，E-mail:18233322293@163.com

通讯作者：李秋凤，教授，硕士生导师，E-mail:lqf582@126.com

饲粮中添加玉米胚芽粕和米糠对泌乳奶牛生产性能、养分表观消化率及血液生化指标的影响[*]

王玉强[**]　赵倩明　贡笑笑　赵国琦[#]

（扬州大学动物科学与技术学院，扬州 225009）

摘要：本试验旨在泌乳奶牛饲粮中添加玉米胚芽粕和米糠，研究其对奶牛生产性能、养分表观消化率及血清生化指标的影响。试验选用 24 头胎次、产奶量及泌乳天数相近的健康荷斯坦奶牛，按完全随机区组设计分为 4 组，以 NRC（2001）为参照依据，以奶牛饲粮干物质基础上添加 0％ 玉米胚芽粕和 0％ 米糠为对照组，以添加 6.80％ 玉米胚芽粕和 3.40％ 米糠、13.30％ 玉米胚芽粕和 6.65％ 米糠、19.98％ 玉米胚芽粕和 9.98％ 米糠为试验组，即试验 A 组、B 组和 C 组。每天 3 次饲喂（7:30、14:30、20:30），试验期共 56 天，其中预试期 14 天，正式试验期 42 天。泌乳奶牛饲粮中添加 6.80％玉米胚芽粕和 3.40％米糠组、13.30％ 玉米胚芽粕和 6.65％ 米糠组极显著提高奶牛的 DMI（$P<0.01$），明显提高产奶量和 4％ 标准乳产量（$P<0.1$）；添加玉米胚芽粕和米糠对奶牛饲料效率、乳脂率、乳糖率、乳总固形物、乳尿素氮和各养分表观消化率均无显著影响（$P>0.1$）；添加 6.80％ 玉米胚芽粕和 3.40％ 米糠组能够降低血清 ALP、NEFA 和 BHBA 浓度（$P<0.05$），提高血清 CHO 和 HDL 浓度（$P<0.05$），对其他血清生化指标无显著性影响（$P>0.1$）。添加 6.80％ 玉米胚芽粕和 3.40％ 米糠为最适比例，且经济效益最佳，每头牛每天净收入提高 12.61 元。

关键词：玉米胚芽粕；米糠；泌乳奶牛；生产性能；表观消化率；血清生化指标

---

* 基金项目：江苏省农业三新工程项目（SXGC［2016］326）
** 第一作者简介：王玉强，男，江苏连云港人，硕士研究生，主要从事草学、草畜结合的研究，E-mail：741182243@qq.com
# 通讯作者：赵国琦，教授，博士生导师，E-mail：gqzhao@yzu.edu.cn

硝酸盐对肉牛甲烷产量和生长性能的影响[*]

孙雨坤[1,2**]   杨金山[1]   闫晓刚[2]   班志彬[2]   张永根[#]   赵玉民[2]

(1. 东北农业大学动物科学技术学院,哈尔滨 150030;2. 吉林省农业科学院
畜牧科学分院,长春 130033)

摘要:反刍动物瘤产生的甲烷占到了动物总甲烷产量的 90％以上,不但影响气候变化,同时也是动物能量的一种损失形式。瘤胃内产生甲烷的过程是通过甲烷菌增加对氢气的利用,促进了二氧化碳和氢气的反应。在瘤胃内的厌氧环境下,硝酸盐利用氢气的能力比二氧化碳利用氢气的能力更强,从而抑制了甲烷的产生。虽然大量饲喂硝酸盐会使体内沉积不利于反刍动物营养需要的亚硝酸盐,但是浓度低于 2％的硝酸盐不但不会对动物产生有害性,还可以调节动物的血液流量、黏液分泌和肠道菌群结构。为研究硝酸盐对肉牛甲烷排放,瘤胃发酵和生长性能的影响,采用体内和体外试验。体外试验用单因素设计,分为对照组,1％硝酸盐组和 2％硝酸盐组,试验重复进行 3 次;在体内试验中,选用 8 头草原红牛,采用单因素随机分组设计,分为对照组[体重(229.5±50.1)kg]和硝酸盐组[体重(232.3±37.7)kg],每组 4 头。试验共 56 天,包括 14 天预饲期,39 天生长期以及 3 天呼吸测热期。结果表明:在体外试验中,在 1％和 2％硝酸盐下甲烷量分别下降 15.2％和 46.2％,在体内试验中 1％的硝酸盐可以抑制 28.5％的甲烷产量,且饲喂后 4 h 内抑制效果显著($P<0.05$),甲烷产量与干物质采食量之比以及甲烷能与总能比均下降 31.8％,且对总挥发性脂肪酸产量有显著抑制效果($P<0.05$),但日增重、饲料转化率和营养消化率并未增加。本试验验证了硝酸盐在肉牛体内对甲烷抑制效果显著,无论是单位干物质采食量产生的甲烷(g/kg,DMI)还是总的甲烷产量均有明显降低,并且第 1 次在肉牛中证明了饲喂硝酸盐后 4 h 内可以有效持续地抑制甲烷的生成。本试验中平均每千克干物质中含有 10 g 硝酸盐,从理论上讲,1 mol 硝酸盐可以接受 4 mol 氢分子,相当于每饲喂 100 g 硝酸盐就可以减少 25.8 g 的甲烷,所以假设每 10 g 硝酸盐完全利用氢分子,理论上可以抑制 2.58 kg(DMI)甲烷的产生。但是本试验中 1％的硝酸盐降低了 6.17 kg(DMI)的甲烷产量,这一结果暗示出硝酸盐利用氢分子只能降低部分甲烷,另外由于存在氢气的损失,硝酸盐被还原成氨的效率可能会更低。由此可知,本试验硝酸盐可以持续有效地抑制甲烷,但未对生产性能产生促进作用。

关键词:硝酸盐;甲烷;肉牛;生长性能

* 基金项目:国家奶牛技术体系(CARS-36)

** 第一作者简介:孙雨坤(1991—),男,内蒙古呼和浩特人,博士研究生,研究方向为反刍动物营养,E-mail:sun_yukun@163.com

\# 通讯作者:张永根,教授,博士生导师,E-mail:zhangyonggen@sina.com

不同水平碳酸钴对泌乳奶牛生产性能及血清生化指标的影响[*]

姜茂成[1**]　　隋雁南[1**]　　林淼[1]　　赵国琦[1,2,3#]

(1.扬州大学动物科学与技术学院，扬州 225009；2.扬州大学农业科技发展研究院，扬州 225009；
3.扬州大学教育部农业与农产品安全国际合作联合实验室，扬州 225009)

摘要：本试验研究了添加不同水平碳酸钴($CoCO_3$，cobalt carbonate)对泌乳奶牛生产性能和血清生化指标的影响。本试验选择 36 头体况、胎次、泌乳天数及产奶量相近的健康荷斯坦泌乳奶牛，随机分为 6 组，每组 6 头，分别在饲粮中以干物质基础添加碳酸钴 0（对照组）、6 mg（0.5 倍）、12 mg（推荐剂量组）、30 mg（2.5 倍）、60 mg（5 倍）和 120 mg（10 倍），预试期 14 天，正式试验期 42 天。试验结果表明：1）饲粮中添加不同水平的碳酸钴对泌乳奶牛采食量（DMI）无显著性影响（$P>0.10$）；60 mg 组产奶量呈现下降趋势；碳酸钴对乳脂率、乳总固形物和乳尿素氮无显著性影响（$P>0.10$）；正式试验期第 14 天和第 28 天时，30 mg 组乳蛋白率和乳糖率显著高于对照组（$P<0.05$）；60 mg 组乳糖率和乳蛋白率均处于下降趋势，且在第 42 天时，60 mg 组乳糖率显著低于其他各处理组（$P<0.05$）；14～42 天时，在泌乳奶牛饲粮中添加不同水平的碳酸钴对乳中维生素 B_{12} 含量无显著性影响（$P>0.10$）。2）EE 和 NDF 的表观消化率不受饲粮中碳酸钴添加水平的影响（$P>0.10$）；添加 30 mg 碳酸钴水平组的 CP 和 ADF 的表观消化率显著高于对照组（$P<0.05$），且 ADF 的表观消化率显著高于其他各处理组（$P<0.05$）。3）不同水平的碳酸钴对非酯化脂肪酸（NEFA）含量均无显著性影响（$P>0.10$），但在 14～42 天时，各组 NEFA 浓度逐渐增加，其中 60 mg 组 NEFA 浓度逐渐增加到最大值为 1 046.18 μmol/L；6～60 mg 组血糖（GLU）浓度逐渐提高，其中 30 mg 组血糖浓度显著高于对照组和 60 mg 组（$P<0.05$）；6～60 mg 组甘油三酯（TG）浓度先升高后趋于稳定。4）不同水平的碳酸钴对血清中 IgG 和 IgA 浓度无显著性影响（$P>0.10$）；14～28 天时，6～30 mg 组 IgM 浓度逐渐增加，但 60 mg 组 IgM 浓度逐渐降低至最低值 90.87 μg/mL，其中在第 14 天时，60 mg 组 IgM 浓度显著高于 6 mg 和 12 mg 组（$P<0.05$）。5）不同水平碳酸钴对维生素 B_{12} 含量无显著性影响（$P>0.10$）。综上所述，泌乳期奶牛饲粮中添加 30 mg 碳酸钴最有利于提高奶牛生产性能和养分的吸收利用以及改善机体健康。故建议泌乳奶牛全混合饲粮中碳酸钴适宜添加量为 30 mg，安全系数为 2.5 倍，最高限量为 60 mg。

关键词：碳酸钴；生长性能；血清生化指标

　＊ 基金项目：现代农业产业技术体系专项（CARS-36）；农业部 2014 畜牧业安全监管项目

　＊＊ 共同第一作者简介：姜茂成（1993—），男，安徽芜湖人，硕士研究生，从事动物营养与饲料研究，E-mail：jmcheng1993@163.com；隋雁南（1992—），女，黑龙江齐齐哈尔人，硕士研究生，从事动物营养与饲料研究，E-mail：1319876951@qq.com

　＃ 通讯作者：赵国琦，教授，博士生导师，E-mail：gqzhao@yzu.edu.cn

复合植物提取物对荷斯坦奶牛
体外瘤胃发酵的影响[*]

张腾龙[1**]　　郭晨阳[1**]　　敖长金[1#]　　王丽芳[2#]　　徐腾腾[1]

（1. 内蒙古农业大学动物科学学院，呼和浩特 010018；

2. 内蒙古自治区农牧业科学院，呼和浩特 010030）

摘要：本试验旨在研究复合植物提取物对奶牛瘤胃内环境的影响，并筛选出复合植物提取物的适宜添加剂量。试验选取 4 头健康、泌乳期相同、体况相近的荷斯坦奶牛进行口腔瘤胃液采集，作为瘤胃液的供体。通过体外批次培养技术进行复合植物提取物添加剂量的筛选试验。分别以 0（对照组）、0.03%、0.3% 和 3.0% 水平在以 TMR 为日粮（风干基础）的底物中添加复合植物提取物。分别在 2、4、6、8、12 和 24 h 7 个时间点测定培养液 pH、干物质 DM 降解率、菌体蛋白 MCP 浓度、NH_3-N 浓度和挥发性脂肪酸 VFA 含量，并应用多项指标综合指数进行评定（MFAEI）。试验选用复合植物提取物为蒲公英、连翘、益母草和金银花的醇提物自行配制。试验结果表明：1）随培养时间延长，各组瘤胃液 pH 均呈下降趋势，除 6 h 和 8 h 3.0% 剂量组 pH 显著低于对照组（6.95 vs 7.00；6.90 vs 6.94，$P<0.05$），其余各时间段各处理组之间均无显著性差异。2）随培养时间延长，各组干物质降解率均呈上升趋势，培养至 4 h，0.03% 剂量组和 0.3% 剂量组组干物质降解率均显著高于对照组（35.64%、30.61% vs 24.07%，$P<0.01$），其余各时间段各处理组之间均无显著性差异。3）在 4 h 和 12 h 0.3% 剂量组菌体蛋白浓度均显著低于对照组（882.05 μg/mL vs 1 231.46 μg/mL 和 1 207.46 μg/mL vs 1 637.69 μg/mL，$P<0.05$），其余时间段无显著影响。4）不同剂量复合植物提取物在 4 h 和 8 h 对 NH_3-N 浓度有显著影响（$P<0.05$），4 h 时 0.3% 剂量组显著低于对照组（12.06 mg/dL vs 14.72 mg/dL，$P<0.05$），8 h 时 0.03% 剂量组和 3.0% 剂量组显著高于其余两组（16.73 mg/dL、17.12 mg/dL vs 14.73 mg/dL、14.77 mg/dL，$P<0.05$）。5）除在 8 h 时，0.03% 剂量组总挥发性脂肪酸浓度显著高于对照组（28.06 mmol/L vs 17.22 mmol/L，$P<0.05$）外，其余各时间段各组之间总挥发性脂肪酸浓度均无显著性差异，各剂量组在各个时间点乙酸与丙酸的比例均无显著差异。6）以复合植物提取物添加剂量为 0 为对照组，MFAEI 自高到低排序为 0.3%＞3.0%＞0.03%＞0.00%。由此可见，日粮中添加复合植物提取物的浓度为 0.3% 左右较为适宜。

关键词：复合植物提取物；体外批次培养技术；瘤胃液发酵；荷斯坦奶牛

---

　　[*]　基金项目：内蒙古农牧业科学院创新基金项目（2017CXJJM09）

　　[**]　共同第一作者简介：张腾龙（1990—），男，内蒙古呼和浩特人，博士研究生，动物营养与饲料科学专业，E-mail：ztljames@126.com；郭晨阳（1994—），女，内蒙古呼和浩特人，硕士研究生，动物营养与饲料科学专业，E-mail：1132074935@qq.com

　　[#]　通讯作者：敖长金，教授，博士生导师，E-mail：changjinao@aliyun.com；王丽芳，副研究员，E-mail：wanglifang100008@163.com

颗粒料饲粮诱导奶牛乳脂率降低模型的建立及瘤胃微生物区系的改变[*]

曾洪波[**]　　郭长征　　孙大明　　毛胜勇[#]

(南京农业大学动物科技学院,南京 210095)

摘要:本试验旨在通过颗粒料饲粮饲喂奶牛,以期建立奶牛乳脂率降低的模型并探究瘤胃微生物结构和组成的变化。试验选取 2 胎次,泌乳(105 ± 5)天,体重(627 ± 56)kg 的荷斯坦奶牛 10 头,随机分为 2 组(每组 5 头),对照组饲喂 TMR,处理组饲喂颗粒料饲粮。预饲期 21 天,试验期 56 天,每天 06:00、13:00 和 20:00 饲喂奶牛,挤奶并记录采食量。试验期第 54 天、第 55 天和第 56 天的 06:00、13:00 和 20:00 采集乳样并根据产奶量等比混合,晨饲(06:00)后 6 h 口腔采集瘤胃液样品用于后续分析。试验表明:1)两组间奶牛干物质采食量($P=0.503$)无显著差异。2)与对照组相比,处理组瘤胃 pH($P=0.002$)、乙酸($P<0.001$)和丁酸($P<0.001$)浓度、乙丙比($P<0.001$)、异丁酸($P=0.035$)、异戊酸($P=0.043$)和总 VFA 浓度($P=0.019$)显著降低,丙酸($P=0.003$)和戊酸浓度($P=0.001$)显著提高。3)两组奶牛产奶量无显著差异($P=0.358$),但与对照组相比,处理组乳脂率及总乳脂的含量($P<0.001$)显著降低,乳蛋白率($P=0.017$)和乳糖率($P=0.006$)显著提高,总乳糖和总乳蛋白含量两组间无显著差异($P>0.05$)。4)本试验中,奶牛瘤胃微生物中存在 22 个门、178 个属和 2 577 个 OTUs。与对照组相比,处理组 Ace($P>0.025$)指数、Chao($P>0.030$)指数和 Shannon($P>0.036$)指数显著降低。门水平上与对照组相比,处理组瘤胃内 Bacteroidetes($P=0.018$)相对丰度显著提高,Firmicutes($P=0.028$)、Proteobacteria($P=0.006$)、Candidate 天 ivision TM7($P=0.045$)和 Lentisphaerae($P=0.033$)相对丰度显著降低。属水平上:与对照组相比,处理组瘤胃内 *Prevotella*($P=0.018$)相对丰度显著提高,*Unclassfied Succinivibrionaceae*($P=0.028$)、*Unclassfied Lachnospiraceae*($P=0.045$)、*Oribacterium*($P=0.010$)、*Unclassfied Christensenellaceae*($P=0.044$)、*Pseudobutyrivibrio*($P=0.010$)和 *Unclassfied Veillonellaceae*($P=0.011$)相对丰度显著降低。5)瘤胃微生物属水平相对丰度与 VFA 浓度的相关性分析显示,乙酸($P=0.003,r=0.809$)、丁酸($P=0.025,r=0.682$)浓度和乙丙比($P=0.011,r=0.745$)与 *Prevotella* 相对丰度呈显著负相关。乙酸($P=0.007,r=0.772$)、丁酸($P=0.047,r=0.618$)浓度和乙丙比($P=0.011,r=0.745$)与 *Unclassfied Veillonellaceae* 相对丰度呈显著正相关。结果表明:与全混合饲粮相比,颗粒料饲粮通过改变瘤胃微生物组成和结构,降低瘤胃内乙酸和丁酸浓度和乙丙比,进而导致乳脂率和总乳脂含量的下降,本试验成功建立颗粒料饲粮诱导奶牛乳脂率降低的模型,为后续的研究提供理论基础。

关键词:颗粒料饲粮;奶牛;乳脂率;瘤胃发酵;微生物区系

[*] 基金项目:国家重点研发计划(2018YFD0501600)
[**] 第一作者简介:曾洪波,男,硕士研究生,E-mail: zenghongbo1995@163.com
[#] 通讯作者:毛胜勇,教授,博士生导师,E-mail: maoshengyong@163.com

维生素 A 通过调控 Nrf2 和 NF-κB 信号通路
预保护 NO 诱导的 BMECs 氧化应激[*]

石惠宇[**]　闫素梅[#]　郭咏梅　张博綦　郭晓宇　史彬林

（内蒙古农业大学动物科学学院，呼和浩特 010018）

摘要：本试验旨在验证维生素 A（VA）对外源性一氧化氮供体二乙烯三胺/一氧化氮聚合物（DETA/NO）诱导奶牛乳腺上皮细胞（BMECs）氧化损伤的预保护作用；并且通过细胞内 Nrf2 信号通路和 NF-κB 信号通路深入探究其相关机制。原代细胞采自荷斯坦奶牛乳腺组织，经过 2 次传代。试验采用单因子完全随机试验设计，将第 3 代 BMECs 随机分为 10 个处理组，每个处理组 6 个重复，作用 30 h。10 个处理组分别是：空白对照组（－VA－DETA），不含 VA 和 DETA 的工作液培养基培养细胞 30 h；DETA 损伤组（－VA＋DETA），不含 VA 和 DETA 的工作液培养基作用 24 h 后，添加 DETA 工作液继续作用细胞 6 h；其余 8 组为 VA 预保护组，分别是 0.05VA＋DETA 处理组、0.1VA＋DETA 处理组、0.2VA＋DETA 处理组、0.5VA＋DETA 处理组、1VA＋DETA 处理组、2VA＋DETA 处理组、3VA＋DETA 处理组、4VA＋DETA 处理组，各 VA 预保护组分别用相应浓度的不含 DETA 的 VA 工作液培养基作用 24 h 后，再添加 DETA 继续培养细胞 6 h。根据课题组前期试验结果确定 DETA/NO 的处理剂量和时间分别为 1 000 μmol/L、6 h；VA 的添加浓度为 1 μg/mL。结果表明，DETA 损伤组的细胞增殖率显著低于对照组（$P < 0.05$）；VA 预保护组的细胞增殖率、抗氧化酶硒蛋白谷胱甘肽过氧化物酶（GPx）和硫氧还蛋白还原酶（TrxR）的活性以及它们的基因表达和蛋白表达水平均显著升高，NO 和白介素 1（IL-1）的含量显著降低且均呈二次剂量依赖效应变化（$P < 0.05$）。此外，NF-κB 和 Nrf2 信号通路相关因子的基因表达和蛋白表达水平均与 VA 的添加剂量呈二次剂量依赖关系；VA 的最佳添加剂量为 1 μg/mL。综上所述，这些结果表明，VA 对 DETA/NO 诱导的 BMECs 氧化损伤具有预防性保护作用，其机制可能是 VA 通过调控 Nrf2 信号通路进而促进 BMECs 中硒蛋白 GPx 和 TrxR 的合成，抑制 NF-κB 信号通路的磷酸化水平进而有效降低 IL-1 的含量和 NO 的生成，最终发挥其增强细胞抗氧化能力的作用。

关键词：奶牛乳腺上皮细胞；NF-κB；一氧化氮；Nrf2；氧化应激；维生素 A

---

[*]　基金项目：国家自然科学基金资助项目（31160466）

[**]　第一作者简介：石惠宇（1988—），女，内蒙古呼和浩特人，博士研究生，从事动物矿物质与维生素营养研究，E-mail：shihuiyu2017@163.com

[#]　通讯作者：闫素梅，教授，博士生导师，E-mail：yansmimau@163.com

亮氨酸与乙酸互作效应对奶牛乳腺
上皮细胞内乳蛋白合成的影响[*]

赵艳丽[**]　闫素梅[#]　苏芮　史彬林　郭晓宇

（内蒙古农业大学动物科学学院，呼和浩特 010018）

摘要：本试验旨在通过研究乙酸、亮氨酸及其互作效应对奶牛乳腺上皮细胞内乳蛋白合成相关基因和酪氨酸激酶 2/信号转导和转录激活因子 5（JACK2/STAT5）基因表达的影响，及哺乳动物雷帕霉素靶点（mTOR）和磷酸腺苷活化蛋白激酶（AMPK）信号通路相关基因表达和磷酸化水平的影响，探讨乙酸与亮氨酸互作效应对乳蛋白合成的影响及其机理。本研究采用 2×6 二因子完全随机试验设计，因素一为亮氨酸浓度，设 0.45 和 1.8 mmol/L 2 个水平；因素二为乙酸浓度，设 0、4、6、8、10、12 mmol/L 6 个水平，每组 6 个重复。本试验采用胶原酶消化法培养乳腺上皮细胞，第三代细胞用于试验研究；化学发光法测定细胞内的 ATP 含量，实时荧光定量 PCR 法测定基因表达量，Western blot 测定蛋白表达和磷酸化水平。结果表明，亮氨酸浓度为 1.8 mmol/L 或乙酸浓度为 8～10 mmol/L 时 ATP 含量增加（$P<0.05$），β-酪蛋白、κ-酪蛋白和 JACK2/STAT5 基因表达上调（$P<0.05$），mTOR、真核起始因子 4E（eIF4E）、4E 结合蛋白 1（4EBP1）和 p70 核糖体蛋白 S6 激酶 1（S6K1）的基因表达和磷酸化水平显著增加（$P<0.05$），AMPK 磷酸化水平显著下降（$P<0.05$）。乙酸浓度为 8～10 mmol/L 时，显著促进亮氨酸上调 ATP 含量，β-酪蛋白、κ-酪蛋白和 JACK2 的基因表达（$P<0.05$），上调 eIF4E、S6K1 和 mTOR 的基因表达和磷酸化水平（$P<0.05$），促进亮氨酸下调 AMPK 磷酸化水平（$P<0.05$）。亮氨酸浓度为 1.8 mmol/L 时促进乙酸上调 ATP 含量、α_{s1}-酪蛋白、β-酪蛋白、κ-酪蛋白和 JACK2 基因表达（$P<0.05$），上调 eIF4E、S6K1 和 mTOR 基因表达和磷酸化水平（$P<0.05$），促进乙酸下调 AMPK 磷酸化水平（$P<0.05$）。由此可见，乙酸与亮氨酸通过 JACK2/STAT5、mTOR 和 AMPK 信号通路调控乳蛋白的合成，乙酸促进亮氨酸通过上述信号通路上调乳蛋白的合成，亮氨酸促进乙酸通过上述信号通路上调乳蛋白的合成。

关键词：奶牛乳腺上皮细胞；亮氨酸；乙酸；互作效应；乳蛋白

---

[*] 基金项目：国家奶业"973"计划项目（2011CB100800）

[**] 第一作者简介：赵艳丽（1986—），女，陕西榆林人，讲师，研究方向为反刍动物营养，E-mail：ylzhao201@163.com

[#] 通讯作者：闫素梅，教授，博士生导师，E-mail：yansmimau@163.com

基于 Label-free 技术的亮氨酸调控奶牛胰腺腺泡细胞淀粉酶分泌的机理研究[*]

郭龙[**]　梁子琦　曹阳春　蔡传江　徐秀容　姚军虎[#]

（西北农林科技大学动物科技学院，杨凌 712100）

摘要：高产反刍动物后肠道淀粉类饲料消化率低，影响能量的供给并造成饲料资源的浪费，其根本原因是胰腺淀粉酶分泌的不足。亮氨酸已被证实可通过 PI3K/Akt-mTOR 信号通路促进奶牛胰腺腺泡细胞淀粉酶的合成，但是促分泌的机理仍不清楚。本试验拟通过分离和培养奶牛胰腺原代腺泡细胞，通过不同浓度的亮氨酸处理，采用 Label-free 蛋白质组学技术，结合 ELISA 和 Western blot 等分子生物学技术，探讨亮氨酸调控胰腺原代腺泡细胞淀粉酶分泌的机理，为提高奶牛十二指肠淀粉消化率提供理论基础。新生犊牛屠宰后立即切取胰腺组织，进行腺泡细胞分离培养试验。具体过程如下：KRB 培养液清洗后，将胰腺组织切碎，采用Ⅲ型胶原酶(1 mg/mL)进行消化，37℃振荡 15 min，用含有 5%BSA 的 KRB 溶液洗涤，$500 \times g$ 离心，用完全培养基重悬细胞至新的细胞培养皿中，37℃ 5% CO_2 条件下培养。试验用培养基为 DMEM/F12 完全培养基，以泌乳盛期奶牛血清亮氨酸浓度 0.23 mmol/L 为基准，设置 4 个浓度梯度：0 mmol/L(−Leu)，0.23 mmol/L (Control)，0.45 mmol/L(+2Leu)，0.90 mmol/L(+4Leu)，每处理 3 重复，处理时间 1 h。培养结束后收集细胞及培养液冷冻于−80℃冰箱，用于胰酶活力测定、蛋白质组学分析及后续验证试验。结果表明：1)亮氨酸显著提高了腺泡细胞淀粉酶的合成和分泌能力($P < 0.05$)。2)4 个处理组共鉴定出 2 009 个差异表达蛋白，CC、MF、BP 及 KEGG PATHWAY 分析结果均发现亮氨酸显著影响腺泡细胞线粒体内的氧化磷酸化过程($P < 0.01$)。3)聚类分析发现，随着亮氨酸浓度的升高，胞内线粒体三羧酸循环和氧化磷酸化过程逐渐加强($P < 0.01$)。4)柠檬酸合酶、异柠檬酸脱氢酶、细胞色素 C 氧化酶的活力随着亮氨酸浓度的升高而显著增加($P < 0.05$)，高浓度亮氨酸组(+2Leu 和 +4Leu)胞内 ATP 的含量显著高于低浓度亮氨酸组(0Leu 和 Control)($P < 0.05$)。5)亮氨酸显著提高了蛋白质转运信号通路——SEC 信号通路的活性($P < 0.05$)。以上结果可知，亮氨酸通过调控胰腺腺泡细胞线粒体内的三羧酸循环和氧化磷酸化过程，使胞内 ATP 含量上升，从而为蛋白质转运提供大量能量，同时激活 SEC 信号通路，提高淀粉酶在内质网核糖体的合成和向胞外的运输。

关键词：亮氨酸；Label-free 蛋白质组学；氧化磷酸化；SEC 信号通路；奶牛胰腺腺泡细胞

---

[*] 基金项目：国家自然科学基金项目(31472122,31672451)

[**] 第一作者简介：郭龙(1989—)，男，宁夏银川人，博士研究生，研究方向为反刍动物营养，E-mail: guolong3616@126.com

[#] 通讯作者：姚军虎，教授，博士生导师，E-mail：yaojunhu2004@sohu.com

过瘤胃亮氨酸对青年牛瘤胃后肠段淀粉
消化的影响及机理[*]

任豪[**]　白翰逊　苏晓东　曹阳春　蔡传江　姚军虎[#]

（西北农林科技大学动物科技学院,杨陵 712100）

摘要:淀粉是高产反刍动物的主要能量来源,饲粮淀粉含量过高会导致其在瘤胃快速降解,诱发各种代谢疾病。理论上,淀粉在瘤胃内降解的能量利用效率比在小肠中低,但胰酶分泌不足又限制了过瘤胃淀粉在小肠中的消化。本课题组前期研究证明亮氨酸可调控胰酶的分泌。本试验通过检测全肠道淀粉消化率、瘤胃发酵参数、血液生化指标、粪样发酵特征和微生物区系等指标,研究荷斯坦青年牛饲粮中添加过瘤胃亮氨酸对小肠淀粉消化利用的影响,为提高反刍动物小肠淀粉消化利用提供理论依据。试验选取 14 头健康荷斯坦青年牛,采用单因素试验设计,随机分为 2 组,对照组饲喂基础饲粮,处理组在基础饲粮中添加 36 g/天过瘤胃保护亮氨酸。试验期为 28 天,最后 7 天为采样期,测量体重体尺,采集饲料、血液、瘤胃液和直肠粪样,测定饲粮和粪样中的基础营养成分、血液生化指标、瘤胃液发酵参数、粪样发酵参数和粪中微生物区系。结果表明:1)添加过瘤胃亮氨酸对青年牛的体高、胸围、体斜长和增重均无显著影响。2)饲粮添加过瘤胃亮氨酸对干物质和淀粉全肠道表观消化率均无影响($P>0.05$)。3)过瘤胃亮氨酸对瘤胃液总挥发性脂肪酸、乙酸、丙酸和丁酸等均无影响($P>0.05$)。4)过瘤胃亮氨酸可提高血液中葡萄糖的含量($P<0.05$),有提高血液胰岛素和降低尿素氮含量的趋势,对甘油三酯、总胆固醇和 α-羟丁酸等生化指标均无影响。5)添加过瘤胃亮氨酸可提高粪便的 pH($P<0.05$),对粪便的初水分无影响($P>0.05$),可降低粪样丙酸的浓度($P<0.05$),对总挥发性脂肪酸、乙酸和丁酸的浓度均无影响($P>0.05$)。6)过瘤胃亮氨酸的添加提高了直肠粪样中与降解纤维相关的瘤胃梭菌属、脱硫菌属和毛螺菌属相对丰度($P<0.05$),降低了与降解淀粉相关的普罗氏菌相对丰度($P<0.05$)。添加过瘤胃亮氨酸对全肠道淀粉表观消化率和瘤胃发酵无影响,提高血液葡萄糖含量,降低粪样中淀粉发酵相关丙酸含量和淀粉降解菌丰度,提高粪样 pH 和纤维降解菌的丰度,证明亮氨酸可提高青年牛小肠对淀粉的消化利用能力。

关键词:亮氨酸;淀粉;青年牛;消化率;发酵参数;微生物区系

---

　*　基金项目:国家自然科学基金项目(31672451,31472122)

**　第一作者简介:任豪(1992—),男,陕西安康人,博士研究生,主要从事反刍动物营养研究,E-mail:18729502782@163.com

　#　通讯作者:姚军虎,教授,博士生导师,E-mail:yaojunhu2004@sohu.com

维生素 A 对奶牛乳腺上皮细胞乳脂乳蛋白合成相关基因表达的影响[*]

苏芮[**]　刘阳　闫素梅[#]　史彬林　赵艳丽　石惠宇

（内蒙古农业大学动物科学学院，呼和浩特 010018）

摘要：本试验旨在研究维生素 A（V_A）对奶牛乳腺上皮细胞（BMECs）内乳脂、乳蛋白合成相关基因表达的影响，为在奶牛生产中 V_A 的合理添加以及改善乳脂、乳蛋白合成提供依据。采用单因子完全随机试验设计，将第三代 BMECs 随机分为 6 个处理，每个处理 6 个重复，添加 V_A 浓度分别是 0（对照组）、0.05、0.10、0.20、1.00、2.00 $\mu g/mL$，继续培养 24 h。结果表明：与对照组相比，1.00、2.00 $\mu g/mL$ V_A 可以显著提高 BMECs 的细胞活力以及甘油三酯的含量（$P<0.05$）；V_A 能显著上调乳脂肪合成相关基因，乙酰辅酶 A 羧化酶（ACACA）以 0.1 $\mu g/mL$ V_A 组最高（$P=0.002$）；脂肪酸合成酶以 0.05 和 0.10 $\mu g/mL$ 组较高（$P=0.01$）；对于调控因子过氧化物酶体增殖物激活受体 γ，以 1.00 $\mu g/mL$ V_A 组最高（$P<0.01$）；固醇调节元件结合蛋白 1 和硬脂酰辅酶 A 去饱和酶均以 0.05、0.10 $\mu g/mL$ 组最高（$P<0.001$，$P<0.05$）。V_A 也能显著提高乳蛋白合成相关基因，信号转导转录激活因子 5 以 0.20 $\mu g/mL$ 组最高（$P=0.03$）；α_{s1}-酪蛋白以 0.05 和 0.10 $\mu g/mL$ 组最高（$P<0.001$）；κ-酪蛋白以 0.10 $\mu g/mL$ 的表达量最高（$P<0.05$）；V_A 也能显著提高乳脂合成相关酶 ACACA 的活性（0.05、0.10、0.20、1.00 $\mu g/mL$）（$P<0.05$）。V_A 对 BMECs 内乳脂、乳蛋白合成相关基因表达的促进效果呈剂量依赖性，且以 0.10 $\mu g/mL$ V_A 促进效果较好。

关键词：维生素 A；乳脂肪；乳蛋白；基因表达

---

[*]　基金项目：国家自然科学基金(31160466)

[**]　第一作者简介：苏芮(1993—)，女，内蒙古乌兰察布人，硕士研究生，从事反刍动物营养的研究，E-mail：654916601@qq.com

[#]　通讯作者：闫素梅，教授，博士生导师，E-mail：yansmimau@163.com

铜对中国荷斯坦奶牛泌乳、肝脏铜代谢蛋白及相关酶基因表达的影响*

付辑光[1]** 高艳霞[1,4]# 李妍[2] 李秋凤[1,4] 曹玉凤[1,4] 张秀江[3] 李建国[1,4]#

（1. 河北农业大学动物科技学院，保定 071001；2. 河北农业大学动物医学院，保定 071001；
3. 保定市农业局，保定 071000；4. 河北省牛羊胚胎工程技术研究中心，保定 071001）

摘要：本试验旨在研究铜对中国荷斯坦奶牛泌乳、肝脏铜代谢蛋白及相关酶基因表达的影响。选取 60 头产奶量、泌乳天数与胎次相近的荷斯坦奶牛，按随机分配原则分为 4 组，分别在基础饲粮基础上添加 0、10、15、20 mg/kg 铜，试验 I 组（铜水平 8.09 mg/kg DM）、试验 II 组（铜水平 18.09 mg/kg DM）、试验 III 组（铜水平 23.09 mg/kg DM）与试验 IV 组（铜水平 28.09 mg/kg DM），每组 15 头，试验期共 90 天。结果表明：1）与试验 I 组相比，试验 II 组、III 组与 IV 组泌乳量显著升高（$P<0.05$）；乳体细胞数极显著降低（$P<0.01$）；随着饲粮铜水平的增加，各试验组乳脂率、乳蛋白率、乳糖率、非脂固形物与乳总固形物的含量差异不显著（$P>0.05$）。2）随着饲粮铜水平的增加，奶牛肝脏铜转运基因铜离子转出蛋白 B（ATP7B）与铜蓝蛋白（CP）mRNA 的相对表达量极显著提高（$P<0.01$）；与试验 I 组相比，试验 II 组铜代谢 MURR1 域蛋白质 1（COMMD1）mRNA 相对表达量提高了 9%（$P>0.05$），III 组与 IV 组分别降低 54% 与 78%（$P<0.01$）。3）含铜酶相关基因相对表达量分析显示，随着饲粮铜水平的增加，超氧化物歧化酶 1（SOD1）、赖氨酰氧化酶（LOX）、单胺氧化酶 A（MAOA）mRNA 相对表达量显著提高；与试验 I 组相比，试验 II 组、III 组与 IV 组单胺氧化酶 B（MAOB）mRNA 的相对表达量分别降低 24%、34% 与 60%（$P<0.01$）。综上所述，饲粮中添加铜能够提高奶牛的生产性能，促进机体内铜的代谢与含铜蛋白的合成和提高机体的抗氧化能力。在本试验条件下，泌乳牛饲粮铜水平为 18.09~23.09 mg/kg DM 时，既能促进泌乳牛生产性能的提高，又能有效上调泌乳牛肝脏铜代谢蛋白及相关酶基因的表达。

关键词：泌乳牛；铜；生产性能；肝脏；基因表达

---

* 基金项目：国家现代农业（奶牛）产业技术体系建设专项资金（CARS-36）；河北省科技计划项目（16226604D，15227111D）；河北省现代农业产业技术体系奶牛创新团队（HBCT2018120203）

** 第一作者简介：付辑光（1991—），男，河北石家庄人，硕士研究生，动物营养与饲料科学专业，E-mail：278070263@qq.com

\# 通讯作者：高艳霞，研究员，硕士生导师，E-mail：yxgaohebau@126.com；李建国，教授，博士生导师，E-mail：1181935094@qq.com

饲粮能量水平对荷斯坦育成牛血液指标及肝脏能量代谢基因表达的影响[*]

霍路曼[1][**]　高艳霞[1,3][#]　李妍[2]　李秋凤[1,3]　曹玉凤[1,3]　李建国[1,3][#]

（1. 河北农业大学动物科技学院，保定 071001；2. 河北农业大学动物医学院，保定 071001；
3. 河北省牛羊胚胎工程技术研究中心，保定 071001）

摘要： 本试验旨在研究饲粮能量水平对荷斯坦育成牛血清生化指标和肝脏中有关能量代谢基因相对表达量的影响。试验采用单因素随机分组设计，选取健康状况良好、体型相近的 8 月龄荷斯坦育成奶牛 45 头，依据月龄、体重相近原则随机分为 3 组，每组 15 头。将 3 种不同能量水平的日粮，分别饲喂 3 组受试对象，Ⅰ组饲喂低能量水平日粮（NE_L 5.64 MJ/kg，CP 14.04%）；Ⅱ组饲喂中等能量水平日粮（NE_L 5.94 MJ/kg，CP 14.03%）；Ⅲ组饲喂高能量水平日粮（NEL 6.21 MJ/kg，CP 14.03%）。试验期为 110 天。结果表明：1）各组间育成牛血清 GLU 含量差异极显著，与Ⅰ组相比，Ⅱ组和Ⅲ组分别提高 19.95% 和 27.89%（$P<0.01$），Ⅱ组与Ⅲ组间差异不显著（$P>0.05$）。血清 CHO 的浓度随着日粮能量水平的升高而显著升高（$P<0.05$），与Ⅰ组相比，Ⅱ组和Ⅲ组分别提高了 5.76%、8.27%，Ⅱ组与Ⅲ组间无显著差异（$P>0.05$）。各组育成牛血清中 BUN、TP 和 TG 含量差异不显著（$P>0.05$）。2）育成牛血清 GH 含量随日粮能量水平的升高而显著降低（$P<0.05$），与Ⅰ组相比，Ⅱ组和Ⅲ组分别降低了 3.83%（$P<0.05$）、8.51%（$P<0.05$）。血清 Ins、IGF-1 和 LEP 的浓度随着日粮能量水平的升高而显著升高（$P<0.05$），与Ⅰ组相比，Ⅱ组的血清 Ins、IGF-1 和 LEP 浓度提高了 15.12%（$P>0.05$）、10.10%（$P<0.05$）和 12.15%（$P<0.05$），Ⅲ组显著提高了 22.09%（$P<0.05$）、13.85%（$P<0.05$）和 16.14%（$P<0.05$）。3）与Ⅰ组相比，Ⅱ组、Ⅲ组育成牛肝脏中 AMPKα1 基因 mRNA 相对表达量极显著降低 16.00% 和 65.00%（$P<0.01$）；与Ⅰ组相比，Ⅱ组、Ⅲ组育成牛肝脏中 mTOR 基因 mRNA 相对表达量极显著提高 59.00% 和 138.00%（$P<0.01$）。Ⅲ组育成牛肝脏中 MC4R 基因 mRNA 相对表达量极显著高于Ⅰ组、Ⅱ组，分别高出 96.00% 和 66.10%（$P<0.01$），Ⅰ组和Ⅱ组间无显著差异（$P>0.05$）。Ⅲ组育成牛肝脏中 LePtin 基因 mRNA 相对表达量与Ⅰ组、Ⅱ组相比极显著提高 36.98% 和 72.60%（$P<0.01$），Ⅰ组和Ⅱ组间差异不显著（$P>0.05$）。各组间肝脏中 LKB1 基因和 LXRα 基因 mRNA 相对表达量无显著差异（$P>0.05$）。综上所述，在本试验条件下，饲粮产奶净能为 5.94 MJ/kg 时，不仅能保证育成牛正常生长发育，也可提高能量的利用率，避免浪费饲料。

关键词： 能量水平；育成牛；生化指标；基因表达

＊ 基金项目：国家现代农业（奶牛）产业技术体系建设专项资金（CARS-36）；河北省科技计划项目（16226604D）；河北省奶牛创新团队（HBCT2018120203）

＊＊ 第一作者简介：霍路曼（1992—），女，河北沙河市人，硕士研究生，养殖专业，E-mail：2223900826@qq.com

＃ 通讯作者：高艳霞，研究员，硕士生导师，E-mail：yxgaohebau@126.com；李建国，教授，博士生导师，E-mail：1181935094@qq.com

β-内酰胺类有抗奶对犊牛瘤胃菌群差异
基因表达及代谢的影响*

张帅** 曲永利# 李伟 辛小月 王璐 殷术鑫

（黑龙江八一农垦大学动物科技学院，大庆 163319）

摘要： 本试验旨在研究饲喂 β-内酰胺类有抗奶对犊牛瘤胃菌群差异基因表达及代谢的影响。选取 45 头 3 日龄左右、体重在(40±5)kg 的健康荷斯坦犊牛，随机分为 3 组，对照组犊牛饲喂无抗鲜奶(B1)、试验组犊牛分别饲喂 β-内酰胺类有抗奶(B2)和巴氏消毒有抗奶(B3)，犊牛 60 日龄断奶，试验期共 180 天。在 60(T1)，90(T2)和 180(T3)日龄，每组选取 6 头犊牛采集瘤胃液构建犊牛瘤胃细菌宏基因组文库。使用 Illumina MiSeq 进行测序，并通过 KEGG、NOG、CAZy 和 ARDB 等数据库进行生物信息学分析及功能注释。结果表明：1)本实验共获得 3 498 534 重叠群和 262 753 支架。在 eggNOG 数据库中比对共有 86 145 条基因得到了相应的功能注释。CAZyme 数据库中比对共注释到 33 980 条，主要涵盖 9 个功能类。KEGG 数据库在代谢途径第二层级上子功能统计到的条目 1 905 条。2)T1 与 T2，T1 与 T3，B1 与 B2 和 B1 与 B3 四组分别含有 318、1 398、30 和 24 个差异表达基因(DEGs)。细胞周期及氨基酸生物合成代谢途径中的 DEGs 在 T1 与 T2 组，T1 与 T3 组明显富集，其中细胞周期代谢主要的 DEGs 为糖原合酶激酶-3β 基因(glycogen synthase kinase-3β，GSK3β)；周期蛋白依赖性激酶 2 基因(cyclin-dependent kinase 2，CDK2)和周期蛋白依赖性激酶 7 基因(cyclin-dependent kinase 7，CDK7)。3)本研究共检测到 6 类抗生素抗性基因，包括 5 种四环素类抗生素抗性基因型(tet37、tet32、teto、tetw、tetx)，5 种氨基糖苷类抗生素抗性基因型(aphbid、aphiiia、aph33ib、antbia、accbie)，5 种大环内酯类抗生素抗性基因型(ermb、ermf、ermg、ermq、mema)，2 种 β-内酰胺类抗生素抗性基因型(bl2b_rob、bl2e_cfxa)，1 种杆菌肽类抗生素抗性基因型(baca)，1 种磺胺类抗生素抗性基因型(sul2)共 19 种基因型。进一步分析抗生素耐药性产生机制，其中由外排泵(efflux pump)引起的占的比例最大，占 56.57%；抗生素失活(antibiotic deactivation)其次，占 26.26%。细胞保护(cellular protection)占 12.64%。本研究对瘤胃细菌差异表达基因参与的代谢通路进行了分析，为有抗奶的利用和改善犊牛健康提供了一定的理论依据。

关键词： 犊牛；瘤胃；有抗奶；菌群；抗性基因；宏基因组

---

* 基金项目：黑龙江省基金项目(C2017044)；黑龙江省农垦总局项目(HNK125B-11-02)
** 第一作者简介：张帅(1994—)，女，黑龙江鹤岗人，硕士研究生，从事反刍动物营养研究，E-mail：782394296@qq.com
# 通讯作者：曲永利，教授，博士生导师，E-mail：Ylqu007@126.com

宏基因组学方法研究 *β*-内酰胺类有抗奶对犊牛瘤胃细菌菌群结构的影响[*]

王璐^{**}　曲永利[#]　李伟　张帅　辛小月　殷术鑫

（黑龙江八一农垦大学动物科技学院，大庆 163319）

摘要：为了避免浪费，我国奶牛场使用有抗奶饲喂犊牛现象普遍存在。在这种饲喂状况下犊牛瘤胃菌群的基本组成及其特征值得深入探究。目前，国外对饲喂有抗奶或者废弃奶对犊牛的生长和体重的影响研究较多，主要通过对粪便菌群的分析研究对消化道菌群的影响。但通过瘤胃穿刺法研究有抗奶对犊牛瘤胃菌群变化影响的较少。本研究对黑龙江省奶牛场基本饲养情况和有抗奶饲喂利用情况进行调研。试验选取 54 头刚出生犊牛（出生体重差异不显著），按照出生日龄相近的原则，随机分成 3 个处理（组），每组 3 个重复，每个重复 6 头犊牛。试验分为：1）对照组（CK，B1），饲喂无抗鲜奶组。2）有抗奶组（AM，B2）。3）巴氏消毒有抗奶组（APM，B3）。试验期共有 180 天。每组取 60 日龄（T1），90 日龄（T2）和 180 日龄（T3）犊牛瘤胃液构建犊牛瘤胃细菌宏基因组文库。可以全面了解瘤胃菌群的变化，旨在为不同方式奶源利用提供理论支持。结果：1）犊牛饲喂有抗奶在黑龙江省奶牛场很普遍占 94.6%，且以 *β*-内酰胺类药物使用为主。本试验共获得 3 498 534 重叠群和 262 753 支架。涵盖了绝大多数不同时期犊牛瘤胃细菌基因。2）通过筛选，明确了随着月龄的增长犊牛瘤胃中纤维杆菌门和杆菌属在瘤胃中营养物质的消化起重要作用，拟杆菌对含有 *β*-内酰胺类抗生素的巴氏灭菌奶更敏感。*β*-内酰胺类抗生素有抗奶可能通过影响螺旋体属细菌导致与食品安全相关的耐药性问题。3）PCA 分析结果表明 6 月龄犊牛瘤胃菌群结构与 2、3 月龄有明显不同，并且有抗奶会对幼龄犊牛瘤胃中的细菌群落产生很大的影响，但对 6 月龄犊牛的瘤胃细菌菌群结构影响较小。本研究通过微宏基因组组学技术，研究了 *β*-内酰胺类抗生素有抗奶干扰后犊牛生长及瘤胃菌群的基本组成分布。本研究结果阐述了饲喂 *β*-内酰胺类抗生素有抗奶对犊牛瘤胃菌群的影响，为有抗奶的利用和改善犊牛健康提供了一定的理论依据。

关键词：犊牛；瘤胃；有抗奶；菌群；宏基因组

---

　*　基金项目：黑龙江省自然基金"*β*-内酰胺类有抗奶对犊牛瘤胃菌群结构、耐药基因影响机制"（C2017044）；垦区奶牛提质增效关键技术研究与示范（HNK135-04-02）

　**　第一作者简介：王璐（1995—），女，黑龙江伊春人，硕士研究生，研究方向为反刍动物营养，E-mail：838777892@qq.com

　#　通讯作者：曲永利，教授，博士生导师，E-mail：Ylqu007@126.com

丙氨酰谷氨酰胺对脂多糖诱导的肉牛小肠上皮细胞屏障功能及炎症的影响*

张相伦** 赵红波 刘倚帆 谭秀文 游伟 刘桂芬
刘晓牧 魏晨 靳青 万发春#

（山东省农业科学院畜牧兽医研究所，山东省畜禽疫病防治与繁育重点实验室，
山东省肉牛生产性能测定中心，济南 250100）

摘要：小肠是营养物质消化和吸收的重要场所，也是抵御外来病原体或有害因子入侵的重要保护屏障。在犊牛阶段，由于消化系统和胃肠道发育尚不完全，饲粮中养分不能完全消化和吸收，易引起应激反应。因此，保障犊牛胃肠道健康对于提高生产性能、降低发病率具有重要意义。谷氨酰胺（Gln）是一种条件性必需氨基酸，是上皮细胞和免疫细胞等细胞的重要营养因子，参与各种生理过程，包括能量代谢、蛋白质合成、信号传导等。此外，在肠道发育及营养调控方面，Gln 可通过促进肠细胞增殖、调节紧密连接蛋白表达、抑制炎症反应等，缓解细胞应激，降低细胞凋亡。但是，Gln 因其溶解度和稳定性低等因素受到应用限制。丙氨酰谷氨酰胺（Ala-Gln）是 Gln 的二肽形式，具有较好的溶解性和稳定性，且在免疫调节、炎症等方面具有较好的营养调控效果，但在肉牛方面的应用报道还较少。基于此，本研究以肉牛小肠上皮细胞为研究对象，探讨 Ala-Gln 对脂多糖（LPS）诱导的肠道屏障和炎症反应的调控作用及机制，以期为 Ala-Gln 的应用提供参考依据。用基础培养液制备细胞悬着液，调整细胞浓度为 5×10^4 个/mL，接种于 25 cm² 培养瓶中。待细胞汇合至 80% 时，更换培养液。1 组为对照组，正常培养细胞；2 组为 LPS 组，用 1 μg/mL LPS 处理细胞 24 h；3～7 组在 LPS 处理 24 h 后更换为 Ala-Gln 培养液，浓度分别为 0.25、0.5、1.0、2.0 和 4.0 mmol/L，检测各项指标变化。结果表明：1)与对照组相比，LPS 处理组细胞活性显著降低，降至 66.87%。与 LPS 组相比，Ala-Gln 组的细胞存活率显著提高，分别为 101.39%、102.06%、111.78%、131.50% 和 128.60%（$P < 0.05$）。2)LPS 组细胞的白介素（IL）-6 和 IL-8 含量显著提高，随着 Ala-Gln 浓度的提高，IL-6 和 IL-8 含量显著降低，且呈剂量效应（$P < 0.05$）。3)与对照组相比，LPS 组 TNF-α、IL-6 和 IL-8 的 mRNA 表达量显著提高，紧密连接蛋白（OCLN、CLDNA 和 ZO-1）的 mRNA 表达量显著降低（$P < 0.05$）。添加 Ala-Gln 显著降低了 NF-κB、TNF-α、IL-6 和 IL-8 的 mRNA 表达量，显著提高 OCLN、CLDN 和 ZO-1 的 mRNA 表达量（$P < 0.05$）。4)蛋白定量结果表明，LPS 处理组 IL-8 的蛋白表达显著提高，OCLN 的蛋白表达显著降低（$P < 0.05$）。Ala-Gln 较 LPS 组的 IL-8 的蛋白表达显著降低，OCLN 和 ZO-1 的蛋白表达显著提高（$P < 0.05$）。Ala-Gln 可以缓解 LPS 诱导的肉牛小肠上皮细胞炎症反应，并通过调节紧密连接蛋白表达提高屏障功能。

关键词：丙氨酰谷氨酰胺；脂多糖；肉牛；小肠上皮细胞；屏障功能；炎症

---

* 基金项目：山东省自然科学基金（ZR2017BC043）；国家自然科学基金（31501979）；现代农业（肉牛牦牛）产业技术体系建设专项资金（CARS-37）

** 第一作者简介：张相伦（1990—），男，山东莒县人，博士研究生，从事反刍动物营养研究，E-mail：xianglunzhang@163.com

通讯作者：万发春，研究员，E-mail：wanfc@sina.com

二乙烯三胺/一氧化氮聚合物诱导奶牛外周血单个核细胞损伤模型的建立*

郑亚光　齐敬宇　张博綦　史彬林　闫素梅#

（内蒙古农业大学动物科学学院，呼和浩特 010018）

摘要：本试验旨在利用二乙烯三胺/一氧化氮聚合物（DETA/NO）作为 NO 供体，以细胞存活率和抗氧化指标作为判断依据，建立奶牛外周血单个核细胞（peripheral blood mononuclear cell，PBMC）的氧化损伤模型。试验分 2 组进行。试验 1 采用单因子完全随机试验设计，以不同浓度的（0、50、100、200、300、500 $\mu mol/L$）DETA/NO 作为刺激源，分别作用细胞 2、4、6、8、12 h，通过测定细胞存活率，初步确定适宜的作用时间，PBMC 通过密度梯度离心方法获得，并通过 CCK-8（Cell Counting Kit-8）法测定细胞存活率。本试验以细胞存活率控制在 70%～80% 作为判断标准，试验结果表明，所有处理组中细胞存活率在判断标准范围内的 DETA/NO 作用浓度与作用时间分别是：50 $\mu mol/L$ 作用 8 h 或 12 h，PBMC 存活率分别为 76.8% 和 75.8%；200 $\mu mol/L$ 作用 4 h，PBMC存活率为 72.3%；500 $\mu mol/L$ 作用 2 h，PBMC 存活率为 79.5%。考虑到细胞的耐受性以及试验的便利性，试验 1 得出 4 h 可以作为 DETA/NO 后续试验的适宜作用时间。试验 2 以不同浓度的（0、50、100、200、300、500 $\mu mol/L$）DETA/NO 作为刺激源，依据抗氧化、炎症因子相关指标进一步筛选出适宜的 DETA/NO 处理浓度。通过试验 2 的结果可以看出，与对照组相比，当 DETA/NO 作用时间为 4 h、浓度为 100～500 $\mu mol/L$ 时，即可引起 SOD、CAT、GPx 活性显著下降，MDA 活性显著升高（$P<0.05$）；当 DETA/NO 作用时间为 4 h、浓度为 50 $\mu mol/L$ 时，即可引起 NO、IL-6、TNF-α 含量显著上升（$P<0.05$）。如前所述，引起细胞存活率达到 70%～80% 时的 DETA/NO 浓度为 200 $\mu mol/L$、作用时间为 4 h，因此结合以上抗氧化与炎性因子指标的结果可以得出，以 DETA/NO 为外源刺激作用 PBMC 时，当其作用剂量为 200 $\mu mol/L$、作用时间为 4 h，即可引起细胞的氧化应激损伤和抗氧化活性降低，并增强炎症反应。结果表明，200 $\mu mol/L$ 的 DETA/NO 作用 4 h 可以作为建立奶牛 PBMC 氧化损伤模型的适宜剂量和作用时间。

关键词：奶牛外周血单个核细胞；二乙烯三胺/一氧化氮聚合物；氧化损伤

＊ 基金项目：国家自然科学基金（31672463）
通讯作者：闫素梅，教授，博士生导师，E-mail：yansmimau@163.com

氧化应激对奶牛小肠上皮细胞赖氨酸、蛋氨酸吸收转运的影响[*]

孔令联[1][**] 李东平[1] 刘东鑫[1] 崔艳军[1] 吴文旋[2] 熊江林[3] 王翀[1][#] 茅慧玲[1][#]

(1.浙江农林大学动物科技学院动物营养研究所,杭州 311300;2.贵州大学动物科学学院,贵阳 550025;3.武汉轻工大学动物科学与营养工程学院,武汉 430023)

摘要:本试验旨在研究氧化应激对奶牛小肠上皮细胞赖氨酸、蛋氨酸转运的影响。用不同浓度(50、100、200、400、800 μmol)H_2O_2 分别作用于奶牛小肠上皮细胞,用噻唑蓝(MTT)法测定细胞存活率,氯化硝基四氮唑蓝(NBT)法测定细胞内活性氧(ROS)含量,比色法测定乳酸脱氢酶(LDH)、超氧化物歧化酶(SOD)和谷胱甘肽过氧化物酶(GSH-Px)活性,建立体外氧化应激模型;在氧化应激模型中添加不同比例的赖氨酸、蛋氨酸(0、2:1、3:1、4:1、5:1),收集细胞,提取总 RNA,运用实时荧光定量 PCR 技术,检测不同处理条件下奶牛小肠上皮细胞赖氨酸、蛋氨酸转运载体(CAT1、ASCT2、y^+LAT1、$b^{0,+}$AT)的 mRNA 相对表达量。结果表明:1)200 $\mu mol/L$ H_2O_2 作用奶牛肠上皮细胞 2 h,细胞存活率(64.03%)相对于对照组显著降低($P<0.05$),细胞内 ROS 含量和培养液中 LDH 活性显著上升($P<0.05$),细胞内 SOD 和 GSH-Px 活性较对照组均显著降低($P<0.05$),此条件下可成功构建氧化应激模型。2)氧化应激显著降低了氨基酸转运载体 CAT1、ASCT2、$b^{0,+}$AT 的相对表达量($P<0.05$),但对 y^+LAT1 表达的影响不显著。3)培养液中添加不同比例的赖氨酸、蛋氨酸(0、2:1、3:1、4:1、5:1),相对于氧化应激对照组,氨基酸转运载体 CAT1、ASCT2、y^+LAT1、$b^{0,+}$AT 的相对表达量均呈上升趋势,且在赖氨酸、蛋氨酸比例为 4:1 时表达量最高($P<0.05$)。由此可见:1)200 $\mu mol/L$ H_2O_2 作用奶牛小肠上皮细胞 2 h,可成功构建以过氧化氢为诱导剂的奶牛小肠上皮细胞氧化损伤模型。2)氧化应激显著降低了奶牛肠上皮细胞转运载体 ASCT2、CAT1、$b^{0,+}$AT 的 mRNA 表达量;添加一定比例的赖氨酸和蛋氨酸会在一定程度上缓解氧化应激对载体 mRNA 表达量的影响,且在赖氨酸、蛋氨酸比例为 4:1 时效果最显著。

关键词:过氧化氢;奶牛小肠上皮细胞;氧化应激模型;氨基酸转运载体

---

[*] 基金项目:浙江省基础公益研究计划项目(LY18C170002);杨胜先生门生社群项目(B2016017,C2016042)
[**] 第一作者简介:孔令联(1990—),男,山东济宁人,硕士研究生,研究方向为反刍动物营养,E-mail:1070637758@qq.com
[#] 通讯作者:王翀,E-mail:wangcong992@163.com;茅慧玲,E-mail:yangcaimei2012@163.com

短链脂肪酸和 G 蛋白偶联受体 41 基因沉默
对奶牛瘤胃上皮细胞增殖的影响*

詹康[1,2]**　贡笑笑[1,2]　姜茂成[1,2]　赵国琦[1,2,3,4]#

（1.扬州大学动物科学与技术学院,扬州 225009;2.扬州大学动物培养物保藏应用研究所,
扬州 225009;3.扬州大学农业科技发展研究院,扬州 225009;4.扬州大学教育部
农业与农产品安全国际合作联合实验室,扬州 225009）

摘要: 短链脂肪酸(short chain fatty acids,SCFAs)对反刍动物瘤胃上皮增殖发育的调节扮演至关重要的作用。此外,SCFAs 对奶牛瘤胃上皮细胞(bovine rumen epithelial cells,BRECs)增殖调控潜在的调节机制仍然未被报道。然而,之前的研究已经证明 G 蛋白偶联受体 41(G protein-coupled receptor 41,GPR41)作为 SCFAs 受体,这暗示 SCFAs 对 BRECs 增殖调控可能通过 GPR41 介导。因此,这个研究的目的是为了调查 SCFAs 和 GPR41 对 BRECs 增殖调控的分子机制研究。对照组培养基孵育 BRECs,试验组添加 10 mmol/L SCFAs 培养 BRECs、正常培养基孵育 GPR41 基因沉默的 BRECs(GPR41KD BRECs)和添加 10 mmol/L SCFAs 培养 GPR41KD BRECs,各自培养 24 h,每个组 3 个重复。结果表明:1)培养 24 h 和 48 h,添加 SCFAs 抑制了 BRECs 增殖。与对照组相比,添加 10 mmol/L SCFAs 显著抑制 BRECs 的增殖($P<0.05$)。与对照组相比,GPR41KD BRECs 极显著抑制了增殖($P<0.01$)。添加 10 mmol/L SCFAs 之后,GPR41KD BRECs 没有任何增殖能力。2)与对照组相比,添加 10 mmol/L SCFAs 孵育 BRECs 和 GPR41KD BRECs 之后,在 G1 期含有更多的细胞,在 S 期含有更少的细胞($P<0.01$)。3)与对照组相比,10 mmol/L SCFAs 孵育 BRECs 和未孵育的 GPR41KD BRECs 极显著加强细胞周期依赖性激酶抑制子 1A(cyclin-dependent kinase inhibitors 1A,CDKN1A)的表达量($P<0.01$),但是,下调细胞周期依赖性激酶 2 (cyclin-dependent kinase 2,CDK2)表达量。4)与对照组相比,10 mmol/L SCFAs 孵育 BRECs 之后,组蛋白去乙酰化酶 7 (histone deacetylase 7,HDAC7)被极显著下调($P<0.01$),但是 GPR41KD BRECs 并未改变 HDAC7 的表达量。有趣的是,与添加 10 mmol/L SCFAs 孵育 BRECs 相比,添加 10 mmol/L SCFAs 孵育 GPR41KD BRECs 显著下调 HDAC7 的表达量($P<0.05$)。与对照组相比,GPR41KD BRECs 显著下调组蛋白去乙酰化酶 8 (histone deacetylase 8,HDAC8)的表达量($P<0.05$),但是,10 mmol/L SCFAs 孵育 BRECs 之后并未改变 HDAC8 的表达量。由此可见,SCFAs 对 BRECs 增殖调控并不是通过 GPR41 的介导,但是,SCFAs 和 GPR41 对 BRECs 增殖抑制的作用是涉及 CDKN1A 上调和 CDK2 和 HDAC7 下调。

关键词: 奶牛瘤胃上皮细胞;短链脂肪酸;G 蛋白偶联受体 41;增殖

* 基金项目:现代农业产业技术体系专项(CARS-36);国家自然科学基金项目(31572430)
** 第一作者简介:詹康(1988—),男,江苏南京人,博士研究生,从事动物分子营养研究,E-mail:zhankang0305@163.com
\# 通讯作者:赵国琦,教授,博士生导师,E-mail:gqzhao@yzu.edu.cn

内蒙古部分地区荷斯坦奶牛乳成分及体细胞差异分析[*]

徐腾腾[1][**]　敖长金[1][#]　王丽芳[2][#]

（1. 内蒙古农业大学动物科学学院，呼和浩特 010018；2. 内蒙古
农牧业科学院动物营养研究所，呼和浩特 010031）

摘要：内蒙古因其地广人稀、水草丰美，自古以来就是畜牧业发展规模较大的省份，饲养荷斯坦奶牛的普及也让内蒙古变成产奶大省。因地域辽阔，不同地区气候条件、饲料来源、规模化养殖不尽相同，导致荷斯坦奶牛乳品质差异较大。本试验旨在研究内蒙古部分地区荷斯坦奶牛乳成分及体细胞的差异。选取呼伦贝尔市、兴安盟、通辽市、赤峰市、锡林郭勒盟 5 个地区多个牧场，全年不同时间点多次采样，计算全年平均乳成分及体细胞差异。结果表明：1)相较于其他地区，呼伦贝尔市奶牛场蛋白质含量最高(4.17%)，且差异极显著($P<0.001$)；2)对于乳脂肪含量，呼伦贝尔(4.17%)和兴安盟(4.14%)地区较其他地区高，而且乳脂肪以呼伦贝尔为最高($P<0.001\ 2$)，差异极显著($P<0.001$)。3)对于非脂乳固体，兴安盟地区显著高于其他地区，差异极显著($P<0.01$)。4)对于体细胞，兴安盟(33.8 万/mL)与呼伦贝尔市(33.57 万/mL)极显著高于其他地区($P<0.005$)。由此可见，呼伦贝尔市、兴安盟、通辽市、赤峰市、锡林郭勒盟地区荷斯坦奶牛乳成分及体细胞数方面存在极显著差异。原因可能是地理差异，饲草原料差异、全年气候差异、养殖管理差异导致各地区奶牛乳成分及体细胞出现极显著差异。呼伦贝尔草原地势东高西低，海拔在 650～700 m，全年气温冬暖夏凉，年平均温度基本上在 0℃ 以下，规模化养殖上主要饲喂羊草、青贮。兴安盟草原海拔高度 150～1 800 m，山地和丘陵占 95% 左右，平原占 5% 左右。四季分明，寒暑悬殊。主要饲喂羊草、青贮。通辽市海报高度 120～1 300 m，年平均气温 0～6℃。主要饲喂青贮玉米、羊草。赤峰市南北山地丘陵区，东西平原区，海拔 300～2 000 m，年平均气温 0～7℃。主要饲喂青贮玉米、羊草。锡林郭勒盟兼有多种地貌海拔在 800～1 800 m，年平均气温 0～3℃。主要饲喂羊草、青贮玉米。

关键词：蛋白质；脂肪；非脂乳固体；体细胞；青贮玉米，羊草

---

　* 基金项目：内蒙古农牧业科学院创新基金项目(2017CXJJM09)

　** 第一作者简介：徐腾腾(1993—)，男，内蒙古通辽市科左中旗人，硕士研究生，动物营养与饲料科学专业，E-mail：13190601497@163.com

　# 通讯作者：敖长金，教授，博士生导师，E-mail：changjinao@aliyun.com；王丽芳，副研究员，E-mail：wanglifang100008@163.com

丁酸对奶牛瘤胃上皮细胞增殖的影响

张继友[1]*　　姜茂成[2,3]*　　詹康[2,3]

(1. 南京农业大学动物科技学院,南京 210000;2. 扬州大学动物科学与技术学院,扬州 225009;
3. 扬州大学动物培养物保藏应用研究所,扬州 225009)

摘要:本试验旨在探究不同浓度的丁酸对奶牛瘤胃上皮细胞增殖能力相关基因表达的影响。本试验分为 4 个试验组,分别添加 0、10、20、40 mmol/L 的丁酸,每组 3 个重复,连续培养 6 天,每天使用 CCK-8 试剂盒检测细胞生长曲线;重复上述试验操作,培养 24 h 后,收集细胞提取细胞总 RNA。结果表明:1)在添加不同浓度丁酸条件下,随着丁酸浓度的升高,细胞增殖能力受到抑制。2)在添加不同浓度丁酸条件下,各试验组组蛋白去乙酰化酶 1(histone deacetylase,HDAC1)的表达量无显著性差异($P > 0.05$);添加不同浓度丁酸后,其中 10、20、40 mmol/L 试验组 HDAC7、HDAC8 的表达量显著下调($P < 0.05$)。3)在添加不同浓度丁酸条件下,各试验组细胞周期依赖性蛋白激酶抑制子 1B(cyclin-dependent protein kinases 1B,CDKN1B)的表达量无显著性差异($P > 0.05$);添加不同浓度丁酸后,其中 10、20 和 40 mmol/L 试验组细胞周期依赖性蛋白激酶抑制子 1A(cyclin-dependent protein kinases 1A,CDKN1A)的表达量显著高于对照组($P < 0.05$)。4)在添加不同浓度丁酸条件下,其中 10、20 和 40 mmol/L 试验组生长阻滞和 DNA 损伤基因 45(growth arrest and DNA damage gene 45,GADD45G)的表达量显著高于对照组($P < 0.05$)。由此可见,丁酸抑制奶牛瘤胃上皮细胞增殖涉及 CDKN1A 上调和 HDAC7 和 HDAC8 的下调。

关键词:丁酸;瘤胃上皮细胞;细胞增殖

* 共同第一作者简介:张继友(1993—),男,江苏连云港人,硕士研究生,主要从事反刍动物营养研究,E-mail:njauzjy@163.com;姜茂成(1993—),男,安徽芜湖人,硕士研究生,主要从事动物分子营养研究,E-mail:jmcheng1993@163.com

第七部分

水产、特产动物、实验动物、
宠物等饲料营养

蚕豆饲料对草鱼生长性能、肌肉品质和胶原蛋白基因表达的影响*

姜维波** 许晓莹 李小勤 马敏 徐祯 冷向军#

（上海海洋大学水产与生命学院水产科学国家级教学示范中心，农业部
鱼类营养与环境生态研究中心，水产动物遗传育种中心
上海市协同创新中心，上海 201306）

摘要：本实验旨在研究蚕豆饲料对草鱼生长性能、肌肉品质和胶原蛋白基因表达的影响。设置 5 组实验饲料，包括配合饲料组（粗蛋白质 27.5%，粗脂肪 2.5%）、浸泡蚕豆组、80%蚕豆＋20%豆粕和米糠的蚕豆饲料 1 组，及在蚕豆饲料 1 组中分别补充蛋氨酸（蚕豆饲料 2 组）、蛋氨酸＋维生素＋矿物质等（蚕豆饲料 3 组），饲养平均体重[（171.97±1.01）g]的草鱼 225 尾（每组 3 个重复，每个重复 15 尾）。草鱼饲养于 1.5 m×1.2 m×1.2 m 的网箱中，试验期为 84 天；其中，浸泡蚕豆组在饲喂时，先将干蚕豆浸泡 24 h 并切碎。结果表明：1）与浸泡蚕豆组相比，各蚕豆饲料组均显著提高了草鱼的增重率（$P<0.05$），降低了饲料系数（$P<0.05$）；其中蚕豆饲料 3 组增重率及饲料系数达到与配合饲料组基本一致的水平（$P>0.05$），而蚕豆饲料 1、2 组草鱼的增重率仍显著低于配合饲料组（$P<0.05$），饲料系数显著高于配合饲料组（$P<0.05$）。2）与配合饲料组相比，各蚕豆饲料组草鱼的肌肉水分含量与肌肉蒸煮失水率均有显著降低（$P<0.05$），蚕豆饲料 3 组肌肉冷冻失水率亦显著降低（$P<0.05$）；各蚕豆饲料组草鱼肌肉和皮肤胶原蛋白含量显著增加（$P<0.05$），肌纤维密度显著提高（$P<0.05$），其中蚕豆饲料 3 组草鱼肌肉、皮肤胶原蛋白含量显著高于蚕豆饲料 1、2 组（$P<0.05$），达到浸泡蚕豆组草鱼的水平，而该组草鱼肌纤维密度较蚕豆饲料 1、2 组有显著的降低（$P<0.05$）。3）各处理组草鱼肥满度无显著差异（$P>0.05$），其肌肉在粗蛋白质、粗灰分、总氨基酸、总必需氨基酸及总非必需氨基酸含量上差异均不显著（$P>0.05$）。4）各蚕豆饲料组草鱼肌肉与皮肤中 COL1A1 和 COL1A2 mRNA 的相对表达量均显著高于对照组（$P<0.05$），其变化趋势与胶原蛋白含量呈正相关；但肝脏中 2 个基因 mRNA 的相对表达量在各组间无显著差异（$P>0.05$）。综合上述结果，草鱼摄食以蚕豆为主要原料的配合饲料，较传统的饲喂浸泡蚕豆有助于提高草鱼生长性能；较投喂普通配合饲料能够改善肌肉品质，提高肌肉和皮肤中的胶原蛋白含量和胶原蛋白基因的相对表达量；其中，以添加蛋氨酸、维生素、矿物质等的蚕豆配合饲料效果最好。

关键词：蚕豆；草鱼；生长性能；肌肉品质；胶原蛋白

　＊ 基金项目：国家自然科学基金项目（31772825）

　＊＊ 第一作者简介：姜维波（1994—），男，江苏泰州人，硕士研究生，研究方向为水产动物营养与饲料学，E-mail：will.jiang.1994@gmail.com

　＃ 通讯作者：冷向军，教授，博士生导师，E-mail：xjleng@shou.edu.cn

低鱼粉饲料中添加蛋白酶、碳水化合物酶和有机酸盐对凡纳滨对虾生长、营养物质利用、消化酶活性和肠道组织结构的影响 *

姚文祥[1]** 李小勤[1] M. A. Kabir Chowdhury[2] 王靖[1] 高擘为[1] 冷向军[1,3,4]#

（1. 上海海洋大学水产与生命学院，上海 201306；2. JEFO Nutrition Inc.，Quebec J2S 7B6，
Canada；3. 农业部鱼类营养与环境生态研究中心，上海 201306；4. 上海海洋大学
水产动物遗传育种中心上海市协同创新中心，上海 201306）

摘要：本试验旨在探究低鱼粉饲料中添加蛋白酶、复合碳水化合物酶和微囊复合有机酸盐对凡纳滨对虾（*Litopenaeus vannamei*）生长、营养物质利用、消化酶活性、肠道组织学的影响。共设计 9 组等氮等能饲料（蛋白质 39.2%，能量 17.7 kJ/g）：鱼粉含量 20% 的正对照组、鱼粉含量 10% 的负对照组（豆粕和肉骨粉等蛋白替代鱼粉，同时补充微囊赖氨酸、蛋氨酸，胆固醇达到正对照饲料一致水平），单独或复合添加 175 mg/kg 蛋白酶（P）、100 mg/kg 复合碳水化合物酶（C）、825 mg/kg 复合有机酸盐（O）（P，C，O，P+C，P+O，O+C，P+O+C）。每组饲料设置 4 个平行（网箱，1.5 m×1.2 m×1.2 m），每网箱养殖初始体重为（2.12±0.05）g 的凡纳滨对虾 40 尾，养殖用水为沉淀过滤池塘水（淡水）。养殖试验共进行 7 周。结果表明：各试验组对虾存活率为 90.33%～93.25%，且无显著差异（$P>0.05$）；正对照组具有最大增重率（529.6%）和最低饲料系数（1.20），而负对照组的增重率最低（382.1%），饲料系数最高（1.55）；在负对照饲料中单独或复合补充酶制剂和有机酸盐后，增重率较负对照组显著提高（$P<0.05$）、饲料系数显著降低（$P<0.05$），但未达到正对照组一致水平。各处理组蛋白质消化率均较负对照组显著提高（$P<0.05$）。添加有蛋白酶的各处理组干物质消化率和胰腺蛋白酶活性较负对照组显著提高（$P<0.05$）。添加有碳水化合物酶的各处理组，对虾肝胰腺淀粉酶活性较负对照组显著提高（$P<0.05$）。添加有微囊有机酸盐的各处理组中肠微绒毛高度较负对照组显著提高（$P<0.05$）。各组全虾水分、粗蛋白质、粗脂肪、粗灰分含量、肝胰腺脂肪酶活性、肠绒毛宽度、肌层厚度均无显著差异（$P>0.05$）。以上结果表明，在含 10% 鱼粉的饲料中单独和复合补充蛋白酶、复合碳水化合物酶、微囊复合有机酸盐，均可改善凡纳滨对虾生长性能，其中 P+O+C 组改善生长、提高营养物质利用的效果较好，但仍不能达到正对照组一致水平。

关键词：蛋白酶；碳水化合物酶；微囊有机酸盐；南美白对虾

---

* 基金项目：国际合作项目（D-8006-13-0025）
** 第一作者简介：姚文祥（1992—），男，江西抚州人，硕士研究生，从事水产养殖研究，E-mail：2642066807@qq.com
# 通讯作者：冷向军，教授，博士生导师，E-mail：xjleng@shou.edu.cn

高植物蛋白饲料引发花鲈糖脂代谢紊乱
和肝脏功能障碍[*]

张颖[1,3**]　梁晓芳[1]　陈沛[1]　吴秀峰[1]　郑银桦[1]　薛敏[1,2#]

(1. 中国农业科学院饲料研究所，国家水产饲料安全评价基地，北京 100081；2. 农业部饲料生物技术重点开放实验室，北京 100081；3. 东北农业大学动物科学技术学院，哈尔滨 150030)

摘要：本试验旨在研究混合植物蛋白替代饲料中鱼粉对花鲈糖脂代谢以及肝细胞炎症、抗氧化性能和凋亡的影响。选取大小均匀的健康花鲈 480 尾［初始体重为（10.4±0.01）g］，随机分为 2 组（每组 8 个重复，每个重复 30 尾）。分别设计 2 组等氮、等能试验饲料，鱼粉组（FM）中鱼粉使用量为 54%，植物蛋白组（PPB100）饲料用大豆浓缩蛋白和棉籽浓缩蛋白以 1:1.66 的比例替代 FM 饲料中的全部鱼粉，试验期为 10 周，饥饿 24 h 后取样。结果表明：1）PPB100 组肝体比显著升高，且血浆肝功标志物 ALT、AKP 显著升高；肝脏匀浆抗氧化酶 AOC、GSH-Px 显著降低（$P<0.05$），肝脏组织切片显示肝细胞空泡化；血浆胆固醇水平下降，但 HDL/TC 以及肝匀浆 TC 含量显著高于 FM 组（$P<0.05$）。2）PPB100 组血糖和肝糖原显著低于 FM 组（$P<0.05$）；与之对应，肝脏糖酵解相关酶 HK、PK 的 mRNA 表达量显著上调（$P<0.05$）；除此之外，胆固醇合成关键酶 HMGCR、APOB；脂肪酸合成关键酶 FAS、ACC1 和脂肪沉积标志物 PPARγ 的 mRNA 表达量显著上调（$P<0.05$），而胆汁酸合成关键酶 CYP7A1、SHP 的表达量显著下调（$P<0.05$），说明肝组织中胆固醇代偿性合成增加，而胆汁酸合成不足是摄食 PPB 饲料花鲈脂肪肝主要诱因。3）PPB 组花鲈肝脏炎症细胞因子 TNF-α、IL-1β 以及凋亡因子 caspase-8、caspase-9 的 mRNA 表达量显著上调（$P<0.05$）；免疫荧光及 Western blot 分析表明 TNF-α/IL-1β 刺激 p65NF-κB 入核激活是导致肝细胞凋亡的主要原因，而与 p65NF-κB 磷酸化无关。p65NF-κB 激活抑制 JNK 信号通路的磷酸化，是维持花鲈肝细胞存活而未向纤维化及坏死进一步恶化的关键原因。

关键词：植物蛋白；鱼粉；花鲈；胆固醇；脂肪肝；细胞凋亡

[*]　基金项目：国家重点研发计划项目（2016YFF0201800）；国家重点基础研究发展计划项目（2014CB138600）；北京市现代农业产业技术体系（BAIC08-2018）；中国农业科学院创新工程项目（CAAS-ASTIP-2018-FRI-08）

[**]　第一作者简介：张颖（1994—），女，内蒙古乌海人，硕士研究生，研究方向为水产动物营养与饲料科学，E-mail：455534398@qq.com

[#]　通讯作者：薛敏，研究员，博士生导师，E-mail：xuemin@caas.cn

不同蛋白源饲料对草鱼生长性能及摄食调控的影响[*]

梁晓芳[1][**]　于晓彤[1]　薛敏[1][#]　吴秀峰[1]　郑银桦[1]　秦玉昌[2][#]

(1. 中国农业科学院饲料研究所,国家水产饲料安全评价基地,北京 100081;

2. 中国农业科学院北京畜牧兽医研究所,北京 100193)

摘要:本试验旨在研究不同蛋白源饲料对草鱼生长性能及摄食调控的影响。设计等氮等能的 2 种饲料,分别为以秘鲁鱼粉为唯一蛋白源的鱼粉组(FM)和以豆粕和大豆浓缩蛋白完全替代鱼粉的混合植物蛋白组(PPB)。随机选取初始体重为(153.4±0.3)g 的草鱼分为 2 组,每组 3 个重复,每个重复 20 尾,饲喂 7 周后采集餐后 24 h 的血浆及下丘脑、食道、肠道样品。结果表明:PPB 组草鱼终末体重、增重率和特定生长率显著高于 FM 组,饲料系数显著降低($P<0.05$)。统计每周摄食量,1~3 周 PPB 组显著低于 FM 组,而 5~7 周显著高于 FM 组($P<0.05$),FM 组草鱼后期出现厌食现象。外周和中枢摄食调控基因 mRNA 水平表达量表明,PPB 组食道和中肠抑食因子 leptin 均显著低于 FM 组($P<0.05$),同时下丘脑中抑制食欲神经肽 POMC 和 PYY 显著下调,促食欲肽 AgRP 表达显著上调($P<0.05$)。相似趋势从代谢水平得到验证,餐后 24 h PPB 组血浆促食欲激素 ghrelin,NPY 和抑制食欲激素 leptin 分别显著高于和低于 FM 组($P<0.05$)。由此可见,外周和中枢神经系统相关食欲因子的差异调控是 FM 组草鱼产生厌食和 PPB 组草鱼积极索食的主要原因,长期摄入高鱼粉饲料引起的厌食现象导致草鱼生长性能的下降。进一步对肠道味觉受体进行 mRNA 定量发现,鲜味受体 T1R3 在植物蛋白组出现下调($P<0.05$),因此后期草鱼对鲜味感知能力下降是其可以初步适应摄食全植物蛋白饲料的主要原因。

关键词:草鱼;鱼粉;植物蛋白源;生长性能;摄食调控;味觉受体

* 基金项目:国家重点研发计划项目(2016YFF0201800);国家重点基础研究发展计划项目(2014CB138600);北京市现代农业产业技术体系(BAIC08-2018);中国农业科学院创新工程项目(CAAS-ASTIP-2017-FRI-08)

** 第一作者简介:梁晓芳(1988—),女,山东威海人,博士研究生,研究方向为水产动物营养与饲料安全,E-mail: liangxiaofanglxf@163.com

通讯作者:薛敏,研究员,博士生导师,E-mail: xuemin@casa. cn;秦玉昌,研究员,博士生导师,E-mail: qinyuchang@caas. cn

低聚壳聚糖对中华绒螯蟹生长和
非特异性免疫能力的影响

张干[1*]　张瑞强[1]　令狐克川[1]　姜滢[2]　周维仁[3]　周岩民[1**]

（1.南京农业大学动物科技学院，南京 210095；2.江苏金康达集团，盱眙 211700；
3.江苏省农业科学院畜牧研究所，南京 210014）

摘要：中华绒螯蟹（*Eriocheir sinensis*）俗名河蟹，是我国的名优经济蟹类之一，其味道鲜美，营养丰富，深受广大消费者的青睐，在水产养殖中占有重要地位。低聚壳聚糖是由甲壳素经脱乙酰和蛋白质基得到的一类低聚糖，具有低甜度、低热值、水溶性好、生物活性高、易被动物机体吸收等特性。本试验旨在研究低聚壳聚糖对中华螯绒蟹生长性能、体成分、非特异性免疫及抗氧化能力的影响，为低聚壳聚糖在虾蟹类动物饲料中的合理应用提供参考依据。试验选用个体均匀、初均重为（16.20±1.30）g 的中华绒螯蟹 288 只，随机分为 4 组（每组 6 个重复，每个重复 12 只），饲养于循环系统养殖桶（直径 100 cm、高 80 cm）中，分别饲喂在基础饲料中添加 0、25、50 和 100 mg/kg 低聚壳聚糖的试验饲料，试验为期 56 天。结果显示：与对照组相比，50 mg/kg 和 100 mg/kg 低聚壳聚糖组中华螯绒蟹的增重率分别提高了 29.0% 和 41.5%，且提高了中华螯绒蟹的肝体比（HIS；$P<0.05$），显著降低了饵料系数（FCR；$P<0.05$）；与对照组相比，50 mg/kg 和 100 mg/kg 低聚壳聚糖组中华螯绒蟹的肌肉和可食内脏粗脂肪（EE）含量显著降低（$P<0.01$）；与对照组相比，中华螯绒蟹肌肉和可食内脏中超氧化物歧化酶（SOD）和过氧化氢酶（CAT）活性显著高于对照组（$P<0.05$）；与对照组相比，50 mg/kg 低聚壳聚糖组中华螯绒蟹碱性磷酸酶（AKP）和酚氧化酶（PO）的活力显著提高（$P<0.05$）；研究表明，饲料中添加低聚壳聚糖能够提高中华螯绒蟹肝体比，改善机体脂肪沉积，增强中华螯绒蟹的非特异性免疫力和抗氧化能力，降低饵料系数，且其适宜添加量为 50 mg/kg。

关键词：低聚壳聚糖；中华螯绒蟹；生长；非特异性免疫；抗氧化能力

＊　第一作者简介：张干（1994—），男，硕士研究生，动物营养与饲料科学专业，E-mail：zhangg7673@163.com

＃　通讯作者：周岩民，研究员，博士生导师，E-mail：zhouym6308@163.com

槲皮素对草鱼生长性能、非特异性免疫和肌肉品质的影响[*]

徐禛[1][**]　李小勤[1]　杨航[1]　梁高阳[1]　高擘为[1]　冷向军[1,2,3][#]

(1.上海海洋大学水产科学国家级实验教学示范中心,上海 201306;2.上海海洋大学
农业部鱼类营养与环境生态研究中心,上海 201306;3.上海海洋大学水产动物
遗传育种中心上海市协同创新中心,上海 201306)

摘要:本试验旨在考察槲皮素对草鱼生长性能、血清非特异性免疫和肌肉品质的影响。设置粗蛋白质水平为 32.5%,脂肪水平为 3.5% 的基础饲料(对照组),在基础饲料中分别添加 0.1、0.2、0.4、0.6、0.8 g/kg 槲皮素,饲养平均体重(13.3±0.09)g 的草鱼,共 6 个处理组,每处理组 3 个重复,每个重复 20 尾草鱼,养殖于 1.5 m×1.2 m×1.2 m 网箱中,共计 360 尾草鱼,饲养周期为 60 天。结果表明,养殖期间,各实验组草鱼生均长良好,没有死亡发生;添加 0.4 g/kg 槲皮素时,鱼体增重率最大(861.2%),较对照组提高了 4.73%,而饲料系数最低(1.33),较对照组降低了 0.06($P<0.05$);鱼体增重率和饲料系数与槲皮素添加量呈二次曲线关系,在槲皮素添加量为 0.37 mg/kg 时,草鱼具有最大增重率(860.83%)和最低饲料系数(1.33);添加 0.2、0.4 g/kg 槲皮素显著降低草鱼肠脂比($P<0.05$);各处理组肥满度、脏体比、肝体比无显著差异($P>0.05$)。在血清非特异性免疫方面,添加 0.4~0.8 g/kg 槲皮素显著提高了血清碱性磷酸酶活性($P<0.05$);添加 0.4、0.6 g/kg 槲皮素显著提高了超氧化物歧化酶活性($P<0.05$);而各处理组血清丙二醛和溶菌酶含量无显著影响($P>0.05$)。在肌肉品质方面,0.2 g/kg 槲皮素组总必需氨基酸、总非必需氨基酸含量显著高于对照组($P<0.05$),0.2~0.6 g/kg 槲皮素组鲜味氨基酸(包括 Asp、Glu、Gly、Ala 4 种氨基酸)含量显著高于对照组($P<0.05$),0.2 g/kg 和 0.6 g/kg 槲皮素组总氨基酸含量较对照组显著提高($P<0.05$);添加 0.2~0.6 g/kg 槲皮素显著降低了肌肉蒸煮失水率($P<0.05$),各处理组之间的冷冻失水率和离心失水率无显著差异($P>0.05$);随槲皮素添加量增加,肌肉胶原蛋白含量呈上升趋势,当添加量 0.4~0.8 g/kg 时,显著增加了肌肉胶原蛋白含量($P<0.05$);在肌肉组成上,各处理组肌肉水分、粗蛋白质、粗脂肪、灰分含量均无显著差异($P>0.05$);在肌肉组织学方面,各处理组肌纤维密度和直径差异不显著($P>0.05$)。本次试验表明,在饲料中添加槲皮素饲喂草鱼,能提高草鱼增重率、降低饲料系数、降低肠脂比、提高血清碱性磷酸酶和超氧化物歧化酶活性、提高肌肉胶原蛋白和氨基酸水平、降低肌肉蒸煮失水率;草鱼饲料中槲皮素的添加量建议为 0.4 g/kg。

关键词:槲皮素;草鱼;生长;非特异性免疫;肌肉品质

  * 基金项目:国家自然科学基金项目(31772825)

  ** 第一作者简介:徐禛(1992—),男,河北秦皇岛人,硕士研究生,研究方向为水产动物营养与饲料科学,E-mail:981428643@qq.com

  # 通讯作者:冷向军,教授,博士生导师,E-mail:xjleng@shou.edu.cn

固相载锌凹凸棒石对团头鲂肠道功能和微生物菌落的影响

张瑞强[1]* 　温超[1] 　陈跃平[1] 　刘文斌[1] 　姜滢[2] 　周岩民[1]**

(1. 南京农业大学动物科技学院，南京 210095；2. 江苏金康达集团，盱眙 211700)

摘要：锌(zinc，Zn)是动物生长必需的微量元素之一，参与动物机体的生长发育、生殖、免疫等生理过程。凹凸棒石(palygorskite，Pal)是一种具有链层状纤维晶体结构的含水富镁铝硅酸盐黏土矿物，具有较大的比表面积、优良的离子交换和吸附性能。固相载锌凹凸棒石(Zn-Pal)是利用固相离子熔融法在一定条件下将 Zn 负载于 Pal 而制成的一种含金属离子无机抗菌剂。本试验旨在研究 Zn-Pal(Zn 含量为 28.19 mg/g)对团头鲂肠道发育、抗氧化能力、Toll 样受体通路和微生物菌落的影响。将 480 尾健康规格一致的团头鲂随机分为 4 组，分别饲养在 12 个循环桶中，对照组饲喂无外源 Zn 添加剂的基础饲料(Zn 含量为 50.35 mg/kg)，试验组分别饲喂基础饲料额外添加 35、80、125 mg/kg Zn 水平的 Zn-Pal，正式试验为期 7 周，试验结束时每组分别采样 9 重复进行相关指标测定。结果显示饲料添加 Zn-Pal 能够增加团头鲂肠道长度(quadratic，$P=0.030$)和质量(linear，$P=0.047$)，提高后肠绒毛高度(linear，$P=0.034$；quadratic，$P=0.034$)和绒毛高度与隐窝深度比值(quadratic，$P=0.007$)，提高团头鲂肠道铜/锌-超氧化物歧化酶(Cu/Zn-SOD；linear，$P=0.027$)和过氧化氢酶(CAT；quadratic，$P=0.014$)活性，降低肠道食糜大肠杆菌属(linear，$P=0.011$)和气水单胞菌属(linear，$P=0.003$)数量；饲料添加 Zn-Pal 提高了团头鲂肠道 Cu/Zn-SOD 和 CAT mRNA 水平，降低了 TLR2(linear，$P=0.011$)、TLR4(linear，$P=0.007$)、TRAF6(linear，$P=0.003$)、NF-κB(linear，$P<0.001$；quadratic，$P=0.002$)、IL6(linear，$P=0.024$)和 TNF-α(quadratic，$P=0.018$)的 mRNA 水平，且适宜的添加量为 80 mg/kg Zn 水平的 Zn-Pal。由此可见，Zn-Pal 能够提高团头鲂肠道发育和抗氧化能力，调节肠道 Toll 样受体通路，改善肠道微生物菌落。

关键词：固相载锌凹凸棒石；肠道；抗氧化；Toll 样受体；微生物；团头鲂

---
* 第一作者简介：张瑞强(1991—)，男，安徽淮北人，博士研究生，动物营养与饲料科学专业，E-mail：zrq1034@163.com
# 通讯作者：周岩民，教授，博士生导师，E-mail：zhouym6308@163.com

胆固醇对生长中期草鱼生产性能及头肾、脾脏免疫能力的作用和作用机制[*]

姜维丹[1,2,3**]　王小中[1]　冯琳[1,2,3]　吴培[1,2,3]　刘扬[1,2,3]

曾芸芸[1,2,3]　姜俊[1,2,3]　周小秋[1,2,3#]

(1. 四川农业大学动物营养研究所,成都 611130;2. 四川农业大学鱼类营养与安全生产重点
实验室,成都 611130;3. 四川农业大学动物抗病营养教育部重点实验室,成都 611130)

摘要:本试验旨在研究胆固醇对生长中期草鱼生产性能及机体免疫器官(头肾、脾脏)免疫能力的作用及其机制。试验选取初始体重为(225.37 ± 0.43) g 的草鱼 540 尾,随机分为 6 个处理,每个处理 3 个重复,分别饲喂含胆固醇水平为 0.041%、0.334%、0.636%、0.932%、1.243% 和 1.526% 的饲粮 60 天,考察胆固醇对生长中期草鱼生产性能的影响;生长试验结束后,进行 14 天的嗜水气单胞菌攻毒试验,考察胆固醇对鱼类头肾和脾脏免疫能力的作用和作用机制。结果表明:1)与低水平的胆固醇(0.041%)比,饲粮中 0.334%～1.243% 的胆固醇显著提高了生长中期草鱼的采食量(FI)、饲料效率(FE)、增重%(PWG)和特异性生长率(SGR)($P<0.05$),表明适宜水平的胆固醇能够提高生长中期草鱼的生产性能。2)饲粮中低水平的胆固醇(0.041%)引起生长中期草鱼头肾瘀血、巨噬细胞增多和含铁血黄素沉着以及脾脏出血,高水平的胆固醇(1.526%)则引起头肾淤血、脾脏出血,而适宜水平的胆固醇(0.932%)则无这些病理症状。3)适宜水平胆固醇(0.636% 和 0.932%)显著提高了生长中期草鱼头肾和脾脏溶菌酶(LZ)和酸性磷酸酶(ACP)酶活力及补体 C3、C4 及免疫球蛋白(IgM)的含量($P<0.05$),显著上调抗菌肽铁调素(hepcidin)、肝脏表达抗菌肽 2A 和 2B(LEAP-2A 和 LEAP-2B)、β-防御素(β-defensin-1)和黏蛋白 2(mucin2)的 mRNA 水平($P<0.05$),提高了生长中期草鱼头肾和脾脏的抗菌能力。4)适宜水平的胆固醇(0.636% 和 0.932%)显著上调了生长中期草鱼头肾和脾脏的抗炎细胞因子白细胞介素 IL-4/13B、IL-10、IL-11、转化生长因子 β1(TGF-β1)、TGF-β2 及相关信号分子 TOR、S6K 的 mRNA 水平以及总 TOR 和 TOR 磷酸化水平,下调了头肾促炎细胞因子 IL-1β、IL-12p40 以及头肾和脾脏的 IL-12p35、IL-6、IL-8、IL-15、IL-17D、肿瘤坏死因子 TNF-α、干扰素 IFN-γ2、相关信号分子核转录因子-κB(NF-κB)p65、p52、c-Rel、抑制蛋白 κB 激酶 β(IKKβ)、IKKγ mRNA 水平及细胞核中 NF-κB p65 蛋白水平($P<0.05$),缓解了炎症反应。5)然而,胆固醇对脾脏促炎细胞因子 IL-1β 和 IL-12p40、头肾、脾脏抑炎细胞因子 IL-4/13A 和对头肾、脾脏 IKKα 的 mRNA 水平没有影响($P>0.05$)。由此可见,饲粮适宜水平胆固醇缓解了鱼类免疫器官(头肾、脾脏)的炎症反应,降低了炎性损伤,提高了免疫能力,促进了鱼类生长。以 PWG、头肾溶菌酶活力、脾脏酸性磷酸酶活力为标识确定生长中期草鱼(225～934 g)饲粮中胆固醇适宜水平分别为 0.721%、0.802% 和 0.772%。

关键词:草鱼;胆固醇;生产性能;免疫器官;免疫力

---

　* 基金项目:国家农业部公益项目(201003020);国家大宗淡水鱼产业技术体系草鱼营养需求与饲料(CARS-45);四川省重大科技成果转化示范(2015CC0011)

　** 第一作者简介:姜维丹(1982—),女,四川宜宾人,博士,副研究员,硕士研究生导师,动物营养与饲料科学专业,E-mail:WDJiang@sicau.edu.cn

　# 通讯作者:周小秋,教授,博士生导师,E-mail:zhouxq@sicau.edu.cn

基于抗菌肽和细胞因子表达水平研究齐墩果酸在体内外的抗肠炎机理[*]

薛宸宇[**]　汪陈思　徐欣瑶　李欣然　董娜[#]　单安山

（东北农业大学动物营养研究所,哈尔滨 150030）

摘要：齐墩果酸（oleanolic acid，OA ）是五环三萜类化合物,是一种天然产物化学成分,广泛分布于植物界,如青叶胆、女贞子、楤木等植物中,OA 以游离或结合成苷的形式存在。自 20 世纪 70 年代该药用于治疗肝炎以来,不断发现新的药理作用,临床上得到广泛应用,引起普遍重视,并进行了深入研究。本试验旨在研究齐墩果酸对宿主防御肽的表达调节效应,选择具有代表性的肠道黏膜免疫细胞研究模型——猪肠道上皮细胞（IPEC-J2)为宿主靶细胞。待细胞长至 70%～80% 时,分别使用 0.5、1、2、4、8 和 16 μg/mL 的 OA 作用于 IPEC-J2 细胞,同时设置未加 OA 的对照组,Trizol 法提取细胞胞浆总 RNA,荧光定量 PCR 检测抗菌肽基因的表达情况,每组 3 个重复。最后,选择最适量的 OA 作用于 IPEC-J2 细胞 6、12、24、36 h。结果显示:OA 能显著上调 IPEC-J2 细胞系 pBD-1、pBD-2 和 pEP2C 等抗菌肽的表达转录水平,且呈明显的剂量依赖效应。确定 OA 调节 IPEC-J2 的最佳剂量为 2 μg/mL,最佳时间为 24 h。另外,本研究为进一步研究 OA 在体内肠道的抗炎效果,将试验小鼠分为 OA 预防组、腹泻组和对照组,通过对小鼠腹腔注射产肠毒素大肠杆菌（ETEC)制备小鼠腹泻模型。取各组小鼠的空肠组织 mRNA,荧光定量 PCR 检测炎性因子的表达情况,结果表明:腹泻组小鼠在腹腔注射 ETEC 30 min 后有明显腹泻,OA 预防组与对照组小鼠无腹泻现象。OA 预防组与对照组的空肠组织中 IL-6、TNF-α 等炎性因子的基因表达差异不显著($P>0.05$),但极显著低于腹泻组($P<0.01$),此外 OA 预防组与对照组的 TLR4 mRNA 表达极显著低于腹泻组($P<0.01$)。综上所述,齐墩果酸在体外可显著上调猪源抗菌肽基因表达,在体内对 ETEC 导致的小鼠腹泻有明显保护作用,其机制与抑制 TLR4 mRNA 表达,进而调控促炎因子表达下降,从而抑制肠道炎症反应。

关键词：齐墩果酸;抗菌肽;促炎因子;IPEC-J2;产肠毒素大肠杆菌

　　* 基金项目:国家自然科学基金青年基金(31501914);黑龙江省自然科学青年基金项目(QC2015018)

　　** 第一作者简介:薛宸宇,男,硕士研究生,E-mail：xcy71885815@gmail.com

　　# 通讯作者:董娜,副教授,E-mail：linda729@163.com

甘露寡糖对生长中期草鱼生产性能和肠道结构完整性的作用及其作用机制[*]

卢致远[**]　冯琳　姜维丹　吴培　刘扬　曾芸芸　周小秋[#]

（四川农业大学动物营养研究所，四川农业大学鱼类营养与安全生产重点实验室，
四川农业大学动物抗病营养教育部重点实验室，成都 611130）

摘要：本试验旨在研究甘露寡糖对生长中期草鱼生产性能和肠道结构功能的影响及其作用机制。本试验选取初始体重为(215.85 ± 0.3) g 的草鱼 540 尾，随机分为 6 个处理（每个处理 3 个重复，每个重复 30 尾鱼），分别饲喂甘露寡糖含量为 0（未添加组）、200、400、600、800、1 000 mg/kg 的饲粮，试验周期为 60 天，生长试验结束后每个处理选取 15 尾鱼进行为期 14 天的嗜水气单胞菌攻毒试验。结果表明：添加适宜水平的甘露寡糖提高了生长中期草鱼的增重率（PWG）、特定增长率（SGR）、采食量和饲料效率，促进了草鱼生长；提高了肠长、肠重和肠体指数；优化了肠道菌群，并增加了肠道短链脂肪酸（丙酸和丁酸）的含量。进一步研究发现：1）适宜水平甘露寡糖增强草鱼肠炎抵抗能力。2）适宜水平甘露寡糖显著提高了生长中期草鱼肠道铜锌超氧化物歧化酶（Cu/Zn-SOD）、谷胱甘肽过氧化物酶（GPx）、谷胱甘肽硫转移酶（GST）和谷胱甘肽还原酶（GR）活力、还原型谷胱甘肽（GSH）含量以及超氧阴离子和羟自由基清除能力（$P < 0.05$），显著降低了活性氧（ROS）、丙二醛（MDA）和蛋白质羰基（PC）含量（$P < 0.05$），降低了氧化损伤。3）适宜水平甘露寡糖显著上调了生长中期草鱼肠道 Cu/Zn-SOD、GPx、GST 和 GR 以及信号分子 Nrf2 基因表达以及核内 Nrf2 的蛋白水平（$P < 0.05$），显著下调了信号分子 Keap1a（除了后肠）和 Keap1b 基因表达（$P < 0.05$），增强了抗氧化能力。4）适宜水平甘露寡糖显著上调了抗凋亡因子 Bcl-2，Mcl-1 和 IAP 的基因表达水平（$P < 0.05$），显著下调了促凋亡因子 Apaf-1、Bax 和 FasL（前、中肠除外），凋亡相关分子 caspase-2、caspase-3、caspase-7、caspase-8、caspase-9 以及信号分子 p38MAPK 的基因表达水平（$P < 0.05$），抑制了细胞凋亡；5）适宜水平甘露寡糖显著上调了紧密连接蛋白 ZO-1、occludin、claudin-b、claudin-c、claudin-f、claudin-7a、claudin-7b、claudin-11、claudin-12 和 claudin-15a 的基因表达水平（$P < 0.05$），显著下调了信号分子 MLCK 的基因表达水平（$P < 0.05$），增强了细胞间的紧密连接。综上所述，适宜水平的甘露寡糖提高了草鱼的生产性能和肠炎抵抗能力，促进肠道发育，优化肠道菌群结构并通过增强肠道抗氧化能力，抑制细胞凋亡，增强细胞间的紧密连接作用，维持肠道结构完整性，缓解肠道炎症反应。以 PWG、肠炎发病率确定的生长中期草鱼甘露寡糖的最适添加量分别为 428.5 mg/kg 和 499.1 mg/kg 饲粮。

关键词：甘露寡糖；草鱼；生产性能；肠道；结构功能

---

[*]　基金项目：国家农业部公益项目（201003020）；国家重点基础研究发展计划（"973"计划）（2014CB138600）；国家大宗淡水鱼产业技术体系草鱼营养需求与饲料（CARS-45）；四川省重大科技成果转化示范（2015CC0011）

[**]　第一作者简介：卢致远（1992—），男，湖北黄冈人，博士研究生，动物营养与饲料科学专业，E-mail：329340280@qq.com

[#]　通讯作者：周小秋，教授，博士生导师，E-mail：zhouxq@sicau.edu.cn

饲料中百泰 A 对大口黑鲈的生长性能、脂肪代谢及肝脏健康影响的时空效应[*]

郁欢欢[1,2,3**]　梁晓芳[1]　陈沛[1]　吴秀峰[1]　郑银桦[1]　薛敏[1#]　秦玉昌[3#]

（1. 中国农业科学院饲料研究所，国家水产饲料安全评价基地，北京 100081；2. 农业部食物与营养发展研究所，北京 100081；3. 北京畜牧兽医研究所，北京 150030）

摘要：百泰 A 是一种益生元，由部分酵母自溶物、奶组分及发酵产物组成。本研究旨在探究百泰 A（1％，G1）对大口黑鲈生长、肝脏和内脏脂肪的脂代谢、炎症反应、凋亡及肠道微生物的影响的时空效应。选用初始体重为（15.0 ± 0.01）g 的大口黑鲈，随机分为 2 组，每组 4 个重复，每个重复 30 尾鱼，分别在 2 周、4 周和 8 周称重并采集样品，检测肝脏及内脏脂肪中脂代谢、炎症反应等相关基因的表达并对肝脏进行凋亡分析。此外，4 周时餐后 4 h 采集肠道微生物样品，分析肠道中微生物群落组成。结果表明：1）饲喂 8 周后，百泰 A 显著促进大口黑鲈的生长性能，这可能与肠道中厚壁菌门、芽孢属微生物增多有关。2）肝脏和内脏脂肪呈现不同的脂代谢模式。饲喂 1％百泰 A 2 周后，肝脏中脂肪酸合成关键酶基因 FASN、ACC1 显著下调，而内脏脂肪中脂肪酸合成（FASN、ACC1）及甘油三酯合成（GAPT4、LPIN1、DGAT1）关键酶基因显著上调，脂肪分解关键酶基因（ATGL、HSL、MGL）显著下调，导致内脏脂肪的大量蓄积。饲喂百泰 A 4 周、8 周后，脂代谢相关酶基因表达水平恢复至对照组水平，内脏脂肪指数趋于稳定。添加百泰 A 显著降低大口黑鲈肝糖原蓄积水平。3）饲喂百泰 A 导致大口黑鲈在 2 周时炎症因子 TNF-α 和 IL-10 表达量显著升高，这可能与短期内内脏脂肪的大量蓄积有关。而随着脂代谢调控实现稳态，4 周、8 周时炎症反应也恢复到与对照组相同或更低水平。4）8 周时，G1 组肝脏中 Bax、caspase-9 及 caspase-3 的表达水平。免疫荧光的结果也表明 8 周时，G1 组的 caspase-3 的表达量显著减少。综上所述，百泰 A 可能通过改变肠道菌群改善大口黑鲈的生长性能。短期内（2 周），百泰 A 的添加会引起大口黑鲈的炎症反应，但是长期（4 周、8 周）投喂后，炎症反应恢复或下降到更低的水平。百泰 A 通过减少肝糖原蓄积、改善脂代谢相关基因的表达及抑制炎症及凋亡反应改善大口黑鲈肝脏健康。

关键词：百泰 A；生长；脂代谢；炎症；凋亡；肠道微生物；大口黑鲈

---

* 基金项目：国家重点研发计划项目（2016YFF0201800）；国家重点基础研究发展计划项目（2014CB138600）；北京市现代农业产业技术体系（BAIC08-2018）；中国农业科学院创新工程项目（CAAS-ASTIP-2017-FRI-08）

** 第一作者简介：郁欢欢（1988—），女，江苏新沂人，博士研究生，研究方向为水产动物营养与饲料科学，E-mail：yhhyysld@sina.com

通讯作者：薛敏，研究员，博士生导师，E-mail：xuemin@caas.cn；秦玉昌，研究员，博士生导师，E-mail：qinyuchang@caas.cn

N-氨甲酰谷氨酸(NCG)通过影响内源性精氨酸合成促进花鲈脂肪代谢[*]

黄皓琰[1][**]　梁晓芳[1]　陈沛[1]　吴秀峰[1]　郑银桦[1]　薛敏[1,2][#]

(1. 中国农业科学院饲料研究所,国家水产饲料安全评价基地,北京 100081;2. 农业部饲料生物技术重点开放实验室,北京 100081)

摘要:本试验旨在研究饲料中添加 N-氨甲酰谷氨酸(NCG)对花鲈内源性精氨酸合成的影响,以及机体生长性能、血浆生化指标和脂肪代谢的响应。选取初始体重为(11.67±0.02) g 的花鲈幼鱼720尾,随机分为4组(每组6个重复,每个重复30尾):对照组饲喂低精氨酸基础饲料(N0),试验组饲喂分别添加360、720、3 600 mg/kg N-氨甲酰谷氨酸(NCG)的试验饲料(N360,N720,N3600),养殖周期为10周。结果表明:1)饲料添加 360 mg/kg 和 720 mg/kg 的 NCG 能显著提高花鲈的蛋白质沉积率;N360 组肝脏脂肪含量、血浆 TG 和 VLDL 最低,N720 组切片染色结果显示肝细胞组织结构得到明显改善;2)饲料中添加 720 mg/kg 和 3 600 mg/kg 的 NCG 可以显著上调精氨酸合成过程关键酶 CPS-Ⅲ 的 mRNA 表达量($P < 0.05$);3)NCG 各添加组显著下调肝脏和腹脂中脂肪合成相关基因 FAS、C/EBPα 和 PPARγ 的 mRNA 表达量($P < 0.05$);同时 N720 组显著上调肝脏和腹脂中脂肪分解基因 ATGL 的 mRNA 表达量($P < 0.05$);饲料添加 360 mg/kg 和 720 mg/kg 的 NCG 显著下调肝组织中 p-mTOR/mTOR 和 p-S6K1/S6K1 的蛋白表达量($P < 0.05$)。由此可见,饲料添加适量的 NCG 可以通过刺激内源性精氨酸的生成,补充饲料中精氨酸不足,促进机体蛋白质合成和沉积;精氨酸分解产生 NO、多胺等作为胞外信号分子通过抑制 mTOR 的磷酸化激活进而抑制 S6K1 的磷酸化激活,从而抑制下游脂合成和脂沉积相关基因 mRNA水平,促进脂肪分解供能,减少腹部和肝脏脂肪蓄积改善肝组织健康。

关键词:N-氨甲酰谷氨酸;花鲈;精氨酸合成;生长性能;脂肪代谢

* 基金项目:国家重点研发计划项目(2016YFF0201800);国家重点基础研究发展计划项目(2014CB138600);北京市现代农业产业技术体系(BAIC08-2018);中国农业科学院创新工程项目(CAAS-ASTIP-2017-FRI-08)

** 第一作者简介:黄皓琰(1993—),女,山东日照人,硕士研究生,研究方向为水产动物营养与饲料科学,E-mail:huanghaoyan818@sina.com

通讯作者:薛敏,研究员,博士生导师,E-mail:xuemin@caas.cn

维生素 E 对生长中期草鱼生产性能、鳃物理屏障功能的作用和作用机制[*]

吴培[1,2,3][**]　潘加红[1]　冯琳[1,2,3]　姜维丹[1,2,3]　刘扬[1,2,3]

姜俊[1,2,3]　叶成远[4]　周小秋[1,2,3][#]

（1.四川农业大学动物营养研究所，成都 611130；2.四川农业大学鱼类营养与安全生产重点
实验室，成都 611130；3.四川农业大学动物抗病营养教育部重点实验室，成都 611130；
4.成都科飞饲料科技有限公司，成都 611130）

摘要：本试验旨在研究不同水平的维生素 E 对生产中期草鱼生长性能、鳃物理屏障功能的作用及其作用机制。试验选取初始体重为（266.39±0.33）g 的健康草鱼 540 尾，随机分成 6 个处理，分别饲喂维生素 E 水平为 4.93（基础日粮组）、45.07、90.62、135.54、180.29、225.36 mg/kg 日粮 10 周，考察维生素 E 对生长中期草鱼生长性能的影响；生长试验结束后，每个处理选取体重相近的 15 尾鱼用于柱状黄杆菌攻毒试验，考察维生素 E 对生长中期草鱼鳃物理屏障的作用及其作用机制。结果表明：1）适宜水平的维生素 E（90、135 mg/kg 饲料）显著提高了生长中期草鱼的增重率（PWG）、采食量（FI）和饲料效率（FE）（$P<0.05$）。2）适宜水平的维生素 E（90～135 mg/kg 饲料）显著降低了生长中期草鱼烂鳃发病率（$P<0.05$），提高了烂鳃的抵抗能力，增强了鳃健康。3）适宜水平的维生素 E（90～180 mg/kg 饲料）显著降低了生长中期草鱼鳃中活性氧（ROS）、脂质过氧化产物丙二醛（MDA）和蛋白质氧化产物蛋白羰基（PC）的含量（$P<0.05$），显著提高了铜锌超氧化物歧化酶（Cu/Zn-SOD）、锰超氧化物歧化酶（Mn-SOD）、谷胱甘肽过氧化物酶（GPx）、谷胱甘肽硫转移酶（GST）和谷胱甘肽还原酶（GR）活力以及谷胱甘肽（GSH）含量（$P<0.05$），显著上调了 Cu-Zn-SOD、Mn-SOD、GPx1a、GPx1b、GPx4a、GPx4b、GSTr、GSTo1、GSTo2、GSTP1、GSTP2 和 GR 及信号分子 Nrf2 的 mRNA 水平，下调了信号分子 Keap1b（而不是 Keap1a）的 mRNA 水平（$P<0.05$），增强了抗氧化能力，降低了氧化损伤；显著上调了 B 细胞淋巴瘤蛋白-2（Bcl-2）的基因表达水平（$P<0.05$），显著下调了 caspase-2、caspase-3、caspase-7、caspase-9、B 细胞淋巴瘤 2 相关 X 蛋白（Bax）、Mcl-1、Apaf1 的 mRNA 水平（$P<0.05$），抑制了细胞凋亡；显著上调了紧密连接蛋白 Occludin、ZO-1、ZO-2、claudin-3、claudin-b、claudin-c、claudin-11a 的 mRNA 水平（$P<0.05$），显著下调了信号分子肌球蛋白轻链激酶（MLCK）的 mRNA 水平（$P<0.05$），改善了细胞间结构完整性，增强了物理屏障功能。综上所述，适宜水平的维生素 E 提高了鱼类鳃抗氧化能力、抑制细胞凋亡、增强细胞间的紧密连接、维持了鳃物理屏障功能的完整性，降低了烂鳃发病率，促进了鱼类生长。以 PWG、鳃抵抗脂质过氧化确定的生长中期草鱼（266～1 026 g）维生素 E 的最适添加量分别为 116.2 mg/kg 和 128.53 mg/kg 饲粮。

关键词：草鱼；维生素 E；生产性能；鳃；物理屏障

　＊ 基金项目：国家农业部公益项目（201003020）；国家大宗淡水鱼产业技术体系草鱼营养需求与饲料（CARS-45）；四川省重大科技成果转化示范（2015CC0011）

　＊＊ 第一作者简介：吴培（1985—），女，四川南江人，博士，副研究员，硕士研究生导师，动物营养与饲料科学专业，E-mail：wupei0911@sicau.edu.cn

　＃ 通讯作者：周小秋，教授，博士生导师，E-mail：zhouxq@sicau.edu.cn

植物精油对生长中期草鱼生产性能和肠道
氨基酸吸收能力的调控及其机制[*]

周洋[1**]   冯琳[1,2,3]   姜维丹[1,2,3]   吴培[1,2,3]   刘扬[1,2,3]

曾芸芸[1,2,3]   彭艳[4]   周小秋[1,2,3#]

(1.四川农业大学动物营养研究所,成都 611130;2.四川农业大学鱼类营养与安全生产
重点实验室,成都 611130;3.四川农业大学动物抗病营养教育部重点实验室,
成都 611130;4.上海美农生物科技股份有限公司,上海 201807)

摘要:本试验旨在研究植物精油对生长中期草鱼生产性能及肠道氨基酸吸收能力的调控及其机制。选取初始体重为(227.29 ± 0.46) g 的草鱼450尾,随机分为5个处理(每个处理3个重复,每个重复30尾鱼),分别饲喂含植物精油水平为0、200、400、600和800 mg/kg 的饲粮,试验周期为60天。结果表明:1)与未添加植物精油组比,饲粮中 200~600 mg/kg 的植物精油显著提高了生长中期草鱼的增重率(PWG)、采食量(FI)饲料效率(FE)、增重率(PWG)和特异性生长率(SGR)($P<0.05$),表明适宜水平的植物精油能够提高生长中期草鱼的生产性能。2)饲粮中 400 mg/kg 的植物精油显著提高了生长中期草鱼肠道淀粉酶、糜蛋白酶、胰蛋白酶、脂肪酶、碱性磷酸酶(AKP)、Na^+/K^+-ATPase、γ-谷氨酰转肽酶(γ-GT)和肌酸激酶(CK)酶活力以及肠绒毛高度($P<0.05$)。3)适宜水平植物精油(400 mg/kg)显著提高了生长中期草鱼前、中、后肠游离氨基酸 Lys、Arg、His、Asp、Glu、Ala、Val、Leu、Ile、Met、Pro、Phe、Trp、Thr、Ser、Gly、Tyr、Cys 和 Tau 含量($P<0.05$)。4)适宜水平植物精油(400~600 mg/kg)显著上调了生长中期草鱼前、中、后肠氨基酸转运载体 solute carrier(SLC)7A7、SLC7A6、SLC6A14、SLC7A9(除后肠外)、SLC7A1、SLC1A5、SLC6A19、SLC7A5、SLC7A8、SLC38A2、SLC1A2、SLC6A6(除后肠外)和 PepT1 基因表达($P<0.05$)。5)适宜水平植物精油(400~600 mg/kg)显著上调了生长中期草鱼前、中、后肠信号分子 TOR 和 S6K1 基因表达,显著下调了信号分子 4E-BP1 和 4E-BP2 基因表达,以及显著上调了信号分子 TOR 蛋白表达($P<0.05$)。由此可见,饲粮添加适宜水平的植物精油能够促进生长中期草鱼的生长。这可能与提高肠道消化吸收功能以及提高了肠道氨基酸吸收能力有关。肠道氨基酸吸收能力的提高可能与植物精油通过 TOR 信号途径上调氨基酸转运载体基因表达相关。在本试验条件下,以 PWG、肠道淀粉酶和前肠游离 Lys 为标识,确定的 227.29~878.44 g 草鱼植物精油适宜添加水平分别为 423.57、506.28、372.01 mg/kg。

关键词:草鱼;植物精油;生产性能;肠道氨基酸吸收能力

* 基金项目:国家农业部公益项目(201003020);国家重点基础研究发展计划("973"计划)(2014CB138600);国家大宗淡水鱼产业技术体系草鱼营养需求与饲料(CARS-45);四川省重大科技成果转化示范(2015CC0011)

** 第一作者简介:周洋(1992—),男,四川石棉人,博士研究生,动物营养与饲料科学专业,E-mail: zhouyang921011@163.com

通讯作者:周小秋,教授,博士生导师,E-mail: zhouxq@sicau.edu.cn

呕吐毒素对幼草鱼生产性能及肠道物理屏障的作用及机制[*]

冯琳[1,2,3**]　黄晨[1]　姜维丹[1,2,3]　吴培[1,2,3]　刘扬[1,2,3]

曾芸芸[1,2,3]　姜俊[1,2,3]　周小秋[1,2,3#]

（1. 四川农业大学动物营养研究所，成都 611130；2. 四川农业大学鱼类营养与安全

生产重点实验室，成都 611130；3. 四川农业大学动物抗病营养教育部

重点实验室，成都 611130）

摘要：本试验旨在研究呕吐毒素对幼草鱼生产性能及肠道物理屏障的作用及其机制。试验选择初始体重为（12.17 ± 0.01）g 的健康幼草鱼 1 440 尾，随机分成 6 个处理组，每个处理 3 个重复，对照组不添加（27），分别饲喂不同水平呕吐毒素（318、636、922、1 243 和 1 515 μg/kg）的饲粮，试验期为 60 天。结果表明：与对照组比，1）饲粮 636 μg/kg 的呕吐毒素显著降低了幼草鱼的增重率（PWG）、采食量和饲料效率（$P<0.05$），降低了生产性能。2）> 636 μg/kg 的呕吐毒素饲粮显著增加了活性氧（ROS）、丙二醛（MDA）和蛋白质羰基（PC）含量；> 318 μg/kg 或 636 μg/kg 的呕吐毒素饲粮降低了草鱼肠道铜锌超氧化物歧化酶（Cu/Zn-SOD）、谷胱甘肽过氧化物酶（GPx）、谷胱甘肽硫转移酶（GST）和谷胱甘肽还原酶（GR）活力、还原型谷胱甘肽（GSH）含量以及超氧阴离子和羟自由基清除能力（$P<0.05$），引起鱼类肠道氧化损伤；饲粮中 318～1 515 μg/kg 的呕吐毒素显著下调了幼草鱼肠道 Cu/Zn-SOD、Mn-SOD、CAT、GPx1a、GPx1b、GPx4a、GPx4b、GSTR（中肠除外）、GSTO1、GSTO2、GSTP1、GSTP2 和 GR 及信号分子 Nrf2 基因表达以及核内 Nrf2 的蛋白水平（$P<0.05$），显著上调了信号分子 Keap1a（后肠除外）和 Keap1b 的 mRNA 水平（$P<0.05$），降低了抗氧化能力，引起氧化损伤。3）饲粮中 > 318 μg/kg 的呕吐毒素显著下调了抗凋亡因子 Bcl-2、Mcl-1 的基因表达水平（$P<0.05$），显著上调了促凋亡因子 Apaf-1、Bax 和 FasL，凋亡相关分子 caspase-3、caspase-7、caspase-8、caspase-9 以及信号分子 JNK 的基因表达水平（$P<0.05$），促进了细胞凋亡。4）饲粮中 > 318 μg/kg 的呕吐毒素显著下调了紧密连接蛋白 ZO-1、occludin、claudin-f、claudin-c、claudin-7a、claudin-7b、claudin-11、claudin-12 和 claudin-15a（而对 claudin-b、claudin-3c、claudin-15b 没有影响）的基因表达水平（$P<0.05$），显著上调了信号分子 MLCK 的基因表达水平（$P<0.05$），破坏了细胞间的紧密连接。综上所述，呕吐毒素通过降低鱼类肠道抗氧化能力、促进细胞凋亡、破坏细胞间的紧密连接作用，破坏了肠道结构完整性。以 PWG、饲料效率、脂质过氧化和蛋白质氧化确定的幼草鱼饲粮中呕吐毒素的限制剂量为 318 μg/kg。

关键词：呕吐毒素；草鱼；生产性能；肠道；结构

---

* 基金项目：国家农业部公益项目（201003020）；国家重点基础研究发展计划（"973"计划）（2014CB138600）；国家大宗淡水鱼产业技术体系草鱼营养需求与饲料（CARS-45）；四川省重大科技成果转化示范（2015CC0011）

** 第一作者简介：冯琳（1980—），女，四川石棉人，博士，研究员，博士生导师，动物营养与饲料科学专业，E-mail：fenglin@sicau.edu.cn

\# 通讯作者：周小秋，教授，博士生导师，E-mail：zhouxq@sicau.edu.cn

高蛋白低淀粉膨化浮性饲料加工工艺参数的优化[*]

马世峰[1]** 　王昊[2]　李军国[1]　薛敏[1]　秦玉昌[2]　程宏远[1]#

（1. 中国农业科学院饲料研究所，北京 100081；2. 中国农业科学院
北京畜牧兽医研究所，北京 100193）

摘要：全球鱼粉资源短缺价格昂贵，肉食性鱼类饲料配方中鱼粉逐步被植物或廉价动物蛋白取代。而使用蛋白质含量较低的蛋白源来替代鱼粉时，需要在配方中为其分配更多的空间，从而减少了淀粉的空间。另外，肉食性鱼类糖代谢能力较低，饲料中可消化淀粉过高会抑制其生长，引起餐后高血糖和代谢性疾病，因此需要生产低淀粉膨化浮性饲料来满足其采食习惯和营养需求。本试验旨在解决目前低淀粉膨化浮性饲料加工过程中存在的生产稳定性差、非计划停机频率过高的问题，为膨化饲料的高效生产提供数据和理论依据。试验采用中心组合试验设计方法，通过改变调质后水分含量（24%～32%）、膨化机螺杆转速（180～300 r/min）和模头温度（110～150℃）3 个因素，以容重、膨化率、硬度、浮水率、吸水性、水溶性和溶失率为检测指标，使用响应面分析方法研究低淀粉膨化浮性饲料的质量在不同加工参数组合条件下的变化规律，并构建容重模型，并比较 2 种模型对稳定加工参数的预测效果，从而得到加工低淀粉膨化浮性饲料的最优加工参数组合。结果表明：随着调质后水分含量的升高膨化饲料容重呈下降的趋势，膨化率和浮水率呈上升的趋势。随着模头温度的升高容重呈下降的趋势，膨化率和浮水率呈上升的趋势。随着螺杆转速的升高 SME 呈上升的趋势。利用 Design Expert 8.0.6 软件预设饲料质量指标的优先级别、可接受最大值、最小值、目标值后获得的优化分析结果表明加工低淀粉膨化浮性饲料的最优参数组合为：调质后水分含量 32%、螺杆转速 239 r/min、模头温度 145℃，在该组合条件下，饲料容重低于 490 g/L、膨化率高于 1.48、浮水率 100%、溶失率低于 3.92%、SME 20.09 kJ/kg。参考基于量纲分析法的容重模型，通过对现有数据的分析计算获得了低淀粉膨化浮性饲料的容重拟合方程（$R^2 = 0.889\ 1$），容重模型分析结果表明不同调质后水分含量条件下螺杆转速和模头温度的操作区间不同，且随着调质后水分含量的升高，螺杆转速和模头温度的操作区间呈增大的趋势。响应面分析结果与容重模型分析结果一致，生产低淀粉膨化浮性饲料需要较高调质后水分含量（31%～32%）、较高模头温度（135～150℃）、合理螺杆转速（200～280 r/min）。

关键词：淀粉；挤压膨化；加工参数；产品质量；容重模型

---

* 基金项目：国家重点研发计划项目（2016YFF0201800）；国家重点基础研究发展计划项目（2014CB138600）；北京市现代农业产业技术体系（BAIC08-2018）；中国农业科学院创新工程项目（CAAS-ASTIP-2018-FRI-08）

** 第一作者简介：马世峰（1994—），男，山西临汾人，博士研究生，从事水产饲料与动物营养研究，E-mail：shifengma@126.com

通讯作者：程宏远，E-mail：hyc@thermoextrusion.com

膨化工艺参数对高植物蛋白沉性水产饲料加工质量的影响研究[*]

王昊[1][**]　马世峰[2]　程宏远[3][#]　薛敏[1,2]　李军国[1,2][#]

（1.中国农业科学院饲料研究所，北京 100081；2.农业部饲料生物技术重点实验室，北京 100081）

摘要：近年来随着鱼粉价格的上涨，各类植物性蛋白源在水产饲料中的替代应用逐渐增加。而由于动、植物蛋白在加工性能方面存在的差异会对产品的加工质量产生显著影响，因此生产过程中需要相应的工艺参数调整以保证产品质量稳定。本文针对以混合植物蛋白源（豆粕、大豆浓缩蛋白及棉籽浓缩蛋白）为基础的高蛋白水产饲料配方，研究膨化工艺参数对沉性饲料加工质量的影响规律并进行了工艺参数优化。试验采用回归分析方法（中心组合试验设计，$\alpha=1.682$），自变量因素为调质物料水分含量（22%～32%）、模头温度（90～140℃）以及膨化机螺杆转速（180～300 r/min）。因变量指标包括容重、膨化率、下沉率、硬度、水中溶失率、软化时间、吸水性（WAI）及水溶性（WSI）指数。研究结果表明随着调质水分含量的增加，饲料容重先升高后降低，硬度、水中溶失率及 SME 显著下降，软化时间显著增加。螺杆转速的提高将会使 SME、WSI 及水中溶失率显著升高，WAI 降低。而模头温度的升高会使 SME 及容重显著降低，软化时间减少。利用回归分析结果，通过设定产品质量指标的优先级别、可接受最大值、最小值、目标值后获得了生产优质沉性饲料的工艺参数范围（调质水分含量 26%～27%、主机螺杆转速 180 r/min、模头温度 104～114℃），在此条件下饲料容重≥560 g/L，水中溶失率≤8%，软化时间≤25 min 且单位机械能处于较低水平（15.46～16.44 kJ/kg），经验证试验表明此结果可靠。本实验研究结果为生产以植物蛋白源为基础的沉性水产饲料的工艺参数调整提供了参考。

关键词：挤压膨化；沉性饲料；植物性蛋白源；加工质量；工艺参数优化

---

　　* 基金项目：国家重点研发计划项目（2016YFF0201800）；国家重点基础研究发展计划项目（2014CB138600）；北京市现代农业产业技术体系（BAIC08-2018）；中国农业科学院创新工程项目（CAAS-ASTIP-2017-FRI-08）

　　** 第一作者简介：王昊（1992—），男，辽宁阜新人，硕士研究生，主要从事饲料加工与营养的研究，E-mail：wanghaocaas@163.com

　　# 通讯作者：李军国，研究员，硕士生导师，E-mail：lijunguo@caas.cn；程宏远，E-mail：hyc@thermoextrusion.com

葵花壳替代羊草对商品肉兔生产性能
和消化性能的影响[*]

刘公言^{**} 孙超然 赵晓宇 刘洪丽 吴振宇 李福昌[#]

（山东农业大学动物科技学院，泰安 271018）

摘要：本试验旨在评价饲粮中使用葵花壳替代羊草对商品肉兔生产性能、全消化道营养物质表观消化率、胃肠道发育和盲肠发酵的影响，确定最适的替代比例，为葵花壳在家兔生产上应用提供科学依据。试验选用体重相近（1 309±50）g 健康状况良好的 40 日龄商品伊拉肉兔 160 只，随机分成 4 组（每组 40 个重复，每个重复 1 只），饲喂葵花壳替代羊草替代比例为 0（对照组）、30、60 和 90 g/kg 的饲粮。预试期 7 天，正式试验期 43 天。结果表明：1）饲粮葵花壳替代比例对商品肉兔平均日增重无显著影响（$P>0.05$），但 90 g/kg 组的平均日采食量显著高于对照组，饲料转化率显著低于对照组（P-linear <0.05）。2）随着葵花壳的替代比例增加，NDF 和 ADF 的表观消化率显著降低（P-linear <0.05）。3）饲粮葵花壳高的替代组（60 g/kg 和 90 g/kg 组）的盲肠相对质量显著高于对照组（P-linear <0.05）；饲粮葵花壳替代比例对十二指肠、空肠和回肠的肠绒毛高度影响差异显著（P-quadratic <0.05），且均在 60 g/kg 组达到最大值；饲粮葵花壳替代比例对十二指肠、空肠和回肠隐窝深度无显著差异（$P>0.05$）；另外，饲粮葵花壳替代比例对十二指肠、空肠和回肠的绒毛高度与隐窝深度比值影响差异显著（P-quadratic <0.05），分别在 30、60、60 g/kg 组达到最大值。4）盲肠内容物的 pH 受到葵花壳替代比例的显著影响（P-quadratic <0.05），在 30 g/kg 组的 pH 最低；盲肠内容物总 VFAs 浓度随着饲粮葵花壳替代比例增加而显著增大，乙酸占总 VFAs 比例显著增大，丙酸和丁酸占总 VFAs 比例显著减小（P-linear <0.05）。5）饲粮葵花壳替代羊草的替代比例对商品肉兔半净膛屠宰率和全净膛屠宰率以及背腰肌肉 pH、剪切力、滴水损失、肉色（L[*]，a[*]，b[*]）无显著影响（$P>0.05$）。由此可见，饲粮中使用 60 g/kg 葵花壳替代羊草（DE 8.72 MJ/kg，DP 118 g/kg，DP/DE 比值 13.53 g/MJ）对生长肉兔生长性能、屠宰性能和肌肉品质无不利影响。然而，由于葵花壳的消化能低于羊草，ADL 高于羊草，葵花壳替代比例过高会提高采食量而降低饲料转化效率。

关键词：葵花壳；肉兔；生产性能；胃肠道发育；盲肠发酵

* 基金项目：现代农业产业技术体系建设专项（CARS-43-B-1）；山东省"双一流"奖补资金
** 第一作者简介：刘公言，男，博士研究生，E-mail：gongyanliu@foxmail.com
# 通讯作者：李福昌，教授，博士生导师，E-mail：chlf@sdau.edu.cn

短期限饲对生长肉兔脂肪组织中脂质代谢的影响*

张斌** 刘磊 李福昌#

(山东农业大学动物科技学院,山东省动物生物工程与疾病防治重点实验室,泰安 271018)

摘要:本文研究了限饲对家兔脂肪组织中脂质代谢相关基因和相关信号通路的影响,阐明了家兔能量稳态的调节机制。40 日龄、体重相近的伊拉肉兔 40 只,随机分为 2 组:对照组(自由采食组)和限饲组(饲喂量是对照组的 70% 左右),每组 20 个重复,每个重复 1 只兔,试验持续 5 天。试验结果:限饲显著降低了肉兔的日增重($P < 0.05$);限饲有降低家兔体内总脂肪沉积的趋势($0.05 < P < 0.1$);限饲对肉兔体内肩胛脂肪和肾周脂肪的沉积影响不显著($P > 0.05$)。限饲显著降低了脂肪酸合成酶(FAS)、乙酰辅酶 A 羧化酶(ACC)、脂蛋白脂酶(LPL)的基因表达($P < 0.05$),却显著升高了过氧化物酶体增殖物激活受体(PPARα、PPARγ)、肉碱脂酰转移酶(CPT1、CPT2)和 G 蛋白偶联受体(GPR41)的基因表达($P < 0.05$);限饲对脂肪组织中激素敏感脂肪酶(HSL)和 G 蛋白偶联受体(GPR43)的基因表达无显著影响($P > 0.05$);限饲对脂肪中甘油三酯(TG)的含量和磷酸腺苷激活蛋白酶(AMPK)蛋白磷酸化的影响不显著($P > 0.05$)。结论:限饲可抑制家兔脂肪组织中脂肪酸的合成,促进了脂肪酸分解;PPARα 和 GPR41 信号可能参与了家兔脂肪组织能量稳态的调节。

关键词:家兔;限饲;脂质代谢;基因表达;信号通路

* 基金项目:山东省自然科学基金项目(ZR2018QC004,ZR2018MC025);现代农业产业技术体系建设专项(CARS-43-B-1);山东省"双一流"奖补资金

** 第一作者简介:张斌(1993—),男,山东淄博人,硕士研究生,从事家兔营养与生理代谢研究,E-mail:2371606216@qq.com

通讯作者:李福昌,教授,博士生导师,E-mail:chlf@sdau.edu.cn

饲粮中谷氨酰胺水平对断奶至 3 月龄獭兔毛皮品质和肠道屏障的影响*

刘洪丽** 付朝辉 刘磊# 李福昌

（山东农业大学动物科技学院，泰安 271018）

摘要：本试验旨在研究饲粮中谷氨酰胺添加水平对断奶至 3 月龄獭兔肠道屏障和毛皮质量的影响。试验选用断奶獭兔 180 只，随机分为 5 组（每组 36 个重复，每个重复 1 只），分别饲喂谷氨酰胺添加水平为 0、0.3%、0.6%、0.9%和 1.2%的试验饲粮。预试期 7 天，正式试验期 56 天。结果表明：饲粮中添加谷氨酰胺对毛皮面积、毛皮质量、被毛长度和被毛厚度影响不显著（$P>0.05$）。肠道机械屏障作为肠道黏膜屏障功能的重要组成部分，是肠道防御系统中最重要的一道屏障。肠道机械屏障由肠道黏膜上皮细胞，细胞间紧密连接黏膜下固有层与菌膜三者构成，与对照组相比，饲粮中添加谷氨酰胺对十二指肠绒毛高度与隐窝深度比值有显著影响（$P<0.05$）。0.9%谷氨酰胺处理显著升高了空肠中闭合小环蛋白 mRNA 水平（$P<0.05$），同时也显著降低了丙酮酸激酶 mRNA 水平（$P<0.05$）。此外，肠道作为动物体中最大的免疫器官承担着耐受饲粮抗原和免疫防御的双重任务。肠道免疫应答系统中的主要效应因子是由浆母细胞分泌的 sIgA，可强有力地与抗原结合，阻止病毒、细菌等有害抗原在肠上皮上的黏附并继而促发肠道的体液和细胞免疫，最终有效免疫排斥或清除有害抗原。饲粮中添加谷氨酰胺为 0.9%时可显著增加十二指肠黏膜中分泌性免疫球蛋白 A 含量（$P<0.01$）。综上所述，饲粮添加谷氨酰胺没有影响到生长獭兔的毛皮品质，可改善了肠道机械屏障和免疫屏障功能。从本试验的结果来看，断奶至 3 月龄獭兔饲粮中 Gln 最适宜的添加水平为 0.9%。

关键词：谷氨酰胺；生长獭兔；肠道屏障；毛皮品质

———————

* 基金项目：现代农业产业技术体系建设专项（CARS-44-B-1）；中国博士后科学基金资助项目（2015M580601）；山东农业大学博士后基金（2015—1017）；山东农业大学青年科技创新基金（2015—2016）

** 第一作者简介：刘洪丽（1992—），女，硕士研究生，从事家兔营养与代谢研究，E-mail：1057752559@qq.com

通讯作者：刘磊，讲师，E-mail：liusanshi1985@126.com

日粮纤维水平对不同日龄的肉兔盲肠
微生物菌群组成的影响

张南斌　吴振宇　李福昌　朱岩丽[*]

（山东农业大学动物科技学院，泰安 271018）

摘要：本试验目的在于研究不同日粮纤维水平对不同日龄家兔生长性能、消化代谢和盲肠微生物菌群的影响。试验饲料设置不同水平的中性洗涤纤维（NDF）：分别为 400 g/kg（A）、350 g/kg（B）、300 g/kg（C）、250 g/kg（D）；不同日龄分别为 52、62 和 72 天。随着 NDF 的增加，平均日采食量（ADFI）和饲料转化率（FCR）增加，而平均日增重（ADG）和死亡率降低（$P<0.05$）。胃相对质量，胃内容物相对质量，盲肠相对质量和盲肠内容物质量随着 NDF 的增加而增加（$P<0.05$）。当日粮中 NDF 增加时，盲肠中 NH_3-N 浓度下降（$P<0.05$）。B 组和 C 组中，总微生物菌群的多样性显著增加（$P=0.011$），并且在 52 天内达到最低值。A 组和 D 组（$P<0.05$）在 62 天（$P<0.001$）时丰富度指数显著降低。B 组和 C 组的 Firmicutes 高于（$P<0.01$）A 组和 D 组。Bacteroidetes 在 C 组和 D 组中最高，而 Proteobacteria 在 A 组中最高（$P<0.001$）。在分类属中，有 14 个属具有超过 1% 的丰度水平并且几乎为所有样品共有。*Ruminococcus* spp. 产生的挥发性脂肪酸（VFA）丰度分别在 B 组、C 组的 52 天和 62 天最高。有趣的是，C 组中 *Bifidobacterium* 是整个实验期间最丰富的属（$P<0.01$）。通过维恩图，PCA 和细菌群落热图的数据显示，有更多的共生微生物菌群随着衰老而变化。上述结果表明，350 g/kg NDF 日粮饲喂的肉兔盲肠微生物菌群可以预防胃肠道疾病并表现出良好的生产性能。

关键词：肉兔；中性洗涤纤维；盲肠微生物菌群；高通量测序

* 通讯作者：朱岩丽，E-mail：ylz@sdau.edu.cn

魔芋甘露寡糖对生长獭兔血清指标、
营养物质利用的影响研究[*]

吴峰洋[**]　谷子林　陈宝江[#]

（河北农业大学动物科技学院，保定 071001）

摘要：通过饲喂含有不同水平魔芋甘露寡糖（konjac mannose oligosaccharide，KON-MOS）的饲粮，研究 KON-MOS 对生长獭兔血清指标、营养物质利用率的影响，为其在獭兔生产中的进一步应用提供参考。选取 120 只 42 日龄左右，平均体重为 (0.84 ± 0.07) kg 的健康白色獭兔，随机分成 5 组（每组 24 个重复，每个重复 1 只）分别饲喂在基础饲料中添加 0（对照组）、50、100、150、200 mg/kg KON-MOS 的试验饲粮。预试期 7 天，试验期 60 天。结果表明：1）饲粮 KON-MOS 水平对生长獭兔血清中总胆固醇、甘油三酯、葡萄糖、尿素、总蛋白、白蛋白、球蛋白含量以及白蛋白与球蛋白含量比均无显著影响（$P > 0.05$）。2）饲粮 KON-MOS 水平对生长獭兔对 NDF 和 ADF 的消化率无显著影响（$P > 0.05$），随着 KON-MOS 水平的提高，对 CF 的消化率呈上升趋势，且第 V 组显著高于对照组（$P < 0.05$）。对 DM 及 CP 的消化率各试验组均高于对照组，且Ⅲ组、Ⅳ组、Ⅴ组二者均显著高于对照组（$P < 0.05$）。对 GE 的消化率各试验组均高于对照组，且Ⅲ组、Ⅳ组显著高于对照组（$P < 0.05$）。综上所述，饲粮 KON-MOS 水平对生长獭兔的葡萄糖等常规血清生化指标没有明显影响，且可以一定程度上促进对 DP、CF、GE 等营养素的消化利用。

关键词：魔芋甘露寡糖；生长獭兔；血清指标；营养物质消化率

———————————
* 基金项目：国家兔产业技术体系（CARS-43-B-2）
** 第一作者简介：吴峰洋（1989—），男，河北石家庄人，博士研究生，动物营养与饲料科学专业，E-mail：544710375@qq.com
# 通讯作者：陈宝江，博士生导师，E-mail：chenbaojiang@vip.sina.com

甘露醇对新西兰白兔营养物质表观消化率、肠道菌群和血液生化指标的影响[*]

晓敏[1**#]　弓剑[1]　双全[2]　赵敏[2]

(1. 内蒙古师范大学生命科学与技术学院，呼和浩特 010020；2. 内蒙古农业大学食品科学与工程学院，呼和浩特 010018)

摘要：本试验旨在研究甘露醇对新西兰白兔营养物质消化率、肠道微生物菌群和血液生化指标的影响。本试验中选取 35 日龄新西兰白兔 20 只，随机分为 4 组(每组 5 只)：对照组饲喂基础饲粮中添加 0.05% 喹乙醇的饲粮，试验组饲喂基础饲粮中分别添加 1%、2% 和 3% 甘露醇的试验饲粮，试验期为 35 天。结果表明：1)与对照组相比，饲粮中添加 3% 的甘露醇组灰分表观消化率显著提高($P < 0.05$)；添加 1% 和 2% 的甘露醇组无显著影响($P > 0.05$)。2)与对照组相比，饲粮中添加 3% 的甘露醇组尿氮排泄量显著降低($P < 0.05$)；添加 1% 和 2% 的甘露醇组无显著差异($P > 0.05$)。3)与对照组相比，饲粮中添加 3% 的甘露醇组血清中尿素氮的含量显著增加($P < 0.05$)；添加 1% 和 2% 的甘露醇组无显著差异($P > 0.05$)。4)与对照组相比，饲粮中添加 3% 的甘露醇组盲肠微生物氮的含量显著增加($P < 0.05$)；添加 1% 和 2% 的甘露醇组的盲肠微生物氮含量具有增加趋势，但无显著差异($P > 0.05$)。由此可见，饲粮中添加 3% 的甘露醇能改善新西兰白兔灰分表观消化率，效果优于添加 1% 和 2% 的甘露醇组；添加 3% 的甘露醇能有效降低尿排泄氮含量，而间接地提供盲肠微生物增殖所需氮源。

关键词：甘露醇；新西兰白兔；营养物质消化率；肠道菌群；血液生化指标

---

[*] 基金项目：内蒙古自治区自然科学基金博士基金项目(2016BS0310)

[**] 第一作者简介：晓敏(1983—)，男，内蒙古音德尔人，博士研究生，从事动物营养生理学与饲料添加剂研究，E-mail：aoxiaomin0326@163.com

[#] 通讯作者

过量添加维生素 A 对育成期雄性水貂生长性能、氮代谢及血清生化指标的影响[*]

南韦肖[1,2][**]　李光玉[1][#]　娄玉杰[2][#]　张海华[1,3]　司华哲[1]　穆琳琳[1]

（1. 中国农业科学院特产研究所，特种经济动物分子生物学重点实验室，长春 130112；
2. 吉林农业大学动物科技学院，长春 130118；3. 河北师范科技学院，秦皇岛 066004）

摘要：本试验旨在讨论过量添加维生素 A 对育成期雄性水貂生长性能、氮代谢及血清生化指标的影响。采用单因素随机试验设计，选择（60±3）日龄的雄性水貂 90 只，随机分成 6 组，每组 15 个重复，维生素 A 添加水平分别为 0（对照组）、5 000（Ⅰ组）、20 000（Ⅱ组）、80 000（Ⅲ组）、320 000（Ⅳ组）、1 280 000 IU/kg（Ⅴ组）的饲粮（干物质基础）。预饲期 7 天，正式试验期 60 天。结果表明：1）添加维生素 A 对水貂的末重、平均日增重均有显著影响，其中Ⅱ组与Ⅴ组间差异显著（$P<0.05$）。2）添加维生素 A 对水貂的沉积氮及蛋白质生物学效价均有显著影响，Ⅱ组与Ⅴ组间差异显著（$P<0.05$）。食入氮、尿氮、粪氮及蛋白质利用率差异均不显著（$P>0.05$）。3）Ⅴ组的免疫球蛋白 G（IgG）含量最低且同其余各组差异显著（$P<0.05$），维生素 A 对水貂血清中免疫球蛋白 A（IgA）、免疫球蛋白 M（IgM）、补体 3（C3）及补体 4（C4）含量影响不显著（$P>0.05$）。4）维生素 A 对水貂血清中的总抗氧化能力（T-AOC）、谷胱甘肽（GSH）及丙二醛（MDA）均显著影响（$P<0.05$），其中对照组、Ⅱ、Ⅳ组同Ⅴ组血清中的 T-AOC 差异显著（$P<0.05$）。血清中 GSH 的含量Ⅳ组最高，且显著高于对照组、Ⅰ组（$P<0.05$），其余各组差异不显著（$P>0.05$）。Ⅱ组血清中 MDA 的含量最低，显著低于Ⅲ、Ⅳ组及Ⅴ组（$P<0.05$）。对照组同Ⅰ组差异不显著（$P>0.05$）。5）维生素 A 对水貂血清中胰岛素样生长因子-I（IGF-I）及生长激素（GH）均有显著影响，其中Ⅱ组血清 IGF-I 及 GH 含量最高，同对照组及Ⅴ组差异显著（$P<0.05$）。由此可见在本试验条件下，在水貂饲粮中添加 5 000～80 000 IU/kg 均可以促进水貂的生长。然而过多维生素 A 降低了水貂的日增重、氮代谢及抗氧化能力，并造成血清中 GH、IGF-I 的浓度降低，过量添加维生素 A 对水貂生长造成的不良影响的机制仍需进一步研究。

关键词：水貂；维生素 A；氮代谢；血清生化指标

---

[*] 基金项目：中国农业科学院基本科研业务费（CAAS-ASTIP-2018-ISAPS）

[**] 第一作者简介：南韦肖（1990—），女，吉林白山人，博士研究生，主要从事动物营养与饲料科学研究，E-mail：nanwx2015@126.com

[#] 通讯作者：李光玉，研究员，博士生导师，E-mail：tcslgy@126.com；娄玉杰，教授，博士生导师，E-mail：lyjjlau@163.com

饲粮维生素 B_2 添加水平对冬毛期水貂生产性能、营养物质消化率及氮代谢的影响[*]

穆琳琳[**]　钟伟　陈双双　南韦肖　王静　李仁德　张婷　张宇飞　李光玉[#]

（中国农业科学院特产研究所，特种经济动物分子生物学国家重点实验室，长春 130112）

摘要：本试验旨在研究饲粮维生素 B_2 添加水平对冬毛期水貂生产性能、营养物质消化率及氮代谢的影响。选取（135±5）日龄，体重相近的健康雄性短毛黑水貂 90 只，随机分为 6 组，每组 15 个重复，每个重复 1 只水貂。预试期 5 天，正式试验期 63 天，采用单因素随机区组试验设计，设置 6 个维生素 B_2 水平，分别为 0、2.5、5、10、20、40 mg/kg，配制成 6 组试验饲粮。结果表明：1）饲粮维生素 B_2 添加水平对冬毛期水貂平均日增重、平均日采食量和末重无显著影响（$P>0.05$），但对料重比存在极显著影响，Ⅵ和Ⅴ组水貂料重比极显著低于对照组（$P<0.01$），但同Ⅱ、Ⅲ和Ⅳ组组间差异不显著（$P>0.05$）。饲粮维生素 B_2 添加水平对水貂毛皮品质和体长无显著影响（$P>0.05$），对针毛长和绒毛长有极显著影响，Ⅴ组绒毛长极显著高于Ⅰ组（$P<0.01$），Ⅳ和Ⅴ组针毛长极显著高于Ⅰ、Ⅱ、Ⅲ和Ⅵ（$P<0.01$）。2）饲粮维生素 B_2 添加水平对水貂干物质消化率、脂肪消化率和蛋白质消化率无显著影响（$P>0.05$）。3）饲粮维生素 B_2 添加水平对水貂食入氮、粪氮、尿氮和沉积氮无显著影响（$P>0.05$），但氮的沉积随着维生素 B_2 添加水平的提高而呈上升的趋势，Ⅵ组达到最大值，但与Ⅱ和Ⅲ组间差异不显著（$P>0.05$）；对净蛋白质利用率和蛋白质生物学价值影响显著（$P<0.05$），净蛋白质利用率以Ⅴ组最高。综合以上指标，从提高生产性能和减少饲料成本角度考虑，冬毛生长期饲粮中维生素 B_2 添加水平为 2.5 mg/kg，即饲粮中维生素 B_2 实际含量为 5.49 mg/kg 较适宜。

关键词：水貂；维生素 B_2；生产性能；营养物质消化率；氮代谢

* 基金项目：中国农业科学院科技创新工程（CAAS-ASTIP-2017-ISAPS）；吉林省重点科技成果转化项目（NY［2016］0307022）

** 第一作者简介：穆琳琳（1991—），女，山东莒县人，硕士研究生，研究方向为野生动植物保护与利用，E-mail：774641775@qq.com

通讯作者：李光玉，研究员，博士生导师，E-mail：tcslgy@126.com

不同脂肪水平饲粮对育成期蓝狐肠道形态、消化酶活性及毛皮品质的影响*

刘洋**　李佳凝　曹淑鑫　王超　陈盈霖　刘大伟　魏景坤　秦文超　徐良梅#

（东北农业大学动物科学技术学院,哈尔滨 150030）

摘要:蓝狐是世界裘皮行业的珍贵毛皮动物,随着毛皮产品市场需求量的增加,毛皮养殖业逐渐兴起。然而我国仍未制定一套完整的蓝狐营养需要量的饲养标准,因此,探寻蓝狐各营养指标的最适添加量以提高蓝狐生长发育及毛皮品质成为科研工作者的主要研究方向。本试验旨在研究饲粮不同脂肪水平对育成期蓝狐肠道形态、消化酶活性及毛皮品质的影响,筛选出最适脂肪添加量。本试验以日粮中脂肪水平为试验因子,研究选取 12 周龄健康蓝狐 60 只,随机分成 6 组,每个处理组的蓝狐均来自不同窝,避免因遗传因素给试验带来其他影响,初始体重各组间差异不显著($P>$0.05)。各试验组饲粮除脂肪及能量水平外,其他营养水平均相同。试验期(育成期)分为育成前期(12~18 周龄)和冬毛期(19~26 周龄),预试验 1 周(第 12 周),正式试验期 15 周。依据不同时期的生长需要,6 组蓝狐分别饲喂相应的试验饲粮,育成前期分别饲喂脂肪水平为 10%(A 组)、12%(B 组)、14%(C 组)、16%(D 组)、18%(E 组)和 20%(F 组)的试验饲粮,冬毛期饲粮脂肪水平分别为 A 组 12%、B 组 14%、C 组 16%、D 组 18%、E 组 20%、F 组 22%。试验结果表明:1)随饲粮脂肪水平的增加,空肠中绒毛高度和隐窝深度各组间差异不显著($P>$0.05);绒毛高度/隐窝深度值,D组显著高于 A 组($P<$0.05)。2)随饲粮脂肪水平的增加,空肠食糜中蛋白酶活性 D 组最高,显著高于 B、E 组($P<$0.05);空肠食糜中脂肪酶活性 D、E、F 组显著高于 A、B、C 组($P<$0.05),A、B 组显著高于 C 组($P<$0.05)。3)随着饲粮脂肪水平的增加,皮张长度 C、D 组显著高于 A、B 组($P<$0.05);皮张宽度 D、E 组显著低于 A、F 组($P<$0.05);针毛长度各组间差异不显著($P>$0.05);绒毛长度 D 组显著高于 A、B 组($P<$0.05)。综上所述:育成前期饲喂脂肪水平为 16%、冬毛期饲喂脂肪水平为 18%的饲粮,可提高肠道绒毛长度,降低隐窝深度;提高蛋白酶活性,促进营养物质的消化和吸收;提高蓝狐皮张长度、针毛长度和绒毛长度,降低皮张宽度,提高了毛皮品质。

关键词:蓝狐;脂肪添加量;肠道形态;消化酶活性;毛皮品质

* 基金项目:黑龙江省教育厅科学技术研究项目(12531036);哈尔滨市应用技术研究与开发项目(2016RAXXJ015)
** 第一作者简介:刘洋,男,硕士,E-mail:1241295270@qq.com
# 通讯作者:徐良梅,教授,E-mail:xuliangmei@sina.com

不同脂肪水平饲粮对育成期蓝狐体脂沉积及脂质代谢相关基因表达影响*

刘洋** 李佳凝 刘大伟 王超 陈盈霖 曹淑鑫 魏景坤 秦文超 徐良梅#

（东北农业大学动物科学技术学院,哈尔滨 150030）

摘要:蓝狐是世界裘皮行业的珍贵毛皮动物,随着毛皮产品市场需求量的增加,毛皮养殖业逐渐兴起。然而我国仍未制定一套完整的蓝狐营养需要量的饲养标准,因此,探寻蓝狐各营养指标的最适添加量以满足毛皮动物生长需要的饲养标准是科学研究工作者的共同目标。本试验旨在研究饲粮不同脂肪水平对育成期蓝狐血清生化、体脂沉积、脂肪代谢相关基因表达的影响,研究饲粮脂肪在体内的吸收代谢过程,以筛选出最适脂肪添加量。本试验以日粮中脂肪水平为试验因子,研究选取 12 周龄健康蓝狐 60 只,随机分成 6 组,每个处理组的蓝狐均来自不同窝,避免因遗传因素给试验带来其他影响,初始体重各组间差异不显著($P>0.05$)。各试验组饲粮除脂肪及能量水平外,其他营养水平均相同。试验期(育成期)分为育成前期(12~18 周龄)和冬毛期(19~26 周龄),预试验 1 周(第 12 周),正式试验期 15 周。依据不同时期的生长需要,6 组蓝狐分别饲喂相应的试验饲粮,育成前期分别饲喂脂肪水平为 10%(A 组)、12%(B 组)、14%(C 组)、16%(D 组)、18%(E 组)和 20%(F 组)的试验饲粮,冬毛期饲粮脂肪水平分别为 A 组 12%、B 组 14%、C 组 16%、D 组 18%、E 组 20%、F 组 22%。试验结果表明:1)随饲粮脂肪水平的增加,育成前期蓝狐血清中白蛋白(ALB)的含量 A 组显著低于其他组($P<0.05$);血清中总蛋白(TP)的含量 D、E 组显著高于 A、B、C 组($P<0.05$);血清中总胆固醇(TC)、甘油三酯(TG)的含量 D、E、F 组显著高于 A、B 组($P<0.05$);血清中高密度脂蛋白胆固醇(HDL)的含量 F 组显著高于 A、B、C、D 组($P<0.05$);血清中低密度脂蛋白胆固醇(LDL)的含量 A、B 组显著低于 C、D、E、F 组($P<0.05$)。冬毛期蓝狐血清中 TP 的含量 D、E 组显著高于 B、C 组($P<0.05$);血清中 TC 的含量 F 组显著高于 A、B 组($P<0.05$);血清中 TG 的含量 D、E、F 组显著高于 A、B、C 组($P<0.05$);血清中 LDL 的含量 A 组显著低于 F 组($P<0.05$)。2)随饲粮脂肪水平的增加,肝脂率 D 组显著低于 E、F 组($P<0.05$);内脏脂肪重 E、F 组显著高于 A、B 组($P<0.05$);内脏脂肪率 F 组显著高于 A、B 组($P<0.05$);而肝脏重、肝体指数、皮下脂肪重和皮脂率各组间差异不显著($P>0.05$)。3)随饲粮脂肪水平的增加,蓝狐肝脏中甘油三酯转移蛋白(MTP)基因表达量 D、E、F 组显著高于 A、B 组($P<0.05$);固醇调节元件结合蛋白(SREBP-1c)基因的表达量 D、E 组显著高于 A、B、C 组($P<0.05$);脂肪酸合成酶(FAS)基因表达量 D 组显著高于 A、B、C、F 组($P<0.05$);脂肪酸结合蛋白(L-FABP)基因表达量各组间差异不显著($P>0.05$)。综上所述:育成前期饲喂脂肪水平为 16%、冬毛期饲喂脂肪水平为 18%的饲粮,可提高血清中白蛋白及总蛋白的含量,促进蛋白质代谢;同时,可降低肝脂率,提高肝脏中 MTP、SREBP-1c、FAS 和 L-FABP 基因的表达量,促进肝脏脂肪的合成及代谢。

关键词:蓝狐;脂肪添加量;血液生化;脂质代谢

---

* 基金项目:哈尔滨市应用技术研究与开发项目(2016RAXXJ015);黑龙江省教育厅科学技术面上项目(12531036)
** 第一作者简介:刘洋,男,硕士,E-mail:1241295270@qq.com
# 通讯作者:徐良梅,教授,E-mail:xuliangmei@sina.com

饲粮中添加蛋氨酸对虎皮鹦鹉生长发育、羽毛品质及蛋白质代谢率的影响[*]

欧阳吾乐[**]　杨亚晋　刘莉莉　方欐圆　包艳林　李青青[#]　郭爱伟[#]

（西南林业大学生命科学学院，昆明 650224）

摘要：虎皮鹦鹉（*Melopsittacus undulates*）是鹦形目、鹦鹉科的鸟类，又名娇凤，属小型攀禽品种，原产于澳大利亚，虎皮鹦鹉头羽和背羽一般呈黄色且有黑色条纹，毛色和条纹犹如虎皮一般。目前，国内外的相关研究多数仅限于对虎皮鹦鹉的生物学特性及行为等方面的研究，但添加蛋氨酸对虎皮鹦鹉生长发育、羽毛品质及蛋白质代谢率的影响目前还未见相关报道。本试验以虎皮鹦鹉为研究对象，探讨饲粮中添加蛋氨酸（Met）对虎皮鹦鹉生长发育、蛋白质代谢率和羽毛品质的影响。选用 6～8 月龄虎皮鹦鹉 18 只，随机分成 3 组，每组 3 个只重复，每个重复 2 只（公母比为 1∶1），经方差检验，各组间初始体重差异不显著（$P>0.05$）。组 1 饲喂添加 0.1% Met 的饲粮，组 2 饲喂添加 0.3% Met 的饲粮，组 3 饲喂添加 0.5% Met 的饲粮，饲粮配方参照鹦鹉的营养需求配制。试验期为 35 天，期间每天准确记录鹦鹉的采食量，每周称重，记录虎皮鹦鹉羽毛颜色的变化，试验中期进行代谢试验，预试期 3 天，正式试验期 3 天，代谢试验期间记录采食量并采集饲料样品和收集全部排泄物，称重烘干后用备用。用凯氏定氮法测定饲粮和排泄物种的粗蛋白质，计算蛋白质的代谢率。结果表明，添加不同水平的 Met 对虎皮鹦鹉体重影响差异不显著（$P>0.05$）；而添加 Met 会影响虎皮鹦鹉的羽毛颜色，添加 0.1% Met 组虎皮鹦鹉羽毛呈现了灰绿色和浅绿色并且有蓬松现象，添加 0.3% Met 的虎皮鹦鹉羽毛呈深绿色且紧凑，而添加 0.5% Met 时，虎皮鹦鹉的羽毛虽然都呈现出来深绿色或浅绿色，但有蓬松现象；饲粮中添加 Met 对虎皮鹦鹉蛋白质代谢率的影响差异不显著（$P>0.05$），添加 0.3% Met 组有高于其他两组的趋势。由此可见，添加 Met 对成年虎皮鹦鹉生长发育及蛋白质代谢率的影响差异不显著，但添加 0.3% 的 Met 可以改善虎皮鹦鹉的羽毛品质，提高其观赏价值，本文初步探讨了添加 Met 对虎皮鹦鹉生长发育、羽毛品质及蛋白质代谢率的影响，为观赏鸟类的科学饲养提供科学依据。

关键词：蛋氨酸；虎皮鹦鹉；生长发育；蛋白质代谢

———————————

* 基金项目：国家自然科学基金（31460609）；云南省优势特色重点学科生物学一级学科建设项目（50097505）

** 第一作者简介：欧阳吾乐，女，硕士研究生，E-mail：469049365@qq.com

\# 通讯作者：李青青，教授，E-mail：doublelqq@163.com；郭爱伟，副教授，E-mail：g.aiwei.swfu@hotmail.com

基于响应面分析法的犬粮膨化工艺参数优化及其模型化研究[*]

李重阳[1,3]**　董颖超[1]　李军国[1,2]#　张嘉琦[1]　李俊[1]　杨洁[1]　蒋万春[3]

(1.中国农业科学院饲料研究所,国家水产饲料安全评价基地,北京 100081;2.农业部
食物与营养发展研究所,北京 100081;3.北京畜牧兽医研究所,北京 150030)

摘要:随宠物行业的迅猛发展,宠物食品的加工质量更加受到人们的重视。目前对犬粮加工质量的研究多侧重于膨化工艺参数对某单一加工质量指标的影响,对膨化工艺参数与加工质量间系统化的研究较少,本研究旨在探究不同膨化工艺参数对宠物犬粮产品质量的影响规律,优化适宜的加工工艺参数,建立犬粮加工质量指标的预测方程,以期为加工生产高质量的宠物食品及提高生产效率提供参考。本研究以典型犬粮的配方为研究对象,采用中心组合设计,综合考察了物料水分含量(A)、模头温度(B)和螺杆转速(C)3 个变量对犬粮容重、单位密度、膨化度、硬度、酥脆性和单位机械耗能(SME)的影响,建立各加工质量指标与 3 个因素变化的二次回归方程。结果表明:随水分含量的升高,犬粮的容重、单位密度、硬度和 SME 极显著降低,膨化度极显著升高($P<0.01$)。随螺杆转速的升高,犬粮的容重、单位密度、硬度和 SME 呈先降低后升高趋势,酥脆性显著降低($P<0.05$)。物料水分含量和模头温度的交互作用对犬粮的酥脆性有显著影响($P<0.05$),在高水分条件下升高模头温度会使犬粮的酥脆性显著降低;在较低水分含量条件下随模头温度的升高犬粮的酥脆性显著提高。利用回归分析结果,通过设定犬粮加工质量评定的优先等级、可接受极值和目标值后获得了一套适合犬粮膨化加工的参数组合:水分含量 27.8%、模头温度 132℃、螺杆转速 234 r/min,在该组合条件下,犬粮容重 340 g/L、膨化度 1.985、硬度 4 444.9 g、酥脆性 0.627 mm、SME 21.932 kJ/kg。通过将试验数据代入量纲分析法所建立的容重数学模型进行拟合发现,容重模型的预测值与本试验实际测定值拟合度较高($R^2=0.908\ 8$),说明此模型对犬粮的容重具有良好的预测效果。本研究结果为犬粮的膨化加工提供了工艺参数的调整范围;在犬粮容重数学模型中,可通过改变膨化工艺参数对犬粮的容重作出较好的预测。

关键词:响应面法;中心组合设计;犬粮;膨化工艺参数;加工质量指标;量纲分析法;容重模型

---

* 基金项目:国家重点研发计划项目(2016YFF0201800);中国农业科学院创新工程项目(CAAS-ASTIP-2017-FRI-08)

** 第一作者简介:李重阳(1993—),男,河北廊坊人,硕士研究生,从事动物营养与饲料加工研究,E-mail:15227402511@163.com

通讯作者:李军国,研究员,硕士生导师,E-mail:lijunguo@caas.cn

丙酮酸乙酯对鼠伤寒沙门氏菌诱导 BALB/c 小鼠肠炎的保护作用[*]

徐欣瑶[**]　薛宸宇　汪陈思　张磊　李欣然　董娜[#]　单安山

(东北农业大学动物营养研究所,哈尔滨 150030)

摘要:目前鼠伤寒沙门氏菌(*Salmonella typhimurium*)是导致腹泻和肠炎的主要细菌,严重威胁着家畜以及人类的健康。肠道免疫是机体健康的重要免疫屏障。抗生素可有效改善动物的生长状况,但随着动物产品中药物残留和细菌耐药性等问题的出现,迫切需要寻找一种既能有效控制养殖动物疾病,又不带来食品安全问题和环境隐患的新产品以替代抗生素。因此,有必要研发一种治疗由鼠伤寒沙门氏菌诱发肠炎的有效药物。丙酮酸乙酯(ethyl pyruvate,EP)已被证明具有抗炎作用并保护肠屏障功能。EP 具有多种药理作用,不仅能增强抗肿瘤免疫功能还能改善氧化还原反应引起的细胞损伤,同时具有显著的抗炎作用。本研究探讨丙酮酸乙酯对鼠伤寒沙门氏菌诱导 BALB/c 小鼠肠炎的保护作用,从而揭示 EP 的抗沙门氏菌肠炎功能的机理。将 20～30 g 4～5 周龄的雄性 BALB/c 小鼠随机分为 4 组:对照组、感染组、EP 治疗组以及 EP 注射组。以 5 g/L 链霉素处理小鼠 2 天,采用灌胃方式建立鼠伤寒沙门氏菌感染的炎症模型,在连续灌胃 0.2 mL 1×10^8 CFU/mL 菌液 6 天,在第 4 天给 EP 治疗组的小鼠同时腹腔注射等量 100 mg/kg EP 溶液,对照组给予等量 PBS 的处理,EP 注射组只进行等量 EP 溶液的注射。观察小鼠腹泻情况并记录每日体重变化,第 6 天解剖小鼠取各组织。结果显示,在鼠伤寒沙门氏菌攻毒后,小鼠产生萎靡不振,腹泻以及便血的症状。鼠伤寒沙门氏菌攻毒组小鼠体重明显减轻,EP 抑制小鼠失重并减少肝脏和脾脏器官指数。通过 ELISA 法检测血清中的 IgA 和 IgM,结果显示在 EP 治疗组的小鼠中 IgA 和 IgM 显著增加($P<0.05$)。通过观察 HE 染色石蜡切片,EP 显著增加空肠绒毛高度和隐窝深度($P<0.05$),并抑制了感染小鼠中肠道紧密连接蛋白 occludin 和 ZO-1 mRNA 表达水平。此外,EP 降低空肠、肝脏和脾脏中的 IL-6、IL-1β 和 TNF-α mRNA 表达水平($P<0.05$)。在感染的小鼠中,EP 抑制 TLR4 mRNA 和 p38 MAPK 的磷酸化蛋白的表达($P<0.05$)。本研究结果表明,EP 通过保护空肠屏障,抑制炎症因子和 TLR4 mRNA 表达以及感染小鼠中 p38 的磷酸化来发挥其抗炎作用。

关键词:丙酮酸乙酯;鼠伤寒沙门氏菌;肠道屏障;TLR4;MAPK

* 基金项目:国家自然科学基金青年基金(31501914);黑龙江省自然科学青年基金项目(QC2015018)
** 第一作者简介:徐欣瑶,女,硕士研究生,1346740963@qq.com
# 通讯作者:董娜,副教授,linda729@163.com

第八部分
饲料分析检测及营养价值评定

康奈尔净碳水化合物与蛋白质体系评定组分及近红外光谱分析技术预测北京市全株玉米原料营养价值*

刘娜[1]** 齐志国[2] 屠焰[1]# 郭江鹏[2] 司丙文[1] 王俊[2] 付瑶[2]

(1. 中国农业科学院饲料研究所，奶牛营养学北京市重点实验室，北京 100081；
2. 北京市畜牧总站，北京 100107)

摘要：建立地方性饲料数据库有利于精准营养饲粮配制。本试验旨在基于康奈尔净碳水化合物与蛋白质体系(CNCPS)建立北京市全株玉米原料营养组分数据库，并利用近红外光谱分析技术(NIRS)建立其营养价值预测模型。试验采集北京市 18 个牧场 89 份全株玉米原料样品，测定其干物质(DM)、粗灰分(ash)、粗蛋白质(CP)、粗脂肪(EE)、中性洗涤纤维(NDF)、酸性洗涤纤维(ADF)、酸性洗涤木质素(ADL)、淀粉(starch)、中性洗涤不溶蛋白质(NDIP)、酸性洗涤不溶蛋白质(ADIP)、可溶性粗蛋白质(SP)含量，利用 CNCPS6.5 计算各样品碳水化合物(CHO)和蛋白质营养组分。定标集和验证集根据 4：1 的配比关系，分别选用 71 份和 18 份全株玉米原料样品作为定标集和验证集评价 NIRS 预测模型。结果显示：1)全株玉米原料 DM、ash、CP、EE、NDF、ADF、ADL、starch、NDIP、ADIP、SP 含量分别为 95.06%、4.49%、7.08%、2.58%、45.59%、20.26%、2.24%、25.77%、1.39%、0.41%、2.22%。2)全株玉米原料碳水化合物(CHO)、非纤维性碳水化合物(NFC)、可溶性纤维(CB_2)、可消化纤维(CB_3)和不消化纤维(CC)含量分别为 85.86%、40.27%、14.50%、40.21% 和 5.38%。全株玉米原料可溶性真蛋白质(PA_2)、难溶性真蛋白质(PB_1)、纤维结合蛋白质(PB_2)和非降解蛋白质(PC)含量分别为 2.22%、4.76%、0.07% 和 0.03%。3)DM、ash、CP、EE、NDF、ADF、ADL、starch、NDIP、ADIP、SP、CHO、NFC、CB_2、CB_3、CC、PA_2、PB_1、PB_2 和 PC 指标建立模型的校正决定系数(RSQcal)≥0.87，验证决定系数(RSQv)>0.86，这些模型均可用于日常快速检测分析。DM、ash、EE、NDF、ADF、ADL、starch、NDIP、CHO、NFC、CB_2、CB_3、PC 和 PB_1 的模型参数均采用 second derivative (1；0)处理；CP、SP、ADIP、CC、PA_2 和 PB_2 采用 standard normal variate(850；1 650)、second derivative (1；0)处理。总之，本研究为全株玉米原料在反刍动物饲粮中的应用提供基础的化学分析数据，并通过 NIRS 方法建立了主要营养成分的快速预测模型。

关键词：全株玉米；康奈尔净碳水化合物与蛋白质体系；近红外光谱分析技术；营养价值

* 基金项目：奶牛产业技术体系北京市创新团队专项(BAIC06-2018)
** 第一作者简介：刘娜(1991—)，女，甘肃平凉人，硕士研究生，研究方向为动物营养与饲料科学，E-mail：liuna2017w@163.com
# 通讯作者：屠焰，研究员，博士生导师，E-mail：tuyan@caas.cn

饲用精油中香芹酚的液相色谱检测技术研究[*]

王金荣^{**}　高风雷　乔汉桢　赵银丽　黄进　苏兰利

（河南工业大学生物工程学院，郑州 450001）

摘要：抗生素在养殖业中的滥用引起的细菌耐药性增加及动物产品中药物残留问题日益严重，并且对动物、人和生态环境造成严重的危害，因此研发安全、高效、绿色的新型饲用抗生素替代品迫在眉睫。饲用精油是从植物中提取的具有抑菌、杀菌的植物提取物，主要成分有生物碱、茶多酚、皂苷、低聚糖、黄酮类物质、挥发油类等物质。香芹酚是目前饲用精油中发挥抑菌作用的主要成分之一，本试验旨在通过采用液相色谱方法对饲用精油中的香芹酚进行检测，建立饲用精油中香芹酚的检测方法，为饲用精油的质量监督提供技术支持。试验采用优化色谱分离条件，包括对流动相的选择、组成及比例、峰型改善剂等条件的优化，建立香芹酚的液相色谱检测方法。在优化的色谱条件下确定香芹酚的线性范围、检出限、定量限、精密度及检测回收率等参数，并对饲用精油中香芹酚的提取方法、提取效率等进行试验，以提取效率最高为指标建立最佳的提取方法。结果表明：香芹酚的高效液相色谱最优检测条件：色谱柱采用普通 C18 柱（长度 150 mm，内径 4.6 mm，粒径 5 μm）；检测器为二极管阵列检测器（或紫外检测器），流动相 A 为含 1‰三乙胺水溶液，流动相 B 为乙腈，A：B 为 45：55；进样体积为 10 μL，检测波长为 274 nm，保留时间 10 min；在 1.0～100.0 μg/mL 浓度范围内，线性关系良好，$R^2=0.991\ 9$，检出限 3.3 μg/kg，定量限 10.0 μg/kg，精密度 RSD 为 1.14%；在此条件下，百里香酚对香芹酚的检测无干扰；饲用精油中香芹酚的检测回收率 97.43%，日粮中香芹酚的检测回收率为 86.81%。饲用精油及日粮中的香芹酚采用甲醇辅以超声波振荡提取效率最佳。本实验建立了饲用精油及日粮中香芹酚的液相色谱检测方法：以甲醇为提取剂，超声波振荡提取 90 min，期间摇动 3 次，过滤后直接测定；色谱条件为：乙腈-1‰三乙胺水溶液为流动相（55：45），C18 柱分离，274 nm 处进行检测。

关键词：香芹酚；高效液相色谱；饲用精油；百里香酚

* 基金项目：国家自然科学基金项目（U1604106）
** 第一作者简介：王金荣（1970—），女，黑龙江集贤县人，研究方向为动物营养与饲料安全，E-mail：wangjr@haut.edu.cn

大豆产品中 Gly m Bd 28K 的 HPLC-MS/MS 检测方法的建立

李润娴[*] 周天骄 贺平丽[#]

（中国农业大学动物科技学院，动物营养学国家重点实验室，北京 100193）

摘要：本试验以 Gly m Bd 28K 为分析目标，利用高效液相色谱-三重四级杆串联质谱（HPLC-MS/MS）联用技术，建立了一种灵敏、准确测定大豆产品中 Gly m Bd 28K 的检测方法。将脱脂的大豆样品与 50 mmol/L pH 9.5 的 Tris-HCl 缓冲液按照 1 g∶100 mL 的比例混合，超声提取 2 h，然后在 70℃下，1 200 r/min 涡旋提取 2 h，得到大豆蛋白粗提液。大豆蛋白经二硫苏糖醇和碘乙酰胺处理后，在 37℃，用胰蛋白酶对其进行膜上酶解，得到多肽溶液进行稀释上样，HPLC-MS/MS 测定。测定选用 TVVEEIFSK 作为定量肽段，采用 3.5 μm XBridge® Peptide BEH C18 色谱柱进行分离，以含 0.1% 甲酸的水溶液和乙腈作为流动相进行梯度洗脱，流速为 0.3 mL/min，柱温为 25℃。在电喷雾离子源正离子多反应监测模式下，空白基质添加 Gly m Bd 28K，回收率为 99.5%～108.1%，日内变异系数小于 4.6%，日间变异系数小于 7.7%。生大豆、发酵豆粕、膨化豆粕以及膨化大豆样品的检测结果表明，Gly m Bd 28K 的含量范围为 0～1.25 mg/g，变异系数均小于 6.7%。

关键词：大豆产品；Gly m Bd 28K；定量肽段；液质联用技术

---

[*] 第一作者简介：李润娴（1995—），女，安徽六安人，硕士研究生，从事动物营养与饲料安全研究，E-mail：243138685@qq.com

[#] 通讯作者：贺平丽，副研究员，博士生导师，E-mail：hepingli@cau.edu.cn

等比回归法测定生长猪全粒木薯消化能和代谢能 *

孙鑫东 **　宋泽和　范志勇　贺喜 #

(湖南农业大学动物科学技术学院,饲料安全与高效利用教育部工程研究中心,
湖南畜禽安全生产协同创新中心,长沙 410128)

摘要:本试验旨在分析并测定全粒木薯的常规养分及其生长猪消化能(DE)和代谢能(ME),拟建全粒木薯不同添加水平与其生长猪 DE、ME 关系的回归方程。试验选用体重一致[(51.9±1.8)kg]"杜×长×大"三元杂交健康去势公猪 12 头,采用交叉设计,按体重相近原则,分为 3 个饲粮处理组与 3 个试验阶段,每个处理组共 12 个重复,每个重复 1 头猪,每个试验阶段由 3 天预饲期和 4 天正式试验期组成;饲粮设计采取等比回归法,包括 1 组玉米豆粕型基础饲粮和 15%、30%待测原料部分替代基础饲粮的 2 组试验饲粮,其中,所有饲粮组中除待测原料外,其余含能量原料间均保持着相同的比例,分别饲喂上述 3 个处理组;回归过程以全粒木薯摄入量(干物质基础)为回归因子,对饲粮中全粒木薯贡献的 DE、ME 做回归方程,进而得到生长猪全粒木薯 DE、ME。结果表明:1)风干基础下,全粒木薯总能值为 15.02 MJ/kg,干物质含量为 88.58%,粗蛋白质含量为 2.62%,粗脂肪含量为 0.62%,粗纤维含量为 17.66%,粗灰分含量为 7.97%,淀粉含量为 45.16%。2)饲粮组之间猪 DE、ME 均存在显著性差异($P<0.001$, $P=0.003$),其中基础组 DE 显著高于 30%全粒木薯组($P<0.001$),但与 15%全粒木薯组差异不显著($P=0.274$);基础组 ME 显著高于 30%全粒木薯组($P=0.002$),但与 15%全粒木薯组差异不显著($P=0.156$);15%全粒木薯组与 30%全粒木薯组 DE 差异显著($P=0.004$);15%全粒木薯组与 30%全粒木薯组 ME 差异不显著($P=0.160$)。3)全粒木薯不同添加水平与生长猪 DE、ME 关系的回归方程(干物质基础)分别如下:$Y=0.54+11.08X$($R^2=0.96$, $CV=0.17$),$Y=0.15+10.47X$($R^2=0.93$, $CV=0.23$)。综上所述,全粒木薯能量利用价值一般,其生长猪(50~70 kg)DE、ME 分别为 11.08 MJ/kg DM、10.47 MJ/kg DM,用其替代玉米豆粕型饲粮,建议添加水平以不超过 15%为宜,此外还需要平衡饲粮中氨基酸水平。

关键词:生长猪;全粒木薯;消化能;代谢能;回归法

---

* 基金项目:国家重点研发计划(2016YFD0501209)
** 作者介绍:孙鑫东(1997—),男,湖南邵阳人,硕士,从事单胃动物营养与饲料科学研究,E-mail:862331393@qq.com
# 通讯作者:贺喜,教授,博士生导师,E-mail:hexi111@163.com

菜粕肉仔鸡标准回肠氨基酸消化率和代谢能的评定[*]

田莎[1,2][**] 　黄祥祥[1,2] 　宋泽和[1,2] 　范志勇[1,2] 　呙于明[3] 　贺喜[1,2][#]

（1.湖南农业大学动物科学技术学院，长沙 410128；2.湖南畜禽安全生产协同创新中心，
长沙 410128；3.中国农业大学动物科学技术学院，北京 100193）

摘要：本试验旨在对 6 种湖南不同地区的菜粕进行常规养分分析，并评定肉仔鸡对菜粕的标准回肠氨基酸消化率和代谢能，建立菜粕代谢能及标准回肠氨基酸消化率的回归模型。试验选取 700 只 1 日龄白羽肉鸡，前期 7 日龄时将 420 只鸡分为 7 个处理，每个处理 10 个重复，每个重复 6 只鸡（其中 6 个处理组为不同来源的菜粕组，另一个为无氮日粮组）；后期 21 日龄将剩余的 280 只鸡再分为 7 个处理，每个处理 10 个重复，每个重复 4 只鸡。试验分别在 11～13 日龄和 25～27 日龄用全收粪法测定菜粕的 AME 和 AMEn，并在 14 日龄和 28 日龄采集回肠食糜测定菜粕氨基酸消化率。试验结果表明：1）6 种菜粕养分整体变异系数较小，其中中性洗涤纤维和酸性洗涤纤维的变异系数较大，为 3.16% 和 6.75%。2）6 种菜粕 14 日龄 AME 和 AMEn 平均值分别为：(8.01 ± 0.26) MJ/kg、(7.91 ± 0.26) MJ/kg；28 日龄 AME 和 AMEn 平均值分别为 (7.44 ± 0.24) MJ/kg、(7.35 ± 0.24) MJ/kg，14 日龄 AME 和 AMEn 平均值较 28 日龄稍高但差异不显著（$P > 0.05$）。3）6 种菜粕 28 日龄赖氨酸标准回肠消化率显著高于 14 日龄（$P < 0.05$），其他氨基酸标准回肠消化率差异不显著（$P > 0.05$）。4）菜粕 14 日龄 AME 和 AMEn 最佳预测模型：$AME = 23.077 - 0.336NDF$（$R^2 = 0.726$，$RSD = 0.338$）、$AMEn = 23.06 - 0.34NDF$（$R^2 = 0.729$，$RSD = 0.340$）；28 日龄 AME 和 AMEn 最佳预测模型：$AME = 24.98 - 0.391NDF$（$R^2 = 0.828$，$RSD = 0.292$）、$AMEn = 25.04 - 0.394NDF$（$R^2 = 0.831$，$RSD = 0.291$）。5）菜粕 14 日龄氨基酸标准回肠消化率预测模型：$LYS = -7.01 + 2.826CP - 2.075CF$（$R^2 = 0.953$，$P = 0.010$）、$MET = 110.644 - 2.81CF$（$R^2 = 0.845$ $RSD = 2.299$）、$TRP = 106.834 - 0.725NDF$（$R^2 = 0.989$ $RSD = 0.227$）、$THR = -79.357 + 4.284CP$（$R^2 = 0.715$ $RSD = 3.976$）；28 日龄氨基酸标准回肠消化率预测模型：$LYS = 161.02 - 2.002NDF$（$R^2 = 0.957$ $RSD = 1.27$）、$MET = 144.269 - 1.521NDF$（$R^2 = 0.831$ $RSD = 2.065$）、$TRP = 112.053 - 0.824NDF$（$R^2 = 0.999$ $RSD = 0.080$）、$THR = 102.11 + 1.079NDF - 2.63ADF$（$R^2 = 0.974$，$P < 0.01$）。综上所述，湖南省各地区菜粕的营养成分含量基本稳定，在此基础上建立了菜粕代谢能和氨基酸消化率与菜粕中常规养分的回归方程，为我国饲料营养价值数据库的积累和进一步完善提供了数据参考。

关键词：菜粕；代谢能；氨基酸；肉仔鸡；标准回肠消化率

[*] 基金项目：教育部长江学者和创新团队发展计划项目（IRT0945）；国家重点研发计划（2016YFD0501209）

[**] 第一作者简介：田莎（1996—），女，湖南汨罗人，硕士研究生，研究方向为饲料资源开发与利用，E-mail：Tiansha1111@126.com

[#] 通讯作者：贺喜，教授，博士生导师，E-mail：hexi111@126.com

双低菜籽饼代谢能预测能方程的验证

王璐* 李培丽 赖长华#

（中国农业大学动物科技学院，动物营养学国家重点实验室，北京 100193）

摘要:我国蛋白质饲料资源的现状是豆粕大量依赖进口，而杂粕资源未得到充分的利用。双低菜籽饼作为菜籽榨油之后的副产品，是一种产量较高的杂粕资源，且其蛋白质含量较高，氨基酸组成较为平衡。为了高效利用双低菜籽饼，本实验室在之前的研究中建立了基于常规化学成分来预测双低菜籽饼代谢能的回归方程。本试验旨在通过生长猪对添加不同比例的双低菜籽饼日粮的代谢能利用效率来验证双低菜籽饼的代谢能预测方程。试验选用 144 头三元杂交健康猪，初始体重（29.7±2.7）kg，公母各半，随机分配到 4 个日粮处理中，每个处理 6 个重复，每个重复 6 头猪，分栏饲养，共 24 栏猪，试验期 28 天，在试验最后一周，日粮中添加 0.3% 的三氧化二铬，作为外源指示剂，第 28 天上午前腔静脉空腹采血。4 个处理组分别包含 0%、7%、14% 和 21% 的双低菜籽饼，双低菜籽饼主要用于替代豆粕，饲粮的配制以代谢能为基础，通过预测方程得到双低菜籽饼饲喂基础代谢能值为 13.09 MJ/kg，其他原料的代谢能值均参考 NRC（2012）。结果发现：1）随着双低菜籽饼添加比例的提高，生长猪代谢能利用效率差异不显著（$P>0.10$）。2）随着菜籽饼添加比例的提高，生长猪平均日采食量、平均日增重和耗料增重比差异不显著（$P>0.10$）。3）添加 21% 菜籽饼处理组相对于添加其他比例菜籽饼处理组，生长猪血清总甲状腺素显著降低（$P<0.01$），且随着菜籽饼添加比例的增加，血清三碘甲腺原氨酸和总甲状腺素都呈现线性下降的趋势（$P<0.05$）。4）随着双低菜籽饼添加比例的增加，生长猪干物质、总能、粗蛋白质、酸性洗涤纤维和有机物的表观全肠道消化率线性降低（$P<0.05$），分别从 80.41%、78.82%、73.47%、54.30% 和 84.04% 下降到 77.71%、76.40%、64.59%、46.94% 和 81.68%。由此可见，双低菜籽饼最适代谢能预测方程 ME = 9.33 − 0.09NDF − 0.25CF + 0.59GE（$R^2=0.93$，$P<0.01$）能够用来快速准确地预测双低菜籽饼的代谢能。在保证日粮硫苷含量低于耐受量的前提下，虽然双低菜籽饼添加比例的提高使血清三碘甲腺原氨酸和总甲状腺素都呈现线性下降的趋势，但并不会影响生长猪的生长性能，只是会降低某些营养物质的表观全肠道消化率。

关键词:生长猪；双低菜籽饼；代谢能预测方程；能量利用效率

---

* 第一作者简介:王璐（1995—），女，山西阳高人，硕士研究生，研究方向为动物营养与饲料科学，E-mail:haowlhao@163.com
# 通讯作者:赖长华，研究员，博士生导师，E-mail:laichanghua999@163.com

发酵玉米胚芽粕肥育猪有效能、氨基酸标准回肠消化率测定和应用的研究

贺腾飞[*]　朴香淑[#]　吴阳　龙沈飞

（中国农业大学动物科学技术学院，动物营养学国家重点实验室，北京 100193）

摘要：本试验旨在测定发酵玉米胚芽粕肥育猪的有效能和氨基酸标准回肠消化率，并对其应用进行研究。试验一采用套算法测定发酵玉米胚芽粕对肥育猪的消化能和代谢能值。选用 12 头平均体重(66.72 ± 5.20) kg 的"杜×长×大"三元杂交去势公猪，按完全随机试验设计分为 2 个处理，每个处理 6 个重复，试验饲粮为玉米-豆粕型基础饲粮和发酵玉米胚芽粕饲粮。结果显示，以干物质为基础，发酵玉米胚芽粕的肥育猪消化能为 18.79 MJ/kg，代谢能为 17.33 MJ/kg，总能的全肠道表观消化率为 86.24%。试验二采用无氮饲粮法测定发酵玉米胚芽粕肥育猪的氨基酸回肠末端消化率。选用 12 头平均体重(59.30 ± 5.50) kg 的"杜×长×大"三元杂交去势公猪(装有 T 型瘘管)，按完全随机试验设计分为 2 个处理，每个处理 6 个重复。试验饲粮为无氮饲粮和发酵玉米胚芽粕饲粮。结果显示，以干物质为基础，发酵玉米胚芽粕对肥育猪的蛋白质、赖氨酸、蛋氨酸、苏氨酸和色氨酸的标准回肠末端消化率分别为 80.54%、63.40%、75.00%、62.02% 和 70.25%。试验三，基于前 2 个试验的实测值，研究发酵玉米胚芽粕对肥育猪生长性能、营养物质消化率、血清生化指标和粪便中微生物的影响。选用 144 头平均体重为(55.99±6.11) kg 的"杜×长×大"三元杂交肥育猪，按完全随机试验设计分为 4 个处理，每个处理 6 个重复，每个重复 6 头猪(公母各半)。处理 1 为玉米-豆粕-麦麸型基础饲粮(control)；处理 2(FCGM5)、处理 3(FCGM10)和处理 4(FCGM15)为分别添加 5%、10% 和 15% 的发酵玉米胚芽粕饲粮，试验期 30 天。结果表明：1)与对照组相比，FCGM5 和 FCGM10 处理组的平均日采食量均显著提高($P<0.05$)，各处理组间平均日增重和饲料转化率无显著差异。2)对照组干物质、有机物和酸性洗涤纤维的表观消化率均显著高于 FCGM15 处理组($P<0.05$)；与 FCGM15 和 FCGM10 处理组相比，对照组的粗蛋白质表观消化率显著提高($P<0.05$)。3)相比于对照组，FCGM10 和 FCGM15 处理组均显著降低了血清尿素氮和低密度脂蛋白含量($P<0.05$)，并显著提高了谷胱甘肽过氧化物酶含量($P<0.05$)。4)FCGM15 处理组粪便中丁酸含量及毛螺旋菌含量均显著高于对照组($P<0.05$)，并且 FCGM15 粪便中链球菌含量显著低于对照组($P<0.05$)。由此可见，本试验中所有添加水平对肥育猪生长性能均无不良影响，添加量为 15% 时能够提高其抗氧化能力并改善肠道菌群，效果更佳。

关键词：发酵玉米胚芽粕；肥育猪；有效能；氨基酸回肠末端消化率；生长性能

---

* 第一作者简介：贺腾飞(1994—)，男，河南商丘人，硕士研究生，动物营养与饲料科学专业，E-mail：1127217374@qq.com
# 通讯作者：朴香淑，教授，博士生导师，E-mail：piaoxsh@cau.edu.cn

利用美拉德反应中间产物糠氨酸预测DDGS瘤胃降解特性和瘤胃非降解蛋白小肠消化率[*]

徐宏建[**]　李昕　刘鑫　韩春雷　张永根[#]

（东北农业大学动物科学技术学院,哈尔滨 150030）

摘要：本试验旨在探究饲料在加热过程中产生的美拉德反应中间产物糠氨酸含量和不同程度热加工 DDGS 的瘤胃降解特性及瘤胃非降解蛋白的小肠消化率之间存在相关性并建立回归方程,并与酸性洗涤不溶蛋白作为饲料热处理敏感指标进行比较。以期糠氨酸成为饲料检测行业的新型指标,为湿原料饲料的加工和利用提供可靠帮助。本试验分别采用高效液相色谱法测定糠氨酸含量、采用尼龙袋法测定干物质和蛋白质瘤胃降解特性并采用改进的三步体外法测定瘤胃非降解蛋白的小肠消化率,分析两者之间相关性并建立回归方程。结果表明：1)不同程度热加工处理过的 DDGS 中糠氨酸含量、酸性洗涤不溶蛋白含量、常规营养成分、瘤胃降解特性及瘤胃非降解蛋白的小肠消化率存在显著差异($P<0.05$)。2)糠氨酸与酸性洗涤不溶蛋白均与干物质和蛋白质瘤胃培养可溶部分、不可降解部分、有效降解率以及瘤胃不可降解蛋白的小肠消化率存在显著相关性($P<0.05$),并可通过回归建立预测方程。3)糠氨酸较酸性洗涤不溶蛋白与瘤胃降解特性具有更高的相关性,二者与小肠消化率、总可消化蛋白之间的相关性相似,但糠氨酸与小肠可消化蛋白具有更高相关性。经过不同热处理得到的 DDGS 的糠氨酸含量、常规营养价值、瘤胃降解特性和小肠消化率差异显著。糠氨酸和酸性洗涤不溶蛋白分别与瘤胃降解特性和小肠消化率存在相关关系,而且可以利用糠氨酸和酸性洗涤不溶蛋白分别建立回归方程预测瘤胃降解特性和小肠消化率。糠氨酸比酸性洗涤不溶蛋白更加准确地预测干物质和蛋白质瘤胃可溶性部分、不可降解部分、有效降解率和小肠可消化蛋白。本试验初步验证了糠氨酸可以作为评价饲料热加工程度及鉴定热加工湿饲料品质及消化特性的新型指标。由于本试验仍处于研究初始阶段,尚需大量试验验证其可行性和准确性。

关键词：糠氨酸；瘤胃降解特性；小肠消化率；DDGS；热加工

---

　* 基金项目：国家奶牛产业技术体系(CARS-36)
　** 第一作者简介：徐宏建(1994—),男,黑龙江哈尔滨人,硕士研究生,从事反刍动物营养与饲料科学研究,E-mail：xuhongjian0714@163.com
　# 通讯作者：张永根,教授,博士生导师,E-mail：zhangyonggen@sina.com

断奶仔猪稻谷、糙米与陈化稻谷
消化能、代谢能的评定[*]

孙鑫东[**]　麻龙腾　刘哲君　吴士博　李瑞　宋泽和　贺喜[#]

(湖南农业大学动物科技学院动物营养研究所,饲料安全与高效利用教育部工程研究中心,
湖南畜禽安全生产协同创新中心,长沙 410128)

摘要:本试验旨在测定断奶仔猪稻谷、糙米与陈化稻谷消化能(DE)、代谢能(ME)。选取体重一致[(14.02±0.18) kg]的"长×大"二元杂交健康去势公猪 12 头,采用 3 个 4×2 的尤登方设计,按体重相近原则,分为 3 个区块、4 个饲粮处理组与 2 个试验阶段,每个处理组共 6 个重复,每个重复 1 头猪,分别饲喂 1 组含 95.5% 玉米的基础饲粮和 3 组含 30% 待测原料加 65.5% 玉米的试验饲粮,每个试验阶段由 3 天预饲期和 4 天正式试验期组成,采取全收粪法和套算法结合测定断奶仔猪待测原料 DE、ME。结果表明:1)风干基础状态下,断奶仔猪玉米组、稻谷组、糙米组、陈化稻谷组 DE 分别为(12.51±.43)、(12.43±0.50)、(13.12±0.85)、(12.18±1.07)MJ/kg,ME 分别为(11.55±1.70)、(11.64±0.79)、(12.43±1.71)、(11.10±1.08)MJ/kg;2)风干基础状态下,断奶仔猪玉米(干物质 87.63%)、稻谷(干物质 88.4%)、糙米(干物质 87.83%)、陈化稻谷(干物质 89.19%)的 DE 分别为(12.56±1.43)、(13.10±1.68)、(14.73±2.00)、(12.32±3.59)MJ/kg,ME 分别为(11.59±1.70)、(12.65±2.66)、(14.58±3.52)、(10.87±3.34)MJ/kg;3)各饲粮组间 DE、ME 差异均不显著(P>0.05),各原料间 DE、ME 差异均不显著(P>0.05)。综上所述,稻谷、糙米和陈化稻谷的断奶仔猪(11~25 kg)DE、ME 与玉米相当,具有玉米替代潜力。

关键词:全收粪法;套算法;稻谷;糙米;陈化稻谷;消化能;代谢能;断奶仔猪

* 基金项目:国家重点研发计划(2016YFD0501209)
** 作者介绍:孙鑫东(1997—),男,湖南邵阳人,硕士研究生,从事单胃动物营养与饲料科学研究,E-mail:862331393@qq.com
# 通讯作者:贺喜,教授,博士生导师,E-mail:hexi111@163.com

不同来源淀粉理化性质及体外消化研究[*]

王丹丹[1**]　唐德富[1]　徐嘉斌[1]　吕强龙[2,3]　欧兰兰[2,3]　骆彩红[2,3]　年芳[2,3#]

（1.甘肃农业大学动物科学技术学院，兰州 730070；2.甘肃农业大学理学院，兰州 730070；3.甘肃农业大学农业资源化学与应用研究所，兰州 730070）

摘要：淀粉是提供畜禽能量的主要营养物质，饲粮淀粉提供家禽 50％以上的表观消化能。试验以 6 类能量饲料原料为研究对象，比较不同来源淀粉理化特性及体外消化速率的差异，分析影响淀粉消化的主要因素，为合理利用谷物淀粉和调控家禽能量供给提供理论依据。选取玉米、小麦、大麦、燕麦、木薯和高粱 6 类能量饲料原料，提取总淀粉、直链淀粉、支链淀粉，应用化学分析、扫描电镜分析、X-射线衍射分析、红外分析，研究 6 类饲料原料淀粉含量、淀粉的微观形态和晶体结构；模拟家禽胃肠道应用酶解法进行体外消化试验，以淀粉消化后葡萄糖的释放量和释放速率为评价淀粉体外消化率和消化速率的指标。对淀粉颗粒扫描电镜研究表明，小麦淀粉颗粒为较小的圆球形，其余颗粒呈圆饼状，表面有凹槽，大麦淀粉颗粒与小麦相似，但体积较大；木薯、燕麦淀粉颗粒相似，呈碎块状，部分颗粒体积不及球体一半，其余为多面体或梯形，中间少有凹陷；高粱和玉米淀粉颗粒多有不规则多面体，玉米淀粉部分颗粒呈圆饼状，表面凹凸不平，值得注意的是，燕麦和高粱淀粉颗粒之间具有非常明显的交联团块。小麦、大麦、燕麦、木薯、玉米的相对结晶度都在 30％左右，高粱相对结晶度较低，为 22.33％，木薯结晶类型为 B 型，其他均为 A 型结构。小麦、大麦、玉米、木薯、燕麦淀粉含量分别为 80.2％、80.7％、79.6％、80.2％、84.2％，高粱所含淀粉含量最低为 58.2％，且淀粉直/支链比例最高，为 0.956。红外图谱结果显示，6 类饲料原料淀粉的红外图谱峰形一致，说明不同饲料淀粉的分子结构大体相同。体外消化结果显示，在 240 min 的消化过程中小麦、木薯、玉米具有较高的消化率（分别为 89.670％、77.351％、73.076％），大麦、燕麦次之（分别为 70.472％、69.047％），而高粱一直呈较低的消化状态（为 41.462％）。各饲料淀粉达到消化平缓期的时间有所不同，玉米表现出突出的快速消化性能，在 60 min 即达到消化的平缓期，小麦、高粱在 120 min 达到消化的平缓期，大麦、燕麦、木薯淀粉则需要 180 min 才能达到，说明玉米为快速消化淀粉。大麦、燕麦、木薯的消化速度缓慢，为慢速消化淀粉。小麦、高粱淀粉为中速消化淀粉。根据 6 种饲料原料淀粉物化特性和体外消化结果分析，淀粉的颗粒体积及分散度，表面是否存在消化酶作用位点，相对结晶度、直/支比例综合影响能量饲料淀粉的消化。小麦淀粉颗粒体积较小，相对结晶度较高，淀粉的相对结晶度反映支链淀粉的含量，直/支比例较小，淀粉较易被消化。高粱淀粉结晶度最低，淀粉颗粒表面不规则，体积相对较大，不容易被淀粉酶消化，因此小麦的体外消化率远高于高粱；且高粱与燕麦淀粉颗粒间存在交联，所以两者表现出较低的体外消化率，提示如果在生产中采取机械措施破坏淀粉颗粒间的交联，可能会提高这两种原料的消化率。玉米和木薯淀粉体外消化大致呈同一水平但却体现出不同的消化速率正在进一步研究中。

关键词：淀粉；理化性质；体外消化

　* 基金项目：甘肃省高等学校科研项目（2018-A041）；甘肃农业大学理学院学科建设开放课题（lxyxk201807）
　** 第一作者简介：王丹丹（1994—），女，甘肃陇南人，硕士研究生，研究方向为家禽养殖，E-mail：327029531@qq.com
　# 通讯作者：年芳，副教授，硕士生导师，E-mail：nianf@gsau.edu.cn

利用体外法预测奶牛生产性能的研究[*]

杨金山^{**}　孙雨坤　姜鑫　张永根[#]

（东北农业大学动物科技学院,哈尔滨 150030）

摘要：本试验探究了全混合日粮（total mixed ration,TMR）的体外发酵参数与奶牛生产性能之间的关系,并建立奶牛生产性能的预测模型。试验采集不同牧场平均泌乳期[（150±5）天]泌乳牛的全混合日粮进行体外发酵试验,通过体外发酵技术和 CNCPS 组分分析来评价日粮的营养价值,并探究体外发酵参数与营养特性和奶牛生产性能之间的相关关系,旨在为快速、准确、合理地评价奶牛日粮配方提供理论依据。测定体外发酵各个时间点的酸碱度（pH）、产气量（gas）、乙酸含量（acetic acid,AA）、丙酸含量（propionic acid,PA）、丁酸含量（butyric acid,BA）、氨态氮含量（ammonia nitrogen,NH$_3$-N）、甲烷排放量（methane emission,CH$_4$）、微生物蛋白质（microbial protein,MCP）、干物质消失率（*in vitro* dry matter disappearance,IVDMD）、蛋白质消失率（*in vitro* crude protein degradation,IVCPD）和有机物消失率（*in vitro* organic matter degradation,IVOMD）,与奶牛生产性能之间进行相关性分析并建立预测模型,对生产有一定的指导意义。结果表明：体外发酵各个时间点的 pH、产气量、甲烷产量、氨态氮含量、乙酸含量、丙酸含量、丁酸含量、微生物蛋白、体外干物质消失率、体外蛋白质小时率、体外有机物消失率、能氮平衡指数和奶牛生产性能的各个变量的标准差都在允许范围之内。各个时间点的体外发酵参数与奶牛生产性能之间存在一定的相关关系,其中体外发酵 24 h 的显著性最高。通过相关性分析发现,产奶量和丙酸含量存在显著的正相关关系（$r=0.57,P<0.05$）；乳脂率与乙酸含量存在显著的正相关关系（$r=0.55,P<0.05$）；乳蛋白与微生物蛋白质存在显著的正相关关系（$r=0.91,P<0.05$）。通过回归分析得出,丙酸含量被筛选为产奶量预测模型中的有效因子（$R^2=0.97,P<0.01$）；乙酸含量被筛选为乳脂率预测模型中的有效因子（$R^2=0.93,P<0.01$）；微生物蛋白被筛选为乳蛋白预测模型中的有效因子（$R^2=0.92,P<0.01$）。奶牛的生产性能预测值与实际值的误差在允许的范围内,预测值的精度较高。综上所述：本试验发现 TMR 不同时间的体外发酵参数与 CNCPS 组分和奶牛生产性能之间有较强的相关关系,其中体外发酵 24 h 的显著性最高,并且丙酸与产奶量之间的关联度最高；乙酸与乳脂率之间关联度最高；微生物蛋白与乳蛋白之间关联度最高,并将它们作为预测因子建立生产性能的预测模型,经验证发现精度较高。因此用体外模拟瘤胃发酵技术来评价日粮配方的合理性是可行的。

关键词：体外发酵技术；全混合日粮；营养特性；生产性能；预测模型

＊ 基金项目：国家奶牛产业技术体系（CARS-36）

＊＊ 第一作者简介：杨金山（1992—）,男,黑龙江牡丹江人,博士研究生,研究方向为反刍动物营养,E-mail：853396960@qq.com

＃ 通讯作者：张永根,教授,博士生导师,E-mail：zhangyonggen@sina.com

利用 CNCPS 体系评定苇草的营养价值的影响[*]

张一帆[1**]　高艳霞[1#]　李妍[2]　李秋凤[1]　曹玉凤[1]　李建国[1#]

(1. 河北农业大学动物科技学院，保定 071001；

2. 河北农业大学动物医学院，保定 071001)

摘要：本试验旨在研究非常规饲料资源苇草的营养价值，为奶牛生产提供理论指导。利用美国康奈尔净碳水化合物-蛋白质体系（CNCPS），对苇草的营养价值进行评定，并与苜蓿、谷草、羊草、燕麦草的营养价值进行比较。结果表明：苇草的常规养分中粗脂肪含量为 2.59%，极显著高于苜蓿（EE=1.59%）、谷草（EE=0.72%）、羊草（EE=2.17%）和燕麦草（EE=1.54%）。苇草的粗灰分含量为 8.03%，极显著低于苜蓿（ash=9.06%），与谷草（ash=8.08%）差异不显著，极显著高于燕麦草（ash=7.19%）和羊草（ash=6.26%）。其 NDF 含量为 73.00%，高于苜蓿（NDF=48.73%）和燕麦草（NDF=57.19%），低于谷草（NDF=79.51%）和羊草（NDF=76.35%），且差异均极显著（$P<0.01$）。苇草的 ADF 含量为 38.30% 与苜蓿（ADF=37.62%）差异不显著，但极显著低于谷草（ADF=48.04%）和羊草（ADF=41.57%），极显著高于燕麦草（ADF=31.62%）。苇草 ADL 含量为 6.99%，高于燕麦草（ADL=6.54%），低于谷草（ADL=7.81%）、羊草（ADL=8.35%）、苜蓿（ADL=19.77%），且差异极显著（$P<0.01$）。蛋白质组分中，苇草的 CP 含量为 7.18%，低于苜蓿（CP=15.08%）和燕麦草（CP=7.57%）的 CP 含量，但高于谷草（CP=5.79%）和羊草（CP=6.18%），且差异极显著（$P<0.01$）。苇草的 NPN 含量为 45.3%，低于苜蓿、羊草、谷草、燕麦草，分别为 54.68%、84.20%、85.57%、86.57%，且差异极显著（$P<0.01$）。苇草的 SP 含量为 45.26%，高于羊草（SP=24.46%）、谷草（SP=37.84%）、燕麦草（SP=39.02%），低于苜蓿（SP=49.12%），苇草与燕麦草、苜蓿、羊草差异极显著（$P<0.01$）。苇草的 NDIP 含量为 28.86%，燕麦草、苜蓿、谷草、羊草 NDIP 含量分别为 30.58%、31.68%、36.82%、39.23%，其中苇草的 NDIP 与燕麦草的 NDIP 差异不显著，但苇草的 NDIP 含量显著低于苜蓿、谷草和羊草。苇草的 ADIP 含量为 17.06%，高于燕麦草（ADIP=9.44%），低于羊草（ADIP=19.73%）、苜蓿（ADIP=20.73%）、谷草（ADIP=22.49%），差异均极显著（$P<0.01$）。苇草的 PA 参数为 20.48%、PB_1 参数为 24.79%、PC 参数为 17.06%、PB_2 参数为 25.88%、PB_3 参数为 11.81%。苇草的碳水化合物组分可知，苇草的 CHO 含量为 82.12%，低于燕麦草、谷草、羊草 CHO 的含量分别为 83.70%、85.21%、85.40%，但高于苜蓿（CHO=73.55%），苇草与苜蓿、谷草、羊草的 CHO 含量差异极显著（$P<0.01$）。苇草非结构性碳水化合物中淀粉含量为 46.18%，高于苜蓿的含量（38.18%），低于谷草（54.18%）、羊草（62.18%）、燕麦草（70.18%），且差异极显著（$P<0.01$）。从碳水化合物的测定结果来看，苇草不可利用的 CC 为 14.90%，CB_1 的参数为 15.46%，CB_2 的参数为 71.40%，CA 的参数为 7.38%。综合考虑苇草的碳水化合物和蛋白质的可利用性，苇草的营养价值是低于苜蓿和燕麦草，但高于谷草和羊草。

关键词：苇草；CNCPS；营养价值；奶牛

---

* 基金项目：国家现代农业（奶牛）产业技术体系建设专项资金（CARS-36）；河北省科技计划项目（16226604D）；河北省现代农业产业技术体系奶牛创新团队（HBCT2018120203）

** 第一作者简介：张一帆（1995—），男，河北秦皇岛人，硕士研究生，动物营养与饲料专业，E-mail：1093234679@qq.com

通讯作者：高艳霞，研究员，研究生导师，E-mail：yxgaohebau@126.com；李建国，教授，E-mail：1181935094@qq.com

留茬高度对不同品种全株玉米青贮品质的影响[*]

留茬高度对不同品种全株玉米青贮品质的影响[*]

赵雪娇[**]　刘鑫　郑健　张永根[#]

（东北农业大学动物科学技术学院,哈尔滨 150030）

摘要:本试验旨在研究留茬高度对全株青贮玉米品质的影响,并探讨对于不同特性的玉米品种应如何选择合适的留茬高度,为合理生产和利用全株玉米青贮提供理论支持。试验选取黑龙江地区广泛种植的高淀粉青贮玉米品种阳光一号、高蛋白质品种中原单 32 和高产量品种龙福 208 三种不同特性的青贮玉米为试验材料,采用单因素试验设计,设置 19 cm、49 cm 两个留茬高度,测定 6 个不同处理发酵前后常规营养价值、发酵品质及 24、30 和 48 h 瘤胃降解率。结果显示对于三个不同品种玉米青贮原料及发酵后营养成分,留茬高度由 19 cm 增加到 49 cm 后,显著提高了 DM、CP 和淀粉含量($P<0.05$),降低了 NDF 及 ADF 含量($P<0.01$)。发酵后各处理 pH 差异不显著 ($P>0.05$);随着留茬高度增加,各处理 VBN/TN 显著降低($P<0.05$),但品种中原单 32 在 49 cm 留茬高度下的 VBN/TN 仍显著高于阳光一号 19 cm 留茬高度下的 VBN/TN,具有较高的蛋白质分解量,而阳光一号 VBN/TN 在两个留茬高度下均较低,发酵效果更好;对于发酵后 LA 及 AA 含量,不同品种间有较大差异,而增加留茬高度对其影响较小。本试验中,随着留茬高度的增加各品种全株玉米青贮的 DMD 和 CPD 呈增加趋势,NDFD 呈降低趋势,其中阳光一号在 49 cm 留茬高度下 48 h DMD 最大,与 19 cm 留茬高度处理差异不显著($P>0.05$),且该品种在 19 cm 留茬高度下 48 h NDFD 最大,其次为品种中原单 32 以及龙福 208。由此可见,增加留茬高度可提高全株玉米青贮的 DM、CP、淀粉含量,但会降低其 NDF 含量,以及减小发酵过程的缓冲性,从而对发酵指标影响较小。因而对于高淀粉低纤维类青贮玉米品种如阳光一号,可选择较低留茬高度,以获得质与量最大化;而高蛋白或高产量玉米品种如中原单 32、龙福 208,可适当提高留茬高度,改善青贮品质。

关键词:全株玉米青贮;留茬高度;玉米品种;营养水平;发酵品质;瘤胃降解率

---

　* 基金项目:国家奶牛产业技术体系项目(CARS-36)

　** 第一作者简介:赵雪娇(1992—),辽宁省抚顺人,硕士研究生,研究方向为反刍动物营养,E-mail:zhaoxuejiao1023@163.com

　# 通讯作者:张永根,教授,博士生导师,E-mail:zhangyonggen@sina.com

第九部分
其他与饲料营养研究相关的论文

硫化氢和丁酸对肠上皮细胞炎症、氧化应激及线粒体功能的影响*

张夏薇** 慕春龙# 朱伟云

(国家动物消化道营养国际联合研究中心，江苏省消化道营养与动物健康重点实验室，

南京农业大学消化道微生物研究室，南京 210095)

摘要：肠道健康对动物的生产性能和繁殖性能等有着重要影响，肠上皮细胞线粒体作为肠道能量代谢的核心，还参与肠道细胞的增殖、分化和凋亡过程，调节氧化应激和肠黏膜免疫应答，因此肠上皮细胞线粒体功能稳定对于维持肠道健康十分关键。肠道微生物会通过其代谢产物作用于肠上皮细胞线粒体从而影响肠道健康。硫化氢（H_2S）和丁酸都是常见的微生物代谢物，但其对肠上皮细胞及其线粒体功能的影响尚不清楚。本试验使用硫氢化钠（NaHS，H_2S 供体）、丁酸钠（NaB，丁酸供体）和 Caco2 细胞研究它们对肠上皮细胞炎症、氧化应激、H_2S 解毒能力和线粒体功能的影响。试验分为 3 个组：对照组不做任何处理；NaHS 组用 2 mmol/L 的 NaHS 处理 24 h；NaHS＋NaB 组用 2 mmol/L 的 NaHS 和 2 mmol/L 的 NaB 混合液共同处理 24 h。结果表明：1）和对照组相比，2 mmol/L 的 NaHS 显著增强了肠上皮细胞的细胞活力（$P<0.05$）；相对比 NaHS 组，2 mmol/L NaB 使肠上皮细胞的细胞活力增强得更加明显（$P<0.05$）。2）和对照组相比，2 mmol/L 的 NaHS 显著上调了肠上皮细胞 TNF-α 的基因表达水平（$P<0.05$）；相对比 NaHS 组，NaB 显著降低了 TNF-α 的基因表达水平（$P<0.05$）。3）和对照组相比，2 mmol/L 的 NaHS 显著增加了肠上皮细胞中谷胱甘肽含量（$P<0.05$），增强了谷胱甘肽过氧化物酶的活力（$P<0.05$）；相对比 NaHS 组，2 mmol/L NaB 显著减少了肠上皮细胞中的谷胱甘肽含量（$P<0.05$）。4）和对照组相比，2 mmol/L 的 NaHS 显著抑制了肠上皮细胞中 H_2S 解毒酶硫醌氧化还原酶（SQR）的基因表达（$P<0.05$）；相对比 NaHS 组，2 mmol/L NaB 显著下调了 SQR 的基因表达水平（$P<0.05$）。5）和对照组相比，2 mmol/L 的 NaHS 显著减少了肠上皮细胞内线粒体 DNA 的基因表达（$P<0.05$），显著引起了肠上皮细胞的线粒体肿胀（$P<0.05$）；相对比 NaHS 组，2 mmol/L NaB 明显缓解了 NaHS 引起的线粒体肿胀（$P<0.05$）。由此可见，2 mmol/L 的 H_2S 能增强肠上皮细胞的细胞活力，促进炎症的发生，提高细胞的氧化应激水平，抑制线粒体的 H_2S 解毒途径中关键解毒酶的活力从而降低 H_2S 解毒能力，影响线粒体的结构和功能。而 2 mmol/L 丁酸的存在则可以进一步增强细胞活力，在一定程度上缓解炎症发生、降低氧化应激水平和缓解线粒体肿胀程度，但对线粒体的 H_2S 解毒能力没有助益。

关键词：硫化氢；丁酸；肠上皮细胞；线粒体；炎症；氧化应激

　* 基金项目：国家自然基金重点项目（31430082）

　** 第一作者简介：张夏薇（1994—），女，山东济宁人，硕士研究生，动物营养与饲料科学专业，E-mail：804978382@qq.com

　# 通讯作者：慕春龙，博士，讲师，E-mail：muchunlong@njau.edu.cn

METTL3 缺失通过抑制 TRAF6 依赖的肠道炎症反应改善长链脂肪酸吸收[*]

宗鑫[1][**]　赵婧[1]　王红[1]　汪以真[1,2][#]

（1.浙江大学动物科学学院，杭州 310058；2.浙江大学饲料科学研究所，
农业部动物营养与饲料重点开放实验室，杭州 310058）

摘要：脂肪酸是动物体最重要的能量物质之一，更好地了解脂肪酸吸收的分子机制，不仅可以为治疗脂肪酸代谢性疾病提供新的途径，而且在畜牧生产中，可以显著提高饲料利用率，改善动物健康。本试验旨在研究 mRNA m^6A 甲基化修饰在细菌性炎症导致的脂肪酸吸收障碍中的作用及其机制。本实验以猪的肠道上皮细胞为研究对象，构建敲除 m^6A 的甲基转移酶 METTL3 的肠道上皮细胞系，分别利用 10 μg/mL 的 LPS 刺激细胞 0、3、6 h。利用气相-液相色谱联用技术分析脂肪酸组成；激光共聚焦、流式细胞法检测脂肪酸吸收；免疫共沉淀技术探究 m^6A 修饰水平的变化；荧光原位杂交技术分析 mRNA 定位；Western blot 和荧光定量技术分析蛋白及基因表达；酶联免疫吸附法分析炎症因子的分泌。结果表明：1）LPS 刺激显著抑制了长链脂肪酸的吸收水平，尤其是碳原子数大于 16 个碳的脂肪酸（$P<0.05$），但对短链脂肪酸影响不显著；同时能够显著提高 mRNA m^6A 的修饰水平（$P<0.05$）。2）敲除 METTL3 能够显著抑制 LPS 刺激导致的长链脂肪酸吸收障碍以及脂肪酸吸收相关基因与蛋白的表达（$P<0.05$）；将敲除 METTL3 的猪肠道上皮细胞极化出绒毛模拟体内情况，进一步证实这一结论。3）敲除 METTL3 能够显著抑制 LPS 刺激导致的炎症因子的表达水平；ELISA 检测结果表明炎症因子的分泌水平也被显著抑制（$P<0.05$）。4）敲除 METTL3 能够显著抑制 LPS 刺激导致的 MAPK 和 NF-κB 信号通路关键蛋白，如 p38、IKKα/β、JNK、p65、IκBα 的磷酸化水平（$P<0.05$）。5）敲除 METTL3 能够显著抑制 LPS 刺激导致的 MAPK 和 NF-κB 信号通路上游的 TRAF6 的出核，进而显著降低细胞质内 TRAF6 的 mRNA 水平，导致 TRAF6 的蛋白表达水平显著降低（$P<0.05$）。6）将 TRAF6 质粒转入 METTL3 缺失的肠道上皮细胞后，不再能够抑制 LPS 刺激导致的吸收障碍（$P<0.05$）。由此可见，沉默 METTL3 可以通过抑制 TRAF6 依赖的肠道炎症反应来改善猪肠道上皮细胞长链脂肪酸吸收。我们的工作揭示了 m^6A 甲基化在炎症导致的脂肪酸吸收障碍中的作用，为改善猪肠道炎症反应，提高脂肪酸的吸收效率提供了新的思路。

关键词：猪肠道上皮细胞；METTL3；炎症；TRAF6；长链脂肪酸吸收

* 基金项目：国家自然科学基金重点项目（3163000269）

** 第一作者简介：宗鑫（1990—），男，河南信阳人，博士研究生，研究方向为动物营养与肠道免疫，E-mail：zongxin@zju.edu.cn

通讯作者：汪以真，教授，博士生导师，E-mail：yzwang321@zju.edu.cn

γ射线辐照过的黄芪多糖对免疫抑制肉鸡生长性能和免疫功能的影响[*]

李珊[**] 任丽娜[1] 朱旭东[2] 李蛟龙[1] 张林[1#] 王筱霏[2#] 高峰[1] 周光宏[1]

(1.南京农业大学动物科技学院，江苏省动物源食品生产与安全保障重点实验室，南京 210095；
2.南京农业大学理学院，南京 210095)

摘要：黄芪多糖(*Astragalus* polysaccharides，APS)是中药黄芪的重要活性组分，具有抗炎和免疫调节等生物学活性，而多糖的生物学活性与其结构和理化特性密不可分。因此，本研究旨在探讨γ射线辐照过的黄芪多糖(γ-irradiated APS，IAPS)的理化性质及其对免疫抑制状态下肉仔鸡生长性能和免疫功能的影响。试验一采用剂量为 25 kGy 的 ^{60}Coγ 射线辐照 APS，研究辐照前后 APS 分子质量、溶解度、黏度、多糖片段形态等理化特性变化。试验二选取 384 只体重相近的 1 日龄健康爱拔益加(AA)肉仔鸡，随机分为 6 组(每个组 8 个重复，每个重复 8 只鸡)：2 个对照组饲喂基础饲粮并于 16、18、20 日龄分别在左侧胸肌注射 0.5 mL 的生理盐水和环磷酰胺溶液[40 mg/kg(BW)]，4 个试验组的肉仔鸡分别饲喂添加了 900 mg/kg 的 APS 或 300、600、900 mg/kg 的 IAPS 的试验饲粮，并于 16、18、20 日龄在左侧胸肌注射 0.5 mL 环磷酰胺溶液[40 mg/kg(BW)]，试验期为 21 天。试验一的结果显示：1)γ射线辐照后，APS 的分子质量、黏度显著下降，溶解度显著增加($P<$0.05)。2)通过电镜扫描发现，IAPS 的多糖片段变薄变小，边缘发生卷曲。3)IAPS 与 APS 都具有多糖的典型振动吸收峰，二者所含有的官能团没有差异。试验二的结果显示：1)环磷酰胺刺激显著降低了 21 日龄肉仔鸡的体增重($P<$0.01)和采食量($P<$0.05)，增加了料重比($P<$0.01)。2)饲粮添加 900 mg/kg 的 APS 或 900、600 mg/kg 的 IAPS 能显著提高免疫抑制肉仔鸡的体增重并降低其料重比($P<$0.05)。3)饲粮中添加 900 mg/kg 的 APS 或 900、600 mg/kg 的 IAPS 显著改善了环磷酰胺引起的肉仔鸡胸腺指数、T 淋巴细胞增殖、血清 IgG 的含量和血浆中一氧化氮合酶的活力的下降，下调了血液中异嗜细胞与淋巴细胞比率($P<$0.05)。4)饲粮添加 900 mg/kg 的 IAPS 还可显著提高免疫抑制肉仔鸡血清 IgM 的含量和外周血 B 淋巴细胞增殖($P<$0.05)。本研究表明，APS 和 IAPS 能够缓解环磷酰胺引起的肉仔鸡的免疫抑制，且在同等添加剂量下 IAPS 效果优于 APS，说明γ射线辐照可可以通过降低 APS 的分子质量和改善理化性质提高其免疫调节活性。

关键词：肉仔鸡；黄芪多糖；辐照；理化特性；免疫功能

* 基金项目：国家自然科学基金(31601957)；中央高校基本科研业务费(KJQN201723)
** 第一作者简介：李珊(1994—)，女，河南焦作人，硕士研究生，从事动物营养调控研究，E-mail：2016105062@njau.edu.cn
# 通讯作者：张林，副教授，硕士生导师，E-mail：zhanglinnjau@163.com；王筱霏，副教授，E-mail：wangxiaofei@163.com

DMG-Na 的体外自由基清除能力及其对 OAHPx 诱导的 IPEC-J2 细胞氧化损伤的保护作用

白凯文* 蒋璐憶 冯程程 何进田 牛玉 张礼根 张婧菲 张莉莉 王超 王恬#

（南京农业大学动物科技学院，南京 210095）

摘要：本试验旨在研究二甲基甘氨酸钠（DMG-Na）的体外自由基清除能力及其对 IPEC-J2 细胞中油酸氢过氧化物（OAHPx）诱导的氧化损伤的保护能力。1）体外清除自由基实验：通过测定水溶性色素（二甲基甘氨酸钠、甜菜碱、辣椒红和花青素-3-芸香糖苷）的自由基清除能力，并与水溶性维生素 E（Trolox）进行比较，选出具有较好自由基清除能力的物质。2）猪血红细胞损伤实验：将新收集的猪血液与肝素混合并离心以获得红细胞。通过 2,2'-偶氮二（2-脒基丙烷）二盐酸盐（AAPH）诱导红细胞产生自由基。将猪血红细胞在 PBS 液中制成 2%悬浮液，在 37℃下与 DMG-Na（32 μmol/L）培育 30 min，然后加入或者不加入 AAPH（75 mmol/L）温育 5 h，同时轻轻摇动。3）IPEC-J2 细胞损伤实验：IPEC-J2 细胞随机分成 4 组（每组 6 个重复）：用磷酸盐缓冲液（PBS）处理细胞（CON 组）；用 DMG-Na（32 μmol/L）处理细胞（D 组）；用油酸氢过氧化物处理细胞（OAHPx 20 μmol/L；TO 组）；用 DMG-Na（32 μmol/L）处理细胞，然后用 OAHPx（20 μmol/L；DTO 组）处理。将细胞在 DMEM/F-12 混合物（Dulbecco 改良的 Eagle 培养基，Ham's F-12 混合物），1.5 mmol/L HEPES，5%（V/V）胎牛血清，1%（V/V）胰岛素转铁蛋白-硒混合物 1%（V/V）青霉素-链霉素混合物和 2.5 μg/mL 杀菌素（37℃，5% CO_2）中培养。结果表明：1）在体外清除自由基实验中，DMG-Na 在 0.32 mol/L（0.02～0.64 mol/L）处具有最强的体外自由基清除能力（DPPH、ABTS、H_2O_2 和 FRAP）。2）在猪血红细胞损伤实验中，DMG-Na 通过提高红细胞抗氧化能力（SOD、GSH-Px 和 GR；$P<0.05$），可以预防 AAPH 诱导的猪红细胞溶血（$P<0.05$），并且可以降低红细胞的氧化损伤程度（MDA 和 ROS；$P<0.05$）。3）在 IPEC-J2 细胞损伤实验中，DTO 组抗氧化能力（SOD、GSH-Px、GR 和 CAT；$P<0.05$）、抗氧化相关基因表达（细胞抗氧化相关基因和线粒体抗氧化相关基因；$P<0.05$）和抗氧化关键位点蛋白水平（Nrf2、HO-1 和 Sirt1；$P<0.05$）相对于 TO 组显著增加，表明 DMG-Na 通过改善机体抗氧化能力来预防 OAHPx 诱导的 IPEC-J2 细胞氧化损伤。综上所述，DMG-Na 可以通过提高抗氧化能力，进而改善氧化应激状态，缓解氧化损伤。

关键词：二甲基甘氨酸钠；体外自由基清除能力；红细胞；IPEC-J2；氧化损伤；抗氧化

---

* 第一作者简介：白凯文，男，博士研究生，E-mail：164942145@qq.com

\# 通讯作者：王恬，教授，E-mail：tianwangnjau@163.com

小肽对肠道激素分泌、营养感应和屏障功能的影响[*]

郭娉婷^{**} 马曦[#]

（中国农业大学动物科技学院，北京 100193）

摘要：蛋白质在胃肠道中经蛋白酶水解可以产生游离的氨基酸和大量的小肽，而小肽可通过其转运载体（主要为寡肽转运蛋白 PepT1）进入肠上皮细胞被迅速吸收，为机体提供氮素营养。近期研究发现蛋白质水解产物可通过激活 G 蛋白偶联受体 93（GPR93）来诱导胆囊收缩素的表达，而小肽转运受体 PepT1 也可作为小肽的感应受体来调节肠道细胞激素分泌和提高肠道的屏障功能。因此本实验旨在探究不同小肽对肠道激素分泌、营养感应受体和屏障蛋白表达的影响，为未来小肽作为新型饲料应用在动物饲粮中提供一定的理论支持。因此，本实验选取了 Gly-Gly、Leu-Gly-Gly、Gly-Sar、Ala-Gln、Phe-Ala 和 Gly-Phe 6 种小肽，以 10 mmol/L 的浓度处理 STC-1 细胞（小鼠小肠内分泌细胞系）1、4、12、48 h，检测葡萄糖依赖性促胰岛素激素（GIP）和营养感应受体 PepT1 和 GPR93 mRNA 的表达以及处理 48 h 后 PepT1 和 GPR93 的蛋白质表达。同时，以相同浓度的该 6 种小肽处理 IPEC-J2 细胞（猪空肠上皮细胞系）48 h，检测主要屏障蛋白 occludin 和 claudin-1 的表达量；并根据实验结果，进一步检测了不同浓度的 Gly-Gly 和 Gly-Phe 对屏障蛋白 occludin 和 claudin-1 表达的影响。结果表明：1）Ala-Gln 及 Gly-Phe 处理 48 h 能显著提高 STC-1 细胞 GIP 的 mRNA 表达量（$P<0.05$）。2）Leu-Gly-Gly 三肽处理 4 h 可显著降低 STC-1 细胞 PepT1 mRNA 的表达，而其他小肽处理不同时间对 STC-1 细胞 PepT1 和 GPR93 mRNA 的表达都没有显著影响；但是在蛋白表达水平上，处理 48 h 后，Gly-Gly、Leu-Gly-Gly 和 Phe-Ala 既能促进 STC-1 细胞 PepT1 的表达，也能促进 GPR93 的表达（$P<0.05$）。3）Gly-Gly 能够显著提高 IPEC-J2 细胞 occludin 的表达，而 Gly-Phe 和 Phe-Ala 却能显著提高 claudin-1 表达量（$P<0.05$）。4）5～80 mmol/L Gly-Gly 和 10～80 mmol/L 的 Gly-Phe 均能显著提高 occludin 的表达量（$P<0.05$），而 5～80 mmol/L 的 Gly-Gly 和 5、20、40 mmol/L 的 Gly-Phe 能显著提高 claudin-1 的表达量（$P<0.05$），综合来看，20 mmol/L 的 Gly-Gly 和 Gly-Phe 可以作为最佳的处理浓度来促进屏障蛋白的表达，增强肠道的屏障功能。由此可见，小肽能够在一定程度上影响肠道激素分泌、营养感应受体和屏障蛋白的表达，其作用效果与小肽的种类和浓度有关，但小肽的实际作用还有待动物实验进行进一步认证。

关键词：小肽；肠道；激素分泌；营养感应；肠道屏障

---

* 基金项目：国家自然科学基金项目（31722054，31472101，31528018）

** 第一作者简介：郭娉婷（1992—），女，湖南冷水江人，博士研究生，动物营养与饲料科学专业，E-mail：ptguo@cau.edu.cn

\# 通讯作者：马曦，研究员，博士生导师，E-mail：maxi@cau.edu.cn

活性氧调节宫内发育迟缓猪胎盘氧化应激、线粒体功能损伤和细胞周期进程和 MAPK 信号通路[*]

罗振[**]　罗文丽　李少华　赵森　Takami Sho　徐雪　张京　徐维娜　徐建雄[#]

（上海交通大学农业与生物学院,上海市兽医生物技术重点实验室,上海 201100）

摘要：宫内发育迟缓（IUGR）是养猪生产上的一大问题,严重影响了养猪业的经济效益。而目前关于活性氧导致的胎盘功能损伤和 IUGR 形成的分子机制还有待研究。本试验从 8 窝分娩母猪中选取一头正常妊娠（NIUR）胎儿和一头 IUGR 胎儿对应的胎盘,各 6 个,旨在研究 IUGR 胎盘氧化还原状态、线粒体含量、细胞进程和 MAPK 信号通路的表达差异。结果表明：与 NIUR 相比,IUGR 胎盘自由基 H_2O_2,脂质过氧化 MDA 和 DNA 损伤显著增加（$P<0.05$）,表明 IUGR 胎盘发生了严重的氧化应激。IUGR 胎盘线粒体膜电位、线粒体 DNA 及相关的基因表达显著降低（$P<0.05$）。此外,IUGR 显著增加了胎盘 p21 蛋白磷酸化表达（$P<0.05$）,降低了 cyclin E 蛋白表达（$P<0.05$）,电镜结果证实了胎盘组织绒毛缺失,出现空泡化,具有典型衰老特征。信号通路结果表明,IUGR 胎盘 ERK1/2 蛋白磷酸化表达增加（$P<0.05$）,p38 和 JNK 蛋白磷酸化降低（$P<0.05$）。体外 H_2O_2 处理猪滋养外胚层细胞（pTr）发现,细胞活力、细胞内的自由基 ROS 呈现 H_2O_2 浓度依赖性。H_2O_2 诱导的猪滋养外胚层细胞（pTr）G_0/G_1 期降低,S 和 G_2/M 期增加（$P<0.05$）,表明氧化应激诱导的滋养外胚层细胞周期停滞在 S 和 G_2/M 期。结果提示,猪胎盘自由基和氧化损伤加剧,导致线粒体功能紊乱,胎盘绒毛缺失和细胞衰老,这可能和激活 ERK 通路有关。

关键词：IUGR；氧化应激；猪；胎盘；滋养外胚层细胞

[*] 基金项目：国家重点研发计划资助（2018YFD0500600）

[**] 第一作者简介：罗振,男,博士研究生,E-mail：luozhen0615@sjtu.edu.cn

[#] 通讯作者：徐建雄,教授,博士生导师,E-mail：jxxu1962@sjtu.edu.cn

活性氧诱导的自噬调控猪滋养外胚层细胞增殖和分化[*]

罗振[1][**]　徐雪[1]　Takami Sho[1]　张京[1]　徐维娜[1]　姚舰波[2]　徐建雄[1][#]

(1. 上海交通大学农业与生物学院,上海市兽医生物技术重点实验室,上海 201100;

2. 西弗吉尼亚大学动物和兽医科学部,美国西弗吉尼亚州 26506)

摘要：养猪生产上,猪的早期胚胎损失率达到了 20%～40%。而活性氧对早期胚胎的定殖和胎盘形成具有重要调节作用。目前关于 ROS 对猪滋养外胚层细胞(pTr)调节的分子机制还未见报道。本试验主要探讨了 ROS 对 pTr 细胞增殖,自噬,细胞黏附和分化的影响。试验采用不同浓度 H_2O_2 处理 pTr 细胞 2 h,接着再采用不同浓度 NAC 处理 24 h。结果表明,外源性 H_2O_2 处理降低了细胞活力,导致细胞周期停滞在 S 和 G_2/M 期,增加自噬蛋白 LC3B 和 beclin-1 的表达,激活了 MAPK 和 Akt/mTOR 通路,并且结果呈现 H_2O_2 浓度依赖性。而不同浓度的 NAC 处理能显著抑制这种效应。另外,NAC 抑制了 H_2O_2 诱导的自噬通量的增加,减少了细胞和线粒体内 ROS 含量,抑制了线粒体生物合成基因 PGC1α,Sirt 1,Nrf1,TFAM 和线粒体编码基因 ND1,ND2,ND5 的表达,调节了细胞黏附和分化基因 PTHLH,Cdx2,maspin 和炎症因子的表达。同时,药物和 RNA 干扰自噬表明,自噬正向调控 Cdx2 和 IL-1β 基因表达。结果表明,ROS 诱导的自噬参与调节了 pTr 细胞黏附和分化,为降低猪早期胚胎损失提供了新的靶标。

关键词：ROS;自噬;猪滋养外胚层细胞;细胞分化

　* 基金项目：国家重点研发计划资助(2018YFD0500600)

　** 第一作者简介：罗振,男,博士研究生,E-mail: luozhen0615@sjtu. edu. cn

　# 通讯作者：徐建雄,教授,博士生导师,E-mail: jxxu1962@sjtu. edu. cn

氨气对猪免疫性能及微生物多样性影响机理研究[*]

崔嘉[**]　陈宝江[#]

（河北农业大学动物科技学院，保定 071001）

摘要：本试验旨在研究不同氨气浓度对断奶仔猪免疫性能及肠道微生物多样性的影响。选取平均体重为 7.5 kg 的断奶仔猪 12 只，随机分为 3 个处理组，每组 4 个重复。分别饲养于 3 个独立的环境控制舱内，氨气平均浓度为 0 ppm（对照组）、20 ppm（中浓度组）、50 ppm（高浓度组），于第 21 天前腔静脉采血，处死后取气管、肺及肠道食糜。用血清试剂盒检测免疫相关血清指标，组织切片检测组织完整程度，IlluminaHiSeq 高通量测序技术分析微生物群落结构。结果表明：1）不同浓度氨气处理导致断奶仔猪日增重及日采食量下降，其中 50 ppm 组极显著下降（$P<0.01$）；处理组料重比下降，且 50 ppm 组显著下降（$P<0.05$）。2）氨气处理导致仔猪营养物质表观消化率降低，但无显著差异。3）血清转氨酶含量及相关免疫指标含量的改变提示肝脏损伤，机体免疫力下降。4）氨气环境导致猪肉肉品质下降。5）氨气处理影响肠道微生物多样性，使 Alpha 和 Beta 多样性改变。6）在门水平，盲肠与结肠处理组厚壁杆菌丰度增加，拟杆菌门丰度降低；致病菌门如变形菌门、放线菌门等丰度上升。7）筛选出 Ruminococcaceae（瘤胃菌科），Porphyromonadaceae（紫单胞菌科）均与肠道损伤及结肠癌相关，初步将其作为氨气胁迫致肠道损伤的菌群标志物。8）氨气刺激导致气管和肺病理组织变化，结构完整性被破坏。由此可见，氨气影响畜禽生长性能及免疫性能，导致其采食量、日增重下降，免疫力低下；胁迫导致气管、肺组织结构病理性改变，肝组织损伤；致使畜禽肠道机能紊乱，有害菌丰度增高。

关键词：氨气；断奶仔猪；免疫性能；肠道微生物菌群多样性

---

[*] 基金项目：有害气体对猪免疫调控机制的研究（2016YFD0500500）

[**] 第一作者简介：崔嘉（1993—），女，河北迁西人，硕士研究生，动物营养与饲料科学专业，E-mail：992275339@qq.com

[#] 通讯作者：陈宝江，博士生导师，E-mail：chenbaojiang@vip.sina.com

不同吸附材料及改性处理对 3 种常见霉菌毒素脱毒效果的研究[*]

张立阳[1][**]　刘帅[1]　赵雪娇[1]　赵洪波[2]　张永根[1][#]

（1. 东北农业大学动物科学技术学院，哈尔滨 150030；2. 东北农业
大学实验实习与示范中心，哈尔滨 150030）

摘要： 霉菌毒素是由霉菌产生的次级代谢产物，主要出现在粮食和饲料中，对畜禽生产及食品安全造成了严重威胁。本试验旨在研究不同吸附材料和改性处理对黄曲霉毒素 B_1（AFB_1）、玉米赤霉烯酮（ZEN）和脱氧雪腐镰刀菌烯醇（DON）脱毒能力的影响。试验通过阳离子交换法对高岭石、膨润土、沸石、硅藻土和蒙脱石 5 种材料进行载铜、载锌、载铜加锌、十六烷基三甲基溴化铵（CTAB）、十八烷基三甲基氯化铵（STAC）、十八烷基二甲基苄基氯化铵（SKC）6 种改性处理，测定改性前后对 AFB1、ZEN 和 DON 的吸附能力。同时，研究 pH、吸附时间对上述最佳吸附材料改性前后脱毒能力的影响，以及解吸特性。结果显示，在 5 种材料原料中，以蒙脱石、高岭石和膨润土吸附能力较强，经改性处理后对 3 种毒素吸附能力均显著增加（$P < 0.05$），且以季铵盐改性效果更为明显，其中在所有材料和改性中，STAC 改性蒙脱石对 3 种毒素脱毒能力最强。pH 和吸附时间对蒙脱石原料及 STAC 改性后的脱毒能力没有显著影响（$P > 0.05$）。此外，STAC 改性处理显著降低了蒙脱石对毒素的解析率（$P < 0.05$）。由此可知，在本试验所有吸附材料中，以蒙脱石对 AFB_1、ZEN 和 DON 的脱毒能力最强。载金属离子改性和季铵盐改性均能显著提高吸附材料的脱毒能力，且季铵盐改性效果更好，其中十八烷基三甲基氯化铵改性是所有处理中最佳改性方式。

关键词： 霉菌毒素；吸附脱毒；季铵盐；改性；蒙脱石

---

    * 基金项目：国家奶牛产业技术体系项目（CARS-36）

  ** 第一作者简介：张立阳（1991—），男，博士研究生，研究方向为反刍动物营养，E-mail：zhangliyang91@163.com

  # 通讯作者：张永根，教授，博士生导师，E-mail：zhangyonggen@sina.com

γ射线辐照对黄芪多糖理化特性及
体外免疫调节活性的影响*

任丽娜[1**]　　王筱霏[2]　　李珊[1]　　李蛟龙[1]　　朱旭东[2]　　张林[1#]　　高峰[1#]　　周光宏[1]

（1 南京农业大学动物科技学院，江苏省动物源食品生产与安全保障重点实验室，
南京 210095；2 南京农业大学理学院，南京 210095）

摘要：随着抗生素在动物生产中的限制和禁用，更多研究者希望通过添加中草药提取物、功能性多糖类物质等绿色、安全的免疫增强剂来提高动物机体的免疫机能和抗病力。已有研究证实，黄芪多糖具有免疫调节活性，但因添加量大、成本高而限制了其在动物养殖中的广泛应用。本试验旨在研究 γ射线辐照对黄芪多糖（Astragalus polysaccharides，APS）理化特性及体外免疫调节活性的影响，以期筛选出高免疫调节活性的辐照修饰黄芪多糖。采用不同剂量的钴 60 γ射线（10、25、50、100、150 kGy）对 APS 进行辐照修饰，得到不同的辐照修饰 APS 产物，分析其修饰前后多糖的分子质量和理化性质（色泽、溶解性、黏度、热稳定性等）变化；用 MTT 法确定 IAPS 的最大安全浓度，之后在安全浓度范围内设浓度与 Caco2 细胞共培养，设未经辐照的 APS 为对照组。收集细胞上清，测定其 NO 浓度和 iNOS 活性，提取 Caco2 细胞总 RNA 并反转录，采用 real-time PCR 法测定细胞中细胞因子 TNF-α、IL-1β、IL-8、ZO-1、occludin 和 TLR-4 等的 mRNA 表达量，提取 Caco2 细胞总蛋白，采用 Western blot 技术测定细胞中 ZO-1、occludin 和 TLR-4 等相应蛋白的表达量。结果显示：1）APS 的数均分子质量和重均分子质量均随辐照剂量的增加而显著降低（$P<0.05$）。2）辐照后的 APS 溶解度显著增加、黏度显著降低（$P<0.05$）。3）傅里叶变换红外（FTIR）光谱分析表明，γ辐射对 APS 的官能团状态没有引起显著变化。4）扫描电子显微镜观察表明，随着辐照剂量的增加，APS 的颗粒小碎片量的增加，进一步证实了 γ射线辐照可以降低多糖的分子质量。5）高照射剂量（>50 kGy）导致 APS 的黄度值显著增加（$P<0.05$）和热稳定性有一定程度的降低。6）在 Caco2 细胞上评估不同辐照的剂量处理的 APS 的免疫调节活性，发现以 25 kGy 剂量辐照的 APS 表现出最高的 NO 产量和上调炎性细胞因子（TNF-α，IL-1β 和 IL-8），ZO-1、occludin 和 TLR4 mRNA 表达的能力，以及 ZO-1 和 TLR4 蛋白质表达的能力（$P<0.05$）。本研究表明，γ射线辐照可以降低 APS 的分子质量和黏度，提高其溶解度，辐照剂量为 25 kGy 的 APS 在体外细胞试验表现出最高的免疫调节活性。因此，适当辐照剂量的 γ辐射辐照修饰是获得具有高免疫调节活性的 APS 的有效技术。

关键词：黄芪多糖；γ射线辐照；理化性质；免疫调节

---

* 基金项目：国家自然科学基金（31601957）；中央高校基本科研业务费（KJQN201723）

** 第一作者简介：任丽娜（1992—），女，河南沁阳人，硕士研究生，主要从事动物营养调控研究，E-mail：2016105037@njau.edu.cn

\# 通讯作者：张林，副教授，硕士生导师，E-mail：zhanglinnjau@163.com；高峰，教授，博士生导师，E-mail：gaofeng0629@njau.edu.cn

表达Ⅰ型耐热肠毒素的重组大肠杆菌对7日龄仔猪小肠功能的影响[*]

吴梦郡[**]　李思源　纪昌正　余魁　董毅　赵广宇　赵迪　吴涛[#]　侯永清

（武汉轻工大学,农副产品蛋白质饲料资源教育部工程研究中心,动物营养与
饲料科学湖北省重点实验室,武汉 430023）

摘要：产肠毒素大肠杆菌（enterotoxic *E. coli*,ETEC）是引起人和动物急性腹泻的常见病原菌,包括不耐热肠毒素（LT）和耐热型肠毒素（ST）,国内外研究重点放在毒性较强的 STa 上面。本课题组前期以大肠杆菌 LMG194 为宿主,pBAD202/D-TOPO 质粒为载体,成功构建了表达单一肠毒素 STa 的重组大肠杆菌 LMG194-pBAD-STa,本试验利用该重组菌为试验材料,将其感染到 7 日龄仔猪体内,通过测量仔猪血常规指标,血浆 *D*-木糖含量以及吸收转运相关基因以探究 STa 对 7 日龄仔猪小肠吸收及转运功能的影响,为进一步开发绿色环保饲料添加剂缓解症状提供理论依据。选取 18 头 7 日龄仔猪,随机分为 4 个处理组,分别为对照组,STa 组,LMG194 组。整个试验期间均以人工乳饲喂,预饲期为 4 天,试验第 5 天进行攻毒,STa 组、LMG194 组分别在早晚 2 次口服灌喂 2×10^9 CFU/mL 大肠杆菌 LMG194-pBAD-STa、LMG194,对照组灌服等量生理盐水,试验第 7 天早上各组灌服 *D*-木糖并采血,屠宰并取空肠、回肠组织样品冻存于 $-80℃$ 冰箱。血液用于测量血常规指数,血浆 *D*-木糖含量,空肠和回肠组织样品用于测量 AQP8、AQP10、KCNJ13、$b^{0,+}$AT、SGLT-1 基因的相对表达量以及空肠 HSP70 蛋白的相对表达量。试验结果显示：与对照组相比,STa 组仔猪血液中中性粒细胞、中性粒细胞比率显著降低（$P<0.05$）,淋巴细胞比率显著升高（$P<0.05$）；血浆 *D*-木糖含量显著降低（$P<0.05$）；空肠 AQP8、AQP10、KCNJ13、$b^{0,+}$AT、SGLT-1 基因相对表达量显著降低（$P<0.05$）,回肠 AQP8 相对表达量显著降低（$P<0.05$）,回肠 AQP10、SGLT-1 相对表达量显著升高（$P<0.05$）；空肠 HSP70 蛋白的相对表达量显著升高（$P<0.05$）。以上结果表明：表达 STa 的重组大肠杆菌可造成 7 日龄仔猪血细胞计数发生异常变化,小肠 HSP70 蛋白升高,血浆 *D*-木糖含量下降,吸收转运相关的基因表达量下调,由此导致肠道损伤,出现炎症,吸收与转运能力下降。

关键词：耐热肠毒素（STa）；重组大肠杆菌；仔猪；肠道

---

[*] 基金项目：国家重大研发计划项目（2017YFD0500505）；湖北省技术创新专项（2017AHB062）
[**] 第一作者简介：吴梦郡（1993—）,男,湖北襄阳人,硕士研究生,研究方向为营养生化与代谢调控,E-mail：283729823@qq.com
[#] 通讯作者：吴涛,博士,副教授,E-mail：wtao05@163.com

巴彦淖尔市河套灌区盐碱地生态治理
和草牧业发展调查与思考*

马惠茹**

（河套学院,临河 015000）

摘要：巴彦淖尔市河套灌区属黄河冲积平原,因地势低、长期引黄灌溉、耕地灌排不配套、浅层水含盐量大、气候干旱、水蒸发量大等因素,导致土壤盐碱化现象严重。2016 年巴彦淖尔市提出实施 32.27 万 hm^2 盐碱化耕地"改盐增草（饲）兴牧"示范工程,通过以草兴牧、改盐兴牧相结合,打造河套全域绿色有机高端农畜产品生产加工输出基地。2018 年,在普查 7.20 万 hm^2 盐碱地土壤基础上,编制了《巴彦淖尔市 50 万亩盐碱化耕地（高标准示范 30 万亩）治理技术方案》,重点推进五原县 0.33 万 hm^2 项目。根据不同盐碱地类型,针对性地实施撒施脱硫石膏、明沙、有机肥、改良剂、种植耐盐作物"五位一体"治理方案,叠加实施暗管排盐、上膜下秸等措施,其中,种植耐盐牧草 1 067 hm^2、肥料试验 13.33 hm^2。试种耐盐牧草,研发与地区自然资源相配套的生物适应型与生态导向型盐碱地治理技术,对保护和修复河套灌区生态系统具有重要战略和现实意义。作为我国地级市中唯一能够常年育肥出栏、四季均衡上市的最大肉羊生产基地和全球最大有机奶生产加工基地,巴彦淖尔市 2016 年肉羊存栏量 977 万只,出栏量 1 151 万只,奶牛存栏量 15.78 万头（其中有机奶牛存栏 8 万头）;2017 年因受肉羊市场影响,肉羊存栏 926.59 万只,较 2016 年减少 5.16%,出栏 1 203.98 万只,较 2016 年增长 4.60%。肉羊、奶牛养殖因受优质牧草不足制约,长期遵循"秸秆＋精料"或"秸秆＋青贮＋精料"的饲养模式。2014 年牧草种植面积 666.67 hm^2,2017 年牧草种植面积达到 1.53 万 hm^2,同比增长了 14.18%,比 2014 年增长了 2 195.00%,养殖模式正在向"优质饲草＋全株玉米＋少量精料"的模式转变。分析苜蓿、燕麦草、甜高粱和饲用油菜等优质牧草耐盐碱特性,在河套灌区盐碱地筛选种植,并配套微生物生态治理等盐碱地改良措施,既能为草食动物的养殖提供优良饲草料,又能改善盐碱地土质结构,兼有经济效益和生态效益。同时,为提升河套灌区生态系统稳定性、土地生产力和资源利用效率提供了新的发展思路。

关键词：盐碱地;生态治理;河套平原;草牧业

---

* 基金项目：内蒙古自治区高等学校科学研究项目（NJZY18240）
** 第一作者简介：马惠茹（1968—）,女,教授,研究方向为动物营养与饲料,E-mail:237589169@qq.com

蚯蚓基质模型的构建*

冯婧** 王文杰# 夏树立

（天津市畜牧兽医研究所，天津 300381）

摘要：本试验旨在研究不同蚯蚓基质发酵前各原料和发酵后不同比例基质的营养价值成分，构建蚯蚓基质营养体系。试验开展前检测已发酵的牛粪、鸡粪、猪粪、蘑菇菌糠、青贮秸秆有机质质量分数和总氮含量（以烘干基算），根据检测结果计算 C/N，设计试验组，蚯蚓基质共设计 5 个试验组，其中蚯蚓基质（牛粪＋蘑菇菌糠）质量比为 1∶0、1∶1、1∶2、1∶3 和 0∶1，5 个处理组；蚯蚓基质（牛粪＋青贮秸秆）C/N 为 20、25、30、35、40 五个处理组，每个处理组设置 3 个重复。蚯蚓基质（鸡粪＋蘑菇菌糠和鸡粪＋秸秆青贮）也按上述试验组设置。蚯蚓基质（猪粪＋蘑菇菌糠）质量比为 1∶0、1∶1、1∶2、1∶3 和 1∶4，5 个处理组，蚯蚓基质（猪粪＋青贮秸秆）C/N 为 25、30、35、40、45，5 个处理组，每个处理组设 3 个重复。根据蚯蚓的日增重倍数和繁殖状况筛选出适宜的基质试验组；基质中各个原材料样品的采集并制成风干样品，测定原材料发酵前和发酵后配制成基质的风干样品的营养价值成分：粗蛋白质（CP）、粗灰分（ASH）、粗纤维（CF）、粗脂肪（EE）、钙（Ca）、总磷（P）。试验期 60 天。结果表明：1）牛粪＋菌糠质量比 1∶1、猪粪＋菌糠质量比为 1∶2、鸡粪＋菌糠质量比为 1∶2 比较适宜蚯蚓生长，并繁殖较快。2）牛粪＋秸秆的 C/N 比为 30～35、猪粪＋秸秆的 C/N 比为 30、鸡粪＋秸秆的 C/N 比为 25 比较适宜蚯蚓生长，并繁殖较快。3）总体看，粪便＋菌糠模式较粪便＋秸秆模式效果好。由此可见，牛粪＋菌糠基质营养模型为 CP 7.55%、ASH 35.5%、CF 8.8%、EE 0.6%、Ca 2.91%、P 0.27%；猪粪＋菌糠基质营养模型为 CP 12.1%、ASH 42.7%、CF 12%、EE 0.9%、Ca 4.3%、P 0.76%；鸡粪＋菌糠基质营养模型为 CP 9.8%、ASH 38%、CF 9.6%、EE 0.5%、Ca 2.38%、P 1.11%，以上 3 种模型蚯蚓长势较好。

关键词：蚯蚓；基质；营养数据模型；C/N

＊ 基金项目：天津市农业科学院院长基金项目（2016019）

＊＊ 第一作者简介：冯婧（1986—），女，黑龙江哈尔滨人，硕士研究生，从事家禽营养研究，E-mail: fengjing86114@163.com

＃ 通讯作者：王文杰，研究员，博士生导师，E-mail: anist@vip.163.com